WISSENSCHAFTLICHE ABHANDLUNGEN DER ARBEITSGEMEINSCHAFT FÜR FORSCHUNG DES LANDES NORDRHEIN-WESTFALEN

Band 21

WISSENSCHAFTLICHE ABHANDLUNGEN DER ARBEITSGEMEINSCHAFT FÜR FORSCHUNG DES LANDES NORDRHEIN-WESTFALEN

Band 21

GEORG SCHREIBER

Der Bergbau in Geschichte, Ethos und Sakralkultur

HERAUSGEGEBEN
IM AUFTRAGE DES MINISTERPRÄSIDENTEN Dr. FRANZ MEYERS
VON STAATSSEKRETÄR PROFESSOR Dr. h. c. Dr. E. h. LEO BRANDT

Der Bergbau in Geschichte, Ethos und Sakralkultur

von

Georg Schreiber

SPRINGER FACHMEDIEN WIESBADEN GMBH

Wissenschaftliche Abhandlung nach einem Vortrag
vor der Arbeitsgemeinschaft für Forschung des Landes Nordrhein-Westfalen
am 21. 9. 1955

ISBN 978-3-663-00242-0 ISBN 978-3-663-02155-1 (eBook)
DOI 10.1007/978-3-663-02155-1

Ursprünglich erschienen bei Westdeutscher Verlag, Köln und Opladen 1962
Softcover reprint of the hardcover 1st edition 1962

Der Max-Planck-Gesellschaft zur Förderung der Wissenschaften
anläßlich des 50jährigen Jubiläums
der Kaiser-Wilhelm-Gesellschaft (1911-1961)
gewidmet
ob ihrer Erforschung der Staublunge,
ob ihrer Betreuung des Bergmanns vom Standort der
Arbeitsphysiologie und Ernährungsphysiologie

INHALT

Vorwort 11

Zur Einführung 19

I. Das Bergwerk in Recht, Liturgie und Sakralkultur

1. Quellenkunde 29
2. Ad metalla 33
3. Bergwerkspatrozinien 35
4. Altes Testament 43
5. Erzmacherin Anna 45
6. Metallheilige, Feuerheilige, Wasserheilige 51
7. Pfarrkirche und Pfarrei 58
8. Bergbau-Kapelle 67
9. Standesbruderschaft 72
10. Liturgische Sonderrechte 74
11. Missales 78
12. Hospital 82
13. Wechselnde Zeitalter 87
14. Aus dem Rechtsleben 103
15. Wandernde Bergleute 112

II. Bergwerkslehen

1. Belehnung, Konkurrenz zum Landesherrn – Kirchenkuxe 121
2. Die Zisterzienser 130
3. Die Unternehmer 139
4. Bergbau und Bauerntum. Freigrübler 139
5. Bergwerk als Großtat des Herrn 143
6. Geistliche Grundherrschaften als Bergherren 144
7. Volksreligiöses, Bruderschaft, Exequien 156
8. Wochenpfennig, Monatspfennig, Bruderhaus 161
9. Abgaben 170

III. Der Bergmann kulturproduktiv
1. Die Grundlagen ... 173
2. Schöpferische Vielseitigkeit ... 174
3. Das Volksschauspiel ... 179
4. Spätmittelalterliche Dichtung und Didaktik ... 185
5. Volksmusik ... 188
6. Die Initiative des Landesherrn ... 189
7. Humanistische Bestrebungen ... 191
8. Steinmetzarbeiten ... 194
9. Krippenkunst ... 195
10. Bergbau und Porzellan ... 199
11. Tischgerät ... 201
12. Lichtsymbolik ... 207
13. Altäre und Kapellen im Bergbau ... 211
14. Bergleute als Bauherren ... 216
15. Die Bergkapelle ... 220
16. Der Bergmann in der Kultdynamik ... 222
17. Armenspende ... 229
18. Ausgelagerte Archivalien und Bücher im Bergwerk ... 233

IV. Geistige Haltung
1. Brauchtum ... 238
2. Ethos ... 249
3. Soziales ... 253
4. Arbeitsruhe ... 256
5. Bergmannssagen ... 260
6. Bergmannsmirakel ... 278
7. Der Bergmönch und Berggeist ... 282
8. Bergmännische Zuversicht ... 289
9. Der verschüttete Bergmann ... 294
10. Marterln ... 301

V. Schutzherren des Bergbaus
1. Volksglaube, Mysterien und Bergbauheilige ... 303
2. Zur Namengebung der Stollen ... 333
3. Grubentitel ... 350
4. Apostel und Evangelisten als Bergwerkstitel ... 354
5. Schutzfrau St. Barbara ... 379

6. St. Magdalena als Volksheilige und Bergwerkspatronin .. 388
a) Die Volksheilige ... 388
b) Das Bergwerkspatrozinium ... 397
7. St. Helena als Inhaberin von Erzgruben ... 409
8. Heilig-Geist-Bergwerke ... 420
9. Spanien im deutschen Bergwerk ... 423
Ergebnisse ... 445

VI. Bergmännische Sakralkultur
1. Primissarius ... 450
2. Fürbitte ... 455
3. Bergwerksweihe ... 460
4. Bergsegen ... 469
5. Das Türkenmotiv ... 473

VII. Bergverwandte
1. Bergordnung ... 475
2. Bergbücher und Verleihbücher ... 493
3. Die Berggemeinde ... 496
4. Bergbau und Ständeordnung ... 533
5. Der Wald, das Wasser und der Bergbau ... 543

VIII. Bergwerke Westfalens ... 562

IX. Kriegerische Akzente
1. Der wehrhafte Bergmann ... 582
2. Graubünden und Habsburg ... 600

X. Edelmetalle, Edelsteine, Erzstufen, Wunderstufe ... 606

XI. Münze und Bergbau. Westfalen und andere Landschaften 623

XII. Tirol und Kursachsen ... 639

XIII. k. k. Salinenarbeiter und Gutsbesitzer ... 642

XIV. Internationale Verträge ... 646

XV. Forschungsaufgaben ... 654

XVI. Literaturverzeichnis ... 674

XVII. Zu den Abbildungen ... 701

XVIII. Register ... 702

1. Pokal mit Erzstufen.
Abgebildet in dem Werk Hallesches Heiltum. Um 1500.
Aschaffenburg, Schloßbibliothek. Signatur: Man. 14.

VORWORT

Im Jahre 1531 bezeichnete die Tiroler Regierung, von ihrem Sitz in Innsbruck aus, die Bergwerke als „das groß Herz dieses Lands und das maist Einkumen der Camer"[1]. Mit dieser überaus charakteristischen Kennzeichnung wurde die Vorzugsstellung der gefürsteten Grafschaft berührt, die diese in den bergbaulichen Betrieben des alpinen Raumes einnahm. Angedeutet wurde damit bereits die Ausstrahlung, die von diesem Vorbild weit über die Landesgrenze hinaus ausging. In solch einer Beurteilung findet sich zugleich eine warme Note ein, wenn ausgerechnet dem Bergbau die Funktion des Herzens zuerkannt ist. Menschliches gleitet in den Unterton. Dazu meldet sich der Respekt vor der Sozialleistung an. Mehr als alle anderen Berufsstände werden die Bergleute dabei in das Zentrum der Tiroler Wirtschaft gerückt. Die finanzielle Bedeutung und die Unentbehrlichkeit für die fürstliche Verwaltung, die bald als Kammer, bald als Ärar bezeichnet wird, sind mit Nachdruck herausgestellt. Die Dokumentation des Bergwerks wird mit dieser inhaltsreichen Verlautbarung um einen ganz wesentlichen Zug bereichert. Sie erinnert einen an eine ähnliche Wendung des englischen Philosophen und Staatslehrers John Locke († 1704)[2] im Zeitalter des Markantilismus.

Doch über die historische Wertung des Bergbaus hinaus sei der Genesis des vorliegenden Buches gedacht. Sie greift auf einen älteren Zeitraum zurück.

Vor gut 50 Jahren veröffentlichte ich Untersuchungen zur Papstdiplomatik. Dabei stieß ich mehrfach auf Rechtsakte und Weisungen, die Edelmetalle betrafen. So wurde für die Gewährung des Papstschutzes von verschiedenen Zönobien Mitteleuropas im 12. Säkulum der *Goldbyzantiner* gezahlt[3]. Fernwellen vom Bosporus äußerten sich neben der Zahlung am

[1] *Joseph Fischer*, Tirols Getreidepolitik 1527–1601. Innsbruck 1919, S. 13. Für diesen Hinweis habe ich Herrn Univ.-Prof. Dr. Dr. Dr. *Nikolaus Grass* in Innsbruck besonders zu danken.

[2] S. unten S. 530.

[3] *Georg Schreiber*, Kurie und Kloster im 12. Jahrhundert. 2 Bde. (Kirchenrechtliche Abhandlungen, hg. v. Ulrich Stutz, H. 65/68). Stuttgart 1910, Bd. 1, S. 34, Anm. 15. S. 185, Anm. 1.

Tiber auf den Wegen der nordischen Waräger, auf denen sich solche Münzen fanden. Sie wirkten gleichzeitig wie ein letzter Gruß des goldhaltigen Orients, der sich ebenso künstlerisch im Dom der venezianischen Insel San Marco spiegelt.

Andererseits ward in der gleichen Urkundengruppe auf *Bleierz* aufmerksam gemacht. Papst Alexander III. (1159–1181) hatte sich nämlich mit der Person des verschwenderischen Abtes von St. Prosper im oberitalienischen Reggio zu beschäftigen. Dieser hatte das Dach seines Klosters verpraßt, „weil es ein Bleidach war"[4]. Das Blei wurde ja im Mittelalter bei der Eindeckung der Dächer, soweit es greifbar war, gern bevorzugt (geringe Ausdehnung bei Temperaturwechsel, Schmiegsamkeit, Rostfreiheit)[5]. Man mag sich auch an die Bleidächer von Venedig erinnern[6].

Wiederum war es Papst Hadrian IV. (1154–1159), der Vorgänger Alexanders III., jenes Roland Bandinelli, der sich eines Kupferbergwerks der bergbaufreundlichen Zisterzienser annahm. Er schrieb an Godefridus, den Bischof von Langres, und ebenso an Alanus, den Bischof von Auxerre, sie sollten den Laien Milo de Nugerio darauf aufmerksam machen, daß er den Mönchen der Zisterze von Rigny das Kupfer herausgebe, das in deren Lagerstätten gefunden sei[7]. Gerade Kupfer war ja damals ein besonders hochwertiges Metall. Die christliche Legende erwähnt ja bereits die kupferne Lanze, mit der St. Eulogius als Erzbischof von Toledo († 859) das Martyrium erlitt. Darum Schutzherr der Kupferschmiede[8]. Keine gleichgültige Feststellung. Daß gerade die Zisterzienser diese burgundische Lagerstätte des Schwermetalls ausbeuteten, entspricht so in allem dem fortschrittlichen wirtschaftlichen Denken und den technischen Fähigkeiten die-

[4] Migne, Patrologia Latina (PL) 200, col. 495 (*Jaffé-Loewenfeld* 11413).

[5] *August Neuhaus*, Blei, Bleiguß. In: *Otto Schmitt*, Reallexikon der Deutschen Kunstgeschichte, Bd. 1ff. Stuttgart 1937ff., 2, Sp. 875f. – *Leopold Schmidt*, Heiliges Blei. Wien 1958.

[6] *Elisabeth Schumacher*, Das kölnische Westfalen im Zeitalter der Aufklärung unter besonderer Berücksichtigung der Reformen des letzten Kurfürsten von Köln, Max Franz von Österreich, Bonner phil. Diss. 1952 (Rotaprint), ist der Auffassung (S. 141 mit Anm. 142), daß das westfälische *Ramsbeck* Blei für die Bleidächer Venedigs lieferte, ein Vorgang, der Bedenken auslöst. Die Autorin beruft sich auf *Aloys Meister*, Die Grafschaft Mark, Festschrift, 2 Bde., Dortmund 1909, Bd. 2, S. 245, und auf das Depositum Landsberg-Wocklum im Staatsarchiv Münster, Bd. 5. Es ist ungewöhnlich, daß Venedig sich des westfälischen Bleivorkommens bediente, da doch Kärnten liefern konnte. Siehe neuerdings noch *Götz Frhr. v. Pölnitz*, Anton Fugger, 1. Bd., 1453–1535. Tübingen 1958, im Register, S. 710, unter „Bleiberg".

[7] *Jaffé-Loewenfeld*, Regesta Pontificum Romanorum, II. Graz 1956, Nr. 10352 v. 13. 12. 1156–1158, S. 129.

[8] *D. H. Kerler*, Die Patronate der Heiligen. Ulm 1905, S. 223f.

ser Weißen Mönche des 12. Jh. Diese Bergbeflissenen sind ja auch als Wasserbauingenieure als Bergverwandte des Mittelalters anzusprechen. Hiermit sei ein Neuland der Forschung angedeutet. Vielleicht lag es so, daß der erwähnte Laie Milo de Nugerio oder seine Vorfahren dieser Zisterze ein Grundstück eingehändigt hatten, ohne Kenntnis der hier verborgenen Erzlager. Nun nahm er wohl im Sinne eines Widerrufs der Schenkung, der viel erörterten revocatio, dieses kostbare Gelände wieder an sich. Der Papst befiehlt die Rückgabe, indem er die Bischöfe anweist, bei Ungehorsam die Exkommunikation vorzunehmen.

Gerade an dieser Stelle ermißt man, daß die Papsturkunde im Bereiche des Wirtschaftslebens tief eingriff. Man erinnere sich nur an die hochmittelalterlich gewährte Freiheit von Neubruchszehnten (ac etiam novalium, que propriis manibus aut sumptibus colitis)[9], der fortschrittlich die Geschichte der Rodung stark bestimmte und den Bergbau wie den Weinbau mittelbar erfaßte. Soviel an älteren Daten zur Geschichte des Bergwerks. Andere Diplome der päpstlichen Kurie sind im Verlauf unserer Abhandlung erwähnt. Sie betreffen die Arbeitsruhe, den Wassereinbruch und die Knappenfeiertage.

Erneut wurde ich auf solche Zusammenhänge aufmerksam gemacht, als der Kunsthistoriker *Beda Kleinschmidt* in meinen „Forschungen zur Volkskunde“ das erste große kunstgeschichtliche Werk über die Heilige Anna erscheinen ließ[10]. War doch diese Heilbringerin im sächsischen Raum eine Bergbaupatronin von hohem Rang, an der Wende vom Mittelalter zur Neuzeit. Ihre starke Stellung zeigt sich ebenso in oberdeutschen Gebieten, so in Tirol, selbst noch im 17. und 18. Jh.[11], desgleichen in der Steiermark im 18. Säkulum[12]. Die Geschichte des Silberbergbaus gibt sich geradezu als eine Kultgeschichte und als ein Kulturatlas der Annadevotion.

[9] Erwähnt im Liber Privincialis, in dem Kanzleibuch des 13. Jh., bei *Michael Tangl*, Die päpstlichen Kanzleiordnungen von 1200–1500. Innsbruck 1894, IV. Formulae, nr. 1, S. 230.

[10] Die Heilige Anna. Ihre Verehrung in Geschichte, Kunst und Volkstum (Forschungen zur Volkskunde, hg. v. G. Schreiber, H. 1–3). Düsseldorf 1930.

[11] *Georg Mutschlechner*, Der Erzbergbau in der Umgebung von Imst. In: Imster Buch. Beiträge zur Heimatkunde von Imst und Umgebung (Schlern-Schriften, hg. v. R. Klebelsberg, Bd. 110). Innsbruck 1954, S. 41f., 46f., 56f.

[12] Beschreibung der Eisenberg- und Hüttenwerke zu Eisenärz in Steyermark. Nebst mineralogischem Versuche von aldortigen Eisensteinen, und Beschreibung der Eisenstufen des gräzischen Naturalien-Kabinets. Mit Kupfertafeln. Wien und Leipzig, bey Christian Friedrich Wappler, 1788, S. 28, 31. Hier ein umfassendes Grubenverzeichnis. Über das wechselvolle Schicksal dieser großen Anlage s. neuerdings *Hans Pirchegger*, Geschichte der Steiermark, Graz 1949, S. 94f.; ferner *Ferdinand Tremel*, Der Frühkapitalismus in Österreich, Graz 1954, im Register S. 167.

Kleinschmidt konnte näherhin hinweisen auf die Verehrung dieser Schutzherrin in bergbaulichen Gebieten von Eisleben, Bischofsrode, Freiburg a. d. Unstrut. Ferner erwähnte er die Verehrung in Böhmen, desgleichen die bergbaufreudige Anna-Legende aus Schmiedeberg im Riesengebirge. Dazu trat vor allem im 16. Säkulum die blühende Bergbaustadt *Annaberg*, die dem oberen Erzgebirge eine besondere Prägung verleiht. Dieser Autor macht uns bei diesem Bergort bekannt mit der volkserzählerisch warmen Legende, die den armen Knappen *Daniel* durch einen Engel auf den Berg hinweist, der „Nester mit goldenen Eiern" bergen soll. Also ein Hinweis auf höchstwertige Edelmetalle. So hat dieser Forscher Anna als „Erzmacherin" sorgsamer als mancher andere Bergbauschriftsteller herausgestellt[13]. Doch fehlt bei diesem belesenen Autor noch der späte Wanderweg, der 1545 im Zeichen der Ernestinischen Kurlinie zu dem „dicken eineinhalbfachen Taler" der Gruben zu Annaberg führt[14]. Ebenso trat die Münze mit Stadtansicht von Annaberg zu den dreihundert Jubiläums-Medaillen des dortigen Stadtjubiläums[15]. Säkularisationen hatten allerdings bei solchen Gedenkmünzen eingesetzt, die Mittelalterliches beiseite ließen und doch den charakteristischen metallhaltigen Ortsnamen bewahrten.

Zudem habe ich mich noch in meiner Studie „Nationale und internationale Volkskunde"[16] dem repräsentativen Stil des Bergbaus im mährischen *Iglau* zugewandt, dessen Bergrecht für die Sudeten- und Karpathenländer, besonders für Oberungarn (Kremnitz), von entscheidender Bedeutung war[17]. Ebenso wurde die Edelmetallgewinnung in diesen ergiebigen Räumen berührt, besonders im Göllnitztal und in der freien Bergstadt Kremnitz, dem Hauptort des Goldbergbaus (Fugger).

An anderer Stelle haben sich in meiner Sammlung „Deutschtum und Ausland" die sudetendeutschen Forscher *L. Gruss*, *Erwin Hladick* und *Josef Hanika* dem Bergbau in der Slowakei und in Karpatho-Rußland gewidmet[18].

Die Literatur über den Bergbau ist heute gewiß von den verschiedensten Standorten her reich, ja überreich entwickelt. Soweit deutsche Bergleute im

[13] *Kleinschmidt*, Heilige Anna. S. 418.

[14] *Karl Vogelsang*, Auktions-Katalog XXXV. Ausbeute- und Bergwerks-Münzen und -Medaillen. Halle a. d. Saale 1925, Nr. 756, S. 68, Nr. 757, S. 68, Nr. 815, S. 73, Nr. 816, S. 74. Ein für die Geschichte des Münzwesens unentbehrliches Werk.

[15] Ebd., Nr. 1050, S. 95, Nr. 1051, S. 95.

[16] Forschungen zur Volkskunde. Hg. v. G. Schreiber, H. 4/5. Düsseldorf 1930, S. 96ff.

[17] Dazu *G. Schreiber*, Wallfahrt und Volkstum in Geschichte und Leben (Forschungen zur Volkskunde. Hg. von G. Schreiber, H. 16/17). Düsseldorf 1934, S. 167.

[18] In der Sammelschrift von *Eduard Winter*, Die Deutschen in der Slowakei und in Karpathorußland[3] (Deutschtum und Ausland. Hg. von G. Schreiber, H. 1), Münster 1926,

europäischen Raum und in Übersee sich an der Erschließung der Lagerstätten beteiligten, hält die Übersicht „Die Ausbreitung des deutschen Bergbaus und Bergrechts im Mittelalter" im „Handwörterbuch des Grenz- und Auslandsdeutschtums" manche Daten fest[19].

Aber bei einer genaueren Durchsicht fällt es auf, daß manche und fesselnde Seiten des bergbaulichen Betriebes bei vielen Autoren überhaupt nicht oder nur unzureichend behandelt sind. So nahm ich Veranlassung, 1953 in der Zeitschrift der Savigny-Stiftung für Rechtsgeschichte, Kanonistische Abteilung, die Abhandlung „Das Bergwerk in Recht, Liturgie, Sakralkultur" zu bringen[20]. Damit wurde ein neuer Ausblick versucht. Diese Studie wurde nun zum Kernstück des Vortrags über den „Bergbau in Geschichte und Ethos", den ich 1955 vor der Arbeitsgemeinschaft für Forschung des Landes Nordrhein-Westfalen hielt. Zudem sind noch meinerseits eine Reihe von Veröffentlichungen zum Bergbau erschienen, was man in dem Artikel „Bergbau und Bergwerkspatrozinien" in der Neuauflage des Lexikons für Theologie und Kirche nachlesen kann[21]. Außerdem erfolgten weitere Untersuchungen, so das Buch „Alpine Bergwerkskultur. Bergleute zwischen Graubünden und Tirol in den letzten vier Jahrhunderten", Innsbruck 1956.

Dazu treten andere Abhandlungen, die auch vernachlässigte Nachbardisziplinen heranzogen. Die Mehrzahl dieser bereits erschienenen Untersuchungen sind in dem heute vorliegenden Band gedruckt, zum Teil mit namhaften Erweiterungen. Anderes ist in neuen Kapiteln beigegeben. Dabei ist einiges handschriftliches Material mitgeteilt, was bislang nicht veröffentlicht wurde. Weil diese Untersuchungen zu verschiedenen Zeiten und an verschiedenen Orten gebracht wurden, sind leichte Wiederholungen, die sich hier und da einfinden, verständlich. Aber diese führen auch manche neue Beleuchtung mit sich.

Gerne gedenke ich mancher Anregung, die ich von der Zeitschrift „Der Anschnitt" empfing, die der Direktor des Bergbau-Museums *Heinrich Winkelmann* in Bochum seit Jahren verdienstlich herausbringt. Zu danken habe

erschienen die Abhandlungen von *L. Gruss*, Die Gründler und ihre Geschichte, S. 83–87 (Erinnerung aus Sachsen und Flandern 1183, königlich freie Bergstädte, Bergbauschwund); *Erwin Hladik*, Wirtschaftliche Lage, S. 18–24 (Goldbergbau der Fugger; verfallene Schmelzöfen; Salzbergwerke), und *J. Hanika*, Die Kremnitzer Sprachinsel, S. 47–69 (Überfremdung der eingewanderten deutschen Bergleute durch slowakische Bergarbeiter; Belehnung mit einem Freihof; curia libera, steuerfrei; Mundarten).

[19] 3 Bde., Breslau 1933–1940.

[20] Bd. 39, S. 362–418.

[21] Bd. 2^2, Sp. 228–230.

ich auch manchen Mitteilungen, die von auswärts eingingen. Da nenne ich die Bibliothek des Vereins deutscher Hüttenleute in Düsseldorf, die Bergbaubibliothek in Essen, die Bibliothek des Deutschen Museums in München, die Zentralbibliothek in Zürich, die Eisenbibliothek Georg Fischer AG in Schaffhausen, wo ich Auskünfte von Herrn Prof. *Karl Schib* und von Herrn Direktor *Reiffer* empfing, desgleichen von Herrn Bibliotheksdirektor Dr. *Johannes Duft*, Stiftsbibliothek St. Gallen, nicht minder von Herrn Dr. *Karl Doehring* vom Max-Planck-Institut für Ausländisches öffentliches Recht und Völkerrecht in Heidelberg unter der Leitung von Herrn Prof. Dr. *Hermann Mosler*.

Lebhaftem Interesse und großer Hilfsbereitschaft begegnete ich in Österreich, bei Herrn Hofrat Dr. *Hans Hochenegg* in Solbad Hall, Museumsdirektor Dr. *Erich Egg* und der Bibliothekarin Prinzessin *von Sachsen-Coburg* vom Museum Ferdinandeum in Innsbruck, bei dem Heimatforscher *Balthasar Gritsch* O. F. M. in Schwaz, und bei Kooperator *Mohr* in Hinterriß. Für den alpinen Quellenbereich erhielt ich ganz besonders wertvolle und vielfache Hinweise auf Quellen und Literatur von seiten des Rechtshistorikers Dr. Dr. Dr. *Nikolaus Grass*, o. Professor an der Universität Innsbruck, den die Bergbaugeschichte von Tirol lebhaft anspricht, wiederum von seiten seines Bruders, Obersanitätsrat Dr. Dr. Dr. *Franz Grass*, a. o. Professor an der gleichen Hochschule, sowie von deren Mutter, Frau *Marie Grass-Cornet*, die dem Tiroler Gewerkengeschlecht der Jenner von Seebegg entstammt.

Mit Dank erinnere ich mich auch an münstersche Kreise mit Universitätsprofessor Dr. Dr. *Josef Höffner*, mit Universitätsprofessor Dr. *Stieren*, mit Landesverwaltungsrat Dr. *Paul Pieper*. Ferner empfing ich manche Anregungen in der Historischen Kommission Westfalens, die ich seit 16 Jahren führen darf, im besonderen von Museumsdirektor Dr. *Wilhelm Güthling* in Siegen und Landesverwaltungsrat Prof. Dr. *Peter Berghaus*, Münster, der auf den Siegeszug der westfälischen Kupfermünzen hinwies; ferner sei des Siedlungshistorikers und Universitätsprofessors Dr. *Albert Hömberg* gedacht, des besten Kenner des Sauerlandes. Desgleichen gewährte mir Universitätsprofessor Dr. *Johannes Bauermann*, Geschäftsführer der erwähnten Kommission, manche Hinweise. Aus dem rheinisch-westfälischen Raum wollen noch genannt sein Stadtarchivar Dr. *J. K. von Schroeder*, Minden, ferner Staatsarchivdirektor Dr. *W. Oediger* und Staatsarchivrat Dr. *H. Lahrkamp* in Düsseldorf sowie Theologieprofessor Dr. *Matthäus Bernards* in Köln. Auch aus dem Senat der Max-Planck-Gesellschaft erhielt ich manche Aufzeichnungen, so von Bergassessor a. D. Dr. *Heinrich Kost*, Präsident der Wirtschaftsvereinigung

Bergbau, von Bergassessor a. D. Dr. *Hermann Reusch*, Vorsitzer des Vorstandes der Gutehoffnungshütte Sterkrade AG und der Gutehoffnungshütte Aktienverein für Bergbau und Hüttenbetrieb, von Prof. Dr. *Franz Wever*, Vorsitzender der Chemisch-Physikalisch-Technischen Sektion des Wissenschaftlichen Rats der Max-Planck-Gesellschaft. Auf wertvolles Material in Münzen und Medaillen machte mich Dr. *Peus* in Frankfurt aufmerksam, ebenso auf Metallvorkommen Professor Dr. *Pietsch*, Direktor des Gmelin-Instituts der Max-Planck-Gesellschaft. Desgleichen sei Prof. Dr. *Götz Frhr. von Pölnitz* in Augsburg, der die Fugger-Forschung so bereicherte, genannt und ebenso Landesrat *Robert Paasch*, Münster.

Der Universitätsbibliothek Münster (Westf.) mit Bibliotheksdirektor Dr. *W. Bauhuis* (†), Oberbibliotheksrat Dr. *Robert Samulski* und mit Bibliotheksrat Dr. *Karl Gröver* verdankt das vorliegende Werk ebenfalls manche Auskunft und vielfache Bereicherung. Die weit verstreute Literatur war oft schwer zu beschaffen. Die Öffentliche Bibliothek zu Detmold stellte mir das seltene Werk von *Johann Mathesius* „Sarepta oder Bergpostilla", eine Predigtsammlung und Chronik der Bergbaustadt Joachimsthal, in der Ausgabe von 1571 zur Verfügung. Manche Auskünfte gewährte Prof. Dr. *Carl Wehmer*, Direktor der Heidelberger Universitätsbibliothek.

Desgleichen gilt mein besonderer Dank der umsichtigen Hilfe von Assistent Dr. *Klaus Rockenbach* im Deutschen Institut für Auslandskunde in Münster, der manche Erinnerungen aus seiner rheinischen Heimat mitgeben konnte und der neben der Mitarbeit am Register ebenfalls die Korrektur in die Hand nahm. An letzterer beteiligte sich auch Assistent Dr. *Gerhard Theuerkauf*. Ebenfalls habe ich der Mitarbeiterin im Institut, Frl. *Maria Jasper-Kaldewey*, zu danken, die viele literarische Hinweise beibrachte und in Bergbaugebieten der Schweiz und Österreich wertvolle Aufzeichnungen machte. Der Arbeitsgemeinschaft für Forschung des Landes Nordrhein-Westfalen habe ich zu danken für das Verständnis, das sie der Drucklegung dieses Bandes entgegenbrachte, ebenso dem Westdeutschen Verlag in Opladen.

Georg Schreiber

ZUR EINFÜHRUNG

Die Geschichte des Bergwerks und des Bergbaus verteilt sich auf die verschiedensten Forschungsbereiche. An erster Stelle wird sich die Untersuchung des Mineralvorkommens mit ihren Aufschlußmethoden (geologischer, geophysikalischer und lagerstättenkundlicher Art), ferner die Geschichte der Rohstoffe und der der Technik zu Wort melden. Aber weit darüber hinaus müssen andere Sichten hinzugezogen werden. Die Rechtsgeschichte und selbst die Geistesgeschichte erwähnen mit einiger Betonung das neuere Landesrecht; jedoch mit einem Rückgriff auf frühere Zeitalter zeigt sich zudem das Bergregal des deutschen Königs. Dazu treten als seine Erben die Territorialverwaltungen. Diese domini terrae empfingen Bergwerke zu Lehen und belehnten weiter. Im Zeichen dieser sich verbreiternden Entwicklung, die im deutschen Raum über Jahrhunderte griff und schon manche Parzellierungen hervorrief, fanden sich *Bergwerksordnungen* ein. Sie gaben sich strukturell als das Skelett des Bergbaus. Sie bezeichneten ebenso programmatisch den Lebenswillen eines neuen Berufsstandes.

Eine der ersten Regelungen stammt von Friedrich von Wangen, dem Fürstbischof von *Trient*, aus den Jahren 1208 bzw. 1214. Man mag jene Handfeste nicht isoliert sehen. Es war ja jene Zeit, in der sich der deutsche Bergbau, zum Teil auf ottonischer Grundlage, in anderen nördlichen und östlichen Schauplätzen weiter entwickelte. Deutsche Bergleute fanden sich ein im Harz, im Erzgebirge, im Fichtelgebirge, in Schlesien, in Böhmen und in Karpatho-Rußland. Eine Südlinie berührte die besonders ergiebigen Gruben der Alpenländer des reifenden Mittelalters. Bewegungen und Binnenwanderungen, wohin man sieht. Ob die sich festigende Art des kanonischen Rechts mittelbar auf den so vielseitigen und schöpferischen Trienter Fürstbischof (Codex Wangianus, romanischer Dom, Reform) wirkte, sei dahingestellt.

Mit der Aufschließung des Bergbaus wuchs die korporative Kraft der Bergbeflissenen. Das blühende Genossenschaftswesen des medium aevum empfing bei steigender Ausbeute eine neue Bereicherung. Diesmal nicht in der zunftstarken civitas, sondern in der wertschöpferischen Einsamkeit des

Berglandes und seiner Umwelt. Aber die oberdeutsche Stadt, die mittun wollte, entsandte aus Nürnberg, Augsburg, Ulm, Konstanz, Reutlingen, Eßlingen und aus anderen Plätzen der Wirtschaft und des Handels starke Persönlichkeiten als Unternehmer. Mit diesen ging das erforderliche Kapital, dessen Notwendigkeit sich verstärkte. Im Zeichen einer erstaunlichen Harmonisierung bildeten die Unternehmer (Gewerken) und die Bergknappen grundsätzlich eigene und kraftvolle Gemeinschaften. Man sprach diese Bergbeflissenen an als „Gesellschaft", als „Samnung", ebenso als „Bruderschaft", die keineswegs nur religiös gesehen werden darf. Das wäre ein unzulässiger Vorgriff auf das Tridentinum, das den Begriffsinhalt stärker, ja ausschließlich in die religiöse Sphäre zog. In die ältere Sicht gehören zudem die Bruderlade oder die Knappschaftsbüchse, also ein zweckgebundenes Vermögen dieser gewachsenen Korporation. Man half sich gegenseitig. Die Selbstbesteuerung wurde zum officium nobile. Die Geschichte des Abgabenwesens empfing genossenschaftliche Züge, an denen aber der Regalherr nicht uninteressiert vorüberging, da ihm bedeutende Einnahmen erwuchsen. Aber diese landesherrliche Überprüfung beschäftigte den kursächsischen Raum genauso gut wie die alpinen Bergwerke.

Sozialkaritative Aufgaben fanden sich dabei früh ein. Die Figur des in der Gefahrenzone verunglückten Bergmanns wird schon in der Literatur des cluniazensischen Zeitalters herausgestellt. Die Altersversorgung der Hinterbliebenen und der Invaliden beschäftigte schon früh die habsburgische Bergwerkspolitik.

Zum räumlichen Vorspiel des Bergwerks wurde die *Höhle*. Verwandte Züge werden sichtbar. Die christliche Legende hat sich der Anziehungskraft dieses unterirdischen Raumes oft gewidmet, der sich in Sizilien wie in England entfaltete[22].

Die erwähnten *Bergordnungen* der jeweiligen Landschaften und Nationen, die gegenüber den Stadtrechten ebenfalls eine bodenverwurzelte und selbständige Ausrichtung mit sich führten, müßten für das Mittelalter, aber auch für die Folgezeiten in einem Corpus einmal gesammelt und herausgegeben

[22] Gute Einblicke gewähren die leider nicht im Register festgehaltenen Züge in Sachen der Höhle, die die Legende mitzuteilen weiß, bei *Heinrich Günter*, Psychologie der Legende. Studien zu einer wissenschaftlichen Heiligen-Geschichte. Freiburg i. Br. 1949, S. 56, 68, 73, 104, 129. Für die Zusammenhänge von Höhle und Sage vgl. *Richard Kühnau*, Schlesische Sagen, 4 Bde. (Schlesiens volkstümliche Überlieferungen. Sammlungen und Studien der Schlesischen Gesellschaft für Volkskunde, begründet von Friedrich Vogt, hg. v. Theodor Siebs, Bd. III–IV). Leipzig und Berlin 1910–1913, 4, im Register S. 141.

werden. Darüber hinaus wären die Privilegien für den Bergbau rechtsvergleichend für die deutschen Gebiete zu behandeln. Dabei wäre die unterschiedliche Art der Bergfreiheit näher herauszustellen. Der Gerichtsstand verlangt einige Aufmerksamkeit. Die Vergünstigung an Wasser und Wald erwies sich als unbedingt lebensnotwendig. Bei Holzmangel griff man sogar auf die Obstbäume als Stempel zurück. So weitete sich das Genossenschaftsrecht[23].

Letzteres fand von seiten der Bergbaubehörden, also von seiten des Herrschaftsgedankens, doch eine weitgehende Unterstützung. An der Wende vom Mittelalter zur Renaissance entwickelt der Bergbau überdies eine eigene Architektur, richtiger gesagt, einen liturgischen Ehrenplatz, in den kultisch anerkannten *Knappenschiffen* in den tirolischen Pfarrkirchen von Schwaz und von Rattenberg. Keine andere Zunft hat sich in Köln und Frankfurt so weit vorgewagt, eigene Kirchenschiffe zu besitzen. Selbst die Weinlandschaft, die in Basel, Straßburg, Worms zu bedeutenden Gipfelungen griff, setzte stolze Weinherren mitten unter das Pfarrvolk. Erstmalig fand sich ein Standeskirchenrecht ein, diesmal jenseits des Klerus.

Darüber hinaus schuf der Bergbau von sich aus eigene *Bergstädte* im Harz, in Sachsen und Böhmen. Dazu treten die nordungarischen Bergstädte. Kremnitz, die alte deutsche Bergstadt, war 1926 allerdings angesichts der Slowakisierung nur noch zu einem Fünftel deutsch[24]. Der Silberbergbau bemächtigte sich überdies im Joachimstal und darüber hinaus im tirolischen Hall, gestützt auf Schwaz, der Münze. Ein neuer Zugang zum öffentlichen Leben.

Das Bergwerk hatte seine Umwelt. Anders wie heute in Bochum. Dort im westfälischen Raum hat sich die Nachbarschaft der Großfabrik aufgetan. Die Opelwerke, die dort zur Zeit gebaut werden, haben Tausende von Bergarbeitern an sich gezogen. Eine industrielle Revolution gibt sich kund, nicht mehr und nicht weniger. Im Mittelalter und bis an die Anfänge unseres Zeitalters war es um das Bergwerk, wenn wir von der Verstädterung absehen, stiller und einsamer. Aber manches kam doch schon früh auf das Bergwerk zu. An seiner Seite fanden sich oft ein die Schmiede, die Schmelzhütte, das Hammerwerk, das Metallgewerbe. Manchmal folgte, wie soeben

[23] *Placidus Plattner*, Geschichte des Bergbaus der östlichen Schweiz. Chur 1878, S. 17ff. – Über das blühende Metallgewerbe im Tale Stubai im 17. Jh., das in Anlehnung an die Bergwerke erwuchs, s. *Hermann Wopfner*, Bergbauernbuch, 1. Bd., Innsbruck 1954, S. 381f.

[24] *Eugen Lemberg*, in dem erwähnten Sammelheft von *E. Winter*, Deutsche in der Slowakei und in Karpathorußland. S. 3f.

angedeutet, auch die Münze. So wuchs eine Bergverwandtschaft in das Umland. Eine Art Großfamilie tat sich auf, mit einer Mehrheit von Eisenherren, die Anordnungen zu geben wußten, die aber durch eine beseelte, ja warmherzige Bergordnung und durch die aufmerksame Landesgewalt ernste Bindungen erlebten. Die Hammerwerke wurden gelegentlich zur Ordnung gerufen, wenn sie den Primat der Bergwerke störten.

Ein anderes ist in diesem Zusammenhange noch zu erwähnen. Noch bleibt das wechselvolle und regional unterschiedliche Verhältnis von *Stadt und Land* für das Mittelalter weithin zu erforschen, vor allem, was die dörfliche Flur betrifft. Der Bergbau und die Weinflur warnen, die gewiß bedeutende und quellkräftige Siedlung hinter den Ringmauern und vor ihren suburbanen Vorfeldern zu überschätzen. Das Land eroberte sich im Gegensatz zur civitas gewisse Selbständigkeiten, unter denen das Bergwerk als unterstützende Kraft gewiß an erster Stelle steht.

Zum anderen möchten das Transzendentale und jene schöpferische Ehrfurcht in der Bergbauforschung stärker berücksichtigt sein, die Goethe als „Quellpunkt der Kultur" bezeichnete. Der Bergsegen will gemäß der älteren Vorstellung als gerechtsamer Gottessegen angesehen werden. Die Bergbaue erscheinen als magnalia Dei, als einzigartige Großtaten des Herrn. Es rückt also der Bergbau in eine theozentrische Sicht. Man kann angesichts gewichtiger Äußerungen geradezu von einer Theologie, von einem Mysterium und von einer Hagiologie des Bergbaus sprechen. Daran beteiligen sich ebenso die lebenszugewandte Festkultur wie das frohe und lebensvolle Bergmannslied mit seinem optimistischen „Glückauf". Von dieser Grundlage her werden die Stollen nach christlichen *Mysterien* benannt, nach dem hl. Kreuz und nach dem Salvator, nach der Dreifaltigkeit, nach Christi Himmelfahrt, nach dem hl. Blut, ebenso nach anderen Glaubensgeheimnissen, die sich volksmächtig und brauchtumsfreudig anlassen. Entsprechend der mittelalterlichen Vorstellungswelt werden überdies neben den Mysterien noch andere Stollennamen aufgeführt, die inmitten einer volkslebendigen Sakralkultur stehen. Man greift, um Stollen zu kennzeichnen, nach *alttestamentlichen Namen*. Da erinnert man sich an Daniel, an seinen Aufenthalt in der Löwengrube, ebenfalls gedenkt man des metallischen Traumes des Nabuchodonosor. Im späteren medium aevum, in dem damals ansteigenden Marienkult, macht man die Madonna zur Patronin von Gruben. Ganz bevorzugt erscheint auch die „Erzmacherin" St. Anna, entsprechend der starken und volksnahen Stellung dieser Silberheiligen in der Spätgotik. Doch wird diese avia Domini mehr zur Vorläuferin der Marien-Bergzechen.

Die Bevorzugung der *Apostel* im Ablauf der Festkultur zeichnet sich auch darin ab, daß man sie ebenfalls zu Bergwerkspatronen macht. Darüber hinaus begegnet der Einfluß der Metallheiligen, die irgendwie in der Legende oder in Attributen bestimmten chemischen Elementen näherstehen. In Hinsicht auf Bergwerksschäden wollen desgleichen die Wasserheiligen genannt sein, besonders mit St. Nikolaus und mit St. Christophorus. Außerdem finden sich hl. Frauen in der Benennung der Stollen ein, die ebenfalls als schutzmächtig angerufen werden. In etlichen Landesteilen tritt Maria-Magdalena stärker hervor, was manche Forscher übersahen. Unter dem Einfluß von Schlesien und seiner Wirtschaftsentwicklung stärkt sich ganz bedeutend die Stellung von St. Barbara. Sie soll bewahren vor dem jähen unvorhergesehenen Tod. Sie rückt in die ars moriendi. Sie bleibt dem Bergwerk selbst noch in der Gegenwart verbunden. Ihr Fest am 4.12. wird mit kirchlichen und weltlichen Feiern begangen. St. Barbara erscheint dann in Brauch, Lied, Musik, Tanz und Spiel. Sie trat ebenso zur Kunst der Gotik, des Barock und der Gegenwart.

Nach allem wächst der Bergbau in die verschiedensten Ausdrucksgebungen des deutschen *Volkstums*, wobei neben der profanen die kultisch bezogene Kunst einbezogen werden muß. Desgleichen möchten die Legende, die Predigt, die volksreligiöse Literatur und selbst das Kleine Andachtsbild zu Wort kommen. Mehr als eine deutsche Landschaft erlebt somit das Bergwerk als Inhalt eines ausgeprägten Volksbesitzes, als Gemeinschaftsrhythmus großen Stiles, als Zeuge einer bedeutenden Kulturentwicklung.

Es ziehen sich selbst Vergleiche zu den altchristlichen Bergleuten am Chersones. Andere Vorläufer und Vorfahren wollen beachtet sein, für die patristische Zeit in Sardinien, Kleinasien, Palästina, Ägypten, Pannonien. So wird der Bergbau schon früh zu einem Kulturatlas und ebenso zur Spiegelung der Völkercharaktere. Das erwähnte Bergwerkspatrozinum bereichert diese fesselnde Sicht, die sich weiträumig ausweitet. Die Werktagsarbeit im Bergbau wird über die Tagesleistung und Betriebszugehörigkeit zum Beruf, der ein starkes Ethos mit sich führen muß. Es erwächst dabei ein Brauchtum, das sich soziologisch, volkskundlich und kultisch als denkwürdige Eigenart anläßt. Manches verblaßte, anderes bewahrte sich.

Das vorliegende Buch will zu diesen und anderen Fragestellungen nur einige Zugänge ermöglichen, nicht mehr. Doch melden sich ebenso neue *Quellen* zu Wort. Da heißt es für die hochmittelalterlichen Zisterzienser des steirischen Reun, also für die Schöpfer der Saline Aussee (Oberösterreich): „Die Brüder ließen, um die Saline zu erneuern, einen Stollen durch die

Hand der berufenen Werkmeister (per manus opificum) eröffnen[25]." Eine charakteristische Äußerung. Anbruch einer neuen Zeit. Die Söhne Bernhards von Clairvaux sind die großen Bergingenieure und Wasserbauingenieure des medium aevum. Bislang ist die Forschung diesem bergbaugeschichtlichen Fragenbereich monastischer Montanen kaum nähergetreten. Hie und da hat die zisterziensische Saline stärker interessiert. Man denke nur an die Forschungen von *Heinrich von Srbik* über das österreichische Salinenwesen, vorab an die Bewirtschaftung der Saline Aussee durch die Zisterze Reun, die sich im 13. Jh. allerdings noch bescheiden anließ[26].

Manche archivalische Notizen sind in unserer Untersuchung flüssig gemacht, um den Quellenbereich zu vermehren. So ist von uns ein Lehenbuch des Schwazer Bergbaus um 1515 verwendet worden, das bereits ab 1440 geführt wurde[27]. Es enthält Stollennamen nach Glaubensgeheimnissen und Heilbringern. Für die Erläuterung sei vorerst vermerkt, daß es sich in der Aufführung der heiligen Patrone der Gruben und Stollen geradezu um eine, allerdings gekürzte *Allerheiligen-Litanei* des Bergmanns handelt. Es ist für diese Gruppierung festzustellen, daß dort die Apostel betont heraustraten. Als weiteres Kollektiv sind die Vierzehn Nothelfer angeführt, die gerade dem spätmittelalterlichen Kalender in dörflichen Fluren eine charakteristische Färbung geben[28]. Es ist beabsichtigt, gerade diesem Lehenbuch, unter Berücksichtigung verwandter Aufzeichnungen bei anderer Gelegenheit eine eigene Abhandlung zu widmen, da solche Übersicht noch weitere Beobachtungen nahelegt. Es sei nur für diese montanen Herkunftslinien erwähnt, daß in den Bergwerken in Graubünden auch der Iroschotte Kilian genannt wird[29]. Er nahm einen weiten Wanderweg.

Heinrich von Srbik hat uns in seinem fruchtbaren Lebenswerk wieder und wieder darauf aufmerksam gemacht, daß der Anteil Österreichs an der deutschen Gesamtentwicklung stärker herausgearbeitet werden muß. Wenn es irgendein Gebiet der Wirtschaft, des Soziallebens und der Sozialkultur gibt, indem gerade dieses Leitmotiv schärfer heraustreten darf, ist es neben der

[25] Zur Eröffnung der Saline s. *Heinrich v. Srbik*, Studien zur Geschichte des österreichischen Salzwesens. Innsbruck 1917. S. 24. Freundliche Mitteilung von Herrn Prof. Dr. Dr. Dr. *Nikolaus Grass*, Innsbruck.

[26] Ebd., S. 28ff.

[27] Handschrift 1587, Landesregierungsarchiv Innsbruck. Näheres s. unten.

[28] *Georg Schreiber*, Die Vierzehn Nothelfer in Volksfrömmigkeit und Sakralkultur. Symbolkraft und Herrschaftsbereich der Wallfahrtskapelle, vorab in Franken und Tirol (Schlern-Schriften, hg. v. R. Klebelsberg, Bd. 168). Innsbruck 1959, S. 51ff.

[29] *Plattner*, Bergbau. S. 45; *Schreiber*, Alpine Bergwerkskultur. S. 66.

Weinwirtschaft im Etschland der alpine Bergbau. Da wird Tirol geradezu zu einem klassischen Paradigma. Tiroler Bergleute von Schwaz wandern schon früh durch den europäischen Kontinent. Im Zeitalter Karls V. gingen sie nach Venezuela. Diese fürstliche Grafschaft war ungemein weiträumig und zugleich hochproduktiv.

Der deutsche Bergbau hat nun, was seine Geschichte angeht, weithin eine literarische Aufmerksamkeit gefunden. Ja, darüber hinaus hat die Forschung der jüngsten Zeit neue Quellenbereiche und Fragestellungen ergründet. Allerdings fehlt ein großes geschlossenes Werk, wie es etwa *Friedrich von Bassermann-Jordan* dem deutschen *Weinbau* widmete[30]. Die Geschichte der Weinwirtschaft hat im übrigen recht oft den Bergbau gestreift. Da hat 1485 der Erzherzog Siegmund dem Bergrichter Andrä Doner des tirolischen Primör strengstens beauftragt, ernstlich zu verbieten, daß die Bergknappen nachts in Wirtshäusern und Weinhäusern sitzen und Karten spielen. Er solle die Wirte, welche dieses geschehen lassen, streng bestrafen[31]. Andererseits erscheint 1565 am Geyr in Rattenberg eine Grube „St. Leonhard unter dem Weinstock“[32], deren Vorräte allerdings bald nachließen. Ebenso will erwähnt sein, daß sich am steirischen Erzberg eine Grube einfand, die im Jahre 1788 St. Elisabetha im Weingarten genannt wurde[33]. Die Weinleute an der Etsch beschweren sich andererseits im Jahre 1533, daß manche Weinfluren durch den Bergbau verschüttet werden. Eine hochwertige Bodenkultur war derart ernst gestört[34]. Weitere Verschränkungen dieser beiden Wirtschaftsgebiete zeichnen sich auch sonst ab.

In der regionalen Bergwerksforschung seien die Arbeiten von *Placidus Plattner* über den Bergbau der östlichen Schweiz, von *Max von Wolfstrigl-Wolfskron* über die Tiroler Erzbergbaue und von *Hermann Löscher* über die Besiedlung des Erzgebirges[35], besonders hervorgehoben. Nach der regionalen Seite wirken ebenso die bergbaulichen Studien von *Albert Hömberg* über

[30] 2. Aufl., Frankfurt a. M. 1923. Nachträge: „Weinbau und Volkskunst“, bei *G. Schreiber*, Volk und Volkstum, Jahrbuch für Volkskunde, Bd. 2, München 1937, S. 54–58; „Der Wein und die Medaille“, ebd., Bd. 3, München 1938, S. 127–146.

[31] *Max Reichsritter von Wolfstrigl-Wolfskron*, Die Tiroler Erzbergbaue 1301–1665. Innsbruck 1903, S. 342.

[32] Ebd., S. 160.

[33] Beschreibung, S. 32.

[34] *Wolfstrigl-Wolfskron*, Tiroler Erzbergbaue, S. 359.

[35] Gründung und Ausstattung von Kirchen, Pfarren, Schulen und Hospitälern im Verlaufe der bergmännischen Besiedlung des Erzgebirges. In: Zeitschr. der Savigny-Stiftung für Rechtsgeschichte, Bd. 69, Kan. Abt. 38. Weimar 1952, S. 297–394; ebd. Bd. 70. Kan. Abt. 39, 1953, S. 132 ff.

das obere Sauerland geradezu vorbildlich[36]. Soweit an ersten Hinweisen für landschaftliche Vorarbeiten. Nach der rechtlichen Seite wollen im besonderen die bahnbrechenden Vorstudien von *Adolf Zycha* erwähnt sein[37]. Desgleichen sind die Untersuchungen von *Otto Stolz* über die Anfänge des Bergbaus und Bergrechts in Tirol als grundlegend zu bezeichnen[37a].

Aber andere Fragestellungen waren neu zu ergründen. So mußten Nachbardisziplinen stärker herangezogen werden. Doch vieles ruht noch in den Archiven, was bislang nicht in die Bearbeitung und in den Druck überführt werden konnte. Dieses Defizit betrifft vorab die *Bergbauordnungen*. Manche dieser landesherrlichen Erlasse, die im 14. und 15. Jh. ihre stärkere Ausprägung erfahren, und sich in der Folgezeit, fast immer in Weiterführung des ältesten Bestandes konservativ, geradlinig, ja pietätvoll und doch zweckhaft fortsetzen, werden gewiß in älteren bergbaulichen Sammlungen bereits ganz oder inhaltlich mitgeteilt. Sie sind natürlich landschaftlich gegliedert. Doch gewisse Ansätze für Vergleiche sind bereits feststellbar. Man nehme etwa das Sammelwerk des *Thomas Wagner*, das Corpus iuris metallici, das am Ausgang des 18. Jh. als eine fleißige und inhaltlich bemerkenswerte Gesetzessammlung erscheint. Diese Veröffentlichung ist schon in etwa von dem Streben nach übersichtlicher Systematik getragen, das später Enzyklopädien entstehen läßt[38]. Zu dieser Sicht wird eine Agricola-Ausgabe geschaffen, unter den Portalen der deutschen Renaissance[39]. Sie legt nahe, Vergleiche zu zeitgenössischen oder späteren Bergbüchern zu ziehen, denen das Werk dieses Bergfachmanns oft als Vorbild diente. Im besonderen ist der bodenständige Codex Ettenhardt als Tiroler Gegenstück des Agricola zu nennen[40].

[36] Siedlungsgeschichte des oberen Sauerlandes (Geschichtliche Arbeiten zur westfälischen Landesforschung, Bd. 3, Veröffentlichungen der Historischen Kommission des Provinzialinstituts für westfälische Landes- und Volkskunde XXII). Münster 1938, S. 100ff.

[37] Das Recht des ältesten deutschen Bergbaues bis ins 13. Jahrhundert. Eine Studie aus der deutschen Rechts- und Wirtschaftsgeschichte. Berlin 1899.

[37a] In: Zeitschrift der Savigny-Stiftung, Germ. Abt., Bd. 48. Weimar 1928, S. 207–263.

[38] Der Volltitel lautet: Corpus iuris metallici recentissimi et antiquioris. Sammlung der neuesten und älterer Berggesetze. Hg. v. *Thomas Wagner*, Churfürstl. Sächs. geheimden Finanz-Rathe und Beysitzern der Landes-Oeconomie-Manufactur- und Commerzien-Deputation. Leipzig, verlegte Johann Samuel Heinsius 1791. – Das umfangreiche Vorwort ist bergbauhistorisch besonders wertvoll. Es verdient für eine zeitgeschichtliche Milieuzeichnung des Bergwerks eine besondere Berücksichtigung.

[39] *Georg Agricola*, Zwölf Bücher vom Berg- und Hüttenwesen. Düsseldorf 1953. Zu Agricola s. *Albrecht Schrauf*, Zur Erinnerung an Georg Agricola. In: Zeitschr. f. prakt. Geologie 1894, H. 6 (Juni), S. 217–224.

[40] S. unten S. 31f.

Meißnische
Bergk Chro-
nica: Darinnen fürnem-
lich von den Bergkwercken
des Landes zu Meissen gehandelt wirdt / wie
dieselben nach einander auffkomen. Mit wel-
cher vrsach vnd gelegenheit auch anderer be-
nachbarten / vnd zum teil abgelegenen Bergk-
wercken / fast in gantz Europa, etwas ge-
dacht wird / damit man sehe / wie die
Bergkwerge nach einander
belegt worden.
Vnd entlich von allen Metallen vnd
Metallarien / Das ist: Den jenigen Erdge-
gewechsen / so man zu den Metallis zu rechnen
pfleget / welche im Lande zu Meyssen
gefunden werden.
Geschrieben durch
PETRVM ALBINVM M.
Churf. Sächs. Registratorn
vnd Secretarien.
Dreßden. *M.D.XC.*

Titelblatt des Werkes „Meißnische Bergk-Chronica“
von Petrus Albinus, Dresden 1590.

In der älteren Geschichte des Bergwerks wird öfters auch der Bergbauforscher *Petrus Albinus (Weis)* erwähnt, der in dem Bergbauort Schneeberg 1543 geboren wurde und 1598 zu Dresden starb[41]. Die dort gebotenen bergbaulichen Angaben haben einen besonderen Wert für das Erzgebirge, aber auch der Rundgang durch andere europäische Bergwerke, den Albinus anstellt, zeigt doch an mehr als einer Stelle ein Wissen, das beachtet sein will[42]. Ein aufnahmefreudiger Wanderer, mehr als die Neue deutsche Biographie berichtet.

Die Literatur des 19. und 20. Jh. über das Bergwerk behandelt vorwiegend die Produktion an Kohle, Koks, Briketts, die modernen Schachtanlagen, die Wasserhaltung, die Gesteinsarbeiten und die Förderung als Leistung des einzelnen Arbeiters, Absatzverhältnisse und Verkehrsverhältnisse, die Wagengestellung. Dazu treten Erörterungen über die Handelspolitik, die Berggesetzgebung, die Zersplitterung des Bergwerkseigentums, die Angelegenheiten der Arbeiterschaft und der Beamten, die Wohnungsverhältnisse und zahlreiche andere Fragen, wie die Reform von Berggesetzen, wie die Zuständigkeit der Gewerbegerichte. Einen guten Überblick über die Diskussionen der letzten Jahrzehnte gewährt die „Festschrift zur Feier des 50jährigen Bestehens des Vereins für die bergbaulichen Interessen im Oberbergamtsbezirk Dortmund", die von *Ernst Jüngst* herausgegeben wurde[42a], die seitdem viele Ergänzungen und Weiterführungen erlebte. Man beachte auch das „Bücherverzeichnis des Vereins für die bergbaulichen Interessen im Oberbergamtsbezirk Dortmund zu Essen"[42b].

Man nehme vor allem das systematische Werk, das *Gerhard Boldt* in Sachen des Rechtes des Bergmanns vorgebracht hat[42c]. Es enthält ebenso knappe historische Einführungen, die allerdings eine Erweiterung verdienen, um manches zu vervollständigen.

[41] *Schnorr v. Carolsfeld*, Albinus. In: Allgemeine Deutsche Biographie. 56 Bde. München und Leipzig 1875–1912, 1, S. 223. Eingehender *Bruno Sauer*, Albinus. In: Neue Deutsche Biographie, Bd. 1ff., Berlin 1953ff., 1, S. 151.

[42] Meisznische Bergk Chronica: Darinnen fürnemlich von den Bergkwercken des Landes zu Meissen gehandelt wirdt / wie dieselben nach einander auffkommen. Mit welcher vrsach vnd gelegenheit auch anderer benachbarten / vnd zum teil abgelegenen Bergkwercken / fast in gantz Europa, etwas gedacht wird / damit man sehe / wie die Bergkwerge nach einander belegt worden. Vnd entlich von allen Metallen vnd Metallarien / Das ist: Den jenigen Erdgewechsen / so man zu den Metallis zu rechnen pfleget / welche im Lande zu Meyssen gefunden werden. Geschrieben durch *Petrvm Albinvm* M. Churf. Sächs. Registratorn vnd Secretarien. Dreszden M.D.XC.

[42a] Essen 1908.

[42b] Berlin 1905.

[42c] Das Recht des Bergmanns³. Tübingen 1960.

I. DAS BERGWERK IN RECHT, LITURGIE, SAKRALKULTUR

1. Quellenkunde

Vor Jahren weilte ich zu Studien über die Hospitäler der Alpenpässe in der Schweiz. Ein Bruchteil dieser Arbeiten ist inzwischen veröffentlicht worden[43].

Bei diesen Forschungen wurde ich aufmerksam auf Bergordnungen und Bergrodel[44], auf Bergbriefe und Knappenbücher, auf Raitungen[45] und Tagebücher. Verwandte Kennzeichnungen fanden sich ein, wie Bergbücher, Lehenbücher, Bergrelationen, Lehenbriefe, Bestellungsbriefe, Freiheitsbriefe, Berggerichtsbuch, Bergabschied (öffentlich verlesene Bestimmung)[46], Handfeste (d.h. Privileg)[47] und andere Verlautbarungen.

Manche Grubenverzeichnisse bot die bergbaugeschichtlich gut besetzte Zürcher Zentralbibliothek, vornehmlich für die Ostschweiz. Weitere Einsichten gewährten die Bestände des Bischöflichen Archivs in Chur, die zum großen Teil bereits von *Placidus Plattner*, einem guten Kenner rätischer Kulturgeschichte[48], unter Berücksichtigung älterer Vorstudien aufgearbeitet waren[49]. Diese bergmännischen Aufzeichnungen in Sachen Rätiens empfangen helleres Licht im 14. Jh.; Karl IV. händigte nämlich am 27.12.1349 in Dresden dem Bischof Ulrich von Chur neben sonstigen Vergünstigungen ein: alles Eisen, Blei, Kupfer, Silber, Gold und alle anderen Erze im heutigen

[43] Mittelalterliche Alpenpässe und ihre Hospitalkultur. In: Miscellanea G. Galbiati (Fontes Ambrosiani 27), Bd. 3. Milano 1951, p. 335–352.

[44] Oder Bergrolle, Bergliste. Vgl. dazu *Friedrich Kluge*, Etymologisches Wörterbuch der deutschen Sprache, 18. Aufl., bearbeitet von Walter Mitzka. Berlin 1960, S. 605f.

[45] Österreichisch für Rechnung, seit dem 16. Jh. üblich. *Erich Bayer*, Wörterbuch zur Geschichte. Begriffe und Fachausdrücke (Kröners T. A. Bd. 28) Stuttgart 1960, S.405.

[46] Ebd., S. 5.

[47] Ebd., S. 191.

[48] Hier habe ich für manche Hinweise dem (†) Bischöflichen Archivar Msgr. J. Battaglia zu danken.

[49] *Chr. G. Brügger von Churwalden*, Der Bergbau in den X Gerichten und der Herrschaft Rhäzünz unter der Verwaltung des Davoser Berg-Richters, Christian Gadmer, 1588–1618. Zürich o. J.

Bündnerischen Rheingebiet bis zum Ausfluß der Landquart[50]. Chur war damals als Schnittpunkt verschiedener Alpenstraßen besonders reichswichtig.

Gesprächiger noch als das gewiß grundlegende 14. Säkulum wirkte für alpine Gebiete die bergbauliche Blüte des 15. und 16. Jh. Dann aber fanden sich Krisen ein. Sie wurden nicht nur durch die Erschöpfung der Zechen, sondern auch durch politische, soziale und religiöse Wellen heraufgeführt. Dabei lichtete sich das bergmännische Personal. Manche wanderten ab. Im Imster Gebiet verblieb wegen der religiösen Spannungen nur ein Fünftel des Personals. Indes sind mutige Neuschürfungen und die Wiederbelebung alter Stollen ebenso zu erwähnen. Doch sprechen nach wie vor manche Halden „als stumme Zeugen früheren Bergbaubetriebes" vom Verfall[51].

Diese Studien wurden in *Tirol* fortgesetzt, vorab in Innsbruck und Schwaz. Andere alpine Gebiete der Steiermark und Kärntens schlossen sich an. Aber auch der böhmische Raum drängte auf eine gewisse Berücksichtigung. Dabei konnten mir eine Reihe von Assistenten helfen, die dort ihre Heimat wußten und zugleich im Deutschen Institut für Auslandskunde beschäftigt waren. Doch alle diese Untersuchungen wollten mehr gewisse Beziehungen festhalten, die sich zwischen *Bergbau* und geistig-seelischen Bereichen und der Sozialkultur ergaben, vorab für das ausgehende medium aevum, aber auch für Folgezeitalter.

Dabei verlangte die Barockzeit, die neue Antriebe sah, eine besondere Aufmerksamkeit. Doch konnten diese Beziehungen nur in einigen Hauptpunkten erörtert werden. So mag der gewiß bemerkenswerte Anteil der Bistümer, Stifte, Klöster, Spitäler, Pfarreien am Bergbau besonderen Studien überlassen werden. Diese Beteiligung, ja die entfaltete Initiative von bergbaufreundlichen Einzelpersönlichkeiten, etwa von Fürstbischöfen in Trient oder Salzburg, ist allerdings bedeutend genug. Nach allem wirkte es geradezu symbolisch, wenn die Volksüberlieferung St. Magnus, den Apostel des Allgäus († ca. 750), dahin ansprach, er habe in seinem Missionsgebiet Erzlager entdeckt[52]. Er habe damit auf eine Bevölkerung erzieherisch eingewirkt, die sich damals noch als „wild" anließ. Seiner gedenken zwei Gruben St. Magni im steirischen „Eisenärz"[53].

[50] *Johann Georg Mayer*, Geschichte des Bistums Chur, 2 Bde., Stans 1907, 1914, 1, S. 359f.; *Plattner*, Bergbau, S. 6.

[51] *Mutschlechner*, Erzbergbau. S. 57.

[52] *Josef Kögl*, Einige Notizen über den Pfarrbezirk Breitenwang. Füssen 1830, S. 21.

[53] Beschreibung, S. 28. – Zur weiteren Literatur des Bergbaus s. noch: *Joseph Braun*, Tracht und Attribute der Heiligen in der deutschen Kunst, Stuttgart 1943; *Johann Jacob Ferber*, Beyträge zur Mineral-Geschichte von Böhmen, Berlin 1774; *Dietrich Hein-*

Quellenkundlich wertvolle Bestände bot auch die schier unerschöpfliche Bibliothek des Bergbaus in Essen, die ich bereits vor Jahren in Anspruch nahm, um einige Züge zur bergbaulichen Volkskunde herauszustellen[54]. Letzthin erschien in der Zeitschrift der Savigny-Stiftung für Rechtsgeschichte, geradezu mit Entdeckersinn, die umfassende Studie von *Hermann Löscher* über die bergmännische Besiedlung des Erzgebirges[55]. Gotteshäuser und Pfarreien, Unterricht und Hospitäler wuchsen in neue Zusammenhänge, auch unter Berücksichtigung der Bergwerksanteile. Von anderer Seite, von *Ernst Schneider*, wurde neuerdings eine regionale Studie über die Namengebung von Schwarzwälder Bergwerken veröffentlicht[56]. Inzwischen konnte ich meinerseits einige verwandte Beobachtungen an verschiedenen Stellen mitteilen[57].

Zur Quellenkunde noch ein Weiteres. Im Museum Ferdinandeum in Innsbruck befindet sich der inhaltreiche Kodex Ettenhardt, das Ettenhardtsche Bergbuch von 1556 (Signatur 4312, Bibl. Tirol. Ferdinandei), das auch in einigen anderen Handschriften wiederkehrt. Es ist öfters in unseren Übersichten gestreift[58]. Auf eine Verwandtschaft mit dem Bergbuch des Georg

rich Kerler, Die Patronate der Heiligen, Ulm 1905; Schwazer Buch, Beiträge zur Heimatkunde von Schwaz und Umgebung (Schlern-Schriften 85), Innsbruck 1951; *Joseph von Sperges*, Tyrolische Bergwerksgeschichte, mit alten Urkunden und einem Anhange, worin das Bergwerk zu Schwaz beschrieben wird, Wien 1765; *Hermann Wießner*, Geschichte des Kärntner Bergbaues (Arch. f. vaterländ. Gesch. u. Topographie 32, 36/37), Klagenfurt 1950/51; *Otto Stolz*, Die Anfänge des Bergbaues und Bergrechts in Tirol, in: Zeitschr. d. Savigny-Stiftung, Germ. Abt., Bd. 48, Weimar 1928, ohne stärkere Berücksichtigung des Sakralrechts und der Sakralkultur.

54 *G. Schreiber*, Nationale und internationale Volkskunde (Forschungen zur Volkskunde, H. 4/5. Hg. von G. Schreiber). Düsseldorf 1930, S. 96ff.

55 Kan. Abt. 38, S. 297–394.

56 Schwarzwälder Bergbaunamengebung. Ein Beitrag zur bergmännischen Volkskunde. In: Zsch. f. d. Gesch. des Oberrheins 99, 1951, S. 436–473.

57 Schutzherren des Bergbaus. In: Rheinischer Merkur Nr. 45 v. 5. Nov. 1949. – Ausfahrt aus Westfalen. In: Soester Heimatkalender 1953 (Festschrift für Adolf Clarenbach), S. 43–46, mit Hinweisen auf Vitus als Bergbaupatron. – Daniel im Bergbau. In: Der Anschnitt (Bochum), Jg. 5, Nr. 3, S. 12/13.

58 Der Name Ettenhardtsches Bergbuch stammt von dem Bergbauschriftsteller *Sperges* in seiner Tyrolischen Bergwerksgeschichte, S. 228, da der Autor unbekannt war. Mehrere Exemplare im Innsbrucker Ferdinandeum, aber nur eines ist voll bebildert mit kolorierten Zeichnungen, dem wir folgen. Ein weiteres Exemplar in München (Codex sub No. 1203 C. germ.), ein anderes im Klagenfurter Museum Rudolfinum. – Zwei Bilder daraus sind gebracht bei *Karl Bax*, Der deutsche Bergmann. Berlin 1941. Inzwischen (1956) fand durch *Erich Egg*, angeregt durch Museumsdirektor *Heinrich Winkelmann*, eine dankenswerte Ausgabe des Codex Ettenhardt statt. Bibliographisch ist das Titelblatt nicht befriedigend ausgefallen. – *Ders.*, Ein achtes Exemplar des Schwazer Bergbuches. In: Der Anschnitt, Jg. 13, Nr. 2, S. 3–6.

Agricola (De re metallica), das zum Vorbild für andere Bergbücher diente, wurde bereits an anderer Stelle aufmerksam gemacht[59]. Aber gleichzeitig wachsen bei näherer Betrachtung Eigenheiten und Besonderheiten des Tiroler Bergbaus betont heraus. Derart wird die Schwazer mehr subjektive Darstellung (Schrauf) zu einem bedeutenden Gegenstück zu sächsischen Bergordnungen und Aufzeichnungen. Aber eine umfassende Würdigung des Ettenhardtschen Bergbuches und seiner kostbaren, farbigen und zugleich lebenszugewandten Bilder bleibt noch vorzunehmen. Von vornherein fesselten mich die dortigen Ausführungen über das Knappen-Hospital, das in dieser Abhandlung herausgestellt wird.

Um es gleich zu sagen: der *Tiroler* Bergbau mit der großen konstruktiven Formkraft des bayerischen Stammes, mit der aufgeschlossenen Art der Landesfürsten, mit zahlreichen Gewerken (Fueger, Fugger, Hochstetter, Paumgartner, Tänzl, Stöckl)[60], mit der Massierung eines allweg gestrafften Knappentums, steht in einer Linie mit den führenden bergbaulichen Betrieben Deutschlands. „Schwaz ist aller Perckhwerck Muoter zwar, Davon nert sich ain große Schar, Ob dreißig tausnt, hab ich's recht behalten, Von Mannen, Frawen, yung und alten." So vermeldet der Tiroler Landreim von 1558[61], allerdings mit einer Übertreibung der Zahl.

Schwaz konnte sich in der Tat mit dem sächsischen Schneeberg und Freiberg und mit dem böhmischen Kuttenberg und Joachimsthal messen. Aber diese und andere Gruppen standen nie völlig isoliert. Sie kannten Annäherungen und Abhängigkeiten, Abwanderungen und Zuwanderungen. Schwazer Bergknappen und Bergbeamte gingen nach Sachsen, Böhmen, Ungarn, Italien. Dieses Zueinander hat sich in vieler Hinsicht ausgewirkt, in Sachen der Gewerken und der Knappen, in ihrer inneren Haltung wie in der Ordnung des bergbaulichen Betriebes.

Andererseits standen die mitteldeutschen Bergorte in einem lebhaften Verkehr und Handel mit jenem Paßland, das eine einzigartige Wirtschaftsbrücke und zugleich einen kulturellen Zugang gen Italien heraufführte. Die Brennerstraße und vorab der große Umschlagplatz Bozen machten sich immer wieder fördernd für die Wege zum Norden geltend. Dynastische

[59] *Schrauf*, Zur Erinnerung an Georg Agricola. S. 217–224.

[60] Anklagen 1581 gegen die Fugger und Lentner, daß sie in Kärnten sinnen und trachten, „die kleinen Gewerken vom Berge zu treiben", bei *Wießner*, Kärntner Bergbau 2. S. 71.

[61] *Franz Wieser*, Der Tiroler Landreim. In: Arch. f. Gesch. u. Altertumskunde Tirols 5, Innsbruck 1869, S. 209–276, hier S. 222. Zur Bergarbeiterzahl vgl. noch *Pirchegger*, Steiermark, S. 192.

2. Papst Clemens I. und das Mirakel des wiedergefundenen Kindes.
Rom, San Clemente. Um 1100.

3. Sudhaus einer Saline.
Kupferstich von Josef Anton Fridrich († 1751).

Verbindungen zwischen Prag und Meran traten hinzu[62]. Die Dresdner Johannisprozession (1480–1519) deckte sich ungefähr mit dem Stoffkreis des Bozner Umgangs[63].

Wo immer Beziehungen zwischen Bergbau und religiös-kirchlichen Bereichen heraustreten, kommt es auch zu rechtsgeschichtlich bemerkenswerten Fragestellungen. Pfarrkirche und Kapelle, Hospital und Benefizium, Feiertage und liturgische Sonderstellung der Knappen, Stiftungswesen und Wochenpfennig, das Recht auf Benennung der Gruben und ebenso der Bergwerksanteil kirchlicher Instanzen, die sich als Bergindustrielle betätigen, wachsen heraus. Nicht minder wollen die Bruderschaftsbildung und der Gemeinschaftssinn des Knappentums erwähnt sein, der immer wieder zu Statuten griff. Für diese Zusammenhänge braucht man aber einen näheren Einblick in die *Sakralkultur* des Bergbaus, die bislang kaum herausgestellt ist. Sie führt unter anderem in neue Verzweigungen der Patrozinienkunde. Sie schafft auch einen weiteren Unterbau für eine vertiefte Erkenntnis des Brauchtums und der Legende, der Ikonographie und Hagiographie. Die Acta Sanctorum empfangen eine weitere und ergiebige Erschließung.

2. *Ad metalla*

Schon früh berühren sich im Bergwerk staatliche und religiös-kirchliche Lebensbereiche. Man weiß, es ergab sich für die Christen in römischer Zeit wegen ihres Glaubens eine Verurteilung ad metalla, also zur Zwangsarbeit in den Metallbergwerken, ferner in den Mineralgruben und in den Steinbrüchen, besonders in den Marmorbrüchen. Sie vollzog sich im Rahmen des römischen Strafrechts. Sie wurde fast so grausam wie die Todesstrafe betrachtet[64]. Das wohl dem 4. Jh. zugehörige Martyrium des Papstes Klemens I. (Clemens Romanus), um 92–101 Bischof von Rom, weiß zu berichten, daß

[62] *Anton Dörrer*, Bozner Bürgerspiele. Alpendeutsche Prang- und Kranzfeste (Bibl. d. Liter. Vereins in Stuttgart, Nr. 291). Leipzig 1941, S. 57, 129.

[63] Ebd., S. 191. – Die Fortsetzung dieses Werkes erschien unter dem Titel: Tiroler Umgangsspiele (Schlern-Schriften, hg. v. R. Klebelsberg, Bd. 160). Innsbruck 1957.

[64] *Henri Leclercq*, Ad metalla. In: Dictionnaire d'archéologie chrétienne et de liturgie publié par *F. Cabrol* et *H. Leclercq*, Paris 1924, I col. 467–474. – *Theodor Mommsen*, Römisches Strafrecht. Leipzig 1899, S. 949ff. – Zur Bestrafung der Sklaven *Ernst Schönbauer*, Beiträge zur Geschichte des Bergbaurechts (Münchener Beiträge zur Papyrusforschung und antiken Rechtsgeschichte, H. 12). München 1929, S. 94f. – *Ugo Brasiello*, La repressione penale in diritto Romano. Napoli 1937, p. 360sgg., mit der Unterscheidung von metallum und opus metalli, p. 379sgg.

er im Chersones, am Orte seiner Verbannung, gegen zweitausend verurteilte Christen antraf[65]. Sie waren dort zu Arbeiten in Marmorbrüchen verurteilt. Die altchristlichen Quellen, vorab Eusebius, bringen weitere Namen und Beschäftigungen[66]. Aber der Titel *Martyrer* mußte für die Zeugenschaft, die sich im Bergwerk begab, erst erkämpft werden[67]. Doch spricht Cyprian bereits von diesen Verurteilten als von Martyrern[68]. Gleichsetzungen führte auch die Liturgie herauf, so wenn die Mailänder Liturgie in der Art der Karfreitagsliturgie eine Oration kennt „pro fratribus in carceribus, in vinculis, in metallis, in exiliis constitutis". Andere Liturgien gehen in die gleiche Richtung[69].

Es bedeutete eine Höherstufung, ja eine *Christianisierung* des Bergwerks, wenn das Protoevangelium Jacobi von Elisabeth berichtet, sie habe ihren kleinen Johannes Baptista vor der Verfolgung des Herodes ins Gebirge geflüchtet. Als sie keinen Schlupfwinkel fand, habe sie gebetet: „Berg Gottes, nimm Mutter und Kind auf." Da habe der Berg sich gespalten und sie geborgen[70].

Was das Nachleben dieser verurteilten Bergarbeiter betrifft, so war ihnen im allgemeinen eine stärkere kultische Nachwirkung nicht vergönnt. Nur selten schaltete sich, wie im Falle des Clemens Romanus der liber passionarius, die Passionslegende der Martyrer ein. Diese damnati starben in einem stillen Winkel Sardiniens, Ciliciens, Ägyptens und anderorts. Einen besonderen Hinweis verdienen die pannonischen Steinarbeiter[71], die zu Unrecht

[65] Die angebliche Stelle des Martyriums von Klemens in Cersona am Schwarzen Meer (Krim) scheint schon im Anfang des 6. Jh. Wallfahrtsort geworden zu sein, was die Schrift eines Theodosius (Cod. Vat. 6018 saec. IX) nahelegt. Darüber *Bernhard Kötting*, Peregrinatio Religiosa. Wallfahrten in der Antike und das Pilgerwesen in der alten Kirche (Forsch. z. Volkskunde, hg. v. G. Schreiber, H. 33–35). Münster 1950, S. 360. Clemens betet für den Staat. *H. Rahner*, Kirche und Staat im frühen Christentum. München 1961, S. 40.

[66] Die einschlägigen Auslassungen bei *Leclercq*, col. 467, 468, 469. Siehe ferner über diese Zwangsarbeiten *Adolf v. Harnack*, Die Mission und Ausbreitung des Christentums in den ersten drei Jahrhunderten[3]. Leipzig 1915, S. 171ff. – *Joseph Neubner*, Die heiligen Handwerker in der Darstellung der Acta Sanctorum (Münsterische Beiträge zur Theologie, hg. v. F. Diekamp u. R. Stapper, H. 4). Münster (Westf.) 1929, S. 37. – Siehe noch oben über Katakombendarstellungen.

[67] Zum Ersatz des Martyriums siehe *Marcel Viller* und *Karl Rahner*, Aszese und Mystik in der Väterzeit. Freiburg i. Br. 1939, S. 38ff.

[68] Ep. 77, bei *Migne*, PL IV, col. 427, bei *Leclercq*, col. 468.

[69] *Ibid.*, col. 470.

[70] *Günter*, Legende. S. 202. Zum Sich-Öffnen des Berges s. *Weiser*, Berg, bei *Hanns Bächtold-Stäubli*, Handwörterbuch des deutschen Aberglaubens, 10 Bde. Berlin u. Leipzig 1927–1942, 1, Sp. 1051f.

[71] *Pauly-Wissowa*, Real-Enzyklopädie der klassischen Altertumswissenschaft, 2. Reihe, 5. Halbbd. Stuttgart 1927, Sp. 2287, über die Zwangsarbeiten in Sirmium.

mit den römischen Quatuor coronati gleichgesetzt werden. Der geräuschlose Tod dieser Bergarbeitergruppen wußte im allgemeinen nichts um das dramatische Verhör zwischen dem Richter und den Angeklagten, das etwa die Diakone Laurentius und Vincenz Levita auszeichnet, oder um jene ebenfalls bewegte Vernehmung durch den Richter Lysias, die dem ärztlichen Brüderpaar Kosmas und Damian eine überlegene und sieghafte Stellung gibt. Diese Gegenüberstellung sicherte die posthume Nachwirkung.

Außer Clemens Romanus erscheint, soviel ich sehe, kein Bergwerks-Martyrer im mittelalterlichen Gedächtnis. Der Sklave Callistus arbeitete zwar im Bergbau Sardiniens, aber er wurde aus dieser Abhängigkeit unter Papst Viktor befreit und erlangte selbst die Papstwürde (217–222)[72]. Ein kultisches Nachleben als Bergwerksheiliger wurde ihm auf deutschem Boden keineswegs. Dagegen erscheint Clemens Romanus als Bergwerkshelfer. Das erzhaltige Attribut des Ankers war für diesen Zugang günstig. Die Legende berichtet, daß er mit einem Anker um den Hals in das Meer versenkt wurde[73]. Am Katharinaberg im Saazer Kreis wird in der Tat für 1774 die Clementis-Stolle von Joh. Jacob Ferber erwähnt[74]. In dem Grubenverzeichnis von Idria, das derselbe Autor für das gleiche Jahr übermittelt, erscheint ebenfalls eine Grube Sanct Clementis Feld[75]. Die Bergknappen wissen somit um einen altchristlichen Bergwerksheiligen, dessen Gedächtnis noch in der Neuzeit lebendig ist.

3. *Bergwerkspatrozinien*

Es gibt, so erstaunlich es klingen mag, Bergwerkspatrozinien. Die Patrozinienkunde des oberirdischen Raumes, die Ikonographie, die Geschichte der Frömmigkeit und die rechtliche Volkskunde werden dazu übergehen müssen, die Titelgebung unterirdischer Schächte und Stollen zu berücksichtigen. Wirken letztere doch wie ein Widerschein, wie ein Echo, wie eine Untermauerung jener Gotteshäuser, die sich in der Talebene oder an den

[72] *F. X. Seppelt*, Calixtus. In: *Michael Buchberger*, Lexikon für Theologie und Kirche (LThK), Bd. 1–10. Freiburg i. Br. 1930–1938, 2, Sp. 703f. Das Werk erscheint in 2. Aufl. (LThK²), Bd. 1ff., 1957ff. S. noch *K. Gross*, ebd., 2², Sp. 883f.

[73] *J. E. Stadler* und *F. H. Heim*, Vollständiges Heiligen-Lexikon, 5 Bde. Augsburg 1858, 1, S. 634ff., unter S. Clemens I, Papa. – *Braun*, Tracht. Sp. 427.

[74] Böhmen. S. 53.

[75] Beschreibung des Quecksilber-Bergwerks zu Idria in Mittel-Craeyn. Berlin 1774, S. 70. – Zwei Gruben in Joachimstal. *Mathesius*, Sarepta.

Hängen der Bergwerksgebiete finden. Diese Grubentitel führen zuweilen auch das Tagesdatum mit sich, an dem die Belehnung mit der Zeche stattfand. Diese Vergabung erfolgte oft genug an einem Heiligentag oder an einem Feiertag. Man nehme nur die Pfingstoktav mit dem Motiv des Spiritus Sanctus: „Am Dienstag nach Pfingsten empfieng Lienhard Has von Fürstenau eine Grube auf Mont Sassilion, genannt zum hl. Geist; sie war gefreit (vom Frondienst) bis auf St. Michaelstag" (1481, Oberengadin)[76].

Dabei stammten die oberirdischen und unterirdischen Titel aus der gleichen Quelle volkhafter Übungen, nämlich aus der frommen Devotion, aus dem missalen und dem festlichen Erlebnis, wiederum aus der Legenda aurea und aus anderen Volksüberlieferungen, auch aus den metallischen Attributen des Heilbringers, die kultdynamisch ins Bergwerk drängten. Der offizielle Kult der Liturgie mit ihren Oblationen und ihren Gebeten, aber ebenso die Volkslitanei mit ihren Festen, Feiern, geistlichen Spielen, ebenso die Wappen der Bergorte haben an der Entstehung eines unterirdischen Sakralbereiches mitgewirkt. Gewiß ein Aufbruch von vielen Seiten her.

Die *Mysterien* des Glaubens machten sich besonders stark geltend, wenn die Gruben mit ihren Namen versehen wurden. An erster Stelle ist der *Trinität* zu gedenken, die ja auch in den Eingang von Urkunden rückt, mit dem bekannten Incipit in nomine sanctae et individuae Trinitatis. Diese Namensgebung ist bereits für das 15. Jh., und zwar für den Erzbergbau von Tirol, nachweisbar.

Wir nennen eine Grube zu der hl. Dreifaltigkeit in Primör im Jahre 1478[77], eine Grube Dreifaltigkeit im Berggericht Sterzing-Gossensass für das Jahr 1528[78], eine Grube Dreifaltigkeit im Berggericht Lienz 1538[79], eine Grube Dreifaltigkeit im Berggericht an der Etsch im Jahre 1551[80], im Jahre 1557 die Grube Dreifaltigkeit im Bezirk Friesach[81], für 1558 eine Grube hl. Dreifaltigkeit bei St. Martin am Silberberg im Bezirk Friesach[82]. Dazu tritt für 1575 im Berggerichtsbezirk Vellach eine Grube Dreifaltigkeit[83]; im Jahre 1583 im Mödritztal, Bezirk Steinfeld, eine Grube Dreifaltigkeit[84]; ferner

[76] *Plattner*, Bergbau. S. 10.
[77] *Wolfstrigl-Wolfskron*, Tiroler Erzbergbaue S. 341.
[78] Ebd., S. 289.
[79] Ebd., S. 378.
[80] Ebd., S. 337.
[81] *Wiessner*, Kärnten, 1. S. 203.
[82] Ebd.
[83] Ebd., S. 115.
[84] Ebd., S. 152.

eine Grube „Ad Sanctum Trinitatem“ mitten in den „Rüfenen“ im Jahr 1588[85]. Wiederum erscheint im Jahr 1621 die Grube Zur Drifaltigkhait im Berggericht Sterzing-Gossensass[86], im Jahr 1673 die Grube „zur hl. Dreifaltigkeit“ im Dellacher Mühlgraben, im Bergbaurevier Jauken[87]. Im Jahr 1693 begegnet in Kärnten eine Grube Hl. Dreifaltigkeit[88], 1696 eine Grube st. Trinita im Weissbriacher Tal, Bezirk Steinfeld[89], 1702 in Kärnten der Dreifaltigkeitsstollen[90], 1759 eine Grube Dreifaltigkeit im Rubland ob dem „Schwäger“[91], 1793 an Dreifaltigkeitsstollen an der unteren Schäffleralpe, Revier Zauchen[92], und schließlich wird 1850 ebenfalls im Revier Zauchen ein Dreifaltigkeitsstollen auf der Grafensteiner Alpe erwähnt[93]. Ebenfalls finden sich zahlreiche Dreifaltigkeitsbruderschaften in alpinen Bergrevieren ein[94]. Diese Konfraternitäten geben sich nach der genossenschaftlichen Seite geradezu als das Herzstück in vielen Berggemeinden.

In die gleiche Richtung drängte jenes Bildwerk der christlichen Kunst, das sich immer wieder in Altarflügeln, Fresken, Statuen, Votivgaben, Stiftungen zeigte. Die dort dem Volksfrommen gewordene Anschauung betätigte sich nunmehr in der Herausstellung von Zechenheiligen. Wenn die Gruben in ihrer Titelgebung Daniel, Johannes Baptist, St. Anna, St. Barbara, St. Leonhard erwähnten, gingen in der Tat bestimmte Vorstellungen von der Schutzgewalt und Betreuung dieser erprobten Heilbringer mit. Votivmesse und Feiertage folgten, zuweilen auch der Bittgang (vom tirolischen Absam nach der Vigiliuskirche in Thaur) und der Bau von Kapellen, besonders an den Hängen der Berge. Dazu traten oft Votivbilder (ex voto), die sich am Eingang der Gruben (Salinenkapelle im Salzbergwerk Hall) einfanden.

Man ersieht gerade aus den Zeugnissen der Ostschweiz (P. Plattner), der Gewerke (Unternehmer) nimmt für sich das Recht in Anspruch, der Grube einen Namen zu geben, ganz wie der Vater eines Kindes, dem die gleiche Befugnis zusteht, wenn er auch die Sippe oder den Paten oder den Tages-

[85] *Plattner*, Bergbau. S. 44.
[86] *Wolfstrigl-Wolfskron*, Tiroler Erzbergbaue S. 297.
[87] *Wiessner*, Kärnten, 2. S. 182.
[88] Ebd., S. 243.
[89] Ebd., 1. S. 169.
[90] Ebd., 2. S. 241.
[91] Ebd., S. 159.
[92] Ebd., S. 223.
[93] Ebd., S. 224.
[94] S. unten. – Vom Bergbau her finden sich somit viele Ergänzungen ein zu *W. Braunfels*, Dreifaltigkeit, Religiöse Volkskunde. In: LThK 3². S. 562f.

heiligen und Kirchenpatron, ebenso den Namen von Vater, Mutter, Großeltern mit heranziehen mag[95]. Das Brauchtum, daß der Gewerke der Grube seinen eigenen Taufnamen mitgibt, ist wieder und wieder bezeugt. Es händigt eine ehrfürchtige und zugleich familienstolze Flagge ein. Aber im Grunde genommen bleibt der Gewerke in solchen Benennungen volksnahe. Er weiß sich eins mit den Strebungen der Volksfrömmigkeit seines Zeitalters. So findet er auch den Zugang zur inneren Haltung und zur Devotion der Knappen. Diese innere Übereinstimmung zwischen Unternehmer und Bergarbeitern ist oft genug beglaubigt.

Der Landesherr wirkte in Tirol grundsätzlich als die Aufsichtsinstanz. Er war der Bergherr schlechthin. Man ging ihn an in der vielfachen bergbaulichen Kasuistik des Alltags, die zuweilen auf ernste Entscheidungen drängte. Die Gewerke hörten sehr auf den Habsburger, da sie ihn über den Bergrichter zuweilen auf Fronfreiheit für mehrere Jahre angingen[96].

Es wirkt wie ein Symbol der gepflegten Beziehungen beider Gruppen, wenn im Jahre 1604 der Gewerke Karl Vellner der Hüttenberger Knappschaft einen kunstvoll gearbeiteten Becher verehrte. Es geschah mit der Auflage, daß auf diesem beim „Laubhüttenfest" (= Reiftanz, alle drei Jahre am Dienstag nach Dreifaltigkeitssonntag) auf das Wohl des Landesregenten, der Gewerken und der Knappschaft getrunken wird[97]. Im Jahre 1762 fügte dann der Hefter Gewerke, der Edle von Kellerstein, noch eine prachtvoll gearbeitete, vergoldete Kanne hinzu. Während des Festes sollte daraus der fröhlich kreisende Becher gefüllt werden. Diese Kanne trägt auf dem Deckel das Standbild der hl. Barbara. Diese Metallheilige hält in den Händen Kelch und Schwert[98]. Attribute eines kräftigen Berufsstandes.

Es ist richtig, daß die sakrale Namengebung dieser Zechen, die in Lehenbriefen und Bergrodeln stattfand, anscheinend ohne bestimmtes *rituelles* und rechtsbedeutsames Beiwerk erfolgte. In dem einschlägigen monumentalen Sammelwerk von Edmond Martène De antiquis ecclesiae ritibus[99] sucht

[95] Dazu *Johannes Baur*, Die Spendung der Taufe in der Brixner Diözese in der Zeit vor dem Tridentinum (Schlern-Schriften 42. Hg. von R. Klebelsberg). Innsbruck 1938, S. 115f.

[96] Siehe für das Jahr 1544 *Wolfstrigl-Wolfskron*, Tiroler Erzbergbaue. S. 379 und öfter. – Über die Beziehungen des Salzburger Landesherren zu den Gewerken s. *Sebastian Hinterseer*, Bad Hofgastein und die Geschichte Gasteins. Gastein 1957, S. 453ff.

[97] *Franz Kirnbauer*, Bergmännisches Brauchtum in Kärnten (Leobener Grüne Hefte, hg. v. F. Kirnbauer, H. 20). Wien 1956, S. 18. Das Fest hat mit dem gleichnamigen israelitischen Feiertag nichts zu tun.

[98] Ebd., S. 19.

[99] 4 Bde. Antwerpen 1736–1738; ebd., 1763/64 und öfter.

man vergebens nach einer speziellen Benediktion für eine Grube. Auch die umfassende Darstellung, die *Adolph Franz* den kirchlichen Benediktionen mitgibt, schweigt sich aus, wenn auch die apotropäische Kraft des Metalls am Rande hervorgehoben wird, ein Moment, das für die Entfaltung von Volksvorstellungen gewiß nicht ganz gleichgültig war[100]. Wenn auch die Benediktion fehlt, liegt gleichwohl ein Vertrauen auf die Wirkungsmacht des Bergwerkstitels darin, wenn die Namengebung der Zeche, also gewissermaßen ihr Taufakt, wie angedeutet, mit dem Datum der Belehnung zusammenfällt. Man nehme nur das Tagebuch der Gebrüder Jakob und Paul Hofmann von 1481 über Gruben im Oberengadin und in Puschlav, in dem es heißt: „An des hl. Blutes Tag empfieng Ulrich Metzurny eine Fundgrube in Arissa bei dem Bach, genannt zum hl. Blut[101]." Es dürfte das Blutsfest im Juli gemeint sein. Dann aber ergibt sich eine gewisse Beziehung zwischen der Festfeier und der *Sakramentsfrömmigkeit* von Gewerken und Bergknappen (bis in die jüngste Zeit hinein Pfinztag, also eucharistischer Umgang an jedem Donnerstag in der Pfarrkirche zu Schwaz) einerseits[102] und dem Grubentitel andererseits. Es vollzieht sich also für das Volksempfinden mittelbar doch eine Art Weihe. Etwas wie ein höherer Friede mochte sich zudem in der Rechtsvorstellung über das Bergwerk senken. Man denke nur an die volkhafte Hochschätzung, die dem Heilig-Blut-Kult für den Ausgang des 15. Jh. innewohnte. Man erinnere sich für den alpinen Raum an die gotische Wallfahrtskirche in Heiligenblut (1483, am Fuße des Großglockners). Zum weiteren sei vermerkt, daß 1482 im Diözesanrituale von Konstanz, das bis in die Innerschweiz reichte, die Wallfahrt zum hl. Blut nach Wilsnack zu den großen Fernfahrten des Abendlandes zählte, an der Seite von Rom, Jerusalem, Aachen[103].

Doch es bedarf nicht nur einer mittelbaren Beweisführung. Wo Martène schweigt, hat *Rudolf Kriss*, der ausgezeichnete Beobachter alpiner Kultur, für Berchtesgaden den Ritus einer Bergwerksweihe mit den entsprechenden

[100] Die kirchlichen Benediktionen im Mittelalter, 2 Bde. Freiburg i. Br. 1909, 2, S. 207.

[101] *Plattner*, Bergbau. S. 10.

[102] Man nehme etwa *(Balthasar Gritsch)*, Die Corporis-Christi-Bruderschaft und ihre Sakramentsgarde zu Schwaz in Tirol. Festschrift zum 250jährigen Jubiläum der letzteren. Im Selbstverlag der Bruderschaft, Schwaz 1936. Siehe des weiteren zum Donnerstag *G. Schreiber*, Die Wochentage im Erlebnis der Ostkirche und des christlichen Abendlandes (Wissenschaftliche Abhandlungen der Arbeitsgemeinschaft für Forschung des Landes Nordrhein-Westfalen, Bd. 11). Köln u. Opladen 1959, S. 149ff.

[103] *L. A. Veit*, Volksfrommes Brauchtum und Kirche im deutschen Mittelalter. Freiburg i. Br. 1936, S. 56.

Orationen festgehalten[104]. Es wird darüber unten gekürzt berichtet.

Man beachte weiter für solche Zusammenhänge die *Erasmus*-Gruben. Das Ansehen des Erasmus, des antiochenischen Bischofs der diokletianischen Verfolgung († 303), im Kreise der Bergwerksbevölkerung war recht beachtlich. Seine Insignien wiesen ihn von vornherein zu den Zechen. Attribute wirkten gern als Brücken zu Berufsschichten. Es bezeugte sich dabei der Respekt und die Ehrfurcht vor dem Martyrer. Die Legende tat ein Übriges, diese Sinnzeichen zu beleben. Dahin gehört bei Erasmus das vitushafte Attribut des Kessels. Dazu treten jene Pfriemen oder Nägel, die unter die Fingernägel des Heiligen getrieben wurden. Das dritte Attribut des Heilbringers mochte noch viel stärker wirken. Es betrifft die Winde, mit der die Eingeweide aus dem Leibe gerissen wurden (L. Cranach, N. Poussin). So wurde er mit der Schiffswinde zum Patron der Seeleute. Aber ebenso trat er, was Cahier, Künstle, Hindringer nicht beachteten, in die Symbolik des bergbaulichen Betriebes. Die dort tätige und wichtige Arbeitsgruppe der Haspler (Erzbeförderung, mit Menschenkraft durch eine Seilwinde „herausgehaspelt“[105], Wasserhebung) verehrte ihn als Standespatron und Erzieher[106]. So war die Titelgebung der Zeche, die sich zu Erasmus, dem viel angerufenen Mitglied der (bis auf Ägidius) martyriumsfreudigen Vierzehn Nothelfer bekannte, keineswegs oberflächlich. Was Einzelgruben angeht, trifft man im Samkostenausweis der Schwazer Bergbaue des Herzogs Sigmund vom Jahre 1490–1495 am Falkenstein die Grube zu „St. Erasmus“[107]. Dazu zwei Erasmus-Gruben in Joachimsthal[107a].

In Kärnten wird für 1623 die Zeche St. Erasmus ob dem Kolben genannt[108]. In Steiermark ist dieser Heilbringer Patron einer Grube in Eisenerz[109], um nur einige Belege festzuhalten. Für Tirol sei im übrigen erwähnt, daß Erasmus dort als Burgenpatron neben Sigismund heraustritt. Die Starkenberger, die Herren des tirolischen Schenna, hatten in der Pfarrkirche Maria-Himmelfahrt eine adlige Kapelle mit den typischen Ritterpatronen Georg, Erasmus und Sigismund[110].

[104] Was dem Rezensenten von *Georg Schreiber*, Alpine Bergwerkskultur, in: „Neue Zürcher Zeitung“ vom 5. 7. 1959, entging.

[105] *Mutschlechner*, Am alten Falkenstein. In: Schwazer Buch, S. 117.

[106] *Kerler*, Patronate. S. 76.

[107] *Wolfstrigl-Wolfskron*, Tiroler Erzbergbaue. S. 33. – *G. Schreiber*, Vierzehn Nothelfer. S. 289. [107a] *Mathesius*, Sarepta, Stollenverzeichnis.

[108] *Wießner*, Kärnten, 2. S. 77.

[109] Beschreibung, S. 28, Nr. 12.

[110] *Hans Fink*, Die Kirchenpatrozinien Tirols, Passau 1928, S. 74, wo aber die Beziehung zum Bergwerk nicht aufgenommen ist.

Wo immer aber Berghöhen erstrebt werden, findet sich ein erleichterter Zugang zum Patronat der Gruben.

In der Tat wurden innere Beziehungen zwischen der Grube und dem Heilbringer hergestellt. Darauf verweist uns auch der kenntnisreiche Bergbauschriftsteller Joseph von Sperges. Er steht in der anhebenden österreichischen Aufklärung, gehört aber seiner Sinnesrichtung nach dem ausgehenden Barock an. Er schildert seinen Besuch im Schwazer Bergwerk: „Über dem Mundloche stehet das Bildniß des H. Daniels[111]." Also am Eingang der Zeche war das Bild des alttestamentlichen und in Tirol gefeierten Schutzherren und Propheten angebracht. Es wirkt hier wie ein Glückszeichen und wie eine Hoffnung auf Bergsegen, ebenso wie eine Abwehr des Unglücks, des Steinschlags, der Verschüttungen und des Wassereinbruchs.

Die Verdrängung von Patrozinien ist im oberirdischen Raum oft nachzuweisen. Auf eine ältere Schicht des Volksfrommen folgt eine jüngere. Im Moseltal folgt auf die ältere Gewohnheit, St. Nikolaus zu verehren, die jüngere Schicht, die zu dem Ozeanfahrer St. Franz Xaver hält. Im Bergbau bleibt jedoch im allgemeinen bis auf seltene Ausnahmen der einmal gewonnene Titel den Zechen für immer vorbehalten. Also ein tief verwurzeltes Brauchtum.

Bemerkenswert sind die Altersschichten der Bergwerkspatrozinien. Ganz deutlich ist eine gotische Schicht von späteren Wellen zu unterscheiden. Nicht in der Romanik, sondern in der Gotik, näherhin in der Gotik des 14. und mehr noch des 15. Jh., scheinen im alpinen Raum die sakralen Titelgebungen des Bergwerks sich eingefunden zu haben. Das waren jene Zeitalter, in denen sich die christlichen Vornamen gegen altdeutsche Rufnamen durchgesetzt hatten. So verlangen diese Namen der Gruben eine ähnliche Aufmerksamkeit wie die Titelgebungen der Gotteshäuser im oberirdischen Raum. Dabei ist *E. Förstemann* zu ergänzen.

Als Inhaber dieser Gruben finden sich auch *profane* Namen ein, die Berghöhen, Alpenwassern und Schluchten (Grube „Fuchsloch", „Abendgang" und „Morgengang")[112] entnommen sind, wiederum Bezeichnungen, die an die Namen des Besitzers oder des Landesherrn (Kaiser-Leopold-Erbstollen am Kärntner Bleiberg)[113], der das Berglehen vergibt, anknüpfen. Auch das Unheimliche, das die Berge mit sich führen, wird nicht ganz vermieden. Da

[111] Tyrolische Bergwerksgeschichte. S. 293.

[112] *Plattner*, Bergbau. S. 44. – *Karl Ehrenbert Frhr. von Moll*, Jahrbücher der Berg- und Hüttenkunde, 2 Bde. Salzburg 1798.

[113] *Wießner*, Kärnten, 2. S. 104.

ist der Geistergang unter den Mitternachtsgängen von Joachimsthal[114]. Anderorts, am „Röherpühl zu Kitzbühel", erscheint eine Geisterzeche[115]. Doch sind diese Berührungen mit der Bergsage selten. Die weltliche Namengebung ist überhaupt weniger häufig. Ins Sakrale drängte die Vorstellung des gemeinen Mannes, der Bergsegen gehöre zu den Großtaten Gottes, zu den Magnalia Dei (Grubennamen: Gottesgab[116], Gottberath[117], „Vorsehung Gottes"[118]), eine Vorstellung, die auch sonst durch die Bergwerksliteratur in die Predigt und in den Buchtitel zieht[119].

Dabei zeichnen sich in der Titelgebung der Gruben verschiedene Zeitalter des Volksfrommen ab. In der gotischen Epoche wirkt sich selbst noch die Erinnerung an die iro-schottische und angelsächsische Mission aus, für die sich Zechennamen wie St. Walburga, St. Kilian, St. Oswald, St. Jost, St. Ursula, St. Gallus einfinden. Von Ordensheiligen wollen Benedikt und Bernhard von Clairvaux als Schutzherren alpiner Gruben genannt sein. Aber auch das Zeitalter der Mendikanten färbt sich ab, mit Franz von Assisi und Antonius von Padua. Humanistische Wellen bekunden sich mit Hieronymus. Spanische Einflüsse wollen nicht minder erwähnt sein, mit Ignatius[120], besonders mit Franz Xaver[121], mehr noch mit Theresia[122]. Tridentinische Reform erscheint in Eisenerz mit Karl Borromäus[123] und in der Cajetan-

[114] *Ferber*, Böhmen. S. 62, Nr. 16. Man vgl. auch die Geisterkirche in der Bergmannssage. *Heinrich Stötzel*, Die Bergmannssage. Phil. Diss. Düsseldorf 1936, S. 22.

[115] S. unten.

[116] *Plattner*, Bergbau. S. 44. – *Wießner*, Kärnten, 1. S. 229. – Der Frankenberger Erzbergbau in Hessen kennt eine Grube „Gnadentaler Feld", *Hans Schallenberg*, Der Frankenberger Erzbergbau. In: Hessenland, 52. 1941, S. 22–24, hier S. 22.

[117] *Plattner*, Bergbau. S. 10. – *Wießner*, Kärnten, 1. S. 147.

[118] *Wießner*, Kärnten, 2. S. 165.

[119] Magnalia Dei in Locis Subterraneis Oder Unterirdische Schatz-Kammer Aller Königreiche und Länder, In Ausführlicher Beschreibung Aller, mehr als MDC. Bergwercke Durch Alle vier Welt-Theile. Welche Von Entdeckung derselben bis auf gegenwärtige Zeit gebauet worden / und noch gebauet werden; in was Stand sie jemahls gewesen / und wie sie jetzo beschaffen; was vor Ertze / Steine und Berg-Arten aus solchen jemahls gewonnen / und noch zu Tage ausgefördert werden; Nebst Anmerckung aller derjenigen Länder und Oerter – wo Edelgesteine zu finden / In Geographischer Ordnung und einigen Kupffer-Figuren zu besichtigen dargestellet von Francisco Ernesto Brvckmann. Braunschweig MDCCXXVII. – Die Edelsteine werden oft als Zubehör des Bergwerks angesprochen.

[120] Beschreibung, S. 30, Nr. 53; S. 31, Nr. 2.

[121] Ebd., S. 29, Nr. 25.

[122] Theresiastollen in Morgen in Steubners Grund, Joachimsthal, *Ferber*, Böhmen, S. 59. Dazu *Georg Schreiber*, Deutschland und Spanien (Forsch. z. Volksk., hg. v. G. Schreiber, H. 22–24). Düsseldorf 1936, S. 136ff.

[123] Beschreibung, S. 30, Nr. 53; S. 31, Nr. 2.

Grube[124]. Dazu trat das Türkenmotiv mit der Maria-Hülfs-Zeche im Saazer Kreis[125]. Jüngerer Entwicklung gehört auch St. Johannis Nepomuceni untere Gruben in Eisenerz an[126].

Dazu äußern sich mit Spezialpatronen Einwirkungen des Bistums, der Landschaft, des Stammes, ebenso der Heiltümer und ihrer Translationen. Im besonderen machen sich Einwirkungen nachbarlicher Räume bald da, bald dort geltend. So will vermerkt sein, daß die niederbayerische Corona-Verehrung – sie war Patronin der Schatzgräber und Holzheilige[127] – ihren Niederschlag findet in der „Corona-Stolle im Abend" im böhmischen Pfaffenberg[128] und in der Corona-Grube, die die Morgengänge von Joachimsthal betrifft[129].

Wiederum ergeben sich in den Patrozinien Unterschiede, die auf verschiedene Siedlungen zurückgehen, auf alemannische, fränkische und auf bayerische Stammeseinflüsse. Ebenso wollen die Einwirkungen des Territorialstaates erwähnt sein. So wurde Koloman als Zechenheiliger ein Bekenntnis zu habsburgischen Gebietern. Zudem verlangten Metropolitanbezirke wie Salzburg (Rupert) und Aquileja (Hermagoras) einige bergbauliche Berücksichtigung mit ihren Diözesanheiligen. Andererseits hatten Freising und Augsburg Besitzungen in Tirol. Wiederum verzeichnete Bamberg ein namhaftes Territorium in Kärnten, was sich in Bergwerkspatrozinien Kunigunde und Kaiser Heinrich abzeichnete. Diese und andere Herkunftslinien wirkten sich in einer reizvollen Variation in der sakralen Titelgebung der Bergwerke aus. Man kann nicht nur mit Chroniken und Annalen arbeiten.

4. *Altes Testament*

Die volkhafte Stellung des Alten Testaments ist am Ausgang des Mittelalters besonders stark. Man braucht nur die Blätter der Ikonographie aufzuschlagen (Darstellung der Propheten, der 24 Ältesten, David, Salomo). So drängt das Vetus Testamentum von vornherein in die Besetzung der Gru-

[124] Ebd., S. 28, Nr. 24.

[125] *Ferber*, Böhmen. S. 96. – Dazu *Georg Schreiber*, Das Türkenmotiv und das deutsche Volkstum, bei *G. Schreiber*, Volk und Volkstum, 3. München 1938, S. 9–54.

[126] Beschreibung, S. 28, Nr. 24.

[127] *Ferber*, Böhmen. S. 58. – Dazu *Bartholomäus Spirkner*, Zum Corona-Kult, bei *G. Schreiber*, Volk und Volkstum, 3. S. 300–323. – *Leopold Schmidt*, Corona, Religiöse Volkskunde. In: LThK 3[2], Sp. 61 (mit Lit.).

[128] *Ferber*, Böhmen. S. 63.

[129] Ebd., S. 64.

ben. Doch überwiegt in der Titelgebung der neutestamentliche Anteil und ebenso die Abfolge der Kirchengeschichte und Kultgeschichte mit ihren Martyrern, Bekennern und sonstigen Heilbringern bei weitem, zumal da sich die von der Kunst gepflegten Attribute einfinden, die sich zugleich volkhaft für die verschiedensten Erwerbszweige anlassen.

Von alttestamentlichen Figuren ist Adam, der biblische Urvater, selten erwähnt, so in Kärnten in der Mitte des 17. Jh.[130]. Man schrieb ihm übrigens die Erkenntnis geheimer Naturkräfte zu[131]. Er gilt als der erste Bergmann. Vorher findet sich 1550 bereits eine Grube St. Eva ein[132]. Adam und Eva zusammen begegnen in einer steirischen Grube des 18. Jh.[133]. Weiterhin erscheint 1580 im Gitschtal zu Kärnten, ebenfalls 1590 im tirolischen Rattenberg[134], eine Grube des Erzvaters Abraham[135]. Für ihn ist auch sonst ein Berufspatronat nachweisbar[136]. Für Steiermark will die Grube St. Rebeccae erwähnt sein[137]. Auch Saul tritt gelegentlich auf, so in König Sauls Gang in den Morgen-Gängen des Sächsisch-Edelleuthstollen in Joachimsthal[138]. Sicherlich bemerkenswerte Namen in Hinsicht auf die volkstümliche Wertung und auf die Zuerkennung ewiger Beseligung. Gelegentlich erscheint auch der Prophet Elias. Man mag daran denken, daß er, wie Elisäus ihn sah, mit einem feurigen Wagen gen Himmel fuhr, daß man auch an sein Wiederkommen glaubte; daß er ebenfalls zu den in alpinen Gebieten vertretenen Karmeliten als Schutzpatron ein besonderes Verhältnis fand[139].

So wurde er für das Empfinden des Bergmanns zu den Bergwerkspatronen gezählt. Es darf nicht überraschen, daß sich auch der Prophet Habakuk einfindet, wenn auch erst spät, 1810, in Kappel in Kärnten[140]. Er begleitet wie ein Gefolgsmann den vielfach überlieferten Bergpatron Daniel, den mächtigen Urpatron der bergbaulichen Betriebe des Tiroler Landes. Wir verzichten an dieser Stelle darauf, die Stollenpatronate des Daniel für den alpinen Raum umfassend aufzuführen. Soweit dieses von anderer Seite ge-

[130] *Wießner*, Kärnten, 2. S. 83.
[131] *Wrede*, Adam, bei *Bächtold-Stäubli*, Handwörterbuch, 1. Sp. 164.
[132] *Wießner*, Kärnten, 1. S. 149.
[133] Beschreibung, S. 31, Nr. 10.
[134] *Wolfstrigl-Wolfskron*, Tiroler Erzbergbaue. S. 162.
[135] Ebd., S. 150. Weiteres für das Imster Gebiet s. unten.
[136] Schutzherr der Gastwirte, bei *Kerler*, Patronate. S. 131, 173.
[137] Beschreibung, S. 30.
[138] *Ferber*, Böhmen. S. 77.
[139] *Simon Landersdorfer*, Elias. In: LThK 3, Sp. 624f. – Neuerdings *G. Schreiber*, Elias. In: LThK 3², Sp. 810.
[140] *Wießner*, Kärnten, 2. S. 225.

schehen ist, muß allerdings bemerkt werden, daß zur mechanischen Zitierung noch die starke Berücksichtigung der Umwelt einzusetzen hat; daß zum anderen die Erwähnungen von Daniel manche Vergleiche notwendig machen. Ebenso will sein Standort in der jeweiligen Grube näher beleuchtet sein. So erscheint unter den Stollenpatronaten besonders bemerkenswert, und zwar für das Jahr 1554: „Sanndt Daniel contra Gaisterzech am Rörerpühl zu Kitzbühel". Dort steht der Prophet inmitten des stärksten bergbaulichen Betriebes von Tirol[141]. Im Zusammenhang mit diesem vielbegehrten Schutzherrn erscheint eine Grube zu „St. Susanna" im Oberengadiner Bergwerksverzeichnis von 1481[142]. Auch an anderen Stellen wird Susanna als Patronin von Stollen erwähnt. Bei der starken Stellung, die St. Anna im Bergbau einnahm[143], war es im übrigen begreiflich, daß auch St. Joachim und Anna als Beschützer von Gruben anzutreffen sind (so Joachimsstollen in Unterkärnten 1836)[144].

Im Tiroler Raum sind im 16. Jh. an biblischen Vornamen des Alten Testaments nachweisbar: Adam, Eva, Abraham, Susanna, Anna. Diese Feststellung ergibt sich, wenn man die Taufbücher der Brixner Pfarre aus der Zeit von 1572 bis 1600 auf sich wirken läßt. Man sieht, daß die Zechen in ihren Titelgebungen die Namengebung des oberirdischen Raumes spiegeln, wenigstens zum Teil. In Brixen sind in Matrikeln noch nachweisbar die Vornamen Sara und Tobias, die allerdings im Betriebe des Bergwerks nicht erscheinen[145].

5. *Erzmacherin Anna*

Recht volkhaft war im späten Mittelalter der Kult der hl. Anna, wie ein Blick auf den Lebensweg des Bergmannssohnes Martin Luther zeigt[146]. Er hat im Schrecken des Gewitters sein Gelübde zur hl. Anna gemacht. Kein Wunder, daß sie schon von allgemeineren Voraussetzungen des Volkstümlichen her sich zu den Bergleuten stellte, um so mehr, da man sie in der Symbolik der Zeit in Verbindung mit edlen Metallen setzte. In der sug-

[141] Landesarchiv Innsbruck, Codex 13, Fol. 188; weiteres zu Daniel im Kapitel Apostel und Evangelisten als Bergwerkstitel.

[142] *Plattner*, Bergbau. S. 11.

[143] S. unten.

[144] *Wießner*, Kärnten, 2. S. 222.

[145] *Baur*, Spendung der Taufe. S. 115.

[146] *Hartmann Grisar*, Martin Luthers Leben und sein Werk, 3 Bde. Freiburg i. Br. 1926, 1, S. 1; 2, S. 489; 3, S. 707.

gestiven Symbolsprache des Mittelalters sah man in Christus die Sonne und das Gold. In Maria erblickte man den Mond, gemäß der Miniatur des Evangelienbuches der Äbtissin Uta (1002–1025?) von Regensburg (schön wie der Mond), auch gemäß dem Zisterzienser-Passionale „von einem edlen Mann“ (14. Jh.), das bemerkt: Sie ist ... leuchtender als der Mond durch das Licht der Sonne[147]. In der stark familiären und sippenhaften Denkweise jener Zeitalter, die auch die Darstellung des Anna-Selbdritt-Motivs in Malerei und Plastik bevorzugten, wurde Anna gewissermaßen zu jenem Mutterschoß, metallisch gesehen, zu jenem Bergwerk, das die edlen Metalle spendet. Sie wird nach der Schneeberger Chronik von der hl. Anna zur wahren „Erzmacherin“[148]. Annakapellen und Annabruderschaften wuchsen ihr zu. Die Bergknappen im sächsischen Annaberg widmeten ihr einen Altar, der die Genesis und die Abwicklung des Bergbaus in einer volkstümlichen Darstellung zeigt. Annaberg hatte 1494 ein päpstliches Breve erhalten, das den Annatag zum Feiertag erklärte[149]. Eine Ehrung des Bergbaus.

Den Hochstand der sächsischen Annaverehrung bekunden weitere Vorgänge in Annaberg, etwa ein Jahrzehnt später. Im Jahre 1506 wenden sich Herzog Georg von Sachsen, „der Vater Annabergs“, und der dortige Rat an den Papst Leo X. mit dem Ersuchen, eine Annabruderschaft dort erstehen zu lassen und dem Gotteshaus die Gnade eines Jubeljahres einzuräumen. Schließlich gab Rom dem Drängen des Herzogs nach. Die angestrebte Vergünstigung hielt sich, um *Emil Finck* zu ergänzen[150], im Rahmen eines Indultes, das für Mallorca, Cypern, Ungarn, England ausgestellt war[151].

Es vermehrte das Ansehen dieser Schutzfrau, daß das Evangelium ihres Feiertages sie als „Schatz im Acker“ ansprach, was die Bergleute ermutigte, unter ihrem Patronat zu schürfen. Es mochte auch nicht gleichgültig sein, daß sie als Patronin der Seiler verehrt wurde, die im Wappen Handwerkszeug im silbernen Feld führten[152]. Bei der ernsten Bedeutung eines etwaigen

[147] *Stephan Beissel*, Geschichte der Verehrung Marias in Deutschland während des Mittelalters. Freiburg i. Br. 1909, S. 172.

[148] *Kleinschmidt*, Die heilige Anna. S. 419. St. Anna als Patronin der Bergwerke bereits angesprochen von *Wolfgang Menzel*, Christliche Symbolik. 2 Teile. Regensburg 1854, 1. S. 63.

[149] *Heinrich Samson*, Die Schutzheiligen. Paderborn 1889, S. 122.

[150] Anfänge einer Ortsgeschichte der Stadt Annaberg. Mitteilungen des Vereins für Geschichte von Annaberg und Umgegend. 1895/96, H. 5, Annaberg 1896, S. 38.

[151] *J. Vincke*, Zur Frühgeschichte der Jubiläumswallfahrt, bei *G. Schreiber*, Wallfahrt und Volkstum. S. 243–257, bes. S. 248. Sieben Annastollen bei *Mathesius*, Sarepta.

[152] *Kerler*, Patronate, S. 232.

Seilbruches im Bergwerk, der 1634 am Fundschacht beim Röhrerbühel eintrat[153], waren die Seiler fast als Bergverwandte anzusprechen.

In der Schweiz erscheint in der gotischen Zeit ihre bergbauliche Stellung als Schutzpatronin schon früh entwickelt. 1481 empfängt Claus Kromer im Oberengadin die Gerechtigkeit St. Anna[154]. Im Grubenverzeichnis von Davos erschien der alte Abbau Anna[155]. Unter den 93 Gruben des Bergrichters Christian Gadmer begegnet wiederum im Engadin eine Grube St. Anna im breiten Zug[156] und ebenso eine Grube St. Anna in Schuders, unter der Kirche beim Kalten Brunnen[157]. In den Bergbaubetrieben der östlichen Nachbarländer erscheint die Erzmacherin fast noch häufiger. Wir erwähnen weiter für 1524 eine Annagrube auf der Kärntner Stranigeralm[158], sodann für 1550 die Grube St. Anna im kärntnischen Steinfeld[159], ferner zum Jahre 1623 die Kärntner Grube St. Anna ob dem Schieferbau im Bergrevier Bleiberg-Kreuth[160] und die Kupfergrube St. Anna in Dellach[161]. Dazu tritt für das Jahr 1760/61 im Windischen Bleiberg die Bleierzgrube Anna[162]. Eine Erzgrube S. Annae erscheint überdies 1788 im steirischen „Eisenerz“[163]. Selbst noch 1800 trifft man auf den Annastollen am kärntnischen Kleinberg, der einer Gewerkin von Fladung verliehen wurde, die den Vornamen Anna führte[164]. Der Namenstag sei beachtet.

Der bedeutenden schlesischen Anna-Verehrung entsprach die Zeche „sandt Anna“, die 1526 für Reichenstein vermerkt wird[165]. Im benachbarten Böhmen war St. Annatag von alters her Feiertag, der von der Bergknappenschaft ausdrucksvoll begangen wurde (Gut Wasser, Birkenberg, Pilsen)[166].

Die Verehrung greift als christianisierter Höhenkult, was in der ikonographischen Bearbeitung übersehen wird, in die Gestaltung des *Burgenbaus*

[153] *Wolfstrigl-Wolfskron*, Tiroler Erzbergbaue. S. 231.
[154] *Plattner*, Bergbau. S. 10.
[155] Ebd., S. 97.
[156] Ebd., S. 45.
[157] Ebd., S. 46.
[158] *Wießner*, Kärnten, 2. S. 243.
[159] Ebd., 1. S. 148.
[160] Ebd., 2. S. 77.
[161] Ebd., S. 243.
[162] Ebd., S. 214.
[163] Beschreibung, S. 28.
[164] *Wießner*, Kärnten, 2. S. 222. Für das tirolische Imster Gebiet s. über Annastollen unten.
[165] *Josef Klapper*, Schlesische Vokskunde auf kulturgeschichtlicher Grundlage. Breslau 1925, S. 149.
[166] *Samson*, Schutzheilige. S. 53f.

ein. So erhebt sich in Tirol in der Pfarrei Latsch, näherhin in der Expositur St. Martin in Kofl, die Burg Annaberg, die heute noch in ihren Ruinen bedeutend wirkt. Sie zeigt außerhalb der Ringmauern eine freistehende St. Anna-Kapelle, die zu der erwähnten Expositur St. Martin gehört[167], also nirgendwo die Zeichen der Exemtion aufweist. Anna-Kapellen haben meist in das pfarrliche Gefüge der gotischen Zeit, aber auch der Folgezeit nicht eingegriffen, obwohl diese Schutzfrau von der Zeitmode getragen war. Die Pfarrkirche hatte eben ihren gesicherten mittelalterlichen Besitzstand. Die vielleicht nicht ganz gesicherte Überlieferung will überdies feststellen, daß die Gründung der Burg sogar auf das Jahr 1078 zurückgeht. Es seien damals aus „Annenberg in Sachsen" – gewiß eine bemerkenswerte Wanderung – Bergleute herübergeholt worden, angeblich behufs der Betreibung eines nahen Bergwerks, das wenigstens im 15. Jh. im Betrieb stand. Diese Grube führt den auch sonst anzutreffenden Namen „Goldrain", wenn auch kein Gold gefunden sein mag[168]. Mehr als einmal ist unter die Bergwerksnamen die Hoffnung aufgenommen.

Zentrum der Verehrung wurde zudem das silberne Schwaz. Dort begibt sich die nachbarliche Trias Daniel, Anna, Barbara. In der Pfarrkirche in Schwaz hat die Erzmacherin einen Seitenaltar. Noch im 18. Jh. drängt in Tirol der Annakult im Bergbau vorwärts. Haben doch die Bergknappen erst 1736 eine St. Anna-Kirche in Rotlan gebaut als Filialkirche der tirolischen Pfarrei Villanders. Man erfährt weiterhin, daß dieses Kirchlein im Jahre 1772 Ablässe für die St. Barbara-Bruderschaft erhielt und ebenfalls zwei Altäre. Es will für den Ablauf der Zeitalter beachtet sein, daß im Barock die Barbara-Devotion, gestützt auf zahlreiche Konfraternitäten, in die erste Linie rückte, während das mittelalterliche Motiv von St. Anna etwas zurücktrat[169]. Auch das Kultleben empfängt seinen Wandel.

Feierlicher Gottesdienst fand am Tag mancher Bergbaupatrone statt. Allwöchentlich wurde am *Anna-Dienstag* an vielen Stellen eine Messe gehalten. Wir haben uns an anderer Stelle über diesen Anna-Dienstag bereits eingehender geäußert, mit Einbeziehung von ungarischen und spanischen Herkunftslinien, auch unter Berücksichtigung des volkskultisch interessierten Abtes Johann Trithemius († 1516)[170]. Mit solchen Hinweisen sei auch das

[167] *Karl Atz* und *Adelgott Schatz*, Der deutsche Anteil des Bistums Trient, 5. Bozen 1910, S. 127.
[168] Ebd., 5. S. 127.
[169] Ebd., 3. Bozen 1905, S. 235.
[170] *Schreiber*, Wochentage. Im Register, S. 260.

4. Daniel, Glasgemälde der Pfarrkirche in Schwaz.

5. Handstein. Böhmen, 16. Jh.

tirolische Handbuch von *Atz* und *Schatz* ergänzt, das viele Hinweise auf den Bergbau jener Landschaft bietet und auch den Anna-Dienstag bezeugt[171]. Die Verbundenheit mit Joachim tritt dabei öfters hervor. Man nehme den Anna-Altar in Rattenberg, wo es heißt: „Sancte Anna Sancteque Joachim orate pro nobis" (1718). Diese erinnert an die gleichnamige Verbundenheit in der schwäbischen Jesuitenkirche von Mindelheim und an anderen Stellen[172].

Im Inntal bei Pill in der Nähe von Schwaz ist im Zeitalter der Hochkultur dieser Schutzheiligen die von Knappen und Schmelzern 1516 erbaute Kirche wiederum St. Anna geweiht. Man will sie in der Berglandschaft nicht entbehren.

Schon früh finden sich in Bergwerksorten *Anna-Altäre* ein. Die Schwazer Pfarrkirche kennt einen Anna-Altar, bezeichnenderweise im Knappenschiff. Ebenso gibt es einen Annen-Altar in Rattenberg, das als Sitz eines Berggerichts anzusprechen ist. Daniel wird dort als Mitpatron geführt. Eine andere Grube ist nach der Heiligen in Haslach an der Kinzig, wie auch in Persen in Südtirol benannt. Von der weit verbreiteten Annenverehrung zeugt auch das Annenfenster im Alexander-Chörlein des Freiburger Münsters[173]. In Bayern, das ja mit Bergwerken namhaft ausgestattet ist, wird Anna als Taufname bereits im 12. Jh. bezeugt und tritt seit dem 15. Jh. häufig in den Kreisen des Volkes auf[174]. Tirol liefert weitere Zeugnisse. Die Kapelle St. Anna in Rotlan, eine Stunde nördlich über der Pfarrkirche am Pfunderer Berg, wurde im Jahre 1736 für die Bergknappen gebaut. Im Jahre 1772 fanden sich dort Ablässe für die St. Barbara-Bruderschaft ein und – ein typisches Wachstum – zwei privilegierte Altäre. Dort wurde die Anna-Dienstag-Messe gelesen. Feierlicher Gottesdienst fand am St. Annatag und am Barbaratag statt. Beide bergbaufreundlichen Heiligen wirken wie Geschwisterheilige. Der Bergbau ist dort sehr alt. Urkundlich ist dieser nach *Atz* und *Schatz* bereits in romanischer Zeit nachweisbar[175]. Im Jahre 1141 war es, daß Graf Arnold von Greifenstein diesen montanen Betrieb dem Augusti-

[171] Bistum Trient, 3. S. 235. Das dortige Bergwerk war nach diesem Autor bereits seit 1141 bekannt. Damals wurde das Bergwerk vom Grafen Arnold von Greifenstein dem Kloster Neustift eingehändigt.

[172] S. auch *Schreiber*, Deutschland und Spanien. S. 226.

[173] *Ernst Scheffelt*, Bergbaunamen im südwestlichen Schwarzwald. In: Der Anschnitt, Zeitschrift f. Kunst und Kultur im Bergbau, 8. Jg., Nr. 1, v. Febr. 1956, S. 12.

[174] *Sigmund Buchberger*, Beiträge zur Volkskunde der Namengebung in Altbayern und der Oberpfalz. Von den Anfängen bis zum Jahre 1500. Landshut 1933, S. 66.

[175] *Atz* und *Schatz*, Trient, 3. S. 235.

ner-Chorherrenstift Neustift (Novacella) bei Brixen schenkte. Eine kostbare Mitgift für diese Neugründung.

Aber das Verhältnis zu *Daniel* ist für Tirol und die ostalpinen Gebiete noch zu berühren. Die bayerische Herkunftslinie äußerte sich stark in „Reliquien Daniels", die das Augsburger Chorherrenstift Rohr bei Abensberg (Niederbayern) und der Benediktiner-Konvent von Tegernsee verwahrten[176]. Der Prophet tritt in der Frühentwicklung alpiner Bergbaubetriebe mindestens so stark als Schutzherr heraus wie St. Anna. Im Grunde genommen war Daniels Stellung für die Gebiete des bayerischen Stammes beachtlich unterbaut. War sie doch gestützt auf den Bericht, der Daniel in einer Grube, nämlich in der Löwengrube, zeigt, gestützt auch auf den Traum des Königs Nabuchodonosor, der Gold, Silber, Erz und Eisen mit sich führt[177]. Bemerkt doch das Christliche Heldenbuch, ein Münchener Bruderschaftsbuch und zugleich ein Ständebuch, das die Schutzherren der Berufsstände aufführt[178], schlicht und einfach und darum in wuchtiger Betonung: „Die im Saltzwerck arbeiten (verehren) S. Rupertum; die Bergknappen S. Danielem[179]." Hier zeichnet sich somit ein gewisser Unterschied zum sächsischen Bergbau ab, der anscheinend eine größere Danieldevotion nicht kennt. Ganz anders das silberreiche Schwaz, das das Daniel-Gedenken vielfach ausbreitet. Aber die Anna-Verehrung hat gleichwohl in Tirol die Vorzugsstellung, daß sie um Altäre, Kapellen und Meßformulare weiß, was Daniel, obwohl er als Sanctus angesprochen wird, nicht aufzuweisen vermag. Die avia Domini setzte sich nach der Seite der Liturgie und Volksliturgie auf die Dauer stärker durch. Sie stand der ansteigenden Marienverehrung näher. Doch drei Danielgruben in Joacimsthal[179a].

[176] *Johannes Heldwein*, Die Klöster Bayerns am Ausgang des Mittelalters. München 1913, S. 62. *Menzel*, Symbolik, 1. S. 202.

[177] *G. Schreiber*, Daniel im Bergbau. In: Der Anschnitt, 5. Jg., Nr. 3, 1953, S. 12/13.

[178] Christliches Heldenbuch Darinn Auff alle Tage deß gantzen Jahrs, der Auserwöhlte lieben HH. Gottes Bildtnußen, Sambt einen Summarischen Begriff ihres Lebens, Sonderlich zu nutz vnd trost aller Gottseligen Bruderschafften, so Monatlich ihre Heiligen Patronen wöhlen, fürgestelt werden. Mit Röm. Keys. Mt. Freyhe. München. In Verlag der Bruederschaft Vnser L. Frauen Verkhündigung 1629. Dazu *Georg Schreiber*, Volksreligiosität im deutschen Lebensraum. In: Volk und Volkstum 1, 1936, S. 52.

[179] Ebd., S. 56. – Ferner *J. Garber*, Schwaz. Augsburg o. J., S. 9. – Man vgl. für Rupert die Rupertskapelle am Haller Salzberg. Im Antipendium Bischof Rupert mit Hirtenstab und Salzkufe. Links von St. Michael eine weitere Salzkufe. Die Gemälde dort z. T. von Christoph Mayr (vulgo Stockinger).

[179a] *Mathesius*, Sarepta, Stollenverzeichnis.

6. *Metallheilige, Feuerheilige, Wasserheilige*

Bereits in obigen Darlegungen sind manche Heilbringer ausgewiesen, die durch Legende und volksgängige Attribute eine gegebene Beziehung zum Bergbau hatten. Diese Liste ist noch zu erweitern. Solche Hinweise sind um so notwendiger, da die Geschichte des Bergbaus, der Hagiographie und Ikonographie diese Zusammenhänge wenig pflegte, wenn hie und da auch eine Einzelbeobachtung erfolgte.

Unter die Metallheiligen zählt nach seinen Torturen zunächst *Pantaleon* († um 305), der Patron der Ärzte. Er gehört ebenso zu den Vierzehn Nothelfern, die besonders in der Namengebung der Stollen aufleuchten. Als Attribut ist ihm neben dem Schwert auch der Nagel beigegeben. Sagt doch die Überlieferung, daß man ihm die Hände über dem Kopf aufgenagelt habe[180]. Nun beachte man, wie die Nägel unter den bergbaulichen Fronabgaben aufgeführt werden. So hört man, daß 1356 in einer Bestätigung des Markgrafen Ludwig von Brandenburg, Graf zu Tirol, die Bergwerke zu Martinsbruck und Pontalt im Scharlthal den Rittern von Planta von Gold und Silber den 10. Teil und vom Eisen jährlich 100 Roßnägel und 600 Nägel dem Lehnsherrn nach Tirol zu liefern haben[181]. So will man es verstehen, daß der Megalomartyrer und Thaumaturgos wegen dieser Beziehungen zum Eisen im Oberengadiner Bergwerksverzeichnis von 1481 wie folgt erwähnt wird: „Auf St. Pantaleonstag empfieng der ‚lange Siegmund‘ eine Grube in Puschlav auf dem Berge Camplon, genannt zu St. Pantaleon[182].“ Dazu mag auch der Wallfahrt in Niederrottweil gedacht werden, die ihm am Oberrhein wurde[183].

Im gleichen Oberengadiner Bergwerksverzeichnis empfing zudem Jakob Fry eine Grube, die *St. Aegidius* bezeichnet wurde[184].

Auch hier muß man an die magnetische Kraft des Eisens erinnern. Aegidius führt ja neben der Hindin als individuelles Attribut den Pfeil mit sich. Die Hindin suchte bei ihm Zuflucht, einer der Jäger schoß auf sie einen Pfeil ab, der jedoch Aegidius schwer verletzte[185]. Schleifer und Sporer bezeichneten ihn als Schutzherrn. Die Verehrung als Grubenheiliger zog

[180] *Braun*, Tracht. Sp. 585. *Neubner*, Die hl. Handwerker S. 263.
[181] *Plattner*, Bergbau. S. 9.
[182] Ebd., S. 10. *Schreiber*, Vierzehn Nothelfe, S. 50/78.
[183] *A. Bigelmair*, Pantaleon. In: LThK 7, Sp. 918. – Siehe noch *Gustav Hoffmann*, Kirchenheilige in Württemberg. Stuttgart 1932, S. 289.
[184] *Plattner*, Bergbau. S. 10.
[185] *Braun*, Tracht. Sp. 43.

sich in andere alpine Gebiete. Unter den Bauen des Berggerichts an der Etsch erscheint 1562 die Grube St. Gilgen Hoffnung[186]. Im Berggericht Rattenberg haben wir 1580 die Grube St. Gilgen am Anlaß[187].

Das individuelle und erzhaltige Attribut der Pfeile führte auch *St. Sebastian* zu den Gruben, wobei auch der Pestpatron und Soldatenpatron gewürdigt werden muß. Im Tiroler Imster Gebiet war es der Bergbau Haverstock, der bereits 1457 einen Sebastiansstollen kannte. Dazu tritt anderes Vorkommen in alpinen Räumen[188]. Die Pest wanderte oft durch den Bergbau. Sie hat die Zahl der Knappen oft empfindlich gemindert[189].

Bei manchen dieser Metallheiligen machen sich besondere Einwirkungen aus der Landschaft geltend. Bei *St. Mauritius* erscheinen unter den Attributen Fahne, Lanze, Schild, Schwert[190]. Aber ebenso sind die Einflüsse der Umwelt zu verzeichnen. So pflegt die Schweiz die besonderen Erinnerungen an die Thebäische Legion, die besonders in Agaunum, also in St. Maurice-en-Valais festgehalten werden. Daher ist es zu begreifen, wenn im Oberengadiner Bergwerksverzeichnis von 1481 eine Grube erwähnt wird, „genannt zu St. Moritz“[191].

Andererseits erscheint in den Gebieten des bayerischen Stammes, wie die Bergbauverzeichnisse dartun, wieder und wieder *St. Leonhard*. Man weiß, er ist in diesen Bereichen zunächst der besondere Freund der Bauern. Aber Tirol ist ebenso erfüllt von diesem Bergbau-Patron. Die Einwirkung geht auch weiter ostwärts. Da haben wir die Grube St. Leonardi in Eisenerz in Steiermark[192], daneben viele andere. Ebenso zahlreich sind seine Schutzherrschaften in Kärnten. Seltener wird die Ostschweiz von diesem Namen berührt. Allerdings teilen sich nach dort einige Anregungen aus dem benachbarten Tirol mit. So weiß ein Oberengadiner Verzeichnis von 1481 zu bemerken, „die nächste Gerechtigkeit oberhalb dieser empfieng wieder Romedi; die Grube hieß zu St. Leonhard“[193].

[186] *Wolfstrigl-Wolfskron*, Tiroler Erzbergbaue. S. 334.

[187] Ebd., S. 162. – Vgl. noch *Hoffmann*, Kirchenheilige in Württemberg, S. 259; für Westdeutschland *Samson*, Patronate, S. 103f.; *Kerler*, Patronate, im Register, S. 427f.; *G. Schreiber*, Deutschland und Spanien, S. 62, 339; *ders.*, Vierzehn Nothelfer, S. 42f.

[188] Imster Buch; ferner *Wolfstrigl-Wolfskron*, Tiroler Erzbergbaue 1525 im tirolischen Taufers, ebd., S. 362; ebd., S. 162, 269; um 1550 am Siflitzerberg in Kärnten, *Wießner*, 1, S. 149; 2, S. 77, 230. – *Mathesius*, Sarepta, Stollenverzeichnis.

[189] *Wolfstrigl-Wolfskron*, Tiroler Erzbergbaue. S. 80.

[190] *Braun*, Tracht. Sp. 127ff.

[191] *Plattner*, Bergbau. S. 11.

[192] Beschreibung, S. 28, Nr. 9; eine zweite Grube im gleichen Raum, S. 28, Nr. 16.

[193] *Plattner*, Bergbau. S. 10.

Man darf überdies Leonard unter die Metallheiligen einordnen. Ist er doch als der große Eisenherr zu bezeichnen. Eisengaben rufen im Volksvertrauen fast immer seine Hilfe herbei[194]. Manche Leonardskirchen sind mit Ketten umspannt. Eindrucksvoll heben sich diese, um Bächtold-Stäubli zu ergänzen, auch im Schwarzwald ab, zudem in Altbayern, Schwaben und Tirol (Ried im Oberinntal)[195]. Seltener wird der Bauernheilige St. Wendelin genannt. Jüngeren Datums (20. Jh.) ist der Wendelin-Stollen und der Wendelin-Unterbau-Stollen in den Blei- und Zinkerzbergbau Dirstentritt bei Imst[196]. Eigentlich eine Einwirkung aus dem alemannischen Raum, wo diese Devotion stärker beheimatet ist[197].

Nächst verwandt den Metallheiligen sind die *Feuerheiligen*. Es sei hier zunächst *Laurentius* erwähnt. Sein Attribut ist der Rost, der bald auf dem Boden ruht, bald in der Hand getragen wird. Zudem weiß die legendarische Passio, daß er zuvor mit glühenden Platten gebrannt wurde[198]. Seiner wird auch in anderer Richtung als Feuerheiliger gedacht (bei Aussatz, Brandwunden, Fegfeuer, Garköche, Glaser, Hitzpocken, Jucken, Köche, Köchinnen, höllische Mächte, Pastetenbäcker, verschiedene körperliche Schmerzen)[199]. Nicht minder will jener andere Bericht gewürdigt sein, daß er von Papst Sixtus II. zum Verwalter des Kirchenschatzes eingesetzt wurde[200]. Nun haben aber die Bergleute sich immer als *Schatzgräber* betrachtet. So rückt auch der Erzdiakon von mehr als einem Standort her unter die Bergwerkspatrone. Seine Erwähnung in den oberdeutschen Bauen ist recht häufig. Ein Stollen „Lorenz" erscheint im Bezirk von Klausen in Tirol[201]. Bereits 1477 findet sich bei Modereck im Großkirchner Bezirk in Kärnten die Silbergrube S. Laurenz[202]. 1558 wiederum hat der Gewerke Putz im gleichen Revier ein Grubenlehen „auf der alten Zech zue st. Lorenz"[203]. 1591 findet sich am Silberberg (Caspar Gadmer) eine Grube St. Lorenz[204].

[194] *Bächtold-Stäubli*, Handwörterbuch, 5. Sp. 1218.

[195] Ebd.

[196] *Mutschlechner*, Erzbergbau. S. 41, 44.

[197] Über Wendelin und Leonhard s. *G. Schreiber*, Deutsche Bauernfrömmigkeit in volkskundlicher Sicht (Forschungen zur Volkskunde, hg. v. G. Schreiber, H. 29). Düsseldorf 1937, im Register, S. 91/92.

[198] *Günter*, Legende. Im Register, S. 356. – *Braun*, Tracht. Sp. 454f.

[199] *Schreiber*, Spanien und die deutsche Volkskunde, S. 108. – *Kerler*, Patronate. S. 451f.

[200] Ebd., S. 387f. – *Mathesius*, Sarepta, Stollenverzeichnis.

[201] Jahrbücher der Berg- und Hüttenkunde, 2. Hg. v. Karl Erenbert Frhr. v. Moll. Salzburg 1798, mit einem Stollen „Lorenz".

[202] *Wießner*, Kärnten, 1. S. 88.

[203] Ebd., S. 112.

[204] *Plattner*, Bergbau. S. 48.

Es mag sein, daß auch der Ortspatronat, den der Heilige in St. Gallen ausübte[205], die Schutzherrschaft in der Schweiz und in Nachbarräumen erleichterte. Bei den vielen Beziehungen, die Nürnberg nach den Habsburgischen Bergbaugebieten hatte, bei den Gewerken, die es stellte, mag auch sein Ortspatronat in dieser Reichsstadt erwähnt sein. Überdies erscheint eine Lorenz's-Blei-Grube am Geierkopf (Blasiental) bei Imst[206].

An die Seite von Laurentius tritt in der Allerheiligenlitanei und sonst *Vincentius* Levita (Vincentius von Saragossa), der ebenfalls das Attribut des Rostes mit sich führt, auch als Patron der Ziegelbrenner[207]. Er erscheint vereinzelt im Alpenraum als Besitzer einer Grube[208], so im Imster Bergbaugebiet am Tschirgamt und am steirischen Erzberg[209]. Wenn er als Patron der Holzfäller im Wiener Wald begegnet (Leopold Schmidt), mag man daran denken, wie stark der Wald als Zubehör des Bergwerks anzusehen ist.

St. Florian ist Fürbitter gegen Feuersbrunst; zudem trägt er als Attribut ein Banner oder eine Lanze[210]. So kann er als Schutzherr einer Erzgrube auftreten, was am steirischen Eisenerz vorkam[211].

St. Agatha will mit den Attributen der Kerze und der brennenden Fackel ebenso als Grubenheilige erwähnt sein. Dazu weiß die Volksüberlieferung von ihren Beziehungen zu feuerspeienden Bergen[212]. Die Sizilianerin wird derart zur Patronin der Schmelzer und der Schmelzhütten sowie der Schmelzkapellen. Viel vermerkt ist die Kapelle zu St. Agatha auf dem Kristberg, früher „Silberberg" genannt. Dieses Silberbergwerk bestand vom 14. bis zum Anfang des 17. Jh. Diese Kapelle liegt in 1487 m Meereshöhe nahe dem Übergang nach Dalaas. Sie gilt als ältestes Gotteshaus im Tal Montafon. Die erste urkundliche Erwähnung erfolgte 1450. Man darf wohl annehmen, daß die Inangriffnahme des Bergbaus bereits früher durch Knappen erfolgte, die aus dem Wallis eingewandert sind. Nach einer anderen Überlieferung geschah der Bau dieses Kirchleins zufolge eines Gelübdes. Es heißt, daß die Bergknappen bei einem Einbruch der nahen Silbergrube

[205] *Kerler*, Patronate. S. 387f.

[206] *Mutschlechner*, Erzbergbau. S. 51.

[207] Ebd., S. 41, 44. – Zur spanischen Herkunftslinie s. *Schreiber*, Deutschland und Spanien. Im Register, S. 526; ders., Spanien und die deutsche Volkskunde. S. 108.

[208] *Kerler*, Patronate. S. 469.

[209] *Mutschlechner*, S. 41, 44; Beschreibung, S. 32.

[210] *Braun*, Tracht. Sp. 263f.

[211] Beschreibung, S. 30.

[212] *Fink*, Kirchenpatrozinien. S. 51. – *Schreiber*, Deutschland und Spanien. S. 71, 246, 247.

verschüttet und dennoch gerettet wurden. Im Jahre 1495 erfolgte an dieser Kapelle die Errichtung einer Dreifaltigkeitsbruderschaft. In folgerichtiger Entwicklung trat die Stiftung einer Kaplanei (1499–1501) hinzu[213].

Später allerdings rückt in Bergbaugebieten an St. Agathas Stelle zuweilen die Jungfrau Maria. So kam es in Hinterriß im Karwendelgebirge Mitte des 16. Jh. zu einem *Eisenbergwerk*, das jedoch nur vorübergehenden Bestand hatte. Diesem Eisenberg- und Schmelzwerk verdankt Hinterriß den Bau einer Kapelle, die als Wallfahrt besucht wurde und sich auch später noch erhielt. Daher bekam die Wallfahrt auch den Namen „*Zur Muttergottes auf der Schmelz*". Dieser Titel blieb besonders für die Wallfahrt bestehen. Derart verband sich das Bergwerk mit der Peregrinatio. Aus dieser von den Schmelzarbeitern erbauten Kapelle erwuchs die Wallfahrt und später die Seelsorgskirche fast am selben Platz[214].

Über St. Barbara (Attribute: Schwert, Kelch, brennende Fackel, ferner gegen Todesnot, besondere Kraft der virgo) als Inhaberin von Zechen wird von mir an anderer Stelle eingehender berichtet werden, im besonderen auch über die Bruderschaftspatronin, die in Bergbaugebieten an erster Stelle stand[215].

Es ist auch der Lichtheiligen *St. Lucia* zu gedenken, die von Syrakus aus den Wanderweg nach Norden antrat. Ihre Attribute sind die Lampe, der Kessel, das Schwert[216], sicherlich genügend Sinnzeichen, um sie zur Grubenheiligen zu machen. Will doch auch der Bergmann, daß mit ihm das Licht in die dunklen Stollen geht. Davon weiß die Sage. Das berichten ebenso Bergleute, die in Barockkirchen eine Grubenlampe in das Kirchenschiff hinaushalten[217]. Wenn Flammen zu Füßen der Heilbringerin erscheinen, so ist es ein Grund mehr, der Feuerheiligen zu gedenken. Flammen weisen im schlesischen Niklasdorf nach der Sage den Weg zum Gold[218]. Eine Grube St. Lucia am hohen Kreuz findet sich im Oberengadin[219] und an anderen Stellen.

[213] *Andreas Ulmer*, Die Gotteshäuser Vorarlbergs in Wort und Bild. Bregenz 1934.

[214] *Florentin Nothegger*, Hinterriß und unser dortiges Klösterlein. In: Spiritus et vita Fratrum Minorum, Jg. 19. Hall i. Tirol 1939, S. 32f. Freundliche Mitteilung von Prof. Dr. Nikolaus Grass.

[215] Zur Barbara-Verehrung s. noch unten.

[216] *Braun*, Tracht. Sp. 467ff. – *Kerler*, Patronate. S. 26. – *Schreiber*, Kultwanderungen. S. 30f.

[217] S. unten.

[218] *Stötzel*, Bergmannssage. S. 34.

[219] *Plattner*, Bergbau. S. 49.

Einer der gefährlichsten Feinde des Bergwerks ist das *Wasser*. Das Wasserheben war für den Ausgang des Mittelalters und für den Anbruch der Neuzeit ein besonders schweres Problem. Wo immer man die Bergwerksgeschichte aufschlägt, stößt man nach den frühmittelalterlichen Jahrhunderten auf Versuche, Maschinen zu konstruieren, um des Wassers Herr zu werden, um auch die kostspieligen menschlichen Wasserheber zu ersetzen, deren Bezahlung selbst die Fugger nicht mehr gewachsen waren. Begreiflich, daß man nun jene Schutzpatrone in Benennung von Gruben anbrachte, die bei Wassersnot angerufen wurden. Dahin gehört vor allem *St. Nikolaus*. Er ist Verkehrsheiliger für die Straßen wie für die Ströme. Da soll er helfen. So hört man, daß Flöße, mit Erz beladen, in der Etsch versinken. Zu allem weist der gütige Bischof von Myra Sinnzeichen auf, die unweigerlich die Wege zum Bergwerk finden. Als individuelles Attribut erscheinen unter den deutschen Bildwerken des 14. Jh. drei Goldklumpen, drei Goldbarren, drei Goldstangen, zuweilen ein Anker[220]. Überdies ist er für die verschiedensten Schutzbedürfnisse ein Universalpatron. So erscheint sein Name von vielen Ausgangspunkten her immer wieder mit den Stollen verknüpft. Wir beschränken uns auf wenige Belege.

Eine St. Niclaus-Grube trifft man, um mit der Schweiz zu beginnen, unter dem Bergwerksverzeichnis des Jahres 1481 im Oberengadin[221]. Eine zweite Niclaus-Grube erscheint in der gleichen Übersicht „an der schwarzen Kluft"[222]. Wiederum begegnet eine St. Nicolaus-Grube im Verzeichnis des Christian Gadmer von 1588 im Bergbaugebiet von Graubünden[223].

Zahlreiche Gruben verzeichnet Tirol. Wir nennen nur für 1514 die Grube am Ladurnbach im Berggericht Sterzing-Gossensaß[224], ferner für 1562 die Grube St. Niclas Hanneval in Nals[225], eine gleiche für diese Zeit als St. Niclas am Riedl in Terlan[226]. St. Niclas Herrenbau im Berggericht Taufers wird 1612 genannt[227]. Für 1621 sei die Grube Zum Erbstollen und St. Nikolaus am Schneeberg im gleichen Berggericht erwähnt[228].

[220] *Braun*, Tracht. Sp. 147ff. – *Karl Meisen*, Nikolauskult und Nikolausbrauch im Abendlande (Forschungen zur Volkskunde, hg. v. G. Schreiber, H. 9–12). Düsseldorf 1931, S. 202. – *Schreiber*, Bauernfrömmigkeit, S. 51/61.

[221] *Plattner*, Bergbau. S. 10.

[222] Ebd.

[223] Ebd., S. 45.

[224] *Wolfstrigl-Wolfskron*, Tiroler Erzbergbaue. S. 287.

[225] Ebd., S. 334.

[226] Ebd.

[227] Ebd., S. 366.

[228] Ebd., S. 297.

Für Kärnten sei für die Frühzeit nur für 1524 im Großkirchheimer Bezirk die Grube St. Nikla namhaft gemacht[229], ebenfalls für 1524 in Sabarniz der gleiche Bergwerksheilige[230]. Weithin dehnt sich im alpinen Raum die Nikolausfreudigkeit der Stollen. Das Verzeichnis der Gruben, „so die Vordernberge besitzen", nämlich zu Eisenerz in Steiermark, kennt noch im 18. Jh. unter Nr. 55 St. Nicolai[231]. Seine Stellung in der Vornamengebung der Bergleute bleibt zu untersuchen. Vier Gruben kennt Joachimsthal[231a].

St. Christoph ist Helfer in Sachen des jähen Todes wie Barbara, mit der er als Patron in der Kirche im tirolischen Oberpettnau (1412) erscheint[232]. Zudem ist er Verkehrspatron und Wasserhelfer. Wasser umflutet zuweilen seine Füße, wie die Legende berichtet. So begreift es sich, daß er vielen Zechen seinen Namen gibt. Die Wassersnot in der Grube ist oft genug des Bergmanns Tod. Andererseits ist um 1517 das Trinkwasser im Rattenberger Bergbau so schlecht, daß Bergleute erkranken[233]. Eine Quellennotiz für die Geschichte der Arbeitshygiene und der Max-Planck-Gesellschaft.

Doch noch ein Blick auf andere Christophorus-Gruben. Bereits 1481 erscheint sein Name als Stollenheiliger im Engadin auf dem Berge Sassilion zu Puschlav (gefreit auf vier Wochen)[234] und St. Christoph in der Sartiger Enge[235]. Die Christoph-Benennung fand sich des weiteren ein im Berggericht Taufers, zugehörig zum Hochstift Brixen[236]. Dazu traten kärntnerische Gruben[237]. Zwei Stollen in Joachimsthal[237a].

Die alpine Landschaft besorgte auch Zugänge zu sonst beliebten Volksheiligen. Da erfahren wir für das Jahr 1524 von den „Gewerken zu St. Veit im Nassen Tal u. zu S. Wolfganng Hüttn", im Tiroler Bergwerksgebiet[238].

Es will noch die *Einsamkeit* des Bergwerks beachtet sein. Sie ist die Regel, soweit sich keine Bergstädte einfanden. Die Wildnis legt es nahe, anzuknüpfen bei der Wüste des christlichen Altertums, näherhin bei Antonius dem Eremiten. Er rückt zum Bergwerk. Er erscheint häufig, um mit *Wopfner* zu sprechen, „als Patron solcher Bergkirchen, die in der Einsamkeit eines

[229] *Wießner*, Kärnten, 1. S. 103. [230] Ebd., S. 104. [231] Beschreibung, S. 30.
[231a] *Mathesius*, Sarepta, Stollenverzeichnis.
[232] *Fink*, Kirchenpatrozinien. S. 180.
[233] *Wolfstrigl-Wolfskron*, Tiroler Erzbergbaue. S. 158.
[234] *Plattner*, Bergbau. S. 10.
[235] Ebd., S. 45.
[236] *Wolfstrigl-Wolfskron*, Tiroler Erzbergbaue. S. 356.
[237] *Wießner*, Kärnten, 2. S. 49, 51, 83, 165.
[237a] *Mathesius*, Sarepta, Stollenverzeichnis.
[238] *Landesregierungsarchiv Innsbruck*, Parteibuch 1523–1526, fol. 310 v. Mitteilung von Prof. Dr. N. Grass, Innsbruck. Sieben Wolfgang-Gruben in Joachimsthal.

Hochtales entstanden sind; in seiner Lebensgeschichte wird ja erzählt, daß er in der Einsamkeit der Wüste von bösen Geistern versucht wurde und sie überwand"[239]. So steht er in der denkwürdigen Geschichte des Eremos, die die Erinnerung an Fr. Nietzsche wie an K. Vossler wachruft.

7. *Pfarrkirche und Pfarrei*

Für die Bergknappen entwickelte sich in Schwaz im Kirchenraum eine Sonderstellung. In der Pfarrkirche wurde ihnen je die Hälfte des Gotteshauses als fester Platz zuteil. Diese vierschiffige Kirche war so aufgeteilt, daß die Knappen die rechte Hälfte mit dem Süd- oder Knappenchor und dem Knappenaltar innehatten, also zwei Schiffe. Die sonstigen Parochianen nahmen ihrerseits zwei Schiffe ein, nämlich die Nordseite mit dem Hauptchor und dem Hauptaltar. Im Knappenschiff steht heute noch der eindrucksvolle St. Anna-Altar. In Rattenberg wurde den Bergknappen in der Platzverteilung eine ähnliche Vergünstigung zuteil, allerdings nur mit einem Schiff[240].

Es liegt in diesen in der Kultgeschichte unerhörten Vorzugsstellungen eine Anerkennung der Bedeutung und der Kraft des Knappentums und seines Gemeinschaftssinnes. So bekundete es sich schon äußerlich in dieser liturgischen Ehrung des Standesbewußtseins und der Standesehre, daß hier von der Berufsidee her Gruppen zusammengehalten wurden, die unterschiedlicher Herkunft waren. Traten doch zu den ortsansässigen Bergarbeitern wieder und wieder *fremde* Knappen aus anderen Landschaften, die im Zeichen der inneren Überwindung einer bergmännischen und industrialisierten Fremdenlegion erst in die Neuheimat eingebürgert werden mußten. Man nehme nur, daß der Augsburger Bürger Matthäus Zelmat 1538 um das Bergwerk im Sarganserland als Erblehen ersuchte. Unter anderen Bedingungen verlangt er, daß er bis 100 fremde Meister und Knappen der „Landsässen" nach freier Wahl einstellen darf und daß die Niedergelassenen gleiches Recht bekommen wie die „Landsässen". Doch hat die Priesterschaft im Sarganserland diese Belehnung wegen seines „neuen Glaubens" zu Fall ge-

[239] Bergbauernbuch. S. 101.

[240] Über Zuweisung und Aberkennung des Platzes im Gotteshaus (Ehrensitze, Platz des Patronatsherren, Strafbank an der Pforte, uneheliche Mutter) s. *G. Schreiber*, Nationale und internationale Volkskunde, S. 75, mit Hinweis auf *Anton Mailly*, Deutsche Rechtsaltertümer in Sage und Brauchtum. Wien 1930, S. 159.

bracht[241]. Die Reformation hat das Bergwesen an mehr als einer Stelle zutiefst berührt. Der Wandertrieb machte sich erneut geltend.

So ergibt sich in diesen Bergorten gewiß ein bemerkenswerter Beitrag für die Geschichte der Platzverteilung im pfarrkirchlichen Raum, der über erste Beobachtungen (Patronatsherr, Männer und Frauen, gefallene Mädchen u. a.) hinaus einmal eine umfassende Behandlung erfordert. Man erinnere sich nur der anderen Tatsache, daß bis in die Neuzeit hinein Zünften und Gilden hie und da ein Ehrenplatz im Chor eingeräumt wurde. Man nehme etwa die Fleischer im niedersächsischen Duderstadt, die in meiner Jugend in der dortigen Cyriakus-Kirche am Tage ihres Schutzherrn, des hl. Bartholomäus, begleitet von einer Bartholomäusfahne, das Recht hatten, das Chorgestühl einzunehmen. Es wird nicht schwer sein, ähnliche Züge zu sammeln, die der Geschichte eines Symbols angehören, das sich über Jahrhunderte leitete.

Trotz einer gewissen Bevorzugung der Bergknappen im Kirchenschiff, ebenso in Prozessionen, in Bruderschaften und an Feiertagen, ist es nicht zur Entwicklung einer bergbaulichen *Personalpfarrei* gekommen. Beachtlich genug. Besaß die Berggemeinde doch eigene Gerichtsbarkeit, was den Weg zur Parochie hätte erleichtern können. Wachte sie doch ebenso allgemein eifersüchtig über gewisse Freiheiten, die ihr durch landesfürstliches Privileg eingeräumt waren (teilweise die Jagd und die Fischerei, teilweise Waffentragen, Proviant zu mäßigen Preisen). Derart wurde die pfarrechtliche Stellung der ecclesia matrix vom Knappentum her, soweit man das für Tirol und für alpine Nachbargebiete ausmachen kann, durchaus geachtet. Die territoriale Abgrenzung der Parochie, also der Pfarrsprengel, hat sich also in Bergbaugebieten behauptet[242].

Es kam hinzu, daß die Pfarrkirche im allgemeinen die Talsohle beherrschte, daß andererseits der Bergbau bis zu 2000 Metern hoch ging. Es war von vornherein nicht leicht, an diesen Hängen – falls nicht altgewohnte Römerstraßen oder andere Umstände (Überschwemmungen, der Wald, die Höhenlage) nahelegten, es auf eine Pfarrkirche abzuheben, die eine Schädigung einer älteren bestehenden ecclesia matrix bedeutet hätte.

[241] *Franz Fäh*, Die Glaubensbewegung in der Landschaft Sargans. In: Jahrbuch f. Schweizerische Geschichte, 20. Zürich 1895, S. 88.

[242] Zur allgemeinrechtlichen Stellung des mittelalterlichen Pfarrsprengels s. *H. E. Feine*, Kirchliche Rechtsgeschichte, 1. Weimar 1950, S. 334ff. – Es überrascht, daß das quellenkundige und wegweisende Werk von *Wolfstrigl-Wolfskron* der strukturellen Bedeutung der Parochie nicht gedenkt.

Die Bergknappen haben ihrerseits viel zur Erhöhung und Ausgestaltung der Pfarrkirche beigetragen, indem sie bei Erneuerungen, die auf Grund von kriegerischen Verwicklungen oder durch Brand notwendig wurden, wertvolle Beiträge für den Wiederaufbau leisteten. Man kann die große Hingabe an die Pfarrkirche, die mittelalterliche und nachmittelalterliche Zeiten beherrschte, noch heute feststellen, wenn man die Pracht der Gotteshäuser im Tiroler Bergbaugebiet auf sich wirken läßt. Große Raumentfaltungen, eindrucksvolle Gewölbe, wertvolle Statuen, bunte Prozessionsfiguren treten heraus, die mehr oder minder bergbaulich ausgerichtet sind. Man nehme nur das ausdrucksvolle Grabmal in der Schwazer Pfarrkirche, das einem Gewerken Hans Dreyling dem Älteren im nordischen Renaissancestil zuteil geworden ist[243]. Im Zeichen des Zueinander des Unternehmertums und der Knappschaft zeigt es zwei Bergknappen an der Seite des Verblichenen. Man erinnere sich überdies auch an den Bergmann, der die vom Bürgermeister Jonas Schönlebe gestiftete Kanzel im Dom zu Freiberg trägt, was wiederum symbolhaft eine Auszeichnung für den Stand bedeutet. Eine Bergmannsgestalt findet sich dort auch an der Treppe zur Kanzel. Ebenfalls sind dort die Grabwächter bergmännisch eingekleidet (Bart, Kniebügel, Fahrhaube)[244]. Das sind besondere Auszeichnungen. Man denke nur daran, daß andernorts kein Geringerer als der Prophet Moses als Träger und Unterbau der Kanzel hervortritt.

Die ganze Größe und Schönheit der Gotteshäuser in Tirol als eines bedeutenden Beitrags des Bergbaus ist auch von dem älteren Bergwerkshistoriker Sperges betont worden. „Die Pfarrkirchen zu Schwaz und Sterzing haben nach dem Dome zu Trient an der Größe kaum ihresgleichen im ganzen Lande[245].“

Auch andernorts half man den Pfarrkirchen von der Seite des Bergbaus[246]. So hören wir vom Ausgang des Mittelalters, daß ein Konsortium von Gewerken in Köln durch eine Bergordnung von 1524 gehalten wird, zum Bau von Pfarrkirchen den 100. Kübel der Erzstufen von allen Aus-

[243] *Hans Bruner*, Die Familie Dreyling und ihre Grabmäler in Nordtirol. In: Tiroler Heimatblätter, 7. 1929, H. 7/8, S. 234–242.

[244] *E. Treptow*, Deutsche Meisterwerke bergmännischer Kunst (Deutsches Museum 1, 3). Berlin 1929, S. 11. – Zur künstlerischen Verklärung des Bergmanns s. auch *Tolnay*, Die Zeichnungen Pieter Bruegels. Zürich 1952, S. 81, Tafel 58.

[245] Tyrolische Bergwerksgeschichte. S. 101.

[246] Die Gesellschaft der Häuer zu Freiberg übereignete schon im Jahre 1400 der Pfarrei zu Unserer Lieben Frau einen jährlichen Zins von 24 gr für die Wiederherstellung eines Altars. *Löscher*, Erzgebirge. S. 390.

teilungen der Gewerken zu spenden. Dabei heißt es ausdrücklich, das solle geschehen „ohne Betrug“[247]. Diese Abgabe mochte hie und da als Last empfunden werden, genau wie die Zehnten und die oblationes debitales.

Die Stellung des Pfarrers ist auch sonst mit dem bergbaulichen Bereich verknüpft, an mehr als einer Stelle. Einmal hatte auch in Tirol ähnlich wie im sächsischen Erzbergbau[248] die Pfarrei selbst einen Anteil am Bergbau. Man gab ihr ein Lehen bzw. eine Kirchenkuxe. Das Ausmaß solcher Zuwendung war örtlich bestimmt.

Zum anderen hatte die Parochie öfter eine Quote an den Einkünften der *Bruderlade*. Der Fürsorge des Salzburger Landesherrn, des Erzbischofs Leonhard von Keutschach (1495–1519), war es zu danken, daß in diesem regsamen Bergbaugebiet damals die Bruderladen der Knappschaften entstanden[249]. Diese gaben sich zunächst als schlichte Truhen. Eine alte Bergmannstruhe aus dem Jahre 1671 befindet sich noch im Fichtelgebirgsmuseum in Wunsiedel. Solch ein eisenbeschlagenes Kastenmöbel zur Aufbewahrung von Kleidern und Wäsche gibt sich als dingliche Vorstufe der bald rechtlich stark hervortretenden Einrichtung dieser Bruderlade[250]. Diese Institution greift tief in die Wohlfahrtspflege der Pfarrei ein. Sie verdient schon einige Aufmerksamkeit. Sie begegnet anscheinend in anderen Konfraternitäten des Mittelalters, die zum Vorbild genommen wurden. Man übernahm also ein verpflichtendes Erbe. Entfernungen wurden überwunden. Die Bruderschaften der Abteien Ebersberg und Tegernsee empfingen regelmäßige Opfergaben aus ziemlich entfernten Gebieten, selbst von einigen Plätzen des Inntals und der Steiermark[251]. Man schuf für die Praxis zunächst eine dem Knappentum, das hier in Parallele zu den Bruderschaften des medium aevum tritt, zugehörige Gemeinschaftskasse. Man nehme die Bruderschaftslade, die für Vellach in Kärnten 1532 als Zweckvermögen nachweisbar ist. Jeder Knappe erfuhr dort von einem Lohngulden den Abzug eines Kreuzers. Auch die Gewerken zahlten mit regelmäßigen Beiträgen. Die Verbundenheit der Unternehmer mit den Knappen – soviel Spannungen sich gelegentlich auch ergaben – trat immer wieder von der Berufsidee her hervor. Aus dieser Kasse wurden im Zeichen der Fürsorge

[247] *Hans Spethmann*, Forschungen zur Geschichte des Ruhrbergbaus (Ms.-Band). 1. Buch: Die frühe Zeit für Kleve, Mark, Ravensberg. Essen-Lübeck 1951, S. 144.

[248] Für Sachsen s. *Löscher*, Erzgebirge. S. 300f., 312, 323 u. ö.

[249] *Hinterseer*, Hofgastein. S. 468.

[250] *Franz Michael Ress*, Bauten, Denkmäler und Stiftungen deutscher Eisenhüttenleute, im Auftrag des Vereins Deutscher Eisenhüttenleute. Düsseldorf 1960, S. 102.

[251] *Heldwein*, Klöster Bayerns. S. 177.

kranke Bergleute unterstützt sowie rückzahlbare und nicht rückzahlbare Darlehen ausgegeben[252]. Wie in den älteren mittelalterlichen Bruderschaften, die neben wirtschaftlichen Ausgangspunkten wesentlich vom Totengedächtnis (Exequien, Begräbnis, Siebener, Dreißiger, Jahrtag mit Gemeinschaftsmahl) zusammengehalten wurden, werden auch Bestattungskosten getragen. Desgleichen wurden Zehrungen (Martinstag) und Feiertage auf die Kasse übernommen[253]. Im Fest regt sich ja die Menschlichkeit und bejaht sich gleichzeitig der Verbandswille. Derart tritt die notwendige Muße zur aufbauenden Handarbeit. Dabei konnten sich gewiß Mißbräuche einschleichen. Die Bruderlade wurde ebenfalls in *Salinen* begründet. Sie geben sich ja als Zwillingsbrüder des Bergwerks. So erfahren wir Näheres über die Bruderlade der Haller Salzarbeiter[254], die sich ganz als Bergbeflissene fühlen.

Die Eintragungen in das Bruderschaftsladenbuch spiegeln den Aufstieg wie den Rückgang des Bergbaus. Sie ziehen sich über Jahrhunderte. Die Bruderlade findet sich auch im mitteldeutschen Raum, ebenfalls in Schlesien, dort 1539 in Reichenstein[255]. Von dieser Bruderlade wissen Bergordnungen. So kennt die Bergordnung für Schwarzburg wiederum mit einer Wendung ins Sozial-Karitative bereits diese Selbstbesteuerung. Dort soll jeder Bergarbeiter „zur Erhaltung gemeiner Knappschaft“ von seinem Lohn wöchentlich 1 Pfennig in die „Knappschaftsbüchse“ zahlen, also eine andere, regional empfundene Bezeichnung für die Bruderschaftslade. Außerdem soll der Bergknappe von seinem Gedinge, „so er etwas daran erobert“, pro Gulden 6 Pfennig abgeben. Diese Wendung „so er etwas daran erobert“ macht uns darauf aufmerksam, daß der Lohn der Knappen manches Ungewisse mit sich führte, je nachdem, was er an Erz brachte oder nicht brachte, auch nach der wechselnden Ergiebigkeit der oft im Raubbau mißhandelten Stollen, auch bei Streitigkeiten mit den Gewerken und Hutmeistern. Die zuletzt genannte Abgabe des Schwarzburger Wochenpfennigs soll der Aufrichtung eines Pfründnerhauses dienen, dem die Bergknappen, aber auch sonstige Arbeiter im Bergwerk, ebenso die Armen der politischen Gemeinde – diese der Pfarrei zugute kommende Erweiterung will beachtet sein – zugehören sollen. Darum heißt es: „Davon soll den verderbten Bergleuten, Arbeitern und Armen ein Haus aufgerichtet, und sofern sich solch

[252] *Wießner*, Kärnten, 1. S. 78ff.
[253] Ebd., S. 79. – Siehe auch unten über die Bergbau-Bruderschaft.
[254] *Löhmer*, Haller Salzbergarbeiterschaft. Innsbruck 1957, S. 192f.
[255] *Otto Hue*, Die Bergarbeiter. Historische Darstellung der Bergarbeiterverhältnisse von der ältesten bis in die neueste Zeit, 2 Bde. Stuttgart 1910–1913, 1, S. 199.

Geld erstreckt, an Zinsen gelegt und damit erhalten werden[256]." Statuten dieser Art berühren, wie angedeutet, zunächst die Wohlfahrtspflege der Pfarrei. Aber es geht darüber hinaus. Aus solchen Wochen- und Büchsenpfennigen sind an Bergkapellen des sächsischen Bergbaus in der Mitte des 15. Jh. nach *Löscher* auch Priester zu unterhalten[257].

Für die österreichischen Bergbaugebiete machte sich das Bedürfnis nach einer außerörtlichen Regelung geltend. Eigentlich erst später schuf *Maria Theresia* eine allgemein geltende Bruderladenordnung. Letztere stellte sich als Rahmengesetz dar. Dieses Statut war, wie manche andere Dekrete der theresianisch-josefinischen Zeit, von *sozialen* Grundgedanken getragen, was die Arbeitsuntauglichkeit und die Krankenbetreuung betraf, ebenfalls was die Unterstützung der Witwen und Waisen anging. Man übersetzte diesen Erlaß in die kenntnisreichere und lebensnähere Praxis der Bergreviere. Wurden doch 1788 am Bleiberg in Kärnten in Gegenwart des Bleiberger Pfarrherrn und unter Teilnahme der Behörden und Gewerke bezüglich der eingehenden „Bruder-, Priester- und Bleiaufschlagegelder" Bestimmungen erlassen, die noch über die Theresianische Rahmenordnung hinausgingen und für die Bergleute günstiger waren. Uns interessiert nach der kirchenrechtsgeschichtlichen Seite die Tatsache, daß der *Pfarrer* aus der Bruderlade jährlich 100 fl. erhielt, der Benefiziat 150 und der Meßner 36 fl., daß überdies für Begräbnisse jährlich noch 25 fl. für die Pfarrei einkamen. Der Bruderladenkreuzer, der zur Finanzierung des Ganzen einging, wurde in der Art des erzgebirgischen Wochenpfennigs vom Lohn in Abzug gebracht, sowohl für die Gewerken wie für die Bergarbeiter[258]. Zuweilen bestand, wie in Berchtesgaden, eine freiwillige Bruderlade, wenn die entsprechenden Zünfte nicht mehr vorhanden waren[259].

Diese genossenschaftliche Leistung an die Bruderschaftslade will in der Geschichte des kirchlichen Abgabenwesens besonders erwähnt sein, da sie den Stolgebühren, Zehnten, Primitien, Oblationen als Reichnis an die Seite tritt. Noch hat die allgemeinere Geschichte der christlichen Liebestätigkeit (G. Ratzinger, G. Uhlhorn, L. Lallemand, W. Liese) dieser sozialkaritativen, wie auch benefizialgeschichtlich denkwürdigen Einrichtung des Bergbaus nicht gedacht. Die dort gebotenen allgemeineren Erkenntnisse sind von der Berufsidee noch zu stützen[260].

[256] Ebd., 1. S. 199.
[257] Erzgebirge. S. 395, s. auch S. 390f.
[258] *Wießner*, Kärnten, 2. S. 112f.
[259] *Rudolf Kriss*, Sitte und Brauch im Berchtesgadener Land. München-Pasing 1947, S. 110.
[260] Eine Forderung, die auch das Lexikon für Theologie und Kirche² betrifft.

Trotz einer gewissen Bevorzugung der Bergknappen im Kirchenschiff, ebenso in Prozessionen (Bergknappenkerze in Schwaz, jedes Jahr in der Knappenprozession getragen, Träger mit zwei Begleitern), in Konfraternitäten (besonders St. Barbara) und an Feiertagen, trotz der Herausstellung der Bruderschaftslade und einer reichen Kulturplastik (Barbara-Säule in Hall, Barbara-Leuchter mit Bergknappen in Kärnten) ist es, wie schon angedeutet, nicht zur Entwicklung einer Personalpfarrei gekommen. Den von uns erörterten Berggebieten blieb solche selbständige Genossenschaftskirche fremd.

An dieser Stelle legt sich unwillkürlich ein Blick durch die Jahrhunderte nahe. Das betrifft die Festigkeit der mittelalterlichen Pfarrei, die wesentlich durch die karolingische Reform heraufgeführt und gestärkt wurde. Man hat vielfach die Abhängigkeit dieser Pfarrei vom späteren Landeskirchentum in der Geschichte ihrer Geltung und Wertung herausgestellt. Man hat ebenso auf die Beeinträchtigung der iura parochialia durch die Mendikanten hingewiesen, die keineswegs übergroß war. In Wirklichkeit war die Bindegewalt des Pfarrlichen inmitten der mittelalterlichen Gesellschaft, also ihre soziologische Funktion, ganz außerordentlich. Sie wurde noch auf die neugläubige Organisation des 16. Jh. übertragen, was die aufschlußreichen Kirchenvisitationen dieses Säkulums ausweisen.

Man überlege auch, daß kaum ein mittelalterlicher Stand, soviel Gilden und Zünfte sich in der Stadtkultur abzeichneten, genossenrechtlich und überhaupt gemeinschaftsmäßig in sich so eng verbunden war wie jenes Bergknappentum, das sich zudem der Unterstützung wirtschaftlich mächtiger Gewerken erfreute. Ja, diese Knappen gaben sich zu allem in ihrer gestrafften Organisation und Verbundenheit geradezu als eine militärische Macht, was verschiedene Aufläufe und Drohungen, um nicht zu sagen Aufstände gegenüber den Habsburgern am Ausgang des 15. Jh.[261], mehr noch inmitten religiöser Neuorientierungen in der ersten Hälfte des 16. Jh., erwiesen. Trotz dieser fast kriegsmäßigen Haltung und einer großen genossenschaftlichen Geschlossenheit dieses Berufsstandes gelang es den Knappen nicht, das Pfarrsystem zugunsten einer Personalpfarrei zu sprengen, in der sicherlich die Gipfelung des Berufsmäßigen zum Ausdruck gekommen wäre. Erst dem Militärstaat der Neuzeit blieb es vorbehalten, zu versuchen, den Gemeinschaftssinn, die Schlagkraft der Armee durch Personal-

[261] *Atz* und *Schatz*, Trient, 1. 1903, S. 313. – *Josef Weingartner*, Aus der alten Schwazer Bergwerksgeschichte. In: Schwazer Buch, S. 158–172, bes. S. 167ff. – *Otto Stolz*, Geschichte des Landes Tirol. Bd. 1. Innsbruck-Wien-München 1955, S. 529ff.

pfarreien, durch exemte Militärpfarrer und Divisionspfarrer zu erhöhen. Man hat deutscherseits diese Bestrebungen noch im *Reichskonkordat* zu verankern gesucht. Unmittelbar vor dem Abschluß in Rom (20.7.1933) setzte man in den schon vereinbarten Text den Ausdruck „Reichsbischof" ein. Der deutschen Presse war dieserhalb vor der Unterzeichnung der konkordatären Abmachung eine Auflagenachricht mit dem Ausdruck „Reichsbischof" zugestellt, deren Veröffentlichung aber im letzten Augenblick offiziell zurückgezogen wurde. Mit gutem Grund; denn man erlebte, was man sich vorher hätte sagen sollen, daß der andere Partner des Reichskonkordats den einschlägigen Ausdruck sofort als völlig unannehmbar ablehnte: Dieser Vorgang ist wenig beachtet[262].

So weckt die Personalpfarrei gewisse kirchenpolitische Erinnerungen, die hier am Rande einmal berührt werden sollen.

Ein Wort zu den *Oblationen*. Mehrfach treten in der Pfarrgeschichte des alpinen Bergbaus die anfallenden Opfer heraus. Die Bergleute haben die vielseitige Oblationenmaterie ihrerseits bereichert. Erfahren wir doch aus dem Jahre 1614, daß Abraham Dienstl, der Vertrauensmann des Fürstbischofs von Brixen, in der Kirche Unser Liebfrauen zu Latzfons zwölf sehr schöne Erzstufen fand. Sie waren durch einen gewissen Lenz Pflanzer aufgeopfert. Man weiß damals nicht, woher er die Erzstufen genommen hat. Es wird ihm „stark zugesprochen", d. h. er wird gefoltert. Er führt dann seine Befrager an einen Ort unterhalb der Pfarrkirche, wo er die Stufen gefunden haben will[263]. Offenbar wollte der Knappe der Pfarrkirche bzw. deren Patron seinen Dank abstatten, wenn er die genannten Erzstufen als Votivgabe brachte.

Andererseits war er der Anzeigepflicht in Sachen des aufgefundenen Erzes nicht nachgekommen. Jenes „Verschweigen" aber wurde in den Berggesetzen gerügt. Er muß den Erzfund dem Schichtmeister melden. So hieß es in der Bergwerksordnung des 15. Jh. für die Herrschaften Rhäzüns

[262] Dieser Vorgang, der in meiner Erinnerung wurzelt, wird auch durch Prof. Dr. *Max Bierbaum*, Münster (Westf.), einem der besten Kenner der Konkordatsmaterie, bestätigt. Wir ergänzen durch diese Mitteilung auch unsere dem Reichskonkordat zugewandten Abhandlungen: Zwischen Demokratie und Diktatur, Münster 1949; Der erste Entwurf des Reichskonkordats (1920/21), in: Gegenwartsprobleme des Rechts (Görres-Gesellschaft, Sektion für Rechts- und Sozialwissenschaft). Festschrift für J. G. Ebers, Paderborn 1950, S. 159–196; Deutsche Kirchenpolitik nach dem ersten Weltkrieg, in: Hist. Jb. 70, 1951, S. 296–333. Siehe neuerdings *Erich Matthias* und *Rudolf Morsey*, Das Ende der Parteien 1933. Düsseldorf 1960, im Register, S. 811, unter „Reichskonkordat".

[263] *Wolfstrigl-Wolfskron*, Tiroler Erzbergbaue. S. 252.

und St. Jörgenberg im Vorderrheintal: „Ein jeder Knecht und Gesell, der in unserm Bergwerk hinfür graben und arbeiten will, soll bei gegebenen Treuen, an geschworenen Eiden Statt geloben, einem Schichtmeister gehorsam zu sein in Allem, was unsere Gesellschaft und unser Gewerbe betrifft, insbesondere was Jeder von gutem Erz, welcher Art es wäre, oder von anderer Materie, fände oder erführe, ohne jeglichen Verzug einem Schichtmeister zu sagen und zu zeigen und nicht zu verschweigen und vor Niemandem sonst irgend etwas zu sagen[264]."

Solche Erzstufen als Dankopfer und als oblationes gratuitae sind sicherlich auch an anderen Gotteshäusern vorgekommen. Sie zieren noch heute symbolisch manche Häuser des silbernen Schwaz. Ein eigener Knappenopferstock findet sich überdies 1544 in der Pfarrkirche in Schwaz ein. Er gibt sich als eine besondere Vergünstigung. Der Truncus wird im allgemeinen als Zubehör der Parochie betrachtet. Aber hier dient er einem besonderen Berufsstand. Der erwähnte Opferstock führte neben der Jahreszahl das Stadtwappen von Schwaz mit sich, also Hammer und Schlegel, noch dazu eine Haue und das Beil. Die Attribute des Bergbaus rücken in die Armenpflege und in die Altersversorgung.

Zwei Nebenkirchen im Kärntner Bergbaugebiet empfingen das Begräbnisrecht unter der Bedingung, daß sie jährlich 30 Mark an die Pfarrkirche Kappel entrichteten[265]. Solche Leistungen an die Taufkirche sind auch sonst für das Mittelalter bekannt[266]. Mit dieser Zahlung wurde einmal die Würde der Mutterkirche gewahrt. Aber ebenso ward eine Entschädigung von seiten der Kapellen geboten, die aus der Sepultur und der Abhaltung von Exequien manche Einnahmen zogen, die der ecclesia matrix abgingen.

Man kann verstehen, daß bei einer derartigen Privilegierung auch Rücksicht auf die stundenweiten Wege im alpinen Gebiet eintrat. Dazu kam die Lawinengefahr. Wiederum mußte man stets mit Unglücksfällen im Bergwerk selbst rechnen. Überdies war im Winter der Transport der Leichen im Gebirge sehr erschwert. So mußten die Verstorbenen den weiten Weg vom Tuxer Joch bis zur Pfarrkirche nach Mauern gebracht werden[266a]. Dieses Brauchtum zog sich durch Jahrhunderte.

[264] *Plattner*, Bergbau. S. 27.

[265] *Wießner*, Kärnten, 2. S. 210.

[266] Dazu *H. Schäfer*, Pfarrkirche und Stift im deutschen Mittelalter (Kirchenrechtliche Abhandlungen, hg. v. Ulrich Stutz, H. 3). Stuttgart 1903, S. 17. – *G. Schreiber*, Kurie und Kloster, 2. S. 398f., im Register unter „capella".

[266a] *H. Hochenegg*, Die Kirchen Tirols, Innsbruck 1935, S. 147. Die Sippe erwies sich hier und anderorts als festigendes Element.

Das Kärntner Patrozinium des frühkarolingischen Regensburger Bischofs *Erhard* ist bemerkenswert. Zugewanderte Bergleute hielten sich gern einen heiligen Landsmann, zumal wenn er schon seit dem 10. Jh. die Verehrung des Volkes empfing (Viehpatron, Erhardibrot gegen Viehkrankheiten, auch Pestpatron)[267]. Näherhin ist anzunehmen, daß es deutsche Bergknappen waren, die in Kärnten gesiedelt hatten. So erschließen zuweilen Kapellenpatrozinien wie auch Stollennamen Herkunftslinien der Bergarbeiter. Sie berichten geradezu von der Einwanderung der Bergknappen.

Zum Ursprung der Nebenkirche noch ein anderes. In der tirolischen Pfarrei Martell besteht eine Filialkirche „St. Maria im Wald, auf der Schmelz" (in fodinis). Dieses Gotteshaus wird so benannt, weil einst – wie vorhin für den Vorarlberg ausgeführt wurde – die Schmelz eines Bergwerks bestand, das auf Kupfer und Silber betrieben wurde. Diese Schmelzkapelle wird in einer Urkunde von 1448 näher herausgestellt, die das Bergwerk von Martell auf fünf Jahre zur Hälfte von der Fron befreit[268].

8. *Bergbau-Kapelle*

Der Bau von Kapellen, die sich oft in der Nachbarschaft hölzerner, später steinerner Knappenhäuser einfanden[269], wurde immer wieder von Bergknappen in die Hand genommen. Oft genug muß dabei der verstehende und willkommene Anteil der wirtschaftlich stärkeren Gewerken in Rechnung gestellt werden. Doch tritt die Initiative der Knappen bemerkenswert heraus, denen das Genossenschaftselement eine große Stoßkraft verlieh.

Auf dem Kristberg *Vorarlbergs*, früher Silberberg genannt, bestand eine Silbergrube vom 14. bis zum Anfang des 17. Jh. Dort wurde von den walserischen Bergknappen im 14. Jh. eine *Agatha-Kapelle* erbaut. Es ist, als wenn ältere Litaneien bei dem Namen Agatha mitschwingen. Denn diese Heilige wird schon erwähnt in einem litaneienhaften Heiligenverzeichnis des 10. Jh., das sich in Stavelot einfindet[270]. Auch die Augsburger Bistumslitanei (Letania Augustana) des 11. Jh. kennt diese gerade in Oberdeutschland verehrte Volksheilige. Dort ist sie fraulich eingeordnet zwischen Per-

[267] *Wießner*, Kärnten, 1. S. 92, 149; 2, S. 49. – *J. M. B. Claus*, Die Heiligen des Elsaß. Düsseldorf 1935, S. 153–157. – *R. Bauerreiß*, Erhard. In: LThK 3², Sp. 938f.

[268] *Atz* und *Schatz*, Trient, 5. S. 97.

[269] *Wießner*, Kärnten, 2. S. 219, 223.

[270] *Maurice Coens*, Analecta Bollandiana, T. 75, Fsc. I–11, S. 5–16, bes. S. 8. Agatha wird geführt zwischen Cecilia und Theodoria.

petua und Agnes. Sie gilt als das älteste Gotteshaus im Tal Montafon[271]. Die Überlieferung spricht davon, die Knappen hätten den Bau infolge eines Gelübdes unternommen, da sie bei einem Einbruch in der Silbergrube verschüttet und doch gerettet seien[272]. Dieses Motiv wandert auch sonst in die Votivbilder. Wo Kapellen sich ansiedeln, drängt es in die Gründung von Konfraternitäten und in irgendwelche pfarrechtliche Zusammenhänge. Bereits 1495 wird in diesem Gotteshaus eine Bruderschaft errichtet. Wenn sich als Patronin Agatha einfand, so mag man bei der Wahl dieser Feuerheiligen an Schmelzöfen denken, die damals vorhanden waren. Der Bruderschaft folgte die Stiftung einer Kaplanei, die sich von 1499 bis 1501 vollzog. Die heutige Kapelle wurde als Gebäude 1507 neu gebaut. Sie zeigt in Fresken die Krönung Mariens und den Gnadenstuhl. Sie verfügt zudem über einen Agathaschrein. Sie führt ebenso Bilder der Bergpatroninnen Barbara und Katharina mit sich, die man als Geschwisterheilige des Bergbaus ansprechen darf. Sie gibt in weiteren Darstellungen die Madonna, Nikolaus, Georg, Wolfgang, Mauritius, Theodul, Jodok, Magdalena[273]. Derart gruppierten sich Bergwerksheilige und zu den Knappen sprechende Sinnbilder, die auch sonst nachweisbar sind. Sie kehren ja in der Titelgebung der Stollen immer wieder.

Aus dem Stiftungswillen der Bergknappen stammte auch die Barbara-Kapelle (1514—1516) im Kreuzgang des tirolischen Klosters *Georgenberg*. Wie anderwärts fand sich dort eine Barbara-Bruderschaft ein. Ein weiteres und vielsagendes Zeugnis: an einem Flügelaltar der Magdalenenkirche zu *Sterzing* (1509) erschienen zu Füßen der Büßerin zwei Bergknappen. Sie arbeiten, ähnlich einem kolorierten Blatt des Ettenhardtschen Schwazer Bergbuches, an einem Felsen. Die Bergleute mögen zur Altarstiftung hervorragend beigetragen haben. Magdalena ist im übrigen in Tirol eine vielfach anzutreffende Stollenheilige[274]. In dieser gründungsfreudigen Zeit, der Blüte des Tiroler Bergbaus, wurde in Gossensaß neben der Pfarrkirche die gotische Barbara-Kapelle von der Knappschaft errichtet.

Die *Schweiz* will ebenfalls erwähnt sein. Heute noch steht am Bergwerk vom Gonzen (nördlich von Sargans, Eisen- und Manganerzlager, bereits

[271] *Alois R. Schmidt*, Bote für Tirol und Vorarlberg, Extrabeilage Nr. 136. Innsbruck 1887, dort ein Artikel: Vom alten Bergbau am Christberg in Vorarlberg. – *Ulmer*, Gotteshäuser Vorarlbergs. S. 34.

[272] Wir ergänzen hier das unten gebrachte Kapitel über den verschütteten Bergmann.

[273] Pfarrarchiv Silbertal, Bote für Tirol und Vorarlberg 1887, Nr. 137.

[274] *Josef Weingartner* und *Robert Zinner*, Südtirol, Landschaft, Kunst, Kultur. Wien 1950, S. 7. Weiteres s. unten.

den Römern bekannt) im Buchenwalde auf einer kleinen Anhöhe eine altertümliche Kapelle, genannt das Erzbild zu den Vierzehn Nothelfern. Letztere sind oft unter den Grubennamen Graubündens als Schutzheilige anzutreffen[275].

Zuweilen wirkt die Kapelle wie ein Votivopfer. 1509 bewilligte Kaiser Maximilian den Brüdern Georg Ambros und Johann Hochstetter am Archwasser eine Kupfer- und Messinghütte nebst einer Schmiede. Daraus entstand die Hüttenmühle. Die Gewerken haben aus Dankbarkeit für den reichen Segen des Blei- und Eisenwerkes am Erzgebirge die sog. Hüttenkapelle in spätgotischer Bauart für die Schmelzer erbaut[276]. Sie haben damit auf die Bergknappen freundlich eingewirkt.

Ein weiteres Wort zur pfarrechtlichen Stellung. Wenn auch in Tirol und in den Nachbargebieten die iura parochialia in einer folgerichtigen Linie gegenüber der Kapelle gewahrt wurden, so hat man doch ebenso organisatorische Notwendigkeiten bejaht. Die Zuwanderung von Bergleuten schuf einen schnellen Bevölkerungszuwachs. Dazu besaßen die Knappen im Grunde genommen eine ständische und zugleich quellkräftige Frömmigkeit, die man nicht übersehen konnte. So kam es, daß schon am 5. 5. 1364 Ludwig, der Patriarch von Aquileja, für das Bergbaugebiet in Bleiberg und in Zell gestattet, daß die Kapellen St. Erhardt in Bleiberg und St. Ulrich in Zell das wichtige Begräbnisrecht empfingen[277]. Im Grunde genommen wurde für diesen gefährdeten Beruf ein Notstandsrecht bejaht[278].

Gab es exemte Kapellen? Fink hat in seinen Untersuchungen über Tiroler Patrozinien in Anlehnung an Josef Zösmair[279] bemerkt, daß Bischof Egno von Brixen in einer Urkunde des Jahres 1244 dem Kloster Wilten die geistliche Jurisdiktion über die Knappen der Saline Thaur zusprach. Dabei sei eine ausdrückliche Exemtion von der Pfarrei Thaur erfolgt[280]. Fink weist auf „ein anderes Beispiel einer exemten Knappenkirche“ hin, das aus dem tirolischen Kirchberg überliefert sei. Es habe nämlich Bischof Berthold vom Chiemsee – ein bekannter theologischer Schriftsteller († 1543) – 1522 auf

[275] *Plattner*, Bergbau. S. 11, 110. Weiteres bei *Schreiber*, Vierzehn Nothelfer. S. 51 ff.

[276] *Justinian Ladurner*, Veste und Herrschaft Ernberg. In: Zeitschr. d. Ferdinandeums für Tirol u. Vorarlberg, 3. Folge, H. 15. Innsbruck 1870, S. 103.

[277] Über Friedhofskapellen in mittelalterlichen Bergbaugebieten Tirols s. *Matthias Mayer*, Der Tiroler Anteil des Erzbistums Salzburg. Going 1936, 1. S. 159 f. (Selbstverlag).

[278] Dazu *G. Schreiber*, im Artikel „Begräbnis“. In: LThK 2^2, Sp. 120.

[279] Zeit der Entdeckung und älteste Geschichte des Haller Salzbergwerks. In: Zeitschr. Ferdinandeum 1900, S. 317.

[280] Kirchenpatrozinien Tirols. S. 201 f.

Bitten der Gesellschaft des Bergwerks am Jaufen und der Gemeinde Kirchberg „eine eigene Kaplanei mit pfarrlichen Rechten“ errichtet. Fink verzichtet darauf, die Quellen, im besonderen die Terminologie der Exemtion näher auszubreiten. Die von dem Autor angenommene „exemte Knappenkirche“ bedarf einer sorgsamen und umfassenden Nachprüfung. Die von Fink gewählten Beispiele würden sicherlich eine Ausnahme zu dem sonstigen Strom der pfarrgeschichtlichen Entwicklung Tirols bezeichnen, die, wie angedeutet, die Rechte der Mutterkirche zu wahren verstand. Man darf wohl sagen, daß dieser Knappengeistliche, wenn er auch die Umgegend mitversorgte, doch zunächst eine spezielle Seelsorge für die Bergleute zu entwickeln vermochte, in deren Vorstellungswelt der Gedanke an Gottessegen, an das Glück, aber auch die Gefahrenzonen eingebaut waren. Zudem war der Bergbau eine ebenso reiche wie unsichere Erwerbsquelle. Teuerung, Hunger, Seuchen führte der Schwazer Bergbau um 1570 mit sich[281]. Notstände, die sich wiederholten. Passionszeitalter eines lebensnotwendigen Berufes.

Diese Berücksichtigung der Eigenständigkeit des Bergbaus mochte sich mehr in der Praxis, weniger in synodalen Bestimmungen vollzogen haben, denen wir nicht begegnet sind. Die Synode wendet sich im allgemeinen den Erwerbsständen nicht zu. Sie sieht auf die christianitas.

Die Wahrung der iura parochialia ist auch sonst für die Blütezeit des Tiroler Bergbaus überliefert. Da vollzieht 1492 der reich gewordene Gewerke Andrä Stöckl mit seiner Frau Christine am Dreikönigstag 1492 in Kirchberg eine Kaplaneistiftung, zur „Dankbarkeit für Berg- und Gottessegen“[282]. Das Recht der Besetzung nehmen die Stifter zeitlebens in Anspruch. Nach ihrem Tode soll die Pfarrei das Benefizium besetzen, dessen Inhaber ein eigenes Haus erhält und, was auch sonst für Bergbaugebiete bezeugt ist[283], täglich die Messe lesen soll. Doch braucht er einmal in der Woche nicht zu zelebrieren. Weitere Bestimmungen rücken das Pfarrecht noch näher heraus, so das Verbot, Opfer von seiten des Kaplans anzunehmen. 1521 kam es unter Mitwirkung des Verwalters am Bergwerk Jufen und der drei Brudermeister der St. Barbara- und St. Ursula-Bruderschaft zu einer neuen Abmachung, die den Kaplan pfarrechtlich noch günstiger stellte. Doch sollten die Oblationen wiederum dem Pfarrer der Taufkirche

[281] *Wolfstrigl-Wolfskron*, Tiroler Erzbergbaue. S. 74f.

[282] Wir folgen hier *Matthias Mayer*, Tiroler Anteil des Erzbistums Salzburg, 1, S. 161, mit sonstigen wertvollen pfarrechtsgeschichtlichen Feststellungen.

[283] S. unten.

und dessen Gesellen, also dessen pfarrlichen Hilfspriester, zufallen[284]. Auch anderorts waren diese Kirchenopfer das Kennzeichen bestehender iura parochialia[285]. Die erwähnte Konfraternität wurzelte übrigens in einem Altar der Knappenbruderschaft, als deren Patron 1472 St. Barbara, 1521 aber auch St. Ursula genannt wird[286]. Beide heilige Frauen sind als Schutzherrinnen von Stollen auch sonst nachweisbar. Die Grube und die Bruderschaft begegnen sich.

In der Mitte des 15. Jh. schuf man in Osttirol die berühmte Kupfergrube am Rettenbacher Berge. Ein größerer Bevölkerungszuwachs erfolgte. Aber selbst noch 1567 sah man davon ab, eine neue Pfarrei zu errichten. Vielmehr begab sich die Errichtung einer Kuratie, also einer seelsorgerlichen Organisation minderen Rechtes. Die Begebung geschah durch die Gemeinde und durch die Gewerkschaft des Bergbaus. Das Präsentationsrecht hatte zudem der Pfarrer in Ahrn. Das Interesse an dieser Filialkirche war so groß, daß noch 1804 der Bergknappe Andre Krabichler 672 fl. stiftete. Aber man sah gleichwohl von der Errichtung einer neuen Pfarrei ab[287].

Nach allem dient die Bergbau-Kapelle der sachgemäßen Erweiterung der cura animarum, besonders wenn sie mit dem Begräbnisrecht und mit einem Benefizium ausgestattet war. Aber ebenso wirkte sie als Element wirtschaftlichen Fortschritts, wenn sie sich dem oft schnell einsetzenden Bevölkerungszuwachs anpaßte, die bergbauliche Berufsarbeit stützte und Volksfrommes zu pflegen verstand. Doch diese Entfaltung vollzog sich innerhalb der Grenzen des pfarrlichen Systems, das für die Siedlungen im Gebirge an sich unentbehrlich war. Selbst die zeitweilig hochkapitalistische Entwicklung des Silberbergbaus und die oft bedeutende Ausbeute an Kupfer und Blei, die die kleineren Gewerken als Grubeninhaber zugunsten des Augsburger, Nürnberger, Ulmer Kapitals und der Finanzkraft anderer süddeutscher Städte zurückdrängte, hat es nicht vermocht, der Bergbaukapelle eine selbständige und parochiale Rechtsstellung einzuhändigen. Sie hätte allerdings die Kraft des bis dahin getätigten Siedlungsverbandes wesentlich gestört und geschwächt. Nach wie vor blieb die Pfarrei – in Sachen, derer sich selbst die Fugger zurückhielten[288] – ein unentbehrlicher und wert-

[284] *Mayer*, Tiroler Anteil, 1. S. 162.

[285] *G. Schreiber*, Gemeinschaften des Mittelalters. Münster 1948, im Register, S. 467f.

[286] *Mayer*, Tiroler Anteil, 1. S. 201.

[287] *G. Tinkhauser*, Topographisch-historisch-statistische Beschreibung der Diözese Brixen. Brixen 1851, Bd. 1, S. 415f.

[288] Das erwähnte quellenkundige Werk von *Götz Frhr. von Pölnitz*, Anton Fugger, 1, führt leider kein Sachregister mit sich. Es ist dringend erwünscht, daß dieses auch in Hinsicht auf die inhaltsreichen Anmerkungen nachgeholt wird.

haltiger Grundpfeiler einer gesellschaftlichen Entwicklung, die Bäuerliches und ebenso Gewerbliches, das der Bergbau heraufführte, zu harmonisieren versuchte. Städtisches begegnete dabei in alpinen Gebieten erst im Frühstadium.

9. *Standesbruderschaft*

Das Bergbauwesen in Tirol empfing eine nachhaltige Stärkung nach der genossenschaftlichen Seite durch die Begründung von Bruderschaften. Sie wurden als Standes-Konfraternitäten errichtet, also lediglich für Bergknappen. Daß die Bergleute irgendwie mit anderen Bruderschaften verbunden sein konnten, ist nach dem Stande der Volksfrömmigkeit nicht auszuschließen. Absprachen nach der repräsentativen Seite, also für die Beteiligung an Umgängen, sind jedenfalls erfolgt.

Als typischen Fall einer Standesbruderschaft greifen wir eine Gründung aus dem Jahre 1468 für Rattenberg heraus, also für einen der Hauptsitze des Tiroler Bergbaus[289]. Im Jahre 1457 hatte Herzog Ludwig der Reiche eine eigene Bergordnung für die Bergwerke von Rattenberg erlassen[290]. Die Einschreibungen gehen bis 1520. In dieser Zeit wurden 381 Männer eingetragen, vielfach mit ihren Frauen. Gewiß eine starke Beteiligung.

Es ist das Totengedächtnis, das hier wie auch sonst der Konfraternität den genossenschaftlichen Rückhalt gewährt. Sie hat sich in die Schutzherrschaft der Dreifaltigkeit und der Himmelskönigin Jungfrau Maria begeben. Gegründet „in dem namen der heyligen Drivaltigkeit und der hochgelobten Hymelskönigin Jungkfraue marie ... und allem himmlischen heere zu lob ... und allen gläubigen seelen zu hilff"[291]. Die Trinität und die marianische Schutzfrau begegnen uns in Tirol auch sonst im Stollennamen der Zechen. Die großen Bruderschaftstage begeben sich an den Quatembertagen, also an den vier Fronfasten, die auch sonst ein starkes sozialkaritatives Empfinden in der Gotik auslösten. Man spendete Almosen. Man gab, wie zuweilen bei den Fünf-Wunden-Gebeten, den Armen Brot[291a]. Man verabreichte Seel-Bäder. Vor allem pflegte man die Quatembermesse für die

[289] Hier habe ich den Hinweisen von Pfarrer Dr. *Matthias Mayer*, früher in Going bei St. Johann, heute in Innsbruck, zu danken, der auch auf die mir nicht zugänglichen Archivberichte aus Tirol, Bd. 4, S. 111, aufmerksam machte.

[290] *Wolfstrigl-Wolfskron*, Tiroler Erzbergbaue. S. 156.

[291] Archivberichte aus Tirol, Bd. 4, S. 111.

[291a] *Schreiber*, Deutschland und Spanien. Im Register, S. 528.

Verstorbenen, wobei auch die Lebenden eingeschlossen wurden[292]. So auch in Rattenberg. Dort vollzieht sich dieses Quatembergedenken in der Nacht von Samstag auf Sonntag. Der Gedanke der Vigil, also die kultische Nacht, ist damals noch ungemein lebendig, „fürgenommen das man alle Quatemp-per an dem Sambstag zu nacht ... ein gesungen vigüli haben und singen lassen und alsdann am Sonntag nagst darnach des morgens nach der fruemess ein gesungen selambt ... und aller lebentig und auch der totten aus bemelter bruderschaft ... gedenken nach dem evangeli nach loblicher gewonheit"[293].

Die Wendung „nach dem evangeli" dürfte auf den Opfergang der Knappen gehen, der gewohnheitsmäßig erfolgte. Jeder Bruder soll nach Möglichkeit dabei sein. So verlangt es die Bruderschaftsordnung.

Beim Eintritt in die Konfraternität sind drei Kreuzer zu entrichten. Der gleiche Betrag soll an jedem Quatember-Sonntag gegeben werden. Beim Tode ist jedes Mitglied von der Bruderschaft zu beerdigen. Die Kerze ist auf Grund antiker und frühchristlicher Vorstufen weithin bei Begräbnisfeierlichkeiten im mittelalterlichen Volksbrauch verwandt[294]. Auch wenn der Verstorbene nicht viel hinterläßt, ist seiner wie jedes anderen Mitglieds zu gedenken. Er soll auch in den Bruderschaftszettel, also in die Fortsetzung älterer Diptychen und sonstiger Verzeichnisse der nomina defunctorum eingeschrieben werden. Seiner soll „zu ewiger Zeitt mitsambt andern totten gedacht werden". – Wenn das Mitglied im Bergwerk verunglückt oder sonst in ehrbaren Sachen einen Schaden empfing und wenn er dann „seines leibs nahrung" nicht erarbeiten kann, so soll er aus der Bruderschaftskasse, „aus der bruderschaft gemayner puchsen", unterstützt werden. Wenn er die Genesung erlangt, soll er die Zahlungen zurückerstatten.

[292] *L. Eisenhofer*, Quatember. In: LThK 8, Sp. 582. – Eingehender *Karl Müller*, Die Eßlinger Pfarrkirche im Mittelalter (Württembergische Vierteljahreshefte f. Landesgesch., N. F. 16, 1907), auch separat. Stuttgart 1907, S. 55. – Über Almosen bei Votivmessen siehe *Adolph Franz*, Die Messe im deutschen Mittelalter. Freiburg i. Br. 1902, S. 233ff. – *Johann Götz*, Das Pfarrbuch des Stephan May in Hilpoltstein vom Jahre 1511. Ein Beitrag zum Verständnis der kirchlichen Verhältnisse Deutschlands am Vorabend der Reformation (Reformationsgeschichtliche Studien u. Texte, H. 47 u. 48). Münster 1926, im Register, S. 302. – *G. Schreiber*, Die Wochentage im Erlebnis der Ostkirche und des christlichen Abendlandes (Arbeitsgemeinschaft für Forschung des Landes Nordrhein-Westfalen, Wissenschaftliche Abhandlungen, Bd. 11). Köln u. Opladen 1959, im Register, S. 276, unter „Quatember".

[293] Archivberichte aus Tirol, Bd. 4, S. 111.

[294] Wir ergänzen hier *Eugen Wohlhaupter*, Die Kerze im Recht (Forschungen zum deutschen Recht, 4, 1). Weimar 1940, S. 20ff. – *Götz*, Pfarrbuch von Hilpoltstein. Im Register, S. 209. – *Schreiber*, Wochentage. Im Register, S. 270.

Wenn einer ohne Erben stürbe, soll seine Habe ein Jahr lang „bewahrt bleiben". Wenn niemand deswegen kämc, soll sie der Bruderschaft zufallen. Später ist diesem Statut hinzugefügt, „man soll an Sd. Warbaratag ein Ambt halten". Zur Frühstufe der genossenschaftlichen Feier des Quatember tritt also im Anstieg eines sich ausweitenden Berufspatronats das Barbara-Amt.

Es wird noch weiter vermerkt, daß die Schmiede sich dann dieser Bruderschaft angeschlossen haben. Sie waren ja ein dem Bergbau verwandtes Gewerbe, das oft für das Bergwerk in Anspruch genommen wurde.

So festigte sich auch vom kultischen Raum her und in der Solidarität der Lebenden und Verstorbenen der Knappschaftsgedanke. Man verankerte diesen in einschlägigen Statuten, die noch der vergleichenden Forschung harren[295]. Es bleibt hier noch viel zu tun.

10. Liturgische Sonderrechte

Die Reduktion der Feiertage beschäftigte das Staatskirchentum des anhebenden Absolutismus[296]. Diese auf Arbeitssteigerung gerichteten Bestrebungen, zugleich den Grundsätzen des Merkantilismus zugehörig, wandten sich gegen das Bistum wie gegen das Gewohnheitsrecht, aber auch gegen eine ständisch gerichtete Frömmigkeit, die immer wieder im Mittelalter und darüber hinaus zu greifen ist. Man nehme nur die Ritterheiligen, die Adelsbruderschaften, freiherrliche und gräfliche Stifte und Klöster (das gräfliche Stift Essen), Vikariestiftungen, Reliquienschreine in Schlössern (Burg Beaufort bei Lüttich, später im sudetendeutschen Petschau), Paramente mit Adelswappen u. a. Selbst adlige Einsiedlergruppen zeichnen sich im Hochmittelalter ab[297].

[295] Die Pfannhäuser in den Salinen bildeten ebenfalls eine gemeinnützige Bruderschaft. *Adolf Zycha*, Zur neusten Literatur über die Wirtschafts- und Rechtsgeschichte deutscher Salinen. In: Vierteljahrsschrift f. Sozial- u. Wirtschaftsgeschichte, 14, 1918, S. 188–229.

[296] Eingehendere Untersuchungen fehlen. Siehe immerhin einige Hinweise bei *K. A. Heinrich Kellner*, Heortologie oder die geschichtliche Entwicklung des Kirchenjahrs und der Heiligenfeste von den ältesten Zeiten bis zur Gegenwart[3]. Freiburg i. Br. 1911, S. 20ff. Dazu die Anzeige von *Georg Schreiber*, in: Hist. Vierteljahrsschr. 26, 1916, S. 125–127. – Für die Begehung der Heiligenfeste in einem deutschen Bistum wertvolle Mitteilungen bei *F. A. Hoeynck*, Geschichte der kirchlichen Liturgie des Bistums Augsburg. Augsburg 1889, S. 235ff.

[297] So in der Vorstufe des tirolischen Benediktinerklosters St. Georgenberg, die jene Einsiedlergenossenschaft des Edlen Rathold von Aibling darstellt. *F. Dörrer*, Georgenberg-Fiecht. In: LThK 4^2, Sp. 696. – *Balthasar Gritsch*, Georgenberg. In: Schwazer Buch, S. 94–103, bes. 98.

Unter die ständisch gewandten Religionsübungen, zugleich sozial bemerkenswerte Ruhetage, fielen auch die Feiertage, die nach der Maximilianischen Ordnung von 1517 den Bergknappen der habsburgischen Herrschaftsbereiche zugestanden wurden[298]. Als solche Feiertage, die nicht nur als Tage der Arbeitsruhe, also als Baufeiertag, sondern auch kultisch eingehalten wurden, galten: Neujahr, der Dreikönigstag, Christi Himmelfahrt, St. Johann Sonnwendtag, die vier Frauentage Maria Verkündigung, Maria Himmelfahrt, Maria Geburt und Empfängnis samt den Vorabenden, der Zwölfbotentag (Zwölfbotenteilung, 15. Juli) samt Vorabend. Doch beugte man sich in diesem Statut vor einer weit ausholenden Gewohnheit, indem man den Knappenbrauch als consuetudo laudabilis respektierte: „Mer so feyert man nach loblicher gewonhait des nachgeschriben tag, die man rait und nit aufhebt, doch sol man an derselben abent (Vortag), dester *fruer anfarn* (mit der Arbeit beginnen) und sten mit der schicht bis auf feyerabentzeit: den hl. Kreutztag im lantzing (Kreuzerfindung, 3. Mai), St. Veit (15. Juni), St. Ulrich (4. Juli), St. Margarethen (13. Juli), St. Maria Magdalena (22. Juli), St. Michel (29. Sept.), St. Martin (11. Nov.), St. Nikolaus (6. Dez.), St. Ruprecht (27. März), Vigilientag (vigilia Domini, 24. Dez.)[299]. Das sind mehr oder minder Bergbaupatrone, die in der Namengebung der Gruben erscheinen. Zugleich ein Berufskalendar.

Doch die Folgezeit drängte in einer allgemeineren Entwicklung auf Verminderung. In diese Richtung gingen reformatorische Bestrebungen an der Wende vom Mittelalter zur Neuzeit, die Einsparungen in anderen christlichen Bekenntnissen, nicht zum wenigsten der wirtschaftliche Wettbewerb. Es war im Grunde genommen eine neuzeitliche Auseinandersetzung mit dem festfrohen und farbenreichen Mittelalter, das allerdings bereits bedeutsame regionale Unterschiede aufwies.[300].

298 Dazu *Wießner*, Kärnten, 1, S. 51f., mit Hinweis auf den Abdruck dieser Bergordnung bei *Th. Wagner*, Corpus iuris metallici.

299 *Wießner*, Kärnten, 1. S. 52. – Zur Geschichte dieser Feiertage siehe *Anton Jos. Binterim*, Die vorzüglichsten Denkwürdigkeiten der Christ-Katholischen Kirche, Bd. 5, 1. Mainz 1829, S. 3ff. – Zu *Kellner*, Heortologie, sind die reichen Ergebnisse diözesaner und pfarrechtsgeschichtlicher Forschung zu ergänzen. Vgl. etwa *Schreiber*, Wochentage. Im Register, S. 265. Ebenso das Kapitel „Benefizien“, bei *Karl Amon*, Die Steiermark vor der Glaubensspaltung (Gesch. der D. Seckau, Bd. 3). Graz-Wien-Köln 1960, S. 45ff.

300 Man nehme nur die sparsamere Handhabung auf der Synode von Apt (c. 4, 1338, bei: *C. v. Hefele*, Conciliengeschichte 6², Freiburg i. Br. 1890, S. 717) und die reichere Ausgestaltung auf der Synode von Benevent (c. 62, 1378, ebd., S. 939). Zur unterschiedlichen Haltung der Bistümer siehe *Albert Hauck*, Kirchengeschichte Deutschlands, 1⁵. Leipzig 1911, S. 372ff. Die Knappenfeste noch nicht erwähnt bei *W. Lurz*, Kirchliche Feste. In: LThK 4², Sp. 97ff.

Auf die liturgische Sonderstellung der Bergbaubeflissenen macht uns ein Vorgang aus dem Jahre 1630 aufmerksam. In Rattenberg, in einem Hauptgebiet des Tiroler Bergbaus, äußerten die Gewerken die Bitte, die nachstehenden Knappenfeiertage fallen zu lassen. Das waren Pauli Bekehrung, die nächsten zwei Mittwoche nach Ostern und Pfingsten, St. Veit, St. Ulrich, St. Margareta, St. Augustin, die heilige Kreuzeserhöhung und St. Ruprecht[301].

Zum näheren Verständnis dieser Festfolge mag man sich daran erinnern, daß die oben erwähnte und grundlegende Bergordnung Maximilians es „dem rat der gewerkhen und amtleut" überließ, freizugeben: St. Thomas (21. Dez.), Pauli Bekehrung (25. Jan.), St. Blasius (3. Febr.), die Wetterherren St. Johannes und Paulus (26. Juni), den Frauentag Mariä Heimsuchung (2. Juli), Dionysius (9. Okt.), St. Peter ad vincula (Petri Kettenfeier im Vornamen des steirischen Volksdichters Rosegger, gest. 1918), St. Augustin (28. Aug.), corona spinae Domini (4. Mai) und Allerseelentag (2. Nov.)[302]. Diese Folge umfaßte also jene Heilbringer und Gedenktage, die immer wieder in der Titelgebung der Stollen hervortreten.

Zur weiteren Erläuterung sei noch auf eine zeitnahe Mitteilung vom Jahre 1638 hingewiesen, die Kurfürst Max I. von Bayern an den aufgeschlossenen Fürstbischof Heinrich V. von Augsburg ergehen ließ. Der Bayer verlangt eine Minderung der Feiertage. Er verwirft unter anderem, daß man den Mittwoch nach Ostern und Pfingsten mit Arbeitsruhe begeht.[303]. Auch ein Beitrag zu der oft nicht scharf genug herausgearbeiteten Kirchenpolitik der Wittelsbacher. Zu der kultfreudigen Art von München fügte man einen starken Realismus.

Die Bergknappen in Rattenberg kommen der Aufforderung der dortigen Gewerke nach. Man hatte sie übrigens darauf aufmerksam gemacht, daß die Salzburger Diözese jene Feiertage nicht beging, die bis dahin eine Sonderstellung der Knappen bezeichneten[304]. An dieser Stelle werden wir also ausdrücklich darauf aufmerksam gemacht, daß die Tage der Arbeitsruhe zugleich kultisch begangen werden. Die Zustimmung der Bergleute war übrigens begreiflich. Ungünstige Verhältnisse im Rattenberger Bergbau (Arbeiterentlassungen durch die Fugger, Auflassung von Bauen) mochten den Knappen den Entschluß erleichtern[305].

[301] *Wolfstrigl-Wolfskron*, Tiroler Erzbergbaue. S. 168f.

[302] *Wießner*, Kärnten, 1. S. 52. – *Koren*, Kirchenjahr, S. 154.

[303] *Schreiber*, Gemeinschaften. S. 286. – Zu den Festen des Augsburger Kalendariums vgl. *F. A. Hoeynck*, Liturgie des Bisthums Augsburg. S. 225ff.

[304] *Wolfstrigl-Wolfskron*, Tiroler Erzbergbaue. S. 168f.

[305] Zum wirtschaftlichen Rückgang, ebd., S. 164ff.

Zudem stand man gewissermaßen am Vorabend jener allgemeineren, wenn auch milden Reduktion der Feste, die Urban VIII. 1642 in der Konstitution „Universa per orbem" vornahm. Sie hat im besonderen kleinere Heiligenfeste wie Maria Magdalena, Cäcilia, Katharina, Martin u. a. beseitigt[306]. Ein Stück ständischer Frömmigkeit und des Mittelalters fiel dahin. Der Bergbau wurde besonders betroffen.

Noch ein anderes. Ging in dem Rattenberger Fall die Initiative von den Gewerken aus, so erkämpften im 15. Jh. die selbstbewußten Schwazer Bergknappen eine besondere Arbeitsruhe und damit im Grunde genommen ein liturgisches Sonderrecht. Mußte ihnen doch der habsburgische Landesherr Sigmund 1479 fünf neue Feiertage gewähren, damit die Knappen „im pessern willen gehalten werden"[307]. Die aufsässigen Knappen erlangten sogar 1485 eine neue Erweiterung der Feiertage[308]. So schufen ständisches Wollen und fürstliches Statut eine zunächst arbeitsmäßige und doch wiederum neue liturgische Ordnung. Das begab sich jenseits des Bistums. Diese Vorkommnisse mögen uns zum anderen vorsichtig machen, den Einfluß des Gewohnheitsrechts zu überschätzen. Doch ist die Heortologie, wie sie bei Kellner, bei Righetti und anderen Autoren vorliegt, diesen Fragenbereichen noch nicht nachgegangen. Wenn einzelne Heiligentage auf die Hochebene der Festtage drängen, mag man im übrigen zur Erklärung auch die Volkskunde, im besonderen die Wirksamkeit erzhaltiger Attribute und die Anwesenheit von volkhaften Segnungen, heranziehen[309].

Die Einhaltung der Feiertage hat auch sonst kirchliche und weltliche Instanzen, auch die Bergordnungen, beschäftigt. In Tirol setzten besondere fürstliche Erlasse ein, die Vergünstigungen wie Mahnungen heraufführten. Die Hutleute von Primör dürfen nach einer Bewilligung des Erzherzogs Sigmund von 1485 an Feiertagen zu ziemlichen Preisen Wein ausschenken, sollen allerdings nicht dulden, daß dabei mit Würfeln und Karten gespielt wird.[310]. Dem Bergrichter von Primör, Andrä Doner, wird im gleichen Jahre aufgetragen, ernstlich zu verbieten, daß die Bergknappen nachts in den Wirtshäusern und Weinstuben sitzen und Karten spielen. Der Wirt, der das erlaubt, soll streng bestraft werden. Eine ähnliche Verordnung finden wir 1487 und 1489. Der Hauptmann von Primör, Hans Tschatscher, und der Bergrichter, Konrad Ochsenfurter, sollen nicht dulden, daß die Knap-

[306] *Kellner*, Heortologie[3]. S. 22.
[307] *Weingartner*, Schwazer Bergwerksgeschichte. S. 158–172.
[308] Ebd., S. 166.
[309] *Schreiber*, Gemeinschaften. S. 286.
[310] *Wolfstrigl-Wolfskron*, Tiroler Erzbergbaue. S. 342.

pen nachts in der Weinstube zechen, wobei dann Totschlägerei entsteht[311]. Man drängte also in diesen und verwandten Bestimmungen auf eine gefestigte ethische Grundhaltung, die dem Standesbewußtsein zugute kommen sollte und gleichzeitig eine höhere Wertung des Feiertages heraufführen wollte.

11. Missales

Meßstiftungen durchziehen die Bergbaugebiete. Bestimmte Votivmessen sind besonders beliebt. Zwischen den Stollen und den Privatmessen (missae speciales) besteht eine Wechselbeziehung. In Graubünden und andernorts werden Gruben nach dem hl. Kreuz bezeichnet. So erscheint in dem Grubenverzeichnis von 1588 des Christian Gadmer, Bergrichters in der Herrschaft Rhäzüns und St. Jörgenberg, eine Grube „Zum hohen Kreuz“ am Landwasser, innerhalb beim Egg[312]. Im Jahre 1591 wird im Verwaltungsbezirke von Gadmer die Grube St. Helena erwähnt[313]. Aber solche unterirdischen Titel und Wegweiser drängen in der Tat in eine oberirdische Fundatio pia.

Da führt eine Bergwerksordnung in der Mitte des 15. Jh. einen bemerkenswerten Beleg mit sich. Sie ist für die erwähnten Herrschaften Rhäzüns und St. Georgen im vorderen Rheintal erlassen. Sie ist übrigens nach Placidus Plattner der einzige urkundliche Beleg dafür, daß im Gebiet des Grauen Bundes im 15. Säkulum Bergbau betrieben wurde[314]. Diese Bergwerksordnung verlangte näherhin eine *Freitagsmesse* im Zeichen der Kreuzesdevotion und der Verehrung der heiligen Helena († um 330), die nach der Legende und nach den Attributen (Darstellung mit Kreuz und den hl. Nägeln) als Erzheilige anzusprechen ist[315]. Da hieß es in dieser Handfeste:

„Dem heiligen Gotteskreuz und St. Helenen, der heiligen Königin, zu Lob und Ehre und auch zur Förderung unseres Glückes, verordnen wir, daß eine jegliche Person, die in unserer Gesellschaft jetzt oder noch in dieselbe kommen wird, alle Feiertage zu einer Messe einen Angster Zürcher Währung beitragen soll, auf daß St. Helena, die das heilige Kreuz unter der Erde

[311] Ebd.
[312] *Plattner*, Bergbau. S. 44.
[313] Ebd., S. 49.
[314] Ebd., S. 26. – Dazu *G. Schreiber*, Alpine Bergwerkskultur, S. 57f.
[315] Was zu ergänzen ist bei *Karl Künstle*, Ikonographie der Heiligen. Freiburg i. Br. 1926, S. 295f.

gefunden hat, auch uns erwerbe, das zu finden, was wir begehren, und daß dies geschehe nach Gottes Willen und zu unserer Seelen Heil"[316]. Viele Zechen heißen einfach, was bereits unsere Urkunde andeutet, „Glück", um ganz wie hier die Hoffnung auf eine erfolgreiche Schürfung auszusprechen[317]. Allgemeinmenschliches tritt zum Sakralen.

Dieses Freitagsopfer wird gemäß dem mitgeteilten Text als eine Pflichtleistung angesprochen. Unter der hier erwähnten Gesellschaft ist die Berggemeinschaft zu verstehen. Dahin gehören die Gewerken, Beamten, Knappen und sonstige Arbeiter. Diese Berggemeinde bildet eine eigene rechtliche, wirtschaftliche und politische Gesellschaft[318]. Sie erlebt eine fortgesetzte Zufuhr von der Berufsidee her. Sie strebt aber auch in liturgische Verbundenheiten, an Feiertagen, in Umgängen, in der Bruderschaft, beim Begräbnis, in der Stiftung, hier in der Freitagsmesse. Die hier erwähnten Oblationen sind als Pflichtopfer, als oblationes debitae, wie sie anderswo genannt werden, anzusehen. Über die Verteilung dieses Opfers zwischen dem Zelebranten, der Kirchenfabrik und auch der Bruderlade, also der charakteristischen Bergwerkskasse, ist nichts Näheres bekannt. Die Freitagsmesse de cruce nahm im Kranz der spätmittelalterlichen Wochenmessen eine bevorzugte Stelle ein[319].

Zum anderen ist als bergbauliche Messe die Votivmesse zu *St. Anna* nachweisbar. Sie gilt als Silberheilige. So wurde in der Filialkirche St. Anna in Ratlan in der Pfarrei Villanders allwöchentlich am Dienstag eine Messe gelesen[320]. Die feria III ist in der Annaverehrung ja besonders stark herausgestellt. Schon der Abt Trithemius († 1516), der große Lobredner Annas, hat über die Feier dieses Anna-Dienstags näher berichtet. Man sang Messen, man zündete Kerzen an, man brachte Opfer, man spendete den Armen Gaben[321]. Urkunden und Mitteilungen in Sachen der Anna-Verehrung haben für die sozialkaritative Art des bergbaulichen Betriebes schon einige Bedeutung.

[316] *Plattner*, Bergbau. S. 28, Nr. 18. – Zur Kreuzmesse am Freitag s. noch *Amon*, Steiermark. S. 64.

[317] S. unten.

[318] *Weingartner*, Schwazer Bergwerksgeschichte. S. 159.

[319] *Franz*, Messe. S. 148, 157. – *Schreiber*, Wochentage. S. 270.

[320] *Atz* und *Schatz*, Trient, 3. Bozen 1905, S. 35. Der Kult wurde erst durch Urban VI. 1378 genehmigt. Derartige Daten sind für die Frühgeschichte des Bergbaus, im besonderen für die Namengebung der Stollen von einiger Bedeutung. Siehe noch *Franz*, Messe, S. 168. – *Schreiber*, Wochentage. Im Register, S. 200. – Zur Dienstag-Messe noch *Amon*, Steiermark. S. 64.

[321] *Kleinschmidt*, Die heilige Anna. S. 308, s. auch oben.

In Schwaz wurde im Zeichen der engen Verbundenheit von Gewerken und Knappen eine „*Brudermesse*" gehalten. So äußerte sich auch kultisch die Kameradschaft und der Brudergedanke, gestützt durch die Bruderschaftsentwicklung des Mittelalters. Die „Gesellschaft", von der urkundliche Belege sprechen und die eine politische soziale Gemeinschaft bezeichnet, wird somit auch zu einem kultisch gestützten Verband. Die Eigenschaft als Bruderschaft erlaubt der bergmännischen Zunft eine gewisse volksliturgische Beweglichkeit, besonders im Stiftungswesen.

Die Bergknappen waren es gewohnt, vor der Einfahrt in die Grube zu beten. Den Knappen am Haller Salzberg wurde unter der Regierung des Erzherzogs Maximilian des Deutschmeisters, das herkömmliche Gebet beim Ein- und Ausfahren geboten. Es betraf damals etwa 200 Knappen[322]. Ein weiteres Zeugnis mag sich einfinden. Der bereits erwähnte Bergbauschriftsteller *Sperges* weiß in seiner Besichtigung des Bergwerks in Schwaz zu sagen: „Wir verrichteten vor dem Mundloch des Stollens ein kurzes Gebet, wie auch alle Bergleute, so oft sie in ihre Schicht anfarn, zu tun pflegen[323]." Das korporative Element machte sich auch hier geltend. Ähnlich hielt man es mit Gebet bei der Rückkehr. Aber verschiedene Umstände drängten von der Andacht unter freiem Himmel in ein zunächst hölzernes, später steinernes Knappenhaus. Am Ende dieser Entwicklung stand hier und da eine Bergkapelle. In Hall versammelte man sich zum Gebet an der Barbarasäule[324]. Inmitten der Siedlung vollzog sich ein repräsentativer Akt. Dieser kündete eine gewisse Vormachtstellung der Bergleute.

Noch eine andere Einrichtung legte sich nahe. Das betraf die Einrichtung einer *Frühmesse*. Für das Mittelalter ist diese früh bezeugt, in den verschiedensten deutschen Landschaften[325]. Stiftungen erleichterten ihre Einführung. Für die alpinen Gebiete sind wir besonders gut über die Frühmessestiftung zu St. Katharina und St. Nikolaus in Mittenwald unterrichtet, die 1398 an einer nichtpfarrlichen Kirche erfolgte[326]. Zum Andenken daran wurde dort noch im 17. Jh. der Hertleinstanz aufgeführt[327].

[322] *Josef Hirn*, Erzherzog Maximilian, 2. Bd., 1. Teil. Innsbruck 1936, S. 103. Mitteilung von Prof. Dr. Nikolaus Grass, Innsbruck.

[323] Tyrolische Bergwerksgeschichte. S. 294.

[324] *Lukas Rangger*, Der Kunstfreund. Hg. vom Verein für Kirchen-Kunst und Gewerbe in Tirol und Vorarlberg, N. F. 19, 1903, S. 55f.

[325] Siehe etwa *Luzian Pfleger*, Kirchengeschichte der Stadt Straßburg im Mittelalter. Kolmar 1943, S. 172.

[326] *J. Bader*, Chronik des Marktes Mittenwald, seiner Kirchen, Stiftungen und Umgegend. Mittenwald 1936, S. 136–167.

[327] Ebd., S. 163, Anm. 1.

In Schwaz ist die Stiftung einer Frühmesse bereits im 15. Jh. nachweisbar. Sie wurde auf dem Konzil von Basel (1431–1437) genehmigt. Eine andere Frühmeßstiftung war in St. Margarethen jenseits des Inn, da die dortigen Knappen wegen des Stromes keine Messe hören konnten. In der Pfarrei Vomp, der eigentlichen Urpfarrei von Schwaz, haben der Pfleger von Georgenberg und die Knappschaft von Schwaz Frühmessen begründet. Die Benediktinerabtei Georgenberg war Patronatsherr von Vomp. Diese Frühmesse wurde dort täglich abgehalten. Zehn Jahre später wurde ein Frühmesserhaus gestiftet[328]. So erwies, was wir zu A. Franz ergänzen, bergbauliches Brauchtum wieder und wieder seine missale Kraft.

Noch ein anderer Fall. Im Jahre 1521 schloß Paul Losinger, Administrator der Pfarrkirche im *Brixental* mit Michael Gruber, Verwalter des Bergwerks am Juffen, und seinen Freunden einen Vertrag in Sachen des Gottesdienstes in *Kirchberg*. Man war sich einig darüber, daß die beschwerlichen Gänge nach Brixen bei harter Arbeit, magerer Kost, besonders im Winter nicht gut durchzuführen waren. Ferner machte die Rücksicht auf Kinder, Schwangere, Alte und Kranke einen pfarrlichen Gottesdienst in einem eigenen Kirchberg notwendig. Dieser sollte sich erstrecken auf Messe und Amt, Vesper, auf andere Messen, Predigt, Beichthören, Taufen, Versehen und Vorsegnen. Doch wollte man das Band zur Mutterkirche nicht zerreißen. Darum sollte es die Regel sein, daß der Frühmesser, der von der Pfarrei Brixen kommt, den Vorzug vor jedem anderen Geistlichen hatte. Erst an zweiter Stelle sollte er durch den Inhaber des Kaplanei-Benefiziums in Kirchberg ersetzt werden. So stark behauptet sich in diesem Bergbaugebiet der Pfarrgedanke[329].

Diese Linien zogen sich bis in den Barock. Eine bedeutende Stiftung im Werte von 12000 fl. erfolgte 1708 für die Bleiberger Pfarrkirche St. Florian. Heinrich Ainether in Afritz und Gewerke in Bleiberg vermachte seinen gesamten Besitz der erwähnten Parochie. Daraus sollten alljährlich zwei Messen bei St. Florian und zwei beim Heiligen Stein „in der Alben zu St. Jakob und Anna", die letzteren im August, zu lesen sein. Die letztgenannte Kapelle liegt auf dem Gipfel der Villacher Alpe[330]. Derart wurden Kapellen wohl vorzugsweise zugunsten der Bergleute, im Sinne einer Ewigmesse, aus-

[328] Tiroler Heimatblätter, Jg. 25, H. 12. – Weiteres zum Frühmesser s. unten in einem eigenen Kapitel.

[329] *M. Mayer*, Tiroler Anteil, 1, S. 161 f., mit weiteren bemerkenswerten Einzelheiten (Beichtgeld, 2 fl. rh. und drei Rinderrechte für den Pfarrer auf der Alm Rettenstein).

[330] *Wießner*, Kärnten, 2. S. 97.

gezeichnet. Die anläßlich der Stiftung erwähnten Heiligennamen gehen auf Berufspatrone des Bergwerks. Daß der Barock ein besonders gebefreudiges Zeitalter war, ist auch sonst in der Geschichte des Volksfrommen überliefert[331]. Der kapitalstarke und zugleich munifizente Gewerke stand als eine selbständige Größe neben dem Territorialherren. Man mag im übrigen bergbauliche Stiftungen darauf durchsehen, ob irgendwie ein Konsens des Landesherrn benötigt wurde.

12. Hospital

Der Bergbau drängt an mehr als einer Stelle auf die Errichtung eines Hospitals. Für den sächsischen Erzbergbau sind jüngst wertvolle Belege erbracht worden, besonders über den Anteil am Bergbau, über das Verhältnis zur Pfarrkirche, über den Haldenzehnten u.a.[332]. Für Schwaz unterrichtet uns das Schwazer Bergwerksbuch von 1556[333], das bereits oben erwähnt wurde. Es handelt über das „*Bruderhaus*". In der Literatur ist eine solche im Titel nicht ganz durchsichtige (Brüderhäuser der Fraterherren, am Ausgang des Mittelalters und in der Folgezeit) Anstalt bislang so gesehen worden, daß es sich dabei um die Gruppe der kleineren Pfrundhäuser handelt, die meist altersschwachen Männern und Frauen als dauernde Heimstätte zugewiesen wurde. Diese Bruderhäuser wurden auch als Seelhäuser angesprochen, da sie im Zeichen des Seelgerätgedankens (pro remedio animae), also als Seelstiftungen, vollzogen wurden[334].

Für Schwaz, das Hochgebiet des Tiroler, ja des oberdeutschen Bergbaus überhaupt, hat die Bezeichnung Bruderhaus ad sanctissimam Trinitatem einen ganz anderen Klang. Es handelt sich hier um den vielleicht erstmalig geschaffenen Typ eines Berufskrankenhauses, in der Art, wie man heute noch im Bergbau des Ruhrgebiets vom Knappschaftskrankenhaus spricht.

[331] *Schreiber*, Wallfahrt und Volkstum. S. 21–62. – *Franz X. Buchner*, Volk und Kult (Forschungen zur Volkskunde. H. 27). Düsseldorf 1936, S. 24ff.

[332] „In Eibenstock errichtete 1555 die Kirche (Pfarrkirche?) mit Hilfe der Knappschaft ein neues Hospital"; *Löscher*, Erzgebirge. S. 335.

[333] Fol. 156f.

[334] *Siegfried Reicke*, Das deutsche Spital und sein Recht im Mittelalter (Kirchenrechtl. Abhdl., hg. von Ulrich Stutz, H. 111/12). 2 Bde., Stuttgart 1932, 1, S. 307f., Anm. 1. Auch heute gibt es in Regensburg ein Bruderhaus, allerdings im Sinne einer Altersversorgung. Reicke kann darauf hinweisen, daß in Nürnberg noch 22 Seelhäuser bestanden. – Siehe noch die Weiterführung bei *Schreiber*, Hospital. In: LThK 5², Sp. 491f.

Das bruderschaftliche Spital des späteren Mittelalters ist im übrigen von dem kirchlichen Spital zu unterscheiden[335].

Die Spitalordnung von Schwaz, die sich dem Aufgabenbereich und der Organisation des Bruderhauses zuwendet, weiß folgendes zu berichten:

Lange Jahre bereits bestand das Bergwerk. Es sah viele Erzknappen und andere im Bergbau beschäftigte Personen bei sich. Oftmals wurden diese Interessenten in ihrer Arbeit in den Gruben geschädigt. Auch sonst fanden sich Krankheiten ein, so daß sie nicht mehr zu arbeiten vermochten. Dann aber hatten sie keinen Unterhalt mehr. Diese Notstände beschäftigten die Gesellschaft, d.h. die Gewerken, Bergknappen und sonstige Bergbeflissene, also jene Gesellschaft, die im Sinne der politischen Gemeinschaft und der Berufsgenossenschaft verstanden wird. Nach Beratung mit der weltlichen Obrigkeit und nach ihrem Gutachten wurde nunmehr eine *Auflage* geschaffen, die Abhilfe bringen konnte. Es sollte nämlich, wie es heißt, ein jeder Arbeiter, er sei klein oder groß, jung oder alt, alle Monate einen Kreuzer, im Jahre also zwölf Kreuzer, geben. Dieser Monatspfennig sei durch Lohnabzug einem jeden Arbeiter zu entnehmen. Die Einhaltung soll erfolgen durch den huetman, also durch den Aufseher bei der Grube. Der Betrag sei abzuführen an die Gewerken, die diesen dann an das Bruderhaus bezahlen. Dieser Bericht stellt eigens fest: „Das hat nun jerlich ein guete suma gelts gemacht." Die Zahl der Knappen in Schwaz war recht groß. Die Gesamtstärke wird 1554 auf 11500 Mann berechnet; der Höchststand in dieser Blütezeit angeblich mit 15000 Mann[336], wobei zu bemerken ist, daß unsere Spitalordnung dem Jahre 1556 angehört.

Die Gesellschaft bestellte ihrerseits im Zeichen echter Selbstbestimmung den Leiter des Spitals, der als „hausuatter" angesprochen wurde. Gegenüber sonstigen Bezeichnungen, die sich für den Spitalmeister einfinden (procurator, provisor, hospitalarius, magister)[337], ist die Wendung „hausuatter" sicherlich wärmer und mehr genossenschaftlich ausgerichtet. Es ist so, daß die Bergknappenschaft und die Gewerken, also die Gesellschaft, sich als eine Großfamilie empfindet.

[335] Nur ein einziges steirisches Bruderschaftsspital führt *Amon*, Steiermark, S. 350, auf.

[336] *Georg Mutschlechner*, Vom alten Bergbau am Falkenstein (Schwaz). In: Schwazer Buch, S. 115–125, bes. S. 119.

[337] Der Ausdruck provisor hospitalis kommt wiederholt in Tirol vor, so bei *Leo Santifaller*, Brixner Urkunden, Bd. 2. Innsbruck 1943, Nr. 215 von 1179. Zur Geschichte des Hospitals s. auch *G. Schreiber*, Wochentage. Im Register, S. 268. – Der Artikel „Caritaswissenschaft" in LThK 2^2 ist wenig befriedigend.

Der „hausuatter“ soll noch zwei Personen als Mithelfer und Mitwirkende benennen. Diese werden angesprochen als „bruedermaister“. Bei anderen deutschen Spitälern treffen wir ebenfalls auf einen Bruderbeirat[338]. Diese drei bestellten Vertreter sind es nunmehr, die die Vermögensverwaltung in die Hand nehmen. Dabei sind die Mitglieder des Bruderbeirats im Rechtsverkehr, was auch Reicke[339] für andere Orte feststellt, dem Spitalmeister durchaus koordiniert. Dieses Kuratorium hat in der Tat eine Gebäulichkeit gekauft, auch Grund und Boden. Aber die eigentliche Betreuung setzt dann erst ein. Die Erzknappen werden, soweit sie für ihre Arbeit „schadhafft“, also nichtverwendungsfähig geworden sind oder soweit sie sonst krank wurden, nunmehr mit Speis und Trank und mit Pflege versorgt, bis sie wieder gesunden. Deswegen werden auch Ärzte herangezogen, und es wird auch eine planmäßige Kur vorgenommen[340].

Die Kosten für die Versorgung der Kranken werden vom Kuratorium aus den gesammelten Beiträgen beglichen. Noch ein Wichtiges, was den Gegensatz zum Bruderhaus städtischer Spitäler im sonstigen Mittelalter bezeichnet: Frauen dürfen nicht aufgenommen werden. An dieser Stelle machen sich also scharfe Unterschiede zur sonstigen Spitalentwicklung geltend. Hier blieb auch das Musterbeispiel, das die Spitalordnung des griechischen Pantokrator in Byzanz mit ihrer Frauenstation abgab, einflußlos[341]. Die Ostkirche des Hochmittelalters gab sich freier.

Dann erfolgt noch eine Bestimmung über die Almosenspende nach draußen. Jahrelang haben der Hausvater und die Brudermeister alten und kranken Erzknappen in einer Zeit, die vor dieser Spitalordnung liegt, wöchentlich Geld ins Haus getragen. Aber diese Praxis ist für das Bruderhaus beschwerlich. Es ist auch stiftungsgemäß nicht verpflichtet („anfangs nit darauf gestifft“).

Es wird noch einmal versichert, wer solche Almosen und Wohltaten sucht und empfangen will, der soll im Bruderhause selbst täglich als Patient geführt werden, bis sich sein Zustand verändert oder verbessert.

Es sind nun in diesem Bruderhaus etliche tausend Gulden gewonnen und erspart worden. Davon wurden Grundstücke und Renten (Gülten) gekauft, damit man jeweils den Kranken und Armen zu ihrem Unterhalt treulich aufwarten und Geld verteilen kann. Außerdem wird für die Kranken ein

[338] *Reicke*, Spital, 2. S. 31.
[339] Ebd., S. 32.
[340] Über die Ärzte bei mittelalterlichen Spitälern vgl. *Reicke*, Spital, 2. S. 298 im Register. – *Schreiber*, Gemeinschaften. S. 439 im Register.
[341] Ebd., im Register, S. 451, unter „Frauen“.

eigener Priester bestellt, der täglich im Bruderhaus Messe liest. Gewiß bezeichnet die Einrichtung einer missa cotidiana eine namhafte Vergünstigung. Sie ist nicht immer anzutreffen. Da ist das Spital (Pilgerhaus) im alpinen Mittenwald, das nur drei Messen in der Woche kennt. Die gleiche Beschränkung zeigt das Heilig-Geist-Spital in Minden. Andere Beobachtungen gehen in die gleiche Richtung[342]. Warum diese Ausnahme für das Schwazer Bruderhaus? Nun, die Bergknappen waren es gewohnt, vor der Einfahrt in die Grube zu beten. So lag es nahe, ihnen die tägliche Messe zu gewähren. Die Bergknappen selbst mochten darauf bestehen. Auch sonst haben sie der Liturgie und Volksliturgie in der Kraft der Genossenschaft Wege gewiesen. Wenn man hört, daß das Altarbild dieser Kapelle die Dreifaltigkeit zeigte, so paßt das gut zu manchen Ergänzungen, die ebenfalls als Titelheilige die Trinität führen[343]. Überdies fand sich dort die Darstellung des Landrichters und Bergrichters in diesem Bild ein. Bergbauliche Frömmigkeit, die vereint, aber nicht ausschließt.

Man kann im übrigen die Organisation des Bruderhauses, die sich im tirolischen Codex Ettenhardt einfindet, mit Recht als sorgfältig durchdacht bezeichnen. Man mag sie ebenso mit gutem Grund als die älteste Hausordnung eines Knappschaftskrankenhauses ansehen.

Das Bruderhaus in Schwaz will auch reformationsgeschichtlich beachtet sein. In den Bergwerksdistrikten Schwaz, in dem freundsbergischen Hall, in denen sich eine zahlreiche zur Hebung des Bergbaus ins Land gezogene Knappschaft aus *Sachsen* niedergelassen hatte, verbreitete sich die Kunde von dem „neuen Evangelium". Diese war von den fremden Bergleuten aus ihrer früheren Heimat nach Tirol mitgebracht. Das Bruderhaus in Schwaz bildete den Mittelpunkt einer revolutionären Propaganda[344]. Dort wurden neue Besinnlichkeiten geweckt.

Zum Personalbestand des Spitals wird weiter berichtet, daß eine Köchin, ein Knecht und dazu Dienstmägde angestellt sind für Arbeit und Betreuung. Dazu sind Roß und Wagen für die Fuhren erworben, alles ist vorsorglich in guter Ordnung. Über die Haushaltsführung haben Hausvater und Brudermeister alljährlich vor der Berggerichtsobrigkeit und vor der Gesellschaft Rechnung, Gericht und Anzeige zu tun.

[342] *Schreiber*, Gemeinschaften. S. 72.

[343] *Ferbers*, Böhmen. S. 64, 96. – *Plattner*, Bergbau. S. 44. – *Wolfstrigl-Wolfskron*, Tiroler Erzbergbaue. S. 289, 297, 341. – *Wießner*, Kärnten, 1. S. 115, 152, 169, 203.

[344] *Theodor Mairhofer*, Brixen und seine Umgebung in der Reformations-Periode 1520–1525. In: 12. Programm des k. k. Gymnasium zu Brixen. Brixen 1862, S. 5. Mitteilung von Prof. Dr. *Nikolaus Grass*.

So weit sind die Spitalordnung und der Sinn des Bruderhauses in kurzen knappen Wendungen festgehalten, die die Aufnahme betreffen und die Organisation kurz anzeigen. Wie man sieht, ist die Selbstverwaltung nachhaltig herausgerückt, wobei die genossenschaftliche Grundlage den starken Rückhalt bot. Von einem Einfluß sonstiger Schwazer Kreise (Pfarrei, Franziskaner, Pfleger, Ortsverwaltung) ist, abgesehen von der bergbaulichen Obrigkeit, nicht die Rede. Der Spitalgeistliche ist natürlich nicht exemt, um auch hier die Einordnung der Knappenkapellen festzustellen.

Die Zahl der Knappen in Schwaz war eben außerordentlich groß und drängte nach der Seite der Krankenbetten und der Pflege auf eine Spezialbetreuung und auf eine Aufsicht, die dem Bergmannsberuf entnommen war. Es mag sein, daß dem Patienten auch erste Anfänge der Berufs- und Gewerbehygiene mitgegeben werden mochten, wenn man sie zur Berufsarbeit wieder entließ. Das Verhältnis der Bergknappen zum Gewerken bleibt an mehr als einer Stelle noch nachzuprüfen, soweit es die Quellen erlauben. Die Familie der Strochner, die im 15. Jh. als Unternehmer eine große Rolle in *Gastein* spielte, erwies sich als spitalfreudig. Im Jahre 1489 starb Konrad Strochner, Wechsler zu Hof in der Gastein und bestimmte in seinem Testament eine Summe von 2600 rheinischen Gulden zur Errichtung eines Spitals „bei dem Pad in der Gastein (am Mitterbade) den armen dürftigen Christenmenschen zu helfen, auch denen, so sich in die Gastein verfügen, daselbst ihres Leibes Notdurfft nach paden wollen und dies nicht vermögen“[345]. So bezeugt dieses Spital den Genossenschaftssinn des medium aevum, aber mit der Ausrichtung auf den Beruf weist es gleichzeitig in neuere Entwicklungen.

Der Verfall des Bergwerks, der Rückgang der Flöze, manche Ursachen in der Bevölkerungsbewegung ließen an vielen Stellen nach einem Ersatz ausschauen, um die Bergleute und ihre Familien beschäftigt sein zu lassen. Ende des 19. Jh. lehrte man Ahrntaler Frauen das Klöppeln. Sie betrieben es als bäuerliches *Hausgewerbe*, da der Bergsegen allmählich versiegte[345a]. Neue Zeitalter waren aufgebrochen.

[345] *Hinterseer*, Gastein. S. 458. – Vgl. auch das Kapitel über die Berggemeinde.

[345a] Vgl. *S. Graf Enzenberg*, Der Ahrner Handel (Schlern-Schriften, Bd. 208, hg. von R. Klebelsberg). Innsbruck 1959, S. 55.

13. Wechselnde Zeitalter

Lebhaft interessiert ist man heute an der altersgrauen Vorgeschichte, in der der neuzeitliche Spaten, aber auch der glückhafte Zufall Funde heraufführten. Damit gab der Boden den grabenden Archäologen gleichsam zum zweitenmal oft das her, was der Mensch an Bodenschätzen der Erde einst entrissen und dann verarbeitet hatte. Es ist gewiß erstaunlich, was Europa bereits am Ende des Frühneolithikums und in der Jungsteinzeit, zunächst im Tagebau, dann sogar untertägig unternahm, um einem mitteilsamen Erdreich seine Schätze, vorab den Feuerstein, zu entnehmen. Die Bronzezeit erlebte die Gewinnung von Kupfer. Eine weit stärkere Ausrichtung der Förderanlagen erfuhr die Hallstatt-Periode[346]. Die Goldgruben Irlands

[346] Zum vorgeschichtlichen Bergbau s. *J. Andree*, Bergbau in der Vorzeit, I. Bergbau auf Feuerstein, Kupfer, Zinn und Salz in Europas Vorzeit, hg. v. H. Hahne, Bd. 2, Leipzig 1922 (mit Zusammenstellung der älteren Literatur). – *J. G. D. Clark*, Prehistoric Europe. The economic basis. London 1952. – *L. Franz*, Vorgeschichtliches Leben in den Alpen. Wien 1929. – *F. Hampl*, Urzeitlicher Kupfererzbergbau im südöstlichen Niederösterreich. In: Archäologia Austriaca, 13, 1953, S. 46–72. – *E. Hofmann* und *F. Morton*, Der prähistorische Salzbergbau auf dem Hallstätter Salzberg. In: Wiener Prähist. Zeitschr., 15, 1928, S. 82–101. – *G. Kyrle*, Der prähistorische Bergbaubetrieb in den Salzburgischen Alpen. Österreichische Kunsttopographie, hg. v. Kunsthistorischen Institut der k. k. Zentralkommission f. Denkmalpflege, XVII, 1916, S. 1–70. – *G. Kyrle*, Artikel Bergbau in Eberts Reallexikon der Vorgeschichte, Bd. 1, 1924. – *M. Maczek*, *E. Preuschen* und *R. Pittioni*, Beiträge zum Problem des Ursprungs der Kupfererzverwertung in der Alten Welt. 1. Teil, Archaeologia Austriaca, 10, 1952, S. 61–69; 2. Teil, ebd., 12, 1953, S. 67–82. – *F. Morton*, Zur Frage der Grubenarbeit im Hallstätter Salzbergwerk. Archäologia Austriaca, 2, 1949, S. 68–75. – *F. Mühlhofer*, Die Forschung nach urgeschichtlichem Bergbau im Gebiet der Hohen Wand in Niederösterreich. Archäologia Austriaca, 9, 1952, S. 77–88. – *H. Otto* und *W. Witter*, Handbuch der ältesten vorgeschichtlichen Metallurgie in Mitteleuropa. Leipzig 1952. – *R. Pittioni*, Die urgeschichtlichen Grundlagen der europäischen Kultur. Wien 1949. – *Ders.*, Untersuchungen im Bergbaugebiet Kelchalpe bei Kitzbühel, Tirol. 2. Bericht Mitt. d. Prähist. Komm. der Akademie der Wissenschaften, Bd. 5, Wien 1947, S. 37–99. – *Ders.*, Probleme und Aufgaben der urgeschichtlichen Bergbauforschung auf Kupfererz in der Alten Welt. Anzeiger der Oesterr. Akad. d. Wiss. phil.-hist. Kl., 1950, S. 496–503. – *Ders.*, Prehistoric copper-mining in Austria, problems and facts. University of London, Institute of Archaeology, annual report VII, 1951, S. 16–43. – *E. Preuschen* und *R. Pittioni*, Untersuchungen im Bergbaugebiet Kelchalpe bei Kitzbühel, Tirol. Mitt. d. Prähist. Komm. d. Akademie d. Wissenschaften, Bd. 3, H. 1–3, Wien 1937. – *W. Witter*, Die älteste Erzgewinnung im nordisch-germanischen Lebenskreis. 1. Teil, Die Ausbeutung der mitteldeutschen Erzlagerstätten in der frühen Metallzeit, Mannus-Bücherei, Bd. 60, 1938; 2. Teil, Die Kenntnis von Kupfer und Bronze in der Alten Welt, ebd., Bd. 63, 1938. – *Ders.*, Über die Herkunft des Eisens. Mit besonderer Berücksichtigung des heutigen Standes der Forschung. Mannus 34, 1942, S. 7–83. – *Ders.*, Zur Entdeckung des Eisens als Nutzmetall. In: Forschungen und Fortschritte, 20, 1944, S. 275/76. – *K. Zschocke* und *E. Preuschen*, Das urzeitliche Bergbaugebiet von Mühlbach-Bischofs-

wurden bereits in vorkeltischer Zeit genützt, dazu trat dort die Ausbeute an Silber und Kupfer[347]. Wanderfreudige Iroschotten widmeten sich später dem westeuropäischen Bergbau. Es ist einseitig, sie nur von der Mission und von der Vorzugsstellung der Insula Sanctorum und der Insula Doctorum zu sehen[348].

Was die Förderung des Bergwesens betrifft, ist es nicht gleichgültig, daß der Bergbau in der *Bibel* nur bei Job (28, 1–11) erwähnt ist. Palästina ist verhältnismäßig arm an Metallen[349]. Der Berg Sinai, der der Schauplatz der Verkündigung des Dekaloges wurde, kannte jedoch seit dem 3. Jahrtausend v. Chr. immer wieder Epochen, in denen Kupfer und Türkisen geschürft wurde[350]. Das Alte Testament hat allerdings diese Tatsache nicht weiter gewürdigt. Aber das Mittelalter schafft sich im Zeichen der Volkskanonisation alttestamentliche Stollenheilige. Daran sind die christliche Legende und die Volksüberlieferung beteiligt, wenn sie sich Adam, Eva, Abraham, Daniel, Habakuk, Susanna und Elias als Helfern im Bergbau zuwenden[351].

In der Antike, die einen gesprächigen Quellenbereich aufweist, wurde der Bergbau – in einem bemerkenswerten Vorgriff auf die kommenden Ottonen und Habsburger – zu einem bedeutsamen politischen Machtinstrument. Athen gewann damit eine finanzielle und militärische Vormachtstellung. Die Flotte des Themistokles wurde mit Hilfe der Silbergruben und anderer

hofen. Materialien zur Urgeschichte Österreichs, H. 6, 1932. – Herrn Univ.-Prof. Dr. *Stieren*, Münster, habe ich für freundliche Hinweise zu danken, ebenfalls der Bibliothek d. Vereins Deutscher Eisenhüttenleute, Düsseldorf. – Modelle, den vorgeschichtlichen Bergbau betreffend, besorgte *Heinrich Winkelmann* für das Bergbaumuseum in Bochum, was wertvolle neue Aspekte einhändigte.

[347] *P. W. Joyce*, Social History of ancient Ireland. New York 1903, 1, p. 34; 2, p. 270, 286, 288–292. – *G. Chatterton-Hill*, Irland und seine Bedeutung für Europa. Berlin 1917, S. 2f.

[348] Zur irischen Mönchskirche, die um 800 ihren Niedergang erlebte, s. statt anderer *J. Ryan*, Iroschottische Kirche. In: LThK 5², Sp. 760f., mit reicher Literatur. Zur westeuropäischen Entwicklung vgl. noch *G. Schreiber*, Irland im deutschen und abendländischen Sakralraum. Zugleich ein Ausblick auf St. Brandam und die zweite Kolumbusreise (Arbeitsgemeinschaft für Forschung des Landes Nordrhein-Westfalen, Geisteswissenschaften, H. 9). Köln u. Opladen 1956. – Die Textausgabe: Irlande, île des Saints, Textes choisis par *Georges* et *Bernadette Gerblaud Salagnac*. Préfaces de *Daniel Rops* de l'Académie Française. Paris 1961, ist um manche literarische Angaben, im besonderen um bergbauliche Notizen, zu ergänzen.

[349] *Herbert Haag*, Bibel-Lexikon. Einsiedeln-Zürich-Köln 1951, Sp. 180. Doch s. noch unten.

[350] Wir verweisen hier lediglich auf *Werner Keller*, Und die Bibel hat doch recht. Forscher beweisen die historische Wahrheit. Düsseldorf 1955, S. 122.

[351] *Günter*, Legende. S. 337, 343/44. – *G. Schreiber*, Elias. In: LThK 3², Sp. 810.

Bodenschätze (Kupfer, Zink, Blei und Eisen) im attischen Laurion geschaffen. Iberisches Silber und ein bemerkenswerter Zinnhandel dienten dem Anstieg des seemächtigen Karthago. Spanien wurde dabei zum klassischen Land der Metalle[352], eine Vorzugsstellung, die sich noch bei den mittelalterlichen Metallheiligen Vinzenz Levita und Jakobus von Compostela abzeichnet. Sie wurden zu Schutzherren der deutschen Gruben[353].

Schächte und Stollen wurden nun im Ablauf der Entwicklung planmäßig und in einem großen Ausmaß im Römerreich entwickelt, im Orient genauso gut wie im Rheinland. Man nehme etwa das Kupferbergwerk bei dem pfälzischen Göllheim[354]. Die Größe der Schutthalden des erwähnten Bergwerks von Laureion lassen sich daran ermessen, daß sie seit über 70 Jahren heute noch einmal durch fünf moderne Aktiengesellschaften mit modernen Scheidemethoden ausgewertet werden[355]. Dem nordischen Eisen und Stahl wuchs am Tiber eine besondere Bedeutung zu. Man wußte die Härte zu schätzen. Neuerdings hat noch *Hans Pirchegger* an steirische Ausgangsstellungen der älteren und jüngeren Steinzeit, der Bronzezeit und der älteren Eisenzeit (Hallstattzeit) erinnert[356].

Stärker und stärker entfaltete sich dabei der Griff nach dem Gold, im Orient und im Okzident. Es wuchs dabei in neue kultische und kulturelle Zusammenhänge und Motive.

Aber inmitten der gesteigerten Metallförderung ergab sich eine völlig andere Beleuchtung in einem neu ansteigenden Ethos: Die Christen erlebten die Verurteilung *ad metalla*, die Verbannung ins Bergwerk. Diese strafrechtlich vorgenommene Verschickung wurde zum Sklavendienst[357]. Diese Verbannung bezeichnete im Grunde genommen, wie erwähnt, eine verzögerte Todesstrafe. Ja, die oft grausame Behandlung der Bergwerkssklaven des römischen Reiches erinnert an das moderne Inferno gewesener Konzentra-

[352] *Karl Baxmann*, Der deutsche Bergmann im Wandel der Geschichte. Berlin 1941.

[353] *G. Schreiber*, Spanien im deutschen Bergwerk. Einwirkung auf Wirtschaftsräume und Sakralräume (Spanische Forschungen der Görres-Gesellschaft, 1. Reihe, Gesammelte Aufsätze zur Kulturgeschichte Spaniens, Bd. 9). Münster (Westf.) 1954, S. 204f., 267f.

[354] Vgl. *Harald von Petrikovits*, Das römische Rheinland. Archäologische Forschungen seit 1945 (Arbeitsgemeinschaft für Forschung des Landes Nordrhein-Westfalen, H. 86). Köln u. Opladen 1960, im Register, S. 157, mit vielen Verweisen.

[355] *Hans Lamer*, *Ernst Bux* und *Wilhelm Schöne*, Wörterbuch der Antike, mit Berücksichtigung ihres Fortwirkens (Kröners Taschenausgabe, Bd. 96). Stuttgart 1956, S. 87.

[356] Steiermark. S. 7.

[357] *Henri Leclercq*, Ad metalla. I, col. 467–474. – Ferner statt anderer *G. Schreiber*, Das Bergwerk in Recht, Liturgie, Sakralkultur. S. 362–418. – Weitere Untersuchungen erwünscht.

tionslager. Hingewiesen sei auch dabei, daß Gefangene des letzten Krieges (darunter Deutsche in der Sowjetunion) in Bergwerken arbeiten mußten. Aber wenden wir den Blick zurück auf die christliche Antike. Das erniedrigende Dasein ihrer Bergwerkssklaven weckte Ströme der Innerlichkeit und schuf ein ergreifendes Gemeinschaftsgefühl. Dieses Zueinander erwuchs im besonderen in einer vertrauensvollen und stärkenden Hingabe an die tröstenden biblischen Bücher. Diese wurden von Mitgefangenen sogar, ganz in der Vorzugsstellung früherer Zeitalter, aus dem Gedächtnis zitiert. Fides ex auditu. Solche Passio formte sich, wie die patristischen Quellenzeugnisse erkennen lassen, zu einem leidensstarken, weil gottbezogenen Erleben. Ja, allmählich werden im christlichen Altertum die im Bergdienst Gequälten und Verstorbenen den *Martyrern* des Mamertinischen Kerkers, also den Blutzeugen des Staatsgefängnisses gleichgesetzt, das sich im alten Rom am Ostabhang des Kapitols befand. Was bedeutet diese erst allmählich herauswachsende Parität? Daß nämlich nun doch die Zwangsarbeit im Bergwerk als Martyrium angesprochen wurde[358]. Die Sklavenkette, mit der der christliche Bergarbeiter an den Füßen gefesselt wurde, wird also dem Laurentiusrost (3. Jh., Mosaik von 424–451 im Mausoleum der Galla Placidia in Ravenna) und dem Richtschwert des Liktors gleichgestellt. Nunmehr senkt sich über das Bergwerk ein hoher Adel, ein kultischer Vorzug und ein vorbildliches Heldenzeitalter. Die römischen Frühmartyrer St. Agnes und St. Caecilia empfangen Mitstreiter. Passionalien, Sakramentare, Legenden berichten Näheres. Dazu erzählen die Katakomben[359].

Derart empfing der Bergbeflissene des Mittelalters eine ehrenvolle Abstammung. Aber es dauerte in germanischen Frühstufen schon einige Zeit, ehe der Bergmann als Persönlichkeit sich durchsetzen konnte. Zunächst zeichneten sich manche Gebundenheiten ab. Der König, dem ein Bergbannrecht und später das Bergregal zur Seite stand[360], ebenso die von ihm beliehenen Grundherren, ließen den Bergbau durch Unfreie und Hörige wahrnehmen. Aber mehrere Momente arbeiteten an einer Emanzipation des Froners, so jene Christianisierung, die auch dem Unfreien Milderungen und

[358] *J. P. Kirsch*, Martyrer. In: LThK 6, Sp. 996.

[359] *Adelhart Zippelius*, Bergmännischer Streifzug durch die frühchristlichen Katakomben von Rom. In: Der Anschnitt, Jg. 9, Nr. 3, 1957, Sp. 14–20. – Zur Umwelt vgl. noch *Mario Righetti*, Manuale di Storia Liturgica. 3 vol., Milano 1950, bes. 2, p. 1 sg. Die bergbauliche Seite ist allerdings dort noch nicht behandelt.

[360] *Hans Planitz*, Germanische Rechtsgeschichte (Neue Rechtsbücher für das Studium der Rechts- und Wirtschaftswissenschaften). Berlin 1944³, S. 90, 158, 175, 200. Näheres s. oben.

gewisse Sicherungen einhändigte und im Ablauf der Entwicklung die Freilassung vieler Knechte förderte[361].

Aber zum weiteren half seit dem Hochmittelalter die *Bergbaufreiheit*. Das will neben anderen Vorrechten (eigener Gerichtsstand, Freizügigkeit, Waffen, Jagd) besagen, daß grundsätzlich jedermann die Befugnis hatte, nutzbare bergbaufreie Mineralien in ihren natürlichen Lagerstätten aufzusuchen (Aufsuchungsrecht), auf technische Nutzbarkeit zu prüfen und den Hoheitsträger anzugehen, um die Verleihung einer Grube vorzunehmen. Für gewöhnlich fand sich als Anerkennungszins und als Leistung eine Schürfgeldabgabe, eine Schürfsteuer, ein. So bestimmt in Sachen des Bergwerks „Hillige Dryvoldicheit“ (Dreifaltigkeit) das Bergprivileg des Herzogs Johann III. von Cleve vom 18.2.1524 für den Bergmeister Bernhard Osthoeven und seine Mitgewerken, daß in bezug auf die Ausbeutung von Erzen oder Metallen der zehnte „Kubbel“ oder Zentner von allem Stofferz an den Landesherrn gegeben werden sollte[362]. Derart war längst die Abgabe des Zehnten in manchen Variationen (Neuntel, Elftel) in den Bergbau eingedrungen, ähnlich dem Kornzehnten, dem Weinzehnten und anderen Dezimationssteuern.

Wenn der Metallfinder ganz allgemein bevorzugt wurde, mochte es sein, daß sich nicht bloß allgemeinere Vorstellungen von der Herrenlosigkeit der Sachen geltend machten, daß darüber hinaus volksgläubige Auffassungen als Unterströmungen für eine freiere Entfaltung des Schürfwesens mitwirkten. Betrachtete man doch die Auffindung der Erze als ein *Charisma*, als eine Gnadengabe, die Gott als Herr des Bergsegens gewährte. Der Volksglaube schritt einher, um an Rechtssatzungen beteiligt zu sein.

In diese Richtung weisen auch die *Bergmannssagen*, wenn sie Traumgesichte oder gar *Engel* erwähnen, die auf eine Lagerstätte des Metalls hinweisen. Dann wird der Engel zu jener überirdischen Lichtgestalt, die den Menschen zu Gott weist und zugleich ihm eine besondere Wohltat einhändigt[363]. In der Tat hat man, wie angedeutet, viele Gruben im Mittelalter

[361] *Alfons Dopsch*, Wirtschaftsentwicklung der Karolingerzeit vornehmlich in Deutschland, 2 Bde. Weimar 1912/13, bes. Bd. 2, S. 1ff. – *Theo Sommerlad*, Wirtschaftsgeschichte, kirchliche. In: Die Religion in Geschichte und Gegenwart (RGG)², hg. v. Hermann Gunkel u. Leopold Zscharnack, 5 Bde. u. 1 Registerband. Tübingen 1927–1931, 5, Sp. 1971–1984, bes. Sp. 1978.

[362] *Emil Dösseler*, Süderländische Geschichtsquellen und Forschungen, Bd. 1. Werdohl 1954, S. 78f.

[363] Vgl. *Anton Dörrer*, Engel. In: Lexikon für Theologie und Kirche (LThK), 2. Aufl., Freiburg i. Br. 1957ff., Bd. 3, Sp. 874. – Ferner *Hugo Karl Maria Schnell*, Der baierische Barock. Die volklichen, die geschichtlichen und die religiösen Grundlagen.

als „Gottesgabe“, als „Gottessegen“, „Gottberait“, als „Bau auf Gott“ bei Eiserfeld[364], als „Gabriel-Grube“[365] und in verwandten theozentrischen oder den Engel ansprechenden Wendungen bezeichnet. Noch 1745 läßt die braunschweigische Grube „Güte des Herrn“ einen aufschlußreichen Taler hinausgehen. Dieser bezeichnet unter einem Fürstenhut das von zwei wilden Männern gehaltene eingebogene zwölffeldige Wappen. Doch die Rückseite macht stärker auf den gottesnahen Bergbau aufmerksam, wenn sie den Spruch mit sich führt: „*Die Erde ist voll der Güte des Herrn*[366].“

Aufmerksamkeit für diese volksgläubigen Zusammenhänge verdient ebenso das bereits früher erwähnte farbige Titelbild im Innsbrucker Codex Ettenhardt. Es zeigt den Bergknappen *Daniel* als sagenhaften Begründer des Bergwerks. Ihm träumte, daß er auf einem Baum einen Schatz finden würde. Er stieg daraufhin mit Schlägel und Eisen in den Baum, um im Geäst zu suchen. Vergeblich. Aber man sieht auf diesem Bild, wie Gottvater, in den Wolken befindlich, einen Engel anweist, unter dem Baum einzuschlagen. Dort hat Daniel das erste Erz erschlossen. Nunmehr kann die Förderung einsetzen. Man erblickt bereits rechts im Bild eine Stollenöffnung. So weist schon der Name des Bergknappen Daniel in ein neues Glückauf. Mit dem Nomen auch das Omen. Wenn Daniel genannt wird, führt dieser Prophet gewissermaßen den Anspruch mit sich, ein erfolgreicher Schatzgräber zu sein. Eine Verwandtschaft zu dem Annaberger Bergaltar tut sich auf, der 1521 von der Knappschaft gestiftet wurde[367]. Kennt dieser doch ebenfalls die erzhaltige Daniel-Überlieferung.

Der Bergmann Daniel erscheint in der Bedeutung und Kraft seines Namens auch sonst in der Sage des *Erzgebirges*: „Im Traum war dem Bergmann Daniel von Gott befohlen worden, in den finsteren Wald zu gehen,

Sein Siegeszug durch das Reich. München 1936, im Register, S. 230, bes. mit Schutzengelmotiv, S. 191. – *Georg Schreiber*, Lusitanien im Exempelbuch. Portugiesische Forschungen der Görres-Gesellschaft. Bd. 1, Aufsätze zur Portugiesischen Kulturgeschichte, hg. v. Hans Flasche. Münster 1960, S. 153–165, bes. S. 163ff.

[364] S. etwa *Herbert Dennert*, Kleine Chronik der Oberharzer Bergstädte und ihres Erzbergbaues³. Clausthal-Zellerfeld 1954, S. 15. – Soweit bei Gruben keine Einzelbelege beigebracht sind, sei auf meine oben erwähnten Abhandlungen (Das Bergwerk, Alpine Bergwerkskultur usw.) verwiesen, wo der theozentrische Zug erwähnt ist.

[365] *L. H. W. Jacobi*, Das Berg-, Hütten- und Gewerbe-Wesen des Regierungs-Bezirks Arnsberg in statistischer Darstellung. Iserlohn 1857, S. 114.

[366] Sammlung Vogelsang, Nr. 479, S. 43; s. dort noch Nr. 480–482, 651–653, 680/81. Eine Grube „Güte Gottes“, die Bezug nimmt auf den Sieg bei Höchstädt, findet sich auch im Besitz des Hauses Fürstenberg, ebd., Nr. 891, S. 80. Über die Braunschweigische Grube „Segen Gottes“, s. ebd., Nr. 493, S. 45, einen Taler von 1761.

[367] *Stötzel*, Bergmannssage. S. 39.

und zwar den Weg, den ihm das vom Himmel fallende Feuer zeigen werde, und dessen Spuren folgend, würde er dort aus dem Schoße der Erde einen ungeheuren Schatz gewinnen. Am nächsten Morgen geht der Bergmann, aber er sieht kein Feuer. Doch plötzlich zieht ein Gewitter herauf. Ein Blitz schlägt in den Wald. Der Bergmann findet die Stelle. Er nimmt die Wünschelrute zur Hand. Die zeigt ihm große Schätze an. Mit den Bauersleuten der Nachbarschaft nimmt er den Bergbau auf. Viele andere aus allen Orten und Enden strömten herbei[368]." Soweit die dramatische Überlieferung.

Der Blitz wirkt hier also, um Bächtold-Stäubli zu ergänzen, als wohltätiger Wegweiser. Zugleich findet sich die Wünschelrute ein, die aus der technischen Erfahrung berichtet, wobei manchmal Magisches einhergeht. Weiter wird von bergbaufreundlichen *Bauern* berichtet. Sie sind ja geborene Helfer in einem lebensnotwendigen Umland. Aber die Sage weiß auch Gegenteiliges zu vermelden, wenn die Bergleute von den Bauern vertrieben werden. So heißt es in der Volksüberlieferung in Niederschlesien: „Um das Jahr 1569 hat die Stadt Hirschberg bei dem Dorfe Grunau ein Goldbergwerk besessen. Die Bauern sollen aber die Bergknappen, die ihren Grund und Boden durchwühlten, verjagt und im Dreißigjährigen Krieg die Schächte gänzlich verschüttet und geebnet haben, so daß niemand die Stelle, wo sie einst waren, finden kann[369]." Der Zwiespalt zwischen Bauern und Bergleuten, die sich gegenseitig bekämpfen, greift über die Jahrhunderte. Ein altes Bergmannslied berichtet uns in Sachen des mährischen Bergorts Kuttenberg, wie Bauern einmal die ganze Bevölkerung eines Bergortes aufgerieben haben[370].

Die schlesische Sage kennt im übrigen Daniel nicht mehr. Vergebens sucht man im Sachregister bei Richard *Kühnau*[371]. Der Wandel der Kulturzeitalter, auch die Distanz zum oberdeutschen Raum, macht sich bemerkbar. Es war dem Erzgebirge anscheinend nicht vergönnt, in diesem Punkt ostwärts zu wirken.

Noch ein anderes. Was das Verhältnis des Bergmanns zu seiner Umgebung betrifft. Es ergab sich nicht nur zuweilen der Zwiespalt zum benachbarten Bauerntum. Es erfolgten auch Annäherungen. Schon die Notwendigkeit einer Verpflegung durch die umwohnende Landwirtschaft ging in diese Richtung. Zudem wohnten Knappen bei Bauern. In einer liedhaft

[368] Ebd., nach *Albinus*, Bergchronik.
[369] Ebd., S. 56. Die schlesische Sage beschäftigt sich gern mit dem Goldbergwerk.
[370] *Stötzel*, Bergmannssage. S. 56f., S. 57 mit Anm. 24.
[371] Schlesische Sagen.

vertonten Wechselrede („Glückauf, mein guter Freund“) machen die Bergleute den zunächst widersprechenden und übellaunigen Landwirt darauf aufmerksam, daß der Bergteil der Kuxe winkt. Daraufhin findet man sich friedlich zusammen[372].

Darüber hinaus erfolgte beim Anbruch der Neuzeit von einer neuen Blickrichtung her das Herauswachsen des *Persönlichkeitswertes* des schaffenden Bergbeflissenen. Der Nutzen für die Allgemeinheit tritt dabei schärfer heraus. Gewisse Selbständigkeiten hatten sich bereits im Hochmittelalter eingefunden. Gerade der sich verantwortlich gebende Häuer wirkte andererseits genossenschaftsbildend. Das Thema Herrschaft und Gemeinschaft wird auch im Bergwerk erneut aufgegriffen. Man weiß, daß das medium aevum den anfänglich stärkeren Herrschaftsgedanken unterstrich. Dieser wandte sich im Bergbau dem König, dem Herzog, dem Territorialfürsten, überhaupt dem Lehensherrn zu. Die großen Abteien standen mit in vorderster Linie des Herrschaftsgedankens. Sie waren die Anwälte der Imponderabilien (Totenmemorie, Gebetsverbrüderung), aber ebenso als Grundherrschaften feste Stütze der Kolonisation im Grenzland. Herzog Tassilo III. von Bayern übergab seiner der Ostmark zugewandten Gründung, den Benediktinern des oberösterreichischen *Kremsmünster*, wie der Stiftsbrief von 777 besagt, u. a. das Salzsieden am Sulzbach (Bad Hall) und drei unfreie Leute, die das Sieden besorgen[373]. Im Ablauf der Entwicklung, allerdings erst in Jahrhunderten, setzen jedoch die Energien und Gewalten der Landesherrschaft und Grundherrschaft ein, um gewisse Abwandlungen bei den Unfreien zu schaffen. Eine geringe Anzahl wurde zu Freisassen, denen Besitz in Erbpacht und in Zeitpacht übergeben werden konnte. Sie waren und blieben aber trotzdem Eigenleute der Erzbischöfe. So hat man neuerdings die Rechtsstellung dieser Freisassen im Salzburger Land für das Mittelalter gekennzeichnet[374]. Allerdings war, um Unterschiede des Werdegangs herauszustellen, das flache Land an sich gehemmter und gebundener als die Stadt, die schneller und entschlossener der Freiheit zudrängte. War diese doch mit recht beweglichen Erwerbsgruppen und Zünften erfüllt. Der Lohnarbeiter strebte dort vorwärts und gewann Eingang in die Genossenschaften[375].

[372] *Gerhard Heilfurth*, Das Bergmannslied. Wesen/Leben/Funktion. Kassel u. Basel 1954, S. 451ff.

[373] *Zibermayr*, Noricum. S. 247. Frdl. Hinweis von Prof. Dr. Nikolaus Grass.

[374] *Hinterseer*, Hofgastein, S. 330, mit dem Hinweis, daß nach 800 sich die Lage der Leibeigenen da und dort milderte, daß aber die Eigenschaft der vollen Hörigkeit noch lange rechtlich bestehen blieb.

[375] *Friedrich Lütge*, Deutsche Sozial- und Wirtschaftsgeschichte. Berlin 1952, S. 186.

Gute Einblicke gewährt die Übersicht über die städtischen Gewerbe, die *F. Weiss-Bass* unlängst für das mittelalterliche Basel in Sachen der Weinwirtschaft vorlegte[376]. Das Nebeneinander der Gewerbe erhob sich in dieser bewegten Rheinstadt zu einem lebensvollen Ineinander. Solche Verklammerung ergab sich – von anderen Verbundenheiten abgesehen –, wenn nicht weniger als 35 verschiedene Prozessionen jährlich stattfanden, an denen die Weingilden sich beteiligten. Das war mehr als ein kirchlicher Umgang. Es war gleichzeitig eine eindrucksvolle Bekundung des sich ausweitenden Verbandswillens der civitas.

Ebenso entfaltete sich außerhalb der Stadt im *Bergbau* der Gemeinschaftsgedanke, bewußt und stark. Die Bergknappen stellten sich im Ablauf der Entwicklung zu ihresgleichen. Die Herkunftslinien, die sich bei den Fremden wie zu den Lohnarbeitern unterschiedlich abzeichneten, verwischten sich. Diese Bergbeflissenen betrachteten sich aber nicht nur als ein Zweckverband und als eine nur zufällige Gruppierung von Interessenten, die bereit sind, den Abbau der Metalle und Minerale durchzuführen. Sie fühlen sich im Rhythmus des Miteinanderstrebens als eine gewachsene Einheit, die die bergige oder dörfliche Wohnsiedlung vereinigt, die wiederum Hunger und Seuchen zu bestehen versucht. Man weiß gerade in diesem Beruf davon, daß bedeutsame und psychologisch eindringliche Forderungen erfüllt werden müssen. Die Haltung gegenüber dem umwohnenden Bauern war allerdings, wie angedeutet, unterschiedlich. Aber sie hat letztlich das Bewußtsein eigenen Wertes verstärkt.

Psychologische Momente sind allerdings für diese Berggemeinschaft noch zu würdigen. Man mußte sich eben in dieser Bergknappschaft, die sich über den Alltag erhob, gegenseitig verstehen. Man hält sich dabei an den Wurzelgrund von Treu und Glauben. Man weiß sich in der nämlichen Gefahrenzone des abbröckelnden Gesteins und des tödlichen Wassereinbruchs. Man begegnet sich daher verantwortungsbewußt in jenem gestrafften Lebenswillen, der ernste Schwierigkeiten bezwingt und zugleich korporativ zusammenführt. Religiöse und sittliche Grundkräfte liefern dazu produktive Motive und aufrichtende Symbole. Da werden Tugenden der Hoffnung und des Starkmuts geweckt. Die spätgotische Barbarasäule im tirolischen Hall[377] wirkt dieserhalb wie ein lautes Bekenntnis, ja wie ein Hymnus sol-

[376] Weingewerbe und Weinleutezunft im alten Basel. Basel 1958, S. 141.

[377] *Heinrich Sieveking*, Vom Sklavenhandel zur Arbeitsvermittlung, Abhandlungen zur Rechts- und Wirtschaftsgeschichte, Festschr. Adolf Zycha, Weimar 1941, S. 261, verwendet die Formulierung: „Seit dem 15. Jahrhundert organisierten sich auch die

cher Verbundenheit. Sie wurde von einer schöpferisch wirksamen und verklammernden Barbarabruderschaft errichtet[378]. Letztere gehörte vielerorts ganz betont zum moralischen Zubehör des Bergwerks.

Die Geschichte des Bergbaus ist zugleich ein Spektrum der menschlichen Geschichte mit ihrer ganzen Vielseitigkeit, in der die Epochen, die Landschaft, der Einzelne und die Vielen in immer neuen Verflechtungen vor das Auge des Beobachters treten. Irrationales fügt sich zu Wesensgründen des Seienden.

Wir wenden uns noch der historischen Sicht zu, die den *Erzbergbau* betrifft. Wasser und Wälder müssen in der Nähe der Gruben sein, damit die Bäche die Eisenhämmer treiben und damit die Holzkohle die Schmelzöfen und Schmiedeessen speist. Dann entfaltet sich um die Grube im weiteren Ablauf meist ein reges Metallgewerbe. Eine Berggemeinde entsteht, die die Bergschaffenden verschiedener Herkunft vereinigt. Sie wächst und rundet sich zur politischen und kirchlichen Siedlung, wobei die Rechte dritter beachtet werden. Der eigene Gerichtsbezirk gewährt einen starken Rückhalt. Mit den gesteigerten Bedürfnissen festigt sich ein Wegenetz, soweit man sich nicht mit Saumpfaden begnügen muß. Hoch hinaus, bis an die Berggipfel, ziehen sich im Bergbau Haverstock seit 1457 die Stollen des tirolischen Imst und anderer alpiner Bergbaugebiete[379].

Schon in vorgeschichtlicher Zeit kristallisiert sich um Erzfunde das Schmelz- und Schmiedegewerbe. Solche Orte des Erzbergbaus werden häufig genug zugleich Stätten regen wirtschaftlichen und zuweilen auch seelisch bewegten Lebens. Man denke nur daran, was Bergherren und Eisenhüttenleute aus Augsburg, Ulm, Nürnberg, Konstanz und aus der Oberpfalz den Bergorten auch in der Abwicklung des öffentlichen Lebens mitgegeben haben, vorab in wohltätigen Zweckvermögen. Der Bergbau ist eben auf Altruismus gegründet. Spitäler, Altersheime und die Armenpflege wissen darum. Das einschlägige Werk von *F.M.Ress* über Bauten, Denkmäler und Stiftungen deutscher Eisenhüttenleute[380] wirkt wie ein Kulturatlas und wie eine unsterbliche Dokumentation der Wohlfahrtspflege[381].

Bergarbeiter. Der genossenschaftliche Gedanke erfüllte die Knappen mit Selbstbewußtsein und führte zu ihrer ständischen Abschließung." Doch hat Sieveking die ethischen Momente nicht eigentlich ausgebreitet.

[378] *Rangger*, Kunstfreund, N. F., Jg. 19, 1903, S. 55ff. [379] Imster Buch. S. 52.

[380] In der Einführung, S. IIIff. Der Titel Eisenhüttenleute ist zu eng gefaßt, wohl in Hinsicht auf die Auftraggeber. Es handelt sich ebenso um eine Geschichte des Bergwerks. Leider fehlt für die Auswertung ein Register.

[381] *Beck*, Geschichte des Eisens, 1. S. 769f.

Dieser Erzbergbau früher Jahrhunderte bildet aber zugleich auch in die inhaltsschwere Vorstufe, den unvergleichlichen Lehrmeister, ja die Mutter des *Kohlenbergbaus*. Spielte doch der letztere zunächst im medium aevum nur eine wirtschaftlich untergeordnete Rolle, wenn dieser auch im Raum von Lüttich seit der Wende zum 13. Jh. betrieben worden sein soll. Andere, zuweilen etwas unsichere Daten, finden sich ein. Der Aachener Steinkohlenbergbau im Wurmrevier läßt sich nur bis in den Anfang des 14. Jh. zurückverfolgen[382]. Doch schon im Jahre 1487 gab der Lütticher Fürstbischof Johann von Horn, also ein deutscher, im übrigen nicht reformfreudiger Reichsfürst, den Kohlenbergwerken eine eigene Bergordnung. Diese trug die Bezeichnung „Paix de St. Jaques“[383]. Ähnlich alt ist die Gewinnung von Steinkohle im Gebiet von Chemnitz[384]. Aber auch der Raum des heutigen Ruhrgebietes zeigt schon seit dem 14. Jh. einen Kohlenabbau, der sich allerdings noch unbedeutend anläßt[385]. Hat man doch selbst im nahen märkischen Raum bis in das anbrechende 19. Jh. Holzkohle an Stelle von Steinkohle für den Hochofenprozeß verwendet[386].

Einzelne Lagerstätten wurden zwar schon, meist im Tagebau, an der Ruhr ausgebeutet, blieben aber in ihrer Bedeutung zunächst so gut wie unbekannt. Die Erfolge des früher zugreifenden Auslandes mußten dem

[382] Ebd., S. 770.

[383] Ebd., S. 771, mit dem Hinweis auf den Abdruck der Quelle in: *Wagner*, Corpus iuris metallici, p. 1007 etc. – *M. Dierickx* Lüttich. In: LThK 6², Sp. 1242–1244.

[384] *L. Beck*, Die Geschichte des Eisens, 1. S. 770. – *Seeger*, Westfalens Handel und Gewerbe. S. 88.

[385] S. unten.

[386] Man vgl. dazu etwa *Robert Jahn*, Essener Geschichte. Die geschichtliche Entwicklung im Raum der Großstadt Essen. Essen 1952, S. 179–181 u. S. 360–365. „Zum Hausbrand“, führt der Autor, S. 179, über das Spätmittelalter aus, „gebrauchten Steinkohle nur die ärmeren Leute, da man noch keine Öfen hatte, die den Dunst ableiteten. Die oberflächlich gewonnenen Kohlen galten als zu leicht und zu schellig, die aus zu großer Tiefe herausgeholten als zu schwer und zu hart, ‚also daß sie schwerlich verbrennen und einen unliebsamen Geruch oder Stank und Dampf von sich lassen, der den Atem und denen, die engbrüstig und asthmatici sein, fast übel bekommt, ihnen viel Überlast, Krankheit und Podagra verursachen‘. Dem Gebrauch für die Armen entspricht es, wenn 1317 in einer neu errichteten Herberge der *Bettelmönche* ein Raum für Kohlenvorräte vorgesehen ist: angulum qui est ante camarum martharum habeant omnes fratres pro depositione lignorum et carbonum: ‚den Winkel vor der Mädgekammer sollen alle Brüder zur Niederlage von Holz und Kohle haben‘. Sonst gebrauche die Schmiede Steinkohlen, wie denn auch 1498 die Stadt Kohlen für ihr Büchsenhaus anschafft, tot den ambilt der stat, ‚für den städtischen Amboß‘.“ Die Geschichte der Armut und der Caritas (LThK 1², Sp. 878ff.; 2², Sp. 941ff.) hat solche Quellenstellen noch nicht verzeichnet. – Einzelheiten auch bei: *Arthur Binz*, Edelmetalle. Ihr Fluch und ihr Segen. Berlin 1939, S. 159.

deutschen Gewerbe zunächst den Anstoß geben, ehe eine Montanindustrie die reichen Kohlenfelder stärker nutzen konnte. Erst ab 1740 stellen England und Schottland die Hochöfen auf Koks um. Gegen Ende des 18. Jh. erzeugt das nachkommende Ruhrgebiet den ersten Koks. Im Jahre 1796 wird der älteste deutsche Kokshochofen im schlesischen Gleiwitz errichtet. Damit aber beginnt die Standortverlagerung der Eisenindustrie aus dem Umkreis der Erzlagerstätten in die Kohlenreviere. Eisenstein reist Kohle. Das bedeutete eine einschneidende Veränderung in der Geschichte der europäischen Industrie, eine Wandlung, die man vielleicht mit dem Vordringen der Macht der sowjetischen und US-amerikanischen Erzeugung während der letzten Jahrzehnte vergleichen kann. Brauchte man doch zur Eisenverhüttung rund dreimal soviel Kohle wie Erz, so daß der Transport der Kohle zum Erz sich nicht lohnte, wohl aber die Überführung des Erzes zur Kohle.

Mittelalterliche Schwerpunkte der Eisenindustrie, die ohne Kohlenlagerstätten waren, büßten daher endgültig ihre Bedeutung ein. Weniges an Industrie blieb zurück, oft auch gar nichts, nur die historische Erinnerung. Da die Monasterien ihren Standort nicht wechselten, verloren desgleichen die letzten metallschürfenden Zönobien ihre gewerbliche Vorrangstellung, soweit sie nicht schon seit dem Zeitalter der Reformation durch neugläubige Landesherren aufgehoben waren[387]. Anschaulich sind diese tiefgreifenden Wandlungen von *F. M. Ress* in seiner bereits erwähnten und aufschlußreichen Veröffentlichung über Bauten, Denkmäler und Stiftungen deutscher Eisenhüttenleute festgehalten. Erst die Gasfeuerung und die Elektrotechnik (durch die Auswertung des Lichtbogens) haben wieder in kleinerem Umfang die Verhüttung der Erze vom Standort der Kohle unabhängiger gemacht. Auch die Verbesserungen des Kohlentransportes durch Eisenbahn und Schiffe brachten eine allerdings nur wenig größere Bewegungsfreiheit. Ganz besonders hochwertige Eisenvorkommen, wie in Steiermark oder in Kärnten, haben die Montanindustrie durchaus an ihren alten, historischen Vororten belassen[388].

Recht und Sitte, Brauchtum und Kunst, Lied und Gemeinschaftshaltung waren durch eine unersetzliche Frühstufe, also durch die mittelalterliche Entfaltung des Erzbergbaus und damit durch die Entwicklung der Bergbau-

[387] Vgl. zu der Wirksamkeit klösterlicher Grundherrschaften im Erzbau das folgende Kapitel.

[388] Hinweise dazu bei *Beck*, Geschichte des Eisens, 2. S. 598ff., 1036ff.; 2, S. 789ff.; 4, S. 732ff., 1000ff.; 5, S. 269ff., 1141ff.

und Gewerbestädte wesentlich bestimmt. Erz und Eisen ermöglichen in der Tat die Magna Charta privilegierter und freiheitlicher Entwicklung, um einen stolzen Berufsstand zu schaffen. Seine Geschlossenheit übertraf noch das Handwerkertum und Weingewerbe des städtischen Lebens, die an sich eine bedeutende Festigkeit aufwiesen. Man greife nur zu Forschungen, die sich für die großen Weinhandelsplätze Worms (H. Boos) und Basel (Fr. Weiss-Bass) ergeben.

Eine bemerkenswerte Darstellung der Edelmetallgewinnung brachte bereits die karolingische Zeit, was *Alfons Dopsch* herausarbeitete[389]. Ein weiterer Fortschritt in der bergbaulichen Entwicklung erfolgte später durch das Auffinden der Erzlagerstätte des Rammelsberges bei Goslar im Harz, überhaupt durch die fortschrittliche Entfaltung der Silbererze des Oberharzes und dann des Erzgebirges. Diese verheißungsvolle Frühzeit dauert bis zur Mitte des 12. Jh. Freie Bergstädte finden sich in diesen Fundgebieten ein. Einen weiteren und bedeutenden Aufschwung bringen das 13. und 14. Säkulum. Bergwerke jener Zeit stoßen auf Silber, Kupfer, Blei und Eisenerze. Bleibullen und Siegelstöcke aus Bronze und Messing, fast immer auf Wachs, verstärkten den Urkundenbeweis und schufen neue Legitimationen[390]. Die Bergmannssage setzte sich ebenso in Bewegung, als Abglanz und volkhafter Niederschlag eines großen Zeitalters.

Diese Perioden hoher wirtschaftlicher Blüte waren derart kulturproduktiv, daß sie auch vom Erz her den nachfolgenden Jahrhunderten der Kohle Sinn und Seele mitgaben, vorab den Berufsgedanken und das Standesbewußtsein. Solche in Generationen erworbenen Werte wirkten sich in den verschiedensten Sphären aus. Wirtschaft und Kult, soziale Ethik und die Haltung des Volkstums empfingen in der Tat durch den Erzbergbau wegweisende Prägung bis auf die Gegenwart[391]. Organische Verbundenheiten

[389] Die Wirtschaftsentwicklung der Karolingerzeit. 2. Teil, S. 173f. Seitdem manche regionale Ergänzungen, auch zur Geschichte des Schwertes, so bei *Franz Wever*, Das Schwert in Mythos und Handwerk (Arbeitsgemeinschaft für Forschung des Landes Nordrhein-Westfalen, H. 91). Köln u. Opladen 1961, S. 12ff.

[390] Vgl. *Harry Bresslau*, Handbuch der Urkundenlehre für Deutschland und Italien, 2, Bd. 1. Leipzig 1912, bes. S. 677ff. – Über Stadtsiegel s. unten.

[391] *Theo Sommerlad*, Wirtschaftsgeschichte. In: RGG Bd. 5, Sp. 1971–1984, hat das Bergwerk, das weite Ausblicke in nichtprofane Bereiche eröffnet, in seine Untersuchungen nicht einbezogen. – In größere stadtgeschichtliche Zusammenhänge wurde der Erzbergbau neuerdings eingeführt bei *Hans Planitz*, Die deutsche Stadt im Mittelalter. Graz u. Köln 1954, S. 177, 195f. Aber es fehlt dort ein Ausblick auf wichtige gesellschaftliche und geistesgeschichtlichdenkwürdige Beziehungen. Eindringlich gibt sich *Haussherr*, Wirtschaftsgeschichte, im Register, S. 506.

zu früheren Generationen zeichnen sich seitdem ab. Höhepunkte führte das Zeitalter der deutschen Renaissance herauf, das allerdings in manchen Landschaften einen Ortswechsel in der Förderung erlebte.

Edelmetalle – Gold, Silber, Kupfer, Blei – stützten bereits, um einen historischen Rückblick zu vollziehen, die politische Machtentfaltung und die kulturelle Gebärde der Ottonen, ebenso später der Habsburger, und dienten wiederum dann der Mittelmeermacht Venedig.

Auch Nordeuropa wuchs vom Bergwerk her in eine gesteigerte Aktivität. Das schwedische Kupferbergwerk von *Falun*, das in einem ungeheuren Tagbruch abgebaut ist, erwies schon früh eine große Anziehungskraft. Es war im Mittelalter das ertragreichste der Erde. Es wurde Mitte des 13. Jh. von deutschen Bergleuten in Betrieb genommen. Darüber hinaus ward es zu einem großen Ausfuhrplatz. Es rückte zudem in bedeutende politische Zusammenhänge. Der König *Gustav Adolf* († 1632) trat in den Dreißigjährigen Krieg ein. Er suchte die Sache der Neugläubigen gegen die Altgläubigen zu unterstützen. Darüber hinaus verfolgte er zugleich wirtschaftliche Interessen[392]. Der Monarch erstrebte schon früher einen Ausbau der schwedischen Gruben und rief fremde Bergleute ins Land[393]. Er kümmerte sich um eine Verbesserung der Kupferverhüttung[394]. Er sah in dieser Kupfergewinnung einen bedeutenden Machtfaktor, der allerdings noch kein Monopol bedeutete, wenn auch die Maximalförderung im Jahre 1650 nicht weniger als 3067 t Rohkupfer betrug. Spanien bemühte sich allerdings damals, unabhängig von der schwedischen Kupferversorgung zu werden. In dem aufstrebenden nordischen Staat sah es einen unangenehmen Rivalen[396]. Deutschland sollte nunmehr in der schwedischen Konzeption ein neuer großer Absatzmarkt werden, der das Kupfer aufnahm[397]. Störend

[392] *Friedrich Bothe*, Gustav Adolfs und seines Kanzlers wirtschaftspolitische Absichten auf Deutschland (Frankfurter Historische Forschungen, hg. v. Georg Küntzel, H. 4). Frankfurt a. M. 1904, S. VIIf., 185ff., 192ff. – Ferner vgl. *D. Albrecht*, Dreißigjähriger Krieg. In: LThK 3², Sp. 570–572, bes. Sp. 571. – *W. Hubatsch*, Gustav Adolf. In: RGG 2², Sp. 1909–1911, bes. Sp. 1910, wo die idealistische Schau der Persönlichkeit gegenüber ihren auch wirtschaftlichen Zielen vorherrscht. Nichts von den ökonomischen Absichten bei *J. Gallen*, Gustav Adolf. In: LThK 4², Sp. 1282/83.

[393] Ebd., *Michael Roberts*, Gustavus Adolphus. A History of Sweden 1611–1632, 2 volumes. London-New York-Toronto 1958, vol. 1, p. 35. Allerdings werden in dem letzteren Werk die wirtschaftlichen Interessen des Königs nur begrenzt berücksichtigt.

[394] *Bothe*, Gustav Adolf. S. 7.

[395] *Roberts*, Gustavus Adolphus, vol. 1, im Register, p. 826, 828 (s. v. Falun); vol. 2, im Register, p. 568.

[396] *Bothe*, Gustav Adolf. S. 55ff., 60. – *Roberts*, Gustavus Adolphus. 2, p. 122.

[397] *Bothe*, Gustav Adolf. S. 78, 180ff., bes. S. 183.

wurde jedoch die Konkurrenz des holländischen Handels empfunden, den man auszuschalten gedachte[398]. Der deutsche Kaiser dagegen wollte mehr Kupfer als bisher aus Ungarn beziehen[399].

Eine von den Faluner Gruben versorgte Kupferwährung sollte nach schwedischer Auffassung das reichlich ausgewertete Silbergeld in Deutschland ablösen[400]. Wesentlich zur Verwirklichung dieser Pläne wäre für den Schwedenkönig nicht nur ein großer Einfluß im Reich, sondern auch eine weitgehende Kontrolle über die deutschen Küsten und Häfen gewesen, durch die er die Ein- und Ausfuhr hätte regeln können. Die Herrschaft über die Ostsee, das Dominium maris Baltici, war jedenfalls letztes politisches Ziel.

Man wird die montanen Interessen auch anderer Herrscher als treibende Kräfte der Politik stärker berücksichtigen müssen. Untersuchungen für kleinere Herrschaftsgebilde, in der Art von *J.K.v. Schröder* über das Hochstift Münster vorgelegt[401], sind als Vorstudien besonders erwünscht. Im deutschen Raum schuf das erwähnte westfälische Fürstbistum das erste Kupfergeld der Neuzeit.

Ein Weiteres. Die jeweilige Münze, die sich von der Landesgewalt her der Edelmetalle bediente, wurde zum Gradmesser heimischer Wertung. Sie verlangte oft Respekt weit über die Landesgrenzen hinaus. Erzherzog Siegmund der Münzreiche (1439–1490) errichtete in Hall eine neue Münzstelle und prägte die ersten Goldmünzen in Tirol. „Dazu galten die Siegmundkreuzer und Taler als die besten Münzen weitum[402].“ Zum anderen wuchs der Goldbyzantiner, wie bereits oben angedeutet, weit über den Herrschaftsbereich der Makedonen, der Komnenen und anderer Dynastien, die der vielumworbene und oft bedrängte Bosporus mit sich führte. Bis ins 12. Jh. behauptete diese Münze ihre bedeutende Stellung[403]. Goldbyzantiner begleiten selbst auf dem Warägerweg die normannischen Krieger südwärts

[398] Ebd., S. 154f., 236.

[399] Ebd., S. 182f., 207ff., 237. – *Roberts*, Gustavus Adolphus, vol. 1, p. 97.

[400] *Hubatsch*, Gustav Adolf. Sp. 1910. – *Bothe*, Gustav Adolf. S. 79, 94f., 183f., 240ff. – *Roberts*, Gustavus Adolphus, vol. 1, im Register, p. 826.

[401] Die bergrechtlichen Verhältnisse des vormaligen Fürstbistums Münster. In: Zsch. f. Bergrecht, Bd. 99, Jg. 1955, S. 156–185; *ders.*, Das Bergrecht des Fürstbistums Münster. In: Westfäl. Zsch. Bd. 109, S. 13–85.

[402] *Alois Lechthaler*, Geschichte Tirols. Innsbruck-Wien 1948, S. 113.

[403] *Hans Wilhelm Haussig*, Kulturgeschichte von Byzanz (Kröners Taschenausgabe, 211). Stuttgart 1959, S. 64f. Zu den byzantinischen Goldmünzen s. ferner ebd., im Register, S. 617. – Der Goldbyzantiner erscheint als Abgabe für die Einbeziehung in den Papstschutz. Dazu *Schreiber*, Kurie und Kloster, 1. S. 34, Anm. 15; S. 85, Anm. 1.

nach dem Bosporus[404]. Man trifft diese Geldsorte ebenso in Nordrußland wie in Pommern, wiederum auf dem viel beschrittenen Weg der Santiagofahrer. Der Maria-Theresia-Taler, ursprünglich eine österreichische Münze, hatte bis in unser Jahrhundert in Abessinien Geltung, bevor das neue Äthiopische Pfund die alte Münze zu verdrängen begann.

Noch ein Hinweis auf die Zusammenhänge von Bergbaugeschichte und Namenkunde.

Die erzgebirgische Stadt „Gottesgab" erhielt ihren heutigen Namen nach einer im Jahre 1525 erschlossenen reichen Grube, während der gleiche Ort davor Wintersgrün hieß[405]. Das im Jahre 1564 genannte Bergstädtchen Schwarzenthal führte vorher den Namen „Hilfe Gottes", den auch eine ebendort von Bergleuten erbaute Kapelle trug[406]. Die starke Gottbezogenheit des Bergbaus, der viele Gruben genauso wie die Arbeit des Knappen in eine theozentrische Linie rückte, machte sich geltend[407]. Das ostböhmische Freiheit erinnert an Vorrechte der Bergleute[408]. Ortsnamen wie Kupferberg und Bleiberg sprechen für sich selbst[409]. Namen wie Seifhennersdorf oder Braunseifen in Schlesien verweisen auf ein seit dem 12. Jh. auftauchendes Wort „Seifen", das „Ablagerung von Mineralien auf der Gebirgsoberfläche, erzführendes Tal, Gebirgstal" bedeutet[410]. Die niederschlesische Stadt Silberberg verdankt ihre Entstehung dem Bergbau, der im Jahre 1370 auf Silber und Blei eröffnet wurde, aber während des Dreißigjährigen Krieges verfiel. Einige dieser Angaben, die der Bonner Germanist *Adolf Bach* dankenswert mit sich führt, ließen sich noch erheblich ergänzen. Da wären einmal noch an Hand der einschlägigen Gemeindenamen manche Einzel-

[404] *Schreiber*, Gemeinschaften. S. 24.

[405] *Adolf Bach*, Deutsche Namenkunde², II. Die deutschen Ortsnamen, 2 Bde., Heidelberg 1953f., 2.2, S. 490.

[406] Ebd.

[407] Bei *Bach* nicht berücksichtigt.

[408] Ebd., S. 490. Siehe historisch dazu auch unten in dem Kapitel über die Berggemeinde.

[409] Ebd., S. 491.

[410] Ebd., S. 385, 491. *Bach* nennt als Landschaften, wo diese Namen vorkommen, S. 491, Böhmen, Mähren und Schlesien. Doch finden wir etliche Orte mit der Silbe „Seifen", ohne daß hier auf eine namenkundliche Erörterung geführt werden soll, auch in etlichen anderen deutschen Landschaften, vor allem im Raum der Sieg. Vgl. dazu: Ortsverzeichnis, I., Teil A. Verzeichnis der Orte mit Postanstalt im Bereich der deutschen Postverwaltungen. Hg. vom Bundesministerium für das Post- und Fernmeldewesen. Bearbeitet beim Posttechnischen Zentralamt. (Ohne Angabe des Druckortes) 1960, S. 382. Ferner s. besonders: Ortsverzeichnis, I., Teil B. Verzeichnis der Orte ohne Postanstalt im Bereich der deutschen Postverwaltungen. Herausgeber und Bearbeiter wie oben. (Ohne Ortsangabe) 1960, S. 925f.

heiten über die Verbreitung des Erzbergbaus zu erarbeiten[411]. Dazu ist auch die Spiegelung des Salzbergbaus in den Ortsnamen festzuhalten[412]. Daß der Grubenheilige desgleichen die Namengebung beeinflußte, etwa bei St. Andreasberg und andernortes, ist bei Forschern wie bei Bach und anderen allerdings unberücksichtigt geblieben.

14. *Aus dem Rechtsleben*

An mehr als einer Stelle trat der Bergbau in inhaltsschwere Zusammenhänge der Rechtsgeschichte. Das Recht hat seinerseits die eng verbundene Sakralkultur beeindruckt, von der es ebenso Prägungen und Anregungen empfing.

Solche Vorgänge zogen sich über Jahrhunderte. Im christlichen Altertum vollzog sich, wie bereits erwähnt, die Verurteilung der Christen ad metalla, also zur Strafarbeit in den Erzgruben. Tausende wurden zu diesem Sklavendienst genötigt, dessen Unbilden und Strapazen den sicheren Weg zu Entkräftung und Tod heraufführten. Todgeweihte aber wurden in der Wertung des gläubigen Volkes nicht gleich, aber auf die Dauer den Martyrern gleichgestellt. Ehrend und ehrfürchtig wurde ihrer in der Totenmemorie gedacht.

In der ersten Reihe dieser Bergarbeiter stand Papst *Clemens I.* Wenn die Legende berichtet, daß er mit einem Anker ins Meer geworfen wurde, so rückte er mit diesem Attribut nicht nur wie St. Nikolaus in die Reihe der Schifferpatrone. Darüber hinaus begab er sich in die Reihe jener Metallheiligen, die die Bergleute im Zeichen des besonderen Zuvertrauens zu schätzen wußten[413]. In S. Clemente in Rom wird in einem Fresko um 1100 der Anker, begleitet von einem Mirakel, als ein quellkundiges Attribut bereits sichtbar. Solche Erinnerungen leiteten sich weiter, in jener Zähigkeit, die gerade den Inhabern des Martyriums und des Nimbus eigen ist. Der

[411] Vgl. dazu die Namen, die mit Blei-, Eisen-, Erz-, Gold-, Kupfer- usw. beginnen. Siehe dazu Ortsverzeichnis, I., Teil A, S. 47, 99, 108, 139, 229 u. a., ohne daß damit auf etymologische Einzelheiten eingegangen sein soll. Vgl. ebenfalls Ortsverzeichnis, I., Teil B, S. 96, 208f., 225, 229f., 566.

[412] Bei *Bach*, Namenkunde, 2.1 und 2.2, in den Registern kein Hinweis. Vgl. aber die Namen mit Saline und Salz – im Ortsverzeichnis der Bundespost, I., Teil A, S. 359f., und ebd., Teil B, S. 859f.

[413] Bei *Joseph Braun*, Tracht, Sp. 445ff., fehlt seine Beziehung zum Bergbau. Desgleichen bei *A. Stuiber*, Clemens I. In: LThK 2^2, Sp. 1222/23. Siehe dagegen *Schreiber*, Bergwerk. S. 368f. – *Ders.*, Bergwerk und Bergwerkspatrozinium. In: LThK 2^2, Sp. 228–230, bes. Sp. 228.

hohe Rang eines Trägers der Tiara unterstützte diese denkwürdige Überlieferung. Noch im 18. Jh. trifft man unter den Quecksilberbergwerken in Idria eine Grube, die den Namen dieses heiligen Bergwerkspatrons mit sich führt, in der Wendung „St. Clementis Feld". Ähnlich war Papst Clemens Bergwerkspatron im böhmischen Handelsplatz Saaz[414]. Es bleibt nachzuforschen, inwieweit sonst im abendländischen Raum die Erinnerung an diesen Erzmartyrer des Bergbaus vorhanden ist. Dabei ist zu beachten, daß man diese bergmännische Verehrung nicht isoliert betrachten darf. Diese Devotion muß vielmehr kultisch und volksgläubig umrahmt werden. Das aber ist eine Forderung, der sich die Liturgiegeschichte, die Heortologie, die Kirchengeschichte und die historische Volkskunde bislang noch entzogen haben. Somit bleibt für St. Clemens festzustellen, an welchen Orten außerhalb der Bergbaugebiete dieser Heilige etwaigen Pfarrkirchen und Kapellen seinen Namen gab. Für deutsche Gebiete liegen bereits manche Hinweise vor. Aber diese verlangen eine Vertiefung. Da die Überlieferung ihn zum Schüler von Petrus und Paulus machte, wuchs seine Verehrung in *petrinische* Linien, die eine breite Auswirkung erkennen lassen. Eine Art heiliger Sippe römischer Abstammung betrat ja mit Petrus, Clemens, Laurentius, Kornelius den privilegierten Raum, den der römische Kanon des Missale darstellt. Diese autoritative Gruppe war höchst beweglich. Wanderte doch die einschlägige Devotion auf den Straßen der Legionäre nordwärts zum Rhein. In der Kölner Kirchenprovinz waren St. Clemens mehr als dreißig Pfarrkirchen gewidmet[415]. So stark hat also die besondere und grausame Art des Bergbaumartyriums spätantiker Rechtssprechung auf die Heiligenverehrung späterer Jahrhunderte eingewirkt.

Im Volk bestand die Neigung. Anfänge des Bergbaus mit den Landschaftsheiligen in Beziehung zu setzen. Das Bergwerk wurde in den Prozeß der Christianisierung und Missionierung einbezogen. So will die Volksüberlieferung im Allgäu, daß der hl. *Magnus*, Mönch aus St. Gallen († ca. 750), den Bergbau in dortigen Gebieten eingeführt habe[416]. Der Name des Apostels des Allgäus wirkte mit solcher Anziehungskraft, daß man gar

[414] Siehe noch oben über Saaz. – Vgl. ferner unser Register.

[415] *Heinrich Samson*, Die Heiligen als Kirchenpatrone. Paderborn 1882, S. 165ff. Über den kultischen Eroberungsdrang der familia sacra am Tiber vgl. *Georg Schreiber*, Kultwanderungen und Frömmigkeitswellen im Mittelalter. In: Arch. f. Kulturgeschichte, 31, 1942, S. 1–40, bes. S. 18. – Für Schwaben seien die Clemens-Kirchen in Betzenweiler, Horrheim, Oferdingen, Poltringen, Primisweiler, Simmozheim erwähnt, dazu die Kapellen Hohenurach und Wolmerbüren, ebenso der Altar Kayh und Ravensburg, s. dazu *Hoffmann*, Kirchenheilige in Württemberg. Im Register, S. 265.

[416] *Josef Kögl*, Pfarrbezirk Breitenwang. S. 21.

nicht daran vorbeigehen konnte, ihn in irgendeine Beziehung zum Bergbau zu bringen[417]. Ähnlich wurde später der hl. *Vigilius*, Bischof von Trient († 400 ?), als Diözesanpatron wie als Bergbauhelfer in Anspruch genommen. Gab er doch Bergwerken an der Etsch seinen Namen[418]. Ihn begleitet eine familiäre Schutzherrschaft. Machte man doch seine Mutter, die Witwe Maxentia, zur Inhaberin einer Grube im tirolischen Tallein unter Pau[419]. Ähnliche Untersuchungen mag man für andere Bistümer und Bergwerksgebiete anstellen und dabei der Geschichte der Christianisierung nachgehen.

Mehr als das. Es waren die gotischen Zeitalter, die bei Steigerung bergbaulicher Erschließung mehr und mehr die Stollen, Gruben, Zechen mit einer volksreligiösen Flagge besetzten. Sie war weithin sichtbar. Sie bekundete gleichzeitig Hoffnung und Zuversicht. Gewiß gab es auch Bergwerke mit profaner Namengebung, was Wald, Wiese, Felsen, den Bach und Jagdgründe betraf. Auch die Vogelwelt war in der Herausarbeitung des Naturhaften vertreten. Eine Medaille von 1749 zeigt eine Ansicht von Rudelsdorf mit der Adlersfundgrube. Ein Adler schwebt über dem Hüttenwerk. Mit Zuversicht wird die gottbezogene Wendung festgehalten: „*Befiehl dem Herren deine Wege vnd hoffe avf Ihn*" und „*Er wirds wohl machen*"[420]. Aber es war doch ungleich häufiger, in einer Überwindung des Nur-Naturhaften, besonders Glaubensgeheimnisse, Volksheilige und Bistumspatrone als Titelherren heranzuziehen. Diese Sicht auf deutsche Bergwerke ist für diese Zeitalter, aber darüber hinaus bis hin zur Aufklärung bereits an verschiedenen Stellen von der Forschung getätigt. Man setzte also meine Vorarbeiten fort, oft in einer mechanischen Aufzählung von Stollennamen, ohne sich ein näheres Verhältnis zur Landschaft, zur Hagiographie und Ikonographie zu finden, auch ohne entsprechende Hinweise auf die christliche Legende zu bieten. Jedenfalls ergibt sich für das Bergwerk eine farbige und zugleich überraschende Schau, die als Strahlung der Gotik noch irgendwo festgehalten war. Den Titelkirchen in der Oberwelt entsprach eine reich gegliederte religiöse Namengebung in Bergwerkstiteln der Unterwelt. Da öffneten sich Magnalia Dei in locis subterraneis, um den Sprachgebrauch mancher Bergbauschriften heranzuziehen. In diesen Titelgebungen wurde Gott als

[417] Siehe statt anderer *F. Zoepfl*, Magnus von Füssen. In: LThK 6², Sp. 1286f.

[418] Näheres bei *Schreiber*, Alpine Bergwerkskultur. S. 47.

[419] *Hans Hochenegg*, Deutsche Bergbautätigkeit im Fürstbistum Trient am Ausgang des Mittelalters. In: Deutsches Archiv f. Landes- und Volksforschung, Jg. 1. Leipzig 1937, S. 437–456. – *Georg Schreiber*, Alpine Bergwerkskultur. S. 47f.

[420] Sammlung Vogelsang. Nr. 1136, S. 102.

„Erzmacher" geehrt. Zuzeiten, an der Wende vom Mittelalter zur Renaissance, erschien überdies St. Anna als „Erzmacherin"[421]. Die Medaille von 1690 im sächsischen Freiberg zeigt die „St. Anna-Fundgrube". Sie führt den Spruch mit sich „*Was Menschenhand durch Gott thun kan / das siehth man hier mit Wunder an*". Da wird die Ansicht der Bergwerksanlage gezeigt, mit Brücke und Wasserleitung, im Abschnitt in einer verzierten Kartusche St. Anna. Auf der Rückseite Außen- und Innenansicht der Grube, darüber eine Hand aus den Wolken, ein Geldstück haltend[422]. Dieser Darstellung entspricht der Conv. Taler (Konventionstaler – 23, 386 g Silber) 1758 der „St. Anna-Fundgruben" in Niederösterreich (gekrönter Doppeladler mit gekröntem, zweifeldigem Brustschild)[423]. Zäh bewahrte sich die alte Volksvorstellung vom Wachstum des Erzes. Das oft erwähnte Sprichwort der Harzstädte hat dieser Auffassung einen besonders kräftigen und frohgemuten Ausdruck verliehen[424].

Auch die Marienverehrung hinterließ nachhaltige Spuren. Im Zeitalter steigenden Madonnenkultes wurden mehr und mehr Gruben nach der Madonna benannt, was die Marienforschung bei *Stephan Beissel* noch nicht herausstellte. Auch die madonnenfreundliche Zisterziensergeschichte hat diesen Fragenbereich noch nicht berührt. Dabei zeichnet sich diese montane Linie nachdrücklich für die Weißen Mönche ab[425]. Doch lassen wir einige marianische Namen folgen.

In Persen in Südtirol sind zwei Gruben nach der Madonna benannt: „Zu unser Frauen Schmitt" und „St. Regina". In Veldzürch heißt eine Grube „Unsere Frau". Eine Grube „Unserer Lieben Frau" gibt es sodann in Haslach an der Kinzig[426]. Zu erwähnen ist auch die Liebfrauengrube auf dem Ratzenscheid im Siegerland[427]. Die Mutter Gottes erscheint zudem im Wappen von Marienberg im Erzgebirge vom Jahre 1523[428], auf dem *Sekret* aus dem 14. Jh. der Stadt Halle a. d. Saale[429] und bereits im Siegel des pfälzischen Bergzabern aus dem Jahre 1286[430]. Auch im Wappen von Lankowitz

[421] S. oben. S. 45ff.
[422] Sammlung Vogelsang. Nr. 1087, S. 98.
[423] Ebd., Nr. 24, S. 3.
[424] S. oben. [425] S. unten.
[426] Über marianische Stollen vgl. *Schreiber*, Alpine Bergwerkskultur. S. 61f.
[427] *Wilhelm Güthling*, Alter Bergbau im Siegerlande. In: Der Anschnitt, Jg. 7, Nr. 3. 1955, S. 3.
[428] *A. Kaestner*, Der Bergbau in den Wappen deutscher Städte. Essen 1939, S. 49, Abb. 79, mit Madonna im Strahlenkreuz, zu Füßen Hammer und Schlägel.
[429] Ebd., S. 49.
[430] Ebd.

in der Steiermark[431] ist die Madonna mit dem Jesuskind zu finden. Mütterliches teilt sich demnach den Bergleuten mit. Wie tief eingewurzelt diese Verehrung der Mutter Gottes sein konnte, zeigt sich in der tirolischen Stadt Sterzing, in der selbst nach dem Niedergang des Bergwerks die wenigen gebliebenen Knappen am Feste Mariä Schnee die Kirchweihe feierlich begingen[432].

Im oberbayerischen Pechkohlenbergbau befindet sich noch heute eine Grube Marienstein. Für das soeben erwähnte sächsische Marienberg sei noch auf eine Goldene Medaille von 1821 hingewiesen, aus Anlaß des dreihundertjährigen Stadtjubiläums. Sie verzeichnet die Inschrift: „*Auf Heinrichs Wort erbaut des Bergmanns Hand Marienberg D: 21 May 1521.*" Dort wird eine Stadtansicht geboten. Auf der Rückseite heißt es: „*Marienbergs / Bürger U: Bergknappen / feyern den / dritten Iubeltag / ihrer huldbeglückten Stadt / D: 21 May / 1821.*" Da wächst so recht der Stolz einer bergmännischen Fundatio heraus[433].

Ein Weiteres. Wo in der Biographie und in der Legende der Heiligen, ebenfalls in ihren Attributen irgendwie Metalle und Feuer sich geltend machten, traten diese Heilbringer zu Gruben und Schmelzhütten. Wenn etwa die *Haspler* in den Zechen das Wasser, den Erbfeind bergbaulichen Betriebes, heraufzogen, erinnerte man sich daran, daß der Martyrer *Erasmus* angerufen werden konnte. Die Volksüberlieferung wußte darum, daß seine Eingeweide aufgewickelt waren. Man brachte daher aufgewickelte Taue der Schiffswinde, also Ankertaue, ebenfalls die entsprechenden Werkzeuge des Bergbaus zu ihm in Beziehung, genausogut, wie er Patron der Drechsler war[434].

Ist die religiöse Beflaggung mittelalterlicher Bergwerke für deutsche, schweizerische, österreichische und Südtiroler Räume nachweisbar, ist diese für andere abendländische Landschaften und Nationen noch nachzuweisen. Noch fehlt ja eine vergleichende Geschichte der Festkunde (Knappenfeiertage), der Ikonographie und der Sakralkultur des abendländischen Bergbaus.

Gerade an dieser Stelle muß einmal gesagt werden, daß die Bezeichnung Bergwerkspatrozinium keine bloße äußere Bezeichnung bedeutet. Stellten sich doch diese Haspler unter den besonderen Schutz von St. Erasmus.

[431] Ebd., S. 49, Abb. 80 zeigt einen Bergmann mit Hammer und Schlägel.
[432] *Beda Weber*, Das Land Tirol. Innsbruck 1838, Bd. 2, S. 21.
[433] Sammlung Vogelsang. Nr. 1120, S. 101.
[434] *O. Engels*, Erasmus. In: LThK 3^2, Sp. 955. – *Schreiber*, Bergwerk. S. 373f.

Wenn man weiter Nikolaus verehrte, war diese Andacht ein deutliches Bekenntnis zum Helfer in Wassersnot. Es vollzog sich darüber hinaus für andere Schutzherren des Bergbaus eine Art *Volkskanonisation.* Diese ist ja auch sonst nachzuweisen, wenn vom populus christianus her ein Bekenner als Seliger oder Heiliger angesprochen wurde, ohne daß bis dahin eine offizielle Anerkennung vom Tiber her erfolgt war. Man denke nur an den Titelheiligen der Erphokirche in Münster, jenen nicht durch eine Kanonisation gestützten bischöflichen Bekenner[435].

Rechtsgeschichtlich müssen noch einige andere Fragen untersucht werden. Es gab strichweise ein liturgisches Sonderrecht für die *Knappen*, was hohe Beachtung verdient. In Hinsicht auf die Schwere ihrer Arbeit hatten sie mehr Feiertage und Feiertagsruhe als die umwohnende Bevölkerung. So vollzog sich eine gewisse Ausnahmestellung in alpinen Bergbaugebieten, die kirchenrechtliche Anerkennung fand. Man sprach von *Knappenfeiertagen.* Diese sind oben für den süddeutschen und alpinen Raum ausgewiesen. Allerdings merkantilistische Strömungen und der fürstliche Absolutismus waren bemüht, deren Zahl im Interesse der Unternehmer wie des Landesherrn zu mindern, was im 17. und 18. Jh. Erfolge zeitigte. In dieser Reduktion der Feiertage kennzeichnet sich der Sieg der Wirtschaft ab. Nicht minder machen sich tridentinische Reformwellen geltend. Die Bulle Papst Urbans VIII. vom 13.11.1642 ließ nur noch 34 Feste als gebotene Feiertage bestehen[436]. Doch soll man nicht übersehen, daß die Knappen solche Ruhetage auch zu Exzessen mißbrauchten[437].

Immerhin, die Überlieferung und die Gewohnheit bekundeten an einigen Stellen eine zähe Lebenskraft.

So will besonders erwähnt sein, daß im tirolischen *Rattenberg* trotz der Reduktion eine Reihe von Knappenfeiertagen noch lange erhalten blieben. Die Eigenart der bayerischen Gebiete mochte sich dabei geltend machen. Dahin gehören Pauli Bekehrung, ferner die Mittwoche nach Ostern und Pfingsten[438], ferner St. Veit, St. Ulrich, St. Margareta, St. Augustin, die Kreuzerhöhung und St. Rupprecht. Es waren das alte Gepflogenheiten, gewiß anknüpfend an mittelalterliche Kalendare und in Anlehnung an das

[435] *H. Börsting* und *A. Schröer*, Handbuch des Bistums Münster 1940 (Bausteine zur Geschichte des Bistums Münster, hg. v. d. Bischöflichen Diözesanarchiv in Münster, Bd. 1). Dülmen (Westf.) 1943, S. 448f.

[436] *H. Kellner*, Heortologie³. S. 22, 23, 24. – *G. Schreiber*, Weltkonzil, 2. Im Register, S. 574, unter „Feste". – *W. Lurz*, Kirchliche Feste. In: LThK 4², Sp. 97ff.

[437] *Stötzel*, Bergmannssage. S. 47.

[438] Zur Stellung des Mittwochs s. *Schreiber*, Wochentage. Im Register, S. 273.

Augsburger Bistumsrecht und an das dortige Proprium. Diese Gedenktage empfingen zum Teil bereits in der Letania Augustana ihre Erwähnung[439]. Wenn diese Heiligen in diesem Wechselgebet angerufen wurden, setzte man sich im Bergbaugebiet gleichzeitig für die Arbeitsruhe des Knappentums ein. Man mag sich in Wertung der Akklamationen daran erinnern, daß ja auch die Gruben nach den soeben erwähnten Heiligen benannt wurden. Jene Heilbringer waren eben volkstümlich. Man schaffte nunmehr in merkantilistischen Zeitaltern in kirchlichen Erlassen und in landesherrlichen Dekreten manche Feiertage ab. Die Knappen selbst hatten überdies an mancher Stelle die Forderung auf Verringerung der Festtage von seiten der Gewerken (Unternehmer) empfangen, denen die vielen Tage der Arbeitsruhe aus wirtschaftlichen Gründen nicht bequem waren[440]. Der Bergbau erwies sich an dieser Stelle stärker als das partikulare Recht. Aber die getätigte Feiertagsübung in der früheren Zeit läßt immerhin den starken Gemeinschaftssinn des Knappentums der gotischen Zeit erkennen, der sich gerade an den Festen des Berufsstandes aufrankte. Auf dem Dürrnberg bei Hallein wurden die sogenannten „Bergfeiertage“ von der Salinenkonvention auf 17 festgelegt, unter ihnen der „Knappenjahrtag“[441]. Das Anniversar als Gemeinschaftszeichen erfreute sich also einer hohen Wertung. Man wagte es nicht, an dieser Totenmemorie der Berggemeinde zu rütteln.

Im Haller Salzberg fanden sich sogenannte „*Rote Kalendertage*“ ein, für das Jahr 1826 war nämlich festzustellen, daß Bergknappen am Kaisergeburtstag und an Ruperti, am Faschingsdienstag und am Barbaratag im Berg arbeiteten, dafür bekamen sie eine zusätzliche Entlohnung[442]. In manchen deutschen Landschaften war der Barbaratag ein völliger Ruhetag. Man ging in festtäglicher Tracht und feierlichem Kirchgang zum Gottesdienst[443]. Aber aus der von uns eben angegebenen Notiz, gegen Entgelt zu arbeiten, sieht man, daß man sich von Ort zu Ort unterschiedlich einstellte. Manche Fragen des Kirchenrechts machten sich sonst noch bemerkbar. Diesmal betraf es die hochmittelalterlichen Prämonstratenser von Wilten und ihr Ver-

[439] *Hoeynck*, Liturgie des Bistums Augsburg. S. 432f. – Rupert ist allerdings nicht darin verzeichnet. Aber die Salzburger Liturgie überwindet die Bistumsgrenze.

[440] Mitteilung von Herrn Hofrat Dr. *Hochenegg*, Hall, in Sachen des Salzbergwerks Hall.

[441] *Adelhard Zippelius*, Der Dürnnberg bei Hallein. In: Der Anschnitt, Jg. 7, Nr. 1/2, 1955, S. 18. Das Datum der Reduktion ist allerdings nicht angegeben. – Zu den Knappenfeiertagen s. auch *Wolfstrigl-Wolfskron*, Tiroler Erzbergbaue. S. 169.

[442] *Löhmer*, Haller Salzbergarbeiterschaft. Innsbruck 1957, S. 189.

[443] *Bächtold-Stäubli*, Handwörterbuch, 1. Sp. 907.

hältnis zu den Salzbergleuten von Thaur, die zur Haller Sole gingen[444]. Die dortigen Salinenarbeiter und Knappen waren nämlich im 13. Jh. wegen des gutgehenden Salzbergwerks selbst an Vorfesten (Vigilien) und Feiertagen vollauf beschäftigt. Also viele Tage der an sich gebotenen Arbeitsruhe wurden nicht beobachtet. Dadurch vergingen sie sich gegen die Kirchengebote. Graf Albert von Tirol und Bischof Egno von Brixen standen damals auf gespanntem Fuß. Diese Salzarbeiter wurden nunmehr vom Diözesanoberen mit Kirchenstrafen belegt. Aber weil der Graf sich den Norbertinern gegenüber wohltätig erwies und die Spannung mit Egno sich wieder lockerte, erließ dieser von seinem Sitz Brixen aus am 8.12.1244 an den Propst von Wilten und seine Nachfolger den Auftrag, die Arbeiter in obigen Fällen unter gewissen Bedingungen loszusprechen. Dieses Absolutionsrecht bestätigte später Bischof Bruno von Brixen, der Nachfolger Egnos, am 27.10.1282 in einem Indult für den Abt von Wilten. Eine gleiche Anerkennung durch Bischof Ulrich von Brixen erfolgte noch 1411. Es betraf wiederum die Bergarbeiter in der Saline des heutigen Solbades Hall[445].

Aus diesen Vorkommnissen kann man auch schließen, daß die Salinenarbeiter bereits eine eigene Zunft mit bestimmten Rechten und Pflichten bildeten; wahrscheinlich besaßen sie sogar eine eigene Kapelle, wenigstens erstand ein solches Kirchlein noch im Verlauf des 13. Jh. Sie war dem frühchristlichen hl. Vigilius, dem Bischof von Trient († 400 ?), geweiht, der im alpinen Raum mehrfach als Schutzpatron der Bergleute erscheint. Sein Herrschaftsbereich erstreckte sich also über mehrere alpine Bistümer. Noch im

[444] Das Stift war seit 1138 mit Prämonstratensern besetzt. Kirchenlexikon, 2[2]. Sp. 1307.

[445] *Josef Zösmair*, Zeit der Entdeckung und älteste Geschichte des Haller Salzbergwerkes. Zeitschrift des Ferdinandeums für Tirol und Vorarlberg, 3. Folge, H. 45. Innsbruck 1910, S. 312–314. – Dazu vgl. jetzt *Georg Kienberger*, Beiträge zur Geschichte der Stadt Hall. In: Haller Buch (Schlern-Schriften, H. 106). Innsbruck 1953, S. 100ff. Zur Geschichte der Arbeitsruhe geben wir noch einige Daten. Einen geschichtlichen Überblick über die Entwicklung der täglichen Arbeitszeit bis zum 1. Weltkrieg bietet das Handwörterbuch der Staatswissenschaften[4], 1923, mit Hinweise auf die wenig geregelte Arbeitszeit vor der Industrialisierung, auf die freien Montage und anderes. – Siehe ferner das Stichwort „Arbeits-Zeit" im Handwörterbuch der Sozialwissenschaften, Bd. I, 1956, S. 408: „... während die Chartisten in England zu jener Zeit den 10-Stunden-Tag forderten, war das Ziel der Arbeiterverbände seit den 1860er Jahren bereits der 8-Stunden-Tag (Arbeiterkongresse Baltimore und Genf 1866)." – Unter dem Stichwort „Sonntagsruhe" vermerkt das Staatslexikon (der Görresgesellschaft)[5], 1931, Bd. IV, S. 1630/31: „... Die 1861 in Genf gegründete überstaatliche ‚Société pour l'observation du dimanche' macht soziale und religiöse Gründe geltend, sie vermag aber nicht die staatliche Gesetzgebung zu religiösen Sonntagsruhegeboten zu veranlassen."

Jahre 1686 bestand eine ihm gewidmete Grube im Bergwerksgebiet des tirolischen Imst[446].

Noch ein Letztes. Wie sehr das Kirchenrecht in Sachen des Bergbaus in Erscheinung trat, zeigt im Jahre 1575 der Streit zwischen dem Erzherzog Ferdinand von Österreich einerseits und bündnerischen (Graubünden) Kommissarien andererseits. Man einigte sich, den Status quo beizubehalten. Das betraf unter anderem das Verhältnis der Berggemeinde Scharl zum Pfarrort Schuls. In einem Artikel 33 der bündnerischen Gravamina wird gerügt, „obwohl laut Vertrag die von Scharl an den Pfarrer zu Schuls Seelgeräth und Opfergeld zu entrichten gehabt hätten, wie die Schulser selbst, so hätten doch die Schulser zufolge der Reformation diese Leistungen für sich abgeschafft, forderten aber dieselben gleichwohl von Scharl"[447].

Gewiß eine höchst bemerkenswerte Feststellung, daß die Altgläubigen den Neugläubigen noch Abgaben zu entrichten haben, die sich im mittelalterlichen Kirchenrecht einst als Pflichtleistung, als oblationes debitales entwickelt hatten. Dieser Rechtsanspruch ist nur dadurch erklärlich, daß man sich in einem Übergangszeitalter befand, das noch Unklarheiten und Ungeordnetes mit sich führte, was auch anderorts festzustellen ist[448].

Nach allem läßt sich feststellen, daß das Mittelalter ein bemerkenswertes partikuläres Kirchenrecht und Volksrecht für die Feiertage und damit für die Arbeitstage und Ruhetage ausbildete. Dieses Recht erlebte gewiß Revisionen und Wandlungen. Solche Erscheinungen differenzierten jedenfalls das Kirchenrecht, zum Teil von der Berufsarbeit her. Das ius commune sah in der Tat ein reich entwickeltes ius particulare neben sich, das vor allem volksliturgische Gebiete ergriff. Neben dem diözesanen Kirchenkalender erschien nämlich ein örtlich begrenztes Proprium, das die Messe und die Festordnung abzeichneten. Dabei entfaltete der Bergbau sein ganz besonderes Gewicht. Außerhalb des Bergbaus hat die Wirtschaft – von örtlichen Gedenktagen abgesehen – kaum einmal versucht, dem Kirchenrecht Normen und Weisungen mitzugeben. Die Bergleute wirkten jedoch wie Synodalen, die eine Rechtsnorm aufrichteten. Doch war die Genehmigung des Landesfürsten, des Wittelsbachers in Rattenberg und des Habsburgers in Schwaz, nicht zu umgehen. Gelegentlich erzwangen die Knappen gegenüber dem

[446] Über St. Vigilius als Bergbaupatron vgl. *Schreiber*, Alpine Bergwerkskultur. S. 47f. – *Mutschlechner*, Erzbergbau. S. 57.

[447] *Plattner*, Bergbau. S. 39.

[448] Dazu *Georg Schreiber*, Das Weltkonzil von Trient. Sein Werden und Wirken, 2 Bde. Freiburg i. Br. 1952, 2, S. 587, im Register unter Kirchenordnung.

Landesherrn, im Vorfeld eines Streiks, eine größere Zahl arbeitsfreier Tage. Das *Max-Planck-Institut für Arbeitsphysiologie* mag dieserhalb der Erfassung der historischen Daten des 15. und 16. Jh. nähertreten.

15. Wandernde Bergleute

Mitteldeutschland schuf früh vorbildliche Bergordnungen, da es zeitig Bergbaubetriebe entwickelte. Dazu traten Anregungen aus den Bergwerken des Harzes, die manches weitergaben. Vor allem machte sich der *kursächsische* Raum mit der Hereinnahme wie mit der Aussendung von Bergleuten im medium aevum besonders bemerkbar[449]. Sein Silberbergbau blühte besonders im 15. Jh. und strebte gleichzeitig nach rechtlichen Formgebungen. Man nehme nur sein Verhältnis zur Stadt *Köln*. Wohl diente das Kölner Stadtrecht neben Soest und Magdeburg als bedeutsames Muster ostdeutscher Stadtrechte. Aber beim Bergbaurecht des eigenen Besitzes mußte die rheinische Metropole, zugleich ein überragender deutscher Weinhandelsplatz, eine geistige Anleihe bei den mitteldeutschen Bergwerken aufnehmen. So hören wir aus dem Jahre 1480, daß die Stadt Köln dem Hauptmann und den Geordneten des erzgebirgischen Schneeberg den Empfang ihrer Bergordnungen bestätigt[450]. Das geschah noch einige Jahrzehnte zuvor, da Lukas Cranach d. Ä. das Hochaltarbild für die Schneeberger Stadtkirche (1516–1540) malte. Zog das Kölner Stadtrecht einst ostwärts (Planitz), so vollzog sich hier ein umgekehrter Prozeß. Die deutsche Binnenwanderung gestattet nach der berufsständischen Seite und nach der Mitteilsamkeit der Landschaft noch manche Ausblicke.

Auf die Wanderung mitteldeutscher Bergleute in den Schwarzwald deutet der Ortsteil „Die Schweiz“ in Badenweiler hin. Dort hatten die protestantischen Bergleute aus der Sächsischen Schweiz ihre Häuschen[451]. Die neue Glaubenshaltung im 16. Jh. hat auch sonst auf den deutschen Bergbau stark eingewirkt.

Für die Feststellung weiterer Wanderung zunächst ein Blick auf Schweden. Im Jahre 1288 werden zum ersten Male deutsche Bergleute in dem

[449] Die Literatur ist weit verzweigt. Besonders eindringlich neuere Untersuchungen von *Löscher*, Erzgebirge. – *Ders.*, Die Anfänge der erzgebirgischen Knappschaft. In: Zeitschrift der Savigny-Stiftung für Rechtsgeschichte, Kan. Abt. 40, 1954.

[450] *Spethmann*, Forschungen zur Geschichte des Ruhrbergbaus. 2. Buch, S. 139.

[451] *Scheffelt*, Bergbaunamen. S. 11.

berühmten schwedischen Kupferbergwerk zu *Falun*, in der Landschaft von Dalarna, erwähnt[452]. Dieser Bergbau ist u.a. in die Dichtung von Heinrich Heine, K. B. Trinius und E. T. A. Hoffmann eingegangen. Dieses Kupfererz war in Europa zeitweise sehr begehrt. Die Ausfuhr des dort gewonnenen Kupfers nach Deutschland lag in den Händen hansischer Kaufleute, die übrigens auch Wein nach Nordeuropa verfrachteten[453]. Die Hanseschiffe trugen die metallene Fracht nach fast allen großen europäischen Häfen.

Auch *Norwegen* wurde bei Beginn der Neuzeit von deutschen Bergarbeitern aufgesucht. Eine Abordnung von deutschen Knappen aus dem sächsischen Schneeberg, die sich nach dem nordischen Königreich begibt, wird für das 16. Jh. erwähnt[454]. Diese riesenhafte Waldlandschaft Skandinaviens weiß um Eisenerze und um Kupfererze. Erst um die Wende zum 17. Jh. wurde der Absatz an Erzen durch zunehmende Konkurrenz vermindert.

Neuentdeckte Erdteile erbrachten neue Bodenschätze. Die Glaubensspaltung trennte allerdings wirtschaftliche Wechselbeziehungen. Das schwedische Eingreifen in den Dreißigjährigen Krieg, das durch Gustav Adolf bis zu seinem Tod (1632) sich mit betonter Wucht entfaltete, wurde zu einem erbitterten Kampf auf dem Wirtschaftsmarkt. Wollte doch das Faluner Kupfer, wie bereits angedeutet, neue Märkte erobern und gefährlichen Wettbewerb ausschalten.

Auch nach *England*, besonders nach Cornwall, setzte etwa 1580 eine starke Einwanderung deutscher Bergleute ein. 100 Jahre später ging man nach Schottland[455]. Damals lockten in Cornwall die Zinnminen, die inzwischen erschöpft sind. Heute werden noch Kupfer, Blei und Silber abgebaut. Das Uranvorkommen will in dieser Grafschaft als ein wirtschaftlicher Faktor ersten Ranges für die Gegenwart desgleichen erwähnt sein. Das Wirken deutscher Bergleute in England und in Skandinavien hat im übrigen *F. Kirnbauer* behandelt.

Der Wanderzug der deutschen Bergleute verlangt zum weiteren für die *Binnenwanderung* eine besondere Aufmerksamkeit. Wir beschränken uns auf einige Andeutungen.

[452] *Alexander Kaestner*, Bergbau in den Wappen deutscher Städte. S. 88.

[453] *Sven Rydberg*, Schwedische Kunstwerke auf der Pariser Ausstellung. In: Der Anschnitt, Jg. 8, Nr. 2, 1956, S. 12. – *Hans Hartmeyer*, Der Weinhandel im Gebiet der Hanse im Mittelalter. Phil. Diss. Univ. Leipzig. Jena 1904.

[454] *E. F. Matthes*, Deutsche Knappen im Erzbergbau Norwegens. In: Der Anschnitt, Jg. 6, Nr. 5. 1954, S. 8ff.

[455] *Fred Lebeter*, Deutsche Bergleute im englischen Bergbau. In: Der Anschnitt, Jg. 8, Nr. 4, 1956, S. 3ff., mit Hinweisen sogar auf das Bergbaugebiet des Urals.

Zunächst machten die fränkischen Bergleute den Anfang mit der Besiedlung des Harzes, von wo sie bzw. ihre Nachfahren, später nach Freiberg im Erzgebirge zogen. Wandernde Siegerländer Bergleute, unter denen fränkisch-sugambrische Gruppen waren, gingen vermutlich zum Rammelsberger Bergbau bei *Goslar*. Dort hat sich seit der Auffindung der Silbererze in den Jahren 968–970 für Jahrhunderte ein reicher Bergbau entfaltet[456]. Volkslebendige Spuren hinterließ die bergmännische Sage, die über den „Langen Tanz zu Goslar" berichtet. Nach dieser Erzählung fanden sich in der Silberstadt am erzreichen Rammelsberg immer mehr Bergleute aus dem Frankenlande ein. Die Sachsen aber, die in Goslar wohnten, gerieten bald mit ihrem Nachbarn, den Ankömmlingen aus Franken, verschiedener Irrungen halber in Streit. In Sonderheit aber stritt man wegen des Wassers, das von den Franken verunreinigt wurde[457]. Gewiß ein bemerkenswerter Beleg zur Geschichte der Arbeitshygiene, wobei die Richtigkeit solcher Überlieferungen dahingestellt sein mag.

Im 12. Jh., also im Zeitalter einer ungemeinen Beweglichkeit im deutschen Raum, vollzogen sich Wanderzüge ostwärts und südwärts aus nahezu allen Gegenden Deutschlands, in denen Bergbau betrieben wurde. So gingen Bergbeflissene aus dem Erzgebirge nach Böhmen, Ungarn und Siebenbürgen. Andererseits machten sich Bergleute aus dem Harz und von anderorts auf nach Tirol und Italien. Aus rheinischen Gegenden zog man wiederum nach Siebenbürgen und nach der Steiermark. Im 16. Jh. und zu Beginn des 18. Jh. trifft man Bergleute aus dem Harz und dem sächsischen Erzgebirge sogar im Ural an[458].

Inwieweit der deutsche Ostseeraum, der selbst mit weitreichenden Beziehungen elsässischen Wein als begehrtes Getränk einführte[459], Vermittlungen übernahm, sei dahingestellt.

Wanderzüge solcher Art drängten noch in andere Gebiete. So erstreckten sie sich nach Goldberg in Schlesien und anderen ostdeutschen Landschaften. Man erstrebte ebenso neben dem Südostraum selbst Toscana. Solche Wanderer gaben sich als abenteuernde und doch wiederum als produktive Berg-

[456] Vgl. auch *Kurt Brüning*, Handbuch der historischen Stätten Deutschlands, Bd. 2: Niedersachsen und Bremen. Stuttgart 1958, S. 144–148. Ferner *H. Engfer*, Goslar. In: LThK 4², Sp. 1062/63.

[457] *Stötzel*, Bergmannssage, S. 13, mit Hinweis auf *Sieber*, Harzlandsagen, S. 13.

[458] *Lebeter*, Deutsche Bergleute im englischen Bergbau. S. 3ff.

[459] *Medard Barth*, Der Rebbau des Elsaß und die Absatzgebiete seiner Weine, 2 Bde., Strasbourg-Paris 1958, 1, S. 382, 421, mit Hinweis auf Riga, ferner auf Reval, 1, S. 357, 382; auf Kiew, 1, S. 389.

leute. Sächsische Bergschaffende waren es vermutlich, die im Siebenbürger Erzgebirge den Goldbergbau aufnahmen, den einst bereits die Römer betrieben hatten.

Freiberger Bergleute begannen mit dem Goldbergbau im mährischen *Iglau*, während die Gründungssage der Stadt das „armdicke Silber" hervorhebt. Man hat die Iglauer Bergordnung von 1249 mit ihren Schöffensprüchen als Magna Charta des Bergrechts bezeichnet. Dort wurde ein Oberhof geschaffen für die Länder der böhmischen Krone. Mit einem Zuge wandernder Bergleute hängt im übrigen die älteste Aufzeichnung des deutschen Bergrechts zusammen; denn der Bischof Albert von Trient hat am 24.5.1185 mit seinen deutschen Gewerken einen Vertrag geschlossen, der deren Rechte und Gerechtsame betraf[460].

Das Deutschtum in Mähren hat u.a. in dem Iglauer „Berghäuserzug" einen alten sakralen Brauch bewahrt. Dieser feierliche Bittgang farbenfroh gekleideter Knappen war weithin bekannt und zog am Johannes-Täufer-Tag (24. Juni) jedes Jahr viele Volkstumsfreunde nach Iglau. Ziel der Prozession, die von der Jakobskirche ausging und durch die Straßen der Stadt führte, ist die alte Kapelle St. Johannes des Täufers. Schon 799 soll sie auf ihrem Hügel als erstes christliches Heiligtum in Mähren gegründet worden sein[461]. Johannes Baptist wird ja auch gern unter den Grubennamen des Bergmanns als Schirmherr geführt[462].

Die Bergwerksunternehmungen *Spaniens* litten beim Anbruch der Neuzeit unter dem Mangel an entsprechenden Arbeitern. Spanische Metalle hatten einst die Phönizier, die Griechen, die Karthager, die Römer gelockt. Aber im 16. Jh. machte sich die Überlegenheit der alpinen Bergwerke des habsburgischen Raumes nachdrücklich geltend. Die Schauplätze hatten längst gewechselt. König Philipp II. erbat sich bei der habsburgischen Verwandtschaft eine Anzahl von guten Tiroler Berghäuern. Man lehnte aber sein Ansuchen in einer Akte vom 11.5.1575 ab. Man konnte es damit begründen, daß die Tiroler Bergarbeiterschaft durch Hunger und Seuchen sehr gelitten habe[463]. Doch hatte sich bereits im gleichen Säkulum ein bemerkenswerter Handelsverkehr nach Spanien entwickelt. Der Tiroler Berg-

[460] Siehe auch unten im Kapitel über Bergordnungen.

[461] *G. Schreiber*, Wallfahrt und Volkstum. S. 167. – Vgl. *H. Piffl*, Ein Eiland im Slawenmeer. Die Deutschen der Iglauer Sprachinsel. In: Die Getreuen, 7, 1930, S. 68. Die Bergknappen-Prozession greift also in altersgraue Zeiten zurück. *Kerler*, ein Autor, der über Bergbaupatrone handelt, hat die Bedeutung des Johannes-Tages nicht erkannt.

[462] Dazu *Schreiber*, Alpine Bergwerkskultur. S. 40, 60f.

[463] *Wolfstrigl-Wolfskron*, Tiroler Erzbergbaue. S. 80.

bau in Terlan war angegangen, 300–400 Star Terlaner Bleierze nach Spanien einzuführen. Der Erlaß vom 12.10.1527 erlaubte es unter der Bedingung, daß diese Erze nicht von den Gewerken selbst benötigt wurden[464]. Das Erstgeburtsrecht der Heimat tritt auch sonst in der Bergbaugeschichte hervor. Immerhin wurden zu Zeiten erfahrene Tiroler Bergknappen eingesetzt. Es ergaben sich nach wie vor Verbindungslinien durch die Fugger[464a].

Deutsche Bergleute waren selbst in *Südamerika* gern gesehen, wo ein chronischer Mangel an erfahrenen Fachkräften für die Ausbeute der reichen Metallvorkommen herrschte. Die Fugger bemühten sich, deutsche Bergleute nach Venezuela und nach Chile zu bringen. Es war allerdings verhängnisvoll, daß man, um die Indianer zu entlasten, Negersklaven nach Amerika brachte, zur Ausbeutung der Edelmetalle[465]. Schon in den Jahren 1527–1530 sind, diesmal auf Veranlassung der Welser, fast 90 deutsche Bergleute nach Amerika gegangen, um die ersten Bergwerke in dem neuen Kolonialreich der Spanier anzulegen[466]. Sie kamen u.a. auch aus St. Joachimstal, aber auch aus dem tirolischen Schwaz, das sich ja zu einem wirtschaftlichen Strahlungszentrum ersten Ranges entfaltet hatte[467]. Berg- und Hüttenleute aus Müsen im Siegerland haben zu Beginn des 18. Jh. in Pennsylvanien die Anfänge des nordamerikanischen Berg- und Hüttenwesens gelegt und dort zugleich die reformierte Kirche begründet[468].

Recht bedeutsam war die Pioniertätigkeit Wilhelm Ludwigs von Eschwege in Portugal und vor allem in Brasilien während der ersten Hälfte des vorigen Jahrhunderts[469]. Bedeutsam wurde seine Korrespondenz mit *Alexander von Humboldt*, der selbst eine Zeitlang „vor Ort" gearbeitet hat, anläßlich einer Rußlandreise, die Humboldt zwecks Besichtigung russischer Berg-

[464] Ebd., S. 323.

[464a] *Pölnitz*, Anton Fugger. 1. Bd., S. 423, Anm. 2. – *Nikolaus Grass*, Tiroler in Spanien. In: Gesammelte Aufsätze zur Kulturgeschichte Spaniens, Festgabe für Georg Schreiber, hg. von Joh. Vincke, Münster i. W. 1962, z. Z. im Druck.

[465] *Hans Haussherr*, Wirtschaftsgeschichte der Neuzeit vom Ende des 14. Jh. bis zur Höhe des 19. Jh. Weimar 1954, S. 68.

[466] In der Darstellung von *Haussherr*, Wirtschaftsgeschichte, findet sich der Hinweis, daß die Welser für Española und Mexiko im Jahre 1528 50 deutsche Bergleute herangezogen. Es steht dahin, ob überhaupt die südamerikanischen Quellen stärker herangezogen werden können; ebd., S. 59.

[467] *Carl Liesegang*, Deutsche Berg- und Hüttenleute in Süd- und Mittelamerika. In: Hamburger Romanistische Studien, hg. v. Romanischen Seminar der Univ. Hamburg, Iberoamerikanische Reihe, hg. v. Ibero-amerikanischen Forschungsinstitut. Hamburg 1949, Bd. 19, S. 9.

[468] *Wilhelm Güthling*, Alter Bergbau im Siegerlande. S. 5.

[469] *Hanno Beck*, Wilhelm Ludwig von Eschwege und der Bergbau Portugals und Brasiliens. In: Der Anschnitt, Jg. 7, Nr. 3, 1955, S. 9f.

werke bis an die chinesische Grenze führte. Dazu erforschte er in den Spuren Eschweges die Geologie Brasiliens. Deutsche Bergwerksforscher sagten Diamantenfunde im Ural voraus. Diese Edelsteine haben sich auch tatsächlich – als erste auf der nördlichen Halbkugel überhaupt – eingestellt. A. v. Humboldt ist auch später über Spanien nach Südamerika und vor allem nach Mexiko gegangen. Dessen Hauptstadt besitzt vor dem Nationalmuseum das ihm zugewandte Denkmal. Es kündet die Bedeutung dieses großen Forschers für die westliche Hemisphäre an[470]. Bergbau verband in ersten Begegnungen die Völker.

Es vollzog sich draußen, wie schon angedeutet, ebenfalls eine starke Einwirkung von *Tirol*, näherhin von der Silberstadt Schwaz und umliegenden Bergorten. Nicht umsonst gelten die Schwazer Bergleute als die geschicktesten Bergknappen der Zeitalter des 15. und 16. Jh. Dort blühte der Silber- und Kupferbergbau. Papst Clemens VII. (1523–1534) berief sie zum Kirchenstaat. Im Jahre 1542 holte der Herzog von Florenz solche Bergarbeiter. Die Stellung von Tirol als Paßland machte sich geltend. Im Jahre 1548 wurden sie vom Herzog von Braunschweig angenommen. Im Jahre 1565 wurden sie wieder südwärts zum Herzog von Piemont geführt. Im übrigen berichtet die Überlieferung von Schwaz, daß im Jahre 1548 viele von den dortigen Bergknappen nach dem Harz und nach dem Rheingau zogen[471]. Diese Wanderungen erstreckten sich auch sonst von Süden nach dem Norden, bis in das schwedische Falun. Schwaz, gestützt durch ähnlich arbeitende Nachbarorte, wirkte wie eine heimliche und doch wiederum als eine mitteilsame Hochschule des Bergbaus[472]. Man blicke nur zum Codex Ettenhardt.

Die Tiroler Bergleute hatten in der Tat eine Vorzugsstellung im mitteleuropäischen Bewußtsein und weit darüber hinaus. Sie nutzten dabei die Vorteile ihrer geographischen Lage. Sie verweilten ja im Stromgebiet des damals befahrenen Inn und dazu im Umland des Brenners. Sie arbeiteten somit in einem großen europäischen Durchzugsland. Sie wurden durch weitere günstige Momente gefördert. Die österreichischen Landesherren zeigten ja ein besonderes Interesse an der Gewinnung von Edelmetallen. Tirol hatte sogar einen Landesfürsten, dem der bezeichnende Beiname Siegmund

[470] *Hanno Beck*, Alexander von Humboldt als Bergmann. In: Der Anschnitt, Jg. 8, Nr. 4, 1956, S. 7–9.

[471] *Max von Isser Gandententhurm*, Berg- und Hüttenwesen. In: Österreichisches Jahrbuch, Bd. 52. Wien 1904, S. 439.

[472] Schwaz empfing ein bedeutendes Sammelwerk: Schwazer Buch, bereits erwähnt. Man mag der Ausreise in andere deutsche Landschaften noch näher nachgehen.

der Münzreiche eignete. Er schuf Bergordnungen für Schwaz im Jahre 1449 und 1474[473]. Bayerisches Interesse ging im ergiebigen Sprengel Rattenberg (eigene Bergordnung 1463) in die gleiche Richtung. Dazu traten feste Abnehmerkreise in dem für Metallhandel bedeutenden Venedig wie in den oberdeutschen Städten. Wertvoll erwies sich andererseits, vom Handel her gesehen, als Parallelaktion die Ausfuhr von Wein aus Südtirol nach Altbayern und Schwaben. Sie erstreckte sich über Jahrhunderte[474]. Damit stellte sich die Notwendigkeit ein, Straßen und selbst Saumpfade zu pflegen und überhaupt Verkehrswege zu benutzen, die auch dem tirolischen Export von Edelmetallen zugute kamen. Alte Römerstraßen, die sich jahrhundertelang als unentbehrlich erwiesen hatten, erfuhren somit eine neue Belebung. Diese großen internationalen Verkehrswege, die die Stromgebiete von Inn und Etsch durchzogen, erleichterten in der Tat neben einer gesteigerten Ausfuhr die Ein- und Ausreise bergmännischen Personals. Man holte diese Bergknappen, wie angedeutet, in die verschiedensten deutschen Gebiete und in europäische und außereuropäische Länder. Man bedurfte ihres Rates und ihrer Hände Arbeit. Man wußte um ihre bereichernde Erfahrung. Dieser Exodus vollzieht sich in einer Hochkonjunktur bergbaulicher Förderung am Ausgang des Mittelalters und an der Wende zur Neuzeit. Selbst das hochstehende mitteldeutsche Bergwerk greift auf diese alpinen Erfahrungen zurück[475]. Die Lagerstätten der Hochalpen waren eben vielseitig entwickelt.

Stätten des Bergbaus, die sich oft in weit voneinander entfernten Orten einfinden, bezeugen oft eine überraschende Ähnlichkeit in Wertung und in Praxis. So weist ein Vertrag zwischen dem Bischof Albert von Trient und den Gewerken vom 24.3.1185, wie angedeutet, wohl die älteste Aufzeichnung des deutschen Bergrechts[476], eine auffallende Übereinstimmung mit dem Freiberger Bergrecht auf. Der Tiroler Vertrag gewährt den Gewerken das Recht des freien Bergbaus auf dem dreispitzigen Calesberg, dem der Ort Trient seinen Namen verdankt. Die Tatsache, daß das Freiberger Bergrecht später als die Tridentinische Ordnung aufgezeichnet worden ist, könnte auf eine Abhängigkeit Freibergs von Trient hinweisen. Es ist aber zu bedenken, daß Rechtsbräuche, Freiheiten und Pflichten vor ihrer schriftlichen Fixierung mündlich überliefert wurden. Sie mochten dann aus dem Gewohnheitsrecht strömen. Ein Bedürfnis zur schriftlichen Nieder-

[473] *Stolz*, Geschichte Tirols. S. 169.

[474] Vgl. *Ludwig Steinberger*, Auswärtige geistliche Grundherren als Weingutsbesitzer in Südtirol. Innsbruck 1934.

[475] *Schrauf*, Georg Agricola. S. 222.

[476] Mitgeteilt bei *Wolfstrigl-Wolfskron*, Tiroler Erzbergbaue. S. 409ff.

legung ergab sich wohl erst in dem Augenblick, da es der Landesherr auf gesteigerte Einnahmen absah, ferner wenn eine Berührung mit fremden Elementen stattfand, die am Bergbau teilhatten[477]. Diese Begegnung aber dürfte im Durchzugsland am Brenner recht früh eingetreten sein.

Wenn andererseits diese Tiroler auswandern, wollen sie trotz der räumlichen Weite in der Art ihrer Heimat verfahren und leben. So ist es zu verstehen, daß selbst in den Satzungen des Ruhrbergbaus sich selbst Einwirkungen des Inntals und des Etschgebiets geltend machen. Bergordnungen von 1524, 1533 und 1549 im Bergischen Land lassen ebenso solche Tiroler Einflüsse erkennen[478].

Man hat näherhin darauf hingewiesen, daß diese Tiroler ihre technischen Erfahrungen zunächst im bergischen Erzbergbau nutzbringend verwenden konnten. Im besonderen mochte das in der Bewältigung des Wassereinbruchs der Fall sein. Die erste „Wasserkunst“, eine Pumpmaschine zur Wasserhebung, wurde erst um die Mitte des 16. Jh. im tirolischen Schwaz aufgestellt[479]. Sie galt dann weitum als halbes Weltwunder. Bis dahin grub man entweder eigene Ableitungsstollen, oder zahlreiche Arbeitskräfte reichten Wassereimer den ganzen Stollen entlang, von Hand zu Hand. So umständlich beförderte der Bergbau zum Teil auch die Erze[480]. Man hat weiterhin festgestellt, daß diese und andere Erfahrungen wohl auch auf den Kohlenbergbau an der Ruhr übergriffen[481].

Natürlich haben die Tiroler über das Technische hinaus Bergmannssitte und Brauch, Redensart und Sprache auch an die Ruhr verpflanzt. Näherhin mag über erste Ansätze hinaus solches bergmännisches Sprachgut, das oberdeutschen Einschlag mit sich führt, noch zu ergründen sein. Doch es sei dahingestellt, inwieweit solches vorab für die Sprache der Technik, aber auch für sonstige Begegnungen überhaupt zu ergründen möglich ist. Jahrhunderte lagerten sich darüber. Der einstigen Tiroler Einwanderer gedachte man selbst noch im 19. Jh. im Saargebiet. Man höre nur: Pfarrer *Hansen*, der Leiter der St. Barbara-Bruderschaft im saarländischen Ottweiler, besorgt sich um das Jahr 1865 eine kleine geologische, geognostische und orykto-

[477] *Kaestner*, Bergbau in den Wappen deutscher Städte, S. 93f., mit weiteren Literaturnachweisen.

[478] *Spethmann*, Geschichte des Ruhrbergbaues, 2. S. 363f.

[479] *Josef Weingartner*, Schwazer Bergwerksgeschichte. S. 159–172, bes. S. 171. Ferner *Mutschlechner*, Bergbau am Falkenstein. S. 133. – Abbildung einer Handpumpe s. Der Anschnitt, Jg. 8, Nr. 1, 1956, S. 23.

[480] *Weingartner*, Schwazer Bergwerksgeschichte. S. 171.

[481] *Spethmann*, Geschichte des Ruhrbergbaues, 2. S. 363f.

gnostische Sammlung. „Das Königliche Bergamt zu Saarbrücken hat mir bereits vor Jahren Doubletten aus seiner Sammlung zugesagt, und den Enkeln früher in unsere Gegend eingewanderter Tyroler usw. wird es angenehm sein, zu vernehmen, daß mir auch aus Tyrol, Salzburg und Vorarlberg Beiträge zugesagt sind[482]." So erhielt sich das Wissen um solche Einwanderung und Verbundenheit über mehrere Generationen.

Die einzigartige Stellung von Tirol als Erzieher und Vorbild behandelte im übrigen bereits 1765 der Bergbauschriftsteller Joseph *von Sperges*. Er kennzeichnet Tirol als ein Land, „das in dem Bergwesen ganz sonderbare Vorzüge hat". Der Autor fährt fort: „Wir werden in gegenwärtiger Schrift sehen, daß bisher in den gegen Mittag gelegenen deutschen Provinzen keine ältere Nachricht und Spur von dem Bergbaue auf Gold und Silber, als jene von dem tyrolischen, bekannt geworden ist: daß dessen erste Bergrechte an dem Alterthume allen übrigen, auch den ungarischen und böhmischen vorgehen: daß die tyrolischen Bergwerke weltberühmt gewesen sind, und ihr ungemein reicher Bergsegen im fünfzehenten Jahrhunderte die allgemeine Verbesserung der Münze in Deutschland veranlasset; auch die allerersten großen Silbermünzstücke, doppelte Goldgulden, und nachher Thaler genannt, hervorgebracht hat[482a]."

Noch ein letzter Hinweis. Ein idyllisches, mit ein paar Hammerwerken bestandenes Waldtal in der Nähe von Remscheid trägt den Namen „Tirol". Hier erzählt man sich von Tiroler Schmiedemeistern, die hier vor mehr als hundert Jahren gearbeitet haben sollen[482b].

[482] Vortrag über die St. Barbara-Bruderschaft für Berg- und Hüttenleute und den Knappen-Verein zu Ottweiler. Ottweiler 1865, S. 25.

[482a] Tyrolische Bergwerksgeschichte, im Vorbericht S. 5.

[482b] Hinweis von Hofrat Dr. Hochenegg, Hall in Tirol.

II. BERGWERKSLEHEN

1. Konkurrenz zum Landesherrn – Kirchenkuxe

Die Goldene Bulle von 1356 verzeichnete unter dem Bergregal, das den Fürsten eingeräumt wurde, lediglich Metallgruben und Salinen[483]. Die Steinkohle, die weder Metall noch Erzmineral war, wurde später im Wege der Analogie in solche Bestimmungen einbezogen. Fast stillschweigend, weniger mit einer Bergordnung, mehr mit einer abseitigen örtlichen Verlautbarung. Aber diese Steinkohle spielte im Mittelalter ja nur eine ganz untergeordnete Rolle, da die Holzkohle als Brennmaterial beim Verhüttungsprozeß verwandt wurde. „Die Steinkohle – von der zweiten Hälfte des 19. Jh. an Grundlage und Antrieb des gewaltigen Aufschwungs der Ruhrindustrie – wurde als Brennstoff noch nicht einmal von Handwerk und Gewerbe ausgenutzt, geschweige denn zur Eisenerzeugung verwendet[484]." So galt im Raum der alten Fürstabtei *Essen* im 18. Jh. das Unterirdische eines Grundstücks als unbeeinträchtigte „Gewere" des Besitzers, der dort unbeschränkt Stollen in die Tiefe treiben und Gesenke abteufen durfte. Bei unterirdischer Überschreitung der Grenze mußte allerdings dem Eigentümer des darüberliegenden Grundstücks die „Tradde" entrichtet werden. Diese gab sich als eine laufende Entschädigung für das Vertreten von Grund und Boden bei entsprechender Kohlenförderung[485].

Doch erweist sich damit die Entwicklung im Raume von Essen, wo die damalige Kohlenförderung natürlich in keinem Vergleich zur heutigen Produktion stand, ja nur einen winzigen Bruchteil dieser ausmachte, fast als ein Sonderfall. Somit aber sind wir gezwungen, unseren Blick wieder auf die allgemeinere Entwicklung des Erzbergbaus zurückzulenken. Dieser ist gewissermaßen die Frühstufe, der Vorhof und das Vorbild der Kohlenzeche.

[483] *Richard Schröder* und *Eberhard Frhr. von Künßberg*, Lehrbuch der deutschen Rechtsgeschichte[6]. Berlin und Leipzig 1922, S. 589f. – Für die Anfänge des reichsrechtlichen Bergregals s. *Zycha*, Recht des Bergbaus, S. 9ff., zum Capitulare de villis, ebd., S. 13f.

[484] Gutehoffnungshütte in zwei Jahrhunderten, hg. v. Gutehoffnungshütte Sterkrade AG, Oberhausen (Rheinland), im Jubiläumsjahr 1958, S. 9.

[485] *Robert Jahn*, Essener Geschichte. S. 361f.

Die Erzgrube gab sich bereits seit fränkischer Zeit als ein Regal[486]. Dieses königliche Bergregal war die Grundlage eines Abgabenrechts, das dem Rex einen Zins zusprach[487]. Diese Verhältnisse ähnelten dem sonstigen Bannrecht des Königs[488]. Wie das Wild in Flur und Wald und wie der Fisch im Wasser, so galten auch die im Schoß der Erde verborgenen Schätze als dem Regalherren zugehörig. Diese Bergbaue gehörten zum Krongut. Der Grundherr, als Eigentümer oder Lehnsherr des Bodens, konnte an sich nicht darüber verfügen[489]. Aber es erfolgte eine Wandlung, es ergab sich ein von den Zeiten gebotener Fortschritt, in dem der König Privaten den Bergbaubetrieb gegen Leistung überließ. Es fand sich dieserhalb der Bergzehnt (decimas auri, argenti) ein, für gewöhnlich also ein Zehntel der geförderten Metalle[490], soweit diese Abgabe nicht einer besonderen Vereinbarung unterlag. Mit dem Übergang von mehr und mehr Regalien an die Territorialherren wird im Ablauf des Mittelalters die Zahl der geistlichen Inhaber von Gruben ebenfalls namhafter[491].

Der Blick fällt dabei auch auf außerdeutsche Bergwerksunternehmungen. Es besaß, um Nordeuropa zu berühren, die schwedische Kupfergrube zu *Falun*, seit der Mitte des 13. Jh. im Betrieb, schon früh die Struktur einer Aktiengesellschaft. Nach einer erhaltenen Urkunde aus dem Jahre 1288 hat, um den geistlichen Anteil zu berühren, der Bischof Västeras ein Achtel des Berges erworben[492].

Im übrigen aber bahnten sich im deutschen Raum schon früh in der Gesamtentwicklung neue Zeitalter an. Sie bekunden das Bestreben, die Einnahmen aus dem Berg zu steigern. Inwieweit konnte das im Zeichen des Regals geschehen? „In Deutschland erstreckte sich das Bergregal schon im Mittelalter auf alle Metalle; genannt werden insbesondere Gold, Silber,

[486] *H. Conrad*, Deutsche Rechtsgeschichte. Bd. 1 Karlsruhe 1954. Im Register S. 692. – *Schröder* und *v. Künßberg*, Rechtsgeschichte[6]. S. 210, 226, 1028; s. ferner im Register, S. 1041.

[487] Ebd., S. 210, 584f.

[488] Ebd., S. 585.

[489] Ebd.

[490] *Zycha*, Recht des Bergbaus. S. 11.

[491] *Schröder* und *v. Künßberg*, Rechtsgeschichte[6]. S. 648. – Manche dieser geistlichen Herrschaften hat uns der Historiker *Klaus Schwarz*, Untersuchungen zur Geschichte der deutschen Bergleute im späteren Mittelalter (Freiberger Forschungshefte, Kultur und Technik, D 20), Berlin 1958, S. 17ff., 22ff., 90ff., aufgezählt. Diese an sich verdienstliche Leistung wird aber stark dadurch beeinträchtigt, daß der Autor die Ordenszugehörigkeit der genannten Monasterien meistens nicht festhält, so daß die Bedeutung dieser Genossenschaften für den Bergbau nicht hervortritt.

[492] *Sven Rydberg*, Stora Kopparbergs Bergslage Aktiebolag. In: Der Anschnitt, Jg. 6, Nr. 2, 1954, S. 3.

Zinn, Kupfer, Blei und Eisen[493]." Das war jene Sechszahl, um hier *Schröder-Künßberg* zu ergänzen, die als Metallkatalog (Nm 31,22) in der Bibel erwähnt ist[494]. „Ebenso waren die Salzquellen von Anfang an und nicht erst seit der Goldenen Bulle der Regalität unterworfen. Die zunächst nur für Italien bestimmte Constitutio de regalibus von 1158 hebt Silbergruben und Salzquellen hervor. Die ersten Kohlenbergwerke, die im 14. Jh. im Wurmrevier bei Aachen vorkommen, scheinen von vornherein dem Regal unterlegen zu haben. Die finanzielle Ausnutzung des Berg- und Salzregals beschränkte sich auf die Anlage fiskalischer Betriebe auf Reichsboden und die Erhebung bestimmter Abgaben (urbar, fronteil, census), zumal des Berg- oder Salzzehnten, von allen Privatbetrieben, zuweilen auch auf den Mitbau zur halben oder dritten Schicht. Alle Privatbetriebe, auch die des Grundeigentümers, bedurften, wie schon angedeutet, ausdrücklicher Verleihung unter Zumessung des Grubenfeldes[495]."

So erlebten die königlichen Domänen einen gewissen Wettbewerb, was später Maximilian I., am Bergbau hochinteressiert, unfreundlich vermerkte[496]. Dieser Landesfürst verbat sich die Konkurrenz, die das Stift Admont, ein Großunternehmen im Bergbau, in der Eisengewinnung aufmachte. Der gleiche Regent wandte sich genau in der nämlichen Sache gegen das Stift St. Lambrecht, das im Sprengel von Seckau gelegen war[497]. Ja, schon Kaiser Friedrich II. hob viele Bergwerke auf, die nicht ihm gehörten und zu seinem Eisen in Wettbewerb traten[498]. Die Spannungen zwischen Kirche und Staat berührten nicht bloß die Bischofswahlen, die Investitur, die Eigenkirche, sondern ebenso das Bergwerk. Bislang ist diese Fragestellung nicht genügend herausgearbeitet.

Von diesen Voraussetzungen her ist der Begriff und die Tatsache der *Bergbaufreiheit* zu erörtern. Hier ist es das 12. Säkulum, das wie in vielen anderen Bereichen schöpferisch neue Wege weist. „Aus dem schon im 12. Jh. vielfach von seiten der Grundeigentümer geübten Gebrauch, gegen Gewährung eines Gewinnanteils Felder für die Aufsuchung und Gewinnung von Bergschätzen freizugeben (‚gefreite Berge'[499]), entwickelte sich unter

[493] *Schröder* und *v. Künßberg*, Rechtsgeschichte[6]. S. 586f., mit manchen Literaturhinweisen.

[494] *Haag*, Bibel-Lexikon. Sp. 1136.

[495] *Schröder* und *v. Künßberg*, Rechtsgeschichte[6]. S. 586.

[496] S. unten.

[497] S. dazu das Register.

[498] *Pirchegger*, Steiermark. S. 95.

[499] Vgl. unten über die Freiung des Salzbergwerks Hall.

dem Einfluß des Bergregals zum Teil schon im 13. Jh. die Bergbaufreiheit, vermöge deren die Bergherren, d. h. die Träger des Bergregals, dem Finder auf vorschriftsmäßige Mutung das Bergwerkseigentum zu verleihen hatten, die Grundeigentümer aber sowohl die vom Bergherrn genehmigten Schürfarbeiten wie den Betrieb der Gruben unter ihrem Grund und Boden gegen Einräumung eines gewissen Mitbaurechts, zuweilen auch unter dem Vorbehalt eines Mutungsvorrechts, zu dulden verpflichtet waren. Der *Sachsenspiegel*, der das Bergregal ausdrücklich anerkennt, lehnt die Bergbaufreiheit noch ab; der Grundeigentümer braucht keine fremden Betriebe, mindestens solche über Tage, zu gestatten und behält, wenn er sie genehmigt, die Vogtei darüber[500]."

Doch die regionale Forschung hat an mehr als einer Stelle sich noch zu betätigen. Es setzte ja eine bis fast in unsere Tage währende Entwicklung ein, die sich fortschrittlicher anließ, wenn sie dem Grundherrn in Sachen des Schürfens entgegenkam und damit den Bergbau förderte. Doch gewisse Unklarheiten verursachten oft tiefgreifende Auseinandersetzungen. Der Kardinal Nikolaus Cusanus († 1464) betrachtete die in seinem Bistum gelegenen Bergwerke als Eigentum seiner Brixener Diözese. Dabei geriet er in Streit mit dem bergbaufreundlichen Tiroler Landesfürsten Siegmund, dem Münzreichen. Diesem wollte er Rechte entreißen, die längst vom Landesherrn in Anspruch genommen und dem Bistum verlorengegangen waren. Doch unterlag der Kirchenfürst dem Herzog politisch und militärisch[501]. Er wußte nicht, daß der Bergbau in Tirol sich mehr und mehr als Wesenssubstanz des Landes herausarbeitete.

Das Bergregal und das Salzregal des Landesherrn sind in der Zeit bis zum Westfälischen Frieden vom Jahre 1648 voll ausgebildet[502]. Während des 18. Jh. bestehen beide Rechte unbestritten fort[503]. Mit der Aufhebung mehr als eines Territoriums durch den Reichsdeputationshauptschluß des Jahres 1803 entstehen teilweise verwickelte Verhältnisse. Den geistlichen Landesherren waren alle ursprünglichen Rechte am Berg genommen. Manchen weltlichen Fürsten aber blieben im 19. Jh., auch nach dem Verlust der Souveränität, die Regalien, die ihnen noch im Jahre 1803 oder auch in der

[500] *Schröder* und *v. Künßberg*, Rechtsgeschichte[5]. S. 587.

[501] Einzelheiten bei *A. Jäger*, Streit des Kardinals Nikolaus von Cusa, 2 Bde. Innsbruck 1861, passim. Ferner s. *J. Neuner*, Nikolaus von Cues. In: LThK 7, Sp. 574–576.

[502] *Johann Karl von Schroeder*, Die bergrechtlichen Verhältnisse im Bereiche des vormaligen Fürstbistums Münster, S. 156–185, bes. S. 161 ff. 164. – *Seeger*, Westfalen. S. 80 ff.

[503] von *Schroeder*, S. 165 ff., bes. S. 171 mit einer Zusammenfassung.

folgenden Zeit belassen waren[504]. Es ergaben sich seltsame Relikte. Noch eine Regelung zwischen Napoleon III. und Preußen von 1859 zeigt den Fortbestand solcher alten Anrechte. Denn Napoleon III. galt als Rechtsnachfolger des Fürsten von *Rheina-Wolbeck*. Dieses kurzlebige Territorium aber entstand bei der Säkularisation aus Teilen des ehemaligen Fürstbistums Münster und war inzwischen längst zwischen Preußen und Hannover aufgeteilt worden[505].

Einzelne Vorrechte früherer Dynastien erhielten sich jedoch noch bis in unser Säkulum. So beschloß der Deutsche Reichstag am 19.10.1920 ein „Gesetz zur Überführung der standesherrlichen Bergregale an den Staat"[506]. Doch beseitigte dieses Gesetz noch nicht alle Vorrechte. Erst das „Gesetz zur Überführung der privaten Bergregale und Regalitätsrechte an den Staat" vom 29.12.1942, inmitten des zweiten Weltkrieges, brachte einen endgültigen Abschluß[507]. So lange also bewahrte offensichtlich Mittelalterliches ein zähes Leben, was auch durch den langlebigen Zehnten und durch polizeiliche Vorrechte ostelbischer Großgrundbesitzer ausgewiesen wird.

Doch wenden wir den Blick zurück auf das auslaufende medium aevum. Die Erzbischöfe von Trier haben bei *Bernkastel* Bleierzgruben betrieben, deren Vorkommen seit 1464 bekannt ist. Im Jahre 1502 wird ein erzbischöflicher Bergmeister erwähnt[508]. Dieser Bergbau wurde über Jahrhunderte hinweg mit Erfolg betrieben. Für diesen Bernkasteler Bergbau findet sich nach der Seite der Edelmetalle noch ein späteres Zeugnis ein. Da bietet sich für das Jahr 1761 dem Numismatiker ein Gulden aus Bernkasteler Silber an. Die Rückseite trägt den Vermerk Donum Dei *Ex fodinis berncastellanis*[509]. Bereits früher sind unter der Regierung des Kurfürsten Lothar von Metternich (1599–1623) Doppeltaler und Taler aus Vilmarer Silber, also wiederum aus dem Trierer Bergbaugebiet, nachweisbar[510]. Aber der Raum des Trierischen Hochstiftes steht mit solchen Münzprägungen nicht allein[511]. Der Wanderer entdeckt im Raum des ehemaligen Trierer Territo-

[504] Ebd., S. 172, so für die Verhältnisse des ehemaligen Hochstiftes Münster.
[505] *v. Schroeder*, Bergrechtliche Verhältnisse. S. 174.
[506] Ebd., S. 177ff., mit vielen einzelnen Hinweisen.
[507] Ebd., S. 184.
[508] *J. Erkeling*, Ein bergmännisch-numismatischer Streifzug. In: Der Anschnitt, Jg. 4, Nr. 1, 1952, S. 6.
[509] Sammlung Vogelsang. Nr. 330, S. 28.
[510] Ebd., Nr. 330, S. 28f.
[511] Vgl. das Kapitel über die Bergwerksmünze.

riums noch heute den einen oder anderen verlassenen Stollen, den später die Sage umrankt hat[512].

Im *Kölner* Raum erscheint 1759 ein Taler aus westfälischem Silber. Dieser zeigt einen vom Blitzstrahl getroffenen Erzbau und einen von der Sonne beschienenen Erzberg nebeneinander. Im Vordergrund steht ein vierspänniger mit Erzen beladener Wagen[513]. Vier Pferde, wenn auch transportmäßig benötigt, gehören so recht zur Repräsentation des Barock.

Unter jenen Hochstiften, die Bergwerke besaßen, will auch der Bleiberg-bau vom Bleiberg bei Villach erwähnt sein. Das Gelände war Eigentum der Fürstbischöfe von Bamberg. Sie haben allerdings ihre Regalrechte am Bergbau verliehen. Um die Mitte des 15. Jh. erscheint ein Villacher Bürger namens Hertenkes als Pächter der Fron auf dem Bleiberg[514]. Wegen des Kärntener Bleis kam es zu scharfen Auseinandersetzungen zwischen den Fuggern und Maximilian I., wobei der Letztere in seiner Finanznot sich als der Schwächere erwies[515].

In dem großen Kärntner Edelmetallbergbau in Großkirchheim erscheinen neben Gewerken bürgerlicher oder bäuerlicher Herkunft ebenso neben Gewerken aus den Vertretern des Landadels auch Geistliche. Genannt wird für das 15. Jh. der Propst von Sagritz[516].

Geistlicher Besitz an eigenen oder zinspflichtigen Gruben war nicht nur durch die zunehmende Privilegierung des Landesherrn geschaffen. Dazu traten manche Stiftungen und Schenkungen. Im besonderen ist von der Forschung als Ursache solcher Vergabungen das Motiv des Totengedächtniswesens noch näher herauszustellen, was gern vom consortium fraternitatis, von der Gebetsverbrüderung, begleitet, ja vorbereitet wurde. Eine Meßstiftung, eine Altarpfründe, am Ende eine Kapelle sollte durch solche Stiftungen immerdar erhalten werden und des Gebers gedenken.

Einkünfte aus dem Bergwerk betreffen nicht nur das Hochstift. Sie sind sogar unter die pfarrlichen Einnahmen öfters zu beziehen. Wir greifen zurück auf *Tirol*. Die bergbaufreundliche Pfarrei *Sterzing* empfing den halben Anteil des Stollens St. Valentin am Stolberg[517]. Ferner wird um die Mitte

[512] Dazu *Matthias Zender*, Die Sage als Spiegelbild von Volksart und Volksleben im westdeutschen Grenzland. Beiträge zur Volkskunde von Eifel und Ardennen. Bonn 1940.

[513] Sammlung Vogelsang. Nr. 324, S. 27. – Vgl. noch *Schwarz*, Bergleute im späteren Mittelalter. S. 18.

[514] *Tremel*, Frühkapitalismus in Österreich. S. 68.

[515] Ebd., S. 68 f. [516] Ebd., S. 78 f.

[517] *Conrad Fischnaler*, Beiträge zur Geschichte der Pfarre Sterzing und des Pfarrkirchenbaues. In: Zeitschrift des Ferdinandeum für Tirol und Vorarlberg, 3. Folge, H. 28. Innsbruck 1884, S. 102–156, besonders S. 120.

des 16. Jh. erwähnt, daß diese Pfarrkirche innehatte „das viertl perck werchstail bey Sant Elspeth am Läner", eine Quart, die allerdings nur wenige Jahre ausgenutzt worden zu sein scheint.

Mehr als einmal fanden sich Streitigkeiten in Sachen des bergbaulichen Betriebes in den verschiedensten Landschaften ein. Diese beschäftigten die Beteiligten, oft den Diözesanoberen und gelegentlich sogar die Kurie. So wurde in Sachen eines Kupferbergwerks sogar das Papsttum als Beschwerdeinstanz angegangen. Wir erwähnten bereits die einschlägigen Auseinandersetzungen im Fall der ostfranzösischen Zisterze *Rigny*[518].

Auch nichtexemte Stifte wollen schließlich als Besitzer von Bergwerken erwähnt sein. So hat das Augustiner-Chorherrenstift *Neustift* (Novacella, D. Brixen, gegründet 1142) im Mittelalter zwei Bergwerke inne: eines bei Klausen am Tinnebach und das andere in Colle S. Lucia in Buchenstein. Das erste mußte es frühzeitig, das zweite im Jahre 1456 aufgeben[519]. Der Verlust erfolgte dort und anderwärts aus den verschiedensten Anlässen, nicht zum wenigsten, wie hier, durch Erschöpfung des Bergsegens.

Noch ein Blick auf geistliche Grubenbesitzer in der Steiermark. Das Aflenstal und die Bezirke Veitsch und Mariazell seien dabei genannt. Diese Gebiete wurden einschließlich des Schurfrechtes auf ihre bedeutenden Bodenschätze im Jahre 1103 durch Herzog Heinrich III. von Kärnten dem Benediktinerstift *St. Lambrecht* geschenkt, das der Vater des Herzogs erst gegründet hatte[520]. Blähhäuser und je zwei Hämmer des Stiftes in St. Lambrecht und im Aflenztal verarbeiteten das gewonnene Eisenerz. Dieses Eisen ging dann ins nahe Mürztal und nach Niederösterreich. Schon seit den Jahren der Babenberger empfand jedoch der Landesfürst diese stiftische Eisenwirtschaft als unangenehme Konkurrenz der eigenen Gruben. Erst Kaiser Maximilian I. griff schärfer in diese Verhältnisse ein. Seine Eisenordnung von 1507 untersagte dem Abte von St. Lambrecht überhaupt den Handel mit seinem Eisen außerhalb des Gebietes seiner Grundherrschaften. Auch andere mit eigenen Feuern privilegierte Stifte erfuhren das gleiche Schicksal[521]. So zeigte sich der habsburgische Landesherr um sein Regal und um seine Einkünfte besorgt. Dazu war das Eisen für Wehr und Waffen unent-

[518] Zur Rigny vgl. *Janauschek*, Originum Cisterciensium. S. 15. – *Jaffé-Loewenfeld*, Regesta. Nr. 10352. Näheres s. oben.

[519] Freundliche Mitteilung von Professor Dr. *A. Sparber*, Brixen. Siehe auch *Sparber*, Das Chorherrenstift Neustift in seiner geschichtlichen Entwicklung. Brixen 1953. – *Ders.*, Neustift. In: LThK 6, Sp. 527f.

[520] Dazu vgl. *Otto Schmid*, Graz. In: Kirchenlexikon, 52, Sp. 1046–1070, bes. Sp. 1059.

[521] Dazu *Maja Löhr*, Thörl, Geschichte eines steirischen Eisenwerkes. Wien 1952, S. 13f.

behrlich und überhaupt eine gute Einnahmequelle[522]. In merkantilistischen Ansätzen zeigte sich eine Verkürzung und Beschneidung des Eigentums und der Wirtschaftsfreiheit[522a].

Soviel wir sehen, ist für den norddeutschen Raum eine so scharfe Einengung durch den Fiskalismus nicht nachgewiesen. Man muß sich ja auch sagen, daß sich in der Donaulinie der Türkenkrieg jahrhundertelang bemerkbar machte, der selbst das Schicksal der Eisengewinnung tief beeindruckte. Diese Kämpfe haben ja selbst die Bergknappen von *Schwaz* als Kenner des Minenkrieges – den allerdings erst Vauban in ein System brachte – an die Front gewiesen. Im übrigen hatten solche dem Fiskus günstige Bestimmungen bereits gewisse Vorläufer. Es erhielt im Jahre 1150 der mächtige Abt von Corvey das Recht vom König auf Metallgewinnung, aber es war dabei das Eisen ausgeschlossen[523]. So rückte das Eisen, wie bereits oben erwähnt, zugleich in die Kirchenpolitik und Wirtschaftspolitik.

In diese Zusammenhänge zählt auch, um eines privaten Unternehmers in alpinen Gebieten der Neuzeit zu gedenken, die Bergwerksfamilie *Jenner*. Stets gehört zur fortschrittlichen Entwicklung des Bergbaus die schöpferische Persönlichkeit. Dieser Familie Jenner kommt außer den großen Gewerkenfamilien der Weitmoser, Putz und Stampfer in der Geschichte des Oberkärntner Bergbaus eine besondere Bedeutung zu[524]. Haben ihre Angehörigen doch den Edelmetallbau in den Hohen Tauern zu Ende des 17. und im ersten Drittel des 18. Jh. zu einer beachtenswerten Nachblüte gebracht. Darum bilden die genauen, urkundlich gesicherten Daten und die sachkundigen Ausführungen von *Albert Andreas Cornet*[525] einen willkommenen Beitrag zur österreichischen Bergbaugeschichte. Die Heimat der Jenner war Klausen in Südtirol. Ihr Stammhaus war der seit dem 14. Jh. nachweisbare Gasthof zum Bären, nächst der Pfarrkirche. Daher auch der aufrechtstehende Bär mit blauer Traube am Rücken im Familienwappen. An dieser Stelle wird das Zueinander von Bergwerk und Weinbau, wie so oft, ersichtlich. Im Jahre 1694 ließ sich Hans Jenner in Villach nieder, wurde Senator der Stadt und errichtete eine eigene Faktorei. Diese Jenner wurden

[522] Vgl. oben.

[522a] *Ingomar Bog*, Der Reichsmerkantilismus. Stuttgart 1939, S. 5.

[523] *Wilhelm Güthling*, Siegburger Bergbau im 12. Jh. In: Der Anschnitt, Jg. 13, Nr. 1, 1961, S. 17–19, besonders S. 17.

[524] *Hinterseer*, Hofgastein. S. 448–484.

[525] Die Jenner von Vergutz, Sebegg und Bärburg (Beihefte zum Jahrbuch für Geschichte, Kultur und Kunst, Nr. 3). Bozen 1939. Hinweis von Prof. Dr. N. Grass.

dann Bergherren in Tirol und Kärnten, zunächst am Pfundererberg oberhalb Klausen und später in den „Goldtauern". Sie erwarben nach dem Dreißigjährigen Krieg die Goldzeche und den Wachsgang. Damals fand sich die große Persönlichkeit des Dr. *Matthias Jenner* ein. Seit 1678 war er Brixener Domherr, ein hochbegabter Mann, dessen Schaffensdrang kein Hindernis scheute. Er war es, der gemeinsam mit seinem jüngsten Bruder Michael (Ratsherr von Klausen) die darniederliegenden Gold- und Silberbergbaue in Großkirchheim wieder aufnahm. Hatten die Jenner anfangs zusammen mit der „Schwazer Compagnie" gearbeitet, so erscheint Matthias schon seit 1682 als alleiniger Gewerke. Wurde doch im Bergbau die Vereinigung in einer „Gesellschaft" bald gesucht, bald aber auch zugunsten der Persönlichkeit abgelehnt. Nach dem Tode von Matthias (1691) gingen sowohl die Tiroler wie auch die Kärntner Bergbaue in den Besitz seines Bruders Michael über, der bereits 1696 durch Kaiser Leopold I. den erblichen Reichsadel mit dem Prädikat „von Vergutz" erhielt. Gewiß eine Studie zu dem noch wenig erforschten Beitrag Adel und Bergbau, der auch die Geschichte des leitenden Personals im Bergbau durchzieht. Ein erheblicher Nachteil für die Gewerken Jenner lag freilich darin, daß in Kärnten alles gewonnene Edelmetall zu festgesetzten Preisen an die landesfürstliche Münze in Klagenfurt abgeliefert werden mußte, während es in Tirol frei verkäuflich war. Regionale Differenzierung im Bergbau.

Neben Michael Jenner v. Vergutz († 1723) erscheinen auch seine Söhne Franz und Johann Baptist als „Berg- und Schmelzherren zu Villanders und zu Döllach". Franz fand, erst 31 Jahre alt, bei einem Knappenaufstand im Mölltal 1702 ein jähes Ende. Nach Johanns Ableben (1718) ging der Besitz auf seine beiden Söhne Josef Anton und Johann Ignaz über. Allein die erschlossenen Erzmittel waren nun bereits großenteils abgebaut. Die Verhältnisse gestalten sich schließlich so ungünstig, daß die Gewerkenfamilie Jenner 1765 in Konkurs gerät und ihre Mölltaler Bergbaue vom Aerar übernommen werden, jedoch nicht in Eigentum, sondern auf probeweisen Betrieb. Soweit die Angaben von Cornet, dem wir weithin folgten. Wir haben diese Mitteilungen eingehender gehalten, um das Bild einer damaligen österreichischen Unternehmerfamilie zu kennzeichnen. Glanz und Abstieg.

Manche Zuwendungen an kirchliche Anstalten kannte der mittelalterliche Bergbau des *Erzgebirges*, denen der Inhaber des Bergregals zahlreiche Gerechtsame überwies. Da war einmal die Berghoheit mit der sachlich notwendigen Beigabe von Waldung, Wasser und Weg, also mit der Möglichkeit der Holzkohlengewinnung, mit der Wasserkraft für Hammerwerke und mit entsprechenden Transportmöglichkeiten. Wir nennen als weitere Einnahmequellen den Bergzehnten, den Haldenzehnten, die Kirchenkuxe oder den Ackerteil, nämlich ein Zweiunddreißigstel Anteil an der Grube. Dazu zählen als weitere Vergünstigungen die Anlegung von Schmelzhütten, wiederum der Zins aus der Freiberger Münze, sodann die freie Verbauung von Bergteilen und anderes[526].

In Sachen der soeben erwähnten Kirchenkuxe, die als Freikuxe betrachtet und der Pfarrkirche zugewandt wurde, liegt es so, daß dieser Berggebrauch sich nur im westlichen Erzgebirge einfand, so 1539 in Glashütte, 1545 in Schmiedeberg und Sadisdorf, 1559 in Dippoldiswalde; dagegen hat Freiberg nach den Forschungen von *Löscher* die Kirchenkuxe zu keiner Zeit angenommen. Damit ist ein Gegensatz zum Joachimsthaler Bergrecht festzustellen, das in seinem Verbreitungsgebiet auf diesen Bergbrauch hinwirkte. Wenn wir richtig sehen, ist im oberdeutschen Raum die Kirchenkuxe unter diesem Namen kaum bekannt[527]. Man sprach vielmehr vom Gottesteil. So bestimmte die Bergwerksordnung für die churrätischen Herrschaften Rhäzünz und St. Jörgenberg im Vorderrheintal, die dem 15. Jh. angehört, wie folgt: „So theilen wir dies unser Bergwerk in zwei und dreißig gleiche Theile also, daß es keinem Theil minder oder mehr denn dem andern treffen soll. Den ersten und einen freien Theil geben wir Gott und seiner würdigen Mutter und Jungfrau Maria. Denselben Theil bauen wir frei und ohne alle Beschwerde; seine Nutzung soll, wie das durch uns oder den mehrern Theil angesehen wird, zu Gottes Dienst angelegt werden[528].“ Es handelt sich um den kirchlichen Anteil des Zweiunddreißigstels. Es ist gleichzeitig die Zeit, wo das marianische Element stärker zum Bergwerk tritt, nämlich zum Grubentitel.

2. Die Zisterzienser

Der Bergbau geistlicher Grundherren verdient bereits für das Mittelalter eine besondere Würdigung. Der Zeit nach sind die Benediktiner an erster Stelle zu erwähnen, mit dem rheinischen Cornelimünster, mit dem schwäbischen Lorsch, mit dem steirischen Admont und mit St. Lambrecht. Die

[526] Eingehender *Löscher*, Erzgebirge. S. 297ff.
[527] Die Bedeutung Glashüttes für die sächsische Bergrechtsgeschichte (Bergakademie, 8, 1956). S. 265–268, bes. S. 267f.
[528] *Plattner*, Bergbau. S. 26.

zweite Welle, diesmal ein reformbewußtes Zisterziensertum, hat sich am bergbaulichen Schaffen in einem weit bedeutenderen Ausmaß beteiligt.

Seit dem 13. und 14. Jh. erwies sich der Raum von Sachsen, Böhmen und Mähren, wenn Religiosen angesprochen werden sollen, als ein reges Betätigungsfeld vorab der *Zisterzienser*[529]. Wir bieten nur einige Hinweise. Der Anteil dieser Weißen Mönche am Bergbau ist so bedeutend, daß es eine besondere Studie verlangt. Wir können sie hier nicht bieten, da sie den Umfang dieses Werkes sprengen würde. Dabei ist es recht bemerkenswert, daß sich die ältere Zisterzienserliteratur um die Beziehung zum Bergbau kaum kümmerte. Nur die von uns zu erwähnenden Abhandlungen von *Spiess* bilden eine dankenswerte Ausnahme. Wir lassen unsererseits nunmehr einige Daten folgen.

Die im Jahre 1552 aufgehobene Zisterze *Grünhain* (Grünhein) will als eine der bedeutendsten Inhaber des Bergbaus genannt sein. Sie besaß drei Städte und 56 Dörfer, hauptsächlich im Erzgebirge, dazu ferner zehn Dörfer in Böhmen. Ihr Haupterwerb war der Eisenabbau[530]. Kein Wunder, daß diese Zisterzienser in die Bergmannssage wanderten. Nach dieser entdeckten sie die Silbergrube, genannt „Die Kutte“[531]. Mönchische Tracht wanderte in die Namengebung der Bergwerke. Bei der Aufhebung des Monasteriums zogen die restlichen Mönche, die in Grünhain nicht zu den Neugläubigen übergetreten waren, zu der Bergbauzisterze Ossek[532]. Diese war eine böhmische Gründung von Grünhain und betrieb ebenfalls Gruben. An weiteren Zisterzen mit Bergbau seien genannt das böhmische Sedlitz bei Kuttenberg, eine Filiation der Reichsabtei Waldsassen[533]. Dahin gehören noch als geistliche Unternehmer ein Monasterium in Chemnitz[534] und in Selow[535]. Bergwerksanteile hatten im übrigen auch der Propst von Frauenthal[536] und das

[529] Zum Folgenden s. zunächst die ergänzungsbedürftigen Ausführungen von *Schwarz*, Bergleute im späteren Mittelalter. S. 23, 144f.

[530] *Konrad Hofmann*, Grünhain. In: LThK 4, Sp. 724. – Ferner *W. Bunke*, Grünhain. In: LThK 4^2, Sp. 1253. – *Janauschek*, Originum Cisterciensium, I. S. 238.

[531] *Stötzel*, Bergmannssage. S. 38. Siehe noch oben.

[532] *E. Winter*, Ossek (amtliche Schreibweise seit 1918, davor: Ossegg). In: LThK 7, Sp. 805. – *Janauschek*, Originum Cisterciensium, I. S. XII, 30, 197.

[533] *B. Grassl*, Sedlitz. In: LThK 9, Sp. 399; 10, Sp. 733. – *Janauschek*, Originum Cisterciensium, I. S. LXXX, 30, 64, 78.

[534] So *Schwarz*, Bergleute im späteren Mittelalter. S. 23. Stadt und Monasterium weder im LThK noch bei *Janauschek*, Originum Cisterciensium, I., genannt.

[535] *Schwarz*, Bergleute. S. 23, 145. Im $LThK^2$ kein Hinweis zu Selow.

[536] Der Name Frauenthel findet sich mehrfach für mittelalterliche Klöster ein. Ob es sich in diesem Falle um eine von Wettingen abhängige Zisterze handelt (Kirchenlexikon, 12^2, Sp. 1416 f.), sei dahingestellt.

Domkapitel von Prag[537], um hier noch eine Umrahmung zu bieten. Zahlreiche Bergleute sollen sogar, bald nach der Gründung im Jahre 1252, Aufnahme bei der mährischen Zisterze *Saar* gesucht haben[538]. Diese Niederlassung, genannt Fons S. Mariae in Saar, hatte 1264 eine bergbauliche Verleihung von König Ottokar empfangen[539]. Saar verfügte, was den bergbaulichen Betrieb erleichterte, über einen ansehnlichen Waldbesitz[540].

Noch ein weiterer Hinweis erscheint notwendig. Die bergbaufreudige Zisterze *Morimond*, an der Grenze zwischen Lothringen und der Champagne, und das von der Zisterze Walkenried gegründete Tochterzönobium *Altzelle*, das nördlich von Freiberg im heutigen Sachsen liegt, ließen sogar nach Urkunden des 13. und 14. Jh. *Konversen* im Berg „vor Ort" arbeiten[541]. Dieser Eifer von Altzelle war vielleicht auch deshalb begreiflich, da die Niederlassung Silbergruben ausbeuten konnte[542]. Das Fichtelgebirge war durchsetzt mit Zisterzen, die sich dem Bergbau zuwandten. Die Abtei Waldsassen hat sich in dieser Richtung verschiedentlich betätigt. Sie berief 1304 den Sedlitzer Abt Heidenreich zur Prälatenwürde nach Waldsassen. Dieser war im Bergbau sehr erfahren, aber die Bevölkerung von Sedlitz und Kuttenplan war beunruhigt über den Weggang dieses Mannes. Sie ließ ihn, als er zur Leitung der Abtwahl seines Nachfolgers in sein Heimatkloster gekommen war, nicht mehr nach Waldsassen zurück. Der bergmännische Betrieb kam in Waldsassen im 15. und 16. Jh. stärker zum Durchbruch. Gemäß der marianischen Überlieferung ihres Ordens wurde im Jahre 1505 ein Stollen auf dem Mögelstein eröffnet, der den Namen „Unsere liebe Frau" erhielt[542a].

Der den Weißen Mönchen eigentümliche und zugleich echt familiäre Begriff der Tochterabtei wirkt sich auch in der bergbaulichen Privilegierung aus, die der Landesherr vornahm. So gewährte in einer Urkunde von 1258 Herzog Boleslav II. von Schlesien dem Zisterzienserkloster *Leubus* für seine Besitzung die Erschließung von Metalladern, nämlich das ius argenti fodine

537 *Schwarz*, Bergleute im späteren Mittelalter. S. 23, 145.

538 Ebd., vgl. ferner *E. Vykoukal*, Saar. In: LThK 9, Sp. 43.

539 *Zycha*, Recht des Bergbaus. S. 164.

540 *Janauschek*, Originum Cisterciensium, I., p. 248.

541 *Schwarz*, Bergleute im späteren Mittelalter. S. 22.

542 *M. Hartig*, Altzelle. In: LThK 1^2, Sp. 406/07. Viele wertvolle Hinweise zur Geschichte dieses Monasteriums bei *Walter Schellhas*, Die älteste Urkunde des sächsischen Bergbaues. In: Bergbau und Bergleute, S. 15–26. Ferner s. *Paul Krenkel*, Zu der Urkunde des Markgrafen Otto vom 2. August 1185. In: Ebd., S. 27–34.

542a Zum Bergbau von Waldsassen s. *H. Muggenthaler*, Kolonisatorische und wirtschaftliche Tätigkeit eines deutschen Zisterzienserklosters im XII. und XIII. Jahrhundert, München 1924, S. 138ff.

vel aliorum terrae metallorum, wie es der Zisterze von Altzelle im Meißener Lande zukomme. Man sieht, daß der schlesische Landesfürst sogar Territorialgrenzen überwindet, wenn er nach der Burggrafschaft Meißen ausschaut[543]. Ein ähnlicher Vorgang ist für die Zisterze *Kamenz* nachgewiesen, die im Jahre 1247 mit Weißen Mönchen aus Leubus besetzt wurde. Da verlieh der schlesische Herzog Heinrich von Münsterberg im Jahre 1273 Kamenz die volle Freiheit über alle Metalle nach jenem Recht, welches die Bergleute des Königs Ottokar von Böhmen genießen, mögen sie wes Standes und der Würde immer sein[544]. Gerade weil Morimond einen großen Einfluß durch Neugründungen besaß – seine Linie zählte im ganzen 212 Klöster –, müßte man versuchen, den Einfluß des vorbildlichen burgundischen Konvents noch zu bestimmen, was den Bergbau betrifft[545]. Wir können jedoch diese Forschungsaufgabe nur erwähnen, aber nicht ausführen. Noch ein weiterer Hinweis sei angebracht. Zisterzienser besaßen im Mittelalter Eisenmühlen in Dobrilugk in der Nähe von Frankfurt a. d. Oder und selbst in Dänemark, nämlich 1195 auf der Insel Seeland[546].

Die mächtig ausladende Tätigkeit der Zisterzienser beschäftigte auch die Volksphantasie. Die schlesische Sage erblickte in ihnen Vertreter der Schwarzen Kunst[547], eine Respektierung, die später auch volkstümlichen Vertretern der Gesellschaft Jesu, vorab St. Ignatius, zuteil wurde.

Was weiter geistliche Bergwerksbesitzer betraf, ist die Zugehörigkeit jener Anstalten zu den jeweiligen Religiosenverbänden nicht ganz gleichgültig. Dieses Zueinander färbte sich jedenfalls im alpinen Raum in der Namengebung der Zeche ab, die solche Herkunftslinien berührten. Von den Chorherrenstiften und Kollegiatkirchen her ist das Bergwerkspatrozinium der Religiosen secundum S. Augustini regulam leichter zu begreifen[548]. Diese regulierten Kanoniker waren weltoffen, was auch ihre kräftige Betreuung der Spitäler bezeugt[549], desgleichen begab sich das Vorkommen St. Augustins in den Grubennamen[550]. Ähnlich anlehnend verhalten sich

[543] *Zycha*, Recht des Bergbaus. S. 161 f. – *Spieß*, Mitteldtsch. Zisterzienserabteien. S. 266.
[544] *Zycha*, Recht des Bergbaus. S. 162f.
[545] Zu dieser Abtei s. *G. Wellstein*, Morimond. In: LThK 7, Sp. 326.
[546] *Ress*, Denkmäler. S. 58, z. T. ohne Datierung.
[547] *Kühnau*, Schlesische Sagen, 3. S. 197.
[548] Privilegium commune bei *Tangl*, Päpstliche Kanzleiordnungen. S. 233.
[549] *G. Schreiber*, Hospital. In: LThK 5^2, Sp. 491.
[550] Vgl. das Lehenbuch des Schwazer Bergbaus vom Anfang des 16. Jh. im Innsbrucker Landesregierungsarchiv. Augustin wird dort erwähnt zwischen den Heiligen Franziskus und Sebastian, ferner beachte man, daß die Gruben in Eisenerz zweimal den Namen St. Augustin führen. Beschreibung S. 32, 33.

die St. Benedikt-Stollen, die sich wie das steirische Admont im Lebensbereich der regula S. Benedicti einfanden. Auch Bernhard von Clairvaux, Franz von Assisi, Antonius von Padua, Ignatius von Loyola, St. Theresia sind unter den Grubentiteln zu finden[551]. Die großen Persönlichkeiten, die solche Religiosenverbände gründeten oder aus diesen hervorgingen, hinterließen also desgleichen ihre Spuren auch bei der Entstehung von Stollentiteln. Das begab sich als ein Echo der Ordensstifter und Ordensgrößen. Solche Vorkommnisse sind quellenkundlich kaum gewürdigt. Zechen dieser Art brachten eigentlich eine namhafte Mitgift in Wald und Wasser mit. Gerade die Gruben geistlicher Stiftungen mochten über reichlichen Holzvorrat verfügen, angesichts des namhaften Waldbesitzes, der sich im allgemeinen für solche Religiosen abzeichnete. Schon die Gründungsurkunde konnte sich als freigebig erweisen. Man nehme nur das Privileg des Papstes Alexander III. vom 2.2.1164 für das Vaterkloster Citeaux, Diözese Châlonssur-Saône. In dieser Bestätigungsurkunde werden Grangien mit ihrem Waldbesitz aufgeführt[552]. Die Benediktinerabtei Kladrau in Westböhmen besaß nicht weniger als 4000 Morgen Land[553]. Noch heute röhren die Hirsche in alpinen Bergwäldern, die bergbaufreundlichen Konventen zugehören.

Zum anderen ist noch zu untersuchen, inwieweit gerade solche geistlichen Korporationen von der Fron befreit waren oder sonstige Vergünstigungen genossen. Ebenfalls mag man vergleichend feststellen, inwieweit, was die praktische Beteiligung der jeweiligen Kommunität betraf, erfahrene Laienbrüder unter Tage mitarbeiteten. Noch verlangt das oft erörterte *Konversenproblem* eine Untersuchung nach der bergbaulichen Richtung. Diese

[551] Benutzte das Exemplar der Zürcher Zentralbibliothek, das das steirische Eisenerz betrifft. Erschienen 1788, Nr. 135, S. 28, 29, 30, 31, 32, 33.

[552] „Ex dono abbatis et capituli sancti Benigni Divionis et Aimonis domni de Tilecastro, Guidonis de Claromonte et aliorum heredum grangiam de Tharsulia cum adiacentibus terris, pratis, aquis, *silvis*, pascuis, decima et pertinenciis suis, ex dono Godefridi, Lingonensis quondam episcopi, et capituli sui." Ferner: „Grangiam de Jargolio cum adiacentibus terris, pratis, *silvis* et pascuis, ex dono Severici de Vergiaco et Ysabellis, uxoris eius, et Odonis Viridis, et decimam eiusdem grangie." Wiederum: „Ex dono Henrici abbatis de sancto Johanne de Angelis et capituli sui, Symonis et Hervei dominorum de Vergiaco et Hugonis de Loliaco grangiam de Moisiaco cum adiacentibus tenris, pascuis, *silvis*, pratis, aquis, decima et omnibus pertinenciis suis." Wiederum hören wir von einer Zuwendung der Abtei St.-Jean d'Angély, Diözese Saintes an Citeaux. – *v. Pflugk-Harttung*, Acta Pontificum Romanorum Inedita, I. Urkunden der Päpste vom Jahre 748 bis zum Jahre 1198, Bd. 1. Tübingen 1881, nr. 254, p. 263 sq. Citeaux steht hier für viele andere Abteien.

[553] Siehe *H. Rösel*, Kladrau. In: LThK 6^2, Sp. 812.

zuweilen erfolgte Verwendung ist schon angedeutet[554]. Es dürfte jedoch eine solche Heranziehung dieses Instituts nicht gerade häufig gewesen sein. Doch mag schon vorgekommen sein, daß über die Konversen hinaus die dienenden Kreise der servientes, famuli, mercennarii, hospites, die in der Abhängigkeit eines Zönobiums standen, irgendwie mit herangezogen wurden. Für diese Zusammenhänge mag noch die regionale Forschung einsetzen.

Die Weißen Mönche hatten in allem ein intimeres Verhältnis zur Landschaft. Dieses stärkere Eindringen, diese größere Verwurzelung mit Grund und Boden, diese gepflegte Wasserwirtschaft, dieses verstärkte Waldgefühl zeichneten sich bereits in der Namengebung ihrer Gründungen ab. Der ältere Benediktinerkonvent war, um eine Flagge aufzurichten, abhängig von dem Dynasten, von den Heiltümern, die auf dem Wege einer Translation erworben waren, vom liturgischen Kalendar, von der Gebetsverbrüderung und von verwandten Zufällen, die seine Begründung mehr oder minder kennzeichnete. Ganz anders die Weißen Mönche. Die Namengebung ihrer Abteien verband sich mit dem Wald, mit dem Dickicht, mit dem Sumpf, in dem sie rodeten. Dazu packte sie der Flußlauf, zu dem wie in Eberbach das Wild zur Tränke kam, oder wie jene Ufer, die wie im westschweizerischen Hauterive oder im tirolischen Stams Überlegungen für die weitreichende Auseinandersetzung mit dem Wasser schufen[555]. Sie hatten ebenso in Walkenried ein Verhältnis zum Stausee oder doch zur Anlage der Fischteiche, die sich heute noch im Eifelkloster Himmerod in vielfacher Zahl einfinden. Sie besorgten ebenso die Wasserbauten (Archen) am tirolischen Inn. Wenn man von den Benediktinern sagt, daß der Schöpfer die regula sancti Benedicti auf die Berge anwandte, so ist dieses nur zum Teil richtig. Die Söhne von Citeaux, die zunächst der Niederung im Tal verhaftet waren, gingen dem Berg ganz anders zu Leibe. Sie sahen gewiß mehr oder minder davon ab, Stätten der Sakralkultur am Berg zu errichten und dort Wallfahrtsorte zu begründen, oder Stationswege wie im Barock, bis zur Höhe der Berge kalvarienberghaft zu führen. Was sie packte, war das Bergesinnere mit seinen Erzen und seinen Edelmetallen. Gewiß nicht jeder Hof, an dem sich die Zisterze anlehnte oder zu der ein Tal sich öffnete, war freigebig und reich an Metallen und Mineralien. Für diese großen Wirtschaftler war der

[554] S. oben.
[555] *Nikolaus Grass*, Beiträge zur Wirtschafts- und Kulturgeschichte des Zisterzienserstiftes Stams in Tirol (Schlern-Schriften, hg. v. R. Klebelsberg, Bd. 146). Innsbruck 1959, S. 157, 187.

Bergbau nur ein Teil ihres umfassenden Wirtschaftsprogramms, aber ein bedeutendes Anliegen, soweit sie in Bergwerksgebieten gesiedelt waren.

Es trat noch ein Moment hinzu, was große Beweglichkeit und eine verstärkte Aktion verlieh. Sie verfügten, wie erwähnt, über die *Konversen*, also über eine qualifizierte Arbeitergruppe mit monastischen Vorzeichen, die sie beim Acker, beim Weinberg und ebenso im Bergbau einsetzten. Mit diesen Konversen ging viel Überlieferung, Lebenserfahrung, Wirtschaftspraxis, Wissen um Meierhöfe, auch um die Nutzung des Wassers und des Waldes. Mehr als ein Konverse mochte um die Besonderheiten des Bergbaus wissen. Es entsprach der mittelalterlichen Praxis, daß Abteien und Kanonikatsstifte in Reichsstädten und in anderen Städten Höfe mit Konversen einrichteten, um Korn und Wein zu verkaufen. Ihre Wirtschaftserfahrung mehrte sich.

Es ging nur einen Schritt weiter, wenn die am Harz gelegene Zisterze Walkenried eine Filiale einrichtete, die sich auf das Bergwesen einstellte. Erfahren wir doch, daß dieses Harzkloster bereits im Jahre 1208 in Goslar, also in der geschäftigen Bergstadt am Rammelsberg, eine Niederlassung einrichtete. Dort war es, da im Jahre 1216 der Konverse Almantis als Hüttenmeister tätig war. Werden doch schon für 1205 Hüttenwerke in Sachen des Harzbergbaus erwähnt[556]. Die montane Politik dieser Zisterze erwarb weitere Höfe und Hütten im 13. Jh., vornehmlich in Sachen der Kupfererzeugung, wobei selbst im Jahre 1302 der Ankauf der Hütte Homannshausen erfolgte[557]. Gleichzeitig begründete Walkenried den Bergbau in St. Andreasberg und sicherte sich einen entsprechenden Waldbesitz[558].

Anregungen von Walkenried übertrugen sich auf die Zisterze Sittichenbach, die 1241 von dort gegründet wurde. Sie hat den Kupfer-Schiefer-Bergbau in die Hand genommen[559]. Von Sittichenbach her vollzog sich die Gründung in Grünhain[560]. Der eigentliche Stifter war der Burggraf Meinhart II. von Meißen, der 1235 dem Konvent große Ländereien mit dem Obergericht schenkte. Bergbaulich war es wertvoll, daß sich Konversen von Walkenried einfanden.

Grünhain trat auch in die Bergmannssage. Nach ihr entdeckte ein Zisterzienser das Silber. Es war ein Vollmönch, kein Konverse. Ging dieser Konventuale doch, wie berichtet wird, zu einer Waldkapelle oder zu einer

[556] *Karl Heinz Spieß*, Bergbaugeschichte einiger sächsisch-thüringischer Zisterzienserabteien. In: Der Anschnitt, Jg. 11, Nr. 3, 1959, S. 12ff.

[557] Ebd.

[558] Ebd., S. 14.

[559] Ebd., S. 14.

[560] Ebd.

Grangie, um dort die Messe zu lesen. Es ist nicht ganz gleichgültig zu sehen, daß die Sage sich einem vollberechtigten Mitglied des Konventes zuwendet. Dieser Mönch ist es nun, der seine Kutte über den „starken Zacken gewachsenen Silbers wirft, der drei Zoll lang aus der Erde hervorstand“. Das geschah nicht nur, um die Fundstelle „sicher zu bezeichnen“. Diese Schilderung wirkt nicht nur, um einen praktischen Zweck anzuzeigen, sie gibt sich darüber hinaus wie der Hinweis auf ein Rechtssymbol, das die Besitzergreifung ankündigt. Dieser Konventuale meldete, indem er in vollem Lauf nach Grünhain zurückkehrte, seinen Fund dem Abte. Kurz darauf wurde an der Fundstelle ein Bergwerk angelegt, das lange Zeit „gute Ausbeute gab“, und noch jetzt „Die Kutte“ heißt[561]. Die einschlägigen und ergiebigen Forschungen von K. Hallinger über die Konversen berühren innerklösterliche Vorgänge, ohne sich der bergbaulichen Tätigkeit zuzuwenden. Unter den bergbaufreundlichen Klöstern sei noch erwähnt die Zisterze Neuberg im oberen Mürztal, am Semmering. Dort zog das Kloster seit Ende des 17. Jh. aus der Nutzung der nahen Eisenvorkommen reichen Gewinn. Befand sich doch ein Hochofen in Krampen. Dieses Stift wurde 1786 aufgehoben. Der Religionsfond, der den Besitz übernahm, wußte die Eisengewinnung zu steigern[561a].

Eine bergbautreibende Zisterze in *Polen* ist noch zu erwähnen, die eine bedeutende Verleihung empfing. So erhielt das Kloster *Wackok* oder Camina (D. Krakau) im Jahre 1249 durch den Herzog Boleslaus von Cracau und Sendomir ein Neuntel von dem Salz, das die herzoglichen Salinen von Bochnia gewannen[562]. Diese Neuntelung will neben dem Bergzehnten beachtet sein. Von *Zycha* ist in Abweichung von der Norm des Zehnten für das 14. Jh. eine Elftelung erwähnt[563]. Bemerkenswert sind weitere Bestimmungen, die diesem Freibrief des Herrschers mitgegeben werden. Sobald die Mönche innerhalb des Herzogtums Krakau oder der Herrschaft Sendomir neues Salz finden oder sobald sie alte Salzbrunnen wiederherstellen, dann erhalten sie den dritten Teil davon. Kein Münzmeister oder Zolleinnehmer soll ihnen dieserhalb dreinreden. Die hier erwähnte *Drittelung*

[561] *Stötzel*, Bergmannssage, S. 38, mit Hinweis auf *Sieber*, Sächsische Sagen. Jena 1926, S. 61.

[561a] Reclams Kunstführer Österreich, Bd. 2. Stuttgart 1961, S. 460.

[562] *Franz Winter*, Die Cistercienser des nordöstlichen Deutschlands, 2. Theil. Gotha 1871, S. 390. Ferner s. *Janauschek*, Originum Cisterciensium, 1, p. 178. – *Ulysee Chevalier*, Répertoire des sources historiques du moyen Age. Topo-Bibliographie. 2ème partie. Montbéliard 1903, t. 2, Sp. 3328.

[563] Recht des Bergbaus. S. 166.

der Einkünfte mochte Regelungen entsprechen, die sich sonst im mitteleuropäischen Raum einfinden, wenn etwa ein Drittel des Kornzehnten oder des Weinzehnten oder ein Drittel der Oblationen jenen Partnern vorbehalten wurden, die an einem Grundstück, an einem Weinberg oder selbst an missalen Abgaben teilnahmen. Das Gesetz der germanischen Drittelung hatte sich ostwärts bewegt[564]. Aber die Verlautbarung für Wackok berührte noch weitere Mineralien mit ihrem zisterziensischen Anteil: „Auch wenn sie Gold- oder Silberadern auffinden oder aufdecken lassen, so sollen sie den fünften Theil davon abhaben[565]." Man kann es verstehen, daß bei diesen Edelmetallen der Anteil der Religiosen ein geringerer war. Immerhin wandern bedeutende Anteile in die Wirtschaftsverwaltung der Zisterze. Deren bergbauliche Erfahrung mochte am Ende auch den herzoglichen Bergwerken zugute kommen.

Das vielseitige Interesse der monachi grisei galt auch den Salinen. In Aussee nahmen die Weißen Mönche 1147 das erste Salzbergwerk in Betrieb. Es gelang dem Orden, die Salzgewinnung in Lüneburg stark in seine Hände zu bekommen[566]. Auch die Zisterze Reun (Rein) war ursprünglich an den Salzpfannen im Salzkammergut beteiligt[567]. Über eine polnische Zisterze, die am Salzbergbau beteiligt war, ist oben gehandelt. Ein Blick auf ausländische Zisterzienserklöster. Auch dort wurde versucht, Kohle, Eisenerz, Edelmetall, Salz zu gewinnen: Für die Geschichte des Kohlenbergbaus soll es beachtet sein, daß die schottische Abtei Newbattle, 1140 gegründet, eines der ersten Kohlenbergwerke eröffnete, zunächst im Tagbau. Das Kloster Culross, 1277 gegründet, betrieb einen regen Kohlenhandel zum Ausland. Desgleichen wurde von den beiden erwähnten schottischen Abteien auch Salz ausgeführt. Eine ähnliche Stellung schuf sich die Abtei Fountains in England. Sie nahm die Wiedereröffnung von Bleiminen in die Hand, sie gründete Schmelzwerke und sicherte auch Abbaurechte[568].

[564] Auf diese Drittelung haben wir oft hingewiesen: *Schreiber*, Gemeinschaften. Im Register, S. 447. – *Ders.*, Wochentage. Im Register, S. 264.

[565] *Winter*, Cistercienser, 2. S. 390.

[566] *Ludwig Lekai*, Geschichte und Wirken der Weißen Mönche. Köln 1958, S. 240.

[567] Ebd., S. 239.

[568] *H. v. Srbik*, Studien zur Geschichte des österreichischen Salzwesens. Innsbruck 1917.

3. Die Unternehmer

Die Gewerke haben sich auch der Imponderabilien angenommen, die das Bergwerk mit sich führt. Es befaßt sich Jakob Fugger mit der Fuggerau, wo eine Kirche ausgestattet wurde. In Neusohl übernahm er die Kosten einer Spitalverbesserung[569].

4. Bergbau und Bauerntum. Freigrübler

Noch ein Wort über die weitere Umwelt des Bergwerks. Der Bergmann stand im Bauerntum, aber nicht in der städtischen Gesellschaft. Dieser Umstand will beachtet sein. So konnte er sich freihalten von manchen Niedergangserscheinung, die sich innerhalb der Stadtmauern abzeichneten. Er war den so einschneidenden, zum Teil revolutionären Kämpfen zwischen Patriziat und Zünften nicht ausgesetzt. Sektiererischen Bewegungen unterlag er nicht so leicht, wenn auch in Tirol und Steiermark manche Neuorientierungen ernstlich versucht wurden. Jahrzehntelang ergaben sich dort vorab im steirischen Raum schwierige Situationen[570]. Es kam dieserhalb zu Abwanderungen im Bergbau. Doch es zeichnete sich ein Gegengewicht ab. Die Bodengewalt der Landschaft und das volkhafte Brauchtum der Berge, das sich durch Generationen geleitet hatte, wollen erwähnt sein. In die gleiche Richtung wiesen das erdverwurzelte Knappenhaus, das heute noch vereinzelt in Schwaz sichtbar ist. Die Familienüberlieferung, die im allgemeinen um die Ortsansässigkeit wußte, verlangte starke Berücksichtigung. Auch die Paten wurzelten in der Landschaft. Der Bergmann war zudem dem Walde verhaftet, der das für den Bergbau notwendige Holz lieferte. Darüber hinaus waren oft menschliche Beziehungen aufgenommen. Dort betätigten sich auch Bergverwandte, wie die Köhler, die Waldschmiede und Eisenschmelzer. Dort wohnte zudem die heimatliche Sage, so etwa von der „uralten Tanne", die ein reiches Silbervorkommen im böhmischen Erzgebirge verwahrte[571]. Überhaupt ist der deutsche Wald des Bergmanns Freund. Die Waldsage weiß ja zu berichten, daß sich an der Waldkapelle Silberadern öffnen[572]. Da ist wiederum die Schatzsage mit dem Traum, der seinerseits

[569] *G. von Pölnitz*, Jakob Fugger, Bd. 1. Tübingen 1949, S. 75.
[570] *Pirchegger*, Steiermark. S. 125.
[571] *Stötzel*, Bergmannssage. S. 36.
[572] Ebd., S. 38, mit Hinweis auf *Sieber*, Sächsische Sagen. S. 60.

in den Wald führt. Da ist ebenso der Engel, der den Weg in das Dickicht und zu dem Baum weist, der orientiert und spendet.[573]. Darüber äußert sich die Fundsage von *Annaberg:* „Einst erschien einem Bergmanne nachts im Traum ein Engel. Der sagte: ‚Geh in den dicken Wald zu dem Baume, den ich dir jetzt zeige. Dort wirst du ein Nest mit güldenen Eiern finden.' Und als der Tag kam, ging der Bergmann in den dicken Wald und fand den Baum. Aber, wie er auch in den Zweigen und im Wipfel suchte, das Nest fand er nicht. Da stieg er gar traurig aus dem Gezweig. Alsbald erschien der Engel wiederum vor ihm, sagte: ‚Schlag an dem Baum ein, so wirst du das Nest mit den güldenen Eiern wohl treffen.' Da ist der Bergmann dem Befehl des Engels gefolgt, hat geschürfet, hat einen reichen Silbergang entblößet. Sind von allen Orten und Enden viele Fremde gekommen, das neu von Gott bescherte Glück zu sehen. Ist die Stadt Annaberg an diesem Ort entstanden[574]." Wiederum ist das Glücksmotiv in die Sage eingeführt.

Nach allem ist das Naturgefühl des Bergmanns im allgemeinen stärker als das der städtischen Zunftmitglieder entwickelt, die mehr dem Zivilisatorischen, dem Gewerbe, dem Handel und Verkehr, nachgingen. Die naturnahe Haltung des Montanen war sein Vorteil, wenn Metalladern aufgeschlossen werden, wenn er ebenfalls dem Waidwerk oblag. In ein nahes Verhältnis trat der Bergmann auch zu dem Wasser[575]. Dieses unterstützte ihn mit dem Hammerwerk und mit dem Schöpfrad. Aber es gab sich ebenso als Wassernot, wenn der Bergbeflissene dem Wassereinbruch begegnen mußte. Überdies sah er mit Sorge auf die Flöße, die das Erz auf der Etsch transportierten.

Er verspürte seine Abhängigkeit von der bäuerlichen Wirtschaft, um den nötigen Proviant für seinen Gang ins Bergesinnere und für den Unterhalt seiner Familie zu erhalten. Ein Teil bäuerlicher Lohnarbeiter besorgte die Kost. Aber die Versorgung mit Lebensmitteln, die in den Gebirgstälern schwer war, beschäftigte nicht nur dörfliche Eingesessene. Darüber hinaus mußten selbst die Landesgewalten in Anspruch genommen werden. Entfernungen waren zu überwinden. Oberösterreich lieferte Lebensmittel nach den Bergwerken Tirols. Doch der steirische Erzberg und der Ausseer Salzberg besaßen eigene Widmungsbezirke; denn alles Vieh, Fleisch, Fett, Leder, Getreide etc. durften im 17. Jahrhundert nur an diese Bergbaustätten

[573] *Kühnau*, Schlesische Sagen, 4. S. 118f., im Register. Über Salzquellen s. *Seeger*, Westfalen. S. 76 ff.

[574] *Stötzel*, Bergmannssage. S. 38.

[575] Reiche Hinweise bei *Kühnau*, Schlesische Sagen. S. 212, im Register.

verkauft werden. Solche Einschränkungen dehnten sich aus nach der Mittelsteiermark[576].

Es öffneten sich sonstige Unterschiede zur Civitas. Machtgruppen, die sich dort bekämpften, die in italischen (Guelfen und Ghibellinen) und deutschen Städten ein erbittertes Ringen zwischen Patriziat und Zünften mit sich führten, blieben am Berg unbekannt. Andere Gefahrenbereiche zeichneten sich allerdings ab. Gewerblicher und kaufmännischer Frühkapitalismus strömten aus der städtischen Siedlung in die verschiedensten deutschen Bergwerksgebiete. Vor allem wurden alpine Räume aufgesucht. Das Bergwerk wurde an mehr als einer Stelle zur gewinnbringenden Anlage, zur ertragreichen Unternehmung, zur Grundlage für weitreichende Handelsgeschäfte. Die Stadt wurde derart am Lande neu interessiert. Einst hatte man schon in einer Vorbereitung solcher Beziehungen Klosterhöfe in der civitas besorgt, um Korn und Wein zu verkaufen. Mit Metallen und Mineralien wuchs diese Fühlungnahme in einen größeren Rahmen. Doch Wechselfälle traten ein. Der Bergsegen ging zurück oder erlosch. Auch mit veränderlichen, ja mit schwindenden Erträgen im Bergbau ist das Selbstbewußtsein der Knappen nicht ausgestorben. Man versuchte anderorts Neuschürfe. Natürlich bei ergiebigen Flözen, bei guten Löhnen und entsprechendem Absatz der Metalle hat sich das Selbstgefühl verstärkt. Öffentliche Faktoren mußten schon auf dieses Standesbewußtsein achten. Die Bergordnungen des Landesherrn waren auf ein starkes Gemeinschaftsbewußtsein der Bergbeflissenen angewiesen. Darin wurzelte ja die Berufsleistung. Schutzbestimmungen für die sozial Schwächeren fanden sich ein. So konnte Artikel 15 der Bergordnungen des Tiroler Herzogs Siegmund des Münzreichen von 1468 vorsehen: „Führt ein Hutmann einen Arbeiter um seinen Lohn auf seinen Gewerken und ist dieser dessen geständig, so soll der Arbeiter von dem Hutmann ein Genügen haben. Wäre aber der Gewerke nicht geständig, so soll ihn der Hutmann bezahlen[577].“ Wiederum ist es für den Eigengrübler günstig, wenn es im Artikel 22 heißt: „Arbeitet aber Jemand jährlich einen Schlag Nutzholz, schichtet es auf und vermag es nicht zu vertreiben oder zu verkaufen, so hat er Freiung Jahr und Tag[578].“ Diese Bergordnung wurde auch von Churrätien als Norm übernommen[579]. Tirol wirkte an mehr als einer Stelle auf Graubünden.

[576] *Pirchegger*, Steiermark. S. 178.
[577] *Plattner*, Bergbau. S. 20.
[578] Ebd., S. 21.
[579] Ebd., S. 18.

Auch die technischen Fortschritte im Bergbau erforderten die höchste Interessierung der Bergarbeiterschaft, das Mitschwingen schaffensfreudiger Kräfte, deren Arbeitsteilung sich immer mehr verzweigte. Die Apparatur des Bergwerks erlebte ihre Steigerung. Die Handarbeit befreundete sich mit dem Pulver als Sprengmittel und mit der Wasserhebemaschine. Der Bergbau entwickelte in allem eine Umwelt, an der die verschiedensten Berufe teilhaben. Die Schmelzer, die Köhler, die Schmiede hatten sich eingestellt. Der „Probiermeister" mußte oft enttäuschen, wenn man leichtgläubig auf Grund volkstümlicher Überlieferungen zum Goldsuchen angetreten war[580]. Zum Bergrichter traten die Geschworenen, die Schreiber, die Fröner, die Schieder (Markscheider), Silberbrenner und Fronboten. Man vergleiche die Salzburger Bergordnung des Erzbischofs von *Matthäus Lang* von 1532, ebenso weitere Bergordnungen und Normenbücher[581]. Eine Gliederung und Zusammenarbeit wuchs heran, die in ihrem Rhythmus und Ablauf an das genossenschaftliche Leben der städtischen Kultur erinnerte. Die Ausfaserung der Gotik macht sich geltend.

Das Bergbuch des Agricola und der diesem ähnliche Tiroler Codex Ettenhardt beweisen ein bereits festes Gefüge, das den Bergbau bedeutend stützte und förderte. In die gleiche Richtung gingen andere konstruktive Berggesetze vom 15. und 16. Jh. Äußere und innere Bedingungen wirkten also mit, um eine wirklich berufsständische Organisation zu entwickeln, um weiter einen guten Nachwuchs einzugliedern und zu erziehen. Individuelles wurde keineswegs erstickt. Sonderwünsche konnten sich entfalten inmitten des Lebensrechts und eines sich verstärkenden Pachtsystems. Jedenfalls kennzeichnet die Bergmannssage wohlwollend den Einzelbergmann, wenn er zum Entdecker von Fundgruben gemacht wird. Also der Beruf des *Freigrüblers* wird in der fortgeschrittenen Ordnung noch geachtet. „Das mittelalterliche Bergrecht kennt keine Schurflizenz. Demgemäß erscheint jeder Bergbaulustige als Träger der Bergbaufreiheit gegenüber dem Grundeigentümer."

So hat *Zycha*, allerdings mehr an der Hand der böhmischen und österreichischen Quellen, die Rechtslage umschrieben[582]. Im Untertitel seines Buches hat der Autor seine Untersuchungen nur bis auf das 13. Jh. bezogen. Aber es ist schon richtig, daß die Bergordnungen des 13. Säkulums dem Eigengrübler günstig gesinnt sind, was selbst noch eine Verlautbarung

[580] *Plattner*, Bergbau. S. 69.
[581] *Hinterseer*, Hofgastein. S. 366.
[582] Recht des Bergbaus. S. 171.

des Bergrichters des tirolischen Persen noch aus dem Jahre 1549 bezeugt[583]. Und doch regten sich in anderen Bergbaugebieten schon andere Auffassungen, die die Wirksamkeit des Eigengrüblers grundsätzlich und praktisch einengten. In den Salzburger Landtaidingen (Landöffnungen, Rechtssatzungen), die vielleicht schon um 1300 geltend gemacht wurden, war davon die Rede, „daz alle gefundene Schätz, es sey Goldt oder Silber oder Edelgestain und Perckwerch auch seiner Genaden (dem Erzbischof) zugehöre und alle neue Fündt und Gründt soll khainer empfahen oder aufslahen oder einnemen ohne wissen seiner Gnaden oder derselben anwaldt und derselben Nachbarschaft, die da Gmain und Thail habe"[584]. Erlasse und Bergordnungen rütteln am Gewohnheitsrecht. Regionales will immer wieder beachtet sein.

5. Bergwerk als Großtat des Herrn

Noch ein Weiteres. Der Beruf ist gottverbunden. Dieser Gedankengang regt sich stärker als in der Stadt, wenn auch dieser die Wege zur Sakralkultur, zu Zunftaltären und zur Bruderschaft beschritt. Das Bergwerk ist eben in der Vorstellung des Bergmanns Ausstrahlung der Gottesherrschaft und seiner Güte. Es offenbart die Großtaten des Herrn, die magnalia Dei. Solches bezeugt das Bergmannslied. Das Bergwerk steht also nicht nur in einer Gesellschaftsordnung, sondern zunächst in Gottes Anordnung und Sittennorm. „Gottes Glücke das bedörffen wir wol, Wo wir innen dem weyten Lande rummer fahren", so singt in der Frühzeit des deutschen Bergbaus der wandernde Berggeselle[585]. Man soll also Gott dem Herrn dienen, in zweiter Linie aber auch jedem Träger der mittelalterlichen Ordnung, der Bergwerke verleiht, der als Landesherr oder als Inhaber eines Bergprivilegs Gottes Willen vorzieht. Gottes, des Bergfürsten, besondere Diener sind die Engel. Sie erscheinen in der Vorstellung des Bergmanns als Offenbarer seines Willens und als stützende Helfer. Ihre vermittelnde Art tritt auch in die Sage, zu mehr als einer Fundgrube. Zu diesen Heilbringern gehört auch der Prophet Daniel[585a], überhaupt werden biblische Vorstellungen herangezogen, besonders die des Alten Testamentes, um dem bergbaulichen Betrieb eine höhere Weihe und eine gottgewollte Tätigkeit einzuhändigen. Man

[583] *Wolfstrigl-Wolfskron*, Tiroler Erzbergbaue. S. 268.
[584] *Hinterseer*, Hofgastein. S. 451.
[585] *Heilfurth*, Bergmannslied. S. 95.
[585a] *Fr. Wrubel*, Sammlung bergmännischer Sagen. Freiberg 1882. Im Register S. 173.

gefällt sich darin, darum zu wissen, daß bereits das Heilige Land Kupfer und Erz als Wohltaten des Herrn sein eigen nannte. Diese Linien werden jedenfalls von den Altgläubigen festgehalten. Über Jahrhunderte hinweg. Es ist nicht minder reizvoll, der Entwicklung der protestantischen Exegese nachzugehen. Was ihre Bestimmungen zu den Metallen und Mineralien betrifft, so weiß das Biblische Reallexicon des *Georg Siegemund Greens*, der H. Schrift Doctoris, 3. Auflage 1722 (Vorwort 1715)[586], zu berichten: „Metallen, sind Mineralien, welche in denen Klüfften der Erden generiret, mit großer Mühe heraus gegraben, und zu der Menschen Gebrauch zugerichtet werden, wie denn das Metall gleich mit dem Anfange der Welt aus der Erden heraus gegraben worden, welche Kunst Tubal Cain erdacht, Gen. 4, 21." Dazu folgt der wichtige Hinweis: „Der Geist Gottes nennet sechs Species derselben, als: das Gold, Silber, Ertz oder Kupffer, Eisen, Zinn und Bley, Num 31, 22[587]."

Mancher Lebensgenuß zeigt sich bei gesteigerten Einkünften. Aber der Berufsstand bewahrt auch bei Wechselfällen sein inneres Gleichgewicht. Die Berglandschaft geht in die gleiche Linie der geprägten Überlieferung. Berggipfel tragen ja nach wie vor die Namen von Mysterien und Heiligen. Die Dreifaltigkeitsberge treten an die Seite von Annaberg und Andreasberg. Viele Grubennamen bewahren sich, andere münden in den Prozeß der Säkularisierung.

6. Geistliche Grundherrschaften als Bergherren

Die Grundherrschaften geistlicher Korporationen verlangen in Hinsicht auf den Bergbau eine besondere Beobachtung. Dieses legen der umfängliche Besitz, die Konkurrenz zum Landesherrn, das eigene Bergarbeiterpersonal und anderes nahe. Beginnen wir mit einem Ausblick auf die Schweiz. Da hören wir, daß der Abt des bündnerischen Benediktinerstiftes *Disentis* (Desertinas, Disitis, um 750 OSB-Abtei) noch im 17. Jh. das Bergregal ausübte. Im Jahre 1694 hatten der dortige Abt und Senat die Bergwerke in

[586] Wir teilen aus dem umfänglichen Titel des Werkes, der dem Zeitgeschmack entspricht, nur noch die Wendung mit, die die Mineralien erwähnt. So heißt es hinter dem Titel „Biblisches Reallexicon": In welchem nicht allein Alle Länder, Städte und Gegenden, Gebäude und merckwürdige Oerter, Wasser, Seen, Flüsse und Brunnen, Berge, Thäler und Bäume, Tempel, Gottes- und Götzen-Häuser, Opffer und Gottesdienst, Abgötter der Juden und Heyden, Völcker und Leute, Mannes- und Weibes-Personen, Thiere, Mineralien, Gewichte, Maaß, Ellen und Müntzen ... Chemnitz 1722.

[587] Ebd., Sp. 1560f.

Nadils und Ponteglins dem Hans Ulrich Steiner in Winterthur für 15 Jahre verpachtet. Diese einstige freie Reichsstadt (1417), später unter der Herrschaft von Zürich (1467–1498), besaß ein kapitalstarkes Bürgertum. Der Fürstabt von Disentis ließ in Rhäzunz auf österreichischem Gebiet sogar Münzen prägen[588]. Diese repräsentative Haltung entsprach dem gesteigerten Lebensgefühl des Barock, der dort den Neubau des Klosters (1683–1695) und der Klosterkirche (1695–1712) heraufführte.

Manche Hinweise auf Westeuropa, näherhin auf Holland und Belgien, mögen noch durch solche Einzelbeobachtungen zu erbringen sein. Für den heutigen niederländischen Raum nennen wir zunächst die Abtei *Kloosterrade* und ihre montane Überlieferung[589].

Ein Weiteres. Der Abt der Zisterze *St. Remy* (Rochefort, Belgien), die in den Ardennen liegt, sichert sich seinen Anteil aus den Bleiminen auf seinem Gebiet. Findet jemand 50000 Pfund Blei, so muß er an jeden der Mönche einen Dukaten abgeben und an den Abt noch einmal die Summe aller dieser Dukaten. Man erinnere sich an die einstige, aber noch weiterlebende Güterteilung zwischen Abt und Kapitelsgut[590]. Daß Konventualen als Empfänger auftreten, verlangt schon einige Beachtung. Außerdem besaßen diese Mönche drei Marmorgruben. Aus diesen wurde viel Material für Kirche und Kloster St. Hubert verwandt, das im Jahre 687 für Kanoniker gestiftet und seit 817 von Benediktinern besiedelt wurde[591].

Obwohl der Kohlenbergbau und die Eisenhütten erst im 19. Jh. dem *Ruhrgebiet* seinen heutigen Charakter als Industrierevier gegeben haben, so förderten doch schon im späteren Mittelalter die gefürstete Reichsabtei *Essen*[592] und die Benediktinerabtei *Werden*[593] den Bergbau. Man rüstete sich

[588] *Iso Müller*, Die Abtei Disentis 1696–1742 (Zeitschrift f. schweizerische Kirchengeschichte, Beiheft 19). Freiburg (Schweiz) 1960, S. 545f.

[589] Siehe *Wilhelm Gierlichs*, Over de mijnbouw de abdij Kloosterrade. Rourmond 1937. Sonderabdruck aus Rolducs Jaarboek 1937. Ferner s. auch einige Hinweise bei *Matthias Zender*, Räume und Schichten mittelalterlicher Heiligenverehrung in ihrer Bedeutung für die Volkskunde. Die Heiligen des mittleren Maaslandes und der Rheinlande in Kultgeschichte und Kultverbreitung. Düsseldorf 1959, bes. S. 48.

[590] *Arnold Pöschl*, Bischofsgut und Mensa Episcopalis, 3 Teile. Bonn 1908–1912, 2, S. 12ff. – Dazu *Nikolaus Grass*, A. Pöschl. In: Zsch. des Historischen Vereins für Steiermark, Jg. 1961, S. 64–83.

[591] *Geubel*, Notice sur l'abbaye de St. Remy. Dans: Annales de la Sociéte archéologique de Namur, t. III (art. pp. 293–312). – *N. Backmund*, St. Hubert. In: LThK 5, Sp. 167. Praemonstratenser-Lexikon. Im Druck. – Zu St. Rémy s. auch *Janauschek*, Originum Cisterciensium, I. S. 279.

[592] *M. Hartig*, Essen. In: LThK 3, Sp. 801/02. – *J. Torsy*, Essen, Stadt. In: LThK 3², Sp. 1109/10, ohne Erwähnung des Bergbaus. – *Jahn*, Essener Geschichte. S. 179ff.

[593] Ebd., S. 181. – *A. Fuchs*, Werden. In: LThK 9, Sp. 825/26.

für kommende Zeitalter. So wurden innerhalb des Herrschaftsbereiches der Abtei Essen regelrechte Berggenossenschaften besorgt und gepflegt[594]. Sie erinnern an den bergbaulichen Betrieb freier Genossenschaften unter grundherrlicher Aufsicht, wie solche am Ausgang des 12. Jh. für die Gruben des Klosters St. Paul im Lavantthal erwähnt werden[595]. Diese Aufsicht erstreckte sich dort auf die Abfuhr des klösterlichen Anteils an den geforderten Metallen. Das Stift wachte also, wie Zycha vermerkt, über die Nutzung und Verwertung seines Eigentums[596]. Die Einrichtung der Kohlenberggenossenschaft „am Schenkenbusch", im Raum des heutigen Essen-Bredeney, ist uns aus dem Jahre 1566 überliefert. Der Anstoß zu dieser Gründung kam von der Abtei selbst[597].

Gänzlich anders aber war die Lage in dem benachbarten und erwähnten Benediktinerkonvent Werden an den waldigen Hängen der Ruhr. Der Abbau von Silber und Blei wurde an mehreren Stellen durch den dortigen Abt angeregt. So betätigte man sich auf einer Flur namens Rosdelle am Bleiberg und an der Silberkuhle auf der Stelle des heutigen Ruhrstadions in Rüttenscheid („an Montags Loch")[598]. Werden war zudem auch Lehnsherr. Die „Silberkuhle", 1354 in einer Urkunde „spelunca" genannt, war ein Werdener Lehen der ritterlichen Familie Schild van Rüddenschede[599]. Sie kam 1476 zur Ausbeutung an den Essener Kaufmann Amelung von Dorningen. Er ließ mit Knechten einfahren, um Silber, Blei und andere Erze zu gewinnen, und entrichtete eine Abgabe von fünf Prozent, bei Silber von zehn Prozent des Ertrages an den Verpächter[600]. Werdener Lehen war auch das benachbarte Gut zum Steinhaus, wo ebenfalls Erze abgebaut wurden. Dieser Hof lag auf dem Essener Ausstellungsgelände der heutigen „Gruga"[601]. Der benachbarte *westfälische Raum*, insbesondere sein südöstlicher Teil, entfaltet ebenfalls eine lebhafte wirtschaftliche Tätigkeit, wie im übrigen noch näher unten ausgeführt wird. So mußte das sich freilich auch nicht lohnende Bergwerk zu *Neuenheerse* im Paderborner Land nach dem Erlaß anläßlich seiner Gründung im Jahre 1765 von seinen 65 Kuxen zwei Erbkuxe abtreten, nämlich einen dem Landesherrn, dem Erzbischof und Kurfürsten

[594] *Jahn*, Essener Geschichte. S. 180. [595] *Zycha*, Rechte des Bergbaues. S. 90f.
[596] Ebd., S. 92. [597] *Jahn*, Essener Geschichte. S. 180.
[598] Ebd., S. 18.
[599] *Jahn*, Essener Geschichte. S. 181. – *Du Cange*, Glossarium mediae et infimae latinitatis, ed. nova., 10 vol., *suppl., Niort 1883–1906, VI, p. 323, kennt spelunca nur im Sinne von sepulchrum.
[600] *Jahn*, Essener Geschichte. S. 181.
[601] Ebd. – Für Werden sind um 1150 Silberarbeiter genannt, *Seeger*, Westfalen, S. 86.

von Köln, den anderen aber der Äbtissin des genannten Kanonissenstiftes von Neuenheerse[602]. Die im Jahre 822 gegründete, reichsunmittelbare Benediktinerabtei *Corvey* muß ebenso genannt sein. Dieses Monasterium bei Höxter an der Weser erhielt 1150 von Konrad III. das Recht, das Gold, Silber, Kupfer, Blei und Zinn am Eresberge (bei der heutigen Stadt Obermarsberg) abzubauen[602a]. Im Raum Adorf-Giershagen hatte andererseits das Benediktinerkloster *Grafschaft* im Sauerland (gegründet 1072) durch Erzbischof Anno II. von Köln reich mit Grundbesitz ausgestattet, Anteile am Abbau der Bodenschätze[603]. Es stand in näheren Beziehungen zum Kloster *Bredelar*, das 1170 als Prämonstratenser-Kanonie errichtet war, aber 1190 mit Zisterziensern aus Hardehausen besorgt wurde.

Unter den geistlichen Grundherrschaften im *Rheinland* will das Benediktinerkloster *Prüm* mit seinem weit ausladenden Besitz an erster Stelle genannt sein, was seine Anteilnahme am Bergwerk betrifft. Dort in Prüm empfand man im Ablauf der Zeitalter unter dem Fürstabt Ruprecht von Virneburg (1476–1513) das Bedürfnis, sich neue Einnahmequellen zu erschließen. Es war jene kritische Periode, in der sich Agrarkrisen bemerkbar machten. So verpachtete dieser Prälat im Jahre 1492 gemeinsam mit Erzbischof Johann II. den Abbau der Bleierzvorkommen „im Alfer Berg“ bei Bleialf, „in der Ruessen“ und „im Amt Schoenenberg im Oesling“ an seinen Bruder Philipp und einige andere Teilnehmer. Man darf diese wohl als kapitalkräftig ansprechen. Vier Jahre später erfolgte eine neue Verleihung. Der nämliche Abt vergab wiederum im Einvernehmen mit Erzbischof Johann das Blei-Kupfer-Bergwerk „auf dem Krakesberg“ im Amt Schoenenberg an den Grafen Philipp und an ein Konsortium in Erbpacht. So gab Abt Ruprecht den Anstoß zur Entstehung der Bleiindustrie bei Bleialf und Schönberg, die bis in die achtziger Jahre des 19. Jh. in Blüte stand[604]. Neben Prüm will zudem der Bergbau der wallfahrtsmächtigen Benediktinerabtei

[602] Westfälisches Volksblatt, Paderborn, Jg. 104, Nr. 298, v. 30. 12. 1952. Vgl. ferner *H. J. Wurm*, Heerse. In: LThK 4, Sp. 865/66. In LThK² demnächst unter Neuenheerse erwähnt.

[602a] *Seeger*, Westfalen, S. 87.

[603] *A. Emde*, Bergbau im waldeckisch-westfälischen Grenzgebiet. In: Der Anschnitt, Jg. 8, Nr. 4, 1956, S. 17. Ferner vgl. *A. Fuchs*, Korvey. In: LThK 6², Sp. 563.

[604] *I. Seiwert*, Aus dem Leben des Prümer Abtes Ruprecht von Virneburg. In: Einhundert Jahre Reginoschule, Festschrift. Prüm 1952, S. 49. – Zu Prüm s. noch *Albert Hauck*, Kirchengeschichte Deutschlands, 4. S. 200. Doch hat in diesem sonst den Klöstern und Stiftern so zugewandten Werk (s. das Register, S. 1055–1064, das so oft übersehen wird) das Bergwerk noch keine Berücksichtigung gefunden. – Eine Karte des Fürstentums Prüm bei der Auflösung 1801, in: LThK 8, Sp. 536.

Cornelimünster erwähnt sein. Sie war von Ludwig d. Fr. gegründet und fiel in die Betreuung von Benedikt von Aniane[605].

Im westdeutschen Raum war bergbaulich im übrigen *Siegburg* besonders begünstigt. Es erhielt im Jahre 1122 von Kaiser Heinrich V. das Recht auf Silberbergbau. Es will wohl vermerkt sein, daß es sich um ein führendes Reformkloster handelt, das gleichzeitig das Grab des Erzbischofs Anno von Köln verwahrte[606]. Montanes trat oft in denkwürdige Zusammenhänge, was nicht ohne Einwirkung auf die Zahl und Leistung der Bergknappen war. Die Bergsage hat sich überdies mit Anno beschäftigt[607]. Da waren zum weiteren bergbaulich manche Anstalten, die sich im *alemannischen Raum* angesiedelt hatten. Im Schwarzwald finden sich interessiert die Monasterien *St. Trudbert* (Trudpert)[608], die Benediktinerabtei *St. Blasien*[609] und das Zisterzienserinnenkloster *Oberried*[610] am Feldberg. Die Abtei St. Trudbert wies einen ausgedehnten Grund- und Bergbaubesitz ins Münstertal und brachte im 13. Jh. eine wirtschaftliche Hochblüte herauf. Noch eine Medaille unter Kaiser Karl VI. (1711–1740), aus dem Jahre 1719, wurde eigens wegen der Wiederherstellung dieses Erzbergwerks geschaffen. Dort hieß es auf der Rückseite im Lorbeerkranz: „*Felix / reparatio / metallifodinarvm / trvdpertinarvm / svb / Augustino I. / abbate pio / felici*[611]." So beteiligte sich die Münze an der Tradition.

Doch entfalteten neben den Konventen gelegentlich auch die *Parochi* hier eine eigenständige Aktivität. So ist der „Pfarrwald" über Badenweiler im Schwarzwald ein Geschenk der österreichischen Herzogin Katharina an die Pfarrkirche Badenweiler aus dem Jahre 1406. Dort dürfte auch der Pfarrer die Bergwerksgerechtigkeit ausgeübt haben. Sicher eine bemerkenswerte Ergänzung zur Geschichte der mittelalterlichen Pfarrei, die bislang solche Feststellungen kaum erfuhr. Ob das gewaltige Haufwerk, d. h. der Badenweiler Erzgang „Blaue Steine", von einem Bergbau des 15. Jh. herrührt oder etwa gar römisch ist, läßt sich heute nicht mehr nachweisen. Später hat jedenfalls ein Pfarrer namens Jeremias Gmelin an dieser Stelle von seinem Schürf-

605 Kirchenlexikon, 2². Sp. 325f. – *Hauck*, Kirchengeschichte, 3³⁻⁴. S. 344, Anm. 3; 444, Anm. 2 (985, Markt und Münze); 458, Anm. 3 (Besetzung von Mettlach); 729. Zwei Registerseiten bei Hauck stimmen nicht. S. noch LThK 6², Sp. 557.

606 *Güthling*, Siegburger Bergbau. S. 18.

607 S. unten.

608 *J. Sauer*, Trudpert. In: LThK 10, Sp. 1311f.

609 *Th. Raschl*, St. Blasien. In: LThK 2, Sp. 390f. Ferner s. *Schwarz*, Bergleute im späteren Mittelalter. S. 24.

610 Ebd., *Hauck*, Kirchengeschichte, 4⁵. S. 990.

611 Sammlung Vogelsang. Nr. 1, S. 1.

recht Gebrauch gemacht und die Grube „Prophet Jeremias", allerdings mit wenig Glück, von 1728–1817 betrieben. Dazu fand sich im Walde noch die Grube St. Johannes. Die Bergleute in diesen Gruben stammten aus dem Breisgau, aus dem Hochschwarzwald, aus Bayern und Tirol. In Badenweiler verrät der Ortsteil „Die Schweiz" die Herkunft einiger dieser Bergleute aus der Sächsischen Schweiz[612].

Aus dem *Elsaß* nennen wir für bergbauliche Beziehungen die gefürstete, oberelsässische Frauenabtei *Masmünster* (Masonis Monasterium, der heutige Ortsname: Massevaux)[613] und das Kloster *Eckerich*[614]. Das soeben erwähnte und im Jahre 758 gegründete Masmünster gab sich überdies als ein bedeutender Mittelpunkt des Rebbaus[615].

In *Hessen* ist das 1140 entstandene Kloster *Haina* zu erwähnen, das zunächst zehn Jahre lang von Benediktinern, dann von Zisterziensern besiedelt war[616].

Eisenhütten und Eisenhämmer zeichnen dagegen manche *bayerische* Niederlassung aus[617]. Da waren die Benediktiner von *Michelfeld*, das Otto von Bamberg im Jahre 1119 gegründet hatte[618]. *Kastl*, die 1103 entstandene Benediktinerabtei, die im ausgehenden Mittelalter sich auch rege am geistigen Leben der Zeit beteiligte, war anscheinend bergbaulich bedeutend[619]. Lag dieses Zönobium doch in der auch sonst an Eisenindustrie reichen Oberpfalz, die fast als das Ruhrgebiet des Mittelalters anzusprechen ist[620]. *Waldsassen*, ein unmittelbares, bedeutendes Reichsstift und zugleich eine volksmächtige Zisterze dieser Oberpfalz, hatte seinerseits zeitweise ein Territorium mit rund 20000 Seelen[621]. Diese Weißen Mönche besaßen mannigfache geistige und wirtschaftliche Beziehungen in Böhmen, wo Waldsassen

[612] *Scheffelt*, Bergbaunamen. S. 11f.

[613] *J. Clauß*, Masmünster. In: LThK 6, Sp. 1009. – *Schwarz*, Bergleute im späteren Mittelalter. S. 24.

[614] Ebd., im LThK kein Hinweis.

[615] Vgl. *Barth*, Rebbau des Elsass, 2. Im Register, S. 193.

[616] *W. Schwickert*, Haina. In: LThK 4, Sp. 791/92. – *E. Krausen*, Haina. In: LThK 4^2, Sp. 1326.

[617] *Schwarz*, Bergleute im späteren Mittelalter. S. 24.

[618] Ebd. – *V. Redlich*, Michelfeld. In: LThK 7, Sp. 174/75. Das Monasterium scheint aber ansonsten keine große Rolle gespielt zu haben. Vgl. *Romuald Bauerreiß*, Kirchengeschichte Bayerns, 5 Bde. St. Ottilien 1949–1955, 3, S. 10, 103.

[619] *Fr. Thoma*, Kastl. In: LThK 5^2, Sp. 863/64. – *Bauerreiß*, Kirchengeschichte Bayerns, 3, im Register, S. 202; 4, im Register, S. 222. – *Schwarz*, Bergleute im späteren Mittelalter. S. 24.

[620] Dazu s. oben.

[621] *A. Mitterwieser*, Waldsassen. In: LThK 10, Sp. 733.

auch, wie bereits gestreift, desgleichen die bergbautreibenden Zisterzen Sedlitz und Ossegg gründete[622]. Das oberbayerische Reformzentrum *Tegernsee* trieb ebenfalls Bergbau. Es war also nicht allein jene geistig ungemein bewegliche Benediktinerabtei, wo die größte althochdeutsche Glossensammlung, der älteste mittelalterliche Versroman „Ruodlieb" und das Spiel von Antichrist entstanden[623]. Das Augustiner Chorherrenstift *Rohr* bei Abensberg, 1133 gegründet, tauschte unter Propst Peter 1449 mit dem Herzog Albrecht von Bayern u.a. eine Eisenmühle und Eisenmühlstätte bei Bogen im Bayerischen Wald. Es ist das erstemal im bayerischen Raum, daß ein Hammer als Eisenmühle angesprochen wird, eine Bezeichnung, die die Zisterzienser bereits früher besorgten[624].

An unglücklichen Bergwerksunternehmungen beteiligte sich dagegen das Benediktinerstift *Marienberg* bei Mals im Vintschgau[625].

Für den bayerischen Raum liegt ein Blick nach *Franken* nahe. So kümmerten sich die Äbte um Lehensbriefe, die den Bergbau oder die Eisenhütte innerhalb ihrer Grundherrschaft betrafen. Dahin gehört eine Urkunde vom Jahre 1503, die im Schloß Eschenbach ausgestellt wurde. In diesem Schriftstück bestätigt der Abt des Benediktiner-Klosters Sankt Egidien zu *Nürnberg*, daß nach „Christi unnseres Lieben Herren geburt Fünfftzehennhunderunnd ym drytten Jar" dem Stift ein Lehensbrief von Albrecht, dem Pfalzgrafen bei Rhein und Herzog in Ober- und Niederbayern, vorgelegen habe. In dieser Urkunde wird berichtet, Sebald Peringsdorfer und sein Schwiegersohn (Aidam) Jobst Haller der Jüngere, beide Bürger zu Nürnberg, hätten von dem Sulzbacher Bürger Erasmus Sauerzapf den Hammer Hirschbach mit allen Rechten käuflich erworben. Beide neuen Hammerherren durften die Eisenhütte weiterhin wie bisher als „Schienhammer" betreiben oder die Hütte zu einem „Schmelzwerk" (Kupferseigerhütte) umwandeln[626]. Die

[622] S. oben. Ferner *Bauerreiß*, Kirchengeschichte Bayerns, 3. S. 29, 92.

[623] *V. Redlich*, Tegernsee. In: LThK 9, Sp. 1029–1031. – *Schwarz*, Bergleute im späteren Mittelalter. S. 24. – *Bauerreiß*, Kirchengeschichte Bayerns, 1, im Register, S. 195; 2, im Register, S. 259; 3, im Register, S. 204; 4, im Register, S. 226, alle Bände mit Hinweisen auch auf die Wirtschaftsgeschichte des Monasteriums, wobei der Bergbau aber so gut wie nicht erwähnt wird.

[624] *Ress*, Denkmäler. S. 58.

[625] *Johann Jocher*, Chronik von Marienberg (Fortsetzung Goswins). Fol. 196, 315ff. Manuskript im Stiftsarchiv Marienberg. Weitere Quellen aus Innsbrucker Landesreg.-Archiv. – *Thomas Wieser*, Abt Matthias Lang von Marienberg 1640. Ein Neubegründer eines alten Klosters. In: Studien u. Mitteilungen zur Gesch. d. Benediktinerordens, N. F., Jg. 3 (1913), S. 8. Vgl. auch *U. Patscheider*, Marienberg. In: LThK 6, Sp. 924/25.

[626] *Ress*, Denkmäler, S. 290, mit Faksimile der Urkunde.

Aufgeschlossenheit des kapitalkräftigen Nürnberg für bergbauliche Unternehmungen macht sich auch an dieser Stelle geltend.

Auch das *schwäbische Land* muß genannt sein. Die seit 1440 gefürstete Propstei *Ellwangen* besaß bis 1803 die Eisenschmelze Wasseralfingen. Dazu traten die Kochentaleisenwerke Abtsgemünd und Unterkochen. Mehr als das. Der Bergherr und Prälat schickte mehrere hundert Soldaten und 50 Zimmerleute, um den Schmelzofen der Roßnagelmühle bei Leinroden bis auf den Grund zu zerstören. Es geschah im Jahre 1786. Warum eigentlich? Der Eisenhüttenmann Johann Georg Blezinger (1717–1795) war „ein unzweifelhaft tüchtiger Organisator", war zugleich auch ein „skrupelloser Geschäftemacher", von Hause Kellner und Bierbrauer. Ein Prozeß beim Reichskammergericht gab Blezinger formal recht, aber die Abtei Ellwangen rückte keinen Pfennig heraus[627]. Diese Ignorierung weist bereits in die Zeiten des Niedergangs dieses Gerichts und mag zeitlich an Goethes Praktikantenzeit in Wetzlar (Mai bis 8. September 1772) erinnern, die ihren Niederschlag im „Werther" (erste Fassung 1774) fand. Bei der Belehnung schaltete sich zuweilen der Vogt oder sein Vertreter ein. Der Vogteiverwalter von Bludenz (Vorarlberg) hatte im frühen 17. Jh. einen alten verlegenen Bau im Labinger bei S. Anna und Magdalena wieder belehnt[628].

Daneben beschäftigte sich mancher Konvent mit der Salzgewinnung[629]. Die Saline des Stiftes *Admont* hat mehrfach die Aufmerksamkeit der Forschung erregt. Dahin gehört unter anderem die Saline in Weißenbach[630]. Das Salinenwesen wurde auch gepflegt vom Kloster *Reun*, unter anderem seit 1327[631]. Desgleichen will die Zisterze *Neuberg* erwähnt sein[632], wiederum hat das Stift *St. Lambrecht* eine Saline bei Mariazell[633]. Der Saline Aussee hat *Heinrich v. Srbik* eine eingehende Studie gewidmet in Hinsicht auf den Betrieb durch die Zisterze Reun, auf den konzentrierten Eigengroßbetrieb bzw. auf den genossenschaftlichen Kleinbetrieb, auf die Arbeitszwecke, das Arbeiterrecht und die Knappengewerkschaft bis zum Ausgang der Pfännerschaft. Dabei wird ebenso die Bedeutung der Saline durch die

[627] Ebd., S. 91, 93.
[628] *Jos. Hirn*, Erzherzog Maximilian, II. Bd. 1. Teil, S. 100.
[629] *Schwarz*, Bergleute im späteren Mittelalter. S. 24.
[630] *Srbik*, Salzwesen. S. 12. Ferner ebd., S. 10f. – *P. J. Wichner*, Kloster Admont und seine Beziehungen zum Bergbau und zum Hüttenbetrieb. In: Berg- und Hüttenmännisches Jahrbuch, Bd. 39, H. 1, 1891.
[631] *Srbik*, Salzwesen. S. 168.
[632] Ebd., Anm. 3.
[633] Ebd., S. 12.

Staatsfinanzen bis auf Friedrich III. behandelt, die das Ende der Gewerkschaft und die Neuschaffung des Eigenbetriebs heraufführte. Diese Entwicklung mündet aus in die Begründung des österreichischen Salzmonopols[634].

Doch wenden wir zunächst den Blick nach dem Norden. Die Mönche des benediktinischen Michaelisklosters auf dem Kalkberg zu *Lüneburg* erhielten bereits 956 von Otto dem Großen auf Veranlassung seines Herzogs Hermann Billung den Salzzoll[635]. Der Kalkbau wies in einen kommenden großen Salinenbetrieb. Im Jahre 1301 steuerte die auch um die Pflege der Wissenschaft verdiente Zisterze *Riddagshausen* bei Braunschweig 140 Mark zu den Kosten bei, die bei der Anlage eines Salzwerkes bei Magdeburg entstanden[636]. Das gleiche Monasterium hatte mehrere bergverwandte Steinbrüche inne[637]. Im Jahre 1230 ließ der Propst des *Marienstifts* zu Magdeburg zwei Salzbrunnen anlegen. Dieser Prälat genoß das Ansehen eines zweiten Primas von Deutschland, zumal da er das Wendenland missionierte[638]. Dieses Stift wurde nach der Reformation und nach lang andauernden Auseinandersetzungen mit den Neugläubigen mit Prämonstratensern aus dem böhmischen *Tepl* besetzt. Es spielte eine gewisse Rolle im Abbau von Erzen[639].

Noch ein Weiteres: Bis zum Jahre 1262 mußte die mecklenburgische Zisterze *Doberan*, deren hochgotische Backsteinkirche (14. Jh.) neben der Lübecker Marienkirche zu den schönsten Leistungen norddeutscher Baukunst zählt, sich an den vielseitigen Unkosten der Saline Sülz beteiligen[640].

Diese wirtschaftliche Bewegtheit des *Frauenklosters* verdient schon für das frühe Mittelalter ein besonderes Interesse. Schon die Göttinger Dissertation von *Johanna Heineken* über die Anfänge der sächsischen Frauenklöster[640a] hat die Initiative dieser Klostergruppe erkannt. Solche Beobach-

[634] Ebd., S. VIII ff.

[635] *Kurt Stegen*, Die Sülfmeister der Saline zu Lüneburg. In: Der Anschnitt, Jg. 8, Nr. 2, 1956, S. 15. Siehe noch *Brüning*, Niedersachsen und Bremen. S. 264.

[636] *Schwarz*, Bergleute im späteren Mittelalter. S. 24. *Bertram*, Hildesheim, 3. S. 459. – *A. Dietrich*, Riddagshausen. In: LThK 8, Sp. 886/87.

[637] *Brüning*, Niedersachsen und Bremen. S. 338 f.

[638] *Schwarz*, Bergleute im späteren Mittelalter. S. 24. Das Stift dort ungenau als „Kloster" bezeichnet. Vgl. ferner *R. Bäumer*, Magdeburg, Marienstift. In: LThK 6², Sp. 1273–1274.

[639] Ebd., s. ferner oben.

[640] *Schwarz*, Bergleute im späteren Mittelalter. S. 24. – *B. Stasiewski*, Doberan. In: LThK 3², Sp. 432.

[640a] Die Anfänge der sächsischen Frauenklöster. Göttinger phil. Diss. Göttingen 1909.

tungen wurden bei *Karl Heinrich Schäfer* in seinen Untersuchungen über die Kanonissenstifter gefördert[640b]. Andere folgten ihm. Nicht zum wenigsten zeigt die Geschichte der Weinproduktion im deutschen Raum ein starkes Mitschwingen fraulicher Zönobien. Selbst die Weinlese wird sorgsam kontrolliert. Diese Linie mochte durch das therapeutische Ansehen gestützt werden, das man dem Wein mitgab. Gerade die Frau hat immer wieder volksmedizinische Traditionen bewahrt. Diese Haltung wurde ermöglicht durch die adlige Führung, durch Überlieferung von seiten der Familie, durch den Bildungsstand der Burgherrin, durch Unterstützung, manchmal auch durch Eingriffe der Vögte. Auch das *Bergwerk* wurde in der Wirtschaftspolitik berücksichtigt. So bezog das Nonnenkloster Traunkirchen schon vor 1300 Einkünfte aus dem Hallstätter Salzbergwerk[640c]. Hervorragend ist die aktive Haltung des gräflichen Damenstiftes Essen. Dort besorgte man eigene Bergordnungen[640d]. Das westfälische Kanonissenstift Neuenheerse will ebenso mit seinem Bergbau erwähnt sein. Es ist wichtig, solche Wirtschaftsfunktionen herauszustellen, um die Frauenklöster nicht einseitig in die Mystik des Mittelalters einzuordnen.

Noch ein Blick auf den alpinen Raum. Anfang des 14. Jh. vereinbarten das Domkapitel von Salzburg und das dortige Benediktinerinnenkloster *Nonnberg* den Bau von Salzwerken[641]. Zur Kultivierung der Waldwildnis waren nun auch Augustinerchorherren an den Königssee gezogen. Diesen verlieh Kaiser Barbarossa das Forst- und Salzregal, womit *Berchtesgaden* selbständig wurde[642]. Das vor 1110 gegründete Stift war seitdem für ein vorbildliches Salzbergwerk bekannt[643].

Ein Bau, also ein Bergwerk, ist um 1193 erwähnt für die Benediktinerabtei St. Paul in *Kärnten*[644]. Dieses Stift ist tätig als Gewerke zu Hüttenberg (1679–1689)[645]. Darüber hinaus machte das Stift im 18. Jh. Versuche, sich durch Bergbau aus schwierigen finanziellen Verhältnissen herauszubringen.

[640b] Die Kanonissenstifter.

[640c] Reclams Kunstführer Österreich, 2. S. 218.

[640d] *R. Jahn*, Essener Geschichte. Essen 1952. – *J. Torry*, Essen. LThK 3, Sp. 1109.

[641] *Schwarz*, Bergleute im späteren Mittelalter. S. 24. – *Ch. Greinz*, *V. Redlich* und *J. Sauer*, Salzburg. In: LThK 9, Sp. 140–148, bes. Sp. 143.

[642] *Hauck*, Kirchengeschichte, 4^5, S. 1055. – *Bauerreiss*, Kirchengeschichte Bayerns, 2. S. 101; 3. S. 66, 183; 4. S. 145. – *C. Ramstedt*, Das Brauchtum der Berchtesgadener Salzknappen. In: Der Anschnitt, Jg. 8, Nr. 3, 1956, S. 22.

[643] *D. Albrecht*, Berchtesgaden. In: LThK 2^2, Sp. 212/213. – *Schwarz*, Bergleute im späteren Mittelalter. S. 92.

[644] *Zycha*, Recht des Bergbaues. S. 89, Anm. 37.

[645] *Josef Klausberger*, Das Stift St. Paul als Gewerke zu Hüttenberg. In: Carinthia, Jg. 128. Klagenfurt 1938, S. 59–65.

Man griff dieserhalb sogar auf ein Privileg Kaiser Friedrichs II. vom April 1226 zurück. Am sogenannten Eisenstein entsprechendes Erz zu finden, wurde enttäuscht. Man fand etwas Kupfer. Die dort befindlichen Erzgänge waren bald erschöpft. Diese Zusammenhänge sind neuerdings von *Josef Klausberger* bearbeitet. Das geschah mit einem guten Einblick in die rechtliche Stellung der Bergleute und in die Einrichtung der Bruderlade, die ja für das 18. Jh. im alpinen österreichischen Raum charakteristisch ist[646].

Selbst die Kartäuser sind am Bergbau interessiert. *Seiz*, die älteste Kartause im ehemaligen deutschen Reich (1165 gegründet), betrieb eine Grube in eigener Regie. Die einschlägige Urkunde von 1310 bemerkte: „fovea, quam ibidem propriis laboribus et sumptibus duxeritis excolendam“[647]. Unwillkürlich fühlt man sich erinnert an die Formel des päpstlichen Zisterzienser-Privilegs, das auch den Eigenbetrieb so begünstigt, in jener denkwürdigen Wendung: „Sane laborum vestrorum de possessionibus habitis ante concilium generale ac etiam novalium, que propriis manibus aut sumptibus colitis.“ Derart wurde die Eigenregie, die bereits vor dem Lateranense IV. (1215) stattfand, unterstrichen[648]. Man übertrug den Neubruch des Ackers auf die Erschließung einer Grube.

Das Stift *Herrenchiemsee*, dessen Schicksale seit 891 eng mit der Salzburger Diözese verbunden waren und das seit 1130 mit Augustiner-Chorherren besetzt wurde, betrieb ebenfalls Salinen[649]. Die Stellung der Benediktinerabtei *Admont* (ad montes, „in valle Ademundi“) im *steirischen* Bergwerksgebiet ist außerordentlich gewesen. Dieses Monasterium war also nicht nur als Grundherrschaft und in der Bildungsarbeit ein Mittelpunkt. Diese überragende bergbauliche Stellung spiegelt sich noch heute in dem Festzug, den der alte Silberort Zeiring, im Südwinkel der Niederen Tauern gelegen, veranstaltet. Dort wird in einer Fülle von Szenen die Geschichte von Zeiring festgehalten, das als Mutter von Wien angesprochen wird. In diesem Umzug werden neun Begebnisse aus der ersten Erzförderung festgehalten, nämlich Sackzieher. Dazu wird dort der Aufschwung der Silbergruben unter Markgraf Ottokar (1165–1192) vermerkt. Vor allem aber wird der Tatsache gedacht, daß König Rudolf I. (1279) den Abt Heinrich II. von Admont als hervorragenden Wirtschaftler, Politiker und Organisator zum Land-

[646] S. oben.

[647] *Zycha*, Recht des Bergbaues. S. 89.

[648] Dazu *G. Schreiber*, Kurie und Kloster, 2, S. 380, mit dem einschlägigen Hinweis auf das Privilegium Cisterciense bei *Tangl*, Päpstliche Kanzleiordnungen. S. 230.

[649] *Schwarz*, Bergleute. S. 92. – *Bauerreiß*, Kirchengeschichte Bayerns, 2. S. 100. – *Ders.*, Chiemsee. In: LThK 2^2, Sp. 1051 f.

schreiber von Steiermark ernannte. Er sah in diesem Prälaten den obersten Bergverwalter des Landes. Um diese Zeit war es, da Zeiring zum Landesfürstlichen Markt erhoben wurde. Der Bergknappe wuchs dort in das Marktsiegel von 1284, mit einem langen Bergmannskittel und mit einer Spitzhacke bei der Arbeit[650]. Admont verdient auch Aufmerksamkeit mit seinen Außenwerken. So behütete es seine Erze bis 1577 in Mühlau, doch scheint es dann seinen Betrieb dort aufgegeben zu haben[651]. Die beiden behelmten Kirchtürme des Frauenberg bei Admont zeigen im Maueranwurf Schlackenstücke, die aus dem ehemaligen stiftischen Kupferbergwerk im Edelgraben am Abhang der Gyhrn stammen[652].

Die Beteiligung der Abteien und Stifte, die Einkünfte aus Berggerechtsamen sorgsam zu überwachen wußten[653], mochte mancherorts mehr in eine *spirituelle* Richtung gehen. Jedenfalls ist hie und da ein Mönch nachweisbar, der den Bergknappen in einer Bergkapelle Gottesdienst hielt. Er ist dann vornehmlich als Frühmesser, als primissarius, anzusprechen, dem eine Kuxe oder ein Benefizium seinen Lebensunterhalt zu sichern hatte, soweit nicht ein Lohnarbeiter vertraglich die Kost lieferte. Zuweilen ist dieser Primissarius auch als Weltgeistlicher nachweisbar, der ein Benefizium innehatte oder doch sonst als Kaplan tätig war[654]. Das mochte der häufigere Fall sein. Der Frühgottesdienst war bei Gelegenheit der Einfahrt, wie angedeutet, als dringlich anzusehen. Die Fürbitte des Bergmanns äußerte sich dahin, den Werktag ohne Gefahren zu überstehen. Die Forschung ist also

[650] *Anne Winkelmann*, „Zeiring ist die Mutter von Wien“. In: Der Anschnitt, Jg. 8, Nr. 4, 1956, S. 31/32, bes. S. 31. – Zu Admont s. ferner *M. Hartig*, Admont. In: LThK 1, Sp. 103/04. – *A. Krause*, Admont. In: LThK 1², Sp. 150, mit weiteren Literaturhinweisen. Admont ist für das Hochmittelalter besonders ausgewertet bei *Zycha*, Recht des Bergbaus. S. 88 und öfters; dort über Zeiring, S. 144.

[651] *Mayer-Kaindl-Pirchegger*, Geschichte und Kulturleben Österreichs, II. 4. Aufl., Wien 1931, S. 150.

[652] *Adalbert Krause*, Die Pfarr- und Wallfahrtskirche Frauenberg an der Enns bei Admont (Kunst der Heimat, Reihe III: Kirchen und Klöster²). Linz o. J., S. 18.

[653] Vgl. *Jaffé-Loewenfeld*, Regesta Pontificum, nr. 18532. Ferner *Zycha*, Recht des Bergbaus. S. 90ff.; ebendort über Recht der Grundherren am Hüttenbetrieb, S. 130f.

[654] Zu den Frühmeßstiftungen s. Luzian. *Pfleger*, Die elsässische Pfarrei, ihre Entstehung und Entwicklung (Forschungen zur Kirchengeschichte des Elsaß, Bd. 3). Straßburg 1936, S. 210ff. – *Ders.*, Kirchengeschichte der Stadt Straßburg im Mittelalter, S. 172, wo darauf hingewiesen ist, daß die primissarii, die Frühmesser der Werktage, ihre Messe am Sonntag erst nach dem Offertorium, also nach dem ergiebigen Opfergang der Hauptmesse beginnen dürfen; derart wurde das Pfarrecht gewahrt. Doch hat dieser Autor den primissarius im Bergbau, da keine Quellen flossen, nicht näherhin gekennzeichnet. – Siehe zu städtischen Frühmessen auch *Müller*, Eßlinger Pfarrkirche. S. 51. – Weiteres unten in dem Kapitel über den Primissarius.

aufzunehmen, inwieweit der Frühmesser in Hinsicht auf sein Benefizium mit Bergwerksanteilen ausgestattet war. Im westerzgebirgischen Zinnrevier in der Herrschaft Schwarzenberg, näherhin in Eibenstock, hatte sogar die Schmelzhütte zum Lehen der Frühmesser gehört. Es war ein Lehen, „dessen Besitzer seit 1555 der Pfarrer und vordem der Kaplan war“[655]. Wohl mehr ein vereinzelter Fall, der sich dem oberdeutschen Raum kaum mitteilte.

7. *Volksreligiöses, Bruderschaft, Exequien*

Man erwähnt bei diesen kultischen und volksgläubigen Bezeugungen des Mittelalters vor allem den gepflegten Besuch der *Messe.* Sie rückt eigentlich selbstverständlich in die bergbauliche Sphäre. Im Bergwerk von *Churwalchen* (Graubünden) sind, wie angedeutet, nach einer Handveste des 15. Jh. die Bergleute am Freitag im Zeichen der Kreuzesdevotion gehalten, die Messe zu besuchen und im Opfergang Geld zu opfern[656]. Gerade in der Spende während des Offertoriums, mit den Naturalabgaben des Brotes und Weines, die aber in der gotischen Zeit stärker noch das Geldopfer betraf[657], bezeugte sich der Gemeinschaftsgedanke des Werktätigen.

Die Bergleute wirkten ebenso mit an den Prozessionen, die gerade in den Bergstädten besonders repräsentativ hervortreten und die das Heimatgefühl und den Standesstolz bewußt herausstellen. Da will für das Barockzeitalter die Sakramentsprozession in der Silberstadt *Schwaz* eigens erwähnt sein. Dieser Umgang am Pfinztag (Donnerstag, bevorzugter Tag der eucharistischen Feier)[658] wurde nach der im Pfarrarchiv erhaltenen Konfirmationsurkunde des Bischofs Christof von Brixen vom 20.11.1514 durch den Pfleger, den Bergrichter, durch Schmelzherren, Amtleute, Geschworene, Verweser der gemeinen Gesellschaft des löblichen Bergwerks und durch den Herrn Landrichter, schließlich von Bruderschaften und Zünften gestiftet. Die gesamte Berggemeinde war somit vertreten.

Die größten Zuwendungen dieser Art in Schwaz für volksreligiöse Zwecke stammten von den *Gewerken.* Letztere aber traten zahlenmäßig, was den Mitgliederbestand betraf, vor der „gemeinen Gesellschaft des Berg-

[655] *Löscher*, Erzgebirge. S. 322.
[656] *Plattner*, Bergbau. S. 28.
[657] Darüber eingehender bei *Schreiber*, Gemeinschaften. Im Register, S. 466f.
[658] Schwazer Buch. S. 166. Dazu *Schreiber*, Wochentage. Im Register, S. 263. – *Franz Grass*, Partisaner begleiten das Sanktissimum. In: Spanische Forschungen der Goerresgesellschaft. Münster (Westf.). Im Druck. Festgabe für G. Schreiber.

werks", also vor der Knappenbruderschaft, völlig zurück. Die Brudermesse (gestiftet 1517) wurde in der Bruderhauskapelle gehalten, wo drei Altäre bestanden[659]. Diese Mehrheit an Altären, die keineswegs in solchen Kirchlein häufig war, will besonders vermerkt sein. Sie wirkte repräsentativ. Sie kam den vielen Votivmessen (missae speciales) entgegen. Unterschiedliche Motive konnten sich bei der Stiftung geltend machen. Die Bergnot trat ja bei den verschiedenen Anlässen hervor. Die von den Salzbergleuten am Haller Salzbergwerk besuchte Rupertikapelle kennt jedoch nur einen Altar. Das Bruderhaus und die Bruderschaft in Schwaz umfaßte im übrigen, wie bereits angedeutet, nur die Bergknappen und nicht die Gewerken. Der Wohnsitz mancher Unternehmer befand sich ja außerhalb dieser Bergstadt. Daß die Bergleute irgendwie mit anderen Konfraternitäten (Bruderschaften, Gebetsverbrüderung, Kalande) verbunden sein konnten, ist nach der damaligen Haltung des Volksfrommen nicht auszuschließen. Doch wird man die selbstbewußte Haltung dieser Bergknappen stets beachten müssen.

Als typischer Fall einer Standesbruderschaft sei hier noch eine Gründung aus dem Jahre 1468 für *Rattenberg* herausgegriffen, also für einen Hauptsitz des Tiroler Bergbaus[660]. Im Jahre 1457 hatte Herzog Ludwig der Reiche von Bayern eine eigene Bergordnung für die Bergwerke von Rattenberg erlassen, das damals noch zu Bayern gehörte. Die Einschreibungen für diese Bergarbeit gehen bis 1520. In dieser Zeit wurden als Beschäftigte 381 Männer eingetragen, vielfach mit ihren Frauen. Gewiß für damals eine ansehnliche Beteiligung. Die Bergknappen zahlten als Beitrag vierteljährlich drei Kreuzer. An den auch für den Bergbau stets mehr oder minder bemerkenswerten Quatembertagen äußerte sich diese Wohlfahrtspflege. Die Konfraternität hat sich dort in die Schutzherrschaft der Dreifaltigkeit und der Jungfrau Maria begeben. Es hieß „gegründet in dem namen der heyligen Drivaltigkeit und der hochgelobten Hymelkönigin Jungkfrau marie . . . und allen himmlischen Heere zu lob . . . und allen gläubigen seelen zu hilff"[661]. Die Trinität und die marianische Schutzfrau begegnen uns in Tirol auch sonst oft in den Bergkapellen.

Die Bergknappen nahmen zuweilen im Kirchenraum einen ehrengeachteten *Platz* ein, zumal wenn, wie bereits gestreift, in Schwaz zwei Knappen-

[659] Schwazer Buch. S. 166.

[660] Über Rattenberg vgl. *Otto Stolz*, Geschichte des Landes Tirol. Im Register, S. 811.

[661] Dazu *Schreiber*, Bergwerk. S. 403ff. – *Löscher*, Kerzenheller, Wochen- oder Büchsenpfennig in den erzgebirgischen Knappschaften. In: Zeitschr. d. Savigny-Stiftung f. Rechtsgeschichte, Bd. 73, Kan. Abt. XLII. Weimar 1956, S. 392–397, bes. S. 394, Anm. 12.

schiffe und in *Rattenberg* ein eigenes Knappenschiff vorhanden waren[662]. Der 1507 geweihte Bau der *Rattenberger* Pfarrkirche hat mit der Teilung in Knappenkirche und Bürgerkirche vermutlich für Schwaz als Vorbild gewirkt. Portale im Süden und Norden trennten zugleich die Gläubigen von dem Knappenstand und dem übrigen Bürgertum [662a]. Beim *Schwazer* Pfarrgotteshaus erklärt sich die eigentümliche Vereinigung von zwei Kirchen aus dem Nebeneinander der Bürger- und Knappengemeinde. Die südliche Hälfte des Schwazer Pfarrgotteshauses diente den Bergleuten und war einst sogar durch eine niedrige Holzwand von der älteren nördlichen Bürgerkirche getrennt[662b]. Ebenso erfährt man über eine starke Stellung der Bergbeflissenen bereits für das Jahr 1477 aus dem sächsischen *Freiberg*. Hat doch die dortige Knappschaft der Innung der Böttcher zugestanden, daß bei solchen gottesdienstlichen Umzügen die Kerzen dieser Innungsmitglieder unmittelbar *hinter* dem Knappschaftsbanner der Bergleute getragen werden durften. Für diese damals hoch gewertete Vergünstigung zahlte die Böttcher-Innung einen jährlichen Anerkennungszins von vier gr.[663]. So wurde der Knappschaft in dem wetteifernden Wertbereich der Genossenschaften dort in der Bergstadt der Primat. Fragen der Präzedenz haben die mittelalterliche Gesellschaft, auch den liturgischen und außerliturgischen Raum, stark beschäftigt und nicht selten erregt.

Es ist in Einzelheiten noch zu ergründen, inwieweit zu den *Exequien* der Bergleute noch ein Begängnis, also eine Seelenmesse am 3. Tage, am 7. Tage, ebenso der Dreißiger hinzutrat. Das Regionale mochte sich geltend machen. Im allgemeinen dürfte dazu noch das seit Jahrhunderten übliche *Anniversar* gerade in der Zunft und Bruderschaft der Bergknappen betont gehalten worden sein[663a]. Seine hervorragende Stellung im Bergwerksbezirk von Grenoble ist bereits für die cluniazensische Zeit mit dem Motiv des verschütteten Bergmanns bezeugt[664]. Vielleicht stand diese Übung oft besonders unter dem bitteren Erlebnis, und damit in der besonderen Wertung des Kameradschaftlichen, die der Tod eines beim Abbau Verunglückten aus-

[662] S. oben. [662a] Reclams Kunstführer Österreich. Baudenkmäler, 2. S. 517, 683.
[662b] Ebd., S. 683.

[663] *Löscher*, Erzgebirgische Knappschaft. S. 237. Solche Hinweise ergänzen die noch nicht dem Bergbau zugewandte Studie von *Eugen Wohlhaupter*, Die Kerze im Recht (Forschungen zum deutschen Recht, IV, H. 1). Weimar 1940. Die Böttcher hatten zahlreiche Schutzpatronate. *Kerler*, Patronate. S. 48.

[663a] Dazu s. *Schreiber*, Wochentage. Im Register S. 260.

[664] S. oben. – Die Forschungen über das Anniversar müssen teilweise auf neue Grundlagen gestellt werden. Dort wo das Mirakel sich einfindet, kommt es zur Wiederkehr von Toten.

gelöst hatte. Das „Mitten im Leben sind wir vom Tod umgeben" mochte sich oft genug im Zeitalter einer noch weniger entwickelten Technik geltend machen.

Daneben pflegte man die Quatembermesse für die Verstorbenen, wobei jedoch auch die Lebenden eingeschlossen wurden. Man nehme nur das neuzeitliche Bergbüchlein von Horhausen im Westerwald, das eine vierteljährliche Gemeinschaftsmesse kennt[665]. Das waren jedenfalls typische Gedenktage, an denen der Charakter einer Großfamilie, die Zugehörigkeit zu einem ehrengeachteten Beruf und überhaupt die bruderschaftliche Verbundenheit gepflegt heraustraten. Daneben mochte sich in dieser montanen Sippe die Patenschaft geltend machen, die man dem Bergmannsnovizen, also dem Bergjungen und dem Pochjungen, gewährte. Derart vollzog sich die commemoratio pro vivis et pro defunctis, für die lebenden und verstorbenen Bergleute, von denen ganz allgemein die Totenliturgie spricht. Sie begab sich in Gebet und Gesang, ferner in jenem feierlichen Schreiten, das der Opfergang in der Requiemmesse mit sich führte. Zuweilen fand sich ein doppelter Opfergang bei dieser Totenmemorie ein[666]. Der Kult trat hier zum Genossenrecht. *H. Löscher* hat seinerseits in seinen inhaltsreichen Untersuchungen zum erzgebirgischen Bergbau bemerkt: „Zwei Wurzeln haben die alten aus dem Mittelalter stammenden Knappschaften, wenn wir ihre Entstehung rechtsgeschichtlich betrachten; es sind die kirchenrechtliche Bruderschaft und die deutschrechtliche Genossenschaft[667]." Zu dieser Charakteristik ist jedoch zu sagen, daß diese Trennung zu scharf ist. Die Herkunftslinien dieser Organisationen griffen ineinander. Solche Verschränkungen dieser Bereiche kannten auch die Winzer[668], wie die städtischen Handwerker[669].

Erst in der Neuzeit, vorab mit dem Tridentinum, trat das kirchliche Moment in der Bruderschaft stärker hervor. Es ergriff die Festkultur und das eucharistische Element[670]. Zum weiteren sind nicht nur das Kir-

[665] S. oben. – Zu den Quatembermessen vgl. *Schreiber*, Wochentage. S. 276, im Register. – Bezugnahme auf das Bergwerk fehlt unter dem Stichwort „Quatember" in dem Registerband 10, S. 277, bei *Bächtold-Stäubli*, Handwörterbuch, aufgeführten Stellen.

[666] Zum doppelten Opfergang s. *Götz*, Hilpoltstein. S. 95, 125. Über einen dreifachen Opfergang ebd., S. 95.

[667] Erzgebirgische Knappschaft. S. 223f.

[668] *Weiss-Bass*, Weingewerbe im alten Basel. S. 182f.

[669] Zum Thema Zunft und Gottesdienst s. *Neubner*, Heilige Handwerker. S. 224f.

[670] *R. Henggeler*, Die kirchlichen Bruderschaften und Zünfte der Innerschweiz. Einsiedeln 1955, S. 9ff. – *Schreiber*, Weltkonzil, 2. Im Register, S. 563.

chenrecht, sondern auch die Liturgie als Quellgrund einzusetzen, die allerdings stets Normen mit sich führte. Doch verdient es einige Beachtung, daß schon in vortridentinischer Zeit, im Jahre 1447 im Erzgebirge, der Vorschlag eines Bergbeamten erfolgte, die Knappschaft solle sich nur als Bruderschaft sehen, sie solle damit ihre kirchliche Zweckbestimmung betonen, es könne dann auch sein, daß die Kerzenheller besser eingingen[671]. Doch ist dieser Vorschlag soviel wir sehen, nie praktisch geworden. Immerhin verlangt es eine gewisse Bedeutung für die Wertung vortridentinischer und tridentinischer Zeit im Bergbau.

Diese religiös-kirchliche Grundhaltung nimmt, wie schon angedeutet, den Weg in das Soziale. Die großen Bruderschaftstage begaben sich an den *Quatembertagen*, also an den vier Fronfasten, die auch sonst ein starkes sozialkritisches Empfinden in der Gotik auslösten. Man spendete Almosen. Man gab, zuweilen bei den Fünf-Wunden-Gebeten (Rotwein-Stiftung des 15. Jh. im Straßburger Klarissenkloster zu Ehren der Fünf-Wunden-Christi)[672], den Armen Brot. Man verabreichte Seel-Bäder.

Die Arbeit im Bergwerk bringt ja immer wieder Invalide, Kranke, Hilfsbedürftige, Arme mit sich. Im Zeichen eines echten Genossenschaftssinns will man für diese notleidenden Kameraden, so gut man kann, sorgen. Es gibt damals noch keine Versicherung, die sich ihrer annimmt. Aber es existiert in einem bedeutsamen Ausgleich, der Familienverband, die Sippe, die Patenschaft, die Bergwerks-Bruderschaft. Das Gefühl der Zugehörigkeit erweitert sich zum Gedanken der Großfamilie. Von diesen Standorten her werden das Recht und die Pflicht zur Fürsorge füreinander bestimmt. Dieser einst mächtige Sippengedanke wird noch unterstützt durch jene werktätige und seelische Verbundenheit, die sich durch das Miterleben in Gefahrenzonen bekundet. Man opfert und zahlt zugunsten des Arbeitsgefährten.

Besondere Aufmerksamkeit in diesen Verzweigungen verdient noch die *Wallfahrt*. Wir haben sie bereits an anderer Stelle gestreift. Selbst die Gewerken zeigten Interesse, das Wallfahrtswesen der Bergleute zu fördern. Das Testament des Leobener Gewerken Niklas Schwarzpeck im Jahre 1502 bestimmt unter anderem, daß Wallfahrten vorgenommen werden sollten, nach Aachen, nach Altötting und nach St. Wolfgang. Man sieht, daß die Bergleute namhafte Fernwanderungen unternahmen, selbst in nichtösterreichische Gebiete. Diese Fernfahrten mochten oft Veranlassung werden,

[671] *Löscher*, Kerzenheller. S. 392ff.

[672] *Barth*, Rebbau, 2. S. 11. – *Schreiber*, Gemeinschaften. Im Register, S. 473. – *Ders.*, Wochentage. S. 276.

daß sie ihre Tätigkeit in auswärtige Bergbaugebiete verlegten[672a]. Leider hat die bisher noch nicht voll ausgereifte Wallfahrtsforschung die Wallfahrten einzelner Erwerbszweige und Berufsstände kaum in ihre Arbeiten aufgenommen. Sie hat mehr den einzelnen Pilger berücksichtigt. Aber auch in diesem Falle ist die Quellenkunde bei weitem nicht ausreichend ausgewertet. So läßt auch das sonst vortreffliche Buch von *Ludwig Dorn*, die Wallfahrten des Bistums Augsburg in der Anmerkung bei dem Stichwort Peißenberg vermissen, daß gerade Bergarbeiter dort als Waller auftreten[672b].

Eine Braunschweiger Zwitter-Bronze-Medaille von 1712 zeigt einen *Pilger* in der Landschaft[672c]. Die Geschichte der peregrinatio kennzeichnet sich an dieser Stelle noch in nachreformatorischer Zeit. Die verschiedensten Anlässe führten Gelöbnisse für Wallfahrten herauf, die sich lange behaupteten. Im Bergbaumuseum in Solbad Hall findet sich eine Chroniktafel, die zum Jahre 1736 bemerkt, daß wegen Wassereinbruch drei Bittgänge je von Absam nach Thaur, Mils und Wilten verlobt sind. Im Jahre 1910 begaben sich die Bergknappen des oberbayerischen Peißenberg in der schwarzen festtäglichen Bergmannstracht in geschlossener Pilgerfahrt nach Altötting. Sie führten eine Tafel mit sich mit dem Motiv der Immerwährende Hilfe und mit St. Barbara. Zudem waren auf diesen Bildern die Namen sämtlicher Knappen festgehalten[672d]. Berggemeinde im Votivbild.

8. *Wochenpfennig, Monatspfennig, Bruderhaus*

Sichtbares Zeichen dieser aktiven Anteilnahme ist der *Wochenpfennig*, der eine Selbstbesteuerung und zugleich einen Tribut der Nächstenliebe darstellt. Zudem gab er sich als ein bedeutsames Band, das die Knappschaft zusammenhielt. Nicht die Abgabe als solche, aber der Opfergedanke hat immer eine Gemeinschaft gefestigt. Diese Beisteuer wird im Erzgebirge der Büchsenpfennig genannt und ist im sächsischen Bergbaugebiet im 15. Jh.

[672a] *Tomek-Amon*, Geschichte der Diözese Seckau, 3. Bd., Graz 1960, S. 335. Über diese drei Wallfahrtsorte vgl. *Schreiber*, Wallfahrt und Volkstum, S. 289ff. im Register.

[672b] Augsburg 1961, hier ergänzen wir die Ausführungen über Peissenberg, Kapitel Weilheim, S. 140.

[672c] Sammlung *Vogelsang*, Nr. 465, S. 42.

[672d] *Angela König*, Weihegaben U. L. Frau von Altötting vom Beginn der Wallfahrt bis zum Abschluß der Säkularisation. 2 Bde. München 1939/40, Bd. 1, S. 291.

nachweisbar[673]. Es vollzog sich an anderer Stelle eine Annäherung an diesen Wochenpfennig. Hatte doch nach einem Rezeß über den Bergbau in Rammelsberg bei Goslar 1476 jeder Bergmann am Sonnabend von seinem Wochenlohn einen Scherf in die Büchse zur Ehre Gottes einzulegen. Ähnlich fand sich in Schwaz (Tirol) im folgenden Säkulum der *Monatspfennig* ein[674]. Dieser Beitrag leitete sich an den verschiedensten Stellen durch die Generationen weiter. Von den Alten übernahmen es die Jungen. Seine Zahlung ermöglichte es, im Erzgebirge ein *Bruderhaus*, d. h. ein Spital, aufzubauen. In der gleichen Art waren Reichnis und Bruderhaus in der genannten Silberstadt *Schwaz* ausgerichtet. Es entsprach diese Gründung einem heutigen Knappschaftskrankenhaus und Altersheim[675].

Eine Bruderschaft der „Bergwerksgesellschaft" gab es im 17. Jh. in dem soeben erwähnten Bergort Schwaz. Im 18. Jh. besaßen die Dreifaltigkeitskirche und das Spital zu Schwaz die Grundrechte der Bruderschaft der Bergwerksgesellschaft. Diese Liegenschaften waren inzwischen von den Beteiligten erworben[676].

Es war ein ungemein schmerzlicher Verlust, als 1784 die Bruderschaften von Amts wegen aufgelöst wurden. In der Stadt Schwaz wurde ihr Vermögen dem Armenfond überwiesen. Das Bergwerk wurde durch solche Verfügungen ernst getroffen. Eine Quartalszahlung fand sich übrigens ein in Sachen der Bruderschaft in Rattenberg, die 1468 errichtet wurde. Man gab dort vierteljährlich drei Kreuzer ab.

Von den Büchsenpfennigen sorgte man für die kranken Knappen. Darüber unterrichtet Artikel 9 der Bruderschaftsordnung von Rattenberg 1517 (?). Es fand sich dort auch eine Bestimmung ein, daß je nach der Lage des Falles das Geld vom Bergmann zurückzuerstatten sei. Die Büchsenpfennige, die nach der Reformation gezahlt wurden, waren nicht mehr dem Gottesdienst gewidmet, sie waren vielmehr für die Armen unter den Berg-

[673] *Löscher*, Erzgebirgische Knappschaft. S. 226ff. – *Ders.*, Erzgebirge. S. 327. Über Praxis und Bedeutung der Bruderbüchse s. *Ernst Scheffelt*, Die Bruderbüchse des Eisenwerks Badenweiler. In: Der Anschnitt, Jg. 7, Nr. 3, 1955, S. 15f.

[674] Erwähnt 1556 in der Spitalordnung für das Bruderhaus in Schwaz, aber wohl schon früher bestehend. Ob die monatliche Einhaltung durch die Einrichtung der Kalande gestützt war, sei dahingestellt. Über diese Kalande, die Geistliche und Laien zu ihren Mitgliedern zählten, s. *H. Flaskamp*, Kalandsbruderschaften. In: LThK 5^2, Sp. 1255. Ferner *G. Schreiber*, Gemeinschaften. Im Register, S. 758.

[675] *Winkelmann*, Ettenhardtscher Kodex. S. 264. – *Schreiber*, Bergwerk. S. 414. – Ein Abdruck der Darstellung des Siechenhauses in Schwaz aus dem Schwazer Bergbuch findet sich am Anschnitt, Jg. 7, Nr. 5, 1955, S. 5.

[676] *A. Gaisböck*, Geschichte der Gemeinden Weer und Weerberg. In: Tiroler Heimat, Bd. 6. Innsbruck 1933, S. 77f.

leuten bestimmt, brachte doch die Reformation mit ihren Visitationsordnungen eine gesteigerte Armenpflege.

Solche Reichnisse dürften vor der ersten urkundlichen Erwähnung hie und da schon früher getätigt worden sein. Ähnliche Stiftungen entstanden in anderen Landschaften, wie solches das Fichtelgebirge erweist. Noch heute bietet hier die Wannsche Stiftung in *Wunsiedel*, die der Zinngießer und Zinnbergwerksinhaber Sigmund Wann im 15. Jh. gründete, zwölf armen, in Ehren ergrauten Männern Wohnung, Nahrung und Kleidung[677]. In der Zwölfzahl macht sich die Vorstellung vom Apostelkollegium geltend, die auch sonst weithin nachweisbar ist. Sie findet sich ein in der Almosenspende und in der Fußwaschung am Gründonnerstag, in der Wallfahrt und in der Totenmemorie[678].

Die freiwilligen Vereinbarungen, die die Bergleute des späten Mittelalters untereinander trafen, wurden in Sachen der Selbstbesteuerung durch Herkommen und Übung, also gewohnheitsrechtlich, gestützt. Sie empfingen darüber hinaus die formelle oder stillschweigende Zustimmung des jeweiligen Landesherrn, der sein Regal wahrnahm. Die Altenberger Knappschaft im sächsischen Bergwerksgebiet teilt ihrem Fürsten als Anwalt des Bergrechts 1440 ihren vor langer Zeit gefaßten Beschluß mit, daß die alten und jungen Bergleute wöchentlich je einen Pfennig vom Lohn abgeben sollen[679]. Anscheinend ist auch der Bergjunge erfaßt. Nach der Harzer Sage erhielt ja der Pochjunge, dem der Bergjunge als Anfänger wohl gleichgestellt ist, in der Woche von seinem Lohn am Freitag sieben Pfennig ausgezahlt, was er rein persönlich einbehielt. Das andere Geld, das er darüber hinaus empfing, mußte er zu Hause abliefern[680].

Es darf jedoch nicht überraschen, daß hier und da der einzelne oder auch mehrere Bergbeflissene in der Leistung des Wochenpfennigs sich säumig

[677] Ferner vgl. *Artur Zechel*, Sigmund Wann. Ein Leben der Tatkraft und Nächstenliebe. In: Der Fichtelgebirgsbote, 1948. Lauf bei Nürnberg 1948, S. 29–34. Die Stiftungen oberpfälzischer Eisenhüttenleute verdienen eine besondere Erforschung, auch in Hinsicht auf benachbarte Landschaften. Vgl. dazu etwa *Ress*, Eisenhüttenleute. S. 284 ff.

[678] Zwölf Spitalleute („Quatempermanln") bei *Ida Grassl*, Münchner Brauchtum und Leben im 18. Jahrhundert. Beiträge zur Volkskunde der Stadt. München 1940, S. 70. – *G. Schreiber*, Apostel, Religiöse Volkskunde. In: LThK 1^2, Sp. 739 f.

[679] *Löscher*, Erzgebirgische Knappschaft. S. 225.

[680] *Stötzel*, Bergmannssage. S. 25. Näheres s. unten. Nach *Haussherr*, Wirtschaftsgeschichte, S. 46, wurden Jugendliche und Frauen unter Tage nicht beschäftigt, doch hat der gleiche Autor ohne nähere Bezeichnung der Räume davon gesprochen, daß die Unternehmer in Bergwerken sich nicht scheuten, Frauen und Kinder zu verwenden. Ebd., S. 147.

erwiesen. Die Entwicklung des Abgabenwesens, etwa die Geschichte der Weinsteuer (Ungeld), des Zehnten, der Primitien, der Oblationen hat immer wieder solche Spannungen und Widersprüche zu verzeichnen[681]. Der selige Bischof Benno II. von Osnabrück († 1088) ging zu den Bauern auf das Feld, um sie mit Schlägen zu traktieren, wenn sie den Getreidezehnten nicht abgeliefert hatten. Die Vita weiß solches deutlich zu berichten (ita ut plerunque verberibus affectos debitum suum rusticos persolvere compulisset)[682]. Hier im Bergwerk hatten ähnlich den Synoden des Mittelalters, die ihrerseits parochialrechtliche Reichnisse überwachten, die Bergaufsichtsbehörden einzugreifen. Eine derartige Mitteilung erging jedenfalls 1473 im Altenberger Zinnbergbau von den Bergknappen an den sächsischen Landesherrn, indem sie dabei ersuchten, die Säumigen zu strafen. Gewiß eine Äußerung starker kameradschaftlicher Verbundenheit. Diese Kontrolle durch den dominus terrae war im Grunde genommen unerläßlich; denn die Verweigerung der Zahlung rüttelte am Gemeinschaftscharakter der Konfraternität wie der Knappschaft[683]. Der Wochenpfennig, mehr noch der *Monatspfennig*, gemahnt an die Verbundenheit der *Kalande* und an die Kalandsbrüder. Was wollten die letzteren? Das waren kirchliche Verbrüderungen von Geistlichen und Laien (Männern und Frauen), die Totenmemorien besorgten, die dazu gemeinsame Liebesmähler beider Geschlechter in den Kalandshöfen hielten. Das alles erwuchs aus gemeinsamen Versammlungen der Dekanatsgeistlichen an den Calendae, also am Ersten eines jeden Monats (confraternitates Calandarum). Diese Kalandsgebühr war ein sichtbares Zeichen, das die Bruderschaft einte und damit die Berggemeinde zusammenhielt. Allerdings verfiel diese Einrichtung im 16. Jh. in den neugläubigen Gebieten. Der Kaland wurde dort abgeschafft oder armenpflegerisch umgewandelt, was die Visitationsprotokolle ausweisen[684]. Immerhin gab es wegen vorhandener Liegenschaften noch einige Relikte, was die Armenspende und ebenso, jedenfalls da und dort, die Liebesmähler betraf. Daran konnten auch die niederen Kirchendiener mit ihren Frauen teilnehmen. So mag man es viel-

[681] Weitere Einzelheiten dazu demnächst bei *Georg Schreiber*, Der Wein in Geschichte und Wirtschaft, Liturgie und Volkstum, mit einem Kapitel über das Abgabenwesen.

[682] MG. SS. XXX, p. 869–892, Schulausgabe, p. 9; übersetzt von *Michael Tangl*, Geschichtsschreiber der Deutschen Vorzeit, 91. Leipzig 1910, S. 16. Eine religionsgeschichtliche Durchdringung ist noch erwünscht.

[683] *Löscher*, Erzgebirgische Knappschaft. S. 226.

[684] Zur Quellenkunde vgl. neben *E. Sehling* noch *Gustav Nebe*, Die Kirchenvisitationen des Bisthums Halberstadt in den Jahren 1564 und 1589 (Geschichtsquellen der Provinz Sachsen und angrenzender Gebiete, Bd. 12). Halle 1880, S. 102, 106, 117.

leicht erklären, daß es in protestantischen Gemeinden nicht zum Monatspfennig, sondern zum Wochenpfennig kam[685].

Die gleichen gemeinschaftsbindenden Gepflogenheiten und Einrichtungen, die wir bei den Bergleuten kennen, begegnen uns auch in einem verwandten Betrieb, nämlich bei den *Lüneburger* Sülzern: „Wie die Sülfmeister, waren auch die Sülzer in einer Gilde zusammengeschlossen, der Bruderschaft St. Hülpes, Hülperti oder Hülperades. Die Zugehörigkeit zu dieser Gilde wurde den Sülzern durch eine Verordnung vom Jahre 1414 zur Pflicht gemacht. Die Bruderschaft besaß einen Altar und eine Vikarie in der Sülzerkirche von *St. Lamberti*, ferner hielt sie bestimmte Summen bereit, aus denen sie Almosen spendete und eine tägliche Messe sowie Totenämter bezahlte. Die Teilnahme an einem Leichenbegräbnis war Ehrenpflicht und wurde überwacht. Das Eintrittsgeld in die Gilde betrug vier Schilling und vier Pfennig, ein Ehepaar zahlte das Doppelte[686].“ Es waren wie in den Kalanden in der Bruderschaft beide Geschlechter vertreten. Die Almosenspende war gewohnheitsrechtlich in das Totengedächtnis eingebaut[687].

Diese Konfraternität in Lüneburg erinnert uns an das Sankt-Hulpe-Bild, also an den spätmittelalterlichen *Sunte-Hulpe-Kult* (St. Salvator, Volto Santo, St. Kümmernis, St. Wilgefortis), der in Niedersachsen, vorab in Stade[688] und, wie soeben oben erwähnt, in dem kultmächtigen Lübeck[689] daheim war. Man darf annehmen, daß in niederdeutscher Nachbarschaft mancher

[685] *Georg Schreiber*, Die Weinglocke in der deutschen Weinlandschaft. Arch. f. Kulturgeschichte, Jg. 48, 1961, S. 1–17, bes. S. 3f. In Ergänzung der vorliegenden Kalandsliteratur vgl. oben.

[686] *Kurt Stegen*, Die Sülzer zu Lüneburg. In: Der Anschnitt, Jg. 8, Nr. 4, 1956, S. 25f. Zur Lambertikirche in Lüneburg s. auch *Brüning*, Niedersachsen und Bremen. S. 264ff.

[687] Zum Totengedächtniswesen s. *Willibald Jorden*, Das cluniazensische Totengedächtniswesen vornehmlich unter den drei ersten Äbten Berno, Odo und Aymard (910–954) (Münstersche Beiträge zur Theologie, H. 15). Münster 1930, S. 111. – *G. Dümpelmann*, Almosen. In: LThK 1², Sp. 362. Eine wenig entwickelte Forschung.

[688] Zum Kümmerniskult in Stade s. *Gustav Schnürer* und *Joseph M. Ritz*, St. Kümmernis und Volto Santo. Studien und Bilder (Forschungen zur Volkskunde, hg. v. G. Schreiber, H. 13–15). Düsseldorf 1934, S. 94, 96, 228. Die Verhältnisse in Lüneburg sind dort nicht erwähnt. Jedenfalls wird bei diesem Hinweis eine wichtige Ergänzung sichtbar, die eine handelspolitisch so bedeutsame Salz- und Hansestadt betrifft, die ihrerseits die Kümmernisdevotion weitergeben konnte. – Zu Stade s. auch *Brüning*, Niedersachsen und Bremen. S. 373ff. – Weitere Literaturangaben zum Kümmerniskult bei *Beitl*, Wörterbuch², S. 453. – *Bächtold-Stäubli*, Handwörterbuch, 10. Im Register, S. 208. Aber diese Hinweise reichen nicht aus. Manches noch in den einschlägigen Forschungen von *Jean Gessler* und *Georg Schreiber*.

[689] *Schnürer* und *Ritz*, St. Kümmernis. Im Register, S. 328.

Harzer Bergmann sich an diesem Kult beteiligte. Auch Tirol kennt eine starke Verehrung von St. Wilgefortis, die hier durch die Forschung mit dem Bergbau noch in Verbindung zu bringen wäre[690]. Einige 70 bildliche Darstellungen sind dort bekannt, wo der Kult im 17. und 18. Jh. eine große Ausdehnung genommen hatte[691]. Doch ist die den Bergknappen günstige karitative Gesinnung noch aufzuweisen. Aber zu einem Grubennamen dieser Art kam es dort anscheinend nicht mehr, soweit wir solche Verzeichnisse durchsahen. Dieses Defizit überrascht einigermaßen. Und doch mag man daran denken, daß diese Namen vorab von der Gotik geprägt waren, während die Wanderung der Kümmernislegende nach Tirol wohl stärker im Barock einsetzen mochte[691a].

Die bereits 1283 gegründete Fronleichnamsbruderschaft im niederösterreichischen *Zeiring*, in einer Silberstadt, die 1339 in einer Bergordnung Stadtrechte empfing, stellte ihre Erträgnisse für die sogenannten „Brudergründe" zugunsten armer Bergleute zur Verfügung[692]. Diese Konfraternität mochte Gülten aus den Liegenschaften empfangen. Hervorragende Vertreter der Caritaswissenschaft haben diese berufsständische Wohlfahrtspflege noch nicht mitgeteilt.

Das Bergwerk wurde aber nicht nur durch Hammer und Schlägel, durch Wasser und Wald, durch Wege und Stege und durch die sonstige Apparatur (Pochwerk, Wäsche u. a.), die man zuweilen mitgab, ermöglicht[693]. Im allgemeinen besitzt jede Grube dieses Beiwerk, in dem besonders noch die Schmelzhütte erwähnt sein will. Nur selten ist bei einem oberdeutschen Kloster vermerkt, daß es an Wald fehlt. Immerhin wird für den Anbruch der Neuzeit für den steirischen Raum festgestellt, daß wegen des Bedarfs an Vieh „fortgesetzt neue Almen geschaffen wurden, natürlich auf Kosten des Waldes, der den Bergwerken abging"[694]. Andererseits vermerkt

[690] Ebd., im Register, S. 330.

[691] Ebd., im Register, S. 298f., 300 u. ö. – Vgl. ferner *Bächtold-Stäubli*, Handwörterbuch, 10, im Register, Sp. 208, und *Beitl*, Wörterbuch², S. 452. Irgendwelche Beziehungen der Kümmernisverehrung zum Bergbau haben aber *Bächtold-Stäubli* und *Beitl* nicht erschlossen.

[691a] Vgl. dazu die kleineren Aufsätze von *Josef Tremmel*. In: Der Kunstfreund, Jg. 1910/11; Tiroler Heimatblätter Jg. 1926; Salzburger Kirchenzeitung, Salzburg 1926, Nr. 42–44. Dazu demnächst *Anton Dörrer*. In der Festgabe für G. Schreiber. Münster (Westf.) 1962.

[692] *Anne Winkelmann*, „Zeiring ist die Mutter von Wien". S. 31.

[693] *Adolf Leidlmair*, Bevölkerung und Wirtschaft in Südtirol (Tiroler Wirtschaftsstudien, Schriftenreihe d. Jubiläumsstiftung d. Kammer d. gewerbl. Wirtsch. f. Tirol). Innsbruck 1958, im Register, S. 296.

[694] *Pirchegger*, Steiermark. S. 179.

ein Bericht vom Beginn des 19. Jh. aus Graubünden, daß man Wert darauf legte, das Holz in der Nähe von Gruben zu schonen[695]. Darüber hinaus war es unbedingt notwendig, daß sich geistig-seelische Motive und ernste Willensrichtungen einfanden, die die Arbeitsleistung religiös-sittlich, gleichzeitig sozial und standesbewußt unterbauten. Zum Gezäh der Bergarbeit mußte also, um konkret zu sprechen, für den mittelalterlichen Bergmann der volksliturgische und sozialkaritativ gestaffelte Rhythmus des Zünftlerischen und des Bruderschaftlichen hinzutreten. Eine solche Konfraternität gab sich nicht als Beiwerk, sondern als schöpferischer Quellgrund und als ein unverlierbares Band. Es war ein mehr äußerlicher Dualismus, wenn zur schweren Handarbeit diese Betätigung in der Sakralkultur als begleitendes Motiv hinzutrat. In Wirklichkeit bekundete man eine lebensvolle Einheit und Ganzheit, wenn die Kultpflege und damit die Kenntnis der vorbildlich wirkenden Legende aurea und ähnlicher Volkserzählungen zur schweren Arbeit des Hauers und des Schmelzers hinzutrat.

Ein Wort über den bruderschaftseigenen *Altar*. Die lebenskräftige mittelalterliche Genossenschaft erstrebte in einer Stiftskirche oder in einer Pfarrkirche, wenn möglich, einen eigenen Altar. So hielten es die Handwerker, ebenso die Schiffer. Daran erinnert noch heute die Verehrung der „Schiffer-Madonna" in der Kirche St. Maria Lyskirchen am Kölner Rheinufer. Ähnlich betätigten sich die Winzer mit St. Nikolaus in Bernkastel und in anderen Vereinigungen[696]. Dieser Altar war, wie die Statuten ausweisen, der Mittelpunkt ihres Gemeinschaftslebens. Dort opferte man für die Lebenden und Toten. Dort gedachte man des Schutzpatrons. Man beging feierlich seinen Gedenktag, sein natalitium. Reliquien mochten sich oft einfinden. Dort hielt man zuweilen weitere Feiertage, im besonderen den Tag der translatio. Da brannte gern als Ewiglicht eine Zunftskerze. Eine eigene Bergmannskerze in *Schwaz* wurde in der Prozession einhergetragen. Der Altarist diente als liturgischer Funktionär. Stifterfiguren an diesen Altären verrieten als Donatoren die Herkunftslinien. Wappenschilde waren diesen aristokratischen

[695] *Plattner*, Bergbau. S. 96. – *Heinrich Oberrauch*, Tirols Wald und Waidwerk (Schlern-Schriften, Nr. 88, hg. von R. Klebelsberg). Innsbruck 1952, S. 253.

[696] Vgl. ferner *Müller*, Esslinger Pfarrkirche im Mittelalter, mit Hinweisen auf die städtische Kapellenordnung von 3121 und 1322, S. 36ff., nach der kultgeschichtlichen Seite. *Schreiber*, Deutschland und Spanien. Im Register, S. 505. – Der mehrfache Millionär und Hammerherr Ulrich Hammer zur Wöhrd stiftet um 1440 den Haller-Altar in St. Sebald zu Nürnberg. Dazu *Franz Michael Ress*, Stiftungen deutscher Eisenhüttenleute. S. 46. – Man ist überrascht, daß der einschlägige Artikel „Altar" im Lexikon für Theologie und Kirche die Gemeinschaftsaltäre überhaupt nicht erfaßt.

Vorzeichen oft beigegeben. Das Patronatsrecht kümmerte sich um die Weiterexistenz des Altars. Es war in den Händen der Stifterfamilie oder der Zunft. Es wurde aber ebenso, im Zeichen der Mediatisierung, dem Städtischen Rat anheimgegeben. Im Gefolge des Altarpatroziniums oder des Kapellentitels stärkten sich das Gemeinschaftsgefühl und der Gleichheitsgedanke, der die Freiheitsidee der mittelalterlichen Berggemeinde beseelt, soviel an sonstigen Gebundenheiten auf dem Lande bestehen mochte. Führte doch die soziale Erscheinungsform des Bergbaus ein einzigartiges Zueinander von Gewerken und von Bergknappen, der Bergbauunternehmer und der Eigenlehner mit sich. Züge des Autonomen und des Aristokratischen teilten sich dem Sozialständischen mit.

Von der Geschichte dieses vom Standesstolz und zugleich vom Wirklichkeitssinn des Lebens errichteten Altars, der oft ein Altarlehen begründete und damit den erwähnten Altaristen heraufführte, wurde in den *Reichsstädten* das Interesse des Patriziats berührt. Darüber hinaus vollzog sich ebenso eine Anteilnahme jener Gilden, die auf einen kultischen Mittelpunkt Wert legten.

Auf dem *Lande* aber sind es die Berggemeinden, die eine ähnliche Entfaltung nehmen. Nur daß dort im Verhältnis von Gewerke und Knappschaft bei manchen Spannungen das Einheitsstreben beider Gruppen überwiegt. Diese Verbundenheit des Unternehmertums und der Bergarbeiter macht sich im allgemeinen doch ganz stark geltend. Das Risiko mußte ja gemeinsam getragen werden. Die Gefahrenzone in der Arbeit verklammerte. Der Berufsstolz war im Bergbau fast mächtiger entwickelt als in den Handwerker-Innungen der Stadt. Diese Bergbeflissenen entfalteten eine starke schöpferische Originalität, selbst in der Tracht und im Lied. Diese eigen geprägte Haltung bekundete sich auch im Gemeinschaftsgebet vor der Schicht. Die Bergbauverwaltung selbst zeigte ihr Interesse am öffentlichen Gebet noch im Zeitalter des Merkantilismus und des fürstlichen Absolutismus. Man betrachtete von seiten der Verwaltung als solche Fürbitte vorab das Morgengebet, gleichzeitig als Kontrolleinrichtung für das pünktliche Erscheinen der Knappen zur Schicht. Doch hat dieses Schichtgebet im Ruhrgebiet nie richtig Fuß gefaßt. Es wurde bald, in den meisten Gruben unter dem Druck wirtschaftlicher Not, wieder fallengelassen[697]. Im rheinischen Mechernich hingegen, das ein Bleibergwerk und eine Hütte mit sich führt, ist das Schichtgebet seit dem 16. Jh. überliefert und wird heute noch

[697] Das Schichtgebet im Ruhrbergbau. In: Der Anschnitt, Jg. 7, Nr. 5, 1955, S. 23. Mit Abb. des Bethauses im Muttental bei Witten-Bommern, in dem Schichtgebete verrichtet wurden.

beibehalten[698]. Auf protestantischer Seite hat man kürzlich nach langer Unterbrechung in Bochum-Harpen den evangelischen Berggottesdienst wieder aufgenommen[699]. Einzelzüge mag man noch sammeln.

Das Mittelalter griff jedoch, um diese Vorstufe näher zu berühren, über das Schichtgebet hinaus. Die Berggemeinde erstrebte damals einen eigenen Geistlichen, der im Interesse der Bergleute am Morgen eine Votivmesse liest. Im Erzgebirge war die Bezeichnung für die Frühmesse „Schläfermesse", weil sie ebenfalls von jenen Bergleuten besucht wurde, die von der Nachtschicht kamen und dann nach Hause schlafen gingen[700]. Derartig begibt sich dort und andernorts der Wunsch nach einem Primissarius, um den Sprachgebrauch des medium aevum aufzunehmen, also nach einem Frühmesser, wie man in der Volkssprache sagte. Es war aber für die Bergleute nicht immer leicht, sich mit diesem Anliegen durchzusetzen. Dieser Primissarius mußte zuweilen erkämpft werden. Das Pfarrecht, in dem sich das Interesse der Gesamtgemeinde spiegelt, setzte sich eifersüchtig zur Wehr. Es will unter die parochiale Vorzugsstellung auch die Frühmesse, die prima missa einbeziehen. Aber es wird von einer lebensvollen Praxis eines Berufsstandes her gezwungen, der Knappengemeinschaft Zugeständnisse zu machen.

Dem Bergwerksort *Schwaz* gegenüber, auf der anderen Seite des Inn, befinden sich im 15. Jh. 800 Knappen. Können diese Bergleute doch sonst, da der Strom im Wege steht, keine Messe hören. Aber für den Bergbau in Schwaz selbst mußte die Einrichtung doch erst erkämpft werden. Die benachbarte Parochie Vomp war nämlich die alte Urpfarrei von Schwaz[701]. Patronatsherr war das Benediktinerstift *Georgenberg*. Dieses wehrt sich, gestützt auf Herkommen und Gewohnheitsrecht, eifersüchtig gegen einen Schwazer Frühgottesdienst. Aber der Pfleger von Georgenberg und die Knappen von Schwaz setzten gleichwohl diesen morgendlichen Gottesdienst durch. Sie vollzogen eine Stiftung, die einen eigenen liturgischen Funktionär betraf. Zehn Jahre später wird dem dortigen Benefizium in einer Weiterentwicklung ein Frühmesserhaus zuteil. Die Berufsgenossenschaft erweist sich in der Tat stärker als das normative Pfarrecht, als das sonst gebieterische ius parochiale. Die Stiftung bietet den Ausweg. Sie bekundet

[698] *Hans Schmitz*, Das Schichtgebet im Mechernicher Bergbau. In: Der Anschnitt, Jg. 6, Nr. 6, 1954, S. 3.

[699] Vom neuen Berggottesdienst. In: Der Anschnitt, Jg. 4, Nr. 5, 1952, S. 3.

[700] *Löscher*, Erzgebirge. S. 345.

[701] Dazu *Balthasar Gritsch*, Georgenberg. In: Schwazer Buch, S. 94–103, bes. S. 98.

ebenso den festen Gemeinschaftswillen und die ungebrochene Lebensenergie des Standesbewußtseins. Überdies hatte man das Konzil in Basel mit Erfolg angerufen.

9. Abgaben

Einer besonderen Untersuchung bedarf die Höhe der *Abgaben*, die der Betrieb der freien Genossen unter grundherrlicher Aufsicht zu leisten hat. Das gleiche betrifft Leistungen an den Lehensherrn, die von dem einzelnen Beliehenen zu setzen sind. Einige Mitteilungen für das steirische *Admont* am Ausgang des 12. Jh. lassen erkennen, daß 1185 die Abtei als Grundherr sich den neunten Teil der Förderung ausbedungen hat. Überdies war noch ein Kübel Silbererz in der Woche von jedem Bergwerksanteil zu leisten, wenn auch nur zwei solcher Kübel den wöchentlichen Gesamtertrag bildeten. Bei einem minderen Betriebsergebnis war die Abtei mit der Halbteilung zufrieden, was an ähnliche Vorgänge in der Weinwirtschaft erinnern mag. Darüber hinaus war der zehnte Anteil der Förderung an den Salzburger Erzbischof als an den Träger des kaiserlichen Regals zu entrichten[702]. Doch hatte eine 1186 erwähnte bergbauliche Genossenschaft, die einen Vertrag mit Admont abschloß, neben dem Zehnten und Neuntel noch zwei Mark zur Reparatur des Weges zu zahlen[703].

In *Tirol* verlangte der Landesherr bei jedem Neuschurf das Neuntel, das oft verpfändet wurde. Dazu trat die „Frohn". Das war der zehnte oder später der neunzehnte Kübel vom ungeschmolzenen Erz, den der „Fröhner" für den Landesherrn beiseite legte. Von jeder Mark geschmolzenen Silbers verlangte der Landesfürst noch einen namhaften Anteil als „Wechsel". Den Gewerken waren diese ansehnlichen Abgaben verhaßt, zumal wenn die Ausbeute geringer war. Sie hielten sich zum Teil schadlos, indem sie die Arbeiter nicht mehr mit Geld, sondern mit Waren bezahlten. Diese waren dann hoch berechnet. Man bezeichnete diese Verrechnung als „Pfennwerte"[704]. Das Geld, das als Bargeld bezahlt werden sollte, ward als „Freigeld" bezeichnet. Es ist oft wenig davon in die Hände der Knappen gelangt, ausgerechnet in einem Lande, das als Landesfürsten Sigmund den Münzreichen führte, dessen Währung sogar die Nachbarstaaten beeindruckte. Tragik alpiner Täler, die

702 *Zycha*, Rechte des Bergbaus. S. 93.
703 Ebd.
704 Wir folgen hier *Weingartner*, Schwazer Bergwerksgeschichte. S. 162.

nicht ausreichten, die Beköstigung zahlreicher Bergknappen zu besorgen. Ein Leitmotiv der Klage, die sich wieder und wieder durch den mittelalterlichen Bergbau hindurchzieht. Die jeweils anfallenden Abgaben konnten allerdings wesentlich gemildert oder gar beseitigt werden, wenn durch ein Indult Fronfreiheit bewilligt wurde. Georg Fueger, Salzmayr zu Hall, und dessen Mitgewerken (18 Verwandte und Pfannhausbeamten) baten 1544 für ihre sieben im Stubai gelegenen Gruben, welche früher dem Sigmund Füeger gehörten, aber nur lässig betrieben und fast auflässig wurden, um eine zehnjährige Fronfreiheit[705]. Wegen der Abgabenfreiheit kam es zu Zusammenstößen mit bodenständigen Herrschaften. Ein wesentliches Element, das der Gesellschaft der Bergknappen Selbstbewußtsein, Kühnheit, Elan, ja Verwegenheit einhändigte[706].

Wir verwiesen auf die Abgabe des zehnten Kübels vom gewonnenen Erz als Fron. Dazu trat als sogenannter Wechsel eine Abgabe der Schmelzwerke. Dieses Reichnis wurde bemessen nach der Menge des gewonnenen Silbers und bezeichnet als Wechsel. Der Wechsel wurde regional verschiedentlich gehandhabt. Es konnte sein, daß der Wechsel besagte, daß das Silber an die landesfürstliche Münze zu einem Vorzugspreis abgegeben wurde. Dieser Unterschied zwischen dem gängigen und normalen Preis des Silbers und dem Übernahmepreis der landesherrlichen Münze bildete den Wechsel. Doch haben die verschiedenen österreichischen Landesteile eine unterschiedliche Behandlung des Wechsels erlebt[707].

Die *Kerze* war mit dem Gottesdienst außerordentlich verwachsen, begab sich auch in den Volksglauben der Bergbeflissenen. So mag man es verstehen, wenn sich bei den Bergleuten als Abgabe ein eigener Kerzenheller einfand. Dieser diente dazu, die Lichter bei den Prozessionen und bei dem Bruderschaftsaltar zu beschaffen[708]. Es handelt sich um einen wöchentlichen Beitrag von einem Heller, der um 1450 auf einen Pfennig erhöht wurde. Dieser zusätzliche Pfennig war zur Unterhaltung eines Geistlichen bestimmt, der in der Woche fünf Messen halten sollte. Die Fünfzahl ist öfters bei einem solchen Benefizium überliefert. Die erste Schneeberger Bergordnung von 1471/72 zeigt verwandte Züge. An jedem Sonnabend hatte der Häuer einen Pfennig und jeder Haspler und Bergjunge einen Heller zur Unterhaltung der Kapelle, zu ihrer Beleuchtung und ihrem sonstigen Bedarf abzu-

[705] *Wolfstrigl-Wolfskron*, Tiroler Erzbergbaue. S. 18.
[706] Sammelschrift Schwaz. S. 160.
[707] *Oberrauch*, Tirols Wald und Waidwerk. S. 49.
[708] *Wohlhaupter*, Kerze, unergiebig. Stattdessen s. *Löscher*, Kerzenheller. S. 392 ff.

führen. Man sieht, daß diese Leistungen nach dem Einkommen der jeweiligen Bergbeflissenen abgestuft sind. Die Kerzenheller und die späteren Wochenpfennige oder Büchsenpfennige fanden auch noch eine Fortsetzung im Reformationszeitalter. Jedenfalls war es so, daß die Zahlung dieser Reichnisse sogar noch 1534 in der ersten reformatorischen Kirchenvisitation nachweisbar ist. Nach der Auffassung von *Löscher* wurde das genossenschaftliche Vermögen der Freiberger Knappschaft von den regelmäßigen Abgaben vom Arbeitslohn gespeist. Dabei wird festgestellt, daß die Aufgaben der Knappschaft über die Zwecke einer Bruderschaft hinauswuchsen, daß auch berufliche und soziale Fragen erfaßt werden mußten. Es fragt sich, ob der zuletzt genannte Fragenbereich nicht überhaupt schon die Anfänge der Bruderschaft ergriff, aber unabhängig davon ist die andere Frage aufzuwerfen, ob nicht das Knappschaftsvermögen durch zweckentsprechende Stiftungen wesentlich erhöht und erweitert wurde[709].

[709] Ebd.

III. DER BERGMANN KULTURPRODUKTIV

1. *Die Grundlagen*

Berggemeinden entwickelten häufig kulturell fruchtbare und sozial fortschrittliche Begegnungen[710]. Mehr als ein Anlaß fand sich ein. Man mußte sich mit fremden Bergknappen auseinandersetzen, die im Revier vorsprachen. Man begab sich ebenso in die berufsständische Wallfahrt. Man gewann dort neue Eindrücke. So zog man in einem Umgang einen ansehnlich weiten Weg beim Anbruch der Neuzeit von Eisenerz nach dem steirischen Frauenberg. Für das Jahr 1910 wird festgehalten, daß man in festtäglicher Bergmannstracht und in geschlossener Pilgerfahrt kam[711]. Wenn Bergleute noch zu Anfang unseres Jahrhunderts und noch später vom oberbayerischen Peißenberg (Braunkohlenbergbau, Knappschaftskrankenhaus) nach Altötting gingen, zeigten sie einen auch volkstumshaft bedeutsamen Treffpunkt auf[712].

Man erfuhr ebenso im Ablauf der Zeitalter neue Weisungen vom *Landesherrn*, die auch den seelischen Bereich berührten. So bildeten die wirtschaftlichen Grundlagen die Voraussetzungen zu einem ausgeprägten Standesbewußtsein und zu einer farbigen Wesensentwicklung hohen Menschentums. Mit dem Fortschritt des Bergbaus wuchsen gleichzeitig die Ansprüche an die Lebenshaltung. Ebenso erhöhte sich trotz der Bergbaukrisen die Freudigkeit, eine originelle Gebärde zu zeigen und ein gepflegtes Genossenschaftswesen ausdrucksvoll in Kraft und Schönheit zu repräsentieren. Fröhliche Knappen vermeldet die Harzsage[713]. Sie weiß um einen freundlichen

[710] Zahlreiche kleinere Beiträge bietet in diesem Zusammenhang immer wieder „Der Anschnitt", 1, 1949ff. (man vgl. dazu die Inhaltsverzeichnisse der einzelnen Jahrgänge).

[711] *Amon*, Seckau. S. 326. – *Krause*, Frauenberg. S. 18.

[712] *M. A. König*, Weihegaben U. L. Frau von Altötting vom Beginn der Wallfahrt bis zum Abschluß der Säkularisation, 2 Bde. München 1939/40, 1, S. 291. – *Schreiber*, Wallfahrt und Volkstum, S. 167 f.

[713] *Stötzel*, Bergmannssage. S. 20. Die lustigen Burschen „verzehrten ihr Geld mit Klingen und Singen".

Grundzug, den auch die Bergbaubücher des Agricola und des Codex Ettenhardt herausstellen.

Die ständische Verselbständigung führte Aufträge für die Architektur und die Kunst mit sich[714]. Unerforschte Bereiche der Technik wurden genauso wie seelische Bereiche stärker beachtet. Man strebte von mehr als einem Ausgangspunkt nach höherer Gesittung und fand beschwingende Zugänge zum Transzendentalen. Bloße Nutzwerte im genossenschaftlichen Denken erlebten ihre Veredlung und eine vergeistigte Erhöhung. Wer den gotischen und nachgotischen Bergwerken nachgeht, trifft immer wieder auf Kapellen und Gotteshäuser, die in nächster Nähe der Gruben errichtet sind. Es sei nur ein Einzelfall berührt. Die Begründung des Kirchleins St. Andreas zu Kremsalpe (Oberkärnten) muß mit dem Aufkommen des Eisenbergbaus an der Krems zusammenhängen. Dieser Betrieb ist schon um die Wende des 14. Jh. nachweisbar. Im 15. Jh. wird diese Kapelle zu St. Peter im Katschtal gezogen, da ein Vikar besorgt wird[715]. Typische Vorkommnisse. Solche Kleinkirchen erweitern sich gerne zu einem Benefizium. Diese Nebenkirchen stattete man oft genug mit Zehnten und Einkünften aus Grundbesitz aus. Solche Einkünfte ernährten den Altaristen, der die Knappen seelsorgerisch betreute, wenn nicht in allen, so doch in Teilbereichen. Manche Kirchenopfer fielen ihm zu, wenn auch das Pfarrecht grundsätzlich geehrt wurde[716].

2. *Schöpferische Vielseitigkeit*

Weithin erbrachte die Kunst der Bergbaustätte, die man in einer ersten Unterrichtung bei *E. Treptow*[717] und in einer weiter ausgreifenden Darstellung und Schau bei *H. Winkelmann*[718] einsehen mag, namhafte Schöpfungen. Zur Hochkunst tritt die schlichte und doch berufsstolze Volkskunst[719].

714 Man denke in bezug auf die Gegenwart auch daran, welche Bereicherung in dieser Hinsicht der Strom der Ostvertriebenen aus Bergbaulandschaften nach 1945 in traditionsärmere Industriegebiete brachte, um solchen seelischen Besitz zu ermessen. In diesem Zusammenhang sei hier verwiesen auf das Jahrbuch für Volkskunde der Heimatvertriebenen, hg. v. Alfons Perlick, 1, 1955, u. 2, 1956. Salzburg 1955 u. 1957.

715 *J. Moro*, Erläuterungen zur Kirchen- und Grafschaftskarte von Oberkärnten. In: Archiv für vaterländische Geschichte (Kärnten), 53. Klagenfurt 1959, S. 178. Frdl. Hinweis von Herrn Prof. *Nikolaus Grass*, Innsbruck.

716 Siehe das Kapitel „Benefizien“ bei *Amon*, Seckau. S.45ff.

717 Deutsche Meisterwerke bergmännischer Kunst.

718 Der Bergbau in der Kunst. Essen 1958.

719 *Leopold Schmidt*, Volkskunst der Bergleute im alten Österreich-Ungarn (Leobener Grüne Hefte, Nr. 39). Wien 1959.

Beide entwickeln sich bergbezogen seit dem 14. und 15. Jh.[720]. Wenn *Leopold Schmidt* die Bergbauvolkskunde als museales Neuland bezeichnet, kann sich diese Feststellung nur auf Österreich beziehen. Dabei widmete sich das Werk von Winkelmann mit Vorzug der Graphik, der Malerei und der Glasmalerei, der Plastik, Gießerei und Schmiedekunst und selbst dem weniger strengen und so anmutigen Porzellan.

Beide, die Hochkunst und die Volkskunst, drängten auf eine scharfe Herausstellung der Eigenart des bergmännischen Berufes, die wie bei einer Zeichnung Pieter Bruegels d. Ä. († 1569) gelegentlich eine fast mythische Deutung fand: „Der Bergmann ist eine unterirdische Art. Sonntäglich-reinlich gekleidet, fühlt er sich am Tageslichte jetzt nur als Gast. Die Augen überzog ein Häutchen: sie werden im Kellerdunkel nicht benützt, sind Überfluß für ihn. Der Bart wurde schimmelig, das Ohr ist spitz gewachsen wie das der Pferde der Bergwerke. Brust und Schultern liegen hoch, und es scheint, er würde schwerer und tiefer atmen als wir, als bereite ihm die reine Luft der Oberwelt einen besonderen Genuß, ein wertes Geschenk. Die Hände sind geschaffen für das Hammerschlagen, auch ruhend drücken sie ihre einzige Fähigkeit aus; die Haut ist mit der Zeit krustig erhärtet, die Nägel tief eingewachsen[721].“ Gewiß eine naturalistische Schilderung, die Wesenhaftes bemerkenswert herausarbeitet. Allerdings erst Adolph von Menzel († 1905) gab mit seinem Gemälde „Das Eisenwalzwerk“ (1875) den ersten Einblick in ein Industriewerk, das gerade die Bergwerksproduktion verarbeitet. Seitdem entwickelte sich in der bildenden Kunst die fast ausschließliche Stellung eines Industriearbeiters als Werktätigen, der in mehr als einer Darstellung mit einiger Berechtigung als Bergverwandter anzusprechen ist[722].

Aber darüber hinaus fesselte der reichbewegte alpine Bergbau, den etwa eine Tuschzeichnung von *Hans Holbein d. J.* aus dem Jahre 1541 darstellt[723]. Eine solche hingebende Schilderung der Berge wirkte wie ein Vorgriff auf

[720] Das zeigte sich an einer Ausstellung des Bergbaumuseums in Bochum im Jahr 1955. Vgl. *K. D.*, Felsbilder, Bronzen und alte Bergbaukunst. Zwei kulturgeschichtlich interessante Ausstellungen in Bochum. In: Westfälische Nachrichten, Münster, Nr. 167, 22. 7. 1955.

[721] *Charles De Tolnay*, Die Zeichnungen Pieter Bruegels. S. 81, Tafel 58, Nr. 90.

[722] Vgl. *Johannes Jahn*, Wörterbuch der Kunst (Kröners Taschenausgabe, Bd. 165)[5]. Stuttgart 1957, S. 452f. – *Werner Tamms*, Ein großes Thema setzt sich durch. Das Motiv Arbeit in der Malerei. Vom Steinklopfer zum Maschinenmenschen. In: Westdeutsche Allgemeine (Wochenendbeilage). Essen, Nr. 194, 23. 8. 1958.

[723] *Winkelmann*, Kunst und Bergbau in der Geschichte. In: Der Anschnitt, Jg. 3, Nr. 2/3, 1951, S. 8.

das aufklärerische Lehrgedicht „Die Alpen“ (1728) des Schweizers *Albrecht von Haller*, der sich selbst aber dem Bergbau nicht widmen sollte. Dafür aber entstand in der Folgezeit eine sich anreichernde Alpendichtung, die gelegentlich auch in die Gruben hinabsah[724].

Zu diesen Leistungen der darstellenden Kunst traten die stolzen Bauten der Bergbaustädte[725]. Diese spricht noch heute in den tirolischen Städten wie Hall, Sterzing oder Schwaz eine beredte Sprache, ebenso im Hallenbau (1484–1501) des Domes im sächsischen Freiberg. Letzterer ist zugleich ein Erbe des Harzer Bergbaus. Zu allem begebe man sich in die Salzstadt Lüneburg, mit ihrem Sand und ihrer gotischen Johanniskirche.

Das Bergmannslied, dessen Erforschung *Gerhard Heilfurth* so kraftvoll und ergiebig in die Hand nahm, zeigte sich ebenfalls an der eigenen Berufsarbeit ungemein interessiert. Das Lied wird ein klingendes Gegenstück zu der gewerbsständischen Volkskunst[726]. Es besingt oft das im Schacht gewonnene Silber und Gold, aber auch manches andere Metall[727]. Die bergmännische Sage und Legende sowie der immer wieder anzutreffende Mirakelbericht entfalten ein heimatbewußtes Gepräge[728], selbst noch für die nachmittelalterliche Zeit. Dabei fesseln oft der verborgene Bodenschatz und die Suche nach diesem. In allem entfaltete sich für diese Bergbeflissenen eine umfassende Betätigung, die die verschiedensten Gebiete des Lebens und der Gesellschaft, den Gemeinschaftssinn, das Genossenrecht und ebenso die Kirche ergreifen. Dabei wird die Gefahrenzone bergmännischen Lebens herausgerückt. Die Volksdichtung sprach eine hohe Wertung des Bergwesens schon früh durch den Tiroler Landreim aus. Solche Linien ziehen sich über Jahrhunderte. Dahin gehören auch die bergbaulich so bedeutenden und warmherzigen Predigten des sächsischen Protestanten *Mathesius* (1504 bis 1565), dem Luther- und Melanchthon-Schüler, den wir bereits mit seinen 16 Bergpredigten erwähnten[729]. Das Harzgebiet und Mitteldeutschland boten ihm ein ergiebiges Beobachtungsfeld. In einem späteren Zeitalter begleitete *Novalis* (Friedrich von Hardenberg, † 1801) seinerseits den Bergbau

[724] Siehe *Karl Reuschel*, Alpenpoesie. In: Reallexikon der deutschen Literaturgeschichte, hg. v. Paul Merker u. Wolfgang Stammler, Bd. 1–4. Berlin 1925/26, 1, S. 20/21 (das Stichwort ist in der 2. Auflage des Reallexikons, Berlin 1955ff., nicht mehr aufgenommen).

[725] Zur Zielsetzung des Werkes vgl. *Winkelmann*, Bergbau in der Kunst. S. 7ff.

[726] Bergmannslied. Vgl. hier bes. S. 58ff., 76ff. Siehe ferner unten.

[727] Ebd., S. 275, 283, 331, 383, 480, 498.

[728] Wir verweisen auf die einschlägigen Kapitel unseres Buches.

[729] Die Religion in Geschichte und Gegenwart^3 (= RGG^3), hg. v. Kurt Galling, Bd. 1ff., Tübingen 1957ff., 4, Sp. 808.

mit seinem besonderen Interesse. Dieser Romantiker sah im Bergmann das verklärte Bild des vollkommenen Menschen. Überdies war er bekanntlich ja selbst ein recht tüchtiger Salinenassessor, seit 1799 in Weißenfels. Bereits im Dezember 1800 wurde er vom sächsischen Kurfürsten zum „Amtshauptmann" ernannt[730]. Ein Verzeichnis deutscher Dichter, die sich dem Bergbau widmen, hat *Wilhelm Kosch* erstellt[731]. Wir finden dort neben Novalis Namen wie *Goethe*, der im Herzogtum Weimar sich mannigfach der Verwaltung des Bergbaus und seitdem desgleichen immer wieder geologischen Studien widmete. Sein Interesse für das Bergwerk in Ilmenau, wo er zeitweilig als Ortsangehöriger lebte, ist literarisch festgehalten. Wir hören weiter vom bergbaulichen Interesse von *Jean Paul*, *Tieck*, *Brentano*, *Arnim* und *Eichendorff*. Epische Leistungen herrschen vor. *Theodor Körner*, *E.T.A.Hoffmann* und *Johann Peter Hebel* seien nicht übergangen[732]. Im achten Auftritt von Wallensteins Lager läßt *Schiller* Bergknappen auftreten, die einen Walzer spielen. Für die Einwirkung des Bergbaus gerade auf die deutschen Romantiker mag man sich auch an einschlägige Ausführungen von *Ricarda Huch* († 1947) erinnern. Diese geistvolle Schriftstellerin hat Tiecks Märchen vom Runenberg behandelt, das dämonische Züge an sich trägt, wenn der Bergzauber sich geltend macht. Anschließend bemerkt die Schriftstellerin mit einem Ausblick auf Freiberg und auf den romantischen Naturphilosophen Henrik Steffens († 1845) wie folgt:

„Wir wissen, daß das Märchen vom Runenberge aus den Anregungen der Naturphilosophie entstanden ist. Tieck war damals mit Steffens befreundet, der noch im hohen Alter von den schaurigen Wundern der einsamen norwegischen Gebirgswüste so lebendig zu erzählen wußte. Steffens und Novalis hatten in Freiberg den Bergbau, unter Werner Geologie studiert; ihre Erinnerungen daran, mit romantisierendem Sinn aufgenommen, kehren häufig wieder. Das Leben des Bergmannes hatte für alle Romantiker etwas höchst Anziehendes. Das Erdinnere, wo ungesehen die allerkostbarsten Kleinodien, tot und doch lebendig, wachsen, die Erstlinge der Natur, der Reichtum der Oberwelt, das leuchtendste farbige Licht in Kristalle gebunden, in der schwarzen Nacht, wohin die Sonne nicht dringt, heimisch; das Erdinnere, das zuweilen gewaltsam aufreißt und die inneren Kräfte furchtbar schön offenbart, sich im flüssigen Feuer er-

[730] *Gerhard Schulz*, Novalis und der Bergbau. In: Bergbau und Bergleute. Neue Beiträge zur Geschichte des Bergbaus und der Geologie (Freiberger Forschungshefte, hg. v. Rektor der Bergakademie Freiberg, Kultur und Technik, D 11). Berlin 1955, S. 242–255, bes. S. 243, 252.

[731] Deutsches Literaturlexikon. Biographisches und bibliographisches Handbuch², 4 Bde. Bern 1949–1958, 1, S. 132.

[732] *Schulz*, Novalis. S. 246. – *Carl Beck*, E. T. A. Hoffmanns Erzählung „Die Bergwerke von Falun". In: Bergbau und Bergleute. S. 264–272.

gießend, ist gleichsam das Unbewußte der Erde. Es ist kein Wunder, daß die Romantiker sich davon gefesselt fühlten.“ [733]

Wie ein Hohes Lied des Erzbergbaus aber muten uns sodann die Kapitel des balladesken Romans „Gösta Berling“ („Gösta Berlings saga“, 1891) an, den die schwedische Dichterin *Selma Lagerlöf* als Erstlingswerk schrieb. Eisenhütten, die ein Jahr stillgelegen haben, können nach dieser Dichtung trotzdem ihre Ehre retten, da das mit Produktionsresten früherer Zeiten beladene Schiff im Unwetter sinkt und so die eigentliche Sachlage verschleiert bleibt[734]. Darüber hinaus haben die Bergbaugebiete in der neueren Zeit einen starken Hang zu dichterischer Selbstverklärung gezeigt. Dabei blickte Tirol mehr auf seine Überlieferungen, die vorzugsweise in seinen „Schlern-Schriften“ wissenschaftlich herausgestellt sind[735].

Gegenwartsbezogener zeigte sich das Ruhrgebiet[736].

Die Gewerke, hier im Sinne von Unternehmer verstanden, haben ihrerseits hie und da literarisch gewirkt. Der Landesfürst wollte in Tirol, also in einem Hochzentrum bergbaulichen Schaffens und in der Heimat bedeutender Bergordnungen, im 16. Säkulum ein Handbuch des Bergbaus besitzen. Die Praxis drängte auf schriftliche Festhaltung. Aber es blieb sein frommer Wunsch. Initiative zu einem Codex Ettenhardt zeigen erst die in der Erfahrung geschulten, reichen Gewerke von Schwaz, zu denen „damals die Familien Fueger, Paumgartner, Tänzl, Hochstetter, Fugger und Stöckl gehörten“[737]. Sie und ihre Kanzleien benötigten mehrere Exemplare des Ettenhardter Codex. Sie vermochten zudem die Kosten für ein solches Werk aufzubringen, so daß dem Text auch 104 charakteristische Zeichnun-

[733] *Ricarda Huch*, Die Romantik. Ausbreitung, Blütezeit und Verfall. Tübingen und Stuttgart 1951, S. 292.

[734] Vgl. die deutsche Ausgabe des Romans. *Selma Lagerlöf*, Gösta Berling. Roman. Einzige berechtigte Übersetzung aus dem Schwedischen von Pauline Klaiber. München 1948, S. 258ff. (Zweiter Teil, Kap. 4, „Das Ekebyer Eisen“.)

[735] *Kosch*, Deutsches Literatur-Lexikon, 4. S. 3016–3019 mit dem Artikel „Tirol“.

[736] Ebd., 3. S. 2342. Als Kuriosum sei hier erwähnt, daß Kosch auch den einzigen Roman des späteren, so aufdringlichen Propagandaministers des Dritten Reiches zur Ruhrdichtung zählt: *Paul Joseph Goebbels*, Michael (Ein deutsches Schicksal in Tagebuchblättern), 1929 erschienen. Man kann sich aber in Erinnerung an diesen Vertreter des Nationalsozialismus eigentlich kaum vorstellen, daß es sich bei dem Werk „Michael“ überhaupt um eine annehmbare Dichtung handelt. – Den bisher nicht sonderlich geglückten Versuch, Arbeiter, auch Bergleute, literarisch zu Schriftstellern zu schulen, unternimmt die Ostberliner Regierung. Vgl. dazu: Ausschnitte. Faksimile-Wiedergabe aus der Fachliteratur und Tagespresse der Sowjetzone. Zusammengestellt von der Publikationsstelle des Bundesministeriums für gesamtdeutsche Fragen. Bonn Nov. 1960, S. 2, 5, 14, 16.

[737] Codex Ettenhardt. S. Vff. Siehe ferner oben.

gen beigegeben wurden. Sie haben in dieser Ausgabe den bergbaulichen Betrieb anschaulich behandelt. Zugleich bejahen sich lebenszugewandte Strömungen der deutschen Renaissance. Diese bekunden sich auch in den beigegebenen 17 kolorierten Abbildungen in Querfolien von Städten (Kitzbühel, Terlan, Schneeberg, Klausen, Schwaz, Innsbruck) sowie in einigen Wasserhaltungsmaschinen, die das Erstaunen von Zeitgenossen wachriefen. Die Gestaltungskraft dieser neuen Ordnung und ihrer kosmischen Harmonie machte sich in diesem Werk eindrucksvoll geltend. Man empfand, daß der Bergbau über seinen Hauptzweck hinaus fast alle Bereiche des künstlerischen Lebens ergriff. Ähnliches ist über das Bergbaubuch des Agricola zu sagen. Allerdings waren die mittelalterlichen Elemente des Bergbaus nicht beiseite geschoben, sondern erhöht und wuchtend herausgestellt, in einer Rangordnung, die es auf die Größe des Wollens und auf den Ernst des Vollbringers abhielt.

3. Das Volksschauspiel

Das bergmännische Drama seit Anbruch der Neuzeit gibt sich volkstümlich. Dieses Volksschauspiel widmet sich gern Daniel und St. Barbara. Das waren ansprechende Heilbringer, die auch das Jesuitentheater gelegentlich im 16. und 17. Jh. kennt, wenn es sich volkhaften Stoffen zuwendet[738]. Doch finden wir diese Dichtung der Sozietät Jesu weniger in Bergbaustädten, da diese Religiosen vornehmlich die fürstliche Residenz bzw. die Hochschule als Wirkungsstätte aufsuchten[739]. Die Schuldramen des 16. Jh. haben stets, wie es der Wiener Volkskundler *Leopold Schmidt* dartut, eine Beziehung zu den Bergwerken berücksichtigt. Das können wir jedenfalls für Annaberg im Erzgebirge von 1562 bis 1742 besonders deutlich verfolgen. Humanistische Wellen machten sich dort geltend. Da wurden griechische, lateinische und deutsche Schauspiele aufgeführt. Unter den heimischen Stücken befand sich im Jahre 1578 auch das Schauspiel „Daniel in der Löwengrube". Allerdings wird uns aus dem 16., 17. und 18. Jh. desgleichen von nichtbergbau-

[738] *Johannes Müller*, Das Jesuitendrama in den Ländern deutscher Zunge vom Anfang (1555) bis zum Hochbarock, 2 Bde. (Schriften zur deutschen Literatur, für die Görres-Gesellschaft, hg. v. Günther Müller, Bd. 7 u. 8). Augsburg 1930, 2, S. 100. – *Willi Fleming*, Jesuiten. In: Reallexikon der Deutschen Literaturgeschichte², 1, S. 762–766, mit umfangreicher Bibliographie, S. 765f.

[739] *Werner Kohlschmidt*, Drama (Neuzeit). In: Reallexikon der Deutschen Literaturgeschichte², 1, S. 289–310, bes. S. 292f.

lichen Gebieten die Aufführung des dramatisierten Danielstoffes überliefert[740]. Dieses allgemeine Interesse spiegelt sich ferner in der häufigen Vornamengebung Daniel. In einigen Landschaften war außerdem *Susanna*, die Gattin Jojakims, in Babylonien volksnahe. Sie galt als Patronin für den Obstbau, für Glocken und für die Augen. Sie betrat das Gebiet der Segnungen und Orationen[741]. Die Litanei Ludwigs des Deutschen weist ihr einen Platz zwischen St. Petronilla und St. Praxedis zu[741a]. Ebenso die Augsburger Litanei (Letania Augustana) des romanischen Zeitalters kennt die Anrufung an Sancta Susanna, die zwischen Sancta Margareta und Petronella erfolgt[742]. Gegenüber der Prachtentfaltung und der oft lasziven Haltung des höfischen Barock wird ihre Keuschheit und zugleich ihre dramatisch bewegte Errettung betont festgehalten. Die Frevler traf die gerechte Strafe.

So empfängt die eheliche Treue der Bergmannsfrau in Susanna ein Vorbild. Die sittlich hochstehende Gattin war ohne Bezugnahme auf Susanna bereits von Schriftstellern der cluniazensischen und zisterziensischen Zeit (Petrus Venerabilis, Cäsarius von Heisterbach) mit Hochachtung genannt worden, wenn sie zur Trägerin der Totenmemorie gemacht wurde[743]. Ebenfalls wurde die Bergmannsgattin von der Sage mit Hochachtung behandelt, so in der niedersächsischen Erzählung von der Zellerfelder Geisterkirche[744].

Das Jesuitentheater pflegte bei seiner Vorliebe für alttestamentliche Motive und ihre erzählerische Kraft ebenfalls den Danielstoff[745]. In jenen Zeitaltern, die dem Barock zudrängten, hatte sich das volkserzählerische und didaktische Element gestärkt.

Die alpinen Gebiete besaßen dagegen, soweit sie das flache Land betrafen, bei weitem nicht so ein ausgeprägtes Schuldrama. So fehlte es denn auch fast ganz an Nennungen von Daniel- und Susanna-Spielen der bergwerksreichen Alpenländer, soweit sie das 16. Jh. betrafen. Daß der Stoff aber in jener Zeit bekannt war, beweist immerhin das Spiel „Susanna" aus dem

[740] *Leopold Schmidt*, Volksschauspiel der Bergleute (Leobener Grüne Hefte, hg. von Franz Kirnbauer, H. 27). Wien 1957. S. 49.

[741] *Franz*, Benediktionen, 1, S. 566, Anm. 4; 2, S. 346, Anm. 5; S. 352, 367 (Susannam de falso crimine salvasti), 372, 373, 375, 385, 386, 389, 393, 396. Siehe noch *Bächtold-Stäubli*, Handwörterbuch, 10, unter „Susanna", Bd. 1, Sp. 717; Bd. 8, Sp. 614 (Susanna-Segen). – *G. Schreiber*, Alpine Bergwerkskultur. S. 60. *Mathesius*, Sarepta, Stollenverzeichnis.

[741a] *Georg Swarzenski*, Die Litanei Ludwigs des Deutschen in der Stadtbibliothek Frankfurt a. M. In: Festschrift Friedrich Schneider, Freiburg i. Br. 1906, S. 176.

[742] *Hoeynck*, Liturgie des Bistums Augsburg. S. 434.

[743] S. oben.

[744] *Stötzel*, Bergmannssage. S. 22.

[745] *Müller*, Jesuitendrama, 2. S. 104.

Bergwerkszentrum Eisenerz. Es ist allerdings nur nach der Handschrift von 1802 erhalten[746]. Für die steirische Bergbaustadt *Leoben* ist uns jedoch die Aufführung eines Jesuitendramas „Susanna" für das Jahr 1650 überliefert[747]. Schon früh, im Jahre 1481, findet sich übrigens Susanna im Oberengadiner Bergwerksverzeichnis als Grubenheilige ein[748]. Der alpine Raum leitete verschiedene Motive weiter, die dem sächsischen und westdeutschen Bergbau verschlossen waren.

Noch andere Stoffkreise interessierten. Die Knappen des Kupferbergwerks Axams bei Innsbruck sollen im Jahr 1651 das Schauspiel „Die vier letzten Dinge" aufgeführt haben. Spätgotische Gedanken an Totentanz und Jüngstes Gericht mochten dabei anklingen[749]. Zu nahe, ja allzu nahe begegneten die Bergleute der ars moriendi, die neuerdings bei *Rainer Rudolf* eine bereichernde Untersuchung empfing[750].

Das Brauchtum verbündet sich mit der Spielkultur. So finden wir, obwohl Sternsingerumzüge aufklärerisch verboten wurden, noch lange die erzgebirgischen Bergleute als Weihnachts- und Dreikönigsspieler[751]. Ja, mehr. Das Weihnachtsspiel wurde besonders in Sachsen, Schlesien, in Oberungarn und in der Zips weitgehend Domäne des Bergmanns[752]. Dem Bergbeflissenen lag also dies volkstümliche Spiel, bei dem heute noch in verschiedenen Landschaften die Musik begleitet, mehr als die gelehrte Thematik der Jesuitenbühne. Das zeigen auch verwandte Vorgänge. Denn in den Alpenländern, genauer an den Bergorten, beschäftigten sich die Bergknappen gern mit dem Passionsspiel[753].

Andere alte Thematik aus dem Bergbau wird wieder in der Barockzeit lebendig. Aber diese neuerlichen Bestrebungen waren anscheinend zu gelehrt, um in dem schlichten, wenn auch volksreligiös interessierten Bergmannsvolk stärker Fuß fassen zu können.

[746] *Leopold Schmidt*, Volksschauspiel der Bergleute. S. 30. Weitere Hinweise auf Daniel, ebd., S. 31. Zum Susanna-Stoff s. noch *Haag*, Bibellexikon. Sp. 570. Ferner für die Vorauer Handschrift und für Heinrich von Melk (Mitte 12. Jh.) s. *Ehrismann*, Literaturgeschichte, 2, 1. S. 169, 193. – *Karl Stackmann*, Susanna. In: *Stammler* und *Langosch*, Verfasserlexikon, 4. Sp. 348f. (die genannte Dichtung wohl 14. Jh.).

[747] *Müller*, Jesuitendrama, 2. S. 126.

[748] *Schreiber*, Bergwerk. S. 379.

[749] *Schmidt*, Volksschauspiel. S. 35.

[750] Ars moriendi. Von der Kunst des heilsamen Lebens und Sterbens. Köln. Graz 1957, mit der beigegebenen Einführung von Georg Schreiber, S. VII–XIII. – Siehe dort auch S. 67 über die Bergbaupatrone.

[751] *Schmidt*, Volksschauspiel. S. 42. [752] Ebd., S. 43f.

[753] Ebd. Siehe auch das Stichwort „Bergbauwelt" bei *Dörrer*, Tiroler Umgangsspiele. Im Register, S. 559, unter „Bergbauwelt".

Diese Epoche hatte das Daniel-Motiv wieder aufgenommen. Es gab, wie angedeutet, eine beträchtliche Anzahl von Daniel-Dramen auf der Jesuitenbühne, aber bergmännische Zusammenhänge lassen sich dabei einstweilen noch nicht feststellen. Vielleicht kann man im Böhmerwald 1614 davon sprechen, vielleicht in Hildesheim im Jahre 1646, das ja im Vorland der Harzbergwerke lag[754]. Auch in Salzburg könnte man 1686 bei einem Benediktiner-Daniel an Zusammenhänge dieser Art denken[755].

Einige Beziehungen zum Volksdrama weist auch die Barbara-Säule in Hall auf. Die dortigen Reliefs behandeln die Kreuzigung (Passionsspiele), Auferstehung (Osterspiel) und St. Barbara. Im übrigen wird uns auf dieser Barbara-Säule in gotischen Lettern gesagt, sie sei 1486 errichtet, gemeinsam von der Bruderschaft der Erzknappen und ebenso von den Bergherren. Das vereinigte Band der Gesellschaft will bei manchen Wechselfällen beachtet sein. Ursprünglich stand die Säule vor dem Absamertor. Hier pflegten sich die Knappen zu versammeln, ehe sie in das Salzbergwerk auszogen[756].

Barbara-Spiele sind im alpinen Raum seit dem 18. Jh. gern gesehen. Manches bleibt allerdings noch zu untersuchen. Da liegt im Ferdinandeum in Innsbruck unter der Signatur FB, 19472 eine Handschrift mit 93 beschriebenen Blättern mit dem Titel „Comedia von dem Leben, Martter-, auch Todt der Heilligen Jungfrau und Martyrin Barbara aus dem Römischen Martyrologio gezohen. So von einer ehrsamben Gemeinde und Nachparschafft zu Sistrans vorgestellt worden in Momath anno 1729.“ Die hier erfolgte Berufung auf das Martyrologium entspricht so recht tridentinischen Strömungen (Gregor XIII., Usuard). Auch im Ruhrgebiet werden heute noch Barbara-Spiele aufgeführt, wobei sich jedoch das besondere Interesse schlesischer Vertriebener abzeichnet[757]. Ein Stück Heimat leuchtet für sie auf. Nunmehr nimmt die neue Umgebung daran teil.

Man mag sich dabei der einschlägigen Forschungen von *Anton Dörrer* (Innsbruck) erinnern, so wenn bei diesem Autor das Venediger Männlein

[754] *Schmidt*, Volksschauspiel. S. 44.

[755] Harzer Bergleute haben Annaberg zu einer Silberstadt gemacht. Sie mögen das Daniel-Motiv begünstigt haben. Dazu *Stötzel*, Bergmannssage, S. 39, mit Hinweis auf die Bergchronik des *Albinus*.

[756] *David Schönherr*, Die Kunstbestrebungen Erzherzogs Sigmund von Tirol. In: Jahrbuch der kunsthistorischen Sammlungen des allerhöchsten Kaiserhauses. 1. Bd. (Wien 1883), S. 193, mit entsprechenden Quellenbelegen.

[757] Das St.-Barbara-Spiel der Bergleute – Szenenbilder aus der Uraufführung am 4. 12. 1955. In: Der Anschnitt, Jg. 8, Nr. 1, 1956, S. 14/15. (Mit Textproben.) – Ferner *Schmidt*, Volksschauspiel, S. 49, 65.

(Kraxentrager) belustigend herausgestellt wird[758]. Man mag auch manche Bergwerksgebiete durchwandern, um Architektur, Skulpturen, Gemälde, Votivzeichen festzuhalten, die mehr oder minder der Initiative der Gewerken und der Bergknappen entstammen und Bergbauliches anschaulich behandeln. Die Darstellungen des Bergmanns bei seiner Arbeit, also wesentliche Teile seines Lebensinhalts, kehren auf mehr als einem Kunstwerk wieder. Anlässe für solche Betätigung gab es genug. Ganz besonders häufig findet sich die Würdigung dieses Berufes in der zeitgenössisch angesehenen *Porzellanplastik* ein. Diese fand ja in den Bergbaugebieten Sachsens ihre Wiedergeburt[759], im besonderen im 18. Jh.

Noch andere Interessensphären zeichnen sich ab. Aus der Regierungszeit des Erzherzogs Ferdinand II. von Tirol († 1595) erfahren wir, daß gerade die Bergknappen Volksdramen gern ansahen[760]. Die Passion war ein besonders beliebter Stoff. Passionsspiele fanden in den Tiroler Orten Bozen, Cavalese, Jochberg, Brixen, Kirchberg, Kitzbühel, Lienz, Meran, Patsch, Rab, Rattenberg, Sarntal, Silz, Steinach, Trient und wahrscheinlich auch schon in Landeck statt[761]. Sie stehen bereits in einer umfangreichen Spieltradition, die vom 13. Jh. bis in die Gegenwart (Oberammergau, Erl, Thiersee, Waal) führt. Sie fügen das Leiden, den Tod und die Auferstehung Christi in ein mehr oder minder üppiges Rankenwerk der Handlung, die aus biblischer Geschichte wie aus der Allegorie strömt. Eine Übersicht über solche Spiele ist ob der Zahl der Handschriften und Spielorte nicht leicht durchzuführen. Die Variationsmöglichkeiten der Handlung hat die Forschung bereits zu umfangreichen Vergleichen genötigt. Aber die Anteilnahme der *Berufsstände* bleibt noch schärfer zu ergründen. Daher wird oft verkannt, daß die Geschichte der Zünfte und Gilden und überhaupt des Handwerks zum wesentlichen in den Quellen der Sakralkultur ruht[762]. Man mag darüber hinaus die Mitwirkung des aufgeschlossenen bergmännischen

[758] Bozner Bürgerspiele. S. 89.

[759] *Winkelmann*, Bergbau in der Kunst. S. 249ff. Siehe ferner unten.

[760] *J. Hirn*, Erzherzog Ferdinand II. von Tirol, 1. Innsbruck 1885, S. 560.

[761] Vgl. dazu die Übersichten von *Anton Dörrer* in: Die deutsche Literatur des Mittelalters. Verfasserlexikon (*Stammler* und *Langosch*). Bd. 3. Berlin 1943, Sp. 712–835. Ferner *Dörrer*, Passionen und Passionsspiele in Tirol. In: Deutsches Jahrbuch f. Volkskunde, Berlin, 2, 1956, S. 319–324, wo noch weitere Literatur zusammengestellt ist. Das gleiche gilt von *Richard Beitl*, Wörterbuch der deutschen Volkskunde² (Kröners Taschenausgabe, Bd. 127), Stuttgart 1955, S. 834–839, wo eine knappe klare Übersicht zum Stichwort „Volksschauspiel" gegeben ist, und von *Hennig Brinkmann*, Das religiöse Drama im Mittelalter. In: Wirkendes Wort, Jg. 9, H. 5. Düsseldorf 1959, S. 257–274.

[762] Dazu *Neubner*, Heilige Handwerker. S. 219ff.

Elements an der Spielkultur näher ergründen, soweit das überhaupt möglich ist.

Dabei mag man sich an eine Charakteristik erinnern, die der Literarhistoriker *Hennig Brinkmann* den Schauspielen des medium aevum mitgibt: „Das Drama des Mittelalters war ein heiliges Spiel, in dem es (im Sinne des Mittelalters) um die religiöse Existenz des Menschen ging. Alle Elemente des Theaters vereinen sich darin. Da ist zunächst als ursprünglichste Erfahrung die Bewegung von Gestalten im Raum, die Darstellenden und Aufnehmenden etwas sagt. Die Bedeutung dieser Gestalten wird an ihrer äußeren Erscheinung erkannt, kenntlich gemacht durch unterscheidende Gewandung; durch Bewegung und Gebärde treten sie zueinander und zum Zuschauenden in Beziehung. Der Sinn ihres Tuns spricht sich im Wort aus und wird Klang in der Musik, die auf lange Zeit hinaus allein Gesang der menschlichen Stimme war. Das Wort, auf das unser heutiges Verständnis des Dramas vornehmlich sieht, war nur eine Seite des Gesamtspiels[763]." Gewiß eine Sicht, der man zustimmen kann. Man mag dazu noch das Symbol einschalten.

Noch ein Weiteres. Auch wenn aus ganz anderem und gegenwartsnahem Geiste geboren, so haben sich seit 1947 die *Ruhrfestspiele* von Recklinghausen einen Namen gemacht. Zwar bieten diese jährlichen Festspiele Aufführungen bekannter Ensembles und kein Volkstheater. Doch haben sie, die immerhin durch den früheren Bundespräsidenten *Heuss* eröffnet wurden, zweifellos dem Verhältnis von Bergbau und Theater gute Dienste geleistet. Das alles war durch eine Begegnung in der Zeche König Ludwig eingeleitet, als sich dort Künstler und Schauspieler aus Hamburg, denen es an Kohlen gebrach, mit den Bergleuten trafen. Die Bergleute halfen. Es entwickelte sich daraus eine dauernde kulturproduktive Freundschaft. Die Geschichte des Bergwerks mehrte sich um ein kostbares Blatt.

Noch ein Letztes. Soeben erschien noch eine inhaltsreiche Studie von *Dörrer* über „Die englischen Komödianten zu Innsbruck inmitten der Tiroler Spielkultur"[764]. Dort wird auch gehandelt über etliche, nicht immer genau bestimmbare Knappengruppen, die sich in gesellschaftlichen Mittelpunkten des Bergbaus wie in Gossensass und Kitzbühel einfanden. Diese

[763] *Brinkmann*, Drama im Mittelalter. S. 257. Ferner Schwazer Buch. S. 166.

[764] In: Tiroler Heimatblätter, hg. v. Verein f. Heimatschutz u. Heimatpflege in Tirol, Jg. 36, H. 1–3. Innsbruck 1961, S. 10–25. Die Abhandlung des quellenkundigen Autors bringt viele weitere Literaturangaben. Für die Wanderungen der englischen Komödianten ergänzen wir diese um *Friedrich Gundolf*, Shakespeare und der deutsche Geist. Dresden[8] 1927.

Bergknappen haben gelegentlich als Spieler mitgewirkt. Sie waren ja gewohnt, in kirchlichen Festspielen und in bürgerlichen Stubenvorstellungen – eine Eigenart Tirols – mitzutun. Man mochte diese Knappen nicht immer als initiatorisch ansprechen, was die Aufführungen solcher Volksdramen betraf. Aber immerhin waren sie als „Spielsverwandte", als „Kanzleiverwandte" und als derartig Interessierte zu bezeichnen. Die Freiheit, die ihnen das Bergwerk mitteilt, machte sich auch für solche Mitwirkung günstig bemerkbar. Größere Bergwerke konnten sich zudem an der Apparatur des Volksschauspiels vorteilhaft beteiligen. Gab es dort doch Trommler, Pfeifer und Sänger, die als Förderer und Mitwirkende bei der Spielkultur sich bemerkbar machten. Das Tiroler Volk liebt die Musik. Noch heute betätigen sich die Bergknappen in Konzerten des Solbads Hall.

Für solche Zusammenhänge mag man auch der *wandernden* Knappen gedenken, die Verbindungen zum Spielleben, so zu den Sudeten und zu den Karpaten schufen. Diese Wanderung zum Südosten ist bereits oben kurz gestreift[765]. Nun hat *Dörrer* in seiner soeben bereits mitgeteilten Abhandlung darauf hingewiesen, daß in diesem Wanderstrom religiöse und soziale Sektierer sich einfanden. Man mag dabei den Täufergruppen nachgehen.

Als ein heimatliches Musterbeispiel hat dieser Autor zum weiteren die *Wattener* Spielgemeinschaft in Tirol angesprochen. Sie widmete sich dem am Strom des Inn verwurzelten Nikolaus-Brauchtum und ebenso der volkhaften Verherrlichung von Weihnachten und dem Dreikönigsfest. Das waren in dieser Landschaft bevorzugte Stoffe[766]. Als Spieler beteiligten sich in Tiroler Spielorten Bergleute genausogut wie das aufgeschlossene Handwerk. Die erwähnten Gruppen waren jedenfalls zahlreicher und beweglicher als rein bäuerliche Kreise, die sich mehr als schollenpflichtig betrachteten. Man mag diese von Dörrer aufgedeckten Linien für andere Gebiete weiter verfolgen, um die Stellung der Bergleute in der spielmäßigen Volkskultur noch näher zu ergründen. Sie hatten außerhalb der Grube manches zu geben. Mit mehr als einem Stollennamen hatten sie eine Brücke zu betreten.

4. *Spätmittelalterliche Dichtung und Didaktik*

Eine der ältesten deutschen Bergbaudichtungen ist, nach neueren Forschungen, die „Märe vom Feldbauer". Diese in Mittelhochdeutsch ab-

[765] S. oben.
[766] Hier sei *Meisen*, Nikolauskult, ergänzt.

gefaßte Reimerzählung gehört der Zeit um 1330 bis 1350 an. Die Fabel entstammt dem Alltag des Bergbaus.

Ein Bergmann überredet einen Wohlhabenden, sein ganzes Hab und Gut für den Bau einer neuen, angeblich vielversprechenden Silbergrube zu verwenden. Diese bleibt jedoch unergiebig. Dem Unternehmer reißt schließlich die Geduld, und er jagt den betrügerischen Bergmann davon. Beachtenswert ist an dieser offenherzigen Erzählung auch die Geschichte der deutschen Bergmannssprache, da hier zum ersten Male technische Ausdrücke wie Hangendes und Liegendes, Gang, Zimmer, Schicht usw. verwendet werden[767].

Im Ablauf der Entwicklung fügt sich Theoretisches zu der fabulierenden Erzählung. Man zieht die Bilanz der Praxis. Die älteste gedruckte Bergbaukunde ist das im Sinne der „Volksbücher" in deutscher Prosa abgefaßte „Bergbüchlein" des *Ulrich Rülein* von Calw. Es ist um 1500 erstmalig erschienen, und zwar als Unterweisungsdialog. In dem erwähnten Zwiegespräch belehrt der Prophet „Daniel der Bergverständige" einen Wißbegierigen, der als „Knappius der Jung" angesprochen wird. Das Büchlein ist durch 13 Holzschnitte illustriert[768]. Daß sich diese Belehrung unter dem Namen Daniel vollzieht, will wohl beachtet sein. Aus dem Jahre 1523 stammt zum weiteren das didaktisch bemerkenswerte „Joachimstaler Bergbüchlein" des *Hans Rudhart*[769]. Der damalige und so bedeutende Anstieg des Bergbaus strebt nach literarischer Formgebung.

Ein hervorstechendes Werk alter Bergwerksliteratur stellt die 1492 und 1495 in Leipzig gedruckte Schrift des *Paulus Niavis* „Iudicium Iovis" dar. Diese ist wie das Bergbüchlein des Ulrich Rülein ein Dialog, aber ein Streitgespräch. Der „Ackermann aus Böhmen" des *Johannes von Saaz* (kurz nach

[767] Einzelnes bei *Hans Clemens Wendtland*, Die „Märe vom Feldbauer". In: Der Anschnitt, Jg. 8, Nr. 1, 1956, S. 26 (Kulturumschau). Neueste Herausgabe und erste Übersetzung ins Neuhochdeutsche kürzlich von *Karl Leopold Schubert*, Die Märe vom Feldbauer (Leobener Grüne Hefte). Wien 1955. – *Schwarz*, Bergleute im späteren Mittelalter, S. 25, 117f., mit weiten Literaturverweisen. – *Gustav Ehrismann*, Geschichte der deutschen Literatur bis zum Ausgang des Mittelalters, 2 Tle., München 1922–1935, ist diese Märe noch unbekannt.

[768] *Wendtland*, Ulrich Rülein von Calw und sein Bergbüchlein. In: Der Anschnitt, Jg. 8, Nr. 1, 1956, S. 27. Der Text ist veröffentlicht von: *Wilhelm Pieper*, Ulrich Rülein von Calw und sein Bergbüchlein. Mit Urtext-Faksimile und Übertragung des Bergbüchleins von etwa 1500 und Faksimile der Festschrift von 1521. Freiberger Forschungshefte, Beiheft der Zeitschrift „Bergakademie", Reihe D, „Kultur und Technik", H. 7. Berlin 1955.

[769] Ebd. – Ferner *Helmut Wilsdorf*, Der Stadtarzt vom St. Joachimstal. In: Der Anschnitt, Jg. 7, Nr. 6, 1955, S. 6f.

1407) mochte für diese Auseinandersetzung vielleicht das formelle Vorbild gewesen sein. Die personifizierte Erde richtet ihre Anklagen gegen den Menschen, da der Bergmann sie übel zurichtet[770]. Das ist ein J'accuse, das auch die Weinbauern Südtirols vorbrachten, wenn sie sich beklagten, daß durch den Bergbau die Weingärten geschädigt würden[771]. Die in der Spätscholastik erstarkte Wechselrede leitete, wie soeben angedeutet, zur gepflegten Literaturform des Humanismus (Erasmus, Ulrich von Hutten) und der Renaissance über, in der sich auch Altgläubige und Neugläubige begegnen.

Solche Literatur fand oft in einem bestimmten Verlag ihren fördernden Mittelpunkt, was für den Bergbau noch zu untersuchen bleibt. Ein gewisser Ansatz zu einer Konzentration bergmännischer Literatur schien sich in der „Bergmännischen Buchdruckerei und Buchhandlung" des westfälischen *Siegen* zu zeigen, die 1808 von Johann Gottlob Jordan und Johann Christian Müller begründet wurde. Das erste Erzeugnis war ein „Jahrbuch für Berg- und Hüttenleute zur nützlichen und angenehmen Unterhaltung auf das Jahr 1808". Die Wendung „nützlich" entspricht so recht dem Zeitgefühl und dem Sprachgebrauch der Aufklärung. Dieses Jahrbuch ist allerdings nicht fortgesetzt worden. Die Basis des Siegerlandes erwies sich für ein solches Wirtschaftsunternehmen wohl als zu schmal. Diese Firma mußte in der Tat nach einigen Jahren schließen[772]. Übrigens hatten am Ausgang des 18. Jh. die Hammerwerke im Siegerland einen guten Ruf. Sie dienten anderen Stellen als Vorbild[773].

Nicht zuletzt ist der keineswegs geringe Einfluß der Bergmannssprache auf die Umgangssprache zu beachten. Bei dem Wort „Schicht" etwa ist die Beziehung zum Bergbau noch unmittelbar zu erkennen. Daß aber auch zahlreiche, in der Allgemeinsprache häufig verwandte Ausdrücke wie „Raubbau" und „bestechen" ihren Ursprung aus der Sprache des Bergwesens herleiten, dürfte weniger bekannt sein[774].

[770] Das Gericht der Götter über den Bergbau. Ein literarisches Dokument aus der Frühzeit des deutschen Bergbaus. In: Der Anschnitt, Jg. 7, Nr. 6, 1955, S. 19f. (mit einer Textprobe). Die Schrift ist neuerdings in Übersetzung erschienen: *Paul Niavis*, Iudicium Iovis oder das Gericht der Götter über den Bergbau. Übersetzt und bearbeitet von *Paul Krenkel*. (Freiberger Forschungshefte, D 3, „Kultur und Technik"). Berlin 1953.

[771] *Wolfstrigl-Wolfskron*, Tiroler Erzbergbaue. S. 339.

[772] *Wilhelm Güthling*, Alter Bergbau im Siegerlande. In: Der Anschnitt, Jg. 7, Nr. 3, 1955, S. 6.

[773] *Beck*, Geschichte des Eisens, III. Abteilung. Das XVIII. Jahrhundert. Braunschweig 1897, S. 849.

[774] Näheres darüber s. bei *Lutz Mackensen*, Bergmannswörter in unserer Umgangssprache. In: Der Anschnitt, Jg. 4, Nr. 4, 1952, S. 5ff.

5. Volksmusik

Viel gepflegt wurde am Berg der Gesang, das *Bergmannslied.* Solche sangbare Kleinlyrik, als unentbehrliches Zubehör des Bergbeflissenen, kennen der Harz, die Saar, die Steiermark, das Rheinland, das Lahnrevier, das Siegerland, das Vogtland sowie Sachsen, Oberschlesien und Böhmen. Überreiche Traditionen sind uns seit etwa 1500 aus dem Erzgebirge bekannt. 1531 erscheint dort die erste Sammlung von Bergmannsliedern in Zwickau: „Etliche hubsche berkreihen, geistlich und weltlich zu samen gebracht[775]." Zupfinstrumente begleiten gelegentlich den Gesang. Im allgemeinen überwog jedoch das mannschaftliche Gemeinschaftslied. Dabei sangen die Bergleute vom 16. bis 18. Jh. ihre geistlichen Bittgesänge, Standespreislieder u. a., in den Anfängen wohl mehr der Improvisation folgend. Mehrstimmig gesetzte „Bergreihen", etwa von *G. Rhaw* oder *M. Franck*, sind stilisierte Vertonungen, die als Hausmusik für bürgerliche bzw. adlige Kreise geschrieben waren. Obwohl man sang „wie es einem gerade in den Mund kommt", gab es mehrstimmiges „Zusammensingen". Selbst die „Bergknappenmusik" von Mozart dürfte vielleicht noch auf das Erlebnis eines solchen Singens unter den Bergleuten zurückzuführen sein.

Der Gesang wurde auch in der Kirche gepflegt[776]. Störungen der Predigt kennt die Harzsage: „Zweimal in der Woche wurden den Bergleuten in Clausthal in der St. Clauskirche gepredigt. Aber sie achteten der Predigt gering[777]." Ungünstiges berichtet die Sage ebenso über die Predigt der Bergstadt Wildemann[778]. Doch blieb vielerorts neben dem Bergwerk das Gotteshaus eine dauernde Heimat.

Setzt die schriftliche Überlieferung für Deutschland also bereits im 16. Jh. ein, so beginnt sie für England erst im 18. Jh. Soziale Anklage verdrängt hier, entsprechend der britischen Gesamtentwicklung, die religiöse Thematik[779].

Das deutsche Lied dagegen widmet sich der berufsständischen Arbeit, den mitteilsamen Bergstädten, den historischen Ereignissen und den reli-

[775] *Erich Seemann*, Bergreihen. In: Reallexikon der deutschen Literaturgeschichte², 1, S. 144, 145.

[776] Genauer bei *Walter Salmen*, Bergmännisches Chorsingen im 16. u. 17. Jahrhundert. In: Der Anschnitt, Jg. 8, Nr. 1, 1956, S. 16f.

[777] *Stötzel*, Bergmannssage, S. 20, mit Hinweis auf *Sieber*, Harzlandsagen. S. 134.

[778] Ebd., S. 20

[779] *W. Salmen*, Betrachtungen über das englische Bergmannslied. In: Der Anschnitt, Jg. 8, Nr. 3, 1956, S. 29.

giösen Erlebnissen[780]. Luther wird als Bergmannssohn gefeiert[781]. Selbst heute noch stieß der bedeutende amerikanische Folklorist und Sammler von Volksliedern *George Korson* in den USA in dem Bergbaugebiet von Pennsylvanien auf deutsche Bergleute, die die althergebrachten Lieder, Balladen und Tänze noch kennen und auch mit Begeisterung pflegen[782]. Die alteuropäische Heimat mochte noch mitklingen.

Eine umfangreiche Untersuchung über Geschichte, Verbreitung, Inhalte und Formen des Bergmannsliedes verdanken wir *Gerhard Heilfurth*[783]. Dieser Autor hat dafür ein weit ausgreifendes Quellenmaterial zusammengestellt[784].

6. Die Initiative des Landesherrn

Der Landesherr fördert durch Privilegien den vielgliedrigen Personenkreis, der im Bergesinnern arbeitet. Der Inhalt der Bergfreiheit ist allerdings unterschiedlich gehalten. Die Berggemeinde ist befreit von jenen Frondiensten, die sich gleichzeitig bei jenen Frönern im Weinbau einfinden, die das Weistum erwähnt[785]. Diese Bergleute haben die Freiheit des Zuzugs und Abzugs. Sie können freies Geleit beanspruchen. So eignet ihnen eine weit ausgreifende Freizügigkeit. Dazu tritt, abgesehen von der Selbstbesteuerung für sozialkaritative Zwecke, im allgemeinen die Abgabenfreiheit und Testierfreiheit. Vielfach ist ihnen auch freie Jagd und die entsprechende Fischerei eingeräumt. Befreiung vom Kriegsdienst wird ebenso oft erwähnt. Gleichwohl erscheinen die gleichen Bergleute als ein kriegerisches Element. Das Recht, Waffen zu tragen, und fast mehr noch eine im Bergdienst erprobte Disziplin wirken sich aus. Gegenüber den deutschen Heerhaufen und gegenüber den Schweizer Soldknechten, gaben sie sich zuzeiten wie eine darüber hinaus bestehende Reserve. Es stärkte ihr Selbstbewußtsein, daß sie überdies eine eigene Gerichtsbarkeit besaßen. Bergrichter und Geschworene sichern das Dasein und die gestraffte Haltung dieses Berufsstandes.

Noch ein Wort über das *Privileg*. Es ist so recht das bewegende Element des Mittelalters. Es durchbricht gewiß die bestehende Ordnung, richtiger

[780] *Seemann*, Bergreihen. S. 144.
[781] *Heilfurth*, Bergmannslied. S. 247.
[782] Über das Bergmannslied in Pennsylvanien. In: Der Anschnitt, Jg. 4, Nr. 1, 1952, S. 16, mit Hinweis auf einen Aufsatz in: Volkshochschule im Westen, 7. 1951.
[783] Das Bergmannslied. S. 11–358.
[784] Ebd., S. 359–789.
[785] *Zitzen*, Wein. S. 57.

gesagt, es erhöht diese. Das Standesbewußtsein kann sich nunmehr entwickeln. Der Berufsstolz findet sich ein. Die Originalität mehrt sich. Noch fehlen uns umfassende Untersuchungen über die soziale, kulturelle, selbst über die kultische Bedeutung des Privilegs. Mit dem Blick auf die Exemtion wird nur ein Bruchteil erfaßt.

Was die Landesherren betrifft, so waren ganz besonders Bergbau und Jagd an der Wende vom Mittelalter zur Neuzeit stets Ausgangspunkte „fürstlichen Naturinteresses". Verwandte Materien fanden sich ein. Die Jagd, die später den Jagdteppich des 17. Jh. und die Porzellanplastik des 18. Jh. zur Herstellung zahlreicher Szenen veranlaßte, war der mit größter Leidenschaft betriebene höfische Sport (Hubertusorden, Jagdstücke der Malerei, Wildschweinjagd von Rubens)[786]. Der nicht minder betonte Bergbau dagegen füllte den landesherrlichen Säckel und war dieserhalb oft eine wesentliche Voraussetzung zu manchem Vergnügen. Darüber hinaus liebte man die Repräsentation uniformierter Bergknappen. Gleichzeitig bereicherten seltene Steine und Versteinerungen das fürstliche Naturalienkabinett. Dazu trat Spielerisches und Zierliches, das bereits in der Renaissance den Bergbau als sehenswürdig herausstellte. Einem Bauern, der „ain perkwerch von cristallen pracht hat", wurde am Hofe Maximilians I. im Jahre 1500 ein Gulden verabreicht[787]. Es war dieses Schaustück eine Spielerei naiver und volkhafter Kunstfertigkeit. Es fand Anerkennung. Maximilian hat sich ja als Drechsler und Bastler selbst versucht[788].

Münzprägungen bereicherten all dies um ein weiteres und repräsentatives Element. In dem neufürstlichen Haus Fürstenberg lebte Joseph Wenzel (1762–1783). Sein geharnischtes Brustbild erschien auf einem breiten, dreifachen Taler 1767 der Grube St. Wenceslaus. Diese Münze führt mit sich einen stehenden St. Wenzel mit Fürstenberger Wappenschild in die Bergwerksgegend. Diese Grube St. Wenzel liegt bei dem badischen Wolffach[789]. An dieser Stelle bemerkt man die Abhängigkeit des Bergbaus vom Landesherrn. Ein Konventionstaler der Grube Friedrich Christian vom Jahre 1790, den Fürsten zu Fürstenberg zugehörig, zeigt eine Grubenansicht mit Pochwerk und Wäsche. Die Grube selbst war benannt „Friedrich Christian", der

[786] *Robert Schmidt*, Das Porzellan als Kunstwerk und Kulturspiegel. München 1925, S. 223ff.

[787] *Alphons Lhotsky*, Die Geschichte der Sammlungen. Festschrift des Kunsthistorischen Museums Wien, 2 Teile. Wien 1945, 1, S. 87, Anm. 51.

[788] Ebd. Die Lesart „ain perkwerch" ist von uns.

[789] Sammlung Vogelsang. Nr. 894, S. 81.

Fürst von Fürstenberg hieß allerdings Joseph Maria Benedict (1783–1796)[790]. Aber das Familiäre tritt gleichwohl hervor.

Seit dem 17. Jh. aber macht sich als kultureller Mittelpunkt eines gepflegten Bergbaus der sächsische Hof des wettinischen Dresden immer stärker geltend[791]. Höhepunkt solcher höfischer Repräsentation war die Regierungszeit Friedrich Augusts II. (des Starken, 1694–1733)[792]. Er veranlaßte das „große Saturnfest" im Jahre 1719, das einen gewaltigen Aufmarsch sämtlicher Gewerke des Bergbaus heraufführte[793]. Erinnerungen an das römische Volksfest der Saturnalia (Sklaven durch die Herren bedient, Karneval mit üppigen Schmausereien) mochten nachwirken[794]. Wesentlicher aber war, daß man in Ausmündung der Renaissance das Gedenken an Saturn als an den Gott der Bergleute hochhielt[795]. Im Grunde genommen ein spielerischer Zug, der nicht eigentlich volksverwurzelt war. Immerhin handelt es sich um eine Reproduktion jenes Altertums, das *Jacob Burckhardt* als erregendes und schöpferisches Element eindringlich für Italien herausstellte[796].

Auch das rege Interesse des Landesherrn an der Porzellanherstellung und an der daraus erwachsenden Plastik will, wie angedeutet, in solchen Zusammenhängen erwähnt sein. Merkantilistisches Denken machte sich dabei geltend[797]. Es begünstigte ebenso den Ausbau der Manufakturen. Gleichzeitig wurde von verschiedenen Ausgangspunkten her bergmännisches Standesbewußtsein erhöht, das noch im 18. Säkulum hervortrat, zu einer Zeit, da der Glanz mittelalterlicher Innungen sich längst verflüchtigt hatte.

7. Humanistische Bestrebungen

Der durch die Förderung der Bodenschätze bedingte Volksreichtum der *Bergstädte* konnte sich schöngeistigen Bestrebungen nähern. Die dörflichen

[790] Ebd., Nr. 897, S. 81.

[791] Zusammenfassend *Winkelmann*, Bergbau in der Kunst. S. 113ff.

[792] Ebd., im Register, S. 467.

[793] Ebd., im Register, S. 471.

[794] Zu den Saturnalien s. *Hans Lamer* in Verbindung mit *Ernst Bux* und *Wilhelm Schöne*, Wörterbuch der Antike, mit Berücksichtigung ihres Fortwirkens (Kröners Taschenausgabe, Bd. 96). Stuttgart 1956, S. 674f. – *G. Gi.*, Saturnali. In: *Enciclopedia* Italiana di Science, Lettere ed Arti. 39 Volumi. Roma 1949–1952, vol. 30, p. 910 sg.

[795] *Winkelmann*, Bergbau in der Kunst. S. 258. Zu Saturn s. ferner *N. Tu.*, Saturno. In: Enciclopedia Italiana, vol. 30, p. 914.

[796] Die Kultur der Renaissance in Italien[14]. Leipzig 1925, bes. S. 210ff.

[797] S. unten.

Siedlungen konnten allerdings weniger hervortreten. Hie und da wohnten die Bergleute bei den Bauern. Anderenorts haben die Bergwerksbeflissenen sich von dem Dorf ferngehalten.

Man hat diese Distanz in neuzeitlichen Beobachtungen zuweilen bedauert. Für die Bergleute an der *Saar* bemerkte im Jahr 1865 *Johann Anton Joseph Hansen*, Pfarrer zu Ottweiler und Präses der dortigen St. Barbara-Bruderschaft: „Ich kann hier den Wunsch nicht unterdrücken, daß man die Seßhaftmachung der Bergleute in den Dörfern mehr als bisher begünstigen möge. Wer die Bergmanns-Colonieen genau und unbefangen ansieht, der kann nur ein einseitiges Wesen darin erkennen. Wenn es auch gelingen sollte, dieselben mit mehr landwirtschaftlichem Terrain zu versehen, als sie jetzt besitzen, so kann dadurch doch der Übelstand nur für den Augenblick gemildert, nicht aber gehoben werden. Eine fernere Ausdehnung des letztern, d. h. eine fortgesetzte Vergrößerung der Colonieen dürfte sich daher schwer rechtfertigen lassen. Die ausgesetzten Prämien werden in den bestehenden Ortschaften von größerer Wirkung sein, als in den Colonieen. Es herrscht auch im Publikum nur Eine Stimme über diesen Punkt." An sich wird bei diesem Kenner des bergbaulichen Lebens die Bergwerksbevölkerung an der Saar willkommen geheißen: „Diese Umwandlung der Bevölkerung (durch Hereinnahme der Bergleute) wird durch die fortwährende Vertheilung und Zerstückelung des Grundes und Bodens auf der einen und durch den lockenden Verdienst auf der andern Seite sehr begünstigt. Es ist das gewiß nicht zu bedauern, denn dadurch bleibt unsere Gegend von einem ländlichen Proletariat verschont. Die Bewirthschaftung eines kleinen Grundbesitzes und der baare Verdienst sichern einer Familie angemessenen Unterhalt und die günstigen Verhältnisse der Knappschafts-Kasse gestatten und gewähren verschiedene Vortheile, welche manche andere arbeitende Klasse, namentlich der ärmere Bauernstand, vergebens sucht[798]." Gewiß haben die Bergleute den Beziehungen zum Volkhaften und Volksreligiösen manche charakteristische Linie eingehändigt. Aber eine bedeutendere kulturelle Einwirkung konnte erst stattfinden, wenn diese bergmännische Siedlung zur Stadt erhoben wurde.

Diese Erhöhung begab sich früh in den Bergstädten des Harzes, in Goslar und in Andreasberg. Die Fundsage weiß anmutig darüber zu berichten. Diese Erhebung kündete den großen Respekt, den man diesem Wirtschaftszweig und seinem Berufsstand zuerkannte. In Goslar traten die montanen

[798] Vortrag über die St. Barbara-Bruderschaft. Vgl. oben S. 119 f.

6. Handstein. Böhmen, 16. Jh.

7. Handstein. Böhmen, 16. Jh.
Erschaffung Evas.

Unternehmer, die Sechsmannen, geradezu für einige Zeit in Konkurrenz zu dem städtischen Rat. Doch war letzterer verfassungsrechtlich und siedlungsmäßig stärker gestützt, was auf die Dauer nicht übersehen werden konnte. Dazu trat das Schutzrecht des Hauses Braunschweig[799]. Man blicke für weitere Beobachtungen nur nach dem böhmischen *St. Joachimsthal* des 16. Jh., über das uns der Bergbauhistoriker *Helmut Wilsdorf* näher unterrichtete[800]. Diese ungemein bewegliche Stadt brachte seit 1515 von dem dort gewonnenen Bergsilber den Guldengroschen heraus. Dieser Bergbau ließ sie unter dem Namen „Joachimstaler" in die Welt ziehen. Die Einwohnerzahl stieg dort schnell an. So wurde die Gemeinde in kurzer Zeit eigentlich zu einer Großstadt, gesehen von der Siedlungsziffer jener Tage. Im Jahre 1524 besaß der Ort mehr als 10000 Bewohner. Im Jahre 1527 zählte er bereits 14000 Seelen. Mit dieser Zahl war er doppelt so groß wie das damalige Leipzig und Erfurt[801]. Nun faßten in der so stark angewachsenen Berggemeinde Joachimsthal auch humanistische Bestrebungen unter der Bürgerschaft Fuß.

Solche kulturellen Strömungen empfingen ihre Anregungen von dem Humanisten *Eobanus Hesse* († 1540 in Marburg). Sie wurden derart in den geistigen Umkreis der Universität Erfurt gezogen, die im 16. Jh. eine Erneuerung empfing[802]. Doch konnten sich solche Regungen schon auf ältere Linien im böhmischen Raum stützen, die mit der Gründung der Prager Kanzlei Kaiser Karls IV. während des 14. Jh. bereits einsetzten. Sie haben sich ebenso in der Prosadichtung des Johannes von Tepl „Der Ackermann und der Tod" um das Jahr 1500 beredt und kulturplastisch ausgedrückt[803]. Schließlich war *Georgius Agricola*, der Verfasser der „Zwölf Bücher von Berg- und Hüttenwesen", von 1527 bis 1533 Stadtarzt und zeitweise sogar Bürgermeister von Joachimsthal. Er wirkt wie ein Symbol bergmännischen Lebenswillens. Die Bürger seines Heimatortes haben ihm bei seinen For-

[799] *Adolf Zycha*, Montani et Silvani. Zur älteren Bergwerksverfassung von Goslar (Deutsches Archiv für Geschichte des Mittelalters, hg. v. E. Stengel, Jg. 3). Weimar 1939, S. 175–210. – *Ders.*, Deutsche Rechtsgeschichte der Neuzeit². Marburg 1949, S. 162.

[800] *Helmut Wilsdorf*, Der Stadtarzt von St. Joachimsthal. S. 6–13, bes. S. 6ff.

[801] Ebd., S. 6.

[802] Ebd. – Siehe ferner *Brigitte Ristow*, Humanismus. In: Reallexikon der deutschen Literaturgeschichte², 1, S. 693–723, bes. S. 706. Doch ist hier von Beziehungen zum böhmischen Bergbau nicht die Rede. Ebensowenig in der älteren Charakteristik von *Ludwig Geiger*, Hessus, Helius Eobanus, Allgemeine Deutsche Biographie, 12. S. 316ff.

[803] *Ristow*, Humanismus. S. 693ff.

schungen reges Interesse und eine lebensnahe Hilfsbereitschaft entgegengebracht[804]. Weitere Bergbaustädte sind noch auf die Berührung mit den geistigen Strömungen ihrer Zeit hin zu untersuchen, dabei will die Trennung von Bergrecht und Stadtrecht beachtet sein. Diese Scheidung stärkte das Selbstbewußtsein des Bergmeisters, der Geschworenen, der Gewerke und der Genossenschaft der Bergknappen[805]. Außerhalb der Ringmauer der Stadt, wenn auch in der näheren oder nächsten Umgebung, strebte ein Gemeinschaftswerk und zugleich Zünftlerisches in eine große Entfaltung. Bergwerke waren Inseln und zugleich Energiezentralen. Man denke nur an die zisterziensischen Grundherrschaften, über die sich die beiden soeben erwähnten Bergbücher ausschweigen. Doch hatten letztere eine andere Zweckbestimmung, zudem hatten sich geistige Wandlungen vollzogen.

8. Steinmetzarbeiten

Bei der Vollendung eines Stollens im Berchtesgadener Salzbergwerk war es Brauch, zur Erinnerung daran eine Marmortafel im Bergesinnern anzubringen. So entstanden eine ganze Anzahl künstlerisch wertvoller und denkwürdiger Steinmetzarbeiten aus dem dortigen roten Marmor des sagenumwobenen Unterbergs: Reliefs der Kreuzigung Christi, der Mutter Gottes, des Salzpatrons St. Rupert und des Pestheiligen Sebastian. Ein Echo der damaligen Volksfrömmigkeit und ihrer Zuversichten.

Auch Wappenschilder der adeligen Kapitulare und ebenso Gedenktafeln mit den Staatsinsignien der Wittelsbacher fanden sich dort ein. Die Zugehörigkeit Berchtesgadens zu Österreich in den Jahren 1805-1809 wurde durch eine Darstellung des gekrönten Doppeladlers ausgewiesen[806]. Doch um die Frühzeit weiter zu berücksichtigen, sei erneut auf die Plastik eines stehenden Bergmanns (Anfang des 16. Jh.) im Freiberger Dom in Sachsen

[804] *Wilsdorf*, Der Stadtarzt. S. 9ff. Aus der reichen Literatur über Agricola s. bes. *ders.*, Georg Agricola und seine Zeit. Berlin 1956. Weitere Literaturnachweise bei *Wilhelm Pieper*, Agricola. In: Neue Deutsche Biographie, hg. v. d. Historischen Kommission bei der Bayerischen Akademie der Wissenschaften, Bd. 1ff. Berlin 1953ff., 1, S. 98–100, bes. S. 99f. – Zu Joachimsthal s. noch nach der Seite der Bergwerks-Medaillen *Vogelsang*, Sammlung. Im Register.

[805] Dazu *Stötzel*, Bergmannssage. S. 3.

[806] *C. Ramstedt*, Berchtesgadener Salzknappen. S. 22–25, bes. S. 25. Ramstedt weist auch – wohl nicht ohne Ironie – darauf hin, daß das Dritte Reich nicht auf diesen Tafeln verewigt worden ist, obgleich es doch gerade Berchtesgaden ein recht markantes Siegel seiner selbst aufgedrückt hatte.

aufmerksam gemacht[807]. Knappen bei der Arbeit zeigen sich zudem in den Bergmannsfenstern des Freiburger Domes, die aus dem 14. Jh. stammen[808]. So drängt bereits die Gotik in ein gesteigertes Berufsbewußtsein.

9. Krippenkunst

Bemerkenswert für künstlerische Herkunftslinien sind die geschnitzten Krippen der Salinenarbeiter, die wohl seit dem Ende des 17. Jh. aus dem Salzkammergut stammen[809]. Nicht bekannt ist der Herstellungsort des St. Florianer Bergwerkskripperl aus der Mitte des 18. Jh. Dort wird eine wertvolle und genaue Darstellung eines Bergwerks geboten, das viele Arbeitsgänge aufweist[810].

Höhepunkte dieser Krippenkunst aber sind die *mechanisierten* Krippen[811]. Diese vereinigen verschiedene Überlieferungen. Sie wurzelten einmal in den geistlichen Schauspielen des Hochmittelalters, die bereits um die volkhafte Szenerie der anbetenden Weisen aus dem Morgenland wußten. Es erfolgte ein besonderer Auftrieb, als der hl. Franz von Assisi die Krippenfeiern aus dem Inneren des Gotteshauses ins Freie, nämlich in den Wald von Greccio verlegte (1223). Von einem besonderen Standort trat der Wald erneut zu den Bergbeflissenen. Die volksmächtigen Minderbrüder (Drittorden, volkhafte Predigt, starke Stellung im wohlhabenden Bürgertum des Hanse-Vororts Lübeck, das dort die Verlobung wahrnahm, des weiteren im sächsischen Annaberg)[812] haben damit in der Folge der Stadtkultur ein bedeutendes Erbe eingehändigt[813]. Darin war bereits der Dreikönigskult namhaft eingebaut[814]. Diese Devotion wanderte selbst ins Bergwerk, wenn die tres reges als Grubentitel angesprochen wurden. So hielt man es in der Sigmund-Grube im Bergbaugebiet des tirolischen Imst, die im 16. Jh. einen Drei-

[807] Abb.: Anschnitt, 5. 1953, Nr. 3, S. 2.

[808] *Günther Schiedlausky*, Die Freiburger Bergmannsfenster. In: Der Anschnitt, Jg. 5, Nr. 2, 1953, S. 4–10, bes. S. 9.

[809] *Ernst Burgstaller*, Krippenschnitzer unter den Salinenarbeitern im Salzkammergut. In: Der Anschnitt, Jg. 7, Nr. 6, 1955, S. 14ff.

[810] *Otfried Kastner*, Das St. Florianer Bergwerkskripperl. Ebd., S. 17f.

[811] Bei *Winkelmann*, Bergbau in der Kunst, nicht erwähnt.

[812] *Wilhelm Jannasch*, Reformationsgeschichte Lübecks vom Petersablaß bis zum Augsburger Reichstag 1515–1530. S. 359 und öfter.

[813] *E. Lucchesi-Palli* und *A. Dörrer*, Drei Könige. In: LThK 3², Sp. 566ff.

[814] *Schreiber*, Deutschland und Spanien. Im Register, S. 511. – *Ludwig Andreas Veit* und *Ludwig Lenhart*, Kirche und Volksfrömmigkeit im Zeitalter des Barock. Freiburg i. Br. 1956, S. 65f.

König-Stollen aufwies[815]. Anderes Vorkommen ist von uns bereits aufgedeckt[816]. Letzte Spuren zeichnen sich noch in dem Bergwerk „H. drey König" ab, das im Jahre 1788 in der Beschreibung des steierischen Eisenerz sich einfindet[817]. Zum weiteren müssen antike Mechanikerkünste erwähnt werden, die sich noch erhalten hatten. Da waren zum andern die technischen Anregungen, die von der Erfindung der Räderuhr im 13. Jh. ausgingen. Ganz besonders aber, seitdem im 15. und 16. Jh. die großen Münster- und Domuhren entstanden, hatte sich in Mitteleuropa eine eigenständige Automatentechnik entwickelt[818]. Immer wieder zeigten nämlich solche Domuhren, wie es uns *Rudolf Berliner* dargestellt hat[819], als bewegliche Szene die Verehrung des Kindes durch die Heiligen Drei Könige. Genannt seien weiter die Uhr des Straßburger Münsters (1352–1354), die Kathedraluhr von Reims (14. Jh.), die Uhr von San Marco in Venedig (1499) und die Uhr im Chor des Domes von Münster (um 1540)[820]. Letztere Uhr ist eine eigenartige Mischung gelehrter Auffassungen und des Volkstümlichen. Sie wurde nach den Beschädigungen der Wiedertäuferunruhen wiederhergestellt.

Gerade durch diese Räderwerke hatte es genug Vorbilder gegeben, die den Bau mechanischer Krippen anregen konnten. Mittelpunkte der Herstellung und des Exports solcher kunstvollen Gefüge waren im 16. und 17. Jh. die auch sonst technisch führenden Reichsstädte Nürnberg und Augsburg. Früher Sammler solcher mechanischer Meisterwerke war im 15. Jh. der prachtliebende burgundische Hof[821]. Die livres d'heure empfingen ein bemerkenswertes Seitenstück.

Deutsche Fürsten sollten jedoch in der Pflege der Krippenkunst bald nachfolgen. Im Jahre 1585 bezog Kurfürstin Sophia von Sachsen für ihren Gemahl Christian I. eine mechanische Krippe, die der Augsburger Uhr-

[815] *Mutschlechner*, Erzbergbau. S. 49.

[816] Weitere Belege an Dreikönigsgruben bei *Schreiber*, Alpine Bergwerkskultur. S. 49. *Veit und Lenhart*, Volksfrömmigkeit. S. 28, 78, 81, 150.

[817] Beschreibung. S. 28.

[818] *Herbert Clauß*, Lebendige Heimat- und Weinachtsberge des Erzgebirges. Ein Nachklang mechanischer Künste des 16., 17. und 18. Jahrhunderts. In: Der Anschnitt, Jg. 8, Nr. 6, 1956, S. 9–16, bes. S. 13ff.

[819] Die Weihnachtskrippe. München 1955, S. 66, 203.

[820] Zur Domuhr von Münster vgl. *Max Geisberg*, Die Stadt Münster (Bau- und Kunstdenkmäler von Westfalen, Bd. 41, 6 Teile). Münster 1932–1941, 5, S. 21ff. – *Peter Werland* und *Ernst Schultz*, Die alte astronomische Uhr im Dome zu Münster-Westf. Hg. v. Verkehrsamt der Provinzialhauptstadt Münster (Westf.). Münster o. J. – *Peter Werland*, Die alte Uhr im Dom zu Münster (Das schöne Münster, hg. v. Wilhelm Vernekohl, H. 8). Münster 1956.

[821] *Clauß*, Weihnachtsberge. S. 14.

macher Hans Schlottheim angefertigt hatte. Der Patrizier Phillip Hainshofer aus der gleichen Reichsstadt besichtigt 1629 diese Krippe neben anderen Automaten in der Dresdener Kunstkammer[822].

Läßt sich auch aus dem letztgenannten Augsburger Bericht keine direkte Brücke zur Krippenkunst der Bergleute schlagen, so machen andere historische Zeugnisse und Notwendigkeiten diese Entwicklung doch wahrscheinlich. Der Bergbau kam ohne Maschinen nicht aus. So reist bereits der Nürnberger Mechanikus Gottfried Hautsch in die Bergbaugebiete der Steiermark und von Tirol. Hier vervollkommnet er seine technischen Kenntnisse, ehe er 1660 wieder nach Nürnberg, in ein Zentrum heranreifender Technik, zurückkehrt. Andere solche Studienfahrten zum Bergbau sind noch zu verfolgen.

So durfte bei den Bergleuten schon seit Jahrhunderten eine besondere Aufgeschlossenheit für komplizierte Mechanik vorhanden sein, da das Berufsleben sie ständig auslöste. Manche Berichte bestätigen solche Kenntnisse ohne weiteres. Ja, auch die theoretische Beschäftigung mit der Bergbautechnik ist überliefert. Im Jahre 1774 fertigte etwa der Kunstmeister Mende für 2000 Gulden ein bewegliches Modell der Grube Palmbaum im erzgebirgischen Bergamt Marienberg an[823]. Es wurde nach den kaufkräftigen Niederlanden geschickt und sollte für den Bergbau des Berglandes werben[824]. In solch einem Modell aber kann man das Vorbild einer mechanisierten Apparatur sehen, die in Bergbaugebieten dann der Weihnachtskrippe beigegeben wurde. Bad Ischl besitzt in dem beweglichen Kunstwerk der „Stummvoll-Krippe" einen aufklappbaren Schrein mit dem Datum 1773, der den einfahrenden Bergmann zeigt[825].

Diese Fertigkeit des Baues mechanisierter Krippen vervollkommnete sich im 18. Jh. immer mehr. Einen Rückschritt brachte zeitweilig die Aufklärung, die zu Krippenverboten griff[826]. Das 19. Jh. vollbringt unter förderlichen Einwirkungen wahre Meisterleistungen. Seit 1835, in Anlehnung an ältere

[822] *Clauß*, Lebendige Heimat- und Weihnachtsberge des Erzgebirges. S. 14. Vgl. auch *Marie Grass-Cornet*, Von der Krippenpflege im Königlichen Stift zu Hall in Tirol, in: Der Krippenfreund, Jg. 48, Innsbruck 1961, Nr. 171 und 172. Ferner s. *Franz Grass*. Ein berühmter Pestarzt als Krippenfreund (Dr. Hippolytus Guarinoni). In: Bayerischer Krippenfreund. Regensburg 1961.

[823] Sammlung Vogelsang. S. 1120/21

[824] *Clauß*, Lebendige Heimat. S. 11, 12.

[825] *Franz Lipp*, Bergmann und Bergwerk in der Weihnachtskrippe. In: Der Anschnitt, Jg. 8, Nr. 6, 1956, S. 3–8, bes. S. 6.

[826] Über die Krippenkunst in München s. *Grassl*, Münchener Brauchtum.

Überlieferungen, baut der „k. k. Salzkordonist“ Franz Oberleitner zu Ischl als Gelöbnis eine Krippe. Es geschah zum Dank für einen Sohn, den er nach dem Tod seiner beiden ersten Kinder erhielt. Er überläßt sie einige Jahre vor seinem Tode (1892) dem Johann Kalß aus altem Bergmannsgeschlecht zur Mechanisierung, der ein umfangreiches Räderwerk zur Bewegung der Figuren in sie einfügt. Nach mancherlei Irrwegen gelangte diese Krippe des Johann Kalß 1952 in das städtische Museum zu Ischl. Alle Gewerbe, wie Bauern, Holzfäller, Almhirten, Fischer, Jäger, Bäcker, Fleischer, Schmied, Schuster, Tischler, Schornsteinfeger, Glaser bis natürlich zum ein- und ausfahrenden Bergmann und zum Bergknecht an der Haspel sind hier versammelt. Sie werden durch einen Mechanismus im Innern der Krippe versorgt. Aber dieses kleine Wunderwerk mit seinen 800 Figuren wird von einem anderen Stück noch übertroffen[827]. Es ist dies die Bruckschlögl-Krippe im gleichen Bad Ischl, der sich noch weitere kostbare Werke anreihen lassen[828]. Immer wieder aber erweisen sich solche Bergwerkskrippen als außerordentlich aufschlußreich für den Stand der Gruben- und Bergbautechnik jener Zeit, in der sie geschaffen wurden. So wird die Krippe nicht nur zum Bergwerksmodell, sondern auch zur Geschichtsquelle der Technik.

Die Heimatgebiete der Krippe in Tirol, Altbayern, Schlesien und in Westfalen sind zum großen Teile auch bergbaulich erfaßt. Abhängigkeiten von Italien mag man noch nachgehen.

Die Internationale Krippenausstellung in München im Jahre 1961 zeigte eine kleine Weihnachtskrippe in einer Grubenlaterne. Die Figuren sind aus Wachs, man mag sie als 100 Jahre alt ansprechen. Diese „Krippe in Grubenlaterne“ ist Eigentum des Herrn Alfred von Schmuck, Partenkirchen. Diese Familie entstammt einem alten Tiroler Geschlecht. Die „Krippe in Grubenlaterne“ steht auch unter Nr. 132 im „Katalog der Internationalen Krippenausstellung 1961 in München“.

Es ist wohl kein Zufall, wenn Bergbauorte wie Sterzing durch die Familie Probst, Thaur durch die Sippe der Giner oder die Erzstadt Schwaz durch einen Christoph Anton Mayr zu Mittelpunkten der Krippenkunst wurden. Schließlich hätte sich ohne die lebhafte Anteilnahme der ortsansässigen Knappenbevölkerung niemals jene blühende Krippenkunst entwickelt. Als geschickter Krippenschnitzer und Bildhauer ist auch der in Hall lebende pensionierte Bergmeister des Haller Salzberges *Hans Plank* (geb.

[827] *Lipp*, Weihnachtskrippe. S. 4.
[828] Ebd.

1878 in Thaur) zu erwähnen. Er schuf um 1929 das Haller Bergwerksmuseum als originalgetreue Wiedergabe der ganzen Bergwerkseinrichtung. Er wurde 1936 nach Bochum gerufen, um sich auch dort am Ausbau des bekannten großen Bergbaumuseums zeitweise zu beteiligen.[828a]

10. Bergbau und Porzellan

Mit dem Aufkommen des Porzellans, zu dessen Herstellung Kaolin und andere Erden nötig waren, die im Tage- oder Untertagebau gewonnen wurden, eroberte der Bergbau auch dieses Material. Er benötigte es zur künstlerischen Selbstdarstellung, was *Erich Köllmann* besonders betont hat[829]. Im Jahre 1708/09 gelang *Friedrich Böttger* († 1719) die Erfindung des europäischen weißen Porzellans[830]. Der Physiker *Ehrenfried Walter Graf von Tschirnhaus* († 1708) hatte bereits als Vorstufe zum weißen Porzellan ein rotes Steinzeug hergestellt[831]. Bis dahin hatte man sich mit Einfuhren aus Asien versorgt[832].

Im Jahre 1710 wurde die erste europäische Porzellanmanufaktur in Meißen gegründet, die der Erfinder Böttger bis zum Jahre 1719 leitete[833]. Sie war jedoch zunächst mehr eine Steinzeugfabrik[834]. Erst seit dem Jahre 1713, mit der zunehmenden Verbesserung der Verfahren zur Herstellung,

[828a] *Grass*, Namhafte Haller. In: Haller Buch. S. 533.

[829] Bergbau und Porzellan. In: *Winkelmann*, Bergbau in der Kunst. S. 249–296. Ferner s. *J. Raub*, Porzellan mit Bergbaumotiven aus dem 18. Jh. In: Der Anschnitt, Jg. 1, Nr. 1, 1949, S. 9–12. Mit Abb. Das inhaltreiche Werk von *Robert Schmidt*, Das Porzellan als Kunstwerk und Kulturspiegel, hat diesen Gesichtspunkt kaum berücksichtigt. Eine Abbildung von dargestellten Bergleuten trotzdem ebd., S. 148.

[830] *Ernst Zimmermann*, Die Erfindung und Frühzeit des Meißner Porzellans. Ein Beitrag zur Geschichte der deutschen Keramik. Berlin 1908, S. 20ff., bes. S. 49f., 207ff. – *Schmidt*, Porzellan. S. 36ff. – *Johannes Jahn*, Wörterbuch der Kunst[5]. S. 449f., 550ff. – *Winkelmann*, Bergbau in der Kunst. S. 254. Nach den Angaben, ebd., S. 260, starb Böttger 1717. Das steht im Gegensatz zu den Hinweisen von Sahn und Lockemann. Siehe ferner *Georg Lockemann*, Bött(i)ger, Johann Friedrich. In: Neue Deutsche Biographie, 2. S. 411.

[831] Ebd. Siehe ferner *Winkelmann*, Bergbau in der Kunst. S. 250f., 254. – *Zimmermann*, Meißner Porzellan. S. 17ff., 28ff. Ferner ein Portrait, Abb. 2. – *Schmidt*, Porzellan. S. 35f.

[832] *Zimmermann*, Meißner Porzellan. S. 1ff.

[833] *Jahn*, Wörterbuch[5]. S. 449. – *Schmidt*, Porzellan. S. 38. – *Zimmermann*, Meißner Porzellan. S. 60ff. – Ebd. auch das Gründungsdekret der Meißner Manufaktur im Wortlaut.

[834] Ebd., S. 60ff., 113ff.

konnte man die Manufaktur als Porzellanfabrik ansprechen[835]. Immer mehr drängte sie die Einfuhr der holländischen Fayencen aus Delft zurück, deren Herstellung an Hand der niederländischen Ostindien-Kompanie im 17. Jh. geblüht hatte und die weit in Europa verbreitet waren[836]. Noch ein Abglanz des Rembrandt-Zeitalters und der weit ausgreifenden holländischen Kulturkraft. Die ältesten Porzellanfiguren mit bergmännischen Motiven stellt wohl eine Gruppe dar, die – möglicherweise aus den Jahren 1720–1730 von Meißen stammend – drei musizierende Bergleute und einen trinkenden Bergmann wiedergibt[837]. Das aber bedeutet, daß schon Böttgers Nachfolger J.G. Höroldt (1720–1731 Leiter der Manufaktur) die Herstellung dieser Plastiken besorgte. Das bergmännische Umland hatte seine Ansprüche angemeldet. Der eigentliche große Porzellanmodelleur, der auch Bergleute verschiedener Ränge aus den sächsischen Bergwerken formte, war der Bildhauer *Johann Joachim Kändler* († 1775). Er leitete seit 1731 die Meißener Manufaktur[838]. Seitdem trat die Porzellanplastik ihren Siegeszug an.

Immer mehr wurden mit Vorliebe Motive aus der Arbeit des Bergmanns gestaltet, so etwa ein Karrenläufer und ein Haspler von 1758 aus der Fürstenberger Manufaktur Braunschweigs[839], ebenso wollen erwähnt sein die 15 Bergmannsgruppen des Bossierers Simon Feiler aus dem gleichen Jahr und aus der gleichen Manufaktur[840]. Sie wurde durch den an Bergwerken ebenfalls interessierten Herzog Karl I. von Braunschweig im Jahre 1753 in Fürstenberg an der Weser gegründet[841]. Diese jüngere Produktionsstätte überlebte nicht nur wie wenige andere die Wende zum 19. Jh., sondern besteht als Kleinod des Weserlandes noch heute. Sie ist damit die älteste Manufaktur der Bundesrepublik[842]. Ihre bedeutende Epoche aber war die Zeit zwischen dem Siebenjährigen Krieg und der Französischen Revolution[843]. Die zierliche Art des Rokoko machte sich dort ebenfalls geltend.

835 Ebd., S. 152ff. – *Schmidt*, Porzellan. S. 38.

836 *Zimmermann*, Meißner Porzellan. S. 136.

837 *Raub*, Porzellan. S. 9. – *Winkelmann*, Bergbau in der Kunst. S. 262f.

838 Ebd., S. 263f. – *Jahn*, Wörterbuch[5]. S. 336.

839 *Raub*, Porzellan. S. 9, 10.

840 *Robert D'Hooghe*, Rokoko an der Weser. Die Braunschweigische Porzellan-Manufaktur Fürstenberg. In: Frankfurter Allgemeine, Feuilleton, Nr. 54, Samstag, 4. 3. 1961. Dieser Autor gibt im Gegensatz zu der übrigen in der nächsten Anmerkung zitierten Literatur als Gründungsjahr der Manufaktur 1747 an.

841 Ebd. Siehe ferner *Raub*, Porzellan. S. 9. – *Jahn*, Wörterbuch[5]. S. 214. – *Schmidt*, Porzellan. S. 52f. Geburtsort des Pädagogen *E. M. Roloff*. LThK 8, Sp. 950.

842 *D'Hooghe*, Rokoko an der Weser. Feuilletonseite der Frankfurter Allgemeine.

843 Ebd.

All diese Porzellanplastik diente mit Vorliebe als Tafelschmuck. Es war im übrigen jenes Zeitalter, da die Fürsten in die Apparatur und Umwelt ihres Hofes Lustgärten, Schlösser, Denkmäler, Exotika, selbst Indianer und ebenso die Porzellanmanufakturen einbezogen. Die figürliche Plastik bereicherte sich. Das Porzellan wurde schließlich, um einen Buchtitel von R. Schmidt zu verwenden (1926), zum Kunstwerk und zum Kulturspiegel[844]. Es bekundete auch seinerseits die hohe Wertung des bergbaulichen Berufes.

11. Tischgerät

Die lebensfreudige Art der Bergleute, besonders der führenden Stellen und einer geistig hochstehenden Umwelt, schätzte hochwertiges Tischgerät. Dieses Interesse kam aber nicht nur der Porzellanherstellung seit dem 18. Jh. zugute, das seine Anregungen, auch beim Tafelschmuck, vor allem dem Lebenskreis der absolutistischen und höfisch gewandten Landesherren entnahm[845]. Andere Entwicklungen setzten schon früher ein. Schon seit der Antike waren der Zuschnitt und der Zuschliff von *Bergkristall*, den man vor allem in den Alpen fand, zu kostbaren Gefäßen bekannt, die besonders in der Renaissance gern benutzt wurden[846]. Der sagenumwobene Bergkristall, dessen Verwendung zu Schmuck uns schon seit dem 5. Jh. v. Chr. bei den Sumerern, Babyloniern, Assyriern und Achämeniden bekannt ist, wuchs in die christliche Legende. Sie weiß zu berichten, daß St. Brandan auf seiner Meerfahrt „eine Säul im Meer entdeckte. Die Säul aber war von gutem lichten Christall[847].“ Es handelt sich um die im Mittelalter verbreitete und viel erwähnte Navigatio Brandani, die seit dem 9. Jh. bezeugt ist. Das ist der vielgenannte Reiseroman, in dem das gelobte Land gesucht wird. Es war ein Lieblingsbuch, auch der deutschen Burgfrau, im medium aevum[848].

Dazu will die therapeutische Funktion des Kristalls erwähnt sein. So verstand nach der Legende der Abt Werner von Ossiach, der ältesten

[844] *Winkelmann*, Bergbau in der Kunst. S. 261f.

[845] *Schmidt*, Porzellan. S. 243ff.

[846] Dabei handelte es sich, vor allem bis ins 14. Jh., größtenteils um zufällig gefundene Bergkristalle, während das planmäßig ergrabene Material zurücktritt. Einzelnes bei *Hans Wentzel*, Bergkristall. In: *Otto Schmitt*, Reallexikon zur Deutschen Kunstgeschichte. Hg. v. Ernst Gall u. L. H. Heydenreich, Bd. 1ff. Stuttgart 1937ff., 2, Sp. 275–298. – *Jahn*, Wörterbuch[5]. S. 378.

[847] *Richard Benz*, Sanct Brandans Meerfahrt. Das Volksbuch. Jena 1927, S. 47f.

[848] Vgl. *Bieler*, Brendan. In: LThK 2[2], Sp. 668. Eingehender *G. Schreiber*, Irland. S. 63ff.

Benediktinerabtei Kärntens († 1300), mit drei Kristallkugeln zu heilen[849]. Daneben galt der Bergkristall, vornehmlich im Mittelalter, als Schutz gegen Durst, Blutsturz, Wassersucht und Zahnschmerz[850]. Bergkristall wurde zudem benutzt als Medium und Zaubergerät, um die Zukunft vorauszuschauen[851]. Eine besondere Wertschätzung bezeigten die Kaiser Maximilian I. und Rudolf II. († 1612)[852]. Das waren die Zeitalter, in denen die Mantik stärker in den Volksglauben einzog[853]. Auch die Bergmannssage beschäftigte sich mit dem Kristall, dem gerade die Bergleute des 17. Jh. ihr Interesse zuwandten[854].

Ebenso erscheint er in der Dichtung, wenn etwa in E. T. A. Hoffmanns Märchen „Der goldene Topf" (vollendet 1813) ein Student zur Strafe als eine Versteinerung in einem Kristall festgesetzt wird[855]. In der Erzählung „Die Bergwerke von Falun" des gleichen Romantikers funkeln verheißungsvoll in der Tiefe die Kristalle[856]. Überhaupt hat die romantische, klassische (Goethe, „Faust", Osterspaziergangsszene) und nachromantische Dichtung (Hebbel, „Genoveva", 4. Akt, 6. Szene) den Kristall vielfältig als Motiv verwendet[857]. *Adalbert Stifter* hat sogar eine zweibändige Sammlung „Bunte Steine" (darunter die Erzählungen „Bergkristall", „Granit", „Turmalin", 1869 posthum erschienen) geschrieben[858].

Nun folgte die *Bergkanne*, deren Einzelstücke sich in immer größerer Schönheit entfalteten. *Walther Holzhausen* hat uns diese Entwicklung nachgezeichnet[859]. Besonders wertvoll erscheinen die fünf Harzer Bergkannen: die Bergkanne der Stadt Goslar (1477), die Oberharzer Bergkanne (1652),

[849] *Günter*, Legende. S. 177. – Jungfrau Maria ebenfalls als Kristall bezeichnet. *Menzel*, Symbolik, 1. S. 529.

[850] *Phillip Schmidt*, Krystallos. In: Stimmen der Zeit. Monatsschrift für das Geistesleben der Gegenwart, Bd. 167, Jg. 86, 1960/61, S. 390–392. Hingewiesen sei auch auf das Buch des gleichen Autors: Edelsteine. Ihr Wesen und ihr Wert bei den Kulturvölkern. Bonn 1948. – *Menzel*, Symbolik 1, Sp. 529.

[851] *Schmidt*, Krystallos. S. 390. – *Olbrich*, Kristall. In: *Bächtold-Stäubli*, Handwörterbuch, 5, Sp. 576–578, bes. Sp. 576; 10, im Register, S. 205.

[852] *Beitl*, Wörterbuch². Sp. 444.

[853] *Schmidt*, Krystallos. S. 392. – *Beitl*, Wörterbuch². S. 444f. – *Boehm*, Krystallomantie, bei *Bächtold-Stäubli*, Handwörterbuch, 5, Sp. 578–594; 10, im Register, S. 205.

[854] *Stötzel*, Bergmannssage. S. 27.

[855] *Kosch*, Literaturlexikon², 2. S. 1022–1025.

[856] *Olbrich*, Kristall. Sp. 577.

[857] Ebd.

[858] *Kosch*, Literaturlexikon², 4. S. 2859–2868, bes. S. 2860.

[859] Die Blütezeit bergmännischer Kunst. In: *Winkelmann*, Bergbau in der Kunst. S. 113–248, bes. S. 142ff. Über die Bergkannen von Goslar, Rammelsberg und Clausthal als Prunkstücke der Knappschaften s. auch *Stötzel*, Bergmannssage. S. 3.

der Oberharzer Berghumpen (1696), die Bergkanne vom Unterharz (1632) und die Oberharzer Bergkanne (1736)[860]. Die Oberharzer Bergkanne von 1652 wurde der damaligen Sitte gemäß, daß die Zünfte und Gilden ihren eigenen Trinkschatz besaßen, im Auftrage der Clausthaler Knappschaft aus der Ausbeute ihrer Silbergruben angefertigt. Der Standesstolz entfaltete eine neue Apparatur. Zudem diente die Kanne bei festlichen Gelegenheiten dem Rundtrunk[861]. Diese Kannen wurden im übrigen von den Kannenmachern hergestellt und vornehmlich aus Zinn gegossen. Man denke an den Beruf des Kannengheters (kanngeter, Kandengießer), der inzwischen sich ausgebreitet hatte[862]. Die *Willkommpokale* gastfreundlicher Hütten traten daneben[863]. Wir nennen als ein besonders schönes Stück den Pokal der Saigerhütte Grünthal aus dem Jahre 1625[864].

Der *Handstein* sei ferner genannt. Er war vor allem in den Zeitaltern der Renaissance und des Barocks beliebt. Ein schönes Stück Erz oder Gestein wurde kostbar in Edelmetall gefaßt. Es erhielt einen Fuß, oft wie er bei Kelchen üblich war, und diente so als Schmuckstück, das der Landesherr oder der Wohlhabende als Zierat seiner Gemächer aufstellen ließ. Häufig wurden die Oberflächen eines Handsteines teilweise überarbeitet und plastisch geformt[865].

Die Aufmerksamkeit auf diese Handsteine wurde neu geweckt durch die Ausstellung „Gold und Silber", Kunstschätze aus Tirol. Dort wurden drei Stücke aus dem 16. Jh. bekanntgegeben. Der Joachimsthaler Handstein (Nr. 79) zeigte die Figuren Gottvaters, Evas und Adams, auf der anderen Seite die Figuren Mariä, des Christkindes, Josephs, der Engel und der Hirten. Man mag dabei auch der ähnlichen Titel der Grubennamen gedenken[865a]. Ein zweiter Handstein (Nr. 80), böhmischer Herkunft, stellte dar den hl. Hieronymus, auf der Gegenseite die Figürchen von Loth und seiner Tochter. Im oberen Teil erscheint ein Bergmann und eine lastentragende

[860] *Winkelmann*, Bergbau in der Kunst. S. 142.

[861] *Anne Winkelmann*, Die Bergkanne des Königlichen Oberbergamtes zu Clausthal im Harz. In: Der Anschnitt, Jg. 8, Nr. 2, 1956, S. 18f., mit Abb. einer naturgetreuen Nachbildung durch den Hildesheimer Goldschmiedemeister Theodor Blume. – *H. Barry*, Die Harzer Bergkannen. In: Der Anschnitt, Jg. 3, Nr. 4, 1951, S. 4ff. – Weitere Einzelheiten zum Umtrunk demnächst bei *Georg Schreiber*, Der Wein in Geschichte und Wirtschaft, Liturgie und Volkstum.

[862] *E. G. Zitzen*, Der Wein in der Wort- und Wirtschaftsgeschichte. Sonderdruck aus „Scholle und Strom". Bonn 1952, S. 89.

[863] Siehe *Winkelmann*, Bergbau in der Kunst. S. 148ff.

[864] Ebd., S. 148.

[865] Ebd., S. 134ff., im Register, S. 469.

[865a] Gold und Silber, Kunstschätze aus Tirol, Hofburg, Innsbruck 1961. S. 61.

Frau[865b]. Ein dritter Handstein entstammt dem Erzgebirge. Dieser zeigt die Figuren Christi und drei schlafender Jünger, darüber die Figur des herabfliegenden Engels, ganz oben erblickt man den Kelch. Diese Szenerie erinnert an den Ölberg, der sich an der Außenseite von Gotteshäusern einfindet. Auf der anderen Seite des Handsteins erscheint eine Schar von Kriegern, die herannahen, um Christus gefangenzunehmen[865c].

Der Handstein macht sich zu allem noch abgabenrechtlich bemerkbar. In Schwaz erhält bis 1808 der Cooperator von den Bergknappen diese erzreichen Stücke. Es geschah beim Abholen der Beichtzettel, ein Brauchtum in der Osterzeit, das auch in Altbayern noch lange andauerte[865d]. Zusammengenommen ergab sich ein ziemlicher Betrag an solchen Erzstücken. Sie wirkten wie ein Beichtpfennig, wenn auch dieser oft ominös empfundene Name vermieden wurde. Erinnert sei hier an *H. Ch. Lea*. So rückt der Handstein selbst in die Geschichte der Stolarien.

Solche Handsteine zeigen oft ausdrucksvoll die enge und lebendige Durchdringung bergmännischer Tätigkeit mit religiösen Vorstellungen. Ein bemerkenswertes Exemplar aus der Zeit um 1700, vermutlich von deutschen Bergleuten im slowakisch-ungarischen Bergland gearbeitet, wird vom Kunsthistorischen Museum in Wien unter Nr. 4141 aufbewahrt. Es ist eine Erzstufe, an der man Feldgestänge, Pferdegöpel, Schmelzhütten und Pochwerke, belebt von Bergleuten, erblickt, ja sogar ein Untertagebau im Querschnitt zeigt sich. Bei näherem Hinschauen gewahrt man inmitten dieser geräumigen Szene einen Bergmann, der kniend vor einem Kruzifix betet. Die biblische Sphäre und Metaphysisches verbinden sich mit seinem Arbeitsbereich[866]. Man mag dabei der Bergwerke gedenken, die sich bereits in der gotischen Zeit und ebenso später zum Grubentitel des Kreuzes bekennen. Dahin gehört unter andern die Grube „Zum heiligen Kreuz“ in der schweizerischen Alp Ranasca am Panixerpaß[867] und der „Heilig-Kreuz“-Stollen (1790 Meter) im tirolischen Bergbau Haverstock bei Imst[868]. Kreuze schützten und zierten manche Bergspitzen[868a].

[865b] Ebd., S. 61 f. [865c] Ebd., S. 62.

[865d] *Grass*, Ostern in Tirol. S. 25 f.

[866] *Günter Schiedlausky*, Der Handstein mit dem Bergmotiv. In: Der Anschnitt, Jg. 4, Nr. 2, 1952, S. 10, 11, Abb. S. 11.

[867] *Plattner*, Bergbau. S. 44. – Weitere Kreuzesmotive bei *Schreiber*, Alpine Bergwerkskultur. S. 57.

[868] *Mutschlechner*, Erzbergbau. S. 52.

[868a] Vgl. *Wilhelm Eppacher*, Berg- und Gipfelkreuze in Tirol (Schlern-Schriften, hg. v. R. Klebelsberg, Bd. 178). Innsbruck 1957. Über „Wetterkreuze“ s. demnächst *Nikolaus Grass*, Spanien und Tirol. Innsbruck 1962. Im Druck.

Andere Handsteine gliedern sich deutlich in zwei Zonen, von denen die untere dem Bergbau, die obere religiösen Darstellungen zugeordnet ist. Einem solchen Beispiel (Wien, Kunsthistorisches Museum, Nr. 4149) mit bergmännischen Darstellungen „aus gediegenem Silber und rot gulden ärzt" am tragenden Fuß, ist eine religiöse Gruppe aus Glaserz aufgesetzt, die auf der einen Seite den Gekreuzigten, auf der anderen den auferstehenden Christus zeigt. Die bereits erwähnte Überwölbung des Berufs durch geistig-seelische Werte erweist sich hier besonders sinnenkräftig in der Gliederung des Kunstwerkes. Die enge Verknüpfung beider Bereiche untereinander wird darüber hinaus noch durch einen Bergmann unterstrichen, der betend vor dem Kruzifix auf der Spitze des Steines kniet[869].

Der Donauraum und sein alpines Umland neigten besonders zu solchen Erwägungen. Diese besagten, der bloße Erwerb kann abstumpfen, verflachen, mechanisieren, dagegen der religiös gestützte Beruf wächst in das Ethos und in die Lebensfreude hinein, die das nur Materielle überwindet. Dieses Ideal ist – wenn auch romantisierend übertrieben – in folgenden Versen aus Novalis' „Bergmannsleben" gekennzeichnet:

Er führt des Goldes Ströme
In Seines Königs Haus,
Und schmückt die Diademe
Mit edlen Steinen aus.
Zwar reicht er treu dem König
Den glückbegabten Arm,
Doch frägt er nach ihm wenig
Und bleibt mit Freuden arm.
Sie mögen sich erwürgen
Am Fuß um Gut und Geld;
Er bleibt auf den Gebürgen
Der frohe Herr der Welt[870].

Diese Strophen geben sich wie eine dichterische Vertonung des einstigen und in gewissem Umfang noch bestehenden königlichen Bergregals. Sie atmen zugleich den optimistischen Grundklang des erwarteten und genutzten Bergsegens, was sich auch in der Flagge des Bergwerkstitels „Gute Hoffnung" mitteilt. Ebenso ergibt sich ein aktivistischer und produktiver Grundzug einer freudig ergriffenen Berufsarbeit, die mehr als eine äußere

[869] *Schiedlausky*, Handstein. S. 8,9, Abb. S. 8, 10, 11.
[870] *Novalis*, Schriften. Hg. v. Jacob Minor. Jena 1923, Bd. IV, S. 122ff.

Zugehörigkeit zu einem Betrieb darstellt. Zum anderen vollzieht sich ein Bekenntnis zu dem inhaltschweren und zeitweilig erfolgreichen Satz „Bergluft macht frei". Dazu wird die Armut, was überraschen darf, als wertschaffend angesprochen. Schließlich wird der Bergmann als Entdecker von Edelsteinen herausgestellt, denen das Mittelalter, aber auch noch die spätere Zeit die Wirkung von Talismanen und ebenso die Heilkraft zuschrieb. Dazu trat der Kristall in allegorische und symbolische Bereiche.

Nicht umsonst läßt Novalis den gleichnamigen Helden seines Romans „Heinrich von Ofterdingen" in verwandten Ausführungen mit einigem Berufsstolz bemerken: „Der Bergbau muß von Gott gesegnet werden! Denn es gibt keine Kunst, die ihre Teilhaber glücklicher und edler machte, die mehr den Glauben an eine himmlische Weisheit und Fügung erweckte und die Unschuld von Kindlichkeit des Herzens reiner erhielte als der Bergbau. Arm wird der Bergmann geboren, und arm geht er wieder dahin. Er begnügt sich zu wissen, wo die metallischen Mächte gefunden werden, und sie zu Tage zu fördern; aber ihr blendender Glanz vermag nichts über sein lautres Herz. Unentzündet von gefährlichem Wahnsinn, freut er sich mehr über ihre wunderlichen Bildungen und die Seltsamkeiten ihrer Herkunft und ihrer Wohnungen, als über ihren alles verheißenden Besitz. Sie haben für ihn keinen Reiz mehr, wenn sie Waren geworden sind, und er sucht sie lieber unter tausend Gefahren und Mühseligkeiten in den Festen der Erde, als daß er ihrem Rufe in die Welt folgen und auf der Oberfläche des Bodens durch täuschende, hinterlistige Künste nach ihnen trachten sollte. Jene Mühseligkeiten erhalten sein Herz frisch und seinen Sinn wacker; er genießt seinen kärglichen Lohn mit inniglichem Danke und steigt jeden Tag mit verjüngter Lebensfreude aus den dunkelen Grüften seines Berufs ... Sein einsames Geschäft sondert ihn vom Tage und dem Umgange mit Menschen einen großen Teil seines Lebens ab. Er gewöhnt sich nicht zu einer stumpfen Gleichgültigkeit gegen diese überirdischen tiefsinnigen Dinge und behält die kindliche Stimmung, in der ihm alles mit seinem eigentümlichsten Geiste und in seiner ursprünglichen bunten Wunderbarkeit erscheint[871]." Gewiß ein Hochgesang auf den Bergmannsberuf. Diese verinnerlichte und zugleich enthusiastische Würdigung erinnert an köstliche Edelblüten der Bergmannssage. Die vorliegende Äußerung zeigt im übrigen eine völlige Übereinstimmung mit dem soeben mitgeteilten Gedicht. Die Erwähnung des Gottessegens trennt sich scharf von gegnerischen und flachen Ausführungen des Aufklärungszeitalters.

[871] *Gerhard Schulz*, Novalis und der Bergbau. S. 242–263, bes. S. 244f.

12. Lichtsymbolik

Der Bergmann, dessen Lampe das Stollendunkel aufhellt, wurde in der Kunst seit der Wende vom 17. Jh. zum 18. Jh. zu einer symbolischen *Gestalt des Lichtträgers*. Diese erscheint in der Hochkunst und in der Volkskunst. Die erstere bietet heute nicht mehr allzu viele Beispiele. Die zweite aber kennt eine Fülle überlieferter Stücke[872]. Da sind einmal Altarleuchter, bei denen schlanke Bergmannsgestalten auf einem Sockel stehen und scheinbar mühelos in der einen Hand den Kerzenhalter tragen[873]. Allerdings waren figürliche Darstellungen an Altarleuchten seit dem kerzenfrohen hohen Mittelalter nichts Ungewöhnliches[874]. Daneben erschien der Bergmannsleuchter als Zierat[875] und unter dem Weihnachtsbaum, um der Festzeit ein wenig weiteren Glanz zu geben[876].

Doch blicken wir zunächst auf die Gestalten der Hochkunst. Bei ihnen entwickeln sich manche bemerkenswerte Züge. Das Motiv erscheint als Votivstatue einer knienden Bergmannsfigur in der Barbarakirche zu Kuttenberg. Es ist ein Werk des böhmischen Bildhauers Franz (Frantisek) Baugut (1668–1726)[877]. „In weißem, leinenem Gewand mit übergezogener Gugel hält die schlanke Gestalt das Grubenlicht wie eine Weihekerze vor. Der hagere Körper, die sehnigen, verarbeiteten Hände und das ausdrucksvolle Gesicht mit dem zum Himmel aufgeschlagenen Blick lassen den Hauer ebenso von Arbeit wie von geistlicher Sehnsucht ausgezehrt scheinen[878]." Vielleicht 50 Jahre jünger ist das verwandte Werk, das der Bildhauer Franz Ignaz Platzer (1717–1787) für den St.Veits-Dom von Prag schuf[879]. „In Geschoßhöhe, an einem Pfeiler im südlichen Chorgang neben dem spätgotischen, 1493 von König Wladislav II. gestifteten Oratorium, kniet der Knappe und wendet sich verehrend dem Hochchor zu. Der inständige Fürbittegestus prägt die ganze, in sich zusammengesunkene Gestalt. Der Kopf neigt sich zur Seite, die Linke greift beteuernd an die Brust, die

[872] S. unten.

[873] *Siegfried Sieber*, Erzgebirgische Bergmannsfiguren aus Holz und Zinn. In: Der Anschnitt, Jg. 11, Nr. 5, 1959, S. 17–21, bes. S. 18ff.

[874] *Joseph Braun* und *Georg Stuhlfauth*, Altarleuchter. In: *Otto Schmitt*, Reallexikon zur deutschen Kunstgeschichte, Bd. 1ff. Stuttgart 1937ff., 1, Sp. 511–523.

[875] *Sieber*, Erzgebirgische Bergmannsfiguren. S. 18ff.

[876] *Karl Ewald Fritsch*, Bergmann und Engel als weihnachtliche Lichterträger. In: Der Anschnitt, Jg. 11, Nr. 6, 1959, S. 3–13.

[877] *Winkelmann*, Der Bergbau in der Kunst. S. 90, 106 mit Abb. 59.

[878] Ebd., S. 90.

[879] Ebd., S. 90, 107 mit Abb. 60.

Lippen öffnen sich bittend. Das Momentane der Bewegung, der dringliche Blick lassen den Hauch unmittelbaren Lebens verspüren[880]." Wenn es sich bei diesen Plastiken um Stiftungen der Bergleute handelt, so mag der Fürbittegestus von den Stifterfiguren auf Altartafeln und Retabeln der zeitgenössischen Kunst entnommen sein.

Die folgenden Zeitalter haben das gleiche Motiv auch abgewandelt aufgegriffen. Im polnischen Bergbau fuhren im 19. Jh. die Bergleute zu fünfen in Seilschlaufen sitzend den Schacht hinab, um „vor Ort" zu gelangen. Dieses „Menschenbündel" ähnelte einer Traube, die man nach dem betreffenden polnischen Bergbauort auch „Wieliczka-Traube" nannte. Mit den Leuchten in der Hand bildeten diese Bergleute im sonst finsteren Schacht ein malerisches Bild, das der Graphiker J. Gauchard (1825–1872) als Holzschnitt gestaltete[881] und das den Freiberger Bildhauer Ernst Kaltofen (1841 bis 1922) zur Nachgestaltung bei einem Leuchter anregte[882]. Die Bergleute im niederfahrenden Förderkorb boten, mit ihren Lampen und in der Finsternis, einen verwandten Eindruck, den die Maler Gustav Ballin (1849–1914) und François Bonhommé (1809–1881) darstellten[883]. Der Belgier Constantin Meunier (1831–1905) schuf die Bronzestatue eines „Grubenmädchens", das in der Rechten eine Lampe trägt[884]. Die moderne Kunst scheint das Motiv des Bergmanns als Lichtträger wohl kaum weiter aufgegriffen haben[885].

Um so reichhaltiger aber fließen die Überlieferungen der Volkskunst. Sie schätzt die Bergmannsfigur als Leuchter. Dieser nähert sich aus fernen Jahrhunderten.

Holzschnitzer und Zinngießer haben diese Leuchter vor allem geschaffen[886]. Sachsen und Böhmen, insbesondere das Erzgebirge, ließen diese Volkskunst entstehen[887]. Produktiv gab sich ferner das Fichtelgebirge. Es berührte ja die genannten Räume, die zudem an der Entstehung der vielen künstlerischen Arbeiten nicht unbeteiligt blieben[888].

Volkskunst ist nämlich einmal oft durch die Rohstoffe, die eine Landschaft zur Bearbeitung bietet, sehr beeinflußt. So regte das reiche Holzvor-

[880] Ebd., S. 90.
[881] *Winkelmann*, Bergbau in der Kunst. S. 344, 388 mit Abb. 336.
[882] Ebd., S. 344, 389 mit Abb. 337.
[883] Ebd., S. 342, 344, 386 und 387 mit Abb. 334 u. 335.
[884] Ebd., S. 350, 352, 399 mit Abb. 347.
[885] Sonst wären bei *Winkelmann*, Bergbau in der Kunst, sicher mehr Belege.
[886] *Sieber*, Erzgebirgische Bergmannsfiguren. S. 17, 18ff.
[887] Ebd. – *Fritzsch*, Lichterträger. S. 7.
[888] *Sieber*, Erzgebirgische Bergmannsfiguren. S. 17.

8. Handstein. Böhmen, 16. Jh.
Anbetung der Hirten.

9. Bergmann als Lichtträger an einem Pfeiler im Veitsdom in Prag
von Franz Ignaz Platzer, 1763.

kommen das handwerkliche Geschick der bergmännischen Bevölkerung zur *Schnitzarbeit* an, wie sie sich auch an der erzgebirgischen Krippenkunst mit Erfolg erprobte[889]. Viele Leuchterfiguren sind daher Holzplastiken.

Daneben aber waren es die reichen *Zinnminen* ebenfalls des Fichtelgebirges, die die genannte Volkskunst förderten[890]. Zinn ist leicht in Formen zu gießen. Es ist mit Hammer, Grabsichel, Messern und mit Säuren zudem unschwer zu bearbeiten[891]. Bis das Porzellan entdeckt wurde, war dieses Metall außerdem das Material für Haushaltsgeschirr, das aber seit dem Rokoko nicht nur durch Porzellan, sondern auch durch Fayence und Steingut zurückgedrängt wurde[892]. Nur in Bergbaugebieten, die das Zinn förderten, vermochte es sich lange, vor allem in der Volkskunst, im Gebrauch zu erhalten. Nicht zuletzt war es dabei desgleichen ein Material für den Bergmannsleuchter, der das Motiv des lichttragenden Bergmanns bevorzugte[893].

Viele dieser Leuchter in Privatbesitz sind im Laufe der Zeiten verlorengegangen, zumal Holz und Zinn allmählich verschlissen. Aber das Wenige und Erhaltene weist trotzdem noch manchen charakteristischen Zug auf. Der früheste quellenmäßig belegte Hinweis auf schnitzende Bergleute entstammt der Mitte des 18. Jh.[894]. Es ist die Stadt Freiberg, die so hervortritt. Aber der Bergmann schnitzte Holz sicher schon Jahrhunderte zuvor.

Vorbilder für die Figuren fand er oft an den Altären und Kanzeln der einheimischen Kirchen[895]. Aber manche technische Einzelheit pflanzte sich auch durch Volksüberlieferung fort. Dargestellt wurden mit Vorliebe Häuer und Steiger, als besonders wichtige Funktionäre des Bergbaus[896].

Der lichttragende Bergmann ist recht gern in Paradeuniform gekleidet. Dieser ist gänzlich realistisch dargestellt. Mütze, Puffjacke, Bergleder, Kniebügel, Leibriemen und Tscherpertasche sind angetan[897]. Einen Bergmann mit weißem Bergkittel und spanischem Hut in Holz aus dem 16. Jh. besitzt das Stadt- und Bergbaumuseum von Freiberg (Sachsen)[898]. Es gemahnt an die Bergmannsparade unter Karl V. in der Silberstadt Schwaz. Entweder hält die angezogene Figur in der einen Hand einen Kerzensockel und stützt

[889] Ebd., S. 17, 20f.
[890] *Sieber*, Erzgebirgische Bergmannsfiguren. S. 17.
[891] *Jahn*, Wörterbuch der Kunst[5]. S. 752ff.
[892] Ebd., S. 754. Hingewiesen sei auch auf den Abschnitt über Porzellan.
[893] Vgl. *Sieber*, Erzgebirgische Bergmannsfiguren. S. 18ff.
[894] Ebd., S. 17.
[895] *Fritsch*, Lichterträger. S. 7.
[896] *Sieber*, Erzgebirgische Bergmannsfiguren. S. 18.
[897] Ebd.
[898] Ebd.

sich oft mit der andern Hand auf eine Erzstufe, oder sie hält in ihr ein Gerät, einen Wappenschild oder einen Tragebehälter für Erz, diesen letzteren geschultert[899]. Oft aber, besonders seit dem 19. Jh., trägt die Leuchterfigur Kerzenhalter in jeder Hand[900], oder sogar einen das Haupt überwölbenden Bogen mit noch mehr Kerzenhaltern[901]. Bemerkenswert ist ein Lüster aus der Zeit um 1730 in der Pfarrkirche St. Oswald im steirischen Eisenerz. Eine Barbarastatue krönt ihn. Um sie scharen sich zwölf kniende Knappenfiguren. Jeder von ihnen trägt mit beiden Händen einen Kerzenhalter[902]. Das wirkt fast wie ein höfisches Menuett.

Noch ein Blick auf ein verwandtes Motiv. Die Grubenlampen wanderten auch in die *Medaille*. Eine Harzmedaille von 1808, aus dem Zeitalter des *Jérôme Napoleon I.*, zeigt zwischen zwei Lorbeerzweigen das *Glück auf* und gekreuzte Berghämmer mit daran hängender Grubenlampe[903]. Die Grubenlampe wird ähnlich unter den Bronzemedaillen des fürstlichen Hauses Braunschweig herausgestellt. Eine Zwitter-Bronzemedaille von 1712 zeigt einen stehenden Bergknappen von vorn mit Hacke und Grubenlampe in der Linken und mit einer Malter mit Golderz auf der Schulter[904]. Eine Medaille von 1729, anläßlich des Besuches des Königs Georg II. von Hannover in seinen Erblanden, läßt eine Grubenlampe im Innern eines Bergwerkes des Harzes erkennen[905]. Unter den Personenmedaillen erscheint auch eine Miscellan-Ausbeute-Medaille ohne Jahr mit der Inschrift *Unter unsers Hammers Schlägen* usw. Vier Bergleute in Uniform sind sichtbar. Auf der Rückseite begegnen in Bergwerksgegend drei Bergleute, ferner ein Stollen, in dem St. Barbara einem Bergmann zur Arbeit leuchtet[906]. Es war nicht gleichgültig, daß das Licht in der *Bergmannssage* wurzelte. Da ist es der Bergmönch, der ein Licht schenkt, das nicht ausgeht: „Es hieß eine Grube ‚der alte Segen', darin arbeitete ein Bergmann, der kam eines Abends, als er heimkehren wollte, in einen Gang und ging lange darin hin. Zuletzt wollte sein Licht ausgehen. Da kam der Bergmönch, gab ihm ein ordentliches Stück Unschlitt und winkte ihm, nur noch weiter in dem Gange zu gehen. Zuletzt

[899] *Fritsch*, Lichterträger. S. 4. – *Sieber*, Erzgebirgische Bergmannsfiguren. S. 17ff.
[900] Ebd., S. 6, 7, 9. [901] Ebd., S. 3.
[902] *Franz Kirnbauer*, Der Eisenerzer Bergmannsleuchter. In: Der Anschnitt, Jg. 4, Nr. 6, 1952, S. 17. Ferner ist für Auskunft zu danken Herrn Dr. *Helmut Mezler*, Historisches Institut der Universität Graz.
[903] Sammlung Vogelsang, Nr. 309, S. 26; ähnlich Nr. 310, 311, 312.
[904] Ebd., Nr. 465, S. 42. Der „Malter" hier ebenfalls ein Mengenmaß.
[905] Ebd., Nr. 635, S. 57.
[906] Ebd., Nr. 1195, S. 107.
[906a] Artikel „Medaille," LPhK 7^2, ergänzungsbedürftig.

kam er in einen Schacht, den er gar nicht kannte und sah Gold und andere edle Erze. Sein Licht aber verminderte sich gar nicht, und sein Kamerad fragte ihn, woher er es hätte. Endlich erzählte er es, aber als es heraus war, schmolz sein Licht schon zusammen, und von dieser Zeit an ist auch das ganze Gold und Stufenerz, das in diesem Gange war, wie das Talg zerschmolzen und verschwunden[907]." Ein typischer Ausklang.

Derart trat die Grubenlampe zu den Geschenken des Bergmönches, der dem verschwiegenen Bergmann Licht und Metallschätze bringt. Die Bergmannssage hat sich verschiedentlich zum brennenden Licht geäußert. Es wird gebraucht beim Schatzgraben oder beim Schatzheben[908]. Licht weist in der Sage gern auf einen Bodenschatz[909]. Es ist noch kurz Stellung zu nehmen zur Geschichte der Beleuchtung, die *Henry-René D'Allemagne* vorgelegt hat. Es ist ein gewaltiges Werk unter Aufgebot eines mächtigen Quellenmaterials, allerdings ohne engere Fühlungnahme mit Nachbarwissenschaften. Was jedoch an illustrativen Beiträgen geboten wird, zeigt eine erstaunliche Kenntnis, vor allem der christlichen Epoche. Doch bei schärferem Zusehen ist festzustellen, daß der Bergbau nicht zu Worte kommt. Dieses Negativ wirkt überraschend. Ob sich hier Unterschiede der Volkscharaktere abzeichnen, sei dahingestellt[910].

13. Altäre und Kapellen im Bergbau

Auch die Geschichtsschreiber des Aufklärungszeitalters verbreiten sich über die kulturschaffende Haltung und Leistung der Bergleute, vorab der Unternehmer. So verweist *Joseph von Sperges* darauf, daß die begüterten, im Sprachgebrauch des 18. Jh. die „Vornehmsten Gewerken"[911], aus dem Ertrag von Erzgruben, was das tirolische *Sterzing* angeht, bemerkenswerte Grabmäler und Denkmäler errichteten. Diese Gewerken hatten natürlich durch ihre Finanzkraft vor den sonstigen Bergbeflissenen einen Vorrang.

Sterzing war eine bedeutende Bergbaugemeinde. Der Ort wird im Jahre 1207 zuerst urkundlich erwähnt und in der zweiten Hälfte des 14. Jh. zur

[907] *Stötzel*, Bergmannssage. S. 87.
[908] *Kühnau*, Schlesische Sagen, 3. S. 562, 573, 575.
[909] Ebd., S. 586, 628, 629, 633, 678, 688, 715.
[910] Histoire du Luminaire Depuis L'Époque Romaine Jusqu'au XIXe Siecle. Ouvrage Contenant 500 Gravures dans le Texte et 80 Grandes Planches hors Texte Imprimées en Deux Teintes. Paris 1891.
[911] Tyrolische Bergwerksgeschichte. S. 102f.

Stadt erhoben. Er verdankt seinen Aufschwung dem Bergbau des 15. und 16. Jh. Dieser entwickelte sich besonders am stadtnahen Schneeberg im Ridnaunertal und beschäftigte dort zeitweise bis an die 1000 Knappen[912]. Diese Besetzung kennzeichnet sich schon für die Wirtschaftsverhältnisse des späteren Mittelalters dadurch als eine Art Industrierevier, daß sich Nebengewerbe wie Messerschmiede einfanden. Auch im tirolischen Hall hatte während des späteren 15. Jh. ein Messerschmied seine Werkstätte, der berühmte Hanns Sumersperger, der auch als Helmbartenschmied für König Maximilian I. tätig war[912a].

Erst in der Neuzeit ging der Bergbau zurück. Am Ausgang des 19. Jh. gab die Regierung den Bergbau auf. Nur 50–60 Knappen setzten ihrerseits die Arbeit fort. Ein köstliches Denkmal dieser ehemaligen Wirtschaftsblüte von Sterzing ist auch die 1482 geweihte Magdalenenkirche[913]. Sie erhebt sich auf einem Felsenhügel am Zugang zum Ridnaunertal. Sorgfältige Steinmetzarbeit zeichnet den Bau aus. Der Hochaltar enthält manchen kleineren künstlerischen Hinweis auf den Bergbau[914]. Da ist ein spätgotischer Flügelschrein. Dieser bietet Skulpturen und reichbewegte Statuentabernakel, die die Legende und das Leben der Heiligen herausstellen. Das Werk wurde von Meister Matthias Stöberl 1509 vollendet. Es ist einer der schönsten und volkstümlichsten Flügelaltäre Tirols. An dem Felsen unter den Füßen der Büßerin arbeiten – offenbar ein Hinweis auf die Stifter des Altares – zwei Bergknappen[915].

Es war übrigens dort von der Gemeinde eine nicht näher bezeichnete Wochenmesse im Jahre 1390 gestiftet. Dazu trat die Errichtung einer Kooperatur, also die Bewilligung eines Hilfsgeistlichen, um die Seelsorge des Pfarrers zu unterstützen. Die Messe wurde noch 1855 jeweils am Mittwoch gelesen[916].

[912] *Weingartner-Zinner*, Südtirol (1950), S. 7, mit unvollständiger Ortsangabe, da die genannte Kirche St. Magdalena zwar, wie erwähnt, bei Sterzing liegt, nicht aber zum Ort selbst, sondern zur Nachbargemeinde Mareit gehört.

[912a] *Grass*, Das Haller Damenstift, S. 538f.

[913] Vgl. bes. *G. Schreiber*, St. Magdalena als Volksheilige und Bergwerksinhaberin. In: Festschrift Karl Eder zum siebzigsten Geburtstag. Innsbruck 1959, S. 259–275, bes. S. 269.

[914] Abb. ebd., Tafel VII.

[915] *Schreiber*, St. Magdalena. S. 269, ferner Tafel VII.

[916] *Tinkhauser*, Diözese Brixen, 1. S. 688, 691. – Über den Mittwoch als einen verhältnismäßig freien Tag s. *G. Schreiber*, Wochentage. Im Register, S. 273. – *Ders.*, Gemeinschaften. S. 71, 72, 286. – *A. Jungmann*, Der liturgische Wochenzyklus. In: Zeitschr. f. kath. Theologie, 79, 1957, S. 45–68, bes. S. 53, 54.

Oft ist es ein Bildstöckl, aus dem später ein Altar oder eine Kapelle oder ein Frühmesser-Benefizium erwächst. Zuweilen wird in einer Bergwerkskapelle, wie in dem gotischen St.-Barbara-Kirchlein im tirolischen Gossensaß, das Sakrament nicht mehr aufbewahrt. Es ist ein Anzeichen dafür, daß eine spätere Auflassung der Erzgruben erfolgte, was 1786 unter Joseph II. geschah[917].

Bergbaugeschichtlich bedeutender ist der „*Annaberger Bergaltar*", ein Nebenaltar der Kirche zu Annaberg, der am Pfingstsonntag des Jahres 1521 geweiht wurde. Er zeigt auf seiner Rückseite in fünf Tafeln eine fast vollständige Darstellung aller Arbeitsgänge des Bergbaus und Hüttenwesens. Er bietet hier als Umrahmung die Legende von einem Bergmann namens Knappius, der mit Engelshilfe einen Goldschatz findet. Die Darstellung zeigt nicht weniger als 14 Schächte aller Art. Da sieht man Fahr-, Wetter- und Förderschächte und zwei Pferdegöpel. Da entdeckt man ferner einen Ausschläger beim Zerkleinern der geförderten Erze mit einem Fäustel. Der linke Altarflügel zeigt einen Hüttenbetrieb an, der rechte eine Münze, also da ergibt sich die lebendige Apparatur eines Bergwerks. Beide Seitenflügel weisen zusammen noch einmal fünf Schächte auf, während die Tafel auf der Rückseite der Predella Erzwäscher bringt[918]. Wiederum umkreist Bergmannskunst – ähnlich den Krippen – Einzelheiten der Grubentechnik. Solche Darstellung bergmännischen Lebens findet im Münzwesen, besonders in späteren Jahrhunderten, ihren Widerschein. Nach allem ermißt man die starke volkhafte Verwurzelung der religiös benannten Gruben.

Erwähnung verdient in diesem Zusammenhang das Silberbergwerk St. Annen-Grub zu *Todtnau*. Dort stifteten die Eigentümer im Jahre 1515 eine der hl. Anna geweihte Kapelle, nicht in Todtnau selbst, sondern in dem so repräsentativen Münster zu Freiburg i. Br. mit prächtigen Glasgemälden. Dort besorgten sie nämlich das Anna-Fenster. Es gibt sich als eines der eigenartigsten und darum beachtenswertesten Schöpfungen aus der Spätzeit der Glasmalerei[919]. Die dortige Inschrift besagt: „Gott dem Allmächtigen, der Jungfrau Maria und der Mutter Sankt Anna zu Ehren zu Lob haben die Gewerke St. Annen-Grub in *Todtnau* dieses Fenster machen lassen im Jahre 1515[920]." Ebendort wurde auch der Annenaltar

[917] *Tinkhauser*, Diözese Brixen, 1. S. 683.
[918] *Fr./Sch.*, Der Annaberger Bergaltar. In: Der Anschnitt, Jg. 3, Nr. 5/6 1951, S. 4–7.
[919] *Kleinschmidt*, Heilige Anna. S. 288, mit Anm. 3.
[920] Ebd., S. 419.

gestiftet, ausgeführt von Meister Sixt von Staufen, der noch heute vorhanden ist. Gleichzeitig fand sich – in spätgotischer Häufung und in bemerkenswerter Munifizenz der Bürgerkirche – ein zweiter Annenaltar ein, besorgt von dem Großindustriellen Bürgermeister Ritter Johannes Snewlin Gresser.

Wiederum in gotischer Zeit, näherhin im 15. Jh., ward in *Trier* eine Annenbruderschaft errichtet in der dortigen Kirche St. Gangolf. Sie hieß Juristenbruderschaft (Juratenbruderschaft) und verzeichnete als Mitglieder Priester, Doktoren, Advokaten, Notare, Prokuratoren und Angestellte des geistlichen Gerichts in Trier. Diese Konfraternität besaß dort einen eigenen Bruderschaftsaltar. Als Patrone wurden geführt die Heiligen Anna, neben Fiakrius, Katharina und Barbara[921].

Diese Devotion wirkt, um hier Kleinschmidt zu ergänzen, wie ein Vorgriff auf den annafreundlichen Kreis des Abtes Trithemius von Sponheim[922].

Hochwertige Epitaphienbilder fanden sich ein. Um 1450 erfolgte die Stiftung einer bedeutenden Darstellung, die Christus als Weltenrichter zeigt. Hans Stromer, Bürger und Patrizier zu *Nürnberg*, Eigenherr verschiedener Hämmer, hatte dieses Bildwerk besorgt. Links ihm gegenüber zunächst seine dritte Frau Barbara Groß mit vier Söhnen aus dieser Ehe; dahinter die beiden verstorbenen Frauen. Barbara Groß war in erster Ehe verheiratet mit dem reichen Amberger Bergherrn und Hüttenherrn Heinrich Castner von Kötzersricht, der 1438 starb und seiner Begräbniskapelle zu St. Martin 500 Gulden widmete. Die beiden Söhne von Hans Stromer und Barbara Groß wurden Montanindustrielle. Sein Sohn Ludwig fand als erfolgreicher Bergherr den Weg nach Hermannstadt in Siebenbürgen[923].

Das Bergwerk wurde, wie man sieht, zum Mittelpunkt von Bergherren-Geschlechtern, die auch die deutsche Architektur und Kunst förderten. Bergarbeit setzt sich also an mehr als einer Stelle in Hochkunst um, noch in den Jahrhunderten der Neuzeit. So lieferte die Mittel zur Innenausstattung der niederösterreichischen Barockabtei Seitenstetten jenes Kupferbergwerk in der Radmer und jene Messinghütte zu Reichsraming[924]. Diese Betriebe wurden, wie bereits erwähnt, 1743 von diesem Stift erworben. Metallförderung erhöhte den Glanz des Barock. Mehr als bisher wollen solche Vorgänge beachtet sein.

[921] Ebd. – Zu Fiakrius, der als Attribut eine Schaufel führt, s. *Kerler*, Patronate. S. 442. – *G. Schreiber*, Irland. S. 58f.

[922] *Kleinschmidt*, Heilige Anna. S. 150ff.

[923] *Ress*, Bauten. S. 38.

[924] *P. Ortmayr*, Seitenstetten. In: LThK 9, Sp. 433f.

Unter die Kapellen rückt auch das Knappenkirchlein St. Anna in Rotlahn, hoch gelegen, es wurde am Pfunderer Bergwerk im Jahre 1736 erbaut. Es gehört zum Bezirk des südtirolischen *Villanders*. An diesem Pfunderer Berg war uralter Bergbau. Dieser ist urkundlich seit 1141 nachweisbar. Das erwähnte Kirchlein erhielt im Jahre 1772 Ablässe für die St. Barbarabruderschaft. Wiederholt wird dort noch Gottesdienst gehalten[925]. Man mag davon Kenntnis nehmen, daß nicht bloß Pfarrkirchen, sondern auch eine stille Höhenkapelle der – oft bevorzugte – Quellgrund für eine Bruderschaft wird. Besondere Erwähnung verdient die Freiungskapelle am Salzberg bei dem tirolischen *Hall*. Sie ist in der Literatur über das Rechtswahrzeichen mehrfach erwähnt. Dort begegnet man der Inschrift: „Diese Kapelle war das Gränzzeichen der vom König Heinrich im Jahr 1325 bestimmten und vom Kaiser Maximilian I. im Jahr 1491 bestätigten Freiung des Salzberges[926]." Gemeint ist der Tiroler Landesfürst Heinrich, der 1307–1310 König von Böhmen war und, obwohl 1310 von Böhmen vertrieben, zeitlebens den Königstitel führte. Er starb 1335, war Vater der Margarete Maultasch. Mit mehr als einer Kapelle gehen bedeutende Daten der Landesgeschichte.

Aufmerksamkeit verlangt ebenso ein Fugger-Benefizium in *Schwaz*. Im Jahre 1634 wurde es vom Grafen Fugger zu Kirchberg-Weißenhorn gestiftet. Doch die Dotation erwies sich nicht gerade als ausreichend. Der Bergherr hatte kaufmännische Sparsamkeit walten lassen[927]. Im Jahre 1811 wurde die fuggerische Kaplanei vom Hause Fugger als Patron nach Waldberg in Bayern übertragen. Der Bergsegen war inzwischen eben zurückgegangen. Ein Gewerke Tonauer zu Tannenberg stiftete ebenfalls im 17. Jh. in der Pfarrkirche zu Schwaz die Salve Guardia, also die Begleitwache des Allerheiligsten, die in der Prozession auch besonders hervortrat[928].

Die Überlieferung von Brettfall schaltet sich ein. Am Eingang des *Zillertales* erhebt sich zur Rechten auf einem schön bewaldeten Fels das Wallfahrtskirchlein Brettfall. Seine Entstehung greift zurück in jene Jahrhunderte, als der Bergbau in Schwaz noch blühte. Da sagt die Überlieferung, es stieg ein frommer Knappe von Straß aus täglich über den Brettfallfelsen zu seiner

[925] Freundlicher Hinweis von Herrn Prof. Dr. Nik. Grass, Innsbruck. Dazu siehe noch *Johannes Baur*, Volksfrommes Brauchtum Südtirols (Schlern-Schriften, Bd. 192). Innsbruck-München 1959, S. 55.

[926] *Otto Stolz*, Archiv für österreichische Geschichte, 107. Bd. (Akademie d. Wissenschaften in Wien, Philosophisch-historische Klasse, Historische Kommission). Wien u. Leipzig 1926, S. 268. – Haller Buch. S. 107.

[927] *Tinkhauser-Rapp*, Diözese Brixen, 2. S. 557.

[928] *Balthasar Gritsch*, Die Salve-Guardia. Schwaz 1936. – Vgl. ferner *Franz Grass*, Studien zur Kulturgeschichte Tirols. Innsbruck. Im Druck.

Grube. Er befestigte ein schön geschnitztes Muttergottesbild an einem Baum, wo heute das Kirchlein steht. Er erbaute schließlich nach mehreren mirakulösen Vorgängen eine hölzerne Kapelle, die 1671 zu einem schmucken kleinen Bau ausgestaltet wurde[929]. Ein Einsiedler übernahm die Obhut. So tritt der Bergmann in die Entstehungsgeschichte eines Wallfahrtskirchleins.

Sogar die heute am meisten besuchte Marienwallfahrt des Oberinntales, der Locherboden bei Stams, geht auf ein Marienbild zurück, das ein Bergmann errichtete. An diesem Felskopf befand sich eine Grotte. Sie verdankt der Legende nach ihre Entstehung der wunderbaren Errettung eines Bergknappen, der in dieser Höhle beim Erzschürfen in äußerste Lebensgefahr geraten war, als sich ein großer Stein löste. Aus Dankbarkeit, daß er auf sein Flehen zur Gottesmutter gerettet wurde, stellte der Knappe hier ein Marienbild auf, zu dem auch andere seitdem in ihren Nöten Zuflucht suchten. 1854 wurde die Höhle zu einer Kapelle erweitert, die noch heute besteht. In den achtziger Jahren des verflossenen Jahrhunderts entstand auf dem Plateau oberhalb der Höhle die weithin sichtbare Wallfahrtskirche „Maria am Locherboden"[929a].

Die Schatzsage meldet sich an für das goldene Lamm in der St.-Anna-Kapelle im Riesengebirge, und zwar im Kreis Hirschberg[930].

14. Bergleute als Bauherren

Das kraftvoll entwickelte Standesbewußtsein der Bergknappen betätigte sich in der kirchlichen Architektur und in der künstlerischen Ausstattung des Gotteshauses. Da war der bereits oben berührte Bau der Bergwerkskapelle, die zuweilen beträchtliche Gebirgshöhen erklomm. Walserische Bergknappen erbauten wohl schon im 14. Jh. eine Kapelle in 1487 m Höhe in *Montafon*, in dem rätoromanischen vorarlbergischen Alpental. Diese Höhenkirche war ein Votivopfer. Die Knappen dort waren nämlich bei einem Einbruch der nahen Silbergrube verschüttet, machten ein Gelöbnis und wurden nach der Überlieferung gerettet[931]. Das von uns behandelte Kapitel des verschütteten Bergmanns, das bereits die romanische Zeit be-

[929] *Karl Paulin*, Die schönsten Sagen aus Nordtirol. Innsbruck 1951, S. 113.

[929a] *Tinkhauser-Rapp*, Diözese Brixen, 3. S. 270.

[930] *Kühnau*, Schlesische Sagen, 3. S. 726.

[931] *Alois Schmidt*, Bote für Tirol und Vorarlberg. Ferner *Ulmer*, Gotteshäuser Vorarlbergs. S. 164.

handelt, mehrt sich um einen neuen Zug. Die Gotik schuf neue Bauwerke von der Genossenschaft her. Bereits im Jahre 1495 weist dieses Bergbaugebiet eine Bruderschaft auf. Konfraternität und eigener Altar waren unzertrennlich geworden. Das ist jene Verbundenheit, die auch die Stiftungen in Sachen der Handwerkspatrone ausweisen[932]. Zum weiteren erfahren wir, daß St. Agatha dort als Schutzfrau im Bergbaubetrieb steht, allerdings in Hinsicht auf die beigegebenen Schmelzöfen, die wir als vorhanden annehmen dürfen.

Diese sizilianische Heilbringerin war als *Feuerheilige* im deutschen Raum beliebt, heute noch im westfälischen Olpe, in einem Bergwerksbezirk, der verschiedene Bergordnungen erlebte[933]. Zu Agathes Ehren erhebt sich in der alpinen Streusiedlung Silbertal eine Kapelle. Sie ragt einsam auf einer Berghöhe nahe dem Übergang nach Dalaas[934]. Im Zuge folgerichtiger Entwicklung fand sich zur Kapelle und zur Konfraternität eine Kaplanei ein, die in den Jahren 1499–1501 eingerichtet wurde. Dieses Gotteshaus erlebte mehrere pietätvolle Erneuerungen, zuletzt 1914. Eine marianische Erinnerungswelle geht durch dieses Kirchlein, da sich an der nördlichen Chorwand Fresken von der Krönung Mariens einfinden, da weiter eine barocke Madonnenstatue dort vorhanden ist[935], übrigens neben einem Gnadenstuhl des 16. Jh. So will das trinitarische Element in dieser Gruppierung nicht fehlen. In einen Schrein faßte man dort eine Agathareliquie. Auch Bergkapellen hielten auf den Besitz von Heiltümern. Darstellungen von Barbara und Katharina wollen dort ebenso beachtet sein. Man darf diese beiden Heilbringer geradezu als Geschwisterheilige des Bergbaus bezeichnen. Sie traten ja ebenso zueinander in der soeben erwähnten St.-Gangolf-Kirche in Trier.

Es finden sich weitere Erinnerungszeichen ein, die das Bergwerk mit den Volksheiligen verknüpfen. Ein Altarbild in der Kirche zu Budweiler stellte St. Barbara dar, wie sie einem verunglückten Bergknappen das Sterbesakrament reicht[936]. In der Krypta unter dem Hochaltar der St.-Josephs-

[932] *Neubner*, Die heiligen Handwerker. S. 227ff.

[933] *G. Schreiber*, Kultwanderungen. S. 29f. Sie war überdies volkstümlich durch das gereichte Agathabrot. Dazu *Gustav Gugitz*, Das Jahr und seine Feste im Volksbrauch Österreichs, Wien 1949, Bd. 1, S. 79ff., mit zahlreichen Verweisen. Man mag aber noch ergänzen *Franz*, Benediktionen, 2. Im Register, S. 676. – Siehe ferner für Olpe *August Hirschmann*, Geschichte der Pfarrei Olpe. Olpe 1930, im Register, S. 501.

[934] *Georg Dehio*, Handbuch der Kunstdenkmäler in den Donau- und Alpengauen. Wien 1943.

[935] Dazu oben in dem Kapitel über trinitarische Bergwerkspatrozinien.

[936] Glück auf. Allerlei vom Bergmannsleben. Hg. v. R. Wartusch und O. Wohlgemut, unter Mitarbeit von F. Mayr. Düsseldorf 1927, S. 157.

Kirche im oberschlesischen Hindenburg errichteten die Bergleute einen Altar zu Ehren der Heiligen Barbara aus Steinkohlen.

In diesen Kreis der Bergmannsfrömmigkeit paßt gut das oft anzutreffende Motiv der Anbetung der *Drei hl. Könige*. Es ist vielfach in der Predella festgehalten. Die tres reges sind eben ein oft anzutreffender Bergwerkstitel. Hier mag der Rhein der Verbreitung dienen, auch stromaufwärts von Köln her. Daran gewann selbst das rätische Bergbaugebiet. Man nehme die Heiligen Drei Könige in Puschlav, auf dem Berge Sassilion in Graubünden (1481)[937], Hl. Dreikönig auf dem Modereck im Kärntner Berggerichtsbezirk Großkirchheim (1496, 1496–1519)[938], Hl. 3 Könige (Bleiberg-Kreuth, 1547)[939], Hl. 3 Künige (Bleiberg, 1550)[940], Hl. drei Könige (Terlan, Berggericht a.d. Etsch, 1550)[941], Hl. drei Könige (Berggericht Persen, 1550)[942], Hl. 3 Künig (Berggerichtsbezirk Vellach, 1575)[943], „Zum heilligen drey künigen in Mariaperg im Oberlanndt" (1598)[944], Hl. 3 König im Fronwald (Bleiberg, 1665)[945], Hl. 3 König (Bezirk Steinfeld, 1747)[946], Dreikönigstollen (Kappel-Obir, 1822)[947], Heilige Drei Könige am Mühlbach, am Kühberg in Obergarl und die Grube Heilige Drei Könige am Nefes unter Lafeys (Fürstbistum Trient, Ausgang des Mittelalters)[948]. Eine Dreikönigsgrube verzeichnet ebenfalls das Bergwerksgebiet des steirischen Eisenerz in einer Beschreibung aus dem Jahre 1788. Sie dürfte bereits älteren Datums sein[949]. Der Spateisenstein-Abbau ist dort bereits seit dem 12. Jh. urkundlich nachweisbar. Die Geschichte des Dreikönigskultes hat sich im übrigen um die bergbauliche Verankerung wenig gekümmert. Und doch führt das trinitarische Motiv etwas Überzeitliches und zugleich Genossenschaftliches mit sich. Es greift über Jahrhunderte. Es dringt in das Volksschauspiel.

Außerdem trifft man in dem oben genannten Agatha-Kirchlein in *Montafon* die bergbaulichen Schutzherren Nikolaus, Georg (oder Moritz?) und Theodul, letzteren auch unter dem Namen Theodor, der dem Wallis

937 *Plattner*, Bergbau. S. 10.
938 *Wießner*, Kärnten, 1. S. 90, 93.
939 Ebd., 2. S. 49.
940 Ebd., S. 50.
941 *Wolfstrigl-Wolfskron*, Tirol. S. 332.
942 Ebd., S. 269.
943 *Wießner*, Kärnten, 1. S. 115.
944 *Wolfstrigl-Wolfskron*, Tirol. S. 26.
945 *Wießner*, Kärnten, 2. S. 83.
946 Ebd., 1. S. 176.
947 Ebd., 2. S. 222.
948 *Hans Hochenegg*, Deutsche Bergbautätigkeit. S. 450f.
949 Beschreibung, S. 28, bereits oben erwähnt.

entstammende Viehpatron in Vorarlberg, der sich hier zum Bergwerk stellt[950]. Die Landschaft verlangt ihre Rechte. Wiederum treten dort in Reliefs Agatha und Barbara heraus, dazu noch findet sich eine Gruppierung von Theodul, Agatha und Magdalena, ferner zeigen sich dort Gemälde, die Nikolaus, Barbara, Katharina, Jodok betreffen, ebenso Georg und Wolfgang[951]. Wie man sieht, stößt man auf ein reiches Kollektiv von Bergbau-Heiligen, die sich immer wieder an anderen Stellen zeigen, wenn sie bei Zechen als Titelheilige, also als Namensträger der Gruben, erscheinen. Es entspricht der ganzen Stimmung der Spätgotik, ebenso dem eschatologischen Zug der Bergleute, wenn das Jüngste Gericht ebenfalls dort in Montafon zur Darstellung gebracht wird.

Einkünfte aus dem Bergbau gestatteten in einem Falle die Aufrichtung eines Klosters. Der durch den Bergbau reich gewordene Klausener Pfarrherr und Brixener Domherr Dr. Matthias v. Jenner († 1691), den wir bereits erwähnten, gründete mit dem aus dem Bergbau gewonnenen Vermögen 1681 das Benediktinerinnenstift Säben. Es besteht heute noch. Es wurde errichtet in den Ruinen der uralten ehemaligen Bischofsburg Säben oberhalb Klausen/Südtirol[952].

Für das benediktinische Kloster Georgenberg bei Schwaz war ein Brückenbau lebensnotwendig. Man ersieht es noch heute aus der Architektur. Nur über diese Brücke war der vielbesuchte Wallfahrtsort erreichbar. Nun bitten diese Benediktiner bereits König Maximilian I. um Unterstützung bei der notwendigen Reparatur der Brücke. Sie möchten dieserhalb Einnahmen aus dem Bergwerk empfangen. Näherhin ersuchen sie den König, dem Kloster „in der Grueben Sannt Michel am Valkenstain zu Swacz die Fron zway Jar die nachsten zu Hilf solhs Paus ergeben und einnemen lasse, damit wir solichen Pau dest pas unnd stattlicher volbringen mugen“[953]. Ein neuer Typ des Bergbau-Privilegs.

[950] *H. Dilkrath*, Theodor. In: LThK 10, Sp. 42ff.

[951] Dazu noch *A. Schmidt*, Bote für Tirol und Vorarlberg, Nr. 137.– Ferner s. *Schreiber*, Irland. S. 83f. Sieben Wolfganggruben bei *Mathesius*, Sarepta.

[952] *Albert Cornet*, Die Jenner von Vergutz. S. 23f. – *O. Wonisch*, Die Gründung der Benediktinerinnen Abtei Säben (Schlern-Schriften, Bd. 39). Innsbruck 1938. Freundliche Mitteilung von Prof. Dr. Nikolaus Grass, Innsbruck.

[953] Ohne Datum. Gedruckt bei *Joseph Chmel*, Urkunden, Briefe und Actenstücke zur Geschichte Maximilians I. (Bibliothek des literar. Vereins Stuttgart, 10). Stuttgart 1845, S. 412f.

15. Die Bergkapelle

Die Berggemeinde bedarf in Hinsicht auf ihre Beziehung zur dörflichen Siedlung noch mancher Ergründung. Bauern im Umland bezeichnen bald ein freundliches Element, bald auch wie in Kuttenberg eine Gegnerschaft[954]. Geschätzt werden die Bauern, wenn sie mithelfen, den Bergmann zu ernähren. Wie schon angedeutet, sind ja Gebirgsgegenden arm an der Erzeugung des Korns, auch oft des Gemüses und anderer Nahrungsmittel. Im besonderen wäre auch der Anteil des Dorfes in der Sakralkultur stärker herauszuarbeiten. Es ist denkbar, daß der Kirchentitel sich wiederfindet in den Vornamen der Bergleute und in der Benennung der Gruben. Hat der Bergmann eine eigene Kapelle, so diente diese gern dem Frühgebet, und sie gab sich als eine allgemeinere Stätte der Andacht. Aber dieses Kirchlein ist, wie öfters erwähnt, nicht durch parochiale Rechte ausgezeichnet. Immerhin wird es zu einem Quellgrund der Volksliturgie. Ebenso auch zu einer Stätte der Devotion, die Skulpturen und Bilder, auch Votivbilder, mit sich führte, die den Bergmann besonders ansprechen. Zuweilen mag sich, wie mit der hl. Agatha in Schmelzkapellen, auch die christliche Legende ansiedeln. Im übrigen machten die Bergknappen in Tirol, wenn sie sich an Kirchenbauten beteiligten, keine Unterschiede, ob es sich um Pfarrkirchen oder um Kapellen handelte. Man nehme nur die Tatsache, daß sie sich so hervorragend annahmen des Kirchenbaues in Stans, Jenbach, St. Margarethen, Schlitters und an anderen Orten[955]. Ebenso konnte mit Hilfe der Knappen um 1500 der Umbau der Pfarrkirche in Imst erfolgen[956].

Ein anderer Hinweis. Im Kreuzgang der echt berglerisch ausgerichteten Franziskanerkirche in *Schwaz* hat sich die wohlhabende Stadt[957] um 1520 künstlerisch verewigt. Die Gewerken und reichen Kaufleute, die Knappschaft und die Zünfte haben die „Bögen bauen und malen lassen"[958].

Die Ortssage weiß wiederum im tirolischen *Obernberg* zu erzählen, daß im Mittelalter die Kirche von frommen Bergknappen erbaut ist[959]. Die Errichtung einer Hütte bot einen weiteren Anlaß, ein Gotteshaus zu errichten.

[954] *Stötzel*, Bergmannssage, S. 57, mit Hinweis auf *R. Köhler*, Alte Bergmannslieder, Nr. 19, Historisches Lied von Kuttenberg, 1413/14.

[955] Schwazer Buch. S. 166.

[956] *Frajo Waitz*, Kirchen und Kapellen in Imst. In: Imster Buch, S. 235–250, bes. S. 237.

[957] Über den Wohlstand von Schwaz s. *Weingartner*, Schwazer Bergwerksgeschichte. Schwazer Buch. S. 165. [958] Ebd. S. 202.

[959] Hinweis von Prof. Dr. Nikolaus Grass. Über Hochstetter (S. 221) s. *F. Zoepfl*, Bistum Augsburg u. seine Bischöfe im M A. München 1955. S. 561.

Wir erfahren weiter, daß am 13. Dezember 1509 Kaiser Maximilian den Brüdern Georg Ambros und Johann Hochstetter aus *Augsburg* bewilligte, am Archwasser neben dem Steinenberg zu Pflach in Tirol eine Kupferhütte und Messinghütte nebst einer Schmiede zu erbauen. Dort erstand die sogenannte Hüttenmühle. Der Bergsegen war reich, in Hinsicht auf Blei und Eisen. In Dankbarkeit erbauten die Hochstetter die sogenannte Hüttenkapelle, in spätgotischer Bauart, für die dortigen *Schmelzer*[960].

Als zu Anfang des 15. Jh. an den Berghängen gegenüber Jenbach die Silber- und Kupfer-Erze entdeckt wurden, entstanden bald auch in *Jenbach* am Unterlauf des Kasbaches, damals „Innpach" genannt (Ursprung des Ortsnamens), die ersten Schmelzhütten. Diese lagen in jener Gegend, wo sich heute die zahlreichen Hallen der Jenbacher Werke ausbreiten, und waren wohl ganz einfache Gebäulichkeiten, „Hütten" im eigentlichen Sinne des Wortes. Als Eigentümer solcher Hütten werden in alten Urkunden angeführt: Paumgartner, Hofer, Hartmann, Anton von Rost. Diese Besitzer und ihre Arbeiter, die „Schmölzer" genannt, erfreuten sich eines hohen Ansehens und zeigten ihre Wohlhabenheit durch reichliche Spenden zum Bau einer Kirche in Jenbach (um 1500). Es wurden zu diesem Zwecke damals viele Zentner Erz gesammelt, und es werden bei dieser Gelegenheit auch Namen einzelner Erzgruben angeführt: „Beim weißen Schrofen", bei „Sankt Nothburg", bei „Sankt Wolfgang" usw. Schmelzhütten standen in dieser Zeit auch in Schwaz, am Lahnbach und an vielen anderen Bergorten[961]. Der Tiroler Notburga-Kult, der hl. Dienstmagd aus dem Bergwerksort Rattenberg am Inn († wahrscheinlich 1313), verdient besondere Erwähnung. Das Heimatbewußtsein regte sich.

Noch ein Blick auf das Bergbaugebiet von Imst. Am Ausgang des 15. Jh. zeigte sich dort die größte Blüte des Bergbaus. Mit Hilfe der Bergknappen konnte dort im Jahre 1493 der Umbau der Marienpfarrkirche begonnen werden. Er weist auf das Gotteshaus in seiner heutigen Gestalt[962]. Wiederum zeigen sich Gotik und Bergbau als wahlverwandte Größen.

Neben die Bergkapelle tritt öfters das Wirtshaus. Es war an mehr als einer Stelle notwendig. War doch dieses Kirchlein häufig Ziel einer Wallfahrt oder doch eine Andachtsstätte, die man gern besucht. Dieses Gasthaus dient der Erholung und der Verpflegung der Besucher. Solche Kapellen beleben sich am Tag des Patroziniums, so in dem Magdalenenkirchlein im

960 *Ladurner*, Veste und Herrschaft Ernberg. S. 103.
961 *R. Klebelsberg*, Jenbacher Buch. Innsbruck 1953, S. 251.
962 *Waitz*, Kirchen und Kapellen in Imst. S. 235–250.

tirolischen Halltal (1299 m), das von Bergknappen im Salinenbetrieb besucht wurde.

An mehr als einer Stelle stifteten die Knappen Gottesdienst in Wallfahrtskirchen. So besorgten sie es für das Patrozinium St. Bartholomä am Königssee. Ein eigener Festgottesdienst wurde dort erbeten und besorgt. In alter Zeit fuhren sie in einem eigenen großen Flachboot, das von 24 Ruderern befördert wurde, geschlossen hinüber. Den Pfarrer nahmen sie mit. Heute fahren sie mit einem eigenen Motorboot. Mit jenem Tag ist ein kleines Volksfest verbunden[963].

16. Der Bergmann in der Kultdynamik

Über den Werktag der Verbundenheit mit der Grube wirkte der Bergmann in weiteren und erhöhten Bereichen. Er gab sich als Gestalter der Gebärde und der Devotion. Er kennzeichnete sich dabei als Bringer des Frohen und des Feierlichen. In diesem Stand lebte wohl mehr als in einem anderen Beruf die Sehnsucht nach Glück. Davon weiß der Gruß „Glück auf" und das Bergmannslied, ebenso mancher Grubenname[964]. Bei dem Bergschaffenden verlangte das tätige Leben im Bergesdunkel nach einem Zusatz des Überirdischen und der Metaphysik. Es war das Lichthelle, dessen er bedurfte. Der Schutz vor den Gefahren des Stollens wie des Wassers und der Lawine machte sich eben geradezu elementar geltend. So bereicherte die Knappenschaft in der Mehrung technischer Fertigkeiten auch die Bezirke der Seele und der Innerlichkeit. So entwickelte sich auch in der Pflege des Kultischen eine berufsständische und landschaftliche Eigenart, die Kostbares und Heiliges darzubieten hatte.

Der Bergmann wirkte individuell und persönlich, wenn er im religiösen und zugleich volkhaften Bereich seine Anliegen, seine Wünsche, seine Sorgen, seine Hoffnungen vortrug. Er wandte sich voll Vertrauen in Gebet und Lied, wie in der Ausprägung der von Gewerken gestützten Bergmünze, an Gott als Vermittler, um Bergsegen und Gnade für die Grube zu erflehen. Diese Gottesnähe äußert sich wieder und wieder in den Namen, die sich für die Stollen einfinden. Dieser theozentrische Zug ist bereits oben vermerkt. So kann der Tiroler Landreim aus dem Jahr 1558 über die Bergleute aus-

[963] *Kriss*, Sitte und Brauch. S. 105.

[964] Vgl. in Fortsetzung meiner Forschungen *Schneider*, Bergmannsfrömmigkeit im Spiegel der Bergbaunamengebung. S. 207ff. – *Schreiber*, Wochentage. Im Register, S. 261. Ferner s. unten.

sagen „Thuen Gott und dem Glückh vertrawen"[965]. Auf den Beruf des Bergmannes zugeschnitten ist die Knappenprozession unter der Erde in Berchtesgaden am Feste der Heiligen Drei Könige, bei der eine Segnung des Bergwerks und eine Weihe der Maschinen vorgenommen wird. Erwähnt werden diese Benediktionen zum erstenmal urkundlich im Jahre 1528. Ihren Kern bildete seit 1850 die sogenannte Pfannenweihe im Sudhaus. Im Jahre 1870 ist die Maschinenweihe im Bergwerk dazugekommen[966]. Ein Ritual des Untertagbaues war entwickelt.

Aber der Bergbau berücksichtigte auch Familiäres. Denn Frau und Mutter gestalteten, wie in allen mittelalterlichen Gewerben, das Bild des Berufsständischen mit[967]. Wo aber liegen die Zeugnisse dafür? Man denke nur an die oben erwähnte Bergmannsfrau der cluniazensischen und zisterziensischen Zeit[968]. Auch die Fundsage schaltet sich ein. So soll eine Magd in Schneeberg im Erzgebirge das reiche Silbervorkommen entdeckt haben[969]. Man erinnere sich ebenso daran, daß der Grubentitel eine Reihe von heiligen Frauen anging, die ihm leuchtendes Sinnbild, mütterliche Beschützerin und hingebende Helferin bei der schweren Arbeit des Bergmanns waren. Eine Reihe von Erzbergbauen sind der „Helferin" schlechthin gewidmet. Darunter wurde die Mutter des Herrn verstanden[970]. So hören wir von Grubennamen „Maria Hilf", der an die Türkenzeit erinnert[971]. Auch die Verklammerung Mariens mit Markus kommt vor. In dieser Verbindung mochte sich venezianischer Einfluß abzeichnen, also der Export an Erzen, Kupfer, Blei, Silber u.a. nach der Lagunenstadt. Zudem klingt, wenn auch entfernt, die Figur des Venedigers an.

An sonstigen und aufschlußreichen Grubennamen sind, um den Anteil der hl. Frauen noch näher herauszustellen, für Eisenerz im Jahre 1788 vermerkt neben St. Adam und Avae[972], die Stollen: St. Annä, St. Annä im

965 *von Wieser*, Tiroler Landreim. Vers 339.

966 *C. Ramstedt*, Berchtesgadener Salzknappen. S. 22f.

967 Vgl. *G. Schreiber*, Mutter und Kind in der Kultur der Kirche. Studien zur Quellenkunde und Geschichte der Karitas, Sozialhygiene und Bevölkerungspolitik. Freiburg i. Br. 1918, im Register, S. 157.

968 Vgl. das Kapitel über den verschütteten Bergmann.

969 *Stötzel*, Bergmannssage. S. 36.

970 Die ansteigende Marienverehrung seit dem Mittelalter („Marianische Linie") hat die Literatur vielfach beschäftigt. Vgl. dazu *Stefan Beissel*, Verehrung Mariens im Mittelalter, im Register, S. 670, aber ohne dem Bergwerk näherzutreten. Ferner vgl. *Schreiber*, Wochentage. Im Register, S. 272, mit vielen Verweisen.

971 S. unten.

972 Beschreibung, S. 31. Gemeint sind Adam und Eva.

Kogl[973], St. Apoloniä, St. Apoloniä untere Hartl[974], St. Barbarä[975], St. Barbarä im Mayschach[976], St. Barbarä im Hauptschach[977], St. Dorotheä[978], St. Elisabethä[979], Elisabetha Mouschergl[980], St. Elisabetha im Sauberg[981], St. Elisabetha im Weingarten[982], St. Elisabetha im Weingarten, untere Gruben[983], St. Genovefa[984], St. Genovefa und Sibillae[985], St. Gertrudis[986], St. Helenä[987], St. Katharinae[988], St. Kunegundis, obere Gruben, St. Kunegundis, untere Gruben[989], St. Magdalenä[990], St. Maria-Magdalena[991], St. Margarithae[992], St. Rebeccae[993], St. Reginae[994], St. Rosaliae[995], St. Rosinae, obere Gruben[996], St. Rosinae, untere Gruben[997], St. Sibilla in der Zauchen, St. Sibilla, obere Gruben[998], St. Sibillae[999], St. Theresiä[1000], St. Theresiä, Hauptschacht[1001].

Das wirkt wie eine Bergwerkslitanei. Das gibt sich als eine Heroengalerie des Zuvertrauens. Das bezeugt sich als eine Kette denkwürdiger Kultwanderungen. Das ist wie ein Auszug aus der Legenda aurea. Kolonisationen

[973] S. 28, 31.
[974] Ebd., S. 29.
[975] Ebd., S. 30, 32.
[976] Ebd., S. 33.
[977] *Johann Jacob Ferbers*, Beschreibung des Quecksilber-Bergwerks zu Idria. S. 70.
[978] Beschreibung Eisenärz. S. 28.
[979] Ebd., S. 29.
[980] Ebd., S. 31.
[981] Ebd.
[982] Ebd., S. 32.
[983] Ebd.
[984] Ebd., S. 32.
[985] Ebd., S. 33.
[986] Ebd.
[987] Ebd., S. 29.
[988] Ebd., S. 33.
[989] Ebd., S. 31.
[990] Ebd., S. 29.
[991] Ebd., S. 32.
[992] Ebd.
[993] Ebd., S. 30.
[994] Ebd.
[995] Ebd.
[996] Ebd., S. 33.
[997] Ebd.
[998] Ebd., S. 32.
[999] Ebd., S. 33.
[1000] Ebd., S. 29.
[1001] *Ferbers*, Beschreibung, S. 70. – Nur einige wenige Namen sind in unserer Aufzählung fortgelassen, da sie noch einen Kommentar verlangen. Wir kommen darauf zurück. – Wir ergänzen hier *M. Hain*, Frau. In LThK 4², Sp. 302.

denkwürdiger Art und Herkunft klingen an, bei denen sich der Landesherr, ja noch der königliche Fiskus auswirkte. Das Mirakel schreitet überdies einher. Solch einen Ausblick auf die weiblichen Grubennamen hat die Frauenliteratur noch nicht veröffentlicht.

In anderen Bergwerksgegenden trat Neuzeitliches betont zu mittelalterlichen Vorstufen. So begibt sich im Imster Raum zur älteren marianischen Devotion die Grube Mariahilf, was, wie angedeutet, die *Türkennot* herausstellt (um 1530, 17. Jh. und 1715)[1002]. Die Grube Maria Trost begegnet dort im 17. Säkulum. Spät, im Jahre 1850, findet sich der Stollen Maria zum guten Rat ein[1003]. Da zeichnet sich mehr als eine Begleiterscheinung zu oberirdischen Kirchen und Kapellen ab, die auf italische und spanische Herkunftslinien der marianischen Kultur zurückblicken kann. Da ist zum anderen die Legende vom Jahre 1467, die von der Übertragung des Marienbildes von Skutari nach Rom berichtet[1004]. Da ist weiter die Kirche Nuestra Señora des buen Consejo in Madrid, die mit dem Jahre 1583 im Zeichen der Aloysiusdevotion steht[1005].

Aus allem ersieht man, was den Handwerker zur Zunft zusammenschloß und diesem Erwerbsstand geistige und religiöse Stoßkraft gab, ergriff ebenso das Personal des Bergwerks[1006]. Da trat der Knappe zum Knappen, der Kamerad zum Kameraden, der Gewerke zum Häuer. Einheitliche Ziele, ein gestrafftes Wollen, eine zweckhaft gestaltete Gemeinschaftstat waren es, die ihrerseits als „Gesellschaft" oder „Samnung" in den kultischen Raum drängten. Das Bruderschaftliche, das immer wieder zum genossenschaftlichen wie zum volksliturgischen Raum ausgriff, machte sich geltend[1007]. Da hören wir wieder und wieder von Stiftungen, die vollzogen wurden, also von Zuwendungen ad pias causas, die diese Richtung volksreligiöser Betätigung einschlagen. So erfahren wir weiter, daß in der dämmernden Neuzeit, also schon im 15. Jh., der Pfleger der tirolischen Benediktinerabtei Georgenberg und die Knappschaft von Schwaz die *Frühmesse* stiften[1008].

[1002] *Mutschlechner*, Erzbergbau. S. 36f., 46f., 57. Dazu *St. Beissel*, Geschichte der Verehrung Marias im 16. und 17. Jahrhundert. Freiburg i. Br. 1910, S. 178, 427, 460. – *Schreiber*, Wallfahrt und Volkstum. S. 39ff., 175, 179, 236.

[1003] *Mutschlechner*, Erzbergbau. – *Samson*, Kirchenpatrone. S. 77f.

[1004] *St. Beissel*, Wallfahrten zu Unserer Lieben Frau in Legende und Geschichte. Freiburg i. Br. 1915, S. 34, und im Register, S. 502.

[1005] Ebd., S. 461.

[1006] Vgl. *Klaus Rockenbach*, Handwerkerpatrone. In: LThK 4^2, Sp. 1350f. – Ferner *Schreiber*, Wochentage. Im Register, S. 267.

[1007] *Wießner*, Kärnten, I. S. 78ff. – *Wolfstrigl-Wolfskron*, Tirol. S. 156. Zwei Stollennamen „Einigkeit" bei *Mathesius*, Sarepta.

[1008] *Schreiber*, Bergwerk. S. 413. Weiteres im Kapitel über die Frühmesse.

Also der morgendliche Zugang zum Schacht kannte die Teilnehmer am missalen Geschehen.

Warum eigentlich dieses Zueinander bereits in spätgotischer Zeit? Stetige Anlässe boten sich dar. Man versammelte sich, wie an der symbolischen Barbara-Säule im tirolischen Hall, vor dem Einmarsch in die Zeche. Man trat derart zueinander, um zu beten. Man war ja sich dessen bewußt, sich in eine Gefahrenzone und in eine verantwortungsschwere Arbeit zu begeben. Man fand sich demnach gemeinsam in der Frühmesse. Man mag sich dabei dessen erinnern, was uns *Caesarius von Heisterbach*, was andere Schriftsteller des Mittelalters über den erzieherischen Wert des Missalen zu berichten wissen[1009]. Ja, mehr noch. Zur Förderung des überkommenen Glaubens wurden im Jahre 1721 bei jenen Stollenmundlöchern, an welchen die Bergleute vor der Einfahrt ihr Gebet zu verrichten pflegten, vielfach Bilder der zu verehrenden Heiligen, auf gut getrocknetes Holz säuberlich gemalt, aufgestellt[1010]. Grubennamen traten in die Ikonographie und bereicherten das Volksfromme. Noch heute sind Frühmessen lebendig. Bittgottesdienste mit Lied und Worten wurden vollzogen[1011].

Meß-Stiftungen der Bergleute sind bei der Knappenschaft des 15. Jh. und seitdem mehrfach nachzuweisen. Der dazu eigens gestiftete Knappenaltar (Annaberg, Budweiler, Schwaz u. a.) wurde der kultische Mittelpunkt solcher Zuwendungen und zugleich eine den Knappen besonders geheiligte Stätte. Diese gebefreudigen Bergleute mochten eine individuelle Beteiligung vollziehen. Sie traten aber ebenso gemeinschaftlich heraus. Die neuerdings vielfach erwähnten steirischen Anna-Altäre, die B. Kleinschmidt weithin ergänzen, mag man auf montane Beziehungen noch untersuchen[1012].

Verwandte Vergabungen stellten sich ein. Das Knappenspital in Schwaz kannte eine Kapelle mit einem Altarblatt, das die Dreifaltigkeit darstellte. Daneben standen der Landrichter und der Bergrichter. Wir empfangen also eine Mitteilung darüber, daß der Kreis der Bergbaubeflissenen hier und an

[1009] *Alfons Hilka*, Die Wundergeschichten des Cäsarius von Heisterbach (Publikationen der Gesellschaft f. rheinische Geschichtskunde, Bd. 3). Bonn 1937, im Register, S. 419, 421.

[1010] *Carl Schraml*, Das oberösterreichische Salinenwesen, 3 Bde. Wien 1932; 1, S. 130. Frdl. Mitteilung von Prof. *Nikolaus Grass*, Universität Innsbruck.

[1011] *Plattner*, Bergbau. S. 26, 49. – *Sperges*, Tyrolische Bergwerksgeschichte. S. 293. Siehe auch oben. Vgl. ferner *Gerhard Heilfurth*, Gottesdienstliche Formen im beruflichen und betrieblichen Leben des Bergbaues. Sonderdruck aus: Verantwortung für den Menschen, hg. v. F. Karrenberg und J. Beckmann. Stuttgart 1957, S. 3–15, mit vielen Hinweisen für den Bergmannsgottesdient der Neugläubigen seit dem 16. Jh.

[1012] Das gilt für *Amon*, Steiermark. Besonders S. 45ff.

anderen Stellen die Gewerke, den Bergrichter und sonstige Vertreter des Landesherrn einbezog. Der Gesellschaftsbegriff des Bergwerkes erweiterte sich also und bekundete gleichzeitig eine Geschlossenheit.

Diese kultische Entwicklung mochte gelegentlich an alten Überlieferungen nicht festhalten und ihnen gegenüber Neues setzen. Alte parochiale Grenzen wurden überschritten, wenn Bergwerkskapellen gewisse Seelsorgsrechte eingeräumt wurden, wenn auch in selteneren Fällen. Aber der Notstand verlangte seine Berücksichtigung.

Um hier bestimmte Ziele zu erreichen, die nicht immer leicht durchzusetzen waren, klopfte man selbst an die Tore des Konzils von Basel (1431 bis 1437)[1013]. Dort wurde für den Schwazer Raum genehmigt, daß in Sankt Margareten eine Frühmesse stattfinden durfte. Diese wurde begründet damit, daß 800 Knappen sonst keine Messe hören würden, weil der Strom des Inn dazwischen liege. In Vomp, also in der Urpfarrei von Schwaz, war man zunächst gegen die Frühmesse. Aber man lenkte ein, man erkannte die sich aufzwingende Notwendigkeit an. Man stützte einen aufsteigenden Stand. Man wollte diesen nicht allein in der Sphäre des bloßen Erwerbs lassen, sondern auf die höhere Ebene des Standesbewußtseins erheben, indem man ihm eine religiöse Funktion und eine kulturelle Plastik zuerkannte. Zehn Jahre später stiftete man dort für den Primissarius ein eigenes Frühmesserhaus. In der Pfarrei Vomp fand sich außerdem im Kreuzgang eine St.-Barbara-Kapelle. In der Franziskanerkirche von Schwaz ließen die Bergknappen überdies eine Kreuzigungsgruppe errichten. In den Alpen, im Sauerland, in der Rhön entstand auf gleiche Weise so manches Höhenkreuz, das sich weithin sichtbar erhebt. Es war oft genug die Vorstufe einer Bergkapelle[1014]. Ein ähnlicher Vorgang wie in Vomp und Schwaz spielte sich auch in der Siedlung von Tannheim ab. Die Bischöfe machten in einer Urkunde von 1377 darauf aufmerksam. Zunächst hatten sich in Tannheim eine geringe Anzahl von Siedlern eingefunden, die auch nach der wirtschaftlichen Seite als arm anzusprechen gewesen sind. Um die Sonntagsmesse zu hören und den Empfang der heiligen Sakramente zu empfangen, hatten sie die Pfarrei Sonthofen im Allgäu besuchen müssen. Das sei die nächstliegende Parochie, aber die Entfernung zwischen Tannheim und Sonthofen sei so groß, daß selbst gesunde Leute, besonders zur Winterszeit, nicht nach Sonthofen zum Gottesdienst hatten gehen können. Nunmehr hatten die Leute von Tannheim, auch wegen der Zunahme der Bevölkerung, eine Stiftung

[1013] *Schreiber*, Bergwerk. S. 413.
[1014] Siehe *Buchner*, Volk und Kult. S. 16 mit Anm. 1.

ins Auge gefaßt, um einen eigenen Priester zu erwirken. Sie hatten den Bischof von Augsburg inständig gebeten, daß er nunmehr in Tannheim eine eigene Pfarrei errichte[1015]. *Wopfner* hat keine näheren Mitteilungen darüber gemacht, inwieweit es bei neuen Ansiedlungen zur Errichtung von neuen Pfarreien kam. Konkrete Mitteilungen kann dieser Autor nicht bieten, aber er ist sich klar darüber, daß es an sich eine schwierige Angelegenheit ist.

Im 14. Jh. wird in oberdeutschen Quellen mehrfach erwähnt, daß die Siedlungen sich zahlenmäßig verstärkten, daß Unzuträglichkeiten für die weiten Entfernungen heraufgeführt wurden, daß zum anderen sich die Winterszeit unangenehm bemerkbar machte. Es kam dann zu einem gewissen Verständnis für die Notwendigkeit der Errichtung von Pfarreien, wenn es auch zögernd geschah. Dabei ist noch festzustellen, inwieweit die Zunahme von Bergbaubetrieben fördernd gewirkt hat.

Andere Gedenkzeichen kultischer Entwicklung fanden sich ein. Neben der Madonna finden wir in der tirolischen Pfarrkirche von Villanders ein Glasgemälde. Links zeigen sich Daniel und rechts Barbara, also zwei Schutzherren des Bergbaues[1016]. Zu Schwaz zeigt ein Fenster der Pfarrkirche aus dem Jahr 1506 den hl. Daniel. An der Südwand der Pfarrkirche des tirolischen Imst findet sich andererseits in einem Fresko von 1489 der Knappenpatron Daniel ein[1017]. Immer wieder trifft man in den Volkskirchen dieser und späterer Zeitalter auf besondere Ausprägungen bergmännischer Haltung und Frömmigkeit. Neben den Seitenaltären verzeichnet zuweilen auch die Glasmalerei Bergbauarbeit und die bergbaulichen Schutzherren. Man denke an die berühmten Glasfenster im Dom von Freiburg i. Br.[1018]. Ja, im tirolischen Rattenberg haben innerhalb der Pfarrgemeinde die Bergleute ein eigenes Kirchenschiff in der Nordwand. Diese Tatsache ist von uns bereits mehrfach erwähnt. Aber sie verlangt noch einen Kommentar.

Diese erstaunliche Auszeichnung will nicht bedeuten, daß die Bergbeflissenen eine Sonderstellung einnehmen. Man wußte allerdings die Bergleute auch zu achten und zu ehren, wenn man ihnen die Bergfreiheit einhändigte. Man sah in diesen einen kraftvollen Stand, einen Gesellschaftswert, eine hochstehende Kameradschaft. Ähnlich lag es in dem öfter erwähnten Schwaz. Dort hatten die Bergleute sogar zwei solcher Kirchen-

1015 *Wopfner*, Bergbauernbuch, 1. S. 101.

1016 Nach Besichtigung.

1017 *Erich Egg*, Die Imster Bauhütte. In: Imster Buch, Beiträge zur Heimatkunde von Imst und Umgebung (Schlern-Schriften, Bd. 110). Innsbruck 1954, S. 266. Zur Umrahmung s. *Frajo Waitz*, Kirchen und Kapellen in Imst. Ebd., S. 235–250.

1018 *Kleinschmidt*, St. Anna. S. 419.

schiffe, die ihnen zugesprochen waren[1019]. Inmitten der Verbundenheit der Pfarrgemeinde wurde ihnen die besondere Auszeichnung, die wuchtige Unterstreichung ihrer bedeutsamen Funktion. So entwickelte man selbst im Tempel den Standesstolz, das Bewußtsein der besonderen Leistung, die Freude an einer Ehrung, mit der die Pfarrgemeinde sich selbst ehrte.

17. Armenspende

Das Mittelalter hat in seinen Bergwerksuntersuchungen manches von den Erträgen an die Armen abgegeben. Einzelheiten sind noch aufzuarbeiten. Wir erwähnen nur die Zuwendung an die Armen und das Armensalz im Haller Salzbergwerk bzw. in den Pfannhäusern. Das Armensalz selbst geht auf Anregungen von Kaiser Maximilian I. zurück[1020].

Einen ähnlichen Zug, das Schweizer Bergwerk oberhalb Andeer betreffend, vermitteln die 1706 eröffneten Gruben im Schamser Tal. Diese wurden besonders ergiebig im Anfang des 18. Jh. Man goß alle 14 Tage ein Stück Silber, so schwer, daß der stärkste Mann genug daran zu tragen hatte. Die Baukosten wurden aus dem Blei und Kupfer bezahlt. „Die Gänge in den Gruben waren so reich, daß die Knappen, wenn sie am Abend aus der Grube gegangen und ein Feuer darein gemacht, am Morgen ein ziemlich Stück rein ausgegossen Silber darin gefunden. Sie theilten aber den Armen große Almosen aus, und je mehr sie gaben, desto reicheren Segen genossen sie im Bergwerk." Berühmt wurde in den Annalen des Ortes „eine Frau Regula Nüscheler als eine rechte Mutter der Armen, welche sie alle Freitag mit Fleisch, Suppen und Brod gespiesen. Nach dem Tod hörten die Almosen auf, und mit ihnen der Bergsegen, es entstunden allerhand Mißhelligkeiten und ging alles zu Grund"[1021]. Soweit Bündner Überlieferungen.

Im Judenburger Spital fand eine Reichung von Speise und Trank an die Armen an jedem Montag statt. Diese Zuteilung wuchs wohl heraus aus einer besonderen Stiftung[1022]. Im steirischen Piber sollen nach einer Stiftung des 15. Jh. bei der Jahrtagsfeier sieben Arme Speise und jeder einen Lodenrock mit einer Kappe aus weißem Tuch erhalten[1023]. In Bruck wurden vom Magistrat 23 Arme aufgenommen und unterhalten[1024].

[1019] S. oben.
[1020] *Löhmer*, Haller Salzbergarbeiterschaft. Innsbruck 1957, S. 192f.
[1021] *Plattner*, Bergbau. S. 58.
[1022] *Amon*, Steiermark. S. 352.
[1023] Ebd., S. 362.
[1024] Ebd., S. 351.

Schiffsleute in *Linz* waren bereit, Fahrern einer leichten Zille ein Almosen zu gewähren, wenn diese bevorzugten Schiffsleute sich auf schweren Ruderschiffen oder Flößen einfanden[1025].

An den sogenannten Gespendtagen erhalten die Besucher der Spitäler im 16. Jh. eine unentgeltliche Verpflegung. Bei den 2. Gespendtagen reicht man Fleisch, Brot und Wein. Das Spital, das sich an ein Kloster anlehnte, gab sich als Durchgangsstation Hilfsbedürftiger verschiedener Art[1026].

In diesem Zusammenhang erscheinen auch die *Bruderschaften* der Knappen. Denn diese sind keineswegs nur religiöse Verbände. Sie verkörpern das Standesbewußtsein. Sie bekunden allerdings darüber hinaus eine Nächstenhaftigkeit und den Blick auf sich regendes Helfertum, das als notwendig erachtet wird, das man in einem Aufblick zum Transzendentalen zu erfassen glaubt. Solche Konfraternitäten sind vor allem St. Barbara gewidmet, je näher ihre Geschichte der Gegenwart rückt. Noch immer gilt die Feststellung: „Alles *Volkstum* ist seinem tiefsten Wesen nach irgendwie sakral gerichtet. Wenn es Brauchtum und Sitte, Feste und Feierlichkeiten, Lieder und Legenden, Kunst und Volkskunst entwickelt, wird es zugleich Antrieben, Normen und Gestaltungen des Religiösen folgen. Wird das Sakrale verneint oder unterdrückt, dann werden viele Brunnen des Volkhaften verschüttet. Das Volkstum wird dann an seinen Symbolen verarmen. Es wird an seiner Geistigkeit und Gestaltungskraft abnehmen. Es wird ebenso viele Motive des Fortschritts verlieren[1027].“ Wer von Friedrich *Meinecke* kommt, dürfte allerdings dem Volkstumsbegriff weniger günstig gegenübertreten. Aber viele Autoren, vorab die Religionshistoriker, Rechtshistoriker und Volkskundler haben bereits eine andere Sicht eröffnet. Dabei hat der Blick auf die Kultwanderungen manche neue Fragestellungen erschlossen, die auch anderen historischen Disziplinen zugute kommen[1028].

Vieles, was die Frömmigkeit, das Gemütsleben und die Phantasie des Bergmanns im Mittelalter beschäftigte, sank seit der Glaubensspaltung in einigen Landschaften dahin. Manche Mysterien und mehr noch die Heiligen als Schutzhelfer des Bergbaus wurden im Volksgedächtnis ausgelöscht. Hatte die Zeit um 1500 noch den Propheten Daniel, den mittelalterlichen

[1025] *Commenda*, Linzer Stadtvolkskunde, 1. S. 263 ff.

[1026] *Amon*, Steiermark. S. 349.

[1027] *Georg Schreiber* im Vorwort von *Schnürer* u. *Ritz*, Sankt Kümmernis und Volto Santo. S. VII.

[1028] Siehe dazu *Johannes Vincke*, Volkstum und Recht. Aus kirchenrechtlicher und volkskundlicher Sicht (Forschungen zur Volkskunde, hg. v. G. Schreiber, H. 28). Düsseldorf 1937.

Schutzheiligen, den übrigen Sancti der montanen Welt als ebenbürtigen Genossen zugesellt, so weiß der protestantische Prediger *Johann Mathesius* († 1565), Luther- und Melanchthon-Schüler, der Verfasser der Sarepta, im böhmischen Joachimsthal von seiner Gestalt nur aus der Sage. Er kennt kein Danielgebet, das noch in anderen Landschaften bei den Bergknappen, so im alpinen Kitzbühel und im tirolischen Jochberg, bis zum ersten Weltkrieg üblich war. Mathesius spricht nur von der „alten Bergfabel von Daniel“[1029]. Wandel der Zeiten.

Dieser betont bergbaufreundliche Pfarrer hat eine Sammlung von Predigten hinterlassen, die er in *Joachimsthal* den Bergleuten von 1553 bis 1562 gehalten hat. Angeblich in bergmännischer Tracht. Die Sammlung heißt: „Sarepta. Gedruckt zu Leipzig bei Valentius am Ende Erben. 1620.“ Ebenso schuf Mathesius eine „Bergpostille oder Sarepta. Auffs neue gedruckt und verlegt zu Freyberg. Von Zacharias Beckern. 1679[1030].“ Im 17. und 18. Jh. sind immer wieder evangelische Bergmannspfarrer festzustellen, die ein warmherziges Interesse zum Ausdruck brachten und Bergmannslieder schufen[1031]. In den Spuren des Mathesius finden sich 1617 für die Bergleute zehn Gebote[1032], wir lassen diese folgen, in der Sprache des 17. Säkulums:

„1. Erstlich sollen die Bergleute glauben, daß allein Gottes Segen reich macht, denn wo Gott nicht gibt, so hilft keine Arbeit, wenn Gottes Geschicklein nicht zum Gang fällt, so bricht kein Erz.

2. Zum andern sollen sie auch fleißig beten und mit Arbeit anhalten, so wird ihr Tun einen glücklichen Fortgang nehmen. Sie sollen auch ihres schweren Eides nicht vergessen, den sie in der Tiefe geschworen haben, denn Gott will nicht den unschuldigen halten, der falsch und leichtfertig schwört.

3. Zum dritten, wenn ihnen Gott Erze beschert, sollen sie Kirchen, Schulen und armer Leute nicht vergessen, sondern willig mitteilen, denn wer da gibt, dem gibt Gott wiederum.

4. Zum vierten sollen sie ihrer Obrigkeit untertänig und gehorsam sein, auch bei ihren Gewerken treulich handeln und ihr Gebühr geben, so wird Gott ihr Bergwerk wiederum segnen, und sie werden lange leben, Glück und Segen in und auf der Erde haben.

[1029] *Stötzel*, Bergmannssage. S. 39.

[1030] Über Johannes Mathesius vgl. *H. Volz*. In: RGG 4³, Sp. 808. Dort auch über das Werk Sarepta.

[1031] *Heilfurth*, Das Bergmannslied. S. 63ff.

[1032] *Stötzel*, Bergmannssage. S. 132.

5. Zum fünften sollen sie friedlich und einträchtig, wie Christen gebührt, beieinander wohnen und nicht in Haß und Neid, Zorn und Zwietracht beisammen leben.
6. Zum sechsten sollen sie auch keusch, züchtig, nüchtern und mäßig sein, nicht schlemmen und demmen, Unzucht und Hurerei treiben, besonders gedenken: halt, wohl du hast, Not ist ein böser Gast, und ihr Leben allein anstellen, daß Gott und ihre Obrigkeit ein Wohlgefallen daran haben.
7. Zum siebten sollen sie treulich arbeiten und aufrichtig mit den Leuten handeln, denn Gott ist ein scharfer Nachforscher und sieht alles, wie heimlich es auch geschieht, und wer im Kleinen untreu ist, der wird im Großen auch nicht treu sein.
8. Zum achten. Wer Ämter und Dienste zu bestellen hat, der soll sich nach wahrhaftigen, verständigen, ehrlichen Leuten umsehen, denn so genießt oftmals ein ganz Bergwerk eines frommen Mannes und entgilt dagegen eines bösen Buben.
9. Zum neunten soll man auch einem jeden Recht verschaffen und zusehen, daß treuen Arbeitern redlich mit Geld und nicht mit Waren gelohnt wird, denn ein jeder Arbeiter ist seines Lohnes wert.
10. Zum zehnten. Es soll sich keiner unterstehen, den anderen mit geschwinden Griffen und bösen Praktiken um seine Zeche oder Kuxe bringen, denn unrecht Gut veredelt nicht, kommt auch selten an den dritten Erben."

Diese zehn Gebote verkünden ein hochsinniges Ethos. Denn hier wird verlangt, daß man der Schule, der Kirche und armer Leute nicht vergessen soll, daß man der Obrigkeit und den Gewerken, also den Unternehmern, zukommen läßt, was ihnen zusteht. Also eine Weiterführung des Schriftwortes, daß man Gott geben soll, was Gottes ist und dem Kaiser, was des Kaisers ist. Weiter wird in diesen Bergmannsverpflichtungen verlangt, daß, wer Ämter und Dienste zu vergeben hat, wahrhaftige, verständige, redliche Leute anstellen soll. Die Bergleute werden zum andern ermahnt, sich als bewußte Gemeinschaft zu fühlen, als getaufte Christen. Aber auch die Gewerken haben Pflichten und nicht nur Rechte. So sollen die Arbeiter redlich abgelohnt werden. Ein jeglicher Arbeiter ist seines Lohnes wert, sagt ja Christus selber. Wer eine Bergmannsordnung aufstellt, soll sich selbst daran halten. Gleiches Recht währt am längsten. Überhaupt soll nach diesen zehn Geboten Gerechtigkeit das ganze Bergwerk durchziehen. „Keiner bring seinen Nächsten um seine Zeche und Kuxe mit geschwinden Griffen und bösen Praktiken, denn Untreu schlägt ihren eigenen Herrn, und unrecht Gut faselt nicht[1033]."

Man darf nicht sagen, daß Glaubensspaltung und das Zeitalter der Aufklärung ältere Traditionen in Brauchtum und Haltung der Bergleute völlig verschüttet haben. Nicht so, vieles ist geblieben, jenseits aller Bekenntnisse. Die Überlieferungen waren zu mächtig. Der Berufsstand erwies sich als stark konservativ. Es kam hinzu, daß die Arbeit im Bergbau oft jahrzehntelang oder gar jahrhundertelang durch die Familien hindurchging.

Die zehn Gebote verlangen noch mit ihrer Einwirkung auf die sozialständische Forschung eine weitere Bearbeitung. Man mag sich fragen, inwieweit sie ähnlich dem Credo an den Kirchenwänden mitgeteilt sind, man mag sich weiter daran erinnern, daß sie im schwäbischen Nassenbeuren in einer Art Volkskatechismus zu finden sind. Was das Bergwerk angeht, wurden sie für die Bergknappen zu einem kategorischen Imperativ der Standespflichten gemacht.

18. Ausgelagerte Archivalien und Bücher im Bergwerk

Kunstschätze, Kulturdenkmäler, wissenschaftliche Apparaturen und Werke wurden in Österreich in trockenen Stollen vor Bombenangriffen gesichert. So hat man die berühmten Bronzestatuen des Maximiliangrabens der Hofkirche in Innsbruck[1034], die sogenannten „Eisernen Mander", in einem Felsenkeller der Brauerei Kundl im Unterinntal verwahrt[1035]. Es wurden ebenso Teile (zwölf Autofuhren) des Innsbrucker Landesregierungsarchives im Haller Salzberg untergebracht[1036].

Das österreichische Staatsarchiv in Wien hat während des zweiten Weltkrieges seine Schätze in Schlösser und Pfarrhöfe in Niederösterreich und in ein Salzbergwerk in Oberösterreich – Salzbergwerke sind wegen Trocken-

[1033] Ebd.

[1034] Über die Rechtsstellung dieser Hofkirche s. *Nikolaus Grass*, Pfalzkapellen und Hofkirchen in Österreich. Ein Beitrag zur Rechtsgeschichte der Capella regia, II. Teil. In: Zeitschrift f. Rechtsgeschichte, 78. Bd. (1961), Kan. Abt., S. 136ff.

[1035] *Oswald Graf Trapp*, Die Kunstdenkmäler Tirols in Not und Gefahr. Innsbruck 1947, S. 60.

[1036] *Nikolaus Grass*, Das Innsbrucker Landesregierungsarchiv in Not und Gefahr, in: Wissenschaft und Weltbild, Jg. 1, H. 2, Wien 1948; sowie *Otto Stolz* und *Karl Dörrer*, Bericht über die Stellung, den Zustand und die Tätigkeit des Landesregierungsarchives für Tirol 1938–1948. In: Mitteilungen des Österreichischen Staatsarchivs, 1. Bd., 2. Heft. Wien 1948, S. 485. Freundliche Mitteilung von Prof. Nikolaus Grass.

heit zur Aufbewahrung von gegen Feuchtigkeit empfindlichen Gegenständen besonders geeignet – verlagert. Mit Hilfe amerikanischer Truppen wurde ein Teil der im Salzkammergut verlagerten Bestände heimgebracht[1037].

Der spanische Maler Pablo *Picasso* schickte im zweiten Weltkrieg 500 seiner Kunstwerke in Paris zur Bank von Frankreich. Dort waren sie gut aufgehoben. Mühsamer hatte es schon *Graf Wolff-Metternich*, der nachmalige Direktor der Bibliotheca Hertziana, da er als deutscher Kommissar französische Kunst in Frankreich zu bergen suchte. Mit Erfolg. Uns fesseln noch Beobachtungen, die *Österreich* betreffen.

Anna Netoliczkas Bericht über die Tätigkeit des Archivs der Landeshauptmannschaft Steiermark (heute: Steiermärkisches Landesarchiv) in Graz 1941–1946 kann an Einzelheiten erwähnen:

„Am 22. November 1944 wurden in Haus und Schladming die für die bevorstehende Einlagerung erforderlichen Transportmittel und Arbeitskräfte sichergestellt. Da mittlerweile von Berlin aus über die Generaldirektion des Wiener Staatsarchivs die Weisung eingelangt war, die Unterbringung besonders wertvollen Archivgutes in Salzbergwerken ins Auge zu fassen und letztere das Grazer Archiv nach Hallein eingewiesen hatte, wurde am 23. November die Salinendirektion in Hallein aufgesucht. Da aber von der Generaldirektion noch keine definitive Verfügung eingelangt war, wurden nach einer Inspektion der Ausweichstellen in Murhof, Großlobming und St. Veit i. d. Gegend am 30. November in Bad Ischl Erhebungen gepflogen und Besprechungen mit den Vertretern des Wiener Staatsarchivs über die Modalitäten des Transportes sowie den in Betracht kommenden Herren der Generaldirektion der Salinen durchgeführt. Am 1. Dezember wurde der ungefähr 700 m vom Eingang befindliche Kaiser-Franz-Joseph-Erbstollen in Laufen besichtigt und der für die Grazer Archivalien bestimmte Teil angewiesen, der trocken, aber stellenweise etwas schmal war; doch sagte man seitens der Bergverwaltung eine in den nächsten Tagen durchzuführende Erweiterung zu. 31 Kisten wurden in der Annenkapelle in Schladming, 108 in der Katharinenkapelle in Haus eingelagert und 120 Kisten im Erbstollen in Laufen als der vorgesehenen Ausweichstelle untergebracht[1038].

[1037] Mitteilungen des Österreichischen Staatsarchives, 1. Bd., 1. Heft. Wien 1948, S. 221.

[1038] *Anna Netoliczka*, Bericht über die Tätigkeit und den Zustand des Archivs der Landeshauptmannschaft in Graz von 1941 bis 1946. S. 222. Der Direktion des Steiermärkischen Landesarchives, Graz, sei für einige Hinweise gedankt.

Nach der Räumung von Schloß Hornegg waren noch *18 Ausweichstellen* verblieben, von denen sich zwölf in Schlössern befanden, u.zw. in Freibüchel, Großlobming, Gutenberg, Herberstein, Lehenshofen, Murau, Murhof, Pux, Rotenfels, Stadl, Thal und Weissenegg, drei in Pfarrhöfen, Kobenz, Neuberg, St. Veit i.d. Gegend, zwei in den Friedhofskapellen in Haus und Schladming und eine im Salzstollen in Laufen.

Der Archivaufsicht waren ferner die Stiftsarchive in Admont, Rein, St. Lambrecht und Vorau unterstellt, die aber an Ort und Stelle belassen und nur gelegentlich visitiert wurden.

Infolge der ungünstigen Kriegslage im Osten wünschte der Kommissar für den Archivschutz im Januar 1945 weitere Verlagerungen aus oststeirischen Ausweichstellen nach obersteirischen, womöglich aber in den Stollen zu Laufen.

In Durchführung der erhaltenen Weisungen wurde im Februar 1945 ein Transport eingeleitet, um von Herberstein Archivkisten in den Stollen von Laufen zu bringen. Autopannen, Schneeverwehungen, aus denen der Lastkraftwagen ausgeschaufelt werden mußte, ein Zusammenstoß mit dem Kreisleiter, der den Wagen für den Schanzenbau beschlagnahmte und erst auf die aus Graz erlangten Befehle hin widerwillig freigab, waren die Hindernisse, die es auf der zweitägigen Fahrt nach Bad Aussee zu überwinden galt. Von hier war die Weiterfahrt über den verschneiten Pötschenpaß unmöglich, und die 26 großen Urkundenkisten und sieben Schachteln mußten per Bahnfracht nach Bad Ischl und von hier wegen Überlastung des Spediteurs mit arger Verzögerung in den Berg geschafft werden, wo sie am 26. Februar 1945 niedergelegt wurden[1039].

Von amerikanischer Seite wurde in der Friedhofskapelle in Haus durch Öffnung zweier Kisten visitiert, doch blieb hier wie an allen übrigen vorgenannten Orten das Archivgut ohne jegliche Beeinträchtigung. Der in der amerikanischen Zone liegende Salzstollen in Laufen (oberösterreichisches Salzkammergut) erlitt keinerlei Einbußen[1040].

Besondere Sorge bereitete der Archivleitung die endliche Erlangung der Bewilligung der amerikanischen Behörden zum Heimtransport der im Erbstollen in Laufen geborgenen wertvollen Archivalien. Der Ausfall des dorthin verlagerten Teiles der Archive der i.ö. Zentralbehörden hemmte die Neuaufstellung dieses wichtigen Bestandes, überdies wurde im Rahmen der 950-Jahre-Österreich-Feier die Wiedererrichtung der ständigen Archivalien-

[1039] Ebd., S. 223.
[1040] Ebd., S. 225.

ausstellung in der Hamerlinggasse geplant, zu der die Räume völlig renoviert worden waren. Allein die Ausstellungsobjekte lagerten zum größten Teile noch im Bergwerk.

Seit Juli liefen die Bemühungen um die Rückführungserlaubnis. Am 23. und 24. Juli 1946 fanden in Bad Ischl mit dem dortigen Außenstellenleiter des Kunsthistorischen Museums mündliche Besprechungen über die einzuschlagenden Wege statt, und die Durchführung des Rücktransportes wurde bei der Salinendirektion wie beim Stadtamt vorbereitet. Allein mit jener hatte es noch gute Wege, da verschiedene Eingaben beim amerikanischen Hauptquartier durch Vermittlung der Wiener brit. monuments and fine arts branche (die steirische hatte sich im Juni unter Major Mariot, dem Nachfolger der früher genannten Herren, aufgelöst) ebenso unbeantwortet blieben wie eine Eingabe an das österreichische Außenamt. Eine telephonische Zusage der Wiener britischen Stelle, es würde in Bälde mit dem Eintreffen der amerikanischen Bewilligung zu rechnen sein, erfüllte sich nicht. Weitere Eingaben erfolgten an das Hauptquartier in Wien und Salzburg und den Documents Center in Linz. Durch persönliche Intervention konnte die Behandlung durch letzteren als die maßgebliche Stelle erreicht werden. Nach einer Nachschau im Laufener Stollen gab jener im Oktober die steirischen Archivgüter frei und beauftragte den beim Salzburger Hauptquartier 1946 eingesetzten Kulturreferenten Captain Shaw mit der Übergabe.

Mittlerweile war die lange erwartete amerikanische Bewilligung eingelangt und es erfolgte vom 14. bis 16. Oktober der Rücktransport aus Laufen, zu dem außer dem ständigen Wagen unter großer Mühe vom Landesverkehrsleiter noch ein 6-Tonnen-Diesel samt Anhänger zusätzlich gewährt wurde[1041]. Am 14., abends, und 15., morgens, wurde geladen. Durch einen Leitungsdefekt war der Ausfall der elektrischen Stollenbahn hervorgerufen worden, so mußten die beladenen Förderwagen von den vier von der Bergverwaltung zur Verfügung gestellten Salinenarbeitern und den Archivangestellten selbst geschoben werden. Der 6-Tonner samt Anhänger war am 15. morgens vorausgeschickt worden, kam aber auf der steilsten Stelle des Pötschenpasses ins Rutschen, wodurch der Anhänger sich quer stellte und umfiel. Zum Glück kamen die beiden Archivangestellten, die mit Bremsklötzen hinter dem Wagen gegangen waren, nicht zu Schaden. Es gelang ihnen, den mit besonders schweren Kisten beladen gewesenen Anhänger völlig zu entleeren und wieder aufzurichten, wobei sich erwies, daß er keinen Schaden genommen hatte. Die Beschaffung eines Ersatzwagens

[1041] Ebd., S. 229, 230, 231.

bereitete große Schwierigkeiten, zumal die Ankunft des Capt. Shaw abgewartet werden mußte, der eine genaue und feierliche, schriftlich festgelegte Übergabe forderte, welche erst um 12 Uhr, 15 Min., beendet war. Während der 6-Tonner mit leerem Beiwagen die Pötschenhöhe erklettern konnte, wurde die an der Straße aufgestapelte Kistenlast auf das gegen 14 Uhr erschienene Ersatzauto geladen und auf der Pötschenhöhe wieder auf den Anhänger umgeschichtet. Damit war aber so viel Zeit verlorengegangen, daß ein Eintreffen in Graz vor Abend nicht mehr möglich war und in Stainach eine Nächtigungsstation eingeschaltet werden mußte. Im weiteren verlief der Transport bis auf eine Reifenmontage gut. Da die Gefahr eintretenden Schlechtwetters bestand, wurden gleich am Folgetage, dem 17. Oktober, die restlichen, in Laufen noch verbliebenen Kisten mit dem ständigen Wagen abgeholt und am 18. Oktober gut nach Graz gebracht. Damit war die 17. und vorletzte Ausweichstelle geräumt. Beim Öffnen der Kisten in Graz zeigten sich leider an mehreren Handschriften Feuchtigkeitsschäden (Schimmel, unleserlich gewordene Schrift). Es erwies sich demnach, daß die von Berlin aus angeordnete Verlagerung in das Salzbergwerk doch nicht so günstig war, als dort angenommen wurde"[1042].

So erwies das Bergwerk inmitten der Passionszeitalter eine einzigartige Gastfreundschaft. Immerhin mag es reizen, solche Linien bis auf den Angelsachsen Guthlac, den Eremiten aus königlichem Geblüt († 714), zu verfolgen, der in einem verlassenen Bergwerk lebte.

Die Gruben des *Ruhrgebietes* haben sich ebenfalls an solchen Rettungsaktionen für wissenschaftliche und künstlerische Erzeugnisse namhaft beteiligt. Im allgemeinen hat man auch im Zeichen der Besatzung diese Zufluchtsstätten geachtet. Wir verweisen als Beispiel nur auf die Zeche Ludwig in Recklinghausen, die bedeutende Bestände der Universitätsbibliothek Münster verwahrte. Diese wurden bei Einsichtnahme von den bis Kriegsende zwangsbeschäftigten, dann wieder freien Polen nicht angetastet.

Die Sicherstellung des gesamten Karolinger-Apparates der Monumenta Germaniae Historica erfolgte im Salzbergwerk in Staßfurt[1042a]. Theodor Schieffer hat dazu bemerkt, die Kriegsgeschichte des Apparats ergäbe Stoff für einen Kriminalroman.

[1042] Ebd., S. 230, 231.
[1042a] Historisches Jahrbuch 80, 1961, S. 332.

IV. GEISTIGE HALTUNG

1. *Brauchtum*

Das Bergmannsbrauchtum ist vielfältig. Es atmet Lust und Freude, aber auch Schmerz und Passion. Es zeigt überdies starke repräsentative Züge. Das Standesbewußtsein meldete sich dabei an. Es wußte um Sinnbilder. Es kannte ein ausdrucksvolles Schreiten der Berggemeinde inmitten eines Festglanzes, der Profanes wie Kirchliches umklammerte. Feierlich wurde in Schwaz die Bergmannskerze bei der Knappenprozession getragen[1043]. Sie will als besondere Auszeichnung vor anderen Berufen erwähnt sein. *Eugen Wohlhaupter*, der anregende Rechtshistoriker der Kerze, hat diese Übung, die für die selbstbewußte Haltung des Bergbaus in der Öffentlichkeit charakteristisch war, noch nicht vermerkt[1044].

Dieser Autor läßt auch die Fühlungnahme mit der Schatzsage vermissen, bei der sich jedenfalls in Schlesien die geweihte Kerze einfindet[1045]. Man kann letzteres Moment durch die Forschungen von *Adolf Franz* über die Segnungen vervollständigen[1046].

Andererseits sind Haltung und Gebärde zuweilen zurückhaltender. Die Eigenart der Landschaft macht sich geltend. So hat sich im Siegerland anscheinend kein nennenswertes Brauchtum entwickelt. Wenn man auch die fast puritanische Scheu jener Landschaft vor dem Repräsentativen als Grund anführen kann, dürfte doch jener Grund ebenso ausschlaggebend gewesen sein, daß hier jeder Ortsansässige für sich nach Bedarf und Gelegenheit schürfen konnte. Derart hat sich kein eigentlicher Bergmannsstand entwickelt[1047]. Der Freigrübler bejaht ja Individuelles. Aber es war ihm weni-

[1043] Diese Sakramentsgarde zu Schwaz in Tirol ist oben erwähnt.

[1044] Die Kerze im Recht. *Wohlhaupter* schuf erste Zugänge. Das reiche Material des Eigenkirchenzeitalters, der Spätgotik und des Stiftungswesens des Barock ist nur zum Teil erfaßt. So erscheint die Kerze ja auch beim Opfergang. *Schreiber*, Gemeinschaften. Im Register, S. 459. – *Ders.*, Wochentage. Im Register, S. 270.

[1045] *Kühnau*, Schlesische Sagen, 3. S. 607, 763.

[1046] Benediktionen, 2. Im Register, S. 730.

[1047] *Wilhelm Güthling*, Alter Bergbau im Siegerlande. S. 5.

ger vergönnt, um hier mit dem hl. Augustin zu sprechen, grandes passus extra viam zu vollziehen. Es fehlte ihm eben am Kapital. Es mangelten mittätige Genossen. Doch hat die norddeutsche Sage diese Schatzgräber verhältnismäßig günstig behandelt. Sie macht sowohl den Hütejungen am Silberbrunnen wie den armen Eisenacher Bürger zum erfolgreichen Finder von Edelmetallen[1048]. Sie begegnet also mittelalterlichen Reformorden in der hohen Wertung der Armutsidee, die in die Volkserzählung eintrat.

Wenn auch nicht im Siegerland, so begegnet doch in anderen Bergwerksgebieten ein Vielfaches an Brauchtum und Sitte, oft in einer farbenprächtigen Schau. Die Bergknappen von *Berchtesgaden* versammeln sich zur Fronleichnamsprozession in großer Gala vor der Stiftskirche. Nach alter Gewohnheit tragen sie den Baldachin, unter dem der Priester mit dem Allerheiligsten einherschreitet. Sie nehmen also vor anderen Verbänden und Bruderschaften eine Vorzugsstellung ein, die sich auch anderorts, so im vielgerühmten Schwaz, beobachten läßt. Die Berchtesgadener führen auch ihre alten Zunftfahnen und Zunftzeichen mit sich. Recht eigenartig ist dort eine Knappenprozession *unter der Erde*, am Feste der Heiligen Drei Könige, bei der eine Segnung des Bergwerks und eine Weihe der Maschinen vorgenommen wird. Die oberirdische Hausweihe an Epiphanie empfängt also ein Echo in den Bergstollen[1049]. Erwähnt werden diese Benediktionen zum erstenmal urkundlich im Jahre 1528. Ihren Kern bildete seit 1850 die sogenannte *Pfannweihe* im Sudhaus. Im Jahre 1870 ist die *Maschinenweihe* am Bergwerk dazugekommen. In einem Gebet, das aus diesem Anlaß verrichtet wurde, kommt die Dankbarkeit für den aus dem Salzreichtum gewonnenen Lebensunterhalt und der Wunsch zum Ausdruck, die Abhängigkeit von Gott als Bergherrn zu bekennen.

Neben der Bitte um Gottes Segen für die Arbeit im nächsten Jahre vergißt man keineswegs die Fürbitte für die verstorbenen Betriebsangehörigen. Wieder und wieder sind in den Bereichen der Bergwerkskultur die Klänge der Totenliturgie seit den Zeitaltern der Cluniazenser vernehmbar. Zum Teil greifen diese Überlieferungen noch auf die karolingische Totenmemorie zurück.

Am Schluß der Berchtesgadener Feier schreibt der Priester – gleichsam als Erinnerungssymbole für die vollzogene heilige Handlung – die Anfangs-

[1048] Näheres s. unten.

[1049] Dazu *Franz*, Benediktionen, 2, im Register, S. 726, wo aber das Bergwerk nicht behandelt ist.

buchstaben der drei Könige K+M+B an die Werkseingänge[1050]. Er wird zum Anwalt des Volksvertrauens. Die Tres Reges sind auch sonst im alpinen Raum als Inhaber von Gruben schon spätmittelalterlich nachweisbar. Der Rheinstrom, der an seinen Ufern das Kölner Kultzentrum und die lebensmächtige Weinhandelsstadt sah, hatte sie weithin geleitet[1051]. Das Volksschauspiel fand dabei seinen Weg in die Unterwelt[1052].

Man könnte glauben, daß dergleichen Umgänge, Darstellungen und anderes Brauchtum nur mühsam aus den Überlieferungen der Vergangenheit heraus in unsere Gegenwart herübergerettet worden sind und bereits viel von ihrer Substanz verloren. Diese Verluste mögen für mehr als ein Gebiet zutreffen. Wie stark jedoch das Bedürfnis nach solchen Ausdrucksbewegungen des Ehrfürchtigen auch heute noch sein kann, zeigt das Beispiel *Grundlsee* im Ausseerland, also im steirischen Salzkammergut, wo erst in unserer Zeit (1938) mit dem Abbau des dort lagernden Gipses begonnen wurde. Nachdem der anfängliche Zustrom der fremden Arbeitskräfte nachließ und der Bergbau mehr und mehr in die Hände der einheimischen Bevölkerung übergegangen war, schufen diese Eingesessenen sich ihre Barbaraprozession, ebenso den Initiationsbrauch des Ledersprunges als ein Zeichen der vollwertigen Aufnahme in die Zunft. Das aber war überkommenes Brauchtum, wie es in anderen Berggemeinden bereits seit Jahrhunderten in Übung war[1053].

Die mehrfach erwähnte Knappenstadt *Schwaz* kennt noch heute ein namhaftes Faschingsbrauchtum, so die Sitte der „Fastnachtslaich“, in der Nacht vom Faschingsdienstag auf Aschermittwoch. Dagegen ist die Übung des Schellenschlagens am „Unsinnigen“ eingegangen[1054]. Für Südtirol sei noch der Ledersprung erwähnt, desgleichen das Bergmannsbrauchtum der letzten Grubenfahrt.

Bis heute erhalten sind wiederum das Reiftanzfest in *Hüttenberg* bei Klagenfurt, das alle drei Jahre am Dreifaltigkeitssonntag stattfindet, sowie der Salzsiedertanz in Schwäbisch Hall. Der erwähnte Dreifaltigkeitstag

[1050] *C. Ramstedt*, Das Brauchtum der Berchtesgadener Salzknappen. S. 22f.

[1051] Urkunde 381 vom 12. 12. 1571, im Landesregierungsarchiv Innsbruck (Kammerarchiv, am großen und kleinen Kogel über St. Lorenz). *Schreiber*, Alpine Bergwerkskultur. S. 49, 66 (auch Mailänder Einfluß). Zwei solcher Dreikönigsgruben erwähnt in: Eisenerz in Steyermark. S. 28, 32.

[1052] *Bächtold-Stäubli*, Handwörterbuch, 2, Sp. 448ff.; 8, Sp. 588.

[1053] *Leopold Schmidt*, Volkskunst der Bergleute. S. 20ff. Ferner s. *Franz Lipp*, Das Beispiel Grundlsee. Ein Beitrag zur Frage „Volkskunde, Technik und Bergbau“. In: Der Anschnitt, Jg. 8, Nr. 2, 1956, S. 3ff.

[1054] Faschingsbetrieb in der Knappenstadt. In: Tiroler Nachrichten, Innsbruck, Nr. 37 vom 15. 2. 1955.

ist auch sonst volkhaft ausgezeichnet, und zwar als Wallfahrtssonntag. Der erwähnte Hüttenberger Reiftanz stellt altes, überaus beachtliches Männerbrauchtum dar, das zweifellos auf magische und mythische Riten und Kulttänze zurückgeht, aber heute noch lebendig ist. Gefahr, Einigkeit und Zusammenhalt der Bergleute. Erfahrene, lebensnahe Sinnbilder und eine graziöse Formgebung finden sich ein[1055]. Daß die Kärntner Bergleute diesen Brauch in der Jetztzeit noch hochhalten, ist kein alltägliches Ereignis oder gar ein altmodisches Gehabe, sondern ein hoffnungsvolles Zeichen gemeinsamen Strebens und lebendiger bergmännischer Kameradschaft, das ihnen zur Ehre gereicht[1056].

Der schwäbische Reiftanz, der aus dem Kreis der mittelbar vom Salz lebenden Küfer kommt, findet sich auch noch in *Hallein*. Berühmt ist ferner der Schwerttanz der Halleiner Bergknappen, der alle drei bis fünf Jahre aufgeführt wird[1057].

Anläßlich der 650-Jahrfeier der Stadt Hall in Tirol (1953) wurde auch dort ein Schwerttanz von den Knappen beim Festzug aufgeführt.

Anderes Vorkommen hat die Volkskunde der Landschaft bald da, bald dort festgehalten. Der Sprachgebrauch des „*Glück auf*" drängte in weite Räume[1058]. Er atmet die Kraft und die Geschlossenheit eines volksmächtigen Berufsstandes. Die Winzer und die Schiffer, so viele Symbole sie auch mit sich führten, schufen kein ähnliches Grußwort. Die wandernden Handwerksgesellen wiederum bedurften solcher Grußformeln, die ihnen die Tür der Herbergen und der Häuser des Meisters öffnen sollten.

Die beherrschende Dominante der Hoffnung öffnet sich mit ausdrucksvoller Gewalt. Sie läßt eine kostbare Grundsubstanz des Denkens und Fühlens der Bergleute erkennen. Grubennamen bekannten sich jahrhundertelang zu dieser Hoffnung, Bergschätze zu finden.

In der Tat ist noch manches lebendig. Das Barbarabrauchtum wird nach wie vor bemerkenswert entwickelt, auch heute noch[1059]. Anderes ist ab-

[1055] *H. Baader*, Das Hüttenberger Reiftanzfest 1956. In: Der Anschnitt, Jg. 8, Nr. 3, 1956, S. 32f. – *Ders.*, Beim Salzsiedertanz in Schwäbisch-Hall. Ebd., S. 34.

[1056] *Kirnbauer*, Bergmännisches Brauchtum in Kärnten. S. 9f.

[1057] *Richard Wolfram*, Der Halleiner Schwerttanz. In: Der Anschnitt, Jg. 7, Nr. 4, 1955, S. 3ff., mit Abb., auch S. 12. Manches Ergänzende bietet *ders.*, Die Volkstänze in Österreich und verwandte Tänze in Europa. Salzburg 1951.

[1058] Einzelheiten dazu neuerdings bei *Heilfurth*, Glückauf. Im Register, S. 742.

[1059] Ausführliche Einzelheiten zum Barbarabrauchtum in: *Bächtold-Stäubli*, Handwörterbuch, 1. Sp. 905–910. Ferner *Beitl*, Wörterbuch². S. 82/83. – *Alfons Perlick*, Ostdeutsches Brauchtumsleben in Nordrhein-Westfalen. In: Jahrbuch für Volkskunde der Heimatvertriebenen. Hg. von Alfons Perlick, Band 1/1955. Salzburg 1955, S. 153

gesunken, da der Bergsegen erloschen ist, da auch der Josephinismus Barbara-Bruderschaften zertrümmerte.

Für diese Zusammenhänge sei noch ein Blick auf die lebensvolle oberbayerische Praxis gerichtet, die lange geübt wurde. In Berchtesgaden betete man am Vorabend des Barbaratages (4. Dezember) eine Litanei. Am folgenden Morgen fand in der Pfarrkirche, also in der alten Stiftskirche (1122), ein Amt zu Ehren dieser Schutzpatronin statt. Dazu trat das Stollenbeten. Ähnlich hielt man es im benachbarten Dürnberger Bergwerk[1060].

Das Barbarabrauchtum weiß in weiten Teilen Deutschlands um den Barbarazweig, wenn auch weniger um das Peitschen der Mädchen. Dieses Brauchtum hatte seine feste Heimat in Schlesien, vor allem aber in Oberschlesien. Der Barbaratag der dortigen Bergleute begann mit einer Feierstunde in der Zeche, in der man der verstorbenen Belegschaftsmitglieder gedachte und verdiente Kameraden ehrte. Anschließend zog man geschlossen in Tracht zu einem Festgottesdienst. Man verbrachte den Rest des Tages gemeinsam mit der Familie im Zechenhaus bei fröhlichem Essen und Trinken, bei Tanz, Gesang und Theateraufführung durch Laienspieler.

Einwandernde Bergleute aus diesem oberschlesischen Raum hatten bereits im 19. Jh. vereinzeltes Barbarabrauchtum ins Ruhrgebiet gebracht. Eine starke Belebung vollzog sich, als mit diesen einströmenden Bergleuten das Barbarabrauchtum erneut eingepflanzt wurde. Es hat dann seit 1945 mit den Ankömmlingen aus den Ostgebieten noch erheblich kräftiger Fuß gefaßt. Bedeuten doch Überlieferung, Brauchtum, Tracht, Feiertag, Taufname, Kultisches, Volksheilige für die Zugewanderten auch ein Stück geretteter Heimat. Der Pflege dieser Überlieferungen haben sich zahlreiche Verbände angenommen. Für die Barbaraverehrung betätigten sich im besonderen die Barbaraknappenvereine[1061]. Zum anderen aber wird Barbara als Schutzfrau zur Begleiterin des volksmächtigen *Nikolaus* im Rheinland[1062],

bis 155. – *Franz Krins*, Die neuere Barbaraverehrung in Nordrhein-Westfalen. Ein Beitrag des Ostens zur Volkskunde Westdeutschlands. In: Jahrbuch für Volkskunde der Heimatvertriebenen. Bd. 2, S. 154–166 (mit zwei Karten: Barbarafeiern der Ostvertriebenen in Nordrhein-Westfalen, S. 155, und Barbaraknappenvereine im Ruhrgebiet, S. 161). Hier auch zahlreiche Literaturangaben. Vgl. ferner *H. G. Heyn*, Barbaratag in Oberschlesien. In: Anschnitt 6, 1954, Nr. 5, S. 14. – Zur Sage vgl. *Kühnau*, Schlesische Sagen, 1. S. 488f. („Das Mündel am Barber-Rand").

[1060] *Rudolf Kriss*, Sitte und Brauch. S. 30.

[1061] *Perlick*, Ostdeutsches Brauchtumsleben. S. 153ff.

[1062] *Bächtold-Stäubli*, Handwörterbuch, 1. Sp. 905–910. Zum Nikolausbrauch s. auch *Karl Meisen*, Nikolausbrauch und Nikolauskult im Abendland. Neuerdings noch die Nikolausfeier in Hofgastein, bei *Hinterseer*, Hofgastein. S. 712f.

der ebenso in vielen böhmischen Bergorten sowie in Freiberg im Erzgebirge verehrt wurde.

Der Heilige von Myra wird zum Zeugen der überaus wichtigen Bedeutung des *Wassers* für die Bergbauschaffenden, sei es zur Abwehr des Wassereinbruchs, sei es zur produktiven Anwendung. In Altbayern erfuhr Nikolaus als Taufname im 14. und 15. Jh. eine gewaltige Verbreitung[1063]. In Schlesien, wo er früher der bevorzugte Bergpatron war, wurde er allerdings von der Schutzfrau St. Barbara verdrängt. Die Einwirkung der Bergleute von Kuttenberg, die der hl. Barbara eine prachtvolle Kirche gewidmet haben[1064], mochte sich an mehr als einer Stelle geltend machen.

Wie St. Agatha, eine andere bergbauliche Schutzfrau, kennt Barbara ein eigenes Brot, das Barbarabrot, das im Rauriser Goldbergwerk den Knappen gereicht wird[1065]. An ihrem Feiertag ist im allgemeinen Arbeitsruhe[1066]. Sie nimmt zuweilen besondere Beziehungen zu dem Bergmann auf, wenn in der Barbaranacht für diese in der großen Stube des Berghauses Speise und Trank aufgestellt wird[1067]. Verwandte Züge zeigt das Allerseelenbrot des Odenwaldes[1068]. Sie nimmt wiederum eine besondere Beziehung zum Licht auf. Wenn einer ihrer Schutzbefohlenen an ihrem Tag ein Licht brennen läßt, wird er vor einem jähen Tod bewahrt[1069]. Ihre volkstümliche Art spiegelt zudem das Bergmannslied[1070], ebenso das in unserem Zeitalter dankenswert erneuerte Barbaraspiel. Margarete und Katharina werden zu ihren häufigen Begleiterinnen, also zu ihren Geschwisterheiligen, um eine Bezeichnung zu verwenden, die wir in die Forschung einführten[1071].

Häufig erscheinen zudem Barbara und Katharina als sakrales Zwillingspaar[1072].

[1063] *Buchberger*, Namengebung in Altbayern und der Oberpfalz. S. 75.

[1064] *Paul Drechsler*, Bergbau und Bergmannsleben in Schlesien. Ein Lesebuch für den schlesischen Bergmann. Kattowitz (Oberschlesien) 1909, S. 94.

[1065] *Beitl*, Wörterbuch². S. 53.

[1066] *Bächtold-Stäubli*, Handwörterbuch, 1. Sp. 906. – *Beitl*, Wörterbuch². S. 53. – *Schreiber*, Alpine Bergwerkskultur. S. 68. Weiteres s. unten.

[1067] *Bächtold-Stäubli*, Handwörterbuch, 1. Sp. 907f.

[1068] Zur „Wegzehrung" für die Armen Seelen s. *Hinterseer*, Hofgastein. S. 711.

[1069] *Beitl*, Wörterbuch². S. 53.

[1070] *Heilfurth*, Bergmannslied. S. 736f.

[1071] *Bächtold-Stäubli*, Handwörterbuch, 1. Sp. 908. Siehe dazu *G. Schreiber*, Schutzfrau St. Barbara. In: Der Anschnitt, Jg. 7, Nr. 4, 1955, S. 9–13.

[1072] *F. H. G. Engelen*, St. Barbara- und St. Katharina-Darstellungen in niederländisch Limburg. In: Der Anschnitt 10, 1958, Nr. 2, S. 31ff. Umbenennung im 17. Jh. des St. Barbaraklosters in Unna in St. Katharinenkloster, *Reinhard Lüdicke*, Unna (Stadtrechte der Grafschaft Mark). Münster 1930, S. 32 der Einleitung. – *Leopold Schmidt*, Volkskunst der Bergleute. S. 37. – *Dörrer*, Bozner Bürgerspiele, S. 54.

Weitere Züge teilen sich in Bergbaupatronaten mit, die andere Sancti betreffen. Da arbeitete die Heiligenvita des römischen Martyrers Tiburtius an einer Höherstufung der Kohle, wenn sie zum Martyrium dieses Sanctus zum 11. August bemerkt, daß die glühenden Kohlen (Holzkohlen) sich in „lauter Blumen" verwandelten[1073]. Das Mirakel umspielte das Bergwerk.

Noch einige Hinweise zu den drei bergbaufreundlichen Heilbringern: Margaretha, Katharina und Barbara, zunächst nach der Seite des Siegels. St. Margaretha findet sich in einem Siegel aus dem 15. Jh. von Salzhemmendorf[1074], St. Katharina in dem von Buchholz im Erzgebirge. Das Schriftband dieses Siegels bringt den alten Namen der Stadt: Montis Sancte Katharine in Pvcholz, St. Katharinenberg in Buchholz. Nach der hl. Katharina war auch eine der ersten Silbergruben dieser Stadt benannt[1075]. Einen „St. Katharinenstollen" gibt es in Schneeberg[1076]. Eine Grube in Haslach an der Kinzig trägt ebenfalls ihren Namen. Ebendort finden sich um 1525 noch folgende Gruben: St. Barbara, Unsere Liebe Frau, St. Anna[1077]. Wir verzichten darauf, weitere Zechen zu nennen, die St. Barbara und St. Katharina gewidmet sind. Sie werden ja häufig genug erwähnt. Auffallend ist es im übrigen, daß die namentlich in Oberschlesien als Schutzheilige des Bergbaus verehrte St. Barbara in keinem Siegel oder Wappen einer deutschen Bergstadt erscheint, wie die Heilige überhaupt in manche Bergbaugebiete schwer Eingang fand[1078]. Die Landschaft bejaht ihr Eigenleben, auch in der kultischen Sicht.

Gleichwohl wird Barbara bereits im 14. Jh. von den deutschen Bergleuten verehrt. Dies bezeugt die gotische, im Jahre 1390 eingeweihte Barbarakirche in *Kuttenberg*, die wir bereits erwähnten. Diese Anhänglichkeit bekräftigt ebenso die 1510 unter Mitwirkung der Knappschaft erbaute Barbarakapelle in *Gossensass* am Brenner. Sie ist zweigeschossig und enthält unten die Gruft. Oben wurde im zweiten Jahrzehnt des 16. Jh. ein schöner holzgeschnitzter Altar zu Ehren dieser Heiligen als Beschützerin des Bergbaus aufgestellt, auf dem zur Rechten ihres halblebensgroßen Standbildes St. Laurentius

[1073] *Christophorus Selhamer*, Himmlisches Jahr. Das ist: Jesu dem König und Maria der Königin aller Heiligen, geheiligtes Jahr. Dillingen 1700, S. 486. – Zum Fragenbereich der zwei römischen Märtyrer s. *J. P. Kirsch*, Tiburtius. In: LThK 10, S. 157.

[1074] *Kaestner*, Bergbau in den Wappen deutscher Städte. S. 50.

[1075] Ebd., S. 49f., Bild 82.

[1076] *Benno Kuske*, Quellen zur Geschichte des Kölner Handels und Verkehrs im Mittelalter, 3 Bde. Bonn 1917. – *Spethmann*, Geschichte des Ruhrbergbaus, 1. S. 138.

[1077] *Heinrich Hansjakob*, Wilde Kirschen. 1888, 6. Aufl. 1902.

[1078] *Schreiber*, Schutzfrau St. Barbara. S. 9. – Die von uns öfter angeführte Sammlung *Vogelsang* bietet keine Medaille und Münze in Sachen von St. Barbara.

und zur Linken St. Sebastian stehen. Beide sind auch sonst als Bergwerksheilige festzustellen. Man weiß um Laurentiusgruben[1079]. Und in Berchtesgaden gingen die Bergknappen am Sebastianstag in einer Bittprozession[1080].

In den Zechenhäusern wurde im barbarafreudigen Oberschlesien das Barbarabild aufgestellt. Vor diesem Bild verrichteten die Knappen vor der Einfahrt eine kurze Andacht. Der Pfarrer von Tarnowitz (katholische Pfarrkirche im seit 1922 polnisch besetzten Oberschlesien) baute 1723–1724 eine Barbarakapelle neben der Pfarrkirche des Ortes und errichtete Mariae Himmelfahrt 1747 die Barbara-Bruderschaft. Sie wurde zum Quellgrund anderer Konfraternitäten. Von dort breitete sich diese Devotion nämlich nach ganz Oberschlesien aus. Günstige Umstände wirkten mit.

Dort in Oberschlesien hat die Feuermaschine früher als im Westen sich betätigt. In Westdeutschland begründete man 1856 eine Bruderschaft in Ottweiler im Saargebiet. Für diesen Bergwerksbezirk vermerkt *Fr. Roy*, der literarische Betreuer dieser Kommunität, daß am Barbaratag der Bergmannszug sich feierlich von der Grube zur Kirche bewegt[1081]. Dieser kundige Autor hat übrigens in seiner Untersuchung ausdrücklich festgestellt: „Der saarländische Bergmann ist kein Proletarier[1082].“ Man darf hinzufügen: Damit erhöht sich seine brauchtumsbildende Kraft.

Im Jahre 1871 findet sich eine Barbara-Bruderschaft in der Marienburg, also im Kölner Gebiet ein. Eine Barbaragrube trifft man ebenso in Haslach an der Kinzig. Schlesische Städte haben gern Barbara-Straßen. Man kann heute beobachten, daß sich die durch die Kriegsereignisse ins Ruhrgebiet verschlagenen Bergleute aus Oberschlesien bemühen, den Barbarakult hochzuhalten. So feierten die Oberschlesier im Kreise Bochum den 4. Dezember wieder als ihren Barbaratag.

Als ein beredtes Zeugnis für die Ergebenheit der Bergleute an St. Barbara gibt sich der Bergmannsleuchter in St. Oswald im steirischen Eisenerz ab. Die einzelnen Kerzenhalter werden von zwölf Bergleuten gestützt. Diese geben sich wie dienstwillige Lehensleute, zugleich wie ein beschwingter Reigen, den die stimmungshaltige Engelwelt des Rokoko auch sonst auslöst. Die Zwölfzahl ist in bergbaulichen Zusammenhängen wieder und

[1079] *Schreiber*, Bergwerk. S. 384. – *Ders.*, Alpine Bergwerkskultur. S. 64.

[1080] *Kriss*, Sitte und Brauch. S. 61. – Über eine Sebastiansgrube in Rattenberg vgl. Kammerarchiv, Urkunde 381 vom 12. 12. 1571, im Landesregierungsarchiv in Innsbruck. Handschrift 1587. – St. Laurenz und St. Barbara, Lehenbuch des Schwazer Bergbaus. Ebenfalls im Landesregierungsarchiv in Innsbruck.

[1081] Der saarländische Bergmann. Saarbrücken 1955, S. 114.

[1082] Ebd., S. 115.

wieder anzutreffen. Man mag überdies, um ein weiteres Brauchtum des Frohsinns anzuführen, an jenen Knappentanz denken, der sich in der steirischen Landschaft in Hüttenberg einstellt. In diesem Bergrevier finden sich übrigens zwei Oswald-Gruben ein, die angelsächsische Linien, ebenso oberbayerische Devotion (Traunstein) und Tiroler Zuneigung (Landeck) bekunden[1083]. Desgleichen ein Oswaldstollen bei Mathesius, Sarepta.

Das Berchtesgadener Land kennt manche *Bittprozessionen*, an denen die Bergknappen teilnehmen. So wurde am Sebastianstag, am 20. Januar, ein Umgang von der Stiftskirche zur Franziskanerkirche gehalten. Dort las man das Sebastianiamt. Fast alle Zünfte beteiligten sich daran, darunter die Bergknappen und die Pfannhauser. Man mag sich daran erinnern, daß sich in manchen Berggebieten Sebastiansgruben einfanden (Mathesius).

Für die Bergknappen war der Pfingstmontag ihr Hauptfest. Wir folgen der Darstellung, die *Kriss* für Berchtesgaden bietet:

„Schon am Abend war Tanz in der Kaue (Knappschaftsraum), am Sonntag freie Einfahrt ins Bergwerk, Konzert, und am Abend ein Fackelzug der Knappschaftskapelle. Am Montag wurde nach der Tag-Reveille exerziert, dann marschierte man in großer weiß-blauer Parade zum Kirchenzug ab. Während der Lobmesse spielt die eigene Musik, am Ende derselben wird das Bergmannsgebet gesprochen und die ganze Knappschaft mitsamt ihrer Fahne und ihrem Zunftzeichen, dem kleinen Bergmanndl, mit Weihwasser besprengt. Dann zieht man ins Neuhaus, wo früher die sehr großen Reichnisse, welche die Bergleute erhielten, soweit als möglich verzehrt wurden. Was darüber hinausging, konnte sich jeder einzelne schon vorher für seine Familie mit heimnehmen. Den Festzug eröffneten die Zimmerleute mit gelbem Schurzfell über der Knappenuniform, auf der Schulter trugen sie die Axt. Sie nannten sich die ‚Pioniere'. Dann folgte der Tambourmajor mit 6 Tambouren, dann die Musik, an deren Stelle in alter Zeit Pfeifer mitmarschierten; die Musik war auf 28 Mann verstärkt, welche auch einen Schellenbaum mit sich führten; dieser besitzt Halbmond und Stern und soll der Überlieferung nach aus der Zeit der Türkenkriege stammen. Auf der einen Seite mit einem blauen Haarschwanz, den Berchtesgadener Farben, geziert. Gleich der großen Trommel ist er Zunfteigentum. Der Musik schlossen sich Fahne und Zunftzeichen an; der Fähnrich, der jenes (das kleine Bergmanndl) trug, schritt mit offenem, langem Federbusch einher. Nun folgten dem Range nach die Beamten, die Steiger fungierten als Zugführer, sie trugen gleichfalls den offenen Federbusch und die ‚Parte', eine Art Hammer zum Abtasten der Schichten, über der Schulter. Während diese den Bergknappen vorangingen, schritten ihnen die sogenannten Rottenführer zur Seite. Je nach ihrer Tätigkeit trugen die Bergleute verschiedene Werkzeuge mit sich, und zwar: Wirscheisen, welche zum Ausschlagen der Stollen gehören und die Gestalt von Spitzhämmern aufweisen (heute nehmen sie nur mehr diese allein mit sich), Wehrschlägel, benutzt zum Abdämmen, Deichen- und Steinbohrer,

[1083] Eisenerz in Steyermark. S. 30. – Eine Oswald-Grube wird auch genannt im Lehenbuch des Schwazer Bergbaus (Landesregierungsarchiv Innsbruck, Hs. 1587).

erstere zum Ausbohren der Soleleitungsrohre verwendet. Als einziger führte der Gollenbach-Sägemüller ein Sägeblatt mit sich, da er für das Bergwerk arbeitete, durfte er gleichfalls im Zuge mitgehen, das nämliche Vorrecht hatte auch ein Holzknecht[1084]."

Man sah in ihnen Bergverwandte. Sie durften Anteil an dem ehrenvollen Umgang nehmen. Ebenfalls wurde die Saline berücksichtigt: „Den Bergleuten schlossen sich die Saliner an, die vom Sudmeister angeführt wurden und ihre Dammhämmer mit sich trugen. Sie besaßen die gleiche Uniform, nur daß sie kein Rutschleder umgebunden hatten und den Federbusch auf der Seite des Schachthutes trugen. Wie man aus dieser Beschreibung ersieht, war der Zug in alter Zeit noch viel bunter und abwechslungsreicher als heute[1085]." Die Zünfte der Bergknappen beteiligen sich am Fronleichnamstag (Prangertag), der eine große Prachtentfaltung aufweist, an der Prozession. Sie dürfen den Himmel zu beiden Seiten begleiten. In früherer Zeit nahm diese Prozession ihren Weg zum Bergwerk. Dort wurde das 3. Evangelium gelesen, am Bruderhaus das 4. Evangelium[1086]. Vielfach als eine erweiterte Prozession bei Beteiligung von mehreren gibt sich die *Wallfahrt* der Bergknappen. Sie haben in vielen Bergorten herkömmliche Wallerwege besorgt oder doch gestützt. Der Wallfahrtstag gibt sich für die Bergarbeiter als eine Art Knappenfeiertag. Man wandert tagsüber, besucht das Gnadenbild und den Gottesdienst und kehrt abends zurück. Solche Wallfahrtskirchen haben oft von den Bergleuten her, die fleißig und regelmäßig kommen, ein besonderes Gepräge angenommen, schon in der Begründung der peregrinatio. Im tirolischen Sinnesbrunnen bei Tarrenz findet sich ein Wallfahrtskirchlein ein, das auf die Initiative von Bergleuten zurückgeht. Dort im dichten Fichtenwald soll das Gnadenbild, nämlich Maria mit dem Kinde, auf diesem Platz schon im 17. Jh. von den Bergknappen verehrt worden sein. In der Nähe am sogenannten „Dirschentritt" blühte damals der Bergbau. Anfangs vollzog sich jene Verehrung in einem Bildstöckl, das von den Bergknappen aufgesucht wurde. Daraus erwuchs im Jahre 1777 eine kleine Kapelle, die in den Jahren 1829/1830 vergrößert wurde. Ein typischer Entwicklungsgang[1086a].

Manches Kirchlein entstand auf Grund eines Gelübdes, das Bergleute gemacht hatten, wenn sie errettet wurden. So geschah es in der Nikolaus-

[1084] *Kriss*, Berchtesgaden. S. 79f.
[1085] Ebd., S. 98.
[1086] Ebd., S. 100. Zum Pranggedanken s. *Dörrer*, Bozner Bürgerspiele. S. 1 ff.
[1086a] *Tinkhauser-Rapp*, Diöcese Brixen 3. Bd., Brixen 1886, S. 516f. Freundliche Mitteilung von Prof. Dr. Nikolaus Grass.

kirche (Beginn des 16. Jh.) in Dreikirchen bei Barbian[1086b]. In Martell in Tirol wurde eine Kapelle von Bergknappen neuzeitlich errichtet, die den Titel führte Unsere liebe Frau im Walde oder auf der Schmelz[1086c]. Die Waldeinsamkeit des Bergwerks und ebenso die Anwesenheit einer Schmelzhütte treten also selbst im Titel eines Wallerganges heraus. Die Wallfahrtskirche des hl. Pankraz in Pankrazenberg bei Fügen wurde der Legende nach ebenfalls von Bergknappen gegründet[1086d]. Dort, wo geschichtliche Ausgangspunkte nicht mit voller Sicherheit ergriffen werden können, tritt zum Ersatz eben die Volksüberlieferung ein, die die Umwelt des Bergwerks zu gestalten weiß.

Über bergmännisches Brauchtum sind wir neuerdings durch *Franz Kirnbauer* hervorragend unterrichtet[1086e]. Die überlieferten Formen eines halben Jahrtausends sind dort wertvoll festgehalten. Es liegt allerdings so, daß der alpine und oberdeutsche Raum vor allem berücksichtigt ist. Der Vergleich zu anderen Landschaften kann noch stärker aufgenommen werden. Aber die verschiedensten deutschen Bergbaugebiete können volkskundlich nur gewinnen, wenn sie sich mit den weitausgebreiteten volkskundlichen Inhalten von Kirnbauer auseinandersetzen. Wir müssen hier im Rahmen einer größeren Darstellung darauf verzichten, möchten aber anregen, diese Verschränkungen vorzunehmen. Doch ist zu Kirnbauer manches an Literatur noch nachzutragen, besonders in dem Kapitel über Namengebung von Stollen und Schächten[1086f]. Auch Mathesius sei genannt.

Das bergmännische Brauchtum stand, um seine neuzeitliche Art weiter zu berühren, auf Grund von mittelalterlichen Vorstufen im 17. und 18. Jh. in einer Hochentwicklung. Es wurzelte in einer festen Rangordnung. Erst durch einige neuere Bergordnungen (1737 und von 1776) wurden die Kohlengräber, Köhler oder Knechte den übrigen Bergleuten gleichgestellt. Manches an Sitte und Brauchtum lebt noch fort. In Hüttenberg (Kärnten) wird die Tradition des Reiftanzfestes gepflegt, und in Dürrnberg (Salzburger Land) ist noch der eindrucksvolle Schwerttanz der Dürrnberger Salzknappen lebendig. Bei den Halloren im Tale zu Halle finden sich die Salzsieder zwar heute noch beim fröhlichen Pfingstbier zusammen, aber ihr berühmter Silberschatz und die herrlichen Stangengläser sind ebenso wie

[1086b] *Gugitz*, Gnadenstätten, 3. S. 22.

[1086c] Ebd., S. 108.

[1086d] Ebd., S. 129. – Seuche 1611 in Fügen. *Hirn*, Erzherzog Maximilian 2, 1. Teil. S. 39.

[1086e] Bausteine zur Volkskunde des Bergmanns oder Bergmännisches Brauchtum (Leobener Grüne Hefte, Sonderb. Heft 36), Wien 1958.

[1086f] Ebd., S. 296ff.

die silbernen Bergkannen und Weinhumpen kaum mehr als prächtige Zeugen einer großen Vergangenheit. Brauchtum rückte mit den Opfergängen in den musealen Raum. Zu erwähnen bleibt noch das Brauchtum von *Hall* im Salzkammergut, den Bergleuten eine Totenkrone einzuhändigen. Davon weiß Hallstatt. Doch war dieser eigenartige Brauch auf Hallstatt nicht allein beschränkt. So findet man, wie das Hallstätter Museum mitteilt, „In den Kirchenbüchern von Gmunden das ‚Kronengeld' angeführt, es ist jener Betrag, der der Kirche für das Entlehnen von Totenkronen bezahlt werden mußte. Leider fehlen hier infolge des Brandes vom Jahre 1750, dem der ganze Ort zum Opfer fiel, alle Aufzeichnungen über die Dauer dieses hochinteressanten Brauches[1086g]."

2. *Ethos*

Der Bergmann empfing manche Vorrechte. Das steigerte sein Selbstbewußtsein und entwickelte seinen Standesstolz. Vor allem ist es neben dem bevorzugten Gerichtsstand in einigen Landschaften das Recht des Waffentragens, das ihn heraushebt. Doch haben in Tirol alte Bergordnungen die Führung von Waffen verboten. Aufstände legten es nahe. Immerhin hatte 1608 die Bergwerksmannschaft von Kitzbühel ihre eigene Wehr zu Haus, soweit sie begütert war. Für nicht begüterte Knappen waren die Waffen im Berggerichtshaus aufbewahrt. Man erlaubte ihnen zudem in Sterzing und Rattenberg, in diesen Zeitaltern mit der Pürschbüchse unverbotenes Wild zu schießen und auch an gewissen Orten zu fischen. In Hinsicht auf Mißbrauch untersagte man ihnen ebenso, mit Armbrüsten und Büchsen ins Hochgebirge zu ziehen[1087]. Ein Dekret, das 1629 von der Tiroler Landesregierung an den Bergrichter von Imst erging, betonte ihre Freiheit vom Kriegsdienst[1088]. Diese Vergünstigung zeichnet sich jedenfalls in einigen Zeitaltern und Landschaften, so in Tirol ab.

Wieder und wieder leuchtet das Standesbewußtsein im Gesang auf, wenn ein altes österreichisches Bergmannslied mit den Zeilen beginnt: „Der Bergmannsstand sei hochgeehrt! Es lebe hoch der Bergmannsstand![1089]." Dieser

[1086g] Hierfür habe ich Herrn Direktor *Morton* aus dem Hallstätter Museum zu danken.

[1087] *Wolfstrigl-Wolfskron*, Tiroler Erzbergbaue. S. 398.

[1088] Ebd., S. 396.

[1089] Für solche Zusammenhänge s. auch die inhaltreiche, mit vielen Motiven ausgestattete Sammlung von *Gerhard Heilfurth*, Das Bergmannslied.

trat in eine Linie mit den freien Bauern, die sich regional in Westfalen und in Tirol noch lange erhielten. So konnten bei dieser Respektierung Hammer und Schlägel, die Wahrzeichen des Bergmannsberufes, selbst in die Siegel und Wappen städtischer Gemeinwesen eingehen[1090]. Doch waren in solchen Wappenzeichen auch andere Erwerbsgruppen vertreten, aber so, daß sich bald da, bald dort eine gewisse Vorzugsstellung der Bergleute abzeichnete.

Man hielt darauf, in einer *Auslese* nur unbescholtene Personen zum Bergbau zuzulassen. Das war gewiß die Voraussetzung für echte Kameradschaft und für enge Verbundenheit in der Gefahrenzone. Einheimische und bodenverwurzelte Knappen – hier ähnlich den Heilkundigen; Paracelsus wies man aus Innsbruck aus – sollten den *Fremden* vorgezogen werden, obwohl diese wegen ihrer Erfahrung nicht zu entbehren waren, auch bei Arbeitermangel zugelassen werden mußten. Die Auseinandersetzung mit den Fremden hat wieder und wieder die Bergleute beschäftigt. Im Gebiete von Trient kam in der Mitte des 16. Jh. die Abneigung gegen die Welschen deutlich zum Ausdruck[1091]. Man war aber ebenso auf fremde Unternehmer angewiesen, was die Bergwerksordnung für die Herrschaften Rhäzüns und St. Jörgenberg im Vorderrheinland erkennen läßt[1092]. In einem Bericht aus Graubünden wird von seiten eines Bergrichters festgestellt, daß in den Jahren 1689–1703 zehn Ausländer, nämlich Tiroler, Bayern und Schwaben, Gruben innehatten[1093].

Oft genug vollzog sich die Aufnahme als Bergknappe mit einer Vereidigung desselben. In diesem berufsständischen Eid wurde er darauf verpflichtet, die Bergordnungen zu beobachten und nichts dagegen zu tun. Zum anderen sollte der pflichtbewußte Bergmann nichts verschweigen und nichts verhehlen[1094]. So durfte es nicht sein, daß sich ein Bergknappe im Rahmen seines Bergwerks als *Metallfinder* betätigte. Er mußte den Fund seinen Vorgesetzten anzeigen. Er sollte nicht eher davon „nachschlagen“, bevor der Erzanbruch besichtigt worden war. Verschwieg er es, mußte er damit rechnen, wenn die gewonnenen Erzstufen ruchbar wurden, daß er auf die Folter gespannt wurde, um den Fund zu gestehen. Andererseits war die Auffindung reicher Erze ein Feiertag für die ganze Bevölkerung. In der bergbaubezoge-

[1090] *A. Kaestner*, Bergbau in den Wappen deutscher Städte. S. 7.
[1091] *Wolfstrigl-Wolfskron*, Tiroler Erzbergbaue. S. 265.
[1092] *Plattner*, Bergbau. Artikel 13 der Handfeste, S. 27.
[1093] Ebd., S. 44.
[1094] *W. Schulz*, Wirklichkeit, Aberglaube und Sage bei den deutschen Bergknappen der Vergangenheit. Freiberg (Sachsen) 1890, S. 6.

nen Kirche wurde ein Te Deum angestimmt. Daß Unredlichkeiten von seiten der Bergknappen im Bergbau nicht vorkommen dürfen, bemerkt der Spruch: „Das Bergwerk will haben Verstand Und eine getreue Hand“[1095]. Gerade der Bergbau hat eine echte Spruchweisheit hervorgebracht.

Das Leitmotiv Treu und Glauben durchzieht die Bergordnungen. So weiß die erwähnte Handfeste des schweizerischen Grauen Bundes für die Herrschaften Rhäzünz und St. Jörgenberg im 15. Jh. im Artikel 10 zu bestimmen: „Ein jeder Knecht und Gesell, der in unserem Bergwerk hinfür graben und arbeiten will, soll bei gegebenen Treuen, an geschworenen Eiden Statt geloben, einem Schichtmeister gehorsam zu sein in Allem, was unsere Gesellschaft und unser Gewerbe betrifft, insbesondere was Jeder von gutem Erz, welcher Art es wäre, oder von anderer Materie, fände oder erführe, ohne jeglichen Verzug einem Schichtmeister zu sagen und zu zeigen und nicht zu verschweigen und vor Niemandem sonst irgend etwas zu sagen.“ Dazu tritt zusätzlich der Artikel 11: „Kein Knecht, der in unserm Bergwerk arbeitet, soll einen Theil weder zu Gute kaufen, noch irgend etwas zu Lehen empfangen ohne gemeiner Gesellschaft oder der Vieren Wissen und Erlaubniß[1096].“

Für den Bergmann traten überdies Analogien zur Taufe auf. Kirchliches und profanes Brauchtum gehen im Bergbau zuweilen Hand in Hand. In einigen Gegenden war es nämlich Brauch, daß der Kandidat für den Bergbau drei Bergleute zu seinen *Paten* nehmen mußte. Die Dreizahl der Taufpaten ist übrigens in der bergbaulich reich bedachten Diözese Brixen für 1453 und 1572 bezeugt[1097]. Was war die Bergpatenpflicht? Der Anwärter war darüber zu belehren, daß er allen verschütteten Kameraden Hilfe zu leisten hatte, selbst dann, wenn sein Haus und Hof in Feuer ständen.

Eine gewisse Beziehung zur Taufe macht sich in der Tat stark geltend, wenn man daran denkt, daß auch die meisten Bergwerke mit den Namen von Mysterien und von Heiligen versehen, also gewissermaßen getauft waren. Die einschlägigen Bergwerksverzeichnisse ergänzen die Taufbücher. So rückte der Bergbau an mehr als einer Stelle in eine sakrale Sphäre.

Das landesherrliche Interesse am Bergbau ist vielfach bezeugt. Neben den kleineren Territorialgewalten des deutschen Sprachraums steht besonders eindrucksvoll die österreichische Bergwirtschaft, der sich die sächsische Regie fast gleichwertig annähert. Andererseits war der Aktionsradius der

[1095] Ebd., S. 9.
[1096] *Plattner*, Bergbau. S. 27.
[1097] *Baur*, Spendung der Taufe in der Brixner Diözese. S. 109, 110.

Städte gering, was die Betreuung der Bergwerke anging. Doch entsandten sie kapitalstarke Unternehmer, die als Gewerke die Schürfung begünstigten und den Metallhandel wahrnahmen, um den Absatz zu ermöglichen. Aber diese Patrizier und mit ihnen andere wohlhabende Bürger waren zu sehr Kaufleute, um einen nachlassenden Bergbau noch weiter fortzuführen. Diese Verluste veranlaßten die Landesherren, als Helfer an die Stelle der Fremden zu treten. Ansätze einer neuen Sozialpolitik machten sich geltend.

Die Bergstadt *Goslar* macht uns darauf aufmerksam, daß die Gruben im Besitz einer Gewerkschaft waren, die sämtliche Teilhaber am Rammelsberg umfaßte. Die leitende Bergbaubehörde waren für dieses Silberbergwerk im 12. und 13. Jh. die *Sechsmannen*. Diese Montanen hatten das notwendige Betriebskapital, das gerade der Rammelsberg in hohem Ausmaß erforderte. Dieses Regiment stand fast selbständig neben dem Rat. Es besaß körperschaftliches Vermögen, es erwarb Liegenschaften, es kaufte, was noch mehr vermerkt sein will, Gruben und Hütten. Es beteiligte sich am Rentenkauf und bei Stiftungen[1098]. Doch schließlich erwies sich der Rat als der Stärkere, zumal da die Verschuldung bei den Sechsmannen eintrat und da der Rat den Gläubiger für die Bergleute und Waldleute abgab.

Der fürstliche Absolutismus der Neuzeit ging neue Wege. Er entwickelte vom Standort der Verwaltung die *Bergpolizeiwissenschaft*, die sich festigte. Wurde doch ähnlich die Kulturpolitik in der ersten Hälfte des 19. Jh. als „Kulturpolizei" angesprochen[1099]. Damit verband sich der Glaube an einen weitgehenden Fortschritt. Über diese Bergpolizei verbreitet sich *F. L. von Cancrin* in seinem oben erwähnten, vielbändigen Werk „Erste Gründe der Berg- und Salzwerkskunde". Unter den einschlägigen Punkten, die mehr oder minder ethische Bereiche berühren, vermerkt er einleitend Nr. 1: „Die genaue Aufsicht des Landesfürsten auf die Gerechtigkeitspflege". Dazu treten andere Bestimmungen, die ebenfalls mehr oder minder ethische Momente herausarbeiten, nämlich: „2. Die Bestrafung der Bergwerksverbrechen. 3. Die Erhaltung der Gottesfurcht. 4. Die genaue Aufsicht auf die Preise der Lebensmittel. 5. Die genaue Aufsicht auf die Preise der Berg-

[1098] Dazu *E. Schiller*, Bürgerschaft und Geistlichkeit in Goslar (1290–1365). Ein Beitrag zur Geschichte des Verhältnisses von Stadt und Kirche im späteren Mittelalter (Kirchenrechtl. Abh., hg. v. Ulrich Stutz, H. 77). Stuttgart 1912, S. 114, Anm. 1; S. 122, Anm. 3. Siehe ferner *Stötzel*, Bergmannssage. S. 19. Dazu noch Forschungen von *Zycha*, mit der Abhandlung: Montani et Silvani. S. 175–210.

[1099] *Eduard Spranger*, Kulturpolitik. Bei *Paul Herre*, Politisches Handwörterbuch, 2 Bde. Leipzig 1923, Sp. 1087.

materialien. 6. Die genaue Aufsicht auf das Bergcommercium. 7. Die genaue Aufsicht auf Ruhe und den Burgfrieden bei den Bergwerken. 8. Die Anschaffung einer guten Bergbibliothek. 10. Die Einrichtung guter Bergakademien. 11. Die Anlernung junger Leute zu Bergbedienten. 12. Die Erweiterung der Bergwerkskenntnisse bei einem Bergwerk. 13. Die Vermehrung der Ausbeute. 14. Die Beibehaltung geschickter Bergbedienter. 15. Die Erhaltung der Bergarbeiter in dem Staate. 16. Die genaue Aufsicht über die Knappschaftskasse. 17. Die genaue Aufsicht auf den zu befürchtenden Mangel an Brand. 18. Die Aufsicht über die Gesundheit der Bergleute[1100]."

Diese Forderungen geben sich als ein weit ausschauendes Programm. Sie wurzeln in der lebensvollen Praxis von Jahrhunderten. Auch alte Forderungen der Bergarbeiter sind angedeutet, die an der Seite der Bergknappen arbeiten, in der Richtung auf eine Parität. Das theozentrische Element ist bemerkenswert hervorgehoben, desgleichen die fachliche Ausbildung der Bergbeflissenen, nicht minder die Verbundenheit mit dem Staat.

3. Soziales

Die Landesgewalt betätigt sich an der Wende vom Mittelalter zur Neuzeit den Bergbaubetrieben gegenüber als oberste Instanz. Diese Stellung kam den Bergknappen zugute. So übernimmt Erzherzog Ferdinand II., Landesherr von Tirol, mehrfach den sozialen Ausgleich. Er unterstützt die Freigrübler, die auf eigene Faust den Boden aufrissen[1101]. Er kümmerte sich um die Bergarbeiter in einem Vertrag mit Salzburg, da er reiche Gewerke vor sich hat[1102]. Er bezeugt den guten Ruf tirolischer Bergleute[1103]. Er stößt allerdings auch auf Unzufriedenheit[1104]. Er unterstützt arme Bergknappen durch Spenden[1105]. Aber die Abhängigkeit von reichen Gewerken erweist sich oft als drückend[1106]. Das Aufsichtspersonal steht auf der Seite der letzteren.

[1100] *Franz Ludwig von Cancrin*, Erste Gründe der Berg- und Salzwerkskunde, Teil 12, Frankfurt a. M. 1791, S. 163ff.

[1101] *Joseph Hirn*, Erzherzog Ferdinand II, 1. S. 539ff., 546. Ferner über ihn als Träger der Gegenreformation *Pirchegger*, Steiermark. S. 125ff.

[1102] *Hirn*, Erzherzog Ferdinand II, 2. S. 542.

[1103] Ebd., S. 533.

[1104] Ebd., S. 556.

[1105] Ebd., S. 561.

[1106] Ebd., S. 564. Weitere Studien müssen dieses noch mehr ergründen.

Ein Weiteres. Das Verhältnis der Bergknappen zu den Steigern war keineswegs immer ideal. Es ist begreiflich, daß sich dieser Gegensatz nicht gleich Chroniken und Urkunden mitteilt. Alltägliches kommt dort weniger zur Aussprache. Aber dieser Zug flüchtet bezeichnenderweise in die *Sage*, die sich etwa das tirolische Brixlegg zum Schauplatz erwählte. Dort lebte ein geiziger Steiger namens Schmuck. Er bereicherte sich durch harte Bedrückung seiner Untergebenen unrechtmäßig. Einst hatte er einen Bergmann bis aufs Blut gepeinigt und ausgenützt. Da verfluchte ihn der gepeinigte und gequälte Knappe. Der geizige Schmuck starb eines jähen Todes. Sein Leichnam wurde sogleich schwarz, als hätte ihn die Pest getroffen[1107]. Als Berggeist treibt er weiter sein Unwesen. Solche Sage wirkt oft eindrucksvoller als manche anderen Zeugnisse. In der Volksauffassung kündigt sie das Gottesgericht und den Sieg der Gerechtigkeit.

Die Harzsage kennt ebenfalls das Bild des ungetreuen Steigers Calvör, der sich, da er festgenommen werden sollte, in einen Schacht stürzte[1108]. Doch ebenso stellt sich das Bild des guten Steigers heraus, was wiederum im Harzer Bergwerksrevier festgehalten ist:

„Vor Zeiten, als die Gruben ‚der große Johann‘ und ‚der goldene Altar‘ gebaut wurden, war ein Steiger darüber gesetzt. Der hatte einmal, als die Ausbeute groß war, ein paar reiche Stufen beiseite gelegt, um, wenn der Bau einmal schlechter und ärmer würde, damit das Fehlende zu ersetzen und immer gleichen Gewinn hervorzubringen. Was er also in guter Absicht getan, das ward von anderen, die es bemerkt hatten, als ein Verbrechen angeklagt, und er zum Tode verurteilt. Als er nun niederkniete und ihm das Haupt abgeschlagen werden sollte, da beteuerte und beschwor er nochmals seine Unschuld und sprach: ‚So gewiß bin ich unschuldig, als mein Blut sich in Milch verwandele und der Bau der Grube aufhören wird. Wann dem gräflichen Hause, dem diese beiden Bergwerke zugehören, ein Sohn geboren wird mit Glasaugen und mit Rehfüßen, und er bleibt am Leben, so wird der Bau wieder beginnen; stirbt er bald wieder nach seiner Geburt, so bleiben sie auf ewig verschüttet.‘ – Als der Scharfrichter den Hieb getan, und das Haupt herabfiel, da sprangen zwei Milchströme statt des Blutes schneeweiß aus dem Rumpf in die Höhe und bezeugten seine Unschuld[1109]. Auch die beiden Gruben gingen alsbald ein. Nicht lange nachher war ein junger Graf mit Glasaugen und Rehfüßen geboren, aber er starb gleich nach der Geburt und die Silberbergwerke sind nicht wieder aufgetan, sondern bis auf diesen Tag verschüttet[1110].“

So kennt die Geschichte des Bergbaus tragische Züge.

[1107] *Karl Paulin*, Sagen aus Nordtirol[5]. S. 102f.
[1108] *Stötzel*, Bergmannssage. S. 24.
[1109] Zum unschuldig vergossenen Blut s. *Bächtold-Stäubli*, Handwörterbuch, 1. Sp. 1439.
[1110] *Stötzel*, Bergmannssage. S. 24f.

Dieser Scharfrichter der Harzsage will vermerkt sein, kennt doch das Bergbuch des *Agricola* in einer Zeichnung des 8. Buches seinerseits unter dem Kennzeichen D den Galgen[1111].

Spannungen zwischen den Gewerken und den Bergknappen als Lohnempfänger gab es genug, wenn diese auch nicht übertrieben werden dürfen. Beherrschendes Grundprinzip war an sich die Einigung. Aber der Alltag brachte Störungen, die sich oft länger hinzogen und Krisen auslösten. So hören wir aus dem Rattenberger Berggericht, daß die Gewerke den Bergknappen zumuten, im Jahre 1558 nunmehr fünf Erzsorten zu machen, während sie vorher drei Erzsorten besorgten, nämlich Kern, Klein und Untereinander. Diese Forderung verschlechterte die Lage der Bergleute empfindlich. Läßt sich doch aus den Auszügen der Grubenschreiber von damals feststellen, daß die meisten Arbeiter nicht mehr als 20, 30, 40 bis 50 Gulden Jahreslohn hatten. Wenige erhielten 72 Gulden. Es war natürlich unmöglich, mit diesen bescheidenen Einkünften zu leben. Man rottete sich in jenem Jahr dort zusammen, bildete zur Abwehr einen Ausschuß, der aber auf starke Widerstände stieß. Zwei Knappen wurden ins Gefängnis geworfen, aber es griff als höchste Instanz doch die Landesregierung ein. Der Vorfall wurde in Güte beigelegt[1112].

Im Ablauf des 16. Jh., in dem sich gewisse Strukturwandlungen im Bergbau abzeichnen, treten die Unterschiede von Groß-Gewerken und Klein-Gewerken schärfer heraus. Letztere betätigen sich gern als „Freigrübler" oder, was dasselbe sagt, als „Eigengrübler". Aber da das entsprechende Kapital für sie nicht vorhanden war, andererseits das Risiko blieb, konnten sie den Wettbewerb mit den kapitalistischen Unternehmern nicht aushalten. Staatliche Stellen ließen ihnen zwar eine weitgehende Begünstigung zuteil werden, konnten aber den Prozeß der Aufsaugung nicht aufhalten.

Hier und da allerdings hat der staatliche Handel Klein-Gewerke in seine eigenen Betriebe aufgenommen. Manchmal mußten die Fugger einspringen, damit die Bergarbeiter nicht brotlos wurden[1113]. Das Bergwerk drängte kraft seiner Organisation mit einer diesem innewohnenden Gewalt auf die soziale Gesinnung, die sich keineswegs überall durchsetzte.

Durch ihre Fertigkeiten und Kenntnisse errangen sich die deutschen Bergleute frühzeitig eine bevorzugte gesellschaftliche Stellung und standen

[1111] S. 249. [1112] *Wolfstrigl-Wolfskron*, Erzbergbaue. S. 159.

[1113] *Ludwig Scheuermann*, Die Fugger als Montanindustrielle in Tirol und Kärnten. Ein Beitrag zur Wirtschaftsgeschichte des 16. und 17. Jahrhunderts (Studien zur Fugger-Geschichte, Bd. 8). München u. Leipzig 1929, S. 383f. – Haltung der Fugger zu Zeiten unterschiedlich.

in besonderem Ansehen bei ihren Zeitgenossen. „Nicht nur in der engen Heimat, sondern auch in der Fremde fühlten sie sich als Herren und erhöhten den Wert des einzelnen durch die Geschlossenheit ihrer Korporation und das Eintreten der Gemeinschaft für den Einzelnen, wie umgekehrt des Einzelnen für die Gesamtheit. Auf dem Gebiete des deutschen Berg- und Hüttenwesens begegnet man zum ersten Male einem Adel der Arbeit[1114]." Es ist nicht schwer, andere Zeugnisse für die Wende vom Mittelalter zur Neuzeit beizubringen, die die Entfaltung des Standesbewußtseins und des begründeten Berufsstolzes behandeln. Es war das Zeitalter einer wirtschaftlichen Hochkonjunktur.

Ein Wort über die Altersversorgung. Das *Bruderhaus* in Schwaz, das sich an der Wende vom Mittelalter zur Neuzeit findet, war gestiftet für arme und zur Arbeit untauglich gewordene Bergknappen. Somit findet sich früh die Fürsorge für Berginvaliden ein, allerdings auf der Basis der Genossenschaftshilfe, mit der Umlage eines Wochenpfennigs, zu der Stiftungen einzelner hinzutreten mochten[1115]. Stiftungsmemorien entstanden.

Noch im Jahre 1738 ließ ein hoher Bergwerksbeamter dem Spital zu Schwaz eine Jahrtagsstiftung mit Armenspende zuteil werden[1115a].

4. *Arbeitsruhe*

Schon oben konnte darauf hingewiesen werden, daß selbst die *Papsturkunden* manche bemerkenswerte Bestimmungen in Sachen des Bergbaues mit sich führen[1116]. Diese Linie setzte sich in dem Punkte fort, was die Arbeit am Sonntag betraf. Gab doch Papst Pius II. im Jahre 1460 der oberpfälzischen Bergstadt *Sulzbach*, die eine führende Stellung im Bergwesen einnahm, die Erlaubnis, an Sonn- und Feiertagen die notwendigen Arbeiten zur Wasserhaltung durchzuführen, damit die Gruben nicht absaufen. Mit Recht hat *F. M. Ress* diese aufschlußreiche Urkunde zur Geschichte des deutschen Bergbaus und Hüttenwesens als geradezu einmalig bezeichnet. Wir geben diese Verlautbarung wie folgt:

„Wie in eurer uns jüngst vorgetragenen Bittschrift enthalten ist, befinden sich im Bezirk euerer Stadt Sulzbach, Regensburger Diözese, einige Erz-

[1114] *Kaestner*, Der Bergbau in den Wappen deutscher Städte. S. 13.

[1115] *von Sperges*, Tyrolische Bergwerks-Geschichte. S. 102. – *Schreiber*, Bergwerk. S. 414f. – Das LThK, 2², läßt einen Artikel „Bruderhaus" vermissen.

[1115a] *Franz Grass*, Studien zur Kulturgeschichte Tirols. Innsbruck. Im Erscheinen.

[1116] Siehe oben.

gruben oder Erzbergwerke, aus denen Eisen gefördert wird; darinnen muß ununterbrochen gearbeitet werden, um das in großer Menge hereinströmende Wasser auszuschöpfen, so daß auch an Sonntagen und anderen Gott und seinen Heiligen geweihten Tagen die Arbeiter ihre Arbeit nicht abbrechen können, deshalb weil das Wasser in einem Tag so sehr ansteigt, wenn es nicht beständig ausgeschöpft wird, daß die Gruben kaum in einem Monat davon wieder befreit werden können und vielleicht sogar das ganze Werk dieser Leute zu ihrem größten Schaden zugrunde geht. Deshalb wurden wir von euch demütig gebeten, wir wollten es aus apostolischer Milde für würdig erachten und genehmigen, daß ihr zur Entlastung eueres und der Arbeiter Gewissen dort an diesen Tagen mit Ausnahme der höheren Feiertage arbeiten, Wasser ableiten und sonst in geeigneter Weise Vorsorge in den Erzgruben und Erzbergwerken treffen könnt. Wir willfahren daher eueren Bitten, daß ihr zur Bedienung der Erzbergwerke an den genannten Tagen dort arbeiten, Wasser ableiten oder schöpfen und andere notwendige Arbeiten verrichten könnt. Den Arbeitern in den genannten Erzgruben, die vielleicht sterben (verunglücken) sollten, wird das kirchliche Begräbnis nicht verweigert werden, wenn sie nur nicht exkommuniziert sind oder auf andere Weise ausdrücklich und öffentlich als Aufrührer gegen die kirchliche Ordnung gelten[1117]." Gewiß ein sorgfältig abgewogenes und zugleich realistisches Zugeständnis. Es sind dabei die Feiertage nur allgemein angesprochen und nicht nominatim ausgeführt. Eine kluge Anpassung an das Regionale, die der welterfahrene Enea Silvio de Piccolomini vornahm. Der ehemalige Sekretär des Bischofs von Freising mochte die Oberpfalz etwas kennen.

An einem solch denkwürdigen Quellenzeugnis ist auch die Geschichte der Arbeitsphysiologie interessiert, für die noch manche historische Linien aufzugreifen sind. Eine ähnliche Vergünstigung erfuhren die Haller Salzarbeiter. Sie wurden ebenfalls von der Feiertagsruhe dispensiert[1118].

Auch sonst wird die Arbeitsruhe in solchen Verlautbarungen hervorgehoben. Sie gab sich als vordringliches Thema. Das geschah in Wertung der schweren Tätigkeit des Berufes. Ein Punkt, den die Geschichte des Bergbaus oft berührt, den auch die angezogene Papsturkunde anklingen läßt. Wir erwähnten in Sachen dieser Arbeitsruhe bereits oben die Knappen-

[1117] *Franz Michael Ress*, Stiftungen deutscher Eisenhüttenleute. S. 28. Wir folgen der dort gebotenen Übersetzung. Der Heortologie und Liturgiegeschichte blieb diese Papsturkunde unbekannt.

[1118] *Nikolaus Grass*, Das Widum- und Kloster-„Stürmen" sowie verwandte Faschingsbräuche in Süddeutschland, Österreich und der Schweiz. In: Zeitschr. d. Savigny-Stiftung für Rechtsgeschichte, Kan. Abt., Bd. 71. Weimar 1954, S. 187.

feiertage, die eine besondere Vergünstigung im Ablauf des Kirchenjahres wie des Werkjahres bedeuten. Wir fügen noch einen konkreten Fall hinzu, der die Bergleute in der tirolischen Saline *Hall* betrifft. Dort gewährte Papst Martin V. im Jahre 1428 ein ähnliches Indult, das er durch den Prämonstratenserabt von Wilten ausführen ließ[1119]. Diese Gnadenbewilligung wurde jahrhundertelang beibehalten. Sie äußert sich in den vier Quatembersonntagen. Die Dominica übernahm die Funktion der eigentlichen Quatembertage. In Sachen dieses Indultes erteilte nämlich der dem Orden zugehörige Pfarrer von Wilten in der Spitalkirche zu Hall die Absolution wegen der Arbeiten, die an Sonn- und Feiertagen vorgenommen wurden. Gleichzeitig hielt er eine entsprechende Predigt. Sie gibt sich als ein Beitrag zur Geschichte der noch wenig erforschten Standespredigt, die auch sozialgeschichtlich und wirtschaftsgeschichtlich eine Berücksichtigung verlangt. Das Haller Salzamt erwies sich seinerseits erkenntlich. Das Stift Wilten empfing jährlich 13 eigens hergestellte Salzknollen von je zwei Star. Andererseits hatte das Stift den Salzarbeitern 276 Brotlaibe und 18 Käslaibe als Gegenleistung zu liefern[1120]. Eine gewiß bemerkenswerte Abmachung, die den Bergarbeiter in verschiedene Bereiche des kirchlichen und weltlichen Rechts führt.

Alpine Synoden des 15. und 16. Jh. haben sich eigentlich unentwegt mit der Zahl der Feiertage, ebenfalls mit der Verbindlichkeit der Arbeitsruhe auseinandergesetzt. *Leopold Kretzenbacher* hat in seiner Untersuchung über die Verbindlichkeit der Feiertage jene Werkzeuge aufgenommen, mit denen Christus durch Schändung des Sonntags und des Feiertags verwundet wird. Unter diesen Instrumenten befinden sich auch Hacke, Beil, Hammer, Bergmannsfäustel, die im bergwerklichen Betrieb gebraucht werden. Das Übermaß der Feiertage drängte auf Reformen[1121].

Besondere Aufmerksamkeit verdient das Salzvorkommen in Hall bei Admont. Es gelang diesem Benediktinerkonvent, eine Reihe von Salzstellen fest in ihre Hand zu bekommen. Die landesfürstliche Saline in Aussee

[1119] Dazu s. *Franz Grass*, Pfarrei und Gemeinde im Spiegel der Weistümer Tirols. Innsbruck 1950, S. 167f. Dort ist auch hingewiesen auf ein Synodalstatut der Brixener Synode von 1438. Es gestattete das Arbeiten an Heiligenfesten im Sommer wegen des starken Arbeitsanfalles zu dieser Jahreszeit, gemeint ist die Brixener Synode von 1438. (*G. Bickell*, Synodi Brixinensis saeculi XV. Oeniponte 1880, p. 15.) – Für Salzsieden an Feiertagen in Aussee s. *Srbik* Salzwesen. S. 158f. u. 166f. Hinweis von Nikolaus Grass. – Zu den Feiertagen s. noch *Hirn*, Maximilian 2, 1. T. S. 87.

[1120] *Nikolaus Grass*, Widum- und Kloster-„Stürmen". S. 187.

[1121] *Tomek-Ammon*, Diözese Seckau, S. 211ff., mit näherer Würdigung der Literatur.

empfing damit eine bedeutende Konkurrenz, doch erwies sich auf die Dauer das Ausseer Salz als stärker. Der Erzherzog Ferdinand I. war nicht gewillt, den Wettbewerb von Admont zu tragen. Er zwang den Abt Amandus von Admont, seine Salzwerke in Hall und Weißenbach bei St. Gallen gegen eine jährliche Salzrente aufzulassen. Ähnlich wie beim Eisenvorkommen erwies sich der Landesherr als der Stärkere, der die Konkurrenz des klösterlichen Rivalen einengte, ja im Salzwesen zerschlug[1122]. Die Saline in Aussee war bei Beginn des 13. Jh. dem Stift Rein zugehörig. Doch machte Herzog Leopold VI. aus Aussee 1211 eine Kammersaline. Die Familie der Hallinger arbeitete dort nicht um Arbeitslohn, sondern um einen Anteil am erzeugten Salz. Der Landesherr Herzog Rudolf IV. gab 1360 dieses Salzbergwerk den Hallingern in Pacht. Es vollzog sich an dieser Stelle die Überlegenheit der kapitalistischen Privatwirtschaft gegenüber dem Regiebetrieb des Landesfürsten. Doch es erfolgte das Eingreifen des Kaisers Friedrich III., der, ähnlich wie in der Eisenwirtschaft, die Überordnung der Staatsgewalt über das privatkapitalistische Unternehmen heraufführte[1123]. Aber erst Maximilian I. und dessen Enkel Ferdinand I. haben die volle Durchsetzung der staatlichen Ansprüche ermöglicht.

Im Zeitalter des Frühkapitalismus, vorab im 16. Jh., waren die Arbeitsbedingungen in den Bergwerken recht unterschiedlich. Wir nennen den Bleiberg in Kärnten. Dort waren die Bergarbeiter verhältnismäßig günstig gestellt. „Es wurde in 6½ Schichten wöchentlich gearbeitet, jede Schicht zu 9 Stunden, das ergibt zwar eine wöchentliche Arbeitszeit von 58½ Stunden." Aber bei dieser Berechnung darf man nicht übersehen, daß zahlreiche Feiertage vorhanden waren, so daß nach *Wiessner* das Jahr nur 245 Arbeitstage umfaßte. Diese Entwicklung drängte natürlich auf Revision[1124].

Vielfach hat sich Kaiser Josef II. mit den Bergfeiertagen beschäftigt. Er hat 1781 und 1785 nicht weniger als 26 solcher Bergfeiertage aufgehoben. Doch hat mit dieser Maßnahme „die Zahl der Jahresschichten bei den Säuberern (in den Salinen), die in der Woche 8 Schichten verfuhren, sich auf 406, und bei den Häuern, welche bloß 6 Schichten arbeiteten, auf 302 erhöht"[1125]. Was die damalige Ordnung der Schichten in den Salinen

[1122] *Ferdinand Tremel*, Frühkapitalismus in Österreich. Graz 1954, S. 60f.

[1123] Ebd., S. 61ff.

[1124] Eine Übersicht über die Knappenfeiertage bei *Wießner*, Kärntner Bergbau, S. 51f., wo näherhin ausgeführt ist, daß ein Drittel der Tage des Jahres dem Knappen zu seiner freien Verfügung stand. So war er in der Lage, in dieser Freizeit seine kleine bäuerliche Wirtschaft zu versorgen.

[1125] *Schraml*, Oberösterreichisches Salinenwesen, 2. S. 129.

anging, so war die Wochenschicht ohne Verkürzung der Arbeitszeit schon am Freitag zu Ende. Den Bergleuten verblieb daher der ganze Samstag zur Besorgung der häuslichen Arbeit[1126]. Doch brachte die Schichtenordnung Wechselvolles mit sich, ehe es zu dieser Entscheidung kam.

Auch die Sage bemächtigt sich der Arbeitsruhe. Da weiß sie über das Geschick eines Bergknappen im tirolischen Goldbergwerk Rauris zu berichten, dem die Sonntagsarbeit übel bekam: „Die anderen hörten, wie er mit dem Hund (Karren) Erz förderte, doch kam er abends nicht ins Berghaus. Als am Montag früh die Belegschaft an die Grube kam, lag er ‚z'batzt' drinnen, Schaum vor dem Munde, ‚den huets Bergmandl dadruckt'[1127]."

In Sachen dieser Sage darf man daran erinnern, daß in manchen Tiroler Almen am Sonntag Ruhetag für den Hirten war. Dort wurden Begriff und Tatsache der Sonntagsweihe gepflegt.

Unter die Knappenfeiertage zählt im westfälischen Brilon der Tag des hl. Antonius von Padua. Barbara war ebenfalls Patronin in Ramsbeck, wo ein Andreasberg liegt. Gewerbliche Ruhetage sind neuerdings öfters behandelt worden, aber diese haben sich der Sonntagsruhe zugewandt, nicht dem Bergbau[1128].

5. Bergmannssagen

Die vielgeschäftige Sage ist neben anderen Ausgangsstellungen stark verwurzelt im Volksglauben. Sie hat schon deshalb eine bedeutende und volkswarme Stellung im Bergwerksbereich. Es ist die Meinung von *Johann Gottfried Herder* und der Gebrüder *Grimm* sowie der älteren Sagenforschung, daß sich germanische Mythologie in die Volkssage hineingerettet habe. Diese Auffassung hat sich vielleicht am wenigsten in der Überlieferung des Bergbaues erwiesen. Denn diese wendet sich ja in einer dauernden Fragestellung des Berufes und der Wirtschaft, also vom betriebsamen Alltag her, der Auffindung der Metalle zu. Die Entschleierung des Geheimnisses, das bei der Entdeckung der Mineralien hervortritt, der überraschende Einblick in verborgene Tiefen des Erdreiches, die Errettung aus Gefahr, aber auch

[1126] Ebd.

[1127] Siehe den Aufsatz „Allerhand Bergmannssagen". In: Die Bergbau-Industrie. Bochum, Nr. 48 vom 30. 11. 1929. Dazu *G. Schreiber*, Nationale und internationale Volkskunde. S. 75. – *Ders.*, Wochentage. Im Register, S. 260.

[1128] Siehe das Sammelwerk von *Hermann Peichl*, Der Tag des Herrn. Die Heiligung des Sonntags im Wandel der Zeit (Studien der Wiener Katholischen Akademie, Bd. 3). Wien 1958.

die Katastrophe, also der plötzliche Einsturz des Bergwerks, drangen in die Volkserzählung. Diese breitet gern ernste Erlebnisse aus. Dem Zufall ist sie eigentlich weniger verhaftet. Die Bergwerkssage berichtet lieber, wenn sie seltsamen Ereignissen nachgeht, von einem hilfreichen oder feindlichen Geist (Bergmönch, Berggeist, Rübezahl, Walen, Venediger) oder von einem wegweisenden Tier (Hirsch, Pferd, Esel), das nach den Bodenschätzen weist. In der Rammelsberger Fundsage ist es ein Roß, das Silbererze entdeckte. Am Schneeberg entblößte wiederum ein Pferd durch Scharren das Edelmetall. Anderorts waren es eine Kuh, ein Bär oder gar einige Ziegen, die Metallschätze auffanden[1129]. Dazu traten der wegweisende Traum, ferner die ereignisreiche Jagd, die gerade in den Bergen daheim ist und zu einer fündigen Stelle führt. Überdies begibt sich manches erstaunliche Wunderzeichen, das aufleuchtet. Gerade das Bergwerk verfügt über eine erstaunliche Fülle von Schatzsagen. Der Sagensammler *Richard Kühnau* hat etwa 200 Schatzsagen gesammelt, die allein aus Schlesien stammen. Dieser Autor ist im übrigen durch eine planvolle Sammlung von sonstigen Bergmannssagen verdient[1130].

Schon in der zweiten Hälfte des vorigen Jahrhunderts setzt das Bestreben ein, diese Art von Erzählungen zu sammeln und so vor dem Vergessenwerden zu bewahren. Im Jahre 1882 hat der Oberschlesier *Friedrich Wrubel* die erste „Sammlung bergmännischer Sagen" in Freiberg (Sachsen) herausgegeben. Seitdem es planmäßiges bergbauliches Schaffen gibt, wurde das Bergwerk von der Volksphantasie stärker umspielt.

Die Sage von *Rübezahl* (aus älterem ruebenzagel)[1131] drängt sich unter der Bergmannserzählung vor[1132]. Sie stammt wahrscheinlich aus dem Harz und wandert nach Schlesien ins Riesengebirge. Doch herrscht Rübezahl dort nicht unter Tage. Er wirkt als „Berggeist" schlechthin. Dabei erweist er verschiedene Charakterzüge. Er bestraft Böse, belohnt Wohltaten und spielt manche unberechenbare Streiche. Nicht umsonst haben die Menschen zu

[1129] *Stötzel*, Bergmannssagen. S. 37.

[1130] Schlesische Sagen. Bes. 3, S. 725–778; 4, im Register, S. 106f. – Keinerlei Artikel über Bergbau bei *Johannes Bolte* und *Lutz Mackensen*, Handwörterbuch des deutschen Märchens (Handwörterbuch zur deutschen Volkskunde, hg. vom Verband deutscher Vereine für Volkskunde, Abteilung II, Märchen), Bd. 1 und 2 (mehr nicht erschienen). Berlin u. Leipzig 1930–1933 und 1934–1940.

[1131] Vgl. *Friedrich Kluge*, Etymologisches Wörterbuch der deutschen Sprache. 18. Auflage, bearbeitet von Walther Mitzka. Berlin 1960, S. 610f. Die Herkunft des Namens noch ungeklärt.

[1132] *Kirnbauer*, Bergmannssagen. S. 17f.

ihm kein restloses Vertrauen[1133]. Er behütet Schätze[1134] und gebietet ferner über das Wetter[1135]. Moritz von Schwind († 1871) hat ihn als alten Mann mit spitzem Bart, großem Knüppel und Holzpantinen gemalt, der einen urwüchsigen Wald durchschreitet. Vielseitig ist die Dichtung, die sich mit diesem schlesischen Berggeist beschäftigt[1136]. Gnomen oder Bergmännlein treten oft an seine Stelle. Alle diese Berggeister zeigen ebenfalls wie Rübezahl den Knappen verborgene Schätze. Sie sorgen für Ordnung und Ehrlichkeit. Unehrliche und hochmütige Bergknappen werden bestraft. Allerdings haftet den Berggeistern in manchen Gegenden und Situationen auch dämonische Böswilligkeit an[1137]. Diese Charakteristik vermittelt bereits die Schrift Daemonologia Rubinzalii Silesii, die im Jahre 1662 von Johann Praetorius herausgebracht wurde und zugleich das erste große schriftliche Zeugnis für Rübezahl ausstellt. Da wird weiter für andere bergmännische Landschaften im Sagenbereich berichtet, wie in Südtirol das Ahrner Bergwerk entstand. Auch dort wird für die Herkunft ein Tier in Anspruch genommen. Hier trieb nämlich ein Bauer einen Stier über den Tauern ins Ahrntal. Aber das störrische Tier ist trotz Scheltens und Stockhieben nicht weiterzubringen, hier ähnlich dem Gespann der christlichen Legende[1138]. Der Ochs dieser Fundsage bohrt die Hörner in den Erdboden, gräbt mit den Vorderpfoten ein Loch in den Boden, schleudert Steine zur Seite. Der Bauer nimmt mehrere Brocken auf, die goldglänzenden Schimmer zeigen. Man gräbt nach und stößt auf reichhaltige Kupfererze[1139]. Wiederum wird in Sachen des Schwazer Bergbaues berichtet, daß ein Stier – er ist nun einmal Symbol der Fruchtbarkeit[1140] – mit seinen Hörnern den Rasen aufstieß und einen reichen Erzgang bloßlegte. Ebenfalls soll eine Dienstmagd namens Gertrud Kandler, hier allerdings durch einen Zufall, die Auffindung einer Erzstufe veranlaßt haben[1141].

Es steht dahin, ob eine Einwirkung des Kultes der tirolischen Notburga († wahrscheinlich 1313) stattgefunden hat. Sie stammte aus dem tirolischen

[1133] *Beitl*, Wörterbuch². S. 647. – *Kosch*, Deutsches Literatur-Lexikon, 3². S. 2332.

[1134] Belege bei *Paul Zaunert*, Alt wie der Wald. Ostdeutsche Sagen und Historien. Ausgewählt und bearbeitet. Düsseldorf 1955, S. 130ff.

[1135] Ebd., S. 128. [1136] Ebd., S. 128ff.

[1137] *Kosch*, Deutsches Literatur-Lexikon, 3². S. 2332f.

[1138] *Günter*, Legende. S. 349.

[1139] *Karl Paulin*, Die schönsten Sagen aus Südtirol³. Innsbruck 1950, S. 224f. – Ahrntal bei *Hirn*, Erzherzog Maximilian 2, 1. T. S, 58.

[1140] *Bächtold-Stäubli*, Handwörterbuch, 8. Sp. 1516.

[1141] *Albert Jäger*, Beitrag zur Tirolisch-Salzburgischen Bergwerksgeschichte. In: Archiv f. Österr. Geschichte, 53, 1875, S. 337–556, bes. S. 344.

Bergbauort Rattenberg. Sie diente im Schlosse des Grafen von Rottenburg und war vorübergehend bei einem Bauern in Eben tätig. Dort wurde sie bestattet, und 1718 wurden ihre Gebeine erhoben. Ihre Verehrung, die bereits früher einsetzte, wurde 1862 kirchlich bestätigt[1142]. Sie wanderte in viele Grubennamen[1143]. So wollen die Metallfinder von der Sozialgeschichte wie von der Religionsgeschichte beachtet sein. Die Volkssage, die den Volksglauben in ihren Erzählungen wiederspiegelt, greift selbstverständlich auch gerne nach volksfrommer Überlieferung.

Tirol liefert weitere Volkserzählungen.

Da war wiederum ein Bergwerk bei der Hohenburg in der Nähe von Igls[1144]. In der Entdeckung tritt ein Wildschütz heraus, der die Jagd, ein Tiroler Urelement, verkörpert.

Näherhin erfahren wir, daß ein Bäckerbursche, namens Wintergerst, bedienstet in Schloß Hohenburg, mit einem Wagen voll Mehlsäcke zu einer nahen Mühle fuhr, er verfehlte in der Dunkelheit den Weg und stürzte – ähnlich anderen Wagenunfällen – samt Pferd und Wagen in einen tiefen Graben. Erst am nächsten Morgen konnte er sich herausarbeiten, begegnete einem Wildschütz, der ihm zu helfen versprach und dann verschwand. Es öffnete sich nun zur Verwunderung des Bäckers ein Felsenspalt. Es trat dieser Wildschütz daraus hervor mit sechs starken Männern, die Wagen, Pferd und Mehlsäcke aus dem Graben zu bergen wußten. Hier klingt in der weltlichen Sage das Motiv der christlichen Legende an, die ebenfalls den sich öffnenden Berg mit sich führt, mit einem marianischen Einschlag[1145]. Der Wildschütz gab dem Bäckergesellen den Auftrag, den Grafen Leonhard Spaur, den Besitzer des Schlosses, zu unterrichten, wo er Mehl ausgestreut finde, an einer solchen Stelle könne er einen großen Schatz heben. Graf Spaur ritt am folgenden Tag, begleitet von Dienern und Wegweisern, zu dem bezeichneten Platz. Sieben – die echt symbolische Zahl der Volkserzählung[1146] – schneeweiße Tauben wiesen den Weg. Die Taube, auch von der christlichen Legende als Himmelsbote angesprochen[1147], tritt auch sonst in die Bergwerkssage. Man fand in der Tat auf dem Boden Mehl gestreut und stand am Eingang einer großen Höhle, in die man mit brennenden Fackeln

[1142] *A. Zimmermann*, Notburga. In: LThK 7, Sp. 630. – *Schreiber*, Alpine Bergwerkskultur. S. 54.

[1143] Landesregierungsarchiv Innsbruck, Kammerarchiv, Urkunde 381 vom 12. 12. 1571. Ebd., Handschrift 1587.

[1144] *Paulin*, Sagen von Nordtirol[5]. S. 33. [1145] Ebd., S. 33f.

[1146] Zur Siebenzahl s. *Schreiber*, Vierzehn Nothelfer. S. 15ff.

[1147] *Günter*, Legende. S. 151, 231, 249f. und im Register, S. 369.

eintrat. Man fand einen langen Stollen. Es öffnete sich ein hoher gewölbter Raum, der von einer flammenden Leuchte – Vorstufe der Grubenlampe – erhellt war. Da saßen wieder die sieben weißen Tauben, die aber verschwanden, als der Graf Spaur und seine Leute den Raum betraten.

Gold und Silbererze werden nun gefunden. Der Landesfürst, die höchste Berginstanz, ist darüber erfreut, da der Schwazer Bergbau allmählich versiegt. Tragik des Silberbergbaus. Der Edelmann der genannten Burg beginnt nun den Bergbau mit 20 Schwazer Knappen. Er nimmt diese in seinen Dienst. Eine Filiation ist besorgt. Einigen Arbeitslosen ist dabei geholfen[1148].

In Schlesien erscheint der Berggeist nicht nur als Steiger, sondern auch als Flamme oder Tier. Das Summen einer Mücke kündigt ihn an. Ursprünglich aber war dieser Berggeist der Sagen ein wirklicher Bergmeister. Er hatte große Freude an seiner Arbeit. So bat er Gott, nicht in die ewige Seligkeit eingehen zu dürfen, sondern bis zum Jüngsten Tag, in Gruben und Schächten herumfahren zu dürfen[1149]. Es ist eine seltsame Anhäufung grundverschiedener Motive, zu denen vielseitige Belohnungen der guten Bergleute und Strafen für die Schlechten und für Betrunkene gehören[1150]. Desgleichen wird die Hilfe für Alte und Arme herausgehoben[1151]. Eine Fülle von Motiven der Erwerbsnot und der Schatzfindung breitet sich in der Sage aus. In schlesischen Volksüberlieferungen führt der Berggeist, der auch in der Tracht des Steigers erscheint, den Bergmann an reiche Silberadern[1152].

Im nordischen Lüneburg ist es eine Wildsau, die zur Entdeckung der Solquelle geführt haben soll. Sie flüchtete sich vor den Jägern in einen Sumpf und wühlte sich ein. Als sie wieder herauskam, war sie weiß. Unter der Sonne war das salzhaltige Wasser verdunstet und hatte zur Bildung von einer Schicht von Salzkristallen geführt, die sie mitschleppte[1153]. So hat die alte Salzstadt, die 1247 das Stadtrecht erhielt, und im Salzhandel großen Reichtum erwarb, ihre altersgraue Überlieferung. Die Tiroler Sage bemächtigte sich überdies des Silbers, wenn sie mitzuteilen weiß, daß die Pfarrei Deutschnoven errichtet ist auf Erzstufen von Silber[1154].

[1148] *Paulin*, Sagen aus Nordtirol. S. 34.

[1149] *Zaunert*, Alt wie der Wald. S. 139.

[1150] *Kühnau*, Schlesische Sagen, 4[2]. Im Register, S. 106f., mit vielen verschiedenen Motiven.

[1151] Ebd., S. 107.

[1152] *Zaunert*, Alt wie der Wald. S. 136.

[1153] *Kart Stegen*, „De sulte dat ist Luneburgh". In: Der Anschnitt, Jg. 7, Nr. 1/2, 1955, S. 32.

[1154] *Atz* und *Schatz*, Bistum Trient, 1. S. 116ff., 123. – Die Sage weiß für das schlesische Hirschberg auch um bergbaufeindliche Bauern. *Stötzel*, Bergmannssage. S. 56.

So bereichert der Bergbau in seiner sagenschöpferischen Kraft dörfliche Fluren. Bäuerliche Kreise, die dem Bergwerk besonders nahestehen, beteiligen sich gerade in alpinen Gebieten an der Auffindung der Edelmetalle. Davon weiß die Volkssage in dem Bergbaugebiet des tirolischen Neustift. Da soll ein Bauer auf dem Pfunderer Hofe, dem höchsten der Gemeinde, zuerst einen Bergbau entdeckt haben. Dieserhalb sei es zur Bezeichnung Pfunderer-Bergbau gekommen. Auf der Höhe des Berges „Villandser Alpe“ steht, wie so oft in Bergbaugebieten, eine Kapelle zum hl. Kreuz genannt (über 1700 m hoch gelegen)[1155]. Bauern erscheinen auch in der Fundsage des viel erwähnten tirolischen Röhrerbühel. Da hören wir, daß im Jahre 1539 drei „wohlbezöchte Pauern“, Michel Reiner, Christian Gasteiger und Georg Pruger, vom Kirchweihfest im tirolischen Going in ihre Heimat nach Röhrerbühel zurückkehren[1156]. Sie halten Rast unter einem Kirschbaum. Das ist kein gleichgültiger Standort. Die Kirsche gibt sich ja als Sinnbild der Fruchtbarkeit. Sie kennt den Vegetationsdämon. Der Kirschblütenzweig erscheint am Barbaratag. Die christliche Legende schaltet sich auch sonst ein. Sie berichtet, daß Magdalena Allricia von Como († 1465) bei großer Hitze für die dürstenden Gefährtinnen durch ihr Gebet Kirschen von verdorrten Bäumen erwirkte[1157]. Die erwähnten Bauern, um zur Tiroler Sage zurückzukehren, schlafen ein und träumen von einem gütigen Bergmännlein. Es führt die Landleute in einen Stollen unter der Erde, wo der Berg von blinkendem Silber und Kupfer nur so strahlt. Nach Erwachen erzählen sich die drei Männer den Traum. Sie finden es seltsam, daß dieses Erlebnis einem jeden von ihnen zuteil geworden war. Sie graben nun den Boden unter dem Kirschbaum auf und finden das schönste Silbererz. Damit ist der Anfang des berühmten Silber- und Kupferbergwerkes am Röhrerbühl gemacht[1158]. Einer der glücklichen Träumer, der Bauer Michel Rainer, erhielt bei seinem Neuschurf am 29. September 1540 die Grube „Sant Michel am Rererpühel als für ain funtgrueben“[1159]. Der Festtag von St. Michael am 29. September und der Taufname des Bauern wirkten in der gleichen Richtung den Stollen als „Sant Michel“ zu bezeichnen. Gewiß eine aufschlußreiche Erkenntnis, um die *Namengebung* der Stollen zu erfassen[1160]. Was war nun der Erfolg bei

[1155] *Atz* und *Schatz*, Bistum Trient, 3. S. 235.

[1156] Zur Entstehung des Bergbaues am Röhrerbühel im Jahre 1540 s. *Wolfstrigl-Wolfskron*, Tiroler Erzbergbaue. S. 180f. – Bei *Hirn*, Maximilian 2, T. 1, S. 83.

[1157] *Günter*, Legende. S. 128.

[1158] *Paulin*, Sagen aus Nordtirol[5]. S. 68.

[1159] *Wolfstrigl-Wolfskron*, Tiroler Erzbergbaue. S. 181.

[1160] Siehe dieserhalb noch unten das Kapitel über die Namengebung.

der Schürfung? „Gleich unter dem Rasen wurde schon das reichste Fahlerz gefunden, welches, weil in die Talsohle ausbeißend, zum Schachtbau nötigte und eine bisher unbekannte reiche Ausbeute gab[1161]." Mirakelhaftes trat somit zu Hammer und Schlegel. Die Fundgrube bedurfte der Fundsage. Poetische Ursprünge und Erzeugnisse der Volksphantasie gesellten sich zur Beurkundung und zum Wirtschaftsgeschehen. Solches Wunderzeichen stellte sich zu bäuerlichen Kreisen wie ein Nimbus, wie ein aristokratisches Element, wie eine Höherstufung der Scholle. Auch solche Vorgänge gehören in die Geschichte der Bauern-Emanzipation, die über Jahrhunderte greift. Diese darf nicht nur von der wachsenden sozialen Geltung im Meier Helmbrecht (13. Jh.) gesehen werden, auch nicht allein von gesetzlichen Maßnahmen des 18. und 19. Jh. Diese Bauernbefreiung, ob österreichischer oder preußischer Herkunft, bedurfte einer seelischen Vorbereitung, die über Jahrhunderte griff. Es ist an der Zeit, diese bedeutsamen Entwicklungslinien herauszuarbeiten.

Die Sage greift selbst in Anfänge der Kohlenwirtschaft. Nach einer nüchternen schlesischen Sage entdeckt ein Hütejunge im *Waldenburger* Revier zum erstenmal Steinkohle. Ein Fuchs – die Grube „Fuchsloch" findet sich auch ein unter den Bergwerken Graubündens[1162] – hatte sie ausgescharrt. An dieser Stelle entstand später die erste Kohlengrube. Sie hieß Fuchsgrube[1163]. So knüpft die Steinkohle als Erbe an die Fundsage der Erzgrube an.

Die Sage kann sich nicht selten auf Vorgänge stützen, die geschichtlich nachweisbar sind. Solche Berichte gewähren ihr einen ernsten Rückhalt. So entdeckten im Jahre 1610 diesmal Hirten auf der Hochalpe südlich Fieberbrunn ergiebige Eisenerzlager. Diese wurden 1613 durch Gründung der Eisenwerke Pillersee einem geregelten Bergbaubetrieb zugeführt. Diese neue Anlage umfaßte auch den Abbau *Gebra*, dem später eine besondere Bedeutung zuwuchs[1164].

Das Traummotiv, verbunden mit dem – in der schlesischen Überlieferung stark berücksichtigten – Engelmotiv[1165] zeigt sich zudem unter den Sagen des Erzgebirges. Da wird in einer Engelsage berichtet: „Einst erschien einem Bergmanne nachts im Traum ein Engel. Der sagte: ‚Geh in den

[1161] *Wolfstrigl-Wolfskron*, Tiroler Erzbergbaue. S. 181.
[1162] *Plattner*, Bergbau. S. 44.
[1163] *Zaunert*, Alt wie der Wald. S. 138.
[1164] *R. v. Srbik*, Tirol und Vorarlberg. S. 156.
[1165] *Kühnau*, Schlesische Sagen, 4. S. 118 im Register.

Wald zu dem Baume, den ich dir jetzt zeige. Dort wirst du ein Nest mit güldenen Eiern finden'. Und als der Tag kam, ging der Bergmann in den dicken Wald und fand den Baum. Aber wie er auch in den Zweigen und im Wipfel suchte, das Nest fand er nicht. Da stieg er gar traurig aus dem Gezweig. Alsbald erschien der Engel wiederum vor ihm, sagte: ‚Schlag an dem Baume ein, so wirst du das Nest mit den güldenen Eiern wohl treffen.' Da ist der Bergmann dem Befehl des Engels gefolgt, hat geschürfet, hat einen reichen Silbergang entblößt. Sind von allen Orten und Enden viele Fremde gekommen, das neu von Gott bescherte Glück zu sehen. Ist die Stadt *Annaberg* an diesem Ort entstanden[1166]." Dieser Annaberger Fundbericht ist derart in der Volksüberlieferung ausgesponnen, daß sich vier Fassungen einfinden. Diese vier Versionen haben als Kern den Schatztraum. In einer ersten Fassung zeigt die hl. Anna, die Erzmacherin, den Schatz an, in einer zweiten und dritten Fassung wird der Engel im Auftrag des Herrn zum Verkünder des Bergschatzes. In einer vierten Fassung wird der Befehl lediglich von Gott gegeben. Man hat die letztere Fassung, die das Engelmotiv nicht erwähnt, als die eigenartigste und selbständigste bezeichnet. Sie weist mittelbar auf die Bedeutung jener Grubennamen hin, die als Gottessegen oder so ähnlich gottbezogen geführt werden.

Die Gründungssage des mährischen *Kuttenberg* will ebenso erwähnt sein. Ganz unbedenklich verwendet sie wiederum den Namen Daniel. Dieser Prophet rückt geradezu in das Zubehör des Bergwerks, eigentlich, was den Ausgang des Mittelalters betrifft, weit mehr noch als St. Barbara. Diese Vorzugsstellung in der Fundsage ist unbestreitbar. Da findet sich weiterhin die Geisterkirche ein, die schon in der Harzsage mit der Zellerfelder Kirche hervortrat[1167]. Gleichzeitig macht sich, wie so häufig, der Traum in Sachen der Entdeckung geltend[1168]. Da heißt es näherhin: „Der Böhmen Bischof Daniel, im Rufe seines Amtes nach dem Mährerlande hinziehend, hatte im dichten Forst am Kuttenberge Weg und Pfad verloren. Ihn überfiel die Nacht. Der Diener mußte die Rosse entzäunen, den Sattel nahm der Bischof zum Pfühl seines Hauptes und entschlief im Mondenschein. Der Traum zeigte ihm inmitten des Waldes ein prächtiges Gotteshaus. Zahllose Lichter schimmerten durch die hohen Fensterbogen, Chorgesang und Orgelton hallte wieder an den Wänden. Ein Zug von Priestern paarweis, mit Kerzen in den Händen, zog aus dem nahen Kloster, zum Portale der Kirche hinein,

[1166] *Stötzel*, Bergmannssage. S. 38f., bereits oben erwähnt.
[1167] Ebd., S. 22.
[1168] Zum Schatztraum, der vier Fassungen aufweist, ebd., S. 39.

in welcher er die himmlische Gnadenmutter und St. Adalbert, Böhmens und Polens Apostel, erblickte, so herrlich, daß, als der Bischof wieder erwachte und das nächtliche Gesicht ihm klar geworden, er darin den Willen des Herrn des Himmels und der Erde erkannte und ihn unverzüglich in's Werk richtete, das neue Kloster, von seines Hauptes Kissen, dem Sattel, Sedletz benennend."

Es will eigens beachtet sein, daß Daniel hier als Bischof der Böhmen vermerkt wird, mit einem Ausblick auf Mähren. Man ersieht auch an dieser Stelle ganz deutlich, daß er schlechthin in Bergwerkszusammenhänge eingeführt wird; jeder andere Bischofsname tritt zurück.

Kloster Sedletz stand noch kein Jahrhundert, als ein frommer Mönch desselben, namens Antonius, sich im nahen Walde erging, um dort zu lesen und zu beten. „Er hatte solches durch viele Stunden eifrig gethan. Indeß brach immer heißer, immer drückender die Mittagssonne herein. Der fromme Mönch ermattete und schlief ein im wohltätig kühlenden Schatten einer alten, weitverzweigten Buche. Er erwachte spät und sah an seiner Seite drei plötzlich empor gequollene Blumen von gediegenem Silber; sie wuchsen stolz aus dem grünen Moose. Vorher hatte er aber nicht dergleichen gesehen. Also hatte im Volksglauben ein ungewöhnlicher Trieb der Erdkräfte dieses Wundergewächs erzeugt. Der Mönch Antonius deckte, um den Ort leichter wieder zu finden, seine Kappe über die Blumen, und meldete die Begebenheit dem Abte. Nach wenigem Graben stieß man auf reiche Silberadern, und es wurden sodann ordentliche Gänge und Stollen hergerichtet, daher schreibt es sich auch, daß die Kuttenberger Bergknappen, bis auf des großen Ottokars Zeit, Mönchskappen trugen[1169]." Ätiologisches klingt an. Die hier erwähnte Überlieferung zeigt Verwandtschaft mit der Bergmannssage der schlesischen Zisterze Grünhain. Auch dort findet ein Mönch das Silbererz und bedeckt die Fundstelle mit seiner Kutte[1170]. Für die Beziehungen von St. Adalbert zum Bergbau sei erwähnt, daß das steirische Eisenerz zwei Adalbertgruben im 18. Jh. kannte[1171]. Eine für die Ostgebiete keineswegs gleichgültige Beobachtung.

Dieser nächtliche Gottesdienst in Kuttenberg erinnert an die Engelmesse der Marienlegende, ebenfalls an jene Messe, die Christus unter Assistenz der himmlischen Heerscharen vor Kaiser Heinrich dem Heiligen zelebriert. Dabei erfolgt durch einen Engel die Lähmung des Herrschers. Dahin gehört

[1169] *J. P. Kaltenbaeck*, Die Mariensagen in Österreich. Wien 1845, S. 22ff.
[1170] S. oben.
[1171] Beschreibung. S. 27.

ebenso die Messe, die der kranke St. Korbinian in Freising zur Matutin auf dem taghell erleuchteten Stephansberg erlebt[1172]. Es ist jenes Freising, das ja zu alpinen Räumen und auch zu den dortigen Weinfluren eine nähere Beziehung unterhielt. Das Hochstift Bamberg will als Wirtschaftsmacht an seiner Seite genannt sein. So konnte die Bergmanns-Phantasie auf bedeutende und anmutige Mirakel des Mittelalters zurückgreifen.

Bemerkenswert sind zudem die trinitarisch ausgerichteten Silberblumen. Sie erinnern an die Sage von der Johannisblume, ihrer Blüte und ihrem Licht zwischen elf und zwölf Uhr im Johannistal bei Clausthal[1173]. Es ist kein Zufall, daß der Mönch den Namen Antonius führt. Es ist eine typische Wendung und eine Auszeichnung, daß er anscheinend Antonius d. Großen, den Vater des Mönchtums, als Namenspatron führt. Der Mönch Antonius gibt sich auch sonst als Bergverwandter. Der Grubenname Antonius erscheint öfters so in Bergwerksverzeichnissen. So findet sich der Anton-Unterbaustollen im Zinkerzbergbau St. Veit im Bergbaugebiet von Imst[1174], desgleichen ein Anton-Stollen in der nämlichen Zone[1175]. Überdies verweisen wir unten auf eine Bergwerksmünze aus Hahnenklee, aus dem Bergwerksgebiet der Freiherren von Brabeck[1176]. Man soll auch noch beachten, daß die Kapuze die Fundstelle zunächst bezeigen soll, was auch sonst in der Sage an anderer Stelle bemerkt ist[1177]. Dabei ist es, was die Namengebung der Stollen betrifft, oft unklar, jedenfalls für den Fernstehenden, ob Antonius der Eremit, also der Vater des Mönchtums, oder Antonius von Padua gemeint ist, der als Volksheiliger, von Italien her, sich stark absetzte. So bleibt es zweifelhaft, ob in Eisenerz die Grube St. Antonii in der Leithen[1178] den altchristlichen Heilbringer meint, oder ob nicht doch mehr an den Italiener zu denken ist. Wird doch in dem gleichen Bergwerk vermerkt eine Grube St. Antonii von Padua[1179] und nochmals eine andere Grube St. Antonii von Padua am Bruechl[1180]. Daß andererseits der Eremit als

[1172] *Günter*, Psychologie der Legende. S. 258. Dazu neuerdings *Renate Klauser*, Der Heinrichs- und Kunigundenkult im mittelalterl. Bistum Bamberg. Bamberg 1957, S. 111.

[1173] *Stötzel*, Bergmannssage. S. 27. – Über den Blumenzauber des Brechschmieds s. *Kühnau*, Schlesische Sagen, 4. Im Register, S. 110.

[1174] Imster Buch. S. 36.

[1175] Ebd., S. 38.

[1176] S. unten.

[1177] Siehe *Stötzel*, Bergmannssage, mit dem Motiv „Der freigebige und hilfreiche Bergmann", S. 89.

[1178] Beschreibung. S. 28.

[1179] Ebd., S. 31.

[1180] Ebd., S. 32. – Die schlesischen Sagen wissen von einer Antonienhütte, von einem Antonihof und einer Antonsbuche. *Kühnau*, Schlesische Sagen, 4. Im Register, S. 32.

Repräsentant der Einsamkeit dem Bergwerk nähersteht, ist in einem anderen Kapitel festgehalten worden.

Das Bergwerk rückte für das schlichte Volk der Alpentäler in den Ruf, *verzaubert* zu sein. Beziehungen zur Alchemie mochten hier mitspielen, die das Goldmachen und den Stein der Weisen entdecken wollte[1181]. Der Hunger nach weiteren Edelmetallen machte sich dabei bemerkbar. Mehr als ein Zug ist überliefert, der in die Bereiche der Magie und der Schwarzkunst führt[1182].

Da war der *Pfeifer Huisele* († 1680 in Meran). Er wurde eine der volkstümlichsten Tiroler Sagengestalten. Denn mancherlei seltsame Tatsache ist uns von seinem Leben überliefert. In einem Kriminalprozeß 1650 wurde er beschuldigt, daß „alle Bergwerke des Landes sein vertahn und verzaubert und zwar auf 5 oder 6 Jahre". Er ward ebenfalls darüber vernommen, ob er die Kunst habe, Gold zu machen[1183]. Das Zeitalter der Alchemie spricht in diesem Bericht mit. Pfeifer Huisele war der tirolische Faust, über den neuerdings der historisch kundige Heimatschriftsteller *Hermann Holzmann*[1184], auf Grund von volkskundlich wertvollen Befragungen des Bauerntums, eingehend berichtete. Unter anderem besagt die noch lebendige Überlieferung, einmal habe Huisele versucht, das Bergwerk in der Nähe von Rabenstein im Passeiertal zu vernichten[1185]. Aber es gelang ihm nicht. Doch hat die Sage sich auch anderweitig über die Zerstörung von bestehenden Bergwerken ausgelassen[1186].

Andererseits erscheinen in diesen vielseitigen Sagenstoffen die *frevelnden Knappen*. Im Jürgengraben südlich des schlesischen Johannisbad hörte der Bergsegen auf, weil hartherzige Knappen einer alten Frau mit wunden Füßen noch nicht einmal ein Paar alte Schuhe schenkten und ihr auch sonst eine milde Gabe verweigerten[1187]. Desgleichen berichtet die Tiroler Sage von solchem Strafgericht. So wird vom Obernberg in der Nähe von Gries

[1181] *Beitl*, Wörterbuch². S. 9f.

[1182] *Karl Schadelbauer*, Die Schmelzkünstler Peter Martio und Johann Baptist Martinengo. In: Tiroler Wirtschaft in Vergangenheit und Gegenwart. Festgabe zur 100-Jahrfeier der Tiroler Handelskammer, Bd. I: Beiträge zur Wirtschafts- und Sozialgeschichte Tirols (Schlern-Schriften, Nr. 77). Innsbruck 1951, S. 93–98. Siehe noch *Bächtold-Stäubli*, Handwörterbuch, 10 (Registerband). S. 411. – *Kühnau*, Schlesische Sagen. S. 220 im Register.

[1183] *Michael Mayr* (Herausgeber), David v. Schönherrs Gesammelte Schriften. Bd. 2, Geschichte und Kulturgeschichte. Innsbruck 1902, S. 502, 507.

[1184] Pfeifer Huisele. Innsbruck 1954.

[1185] Ebd., S. 78f.

[1186] *Stötzel*, Bergmannssage. S. 56 u. ö.

[1187] Ebd. – *Kühnau*, Schlesische Sagen, 3. S. 744f.

am Brennerpaß erzählt, daß die Bergknappen dort so wohlhabend wurden, daß sie nicht mehr mit hölzernen, sondern mit goldenen Nägeln beschlugen[1188]. Da sie einem lebenden Stier in einer grausamen Untat die Haut vom Körper zogen, den Rumpf mit Salz einrieben und das Tier zum Tal hinausjagten, so daß die geschundene Kreatur in seiner Qual an einem Wegkreuz zum Heiland aufblickte, erfolgte die Strafe auf dem Fuß. Das Bergwerk stürzte mit seinen Gängen und Stollen ein. Die übermütigen Knappen wurden unter den Trümmern begraben. Der Fluch ging mit ihnen. Gold und Silber verschwanden für immer[1189]. Derart wird vom Volke her der Übermut einzelner Vertreter eines reich gewordenen Berufsstandes gegeißelt. Gottes Strafgericht erfüllt sich.

Auch die Bergbaupatronin *St. Anna* weiß den Übermut der Bergleute zu strafen. So berichtet die Sage des Erzgebirges: „Schlimm ist es auch einigen Fundgrübnern zu Neustädtel ergangen, die Meerbicken genannt. Sie hatten im Leben eine solche Pracht und so großen Überfluß im Essen und Trinken, daß sie sich im Bade die Füße mit gebähetem (eingeweichtem) Brot und Mallvasier (also mit einem kostbaren Südwein) reiben ließen. Sind aber in kurzer Zeit so verarmt, daß sie zum Bettelstab greifen mußten und einer von ihnen vor der Kirche um Almosen bat. Auch die Merwitzin auf dem Schneeberge glaubte, es sei Gott unmöglich, sie wieder arm zu machen. Doch sie starb auf dem Misthaufen[1190].“ – Diese volkserzieherisch gewandte Sage weiß weiter zu bemerken, daß die Übermütigen zurück müssen in die Sphäre der Armut. In ihrer didaktischen Art werden die Bergherren nicht nur als übermütig, sondern auch als hartherzig und gottlos geschildert.

Noch in einer anderen Sage weiß Mutter *Anna* den Betrug zu strafen, was die Volksüberlieferung im Erzgebirge verkündet: „Auch einige Scheibenberger Fundgrübner haben den gerechten Lohn für ihre Hartherzigkeit erhalten. War ein Scheibenberger Bürger, Andreas Reichel mit Namen, der hatte eine fündige Zeche, deren Gang durch den Gottesacker strich[1191], ausgeheuert und mit guten Stützen gebaut. Darüber verstarb er und hinterließ eine gar einfältige Tochter. Da schwatzten ihr etliche eigennützige Berg-

[1188] *Holzmann*, Pfeifer Huisele. S. 142f.

[1189] Übermütige Redensarten werden auch den Bergleuten von Schwaz nachgesagt; Straßenrinnen wollten sie mit Silber auslegen. – Der Bergsegen erlischt, wenn Knappen freveln. Darüber s. noch unten.

[1190] *Stötzel*, Bergmannssage, S. 49, mit Hinweis auf *Friedrich Sieber*, Sächsische Sagen. S. 70.

[1191] S. Anna widmete man im Mittelalter gern Kapellen auf Friedhöfen. *Kleinschmidt*, Hl. Anna. S. 426. Der Gottesacker wird auch sonst in der Bergmannssage erwähnt. Eine umfassende Studie über das cimiterium in seiner allgemeinen Funktion fehlt leider.

leut ihres Vaters Zeche um ein Geringes ab, versprachen ihr, einen neuen Rock und ein Paar Schuhe zu geben, sobald sie Ausbeut gehabt hätten. Aber sie dachten nicht daran, ihr Versprechen einzulösen. Da ging das einfältige Kind hinaus zur Zeche, kniete nieder und rief zur Mutter Anna, daß sie diese Untreue an ihr strafe und mit ihrem blauen Mantel alle Anbrüche auf dieser Zeche verdecke. Und als sie dies Gebet gesprochen, da waren alle Anbrüche abgeschnitten und ist nichts mehr gefunden worden als eine verbrannte Schwärze[1192]." So hält die Sage darauf, daß die göttliche Gerechtigkeit eingeschaltet wird, die den Ausgleich schafft. Die Verbindung mit dem St.-Anna-Motiv will besonders beachtet sein. Das einschlägige Werk von *B. Kleinschmidt* empfängt somit vom Bergbau her mehr als eine Ergänzung. Diese Sage behauptete sich noch in neugläubigen Zeitaltern. Sie weiß auch Kontroversen zu überbrücken.

Das St.-Anna-Motiv trat im übrigen betont in die schlesische Sage. Da hört man, daß unter der Schwelle der Pforte, durch die man in das Innere der St.-Anna-Kapelle in Borne gelangt, ein Schatz ruht in Gestalt eines goldenen Lammes[1193]. Wiederum weist die hl. Anna auch die reichste Eisengrube im Habichtsgrund zu *Schmiedeberg*. Eine Traumsage fand sich ein. Der arme Knappe, dem als armem Teufel der Vater ein schönes Mädchen verweigert, fand nun die beste Grube der Gegend, die das beste Eisen gab. Er konnte nunmehr die Jungfrau, die auch den Namen Anna führte, ehelichen. Beide erbauten nach ihrer Verehelichung 1312 das Annenkirchlein[1194]. In der sächsischen Bergmannssage tritt dagegen im Erzgebirge der Bergknappe *Daniel* auf. Der Zauber dieses Namens machte sich von Landschaft zu Landschaft geltend. Da hören wir für das erwähnte Gebiet. „Um das Ende des Dreißigjährigen Krieges lebte der Bergknappe Daniel mit seiner wackeren Ehefrau und drei Kindern in einem Flecken des oberen Erzgebirges. Schlägel und Eisen erwarben ihm das tägliche Brot, die arbeitsame Margarethe erspann den übrigen Bedarf, Gottes Wort und der fromme Glaube an seine Verheißungen half ihnen viele Jahre lang das gemeinsame Kreuz tragen. Es drückte sie dann allgemach zu Boden. Ihr erstgeborener Sohn, welcher bereits lustig und kräftig heranwuchs, ward bei einem feindlichen Durchzuge von den Holkischen Jägern erschossen, das sechsjährige Christinchen durch den Blitz gelähmt, und jetzt vollendete ein Zwillingspaar die Not und brachte Margarethe an den Rand des Grabes." Diese Berg-

[1192] *Stötzel*, Bergmannssagen. S. 49.
[1193] *Kühnau*, Schlesische Sagen, 3. S. 726.
[1194] Ebd., S. 728f.

mannssage führt eine Fülle von Motiven mit sich, die die Bedeutung von Daniel unterstreichen[1194a].

Andere Wandersagen finden sich ein, zuweilen wirtschaftlich bedingt. So erscheint der *Venediger*, jenes seltsame Männlein, das mit seiner hohen Kunst den Schatzgräbern hilft. Das erfahren drei Handwerksburschen an der denkwürdigen Volderer Brücke in Tirol, die 1809 heiß umkämpft war[1195]. Oder man nehme die Bergwerkslage bei der Tiroler Alpe Towin[1196]. Auch von dort ziehen sich Fäden nach der Adria. So entsandte die Lagunenstadt neben viel beachteten Diplomaten auch einen Helfer und Zauberer, mit dem sich der deutsche Volksglaube beschäftigte. Die schlesische Sage kennt ihn[1197]. Die sauerländische ebenfalls[1198]. Der Volkssage nach soll der etwa 2000 m hoch gelegene Möls-See im Wattental sogar eine unterirdische Verbindung mit dem Mittelmeer besitzen.

Venedig war ja zu allem der große Umschlagplatz für den *Metallhandel.* Der eben erwähnte wandernde Venediger, der sich zuweilen als fahrender Schüler gibt, wird begreiflicherweise zunächst eine charakteristische Figur des alpinen Gebiets. Aber er dringt selbst zum mitteldeutschen Bergwesen vor. Er verkörpert das Kapital und den Absatz des Edelmetalls. Aber darüber hinaus ist er in seinen Fertigkeiten geheimnisvoll umwittert. Ihm eignet ja die visionäre Schau und die begehrte Kunst, Bergschätze zu finden, sei es durch einen Spiegel, sei es durch Wünschelruten[1199]. Diese sagenhaften Werkspione wissen sogar Schlangen mit Flöten zu bezaubern, die sie töten und essen, wodurch sie der magischen Kräfte teilhaftig werden, um die Sprache der Tiere und der Vögel zu verstehen. Das ist ein Motiv, das sich auch sonst in der deutschen Sage findet, also unabhängig vom Bergwerk. So berichtete die Sage vom Seeburger See im Eichsfeld über ein im Wasser versunkenes Schloß, das *Bächtold-Stäubli* unbekannt blieb[1200]. Manchmal

[1194a] *Friedrich Wrubel*, Sammlung bergmännischer Sagen, Freiberg i. Sa. 1882, Nr. 40, S. 60–76.

[1195] *Schulz*, Wirklichkeit, Aberglaube und Sage. S. 24. – *Kirnbauer*, Die Quellen und Grundlagen der Bergmannssagen. S. 18f.

[1196] *Paulin*, Nordtirol[3]. S. 176.

[1197] *Zaunert*, Alt wie der Wald. S. 127.

[1198] *Albert Hömberg*, Siedlungsgeschichte des oberen Sauerlandes (Geschichtliche Arbeiten zur westfälischen Landesforschung, Bd. 3. Veröffentlichungen der Historischen Kommission des Provinzialinstituts für westfälische Landes- und Volkskunde, XXII). Münster (Westf.) 1938, S. 103f.

[1199] Zur Charakteristik des in der Literatur oft angesprochenen Venedigers s. *Bächtold-Stäubli*, Handwörterbuch, 10. S. 366. Aber es ist zu ergänzen *Kühnau*, Schlesische Sagen, 4 (Registerband). S. 217 unter „Welsche als Schatzsucher".

[1200] Zum Essen von Schlangenfleisch (Zauber), s. ebd., 7. Sp. 1149f.

arbeiten diese Venediger selbst in Gruben als einfache Bergleute. Oder sie geben sich in gehobener Stellung als Steiger, Berginspektoren, Bergmeister. Zuweilen wirken sie an wenig bekannten Orten. Sie fragen jedoch dort die Einheimischen aus, um leichter Metall zu finden.

So mehrte sich die Einflußsphäre und Anziehungskraft von Venedig, vom Bergwerk her gesehen. Es mag sein, daß auch die Namensgebung der *Markusgruben*, die sich unter den Stollennamen einfinden, an dieser Stelle hervorzuheben ist[1201].

Noch andere Züge teilen sich mit. In deutschen Gebieten leben diese Venediger schlicht und einfach. Zu Hause am Ponte Rialto nennen sie jedoch prächtige Paläste ihr eigen. Davon weiß die Erzählung, die einen Jäger im Schlaf nach der Inselstadt führte[1202], auch jene andere Überlieferung, daß ein junger Bursch in Venedig einen Walen (Goldsucher, Zauberer) wiedertrifft[1203]. Eine solche Begegnung erfährt ebenfalls ein Hirt aus dem Imster Bergbaugebiet[1204]. Man hat die Anziehungskraft Venedigs in der Renaissance wie folgt gekennzeichnet: „Dort ist es, wo die Geschäfte einer Welt sich nicht durch lautes Reden oder Schreien, sondern nur durch ein vielstimmiges Summen verraten, wo in den Portiken ringsum und in denen der anstoßenden Gassen die Wechsler und die Hunderte von Goldschmieden sitzen, über ihren Häuptern Läden und Magazine ohne Ende[1205]."

Wenn sich diese sagenhaften Berührungen mit der Lagunenstadt ergeben, mag man der Handwerker, Kaufleute und selbst der überaus großen Zahl von Orientpilgern gedenken, die ebenfalls nach dort zogen. Darunter waren viele Deutsche. Sie werden bezeugt von dem großen Fondaco dei Tedeschi, ebenso von ihren Bruderschaften[1206]. Von mehreren Seiten empfing also die volkswarme Erzählung über den Venediger Anregungen und Festigkeit.

Der Bedarf von Venedig an Gold und Quecksilber rückte in die Südtiroler Sage. Da heißt es: „Am Jochgrimm bestand einst ein Gold- und Quecksilberbergwerk; als Arbeiter verwendete man Gefangene aus der venetianischen Tiefebene. Noch heute heißt eine Öffnung im Berg das Goldloch und

[1201] Siehe unten das Kapitel über Apostel und Evangelisten im Bergbau.

[1202] *Stötzel*, Bergmannssage. S. 119.

[1203] Ebd.

[1204] Ebd., S. 120.

[1205] *Burckhardt*, Kultur der Renaissance. S. 60. Nach der Schilderung von Sansovino (1581). – Bei *Hirn*, Erzherzog Maximilian 2, 1. T. S. 352 (Register).

[1206] Ebd. Siehe ferner *Alois Hudal*, Die deutsche Kulturarbeit in Italien (Deutschtum und Ausland, hg. von Georg Schreiber, H. 55/56). Münster 1934, S. 146ff. u. S. 319 im Register. – *Bächtold-Stäubli*, Handwörterbuch, 10. S. 366.

eine Quelle das Goldbrünnl. Zu dieser Quelle kamen viele Venediger Männlein, schöpften Goldsand und wurden dadurch so reich, daß sie die schönsten Paläste der Stadt Venedig erbauen konnten[1207]." Die unheimliche Anziehungskraft der alpinen Metalle wird wieder und wieder von der Bergmannssage gekennzeichnet. Diese kennt auch die Venediger in Schlesien, als Mantelfahrer[1208]. Ein Venediger besuchte nach der Sage ebenfalls die Schatzhöhle auf dem Zobten im Landkreis Breslau. Die gleichnamige niederschlesische Stadt hatte übrigens in ihren Kernmauern eine Wallfahrtskirche St. Anna (um 1500 und 18. Jh.)[1209].

Die Sage ist bemüht, den Bergbau bald in dieser, bald in jener Richtung zu begünstigen. Steht im Bergbaurevier eine anspruchslose Nebenkirche, eine schlichte Kapelle, so geht die volkhafte Überlieferung daran, in dieser abgelegenen Höhenkirche die ursprüngliche Pfarrei zu erblicken. So hatte die Pfarrei Deutschnoven im Bistum Trient eine Filialkirche in *St. Helena*[1210]. Der Volksglaube meinte nun, diese Kapelle sei einst die Pfarrkirche gewesen und stehe auf Erzstufen von Silber[1211]. Das ist jene berghafte Erzstufe, die auch in der christlichen Ikonographie in der Darstellung des Bergbaupatrons Daniel erwähnt wird. Sie war zudem an Häusern von Bergknappen angebracht. Man findet dieses Attribut einstiger bergmännischer Tätigkeit noch heute an Wohnhäusern der Silberstadt Schwaz. Derart bemächtigte sich in St. Helena die Volksüberlieferung der Parochie. Zahlreiche Motive in der bergmännischen Sage über den Venediger hat *Fr. Wrubel* in seiner Sammlung mitgeteilt. Wir erwähnen lediglich stichwortmäßig diese Sagenmotive: III. Sagen von den Venedigern. Die hier mitgeteilten Beziehungen des Venedigers nach Mitteldeutschland und Norddeutschland wollen besonders beachtet sein[1211a]. Die Stadt Tizians war volksnahe.

Die Wandersage will noch erwähnt sein.

Durch den berührten Übermut der Knappen wird an mehr als einer Stelle der Untergang eines bestehenden Bergwerks heraufgeführt. Solches wird in den Wipptaler Sagen von der Gemeinde Obernberg erwähnt[1212]. Der dortige Frevel am Stier, den man grausam mißhandelt, wird geahndet, indem das Bergwerk durch Naturelemente (Gewitter) zerstört wird. Diese

[1207] *Paulin*, Sagen aus Südtirol. S. 236.

[1208] *Kühnau*, Schlesische Sagen, 3. S. 766. Zum Mantelmotiv s. *Günter*, Legende, Reg. S. 358. – *Schreiber*, Deutschland und Spanien, Reg. S, 518

[1209] *Kühnau*, Schlesische Sagen S. 762ff.

[1210] Über St. Helena und den Bergbau s. unten.

[1211] *Atz* und *Schatz*, Trient, 1. S. 123. [1211a] Sammlung bergmännischer Sagen, S. 91–110. [1212] *Holzmann*, Wipptaler Sagen.

Sage wandert auch in das benachbarte Pflerscher Tal mit genau denselben Motiven. Dort wird noch heute die Örtlichkeit der Schändung des Tieres gezeigt[1213]. Die Überlieferung zieht sich weiter in das Mareiter Tal (Telfes), mit der Erzählung vom Witwenbrunnen[1214]. Das gleiche Motiv wandert auch in das Gasteiner Tal. Leise künden sich in solchen Sagenstoffen die Spannungen an, die zuweilen zwischen den selbstbewußten Bergknappen und dem konservativen Bauernvolk des Umlandes bestanden. Dabei tritt die Abneigung gegen die Fremden und Eingewanderten hervor. Im Grunde genommen wird, wenn die Sage sich des gequälten Stieres annimmt, die tierfreundliche Art der paulinischen Theologie bejaht. Weiß die letztere doch um die Erlösung jedweder Kreatur.

Auch das magische „Sesam öffne dich“ hat die Volksphantasie immer wieder beschäftigt. So erschließt sich der Berg nicht nur durch das Wort und die Zaubergewalt der Venediger, die Schätze suchen. Zwerge mit der blauen Blume haben desgleichen Zauberkraft. Das christliche Element dringt in solche Vorstellungen ein, wenn etwa der Berg in der volksgläubigen Auffassung zu bestimmten Zeiten offen steht: an Weihnachten, Karfreitag, während der Passion, am Ostersonntag, wenn zum Hochamt geläutet wird. Im Salzkammergut weiß man um eine Erschließung am Walpurgistag und am Johannistag des Täufers. Dem christlichen „Sesam öffne dich“ liegt wohl zutiefst die Vorstellung zugrunde, daß in das Dunkel des Berges das Licht des Glaubens einzudringen vermag. Wiederum kennt die christliche Legende[1215] das Moment des Verborgenseins im Berg. Auch die Sage weiß darum. Sie hat sich mehrfach bergentrückten Geistern zugewandt[1216].

Die Sage von der *Glocke* auf dem Dürrnberg ist noch heute bei den Bergleuten lebendig, dermaßen, daß sie selbst noch in den täglichen Verrichtungen ihre Rolle spielt. Sie berichtet, daß die hilfreichen Berggnomen in dem Augenblick, als Glockengeläut vor der Schicht eingeführt wurde, aus dem Berg verschwanden. Es geschah mit der Begründung, sie könnten Christus nicht nach Christenart ehren, wenn sie auch Christus nicht feind seien. Noch heute beten die Knappen am Dürrnberg: „Laß, o Herr, auch bald die

[1213] *Hans Fink*, Eisacktaler Sagen, Bräuche und Ausdrücke (Schlern-Schriften, Bd. 164). Innsbruck 1957, S. 24.

[1214] Ebd., S. 50f.

[1215] Siehe unten. S. 329.

[1216] Schlesische Sagen, 1, S. 536–555, mit recht bemerkenswerten Variationen, dabei berücksichtigt sind auch die Siebenschläfer, S. 515, 517; das Heer der hl. Hedwig, S. 519, und im Register, S. 106.

Gnomen Deiner Gnade teilhaftig werden[1217]." Das sind Züge, die auch in die Geschichte der Christianisierung des Bergwerks eingreifen. Diese verlangt noch weithin die Aufhellung, über die Chlodwigs-Taufe, über die Donar-Eiche und über den Indiculus superstitionum hinaus.

Dahin gehört auch die Auseinandersetzung über den *Bergzehnten*. Sie hat die Sage mehrfach beschäftigt. Man greift im schlesischen Bereich dieserhalb auf die Schlacht auf der Walstatt zurück. Da heißt es:

„Als am 9. April 1241 in der Mongolenschlacht auf der Walstatt 600 Goldberger Bergknappen, die dem Sohne der hl. Hedwig, dem Herzoge Heinrich dem Frommen, zu Hilfe gezogen waren, dort und auf der Schädelhöhe bei Nimmersatt den Heldentod gestorben waren, geriet der Bergbau zu Goldberg in Stockung. Als er sich endlich um das Jahr 1352 wieder hob, wurden die Bergleute sehr übermütig und sollen 60 Jahre später sogar einem Mönch den Zehnten verweigert und ihn selbst erschlagen haben. Der Gemordete aber hat vor seinem Tode den ganzen schlesischen Goldabbau mit einem Bannfluche belegt, der bis jetzt noch nicht gelöst wurde. Die Goldbergwerke sind sämtlich verfallen[1218]."

Ähnlich erzählt die oberschlesische Sage über das „*Goldene Beuthen*", wenn sie den bestraften Mord an Geistlichen behandelt.

„Da die Beuthener von ihren reichen Silbergruben der Geistlichkeit keinen Zehnten geben wollten und den Pfarrer und Kaplan ersäuften, haben sich in den Gruben die Schleusen der unterirdischen Gewässer geöffnet, und fruchtlos blieb alles Streben, sie zu überwältigen. Erst wenn die Geschlechter der Teilnehmer an dem Morde völlig erlöschen, sollen die Silbergruben wieder zum Vorschein kommen[1219]."

Übrigens haben in Gossensass am Brenner die gläubigen Bergknappen eine Glocke von Silber gestiftet. Vor den Häusern finden sich überdies Erzstufen. Die Hausmalerei verwendet Hammer und Schlägel.

Noch ein Blick auf Stillegungen. In die Volkserzählung tritt auch das *verlassene* Bergwerk ein. Es besteht eine Überlieferung, daß die Stillegung eines Bergwerkes sich plötzlich vollziehen konnte. So hört man von der Rauchgrube in Rattenberg, die im Ertrag sehr geschätzt wurde, daß sie „schnell niedergelegt" wurde. Weiterhin wird sogar berichtet, daß das Bergwerk auf dem Kuberge bei Trient an einem Tage „zergangen" sei[1219a].

1217 *A. Zippelius*, Der Dürrnberg bei Hallein. In: Der Anschnitt, Jg. 7, Nr. 1/2, 1955, S. 17.

1218 *Stötzel*, Bergmannssage, S. 56, mit Hinweis auf *Kühnau*, Schlesische Sagen, Bd. II/III. Leipzig 1911–1913, Nr. 2143.

1219 Ebd., S. 57, mit Hinweis auf *Kühnau*, Nr. 2149.

1219a *Josef Edler von Senger*, Das verlassene Bergwerk am Röhrer Bühel, S. 247–280, bes. S. 251. In: Beiträge zur Geschichte, Statistik, Naturkunde, Kunst von Tirol und Vorarlberg, hg. v. den Mitgliedern des Ferdinandeums, Innsbruck 1825.

Dasselbe wird von einem Bergwerk im Breisgau gemeldet, das in einer Nacht aufgehört hat. Man merkt aus solchen Überlieferungen, daß die Sage zu tun hatte.

Bergmännische Kultur, wohin man sieht. So belebt sich das Bergwerk von verschiedenen Ausgangspunkten her. In Hinsicht auf das sagen- und märchenhafte Element des Bergesinnern hat man neuerdings den erfolgreichen Versuch unternommen, das Kasperl-Spiel mit Berggeistern und bestimmten Bergmannstypen den Bergleuten näherzubringen[1220].

6. Bergmannsmirakel

Mehr als ein Berufsstand erlebt für den Volksglauben des Mittelalters und darüber hinaus wundersame Geschehnisse. Diese entziehen sich der rationalen Erklärung. Man spricht sie an als Mirakel[1221]. Dabei geht es fast ausschließlich um Ereignisse in einer volksfrommen Sphäre, während die Sage ihrerseits, zum Teil aus dem Wirtschaftsleben aufbrechend (Abbau von Gold, Silber, Kupfer, Erz), oft außerkirchliche Begebenheiten einbezieht. Manche Schatzsage geht in die gleiche Richtung. Kaufleute und Handwerker, Schiffer und Gelehrte, Ritter und Bauern, Geistliche und Laien, also eigentlich jeder mittelalterliche Stand und Beruf, glaubten von Seiten der Himmlischen besondere Gunsterweise zu empfangen. So berichten Mirakelerzählungen und Überlieferungen, die teilweise auch in profane Bereiche der Sage abglitten. Dahin gehört auch die Fühlungnahme mit dem Totenreich, die immer wieder anzutreffen ist. Ehrfurcht, Erbauung und frommer Schauder erfüllte den mirakelgläubigen Menschen, der in der Legende mehr oder minder einen Hinweis auf seine Heilsgewißheit erblickte.

Derart bildeten sich auch Bergmannslegenden.

Als Vorstufe führt die christliche Legende wundersame Begebnisse mit sich, die die *Höhle* betreffen[1222]. Die vorgeschichtliche Zeit kennt Stätten einer Höhlenkunst, besonders in der Jungsteinzeit Westeuropas, und einen Höhlenkult (Nymphenkult, Mysterienkult). Höhlenkapellen sind von der christlichen Altertumskunde zum Teil schon erschlossen (Sizilien). Aber

[1220] *Willy Bartock*, Kasperl als Kumpel. In: Der Anschnitt, Jg. 7, Nr. 6, 1955, S. 24. – *Zaunert*, Alt wie der Wald. S. 137.

[1221] Für diese Entwicklung s. *Schreiber*, Deutsche Mirakelbücher. Mirakel betr. den Schutzpatron des Handwerks bei *Neubner*, Heilige Handwerker. S. 255, im Register unter „Patronate der Heiligen".

[1222] *Bächtold-Stäubli*, Handwörterbuch, 10. S. 158. – *Günter*, Legende. S. 56.

Montanes bleibt noch zu berücksichtigen. Diese Sicht geleitet den Volksgläubigen in den Schoß der Erde. Diese Mirakel-Höhlenberichte sind häufig. Einsiedler und andere Bekenner ziehen sich in die Höhle zurück, von frühen Jahrhunderten bis hin in die neuzeitlichen Grotten des 18. Jh. von *San Elia*, gegenüber dem Monte Soracte in Latium. Dabei bricht hie und da in einer solchen Vita, die sich dem Eremiten zuwendet, bereits das erzählende Motiv des Bergwerks auf. Da hören wir doch von dem hl. Angelsachsen *Guthlac* († 714), daß er sich als einsame Unterkunft auf der Moorinsel Croyland ein verlassenes Bergwerk erwählte. Gewiß ein bemerkenswerter Beitrag zur Geschichte des britischen Bergbaus. Er verblieb dort fünfzehn Jahre. Er wurde von dem ihm wohlgesinnten Bischof Hedda zum Priester ernannt und erbaute dort eine Kapelle[1223]. Mirakelhafte Züge dieser Art sind auch unten in dem Kapitel über den verschütteten Bergmann mitgeteilt.

Manche solche Überlieferungen und gerade diejenigen, in denen der Knappe seine Heilsgewißheit bestätigt sah, mochten die bergmännische Zuversicht stützen, selbst wenn diese nicht sosehr das Bergwerk, sondern ganz allgemein die positive Rolle des Berges als Zufluchtsort für die Volksphantasie des Mittelalters herausstellte. Kriege, bei denen das Volk in den Bergen vor der Soldateska Schutz suchte, gaben der inneren Schau einen durchaus realen Hintergrund. Auch die Reklusen, die abgeschieden von der Welt gelegentlich in Höhlen lebten, besonders nach der Jerusalem-Wallfahrt, wirkten hier anregend. Dramatisch bewegte Szenen finden sich ein, so bei der Höhle des Iren Koemgen[1224]. So wird weiter die hl. Barbara durch einen niederfallenden Felsblock vor ihrem wütenden Vater geschützt, als sie eine Höhle aufsucht[1225]. Biblische Vorzeichen hatten sich zum weiteren eingefunden. In Psalm 113, 3–4 wird der Auszug aus Ägypten geschildert, in der Einsprengung der großen Naturszenerie eines Gewitters, daß die Berge hüpften wie Widder, Hügel wie Lämmer. So kann der Palästinafahrer Theodosius um 525 über seine Eindrücke dahin berichten, daß diese Berge heute noch wie hüpfend erscheinen[1226]. Zum anderen erbittet, indem er barbarahaft der rettenden Funktion des Berges gedenkt, der Abt Finnenus, der Freund des Britenkönigs Muredachus, einen Bergsturz, der den im Tale

[1223] *Alfons Zimmermann*, OSB, Mönch der Abtei Metten, Kalendarium Benedictinum, 4 Bde. Mett 1933–1938, 2, S. 41. – *Ders.*, Guthlac. In: LThK 4², Sp. 1290. Siehe ferner *John F. X. Murphy*, Guthlac. In: The Catholic Encyclopedia, Vol. VII. New York 1910, S. 92.

[1224] *Günter*, Legende. Im Register, S. 354, mit vielen Verweisen.

[1225] Ebd., S. 204. Näheres oben, S. 276.

[1226] Ebd., S. 216.

lagernden Feind verschüttet († 565)[1227]. Sodann hören wir, daß in einem weiteren Bergmirakel Georg von Suellum aus Sardinien, wo sich Bergwerke und christliche Bergwerkssklaven einfanden, einen unwegsamen Berg durch das Kreuzeszeichen gangbar machte[1228].

Berge und Felsen dienen so den Heiligen. Sie wirken als kosmische Symbole[1229]. Mirakel folgt dieserhalb auf Mirakel. Da erfahren wir etwa noch vom hl. Korbinian in Freising, daß er krank lag, daß er nicht zur Matutin auf dem Stephansberg erscheinen konnte. Er sandte seine Kleriker, wie sie hinanstiegen, hörten sie, daß in der Kirche wunderbar psalliert wurde und daß der Berg taghell beleuchtet war. Diese Geisterkirche ist auch sonst im deutschen Raum bezeugt, im Leben Kaiser Heinrichs d. Hl., wiederum in der Visionsliteratur[1230] genauso gut wie in der Harzsage der Zellerfelder Kirche[1231]. Dazu verknüpften sich Erinnerungen an Einsiedler, deren Dasein nicht nur in der altchristlichen Wüste, sondern auch mit der Bergeinsamkeit des medium aevum verknüpft war. Man nenne nur den Eremiten Garinus, der zeitweise sittlich strauchelte, am katalanischen Montserrat[1232]. Nach allem wurde im christlichen Mittelalter der Berg von wundersamen, von frommen Erinnerungen und Bewegungen umspielt, ja von überreichem Legendengut und ebenso von der Sage besetzt[1233]. Folgende, zum Teil von uns bereits angedeutete Züge werden in der Mirakelliteratur noch mitgeteilt: der Berg lebt; er dient; er wird ebenes Land; er entsteht; er geht und hüpft; er öffnet sich; unwegsamer Berg wird gangbar; der Berg wird versetzt[1234]. Alle diese Momente des Gottbezogenen und Ehrfürchtigen halfen mit, um die Dämonen zu entthronen und um den Berg weitgehend zu christianisieren. Jedenfalls fanden sich viele Symbole und Wirkungsmächte ein, die geeignet waren, apotropäisch zu wirken.

Mirakelhafte Züge zeigt auch, wie schon oben berührt, die Entdeckung des Bergsegens im böhmischen *Kuttenberg*. Der Bergbau wurde dort seit 1237

[1227] Ebd., S. 157.
[1228] Ebd., S. 204.
[1229] *Alfons Kirchgässner*, Die mächtigen Zeichen. Ursprünge, Formen und Gesetze des Kultes. Basel-Freiburg-Wien 1959, S. 117.
[1230] *Günter*, Legende. S. 336.
[1231] *Stötzel*, Bergmannssage. S. 22.
[1232] *G. Schreiber*, Der heilige Berg Montserrat und die deutschen Bruderschaften. Studien zur Geschichte der Frömmigkeit, der Karitas und der monastischen Spanienkunde. In: Theologie und Glaube, 30. 1938, S. 516–540.
[1233] Über die Felshöhle als Wohnsitz der Bergmännchen (Fenesleute) s. *Kühnau*, Schlesische Sagen. S. 141.
[1234] Vgl. *Günter*, Legende. Im Register, S. 340.

betrieben und erlosch im 18. Jh. Die berühmte, einst deutsche Silberbergstadt, hat als denkwürdigen Zeugen bergbaulicher Tätigkeit die monumentale Barbarakirche, das bedeutendste Werk der böhmischen Spätgotik. Wenn dieses Gotteshaus 1388 von *Peter Parler* begonnen wurde, macht es uns darauf aufmerksam, daß der Silberbergbau bereits im 14. Jh. blühte. Die Gotik wird zum Wirtschaftsatlas für den Bergbau.

Ähnliches berührt die norddeutsche Bergmannssage, wenn sie von der Johannisblume berichtet, die Edelmetalle anzeigt; wenn sie weiter von zwei Bergleuten erzählt, denen der Bergmönch erschien. „Anfangs freuten sie sich, als es aber näherkam, erschraken sie gewaltig, denn ein ungeheurer, riesengroßer Mann ging, ganz gebückt, in der Strecke herauf. Er hatte eine große Kappe auf dem Kopfe und war auch sonst wie ein Mönch angetan, in der Hand aber trug er ein mächtiges Grubenlicht. Als er bis zu den Beiden, die in Angst da standen, geschritten war, richtete er sich auf und sprach: ‚Fürchtet euch nicht, ich will euch kein Leid antun, vielmehr Gutes‘[1235].“

In einem solchen Mirakelbericht wird bereits die Wertung der Persönlichkeit des Bergmanns angesprochen. Das geschah schon, ehe die Renaissance mit neuen Bewußtseins-Inhalten einsetzte. Wenn später Agricola und ebenso der Innsbrucker Codex Ettenhardt von Verpflichtungen der einzelnen Mitglieder der Berggemeinde sprechen, mag man sich an die Bestimmungen der Bergordnungen, aber ebenso an solche Ausführungen der Mirakelbücher erinnern. Diese wirken wie eine Vorfrucht kommender Regelungen und wie ein Begleittext der Berggesetze.

Ein Mirakelbuch aus der zweiten Hälfte des 12. Jh., das handschriftlich in Düsseldorf verwahrt ist, weiß noch zu berichten, daß ein deutscher Bergmann in Frankreich arbeitete. Bei Bergarbeiten geriet er in Gefahr. Aber als er sich des hl. Erzbischofs Anno von Köln erinnerte, wurde er gerettet. Gewiß eine bezeichnende Mitteilung für den Wandertrieb der deutschen Bergbeflissenen. Zugleich ein Hinweis auf ein stark entwickeltes heimatliches Lebensgefühl[1236].

[1235] *Stötzel*, Bergmannssage. S. 89.

[1236] Dieses Mirakelbuch wurde begonnen nach 1183 und abgeschlossen 1185. Darüber handelt *Wilhelm Güthling*, Siegburger Bergbau im 12. Jahrhundert, S. 17–19, mit dem Hinweis darauf, daß Auszüge aus diesem Mirakelbuch gebracht sind bei *Peter Bernards* (Die rheinische Mirakelliteratur im 12. Jahrhundert), in: Annalen des Historischen Vereins für den Niederrhein, 138, 1941, S. 1–76.

7. Der Bergmönch und Berggeist

Einen eigenen Sagenkreis bietet der Bergmönch. Er verweilte und arbeitete meistens im gespenstischen Dunkel des Bergesinneren. An ihn erinnerte jene Kapuze, die der Bergmann als Kopfschutz trug. Sie weckte Vergleiche. Sie war ja mehr oder minder ein Attribut der Einsiedler und ebenso der Religiosen. So weiß man vom Ordo Fratrum Minorum Sancti Francisci Capucinorum, also von der Ordensgemeinschaft der Kapuziner.

Die Kapuze ist allerdings in der christlichen Ikonographie bisher vernachlässigt. Diese Fragestellung hat auch vom Bergwerk her einige Bedeutung[1237]. Mehr als einmal mochte in früheren Zeiten ein Bergmann einem Einsiedler am Berghang oder am Waldrand begegnen, der bald vor ihm verschwand, um die wohltuende und wertschaffende Einsamkeit zu bewahren. Wenn der eine oder andere Eremit dazu in einer Höhle wohnte, mochte die Erinnerung an einen Bergstollen wiederum leicht wachgerufen werden. Jedenfalls in der Bergmannsphantasie blieben Erinnerungen an geheimnisvolle Wesen religiöser und kontemplativer Prägung und Betätigung gern zurück. Solche Linien setzten sich bis ins 18. Jh. fort. Im Bergwerksgebiet von Imst bat 1717 ein gewisser Johann Rettenbacher aus Tarrenz um die Erlaubnis, in der Nähe des Wallfahrtskirchleins Maria Schnee in Gunglgrün auf eigene Kosten eine Einsiedelei erbauen zu dürfen, als Eremit zu leben und Meßnerdienste verrichten zu dürfen. Eine Tafel hielt dort ganz wie in der Waldkapelle des schwäbischen Nassenbeuren (bei Mindelheim) das Bild eines Einsiedlers fest[1238]. Auch der Teufel soll, wie die Sage berichtet, gelegentlich in der Gestalt des Bergmönches erschienen sein.

Anregend mochte nach dieser Seite das nächste benachbarte Kloster oder Stift wirken, im besonderen mochten die bergbaufreundlichen Zisterzienser ihre Einwirkung geltend machen. Wenn die Volkssage den „riesigen" Mönch behandelte, mochten in der Phantasie des Volkes Luftspiegelungen, Nebelschwadenbildungen mitwirken, soweit nicht noch ältere Überlieferungen sich geltend machten. Man hat darauf hingewiesen, daß es Bergleute aus dem Harz waren, die die Sage vom Bergmönch verbreiteten[1238a]. Klöster des Harzes mochten dafür manche Veranlassung geben.

[1237] *Schwarz*, Bergleute im späteren Mittelalter. S. 92f.

[1238] *Waitz*, Kirchen und Kapellen in Imst. S. 247. – *Schreiber*, Vierzehn Nothelfer. S. 60f. Reiche Materialien über den Berggeist bei *Kühnau*, Schlesische Sagen, 4 (Registerband). S. 106. Ferner *Klapper*, Schlesische Volkskunde. S. 88, 114.

[1238a] Glück auf! Allerlei vom Bergmannsleben, hg. v. R. Wartusch und O. Wohlgemuth unter Mitarbeit von F. Mayer, Düsseldorf 1927, S. 190.

Wenn der Berggeist erscheint, ist es zuweilen als verhängnisvolle Vorbedeutung angesehen worden. „Anno 1674 hat ein Steiger auf dem Schönlinder Zinn-Bergwerk sein Leben durch Sprengung eines großen Steins geendigt, wobei dieses merkwürdig ist, daß dieser Steiger zu früh, als die Bergleute in die Arbeit gegangen, zu ihnen gesagt, es sollte anheute ein jeder wohl in Acht nehmen, er hätte gestern abends den Bergmönch gesehen, es dürfte wohl heute etwas geben, da es ihn dann am selbigen Tag durch eine sonderbare Fatalität getroffen[1238b]."

Man mag weiter für die Erklärung des Bergmönches daran denken, daß es geistliche Grundherrschaften gab, die Bergwerke betrieben. Die Reichsabtei Essen steht nicht allein. Daran gemahnt weiter Rupert, der erste Bischof von Salzburg. Er wurde Patron der dortigen Bergschaffenden[1239]. Iroschottische Überlieferungen machten sich ebenso geltend, wenn St. Kilian als Bergbaupatron in Graubünden angesprochen wurde[1240]. Darüber hinaus fand sich ein Kiliansstollen im tirolischen Bleierzbergbau Reissenschuh (Bergbau im Alples Kopf, Imster Gebiet) ein[1241]. Der Abbauraum ist dort seit langem verfallen und unzugänglich. Es überrascht, daß die Kiliansdevotion, die mainfränkisch in Würzburg sich so eindrucksvoll in Überlieferung und Brauchtum gab[1242], so namhaft die Wege in alpine Gebiete fand. Man mag immerhin daran denken, daß man um die Bedeutung des keltischen Bergbaus wußte, der sich nicht nur in der Gallia christiana, sondern auch im Siegerland abzeichnete.

Die monastische Wirtschaftspolitik schuf weitere Verbindungslinien. Das Domstift Simon und Juda zu Goslar, von Heinrich III. als capella regia gegründet, besaß Einkünfte aus den berühmten Rammelsberger Silber-Bergwerken. Es überließ einen Teil dieser Einnahmen an seine Harzfiliale, nämlich an das Benediktinerkloster Zellerfeld (Cella, erster Abt 1208)[1243]. Mit immer reicherem Anteil an Gruben und Hütten erscheinen seit dem 12. Jh. im gleichen Goslar der Büßerinnenkonvent Frankenberg und die Zisterze

[1238b] Ebd., S. 193.

[1239] *Kerler*, Patronate. S. 30f. – *Wrede*, Rupert. Bei *Bächtold-Stäubli*, Handwörterbuch, 7. Sp. 854.

[1240] *Schreiber*, Alpine Bergwerkskultur. S. 66f. – *Ders.*, Irland. S. 56ff., s. noch oben.

[1241] *Mutschlechner*, Erzbergbau in der Umgebung von Imst. S. 28.

[1242] *Friedrich Merzbacher*, Zur Rechtsgeschichte und Volkskunde der Würzburger Kiliansverehrung. In: Herbipolis Jubilans. 1200 Jahre Würzburg. Festschrift. Würzburg 1952, S. 27–56. – *Schreiber*, Alpine Bergwerkskultur. S. 66f.

[1243] *E. Schiller*, Bürgerschaft und Geistlichkeit in Goslar. Im Register, S. 217, unter „Bergwerk". – *Dennert*, Kleine Chronik der Oberharzer Bergstädte. S. 4.

Neuwerk[1244]. Desgleichen will auch zur selben Zeit als erfolgreich die Harzer Zisterze Walkenried genannt sein[1245]. Die Zisterze Riddagshausen bei Braunschweig steuerte im Jahre 1301 nicht weniger als 140 Mark zur Vollendung eines Salzbergwerks bei[1246].

Das Südtiroler Augustiner-Chorherrenstift Neustift beteiligte sich ebenfalls am Bergbau. Die Mönche der bergbaufreundlichen Benediktinerabtei Admont in der Obersteiermark öffneten die Erzgruben zu Johnsbach, Schladming, Kaiserau und Mühlau[1247]. Sie besaßen einen Schmelzofen. Sie ließen ihre Gruben durch Bergverwalter betreuen. Diese sind als magistri montium et custodes fodinarum auch für die Benediktinerabtei Seckau in der Steiermark und ebenfalls für die Benediktinerabtei St. Paul in Kärnten bezeugt[1248]. Wiederum erwarb das niederösterreichische Benediktinerstift Seitenstetten im Jahre 1743 das Kupferbergwerk in der Radmer und überdies die Messinghütte zu Reichramig. Damit wurden aus den Einkünften dieser montanen Unternehmungen die Mittel zu der prächtigen Innenausstattung gewonnen[1249].

Die Naturalienkabinette vieler süddeutscher und alpiner Abteien wirkten zudem wie ein steter Anreiz, in das Bergesinnere einzudringen. Diese Materialien entsprachen auch dem naturwissenschaftlichen Sammeleifer, der die sich straffenden Territorialherren und das spätere Großbürgertum des 18. Jh. auszeichnete. So waren manche Voraussetzungen geschaffen, um einen Berggeist religiöser Herkunft und heimlichen Wirkens in die Volksphantasie einzuführen.

Dieser Bergmönch wird oft als Riese gesehen. So berichtet eine Sage, daß der Riese Tyrsus (Dürsus) die Erzlagerstätte in Dirstentritt bei Imst aufgerissen hat[1250]. Nach den bergbaulichen Überlieferungen beschützt der Bergmönch die guten Bergleute. Er hilft ihnen wie ein freundlicher Venediger bei der Arbeit. Er zeigt verborgene Schätze, vorab Gold und Silber. Er mehrte das Öl in der Grubenlampe. Aber diese Quelle verschwindet, wenn die Bergleute unbedacht davon erzählen[1251].

[1244] *Schwarz*, Bergleute im späteren Mittelalter. S. 22. – *H. Engfer*, Goslar. In: LThK 4^2, Sp. 1062f. – *Brüning*, Niedersachsen und Bremen. S. 144ff.

[1245] Vgl. *C. Wolff*, Walkenried. In: LThK 10, Sp. 735. – *Schwarz*, Bergleute im späteren Mittelalter. S. 22. Sein Grubenbesitz und seine Hüttenwerke im Harz festgehalten bei *Brüning*, Niedersachsen und Bremen. S. 408f.

[1246] *Schwarz*, Bergleute. S. 22. – *Brüning*, Niedersachsen und Bremen. S. 338f.

[1247] *Cölestin Wolfsgruber*, Admont. In: Kirchenlexikon, 1^2. Sp. 235ff.

[1248] *Schwarz*, Bergleute im späteren Mittelalter. S. 23.

[1249] *P. Ortmayer*, Seitenstetten. In: LThK 9, Sp. 433f.

[1250] *Mutschlechner*, Erzbergbau. S. 41. Riesen in der Gründungssage von Wilten.

[1251] Glück auf. S. 190, 194.

Feste fanden sich ein, um das Bergwerk in alte Überlieferungen und in die Sakralkultur einzubeziehen. Erzherzog Johann, der Freund alter österreichischer Volkskultur, ließ auf der höchsten Kuppe des Erzbergwerks in Steiermark ein riesiges Kreuz aus Gußeisen errichten. Dahin strömten die Bergleute, um ihren Dank für den Bergsegen zu bezeugen[1252].

Erinnerungen an den Bergmönch gingen durch die verschiedensten deutschen Landschaften. Man mag die entsprechenden Sammlungen der Sagen einsehen. Die nachmittelalterliche Zeit, die die Beziehungen zu früheren Jahrhunderten verloren hat, zeichnet den Bergmönch gleichwohl „in seiner grausigen Wildheit". Er ärgert sich im Jahre 1588, daß in einem anhaltinischen Bergwerk, im St. Katharinenstollen, ein Häuer noch um Mitternacht arbeitet. Er hat ihn übel zugerichtet[1253]. Die kulturgeschichtlich stets bemerkenswerte Sicht auf die Abwertung des Mittelalters wird vom Bergwerk her um weitere Züge gemehrt. Die Kontroverse begibt sich selbst in die Bereiche der Grubenlampe. Eine erste Übersicht über den Bergmönch der Sage bietet *Stötzel*[1254]. Vieles für Schlesien steuerte *Kühnau* bei[1255]. *K. Paulin* hat seinerseits Sagen aus Nordtirol und Südtirol festgehalten[1256]. In der Erforschung sind immer wieder die mittelalterlichen Vorstufen zu beachten.

Der Bergmönch wird so recht zum Träger jenes echten Ethos, das dem Gesamtgefüge des Bergwerks eigen ist. Er ist in allem ansehnlicher als das Zwergenvolk, das auch oft erwähnt ist. Er wird zuweilen als Häuer oder Steiger, ebenso als Männlein[1257], oft auch als früherer Bergmeister angesprochen[1258]. Aber die mönchische Kutte wird gleichfalls betont, wenn er ein schwarzes Gewand trägt. Davon weiß die St. Georgengrube zu Schneeberg[1259]. So mag es daran erinnern, daß schwarzgekleidete Benediktiner solche Bergwerke besaßen. Ihre Kutte wanderte selbst in die Fundsage und bestätigt als Rechtssymbol das Eigentum der Religiosen.

1252 *Samson*, Kirchenpatrone. S. 232. Ferner *Hans Kramer*, *Oswald von Gschließer* und *Georg Mutschlechner*, Erzherzog Johann von Tirol (Schlern-Schriften, hg. v. R. Klebelsberg, Bd. 201). Innsbruck 1959, S. 9–72, 73–122, 123–171. – S. ferner *Leopold Schmidt*, Geschichte der österreichischen Volkskunde. Wien 1951. Im Register, S. 196.

1253 *Stötzel*, Bergmannssage. S. 78.

1254 Ebd., S. 84ff.

1255 Schlesische Sagen, 4 (Registerband). S. 106f.

1256 Sagen aus Südtirol³. – *Ders.*, Sagen aus Nordtirol⁵.

1257 *Kühnau*, Schlesische Sagen, 4 (Registerband). S. 167. – *Klapper*, Schlesische Volkskunde. S. 11f.

1258 *Stötzel*, Bergmannssage. S. 84.

1259 Ebd., S. 85.

In der Mitteilsamkeit der Sage stellt sich neben dem Bergmönch und Berggeist der stets bedeutsame *Traum* heraus. Er wirkt vorbedeutend, zeigt aber ebenso die Wirklichkeit an. Er wird so recht zum Zünder und Beweger des Bergbaus. Tritt er doch wegweisend in die Entstehungsgeschichte von Erzfunden ein[1260]. Hört man darüber doch in der Traumsage von den drei alpinen Bauern, die am Fuße eines Kirschbaumes schlafen[1261]. Ebenfalls begegnet nachts die schwarze Mauer, die wie ein Anti-Christophorus Unglück bringt[1262]. Volkserzählung und christliche Legende berichten, wie nachts auf dem Friedhof einer Bergmannsfrau eine Geisterkirche erscheint[1263].

Unter den Bergherren wird in der norddeutschen Sage unter den Gliedern der Berggemeinde der Superintendent erwähnt[1264]. Er ist gewissermaßen der späte Erbe des Bergmönchs, der aber nur vereinzelt auftritt. Aber auch der Bergmeister, der Steiger, der Pochjunge wird in sagenhafte Zusammenhänge gezogen.

Eine oft erwähnte Sagenfigur im Harz ist der *Teufel.* Er erscheint selbst als Grubenbesitzer, der Silber gewann[1265]. Kein Wunder, daß man im Zeichen der Abwehr Stollen nach Mysterien und Heiligen benennt. Man sah derart apotropäisch. Man schuf Gegengewichte. Nur die Sage konnte sich Widersprüche erlauben.

Die Bergleute selbst haben es peinlich vermieden, ihre Stollen nach dem Fürst dieser Welt zu benennen (Joh. 12, 31; 14, 30; 16, 11), etwa ihre Grube als ein Teufelsloch anzusprechen. Dabei kannten sie wohl in der Berglandschaft der Sagenwelt eine Teufelshöhle[1266] und eine Teufelsmühle[1267], ja selbst eine Teufelskirche[1268] und Satansmesse[1269]. Die schlesische Sage kannte zudem die Teufelskanzel[1270]. Dieser Teufel dringt ebenso in das Gotteshaus ein. Als ein Gegenstück zum vielgewandten Diabolus gibt sich die Brockenhexe[1271].

[1260] *Stötzel*, Bergmannssage. S. 21. – *Kühnau*, Schlesische Sagen, 3 (Registerband). S. 202.

[1261] S. oben. S. 265.

[1262] *Stötzel*, Bergmannssage. S. 21.

[1263] Ebd., S. 22.

[1264] *Günter*, Legende. Im Register, S. 343.

[1265] *Stötzel*, Bergmannssage. S. 23. Er verzaubert das Bergwerk. *Kühnau*, Schlesische Sagen, 4 (Registerband). S. 106.

[1266] Ebd., S. 29. Siehe auch *Beitl*, Wörterbuch². S. 751.

[1267] *Bächtold-Stäubli*, Handwörterbuch, 4. Sp. 179.

[1268] Ebd., 6. Sp. 605.

[1269] Ebd., 4. Sp. 179.

[1270] *Stötzel*, Bergmannssage. S. 58.

[1271] Ebd., S. 29.

Die Thüringer Sage ist nicht ganz so kräftig wie die Volksüberlieferung im Harzgebiet entwickelt[1272]. Die mitteldeutsche Landschaft ist eben kein so geschlossenes Siedlungsgebiet wie der Oberharz. Beim letzteren ist die bergbauliche Frühzeit stärker ausgeprägt. Manche neue Motive zeigt das Erzgebirge[1273]. In Schlesien tritt das Gold stärker in solche Volkserzählung ein[1274]. Soviel ich sehe, werden die Weißen Konventualen, also die Zisterzienser, in solchen Erzählungen nicht erwähnt, die ebenso Bergwerke ihr eigen nannten. Solche Beziehungen der Sage zu den Religiosen sind nicht unwichtig. Das finstere Bergesinnere verlangte eben eine schwarze oder dunkelgetönte Kleidung. Dieser Bergmönch ist nach der charakterlichen Seite gütig. Er spendet die verschiedensten Wohltaten. Er ist Inhaber eines großen blauen Lichtes, aber auch einer riesigen rötlichen Flamme[1275]. Er schenkt andererseits das Licht, das nicht ausgeht. Nur, wenn der Begnadete darüber plaudert, erlischt es. Den Armen bringt er Flachs und Unschlitt. Er erfüllte noch andere Wünsche. Er zeigt neue Erzadern. Er arbeitet für einen Knappen. Er ist freigebig und hilfreich. Er hilft alten, schwachen, kranken Bergleuten[1276], als wenn er Schatzmeister einer Bruderlade wäre. Aber er weiß auch zu warnen. Er straft den, der ihn beschimpft. Er straft Unredliche, Wortbrüchige, Verleumder, ebenso Betrunkene und Widerspenstige[1277]. Er ahndet in allem ein ungebührliches Benehmen. So beobachtet er den Lasterkatalog, aber ebenso unterstützt er den braven Bergmann[1278]. Während der Bergmönch einen jungen Bergmann, der seine Warnung nicht beachtete, aus der Grube herausführt, vergehen 200 Jahre. Ähnlich zeitentrückt ist die Bergmannssage bei Caesarius von Heisterbach ausgerichtet. Dem Verschütteten erfüllt der Bergmönch immerhin die drei letzten Wünsche: noch einmal das Tageslicht sehen; noch einmal mit der Frau essen; noch einmal ein Jahr leben und sein Haus bestellen. Dieser zuletzt genannte Bergmann starb genau auf den Tag nach einem Jahr. Auch an dieser Stelle meldet das Anniversar seine Ansprüche an[1279]. So gibt dieser Berggeist sich vielseitig. Im allgemeinen läßt er sich, wie angedeutet, von ernsthaften, sittlich begründeten Normen leiten.

[1272] Ebd., S. 30ff. [1273] Ebd., S. 35ff.

[1274] Ebd., S. 53ff. *Kühnau*, Schlesische Sagen, 2. S. 411 (Goldklumpen). Über Goldgewinnung s. noch *Klapper*, Schlesische Volkskunde. S. 27.

[1275] *Kühnau*, Schlesische Sagen, 4 (Registerband). S. 106.

[1276] Ebd., S. 107. [1277] Ebd.

[1278] Ebd., 2. S. 431, 436f.

[1279] Für die erwähnten Züge der Sage s. noch *Stötzel*, Bergmannssage. S. 84ff. Die Bearbeiter der Volkskunde haben die Bedeutung des Anniversars als eines neuen Ostern nicht erkannt.

Man hat über den Bergmönch der Sage bemerkt, seine eigentliche Heimat sei der Harz. Wir deuteten diese Herkunftslinie bereits an, sie legt sich nahe. Man mag daran denken, daß in Zellerfeld sich das Benediktinerkloster St. Matthias einfand. Es wurde im 13. Jh. gegründet. Um das Kloster legte sich eine Berggemeinde, um die Erze des Goslarer Rammelsberges zu verhütten[1280]. Diese Herkunft aus dem Clausthaler Bergwerksgebiet mochte es erleichtern, daß ein *Bergmönch* in Erscheinung treten konnte. Im Erzgebirge und in Schlesien zeigt sich an Stelle dieses Mönches der Berggeist[1281]. Doch wird in älteren Berichten desgleichen dem Rübezahl des Riesengebirges ein graues Mönchsgewand mitgegeben[1282]. Übermenschlich groß ist die Gestalt. Sie trägt eine Laute, deren Töne die Erde erschüttern[1283].

Hat das Aufklärungszeitalter versucht, das Mönchtum literarisch zu ächten, so hat das Bergwerk dem Bergmönch eine gute Erinnerung bewahrt[1284]. An die Stelle des Bergmönchs der Harzbergwerke tritt in späterer Zeit der *Berggeist*, dieser ist vornehmlich im Erzgebirge und in Schlesien einheimisch. Er verlangt den Gruß, er läßt sich seinen Pferdehuf beschlagen, er wacht über das Bergwerk, er beobachtet die Arbeit der Knappen. Wenn sie fluchen, erhalten sie Stockschläge. Wenn ein Bergmann den Steiger angreift, so kommt er diesem zur Hilfe; wenn ein Armer um Brot bittet und der Schlepper sich hartherzig erweist, findet man den Schlepper in der Tiefe tot. Viele andere Züge dieser freundlichen, ja sozial hilfsbereiten Art werden in der Volkserzählung, die sich an das Bergwerk anlehnt, festgehalten. Es gibt eine Sozialgesinnung, die in den Tiefen des Volkstums verankert ist.

Es sei nur noch ein letzter Zug mitgeteilt, weil dieser die *Patenschaft* betrifft. Diese ist so wichtig für den Nachwuchs im Bergwerk. Diese Funktion wird geehrt, wenn der Berggeist selbst Gevatter wird. Darüber hört man:

„Einst lebte in Geyer ein armer Häuer namens Hans Geißler, der war blutarm und hatte ein schwangeres Weib und viele Kinder. Am größten aber war seine Not am Sylvesterabend, als die Niederkunft seines Weibes auf wenige Stunden nahe war und er weder eine warme Stube noch sonst eine Erquickung, ja nicht einmal eine Wehmutter für sie hatte. Er eilte hinaus, eine erfahrene Muhme zu holen, verirrte sich aber bei dem gräßlichen Schneegestöber vom Wege und kam, durch tiefe Wehen sich hindurcharbei-

[1280] *Dehio* und *Gall*, Handbuch der deutschen Kunstdenkmäler. Bd. 1: Niedersachsen und Westfalen. Berlin 1935, S. 173f. – *Brüning*, Niedersachsen und Bremen, S. 145 f.

[1281] *Stötzel*, Bergmannssage. S. 96.

[1282] Ebd., S. 108. Siehe auch *Beitl*, Wörterbuch². S. 647. – *Zaunert*, Alt wie der Wald. S. 128f.

[1283] Ebd. – Die Laute hat Beziehungen zu den Elementen. *Bächtold-Stäubli*, Handwörterbuch, 6. Sp. 641.

[1284] *Stötzel*, Bergmannssage. S. 96ff.

10. Die „Freiungskapelle" im Halltal hält die Erinnerung an die vom Landesfürsten Heinrich von Tirol († 1335) erteilte Salzberg-Freiung wach. Die obere Inschrift lautet: „Diese Kapelle war das Grenzzeichen der von König Heinrich im Jahr 1325 bestimmten und vom Kaiser Maximilian I. im Jahr 1491 bestätigten Freiung des Salzberges."

11. Exvotobild eines verschütteten Bergmanns aus Absam.

„*Aus Dankbarkeit. Am 27. Oktober 1891 um 9 Uhr Abends verunglückte ich Romed Plank, k.k. Salzberg Arbeiter aus Thaur, bei der Grubenzimmerung auf der Zacherschachtricht am Haller Salzberge, indem sich plötzlich eine große, 200 Kilogr. schwere Gebirgswand loslößte und mir auf Kopf und Rücken fiel und mich zu Boden drückte, wobei ich in meiner Angst noch die heil. Namen Maria und Romedius nannte und meinen mit arbeitenden Kameraden Josef Gollner aus Gnadenwald um Hilfe anrief, welcher mich auch schnell von der Gebirgswand befreite und an einen sichern Ort brachte. Darauf fiel ich in eine tiefe Ohnmacht, aus der ich erst nach 5 Stunden erwachte, nachdem man mich vom Salzberg nach Hause getragen hatte. Der inzwischen herbeigeholte Salinen Arzt Dr. Ganner konstatierte eine schwere Rückenmarks Erschütterung und Verletzung im Genick und Kreuz. Ich hatte nun durch 52 Tage ein hartes Lager, da mir schon die geringste Bewegung immer die größten Schmerzen verursachte, und nur der Fürbitte der seligsten Gottesmutter Maria und meines Namenspatrons Romedius habe ich es zu verdanken, daß ich die Gesundheit wieder (völlig) erlangte und nach einer Krankheitsdauer von 26 Wochen soweit hergestellt bin, daß ich leichtere Arbeiten wieder verrichten kann. Gott sei gelobt in Ewigkeit. Amen.*“

Man beachte in der Beschriftung, die dem Verunglückten wird, daß er angesprochen wird als kaiserlich königlicher Salzbergarbeiter aus Thaur. Wir haben solche Charakteristik an anderer Stelle berichtet, die zeigt, daß man die Zugehörigkeit zum Stand des Bergarbeiters mit einer Vorzugsstellung ausgerüstet. Die Grubenpatrone treten hervor mit Maria und Romedius.

tend, zuletzt an die Felsenschichten des Greifensteins. Er erschrak und wollte umkehren, als der Berggeist ihm erschien und mit freundlichem Blick ihn also anredete: ‚Eile glücklicher Vater! Gott hat dein Weib mit drei holden Knäblein gesegnet! Wenn du nicht dawider bist, will ich dein Gevatter sein.' Da verließ Hansen die Furcht und er antwortete: ‚In Gottes Namen magst du mein Gevatter sein, aber wie tue ich dir die Stunde der Taufweih kund? 'Wie nun der Berggeist lächelnd sagte, daß er ohne dem kommen werde zur rechten Zeit, da verließ sich Hans darauf und eilte heim. Sein Weib hatte ihm drei holde Knäblein geschenkt. Am anderen Tage, als alles zur Taufe bereit war, da ließ auch der Gevattersmann vom Greifenstein nicht auf sich warten. Er erschien in Häuerkleidung und übte das fromme Werk mit inniger Andacht, und als die fromme Handlung vorüber war, da schenkte er Hansen einen Schlägel und ein Eisen und sprach: ‚Lieber Gevatter, bete und arbeite! Wo du mit diesem Gezäh einschlägst, da wirst du reiche Ausbeute finden, und dann denke allemal an Gott und deinen Gevattersmann!' Darauf verschwand er, seine Worte aber trafen ein, Hans ward ein reicher Mann und soll die ‚Sieben Höfe' bei Geyer gebaut haben[1285]."

So fügt sich vom Bergwerk her ein charakteristischer Zug in die Zusammenhänge von Patenschaft und Taufe. Dazu breitet sich jenes Familiäre aus, das in der Bergmannssage so oft aufleuchtet und warmherzig anspricht. Dabei fällt an der zuletzt genannten Stelle und auch in anderen Sagen ein freundliches Licht auf die Bergmannsfrau.

8. Bergmännische Zuversicht

Die Grundhaltung des Bergmanns ist ernst und nüchtern. Er kennt die vielfältigen Gefahren, die ihm in der Tiefe drohen. Auch heute noch. Doch äußert sich bei ihm letztlich eine positive, ja optimistische Lebensauffassung. Diese Zuversicht bekennt das im Harz geläufige Sprichwort: „Es grüne die Tanne, es wachse das Erz, Gott schenke uns allen ein fröhliches Herz." Ebenso gilt das Bergmannslied als ein unverdächtiger und mitteilsamer Zeuge einer Berufsauffassung und Sendung, die um bedeutende und lebensstarke Inhalte weiß[1286]. Nicht umsonst lautet außerdem der Bergmannsgruß, über den wir eine materialreiche Studie dem Bergbauhistoriker *G. Heilfurth* verdanken, „Glück auf!"[1287].

[1285] Ebd., S. 105, mit Hinweis auf *Fr. Wrubel*, Sammlung bergmännischer Sagen. Freiburg 1882, II, S. 42.

[1286] *Gerhard Heilfurth*, Das Bergmannslied. Das Register bietet mit seinen Hinweisen auf Liedeingänge manche Zugänge zur bergmännischen Lebenssphäre, doch hätte ein genaues und umfangreiches Stichwortregister, das man vermißt, den großen angelegten Stoff noch genauer erschließen können.

[1287] Glück auf! Geschichte, Bedeutung und Sozialkraft des Bergmannsgrußes. Essen 1958. Weitere neuere, vorausgegangene einschlägige Literatur charakterisiert bei *Klaus*

Ähnlich vertrauensvoll klingen die Namen der Gruben. Im Graubündner Bergwerksverzeichnis des Bergrichters Christian Gadmer von 1588 erscheint jedenfalls an der Südseite des Rothornes in der bemerkenswerten Wendung die Grube „Zur Hoffnung“[1288]. Wiederum begegnet im gleichen Bergwerksgebiet die Grube „*Alberten-Hoffnung*“[1289]. Vermutlich ist Albertus Magnus der Namensträger des Stollens[1290]. An anderer Stelle sind von uns zum Teil in Anlehnung an *Wolfgang Stammler* die Albertustafeln behandelt[1290]. Sie geben in zehn Feldern bildliche Darstellungen. Diese betreffen die Trinität, die so oft in die Sphäre bergbaulichen Geschehens eintritt. Oder es wird auch die Messe des hl. Bischofs Albertus († 1280) erwähnt. Sein Name steht ja in der mittelalterlichen Meßerklärung (Opus de mysterio missae) an bedeutender Stelle, was *A. Franz* nachdrücklich herausgearbeitet hat[1291]. Albertus verwirft in seinem Kommentar die Methode der allegorischen Auslegung. Er will seinerseits die Beziehung zwischen der Messe und zwischen Tatsachen aus dem Leben Jesu gelten lassen. Diese Tafeln können auch die Taufe oder die Kreuzigung Christi zeigen; ringsherum finden sich neun Doppelbildchen ein. Diese führen volkstümliche Sprüche mit sich, die ein starkes Ethos erkennen lassen. Sie geben sich als ein Volkskatechismus, sie empfehlen, das Gute zu tun und das Böse zu meiden. Ein Pflichtenkodex tut sich auf, aber auch sein Gegensatz wird berührt. Wenn man im bayerisch-schwäbischen Raum nach ähnlichen Tafeln ausschaut, mag man an erster Stelle der Waldkapelle von Nassenbeuren gedenken[1292], die ähnlich den kategorischen Imperativ der Christenpflicht ausbreitet; diese Mahnungen rufen zu einer verinnerlichten Frömmigkeit. Die erwähnten neun Sprüche sind bis ins 14. Jh. nachweisbar und werden Albertus Magnus zugeschrieben. *Stammler* hat das Vorkommen der Albertustafeln für Landkirchen des Bistums Salzburg, aber auch in Westfalen beobachtet[1293]. *Josef Tremmel*

Schwarz, Neuerscheinungen zur mittelalterlichen Bergbaugeschichte (Zeitschrift für Geschichtswissenschaft, Ost-Berlin, Jg. 1959, H. 8, S. 1889–1903; Jg. 1961, H. 1, S. 249–256). Zum Gruß der Gewerbe s. ferner *Beitl*, Wörterbuch². S. 278/79.

[1288] *Plattner*, Bergbau. S. 46.

[1289] Ebd., S. 47.

[1290] Näheres bei *Schreiber*, Alpine Bergwerkskultur. S. 71.

[1291] Messe. S. 466ff., 572, 629, 731.

[1292] *G. Schreiber*, Vierzehn Nothelfer. S. 50.

[1293] *W. Stammler*, Albert der Große und die deutsche Volksfrömmigkeit des Mittelalters. In: Freiburger Zeitschrift für Theologie und Philosophie, 3. Freiburg 1956, S. 287–319. – *Ders.*, Albert der Große in der deutschen Volksfrömmigkeit. In: Jahres- und Tagesbericht der Görres-Gesellschaft, 1955. Köln 1956, S. 55. – *Ders.*, Albertitafeln. In: LThK 1², Sp. 284. Siehe auch *Paul Diepgen*, Geschichte der Medizin, 2 Bde. Berlin 1949–1955; 1, S. 210f., 219.

nennt solche Tafeln aus folgenden tirolischen Heiligtümern: Antoni-Kapelle in Oberau (Wildschönau), ein Votivbild aus dem Jahre 1763; dann in der Dampflkapelle in Niederbreitenbach, in den Totenkapellen zu Brandenberg und Kirchbichl, im Weiler Hart zu Kastengstatt beim gleichen Kirchbichl – dieses Kastengstatt war Sitz eines im 17. und 18. Jh. blühenden Eisenwerkes –, ferner zu Piccolein im südtirolischen Gadertal[1293a]. Wir fügen unsererseits nunmehr hinzu die Bergwerkskultur von Graubünden[1294].

Der Name des volkstümlichen, von Legende und Sage umwobenen Zauberers und der volkhaften zehn Tafeln, erinnernd an den Dekalog, gewährte anscheinend eine besondere Ermutigung[1295]. Der Volksglaube des späten Mittelalters weiß darum, daß Albertus Magnus für den König Wilhelm von Holland, am Dreikönigstag 1243, also ausgerechnet am Wintertag, im Garten zu Köln einen lieblichen Sommer heraufführte, „mit Blumen, Blüten und Früchten, Vogelsang und Sonnenhitze" und zugleich dem König „von unbekannten zierlichen Dienern zum Mahl aufwarten ließ. Nach dem Mahl verschwand alles, wie es plötzlich gewesen war"[1296]. Dieser Zug wird längst vor der Seligsprechung des Albertus Magnus, also vor 1622, berichtet. So vollzog sich eine Kanonisation vom Volke her, was auch der Bergwerkstitel in Churrätien ausweist. Auch der Blumen in der Bergmannssage sei gedacht[1297].

Eine andere Grube „Zu der Hoffnung" treffen wir 1540 im Berggericht an der Etsch[1298] sowie im gleichen Jahr zu Terlan (desgleichen Berggericht an der Etsch)[1299], 1550 erscheint die „Hoffnung" auf dem Siflitzerberg (Berggerichtsbezirk Steinfeld)[1300]. Unter den Bauen des Berggerichts an der Etsch wird wiederum 1562 eine Grube „St. Gilgen Hoffnung" genannt[1301].

Dabei wird mit der Hoffnung der Name des hl. Aegidius verbunden. Dieser zählt unter die 14 Nothelfer. Die Wallfahrt zu ihm nach St. Gilles ist hochgerühmt. Sie liegt für viele Pilger zudem auf dem Compostelaweg. Die

[1293a] *Josef Tremmel*, Albertitafeln. In: Tiroler Heimatblätter. Jg. 6, 1928, S. 283–286. – *Hans Hochenegg*, Die Kirchen Tirols. Innsbruck 1935, S. 99, 133, über Kastengstatt vgl. Tiroler Heimatblätter, Jg. 12, 1932, S. 214–216.

[1294] *G. Schreiber*, Alpine Bergwerkskultur. S. 71.

[1295] Ebd. – *W. Stammler*, Albertitafeln. In: LThK 1², Sp. 284.

[1296] *Günter*, Legende, S. 176f., mit Hinweis auf den Abt Johann Trithemius zu Trittenheim († 1516).

[1297] S. oben.

[1298] *Wolfstrigl-Wolfskron*, Tirol. S. 330.

[1299] Ebd.

[1300] *Wießner*, Kärnten, 1. S. 149.

[1301] *Wolfstrigl-Wolfskron*, Tirol. S. 334.

Legende läßt ihn Messen für Karl d. Gr. lesen. Zudem hat dieser Nothelfer das individuelle und erzhaltige Attribut des Pfeiles bei sich, mit dem er schwer verletzt wurde[1302]. So wird er zum Metallheiligen.

Weiterhin werden 1588 Gruben mit dem Namen „*Zur Hoffnung*" auf der Alvaneuer-Alp Ramutz und auf der Lenzer-Alp Sanaspans[1303] und gegenüber Chur[1304] verzeichnet. 1590 wird eine Lagebezeichnung „bei d. Hoffnung am klein Kogl" (Rattenberg)[1305] gegeben. Ein Silberbergwerk „Gute Hoffnung" wird auch im 16. Jh. in der Stadt Gottesberg in Schlesien vermerkt[1306].

So ist es gerade die Wende vom Mittelalter zur Neuzeit, also eine Blütezeit des Silberbergbaus, wo sich Hoffnung auf einen reichen Gottessegen im Bergwerkstitel weiterführt. Doch diese Linie läuft im alpinen Raum noch weiter, auch dann noch, als der Silberbergbau in den Alpen von der Mitte des 16. Säkulums an zurückging. Das wirkte wie ein langgezogenes Erdbeben. Gleichwohl wird im Jahre 1732 im Bezirk Steinfeld (Kärnten) ein Hoffnungsstollen getrieben[1307], in Kliening (Bez. Wolfsberg-St. Leonhard) wird 1808 ein Hoffnungsbau erwähnt[1308], während bereits vor 1808 ein Neuhoffnungsstollen im graubündischen Davos angelegt wurde[1309]. Auf dem gleichen Hintergrund der Zuversicht erwächst der Name der im 18. Jh. eröffneten „Gute-Hoffnungs-Hütte" in Oberhausen[1310]. Dicht bei Badenweiler war von 1727 bis 1728 die Grube „Hoffnung Gottes" in Betrieb[1311].

Derart setzt sich die christliche Tugend, als göttliche Hoffnung, und die zuversichtliche Erwartung auf die Auffindung von Metalladern in die Arbeitsfreude und damit in einen Wirtschaftswert um. Letzteres Moment könnte von der geistesgeschichtlichen und sozialgeschichtlichen Sicht noch vertieft

[1302] *Braun*, Tracht. Sp. 43. Vgl. *Schreiber*, Bergbau. S. 384. – *Ders.*, Vierzehn Nothelfer. S. 292.

[1303] *Plattner*, Bergbau. S. 46.

[1304] Ebd., S. 47.

[1305] *Wolfstrigl-Wolfskron*, Tirol. S. 162.

[1306] Schlesische Rundschau, 4, Nr. 20. Stuttgart, 15. 7. 1952.

[1307] *Wießner*, Kärnten, 1. S. 177.

[1308] Ebd., S. 260.

[1309] *Plattner*, Bergbau. S. 97.

[1310] *Max Schulz-Briesen*, Der preußische Staatsbergbau im Wandel der Zeiten, 2 Bde. Berlin 1933/34; 2, S. 11. Zur Vereinigung der drei Hütten St. Antony in Osterfeld (1758 entstanden), Gute Hoffnung im Dorf Sterkrade (1782 entstanden) und der Eisenhütte „Neu Essen" (1791 entstanden) vgl. die Schrift: Gutehoffnungshütte in zwei Jahrhunderten.

[1311] *Ernst Scheffelt*, Bergbaunamen im südwestlichen Schwarzwald. S. 12. – Zur Hoffnung auf Bergsegen s. unten S. 469 ff.

werden[1312]. Thomas von Aquin hat die Hoffnung als eine Leidenschaft, als passio spei, angesprochen und ihr eine vierfache gegenständliche Bestimmtheit zuerkannt[1313]. Wo man außerhalb des alpinen Raums mittelalterliche Gruben im deutschen Sprachbereich überprüft, findet sich die gleiche herzhafte Bejahung der Berufsarbeit und des ideell verankerten Lebenssinnes ein. Man nehme etwa, wie schon angedeutet, die Bezeichnungen „Gottesgabe", „Gottessegen", „Gottberath", „Bau auf Gott" im Erzbergbau der Oberharzer Bergstädte[1314]. Ähnlich verhält es sich in böhmischen Gebieten und in anderen Bergwerksgebieten[1315]. So haben sich in den verschiedensten Landschaften für die Grubentitel dieselben zuversichtlichen Grundauffassungen, also gottbezogene Verbundenheiten und hochgemute Stimmungen, mitgeteilt. Dabei kamen der Pessimismus, die Unlust, die Resignation nicht recht auf. Mochten sich mit dem Gesteinsschlag und mit dem Wassereinbruch sowie mit anderen Gefährdungen schwere Erlebnisse und bittere Schicksale für den einzelnen Bergmann wie für die Bergmannsgemeinde einfinden, nirgendwo wurde deswegen der Name der Grube, der das Gottvertrauen herausstellte, gestrichen oder abgeändert. Der Name verblieb wie ein rocher de bronze. Zudem wurde das Vertrauen, Metallschätze zu finden, von der Bergmannssage genährt. In diese Richtung gehen die beiden Erklärungssagen vom silberhaltigen Rammelsberg bei Goslar. Da kündet ein altes Lied: „De Rammelsbergk hefft enen gulden Fôt, Drumb tragen wir en stolten Môt[1316]."

Nirgendwo tritt also, was scharf betont werden muß, darum in der Benennung der Gruben ein böses und unheilvolles Prinzip als verneinende Flagge heraus. Man mag solche und gewiß klärende Zusammenhänge würdigen. Es wäre einseitig, nur die Geisterfurcht und den Schreck vor Unholden und Zwergen, vor eigensüchtigen und gefährlichen Venedigern überlaut herauszustellen. Zu diesen dämonischen Mächten sind betonte Gegengewichte, ja stärkere Schutzmächte vorhanden, was die volkskund-

[1312] Im LThK 5², Sp. 416–424, unter Stichwort „Hoffnung" noch nicht berücksichtigt. Man beachte aber dort die systematische Ausgestaltung unter Thomas von Aquin. Vgl. noch *Schreiber*, Weltkonzil, 2. Im Register, S. 583, unter „Hoffnung".

[1313] Siehe *Engelhardt*, Hoffnung. LThK 5², Sp. 416–424. Der Bergbau ist in die Überlieferungsgeschichte nicht einbezogen.

[1314] *Dennert*, Kleine Chronik der Oberharzer Bergstädte³. S. 15.

[1315] *G. Schreiber*, Der Berufsgedanke im Bergwerk. Zur Formungsgeschichte der Bergknappen im Lichte spanischer Motive. In: Christliche Existenz und Erziehung, Festgabe für Johann Peter Steffes, hg. v. G. Schreiber u. Kurt Haase. Münster (Westf.) 1954, S. 134–149, bes. S. 135.

[1316] *Stötzel*, Bergmannssage. S. 13.

liche Forschung nachhaltiger vermerken sollte, die sich erst in jüngster Zeit den Bergbaupatrozinien zuwandte.

9. Der verschüttete Bergmann

Das kultische Totengedächtnis der karolingischen Zeit, das bereits ältere Überlieferungen fortsetzte, war bedeutend entwickelt. Die späteren Reformzeitalter der cluniazensischen Epoche erlebten jedoch noch eine weitere Steigerung[1317]. Neben dem Vertreter der Hocharistokratie, ebenso neben dem Konventualen des Reformklosters, dem ein Gedenken in einem bestimmten Ausmaß zuteil wurde (sicut pro monacho), werden später Angehörige schlichterer Bevölkerungsgruppen berücksichtigt. Die Totenmemorie fand in der Folge, was die Forschung kaum beachtete, eine bemerkenswerte Breite. Gewiß noch nicht in jenem Ausmaß, das sich in der Gotik abzeichnet. Aber immerhin wird schon früh der Berufsstand des *Bergmanns* als einer Totenmemorie würdig angesprochen. Man mag das vielleicht als ein Ergebnis einer zeitig einsetzenden Schätzung der Tätigkeit „vor Ort", also des bergbaulichen Geschehens, ansprechen. Die Arbeit im dunklen Stollen mochte sicherlich die metallhungrige Umwelt beeindrucken, die nach dem stahlharten Schwert, nach der kupfernen Lanze und nach dem Silberdenar verlangte. Nach allem tritt die Figur des verschütteten und abgeschiedenen Bergmanns namhaft vor uns hin. Wie weit dabei das Motiv von der Bergmannskatastrophe die Erzählung des Volkes und die Dichtung bis in die Neuzeit beeindruckte, mag noch zu erforschen sein.

Es ist das Verdienst von *Adolph Franz*, dem großen Liturgieforscher wie Volkskundler, in seinen Untersuchungen über das Verhältnis der Messe zur Legende einen ersten Zugang jenem volksliturgischen Gedächtnis eröffnet zu haben, das dem verunglückten Bergmann nach seinem Ableben zuteil wird. Es sind drei wertvolle Quellennotizen, die dieser Kulthistoriker mitzuteilen hat[1318]. Allerdings ist in der näheren Erläuterung das Bergwerk noch eingehender einzubeziehen. Franz hat die Bedeutung dieser Quellenzitate noch nicht erkannt.

Für unsere Sicht meldet sich zunächst die *Höhle* als Vorspiel bergbaulichen Geschehens zu Wort. Sie ist ja so oft die Stätte des Auftaktes

[1317] *Jorden*, Totengedächtniswesen. – *Schreiber*, Gemeinschaften. S. 18, 19, 102, 178, 272.

[1318] Messe. S. 7. Wir ergänzen hier *Bächtold-Stäubli*, Handwörterbuch, 4. S. 175ff. unter dem Stichwort „Höhle".

für bergbauliche Geschehnisse. Da wurde nun nach dem Zeugnis des Reformers *Petrus Damiani* († 1072) bei Clavenna ein Mann in einer Höhle verschüttet. Man bemühte sich um ihn, aber ohne Erfolg. Genau nach einem Jahr suchte man nach seinen Gebeinen und fand ihn lebend. Ein Mirakel des Anniversars. Da wußte der Verunglückte seinen Freunden zu erzählen: täglich habe ein Vogel, der einer Taube ähnlich gewesen sei, ihm etwas an weißem Brot gebracht. Es habe ihn erquickt und gestärkt; doch sei an einem Tag der Vogel ausgeblieben. Da habe ihn der Hunger gequält. Die erwähnte Taube und das Brot weisen in eucharistische Zusammenhänge[1319]. Aber die weiße Taube ist überdies das volkstümliche Sinnbild des Hl. Geistes. Die Gattin hatte für den Totgeglaubten täglich eine Messe lesen lassen. Nur an einem Tage setzte sie wegen der Winterkälte den Weg zur Kirche aus. Das war jener Tag, da der Verunglückte schwer Hunger gelitten hatte[1320]. Daß damals bereits eine tägliche Totenmesse (missa privata) gehalten wurde, will sehr beachtet sein.

Hundert Jahre später berichtet der große Reformer *Petrus Venerabilis* diese Legende in einer anderen Version[1321]. Diesmal handelt es sich nicht um die Höhle, sondern um ein Bergwerk. Es liegt im Gebiet von Grenoble. Dort betätigt sich wiederum in der Totenmemorie die Bergmannsfrau. Sie ließ für den Verschütteten, der als verunglückt galt, wöchentlich eine Messe lesen. Sie opferte dabei ein Brot und eine Kerze. Diese Spende, die echt mittelalterlich das Brauchtum der missalen Oblation wiederspiegelt, vollzog sich in jeder Totenmesse. Doch die Gattin unterließ es in einer Woche, diese Opfergaben zu bringen. In dieser Zeit war es aber, in der der Verunglückte hungerte und fror. Auch hier ist es die Wiederkehr eines Jahres, also das Anniversar, da der Totgeglaubte seine Rückkehr aus dem Totenreich erlebte. Der Hades, den die Antike als unüberwindlich und unwiederbringlich gekennzeichnet hatte, öffnete sich. Wie ein anderer Lazarus vollzieht dieser Bergmann aus dem Grabesdunkel seine Wiederkunft. Er weiß zu berichten, wie der Opfergang seiner Frau ihm im dunklen Bergesinnern Erquickung und Licht brachte. Ganz so, wie es die Totenmesse mitteilt, wenn sie in ihrer Fürbitte vom refrigerium und lux spricht. Nur an den

[1319] *Josef Sauer* im Artikel „Taube". LThK 9, Sp. 1005. – *Braun*, Tracht. Sp. 841. Eucharistische Seiten werden berührt.

[1320] Dazu *Schreiber*, Gemeinschaften. Im Register, S. 464 u. 481, unter „Messe" und „Totengedächtnis".

[1321] *Franz*, Messe, S. 18, mit Hinweis auf *Migne*, Patrologiae cursus completus, 145, col. 568. Zum Verhältnis der Legende zur Höhle s. *Günther*, Legende. S. 68, 73, 104, 129. Leider im Register nicht festgehalten.

wenigen Tagen, da die Frau nicht opferte, verspürte er das ganze Grauen der Unterwelt. Gleichwohl kam er am Jahrtag wieder hervor. Der Goldgrund optimistischer Einstellung wird durch die Wiederkehr einzelner Motive des Neuen Testamentes immer wieder sichtbar.

Der Cluniazenser verlegt, wie angedeutet, allerdings den Schauplatz in die Dauphiné. Dort betätigt sich in der Fürbitte für den Verstorbenen die Bergmannsfrau. Die Liturgie wirkt in solcher Erzählung bereits als erregendes Element. An drei Tagen hatte nun diese Bergmannsfrau wegen ihrer Armut mit den Opfergaben ausgesetzt. Sie hatte jedoch an diesen Tagen für sein Seelenheil („pro remedio animae eius") Weihrauch angezündet. Der Bergmann, der nach einem Jahr zu seinem Anniversar aufstehen konnte, erklärte, daß er an diesen Tagen zunächst vor Hunger fast gestorben sei. Aber ein aromatischer Duft hat ihn gesättigt. Wiederum tritt das Anniversar als lebensweckend und als ein glücklicher Tag nachdrücklich hervor. Man darf es nicht einseitig als Tag der Trauer würdigen. Es wurde oft mit Gepränge ein Liebesmahl gehalten. Daß der Weihrauch das Hungergefühl stillen kann, ist ein Zug, den die historische Volkskunde wohl sonst nicht mitgeteilt hat. Immerhin weiß sie darum, daß der aromatische Geruch nach Albertus Magnus und Konrad von Megenberg die bösen Geister vertreibt[1322].

Weiter weiß als neuer Zeuge *Caesarius von Heisterbach* von diesem Wunderzeichen zu berichten. Der Zisterzienser ließ sich in seiner erzählungsfreudigen Art diese Wandersage nicht entgehen. Die Bergwerke mochten ihm vom Siegerland her oder vom Rheinland her besonders vertraut sein. Dazu trat das rege bergbauliche Interesse seiner Genossenschaft. Jedenfalls zeichnet sich bei ihm ein heimatlicher Klang ab. Er verlegt den Schauplatz nach Wanebach, also nach Wambach bei dem rheinischen Neuwied[1323]. Das Umland machte sich bei ihm geltend. Man sieht, ein und dieselbe Legende besiedelt gern verschiedene Orte.

Diese Erzählung fand darüber hinaus noch andere Wege. So weiß das novellistische hochmittelalterliche Speculum exemplorum seinerseits zu berichten. Dieses Quellenwerk gehört dem 15. Jh. an[1324]. Dort wird näherhin bemerkt, daß die Bergmannsfrau täglich ein Brot, einen Krug Wein und

[1322] *Bächtold-Stäubli*, Handwörterbuch, 9. Sp. 284.

[1323] *Franz*, Messe, S. 8f., mit Hinweis auf De miraculis, II, *Migne*, PL 189, col. 912.

[1324] Drucke: Deventer 1481, Köln 1485, Straßburg 1487 und 1495, Hagenau 1519. Vgl. ferner Reallexikon d. deutschen Literaturgeschichte, 1. S. 418. Freundliche Mitteilung von Prof. Dr. *Matthäus Bernards*, Köln. – Eine von Johannes Maior SJ erweiterte Fassung ist Magnum speculum exemplorum, Köln 1608; mit neuen Zusätzen, Köln 1618.

12. Marterl am Salzberg bei Hall, Tirol.

Anno 1741 den 13. September ist Niclaus S. so er noch
lödigen Standts ab den Aichet, an disen Orth verschiden;
Gott Genad ihm durch Vorbitt der Heilligen
Amen

13. Marterl am Salzberg bei Hall, Tirol.

frisch und gesund fuer ich herein, in schneller Eil mus gestorben sein
und du mein Krist hast auch kein frist, wen, wo und wie du sterben wirst
Sebastian Kämpfl von friw . . . [im] 21. iste jar seines alters
gestorben der 29 December, 1799, gott gnad der sel.

14. Marterl am Salzberg bei Hall, Tirol.

Heiliger Romedius erbitt
Für uns beim höchsten Tron,
Schutz und Hilfe in allen Gefahren.

15. Marterl am Salzberg bei Hall, Tirol.

Hier im tiefen Schacht verunglückte und starb, am 7. Juli 1903 im Alter von 37 Jahren der Ehrsame Bergarbeiter und Familienvater in Absam

Herr Hotter Michael

Ruhe in Frieden. *R. I. P.* *Glück Auf.*

eine Kerze bei der Messe opferte, die sie täglich lesen ließ. Nur an drei Tagen hat sie der Teufel in Menschengestalt vom Messebesuch zurückgehalten[1325]. Es ist recht bemerkenswert, daß bei Cäsarius unter diesen Opfergaben auch der Wein erwähnt wird. Wurde dieser doch noch im Mittelalter weithin unter die missalen Oblationen gezählt, besonders in der Weinlandschaft. Man wird diese Quellennotiz in Sachen des Weines als besonders wertvoll bezeichnen müssen, da sie ein selbstverständliches Brauchtum darstellt, eine oblatio quotidiana et usualis, von der man nicht immer ausdrücklich sprach[1326].

Aus allen diesen Zeugnissen geht hervor, daß es die Opfergaben sind, die die Teilnahme des Bergmannes an der Wirksamkeit der Messe ermöglichen. Damit wird der Bergmann als „opferbaere", als zum Opfern geeignet angesprochen[1327]. In der Vertretung des Hausvaters fand sich auch sonst wohl im Mittelalter die Hausfrau als offerens ein. Sie opfert in der damaligen Wertung familiärer Elemente an Stelle des Hausvaters[1328].

Die missale Berücksichtigung, die der Bergmann und seine Frau empfangen, bezeichnen die bereits im Hochmittelalter einsetzende hohe Wertung gerade dieses Berufsstandes. Literarische Quellennotizen dieser Art werden gleichzeitig zu Zeugnissen der Sozialgeschichte und Wirtschaftsgeschichte, nicht minder der liturgischen und volksliturgischen Entwicklung. Aus der christlichen Legende wanderte der verschüttete Bergmann in den *Traum*, zu einer Zeit, in der solches volksliturgische Geschehen nicht mehr lebendig war. Dieses gibt sich also als ein nachmittelalterliches Produkt. Es ist jener Traum, der ein Unglück anzeigt. So weiß die *Harzsage* der Sieben Bergstädte wie folgt zu berichten: „Einst träumte der Frau eines Bergmanns, ihr Mann stürze in die Grube und komme dabei um. Beim Aufstehen erzählt sie ihrem Manne den Traum und bittet ihn, doch zu Hause zu bleiben. Doch er fährt ein. Einige Stunden darauf bringen sie ihn ganz zerschmettert ins Haus getragen. In der nächsten Nacht erscheint der Verunglückte seiner Frau in leibhaftiger Gestalt und steht vor ihrem Bette. Und spricht: ‚ein ernstes Wort habe ich dir zu sagen, hör' auf:

[1325] *Franz*, Messe. S. 9, Anm. 2. Zum speculum exemplorum s. ferner *Chevalier*, Répertoire. Topo-Bibliographie, col. 2997, mit dürftigen Literaturverweisen.

[1326] *Schreiber*, Gemeinschaften. Im Register, S. 485 unter „Wein". – *Ders.*, Die Wochentage. S. 61. – Der Wein wurde im Mittelalter während der Messe weit häufiger und länger als Opfergabe gebracht, als manche Liturgiehistoriker annehmen.

[1327] Dazu vgl. Mitteilungen über die Personen des Opfernden bei *Schreiber*, Gemeinschaften. S. 156ff.

[1328] *Schreiber*, Gemeinschaften. S. 156, 157 u. 160.

Erzähle keinen Traum
und schäle keinen Baum
und röste kein Brot,
so wird Gott helfen in aller Not.
Hättest du deinen Traum verschwiegen,
so wäre dir der Mann geblieben'[1329]."

So hat sich das tiefernste Erlebnis der Volksliturgie, ebenfalls die Quellkraft des Anniversars, verflüchtigt. Die Sage der Neugläubigen fand im Kultischen keinen Rückhalt mehr.

Doch anderorts kam es jüngst in Sachen der Totenmemorie zu einer Abschwächung. Die Salinenarbeiter („Pfannhauser") von *Hall* in Tirol begehen gewiß das Gedächtnis der Berufsgenossen in Hall und Absam. Aber die Jahrzeit verliert doch ihren Sinngehalt, wenn eine Gedenkmesse nicht in schwarzer, sondern in weißer Farbe gehalten wird. Es wird mehr ein Gemeinschaftsfest entwickelt. Man trifft sich abends im Wirtshaus. Man feuert Raketen ab und widmet sich dem Tanz. Nun, der fröhliche Bergmann darf wissen, daß im oberdeutschen Raum im Totengedächtnis für den Priester erst eine Messe in schwarzer Farbe, eine zweite in weißer Farbe gehalten wird, darauf folgt ein Liebesmahl. Also verwandtes Brauchtum.

Wer alpine Gegenden durchwandert, begegnet wieder und wieder den Marterln, die dem Volkskundler so manches zu sagen haben. Diese treten aber auch zuweilen in das Bergwerk ein. Im Stollen des Salzberges bei Hall am Inn finden sich sogar mehrere *Marterln* ein, immer wieder die Stelle bezeichnend, wo ein Bergmann verunglückte.

Doch die Kameradschaft meldet sich ebenfalls zum Wort. Ein Votivbild aus dem Jahre 1891 in der *Votivkapelle*, die sich neben der Wallfahrtskirche des tirolischen *Absam* einfindet, weiß zu berichten, daß Romed Plank, Salzbergarbeiter von Hall, stammend aus Thaur, von einer schweren Gebirgswand begraben ward. Aber er wurde gleichwohl durch einen Berggenossen gerettet[1330].

Wir haben das entsprechende Votivbild, das erhalten ist, in einer Abbildung wiedergegeben. Es führt die Beschriftung mit sich wie folgt: „Aus Dankbarkeit. Am 27. Oktober 1891 um 9 Uhr abends verunglückte ich Romed Plank, k. k. Salzberg Arbeiter aus Thaur, bei der Grubenzimmerung

[1329] *Stötzel*, Bergmannssage, S. 21, mit Hinweis auf Friedrich *Sieber*, Sächsische Sagen. S. 135.
[1330] Das umfängliche Votivbild wurde persönlich besichtigt.

auf der Zacherschachtricht am Haller Salzberge, indem sich plötzlich eine große, 200 Kilogr. schwere Gebirkswand loslößte und mir auf Kopf und Rücken fiel und mich zu Boden drückte, wobei ich in meiner Angst noch die hl. Namen Maria und Romedius nannte und meinen mit arbeitenden Kameraden Josef Gollner aus Gnadenwald um Hilfe anrief, welcher mich auch schnell von der Gebirgswand befreite und an einen sichern Ort brachte. Darauf fiel ich in eine tiefe Ohnmacht, aus der ich erst nach 5 Stunden erwachte, nachdem man mich vom Salzberg nach Hause getragen hatte. Der inzwischen herbeigeholte Salinen Arzt Dr. Ganner konstatierte eine schwere Rückenmarks Erschütterung und Verletzung im Genick und Kreuz. Ich hatte nun durch 52 Tage ein hartes Lager, da mir schon die geringste Bewegung immer die größten Schmerzen verursachte und nur der Fürbitte der seligsten Gottesmutter Maria und meines Namenspatrons Romedius habe ich es zu verdanken, daß ich die Gesundheit wieder (völlig) erlangte und nach einer Krankheitsdauer von 26 Wochen soweit hergestellt bin, daß ich leichtere Arbeiten wieder verrichten kann. Gott sei gelobt in Ewigkeit. Amen."

Mehr als einmal hatten die Kameraden tagelang zu warten. In dem mehrfach erwähnten Salzbergwerk *Hall* verirrte sich im Jahre 1786 der Arbeiter Romed Ram im Gröbner Werk. Er mußte neun Tage und Nächte in der Grube bleiben, bis er aufgefunden wurde. Er lebte noch bis 1810. Der Name des Tiroler Landschaftsheiligen Romedius[1330a] zeigt uns, wie sehr der Bergmann in seiner Vornamengebung von seiner Umwelt abhängig ist.

Eine im Haller Bergwerk angebrachte Marmortafel trägt die schlichte und doch menschlich verbundene Inschrift „Den in treuer Pflichterfüllung beim Bergbau verunglückten Bergleuten", mit zehn Namen. Sie beziehen sich auf die Zeit von 1863 bis 1935. Die altersgraue Genesis des Bergwerks berührt die andere Inschrift: „König Max Stollen aufgeschlagen im Jahre 1492." Dieser Hinweis deckt sich mit der bereits erwähnten Inschrift an der Freiungskapelle am Haller Salzberg[1331]. Das Band der Dynastie mit dem Tiroler Bergwesen war eng und produktiv. Des verschütteten Bergmanns wird auch in der tirolischen Hagiographie gedacht. Man nehme den Jesuitenschriftsteller *Jacobus Schmid*, er schrieb eine Geschichte aller Heiligen, welche Tirol geziert haben. Er nannte diese Schrift „Heiliger Ehren-Glantz"[1331a]. Dort behandelt er in einem ersten Teil die drei heiligen Jungfrauen von

[1330a] Vgl. dazu *Wolfgang von Pfaundler*, Sankt Romedius. Ein Heiliger aus Tirol. Wien 1961.

[1331] Persönlich festgehalten.

[1331a] *Grass*, Pfalzkapellen und Hofkirchen in Österreich, II. Teil. In: Zeitschrift der Savigny-Stiftung für Rechtsgeschichte. Kan. Abt., Jg. 47, 1961, S. 153.

Meransen. Gemeint sind die Jungfrauen Aubet, Cubet und Guerre . . . „Auf der Flucht vor den Horden Attilas kamen sie in diese Berggegend. Wo sie erschöpft zu Boden sanken, sprudelte plötzlich eine frische Quelle aus dem Felsen . . ." Viele Wunder geschahen an dem Orte[1331b]. In diesem Zusammenhang wird auch die Errettung eines Bergmanns berührt, die auf einer „geschriebenen Tafel" in der Kirche zu Meransen als eine Gebetserhörung mitgeteilt ist. Sie lautet: „Ein sehr merckwürdige Sach hat sich mit Michael Regg auss dem Thal Pflers (Pflersch) ereignet. Disem ist vermittelst eines Berg-Knappens, der ober ihm gearbeitet, ein grosses Stuck Felsens, zween Bach-Ofen gross, vom Berg herab gefallen, hat ihne Michael erwischet und dermassen zerdrucket, dass ihme das Inngewaid herauss gangen und den Ruck-Grat abgebrochen, also dass er achtzehn Wochen lang zu Störtzing unter der Hand der Wund-Arzten hat ligen müssen. In solchen seinen grossen Schmertzen hat er sich nacher Meransen zu denen drey heyligen Jungfrauen, und zwar jährlichen mit dreymaliger Wallfahrt und Empfangung der heiligen Sacramenten versprochen: welches nit fruchtlos abgeloffen; dann nach solchem Versprechen hat sich der Schmertzen gelindert bis er völlig geheylet, darauf sein Wallfahrt höchst dankbarlich verrichtet[1331c]." Bergnot führte immer wieder zur Wallfahrt.

Verwandte Züge fanden sich ein. Der Tiroler Landesfürst Erzherzog Leopold V. war auf einem Jagdausflug ins Achental erkrankt und daraufhin in Schwaz im Gebäude des damals in staatlichem Besitz befindlichen Bergwerkshandels verstorben (1632). Für die Hauskapelle dieses Bergverwaltungsgebäudes wurden daher wohl nicht ganz unbegründet die Vorrechte einer Capella regia in Anspruch genommen[1331d].

Die Kameradschaft zieht sich auch durch sonstige Gedenkzeichen. Eine Medaille ohne Jahr aus der Bergstadt *Kremnitz* verzeichnet die Inschrift „*Vergis deines Freunds nicht*". Es erscheint dort zum weiteren ein Bergmann mit Grubenlampe nach rechts schreitend. Auf der Rückseite begegnen im Zeichen der Freundschaft David und Jonathan. So hielt man das brüderliche Zueinander der Bergleute fest[1332]. Grubenkatastrophen lösten ebenfalls Gefühle der Anteilnahme aus. Im französischen L'Agrappe kam es

[1331b] *Jacob Schmid*, Heiliger Ehren-Glantz. Augsburg 1732, S. 204 ff.

[1331c] *Josef Anton Falger*, Der Pilger durch Tirol. Innsbruck 1846. S. 214.

[1331d] *Schmid*, Heiliger Ehrenglanz. S. 204 ff.

[1332] Sammlung Vogelsang. Nr. 1111, S. 100. Doch sei vermerkt, daß David nicht als Schutzpatron der Bergwerksstollen erscheint, soviel ich sehe. Eine Beziehung zum Bergbau ist im übrigen auch nicht festgehalten bei *Hugo Steger*, David, Rex et Propheta („Erlanger Beiträge zur Sprach- und Kunstwissenschaft", Bd. 6). Nürnberg 1961.

1879 zu einer Bronzemedaille auf die Opfer eines Bergwerksunglücks. Da erscheinen die Grubenlampe und der Trauerkranz[1333].

Vielleicht macht sich noch heute ein Nachklang solcher vom Volkstum genährten Vorstellungen bemerkbar, wenn die Öffentlichkeit Grubenunglücken – gleich wo in aller Welt – besondere Teilnahme schenkt. Die Zeitungen berichten darüber zuweilen schmerzbewegter als über manche andere Ereignisse. Die Sensation tritt vor der Tragik doch etwas zurück. Manchmal halfen Bergleute der Nachbarnation. Die Melancholie des Bergwerks meldet sich dabei an. Gleichwohl erweist sich die optimistische Grundnote des Bergmanns als stärker und dauerhafter. Sie ist in Jahrhunderten gehärtet. Sein ist und bleibt die Unsterblichkeit. Das bekundet auch der Bergmannsgruß „Glück auf“[1334].

Man darf nicht übersehen, daß die Verschüttung des Bergmanns zuweilen auch als Strafe aufgefaßt wird. Vom Standort der Gerechtigkeit her beschäftigt sich die *Bergmannssage* mit dieser Bestrafung. Sie weist darauf hin, daß der Reichtum zu üppigem Leben und zu Lastern geführt hat. So erklärt eine Vita des alemannischen Stiftes Waldkirch aus dem Jahre 1279/80 ein großes Grubenunglück vom Jahre 1258 damit, daß es eine Strafe für die Gottlosigkeit, Bosheit, Spottlust und Zuchtlosigkeit der Bergleute war[1335]. So erklärt die mittelalterliche Bergwelt Grubenunglücke.

Votivtafeln wurden von Bergleuten gelobt in Hinsicht auf besonders schwere Stunden, die sie erlebten. Dahin gehörte die Lawinengefahr, die für das Jahr 1693 eine Votivtafel am Schneeberg festhielt, näherhin am Pfunderer Berg bei Klausen. Ein paar solcher Ex-voto-Tafeln finden sich in dem Kirchlein am Bergbaubetrieb Schneeberg im Passeier[1335a].

10. Marterln

Man mag auch der Marterln gedenken. Sie berühren auch den Arbeitskreis der Bergleute. Es sind manche Veröffentlichungen in regionaler Hinsicht erfolgt. Eine Sammlung in drei Bändchen bot *Ludwig von Hörmann* mit dem Titel: Grabschriften und Marterln[1335b]. Wir halten daraus ein

1333 Sammlung Vogelsang, Nr. 1114, S. 100.

1334 Die Wandlung vom guten Anbruch des Erzes zum Persönlichen ist gestreift bei *Franz Kirnbauer*, Bergmännisches Brauchtum in Kärnten. S. 8.

1335 *Schwarz*, Bergleute im späteren Mittelalter. S. 90.

1335a *Hans Wallnöfer*, Zeitschr. Der Schlern, 23. Jg., H. 12, Dez. 1949, S. 480.

1335b 3 Teile, Leipzig 1891–1896.

Marterl fest in einer Formulierung, die das Motiv „Glückauf" erwähnt, wie folgt: „Und bricht einst der große Lohntag an, und des Lebens Schicht ist verfahren, dann schwingt sich der Geist aus der Tiefe hinan, aus dem Dunkel des Schachtes zum Klaren. Und die Knappschaft des Himmels nimmt ihn auf, begrüßt ihn jauchzend: *Glückauf, Glückauf!*" Dieser Hinweis findet sich auf dem Friedhof in Gmünd und betrifft den im Bergwerk tätigen Hutmann Josef Moritz († 1868)[1335c].

Mehr humorvoll gibt sich eine zweite Inschrift in Solbad Hall/Tirol, verfaßt von einem Pfannhausarbeiter: „Hier liegt begraben mein Weib, Gott sei Dank, sie hat ewig mit mir zankt. Drum lieber Löser geh' von hier, sonst steht sie auf und zankt mit dir"[1335d].

Das Salzbergwerk Hall verwahrt acht Marterln für die Zeit vom 18. Jh. bis zur Gegenwart. Wir bieten unter unseren Abbildungen solche Marterln, die im Stollen photographiert sind. Einige dieser Gedenkzeichen ziehen sich auf der Zugangsstraße zum Berg hinauf. Den Photographien sind im übrigen Beschriftungen beigegeben. Man mag sich in Sachen dieser Totenmemorien mit *Schraml* über das oberösterreichische Salinenwesen noch auseinandersetzen[1335e]. Was *Bächtold-Stäubli* über solche Erinnerungsbilder und Unfallkreuze mitteilt, ist wenig vollständig[1335f]. Das Brauchtum, Verunglückten als Erinnerungszeichen Marterln zu widmen, ist heute noch im Bergland Tirol und sonst in alpinen Gebieten lebendig. Oft ist es verbunden mit der Bitte an die Vorübergehenden, dem Verunglückten eine Fürbitte zu gewähren[1335g].

Salzknappen verunglückten im Gebiet des tirolischen Hall durch *Lawinen*. Das verlangte nach Gedenkzeichen. Dort beim Bettlwurf-Brünndl sind fünf Kreuze in den Felsen gemeißelt:

1565

†	†	†	†	†
MG	HH	HF	HS	GP

In einem Stein an dieser Salzbergstraße, knapp vor der Abzweigung nach St. Magdalena, sind drei Kreuze eingehauen und die Jahreszahl 1579.

1335c *Hörmann*, Marterln, 3. S. 65.
1335d Ebd., 1. S. 59.
1335e Wien 1932, 3 Bde., bereits oben erwähnt.
1335f Handwörterbuch, 1. Sp. 1303 u. 1304.
1335g Beispiele aus der Almregion Tirols bei *Nikolaus Grass*, Die Almen des Wattentales in Geschichte, Volkstum und Recht (Schlern-Schriften, Nr. 170, Innsbruck 1962, z. Z. in Druck). – Die 8 Marterln von Hall sind unter unseren Abbildungen gebracht.

V. SCHUTZHERREN DES BERGBAUS

1. *Volksglaube, Mysterien und Bergbauheilige*

Es war vor etwa zwei Jahrzehnten, daß ich auf *Daniel* als Berufspatron des Bergwerks aufmerksam wurde. Das ereignete sich in der Bayerischen Staatsbibliothek bei Durchsicht eines gut eingeleiteten und reich bebilderten Münchener Bruderschaftsbuches von 1629, das unter dem Namen „Christliches Heldenbuch"[1336] ging. Es spiegelte so recht die Frömmigkeit und Hagiologie, die Sakralkultur und das geistliche Genossenschaftswesen des vielverzweigten Barocks. Noch bedarf es einer starken Auswertung. Dieses Zeitalter präsentierte mit diesem Bande im Grunde genommen eine sieghafte Heroengalerie. Die dort erwähnten Heilbringer erschienen in der Verbundenheit mit der Wirtschaft und mit dem Genossenschaftswesen. So interessierte in diesem Buch sofort der Widerschein berufsständischen Wollens und Wirkens. Da hieß es nämlich, daß die Bergknappen verehren „S. Danielen", unmittelbar davor wurde zum anderen bemerkt, „die im Salzwerck arbeiten (verehren) S. Rupertum"[1337]. Ganz unbekümmert wird an dieser Stelle Daniel dem genannten Salzburger Bischof Rupert insoweit gleichgesetzt, als auch ihm der Titel „Sanctus" verliehen wird, in jener Art der *Volkskanonisation*, die auch sonst für Persönlichkeiten des Alten Testamentes, selbst für die 24 Ältesten, sich einfindet.

Dieses Bruderschaftsbuch ließ sich inzwischen für religionsgeschichtliche, ikonographische und volkskundliche Zusammenhänge öfters erwähnen[1338]. Die dort beigegebenen volkhaften Gebetsmeinungen und Aufforderungen

[1336] Christliches Heldenbuch. Blatt 1r. Dazu *Georg Schreiber*, Volksreligiosität. S. 36–68, bes. S. 52.

[1337] Christliches Heldenbuch. Blatt 2r, 2v, 3r. – In München wurde 1763 die Zunftfahne (heute im Erzbischöflichen Ordinariat aufbewahrt) der bürgerlichen Münchner Salzstößler mit dem Bild des hl. Rupert mit dem Salzfaß und der Schwarzen Mutter von Altötting angefertigt. Süddeutsche Zeitung, Nr. 257, vom 6. und 7. 11. 1954, S. 9. – Rupertikirchlein (1725) am Salzberg in Brixen. – *G. Tinkhauser*, Beschreibung der Diöcese Brixen, 2. S. 486.

[1338] S. *Georg Schreiber*, Deutschland und Spanien. Dort über Bergesmotive, im besonderen über die heiligen Berge. Im Register, S. 507.

zur Übung bestimmter Tugenden, die angeschlossenen Kupferstiche und Monatszettel sind für den Frömmigkeitshistoriker und den Erforscher der Volksliturgie besonders bemerkenswert, ebenfalls für die Ergründung eines seelisch verwurzelten *Berufsgedankens*. Es bieten sich somit viele Ergänzungen zu dem bekannten Nachschlagewerk von *Dietrich Heinrich Kerler* über die Berufspatrone[1339]. In dieser soziologisch und wirtschaftsgeschichtlich bemerkenswerten Übersicht fehlen jedoch jegliche Quellenhinweise. Es müßte deshalb einmal versucht werden, an der Hand der Acta Sanctorum, der Analecta Bollandiana, der nationalen Hagiographie und anderer, auch byzantinisch gewandter Quellengruppen dieses Nachschlagebuch völlig neu zu gestalten. Das Münchener Christliche Heldenbuch wird ebenso zu einer bedeutenden Ergänzung von *Karl Künstle*, Ikonographie der Christlichen Kunst[1340], ein Werk, bei dem sich eigentlich volkslebendige Beziehungen nahelegen. Es wird Zeit, daß die Ikonographie aus einer gewissen Isolierung heraustritt, zumal sie sich nur als Zweig der Kunstwissenschaft fühlt[1341]. Sie ist mehr.

Wenn das „Christliche Heldenbuch", wie erwähnt, von der Verehrung der Bergknappen spricht, wendet es sich raummäßig an den Bergbau des *bayerischen* Stammes. Somit ergeben sich von vornherein enge Verbindungslinien zum *Tiroler Erzbergbau*[1342]. Diesem Forschungsbereich an Inn und Etsch bin ich in den letzten Jahren eingehender nachgegangen, im besonderen in einer mehr rechtshistorisch und kulturgeschichtlich orientierten Untersuchung „Das Bergwerk in Recht, Liturgie, Sakralkultur", auch unter Benutzung handschriftlicher Quellen[1343]. Dabei ließen sich eine Reihe von Feststellungen machen, die die echt originale und bodenständige Ausrich-

[1339] Patronate. Die in der Einleitung gebotenen Gesichtspunkte sind allerdings längst überholt.

[1340] Bd. 1: Prinzipienlehre, Hilfsmotive, Offenbarungstatsachen. Bd. 2: Ikonographie der Heiligen. Eine Neubearbeitung ist dringend erwünscht.

[1341] Ansätze zur Auswertung bei *F. Röhrig*, Ikonographie. In: LThK 5^2, Sp. 619–621.

[1342] Zum „Bayrisch Bergbuch" (Innsbrucker Staatsarchiv, Cod. 37), das die Grubenverleihungen von 1460 bis 1463, also in der Blüte des tirolischen Bergbaues enthält, vgl. *Matthias Mayer*, Das Tiroler Unterland. Der Tiroler Anteil des Erzbistums Salzburg (Schlern-Schriften, hg. von R. Klebelsberg, Bd. 109). Innsbruck 1953, S. 335. – Siehe ferner *Hermann Hämmerle*, Cartae de posta et iure montis. Bilder aus der trientinischen Bergwerksgeschichte. In: Tiroler Wirtschaft in Vergangenheit und Gegenwart, Bd. 1, Beiträge zur Wirtschafts- und Sozialgeschichte Tirols. Innsbruck 1951, S. 11–30. Manche Erweiterungen bei *Georg Schreiber*, Alpine Bergwerkskultur.

[1343] S. oben. – Zur seelsorglichen Betreuung der Haller Salzarbeiter vgl. *Franz Grass*, Pfarrei und Gemeinde im Spiegel der Weistümer Tirols, Innsbruck 1950, S. 167, Anm. 80, sowie bes. *Nik. Grass*, Das Widum- und Kloster-„Stürmen". S. 186f.

16. Marterl am Salzberg bei Hall, Tirol.

Hier im Tanzenbergprobebau verunglückte und starb
Possmoser Johann von Absam mit 25 Jahren 1923
Glück Auf, ihr Lieben, Alle!
Gedenkt mein, im dunklen Schacht.
Die Seel' dem Herrn gefalle
Zu schau'n die Himmels-Pracht.
Glück Auf
R. I. P.

17. Marterl am Salzberg bei Hall, Tirol.

Hier im Grünerwerk verunglückte Kern Paul aus
Absam u. starb im Alter von 28 Jahren im
Spital-Hall am 24. Dezember 1925, die heilige Nacht.
Beklag den Tod mit Thränen nicht,
Ein strahlend heller Morgen
Beleuchtet von des Himmels-Licht,
Erlöst von Qual u. Sorgen.
Glück Auf!
R. I. P.

tung des Tiroler Erzbergbaus herausstellen. Zum anderen legten sich Vergleiche zum sächsischen, mitteldeutschen, zum schlesischen und böhmischen Bergbau nahe, wie zu alpinen Gebieten, vorab zu Steiermark und Kärnten, auch zu den 1497 gegründeten Bleibergwerken von Idria. Im besonderen trat der Begriff des *Bergwerkspatroziniums* heraus, das dem Kirchenpatrozinium der Oberwelt als eine ungemein bemerkenswerte Ergänzung zur Seite trat. Stollen werden in erdrückender Mehrheit volksreligiös angesprochen, gemessen an der geringfügigen Vertretung von profanen Namensbezeichnungen. Diese sakral ausgerichteten Bergwerkstitel wie „St. Nikolaus bei der Arche" oder „St. Kathrein auf der Leimzech"[1344] gaben sich wie eine volkhafte Huldigung und wie eine stille Weihe von seiten des hoffenden populus christianus. Handelt es sich doch um eine Wendung und Widmung, die an einen Schutzherren des Berufes herantritt. Hie und da finden sich solche Heiligen mit einer Wendung in das öffentliche Recht auch in Siegeln: St. Margaretha in einem Siegel aus dem 15. Jh. von Salzhemmendorf[1345], St. Katharina in dem Zeichen von Buchholz im Erzgebirge. Das Schriftband dieses Siegels bringt den alten Namen der Stadt: Montis Sancte Katharine im Pvcholz = St. Katharinenberg im Buchholz. Nach der hl. Katharina war auch eine der ersten Silbergruben dieser Stadt benannt[1346]. Einen „St. Katherinenstollen" gibt es zudem in Schneeberg[1347]. Eine Grube in Haslach an der Kinzig trägt ebenfalls ihren Namen.

Es ist merkwürdig lange verkannt worden, daß die Bergwerke derart, wenigstens in ihrer großen Mehrheit, eine volksreligiöse Flagge trugen. Gewiß haben sich für die Namengebung auch Vornamen der Gewerken, Flurnamen (Zur silbernen Platte, Silberhorn, Blitzengrund, also Erwähnung blitzender Metalle, Silbermühl, Kühle Luft, Obere Sonnwend, Untere Sonnwend) und andere weltliche Herkunftslinien (Erbstollen)[1348] hier und da geltend gemacht. Aber der volksreligiöse Einschlag überwiegt, wie soeben angedeutet, bei weitem. Durch die ungemein starke Einbeziehung in die

[1344] „Bergbeschau zu Schwaz", 1526. Landesregierungsarchiv Innsbruck, Codex 3658. Dieses Verzeichnis übermittelte mir freundlich Herr Museumsdirektor Dr. Erich Egg, Innsbruck. – Zu Idria auch *Tremel*, Frühkapitalismus. S. 65ff. „Jede Konjunkturschwankung der Welt wirkte sich in Idria aus." (S. 67.)

[1345] *Kaestner*, Der Bergbau in den Wappen deutscher Städte. S. 50.

[1346] Ebd., S. 49f., Bild 82. Katharina bei *Schreiber*, Alpine Bergwerkskultur. S. 44.

[1347] Einen Hinweis dazu an entlegener Stelle bei *Bruno Kuske*, Quellen zur Geschichte des Kölner Handels und Verkehrs. – *Spethmann*, Forschungen zur Geschichte des Ruhrbergbaus, 1. S. 138.

[1348] Ebd. – *Plattner*, Bergbau. S. 44. – *Schreiber*, Bergwerk. S. 375f.

Sakralkultur setzte für die Benennung der Zechen somit eine durchaus farbige und volkskundlich bedeutsame Entwicklung ein. Sie war dem späteren Mittelalter eigen. Sie zog sich aber weithin durch die Jahrhunderte der Neuzeit bis ins 19. Säkulum, wobei das Zeitalter des Barock noch einen gewissen Auftrieb gab. Wertvolle Vergleiche boten zu der soeben mitgeteilten Kultgeographie und Bergwerkskunde die Bergwerksrodel des *ostschweizerischen* Raums[1349], die mit dem Anbruch der Neuzeit stärker einsetzen. Habsburgische Verbundenheiten territorialen Besitzes zeichnen sich dort ab. Diese Österreicher haben dem Bergbau dort und nicht minder in dem silberreichen Tirol feste Linien eingehändigt.

Nach allem reizt es, diese Bergwerkspatrozinien auf ihre nähere Herkunft und Umwelt zu untersuchen. Es wäre jedoch falsch, diese Berufspatronate und Schirmvogteien lediglich auf Volksheilige zu beziehen. In erster Linie, um der Sicht der Knappen zu entsprechen, muß an die *Mysterien* als Schutzmächte gedacht werden, die den Gruben ein betontes *theozentrisches* Gepräge geben, die Glaubensgeheimnisse und den Erlösungsgedanken mit sich führen. Dahin gehören Benennungen wie Salvator, Christi Himmelfahrt-Schurf, Hl. Kreuz, Hl. Blut, Mariä Heimsuchung, Mariä Himmelfahrt u.a.[1350]. Die vier Frauentage werden auch an dieser Stelle betont herausgestellt. Die Bergwerke gehören ja nach den Zeugnissen der älteren bergbaulichen Literatur zu den Magnalia Dei in locis subterraneis, zu den Großtaten Gottes in der Unterwelt. In der Chronik der erzgebirgischen Bergwerksstadt Schneeberg, welch letztere im 15. Jh. gegründet wurde – der Silberbergbau geht aber schon im 16. Jh. zurück – wird Gott als der „Erzmacher" angesprochen[1351]. Bergmannslieder, die Gerhard Heilfurth herausgab und untersuchte, gehen in die gleiche Richtung[1352]. Vielleicht, daß sich auch ältere Vorstellungen von den Himmelsbriefen geltend machen[1353].

Dahin gehören unter anderen manche Zechen, die nach der Hl. Dreifaltigkeit benannt werden[1354]. Ebenso aber auch solche, die dem Hl. Geist

[1349] *Plattner*, Bergbau. S. 10ff.

[1350] Man nehme die einschlägigen Bergbauverzeichnisse, wie etwa *Max v. Isser-Gaudententhurn*, Die Montanwerke und Schurfbaue Tirols der Vergangenheit und Gegenwart. In: Berg- und Hüttenmännisches Jahrbuch der k. k. Bergakademie zu Leoben und Pribram und der kgl. ungarischen Bergakademie zu Chemnitz, 36. Wien 1888, S. 226–324, bes. S. 237. Ferner *G. Mutschlechner*, Bergbau in der Umgebung von Imst. S. 29–59, bes. S. 41f., 52–57.

[1351] Siehe unten die Bibliographie.

[1352] Bergmannslied. S. 363. Ferner vgl. dazu ebd., im Register, S. 473.

[1353] Siehe *Stüber*, Himmelsbriefe. In: *Bächtold-Stäubli*, Handwörterbuch, 4. Sp. 21ff.

[1354] *Schreiber*, Berufsgedanke. S. 134–149, bes. S. 135.

gewidmet sind[1355], was uns an die gleichzeitigen, wenn auch früheren Heilig-Geist-Spitäler (Köln wohl schon unter Anno II., † 1075) erinnert. In dieser Wendung spiegelt sich ebenso die Schöpferkraft des höchsten Bergherrn und zugleich das Verlangen nach Gnaden und Charismen, die den Bergsegen auslösen. Vier Heilig-Geist-Stollen bei *Mathesius*, Sarepta.

Wiederum ist der *Gottesgedanke* nachdrücklich betont, wenn sich Namen einfinden wie Gottesgabe, Gottesglück, Gottesglücksgrube, Gottessegen, Segen Gottes am Berge, Gottberath, Reich Gottes, Wags mit Gott und verwandte Wendungen. Bergsegen wird ja auch sonst in der ehrfürchtigen und erwartenden Haltung der Bergknappen als Gottessegen angesprochen. Ernste Gläubigkeit und ein froher Optimismus schreiten einher, wenn sich wie in Schlesien für Gruben die Namen Silberblick, Morgenstern, Morgenrot, Prophet einfanden, was auf Daniel weisen mag[1356]. Da hören wir weiter 1547 für Tirol von einem Bergwerk „genannt die Gotzgab im Hettinger Pach", also ein Bergwerk mit dem Namen „die Gottesgabe", am Höttingerbach bei Innsbruck („Perckhwerchsgrueben genannt die Gotzgab")[1357].

Ähnlich heißt es in der Instruktion für den Bergrichter zu Hall in Tirol vom 9. Juli 1547. Dieser wird nämlich ersucht, auch die Gewerken anzuweisen, daß diese „nuzlich und nit vergebenlich pauen, dardurch die Perckhwerch und ain merer Gotsgab erweckht"[1358]. Dabei regt sich im besonderen die Tugend der Hoffnung, eine Einstellung und ein Streben, das auch der „*Guten-Hoffnungs-Hütte*" in Oberhausen den Namen gab. Wenn deren Anfänge ins 18. Jh. zurückgreifen, mag man die ideellen mittelalterlichen Vorstufen nicht vergessen[1359]. Von einem Silberbergwerk „Gute Hoffnung" wußte man auch im 16. Jh. in der hochgebauten Stadt Gottesberg in Schlesien[1360].

Neben den Mysterien, die sich durch Namen von Festtagen abzeichnen, wollen die *Volksheiligen* berücksichtigt sein, aber man mag die vielgebrauchte und weniger ergründete Wendung Volksheilige einmal sorgfältiger aufgliedern, als es vielfach in der Religionsgeschichte, Kunstgeschichte und Volkskunde geschieht. Es sind nämlich primär die *Martyrer*, an die sich die Frommen wenden. Die Einwirkung dieser Gruppe auf das Volksgemüt

1355 Ebd., S. 136f.
1356 Schlesische Rundschau, Jg. 4, Nr. 20. Stuttgart, 15. 7. 1952.
1357 Landesregierungsarchiv Innsbruck. Kopialbuch: Missiven an Hof, 1547, fol. 37 v.
1358 Ebd. Kopialbuch: Bekennen, 1547, fol. 36.
1359 Siehe auch Gutehoffnungshütte in zwei Jahrhunderten. Oberhausen 1958.
1360 Schlesische Rundschau, a. a. O.

und die Volksphantasie war ja immer besonders stark, in Präzeptorien und Summen, in Erbauungsbüchern und Passionalien, in Wallfahrtsschriften und Heiltumsbüchlein[1361]. Diese Sancti waren die bereits von Augustin, vom spanischen Dichter Prudentius und anderen Schriftstellern verherrlichten Blutzeugen Gottes, deren auch die metrischen Inschriften des Papstes Damasus I. (366–387) gedachten, die in Sachen der Martyrergräber erfolgten. Dieses Martyrium war ja Nachfolge Christi und die ersehnte und begnadigte Vereinigung mit dem Herrn, dazu der Inbegriff der Vollkommenheit[1362]. Zum Martyrium fügte sich das volkslebendige Mirakel, das keimhaft ein Volksschauspiel in sich schloß, wenigstens hier und da, wobei es sich später noch in der Tiroler Erzählungskunst und Schaufreude betätigte[1363]. Im Bergwerkspatronat läßt sich bemerkenswert die mehr innerlich gewandte als zufällige Gruppierung von Heiligen erkennen. So hören wir denn von einem Stollenpatronat von Schauinsland bei Freiburg i. Br. Dieses wird angesprochen im Jahre 1550 als „Perckwerch zu st. Johanns, zu sand Paul und zum heiligen Creuz“[1364]. Es ist Aufgabe der regionalen Forschung, solchen Motiven noch nachzugehen. Sie sind oft für solche Erläuterung in der näheren Umgebung zu greifen.

Eigentlich in einem Emanzipationsprozeß sind auch *andere* Heilige an die Seite der Martyrer getreten, so die Kirchenlehrer und die Regelväter, die später oft anachronistisch als Ordensstifter angesprochen wurden. Aber die eigenartige Vorzugsstellung für die Träger des Martyriums bewahrte sich doch auf Jahrhunderte hinaus. Sie wurde gestützt durch dramatische Szenen, so durch den Dialog mit dem Richter und durch die Zuschauer bei der Hinrichtung, soweit sie sich äußern. Immerhin, es fanden sich neben den Blutzeugen noch zahlreiche andere Sancti im späteren medium aevum ein, um den Gruben einen Namen und damit ein gewisses feierliches Gepräge zu geben. Ähnlich, im Zuge eines großen Zuvertrauens, hat man Schanzen und Festungswerke nach Heilbringern benannt, desgleichen wie im rheinischen

[1361] Siehe statt anderer das im einschlägigen Schrifttum (*H. Bächtold-Stäubli*, *O. A. Erich* und *R. Beitl* u. a.) oft vernachlässigte Buch von *Hermann Siebert*, Beiträge zur vorreformatorischen Heiligen- und Reliquienverehrung (Erläuterungen und Ergänzungen zu Janssens Geschichte des deutschen Volkes, hg. von Ludwig v. Pastor, 6. Bd., 1. Heft). Freiburg i. Br. 1907, S. 19ff.

[1362] *Marcel Viller* und *Karl Rahner*, Aszese und Mystik. S. 320.

[1363] *Friedrich Jacobi*, St. Augustins Sermones de sanctis. Ein Beitrag zur Geschichte der Predigt. Münstersche kath.-theol. Diss., 1938. Bottrop 1939, S. 73ff. Bau der Stephanuskapelle unter Augustin. S. 61. Für Linien, die bis zum Barock führen, s. *Anton Dörrer*, Bozner Bürgerspiele. – Ferner *Georg Schreiber*, Mirakelbücher. S. 9ff.

[1364] Landesregierungsarchiv Innsbruck, Kopialbuch: Bekennen, 1550, fol. 153.

Ahrweiler und anderwärts die schirmenden Stadttore. Ähnlich gab man Altären und Harnischen neben Mysterien noch Volksheilige mit. Zudem haben gußeiserne, verzierte Ofenplatten (Taken) biblische Szenen und Heilbringer festgehalten[1365]. In diesem Zusammenhang wollen auch die Schiffe spanischer Seefahrer und Konquistadoren erwähnt sein. Mit der Karavelle Santa Maria entdeckte Kolumbus 1492 Amerika. In der Folge wurden Inseln und Küsten Westindiens wiederum nach Mysterien und Volksheiligen benannt.

Dabei tut sich bei diesen volksreligiös durchbluteten Zechennamen ein Stück deutscher Siedlungsgeschichte und Wanderbewegung auf. In allem bekundet sich überdies das Schutzbedürfnis des mittelalterlichen Menschen, ebenso sein Streben, Beispiele und Vorbilder, Lehrmeister und Erzieher für das christliche Denken und für die berufsmäßige Tätigkeit zu finden. Da gilt der Satz des Papstes Gregor I., des beredten und viel zitierten Anwalts der mittelalterlichen Lebensführung, von den Heiligen, wenn er sagt: „Ihr Beispiel ist unsere Lebensregel, so daß aus ihrem Leben jeder erkennt, wie seine Taten sein sollen[1366]." Diese Maxime war nicht etwa nur das Reservat von monastischen Gruppen. Sie war vielmehr echt volkhaft, was ein Blick auf die Legenda aurea des Jakob a Voragine († 1298), auf die Blockbücher, die nachfolgenden Holzschnittbücher (16. Jh.) und selbst noch auf die Monatszettel des Spätbarock erweist.

Ein weiteres. Warum so viele unterschiedliche Namen? Nun, es war mehr als eine Herkunftslinie, die sich einfand. Der bayerische *Stamm* machte zunächst wie bei dem Salzburger St. Rupert und dem Angelsachsen St. Oswald (Traunstein, Landeck) seine Ansprüche geltend[1367], ein Bergwerk mit einem bestimmten Namen zu besetzen. Daneben wollen gewisse Diözesan-Heilige berücksichtigt sein, die den liturgischen ordo der *Kathedrale*, aber auch die Zuversicht des Volksvertrauens spiegeln. So erscheint im tridentinischen Bergwerksbereich der hl. Vigilius, dem allein 37 Kirchen geweiht sind[1368].

[1365] Auch auf alten tirolischen Kachelöfen finden sich mitunter Heiligendarstellungen. Vgl. Tiroler Heimatblätter, Jg. 29, H. 10–12, Innsbruck 1954, das über „alte Tiroler Kachelöfen" handelt und Matthias Mayer zum 70. Geburtstag gewidmet ist.

[1366] *Viller* und *Rahner*, Aszese und Mystik, S. 309, mit Hinweis auf Patr. Lat. 76, col. 463.

[1367] *G. Schreiber*, Iroschottische und angelsächsische Wanderkulte in Westfalen mit Ausblicken auf den gesamtdeutschen Raum. In: Westfalia Sacra (Quellen und Forschungen zur Kirchengeschichte Westfalens, 2 Bde.). Münster 1948 u. 1950; 2, S. 1–132, im Register, S. 343, unter „Oswald".

[1368] *Hans Hochenegg*, Deutsche Bergbautätigkeit, 1. S. 437–456, bes. S. 453. Besonders ergiebig.

Hören wir doch von St. Vigilius „auf der Herrenzeche unter den Bauen, Pau in Tällein (Povo)"[1369]. Wiederum beobachten wir St. Vigil auf der Platte oder St. Zivitzan beim Kreuz[1370]. Von der Tiroler Landschaft her findet sich neben anderen Heilbringern S. Romedius ein[1371]. Ebenso die „St.-Notburga-Zeche" im Gebiet des Kalisberges, nördlich von Trient[1372]. Zum anderen lassen sich Wanderkulte feststellen, die nicht bloß oberirdisch Kirchen und Kapellen, sondern auch für die Gruben freigebig den Titelheiligen besorgen. Iroschotten und Spanier, Franken und Angelsachsen, Italiener und Böhmen erscheinen in diesen Kultwellen, die Bergwerksheilige mit sich führen. Selbst die fränkischen 14 Nothelfer sind auf ihrem Wanderzug vertreten[1373], nicht minder die Köln zugehörigen Heiligen Drei Könige[1374]. Die Christianisierung der Bergspitzen, des Berginnern, der Bergwerke zeichnet sich ab, als ein Teilabschnitt des riesenhaften Christianisierungsprozesses, der durch die mittelalterliche Welt geht. Das war gleichzeitig der Prozeß der Entzauberung, dem manche Schwierigkeiten, besonders magische Einwirkungen, begegneten.

Zu allem treten alttestamentliche Namen, mit Adam, Eva[1374a], Abraham, Saul, Elias. Es findet sich auch Salomon ein, dagegen selten David. Die Heiligenverehrung im Heldenepos des Abendlandes lockt zum Vergleich[1375]. Manche Ergänzungen zu dem Bibel-Lexikon von *Herbert Haag* machen sich geltend, das sich sonst so wegweisend anläßt[1376]. In dieser biblischen Reihe steht auch *Daniel*, aber sein Name ist besonders akzentuiert, mehr als die Vorgenannten betont. Wie kommt es, daß er leicht und ungezwungen zu den Gruben treten kann?

Man wird mehr als einen Grund anführen müssen. Den besonderen Quellenzeugnissen bergbaulicher Art sind *allgemeinere* Erwägungen voranzu-

[1369] *C. H. Greinz*, Vigilius. In: LThK 10, Sp. 610. Dazu noch *G. Tinkhauser* und *L. Rapp*, Beschreibung der Diöcese Brixen, 5 Bde. Brixen 1855ff.

[1370] *Hochenegg*, Deutsche Bergbautätigkeit. S. 451. [1371] Ebd.

[1372] Ebd., S. 449.

[1373] Dazu *Schreiber*, Vierzehn Nothelfer. S. 51ff.

[1374] Dazu *Georg Schreiber*, Kultwanderungen. S. 1–40. – *Ders.*, Apostel und Evangelisten als Bergwerksinhaber. In: Jahrbuch für rheinische Volkskunde, 3. 1952, S. 145 bis 168. – *Ders.*, Spanien im deutschen Bergwerk. Einwirkung auf Wirtschaftsräume und Sakralräume. In: Spanische Forschungen der Görres-Gesellschaft, 1. Reihe, Bd. 9. Münster (Westf.) 1954. – *Ernst Schneider*, Schwarzwälder Bergbaunamengebung. S. 436–474.

[1374a] Stollen „Eua Apffelbaum". *Mathesius*, Sarepta.

[1375] *Carl Josef Merk*, Anschauungen über die Lehre und das Leben der Kirche im altfranzösischen Heldenepos. Halle a. d. Saale 1914, S. 85f.

[1376] Einsiedeln 1951.

stellen. Zunächst ist es notwendig, sich daran zu erinnern, daß er zu den *großen Propheten* gehört, denen das Mittelalter eine weitgehende künstlerische Verklärung lieh. Speziell Daniel war bereits in frühchristlicher Zeit Typ der Auferstehung Christi. Im medium aevum wuchs er neben anderen Herausstellungen in die Bibelillustration (katalanische Handschriften der Roda- und Ripollbibel, auch Beatus-Apokalypse)[1377]. Er fand sich zudem verheißungsvoll und gebieterisch an den Kathedralportalen ein[1378], indem er den absoluten Weltherrschaftswillen des Allerhöchsten verkündete. Überdies war von vornherein ein starkes Interesse des populus christianus für die Propheten gegeben, wenn bei diesen eindrucksvollen Vorausverkündigungern des Heilsgeschehens das Visionäre, das Verheißungsvolle und Dräuende mit seinem Segen und Strafgerichten sich anmeldete und dabei eine ernste Sicht auf Endzeitalter sich einfand.

Man darf auch nicht sagen, daß es das alleinige Vorrecht von mittelalterlichen Exegeten, Geschichtstheologen und von anderen Literaten war, diesen mit mehr als einem Zug ausgerüsteten Propheten Daniel zu ergründen. Seine ganze Kennzeichnung in der Bibel und später in der theologischen, besonders in der eschatologischen und apokalyptischen Erörterung[1379] trug

[1377] *Wilhelm Neuß*, Die Apokalypse des hl. Johannes in der altspanischen und altchristlichen Bibel-Illustration. Spanische Forschungen der Görres-Gesellschaft, 2. Reihe. Bd. 2 und 3, Teil II (Tafeln). Münster 1931, bes. S. 5 mit Nr. 207. – *Joseph Sauer*, Daniel, In: LThK 3, Sp. 146f. – Weit eingehender *Hans Feldbusch*, Daniel. Bei *Schmidt*, Reallexikon zur deutschen Kunstgeschichte, 3. Sp. 1033–1049. – Man mag Daniel, zunächst als Hypothese, auch zur Deutung des Kopfes (jugendlich visionär, geöffneter Mund, prophetischer Typ) in jenem Schlußstein des Meisters von Naumburg heranziehen, der sich von dem nur noch in Bruchstücken vorhandenen Lettner des Mainzer Doms einfindet. Vgl. dazu auch den Deutungsversuch bei *Herbert v. Einem*, Der Mainzer Kopf mit der Binde des Meisters von Naumburg (Arbeitsgemeinschaft f. Forschung des Landes Nordrhein-Westfalen, Geisteswissenschaften, H. 37). Köln u. Opladen 1955.

[1378] *Künstle*, Ikonographie, 1. S. 308.

[1379] Dazu *G. Schreiber*, Daniel. LThK 3^2, Sp. 153f., mit der dortigen Literatur. – *Baumgartner*, Danielbuch. In: RGG 1, Sp. 1778ff. – Inzwischen *Baumgartner*, Danielbuch. Ebd., 2^3, Sp. 26–31. – Eine ältere Darstellung bei *Stadler* und *Franz Joseph Heim*, Vollständiges Heiligen-Lexikon, Bd. 1. Augsburg 1858, Sp. 722ff., mit ikonographischen Hinweisen. Siehe ferner *R. Mariani*, Daniel, il patriarca sapiente nella Bibbia, nella traditione, nella leggenda. Rom 1945, Ath. Antonianum, pp. XXXII, 384. – *J. Steinmann*, Daniel (Témoins de Dieu, 12). Paris 1950. – *Aage Bentzen*, Daniel (Handb. zum A. T., Tübingen)[2]. 1952. – *Francis E. Gigot*, Daniel. The Catholic Enzyclopedia, vol. IV, New York 1913, p. 620f., und vol. XV, im Register, p. 265f. – Man nehme auch die literarischen Verweise zum Stichwort „Daniel“ in dem bibliographisch wie kunstgeschichtlich (Der Prophet Daniel, Fresko von Michelangelo in der Sixtinischen Kapelle, Abbildung) eigenständigen Schweizer Lexikon. Zürich 1946, 2. Sp. 784–786. – Herrn Professor Dr. Eising, Münster, habe ich für einige Hinweise zu danken. Weitere Angaben bereits oben.

ja warme, volkserzählerische Züge. War er doch unter anderen Motiven (Richter, Susanna, drei Jünglinge im Feuerofen, Löwengrube, Traumdeuter) der Drachentöter, also der Vernichter des Bösen, ein Motiv, das sich immer wieder volksreligiös betont geltend machte. Man nehme für Tirol nur St. Michael, St. Margareta, St. Georg. Man blicke nur auf die volksfrohen, gerade auf diese Volksheiligen bezogenen Prozessionen in Bozen (Drachenstich), die jahrhundertelang abgehalten wurden[1380].

Noch ein anderes. Daniel rückte zudem unter jene Prophezeiungen, die bei Anbruch der Neuzeit dem fragenden Volk angesichts ungeheurer Erschütterung am Ausgang des 16. Jh. (Glaubensspaltung, Bauernkriege, Türkenschreck, Schwedennot, mit manchen Vorzeichen wie „Cometen, Feuerruten und Feuerkugeln"[1381]) viel zu sagen hatten. So vor allem deshalb, weil sich mit dem Danielbuch die Geschichtsbetrachtung der *Weltzeitalter* verbindet, die sich nach vier Metallen, nämlich nach Gold, Silber, Erz, Eisen, vollzieht. Sie erstreckte sich noch weithin in die Neuzeit. Wo aber Metalle erwähnt werden, sind für volkhaftes Denken Wege zum Bergwerk geöffnet. Die selbst breitere Volkskreise fesselnde Weltzeitalterslehre mit ihren apokalyptischen und eschatologischen Elementen rückte begreiflicherweise auch in den Stoffkreis der Predigt, die auf größere historische Untersuchungen noch wartet, auch in Hinsicht auf die Volksreligiosität und das einschlägige Brauchtum.

Man empfand nun eine Danielpredigt in bewegter Umwelt als besonders zeitgemäß. Davon weiß ein *Adam-Berg-Druck*, der von vornherein stärkste Beachtung verdient. War dieser Münchener Verleger doch Träger jener Glaubenserneuerung, die in der zweiten Hälfte des 16. Jh. in Bayern von den Wittelsbachern wie vom Tridentinum getragen wurde[1382]. Berg bemühte sich, volksreligiöse Stoffe zugänglich zu machen, die Heiligenlegende des Kartäusers L. Surius (1574, deutsche Übersetzung) genauso gut wie die Einsiedeleien des katalanischen und zugleich abendländischen Wallfahrtsberges Montserrat[1383]. In diese Linie tritt bei Berg auch ein Danielbuch mit nachfolgendem Titel:

[1380] *Dörrer*, Bozner Bürgerspiele. S. 90, 169, 179, 191, 192.

[1381] Siehe *Schreiber*, Türkenmotiv. S. 9–54. – *Ders.*, Deutsche Türkennot und Westfalen. Westfälische Forschungen, 7. 1953/54, S. 62–79.

[1382] Dazu *Josef Oswald*, Die tridentinische Reform in Altbayern (Salzburg, Freising, Regensburg, Passau). Bei *Schreiber*, Weltkonzil, 2. S. 1–37, und im Register, S. 629, unter Wittelsbach.

[1383] Die Allgemeine Deutsche Biographie, Bd. 2, verzeichnet diesen Namen nicht. Doch hat die Neue deutsche Biographie (München 1955) seiner gedacht: *Josef Benzing*, Berg. S. 72f. Doch die weitgehenden Literaturangaben sind nicht ausreichend. Siehe

Drey greuliche weissagung / Daniels des Propheten / Nemlich / vom fall des Geistlichen lebens: Von abnemung der Kirchischen würdigkeit: Von vndergang des Catholischen Glaubens: Auch von zukunfft des Antichrists / vnd vom End der Welt. Durch den H. Vincentium / Prediger Ordens / vor lengst erkläret / vnd zu disen zeiten allen vnnd jeden Christen nützlich vnd fast notwendig zu wissen:

Verteutschet
Durch Johann Rasch.

Ein ander Christliche Predig des H. Hippolyti / vom Antichrist / von dem end der Welt / vnd von der letzten zukunfft unsers Herren Christi.

Getruckt zu München / beÿ Adam Berg.

Mit Röm: Key: May: Freyheit nit nachzutrucken.

Im Inhalt der ersten Predigt wird auseinandergesetzt, man wolle drei Prophezeiungen „außlegen, die hat man im Daniel am 2. 3. und 4. Cap.". An der Hand des Danieltextes wird dann weiter berichtet „Von dem fall vnd vndergang des Geistlichen lebens / die erste Prophecey / Daniel: 2. Cap.". Zunächst wird im Zeichen des damals vornehmsten Edelmetalls gehandelt über die „Gulden Zeit". Diese betrifft das wie Gold schimmernde und gleißende Urchristentum, die glanzvolle Zeit der Apostel und Martyrer. Dann folgt zum zweiten die „Silberne Zeit der Kirchen". Dahin gehören die von Gott geschickten Lehrer der Kirche, als da sind St. Augustin, St. Ambrosius, St. Hieronymus, St. Gregor. Ebenfalls zeichnen sich in der Folge die Orden der Heiligen Dominikus und Franziskus bedeutsam ab. Aber manche Einbußen in Frömmigkeit und überhaupt im christlichen Leben sind bereits zu verzeichnen. „Daher das bild / das ist / die Kirchen / abgestiegen ist vom *ärtz* auff die *eiserne füß*[1384]." Es wird für dieses eiserne Zeitalter nunmehr ein eingehendes, auch die vorreformationsgeschichtliche Forschung und Fragestellungen von *Erich Seeberg* interessierendes Bild des Niedergangs geboten. Dieser Schau wird die Schlußwendung mitgegeben „Sihe / das ist der sittlich spiegel der ersten angezognen Prophecey Daniels". Soweit dieses speculum.

Das dritte Kapitel bei Daniel rückt, was die Predigt weiter behandelt, in die Linie des *Antichrist*, ein Thema, das von vornherein für das Mittelalter mit seiner eschatologischen Dichtung, mit der scharf betonten Stellung von

noch *Georg Schreiber*, Der Montserrat im deutschen Erinnerungsbild. Spanische Forschungen der Görres-Gesellschaft, 1. Reihe, Bd. 7. Münster 1938, S. 258–292, bes. das Kapitel „Der Adam-Berg-Druck von 1588". – *Ders.*, Der heilige Berg Montserrat, ebd., Bd. 10. Münster 1955. – Vgl. noch über Adam Berg *H. R. M. Schnell*, Der baierische Barock. S. 14, 53, 54.

1384 Die Sperrungen der Metalle sind von uns vorgenommen.

Bernhard von Clairvaux[1385], wie für den Anbruch der Neuzeit (Luther, die Kontroverse unter den Bekenntnissen. Bellarmin, Weltgerichtsspiele) als ungemein volkstümlich anzusprechen ist. Näherhin wird gehandelt „Vom fall vnd abgang Geistlicher vnd Kirchischer wirdigkeit / die ander Prophecey / Danielis 3". Nach allem steht Daniel, was unser Sermo eindringlich herausstellt, in großen geschichtstheologischen Zusammenhängen, überhaupt in der christlichen Weltgeschichtsschreibung (Hieronymus, Orosius, Dichter des Annoliedes[1386] u.a.), aber auch in jener weit ausgesponnenen und volkswarmen Prophetie, die mit ihren Neuen Zeitungen, Flugschriften, Einblattdrucken des 16. und 17. Jh. sich als ahnungsvoll und futuristisch kennzeichnet.

Zu vermerken bleiben noch die *Reliquien.* Von diesen Heiltümern hört man in dem sogenannten Vigiliusbrief, dessen Würdigung eben *Franz Huter* vollzogen hat, wobei aber noch manche Frage für die Wende vom 3. zum 4. Jh. offenbleibt[1386a]. Die im Jahre 406 geweihte Kirche des hl. Vigilius von Castello erwähnt neben anderen Heiltümern die Reliquien von Moysis, Aaron, Ieremie und Danielis. Die Bezeichnung Sancti fehlt bei Castello, wo einfach von dem Propheten die Rede ist.

Ein zweites noch. Es fehlt uns jedoch eine zusammenhängende Schau, was die Wertung des Propheten im *Mittelalter* betrifft. Ansätze zur Ergründung sind gewiß vorhanden, aber vieles darüber hinaus muß noch erforscht werden. Soeben hat *Martin Noth* die Fragestellung in Sachen der beiden Weltgeschichtsvisionen von Dan 2 und Dan 7 wesentlich vertieft[1387]. Kunstgeschichtlich bedeutet die neuerdings von Hans Feldbusch vorgenommene Zusammenfassung ebenfalls eine Bereicherung, aber geistesgeschichtlich bleibt noch einiges zu tun.

So viel zur allgemeineren Wertung des Propheten, die ikonographisch und hagiographisch zuweilen nicht genügend unterbaut ist.

Was nun Daniels Zugehörigkeit zum *Bergbau* betrifft, stieß ich bei einer Untersuchung der *Oberengadiner* Bergwerke auf ein bemerkenswertes spät-

[1385] Dazu die wertvolle Übersicht von *H. Tüchle*, Antichrist. In: LThK 1², Sp. 636f.

[1386] *Ehrismann*, Geschichte der deutschen Literatur. 2. Teil, 1. S. 147.

[1386a] Der sogenannte Vigiliusbrief. Ein Beitrag zur Geschichte des älteren Urkundenwesens der Bischöfe von Trient (Mitteilungen des Österreichischen Instituts für Geschichtsforschung, redigiert von W. Bauer und O. Brunner, Bd. 1). Innsbruck 1936, S. 35–72.

[1387] Das Geschichtsverständnis der alttestamentlichen Apokalyptik (Arbeitsgemeinschaft für Forschung des Landes Nordrhein-Westfalen, H. 21). Köln u. Opladen 1954, S. 7ff.

mittelalterliches Grubenverzeichnis. Es bezog sich auf den Bergrodel und auf das Knappenbuch vom Jahre 1481. Da erfahren wir von einer Grube „St. Daniel"[1388]. Der alttestamentliche Prophet gab ihr somit den Namen und das Unterscheidungsmerkmal zu anderen Zechen. Wiederum erscheint im gleichen Raum eine Grube St. Daniel in dem Bergwerksverzeichnis des Christian Gadmer von 1588, der das Berg- und Blutrichteramt „auf Davos und in den acht Gerichten" innehatte[1389].

Warum diese Ansiedlung Daniels im *Graubündener* Raum? Waren es romanische Wanderwellen, die ihn nach dort führten? Vielleicht an der Seite von *spanischen* Wanderheiligen, die durch die Gallia Christiana zogen? Es spricht nicht viel für diese Annahme, da sowohl Jakobus, der Wundertäter von Santiago, und Vincenz Levita, der als jugendlicher Erzmartyrer fast ganz Europa durchzog, als Bergwerksheilige im oberdeutschen Raum erscheinen. Dazu tritt noch der Sarazenensieger König Ferdinand, der stark in das abendländische Bewußtsein einrückte. Aber der Aufbruch anderer Sakralmotive des spanischen Mittelalters zu alpinen Bergwerken ist vorläufig nicht nachzuweisen[1390].

Immerhin will beachtet sein, daß die St.-Jakobs-Kirche in *Rothenburg ob der Tauber*, der klassische Tempel deutscher Jakobus-Devotion, das Danielmotiv mit sich führt. Der Prophet findet sich dort als Außenfigur ein. Zu seinen Füßen erscheint der Löwe, aber, was weit bemerkenswerter ist: Daniel ist hier dargestellt als Jakobuspilger mit Pilgerhut, Pilgerstab und Pilgermantel. Es ist also kein spezifisch bergmännisches Attribut beigegeben. Und doch gedenkt man der deutschen Bergknappen, die auf die Wanderschaft gingen, selbst nach den spanischen Bergwerken der Fugger und darüber hinaus nach iberischen Einflußzonen in Südamerika. Doch konnte im Jahre 1575 einem Wunsch des spanischen Königs, eine Anzahl gute Tiroler Häuer nach der Peninsula zu entsenden, nicht entsprochen werden. Man mußte darauf hinweisen, daß der Mannschaftsbestand durch die frühere Seuche und durch die Hungersnot gelitten habe. Zudem wollte man Rücksicht auf die sonstigen Bergbeflissenen nehmen: „Es ist auch zu besorgen, die schmeltzer und gwerckhen würden sich desselben wie nit ungiltig, wenn man die

[1388] *Plattner*, Bergbau. S. 9.

[1389] Ebd., S. 44. Ebenfalls erwähnt in: Der Bergbau in den zehn Gerichten und der Herrschaft Rhäzünz unter der Verwaltung des Davoser Bergrichters Christian Gadmer, 1588–1618. Ein kulturgeschichtlicher Beitrag von *Chr. Brügger von Churwalden*, o. J. (Zürcher Zentralbibliothek, 2 D, 1401).

[1390] Siehe *Georg Schreiber*, Spanien im Deutschen Bergwerk. S. 203ff. – *Ders.*, Daniel. In: LThK 3^2, Sp. 153/154.

arbeiter hinweckh nemen solle, nit wenig beschweren[1391]." Unternehmer und Bergknappen sind also in dieser Akte gleichwertig behandelt.

Oder ist es so, daß das Daniel-Vorkommen als Bergwerkspatron sich in Graubünden aus der habsburgischen östlichen Nachbarschaft mitteilte? Für diese Annahme spricht manches. Jedenfalls ist ein bevorzugtes Herrschaftsgebiet Daniels der *alpine* Raum. Doch die mehrfach bezeugte Wanderung deutscher Bergknappen schuf einen Austausch, der wieder und wieder zwischen dem oberdeutschen und mitteldeutschen Bergwerksraum stattfand. Ist doch die Danieldevotion im sächsischen Gebiet ebenfalls ausdrucksvoll und lebendig. So viel zunächst zur Fragestellung, wobei erwähnt werden darf, daß die Frage der Priorität des montanen Daniel-Vorkommens dahinsteht. Drei Daniel-Stollen bei *Mathesius*, Sarepta.

Im alemannischen Raum begegnet man der Grube Daniel im Schwarzwald (Gallenbach, Witticher Revier[1392]), ebenfalls einem Gang Daniel im Dehs (Rippoldsauer Revier). Ostwärts erscheint St. Daniel als Schutzherr in *Tiroler* Bergbaugebieten. Dort ist er besonders stark verwurzelt. Im Jahre 1533 stößt man etwa unter den Bauern des Berggerichts an der Etsch (Bericht des Bergrichters Thomann Perchtolder) auf die Zeche St. Daniel[1393]. Wir hören weiter 1568 über die Baue des Berggerichts Kitzbühel, daß sich dort eine Grube St. Daniel (auch genannt „St. Daniel Rosen") einreiht. Wir erfahren sodann im Jahre 1572 vom „St. Daniel Richtschacht". Im Landgericht Kitzbühel findet sich zudem der Daniel-Schacht auf dem Kleinen Röhrer Bühl ein, nach der Bergmannssage von drei Bauern 1539 entdeckt[1394]. Für den Ausgang des Mittelalters erscheinen im Fürstbistum Trient fünf Danielgruben[1395].

Wir lassen es uns an einigen Stichproben genügen, da wir bereits in anderen Zusammenhängen auf Daniel hingewiesen haben, da wir zum weiteren auf Einzelheiten noch zurückkommen. Es ist nicht schwer, an der Hand von Bergbauverzeichnissen dieses Mosaik auszubreiten. Nur soll man sich hüten, den Danielpatronat isoliert zu betrachten. Der Vergleich zu anderen Heilbringern ist immer wieder anzustreben.

[1391] *Wolfstrigl-Wolfskron*, Tiroler Erzbergbaue. S. 80.

[1392] *Schneider*, Schwarzwälder Bergbaunamengebung. S. 464.

[1393] *Wolfstrigl-Wolfskron*, Tiroler Erzbergbaue. S. 325.

[1394] Beiträge zur Geschichte, Statistik, Naturkunde und Kunst von Tirol und Vorarlberg, hg. von Mitgliedern des Ferdinandeums, *v. Mersi*, *v. Pfaundler* und *Röggel*, Bd. 1. Innsbruck 1825, S. 259 (auf einer Karte). – *Hochenegg*, Deutsche Bergbautätigkeit. S. 450ff.

[1395] *Hochenegg*, Deutsche Bergbautätigkeit. S. 450ff.

Eine besondere Erwähnung verdient es, daß Daniel im oberirdischen Raum an der Schwelle der Neuzeit als Inhaber eines Gotteshauses genannt wird, falls dieses nicht einem anderen hl. Daniel zugehört, deren es mehrere gibt, wenn sie auch wenig volkstümlich sind. Für den alpinen Raum spricht die Vermutung von vornherein für den Bergwerksheiligen. So hören wir denn von der *Kirche* St. Daniel oberhalb von Grabelsdorf im Jauntal. Über dem Eingangstor befindet sich die Jahreszahl 1513, was auf eine Blütezeit des Bergbaus geht[1396].

Zu den Erinnerungszeichen nehme man ein früher im nordtirolischen Schwaz, jetzt in der Hütte von Brixlegg aufbewahrtes Bergbaubild aus dem Jahre 1557. Unter den dort behandelten Szenen erscheint Daniel mit dem Löwen zu seinen Füßen. In der Linken hält er, wie ein rechter Bergmann, Schlägel und Erzstufe. Symbol und Vorbild zugleich[1397].

Der *Löwe* war so recht geeignet, die Volksphantasie zu beschäftigen. In der Bibel begegnet er nicht als des Menschen Freund, quaerens quem devoret. Aber im volkserzählerisch tätigen Mittelalter setzt sich oft eine andere Beurteilung durch. Das Tierepos und die Sagen, das Erlebnis der Kreuzzüge, die Aufnahme in die Wappen, in spätere Münzen und Grabmäler, die Aachener Domtüren und ebenso die Löwenköpfe des romanischen Stils wollen erwähnt sein. Zudem erscheint der Engel auf einem Löwen stehend als Portalfigur (12. Jh.) am Eingang des schwedischen Domes von Lund[1398]. Man freute sich nunmehr dieses Sinnbildes der Stärke und der Wachsamkeit[1399]. Der Löwe sollte mit seinem scharfen Blick böse Geister vom Eindringen in die Kirche abhalten; der Flüchtling aber, der den Ring im Maule eines solchen Löwen berührte, genoß das Asylrecht der Kirche und war gewissermaßen vom Löwen beschützt[1399a].

Der Löwe trat derart in die Legende und in die Sage, das bei Heinrich dem Löwen und anderen. König Nobel erwies sich dabei als hilfreiches Tier, ähnlich dem Löwen des Sklaven Androklos. Löwen gruben in der Legende die Gräber für Antonius den Großen und Maria Aegyptiaca. Der Löwe stellte sich überdies als Attribut zu manchen Heiligen, so zu Agapitus, Daria,

[1396] *Stephan Singer*, Kultur- und Kirchengeschichte des Jauntales (Dekanat Eberndorf). Kappel 1938, S. 264.

[1397] *Treptow*, Deutsche Meisterwerke bergmännischer Kunst. S. 18.

[1398] *Alfons Kirchgässner*, Die mächtigen Zeichen. Freiburg 1959, mit Abbildung vor S. 353 u. 546.

[1399] *Ehrismann*, Deutsche Literatur, 2. Teil, 1. S. 180.

[1399a] *Oswald A. Erich*, Apotropaion. In: *Schmidt*, Reallexikon zur deutschen Kunstgeschichte, 1. Sp. 851–856.

Januarius, aber auch zu den volkstümlichen Heilbringern Thekla und Vitus[1400]. Der zuletzt genannte Vitus hat wiederum viele Stollen mit seinem Namen ausgestattet, so in Schwaz[1401], im Zinkerzbergbau St. Veit im Imster Gebiet[1402] und in Eisenerz[1403]. Er trat auch zum Kupferstich[1403a].

Wichtiger war noch für den alpinen Raum die Tatsache, daß dieser Löwe Hieronymus im Zeichen der Einsamkeit und Markus im Zeichen der Markusreliquien wie auch der militärischen Kraft Venedigs beigegeben war, das zugleich an die volkstümliche und magisch erfüllte Figur des „Venediger" erinnerte[1404]. Die beiden zuletzt genannten Heilbringer aber sind in den Alpen als Zechennamen nachweisbar. Auf solche Wahlverwandtschaften in der Namengebung aber muß man achten. Wie beliebt übrigens das Motiv des Löwen war, mag man bei Hans Holbein dem Jüngeren ersehen, bei dem das Christuskind auf einem Löwen reitet (Titelbild zum Neuen Testament bei Adam Petri 1522; es handelt sich um den ersten Basler Neudruck von Luthers Übersetzung)[1405].

Es steht im Einklang mit der Brixlegger Darstellung, daß die bergbaugeschichtlich bedeutsame Pfarrkirche in Schwaz Daniel in einem gotischen Glasgemälde zeigt[1406]. Als ein kräftiger, bärtiger jüngerer Bergmann schwingt er dort in der Rechten den Schlägel, in der Linken hält er den Hammer. Der Bart entspricht der Umwelt des Tiroler Bauerntums, weniger den Zeugnissen der älteren christlichen Ikonographie. Die Kapuze wird ihm gleichzeitig zum Nimbus. Erzstufen sind im oberen Felde beigegeben. Die ganze Ausrüstung zeigt den ernsthaft und produktiv wirkenden Berufs-

[1400] *Joseph Braun*, Tracht. S. 838. – *Heinrich Günter*, Legende. Im Register, S. 357.

[1401] Lehenbuch des Schwazer Bergbaus. Msk. von 1587 (Landesregierungsarchiv Innsbruck). [1402] *Mutschlechner*, Erzbergbau. S. 36.

[1403] Beschreibung, S. 28.

[1403a] *Koren*, Kirchenjahr. S. 155.

[1404] Für Markus s. noch *Schreiber*, Apostel und Evangelisten als Bergwerksinhaber. S. 165. – Zum viel behandelten Venediger s. vornehmlich *Hanns Bächtold-Stäubli*, Handwörterbuch, Bd. 10. Im Register, S. 366. – Als belustigende Figur in Tirol s. *Dörrer*, Bozner Bürgerspiele. S. 89. Für das Bergwerkspatrozinium Hieronymus' s. den „Hieronymus-Gang" im „Keßels-Grund" im böhmischen Joachimstal. *Ferber*, Böhmen. S. 59.

[1405] *Heinrich Alfred Schmid*, Hans Holbein der Jüngere. Basel 1948, Textband, 2. Halbband, S. 339.

[1406] *Josef Garber*, Die gotischen Glasgemälde in der Pfarrkirche in Schwaz. Tiroler Heimatblätter, Festschrift f. d. 10. Heimattagung des Inn-Salzach-Gaues in Schwaz, 9.–12. 8. 1920. S. 234. – Abbildung bei *Georg Schreiber*, Daniel im Bergbau. S. 12/13. – Zur Schwazer Pfarrkirche s. baugeschichtlich *Johanna Gritsch*, Die Pfarrkirche in Schwaz und ihre kunstgeschichtliche Bedeutung. In dem Sammelwerk: Schwazer Buch (Schlern-Schriften, hg. von R. v. Klebelsberg, Bd. 85). Innsbruck 1951, S. 173–196. Eine Grube „S. Danielis" in Eisenerz. Beschreibung. S. 31

tätigen. Außerdem findet sich Daniel unter den gotischen Fresken des Schwazer Franziskanerklosters im Kreuzgang. Er ist als junger Prinz dargestellt. Die Überlieferung wies in diese Richtung. Josephus und Hieronymus sahen in Daniel ein Mitglied der königlichen Familie des Reiches Juda[1407] – mit „verbrämtem Gewand und wallendem Haar" (Garber). In der Rechten hält er im Schwazer Fresko Schlägel und Eisen, in der anderen Hand zeigt er die Erzstufe[1408]. Man fühlt sich an Darstellungen erinnert, die dem jugendlichen Emmerich († 1031), dem hl. Sohn des ungarischen Königs Stephan I., mitgegeben sind[1409]. Das gläubige Volk hat ja gerade die *jugendlichen* Heiligen mit besonderer Wärme verehrt[1410]. Die vergoldete Holzfigur des hl. Daniel in der Holzkapelle ober Hygna am Übergang von Reith bei Brixlegg im Zillertal (Tirol) zeigt den Propheten als königliche Erscheinung.

Nach allem tritt dem Fürstenspiegel des Mittelalters (W. Berges), dem geistvollen Jungfrauenspiegel (speculum virginum, M. Bernards)[1411] und den zahlreichen anderen Berufs- und Tugendspiegeln des medium aevum ein künstlerisch empfundener, in Daniel personifizierter *Bergmannsspiegel* zur Seite. Haltung und Attribute gehen in diese Richtung.

In Böhmen kennt ein Bericht des 18. Jh. für St. Joachimsthal, und zwar für den Kessels-Grund, einen Stollen, bezeichnet als „Der Danielis tiefe Erbstolle"[1412]. Wiederum begegnet man dort in den „Mitternachts-Gängen" dem „Danieli-Gang"[1413].

Die Wege haben diesen Bergwerkspatron bereits früh auch nach *Sachsen* geführt. Eine Variation des Motivs zeigt der von der Bergknappschaft 1521 gestiftete Bergmannsaltar in der St.-Annen-Kirche zu Annaberg (Silberbergbau seit 1492)[1414]. Seine Rückseite zeigt die Entdeckung der Erze und den bergbaulichen Betrieb: „Links oben sieht man den Engel, der nach der Legende den armen Daniel Knappe(n) auf den Berg hinweist, welcher

[1407] *Goettsberger*, Daniel. In: LThK 2, Sp. 144.

[1408] Abbildung bei *Schreiber*, Daniel im Bergbau. S. 13. – Zur Ikonographie s. neuerdings *V. H. Elbern*, LThK 3^2, Sp. 153.

[1409] Dazu *Georg Schreiber*, Stephan I. in der deutschen Sakralkultur (Études sur l'Europe Centre-Orientale, Ostmitteleuropäische Bibliothek, hg. von E. Lukinich). Budapest 1938, im Register, S. 51. – *Ders.*, Stephan I. der Heilige, König von Ungarn (997–1038). Paderborn 1938.

[1410] Dazu *Schreiber*, Deutschland und Spanien. Im Register, S. 515, unter Jugend.

[1411] *Matthäus Bernards*, Speculum Virginum. Geistigkeit und Seelenleben der Frau im Hochmittelalter (Forschungen zur Volkskunde, hg. v. G. Schreiber, Bd. 36–38). Köln-Graz 1955, bes. mit der Einleitung, S. 1ff., zur Spiegelliteratur.

[1412] *Johann Jacob Ferber*, Böhmen. S. 60.

[1413] Ebd.

[1414] *Treptow*, Meisterwerke. S. 7. In: Der Anschnitt, Jg. 3, Nr. 5/6, 1951, S. 3ff.

‚Nester mit goldenen Eiern' bergen soll. Er hat einen Baum bestiegen und sucht in dessen Geäst, bis er durch einen anderen Engel eines Besseren belehrt wird; rechts neben dem Baume steht mit goldenen Buchstaben sein Name Knapp(ius). Nun macht er sich eifrig an die Arbeit und sucht den verborgenen Schatz. Das ganze, an einem Bergabhange gelegene Gelände ist nach den gleißenden Schätzen durchwühlt. Eine Förderstelle sieht man neben der andern. Hier wird der Boden gelockert, dort mittels Winden das Gestein aus dem Innern der Erde emporgezogen, hier zerkleinert, mit Handkarren oder Pferden fortgeschafft, dort gewaschen. Männer und Frauen sind gleich eifrig bei der Arbeit. Aber auch der Galgen fehlt nicht[1415]." Die im letzten Satz gekennzeichnete unruhige, ja revolutionäre Haltung der Bergknappen, ebenso die begangenen Delikte hat auch die Geschichte Tirols mehrfach festgehalten[1416].

In der Annaberger Sage vom Schatzbaum weist der Bergmann, der Erz sucht, gleichzeitig auf den Propheten Daniel hin. Die erzgebirgischen Knappen haben ihn als Schirmherren des Bergbaus verehrt. Auf dem erwähnten Altar ist ihm ein Grubenbeil als Attribut beigegeben, ebenfalls einem weiteren Heiligen, den *H. Anacker* als St. Theodul anspricht[1417]. Anacker macht überdies darauf aufmerksam, daß die Sage vom Schatzbaum noch einmal in einem Gewölbeschlußstein dieser Annenkirche sich wiederholt. In diesem stark zerstörten Relief trägt Daniel nochmals das Beil, in dem der Autor ein Standesabzeichen der erzgebirgischen Bergleute erblickt[1418]. Man darf wohl annehmen, daß man den „hl. Daniel" in die Zusammenhänge des Schatzgrabens einbezog. Ist er doch ein Helfer der vom Alten Testament berühmt gemacht wurde, der weiterhin in Bergbüchern und Bergsagen erwähnt wird. Es lag ja nahe, daß man dem Propheten eine glückverheißende Zukunft anvertraut.

[1415] Die Legende ist mehrfach behandelt. Wir folgten der Schilderung des Kunsthistorikers *Beda Kleinschmidt*, Die heilige Anna. S. 418. Eingehender der inhaltsreiche Aufsatz „Der Annaberger Bergaltar". In: Der Anschnitt, Jg. 3, Nr. 5/6, S. 4–7. Es wäre erwünscht, allgemeinere Beobachtungen über den berufsständisch erfüllten Altar (Patron, Figuren, Stiftung, Votivmessen; besonders bemerkenswert Soest und Hamburg) anzustellen. – Die Winde erinnert an St. Erasmus.

[1416] Siehe statt anderer *Hirn*, Erzherzog Ferdinand II. Unzufriedenheit, S. 556f.; Abhängigkeit von fremden Gewerken, S. 564. – Über Knappenaufstände s. noch *Wolfstrigl-Wolfskron*, Tiroler Erzbergbaue. S. 42, 73, 74, 83, 85, 90, 91, 92, 105, 107, 115. u. ö. – *Pirchegger*, Steiermark. S. 127ff. – *Hirn*, Maximilian 2, T. 1, S. 86f.

[1417] Von Beilen, Barten und Häckchen (Freiberger Forschungshefte, Kultur und Technik, D 31). Berlin 1960, S. 21.

[1418] Ebd.

18. Marterl am Salzberg bei Hall, Tirol.

Am 25. April 1935 verunglückte
im Hingenau Werk der Bergarbeiter
Josef Feichtner
durch das Herabfallen einer Gebirgswand.
Er starb an der erlittenen Verletzung am 25. Juni 1935.
Herr gib ihm die ewige Ruhe!

19. Marterl am Salzberg bei Hall, Tirol.

Sel. Rupert, hl. Barbara Schutzpatrone
der Bergknappen bittet für uns.
A. D. 1951

Es fand sich auch im Erzgebirge eine alte Grube ein, die man theozentrisch ansprach, nämlich mit dem Titel „Gottvertrauter Daniel“[1419].

Daniel war inzwischen in die volkskundlich stets bemerkenswerte Vornamengebung eingetreten. So hat sich von mehreren Standorten her der Schutzpatronat Daniels im Bergbau des deutschen Sprachgebietes verbreitet, wobei die Fragen der zeitlichen Einbürgerung und des Streubereiches noch offenbleiben. Jedenfalls ergibt sich ein weites Herrschaftsgebiet. Doch gegenüber diesen kultgeographischen Hinweisen, die sich noch weiter ausführen lassen, steht die konkrete und ernste Frage: Wie kann Daniel in *bergbauliche* Zusammenhänge geraten?

Als überbrückendes Motiv fand sich die Erwähnung der Grube ein; denn die Beziehung zu den Bergleuten brachte der biblische Bericht „Vom Drachen zu Babel“, wo mitgeteilt wird, wie Habakuk den Daniel in der *Löwengrube* aufsuchte[1420]. Diese oft als Typ der Auferstehung Christi gewertete Erzählung wurde volkswarm[1421]. *Hans Holbein d.J.* schuf seinerseits in der weltweiten und doch dem Bürgertum seiner Zeit nahen Illustration des Alten Testaments einen Holzschnitt, der uns zeigt, wie Daniel mit Speis und Trank erquickt wird[1422]. Die Grube, in der sich mehrere Löwen befinden, ist in dieser Zeichnung tief eingeschnitten und ausgehöhlt. An ihren Seiten steigen die Bergwände auf. Es wird für Habakuk nicht leicht, sich an der Wand herabzulassen. Ein Engel muß sich seiner annehmen. Dieser freundwillige Helfer wirkt fast wie ein Bergführer, der den Schützling anseilt, damit er nicht abstürzt. Holbeins Zeichnung ist sicherlich ein bemerkenswertes Gegenstück zu der Weltzeitalter-Predigt des Adam-Berg-Drucks, den wir oben erwähnten.

Wie eindrucksam und volksmächtig der biblische Text wirkte, zeigt die Tatsache, daß sich eine Grube Habakuk auf der Kärntner Möchlinger Alpe

[1419] *Martha Götting-Warendorf*, Heimatblatt der Vertriebenen. Beilage zur Zeitung „Die Glocke“, Oelde (Westf.), 11. Jg., Nr. 7, Pfingsten 1961.

[1420] Dazu *W. Deonna*, Daniel, le «maitre des Fauves». Artibus Asiae (Ascona, Schweiz), 12 (1949), p. 119–140 u. 347–374. – *Aage Bentzen*, Daniel, 6, ein Versuch zur Vorgeschichte der Märtyrerlegende. Festschrift Bertholet. Tübingen 1950, S. 58–64. – *E. Cassin*, Daniel dans la «fosse» aux lions (Dan 6). Revue de l'Histoire des Religions, 139 (1951), p. 129–161. – Siehe schließlich *Franz*, Benediktionen, 2. S. 681. Im Register, mit zahlreichen Verweisen. – Darauf näher einzugehen, behalte ich mir vor.

[1421] *Josef Andreas Jungmann*, Liturgie und Kirchenkunst. Innsbrucker Rektoratsrede, 1953, S. 10.

[1422] *Schmid*, Hans Holbein der Jüngere, Abbildung 90, aus den Icones (die Bilderfolge der 91 Holzschnitte zum Alten Testament). S. 324. – Vgl. *O. Schilling*, Habakuk. In: LThK 4^2, Sp. 1295.

(Kappel-Obir) einfand[1423], daß zum anderen eine Grube Susanna auf der Alp Potzlyna im Oberengadin bereits 1481 nachweisbar ist[1424].

So treten diese Begleitfiguren, eine Art heilige Sippe, zu Daniel als Hauptperson. Derart wird die Löwengrube zum Ausgangspunkt, um Daniel mit dem Bergwerk zu verknüpfen. Gern rückt, wie bereits angedeutet, auch der sagenmächtige Löwe als Attribut der Treue und zugleich der Einordnung in den göttlichen Weltplan in diese farbigen Zusammenhänge.

Aber ein zweites Motiv ist ebenso zur Erklärung heranzuziehen. Der Prophet deutet im 2. Kapitel den *Traum* des Nabuchodonosor, des bedeutsamsten Königs des neubabylonischen Reiches (605–561 v. Chr.). Dabei wird in der Traumweisung Daniels der Blick auf bedeutsame Metalle gelenkt: „Der Kopf dieser Bildsäule war aus bestem Golde, aber Brust und Arme aus Silber, dann Bauch und Hüfte aus Erz, die Schenkel aber waren eisern, ein Teil der Füße war eisern, der andere dagegen irden“ (Dan. 2, 32–33). Diese leuchtende und funkelnde Schau der Metalle, die von Daniel in seine immer wieder in christliche Zeit erörterte Deutung der Weltreiche eingebaut wurde, dürfte wesentlich dazu beigetragen haben, seine Beziehungen zum Bergwerk zu erweitern und zu vertiefen. Stets haben sich Bergleute als eine Art Schatzgräber und Wünschelrutengänger gefühlt. Die Deutung dieses biblischen Traums, der von zahlreichen Traumweisungen der christlichen Legende begleitet wird[1425], konnte auf diesen Berufsstand wie ein Sesam-öffne-dich wirken. Der Prophet mußte wie ein vertrauensvoll angerufener und gewürdigter Entdecker angesehen werden, der die Zugänge zu geheimnisvoll verschlossenen Metalladern aufwies. Magisches, der Metallzauber, machte sich zuweilen bemerkbar, zumal da Bergwerke wieder und wieder auch vom Geisterglauben her gesehen wurden. Überdies wurden Traumbücher zu Volksbüchern.

Manches über den Stollenpatronat des Propheten ruht noch in handschriftlichen Beständen. So berichtet das Landesregierungsarchiv in Innsbruck über Gewerke zu St. Daniel und im Rausch bei der Hohenschintl im Gericht Landeck[1426]. Hinweise dieser Art können von der regionalen Forschung weitergeführt werden.

Das Daniel-Motiv drang in das Sagengut des Erzgebirges ein. Es verband sich mit der Gründungsgeschichte der Silberstadt Annaberg. Da heißt es:

[1423] *Wießner*, Kärntner Bergbau, 1. S. 225.

[1424] *Plattner*, Bergbau. S. 11. – „Sancta Susanna“ in der Letania Augustana, in der Augsburger Litanei des 11. Jh., bei *Hoeynck*, Liturgie. S. 434.

[1425] *Günter*, Legende. S. 59, 158, 266, 269, 274.

[1426] Entbieten und Befehl von 1550, fol. 325.

„Im Traum war dem Bergmann Daniel von Gott befohlen worden, in den finsteren Wald zu gehen, und zwar den Weg, den ihm das vom Himmel fallende Feuer zeigen werde, und dessen Spuren folgend, würde er dort aus dem Schoße der Erde einen ungeheuren Schatz gewinnen. Am nächsten Morgen geht der Bergmann, aber er sieht kein Feuer. Doch plötzlich zieht ein Gewitter herauf. Ein Blitz schlägt in den Wald. Der Bergmann findet die Stelle. Er nimmt die Wünschelrute zur Hand. Die zeigt ihm große Schätze an. Mit den Bauersleuten der Nachbarschaft nimmt er den Bergbau auf. Viele andere aus allen Orten und Enden strömten herbei[1427]." Diese Legende, die *H. Freudenthals* Untersuchung über das Feuer, ergänzen mag[1428], ist auf dem Altar dargestellt. In dieser Überlieferung ist der Prophet allerdings zum schlichten Bergmann geworden, der mit der Wünschelrute arbeitet. Das Gewitter ist hier als fördernd eingeführt, während es in der Legende sonst durch Dämonen besorgt wird[1429].

Noch ein anderes nach der Seite des Berufsständischen. Im Freiberger Dom findet sich auch die oft erörterte *Tulpenkanzel*[1430] die einen Bergmann an ihrem Fuße zeigt. Eine ungewöhnliche Auszeichnung. Man denke doch daran, daß Moses, die größte religiöse und politische Gestalt des Alten Testamentes, zum Kanzelträger wurde, daß zum anderen die vier Evangelisten mit ihren Symbolen sich einfanden. Dazu fesseln die Tulpen die Aufmerksamkeit. Das Abendland empfing erst im 16. Jh. Kenntnis von der Gartentulpe, die von Kleinasien einwanderte. Sie wurde im nachfolgenden Säkulum zur Modeblume. Diese Blumen werden hier nicht nur zum schmükkenden Ornament, sondern zur ragenden Architektur, in einer sinnigen Pracht, in einem quellenden Reichtum, in allem in einer beseeligenden Symphonie, was eigentlich so recht zum Wesen der stimmungshaltigen volksreligiösen Sphäre gehört. Im rauschenden Blätterwerk, das so reich gegliedert und erfüllt ist, regen sich lustige Engel, die sich geradezu als ein Vorgriff auf das frohbewegte Engel-Spiel des Barock im schwäbischen Ottobeuren oder im niederbayerischen Osterhofen geben. Im Blütenkelch erscheinen die passend eingefügten vier Kirchenväter, die als homiletische Vorbilder so gern zu Kanzeln treten, aber hier eigentlich im Fruchtland Eden, also im Garten des Paradieses weilen. Ein volltoniger Strom von Poesie begleitet diese Figuren. Lyrisches, Hymnisches, ja eine feierliche

[1427] *Stötzel*, Bergmannssage, S. 39, nach *Albinus*, Bergchronik.

[1428] Das Feuer im deutschen Glauben und Brauch. Leipzig, 1931.

[1429] *Günter*, Legende. S. 291.

[1430] *J. Braun*, Kanzel, in: LThK 5, Sp. 792, begnügt sich mit der Feststellung „die seltsame Tulpenkanzel". *J. H. Emminghaus*, Kanzel, in: LThK 5^2, Sp. 1312, urteilt stilistisch.

hochgemute Musik umspielen sie. Zu der sonst so gestrafften Ethik und Askese, die diesen altchristlichen Schriftstellern anhaftet, gesellt sich Frohes und Menschliches. Erscheint doch neben diesen hochgesetzten Figuren am Fuße der Kanzel als eine symbolische Figur der Bergmann. Seine nachdenkliche Gestalt erinnert an Rembrandts Philosophen.

Der Blick dieser Figur ist visionär gerichtet, wird aber trotzdem erdhaft bezogen. Das Diesseitige bezeugen zugleich die Attribute und überdies die gesamte Haltung, die diese Bergmannskirche der Montanstadt verlangt. Die Kapuze erinnert ja an die schwere Alltagsarbeit des Bergmanns, wenn er, von ihr geschützt, durch die Gänge des Gesteins schreitet. Sie tritt zudem in die Bergmannssage. Es ist weiter so, daß der geöffnete Mund ein Bergmannsgebet zu sprechen scheint oder ein Bergmannslied anstimmen will, das den Herrn des Bergsegens anruft. Der Bart hat etwas Einsiedlerhaftes, was zur Ruhe paßt, die die Figur ausströmt, auch zu dem guten Verhältnis, das dieser zum Bergbau findet. Aber ebenso mag man sich bei der kräftigen Gestalt an jenen Bergmann erinnern, der in Tirol und anderorts – wenigstens zeitweise – Waffen tragen durfte. Wir wiesen bereits auf jene 5000 Bergleute in Schwaz, die in sechs Haufen vor Karl V. sich zum Empfang und zur Parade aufstellten[1431] (5. Juli 1530). Es war, als ob Georg von Frundsberg († 1528), der kaiserliche Feldhauptmann, dieses Fußvolk geordnet hätte, der gerade diesem Bergbaugebiet wohnlich näher stand.

Diese ungewöhnliche und doch so eindrucksvolle Tulpenkanzel fand insoweit die Aufmerksamkeit des Kunsthistorikers H. J. Braun, der sie unter jene eindrucksvollen Abbildungen aufnahm, die er dem Stichwort „Kanzel" in Buchbergers Lexikon für Theologie und Kirche mitgab[1432]. Dieser Autor ließ die Kanzel um das Jahr 1480 erstehen. Inzwischen haben neuere Forschungen ergeben, daß der Künstler in Hans Witten von Köln um das Jahr 1520 zu suchen ist[1433]. Köln hat ja auch sonst Beziehungen zum sächsischen Bergbau unterhalten, wobei sich vielleicht die überragende Stellung der rheinischen Metropole als Handelszentrum, im besonderen als Weinhandelsstadt, geltend machen konnte[1434].

[1431] Treue und Gehorsamspflicht bestanden bei den mittelalterlichen Bergarbeitern. *Hermann Conrad*, Deutsche Rechtsgeschichte, Bd. 1. Frühzeit und Mittelalter. Karlsruhe 1954, S. 563. – Tiroler Tageszeitung, Nr. 198, v. 28. 8. 1954, S. 4.

[1432] 5, Sp. 792, Tafel: Kanzel I. – *Gerhard Heilfurth*, Daniel. Zeitschr. für Volkskunde, 50. Jg. 1955, S. 258ff. – *Ders.*, St. Daniel im Bergbau. Wien 1955, mit vielen Hinweisen.

[1433] Abbildung in: Deutsche Kunst, B/n/go 31. Angelsachsen-Verlag, III, 90, 91.

[1434] *Barth*, Rebbau, 2. Im Register, S. 190, unter „Köln".

Im übrigen mag man sich bei der Freiberger Bergmannskanzel daran erinnern, daß das Tulpenornament bereits auf alten anatolischen Gebetsteppichen vorkommt[1435]. Es wirkt gleichzeitig wie ein Vorgriff auf spätere niederrheinisch-holländische Tulpenfelder der Neuzeit (18. Jh.).

Tritt der Bergmann in Freiberg in Sachsen zur Tulpenkanzel, so mag man sich, wie oben erwähnt, daran erinnern, daß er im bayerischen Stammesgebiet im Adam-Berg-Druck seinen Weg in eine zeitmächtig bewegte *Predigt* fand. In dieser wurde er nicht nur zum Geschichtstheologen, sondern auch zum Mineralogen, wenn im Anschluß an den Daniel-Bericht der Bibel von Gold, Silber, Erz und Eisen die Rede war. Diese Kapitel lesen sich in ihrer homiletischen Erläuterung ja wie ein Gegenstück zur Hüttenkunde; sie geben sich also, um modern zu sprechen, wie Wege zu Gmelins Handbuch der Anorganischen Chemie, das von der Max-Planck-Gesellschaft in Frankfurt unter Leitung von *E. Pietsch* bearbeitet wird. Es führt die Bibliographie von Gold, Silber, Kupfer ab 1750. Doch finden sich an der gleichen Stelle, und zwar im Band über das Gold, viele dankenswerte Ergänzungen ein, die die frühere Zeit erfassen. Die Edelmetallkunde des Mittelalters wird nach der bücherkundlichen Seite wesentlich bereichert.

Das weckende und sprechende Sinnbild Daniel erhebt auch von diesem Standort her die schwere körperliche Arbeit des Bergmanns zum *Berufsethos*. Er breitet eine ernste Besinnlichkeit und einen Adel über Hammer und Schlägel, also über das mühevolle Ringen mit dem Gestein, ebenso über die mechanische und doch zielbewußte Abwehr des Wassereinbruchs, dessen sich schon die Zisterzienser zu erwehren suchten, wenn sie an die Neuanlage einer Zisterze gingen. Wasser und Erze wecken und unterhalten das Gemeinschaftsleben, das gerade im Bergbau zu machtvollen Genossenschaftsgründungen und denkwürdigen Erscheinungen des Soziallebens schritt. Bergknappen waren es, die in Tirol am Aufbau von Kirchen und Kapellen wieder und wieder sich einsatzbereit und opferfreudig beteiligten[1436]. Sie schufen auch in der sozialkaritativen Linie das Bergknappenspital in

[1435] Freundlicher Hinweis von Herrn Professor *Arnold Scheibe*, Direktor des Instituts für Pflanzenbau der Universität Göttingen. Dieser Pflanzenforscher macht mich auch aufmerksam auf *M. Meurer*, Vergleichende Formenlehre des Pflanzenornamentes und der Pflanze mit besonderer Berücksichtigung der Entwicklungsgeschichte der architektonischen Kunstformen. Dresden 1909. Ferner auf *Rudolf Neugebauer* und *Julius Orendi*, Handbuch der orientalischen Teppichkunde (Hiersemanns Handbücher, Bd. 4). Leipzig 1922. Dort viele Schmuckelemente.

[1436] Zahlreiche Hinweise in der Tiroler Literatur. Man nehme etwa *Atz* und *Schatz*, Trient, 5. S. 235. Ferner *Schreiber*, Bergwerk. S. 398ff.

Schwaz[1437]. Wohin man sieht, sind vom Bergbau her Ergänzungen zu Gierkes Genossenschaftsrecht festzustellen.

Unter die ikonographischen Zeugnisse muß auch der *Monatszettel* bezogen werden. Es liegt mir ein solcher aus dem Spätbarock vor[1438]. Dieser zeigt zum 21. Juli den Propheten, der einen Nimbus trägt, in der Löwengrube. Doch ist letztere nicht wie ein Bergwerk ausgerichtet, sondern mehr als der Vorraum eines Palastes. Immerhin kann das Mauerwerk als Gefängnismauer verstanden werden. An seiner Seite befinden sich zwei Löwen. Dem Medaillon ist die Unterschrift beigegeben: „S. Daniel der Prophet“. Das Beiwort Sanctus will beachtet sein. Großzügige Volksfrömmigkeit.

Darunter befindet sich eine stimmungshaltige Auslassung, wie bei Monatszetteln üblich, aus der Patristik. Sie ist näherhin aus Chrysostomos genommen, wenn es heißt: „Das Hertz / so sich zum Gebett nicht auffmuntert / ist schon todt. Ja elender ist es / deß Gebetts / als deß Lebens beraubt werden: dann Daniel lieber hat sterben wöllen / als drey Täg das Gebett vnderlassen!“ Auf diese Anmutung, die sich der Gebetsübung zuwendet, folgt eine Rubrik, die vermerkt: „Lied zum Gebett.“ Gleichzeitig ist eine Gebetsmeinung darunter gesetzt: „Für alle Anliegen der Christenheit“, was an das Allgemeine Gebet erinnern mag, das weithin der Predigt und der Meßfeier zugesetzt wird. Daniels Haltung zum Gebet wird auf der Rückseite des Monatszettels in der volkstümlichen Sprache des Barock auseinandergesetzt. Man mag davon anmerkend Kenntnis nehmen, um zu verstehen, daß Daniel vom Vorbildlichen und Volkserzieherischen her leicht die Zugänge zum schaffenden Menschen des Bergwerks fand[1439].

Dem korrespondiert die berufsmäßige Gebetsübung der Bergleute bei der Einfahrt und Ausfahrt. Nach allem steht Daniel charaktervoll am Eingang

[1437] Über das „Bruderhaus“ der Schwazer Bergknappen vgl. das Kapitel „Das Bergwerk in Recht, Liturgie, Sakralkultur“.

[1438] Kupferstichsammlung *Georg Schreiber*, Münster (Westf.), Kanalstr. 14.

[1439] „Hat dem König Nabuchodonoser seine wunderliche Träum außgelegt / und die Straff GOttes vorgesagt. Deßgleichen seinem Sohn dem König Balthasar die Schrifft der Himmlischen Hand verdolmetschet / welche ihm mitten vnder der Mahlzeit sein Verderben angekündet. Als er aber Königs Darij gottloses Gebett sich nit jrren lassen / sondern sein Gebett einen weg als den andern offentlich verrichtete / hat der Neyd der Persischen Hof-Herrn beym König vermöcht / daß er jhn in die Löwengruben geworffen, in welcher Daniel zwar vnverletzt geblieben; seine Mißgönner aber hernach darein geworffen / von Löwen verzehrt worden. Deßgleichen jhm auch geschehen / da er den Abgott Bel zerstöret: vnd den Dracken / so auch für einen Abgott gehalten worden / vmbgebracht. Da dann der Prophet Habacuc / den der Engel auß Judaea in Babylon getragen / jhme Speiß gebracht. Hat von Christi Zukunfft / von dem Antichrist / von Veränderung der Reich klare Offenbahrungen gehabt.“

der Gänge und Stollen in starker Volksverbundenheit, unsichtbar zunächst, aber aus Wirkungen erkennbar. Aber auch jedem Bergbeflissenen sichtbar, wurde sein Bild im Bergwerk Falkenstein am Eingang des Stollens verehrt, noch im 18. Säkulum [1440]. Tirol begegnet sich hier mit dem mitteldeutschen Raum, wo seine prächtige Statue in Freiberg die Goldene Pforte ziert, also das 1235 geschaffene Portal der sächsischen Bergwerksstadt.

Erst die Aufklärung hat Daniels Namen im bergbaulichen Bereich zurücktreten lassen, indem sie mitleidslos älteres und wertvolles Volksgut vernichtete. Es war ein schwacher Ersatz, wenn sie sich unter Maria Theresia bemühte, nach der sozialen Seite in Sachen der Bruderschaftskasse den Bergleuten zu Hilfe zu kommen[1441]. Gegensätzlich und unausgeglichen trafen sich um 1800 verschiedene Kulturzeitalter. Die symbolarme Gegenwart mag von der Symbolstärke und von den Imponderabilien früherer Jahrhunderte lernen, wenn sie auch in mehr als einer Hinsicht eine andere Formensprache besitzt.

Bergbaulich geschätzte Heilige legen Vergleiche nahe. Somit ist, wenn über Daniel gehandelt wird, auch der Bergwerkspatrozinien von *St. Anna* und *St. Barbara* zu gedenken.

Am Ausgang des Mittelalters hatte sich in einem Blütezeitalter des Bergbaus die „Erzmacherin" *St. Anna* eingeschaltet. Sie war die große modische Heilige jener Zeit. Man weiß, Luther machte angesichts des schweren Gewitters sein Gelübde zu St. Anna, er, der Bergmannssohn. Waren die Bergleute Schatzgräber, so interessierte sie von vornherein, was sie in der missalen Liturgie des Annatags über den Schatz im Acker, d. h. die Perle der Gottesliebe hörten.

Wiederum waren es die Vergleiche von Sonne und Mond in der volkhaft nahen und gepflegten Allegorie des Mittelalters, die Christus und Maria zuteil wurden, wobei auch St. Anna, die avia Domini, in metallische Zusammenhänge einrückte. Christus wurde ja als die Sonne angesehen, Maria ward als der Mond angesprochen. „Schön wie der Mond" nennt sie das kostbare Evangelienbuch der Uta, Äbtissin (1002–1025) der Abtei Nieder-

[1440] *Joseph von Sperges*, Tyrolische Bergwerksgeschichte ... S. 293. – Zur geistesgeschichtlichen Stellung des Tiroler Bergwerkshistorikers Sperges vgl. *Nikolaus Grass*, Die Innsbrucker Gelehrtenakademie des 18. Jh. und das Stift Wilten. In: Tiroler Heimatblätter, 23. Jg., Innsbruck 1948, S. 13–19, sowie *Hans Lentze*, Joseph von Sperges und der Josephinismus. In: Festschrift zur Feier des 200jähr. Bestandes des Haus-, Hof- u. Staatsarchivs, hg. v. Leo Santifaller, Bd. 2. Wien 1950, S. 392–412. – *Schreiber*, Spanien im deutschen Bergwerk. S. 202.

[1441] *Wießner*, Kärnten, 2. S. 394f. – *Schreiber*, Bergwerk. S. 403.

münster in Regensburg[1442]. „Leuchtender als der Mond durch das Licht der wahren Sonne" bezeichnet sie der „tausendjährige Mönch", der Zisterzienser Cäsarius von Heisterbach († um 1240)[1443]. Der Mond aber bedeutete, in solchem Sprachgebrauch, metallisch gesehen, das Silber. Wenn man aber nach dem Ursprung von Gold und Silber fragte, wurde Anna zum Mutterschoß des Bergwerks, aus dem Gold und Silber hervorgingen. So kann die Schneeberger Chronik die Großmutter des Herrn als „Erzmacherin" bezeichnen, an die sich die Bergleute mit Vertrauen wenden können[1444]. Auch manche Ortsnamen und Zechennamen bezeugen diese Zuversicht. Die Freigebigkeit Annas wird jedoch in der Harzer und mitteldeutschen Sage durch die Generosität des Bergmönches ersetzt. Solche Motive fanden im Bergbau oft neue Träger.

Was *St. Barbara* betraf, hatte auch sie eine volkhaft empfundene Vorzugsstellung. Ihre Beziehungen zum Bergbau sind oft erörtert, manchmal wenig befriedigend, da mehr als einem Autor das Verständnis für das Kultdynamische abging.

Wir fragen nun: Welche volkserzählerisch bedeutsamen Motive führte sie mit sich? Nun, sie wurde ja eine *Adlige*, ein Moment, auf das die christliche Legende öfters zu sprechen kommt, ein reizvolles Motiv zudem, das sich auch in Märchen abzeichnet. Überdies war sie *Martyrin*, ein Umstand, der, wie angedeutet, die mitfühlende und bewundernde Volksreligiosität immer wieder bewegte, selbst noch im Barock, da man damals den Henker dieser Jungfrau mit dem Turban und mit der Damaszenerklinge ausrüstete. Derart zog man Barbara zu dem volksmächtigen *Türkenmotiv*, das die Seele mit Schrecken, aber auch mit dem Sieghaften des Prinzen Eugen und des Türkenlouis, zugleich mit der Bewunderung für die Überlegenheit des Christentums erfüllte. Noch hat die Geschichte der Ikonographie diese türkische Beziehung nicht festgehalten.

Zum anderen besaß Barbara die vom Volk stets anerkannte Urkraft der *virgo*, die ja auch im Nibelungenlied bei Brunhild sich ausweist, die aber ebenso die christliche Legende erfüllt[1445]. In ihrem Martyrium spielte zudem das *Turmverlies* eine besondere Rolle. So rückte die Turmjungfrau in das Interesse der von der Renaissance erneut herausgestellten Befestigungskunst

[1442] *Beissel*, Geschichte der Verehrung Marias in Deutschland während des Mittelalters. S. 170ff. – *Menzel*, Symbolik, 2. S. 80ff.

[1443] Ebd., S. 209. Bereits oben erwähnt.

[1444] *Kleinschmidt*, St. Anna. S. 419. – Weiteres bei *Schreiber*, Bergwerk. S. 379ff.

[1445] *Bächtold-Stäubli*, Handwörterbuch, 10. Sp. 173f. – *Günter*, Legende. S. 353. – Siehe auch *Kühnau*, Schlesische Sagen, 4 (Registerband). S. 125, unter „Frau".

und der an Wehrtürmen und Pulvermagazinen interessierten Militärs, die ihren Gedenktag zu feiern wußten, oft rein konventionell, unbeschwert durch die Hagiographie und Religionsgeschichte. Es war nicht gleichgültig, daß dieser Turm meist drei Fenster zeigte, damit auf die Trinität aufmerksam machte, die in der Namengebung der Zechen so nachhaltig heraustrat.

Wiederum hat Barbara ein besonderes Verhältnis zum *Gebirge*[1446]. Merkwürdig, daß die Bergwerksliteratur, soviel ich sehe, diese Beziehung übersehen konnte oder doch nicht genügend betonte.

Weiterhin war Barbara von der Legende als eine *Felsenjungfrau* angesprochen. Wie die Jungfrau Maria, wie die biblische Elisabeth, wie die Martyrin Ariadne fand sie eine Zuflucht im Berge[1447]. Als der Vater St. Barbara töten wollte, „löste sich auf ihr Gebet ein Fels vom Berge, schloß sie ein und warf sie über den Berg hinaus, wo sie sich wieder von dem Steine trennte und floh"[1448]. Das legendäre Motiv erinnert, wenn auch mit einem anderen Ausgang an die irische Königstochter Sunniva, die auf der Selje an der norwegischen Küste landete. Sie wurde auf ihr Gebet hin in der Felsenhöhle, in der sie lebte, mit ihren sieben Begleitern verschüttet, da der Herzog Hakon (962–995) sich ihrer bemächtigen wollte[1449].

Vor allem wuchs Barbara in die stets volksbedeutsame, auch berufsständisch gesehene Linie der Ars moriendi, die kultproduktiv und volksreligiös erlebt wurde. Sie soll den Bergmann bewahren vor dem jähen und unversehenen Tode, der die Geschicke gerade dieses Berufsstandes so oft erfüllte. Heißt es doch noch in Verlautbarungen des 19. Jh. von bergmännischer Seite wie folgt: „So ist das Leben des Bergmanns von unzähligen Gefahren umgeben; der Tod folgt ihm auf dem Fuße und zeigt ihm mit jedem Schritte seinen gähnenden Rachen. Es geht das Sprichwort: Der Bergmann kleidet sich jeden Morgen in sein Todtenhemd; und dem ist wirklich so, wie ich glaube dargethan zu haben. Wie Mancher, der frohen Muths, doch sich der Obhut des Höchsten empfehlend, von Hause geht und Alles, was ihm lieb und theuer ist, zurückläßt – findet in der Berge Schacht

[1446] Hier sei etwa an die prächtige spätgotische Barbarasäule in der alten Salzstadt Hall in Tirol erinnert. Vgl. „Haller Buch", hg. v. *Nik. Grass*, *H. Hochenegg* und *J. Peer*. Innsbruck 1953, S. 259, 265 u. 523. – Über die Bedeutung des Barbarafestes im Tiroler Volksleben vgl. *Hermann Mang*, Unsere Weihnacht. Innsbruck 1927, S. 13f.

[1447] *Günter*, Legende. S. 203.

[1448] Ebd.

[1449] Ebd. – *G. Schreiber*, Wanderkulte. S. 38f. – Frauen bildeten 1809 in Gerona „Compagnien der hl. Barbara" im Kampf gegen die Franzosen. *Menzel*, Symbolik, 1. S. 107.

seinen Tod und schaut nimmer das Tageslicht wieder[1450]." So öffnen sich ausgesprochene und ausgeprägte Wege zur Barbara-Devotion.

Auffallend ist, daß die namentlich in Oberschlesien als Schutzheilige des Bergbaus verehrte St. Barbara in keinem Siegel oder Wappen einer deutschen Bergstadt erscheint, wie die Heilige überhaupt in manche Gegenden schwer Eingang fand[1451]. Gleichwohl wird sie bereits im 14. Jh. von den deutschen Bergleuten verehrt. Dies bezeugen die gotische, im Jahre 1390 eingeweihte Barbarakirche in Kuttenberg und die Barbarakapelle in Gossensass am Brenner, die 1510 unter Mitwirkung der Knappschaft erbaut wurde. Dieses erhöht liegende Kirchlein ist zweigeschossig und enthält unten die Gruft; oben wurde im zweiten Jahrzehnt des 16. Jh. ein schöner holzgeschnitzter Altar zu Ehren dieser Heiligen als Beschützerin des Bergbaus aufgestellt, auf dem zur Rechten ihres halblebensgroßen Standbildes St. Laurentius und zur Linken St. Sebastian stehen. Feuerheilige fanden sich ein. Im Bergbau hatte sich ein Kreis von heiligen Verwandten gebildet. Beide Heilbringer erscheinen in den Grubennamen[1452].

In den Zechenhäusern wurde in Oberschlesien das Barbara-Bild aufgestellt. Vor diesem verrichteten die Knappen vor der Einfahrt eine kurze Andacht. Manche Daten wären noch zu erwähnen. Der Pfarrer (der 1920 polnisch gewordenen) Stadt Tarnowitz baute 1723–1724 eine Barbarakapelle neben der Pfarrkirche des Ortes und errichtete Mariae Himmelfahrt 1747 die Barbara-Bruderschaft. Von dort breitete sich diese nach ganz Oberschlesien aus. In Westdeutschland wurde 1856 eine Bruderschaft in Ottweiler im Saargebiet eingerichtet. Dabei mag man sich daran erinnern, daß Oberschlesien in Sachen der Feuermaschine anderen deutschen Landschaften voraus war. Im Jahre 1871 begegnet man einer Bruderschaft in Marienburg bei Köln (heute ein Stadtteil). Das Braunkohlengebiet mochte seine Anziehungskraft entfalten. Schlesische Städte haben gern Barbara-Straßen. Man kann heute feststellen, daß sich die durch die Kriegsereignisse ins Ruhrgebiet verschlagenen Bergleute aus Oberschlesien bemühen, den Barbarakult hochzuhalten. Erbe der Heimat. Erinnerung an einen einst mächtigen Bergbau. So feierten die Oberschlesier im Kreise Bochum[1453] den 4. Dezem-

[1450] *Rudolf Mitschdörffer* (ehemaliger Bergeleve, geb. 18 10. 1824), Begebnisse aus dem eigenen Leben. Acht Tage im Gefängnis. Schwerte 1846 (Veröffentlichung des Heimatvereins Schwerte und Umgebung), S. 14f.

[1451] *Schreiber*, Schutzfrau St. Barbara. S. 9.

[1452] S. oben und *Mathesius*, Sarepta.

[1453] Der Anschnitt, Jg. 6, Nr. 6, 1954, S. 24. – Siehe ferner *H. G. Heyn*, Barbara-Tag in Oberschlesien. Ebd., Nr. 5, S. 14.

ber 1954 wieder als ihren Barbaratag. Ein beredtes Zeugnis für die Ergebenheit der Bergleute an ihre Berufsheilige legt überdies der bereits erwähnte Bergmannsleuchter in St. Oswald in Eisenerz ab. Die einzelnen Kerzenhalter werden von Bergleuten gestützt, das Ganze ist überragt von der heiligen Schutzfrau[1454].

Als die Sprengarbeit mit Pulver in den Gruben einsetzte, stieg auch ihre Verehrung bei den Bergleuten. So konnte es geschehen, daß sie als Bewahrerin und Retterin angerufen wurde „in Sturm und Wetter, bei Blitz und Donner, bei Not und Gefahr“[1455]. Wie sehr St. Barbara und der Bergbau eins sind, zeigt die Tatsache, daß in Schlesien selbst die protestantischen Bergleute unter dem Einfluß ihres Kultes standen[1456].

In Bayern erscheint der Taufname Barbara schon im 13. Jh. und erfährt seit dem 15. Jh. eine große Beliebtheit[1457]. Zunächst mag die Kultwanderung von Italien her verantwortlich sein, daß der Name der Martyrin sich einfand. Die Letania Augustana, die Augsburger Allerheiligen-Litanei des 11. Jh., verzeichnet bereits St. Barbara zwischen St. Tecla und St. Margareta[1458]. Der am Ausgang des Mittelalters stärker einsetzende Bergbau mag die Beliebtheit dieses Vornamens weiterhin gesteigert haben.

Dieser Barbara-Kult konnte sich seinerseits gerade in Tirol, aber auch anderorts, auf kräftig entwickelte *Bruderschaften* stützen, bei denen die Bitte um einen guten Tod stark verankert war[1459]. Gerade Matthias Mayer hat als vielinteressierter Heimatforscher von Rang diesen Barbara-Konfraternitäten seine literarische Aufmerksamkeit zugewandt[1460]. Noch im 18. Säkulum

[1454] Der Anschnitt, Jg. 4, Nr. 6, 1952, S. 17, Text und Abb.

[1455] Glück auf. Allerlei vom Bergmannsleben. S. 157.

[1456] *Heinrich Winkelmann*, Zur Volkskunde der schlesischen Bergleute. In: Der Anschnitt, Jg. 5, Nr. 3, 1953, S. 8/9.

[1457] *Sigmund Buchberger*, Namengebung. S. 76.

[1458] *Hoeynck*, Liturgie des Bisthums Augsburg. S. 434.

[1459] Über die 1507 zu Innsbruck gegründete St. Barbarabruderschaft, die aus den Bruderschaften der Maler und Goldschmiede hervorging, vgl. *Steinegger*, in: Beiträge zur Innsbrucker Kirchengeschichte. Innsbruck 1954, S. 23.

[1460] Vgl. z. B. *Matth. Mayer*, Tiroler Anteil, 2. S. 168. – Zahlreiche sonstige Zeugnisse in der tirolischen Literatur. – Siehe etwa *Anselm Sparber*, Aus der Geschichte der Pfarreien im Eisack- und Pustertal. In: St.-Kassians-Kalender, hg. von Hermann Mang, 37 (1939), S. 136–144. – *(Pirmin Pockstaller)*, Chronik der Benediktinerabtei St. Georgenberg, nun Fiecht in Tirol. Innsbruck 1874, S. 151–153. Die Barbara-Bruderschaft wurde dort 1516 von Kardinal Mathäus Lang bestätigt. – Überhaupt sind Untersuchungen über die Konfraternitäten in Bergbaugebieten erwünscht. So sind die Namen der Eisenleute bekannt, die 1160–1220 in die Bruderschaft des Klosters Seckau aufgenommen wurden. *Hans Pirchegger* und *Rudolf Töpfner*, Eisen immerdar. Steirisches Eisen in Vergangenheit und Gegenwart. Graz-Wien-München 1951, S. 2.

findet sich eine Grube St. Barbara im steirischen Eisenerz[1461], desgleichen S. Barbarae Hauptschacht unter den Quecksilbergruben zu Idria in „Mittel-Craeyn“[1462].

Was ist als *Ergebnis* festzuhalten? Daniel befindet sich inmitten des berufstätigen Tiroler Volkes am Ausgang des Mittelalters und weit darüber hinaus. Er ist das lebensvolle Symbol der Bergknappen. Er tritt überdies in den Wanderstrom der abendländischen Bergleute, die die Wanderwege am Inn und im Donaugebiet berühren, ebenfalls die Brennerstraße aufsuchen, die Zugänge nach dem Süden aufweist.

Dieser Prophet ist von vornherein volkswarm und volksecht, da er von der Heiligen Schrift, von der Armenbibel, von den Blockbüchern, aber auch von der künstlerischen Verklärung her ein dramatisch bewegtes Erzählungsgut mit sich führt. Mit ihm wandert die Prophetie, die die Literatur des 16. und 17. Jh. besonders betont. Wirre Zeitläufe suchen Auswege.

In Tirol, aber weit darüber hinaus im alpinen Raum, schafft sich Daniel nun viele Residenzen, in Gotteshäusern und in Bergwerken. Vielleicht wurde ihm nicht die Ehre der Altäre zuteil, zumal er im allgemeinen keine Reliquien aufwies[1462a]. Insoweit mochte sich der Unterschied des alttestamentlichen Heilbringers zu den christlichen Heiligen, also die Unterscheidung von kanonisierten und volkskanonisierten Sancti, geltend machen. Aber der Prophet betritt gleichwohl sakrale Räume, mit Fresken, in Glasfenstern (Pfarrkirche in Kitzbühel, Schwaz, Imst), in Prozessionen, mit Votivzeichen (Kerze in der Pfarrkirche in Schwaz, in der Knappenprozession getragen). Wachsam und bodenverwurzelt steht er im Kreuzgang der volksverbundenen Franziskanerkirche in Schwaz, die in Totenmemorien das Memento mori für die bergmännische Bevölkerung zu pflegen wußte[1463]. Von diesen Fresken des Umganges, die vorzugsweise die Passion behandeln und für etwa 1520 anzusetzen sind, heißt es in einer verlorengegangenen Urkunde, daß die Gewerken und reichen Kaufleute, die Knappschaft und die Zünfte haben die „Bögen bauen und malen lassen“. Berufsständischer Stolz äußerte sich. Es sei auch daran erinnert, daß Daniels Bild im Spätbarock am Mundloch eines Tiroler Bergwerks am Falkenstein vorhanden war[1464].

[1461] Beschreibung. S. 51.

[1462] *Ferbers*, Beschreibung. S. 70.

[1462a] Siehe aber das Register betreffend Tegernsee.

[1463] *Erich Egg*, Die Fresken im Kreuzgang des Franziskanerklosters zu Schwaz. In dem Sammelwerk: Schwazer Buch, S. 197–209, bes. 202.

[1464] S. oben.

Mit der *Aufklärung* trat der Kult Daniels zurück. Es mochte sich auch nachteilig bemerkbar machen, daß dieser wohl volksliturgisch, aber nicht offiziell-liturgisch gestützt war. Schon in der tridentinischen Erneuerungsliturgie hatten sich die amtlichen Bücher des Rituals und überhaupt der Liturgie stark in den Vordergrund geschoben[1465]. Dieserhalb waren landschaftlich auch Bergknappen-Feiertage abgeschafft[1466]. Im Zuge solcher Entwicklung trat auch Daniel in den Hintergrund.

Es bleibe nicht unerwähnt, daß die Barbaralegende in Tirol in die Predigt der Barockzeit einströmt. Da ist der Innsbrucker Servitenprovinzial Pater *Zacharias Maria Rathgeb*, er veröffentlichte seine Predigten „als Muster-Stücke der geistlichen Wohlredenheit"[1466a]. Die 19. Predigt wurde in Innsbruck am Fest der hl. Barbara von ihm gehalten. Dort weiß er über ihr Martyrium wie folgt zu berichten: „Da sie sich noch nicht zum Abfall bewegen lasset: so thut man ihr, um den Kopf zu brechen, das Haupt mit Hämmer zerschmettern: aber solche Schläge seynd für sie lauter Glücks-Streiche, welche gut ausschlagen werden, weil dadurch das Gold zur Himmels-Cron geschlagen wird . . .[1466b]." Es wird also das Edelmetall Gold bei ihr eingeführt.

Was das Interesse der Religiosenverbände betrifft, sei noch festgehalten, daß die *Zisterzienser* dem Bergbaubetrieb in alpinen Gegenden näherstanden. So enthält die Kirche der ehemaligen Zisterzienserabtei von Neuberg am Semmering einen Barbaraaltar von 1652. Dieser war von den Bergknappen gewidmet[1466c].

2. *Zur Namengebung der Stollen*

Mit der Namengebung der deutschen Bergwerke hat sich neuerdings der ostdeutsche Historiker *Klaus Schwarz* in einer an sich bemerkenswerten Literaturübersicht auseinandergesetzt[1467]. Allerdings nicht ausreichend. Der Autor spricht von einer „häufigen Verwendung von Heiligennamen vom 15. bis 18. Jh.". Diese Beziehung, die in Gebiete des Sakralrechts und der Sakralkultur weist, ist von uns vor einigen Jahren erstmalig nachgewie-

[1465] *Schreiber*, Weltkonzil, 1. S. 325–336.
[1466] *Wolfstrigl-Wolfskron*, Tiroler Erzbergbaue. S. 169. – *Schreiber*, Bergwerk. S. 406ff.
[1466a] Augsburg und Innsbruck 1762.
[1466b] Ebd., S. 336.
[1466c] Reclams Kunstführer Österreich, 2. S. 463.
[1467] Neuerscheinungen, 7, 1959, S. 1889–1903, bes. S. 1895; 8, 1960, S. 249–256.

sen[1468]. Ja, sie verlangt eine weitere und vergleichende Erforschung für die verschiedensten Bergbaugebiete, zunächst des deutschen Raumes, wobei das Vorkommen selbst noch im 18. Säkulum besonders beachtet sein will. Nur darf es sich bei solchen Untersuchungen nicht um eine mehr oder minder mechanische Aufzählung von Grubennamen in jeweiligen Regionen handeln. Das ist allerdings ein Verfahren, das sich in der Literatur bereits zur Genüge abzeichnet, indem unsere Feststellungen ausgeschrieben und um Namen vermehrt werden. Das Vorkommen muß vielmehr tiefer ergründet werden[1469].

Warum wird eigentlich für eine Grube oder einen Stollen dieser oder jener Name eines Sanctus überhaupt genannt? Da muß für eine befriedigende Erklärung das Verhältnis des Heilbringers zur Berggemeinschaft, also zu den Gewerken wie zur Bergarbeiterschaft erschlossen werden. Zudem machte die jeweilige Landschaft als Sakrallandschaft ihre Einwirkung geltend. Diözesane Devotion schaltet sich überdies von der Kathedrale wie vom Proprium her ein. Dazu treten lebensstarke Wanderkulte, die auch von den Bergleuten oft gerne ergriffen werden. Gewisse Favoriten in der Verehrung zeichnen sich ab.

Gerade im gotischen Zeitalter, also in dem Ursprungsgebiet dieser Namengebung, ist es der Heilige, der zum *Volksheiligen* wird. Darüber berichtet die Festkunde, die Liturgie des Kirchenjahres, die Litanei, seltener als bei J. Neubner die Sozialgeschichte[1470], aber ebenso der Grubenname. Dieser hat ein Recht darauf, in kultgeschichtliche und sozialgeschichtliche Zusammenhänge einzutreten. Dort, wo die Dynastie und deren Vertreter und Staatsmänner in die Namen der Zechen einbezogen werden, sind zudem allgemeinpolitische Gesichtspunkte berührt. Ja, in solchem Gefolge fanden sich selbst irische Namen, wie die Zeche Hibernia und Shamrock ein, wobei man sich des Handelsministers Theodor von Möller (1901–1905) erinnern mag.

1468 S. oben das Kapitel „Das Bergwerk in Recht, Liturgie, Sakralkultur".

1469 *Adolf Bach*, der Bonner Namenkundler, hat diese Möglichkeit der Stollenbezeichnung überhaupt nicht berücksichtigt. Die Verhältnisse in Süddeutschland und Österreich sind ihm anscheinend unbekannt. Die Belege aus dem Ruhrgebiet, die dieser Autor bringt, entstammen frühestens dem 18. Jh., vor allem dem 19. Jh. Die Einteilung in Rufnamen, andere Personennamen und Personenbezeichnungen, Ortsnamen, Ländernamen und Phantasienamen bleibt völlig an der Oberfläche und trägt kaum etwas zum historischen Verständnis bei. Vgl. dazu *Bach*, Deutsche Namenkunde², 2. 2. Teil, S. 256.

1470 Siehe *J. Neubner*, Die heiligen Handwerker in der Darstellung der Acta Sanctorum (Münsterische Beiträge zur Theologie, hg. v. F. Diekamp und R. Stapper). Ein vorbildlich gearbeitetes Werk. Münster (Westf.) 1929.

Doch treten wir im Raum der Sakralkultur einem Bergmanns-Altar näher. Da wird in der Frauenkirche der Bergbaustadt Freiberg im Jahre 1406 ein Eulogius-Altar genannt. Dieser ist bereits vor 1400 gestiftet und mit einem Altarlehen und mit einem Altaristen ausgestattet. Weitere Zuwendungen fanden sich ein. So wurde ein Benefizium bestellt, das sich vermögensrechtlich anreicherte[1471]. Solch ein Vorkommnis verlangt aber eine nähere Erläuterung.

Dieser Patron Eulogius (Fest am 11. März), erwählter Erzbischof von Toledo (858), konnte sein Amt wegen der Verfolgung unter Mohammed I. nicht mehr antreten. *K. Lechner* vermerkt nun in der Encyklopädie „Lexikon für Theologie und Kirche“, daß Eulogius seit 1613 in Toledo als Erzbischof ausdrücklich verehrt wird[1472]. Wer aber die Quellen zur Geschichte des Bergbaus aufschlägt, erfährt ein Weiteres über seine Verehrung im deutschen Raum. Da wird seine Zugehörigkeit zum bergmännischen Milieu im Falle des sächsischen Freiberg gut herausgearbeitet. *Kerler* hat nämlich diesen Sanctus nur als Schutzherrn der Kupferschmiede angesprochen, und zwar auf Grund der christlichen Legende. Diese rückt ihn gewiß unter die Metallheiligen, da er mit einer kupfernen Lanze gemartert sein soll. Zudem wurde für den Ortsheiligen von Cordoba und Oviedo das Schwert zu seinem Attribut[1473]. Überdies wurde er nach *Kerler* auch Schutzherr der Zimmerleute, was eine weitere Beziehung zum Bergbau bedeutet[1474]. Man denke nur an den großen Holzbedarf des Bergwerks und der Eisenhütten. Im Jahre 1744/45 kamen die Königsbrunner Eisenwerke in Württemberg zum Erliegen, da sich der Mangel an Holzkohle einstellte. Als der Eisenhüttenmann Johann Georg Blezinger (1717–1795), ein „skrupelloser Geschäftsmann“, einen Schmelzofen in der Nähe der Stiftspropstei Ellwangen anlegte, schickte der Prälat dieses Stiftes mehrere 100 Soldaten und 50 Zimmerleute, um das Unternehmen des Blezinger zu zerstören, was geschah[1475].

So sind solche Grubennamen für die Quellenkunde der Hagiographie und Ikonographie, genauso wie für die Lagerstätte und die Wirtschaftsweise des Bergbaus von einiger Bedeutung. Dabei handelt es sich bei St. Eulogius um eine spanische Herkunftslinie. Letztere tritt auch sonst in der Geschichte des Bergbaus bedeutend hervor[1476].

[1471] *Löscher*, Erzgebirgische Knappschaft. S. 225.
[1472] Bd. 3^2, Sp. 1182.
[1473] Patronate. S. 223f. – Siehe noch *Stadler*, Heiligen-Lexikon, 2. S. 110.
[1474] *Kerler*, Patronate. S. 423.
[1475] *Ress*, Stiftungen deutscher Eisenhüttenleute. S. 94f.
[1476] *Schreiber*, Berufsgedanke im Bergwerk. S. 134–149.

Schwarz kennt nur Heilige als Grubennamen. Dieser Autor übersieht völlig die *Mysterien* (Dreifaltigkeit, Heiliger Geist, Himmelfahrt Christi, Marianisches). Letztere bekunden aber, daß solche Zeichen sogar den Weg zu Glaubensgeheimnissen und Hochfesten fanden. So wurden doch auch von diesem Standort enge Beziehungen zur Sakralkultur und zum Gottesdienst geschaffen.

Wenn weiter von dem erwähnten Autor bemerkt wird, daß die Heiligennamen allenfalls „Rückschlüsse auf die Verwendung der Heiligennamen in Gewerkenkreisen zulassen, nicht aber auf die Anschauungen von Knappen", ist diese Auffassung abzuweisen. Die Knappen bildeten nicht nur eine Zunft, sondern ebenso eine Bruderschaft, die auch das Volksreligiöse betont herausarbeitete. Dort glitten die Namen volkstümlicher Heiligen in die Votivmessen, in die Litanei, in die Taufformulare, in die Kirmes.

Im Geistessturm des 16. Jh. bedeuteten solche Heiligennamen natürlich kein Bollwerk und kein Panzerschild gegen Neuerungen. Bergwerke, die im Gebiet der Neugläubigen lagen, folgten veränderter geistiger Haltung und religions-politischen Bedingungen, d.h., solche Heiligennamen gingen ein. Solche Vorgänge sind von uns längst an anderer Stelle festgehalten, so für die Tiroler Bergknappen[1477].

In den Zeitaltern des Tridentinums und des Barock ist jedoch in den altgläubigen Gebieten das mittelalterliche Brauchtum nach wie vor gepflegt worden. Diese Praxis hat sich nicht nur fortgesetzt, sondern wurde darüber hinaus bereichert. Man blicke nur auf das steirische Eisenerz. Dort fanden sich als Grubennamen ein Ignatius von Loyola[1478], Franz Xaver[1479], Theresia[1480], Cajetan[1481] und Franciscus Salesius[1482]. Weitergeführt werden zudem in anderen Landschaften die Gruben zu den 14 Nothelfern[1483]. Aus diesen Erscheinungen ist zu folgern, daß sich die Benennung der Zechen an der Volksfrömmigkeit der jeweiligen Jahrzehnte orientierte, daß also im Ablauf wechselnder Zeitalter mühelos neue Symbole und Schutzhelfer ge-

[1477] *Schreiber*, Weltkonzil, 2. S. 431. Siehe dort noch S. 412, 443. – Viele Hinweise auf die Stellung der Tiroler Bergbeflissenen zum Luthertum und zu den Täufern bei *Wolfstrigl-Wolfskron*, Tiroler Erzbergbaue. S. 80, 81, 208 u. ö. – Für den steirischen Bergbau s. *Pirchegger*, Steiermark. S. 127, 130.

[1478] *Schreiber*, Berufsgedanke im Bergwerk. S. 143f.

[1479] Ebd., S. 145f.

[1480] Ebd., S. 146f.

[1481] Beschreibung. S. 28.

[1482] Ebd., S. 29.

[1483] Ebd., S. 31. Siehe ferner das Kapitel „Nothelfer als Inhaber von Bergwerken" bei *Schreiber*, Vierzehn Nothelfer. S. 51–56.

20. Freiberg i. S. Dom. Tulpenkanzel um 1560. Bergmannskanzel. 1638.

21. Barbarasäule im tirolischen Solbad Hall, 1486.
Links: Hl. Sigmund. Rechts: Österreichischer Bindenschild.
Darüber die Inschrift des Tiroler Landesfürsten,
des Erzherzogs Sigmund des Münzreichen († 1496).

22. Barbara-Säule im tirolischen Solbad Hall.

23. Barbara-Säule im tirolischen Solbad Hall.

wonnen werden konnten, soweit es sich um die Fortsetzung mittelalterlicher Zeitalter handelte.

Nach allem kennzeichnet sich um eine organische Fortentwicklung. Allerdings das Staatskirchentum und der Merkantilismus jener Zeitalter drängte in die Richtung, Mysterien und Heilige durch Benennungen zu ersetzen, die den Absolutismus jener Zeitalter stärker herausstellten. So fanden sich ein die Namen von Königen und Fürsten, von Staatsmännern und Feldherren. Schon in den Nischen der unteren Reihe des Freiberger Domes (der eigentliche Chor erhielt seine jetzige Gestalt 1585) begegnet man sechs Männern und Frauen des wettinischen Hauses Sachsen. Dort, in dem neugläubigen Gebiet, aber auch in altgläubigen Landschaften, wurden die mittelalterlichen Gewohnheiten der Namengebung zugunsten einer Säkularisation der Stollenbenennung abgewandelt. Die Geschichte des Bergwerks ist bislang achtlos an der Verweltlichung der Gruben vorübergegangen. Man nahm demnach in österreichischen Bergwerken eine Namensanleihe bei habsburgischen Kaisern auf. So sprach man von einer Quecksilbergrube „Das Leopoldi-Schachtel“ (d.h. Der kleine Schacht des Leopold) im krainischen Idria[1484].

Dabei hatten sich immer wieder spanische Herkunftslinien geltend gemacht, als Begleiterscheinungen der Weltpolitik. Der Name Ferdinand, zurückgehend auf den hl. Ferdinand, König von Kastilien und Leon (1217 bis 1252, Kanonisation 1671), fand sich schon früh ein. So erscheint bereits im Bergwerksverzeichnis des Christian Gadmer (16. Jh.) eine Zeche Ferdinand in der Ostschweiz[1485]. Habsburgischer Einfluß konnte sich dort leicht geltend machen. Weiterhin will ein Bergwerkspatrozinium St. Fernandi und St. Rudolphi als Name einer Grube im steirischen Eisenerz genannt sein, die im 18. Jh. im Besitz der Eisengewerkschaft auftritt[1486], sowie als Titel einer zweiten Grube ebendort im Besitz der Vordernberger[1487]. Es mag auch der 1792 bezeugte Ferdinandsbau unter den Gruben des Hüttenberger Erzberges in Kärnten erwähnt sein, desgleichen der dortige Ferdinandstollen (Kappel-Obir) im Jahre 1836[1488]. Doch mochte solche Namengebung nicht nur durch den Sanctus, sondern ebenso durch habsburgische Kaiser (Ferdinand I., II., III.) erleichtert werden, da der fürstliche Absolu-

[1484] *Ferbers*, Beschreibung des Quecksilber-Bergwerks zu Idria. S. 70. – S. noch *Hirn*, Maximilian 2, 1. T. S. 97.

[1485] *Plattner*, Bergbau. S. 46.

[1486] Beschreibung. S. 29. [1487] Ebd., S. 29, 33.

[1488] *Wießner*, Kärntner Bergbau, 2. S. 222.

tismus[1489], aber ebenso die Ausstrahlung der tridentinischen Bewegung und Gegenreformation sich sicherlich in die Grubennamen umsetzte. Um auch ein anderes zu sagen: Die kriegerischen und metallischen Embleme, die der spanische Ferdinand als Kämpfer, als Maurensieger (Matamoros) im Harnisch mit sich führte (auch das Kreuz auf der Brust), legten von vornherein eine Schutzherrschaft über den Erzbergbau nahe. Ferdinand wuchs also für die Bergleute in die Gruppe der Metallheiligen. Dieser Zutritt erfolgte um so leichter, da dieser „heilige König“ immer wieder von deutschen Andachtszetteln des Spätbarock festgehalten wurde und zugleich in der Vornamengebung erschien[1490]. Soviel über das mittelalterliche Spanien, soweit es vom deutschen Bergbau in der Titelgebung übernommen wurde.

Nach allem sind die mittelalterlichen und späteren Bergwerke mit Bezeichnungen versehen, die als bedeutungsvoll anzusprechen sind. Sie spiegeln z.T. den Einfluß der naturgebundenen Umgebung wie der Kulturlandschaft. So hören wir von der Lage der Zechen in Schluchten, an Felsen, an Fuchslöchern, an Steigen, an Wäldern und an ähnlichen Rufzeichen der Natur. Doch auch die *Familiarität* macht sich geltend. Finden sich doch Familiennamen, besonders Taufnamen jener Gewerke ein, die eine Beleihung der Bergwerke erfahren. Der Familienstolz reckt sich, dem Boden auf längere Sicht die Schätze zu entreißen und der Wirtschaft zuzuführen.

Aber die vorgenannten Motive der Namengebung reichen nicht aus. Vielmehr äußert sich mit geradezu elementarer Wucht in dieser Benennung die gottbezogene Art des Mittelalters überhaupt. *Gott* ist in philosophisch-theologischen Summen und in eschatologischen Zusammenhängen, in der Kaiserkrönung wie in der Liturgie der stets wieder erwähnte Herr und Gebieter eines riesenhaft ausgreifenden Ordnungssystems. Aber es eignet ihm in der Vorstellung des Bergmanns noch eine besondere Beziehung zu den Gruben: er ist der Herr des Bergsegens. Die Zechen sind die Großtaten Gottes, die *magnalia Dei in locis subterraniis*, um den Sprachgebrauch des 18. Säkulums zu berühren[1491]. Wohin man sieht, stellen sich Bergwerksnamen ein, die diese gottgebundenen Beziehungen herausstellen, so als Gruben „Gottesgabe“, „Gottberat“, „Segen Gottes am Berge“, „Zur Gottes-

[1489] Man beachte den Wasserbau Maximilian und Ferdinand, erwähnt bei dem Bergrichter Christian Gadmer, bei *Plattner*, Bergbau. S. 44.

[1490] *Stadler*, Heiligen-Lexikon, 2. Sp. 195. – *Schreiber*, Deutschland und Spanien. S. 343ff. – Ferner *Anton Dörrer*, Volkskulturelle Auswirkungen des Trienter Konzils auf die Alpenländer, bei *Schreiber*, Weltkonzil von Trient, 2. S. 427–446, bes. S. 441f.

[1491] S. oben. Das Stichwort „Gott“ ist in der volkskundlichen Forschung keineswegs erschöpfend behandelt. Vielfach übersehen ist *Menzel*, Symbolik, 2. S. 347ff.

gabe am Weg unter ein Lersch"[1492], „Gnade Gottes", auch „Unvergängliche Gnade Gottes" im Harz[1493]. Aber anderes schreit im Leben des Bergmanns nach dem *Glück*, wenn er durch beliehene Gewerke schürfen darf oder wenn er schließlich als Einzelperson, als Einzelspänner, in der Bergmannssprache als „Einzelgrübler", die Erde aufreißt. Er möchte Erfolg haben. Doch sieht der Bergmann dieses Glück wiederum in gottbezogener, augustinischer Prägung (Grube „Gottesglück", „Gottes Glücksgrube"), wenn auch die theozentrische Note nicht eigens wie in der Benennung „Glücksanfang"[1494] „Glücksbrunnen"[1495] hervortritt. Es ist im übrigen ein verwandter Gedankengang, wenn Zechen unter dem Zeichen der „Hoffnung" und ebenso dem der „Vorsehung Gottes" benannt werden[1496], ein Brauch, der sich selbst wie bereits angedeutet noch im Namen „Gutehoffnungshütte" in Oberhausen spiegelt[1497]. Daher wieder und wieder die Benennung der Gruben in Verbindung mit dem Erfolg, also mit dem Glück[1498]. Optimismus strahlt auch der Grubenname „Glückhilf" bei Hermsdorf am Kynast in Schlesien aus[1499]. In Baden heißen mehrere Gruben des 18. Jh. „Neuglück". Den eigenartigen Namen „Frisch bergmännisch Jerusalems Glück" trifft man zur gleichen Zeit im Haslacher Revier im Kinzigtal an[1500]. Ob hier noch ältere Palästinafahrten mitschwingen, sei dahingestellt. Wie das Fundament einer starken Zuversicht klingt der Name „Trau auf Gott", der der gleichen Zeit aus dem Raum des schwarzwäldischen Hochblauen entstammt[1501].

Unter den Mysterien ist, wie bereits angedeutet, der trinitarische Gedanke der Dreifaltigkeit im Bergbau stark betont in verschiedenen Variationen.

[1492] Eingehender das Kapitel „Spanien im deutschen Bergwerk". – *Hochenegg*, Trient. S. 450.

[1493] *Dennert*, Oberharzer Bergstädte. S. 5, 15.

[1494] *Ludwig Heinrich Wilhelm Jacobi*, Das Berg-, Hütten- und Gewerbewesen des Regierungsbezirks Arnsberg in statistischer Darstellung. Iserlohn 1857, S. 112, 113, 118.

[1495] Siehe das Kapitel „Spanien im deutschen Bergwerk".

[1496] Die Grube „Klappertshoffnung" im Bergrevier Eisern, bei *Jacobi*, Arnsberg. S. 114. – „Morgenröthe an der Eisenhardt". Ebd., S. 112. – „Vorsehung Gottes" (Kreuzen-Stockenboi 1765). – *Wießner*, Kärntner Bergbau, 2. S. 165.

[1497] Man vgl. auch die Festschrift, die das Werk zu seinem hundertjährigen Bestehen 1958 veröffentlichte.

[1498] Wir ergänzen hier *Beitl*, Wörterbuch², S. 266, der ebd. in dem Artikel „Glück" im allgemeinen Gesichtspunkte aufzählt. Zu den literarischen Überlieferungen, die sich mit dem Glückhaften im Leben befassen, s. *Günther Müller*, Schicksal und Saelde. Salzburg 1940.

[1499] Schlesische Provinzialblätter, Neue Folge, Bd. 11. Breslau 1872, S. 134, 184.

[1500] *Ernst Scheffelt*, Bergbaunamen. S. 11–13, bes. S. 12.

[1501] Ebd.

Nach der Seite der künstlerischen Formgebung ist dabei besonders des Gnadenstuhls zu gedenken[1502]. Diese Fassung, „die künstlerisch bedeutsamste Form einer Dogmendarstellung überhaupt, mit dem 12. Jh. in Frankreich entstanden", zeigt den thronenden Gott Vater[1503]. Er hält im Schoße das Kreuz mit dem Sohn, während der Heilige Geist als Taube über beiden Personen schwebt. So wird auch nach dieser Seite hin das Bergwerk, wenn es in der beigegebenen Bergkapelle ein solches Symbol mit sich führt, gewissermaßen gotisiert. Diese und andere Sinnbilder aber sollen für den Bergbau jener Zeitalter die Aufmerksamkeit für eine höhere und erhebende Wirklichkeit wecken, in die das Bergwerk als Gottes Schöpfung einbezogen ist. Viele solcher trinitarischen Bergwerksnamen hat *E. Schneider* aufgezeichnet[1504].

Dazu macht sich in dem weit ausladenden Prozeß der *Christianisierung* der Naturgegebenheiten (Quelle, Fluß, Seen, Steine, Felsen) auch der Berge das Bedürfnis geltend, eine Verbindung von den Bergzechen (Annaberg, Schmiedeberg, Todtnau, Eisenerz u. a.) zu den Geheimnissen der Erlösung herzustellen. Das sind Motive, die keineswegs nur als spielerisch anzusprechen sind. So bezeichnet man Bergwerke nach den verschiedensten Heilstaten (Salvator, Christi Leiden, Heiliges Grab, Heiliger Geist)[1505], ebenso nach den christlichen Festtagen, nach der Auferstehung Christi, Christi Himmelfahrt, nach Mariä Lichtmeß, nach Mariä Verkündigung, Benennungen, die Grubenverzeichnisse mit sich führen. So spricht das Lehenbuch des Schwazer Bergbaus um 1515, ab 1440 geführt, von der Grube „Unser Lieben Frau Geburt", ebenso von der liturgisch anzusprechenden Grube „Unschuldige Kinder" und wiederum „Heilig Blut"[1506]. Es wäre überraschend, wenn das Blutwunder nicht erwähnt wäre, um hier A. Winklhofer zu ergänzen[1507]. Linien, die sich soteriologisch auf das Blut Christi stützten, ebenso auf Bluthostien und Blutwunder, führten bis zu den Stollen des Bergwerks.

Die Zahl religiös fundierter Zechen ist erstaunlich groß, also weit häufiger als jene Namen, die aus profanen Bereichen stammen. Doch sind erstere im

[1502] *Künstle*, Ikonographie. S. 663. – *Braunfels*, Dreifaltigkeit. In: LThK 3², Sp. 562.

[1503] *Künstle*, Ikonographie. S. 229ff.

[1504] Bergmannsfrömmigkeit. S. 84, 89f. Weitere Literaturverweise bei *Wießner*, Kärnten, 1 und 2, und *Wolfstrigl-Wolfskron*, Tiroler Bergbaue.

[1505] *Wießner*, Kärnten, 1. S. 135, 137.

[1506] Landesregierungsarchiv Innsbruck, Handschrift, 1587, Stollennamen. Dazu unten.

[1507] LThK 2², Sp. 548.

oberdeutschen Raum am stärksten vertreten. Hier und da findet sich, wie schon oben erwähnt, die Namengebung nach dem Landesfürsten ein. Das geschah vorab in alpinen Gebieten. Schon früh erwähnt das Haller Salzbergwerk den Namen Maximilian I. Dort steht die Inschrift „König-Max-Stollen aufgeschlagen im Jahre 1492“[1508]. Weiter sei erwähnt die „Siegmund- und Mattiasgrube“ im alpinen Nassereit[1509], mit der „Herzog-Friedrich-Grube Haus Lüneburg“ in Clausthal[1510]. Ähnlich anderorts[1511]. Die religiösen und politischen Bewegungen des 16. Jh. brachten hier Neubildungen, die das Dynastische in den Grubennamen begünstigten.

Der gotische Heiligenhimmel war bereits vorgebildet in der Litanei des romanischen Zeitalters. Man nehme etwa die Letania Augustana des Augsburger Hochstifts, die im 11. Jh. niedergeschrieben wurde (ex cod. lat. Nr. 3908 Monac. saec. XI). Sie enthielt die charakteristische Auseinandersetzung mit den Heiden, wenn es unter den Fürbitten heißt „Ut gentes paganorum humiliare digneris“, letzter Nachhall der Ungarnnot. Gleichzeitig ein zeitgenössischer Blick auf die Sarazenen, von denen auch das Volksbuch von St. Genovefa weiß.

Die Heilbringer der Gotik drängten noch in den späteren Jahrhunderten in die Gruben eines ansteigenden Bergbauwesens. Solche Benennung der Zechen setzte sich fort und wurde erst beeinträchtigt, wenn der Bergsegen erlosch. An sich zog sich diese Apostrophierung durch Jahrhunderte fort, bis in das Zeitalter der Aufklärung und selbst noch darüber hinaus. Wenn nun heute ältere religiöse Bergwerksnamen verschwunden sind, geschah es zum Teil deswegen, weil, wie soeben bemerkt, die Zechen mit dem Erlöschen des Bergsegens untergegangen sind. Dazu traten neugläubige Auffassungen, die tief einschneidende Wandlungen heraufführten. Eine gewisse Säkularisierung machte sich in einer neuen Welle gerade von der Aufklärung her geltend, wenn man nunmehr Zechen nach Herrschaftsträgern, Kronprinzen, Ministern, Generalen, Wirtschaftlern benannte. Bunte Farben des Mittelalters, im besonderen der Legenda aurea, verblaßten. Emotionale Bewegungen des Barock traten überdies in verschiedenen Landschaften zurück, wenn auch Kirchen- und Palastbauten diese Neugläubigen beeindruckten, wenn auch die Scholastik in Dogmatik und das Kirchenrecht im neuen

[1508] Persönlich besichtigt.

[1509] *Isser-Gaudententhurm*, Montanwerke und Schurfbaue Tirols. S. 226–324, bes. S. 281. Doch kann es sein, daß auch der Heiligenname an der Firmierung mitwirkte.

[1510] *Dennert*, Oberharzer Bergstädte. S. 18.

[1511] *Wolfstrigl-Wolfskron*, Tiroler Erzbergbaue. S. 262.

Glauben bis zu einem gewissen Grade weiterlebten. Es erfolgte also bei den Grubennamen eine Anpassung an den nüchternen politischen Alltag.

Aber es bleibt nach wie vor reizvoll, diese stolze Kette von heiligen Bergwerken an sich vorüberziehen zu lassen, die viel Heimliches in Sagen und Volksüberlieferung, und zugleich Offenes im Brauchtum mit sich führten. Ebenso ragten sie in die Sphäre des Ehrfürchtigen. Sie besaßen überdies die Leuchtkraft der Symbole. Dazu werden die Berge von der flüsternden, brauchtumsfrohen Legende umspielt. So weiß diese über den unschuldig hingerichteten Bergmann zu berichten, daß bei ihm Milch statt Blut floß[1512]. Zum weiteren meinte der Volksglaube, am Laurentiustag, am 10. August, zwischen der ersten und zweiten Vesper (11–12 Uhr mittags), finde der Bergmann, wo immer er sei, wenn er nur ein wenig in der Erde grabe, *Kohlen*[1513]. Der Feuerheilige Laurentius war ja vielfach Stollenheiliger[1514].

Wechselnde *Kulturzeitalter* machen sich in diesen Benennungen geltend. Im alpinen Gebiet begegnet man selbst den Ausstrahlungen der iroschottischen Christianisierung. Da hören wir von Bergwerken, die St. Kilian, St. Gallus und St. Jodok gewidmet sind. Doch auch die Angelsachsen machen sich bemerkbar, so mit Lucius und mit Oswald, ebenso mit St. Eduard, also mit dem volksmächtigen Motiv des hl. Königs[1515]. Von Italien her strömen St. Sebastian, St. Zeno, St. Vigilius ein. Später folgen Franz von Assisi und Antonius von Padua. Die Patristik steuerte ihrerseits den Zechennamen St. Augustin bei. Spanien wußte um Vincentius-Bergwerke im deutschen Raum, genannt nach dem Diakon von Valencia bzw. Saragossa. Dazu fand sich volksmächtig Jakobus der Ältere von Compostela her ein, später St. Ignatius und St. Teresa[1516]. Der frühe fränkische Einfluß ist ebenfalls nachdrücklich zu verzeichnen, mit Martin von Tours, St. Aegidius und vielen anderen Sancti. Überdies machen sich verschiedene Gruppen von Kollektiv-Heiligen geltend. Man hört von Zechen, die der Gesamtheit der Zwölfboten gewidmet sind, von anderen, die den Namen der Apostelfürsten Petrus und Paulus tragen, schließlich von solchen, die den Einzelaposteln, ebenso den Evangelisten, gewidmet sind[1517]. Zu den Gruppen gehören auch

[1512] *Günter*, Legende. S. 7, Anm. 11. [1513] Ebd., S. 106.

[1514] *Schreiber*, Bergwerk. S. 385f.

[1515] *Schreiber*, Wanderkulte. S. 1–132. – Ders., Alpine Bergwerkskultur, S. 1 ff., für kultische Wanderströme, die ins Bergwerk einmündeten.

[1516] Siehe dazu *Schreiber*, Kulturwanderungen. S. 1ff; *ders*, Wochentage. Im Register, S. 268.

[1517] Siehe das Kapitel „Apostel und Evangelisten als Bergwerksinhaber“. Zum fränkischen Einfluß s. *Swarzenski*, Die Litanei Ludwigs des Deutschen. S. Register.

die oft erwähnten Vierzehn Nothelfer[1518]. Die Volksliturgie breitet sich aus. Namen der Allerheiligenlitanei brechen sich an den Bergwänden. In das dunkle Bergwerksinnere greifen die Lichtheilige St. Lucia und das bergmächtige Fest Mariä Lichtmeß.

Für solche Zusammenhänge haben wir andernorts die Bezeichnung Bergwerkspatrozinium in die Forschung eingeführt[1519]. Sie ist bereits oft übernommen. Mit gutem Grund. Der Vielfalt der Patrozinien, der Kirchentitel, der Namengebung oberirdischer Gotteshäuser entspricht eine unterirdische Patrozinienkultur von köstlichem Reiz. Sie verlangt ihre Aufschlüsse genauso gut wie die Titel jener Gotteshäuser, die im vollen Sonnenlicht stehen. Derart wird auch die allgemeinere Patrozinienkunde wesentlich bereichert, wenn für den Bergbau das Verhältnis von Oberwelt zur Unterwelt näherhin untersucht wird.

Ja, solche Namen gehören in den Werdegang der *Nationalität*. St. Prokop findet sich ja in böhmischen Gruben ein[1519a]. Diese Namen haben gleichzeitig ihre Stellung in der Siedlungsgeschichte, im besonderen dort, wo sich die Nahtlinien der Völker und Kulturen abzeichnen. So sind es heimische Bergleute, die selbst in den italienischen Randgebieten von Trient deutschen Einfluß verkünden[1520].

In der Tat würden wesentliche Teile deutscher Volksfrömmigkeit nicht ergriffen werden, wenn nicht auch der Blick auf die Marienverehrung im Bergwerk gerichtet würde, die sich häufig einfindet, oft in naturhaften Verbindungen. So hören wir im Berggericht am Eisack (Klausen) von „Unser Frau zum Rabenpach“ und „von unser Frauen in Münzanger“. Die Südtiroler Pfarrei Martell kannte eine Filialkapelle S. Maria in Fodinis, also S. Maria im Wald auf der Schmelz.

Das Gewerbe der Schmelzer war kapellenfreudig. Der Wald erleichterte den Bau eines Kirchleins. Doch die Kapelle „Maria auf der Schmelz“ in Hinterriß, Tirol, existiert nicht mehr. Sie soll auf dem Gelände des dortigen Friedhofs gestanden sein. Die Fuggerischen Knappen sollen sie neben dem Schmelzofen errichtet haben. Im Jahre 1759 wurde an ihrer Stelle eine größere Kirche gebaut, die heute noch steht. Als einziges Stück scheint die Madonna mit Kind aus der alten Kapelle „auf der Schmelz“ in das neue

[1518] *Schreiber*, Vierzehn Nothelfer. S. 51 f.

[1519] *Schreiber*, Bergwerk. S. 370ff. – *Ders.*, Bergwerk und Bergwerkspatrozinium. In: LThK 2², Sp. 228–238.

[1519a] *Leopold Schmidt*, Der hl. Prokop. Arch. Austriaca. Beiheft 3. 1958. S. 143 ff.

[1520] *K. Atz* und *A. Schatz*, Trient, 2. S. 123ff.

Kirchlein und auf deren Hochaltar gekommen zu sein, wie auf dem einen Bilde ersichtlich. Das Kirchlein ragt zu einem Drittel (Presbyterium) in das angebaute Pfarrhaus-Widum hinein[1521].

Überdies tritt der Anteil des *Adels*, mehr des Hochadels, in solchen Grubennamen heraus. Die Grafen Attems und die Grafen Hatzfeld sind im 18. Säkulum neben anderen Vertretern des Adels Träger von Grubennamen im Quecksilber-Bezirk von Idria[1522].

Ein Weiteres. Es erfolgte im Gottesdienst des westerwäldischen Horhäuser Bergbüchleins (18. Jh.) eine Anrufung des *hl. Joseph*. Von der Volksfrömmigkeit her gesehen wirkte er wie ein Spätberufener. Er wird vorab im Barock als montaner Schutzheiliger verehrt und als solcher in dem erwähnten Bergbüchlein ausdrücklich bezeichnet. Somit rückt er unter die späteren Bergbaupatrone, was die Josefs-Literatur, soviel wir sehen, überhaupt noch nicht festhielt. Eine nähere Begründung ist dem einschlägigen Gebetstext von Horhausen nicht beigegeben[1523]. Warum spricht man ihn als Patron an? Offenbar wird gerade dieser Heilige erwählt, weil er als besonderer Fürsprecher in der Todesstunde betrachtet wird[1524]. Man fragt sich, warum in diesem Gebetstext nicht auch Barbara als Schutzfrau erwähnt wird. Nun, in der ars moriendi gibt es wechselnde Schutzpatronate, nach der jeweiligen Landschaft und Überlieferung. Die Volksfrömmigkeit liebt es nicht, Monopole aufzurichten, wenn sie auch einzelne Sancti bevorzugt. Joseph wurde also im Zeichen der erwähnten Gedankengänge zum Patron von Gruben[1525]. Wir führen hier einige Stollen namentlich auf. Als früheste St. Josefsgrube wird für den Kärntner Bergbau das Jahr 1496 die Grube St. Josef im Bezirk Vellach genannt[1526], dann für 1524 die Grube St. Josef, Bezirk Großkirchheim, in der gleichen Landschaft[1527]; für 1536 erscheint die Grube St. Josef im St. Petersbache im Berggericht an der Etsch[1528]. Das Bergwerksverzeichnis des Bergrichters Christian Gadmer nennt für das

[1521] Freundliche Mitteilung des Herrn Provisors Coop. exp. *Wilhelm Mohr*, Hinterriß.

[1522] *Ferbers*, Beschreibung, S. 70.

[1523] *Joseph Höffner*, Das Horhauser Bergbüchlein (Pastor bonus, Jg. 50, 1940). S. 172–178, bes. S. 178.

[1524] *Kerler*, Patronate. S. 347. Ferner *Schreiber*, Deutschland und Spanien, S. 515, im Register, wo auf die Spätentwicklung der Verehrung und auf die spanischen Einflüsse hingewiesen wird. – Ders., Wochentage. S. 269.

[1525] Über Josef im deutschen Bergbau siehe auch das Kapitel „Spanien im deutschen Bergwerk".

[1526] *Wießner*, Kärnten, 1. S. 95.

[1527] Ebd., 1. S. 104.

[1528] *Wolfstrigl-Wolfskron*, Tiroler Erzbergbaue. S. 326.

Jahr 1588 eine Grube St. Joseph in der Ostschweiz[1529]. Im Bezirk Steinfeld hören wir für das Jahr 1589 von einer Grube St. Josef auf der Höchen (Siflitz/Kärnten)[1530]. Bei dem tirolischen Schwaz findet sich im Kupferbergbau in der Palleiten eine Grube St. Josef am Ringenwechsel für das Jahr 1626[1531]. In Kärnten erscheint erneut eine Josefsgrube ob dem Dorf Kötschach 1693[1532]. Im Jahre 1757 ist in der gleichen Landschaft ein Josefibau in der Schluetten bezeugt[1533]. Für das 19. Jh. mehren sich die Quellenbelege. Der allgemeine Anstieg der Josefs-Devotion macht sich geltend. Wir nennen zunächst die Josefigrube im Abschnitt Zauchen auf der oberen Schäffleralpe (1805)[1534], den Josefistollen in Kappel-Obir (1836)[1535], einen weiteren Josefistollen in Kreuzen-Stockenboi (1850)[1536], dann einen Josefsschacht auf der Grafensteiner Alpe im Gebiet Kappel-Obir (1850)[1537], schließlich noch einen weiteren Josefistollen in Kärnten für das Jahr 1864[1538].

Man fragt sich, ob jeweils der Heilige des späteren Mittelalters gemeint ist, der seine kultische Herrschaft auf Bergwerke ausdehnt, oder ob im alpinen Raum die habsburgische Dynastie sich mit ihrem Einfluß auf die Namengebung geltend macht. Beide Momente wird man in der Beurteilung heranziehen dürfen. Jedenfalls liegt es so, daß mehrere Gruben genannt sind, die auf die damalige Monarchie weisen, wie der Kaiser-Joseph-Stollen im Bezirk Raibl (1787)[1539] und der Franz-Josef-Stollen in Kärnten (1884)[1540]. Eine Josefsgrube fehlt allerdings im Verleihbuch des Bergrichters zu Trient 1489–1507, da der Name Josef bei den Habsburgern erst später auftritt[1541]. Doch weit mehr will der andere Umstand beachtet sein, daß die Josefsverehrung erst später an Kraft und Bedeutung gewann[1542].

Gotische Ursprünge der Namengebung drängten somit in neuzeitliche Linien. Die iberische Herkunft erwies sich für die Josefsdevotion besonders

[1529] *Plattner*, Bergbau. S. 44. [1530] *Wießner*, Kärnten, 1. S. 152.
[1531] *Wolfstrigl-Wolfskron*, Tiroler Erzbergbaue. S. 110.
[1532] *Wießner*, Kärnten, 2. S. 243.
[1533] Ebd., S. 221.
[1534] Ebd., S. 223.
[1535] Ebd., S. 222.
[1536] Ebd., S. 166.
[1537] Ebd., S. 224.
[1538] Ebd., S. 238. Man beachte das metallische Attribut der Axt.
[1539] *Wießner*, Kärnten, 2. S. 202.
[1540] Ebd., S. 12.
[1541] *Hochenegg*, Bergbautätigkeit. S. 437–456.
[1542] *Anton Ph. Brück*, Der heilige Josef. Schutzpatron der deutschen Katholiken (1675) und der Kurpfälzischen Lande (1753) (Archiv für mittelrheinische Kirchengeschichte, Jg. 7, 1955). S. 159–168.

förderlich[1543]. Die Bedeutung Spaniens für die Entfaltung dieses Kultes ist ganz wesentlich. Diese Tatsache ist in dem „Lexikon für Theologie und Kirche“ überhaupt nicht beachtet.

Spanische Anregungen mochten mitgehen, wenn die Kapelle am Haller Salzbergwerk als Patrozinium die Immaculata führte; zu deren Ehren hatte der Brixner Fürstbischof Kaspar Ignaz am 17. Oktober 1725 dieses Bergkirchlein geweiht[1544]. Das Volk dagegen erinnerte sich an den älteren Salzheiligen St. Rupert als Schutzpatron. Für ihn warb die mittelalterliche Überlieferung.

Diese Grubennamen waren gewiß nicht gleichgültig in Sachen der religiösen Volkskultur. Sie beschäftigten die Andacht und die Phantasie des Bergmanns. Er empfing mit diesem oder jenem Heiligen ein Vorbild. Er entsann sich, in der Legenda aurea oder in einer Handpostille Ähnliches oder Gleiches erfahren zu haben. Nicht, daß er selbst dieses Legendenbuch las; aber es wurde ihm die Bekanntschaft mit seinem Vorbild an mehr als einer Stelle. So vernahm er es in der Predigt, in der Katechese, ja im Bildwerk. Desgleichen hielten die gern gelesenen Volksbücher (Prosanovellen) manche Erinnerungen fest. Da erscheint unter den Gruben des Eisenerz eine Grube *St. Genovefa*, in der Bergwerksbeschreibung des 18. Jh.[1545]. Sie konnte älteren Datums sein. Das Volksbuch von St. Genovefa von Brabant mochte an der Herausstellung dieses Grubentitels beteiligt sein. Diese Sage wurde zuerst von dem Karmeliter Matthias Emich zu Boppard, dem späteren Weihbischof von Mainz, im Jahre 1472 lateinisch gefaßt. Mochte diese Devotion sich auch stärker rheinischen Gebieten mitteilen, so konnte doch ein solches Volksbuch anregend selbst noch für alpine Räume wirken[1546]. Die Höhle, in der sie sechs Jahre lebte, mochte als Vorstufe an den Bergbau erinnern.

Eine farbige Vorstellungswelt von Martyrien, von hingebendem Arbeitseinsatz, von Namen, die sich auch in der Allerheiligenlitanei einfanden, wurden diesem Bergmann in etwa doch vertraut. Die Mysterien und die Heiligen der Gruben zogen sich durch das Kirchenjahr. Es kam hinzu, daß einige dieser Namen in seiner Familie und in seiner Sippe als Taufnamen wohl seit Generationen geführt wurden. Dazu mochten Vornamen zuweilen in Eigennamen überführt werden.

[1543] *Schreiber*, Deutschland und Spanien. Im Register, S. 515.

[1544] *Thinkhauser*, Diözese Brixen, 2. S. 486. – *Schreiber*, Deutschland und Spanien. Im Register, S. 514.

[1545] Beschreibung, S. 32.

[1546] *Franz Falk*, Die Ehe am Ausgang des Mittelalters. Freiburg i. Br. 1908, S. 44. – *R. Klauser*, Genovefa. In: LThK 4², Sp. 678f.

Der Zusammenhang dieser Grubennamen mit den Taufregistern der jeweiligen Gemeinde ist allerdings noch zu erforschen, soweit es möglich ist. Dabei ist nicht nur der Vorname der Eltern, sondern ebenso der Taufname der Paten zu erörtern. Diese haben ja dem Kinde einen erhöhten Rechtsschutz verliehen[1547]. Die Grube in ihrem sakralen Zuschnitt eröffnet neue Aussichten auf das Werden und Wachsen sozialer und religiöser Volkskulturen in den Bergwerksgebieten. Ja, es wird auch der Einfluß der Bistumsheiligen auf den populus christianus ersichtlich. Die Kathedrale erwies sich dabei als volksnahe. In Brixen rückten die Diözesanheiligen Ingenuin und Albuin unter die Grubennamen. Das liturgische Proprium sanctorum öffnet somit seine Feste. Die Quellenkunde der Kirchengeschichte erweitert sich mit solchen Stollen.

Ein anderes noch. Der Stollen kann auch ein festliches Gewand zeigen. Im Jahre 1955 wurde im kärntnerischen Bleiberg die *Barbarafeier* in einem großen ausgeerzten Abbau abgehalten. Das begab sich bei „Grubenlampenschein und Fackelbeleuchtung, wobei neben der Jubilarehrung durch den Bergdirektor und anschließend an die Barbara-Rede ein volkstümliches Bergmannsspiel des österreichischen Schriftstellers K. L. Schubert, ‚Das Spiel vom Bergmann und vom Tod', in eindrucksvoller Weise von Knappen aufgeführt wurde"[1548].

So waren diese und andere Gruben keineswegs nur darauf bedacht, Werktagsarbeit bei sich zu sehen. Im Berchtesgadener Land wurde früher die Sitte des *Stollen-Betens* eingehalten, wo in einem der Gänge ein Vaterunser gesprochen wurde. Das geschah am St. Barbaratag. Dieses Brauchtum erhielt sich im Dürnbergwerk noch länger als in Berchtesgaden[1549].

Wie bedeutsam sich die Namengebung höhergestellter Persönlichkeiten für ein Bergwerk anließ, dafür noch folgender Vorgang aus dem Münzwesen. Unter der Regierung des Grafen Martin von Stolberg († 1669) wird berichtet von einem gewissen Volkmar Ziegenhorn. Dieser wurde nach Ableistung militärischer Dienste in Schweden und in Schwarzburg Berghauptmann in *Stolberg*. Er richtete jenen Bergbau wieder ein, der in der Harzer Grafschaft im Dreißigjährigen Kriege verfallen war. So kann man verstehen, daß die Münzen Johann Martins vom Jahre 1644 die Initialen Volkmar Ziegenhorns tragen[1550]. Es sind die Jahrhunderte nach dem Dreißig-

[1547] *Schreiber*, Mutter und Kind. S. 168. S. unten S. 350.

[1548] *Kirnbauer*, Bergmännisches Brauchtum in Kärnten. S. 9.

[1549] *Kriss*, Berchtesgadener Land. S. 30.

[1550] *Karl Friedrich*, Die Münzen und Medaillen des Hauses Stolberg und die Geschichte seines Münzwesens. Dresden 1911, S. 273f.

jährigen Krieg, in denen sich in den Stollen Namen von Militärs und Kavalieren einfanden, die als Hofgesellschaft einen Fürsten begleiteten. Zögernd finden sich in den Bergwerken die Namen von Gelehrten ein. Es gibt im Bergbaugebiet von Kitzbühel einen Ottenthalstollen, vielleicht in Erinnerung an den Wiener Historiker Emil von Ottenthal († 1931)[1551]. Im gleichen Gebiet findet sich ebenso ein Ederstollen ein, der an den Grazer Historiker († 1961)[1552] erinnert, auch wenn der Stollenname wahrscheinlich auf einen anderen der häufigen Träger des gleichen Namens hinweist.

Zum Weiteren ergibt sich die Frage des Verhältnisses der Stollen zu den Gruben. Die Zahl der Stollen war natürlich ungleich größer. Wir empfangen eine nähere Mitteilung u.a. aus der Silberstadt Schwaz. Dort waren in der Blütezeit des Bergbaus 36 Gruben mit 144 Stollen in Betriebe. und dort wurden im Jahre 1525 immerhin 77875 Mark Brandsilber erschmolzen, was bei einem Werte der Mark von etwa 10 Gulden einem heutigen Geldwert von ungefähr 1¼ Millionen Goldmark entsprechen dürfte[1553]. An mehr als einer Stelle wird in den Verzeichnissen der Gruben erwähnt, daß sich diese in der Nähe von Weinbergen befinden. In Höting bei Innsbruck wurde eine Grube sogar unter dem Titel „Zum Weinstock" geführt. Besondere Aufmerksamkeit verdienen die Stollenpatronate im Codex 3241 des Landesregierungsarchivs in Innsbruck. Dort erfolgt nämlich ein Verzeichnis aller Lehen, die im Berggericht Gossensass von 1481 bis 1540 verliehen wurden. Diese große Häufigkeit mochte es mit sich bringen, daß solche Stollennamen sich etwas schnell und in gesteigerter Form einfanden. Man griff, um dem Erfordernis zu genügen, wohl schnell auf die Bereiche der Tiroler Volksfrömmigkeit zurück. Es fanden sich dabei auch seltenere Namengebungen ein. Dabei tritt die Verwandtschaft der Stollennamen mit alten Benefizien, erst recht mit der von alters her gepflegten Litanei betont heraus.

Diese Vorbilder und Symbole der Bergbautreibenden, die in Grubennamen erschienen, waren keineswegs nur äußere Beizeichen. Sie erwiesen sich vielmehr geeignet, den inneren Zusammenhalt der Berggemeinde zu stärken. So wurde die Vornamengebung in den Familien der Berggemeinde beeinflußt. Desgleichen gewann die individuell wie genossenschaftlich ausgerichtete Frömmigkeit an Motiven. Ein geradezu klassisches Beispiel hierfür ist eine Familie in Berchtesgaden, die den uralten Eigennamen Hallinger führt. Dieses Geschlecht ist doch schon 500 Jahre im heimischen Bergbau

[1551] *Posephy*, Kitzbühel. S. 300.
[1552] Ebd.
[1553] *Franz Mayer*, Vom Schwazer Bergmannsleben im 16. Jahrhundert. S. 145.

nachweisbar und sitzt immer noch auf seinem alten Berglehen am Steilhang des Obersalzberges. Heute wie früher steigen seine Söhne in den Schacht[1554]. Immer trägt einer den Namen des Berufsheiligen *Rupertus*, des überragenden Bergpatrons des Salzburger Landes.

Die Stollen sind für gewöhnlich als leer und dunkel zu bezeichnen. Das ist aber nicht immer so. Die geschäftige Bergmannsphantasie weiß vom Bergmönch, der die Gruben bald gütig helfend, bald strafend durchschreitet. Zudem zeigen sich die Mundlöcher, die Bilder von bergmännischen Heiligen enthielten, deren Schutz sich der Bergmann besonders anbefiehlt. Dazu meldet sich die Volksandacht zu Wort. Im Pfunderer Bergwerk bei Klausen, im St. Andreasstollen, 200 m tief in der Erde, fand sich in einer Felsenhöhle die Figur des Heilandes am Ölberg ein[1555]. Dortige Bergknappen haben vor einigen Jahrzehnten dieses Heiligtum errichtet. Es ist am Gründonnerstag das Ziel vieler andächtiger Besucher. Diese Andacht kennt historisch bedeutsame Entwicklungslinien. Das Volksschauspiel hatte sich zur Gründonnerstagsfeier seit Jahrhunderten eingefunden. Im alpinen Vorland in Mindelheim wußte man von der „Gründonnerstagskomödie"[1556]. Im sächsischen Bergbau fand sich in Übereinstimmung damit eine Zeche Ölberg bei Freiberg ein. Wiederum berichtet die Bergmannssage von dem prunkvollen Ritter von Theler im sächsischen Raum. Er war Eigentümer von reichen Silbererzen. Es heißt von ihm in der Sage, daß er am 9. Sonntag nach Dreifaltigkeit, am 25. August 1557, ein üppiges Gastmahl in seiner reichen Silbergrube „Zur goldenen Grube" gegeben habe. Er wollte es nämlich in seinem Hochmut dem Herzog Albrecht in der St. Georgsgrube gleichtun. Theler hatte die Ritterschaft der Umgegend eingeladen. Für die Knappen waren Tische und Bänke aus dem edelsten Metall gehauen, und alles Geschirr der Tafel war von gediegenem Gold und Silber. Man schwelgte unter der Erde in wilder Lust. Da zog ein furchtbares Gewitter mit Wolkenbrüchen auf, und ein über sieben Ellen angeschwollener Fluß stürzte sich mit solcher Gewalt in das offenstehende Mundloch, daß der Ritter Theler mit seinen Gästen und Dienern da unten ertrank[1557].

[1554] *G. Ramstedt*, Berchtesgadener Salzknappen. S. 25.

[1555] *Nikolaus Grass*, Ostern in Tirol. Innsbruck 1957, S. 57, mit manchen literarischen Verweisen. – Siehe noch *G. Schreiber*, Bauernfrömmigkeit. S. 19.

[1556] *Schreiber*, Wochentage. S. 157.

[1557] *Stötzel*, Bergmannssage, S. 45f., mit Hinweis auf *Wrubel*, Bergmännische Sagen, 4. S. 32.

3. Grubentitel

Das *Lehenbuch des Schwazer Bergbaus* ist ab 1440 geführt[1558]. Es nennt folgende uns aufschlußreiche Stollennamen:

Martin
Gabriel
Michael
Christof
Nikolaus
Franziskus
Augustin
Sebastian
Erasmus
Florian
Erhart
Andreas
Silvester
Ruprecht
Ingenuin und Albuin
Rafael
Clemens
Drei Könige
Hl. Blut
Gallus
Afra
Georg
Wolfgang
Thomas
Bartholomäus
Hl. Kreuz
Ägidius
Johann
Markus
Daniel
Stefan
Eligius
Lorenz
Pankraz
12 Boten Schidung
Walpurg
Fabian
Gotthard
Ulrich
Unser Lieben Frau Geburt
Unsere Liebe Frau
Philipp und Jakob
Veronika
Simon und Juda
Juliana
Matthias
Katharina
Anton
Gertraud
Dionysius
Barbara
Maria Major
Luzia
Matthäus
Sixtus
Anna
Otmar
Urban
Chrysant
Sigmund
Unschuldige Kinder
Veit
Maria Magdalena
Peter

[1558] Handschrift, 1587, Landesregierungsarchiv Innsbruck. Zu danken habe ich Herrn Dr. *Erich Egg*, Direktor des Ferdinandeums in Innsbruck.

Margareta	Lienhard
Ottilia	14 Nothelfer
Paulus	Florenz
Gregor	11000 Jungfrauen
Oswald	Alle Heiligen
Notburga	Leopold
Blasius	Achaz
Kilian	

Wir haben im Vorstehenden eine Probe von Stollennamen gegeben, die sich archivalisch in Innsbruck einfinden. Eine eingehendere Behandlung soll noch erfolgen. Es bedarf nämlich der Vergleiche zu sonstigen Grubennamen in Tirol, zum Teil auch anderwärts. Dabei verdient es hohe Beachtung, daß ein profaner Name überhaupt nicht geführt wird. Die lebendige Volksfrömmigkeit und die ehrfürchtige Sakralkultur von Tirol machte sich in diesem Lehenbuch ungemein stark geltend. Es ist, als wenn die Taufregister und überhaupt die Matrikel (libri parochiales) an einem vorüberziehen. Ja, das wirkt ebenso wie eine Folge von Altarstiftungen. Derart entwickelt die Grube ein Wappenschild.

Doch um den Zeitaltern näherzutreten, sei zur Wertung dieser Namen zunächst darauf hingewiesen, daß die Christianisierung Tirols und sein frühes Kirchentum sich mit manchen Namen abhebt, die sich für solche Stollen einfinden. Gehen wir auf einige Titel ein. Die Anrufungen der Heiligen Ingenuin († um 605) und Albuin (†1005/06) verweisen auf das Proprium von Brixen. Derartig bestimmt sich die Abstammung dieser Stollennamen. Der Name Augustin mag allerdings auf die Einwirkung von Augustiner-Chorherrenstiften zurückführen. Da will vorab das Brixener Neustift genannt werden. Der Name Ruprecht erinnert an den Schutzherrn des Salzburger Bergbaus[1559]. Othmar, der Hausheilige von St. Gallen, bekundet eine Fühlungnahme mit Bergwerken der Ostschweiz. Noch ist Daniel vertreten, der wie wenige andere Bergpatrone den bergbaulichen Betrieb von Tirol durchzieht. Besondere Beachtung verdient aber die Anwesenheit des Papstes Clemens (Clemens Romanus), der sich noch in anderen Bergwerksbezirken im 18. Jh. einfindet[1560]. Der Engelwelt sind zugeordnet Gabriel, Michael und Raphael, die in volkhaften Segensformularen wiederkehren[1561]. Sie

[1559] S. oben. Ferner *Schreiber*, Wochentage. S. 201.
[1560] S. oben und im Register.
[1561] *Franz*, Benediktionen, 2. S. 683, 691, 694.

waren zudem schon früh durch prächtige Tracht herausgestellt[1562]. Die zwölf Apostel machen sich ebenso bemerkbar, besonders mit dem volkhaften Motiv der Divisio apostolorum (der „zwölf Boten Schidung"). Dieses Kollektiv erfüllt sich mit dem Abschiedsschmerz, , aber erfreut ebenso mit dem Aufbruch für die neue Tat. Ebenfalls haben sich die Vierzehn Nothelfer bereits gefunden, sowohl mit ihrem Sammel-Patrozinium wie mit einzelnen Heiligen[1563]. So spricht man im Jahre 1544, also zu einer Zeit, da der Kult der Auxiliatores sich schon bedeutend gefestigt hatte, von einem Nothelferstollen am Falkenstein bei Schwaz, mit der Wendung „Sannd Pauls contra 14 Notthelfern"[1564].

Wie ein Echo des bereits im Eigenkirchenzeitalter kräftig heraustretenden Festes Omnium Sanctorum wirkt der Grubenname „Alle Heiligen"[1565]. Die Erwähnung von Landesherren will gleichfalls beachtet sein, so mit den Trägern Sigmund und Leopold, die gleichzeitig an Volksheilige erinnern. Eine österreichische Note vertritt zudem Florian, vielleicht auch Stefan.

Eine besondere Aufmerksamkeit verdient zudem der Name Urban. Er erinnert uns an die Funktion des Papstes Urban I. als Weinheiligen in Südtirol und weit darüber hinaus im oberdeutschen Raum[1566]. Das Zueinander von Fabian und Sebastian, das etwa die Letania Augustana (11. Jh.) für den Augsburger Raum bezeugt[1567], ist ebenfalls bemerkenswert. Es begibt sich bereits als romanisches Element. Spuren des fiskalischen und fränkischen Bergbaus und der Kolonisationsgeschichte führen zudem die Namen Martin, Erhart, Gallus, Gotthard, Eligius mit sich. Besondere Aufmerksamkeit verdient der Iroschotte Kilian, der auch sonst im oberdeutschen Raum als Bergpatron erscheint[1568]. Heimischen Ursprungs ist die aus Rattenberg stammende Tiroler Magd Notburga[1568a], deren bergbauliche Funktion so

[1562] *E. Lucchesi Palli*, Engel. In: LThK 3², Sp. 873. Dazu noch *Günter*, Legende. Im Register, S. 345.

[1563] *Schreiber*, Vierzehn Nothelfer. S. 51 ff.

[1564] Landesregierungsarchiv Innsbruck, Kopialbuch: „Perkwerch", 1531–1546, fol. 115 v. Freundliche Mitteilung von Prof. Dr. Nikolaus Grass, Innsbruck.

[1565] *Schreiber*, Kurie und Kloster, 2. S. 389. – *Ders.*, Gemeinschaften. S. 438.

[1566] Dazu *Franz*, Benediktionen, 2. S. 367, 391, 393, 396. – *Ders.*, Der Wein u. die Volkstumsforschung. S. 14 ff. Neuerdings *Barth*, Rebbau, 2. Im Register, S. 204, mit vielen Verweisen.

[1567] *Hoeynck*, Bistum Augsburg. S. 453. – Zur Sebastianskapelle s. noch *Adalbert Krause*, Die Pestkapelle in Weng bei Admont als älteste Sebastiani-Kultstätte Österreichs. In: Österreichische Zeitschrift für Volkskunde, Bd. X, H. 1/2, S. 18–29.

[1568] *Schreiber*, Irland. S. 56 f. – *Ders.*, Alpine Bergwerkskultur. S. 66. – Imster Buch. S. 39.

[1568a] *Hanns Bachmann*, Die historischen Grundlagen der Notburgalegende. In: Tiroler Heimat, 24. Bd. (1960), Innsbruck 1961, S. 5–49.

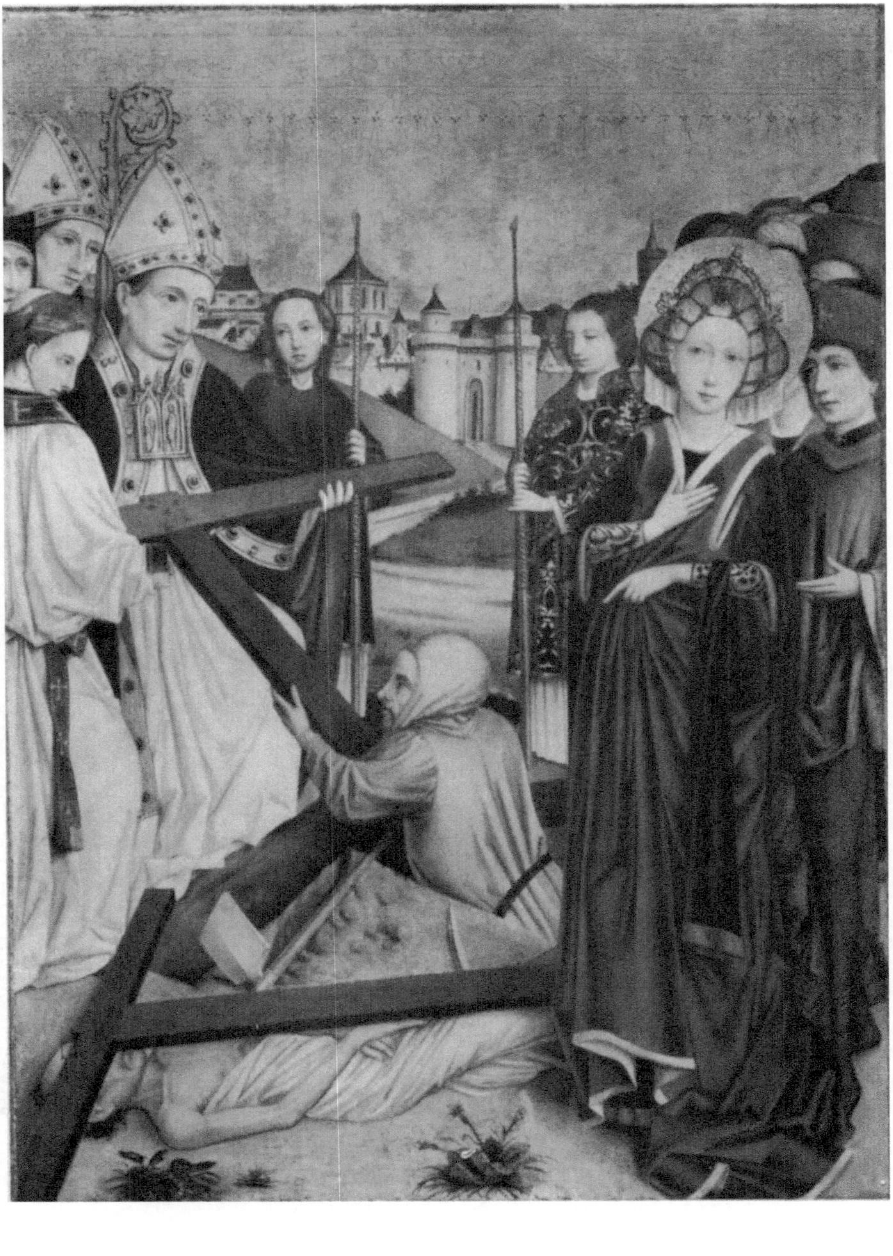

24. Kölner Meister der Mitte des 15. Jh. Die Heilige Helena läßt das Kreuz ausgraben durch einen Bergmann, der sich als Schatzgräber betätigt.

25. Bergleute auf dem Zifferblatt einer Uhr von 1735.
Aus dem Besitz des Klausner Gewerkengeschlechtes der von Jenner.

oft übersehen wird. Unter den Bauernheiligen wollen noch Lienhard und Papst Sixtus besonders genannt sein[1569], die häufig im bayerischen Raum zu finden sind. Gewerke zu St. Veit im Nassen Tal und zu S. Wolfgang Hüttn, beide in Tirol, werden auch außerhalb des von uns mitgeteilten Verzeichnisses erwähnt[1570]. Es handelt sich dabei um besonders volkstümliche Bergbauheilige.

Was die *Frauen* angeht, steht die Mutter des Herrn an bevorzugter Stelle mit Unser Lieben Frau Geburt und mit der einfachen Namengebung Unsere Liebe Frau. Aber darüber hinaus findet sich die Wendung Maria Major ein, offenbar ein Hinweis auf Santa Maria Maggiore in Rom, also auf die Wallfahrt, die zu dieser Hauptkirche führt[1571]. Tirol gab sich ja als das Durchgangsland zum Süden. Was die Frauen sonst angeht, sind erwähnt St. Walpurg, St. Veronika, St. Juliana, St. Katharina, St. Gertrud, St. Barbara, St. Margareta, jene so oft angegangenen Volksheiligen des späteren Mittelalters. Als rheinisches Motiv wollen die 11000 Jungfrauen erwähnt sein. Der Name Ursula ist nicht genannt. Dieser ist durch das Kollektiv vertreten.

Soviel an ersten Hinweisen über diese Stollennamen. Doch diese Auskünfte sind noch nicht erschöpfend. Wir behalten uns vor, wie angedeutet, darauf noch zurückzukommen.

Welches Tiroler Bergwerk die oben erwähnten Stollennamen mit sich führt, wird uns nicht gesagt. Wir begnügen uns mit der Feststellung, daß es sich um ein Bergwerk im Bistum Brixen handeln dürfte.

Es muß eigens erwähnt werden, wie wenig die Bergbauforschung noch einschlägige regionale Untersuchungen erwähnt. Der quellenkundige Beitrag von *Richard Heuberger* über den hl. Ingenuin in der Festschrift für Albert Brackmann, ist über einen Bergwerksstollen der im Bistum Säben-Brixen den Bistumsheiligen Ingenuin und Albuin, wie oben erwähnt, gewidmet war, nicht unterrichtet[1572].

Was solche Grubennamen angeht, kommt einem unwillkürlich eine Erinnerung an *Florenz*. Dort hat sich im Blütezeitalter der Stadt ein Gotteshaus eingefunden, das sämtliche Schutzpatrone der Zünfte dieser Stadtrepublik

[1569] Zu Sixtus s. *Franz*, Benediktionen, 2. Im Register, S. 696. – *Schreiber*, Deutschland und Spanien. S. 117. – *Ders.*, Wochentage. S. 202. – Zu St. Leonhard s. statt anderer *Schreiber*, Deutsche Bauernfrömmigkeit. Im Register, S. 91.

[1570] Landesregierungsarchiv Innsbruck, Parteibuch, 1523–1526, fol. 310v.

[1571] *Stephan Beissel*, Wallfahrten zu Unserer Lieben Frau. Im Register, S. 510, unter „Rom“. – *Menzel*, Symbolick, 2. S. 100.

[1572] Hg. v. Leo Santifaller, Weimar 1931. Ferner vgl. *Anselm Sparber*, Das Bistum Sabiona. Brixen 1942, S. 13ff., 110ff. u. ö. – *Ders.*, Kurzgefaßte Kirchengeschichte Tirols. Innsbruck 1957.

plastisch zur Darstellung brachte[1573]. Diese erstaunliche Sicht wirkt wie eine Siegesallee, wie eine Triumphpforte des Handwerks, wie eine Heroengalerie gepflegter örtlicher Überlieferung. Wirtschaft und Sakralkultur, Gemeinschaftssinn und Standesstolz begegneten sich. Ähnlich wurden auch die religiös fundierten Stollennamen wie ein sakraler Ausweis für die Zunft und Bruderschaft des Bergwerks. Schließlich sei für solche Sicht noch auf die Schutzherren der Bergknappen hingewiesen, die *D.H.Kerler* mit sich führt. In dem viel benutzten Nachschlagewerk sind als Patrone bergbaulichen Schaffens erwähnt: Raphael, Ammonius, Antonius von Padua, Armogastes, Barbara, Daniel, Kieranus (Pieranus), Mochanus von Balla, Patrick, Anna. Es handelt sich also um zehn Namen. Nicht mehr. Ungleich größer ist die Namengebung, die wir in dem soeben erwähnten Stollenverzeichnis mitteilten. Aus dieser Gegenüberstellung wird bewußt, daß man an der Wende vom Mittelalter zur Neuzeit nicht nur die kleinere Ziffer übernahm, wobei die Iren Mochanus von Balla und Patrick auf deutschem Boden von uns nicht beobachtet sind. Weiter versah Kerler „für glücklichen Bergbau“ den Heiligennamen Loi mit einem Fragezeichen, was auf Eligius geht. Man hat demnach im Lehenbuch des Schwazer Bergwesens einfach noch eine stattliche Gruppe von Volksheiligen hinzugenommen. Man kannte deren Namen, man wußte um deren Verehrung, man begegnete diesen bei der Taufe, in der Predigt, in der Legende. Im Grunde äußerte sich eine erstaunliche Kenntnis von Heiligen überhaupt. Sie war durch ein mehr oder minder geschriebenes oder ungeschriebenes Kirchenjahr vermittelt worden. Die Berührung mit den homiletisch gut ausgerüsteten Mendikanten mochte sich dabei vorteilhaft erweisen. Das Durchgangsland zum Süden erwies sich ebenso als nützlich. Derart mehrte man die Bergwerksheiligen, frei und unbekümmert. Nunmehr konnte man die Stollen gegeneinander abgrenzen.

4. *Apostel und Evangelisten als Bergwerkstitel*

Noch fehlt in der Geschichte des Bergbaus die Bearbeitung mancher wertvollen Forschungsfelder[1574]. Das betrifft nicht zuletzt die Gebiete der

[1573] Freundliche Mitteilung des Kunsthistorikers Prof. Dr. *Walter Paatz*, Heidelberg, mit Hinweis auf dessen Werk: Die Kirchen von Florenz. Freiburg i. Br., Bd. 1ff., 1940ff., Bd. 4, S. 480ff.

[1574] Abdruck dieser Abhandlung in: Rheinisches Jahrbuch für Volkskunde, 3, 1952, S. 145–168; hier ergänzt. Der dort verwandte Ausdruck „Bergwerksinhaber“ ist lediglich als spirituelle Inhaber zu verstehen. Gemeint sind die Bergwerkspatrone.

Sakralkultur. Was ist der Inhalt dieser Forschungsaufgabe? Sie geht, um es kurz zu sagen, auf das Bergwerkspatrozinium und verwandte Bereiche. Das will bedeuten, sie untersucht eine Schutzherrschaft für die Gewerken und für die Bergleute, die sich seelisch, aber auch dinglich abzeichnet.

Wir ziehen für diese Untersuchungen vornehmlich die alpinen und damit bergbauliche Gebiete heran, wo bemerkenswerte Bergwerkspatronate, also Schutzherrschaften und Symbole, sich einfinden. Sie führen selbst in die Bereiche des Kultes und der Volksliturgie. So gibt es eine liturgische Sonderstellung für die Knappen. Besondere Ruhetage sind ihnen oft am Ausgang des Mittelalters von den zuständigen Instanzen bewilligt worden[1575]. Es geschah, um sie bei guter Laune und arbeitswillig zu halten. Man respektierte zudem die körperlich schwere Arbeit. Wenn die Landesherren sich derartigen Vergünstigungen zugänglich zeigten, hatte diese Berücksichtigung auch Rückwirkung auf das kirchliche Gebiet. Man feierte Feste und kultische Gedenktage, die in einer sehr bemerkenswerten Ausnahme nicht von allen Diözesanen eingehalten wurden. Hier drängte also ein Berufsstand auf eine kultische Sonderstellung. Diese war sonst nur den Religiosenverbänden zugebilligt. Ein Novum und Inauditum.

Noch andere Indulte wollen verzeichnet sein. Es war den Bergleuten vergönnt, eigene Knappenkapellen zu errichten, gewiß ohne Zuerkennung der Pfarrechte. Immerhin trat die Kapelle „vor dem Ort“ an die Seite der capella regia, der Pfalzkapelle[1575a], der Burgkapelle, der Hospitalkapelle, ganz zu schweigen von den Oratorien der Abteien und Stifte und Ritterorden. Weniger sind allerdings die Mendikanten zum Vergleich heranzuziehen. Man baute solche Nebenkirchen für die Bergleute in nächster Nähe der Zechen, um hier Morgengebete und Abendgebete zu verrichten, sei es, daß man in das Bergwerk einfuhr oder von dort zurückkehrte. Doch wurden solche beruflichen Andachten auch unter freiem Himmel abgehalten. Manches von diesem Brauchtum ist allerdings geschwunden.

Zum anderen ist die Stellung der Bergleute in Sachen des Stiftungswesens bemerkenswert. Auch Votivzeichen wurden gespendet. Hospitalgründun-

[1575] *Rob. R. v. Srbik*, Überblick des Bergbaues von Tirol und Vorarlberg in Vergangenheit und Gegenwart. Berichte des Naturwissenschaftlich-Medizinischen Vereines, Bd. XLI, 1924/25 bis 1928/29. Innsbruck 1929, S. 113–279, bes. S. 171. Ferner zur Erweiterung der Feiertage das inhaltreiche bergbaugeschichtliche Sammelwerk: Schwazer Buch. Siehe hier besonders *Jos. Weingartner*, Aus der alten Schwazer Bergwerksgeschichte. S. 158–172, bes. S. 168.

[1575a] Dazu s. auch *Nikolaus Grass*, Pfalzkapellen und Hofkirchen in Österreich. In: Zeitschrift der Savigny-Stiftung für Rechtsgeschichte, Kan. Abt. Jg. 46 u. 47, 1960 u. 1961. Diese Ergebnisse wollen besonders beachtet sein.

gen fanden sich dazu ein. So ist für das „silberne" Schwaz, nach dem Tiroler Landreim „aller Perckhwerck Muoter"[1576] – ähnlich wie Annaberg und Joachimstal ein Hochgebiet bergbaulichen Betriebs –, ein eigenes und spätmittelalterliches Berufskrankenhaus für die Bergknappen nachweisbar. Es ging unter dem Namen Bruderhaus, hatte drei Altäre – eine Auszeichnung –, und ein Kaplan las die Bruderschaftsmesse[1577]. Auch in anderer Hinsicht äußert sich die schicksalhafte Verbundenheit und starke Geschlossenheit. Bruderladenordnung (Maria Theresia 1773) und Bruderschaftsbuch von Obervellach, Kärnten (16. und 17. Jh.), legen eindrucksvolle Zeugnisse für das Genossenrecht ab[1578]. Das sind Inhalte der bergmännischen Sakralkultur, die näherhin in einer eigenen Abhandlung erörtert sind[1579]. Es soll hier zunächst nur ein Bruchteil dieser Forschungsaufgaben erörtert werden, nämlich eine bestimmte Gruppe von Grubenheiligen, die *Apostel* und die *Evangelisten* als Bergwerkspatrone, vorab in alpinen Gebieten und im böhmischen Raum.

Zur näheren Verdeutlichung sei zuvor darauf hingewiesen, daß sowohl *Mysterien* wie *Heilige* seit gotischer, genauer seit spätgotischer Zeit in engste Beziehungen zum Bergwerk gesetzt wurden. Warum so spät? Weil erst damals die germanischen Vornamen durch christliche Taufnamen ersetzt wurden. Im übrigen war es begreiflich genug, daß man von seiten der Werktätigen Schutzherren anging, daß man also Wege in die Metaphysik und zum Transzendentalen fand. Die bergbauliche Tätigkeit, die Arbeit unter der Erde und im Gestein, führt nun einmal viel Geheimnisvolles mit sich, auch viel Erschreckendes. In den einzelnen deutschen Landschaften äußert sich bei den Bergleuten die Furcht vor dem Unglück. Das Grauen und die Frau Sorge schreiten einher. Unter Ferdinand II. (1619–1637) gingen in Tirol durch viele Unglücksfälle und Wassereinbrüche in 27 Jahren nicht weniger als 700 Knappen zugrunde[1580]. Zu den guten Berggeistern, die sich freundlich äußern, treten schreckliche und gespenstische Gestalten[1581]. Man kann es verstehen, daß bei vielen negativen Vorzeichen sich das besondere Interesse einfand für Heilszeichen und Heilbringer, die nach dem Volks-

[1576] *Wieser*, Tiroler Landreim. S. 209–276, bes. S. 222.

[1577] Bestätigungsurkunde des Bischofs Christoph von Brixen vom 20. 11. 1514 im Pfarrarchiv von Schwaz.

[1578] *Wießner*, Kärntner Bergbau, 1, S. 78; 2, S. 112.

[1579] *Schreiber*, Bergwerk. Gute Beobachtungen nach der rechtsgeschichtlichen Seite bei *Löscher*, Erzgebirge. S. 297–394.

[1580] *v. Srbik*, Bergbau. S. 153.

[1581] *Mackensen*, Berggeister. In: *Bächtold-Stäubli*, Handwörterbuch, 1. Sp. 1071ff. – *Schömer*, Bergwerk. Ebd., Sp. 1084ff.

glauben positiv als Helfer Stellung nehmen. Man geht sie an, um Gold-, Silber-, Kupfer- und Erzfunde zu machen. Man meint, daß sie als Schatzgräber leicht Wege zu verborgenen Kostbarkeiten vermitteln.

Aber auch in der Oberwelt drohen Pest und andere Krankheiten („Ungarische Seuche“ 1611 in Schwaz). Dort zeichnet sich ebenso die Arbeitslosigkeit ab. Wie oft haben die Fugger bei der Unrentabilität Werktätige entlassen („alle Bergwerke daselbst heimsagen“, 1618[1582]), wenn sie auch im Jahre 1529 Bergleute nach Venezuela entsandten[1583]. Im Türkenkrieg übten diese Bergknappen zudem den gefahrvollen Beruf als unterirdische Mineure (Wien 1529 und später), auch als „Artolleria“[1584].

Was die *Mysterien* angeht, sei nur erwähnt, daß die Dreifaltigkeit als Inhaber eines Schutzpatronats im 16. Jh. für das Hospital in dem Bergbauzentrum Schwaz angesprochen wurde; daß daneben schlichte *Flurnamen* als Bergwerkstitel bestanden, braucht kaum eigens erwähnt zu werden. Wiederum wird der Bergsegen, wie schon angedeutet, in der Benennung mancher Gruben als Gottessegen (Gnade Gottes, Güte Gottes, Hilfe Gottes, Herrensegen, Gottes Glücksgrube, Reich Gottes, Wagnis mit Gott u.a.) herausgestellt. In Schlesien, näherhin im Waldenburgischen Land, fand der Bergbau auf Metall statt und ging später auf die Steinkohlenflöze über[1585]. So finden sich weiter in der Beschreibung der Gruben des steirischen Eisenerz die Gruben Gottesgab und Gottesgab Zubau[1586]. So hören wir weiter in Böhmen im Tabor-Kreis von einer Grube, die sich „Alt-Woschizer gute Hoffnung mit Seegen Goottes Stollen“ nennt[1587]. Im Saazer Kreis war eine mit dem Namen Heilige Dreyfaltigkeitsgrube[1588]. Es ist keineswegs zu-

[1582] *Wolfstrigl-Wolfskron*, Tiroler Erzbergbaue. S. 166.

[1583] *v. Srbik*, Bergbau. S. 146. – Zur Bergbaupolitik der Fugger s. neuerdings *Wießner*, Kärntner Bergbau, 2. S. 7, 251, dazu die Forschungen durch *v. Pölnitz*.

[1584] Wir ergänzen hier unsere Abhandlung: Das Türkenmotiv und das deutsche Volkstum. S. 9–54. Arbeiten dieser Art gehören bevorzugt unter die Ostforschung. Siehe noch *V. v. Renner*, Wien im Jahre 1683. Wien 1883, S. 296–298. – *L. Kupelwieser*, Die Kämpfe Österreichs mit den Osmanen vom Jahre 1526 bis 1537. Wien 1899, S. 47. – *v. Srbik*, Bergbau. S. 146. – *Wießner*, Kärntner Bergbau, 1, S. 16; 2, S. 35, 227.

[1585] *Joseph Klapper*, Schlesische Volkskunde². S. 87.

[1586] Beschreibung, S. 32. Wir folgen dieser Beschreibung in der altertümlichen Schreibweise „Eisenärz“.

[1587] *Ferber*, Böhmen. S. 143. – Siehe für Südwestdeutschland auch *Ernst Schneider*, Schwarzwälder Bergbaunamengebung. S. 436–474, bes. S. 453ff.

[1588] *Ferber*, Böhmen. S. 96 (Platte im Saazer Kreis). – Siehe auch *Schneider*, Schwarzwälder Bergbaunamengebung. S. 453. Mit der Grube Dreieinigkeit bei Badenweiler, ferner Heilige Dreifaltigkeit bei Schnellingen (Wolfach), später kürzer Drey oder Treu genannt, schließlich die „Grub zur Heiligendreifaltigkeit im Welschenbollenbach“, 1568 (Gemarkung Bollenbach, Wolfach).

treffend, wenn diese theozentrisch ausgerichteten Namen von germanistischer und volkskundlicher Seite als „Phantasienamen“ bezeichnet werden[1589].

Andererseits gedenke man des großen Anteils, den die Stollen an der *Kreuzesverehrung* nehmen. Immer wieder finden sich für die Titelgebung von Zechen Bezeichnungen, die, ähnlich den Kreuzkirchen in der Oberwelt, diese Bergwerke dem Kreuz weihen. Es ist das der letzte Nachhall jener Kreuzesverehrung, die sich seit Jahrhunderten abspielte. Diese Devotion äußerte sich in den Kreuzzügen, aber auch in dem romanischen und gotischen Kreuzeskult, auch an der Peripherie, wenn der Kümmerniskult berührt wurde[1590]. Zudem griff die Pflege des Kreuzes in die Attribute, die man den Heiligen mitgegeben hat. Somit wird das Kreuz zum besonderen Heilszeichen für die Bergwerke[1591]. Es wuchs ebenso in das Brauchtum der Knappen wie in ihre Gebete.

[1589] So *Bach*, Deutsche Namenkunde², 2. 2. Teil, S. 256.

[1590] *Schnürer* und *Ritz*, Sankt Kümmernis. Bes. S. 117ff.

[1591] Nach der Bergwerksordnung für die Herrschaften Rhäzüns und St. Jörgenberg im Vorderrheinthale von 1447/48 wird „zu rechtem Patron und Pfleger das heilige Frohnkreuz“ genommen, *Plattner*, Bergbau, S. 26; in einem Bericht von 1478 wird ein Schacht „Zum heiligen Kreuz“ in Primör genannt, *Wolfstrigl-Wolfskron*, Tiroler Erzbergbaue, S. 341; eine Fundgrube genannt zum heiligen Kreuz auf dem Berge Montür, Oberengadin, 1481, *Plattner*, Bergbau, S. 9; 1481 auf dem Berge Mont sotto torylla im Oberengadin eine Grube zum hl. Kreuz (ebd., S. 10); 1496 die Grube hl. Kreuz im Bezirk Großkirchheim, *Wießner*, Kärntner Bergbau, 1, S. 95; Zum heylig Kreutz und Ins heylige Kreutz (Schwazer Berggericht, 1513), *Wolfstrigl-Wolfskron*, Tiroler Erzbergbaue, S. 38; 1524 zum Kreuz in Vilrag (ebd., S. 262); 1524 die Grube Kreuz im Guettenthal im Bez. Großkirchheim, *Wießner*, Kärntner Bergbau, 1, S. 104; Zum Kreuz auf der Silberzech (Berggericht Lienz, 1538), *Wolfstrigl-Wolfskron*, Tiroler Erzbergbaue, S. 378; 1540 zum heiligen Kreuz im Kestental (Berggericht an der Etsch) (ebd., S. 330); 1547 die Grube zum Kreutz (Berggericht Persen) (ebd., S. 268); 1550 Kreuz zu Persen am Vilrager Berg (ebd., S. 269); 1556 Creutz Prindl (Berggericht Schwaz) (ebd., S. 68); 1557 der „pau am Waxenstein“ (südwestl. Metnitz, heute Waschenstein) beim hl. Kreutz im Bez. Friesach, *Wießner*, Kärntner Bergbau, 1, S. 203; 1562 St. Valtein Kreuz bei Terlan, *Wolfstrigl-Wolfskron*, Tiroler Erzbergbaue, S. 334; 1563 die Grube heiliges Kreutzbrünndel (Berggericht Schwaz) (ebd., S. 73); 1565 hl. Kreuz zu St. Johann im Bez. Wolfsberg-St. Leonhard, *Wießner*, Kärntner Bergbau, 1, S. 240; 1582 zum Creitzprindl (Berggericht Schwaz), *Wolfstrigl-Wolfskron*, Tiroler Erzbergbaue, S. 88; 1588 Grube „zum hl. Kreuz“ in der Alp Ranasca am Panixerpaß (Cristian Gadmer), *Plattner*, Bergbau, S. 47; 1588 zum „hohen Kreuz“ am Landwasser, innerhalb „beim Egg“ (Christian Gadmer) (ebd., S. 44); 1592 Schurf zum hohen Kreuz in Praunpenz beim Egg (ebd., S. 49); 1621 zur Creitz Casperin (Berggericht Sterzing-Gossensaß), *Wolfstrigl-Wolfskron*, Tiroler Erzbergbaue, S. 296/97; 1632 zu Taufers die St. Marx Kreuzzeche (ebd., S. 367). Das Imster Gebiet (Bergbau Haverstock) kennt einen Heilig-Kreuz-Stollen in 1790 m Höhe. – *G. Mutschlechner*, Erzbergbau. S. 52. – *Schreiber*, Wochentage. Im Register, S. 270.

Der Sitte, Bergspitzen mit Kreuzen und Kreuzkapellen zu versehen, mag ebenfalls gedacht werden[1592]. Dabei ist das spanische Caravaca-Kreuz als Vorbild der zweibalkigen Wetterkreuze zu erwähnen[1593].

Die Auffassung der Bergleute geht also dahin, daß mit den Mysterien und mit den Heiligen eine Art Abwehrkraft geschaffen wird gegenüber den vielfachen Unfällen, die sich einstellen können. Man sucht Garanten der persönlichen Sicherheit wie des Erfolges. Magisches Fühlen mochte sich oft genug einsprengen.

Die Heiligen, die man mit einem Bergbaupatrozinium ansprach, waren nicht allein dem Neuen Testament und der kirchengeschichtlichen Entwicklung von Jahrhunderten entnommen. Man griff auch auf das Alte Testament zurück. Im Imster Bergbau (Bergbau-Haverstock) kannte man den Stollen Abraham[1594]. Es ist so üblich, wenn man Patrone des Bergbaus erwähnt, immer wieder St. Barbara zuerst zu nennen, was nur in etwa berechtigt ist. Sie steht tatsächlich in vielen Landschaften an hervorragender Stelle. Doch von einer Monopolstellung kann nicht die Rede sein.

Man darf nicht übersehen, daß im erwähnten Hochgebiet des tirolischen Bergbaus, also an einer Stelle, die wie wenige andere im Abendland bergbaulich gepflegt ist, noch vor Barbara *Daniel*, auch unter der Bezeichnung *Sankt Daniel*, mit einer Kanonisation vom Volke her, sich abzeichnete. Nach Flavius Josephus und Hieronymus stammte er aus königlichem Geblüt[1595]. Solche Wertung hob sein Ansehen im populus christianus ganz ungemein. Seine Beziehungen zum Bergbau waren von vornherein dadurch gegeben, daß Habakuk Daniel in der Löwengrube die Speise reichte. So machte sich das Grubenmotiv sakral geltend. Zum anderen wirkte ebenfalls, was bereits erwähnt ist, die biblische Schilderung vom Traum des Königs Nabuchodonosor II. nach, des Königs des neubabylonischen Reiches (605–561 v.Chr.). Hier ist es Daniel (Kap. 2, 31–36), der zum Traumdeuter wird. Die Figur, die der König schaut und die ihm Daniel erklärt, ist ja zusammengesetzt aus Gold, Silber, Erz und Eisen. Die Bibel ward hier und sonst volksmächtig. Die hohe Wertung von Daniel zeichnet sich auch darin ab, daß er mehrfach

[1592] *F. X. Buchner*, Volk und Kult. S. 16, Anm. 1. Ferner s. *Wilhelm Eppacher*, Berg- und Gipfelkreuze in Tirol (Schlern-Schriften, hg. v. R. Klebelsberg, Bd. 178). Innsbruck 1957.

[1593] Zu *H. O. Münsterer*, Caravaca-Kreuz, in: LThK 2^2, Sp. 936, ist zu ergänzen *G. Schreiber*, Deutschland und Spanien. S. 346, 371ff. – *Nikolaus Grass*, Die Almen des Wattentales (Schlern-Schriften, hg. v. R. Klebelsberg, Bd. 170). Innsbruck 1962 (in Druck). Hier weitere Verweise auf Wetterkreuze.

[1594] *Mutschlechner*, Erzbergbau. S. 52.

[1595] *Haag*, Bibel-Lexikon. Sp. 308.

als Patron von Gruben angesprochen wird. Es sei, um statt vieler Belege nur einen zu bringen, hingewiesen auf den Titel „Der Danielis tiefe Erbstolle“ in Keßels-Grund bei Joachimsthal[1596]. Wiederum beachte man, daß hier und da Gruben anzutreffen sind, die gewissermaßen im Erlebniskreis von Daniel erscheinen, wenn sie *Susanna* gewidmet sind, wie etwa eine Susanna-Stolle in Klein Mittelberg bei Joachimsthal[1597], dort ebenfalls ein Susanna-Gang[1598] in den Morgen-Gängen.

In der Danielforschung ist noch nicht beachtet, daß sich für diesen Propheten *Reliquien* einfanden. Diese Tatsache darf nicht überraschen. Die christliche Frühzeit hat mit leichter Hand alttestamentlichen Figuren solche Heiltümer mitgegeben. Reliquien vom hl. Daniel werden erwähnt in dem sogenannten Vigiliusbrief, dessen Würdigung eben *Franz Huter* vollzogen hat, wobei aber noch manche Frage offenbleibt[1598a]. Die im Jahre 406 geweihte Kirche des hl. Vigilius von Altenburg verzeichnet neben anderen Heiltümern die Reliquien der Propheten Moysis, Aaron, Ieremie und Damielis. Die Bezeichnung Sancti fehlt in der Kirche des südtirolischen Castello, wo einfach von dem Propheten die Rede ist. – Ebenso finden sich in der Pfarrkirche zu Kaltern Heiltümer von den hl. Propheten ein, „sanctorum prophetarum Aaron, Moisi, Danielis“. Es wird also schon eine Danielsverehrung für die christliche Frühzeit, nämlich das Jahr 306, erwähnt[1598b].

Doch sollen nun *Apostel* und *Evangelisten* als Bergwerkspatrone näher untersucht werden. Man hat nämlich, wie bereits angedeutet, in gotischer Zeit Zechen und Stollen, die in Betrieb waren, nach diesen benannt, mit den Zuversichten des werktätigen Volksvertrauens. Es geschah aber auch ebenso unter Einwirkung der Gotteshäuser, die in dem oberirdischen Raum des alpinen Gebietes errichtet und den gleichen Schutzpatronen gewidmet

[1596] *Ferber*, Böhmen. S. 59. – Eingehender *Schreiber*, Daniel im Bergbau. S. 12/13. – Zu *Heilfurth* und *Schneider* s. die Bibliographie am Schluß dieses Buches.

[1597] *Mathesius*, Sarepta, Stollenverzeichnis. – *Ferber*, Böhmen. S. 57.

[1598] Ebd., S. 63.

[1598a] Der sogenannte Vigiliusbrief. Ein Beitrag zur Geschichte des älteren Urkundenwesens der Bischöfe von Trient (Mitteilungen des Österreichischen Instituts für Geschichtsforschung, redigiert von W. Bauer und O. Brunner, Bd. 50). Innsbruck 1936, S. 35–72. *Huter* nennt diesen angeblichen Brief des hl. Vigilius ein merkwürdiges Konglomerat von Urkunden und Aktaufzeichnungen über Weihe, Ausstattung und Grenzen der Kirchen des Taufkirchensprengels Kaltern. Die Beziehung zum hl. Vigilius ergibt sich daraus, weil dieser Heilige als Gründer dieser Kirchen bezeichnet wird. Der Text wurde wohl auf Grund älterer Vorlagen durch Bischof Udalrich von Trient (1022–1055) rekonstruiert und liegt in einer Abschrift von 1191 vor.

[1598b] Ebd., S. 71. – „Fünff bücher Mosis gang am Schottenberg“. *Mathesius*, Sarepta.

waren. Patrozinien oberhalb der Erde wandern also irgendwie in den Schutzpatronat unter der Erde, sozusagen als Echo der Oberwelt.

Wenden wir uns für nähere Beobachtungen zunächst zur *Ostschweiz*, soweit Bergbauverzeichnisse vorhanden sind. Da meldet sich das spätgotische Zeitalter des Bergbaus zu Wort: Der Buchrodel und das Knappenbuch von Mai bis Oktober des Jahres 1481, die Gruben im Oberengadin und in Puschlav verzeichnen, teilen mit, daß Hans Schlegel am Samstag nach dem Kreuztag nach Bergrecht eine Grube empfing, die er St. Philipp und Jakob nannte[1599]. Der Kreuztag „im lantzing" war für Gewerke und Bergknappen nach der Maximilianischen Bergordnung von 1517 Feiertag[1600].

Diese beiden Apostel haben ihren kultischen Gedenktag am 1. Mai. Im 6. Jh. baute man Philippus und Jakobus dem Jüngeren eine Kirche in Rom, deren Einweihung unter Papst Johannes III. (561–574) am 1. Mai erfolgte. Sie heißt heute „Basilika der Apostel". So wurde der 1. Mai zum Gedenktag im römischen Ritus[1601]. Man mag beide Heilige wegen ihrer engen Verbundenheit als „Geschwisterheilige" ansprechen. Das ist ein Sakralbegriff, den wir in die Geschichte des Kultes und der Kunst einführen konnten[1602].

Warum wählte man für die genannte Grube diese Namen? Nun, es war einmal der Widerhall der Sakralkultur der schweizerischen Kirchen der Oberwelt. Hier besaß der St. Galler Klosterbau bereits im 9. Jh. einen Altar St. Philippus und Jakobus[1603]. Doch für die Titelgebung der genannten Grube mag sich für den Beliehenen neben der Einwirkung der liturgischen und volksliturgischen Umwelt noch ein anderer Grund einfinden. Es kann schon sein, daß die Vergabung, die Anfang Mai erfolgte, noch eben an den voraufgegangenen großen Feiertag anknüpfte. Wurden doch die Aposteltage außerordentlich in Ehren gehalten[1604]. Schon früh waren sie mit einer

[1599] *Plattner*, Bergbau. S. 10.

[1600] *Wießner*, Kärntner Bergbau, 1. S. 52.

[1601] *Kellner*, Heortologie³. S. 222. – *Künstle*, Ikonographie der Heiligen. S. 503. – *Günter*, Legende. S. 363. – *Braun*, Tracht. Sp. 606. – *A. Wikenhauser*, Philippus. In: LThK 8, Sp. 220f. – Die Legende weiß um die Höhle, in der der giftige Drache weilt, ein Motiv, das Beziehungen zum Bergwerk ergibt.

[1602] Vgl. *G. Schreiber*, St. Michael und die Madonna. Geschwisterheilige in Frömmigkeit, Liturgie und Kunst. In: Zeitschr. f. Aszese und Mystik, 17, 1942, S. 17–32.

[1603] *Marcel Beck*, Die Patrozinien der ältesten Landkirchen im Archidiakonat Zürichgau. Phil. Diss., Zürich 1933, S. 12, Anm. 48.

[1604] *Val. Thalhofer* und *Ludw. Eisenhofer*, Handbuch der katholischen Liturgik, 2 Bde.². Freiburg i. Br. 1912, 1, S. 714. Die 3. Auflage ist für den Historiker in mehreren Kapiteln weniger wertvoll als die 2. Auflage. – *Veit*, Volksfrommes Brauchtum. S. 93, 95. – *Ad. Katzenellenbogen*, Apostel. In: Reallexikon zur deutschen Kunstgeschichte, 1, Sp. 811–829. – *Hans Wentzel*, Attribute. Ebd., Sp. 1212–1220. – *Menzel*, Symbolik, 1. S. 73.

Vigil ausgezeichnet[1605]. Den Zugang zu dem Apostelfest eroberte man sich zudem durch Fasten, wenn es auch an der Wende vom Mittelalter zur Neuzeit zu Milderungen kam[1606]. Man führte auch die Anfänge des kanonischen Lebens auf diese Heilbringer zurück[1607]. Ja, in spätgotischer Zeit ging eine ermländische Synode von 1496 so weit, daß sie jenen Kindern die Kommunion versagte, die nicht einen heiligen Apostel zum Schutzpatron erwählt hatten[1608]. Es kann auch sein, daß noch andere Momente beachtet sein wollen. Vielleicht, daß der Inhaber der Grube sich von irgendwelchen Taufnamen, die auf die genannten Apostel zurückgriffen und die durch ihn oder seine Familie geführt wurden, bestimmen ließ. Allerdings liegt es so, daß die allgemeine territoriale Vornamenforschung an Hand der Taufbücher, anderer Matrikel, der Zeugenlisten und anderer familienkundlicher Quellen der weiteren Pflege bedarf. Es ist auch möglich, daß ein oberirdisches Patrozinium, das dem Gewerken oder dem Bergwerksort näherstand, seinen Einfluß geltend machte. Für weitere Erkenntnis hat die örtliche Forschung einzusetzen, soweit sie zu klären vermag.

Zum weiteren wollen die ostschweizerischen Bergwerke in den Flußgebieten der Albula und Landquart berücksichtigt sein. Es liegen darüber Nachrichten vor, die 1477 beginnen. Aus späterer Zeit stammt das Bergwerksverzeichnis des Christian Gadmer, der am 14. Dezember 1588 von Erzherzog Ferdinand das Berg- und Blutrichteramt auf Davos empfing. Dazu wurde ihm am 30. Dezember die Verwaltung des Bergrichteramtes in der Herrschaft Rhäzüns und St. Jörgenberg übertragen. Es handelt sich bei den erwähnten bergbaulichen Betrieben um ein Grenzgebiet, das nach Tirol führt. Von diesem Gadmer haben wir aus dem gleichen Jahre 1588 einen dankenswerten Bericht über sämtliche Erzgruben und Bergwerke seines Verwaltungsbezirks[1609]. Er breitet eine Bergbaukunde aus, die für unsere Forschung gleichzeitig eine dankenswerte Kultgeographie wie Wirtschaftsordnung darstellt. Im einzelnen wird mitgeteilt, daß „im Praunpenz oder am Silberberg" 17 Gruben vorhanden waren. Darunter befinden sich meh-

[1605] *E. Vykoukal*, Vigil. In: LThK 10, Sp. 606f.

[1606] Philippi et Jacobi (1. Mai). In vigilia non est ieiunium. *Jos. Greving*, Johann Ecks Pfarrbuch für U. L. Frau in Ingolstadt (Reformationsgeschichtliche Studien und Texte, H. 4/5). Münster 1908, S. 175. – Zum Apostelkult s. noch *Righetti*, Manuale di storia liturgica. Bes. vol. II, p. 342 sgg. Vgl. ferner *G. Schreiber*, Apostel. Religiöse Volkskunde. In: LThK 1², Sp. 740.

[1607] *Karl Heinrich Schäfer*, Pfarrkirche und Stift. S. 88, Anm. 7.

[1608] *Veit*, Volksfrommes Brauchtum. S. 95.

[1609] *Plattner*, Bergbau. S. 44f.

rere mit Apostelnamen, die eine Schutzherrschaft für diese Bergwerke verkünden. So sind hier genannt St. Matthias, „eine alte Eisengrube vom genannten Wasserbau gegen den Bach hin“[1610]. Man erinnere sich, um Einflüsse der Oberwelt zu erwähnen, an die St. Matthiaskirche, die bereits 1173 unter deutschem Einfluß in Steinhausen, Kanton Zug, begründet wurde[1611]. Ferner wird von Plattner die Paulsgrube genannt[1612], dann St. Johann, „eine neue Einfahrt ob dem Wege“[1613]. Was letztere angeht, mag die Frage offen bleiben, ob an Johannes Evangelist oder an Johannes Baptist zu denken ist. Gadmer und andere Autoren alpiner Bergwerksübersichten unterlassen meist die genauere Feststellung, da der nähere Kommentar im Zeichen des Zuvertrauens von den ortsansässigen Bergleuten geschrieben wird. Aber in der Mehrzahl der Begegnungen ist wohl an den Täufer zu denken, der in spätgotischer und barocker Zeit zugleich als Erbe großer Vergangenheit betont herausgestellt wurde, vor allem als Inhaber von Pfarrkirchen[1614]. Im jeweiligen Falle ist eine örtliche Würdigung notwendig, auch unter Berücksichtigung der oberirdischen Gotteshäuser, die einem Johannes geweiht sind. Zuweilen allerdings findet sich in der Oberwelt ein Doppelpatrozinium der beiden Johannes. So erfolgte 1259 die Weihe der Kirche von Rapperswil zu Ehren von Johannes dem Täufer und Johannes dem Evangelisten[1615]. Zum anderen wird St. Bartholomä „im Schwabentobel bei der großen Kluft im Kohl“ genannt[1616]. Außer Praunpenz gab es in der Landschaft Davos noch weitere Gruben, die die Namen von Aposteln und Evangelisten trugen. Da ist St. Andreas „im Krumm ob dem Gnaden“[1617]. Da erscheint auch St. Marcus, „eine Alaun-Kiesgrube im Ruoben-Tobel, in den Riedern“[1618], ebenso wird St. Thomas, „im Tschuggen neben den Steinigen Matten beim Landwasser“ genannt. Wiederum begegnet man St. Jakob „in den Schüpfen auf den Platten“ und St. Johann. Im Hochtälchen Latschüel am Kilcherberg ob dem Platz sind weiter zu erwähnen ein Bergwerk St. Jakob und zwei Bergwerke St. Johann[1618a].

[1610] Ebd., S. 44. Legende recht mirakulös. *Menzel*, Symbolik, 1. S. 115.

[1611] *Henggeler*, Die Patrozinien im Gebiete des Kantons Zug. Zug 1932, S. 112.

[1612] *Plattner*, Bergbau. S. 45. [1613] Ebd.

[1614] *Schäfer*, Pfarrkirche und Stift. S. 9f. – *W. Stüwer*, Die Patrozinien im Kölner Großarchidiakonat Xanten. Bonn 1938, S. 78. – *Fink*, Kirchenpatrozinien. S. 64ff. – *Franz*, Benediktionen, 2. Im Register, S. 729. – *Menzel*, Symbolik, 2. S. 445ff.

[1615] *Henggeler*, Patrozinien. S. 112. – *Menzel*, Symbolik, 1. S. 448.

[1616] *Plattner*, Bergbau. S. 45.

[1617] Ebd.

[1618] Ebd.

[1618a] Ebd. – Apostelnamen auch bei *Mathesius*, Sarepta.

Im ganzen sind unter den 34 Gruben, die *Gadmer* für die Landschaft Davos nennt, die Apostel und Evangelisten als Schutzpatrone namhaft vertreten. Gewiß auf engem Raum ein reiches volksliturgisches Kalendar. Es wird Zeit, daß solche Bergkalender stärker erforscht werden.

Weiterhin lagen im Verwaltungsbezirk Gadmers Gruben in Klosters, „im Wald gegen die Münchalpen hinauf". Dort sind unter anderen genannt St. Jakob, St. Paul, St. Johann und St. Andreas. In der Gemeinde Saas findet sich wiederum St. Jakob ein[1619]. In den 8 Gerichten, näherhin in der Gemeinde Castels, teilt Gadmer erneut eine Zeche St. Jakob mit. In der Alvaneuer-Alp Ramutz ist wiederum bemerkenswert die Zeche St. Jakob. Oberhalb Brienz lag das Bergwerk St. Paulus, und „außerhalb dem Alvaneuer-Bad, beim Kalkofen" war St. Johann. Im Bleiberge bei Schmitten war die Grube St. Peter. Weiter begegnet unter Nr. 73 des Bergwerksverzeichnisses Gadmers eine Grube Johann Florin[1620]. Hier steht also ein Doppelname, der wohl auf Johannes den Täufer weist und auf den Schweizer Heiligen *Florinus* (17. November). Dieser war vor dem 8. Jh. ein heiliger Priester zu Remüs in Graubünden. Sohn eines Angelsachsen und einer christlich gewordenen Jüdin und Rompilgerin (mit Niederlassung im Vintschgau)[1621]. Zudem darf er anläßlich seiner Attribute, nämlich Kelch und Kanne, zu den Metallheiligen gerechnet werden, denen ein leichterer Zugang zum Volksvertrauen der Erzbergleute wurde. Sein kultischer Raum betrifft besonders das Bistum Chur. Derart rückt das Bergwerk betont in die Heimatkunde.

Zu diesen 78 Gruben in den acht Gerichten hatte *Gadmer* noch inne die Verwaltung und Gerichtsbarkeit über die Gruben der *österreichischen* Herrschaft Rhäzüns und St. Jörgenberg im Grauen Bunde (Graubünden). Dieses Grenzgebiet war die Nahtlinie zu Tirol. Von den 14 Gruben dieses Gebietes tragen apostolische Namen St. Johann, St. Peter, nochmals St. Johann, St. Jakob, St. Thomas und wiederum St. Johann[1622].

Weiter vernehmen wir, daß Gadmer am 17. Februar 1592 die Grube St. Matthias dem Gewerken Mathis Pirkl verlieh, der wohl als Tiroler anzusehen ist[1623]. Hier zeichnet sich die Tatsache ab, daß der Grubenname durch den Taufnamen des Beliehenen bestimmt wird, richtiger mitbestimmt ist;

[1619] Ebd., S. 46. [1620] Ebd., S. 47.

[1621] *Stadler*, Heiligen-Lexikon, 2. S. 234f. – *J. G. Mayer*, Geschichte des Bistums Chur, 1. S. 75–80 u. ö. – *Künstle*, Ikonographie der Heiligen. S. 236. – *Braun*, Tracht. Sp. 264. – *Th. Schwegler*, Geschichte der katholischen Kirche in der Schweiz². Stans 1943, S. 37.

[1622] *Plattner*, Bergbau. S. 45, 47.

[1623] Ebd., S. 48.

denn zu dem Vornamen tritt noch der allgemeinere Respekt vor der Schutzmacht der Apostel hinzu. Des Bergrichters Bruder, *Kaspar Gadmer*, empfing 1591 die Grube St. Johann[1624]. Am 4. Februar 1590 erhielt ein Churer, Peter Sprecher, eine „alte verlegene Grube St. Peter zu Obersaxen“[1625]. Das ist die bereits erwähnte Grube St. Peter. Die gleichfalls schon genannte Grube St. Jakob in demselben Gebiet wurde am 4. Februar 1590 einem Augsburger, Leonhard Schleicher, zugeteilt[1626]. Weitere Verleihungen sind an der gleichen Stelle mitgeteilt. Graubünden besaß damals schon einen ausgedehnten Bergwerksbetrieb. Man erfährt auch, daß der Augsburger Kapitalismus zur Ostschweiz ausgriff. Stärker hat dieser sich noch in Tirol verankert, besonders mit den Fuggern, was sich bergbaugeschichtlich abzeichnete. Im übrigen kennt das Bergbaugebiet von Imst, näherhin Bergbau Haverstock, einen Fuggerstollen[1627]. Die spätromanische Form von St. Ulrich und Afra in Augsburg wiederholt sich in der Pfarrkirche von Schwaz[1628]. Dieses Zönobium besaß auch Weinberge in Südtirol.

Die bisherige Darlegung zeigt, daß St. Johann unter den Bergwerksschutzherrschaften stark bevorzugt ist. Diese Namengebung konnte sich, wie bereits angedeutet, auf Urpfarreien und spätere Taufkirchen der Oberwelt stützen[1629]. Weiter ist ebenso festzustellen, daß *St. Jakob* häufig genannt wird. Man nehme hier statt vieler anderer Gruben den Stolleneingang im Zinkerzbergbau St. Veit im Imster Gebiet[1630]. Im allgemeinen ist dabei nicht an Jakobus minor, sondern an Jakobus maior zu denken. Es ist ja jene spätgotische Zeit, in der die Compostela-Fahrt noch laut und vernehmlich gepriesen wird oder doch noch literarisch und künstlerisch nachklingt. Noch unter den Kupferstichen des Barock, nämlich in einem Deutschen Bruderschaftsblatt, erscheint die Einsiedelei St. Jakob an den Hängen des Montserrat[1631]. Doch hat diese Fernwallfahrt in den neugläubigen Territorien

[1624] Ebd. [1625] Ebd.

[1626] *Plattner*, Bergbau. S. 48.

[1627] Imster Buch. S. 52. Es kann hier auf die von *J. Strieder* begonnene und von *G. v. Pölnitz*, *N. Lieb* und von anderen weitergeführte Fugger-Forschung nicht eingegangen werden, doch vgl. *Weingartner*, Schwazer Bergwerksgeschichte. – *Hirn*, Maximilian 2, 1. Teil. S. 88 u. öfter.

[1628] *Geitsch*, Die Pfarrkirche von Schwaz. S. 173–196, bes. S. 191.

[1629] S. Anm. 1614.

[1630] Imster Buch. S. 36.

[1631] *G. Schreiber*, Der heilige Berg Montserrat und die deutschen Bruderschaften. S. 516–540. – *Ders.*, Der Montserrat im deutschen Erinnerungsbild. S. 258–292. – *Ders.*, Der heilige Berg Montserrat. S. 113–160. – *Ders.*, Wallfahrt und Volkstum. Im Register, S. 290. – *Ders.*, Deutschland und Spanien. Im Register, S. 514. – Nicht befriedigend *Hermann Hüffer*, Sant' Jago. München 1957. Es fehlen hier Quellennachweise.

und darüber weit hinaus große Einbußen erlitten. Aber das mittelalterliche Erlebnis dieses Heiligen war stark genug, auch die Sakralkultur des 16. Jh., und darüber hinaus, noch wesentlich zu bestimmen, sei es in Kirchentiteln, in Altären, Kirchenfresken, in Umgängen, Stiftungen, Bruderschaften, ebenfalls in der Vornamengebung[1632]. Zudem wuchs sein Name in die Unterscheidungslehre, da er über das Sakrament der Ölung berichtete[1633].

Bei den anderen Aposteln sei das besondere Interesse an dem Metallheiligen *Thomas* erwähnt, desgleichen an *St. Bartholomäus*. Für die Wertschätzung des letzteren mochten sich besondere Einflüsse aus Italien und aus Frankreich geltend machen. In den Gebieten der Gallia christiana ist ja das weitverzweigte und fesselnde Brauchtum der Bartholomäus-Kerze nachweisbar[1634].

Was *Markus* als Bergwerksname angeht, mag es sein, daß sich Einflüsse von der Reichenau her leiteten. Dort verehrt man ja diesen Evangelisten, dessen Gebeine von Venedig nach der Bodenseeinsel überführt waren[1635], während die Reliquien des Klostergründers Pirmin dort nicht vorhanden waren. Erst im 15. Jh. hat die Abtei einen Finger erworben[1636]. Zum weiteren mag man daran denken, daß sich der Einfluß von Venedig irgendwie bemerkbar gemacht hat. Man weiß ja, daß die Lagunenstadt ungemein starke Beziehungen zu den Bergwerken der alpinen Gebiete, im besonderen nach Tirol, unterhielt, und zwar für den Abtransport von Silber, Kupfer, Blei und von anderen Metallen. So konnte es auch kommen, daß sie in die Bergmannssage hineinwuchs mit dem bekannten Motiv des „Venedigers"[1637].

[1632] *Jacobi Gretseri*, ... De sacris et religiosis Peregrinationibus libri quatuor. Ingolstadii 1606. Dieser Polyhistor wandte sich besonders gegen den Calvinismus, vornehmlich in Liber, III, c. VII, p. 394 sqq. – Siehe ferner *Hugo Karl M. Schnell*, Der baierische Barock. S. 52. – *G. Schreiber*, Deutschland und Spanien. Verzeichnis der Abbildungen, S. 477. – *Ders.*, Deutsche Bauernfrömmigkeit. S. 43, 48.

[1633] *Schreiber*, Weltkonzil von Trient, 2. Im Register, S. 600.

[1634] *Schreiber*, Nationale und internationale Volkskunde. S. 67–71. – *Ders.*, Gemeinschaften. S. 228, 238, 244, 266, 276, 326. – *B. Kraft*, Bartholomäus. In: LThK 2², Sp. 7.

[1635] *Konrad Beyerle*, Die Kultur der Abtei Reichenau, 2 Bde. München 1925, im Register, S. 1226. – *U. Holzmeister*, Markus. In: LThK 6, Sp. 955f. – *Menzel*, Symbolik, 2. S. 77ff.

[1636] *Gall Jecker*, Die Heimat des hl. Pirmin, des Apostels der Alemannen (Beiträge z. Geschichte d. alten Mönchtums und d. Benediktinerordens, H. 13). Münster 1927, S. 5, Anm. 29. – *Ders.*, St. Pirmins Erdens- und Ordensheimat (Archiv f. mittelrheinische Kirchengeschichte, 5, 1953, S. 9–41). – *G. Schreiber*, St. Pirmin in Religionsgeschichte, Ikonographie, Volksfrömmigkeit. Ebd., S. 42–76; ebd., andere Pirmin-Aufsätze.

[1637] *Bächtold-Stäubli*, Handwörterbuch, 10. Im Register, S. 366, mit vielen Verweisen. – Siehe auch *Wießner*, Kärntner Bergbau, 2. Im Register, S. 297.

Beziehen wir nunmehr in unsere Beobachtungen *Tirol*, *Steiermark* und *Kärnten*, zum Teil auch den *böhmischen* Raum ein, so ergibt sich folgendes Bild: Ungemein stark ist hier die Erwähnung des Bergwerksheiligen *St. Peter* um die Wende vom Mittelalter zur Neuzeit. Es handelt sich hierbei um ein spätmittelalterliches Erbe. So findet sich eine Grube St. Peter 1496 auf dem Modereck in Vellach in Kärnten[1638]. 1513 erscheint eine Grube „Sand Peter in der wisn" im Berggericht Schwaz, also in dem wichtigsten Zentrum des alpinen Bergbaus überhaupt[1639]. 1517 bestand der Stollen St. Peter am Turm zu Lienz im Drautal[1640]. Es ist begreiflich, daß der Apostelfürst so stark bevorzugt wurde. Diese Entwicklung läuft parallel zu den vielen Petrus-Patrozinien, die sich ebenfalls in alpinen Gebieten einfinden[1641].

Aber noch ein anderes Moment kommt für die Verbreitung der Petrusgruben in Betracht: Nämlich mit seinen Attributen weist Petrus in Zusammenhänge, die ihn als Erzheiligen erscheinen lassen. Wir haben an anderer Stelle für diesen Sanctus wie auch für andere Heilige erstmalig diese Beziehungen, die in Attributen und Gedenktagen heraustreten, näher ausgewiesen[1642]. Führt doch Peter mit sich als Sinnzeichen metallische Beigaben, so besonders die Schlüssel, aber auch die Ketten, an die das Fest Petri Kettenfeier (1. August) erinnert[1643]. Von dieser Festfeier her wurde er der Schutzpatron metallischer Gewerbe, der Bleigießer, Eisenblechmacher, Eisenhändler, Goldarbeiter, Klempner, Kupferschmiede, Metallversilberer, Schlosser, Schmelzer, Schmiede[1644]. Die Maximilianische Bergordnung von 1517 betrachtete Petri Kettenfeier als Feiertag, der den Bergleuten als Ruhe-

[1638] Ebd., 1. S. 93.

[1639] *Wolfstrigl-Wolfskron*, Tiroler Erzbergbaue. S. 38.

[1640] Ebd., S. 375. S. noch *Menzel*, Symbolik, 2. S. 211 ff.

[1641] Vgl. darüber *Fink*, Kirchenpatrozinien Tirols. S. 28 ff. – *Mich. Benzerath*, Die Kirchenpatrone der alten Diözese Lausanne im Mittelalter. In: Freiburger Geschichtsblätter, 20. Jg. Freiburg (Schweiz) 1913, bes. S. 56–92. – *Osk. Farner*, Die Kirchenpatrozinien des Kantons Graubünden. München 1925. – *Henggeler*, Innerschweiz. S. 104–115. – *Eug. Gruber*, Die Stiftungsheiligen der Diözese Sitten im Mittelalter. Phil. Diss., Freiburg (Schweiz) 1932, bes. S. 64–68. – *Reinhard Frauenfelder*, Über schweizerische Patrozinienforschung. In: Volk und Volkstum. Jahrbuch für Volkskunde, III, hg. v. Georg Schreiber. München 1938, S. 337–339. – *Clem. Hecker*, Die Kirchenpatrozinien des Archidiakonates Aargau im Mittelalter. In: Zeitschr. f. Schweizerische Kirchengeschichte, Beiheft 2. Freiburg (Schweiz) 1946, bes. S. 38–58. – Für das alpine Vorland s. *Hoffmann*, Kirchenheilige in Württemberg. S. 289 f. – Solche Beobachtungen wehren einer einseitigen Feststellung der rheinischen Petrusverehrung.

[1642] S. oben.

[1643] Vgl. dazu auch, ohne daß allerdings der Charakter als Erzheiliger berücksichtigt würde, *Kellner*, Heortologie[3], S. 216 f., und *Braun*, Tracht, Sp. 594 ff.

[1644] *Kerler*, Patronate. S. 461.

tag zugute kommen konnte[1645]. Dazu war Petrus der Felsenmann, der gern die Bergeshöhen besetzte.

Korrespondierend zu Petrus erscheint *Paulus* als Grubenheiliger. Ebenfalls am Ausgang des Mittelalters hören wir von einer Grube St. Paul im Bezirk von Großkirchheim[1646]. Im Berggericht von Schwaz wird für 1513 eine Grube „Sand Pauls im prannt" genannt[1647]. 1517 begegnet uns die Grube St. Paul bei Hornburg im kärntnischen Görtschitztal[1648]. Die Kette dieser Paulus-Gruben zieht sich weiter. So erfahren wir von der Grube St. Paul in Kliening vor 1618[1649]. Auch bei Paulus findet sich der erleichterte Zugang zum Erz, da ihm das Schwert beigegeben wird, das auf den Martertod hinweist[1650].

Dagegen gehört das Bergbau-Doppelpatrozinium *Peter und Paul* bereits der Spätgotik an, während die Votivmesse in natali apostolorum Petri et Pauli schon unter den 28 Messen des Sacramentarium Leonianum (Ende des 4. oder zweite Hälfte des 5. Jh.) erscheint[1651]. Eine Grube St. Peter und Paul am Stickelfeld bei Kitzbühel wird vor 1514 genannt[1652]. Wiederum begegnen uns im tirolischen Berggericht zu Persen St. Peter und Paul in Voranca zum Jahre 1550[1653]. Man wird auch daran denken müssen, daß sich in der Folgezeit die Reformbestrebungen des Tridentinums geltend machen. Weiß man doch in Sachen dieses Doppelpatroziniums, daß die Verehrung der beiden Apostelfürsten unter dem Einfluß von Trient sich betont herausstellte. Stärkere Bindungen an Rom wurden zum Leitmotiv. Man blicke nur in die deutschen Gotteshäuser des Barockzeitalters. Immer wieder erscheinen beide Apostelfürsten als Statuen zu Seiten des Hochaltars[1654]. Ein Bekenntnis zur Reform. So mag es auch unter solchen Einflüssen geschehen sein, wenn für das Jahr 1590 im tirolischen Bezirk Rattenberg die Grube Peter und Paul am großen Tierberg erscheint[1655].

[1645] *Wießner*, Kärntner Bergbau, 1. S. 52.
[1646] Ebd., S. 95.
[1647] *Wolfstrigl-Wolfskron*, Tiroler Erzbergbaue. S. 38.
[1648] *Wießner*, Kärntner Bergbau, 1. S. 51. [1649] Ebd., S. 255.
[1650] *Braun*, Tracht. Sp. 189ff. – *Menzel*, Symbolik, 2. S. 200ff.
[1651] *Ad. Franz*, Messe. S. 121. Dazu *L. Eisenhofer*, Sakramentar. In: LThK 9, Sp. 93ff. – *Fendt*, Liturgiewissenschaft. S. 285. – *Dürig*, Pietas. S. 236.
[1652] *Wolfstrigl-Wolfskron*, Tiroler Erzbergbaue. S. 177. – *Fink*, Kirchenpatrozinien Tirols. S. 28ff.
[1653] *Wolfstrigl-Wolfskron*, Tiroler Erzbergbaue. S. 269.
[1654] *Schreiber*, Der Barock und das Tridentinum. Bei *Schreiber*, Weltkonzil, bes. Bd. I. S. 381–425 und das Register. – Zum Doppelpatrozinium s. noch für den schwäbischen Raum *Hoffmann*, Kirchenheilige in Württemberg. S. 290f.
[1655] *Wolfstrigl-Wolfskron*, Tiroler Erzbergbaue. S. 162.

Ungemein häufig findet sich als Grubenname die Bezeichnung *St. Johannes.* Wie schon angedeutet, ist es in diesen Fällen fraglich, ob der Täufer oder der Apostel gemeint ist. Diese Frage muß die örtliche und landschaftliche Forschung klären. Immerhin sehen wir in einigen Fällen ganz klar und deutlich, daß der Täufer gemeint ist. So wird 1550 eine Grube St. Johannis Baptista zu Persen am Vilrager Berg in Tirol ausdrücklich erwähnt[1656]. Ebenfalls weist uns in diese Verbindung die Grube St. Johann Sunnwenten im Bergbaubezirk von Bleiberg-Kreuth zum Jahre 1538[1657] und für das Jahr 1542[1658]. In Graubünden wird dieser Johanneskult durch eine fränkische und benediktinische Linie getragen, wozu die Einwirkung der Sonnenwende sich geltend macht[1659]. Die Volkskunde verzeichnet ja manche Züge, die die Verbindung der Sonnenwende mit Johannes dartun (Segnung des Sonnwendfeuers, Einsammeln des Brennmaterials, Sunnwendrachen, Scheibenschlagen u. a.)[1659a]. Nach der Maximilianischen Bergordnung galt St. Johann Sonnwendtag als Feiertag für die Bergleute[1660]. Man wird künftighin in diese Zusammenhänge auch den Bergbauheiligen einführen müssen.

Daß in vielen Fällen Johannes der Täufer gemeint ist, läßt sich auch für andere Bergbaugebiete feststellen: In Pfaffenberg bei St. Joachimsthal gab es eine Grube „Johann der Wüsten, mittler Stollen, in Abend“[1661]. Unter den Gruben der „Eisengewerkschaft zu Eisenerz in Steyermark“ erscheint eine solche „Johann Baptistä“[1662]. In der Feigensteiner Lagerstätte im Imster Gebiet gibt es einen Johann Baptist Stollen (1341 m), mit mächtigen Erzausbissen ober Tag[1663]. Oft ist aber auch St. Johann ein anderer Bergwerksheiliger als Geschwisterheiliger beigegeben. So hören wir von dem Bergwerk St. Johannes Ursula im Berggericht Sterzing-Gossensaß für das Jahr 1528[1664]. Das Angelsachsentum ist auch sonst im alpinen Raum vereinzelt nachweisbar[1665]. Gleichzeitig ergibt sich ein Doppelname in der Bezeichnung St. Johanns Veronica im Berggericht Schwaz für das Jahr

1656 Ebd., S. 269.
1657 *Wießner*, Kärntner Bergbau, 2. S. 42.
1658 Ebd., S. 44.
1659 *Farner*, Kirchenpatrozinien. S. 79.
1659a Umfassende Schilderungen bei *Freudenthal*, Das Feuer.
1660 *Wießner*, Kärntner Bergbau, 1. S. 52.
1661 *Ferber*, Böhmen. S. 57 f.
1662 Beschreibung S. 29. – *Menzel*, Symbolik, 2. S. 451.
1663 *Mutschlechner*, Erzbergbau. S. 46.
1664 *Wolfstrigl-Wolfskron*, Tiroler Erzbergbaue. S. 289.
1665 Siehe etwa *Martin Baur*, Geschichte von Sarmenstorf. Einsiedeln 1942, S. 21 ff. (die seligen Angelsachsen Kaspar und Erhard). Vgl. ferner *Schreiber*, Wanderkulte. S. 1–40.

1556[1666]. Veronika-Darstellungen sind in der deutschen Kunst im 14. Jh. noch selten. Dagegen werden sie im 15. und frühen 16. Jh. häufiger[1667]. So steht das Bergwerkspatrozinium allenthalben unter dem Einfluß der sakralen Umwelt. Eine Grube St. Johanns Veronica wird im Berggericht Schwaz auch zum Jahre 1582 genannt[1668]. Bei Johannes dem Täufer ergaben sich Beziehungen zum Metall, da das Schwert als Attribut herausgestellt ist. Außerdem verfügt er über einen Gedenktag, über die besonders im Barock (Darstellungen in Ottobeuren) beachtete Decollatio Johannis Baptistae, am 29. August, in der wiederum das Schwert des Henkers, also das Metallische erscheint. Andererseits ist bei Johannes Evangelist zu beachten, daß der Giftbecher Beziehungen zum Metall aufweist, da er in der Kunst oft in der Form des jeweiligen Meßkelches gestaltet wird[1669].

Wenn so oft in unserer Darstellung das Schwert erwähnt wird, sei darauf hingewiesen, daß damit die Untersuchungen von Julius Schwietering[1670] und ebenso von Franz Wever[1671] weitergeführt werden.

Am Königssee bei Berchtesgaden ragt die Kapelle St. Bartholomä. Wie ein Symbol macht sie darauf aufmerksam, daß die alpinen Gruben sich sehr gern nach dem Apostel *Bartholomäus* benannten. Dafür war es günstig, daß er als Sinnzeichen ein Messer bei sich führte, das darauf hinweist, daß nach der Überlieferung Astyages, König von Armenien, ihm die Haut abziehen und dann das Haupt abschlagen ließ[1672]. Sein Kult im Mittelalter wurde wesentlich von Kaiser Otto III. gefördert, der einen Teil der Reliquien nach Rom bringen ließ. Man muß die Einwirkungen des römischen und des italischen Raumes auf die alpinen Gebiete als beachtlich ansprechen[1673]. Doch sind gleichzeitig die Einflüsse aus den deutschen Gebieten, im besonderen aus den oberdeutschen Landschaften, zu berücksichtigen. Am Ausgang des 15. Jh. (1480) erscheint eine Grube St. Bartlmä im Kärntner Bezirk Obervellach[1674], eine zweite 1496 im Bezirk Großkirchheim[1675]. Eine Be-

[1666] *Wolfstrigl-Wolfskron*, Tiroler Erzbergbaue. S. 68.

[1667] *Braun*, Tracht. Sp. 716.

[1668] *Wolfstrigl-Wolfskron*, Tiroler Erzbergbaue. S. 88. – Siehe noch *Menzel*, Symbolik, 2. S. 355ff.

[1669] *Braun*, Tracht. Sp. 374f. – *Menzel*, Symbolik, 1. S. 450.

[1670] Zur Geschichte von Speer und Schwert.

[1671] Das Schwert in Mythos und Handwerk (Arbeitsgemeinschaft f. Forschung des Landes Nordrhein-Westfalen, H. 91). Düsseldorf 1961.

[1672] *Künstle*, Ikonographie der Heiligen. S. 116ff. – *Braun*, Tracht. Sp. 118f. – *Elisa Ricci*, Mille Santi nell'arte. Milano 1931, p. 84. – *Menzel*, Symbolik, 1. S. 110.

[1673] Dazu *Schreiber*, Kultwanderungen. S. 1–40, bes. S. 5ff.

[1674] *Wießner*, Kärtner Bergbau, 1. S. 54.

[1675] Ebd., S. 95.

schreibung des 18. Jh. verzeichnet eine Grube St. Bartholomäi im Gebiet des steiermärkischen Eisenerz[1676]. Man müßte auch einmal feststellen, wann er beginnt, im deutschen Raum Träger von Wetterregeln zu werden. Seine Gebeine ruhten zeitweilig nach Gregor von Tours auf Lipari, wo heute noch Vulkane rauchen. Da gerade Feuerheilige (Laurentius, Florian, Agatha) als Inhaber alpiner Bergwerkspatrozinien erscheinen, mag man immerhin fragen, ob nicht dieser Zug dem Apostel den Zutritt zum Bergwerk erleichterte[1677].

Was weitere alpine Kultwanderungen betrifft, lassen wir dahingestellt, inwieweit für die Herausstellung gerade dieses Heiligen sich Einflüsse vom Main, näherhin vom Hochstift Bamberg, das Ländereien in Kärnten besaß[1678], geltend gemacht haben. Hören wir doch, daß Gandolf von Kuenburg, der Bamberger Pfleger von Feldraum, um 1480 auf Silber baute und den Stollen St. Bartlmä im Obervellacher Berggerichtsbezirk einrichtete[1679]. Weiterhin ist Bartholomäus in seiner körperlichen Qual gezeichnet, also mit der abgezogenen Haut, ein Motiv, das so recht in den Barock hineinpaßte. Dieser Glaubensbote wird in der Tat zu einem Schmerzensmann, dessen Darstellung man in diesem Zeitalter liebte. Es mag dieses Moment neben regionalen Einflüssen mitgewirkt haben, daß man auch in der Folgezeit Gruben in alpinen Gebieten gern nach ihm benannte. So erfahren wir von der Grube St. Bartlmä im Berggericht Sterzing-Gossensaß zum Jahre 1621[1680]. Ebenso sei erwähnt St. Bartlmä in Kliening im Bezirk Wolfsberg-St. Leonhard[1681] und wiederum St. Bartlmä im Berggerichtsbezirk Großkirchheim zum Jahre 1651[1682].

Man erinnere sich, um die Umwelt des Apostels zu zeigen, auch jener Legende, die das Zwiegespräch zwischen dem als schönes Mädchen sich gebenden Teufel und einem Magister behandelt. Letzterem steht Bartholomäus als Pilgerpatron[1682a] bei. In diesem Dialog wird nun der Abgrund und

[1676] Beschreibung, S. 28.

[1677] Zur volkskundlichen Wertung s. *Samson*, Schutzheilige. S. 99ff. – *Jos. Schrijnen*, Nederlandsche Volkskunde, 2 Bde. Zuphten 1933, 2. S. 365. – *Bächtold-Stäubli*, Handwörterbuch, 1. Sp. 931ff.

[1678] *H. Burkard*, Bamberg. In: LThK 1[1], Sp. 339. – *Georg Schreiber*, Weltkonzil, 2. S. 126.

[1679] *Wießner*, Kärntner Bergbau, 1. S. 54.

[1680] *Wolfstrigl-Wolfskron*, Tiroler Erzbergbaue. S. 296f.

[1681] *Wießner*, Kärntner Bergbau, 1. S. 255.

[1682] Ebd., S. 121.

[1682a] „S. Barthelmes Fundgrub am Domberg.“ *Mathesius*, Sarepta.

die Unterwelt berührt, also eine Szenerie, die an das Bergwerk gemahnt[1683]. Man mag auch daran denken, daß im voralpinen Gebiet die Reformgenossenschaft der Bartholomäer (Bartholomiten) wirkte, so in Tittmoning, im benachbarten Salzburg und ab 1649 in Ingolstadt[1684]. Im übrigen war seine Stellung im deutschen Volkstum so stark, daß man ihn in bezug auf das Bergwerk nicht umgehen konnte. So mag man ihn als *Universalpatron* ansprechen.

Über metallische Beigaben verfügt auch *Thomas*, dem man Schwert und Lanze bereits in der romanischen Zeit beigab[1685]. So wird es auch ihm leicht, die Zugänge zu den Gruben zu finden. Am Ausgang des 15. Jh. erscheint die Grube zu St. Thomas am Falkenstein im Schwazer Bezirk (1490 bis 1495)[1686]. Dazu tritt 1514 das Bergwerk St. Thomas in Gossensaß. Aus dem kärntnischen Raum seien erwähnt die Gruben St. Thomas im Revier von Bleiberg-Kreuth 1547 und St. Thomas im Bezirk Wolfsberg-St. Leonhard 1563[1687]. Ein St. Thomas-Gang wird für die Joachimsthalischen Erzgänge genannt[1688]. Die Beschreibung der Eisenerzgewerkschaft in Steiermark nennt ebenfalls eine Grube St. Thoma[1689]. Die Wertschätzung, die dem Apostel wurde, bekundete sich auch darin, daß der Thomastag (21. Dezember) im späteren Mittelalter als Feiertag angesehen wurde, so nach der Maximilianischen Bergordnung von 1517[1690].

Von vornherein darf man annehmen, daß der Apostel *Andreas* öfters den Eingang von Bergwerken bewacht[1691]. Es macht sich die Tatsache geltend, daß er einen hohen liturgischen Rang einnimmt, was der Meßtext anzeigt[1692].

[1683] „Drittens (fragt der Teufel): Wie weit ist es von den Himmelshöhen in die Tiefen der Unterwelt? Der Magister wußte nichts zu sagen. Das Mädchen (der Teufel) aber erhob sich: ‚Ich sehe, daß ich hinaus geworfen werde; ich weiß, wie weit es ist, und muß es dir zeigen‘, und mit Geheul stürzte der Teufel in den Abgrund." *Günter*, Legende. S. 86. Ähnliches wird von St. Andreas berichtet.

[1684] Benannt nach Bartholomäus Holzhauser († 1658). *Max Heimbucher*, Die Orden und Kongregationen der katholischen Kirche, 2^3. Paderborn 1934, S. 595ff. – *Schnell*, Der baierische Barock. S. 110.

[1685] *Braun*, Tracht. Sp. 694.

[1686] *Wolfstrigl-Wolfskron*, Tiroler Erzbergbaue. S. 33.

[1687] *Wießner*, Kärntner Bergbau, 1. S. 239.

[1688] *Ferber*, Böhmen. S. 76. [1689] Beschreibung, S. 28.

[1690] *Wießner*, Kärntner Bergbau, 1. S. 50, 52. – Über das Brauchtum des Thomastages in Tirol vgl. *Hermann Mang*, Unsere Weihnacht. Innsbruck 1927, S. 36ff. – Die Volksphantasie übernahm Indien. *Menzel*, Symbolik, 2. S. 483.

[1691] Siehe die Schrift: Der Bergbau in den Zehn Gerichten in der Herrschaft Rhäzüns unter der Verwaltung des Davoser Bergrichters Christian Gadmer, von *Brügger von Unterwalden* (19. Jh.). Zürich, Zentr.-Bibl., 2 D, 1401, Varia, S. 10.

[1692] *J. Jungmann*, Missarum sollemnia, 2 Bde. Wien 1948; 2. S. 345f.

Weiter ist zu beachten, daß er ein besonderes Verhältnis zu jenem Kreuz besitzt, das bereits in frühen Jahrhunderten die Spitzen der Berge ziert[1693], wenn es auch mit dem Andreaskreuz seit dem 13. Jh. eine schräge Form annimmt[1694]. Dazu gesellt sich die Beobachtung, daß Kreuzkirchen gern geweiht wurden unter Anrufung der Apostel Petrus und Andreas, deren Kreuzesliebe man besonders herausstellen will[1695]. Überdies ist er Höhenheiliger. Man denke an die drei Andreasberge in Rom und an das Domstift in Freising, ebenfalls an den Tiroler Andreasberg, nämlich an S. Andrä in Monte (oder S. Andrä ob dem Berge). Überdies will der Andreasstollen im Pfunderer Bergwerk (Südtirol) beachtet sein[1696]. Dazu eignet ihm der Ortspatronat im niedersächsischen Andreasberg und seine Schutzherrschaft über das Harzbistum Halberstadt[1697]. Andreas ist übrigens Träger eines Pilgersegens. Die Bergknappen aber sind vielfach unterwegs[1698]. Auch sonst wollen Apostel als Inhaber volkstümlicher Segnungen beachtet sein. Zum weiteren kommen für Andreas beachtliche Einflüsse aus dem Osten (Konstantin hatte seine Reliquien nach Byzanz gebracht), die sich hier und da den alpinen Gebieten und ihrem Vorland mitteilen mochten. So hören wir von einem Andreas-Gang im Saazer Kreis[1699]. In der metallfreundlichen Grafschaft Mansfeld galt gerade Andreas als Schatzfinder und als Schutzpatron des Bergbaus. Sehr geehrt in Joachimsthal[1699a].

Des Apostels *Philippus* wurde bereits oben gedacht an der Seite von Jakobus minor. Das Attribut des Steines, den er neben dem Kreuz mit sich führt, setzt ihn in Beziehung zum Bergbau. Auch das Höhlenmotiv will erwähnt sein. Kriecht doch der giftige Drache aus seiner Höhle, den der Apostel beschwört, eine Szene, die in San Antonio in Padua (1382, Giusto Padovano) und S. Maria Novella (um 1500, Filippino Lippi) festgehalten wurde[1700]. Im Augsburger Dom hat er überdies einen Hirtenstab, an dem zwei Schlüssel hängen. Man wird diese metallischen Beigaben beachten müssen, die irgendwie doch den Bergbau berührt haben könnten. So be-

[1693] *Georg Schreiber*, Mittelalterliche Alpenpässe. S. 335ff.

[1694] *Braun*, Tracht. Sp. 68ff.

[1695] *Samson*, Kirchenpatrone. S. 116.

[1696] *Grass*, Ostern in Tirol. S. 57.

[1697] *Kerler*, Patronate. S. 114. – *Fink*, Kirchenpatrozinien Tirols. S. 56. – Andreasberg steht in der Harzsage. – *Menzel*, Symbolik, 1. S. 61 („andreaskreuzförmige Cristallisation der dort gebrochenen Erze"). – *Stötzel*, Bergmannssage. S. 16f.

[1698] *Franz*, Benediktionen, 2. S. 269.

[1699] *Ferber*, Böhmen. S. 106.

[1699a] *Mathesius*, Sarepta.

[1700] *Künstle*, Ikonographie der Heiligen. S. 503. – *Menzel*, Symbolik, 2. S. 227.

gegnen wir ihm 1481 im Oberengadin[1701], 1528 im Berggericht Sterzing-Gossensass[1702]. 1670 findet sich eine Grube St. Philippi im Gitschtal im Bezirk Steinfeld[1703]. In demselben Bergbaubezirk erscheint noch 1745 ein St. Philippstollen[1704].

Was *Judas Thaddäus* betrifft, sind wir nur in der Lage, einen einzigen Thaddäus-Stollen festzuhalten, und zwar im Bezirk des kärntnischen Steinfeld für die Zeit von 1757–1759[1705]. Man mag daran erinnern, daß erst am Ausgang des 18. Jh. die Judasverehrung erstarkte. So lautet die Formulierung in den bekannten Nachschlagewerken. Man übersieht nur, daß eines der beliebtesten Andachtsbücher des süddeutschen Raumes von 1704, bezeichnet in der Sprache des Barock als Turtel-Taube, einen Kupferstich enthält, ferner das „Gebett zu dem Heil. Juda Thaddaeo, Patron in zweiffelhafften, auch schon verzweiffelten Dingen", eine Antiphon und noch eine Oration: „Gott! der du den heiligen Judam Thaddaeum nicht nur allein vor deinem Angesicht, und allen himmlischen Heerschaaren, sondern auch vor den Menschen-Kindern, zuvor zwar bey denselben wegen des Namens Judas des Verraethers sehr verhasset, alsdenn aber in den gefaehrlichen und schon verzweiffelten Dingen zu einem sondern Patron bestellt, dir und uns sehr liebreich und angenehm gemacht hast, wir bitten dich, auf daß wir durch seine Verdiensten in allen unsern Gefahren moegen deine Huelff empfangen, Amen"[1706]. Im 19. und 20. Jh. tritt die Judasdevotion allerdings betonter heraus[1707]. Der slawische Raum will besonders beachtet sein.

Simon ist ebenfalls nachzuweisen, der ja auf dem deutschen Boden im Reichsstift St. Simon und Juda in Goslar und in ähnlichen Doppelpatrozinien ein Nachleben fand. Seiner gedenkt im übrigen das altfranzösische Heldenepos, wenn es seine Reliquien in Clermont erwähnt[1708], das so be-

[1701] *Plattner*, Bergbau. S. 10.

[1702] *Wolfstrigl-Wolfskron*, Tiroler Erzbergbau. S. 289.

[1703] *Wießner*, Kärntner Bergbau, 1. S. 168.

[1704] Ebd., S. 177.

[1705] Ebd., S. 189.

[1706] Die Betrübte und nach ihrem Geliebten Seufzende Turteltaube Oder Bußfertige Christliche Seele; Die Denen zergänglichen Wollüsten nach gelebet, in den Wust der Sünden gefallen, und die Göttliche Gnad dadurch verlohren; Solche aber mit inbrünstigen Seuffzen, und mit beygefügten Gebettern embsig wieder suchet. Zum sonderlichen Trost allen denen, die in das Himmlische Vatterland eingehen, alldorten glückseelig und ewig leben wollen, vorgestellet. Gedruckt zu Sulzbach, Verlegts Joh. Peter Wolffs Seel. Erben in Nürnberg, S. 334ff. Autor ist der Kreuzherr Johannes Beczkowsky.

[1707] *Künstle*, Ikonographie der Heiligen. S. 359. – *F. W. Maier*, Judas Thaddäus. In: LThK 5, Sp. 672ff; LThK 5^2, Sp. 1154f.

[1708] *C. Jos. Merk*, Heldenepos. S. 87.

deutsam in der Synodalgeschichte des Mittelalters heraustritt. Von diesen und anderen Voraussetzungen tritt der Apostel zum Bergwerk. Da erscheint eine Grube Simon am Landskronerberg im Berggerichtsbezirk Friesach 1558[1709]. Für den gleichen Zeitraum wird eine Grube Symon im Bergwerksgebiet von Wolfsberg-St. Leonhard genannt[1710]. Etwas jünger ist der St. Simon-Stollen im Berggericht von Steinfeld, ebenfalls in Kärnten[1711]. Im übrigen war es ein volkhafter Zug, wenn bereits die Abdiaslegende (angeblicher Apostelschüler) Simon und Juda die Macht zuerkannte, Schlangen (hier ähnlich St. Pirmin in der Reichenau) zu beschwören[1712].

Matthias, der Mosel und Rhein weithin mit Gedenktagen, Kirchentiteln und Kunstwerken erfüllt, findet sich ebenfalls im alpinen Gebiet ein. Es ist möglich, daß diese Namengebung von den Habsburgern her beeinflußt wurde, da sich immer wieder feststellen läßt, daß die Namen von Kaisern, Königen und Erzherzogen auch in das Volksbewußtsein stärker eintreten, um Veranlassung für einen Bergbautitel zu geben (Kaiser Matthias 1612 bis 1619, Kaiser-Leopold-Erbstollen 1764 am Bleiberg in Kärnten erwähnt[1713]). Doch es mochten sich noch ältere Anlässe geltend machen. So findet sich nach der Mitteilung von *Christian Gadmer* auch die Alte Eisengrube St. Matthias unter den 17 Graubündener Gruben in Praunpenz ein[1714]. Die Grube St. Mathias am Schlittererberg erscheint unter den Schwazer Bergbauen um 1490[1715]. Im Gebiet von Imst trifft man auf eine Matthiasgrube an der Felsflucht des Sölberges in 923 m Höhe. Der Bergbauforscher M. v. Isser fand dort eine kelchartige Zeichnung mit der Jahreszahl 1558[1716]. Man gedenkt der Felszeichnung in altersgrauen Zeitaltern. Im Kärntner Raum von Bleiberg-Kreuth ist die Grube St. Matthias festzustellen[1717]. Für das 18. Jh. werden wir aufmerksam gemacht auf einen Matthias-Stollen im Berggerichtsbezirk Großkirchheim[1718]. Diese Linie zieht sich bis ins 19. Jh. mit einem Kärntner Matthias-Stollen, der 1878 ebendort genannt wird[1719].

1709 *Wießner*, Kärntner Bergbau, 1. S. 212.

1710 Ebd., S. 239. 1711 Ebd., S. 175, 178.

1712 *Franz*, Benediktionen, 2. S. 147, was Thomas von Aquin behandelt.

1713 *Wießner*, Kärntner Bergbau, 2. S. 104.

1714 *Wolfstrigl-Wolfskron*, Tiroler Erzbergbaue. S. 33.

1715 *Mutschlechner*, Erzbergbau. S. 50. 1716 *Wießner*, Kärntner Bergbau, 2. S. 42.

1717 Ebd., 1. S. 133. – Zu den Bleibergwerken in Kärnten s. noch *Ferdinand Tremel*, Der Frühkapitalismus in Innerösterreich. Graz 1954, S. 68f.

1718 *Wießner*, Kärntner Bergbau, 1. S. 133.

1719 Ebd. – S. ferner zu Matthias *Samson*, Kirchenpatrone. S. 300ff. (Schutzherr der Bergstadt Goslar). – *Kerler*, Patronate. S. 348. – *Künstle*, Ikonographie der Heiligen. S. 447. – *Braun*, Tracht. Sp. 522f.

Matthäus besitzt seinerseits metallische Abzeichen, nämlich das Beil und das Schwert, auch die Hellebarde[1719a]; so zeigt den Ortspatron von Salerno auch die oberdeutsche Kunst[1720]. Dem gläubigen Volk ist er übrigens vertraut, da er sich mit anderen Evangelisten gern unter die Kanzel stellt. Eine Grube St. Matheus findet sich auf der St. Jörgen Zech im Berggericht Lienz 1538[1721], desgleichen St. Matheus im Kestenwalde im Berggericht an der Etsch 1539 und die Grube St. Mathäus im Sonnblick am Landskronerberg im Bezirk Friesach[1722]. Der Apostel ist Drachenheiliger (gegen die Dämonen) und Feuerheiliger. So werden ihm leichter die Zugänge zum Bergwerk.

Markus wurde bereits mit seiner Anwesenheit in Schweizer Bergwerksbezirken erwähnt. Auch in den mittleren Alpen ist er häufiger als Bergwerksinhaber zu finden, so 1480 in Seebach in Kärnten (Bezirk Obervellach)[1723], 1558 St. Marx am Landskronerberg im Bezirk Friesach[1724], und auch in Tirol ist er bekannt. Wir erfahren von seinem Patronat im Berggericht Taufers 1550[1725]. 1582 erscheint St. Marx Ottilgen im Berggericht Schwaz[1726]. Man mag es nicht ausschließen, daß mit den Beziehungen zu Venedig, die wir oben schon andeuteten, die Markuslinie sich von der Lagunenstadt her gefestigt hat, da diese fortgesetzte Beziehungen zum alpinen Raum unterhielt.

Der Evangelist *Lukas* erscheint seltener, immerhin verzeichnen wir eine Grube St. Lucas in der Alvaneuer-Alp Ramutz, die sich im Bergwerksverzeichnis des Christian Gadmer findet. Wir finden ihn weiter im kärntnischen Bleiberg-Kreuth 1526[1727]. Im übrigen ist die Schutzherrschaft des Verfassers des dritten Evangeliums und der Apostelgeschichte in der Wirtschaft schon einigermaßen entwickelt, wenn man daran denkt, daß er Patron der Glasarbeiter war[1728]. Ergänzend sei noch bemerkt, daß in Byzanz die Lukasverehrung durch den Apostel Andreas gestützt wurde. Sind doch die Reli-

[1719a] Über Hellebarden im religiösen Volksbrauch berichtet *Franz Grass*, Partisaner begleiten das Sanctissimum. In: Gesammelte Aufsätze zur Kulturgeschichte Spaniens, hg. v. Johannes Vincke, Münster (Westf.), z. Z. im Druck. Festgabe für G. Schreiber. *Ders.* bringt Weiteres in: Studien zur Kulturgeschichte Tirols. Im Druck.

[1720] *Wolfstrigl-Wolfskron*, Tiroler Erzbergbaue. S. 378. – Als Judas bezeichnet, *Menzel* 2, S. 115.

[1721] *Wießner*, Kärntner Bergbau, 1. S. 212.

[1722] Ebd., S. 54. – Schwert beim Martyrium. *Menzel*, Symbolik, 2. S. 114.

[1723] *Wießner*, Kärntner Bergbau, 1. S. 212. – Drei Stollen im Joachimsthal. *Mathesius*, Sarepta.

[1724] *Wolfstrigl-Wolfskron*, Tiroler Erzbergbaue. S. 359.

[1725] Ebd., S. 88. – *Menzel*, Symbolik, 2. S. 77. [1726] *Wießner*, Kärntner Bergbau, 2. S. 37.

[1727] *Samson*, Schutzheilige. S. 229. – Lukaszettel der Sterbenden. *Menzel*, Symbolik, 2. S. 42. [1728] *Kellner*, Heortologie³. S. 217.

quien beider Sancti 357 nach Konstantinopel in die dortige Apostelkirche übertragen worden[1729].

Hier und da werden die Apostel auch in ihrer *Gesamtheit* als Bergwerksinhaber genannt. Es erscheint also das *Apostelkollegium*, das so gern in der mittelalterlichen Kunst festgehalten wird. Dabei werden bereits im 13. Jh. die zwölf Artikel des Credo, des Apostolikums, durch die zwölf Apostel personifiziert. Ja, in Oberzell und Niederzell auf der Reichenau werden den Aposteln Spruchbänder in die Hand gegeben, auf denen die Glaubensartikel aufgeschrieben sind, die den Einzelaposteln zukommen[1730]. So wachsen diese Apostel in eine katechetische Funktion. Sie bieten einen Volksunterricht und wirken als Erzieher. Sie empfangen eine besondere Betonung durch den Genossenschaftssinn und Gemeinschaftsgedanken des Mittelalters, der ja auch die Ganzheit von Propheten, Patriarchen und Evangelisten in der künstlerischen Darstellung liebt. So ist heute der Festtag von Peter und Paul in gewissem Sinne ein Kollektivfest für alle Apostel geworden, wird doch in Bistümern, in denen die Aposteltage nicht mehr feierlich nach außen hin (in foro) begangen werden, zum Ersatz am genannten Fest Peter und Paul eine commemoratio omnium SS. Apostolorum vollzogen[1731]. In dieser Tatsache des Genossenschaftlichen zeigt sich die starke Verwurzelung des Apostelkults überhaupt.

Nach allem drängte das Apostelkollegium auch ins Bergwerk. So erscheint im Bergwerksgebiet von Joachimsthal, und zwar „in Gross Türkner Berg", eine Grube „Zwölf Apostel in Abend"[1732]. Ähnlich trifft man das Kollektiv auch in den Weiheformeln, wenn das ganze Kollegium der zwölf Boten genannt wird[1733]. Gotteshäuser, die die Ganzheit der Apostel als Kirchentitel mit sich führten, bestanden schon früh. Konstantin ließ in Byzanz eine Apostelkirche errichten, damit am Goldenen Horn ein ähnliches Heiligtum sei wie in Rom[1734]. Die Karlssage, ein lebendiger Ausdruck des Volksinteresses, weiß von zwölf Apostelreliquien der Karlsreise[1735]. Überdies kennt das altfranzösische Heldenepos, das frei mit der Heiligenverehrung und dem Reliquienkult umgeht, eine Kirche in Konstantinopel, die

[1729] *Künstle*, Ikonographie der Heiligen. S. 182. – *Menzel*, Symbolik, 2. S. 42f.

[1730] Ebd. – Siehe auch *Schreiber*, Deutschland und Spanien. Im Register, S. 506.

[1731] *Bendel*, Petrus und Paulus. In: *Wetzer* und *Welte*, Kirchenlexikon². Freiburg i. Br. 1895, 9, Sp. 1879.

[1732] *Ferber*, Böhmen. S. 58.

[1733] *Samson*, Kirchenpatrone. S. 117.

[1734] *A. Heisenberg*, Grabeskirche und Apostelkirche. Leipzig 1908. – *Merk*, Altfranzösisches Heldenepos. S. 89 mit Anm. 12.

[1735] Ebd.

als ein großes Zentrum der Heiltümer angesehen wird, in der die zwölf Apostel ruhen[1736]. Der deutsche Raum kennt ebenfalls die kultische und künstlerische Würdigung der Zwölfboten in vielen Zeugnissen. Man gedenke nur der romanischen Pfarrkirche zu den heiligen Aposteln in Köln. Man erinnere sich an den mittelalterlichen Zwölfboten-Altar in der Pfarrkirche zu Bozen, zu dem sich die Meister des Bader- und Balbiererhandwerks hielten[1737]. Ebenso hat die Schwazer Pfarrkirche einen Zwölf-Apostel-Altar mit dem Fuggerbenefizium[1738]. So rückte das Kollektiv in ein Zentrum des Bergbaus.

Die Apostelkreuze wollen ebenso erwähnt sein, „die Verkörperung der Offenbarung durch das Haus Gottes"[1739]. Das Gedächtnis an die Gesamtzahl der Apostel ist auch in der Apostelteilung, der Divisio Apostolorum, festgehalten, in einem besonders volkstümlichen Motiv. Ein eigener kultischer Gedenktag erstand damit für den 15. Juli (Alleraposteltag, Zwölfaposteltag)[1740]. Das Lehenbuch des Schwazer Bergbaus um 1515 (1440 begonnen)[1741] kannte ebenfalls das Fest der Trennung, das Genossenschaftliches und geradezu Sippenhaftes mit sich führt. Künstlerische Verklärung folgte diesem Gedenktag. Dieser Zwölfbotentag war nach der Maximilianischen Bergordnung von 1517 zugleich Feiertag und Ruhetag für die Bergleute[1742].

So spiegeln sich Recht und Liturgie, Volkskult und Volksfrömmigkeit, Hagiographisches und die Festlehre[1743] auch in den unterirdischen Räumen.

[1736] Ebd., S. 89.

[1737] *Dörrer*, Bozner Bürgerspiele. S. 60.

[1738] *Karl Schadelbauer*, Brixner Archivalien über Schwaz. In: Schwazer Buch. S. 229 bis 233.

[1739] *Schnell*, Bayerischer Barock. S. 10, 156f., 162.

[1740] Diesem griechischen Fest widmete der Propst Gottschalk von Aachen bereits 1098 eine Sequenz. Es drängte bereits im Hochmittelalter in die deutschen Bistümer. *Richard Stapper*, Die Feier des Kirchenjahres an der Kathedrale von Münster im hohen Mittelalter. Münster 1916, S. 18, 33f., 50, 110. – Siehe noch *Schnell*, Baierischer Barock. Im Register, S. 229.

[1741] Handschrift, 1587, im Landesregierungsarchiv Innsbruck.

[1742] *Wießner*, Kärnten, 1. S. 52.

[1743] Noch wenig bearbeitet ist die Geschichte des deutschen kirchlichen Festwesens. Sie betrifft nicht bloß die Diözesen, sondern auch die staatlichen Territorien. Vom Standpunkt der vielen Feiertage der Bergknappen sind diese Untersuchungen besonders erwünscht. So fehlen Arbeiten für Salzburg, den kultischen Vorort zahlreicher Bergreviere. Zum Vergleich nehme man *Wilh. Berning*, Das Bistum Osnabrück vor Einführung der Reformation (Das Bistum Osnabrück, hg. von Joh. Vincke). Osnabrück 1940, S. 98 mit Anm. 34 (Statuten von 1629). – Hinweise auf die Beziehungen zwischen Rechtsgeschichte und Heortologie auch bei *Nikolaus Grass*, Rechtsgeschichte der Alpwirtschaft. Innsbruck 1948, S. 162.

Bergwerkskunde wird zur Kultgeographie und Kultdynamik, ebenfalls zu einer Würdigung des Sozialgeschehens und des Genossenrechts. Es ist dabei an der Zeit, einen Sakralatlas der Bergwerke vorzubereiten, um die Fülle bergbaulicher und volkskundlicher Beziehungen herausstellen zu können. Von diesen könnte mehr als eine Enzyklopädie gespeist werden.

5. Schutzfrau St. Barbara

Die Beziehungen von St. Barbara als einer Schutzmacht im Bergbau sind weithin anerkannt. Es war aber nicht immer so. Barbara hat keineswegs im Ablauf der Jahrhunderte irgendwelches Monopol in sakralen und bergbaulichen Räumen besessen. So ergibt sich von vornherein die Forschungsaufgabe, zu erkunden, wann sich diese Schutzfrau abendländisch stärker durchsetzte, was hier und da für das 15. Jh., mehr jedoch für das 16. Jh., nachweisbar ist. Es erhebt sich damit die Frage, wer als Vorläufer der Barbara-Devotion zu bezeichnen ist und wer gleichzeitig mit ihr als Helferin in den dunklen Bergesschacht eintrat. Wiederum will kultdynamisch beobachtet sein, welche Motive sich geltend machten, die Inhaberin einer Passio, die ihrem Ursprung nach in die römische Kaiserzeit des Maximin Daja († 313) weist, stärker und zugleich berufsbezogen herauszustellen. Dabei wäre zu ergründen, welche Bergbaulandschaften ihr von vornherein mehr zugetan waren und welche Gebiete sie sich erst erobern mußte. Somit kommen auch die Kultgeschichte und Religionsgeschichte neben der Hagiographie zu Wort, um die sakralen Herrschaftsbereiche und örtlichen Residenzen zu ermessen. Ergründet sein will auch das Werden und die Wirksamkeit des Symbols, denn Barbara ist für bergbauliches Denken über verschiedene Auffassungen hinweg sprechendes Sinnbild, das Schicksalsgenossen eint und erhebt.

Wie angedeutet, setzte sich Barbara erst zu verschiedenen Zeiten durch. Das gleiche betrifft das Hineinwachsen in unterschiedliche Räume der Bergwerksdevotion. Es war in der Tat ein weiter Weg, den Barbara zu durchmessen hatte, bis sie von dem Quellgrund der Passio[1744] über Simeon Metaphrastes, Johannes Damaszenus, Arsenius von Kerkyra, Petrus Gelasianus,

[1744] *Migne*, Patrologia Graeca, 116, col. 301–316. – *A. Wirth*, Danae in christlichen Legenden. Wien 1872, S. 105–111. – *Günter*, Legende. Im Register, S. 340. – Zur literarischen Überlieferung siehe noch *K. Hofmann*, Barbara. In: LThK[1], 1, 1930, S. 958f. – *J. P. Kirsch*, in The Catholic Encyclopedia, Bd. 2. S. 284f.

also von der Ostkirche, die Brücke betrat, die zum Hagiographen und Kartäuser Laurentius Surius († 1578) und dem abendländischen Vierzehn-Nothelfer-Kreis führte. Dieser bezeichnete an der Wende zur Neuzeit einen ansteigenden deutschen Volkskult[1745].

Einige Ausblicke sollen zeigen, daß andere Symbole im Vordergrund standen und daß Barbara, wenigstens in einigen Landschaften, nur mühsam ihren Weg nahm. Man erinnere sich nur an die bekannte Tulpenkanzel im Freiberger Dom, in einem Zentrum des mitteldeutschen Bergbaus[1746]. Dieses Prunkstück gehört der Spätgotik an. Wundervoll steigt dort ein ganzer Berggipfel auf, der sich aus köstlichen Blumen nach oben windet. In der Krone dieser Tulpenpyramide haben die volkstümlichen vier Kirchenväter Hieronymus, Ambrosius, Augustinus und Gregor I. Platz genommen. Als Exponenten einer vertieften Berufsauffassung fanden sie ihre Wege zu Gilden und Innungen, aber ebenso auch zum Bergwerk. So liehen sie ihren Namen neben Altären und Kanzeln auch den Gruben und Schächten. Sie wurden somit zu Inhabern von Zechen gleich den von den Landesherren Beliehenen[1747] und waren in einigen Landschaften die Schutzherren bergbaulicher Arbeit.

Diese Zusammenhänge sind in Einzelheiten von der Forschung noch herauszuarbeiten. Wir möchten aber schon einige Wege weisen. Eine Grube St. Hieronymus[1748] erscheint in spätgotischer Zeit, näherhin im Jahre 1496, in Kärnten im Bezirk von Vellach. Hieronymus entspricht gewiß dem Zeitgeschick und dem Geisteswillen des Humanismus, aber dieses Moment genügt nicht, um ihn in den Bergbau einzuführen. Darüber hinaus hat er vom Volk her eine ähnliche Wertung wie St. Christophorus als besonderer Schutzherr der Werktagsarbeit, als Beschirmer und Freund am jeweiligen Tag. Außerdem war Hieronymus Schutzhelfer gegen Augenkrankheiten, ein auch für den Bergbau bedeutsames Patronat.

[1745] *Samson*, Kirchenpatrone. S. 136ff. – *Buchner*, Volk und Kult. S. 19. – Manche Hinweise bei *G. Schreiber*, Deutschland und Spanien. Im Register, S. 506. – *Ders.*, Vierzehn Nothelfer. S. 50, 54, 79. – Weitere Barbara-Literatur *K. Gross* und *H. Bender*, Barbara. In: LThK 1², Sp. 1235/1236.

[1746] Eine bemerkenswerte Würdigung bei *Lottlisa Behling*, Die Freiberger Tulpenkanzel, eine Blume der Spätgotik (Wissenschaftliche Zeitschrift der Friedrich-Schiller-Universität Jena, Jg. 3, 1953/54. Gesellschafts- und Sprachwissenschaftliche Reihe, H. 4/5). S. 471–477.

[1747] Aufschlußreich für bergbaurechtsgeschichtliche Untersuchungen *Zycha*, Montani et Silvani. S. 175–210. Die Sakralkultur dieses Gebiets ist nicht einbezogen. Ergänzend wirkt *Dennert*, Kleine Chronik der Oberharzer Bergstädte³.

[1748] *Wießner*, Kärntner Bergbau, 2. S. 93. – Zwei Hieronymus-Stollen bei *Mathesius*, Sarepta.

In der gleichen Landschaft, im Bezirk Bleiberg-Kreuth, ist St. Ambrosius als Inhaber einer Zeche 1538 nachweisbar[1749]. Papst Gregor I., im Mittelalter weithin volkstümlich (u.a. Schutzherr der Maurer, Musiker, Knopfmacher, Posamentierer, der Studenten[1750]), wird 1580 als Inhaber einer Grube herausgestellt, als St. Gregor in der Siflitz, Bezirk Steinfeld[1751]. Ferner findet sich 1623 die Zeche St. Gregor auf der Wand in dem schon genannten Bergbaurevier Bleiberg-Kreuth[1752]. St. Augustin ist als Grubeninhaber in den mittleren und in den östlichen alpinen Gebieten häufiger noch als die bereits genannten Kirchenväter nachweisbar. Wir erwähnen für das Jahr 1514 die Grube St. Augustin in Gossensaß am Brenner[1753] und für das Jahr 1524 eine Zeche im tirolischen Vilrag[1754]. Im Jahre 1580 ist dieser Kirchenlehrer wiederum im kärntnerischen Gitschtal im Bezirk Steinfeld nachweisbar[1755]. In der einst bedeutenden Bergstadt Rattenberg am Inn wird 1630 eine Grube St. Augustin erwähnt[1756]. Andererseits kennt Kärnten noch einen Auguststollen in Windisch-Bleiberg aus dem Jahre 1829[1757]. Es sei dahingestellt, ob sich in diesem Falle oder darüber hinaus der Name eines weltlichen Grubeninhabers geltend macht. Es kam schon oft vor, daß Zechen den Vornamen des Beliehenen führten. Aber ganz gleich, ob es sich um eine persönliche oder, was häufiger der Fall ist, um eine kultische Wurzel handelt, auch hier tritt Augustin als Grubeninhaber heraus.

Wie erklärt sich diese Häufigkeit? Nun, wir haben in diesen Gebieten Augustiner-Chorherren-Stifte seit den Reformzeiten des Hochmittelalters und erst recht im Hochbarock. Man denke für die Bergwerksgebiete von Tirol nur an die Augustiner-Chorherren-Niederlassungen Gries bei Bozen und Neustift bei Brixen. Dazu hatten diese Zönobien viele Kirchen und Kapellen draußen im Land, in fruchtbaren Tälern, an steilen Bergeshöhen, jedenfalls auch am Saum der Bergwerke[1758].

[1749] Ebd., S. 42.

[1750] *Kerler*, Patronate. Im Register, S. 445.

[1751] Ebd., S. 149.

[1752] Ebd., S. 77. – Zum Bleibergbau in Kärnten s. noch *Tremel*, Frühkapitalismus. S. 68. – Zwei Gregor-Stollen 1561 in Joachimsthal. *Mathesius*, Sarepta.

[1753] *Wolfstrigl-Wolfskron*, Tiroler Erzbergbaue. S. 287. – Für Trient siehe unten.

[1754] Ebd., S. 261, 262.

[1755] *Wießner*, Kärntner Bergbau, 1. S. 149.

[1756] *Wolfstrigl-Wolfskron*, Tiroler Erzbergbaue. S. 68.

[1757] *Wießner*, Kärntner Bergbau, 2. S. 216.

[1758] Über Daniel als Bergbaupatron habe ich mich verschiedentlich geäußert, so im „Anschnitt", Jg. 5, Nr. 3, 1953, S. 12/13. – Siehe auch *Heilfurth*, Der Bergmannsheilige Daniel. S. 254–260. – Daniel auch unter den Gruben in Joachimsthal. *Mathesius*, Sarepta.

Am Fuße der Freiberger Tulpenkanzel verdient eine andere Figur unsere Aufmerksamkeit. Sie ist der Bibel entnommen, diesmal dem Alten Testament. Es ist kein Geringerer als der Prophet Daniel, der sich hier, ebenfalls wegweisend, eingefunden hat. Neuere Forschungen haben ergeben, daß der Künstler, der diese eindrucksvolle Gestalt herausarbeitete, um 1520 lebte. Es war Hans Witten von Köln (Gustav Vriesen). Er wirkte in einem Zeitalter, in dem für dies niederrheinische Gebiet Bergordnungen genauso anzusetzen sind[1759] wie für den sächsischen Erzbergbau. Daniel erscheint als Repräsentant des damals aufblühenden Bergbaus in der Tracht des werktätigen Bergmanns. Manneskraft und Arbeitswille, zugleich das Edle und das Hoheitsvolle des Propheten erfüllen diese sitzende Gestalt. Die Bergmannskapuze erinnert als Schutzkappe an Gefahrenzonen. Aber das Überlegende, das Sinnende, das Nachdenkliche erhebt ihn über den Werkeltag. So ist er in allem Sinnbild und Vertreter einer kräftig ansteigenden Erwerbsgruppe, die von starken ethischen Motiven in einen schöpferischen Berufsstand überführt und geradezu geadelt wird. Es gibt allerdings Auffassungen, die diese Bergmannsfigur als den Bergmann schlechthin, in der Kraft des Symbols, und nicht als Daniel ansprechen. Es sei dahingestellt.

Derart hat Daniel in einigen Räumen eine Priorität vor St. Barbara. Seine Stellung wurde ja wuchtig durch biblische Ausgangspunkte unterstrichen. Er hat mit dem Propheten Habakuk, seinem Begleiter, die Grube, wie man weiß, die Löwengrube, betreten, also einen außerordentlichen Gefahrenbereich, aus der ihn aber der Herr errettete. Der Vergleich zur Grube springt ins Auge, aber auch das visionäre Element verstärkt seine Stellung, da er in der Traumdeutung gleißende Metalle schaut, Gold, Silber, Erz, Eisen. Allerdings fehlt ihm die metallische Fünfzahl.

Seine Vorderhand erwähnt auch das „Oberbayerische christliche Heldenbuch"[1760]. Dieses Bruderschaftsbuch des Barockzeitalters kennzeichnet wirtschaftliche Erwerbsgruppen Deutschlands in einer sakralen Beleuchtung. Es belehrt uns wie Blätter eines farbigen Atlasses über inhaltreiche Symbole und besorgte Anwälte der schaffenden Menschen. Auch der Bergbau wird genannt. Da heißt es schlicht und einfach von den Bergknappen, daß sie verehren S. Danielem, ferner die im „Saltzwerck arbeiten" verehren S. Rupertum. Die Reichweite dieses Heldenbuches erstreckt sich weit über den Druckort München hinaus auf den ganzen Bereich des bayerischen Stammes, so-

[1759] Chur-Cöllnische Berggesetze, Bergfreyheit, den 9. Juni 1559. Bei *Thomas Wagner*, Corpus iuris metallici. S. 807–927.

[1760] Christliches Heldenbuch. Blatt 1 r.

weit bergbauliche Beziehungen in Frage kommen, also auch auf die weit ausgreifenden alpinen Siedlungen. Von Barbara ist in diesem sakralgeschichtlich bedeutenden Quellenwerk als Bergbaupatron noch nicht die Rede. Doch darf man sich nicht darüber täuschen, daß in bergbaulichen Quellen um das Jahr 1500 als zweit- oder drittrangige Patronin Barbara sich hier und da bereits einfindet, in einer Linie, die sich von Graubünden über Tirol in den ostalpinen Raum zieht. Dieses Einsickern der Barbaraströmung ist noch zu erforschen[1761]. Joachimsthal war daran beteiligt.

Sie galt im Mittelalter als Patronin der Berg- und Hüttenleute in Linz an der Donau[1762]. Im Tiroler Bergbaugebiet sei die neuzeitliche Barbara-Statue in der Pfarrkirche in Ridnaun bei Sterzing erwähnt, sie befindet sich rückwärts unter der Empore. Sie zeigt das Schwert und die Krone, über der Beschriftung erscheinen Hammer und Schlägel. Ridnaun gab sich als Stätte echter Bergwerksarbeit[1763].

Daß sich der Durchbruch der Barbaraverehrung in diesen Räumen nur langsam vollzog, zeigt uns auch die Tatsache, daß es nicht gelang, sie unter die „Knappenfeiertage" aufzunehmen, die nach der maximilianischen Ordnung von 1517 dem Bergknappen der habsburgischen Herrschaftsbereiche zugestanden wurden. Es waren dieses willkommene Ruhetage in der Arbeit, sogenannte Baufeiertage. Sie wurden kultisch ausdrucksvoll begangen. Wie es kam, daß gerade bestimmte Heilige bevorzugt wurden, ist noch zu ermitteln. Geltend machte sich, um einiges bereits anzudeuten, die allgemeinere kultische und volkskultische Entwicklung. Dazu trat der Einfluß der Landschaft, und wiederum meldete der Wasserheilige St. Nikolaus seine Ansprüche als Schutzherr beim Wassereinbruch an. Bergverwandt von den Salinen her, fand sich ebenfalls St. Rupert ein. Andere Motive förderten andere Feiertage. Solche Baufeiertage, gegenüber denen die festa praecipua, die Hauptfeiertage von Weihnachten, Ostern, Pfingsten usw., eine bevorzugte und erstrangige Stellung einnahmen, erscheinen in der erwähn-

1761 Wir verweisen auf den Bergrodel und das Knappenbuch des Oberengadin von 1481, mit einer „Fundgrube zur rechten Seite, genannt St. Barbara", ferner auf das Bergwerksverzeichnis des Bergrichters Christian Gadmer von 1588 in Graubünden, in dem eine Grube „St. Barbara" erwähnt ist. *Plattner*, Bergbau. S. 10, 47. – Zahlreiche Barbaragruben in den erwähnten Werken von *Wolfstrigl-Wolfskron* und *Wießner*. Siehe auch *Schneider*, Bergbaunamengebung. S. 436–473. – Das Verleihbuch der Bergrichter zu Trient (1489–1507), bei *Hochenegg*, Bergbautätigkeit, S. 437–456, mit einer Barbara-Grube am Hennenberg (Monte-Gallina) neben einer Zeche St. Augustin.

1762 *H. Commenda*, Linzer Stadtvolkskunde, 1. S. 262.

1763 Siehe auch aus der Wopfner-Schule in Innsbruck die Phil. Diss. von *Friedrich Volgger*, Beiträge zur Siedlungs- und Wirtschaftsgeschichte von Ridnaun. 1938.

ten Bergwerksordnung. Das hierzu einschlägige Kalendar wurde oben mitgeteilt[1764].

Diese Bergordnung war ergangen für die Bergwerke in Österreich, Steiermark, Kärnten und Krain. Sie war abgefaßt „Montag vor heylige drey koenige 1517“[1765]. Wiederum fehlt in der Aufzählung der Barbaratag. Noch ist eine Bevorzugung nicht erreicht, die sich bei aller Anerkennung liturgischer Voraussetzungen eigentlich nur vom Volksgemüt her vollziehen konnte.

An dieser Stelle wird die Tatsache sichtbar, daß es eine ständische Privilegierung innerhalb des Kirchenjahres gibt[1766]. Liturgische Sonderrechte werden mehr als einem Erwerbsstand zuteil, was auch das mittelalterliche Stadtbild zeigt. Diese Bevorzugung ist noch wenig beachtet. Auch das Werk von *Hans Planitz* zur Stadtkultur des medium aevum sieht solche Zusammenhänge noch nicht[1767]. Dagegen ist Florenz besser erforscht (W. Paatz).

Ein anderes noch. Das Bergwerk benötigte gute Zufahrtswege. Dieser Hinweis ist wieder und wieder bei Verleihungen der Berggerechtsame anzutreffen. Nun erscheint Barbara zuweilen in der Kreuzung von Wegen, wie die antike Hekate. So trifft man sie in einer Wegkreuzung in der Nähe des schwäbischen Immenstadt. Es kann sein, daß sie bei ihrer starken Stellung im Bergbau auch als Wegpatronin verehrt wurde. Diesem Moment ist in der Forschung noch nachzugehen.

Barbara tritt auch in die Kultur der Wochentage. Im besonderen im Barock weiht man ihr den Donnerstag. So verhielt sich jedenfalls das Andachtsbuch des Jesuiten Nakatenus[1768]. Doch das sind Spätentwicklungen. Es stimmt völlig zu dieser Beobachtung, daß Barbara in der Sage kaum verankert ist. Eine Ausnahme in der schlesischen Sage ist das vereinzelte

[1764] Siehe das Kapitel über das Bergwerk in Recht, Liturgie, Sakralkultur.

[1765] *Wagner*, Corpus iuris metallici, p. 34–134, bes. p. 67, verzeichnet doch eine Reihe von Feiertagen, die an „etlichen Orten“ begangen werden. Es heißt dort: „Nemblichen Unnser frawen tag Catuariensis, Sant Paulstag Conuersionis, Sant Johanns Und Pauls der Wetter Herrn tag. Unnser frawen tag. Visitacionis, der Zcbelffpoten tag, Divisionis, Sant Petertag ad Vincula, Sant Augustin, Sper Vnnd kron, Aller Seelen tag, Sol nach Rat vnnd guetbedungkhen der Gewerkhen vnnd ander Ambtlewt, darein gesehen werden.“

[1766] S. oben.

[1767] Die deutsche Stadt im Mittelalter von der Römerzeit bis zu den Zunftkämpfen. Graz u. Köln 1954. Eine Selbstbiographie dieses Autors bringt *Nikolaus Grass*, Österreichische Geschichtswissenschaft in Selbstdarstellungen. 2 Bde., Innsbruck 1950/1951; 2. S. 126–138.

[1768] *Schreiber*, Wochentage. S. 163.

Motiv von Barbara, der Jungfrau von Barbarrand[1769]. Wenn sich Barbara am Donnerstag bei Nakatenus einfindet, so ist es vorab deswegen, weil sie in die *eucharistische* Linie eingerückt ist, die den Donnerstag herausstellt. Man darf auch sagen, daß sie nunmehr von der *tridentinischen* Bewegung gestützt ist. So fanden sich kultfördernde Elemente ersten Ranges ein[1770].

Speziell in Hinsicht auf die Bergwerksbeflissenen ergibt sich die Forschungsaufgabe, für die verschiedensten Berggerichte und Bergreviere die Ruhetage und ihre kultische Voraussetzung herauszuarbeiten. Die Liturgie rückte grundsätzlich, aber auch zeitbedingt in eine sozialfreundliche Atmosphäre. Ebenfalls bleibt noch zu untersuchen, inwieweit in den ersten Jahrhunderten der Neuzeit die Reduktion der Feste, die sich in einer allgemeineren Entwicklungslinie abzeichnet, auch die Bergwerksheiligen ergriff. Die kirchliche Gesetzgebung, aber auch das landesfürstliche Recht, gingen Hand in Hand, um die reiche Zahl der Feiertage einzuschränken. In diesem Zusammenhang sei auf die Konstitution „Universa per orbem“ des Papstes Urban III. vom 13. September 1642 besonders hingewiesen[1771].

Zuweilen begegnen sich Barbara und Daniel auf dem gleichen Bild. Das geschah auch auf einer Türfüllung vom Saale der Bärburg, die im Weichbild der im 17. Jh. bedeutenden Südtiroler Stadt Klausen liegt und der Sitz des Gewerkengeschlechtes der Jenner war. Später aber nahm die Bärburg das Bergamt auf, während die genannte kunstvolle Tür durch Vermittlung eines Bergwerksbeamten nach Nordtirol kam. Das Gemälde ist ikonographisch bemerkenswert. Barbara erscheint mit Schwert und Kelch, Daniel mit gekreuzten Hämmern und mit der Erzstufe. Der Maler ist unbekannt.

Für die neuzeitliche Entwicklung will jedoch als kulturförderndes Element erwähnt sein, daß Barbara in die Türkenkriege einbezogen wurde. Mysterien, wie die Dreifaltigkeit, die trinitarische Prägung des niederösterreichischen Sonntagsberges und des Schlachtenhelfers St. Michael, wiederum die Wallfahrtsorte der Madonna, aber auch Heiligenkulte, wie St. Nikolaus, St. Leonhard (seine besonderen Beziehungen zum bayerischen Stamm), Jodokus, Laurentius, Katharina, Antonius von Padua und viele andere Heilbringer, erlebten von der Türkenfront her eine gesteigerte Verehrung. So kam es, daß die Zeitgenossen aufmerksam wurden, daß in der Ikonographie

[1769] *Kühnau*, Schlesische Sagen, 1. S. 499.

[1770] *Schreiber*, Der Barock und das Tridentinum. S. 408, 409, 412.

[1771] *Kellner*, Heortologie[3]. S. 22ff. Ferner *Nikolaus Grass*, Die Bauernfeiertage Tirols im Zeitalter des Spätjosefinismus. In: Tiroler Heimat, 20. Bd. Innsbruck 1956, S. 28–54.

bei dem Martyrium St. Barbara eine Türkisierung stattfand. Als Henker trat nicht irgendein Kriegsknecht aus den Zeitaltern der Gotik und Nachgotik auf, sondern diesmal ein Scharfrichter, dem man einen Turban aufsetzte und gleichzeitig eine Damaszenerklinge, den krummen Türkensäbel, einhändigte. Der Gegensatz zwischen Islam und Christentum machte sich in der Zeitenwende der Belagerungen von Wien und der Lepanto-Schlacht bemerkbar. Einst, allerdings vor Jahrhunderten, hatte das Martyrium den Gegensatz zwischen heidnischer und christlicher Antike bezeichnet. Soviel an Hinweisen, die als Forschungsaufgaben gebracht sind. Zu anderen Fragestellungen gehören das Reifen der Wanderlegende, das Motiv der wirkungsmächtigen Virgo, zugleich der an St. Sunniva erinnernden Felsenjungfrau, ferner die kultische Auswirkung in Patrozinien, auch der Bergwerkspatrozinien[1772] und der Bruderschaften. Besonders macht sich im Zeichen der Sakramentsgilde die betonte eucharistische Linie geltend. Wiederum wollen erwähnt sein die ars moriendi, das vielästige Brauchtum, die allgemeinen wie individuellen Attribute, die Mirakel, die ebenso die Bergwerkskultur ergreifen. Dazu tritt hie und da, wie in Unna, das St.-Barbara-Kloster, das aber seit dem 17. Jh. St.-Katharinen-Kloster genannt wurde[1773]. Diese Namengebung erinnert den Kulturhistoriker daran, daß beide dem Bergwerk und dem städtischen Kult zugewandte Frauen als Geschwisterheilige anzusprechen sind.

In der Barbarakapelle in Gossensass tritt dieses Zueinander noch betont heraus. Auf das Alter dieser spätgotischen Kapelle weist die Inschrift am Eingang „Dise Cappell ist geweicht in der er [Ehre] der edlen Junckhfraun Sand Barbara 1510". Im Innern zeigt der beherrschende Altar St. Barbara links mit Kelch und Hostie und rechts Katharina mit Schwert und gelocktem Haar. Beide Volksheilige tragen blondes Haar, beide tragen die Krone.

[1772] Zu diesen Bergwerkspatrozinien siehe die in diesem Buch eingearbeiteten Abhandlungen: *Schreiber*, Bergwerk in Recht, Liturgie, Sakralkultur. S. 362–418. – *Ders.*, Daniel. S. 12/13. – *Ders.*, Apostel und Evangelisten als Bergwerksinhaber. S. 145–168. – Ferner siehe *ders.*, Der Berufsgedanke im Bergwerk. S. 134–149. – *Ders.*, Spanien im deutschen Bergwerk. S. 198–223. – *Ders.*, Mysterien und Prophetie, Volksheilige im Bergbau. Zum Daniel-Motiv im tirolischen und deutschen Bergbau. In: Beiträge zur Heimatkunde des nordöstlichen Tirol. Festschrift zum 70. Geburtstag Matthias Mayers (Schlern-Schriften, hg. v. R. Klebelsberg, Bd. 138). Innsbruck 1955, S. 179–202. – *Ders.*, Volkstum und Kirche. In: Südtirol in Not und Bewährung. Festschrift Michael Gamper. Brixen-Bozen 1955, S. 133–144. – *Ders.*, Bergbau in Geschichte und Ethos.

[1773] *Reinhard Lüdicke*, Unna (Stadtrechte der Grafschaft Mark). Münster 1930, S. 32 der Einleitung.

Barbara wird flankiert von St. Nikolaus und St. Veit, rechts vom Altar befindet sich ein Wandgemälde, das den Tod Mariens darstellt. Dort hält Johannes Evangelist die Sterbekerze, in diese ist der Sterbedenar eingelassen, ähnlich wie bei Konrad von Soest. Dieses Motiv nahm also auch seine Wendung ins alpine Gebiet[1774]. Die Barbarakapelle in Gossensass verwahrt noch ein Tafelgemälde von St. Barbara, die als Attribut wiederum den Kelch und die Hostie trägt, außerdem ein prächtiges liturgisches Gewand. Dieses Gemälde, etwa 1,40 m hoch, gehört dem Jahre 1639 an. Es stammt vom fuggerischen Berg- und Schmelzwerkverweser Hanns Wagner und dessen Ehefrau, es war eine Stiftung. Eine weitere Stiftung findet sich ein in einer Renaissancetafel (2×2 m) an der Rückwand dieser Barbarakapelle; im unteren Teil wird vermerkt, daß Caspar Kofler, Bergrichter zu Sterzing, 1570 dieses Gemälde besorgte. Attribute der Bergarbeit finden sich in der benachbarten Pfarrkirche zu Sterzing ein. Auf der Evangelienseite sind die ersten drei Betstühle mit Türen versehen, an deren Wangen in Rokokoumrahmung Hammer und Schlägel abgebildet sind, also eine Holzschnitzerei. Die Barbarafeiern in der Bergwerkslandschaft sind unterschiedlich gehalten. Ihre Besonderheit mußte sich oft erst gegenüber dem älteren Patron Daniel durchsetzen. Wir umschreiben ihre Stellung in Kärnten mit der Kennzeichnung, die ihr Franz Kirnbauer mitgibt: „Zahlreiche Stollennamen sowie auch zwei Ortsnamen geben in Kärnten davon (von der Verehrung) Zeugnis. Die Barbarafeiern finden gegenwärtig in der Weise statt, daß entweder am Barbaratag selbst (4. Dezember) oder am darauffolgenden oder vorhergehenden Samstag das *Bergmannsfest* abgehalten wird, wobei der Tag arbeitsfrei ist und die Schicht bezahlt wird. Vormittags findet entweder eine Barbara-Messe oder während des späteren Nachmittags ein Barbara-Segen in der Kirche statt, meist verbunden mit einer Totenehrung. Am Abend steigt dann die eigentliche Barbarafeier in Form eines kameradschaftlichen Zusammenseins aller Werksangehörigen mit der Leitung des Unternehmens. Der Raum ist mit Tannengrün, mit brennenden Grubenlampen und den Bergmannsfarben schwarz-grün geschmückt. Der Bergdirektor gibt bei der Barbara-Rede meist auch gleichzeitig einen Überblick über das vergangene Arbeitsjahr und nimmt eine Ehrung der Arbeitsjubilare in Anwesenheit des Berghauptmanns oder eines Vertreters der Berghauptmannschaft sowie der Arbeiterkammer vor. Gegebenenfalls erfolgt an diesem Tage auch die Frei-

[1774] *Schreiber*, Gemeinschaften. S. XIV, 267. Das Bild des Konrad von Soest ist als Titelbild ebd. gebracht (Dortmund, Marienkirche).

sprechung der Berglehrlinge[1775]." So eignet dem Bergbau hier eine familiäre Note. Es ist erwünscht, diese auszuprägen.

Soviel auch an Hinweisen unsererseits. Es kommt ja darauf an, nicht nur kultgeographisch Ortspatronate und die Beteiligung an Pfarrkirchen und Nebenkirchen herauszustellen. Das ist bloße Arithmetik. Aber in der Tiefe schlummern noch manche Probleme. So hat auch der Schweizer Volkskundler *Notker Curti* mit Recht darauf hingewiesen, daß die Barbara-Legende keine Anhaltspunkte für die Attribute Kelch und Hostie gibt. Die Schutzherrschaft scheine älter als diese Symbole zu sein. Ganz fehle an diesem Tage auch der Zauber nicht. „Die nahen Rauhnächte schicken eben auch hier ihre Boten voraus[1776]."

Noch benötigt in der historischen Volkskunde die Religionsgeschichte eine sorgfältigere Berücksichtigung. Aber letztere Disziplin verlangt selbst noch der stärkeren Aufbereitung.

6. St. Magdalena als Volksheilige und Bergwerkspatronin

a) Die Volksheilige

Die Patrozinienkunde ist vielfach erstarrt. Man begnügt sich oft mit kultgeographischen Feststellungen, anstatt dieser Umschau eine kultdynamische Sicht mitzugeben. Zudem wurden in solchen Forschungen die lebensnahen Kräfte des *Symbols* und des *Mysteriums* manchmal vernachlässigt. Inmitten der Kreuzeskultur, die unter der Einwirkung der Levante anstieg, stehen doch die Kirchen zum heiligen Kreuz. Man muß weiter wissen, wie häufig sich Dreifaltigkeitskirchen einfanden, schon im Hochmittelalter. Stolz und geradezu prunkend steht die kardinalizische Abtei Vendôme (D. Chartres), jenes monasterium in honorem sanctae et individuae Trinitatis[1777], vor anderen Zönobien, die sich zu diesem Kirchentitel bekannten. Im Mittelalter wirkten diese Dreifaltigkeitskirchen wie steinerne Kommentare zur Invocatio der Urkunde, also zur Anrufung des göttlichen Namens in trinitarischer Form. Im deutschen Barock verbreiterte sich die Basis dieser Kirchen-

[1775] *Kirnbauer*, Brauchtum in Kärnten. S. 8f. – S. ferner *Franz Krins*, Schutzpatronin Barbara. In: Werk und Wir. Hg. von der Hoesch AG, Dortmund. Jg. 12. 1961, S. 486/487.

[1776] Volksbrauch und Volksfrömmigkeit im katholischen Kirchenjahr. Basel 1947, S. 6.

[1777] *Ch. Métais*, Cartulaire de l'abbaye cardinale de la Trinité de Vendôme, I. Paris 1893, nr. 36, p. 61 (a 1040).

titel[1778]. Zum anderen hat die vorwärtsdrängende marianische Entwicklung ältere Bestände überlagert.

Wo aber an Stelle des Mysteriums *Heilige* als Kirchenpatrone angesprochen werden, muß die Gesamtpersönlichkeit des Sanctus stärker berücksichtigt werden. Anders ausgedrückt: Mehr als ein Heiliger führt eine Fülle von Motiven mit sich, mit denen sich weniger das zur Beharrung und Konvention neigende liturgische Normenbuch, sondern mehr das empfängliche Volksgemüt unablässig auseinandersetzte. Neue Formen und Färbungen entwickelten sich. Erdgebundenes und Zeitbedingtes schalteten sich ein. So tritt Johann Baptist schon früh zur Stimmung mittelalterlicher Kreuzzüge, die seine hilfreiche Unterstützung verlangten. Letztere gab sich dann in Hospitälern und Ritterorden kund. Viele andere Sancti schritten gleichzeitig oder später zu den Altären der Zünfte und zu den Votivmessen der Bruderschaften. Dabei wurden die Räume der Wirtschaft betreten, ein Zug, den die Wirtschaftsgeschichte stark vernachlässigte. So hat auch das sonst so aufgeschlossene Buch von *Ferdinand Tremel* nicht beachtet, inwieweit der Frühkapitalismus auf den Wegen der Mysterienverehrung und der Heiligen-Devotion in Stiftungen und Bruderschaften sich vorwärts arbeitete[1779]. So wachsen Heilbringer wie St. Severus, Bischof von Ravenna[1780] († 348), und der heilige Kaufmann Homobonus aus Cremona[1781] († 1197) in das Zuvertrauen der Produktion und des Handels, wo Textilien in Frage kommen. Desgleichen wandert ein anderer Sanctus als Jakobus Major und ein weiterer Helfer als St. Nikolaus an der Seite schutzbedürftiger Pilger und Reisender, die sich wie der Fernkaufmann alter römischer Verkehrswege bedienen. Diese peregrini gehen im kultfreudigen Rhonetal gen St. Gilles und Com-

[1778] *Hugo Schnell*, Baierischer Barock. Im Register, S. 230. – *Braunfels*, Heilige Dreifaltigkeit. S. XIV, XXVIIIff.

[1779] Der Frühkapitalismus in Innerösterreich. Graz 1954.

[1780] *Braun*, Tracht. Sp. 656.

[1781] *Ettore Signori*, Cremona con 149 illustrazioni (Collezione di Monografie Illustrate, N. 95), Bergamo 1928, mit dem spätmittelalterlichen Dombild (1506) von Boccaccio Boccaccino: Christo Salvatore benedicente con S. Imerio, S. Omobono, S. Petro e S. Marcellino (Abbildung, p. 48). Es handelt sich um die Stadtpatrone von Cremona. Dazu vgl. noch p. 52. – Siehe noch *Agostino Cavalcabò*, Un antico codice reggiano su Omobono, «il Santo popolare di Cremona». Bolletino Storico Cremonese. Serie II, Anno VI, Fasc. I/II, vol. XI. Cremona 1941, p. 96–122. – Der Kult des Kaufmannes Homobonus erstreckte sich von Reggio di Calabria bis Lille. Über die Schweiz griff dieser aus bis Donaueschingen und Villingen. In den beiden letzten Städten sind noch Bruderschaften 1700 und 1742 nachzuweisen. *Hermann Lauer*, Kirchengeschichte der Baar². Donaueschingen 1928, S. 283. – Wir haben diese Hinweise gebracht, da auch St. Magdalena als Patronin der Wollweber geführt wurde. – *Kerler*, Patronate. S. 417.

postela. Sie ziehen ebenso auf der strata peregrinorum gen Rom und Bari.

Heute wollen wir uns der volksmächtigen *St. Maria Magdalena* zuwenden. Sie hat kultdynamisch den Vorteil des biblischen Ursprungs. Diese palästinensischen Herkunftslinien verschafften ihr von vornherein ein großes Ansehen und eine reiche Nachfolge in der Devotion. Aber ein bedeutendes Hindernis machte sich bei diesen sonst günstigen Voraussetzungen geltend. Sie war des *Martyriums* nicht teilhaftig, für ältere Auffassungen ein ernstes Defizit. Liegt es doch so, daß der offizielle Kult und die Volksliturgie, vom frühen Mittelalter an, den Martyrer betont und volkswarm herausstellten[1782]. Es war der wuchtende Dialog zwischen dem Richter und dem geistig überlegenen Blutzeugen, eine Zwiesprache, die immer wieder anzog.

Die ältesten *Litaneien*, die eine feinverästelte Hierarchie aufweisen, nennen die Martyrer unmittelbar hinter den Aposteln. So war der Standort von Maria Magdalena von vornherein unsicher. Die ältesten Litaneien der ehemals gefürsteten Reichsabtei Stablo, dem 10. Jh. zugehörig, führen 200 Heilige mit sich[1783]. Darunter sucht man vergebens den Namen Maria Magdalena. Dagegen ist sie dort in einer Litanei des 12. Jh. unter die virgines, und zwar an der Spitze, aufgenommen[1784]. Ebenfalls kennt die Augsburger Bistumslitanei des 11. Jh. (Letania Augustana) ihren Namen nicht. Der Liturgiehistoriker F. A. Hoeynck hat dieses inhaltsreiche Dokument oberdeutscher Prägung, das zugleich eine Begegnung mit vorab levantinischen und italischen Heiligen darstellt, aus einer Handschrift der Münchener Staatsbibliothek (clm. 3908, saec. XI) veröffentlicht[1785]. Aber der Autor kann mitteilen, daß der Name Magdalena später nachgetragen wurde (in margine apposita est Maria Magdalena).

Nach allem kann noch die Mystikerin *Mechtild* von Magdeburg († 1283) die Frage aufwerfen, inwieweit man Maria Magdalena überhaupt verehren könne[1786]. Begreiflich genug, wenn man die Gotteshäuser abtastet. Nur

[1782] *Schreiber*, Kultwanderungen. S. 1–40, bes. S. 12ff. – *Mario Righetti*, Storia Liturgica, II², p. 304 sgg.

[1783] *Maurice Coens*, Les plus anciennes litanies de Stavelot. Analecta Bollandiana, 75, 1957, p. 5–15. – Unter die Witwen zählt sie Caesarius von Heisterbach. *Menzel*, Symbolik, 2. S. 72. [1784] *Coens*, p. 16.

[1785] Liturgie des Bistums Augsburg. S. 432ff., bes. S. 434. Später mündete der Tag der Heiligen in Augsburg in jene hohe Rangklasse ein, die Johannes dem Täufer und Peter und Paul zuteil wurde. Ebd., S. 258.

[1786] Mechthild ist sogar auf die Frage der Zeit (Hochmittelalter) eingegangen, warum Johannes Ev. nicht den Martyrertod gestorben ist. *H. Preuß*, Johannes in den Jahrhunderten. Gütersloh 1939, S. 29. Dazu *Georg Schreiber*. In: Theol. Revue, 39, 1940,

wenige Pfarrkirchen waren ihr im frühen Mittelalter in deutschen Landen geweiht. Doch die im ius parochiale geringeren und doch bedeutsamen Fußwaschungskapellen fanden sich, wie im Patrocli-Dom in Soest, im 10. Jh. ein[1787]. Aber Mechtild weiß sich zu helfen. Sie gibt Maria Magdalena – vielleicht unter Einfluß früher iroschottischer Unterscheidungen[1788] – den Titel „Unblutige Martyrin". Habe sie doch am Kreuzestod Christi teilgenommen. Doch kennt Mechtild, ohne eigens von Magdalena zu sprechen, noch ein anderes Motiv[1789]. Sie verweilt so gern bei den zwölf Vorzügen der *Einsamkeit;* die Einöde macht sich ja in der Vita von Maria Magdalena betont geltend. Wiederum liegen viele ihrer Gotteshäuser in der Einsamkeit der Berge. So ist ihre Figur von vornherein manchen Dichtungen der Renaissance, beginnend bei Petrarca, willkommen. So steht ihre Persönlichkeit in den Schilderungen des wertmächtigen Eremos. Dieses Lob zieht sich von den Einsiedlern Ägyptens und von Kassian zur zisterziensischen und ignatianischen Einsamkeit, ebenso zu Angelus Silesius („So kannst Du überall in einer Wüste sein", Cherubinischer Wandersmann, † 1677) und zur marianischen Confradia de la Soledad in Madrid (gegründet 1748). Unter anderen Vorzeichen will auch die Stille der Eremitage von Montmorency, also das Einsame bei Jean Jacques Rousseau erwähnt sein. Man mag auch der Wanderung gedenken, die Paul de Lagarde am stillen Meeresstrand vollzog[1790].

Eine andere mystisch empfindende Frau, *Gertrud die Große* von Helfta wahrscheinlich († Ende 1302), schaut St. Magdalena, wie sie als Tagesheilige im Chor teilnimmt und die Liturgie begeht[1791].

Sp. 250–253. – Siehe auch *ders.*, Die Prämonstratenser und der Kult des heiligen Johannes Evangelist. In: Zeitschr. f. kath. Theologie, 65, 1941, S. 1–31, bes. S. 2f. – *Ders.*, Kultwanderungen. S. 12.

[1787] *H. Samson*, Kirchenpatrone. – *Stüwer*, Patrozinien. S. 83ff.

[1788] Eine altirische Homilie kennt ein geistiges Martyrium. Es ist in zwei Stufen eingeteilt: 1. das weiße oder blutlose Martyrium (Selbstverleugnung, Fasten, Arbeit), 2. das grüne Martyrium (Brechung des Willens, Buße und Besserung); das rote ist das eigentliche Martyrium. *John Ryan*, Irish Monasticism. Origins and Early Development. Dublin and Cork 1931, p. 197ff. – *Walter Delius*, Geschichte der irischen Kirche von ihren Anfängen bis zum 12. Jahrhundert. München 1954, S. 64.

[1789] Zur Charakteristik Mechthilds s. *Emil Michael*, Kulturzustände des deutschen Volkes während des 13. Jahrhunderts. Freiburg i. Br. 1903, S. 187ff. – *Georg Grupp*, Kulturgeschichte des Mittelalters, Bd. 4^3. Paderborn 1924, S. 275.

[1790] Vgl. *Karl Voßler*, Poesie der Einsamkeit in Spanien. München 1940, S. 17.

[1791] *Stephanus Hilpisch*, Chorgebet und Frömmigkeit im Spätmittelalter. In: Heilige Überlieferung. Ausschnitte aus der Geschichte des Mönchtums und des heiligen Kultes. Festschrift für Ildefons Herwegen. Münster 1938, S. 262–284, bes. S. 270. Mit Hinweis auf S. Gertrudis Magnae Legatus divinae pietatis Revelationes Getrudianae et Mechtildianae I. Paris 1875, p. 285.

Ihr Kult gewann an weiteren Mitteilungen der Legende. Sie macht uns auf Magdalenen-*Mirakel* aufmerksam. Da wollen zunächst die Engel erwähnt sein, die sie in der Wüste ernährten[1792]. So bereicherten sich wiederum die Züge des Einsamen. Engel sind es wiederum, die die Büßerin im Haarkleid – einzigartig in der sakralen Trachtenkunde – aufwärts tragen (15. und 16. Jh.)[1793]. Engel aber vermitteln gern die Zugänge zum Bergbau. Im Schwazer Bergbuch (Ettenhardt'sches Bergbuch, 1559) erscheint im Titelbild ein Engel, der im Auftrag von Gottvater den Knappen Daniel anweist, unter dem Baum zu schürfen. Dort hat dieser Daniel das erste Erz erschlossen[1794].

Wiederum dienten Magdalena diese Himmlischen als *Reiseführer*[1795]. Ein großes Seemirakel war es ja doch, daß sie auf einem Schiff ohne Mast, ohne Segel, ohne Steuer und Ruder zusammen mit Lazarus und seiner Gruppe nach Massilia fuhr. Selbst Joseph von Arimathäa wurde in der Mitteilsamkeit des Legendarischen in diese Fahrt einbezogen[1796]. Damit wurde für den Kult der Blick nach *England* geweitet. Soll ja nach der Legenda aurea dieser Joseph ebenfalls nach Massilia gelangt sein. Dieser Heilige erscheint ja mehrfach in mittelalterlichen Erzählungen, nicht zuletzt in der Gralssage. Zum anderen war es der Abtei Glastonbury willkommen, auf ein hohes Alter zurückzugreifen, wenn sie mit Joseph von Arimathäa als Klostergründer ein biblisches Motiv einführen konnte. „Der angesehene Ratsherr" wurde auch sonst von der christlichen Legende bevorzugt, wenn ihm übernatürliche Lichterscheinungen zuerkannt wurden[1797]. Weiter wurde bemerkt, daß er himmlische Speise erhielte, da ihn die Juden eingemauert hatten, bis ihn Titus entdeckte[1798].

Aber die gleiche Magdalena-Legende greift noch zu den stärksten Wunderzeichen, wenn sie erwähnt, daß diese heilige Frau unter wundersamen Begleitumständen Tote erweckte (Peregrinus-Motiv; der ohne Beichte verstorbene Krieger)[1799]. Wiederum als hospita Christi, als Schwester des

[1792] *Günter*, Legende. S. 129.

[1793] *Braun*, Tracht. Sp. 497f. Dazu noch *Paul Clemen*, Die gotischen Monumentalmalereien der Rheinlande. Textband. Düsseldorf 1930, im Register, S. 465.

[1794] Schwazer Bergbuch.

[1795] *Günter*, Legende. S. 129.

[1796] Ebd., S. 63. – Magdalena in altenglischen Schauspielen. *Menzel*, Symbolik 2, S. 62. Dort noch reiche Hinweise.

[1797] Ebd., S. 108.

[1798] Ebd., S. 129.

[1799] *Günter*, Legende. S. 298, 302. – *W. Liese*, Die Geschichte der Caritas, 2 Bde. Freiburg i. Br. 1922; 2, S. 123.

Lazarus, wurde sie zur Inhaberin vieler Spitäler[1800], ein Zug, der dem sonst bergbaugängigen Barbarakult weniger geläufig war.

Ein weiteres Wort über ihre *volksmedizinische* Stellung. Diese hat sich besonders in dem großen Tiroler Umschlagsplatz Bozen herausgearbeitet. Man gründete dort am Fronleichnamstag 1478 eine Bruderschaft der Bader und Barbiere des Landgerichts Bozen-Gries zu Ehren der hl. Zwölfboten, ferner Kosmas und Damians, Maria Magdalenas und Georgs. Das geschah in der Bozener Pfarrkirche, an dem Altar, der diesen als Patron der Heilkunst verehrten Heiligen gewidmet war[1801].

Für den mittelalterlichen Kult war es besonders bedeutsam, wenn dieser von einem werbungsmächtigen *Religiosenverband* getragen wurde. Dort wirkte diese Devotion als sakrales Hausgut und teilte sich um so kräftiger dann dem populus christianus mit. Diese Gunst wurde Magdalena zuteil. Entwickelte sich doch schon verhältnismäßig früh die Genossenschaft der *Reuerinnen* (Magdalenerinnen). Die Mitglieder dieser Konvente, auch in der trachtenfrohen Anschauung des Mittelalters Weißfrauen genannt, kümmerten sich um die Bekehrung gefallener und sittlich gefährdeter Frauen und Mädchen. Vorstufen waren vorhanden, als Rudolf von Worms, Kaplan des Kardinallegaten Konrad von Urach und Kanonikus von St. Moritz in Hildesheim 1224–1227, diese Gründung vollzog. Westdeutsches und Oberdeutsches fanden sich. Die benediktinisch-zisterziensische Verfassung wich 1232 der *Augustinerregel*, die, ganz wie in der Hospitalverfassung der Zeit, sich elastischer für die Praxis erwies. Ein männlicher Zweig – ähnlich Fontevrault – wurde für die Zwecke der Verwaltung und Seelsorge angeschlossen. Diese Magdalenerinnen erlebten einen raschen Anstieg. Niederlassungen fanden sich schnell ein, in Worms 1224, Straßburg 1225, Würzburg 1227, Speyer 1228, Frankfurt am Main 1228. Es sind die Städte des Verkehrs, der Produktion und des Handels, wo die Prostitution leichter Eingang fand. Dazu traten Frankreich, das eigentliche Stammland des Magdalenenkultes, mit Marseille 1227; Italien und Neapel folgten 1324 nach[1802]. Diese Entwicklung macht uns darauf aufmerksam, daß Magdalena mit ihrem Kult so recht in dem *Sühnegedanken* wurzelte, der für den mittelalterlichen Menschen so mächtig hervortrat, so daß das altfranzösische

[1800] *Karl Schadelbauer*, Das Heilwesen Südtirols im Mittelalter. In: Veröffentlichungen des Museum Ferdinandeum in Innsbruck, 31. Innsbruck 1951, S. 591–616, bes. S. 606.

[1801] *G. Gieraths*, Magdalenerinnen. In: LThK 6², Sp. 1270/1271. – *Schreiber*, Hospital. In: LThK 5², Sp. 491f. – Wertvoll *Menzel*, Symbolik 2, S. 63.

[1802] *M. Heimbucher*, Orden und Kongregationen³, 1. Bd. S. 646ff.

Heldenepos sich sogar, um die Sühne zu vollziehen, mit der Laienbeichte und mit der Sündenübernahme auseinandersetzte[1803]. Im späteren Mittelalter ist nach allen Vorzeichen Magdalenas Stellung im populus christianus so stark, daß man sie im *alpinen* Raum nicht entbehren zu können glaubte. Hier erwiesen sich die Motive der Höhenheiligen, der Einsamkeit, der Höhle und des Kerkers als besonders einprägsam, die ihre Vita begleiteten. An ihrem Grab opferten ja die befreiten Gefangenen ihre Ketten, ein Zug, der an St. Leonhard, den bauernfreundlichen Einsiedler des französischen Noblac (bei Limoges, † 6. Jh.), erinnert.

So konnte man sie von mehr als einem Standort her als Schutzfrau in den *bergbaulichen* Betrieb übernehmen. Magdalena-Kapellen, die in der Nachbarschaft von Gruben errichtet waren, schufen Zugänge.

Bereits im 12. Jh. finden sich Anzeichen, daß ihr Kult in deutschen Landen sich vorwärtsarbeitet. So wurde dem Prämonstratenser *Anselm von Havelberg* von seiten des Erzbischofs Friedrich I. von Magdeburg (1142–1152) der Auftrag, die Allerheiligenlitanei neu zu ordnen. Maria Magdalena wurde nunmehr von Anselm in eine neue Sicht einbezogen. Sie ward nämlich eingereiht unter die virgines, quae non martyres. Sie rückt dort an die Seite von S. Paula und S. Maria Egyptiaca[1804].

Weiterhin war für die kommende Verehrung günstig, daß sie den *Lazaruskult* begleitete. Dieser greift auf die Legende des 12. Jh. zurück, nach der Lazarus mit seinen Schwestern Martha und Maria, mit Maria Jacobi, Salome und dem hl. Maximin nach Massilia gekommen, dort 50 Jahre als Bischof gewirkt und endlich gemartert sei[1805]. Damit tritt Maria Magdalena in jenen

[1803] *Merk*, Altfranzösisches Heldenepos. S. 118ff. – Zur Sühne *Schreiber*, Wochentage. S. 114.

[1804] *Franz Winter*, Zur Geschichte des Bischofs Anselm von Havelberg. In: Zeitschrift für Kirchengeschichte, Bd. V, hg. v. Theodor Brieger. Gotha 1882, S. 138–155. Dazu *G. Schreiber*, Studien über Anselm von Havelberg. Analecta Praemonstratensia, XVIII, 1942, S. 5–90, bes. S. 11ff. Egänzungsbedürftigt LThK 6², Sp. 741. – Mondflecken als Magdalenas Tränen, *Menzel* 2, S. 64.

[1805] Siehe statt anderer *Neher*, Marseille, in: Kirchenlexikon 8², Sp. 905, und *J. Michl*, Lazarus, in: LThK 6², Sp. 846. – Die Magdalena-Literatur kennt viele verstreute Notizen kleineren Umfangs. Eingehender und ergiebiger die Studien von *Hans Hansel*, im besonderen: *Hansel*, Zur Geschichte der Magdalenenverehrung in Deutschland. Bei *G. Schreiber*, Volk und Volkstum, 1. München 1935, S. 269–277. – In größere Zusammenhänge einbezogen: *Hansel*, Das Nachleben der Heiligen in der Dichtung und die stoffgeschichtliche Darstellung. Volk und Volkstum, 3. München 1938, S. 231–251. – Eine bedeutsame kulturhistorische Übersicht wiederum bei *Hansel*, in dem Artikel „Maria Magdalena“ bei *Stammler* und *Langosch*, Verfasserlexikon, Bd. 3. Sp. 232–244. – Diese Aufsätze sind übersehen bei *Beitl*, Wörterbuch². S. 504. – Zum Ursprung der Legende siehe noch *Max Meinertz*. In: Das Heilige Land, 87, Heft 1/2, 1955, S. 1–9

bedeutsamen Austausch, der sich zwischen Südgallien und Palästina entfaltet hatte. Übrigens erscheint Lazarus als Inhaber eines Bergwerks im Gebiete von Trient[1806].

Ein weiteres günstiges Motiv findet sich ein. Ihrer nimmt sich die mächtige burgundische Benediktinerabtei Vézelay an. Sie war eines der größten mittelalterlichen Wallfahrtszentren Frankreichs. Sie war überdies päpstliches Eigenkloster, Allod und Patrimonium des hl. Petrus[1807]. Schon seit dem Jahre 1000 glaubte Vézelay die Gebeine der Heiligen zu besitzen. Die Abtei stand nun – mit manchen Wechselfällen – in der cluniazensischen Lebensgemeinschaft. Auch von dieser Seite mehrte sich der Magdalenenkult. Doch im 13. Jh. machten sich im Leben dieses Zönobiums Niedergangserscheinungen geltend. Für den Kult erwies sich damit ein Wechsel der Szenerie notwendig, ein seltener Vorgang. Der hl. Magdalena wurde im provencalischen Sainte-Beaume eine neue Residenz in einer Grotte des Kalkgebirges. So deutete sich ihr Charakter als Höhlenheilige an.

Sie tritt damit, indem wir vorab nur weibliche Heilige als bergmännische Patrone neben vielen männlichen Zecheninhabern erwähnen, an die Seite der Madonna (Maria Hilf), von St. Agatha, St. Lucia, St. Helena, St. Justina, St. Ursula, St. Notburga, erst recht von St. Barbara, die als Martyrin von vornherein eine volkhafte Note aufweist. Barbara war ja Patronin gegen den jähen Tod, der so oft den Bergmann bei Gesteinsbruch und Wassernot überraschte[1808].

Das gleiche Zuvertrauen wandte sich aber auch an St. Maria Magdalena als *Sterbepatronin.* Man erinnere sich nur an die Gruppe der vierzehn Not-

(Sonderdruck): „Es gab drei Frauen, die voneinander zu unterscheiden sind ... Schließlich wurde alles auf eine Person übertragen.“ Die Legende rankte sich dann um diese Person (S. 9). – Maria Magdalena steht in der hochmittelalterlichen Beschwörung der Dämonen (adiuratio) für die Witwen. *Franz*, Benediktionen, 2. S. 55. – Zu würdigen bleibt noch: „Die Legende der heiligen Maria Magdalena. Nach einem italienischen Text des 14. Jahrhunderts in deutscher Fassung von E. von Nemethy“. Jena 1929. Dieses „Leben der heiligen Maria Magdalena“ ist in den „Vite di alcuni Santi nel bun secolo della lingua toscana“ 1732–1735 erschienen bei dem Florentiner Buchdrucker und Antiquar Dom. M. Manni. Die Fahrt nach Massilia und die Buße in der Grotte von Baume sind dort nicht erwähnt, doch ist die hohe Abkunft und ihre Bekehrung (Flucht der Dämonen) festgehalten (Vorwort, S. 1ff., 26ff.). Das Motiv des kostbaren Blutes, so recht als Frömmigkeitsmotiv dem 14. Jahrhundert zugehörig, will für die Bestimmung der nicht aufgefundenen mittelalterlichen Handschrift gewertet sein. Eine reich entwickelte Phantasie macht sich in der Legende geltend. Inwieweit apokryphe Vorstadien mitwirken, sei dahingestellt.

[1806] *Schreiber*, Alpine Bergwerkskultur. S. 39.

[1807] *Achille Luchaire*, La société française autemps de Philippe-Auguste². Paris 1909, p. 31. – *Schreiber*, Kurie und Kloster, 2. S. 457, im Register. Büßerin in der französischen Dichtung. *Merk*, Heldenepos. S. 123.

[1808] *Schreiber*, Alpine Bergwerkskultur. S. 31f.

helfer im fränkischen Staffelberg, in der Nähe der Nothelferkirche von Frankenthal, dem späteren Vierzehnheiligen. Dort lautet die litaneienhaft gebrachte Anrufung: „St. Magdalena rette uns aus der Not, bewahre uns vor jähem Tod[1809]." Derart schätzte man die hilfreiche Büßerin bereits in der Mainlandschaft.

Das Magdalenen-Brauchtum ist weit verzweigt. Es verlangt nach einer besonderen Studie, nicht zum wenigsten im *volksmedizinischen* Bereich. Schon das Salbgefäß weist in diese Richtung. So wurde sie zur Pestheiligen in Marseille, in jenem Hafen, in dem sie nach der Volkstradition landete[1810]. Ebenso will aber, allerdings weit später, München erwähnt sein. Dort hatte Kurfürst Max Emanuel 1725 eine Magdalenenkapelle in Verbindung mit einer Eremitage bauen lassen. Ein Einsiedler betreute im 18. Säkulum gern ein solches Wallfahrtskirchlein. Das von einer Quelle gespeiste Wasserbecken zeigte dort in einer Grotte eine weiße Marmorfigur der büßenden Magdalena. Am Magdalenafest fand sich ein bemerkenswerter Volksbrauch ein. „Viele Leute knien am Becken und benetzen sich mit dem Wasser das Gesicht und vor allem die Augen. Man glaubte schon immer, daß dieses Wasser gegen Augenkrankheiten helfe. Das Nymphenburger Magdalenenwasser wurde so bekannt, daß viele Augenleidende nach München kamen. Die alten Münchner hielten das Wasser der Kapelle für besonders heilkräftig, wenn die hl. Magdalena weinte, das heißt, wenn es regnete[1811]." Den Volkskundlern Kerler und Bächtold-Stäubli blieb dies Brauchtum unbekannt[1812], an dem die Dynastie kultdynamisch beteiligt war. Es war aber ebenso durch die Zuversicht des Volkes getragen. Üppig rankte die Legende. Albertus Magus machte sie zum Inbegriff aller Schönheit, zu einer zweiten antiken Helena. [1812a]

[1809] *Buchner*, Volk und Kult. S. 19. – Ein tirolischer Beleg: Papst Klemens XI. (1700–1722) verlieh allen Mitgliedern der „Bruderschaft der heiligen Büßerin Mariae Magdalenae der ehrsamben Schneider-Zunfft" in Meran unter anderem einen vollkommenen Ablaß in der Sterbestunde. Das Mitgliedsdiplom mit Eintragungen aus dem Jahre 1771 nennt als weiteres Privilegium: „... letztens ist auch der Bruderschafft-Altar privilegiert alle Erchtag (Dienstage) und durch die Octav Aller Seelen, das(s) sooft ein Petriner oder Ordens-Priester ein H. Mess leset, er die Seel aus dem Fegfeuer erlesen kann." Hinweis von Herrn Oberstaatsbibliothekar Hofrat Dr. *Hans Hochenegg*, Innsbruck.

[1810] *Kerler*, Patronate. S. 276.

[1811] *Ida Grassl*, Münchner Brauchtum. S. 155.

[1812] *Bächtold-Stäubli*, Handwörterbuch, 5. Sp. 1684. Siehe dort immerhin Hinweise auf heilkräftige Magdalenenquellen in Sachen von Augenleiden. – *Kerler*, Patronate, S. 454f., verzeichnet andere Schutzherrschaften.

[1812a] *Menzel*, Symbolik, 2. S. 56-72, bes. 57.

b) Das Bergwerkspatrozinium

So kann nicht der Patronat übersehen werden, den Magdalena in manchen Landschaften auf den Ablauf des bergbaulichen Geschehens ausübte. Wieder und wieder begegnete man solchen Gedenkzeichen. Durchwandern wir nun einige alpine Räume[1813].

Die Diözese *Brixen* kennt eine Magdalenenkirche seit 1212 in Obervierschach. Das Gotteshaus liegt auf einem Hügel[1814]. Die Heilige teilte sich ja, wie in ihrem Heimatgebiet im provençalischen Raume, gern einer Höhe mit. Zuweilen erscheint sie, wie angedeutet, an der Seite von St. Helena, so in Oberlienz. Die Kaiserin weiß ebenfalls um den Schutz der Bergleute, da sie nach dem Kreuz graben ließ[1815]. Dort in Oberlienz befindet sich in dem 1308 geurkundeten Kirchlein zu St. Helena, das G. Tinkhauser als Wallfahrtsstätte angesprochen hat[1816], auf dem rechten Seitenaltar ein spätes Bildnis der hl. Maria Magdalena. Andere Beziehungen wollen ebenso erwähnt sein. Die Magdalenakapelle in *Gschnitz*, einem Seitental der Sill (nördl. Wipptal), wirkt in grandioser Einsamkeit[1816a]. Sie verkündet überdies und geradezu symbolisch die Herrschaft über das Wasser, das für den Bergmann so unentbehrlich ist und die Bergwerksordnungen beschäftigte. Die wasserfreundliche Art der Heiligen bekundet sich ebenso in dem gewaltigen Magdalenenstrom Kolumbiens.

Ergiebig für weitere Beobachtungen ist das *Halltal*. Dort thront 1299 m hoch das Magdalenenkirchlein, bei dem Augustiner-Chorfrauen gesiedelt waren. Sie hatten, wohl auch deswegen, da es sich um Bergbaurevier handelt, ein besonderes Verhältnis zu unserer Heiligen. Ob des rauhen Klimas siedelte jedoch 1515 dieser Konvent mit bischöflicher und landesherrlicher (des Kaisers Maximilian) Genehmigung ins Tal, ins Dorf bei Schwaz[1817]. Aber das Magdalenenfest wird dort immer noch mit einem stark besuchten feierlichen Gottesdienst begangen. Berglerisches Erbe.

[1813] Der Begriff „Bergwerkspatrozinium“ wurde erstmalig aufgestellt bei *Schreiber*, Bergwerk in Recht, Liturgie, Sakralkultur. S. 362–418.

[1814] *Tinkhauser*, Diözese Brixen, 1. S. 528f. – *J. Weingartner*, Die Kunstdenkmäler Südtirols. 2. Aufl., 3 Bde., Innsbruck 1951–1956; 1. Bd., S. 369f. (Wandgemälde).

[1815] *Georg Schreiber*, St. Helena als Inhaberin von Erzgruben. Schutzherrschaften, Bergwerksgeschichte, Ikonographie. Zeitschr. f. Volkskunde, 53, 1956/57, S. 76ff.

[1816] *Tinkhauser*, Diözese Brixen, 1. S. 573. Das Bild stammt von Joh. Paterer.

[1816a] Vgl. *Hermann Holzmann*, St. Magdalena in Gschnitz (Schlern-Schriften, hg. v. R. Klebelsberg, Bd. 132). Innsbruck 1954.

[1817] *Johann Jakob Staffler*, Tirol und Vorarlberg topographisch, mit geschichtlichen Bemerkungen. Innsbruck 1842, 1. 2. S. 587, 642f. – *Tinkhauser-Rapp*, Diözese Brixen, 2. S. 485f. u. 587.

Für das Halltal will ebenso die Kapelle des *Salzbergwerks* erwähnt sein. Sie ist *St. Rupert* geweiht, den bereits das Münchener Bruderschaftsbuch, betitelt „Christliches Heldenbuch 1629", als Schutzherrn anspricht, wenn es bemerkt, daß da verehren „die im Salzwerk arbeiten S. Rupertum"[1818]. Aber wie so oft, macht sich für den bergmännischen Bittsteller an dieser Stelle eine Mehrheit von Helfern geltend. Diese spätbarocke Rupertskapelle verzeichnet ja die Bilder von St. Magdalena und St. Barbara, die Christoph Anton Mayr vulgo Stockinger malte. Magdalena ziert der Heiligenschein. Sie betrachtet das Kreuz, ihr spezifisches Attribut. Es mag uns daran erinnern, daß alpine Bergspitzen vielfach ein Kreuz mit sich führten. Magdalena trägt, was besonders für künstlerische Herkunftslinien beachtet sein will, nicht schwarzes, sondern schönes blondes Haar. Die Körperformen sind stark sinnlich entwickelt, was an die sehr freien Darstellungen von Pinturicchio, Lukas von Leyden und Markus Koffermanns erinnern mag[1819]. Barbara selbst wird in dieser Kapelle nicht so wie Magdalena als Büßerin dargestellt, sondern mit Kelch und Hostie, mit einer Krone von fünf Zinken und mit Nimbus. Sie wirkt gegenüber Magdalena repräsentativ wie eine Fürstin von Geblüt[1820]. Man mag sich daran erinnern, daß die ältere Legende sie als Tochter eines reichen Kaufmannes behandelt, aber sie dann stärker hervorhebt, bis hin zum Rang einer Prinzessin.

Dagegen führt Magdalena in dieser Bergmannskapelle neben dem Kreuz als Attribut den Totenschädel mit sich, ferner das typische Salbengefäß und ein Buch[1821]. Mochte der Totenkopf der weltentsagenden Betrachtung dienen, die die Büßerin anstellte, so verkündete dieser gleichzeitig für das Empfindungsleben des gefährdeten Bergmannes ein Memento mori. Magdalena rückte an dieser Stelle in die Ars moriendi[1822]. Den ernsten Stimmungsgehalt dieser Kapelle gibt eine Marmortafel wider, die da vermerkt: „Den in treuer Pflichterfüllung beim Bergbau verunglückten Bergleuten". Es folgen zehn Namen für die Zeiten von 1863 bis 1935. In dieser 1722 geweih-

[1818] Christliches Heldenbuch. Blatt 1r. Dazu *Georg Schreiber*, Volk und Volkstum, 1. München 1935, S. 52f.

[1819] *Künstle*, Ikonographie der Heiligen. S. 428. *Menzel*, Symbolik, 1. S. 57 ff.

[1820] Zur Barbara-Literatur, die schon beachtlich verzweigt ist (G. Heilfurth, E. Schneider), siehe *G. Schreiber*, Schutzfrau St. Barbara. S. 9–13. – *Ders.*, Alpine Bergwerkskultur. S. 31.

[1821] Zu den Attributen s. *Braun*, Tracht. Sp. 495ff. Es ist aber, wie man in unserer Salinenkapelle sieht, nicht richtig, wenn *Braun*, Sp. 497, bemerkt, daß etwa seit 1630 das Salbgefäß als Attribut vor dem Kruzifix und dem Totenkopf verschwand.

[1822] Wir ergänzen hier: *Rainer Rudolf*, Ars moriendi. S. 142, im Register, unter „Sterbehelfer".

ten Kapelle werden auf Ersuchen der Bergleute im Laufe des Jahres noch einige Messen gehalten. Derart führen sich ältere Überlieferungen weiter.

Ein *Bittgang* nach der Rupertskapelle ist heute noch erhalten und verbindet sich ausnahmsweise mit einer Primiz. Darüber berichtet eine „Einladung zu dem am Dreifaltigkeitssonntag, den 16. Juni 1957 stattfindenden Bittgang der Belegschaft des Salzberges. Auszug um ½7 Uhr früh von der Pfarrkirche Absam nach Thaur zur Vigiliuskirche, dort wird der H. H. Primiziant Paul Haider eine hl. Messe lesen und den Primizsegen erteilen. Eingeladen sind alle Hüttenarbeiter, Angestellten, Beamten, sowie Provisionisten und Pensionisten der Saline Hall. Gleichzeitig geht an alle Obgenannten die Einladung zur Teilnahme am Antlassamt der Belegschaft des Salzberges am Freitag, den 21. Juni um 6 Uhr früh in der Pfarrkirche Absam. Solbad Hall, am 7. Juni 1957."

Das Gedenken an Magdalena hält wieder in Nordtirol die Kirche St. Christophorus im Tale *Navis* fest. Dieser Heilige, an dieser Stelle wohl als Wasserpatron geführt, ist im übrigen auch als gern gesehener Bergwerkspatron nachgewiesen[1823]. Für diese Zusammenhänge will für Navis erwähnt sein, daß die dortige Bruderschaft (die Kongregation vom guten Tode oder Todesangst-Christi-Bruderschaft) an vier Tagen ihre Bruderschaftsfeste feiert, nämlich am Tag des hl. Joseph, 19. März, am Schutzengelfest, also am ersten Sonntag im September, wiederum am Tag des hl. Johannes Evangelist (vielleicht Einwirkung des Prämonstratenserstiftes Wilten) und schließlich am 22. Juli am Schutzfest Maria-Magdalena. In der Hervorhebung Magdalenas tritt wiederum ihre besondere Beziehung zum Bergwerk heraus. Die erstmalige Erwähnung der Baue vollzieht sich 1501. Naviser Erze wurden in einem günstigen Abbau bereits für das Jahr 1514 gemeldet. Doch 1659 hatte das Bergwerk nur geringe Erzeugung[1824].

Es ist noch des *Seebener* Bergbaus (Außerfern) zu gedenken. Da hören wir von Bergwerksverleihungen des 17. Jh. Sie betreffen teils alte, teils neue Bergbaue. Wir erfahren davon in einer Abschrift aus dem 18. Jh. (Handschrift Dipauliana 1164 im Museum Ferdinandeum in Innsbruck). Dort heißt es, um den Stil solcher Verleihungen zu kennzeichnen: „Am 18. Juli 1642 empfingen Hans Stöckhl, Hans Haydt und Hans Thoman die Gappen, alle vier Knappen, und Jeremias Högwein, Gastgeb, alle fünf zu Tarrenz, zwei alte verlegene Baue ‚enhalb des Terl im Neualbl auf der linken Seite in

[1823] *Schreiber*, Alpine Bergwerkskultur, S. 43, mit besonderem Hinweis auf das Trienter Bergwerk. – Naris bei *Menzel*, Symbolik 2, S. 99

[1824] *Wolfstrigl-Wolfskron*, Tiroler Erzbergbaue. S. 285, 287, 303.

Seeben, so anvor die Ehrwaldin geheissen' samt den zugehörigen Halden." Sie nannten den Hauptbau zu *St. Jacob* und einen Zubau bei *St. Maria Magdalena* (fol. 37)[1825]. Es handelt sich um Baue, die schon einmal betrieben und aufgelassen waren. Gerade Knappen haben es oft mit solchen alten Gruben nochmals versucht. Beide sakralen Zecheninhaber, St. Jakob und Maria Magdalena, sind für Tirol durchaus gängige Bezeichnungen, um Gruben zu benennen. Man wird dabei an die St.-Jakobs-Fahrten nach Compostela erinnert[1826]. Doch wir hören noch von einer weiteren Magdalenengrube: „Den 15. September 1655 empfängt Salomon Hasslwanter von Astlandt einen Neuschurf ebenfalls in Seeben ‚bei dem oberen Anger unter der Reth'." Er nennt diesen Bau bei *St. Maria Magdalena* (fol. 114)[1827]. Der Beliehene, anscheinend ein zahlungsfähiger Gewerke, wird nochmals erwähnt: „Am 6. Oktober 1656 empfängt Salomon Hasslwanter von Astland einen Neuschurf in Seeben ‚beim dem weissen Leylach in Deykhopf'." Er nennt den Bau zu Unser lieben Frauen Hilf. Gleichzeitig empfängt er noch einen Neuschurf „unter der Reth beym Hochnanger in Seben"[1828]. Er heißt diesen bei *St. Maria Magdalena* (fol. 115). Es handelt sich bei der letzten Grube um die schon 1655 erwähnte Zeche.

Die Magdalenenkapelle zu *Mareit* im Ridnauntale[1829] gibt sich gleichzeitig als eine Höhenkirche. Es handelt sich um ein Gebiet, das mit bergbaulichen Belehnungen bereits für die Jahre 1481–1514 erwähnt ist[1830]. Der Bergbau ist noch heute in Übung. Dort thront seit Jahrhunderten in diesem Gotteshaus ihr Bild, das um 1470 geschaffen ist. Zu Füßen der Schutzpatronin sieht sie zwei Bergknappen, die ihre Schutzfrauen ehren[1831]. Man vergleiche die

[1825] *Mutschlechner*, Erzbergbau. S. 40.

[1826] *Schreiber*, Deutschland und Spanien. S. 525, im Register, unter „Tirol". – Über Compostela-Pilger aus Tirol berichtet *Nikolaus Grass*, Tiroler in Spanien. In: Gesammelte Aufsätze zur Kulturgeschichte Spaniens, hg. v. Johannes Vincke. Festgabe für *G. Schreiber*. Münster (Westf.) 1962. Z. Z. im Druck.

[1827] *Mutschlechner*, Erzbergbau. S. 41.

[1828] Ebd. – Der Name Mariahilf tritt im Zeitalter der Türkenkriege stärker zu den Gruben.

[1829] *Weingartner*, Kunstdenkmäler Südtirols, 1. S. 210f., 376. – *Tinkhauser*, Diözese Brixen, 1. S. 688.

[1830] *Wolfstrigl-Wolfskron*, Tiroler Erzbergbaue. S. 280.

[1831] Das Bild ist in der Festschrift für Landesrat *Hans Gamper* (Innsbruck) festgehalten, und zwar im zweiten Band. Innsbruck 1959. – Ebenso bei *G. Schreiber*, *B. Gritsch*, *H. Hochenegg*, *H. Lahrkamp*, 14 Nothelfer (Schlern-Schriften, Bd. 168, Tafel I). – Die Siedlungs- und Wirtschaftsgeschichte von Ridnaun ist auch als Phil. Diss. behandelt, anscheinend im Jahre 1939. Diese von *Friedrich Volgger* geschaffene Arbeit liegt als Maschinogramm im Historischen Institut der Universität Innsbruck, ohne Erscheinungsjahr (Hinweis von Prof. Nikolaus Grass, Innsbruck).

von uns gebrachte Abbildung. Es war übrigens dort von der Gemeinde eine Wochenmesse zu Ehren der Heiligen 1390 gestiftet, bei Errichtung der Kooperatur, zur Unterstützung der Pfarrei. Sie sollte am Mittwoch jeweils besorgt werden. Im Kranze der Wochenmessen war der Mittwoch eigentlich der erste freie Tag[1832].

Man wende sich noch zur Bergwerksstadt *Hall.* Dort ist das älteste Heiligtum wahrscheinlich das Doppelkirchlein am heutigen Langen Graben, das im oberen Geschoß die St. Magdalenen-Kapelle enthält[1833]. Hier befindet sich als wertvoller Schmuck ein Flügelaltar aus spätgotischer Zeit, der der Bergkirche St. Magdalena im Halltal entstammt, die wir bereits erwähnten[1834]. Die Kirche des von Erzherzogin Magdalena von Österreich († 1590) begründeten Königlichen Stiftes[1835] in Hall besaß im übrigen bereits vor 1630 einen Magdalenenaltar[1836]. Und im Garten dieses Stiftes erhebt sich der zwar nach der Erzherzogin Magdalena benannte „Magdalenensaal“, an dessen figurenreichem Plafondgemälde jedoch auch deren Namenspatronin St. Magdalena dargestellt ist[1837]. Die Dynastie trat ja hier wie auch sonst als Kultpflegerin im Barock betont hervor.

Es ist überhaupt diese Landschaft stark magdalenenhaft geprägt. So findet sich im nahen Voldertal eine Magdalenenkapelle, ein Holzbau, außerhalb des Volderwildbades. Diese Kapelle bestand schon zu Beginn des 18. Jh.[1838]. Dem späten 18. Jh. hingegen gehört die St.-Magdalenen-Kapelle im barocken Alpenhaus auf der Stiftsalpe *Lüsens* im Sellraintal bei Innsbruck an. Diese Kapelle ließ Abt Norbert von Spergs vom Prämonstratenser-Chorherren-Stift Wilten 1780 erbauen[1839]. Bis zum zweiten Weltkrieg fand am

[1832] *Tinkhauser*, Diözese Brixen, 1. S. 688, 691. – Über den Mittwoch siehe *G. Schreiber*, Die Wochentage. Arch. f. mittelrheinische Kirchengeschichte, 1, 1949, S. 331–345, bes. S. 340f. – *Ders.*, Gemeinschaften. S. 71, 72, 286. – *Ders.*, Die Wochentage, S. 273. *J. A. Jungmann*, Wochenzyklus. S. 45–68, bes. S. 53, 54, 58.

[1833] *Tinkhauser-Rapp*, Diözese Brixen, 2. S. 381. – *Josef Garber*, Die Magdalenenkapelle in Hall. Hall (Tirol) 1924.

[1834] Siehe noch *Peter Liebenrain* (Hans Hochenegg), Führer durch die Pfarrkirche St. Nikolaus zu Solbad Hall in Tirol. Hg. vom Dekanat Solbad Hall (1957), S. 2.

[1835] Vgl. auch *N. Grass*, Das Haller Damenstift und seine Kunstdenkmäler. Innsbruck 1955, S. 357. – *Ders.*, Zur neueren Rechtsgeschichte der Capella regia. In: Juristische Blätter, 70. Jg. Wien 1948, S. 281–283. *Ders.*, Pfalzkapellen und Hofkirchen, 2. S. 158ff.

[1836] Haller Buch, Tafel XXII. [1837] Ebd. Tafel XXIV.

[1838] *Nikolaus Grass*, Ein Forschungsritt zum Schwarzbrunnen im Voldertal 1753. In: Tiroler Heimatblätter, 1949, S. 83. – *Ders.*, Eine Akademie zwischen Barock und Aufklärung. (Forschungen zur Innsbrucker Universitätsgeschichte 1) Innsbruck 1962.

[1839] *Tinkhauser*, Diözese Brixen, 1. S. 284. – Abt Norbert von Spergs war der Bruder des Bergbauhistorikers Joseph von Sperges; die Brüder schrieben ihre Familiennamen unterschiedlich.

Magdalenentag auf der Stiftsalpe Lüsens das sogenannte „Milchmessen“ statt. Nach dem Milchertr« ägnis am St.-Magdalenen-Tag wurde der Anteil am Almnutzen berechnet, den die Eigentümer von „Lehnkühen“ (von zur Sömmerung in die Alpe aufgenommenen fremden Kühen) erhielten[1840]. Der Magdalenentag bildete nach einem Urteilsspruch von 1548 den Stichtag für die Almnutzung der Alpe Rudig im obersten Namlostal (Außerfern). Diese Alm stand seit alters her im gemeinsamen Eigentum der Gemeinden Imst und Tarrenz; im Vorsommer, bis zum Magdalenentage, sollte die Nutzung den Imstern, nach dem Magdalenentag jedoch den Leuten von Tarrenz zustehen[1841]. Das Bergwerksgebiet von Imst kennt übrigens ein Bild der hl. Magdalena vom Maler Josef Anton Kapeller I. (1714–1763). Es hängt in dem Lorenzikirchlein von Imst. Dort wurde am 7. August 1352 zu Ehren der hl. Elisabeth und der hl. Magdalena ein Seitenaltar geweiht[1842].

Unter den Motiven, die die Heilige mit sich führt, will, wie bereits angedeutet, auch ihre Stellung in der Ars Moriendi erwähnt sein. So begreift es sich, daß sie sich als Patronin von *Friedhofskirchen* einfand. Diese Kapellen des Gottesackers sind in der Forschung stark vernachlässigt. Im Brixner Raum steht die ihr geweihte Kuratiekirche des Ortes St. Magdalena am Westufer des Gsießer Baches, ebenfalls inmitten eines Friedhofes. Sie ist auch sonst oft auf dem Gottesacker vertreten. Dieses soeben erwähnte Gotteshaus wird bereits 1327 urkundlich genannt[1843], zu einer Zeit, da die Gotik den Magdalenenkult steigerte und sich in dieser Tendenz vom Bergbau unterstützt sah. Der Bergbau um Gossensaß gedenkt ebenfalls der Schutzpatronin in der dortigen Barbarakapelle.

In der Bergwerksstadt *Sterzing* gibt es nach Weingartner keine Magdalenenkapelle, sondern nur die *Kapuzinerkirche* zur heiligen Magdalena, geweiht 1637[1844]. Die Barbarakapelle zu *Gossensaß* ist übrigens um 1510 erbaut. Sie besitzt einen Flügelaltar der Heiligen von 1509. Das ist das Zeitalter der Hochblüte des Tiroler Bergbaus. Zwei Bergknappen arbeiten zu Füßen

[1840] Vgl. *Nikolaus Grass*, Rechtsgeschichte der Alpwirtschaft (Schlern-Schriften, Bd. 56). Innsbruck 1948, S. 46. – *Ders.*, Zur Kontinuität im bäuerlichen Recht der Alpenländer. In: Zeitschr. d. Savigny-Stiftung f. Rechtsgeschichte, Germ. Abt., Bd. 66, 1948, S. 516–524, bes. S. 523.

[1841] *Nikolaus Grass*, Rechtsgeschichte der Alpwirtschaft. S. 84.

[1842] *Karl Kugler*, Kirchen und Kapellen in Imst. In dem Sammelwerk: Imster Buch. S. 244.

[1843] *Weingartner*, Kunstdenkmäler Südtirols, 1. S. 290f.

[1844] Ebd., S. 322. Siehe ferner *Agapist Hochenegger*, Geschichte der tirolischen Kapuziner-Ordensprovinz, Bd. 1. Innsbruck 1913, S. 94ff.

Magdalenas an einem Felsen, also wiederum ein beredtes Zeugnis der beliebten Stollenheiligen. Man darf annehmen, daß gerade die Bergleute mit Stiftungen dazu beigetragen haben, daß dort die Magdalenenkirche entstand. Einige Beachtung verdient es, daß die Barbarakapelle als frühestes Gotteshaus in Gossensaß entstand. Die Pfarrkirche wurde erst 1750 gebaut und 1754 geweiht. So haben die Bergleute dort die Initiative entfaltet. Erwähnt sei noch, daß die Pfarrkirche Gossensaß über dem Hauptportal eine Marmortafel mit Hammer und Schlägel aufweist. Als Bergwerksheilige erscheint Magdalena wiederum in der Grube S. Maria Magdalena in Varnas[1845].

Auch die *Volkserzählung* schaltet sich ein. Eine Sage betrifft das Aveglöcklein der in der Blütezeit des tirolischen Bergbaus um 1481 von Bergknappen erbauten *Mareiter* Magdalenenkirche[1846]. Es mahnt die Bauern, ihre Feldarbeit einzustellen, wenn das Läuten einsetzt[1847]. Trieb man die Zuchttiere, die beim Klang dieser Glocke von selber stillstanden, weiter zur Arbeit an, so konnte man sie nicht vor dem Anbruch des folgenden Tages wieder zum Halten bringen[1848]. Die Bannung machte sich im Volksglauben geltend.

Andere Sagen betreffen den Bau der Magdalenenkirche im südtirolischen *Villnöß*[1849]. Dort hatte ein Bauer kein Glück in seinem Betrieb. Fuhr er doch, ganz wie im Falle von Mareit, die Garben ausgerechnet zu einer Zeit ein, da die Feierabendglocke läutete. Es wurde erst anders, als er reumütig die Magdalenenkapelle zur Sühne gebaut hatte[1850]. Noch eine andere Sage hat sich der Kirche in Villnöß mitgeteilt: Eine Bäuerin findet eine geschnitzte Magdalenafigur, als sie nach einem verheerenden Gewitter als erste den Flurschaden besichtigte. Ein mirakulöser Fund und im Volksglauben ein Gnadenbeweis. Noch heute steht jenes Mirakelbild neben dem Seitenaltar in diesem Bergkirchlein[1851]. Kapellen dieser Art sind primär der bäuerlichen Wirtschaft zugewandt, wollen aber mehr oder weniger vom Standort des Bergbaus gesehen werden, der ja seine Knappen möglichst der heimischen Bauernbevölkerung entnahm.

[1845] *Schreiber*, Bergwerk. S. 399.
[1846] *Weingartner*, Kunstdenkmäler Südtirols, 1. S. 210f.
[1847] Zum Brauchtum des Feierabendläutens siehe *Franz Grass*, Pfarrei und Gemeinde. S. 108 u. 166.
[1848] *Fink*, Eisacktaler Sagen. S. 64.
[1849] Vgl. *Weingartner*, Kunstdenkmäler Südtirols, 1. S. 376.
[1850] *Paulin*, Südtiroler Sagen. S. 136.
[1851] *Hans Fink*, Eisacktaler Sagen. S. 264.

Bäuerliche Arbeitsruhe begegnet sich derart mit dem Magdalenenkult. Die Nebenkirche in Mareit empfing, wie bereits mitgeteilt, im späteren Mittelalter in ihrer seelsorglichen und kirchenrechtlichen Fortentwicklung eine eigene Kooperatur und gleichzeitig die Auflage, an jedem Freitag sollte bei St. Magdalena eine Messe gelesen werden. Diese Verpflichtung wurde von der Gemeinde Mareit bestimmt[1852]. Magdalena tritt damit, da es sich um den Freitag handelt, in Zusammenhänge mit der Passion, worauf auch das Attribut des Kreuzes verweist, ebenfalls die Tatsache, daß in einigen deutschen Landschaften (so im Trierer Raum) die Messe an ihrem Tag in violetter Farbe gelesen wird.

Nun fanden sich weitere Kultstätten in Tirol ein. Wir halten noch folgende Gotteshäuser fest, die Magdalena geweiht waren: Da ist das St.-Magdalenen-Kirchlein in Oberbozen[1853], das um 1640 errichtet wurde. Es zeigt ein Bild Magdalenas um 1800 von Henrici[1853a]. Dieses Gotteshaus hat wohl keine Beziehung zum Bergbau. Ferner sei erwähnt die Pfarrei St. Magdalena im Gsiestal[1854], es handelt sich um ein Seitental des Pustertales. Der ganze Ort heißt St. Magdalena, der auch die Pfarrkirche 1488 geweiht ist. Ihre Vorstufe war eine 1327 erwähnte Kapelle. Außerdem sei St. Magdalena in Tagusens bei Kastelruth (Südtirol) genannt[1855], eine Exposituruirche aus dem 12. und 13. Jh. Das Altarbild zeigt Christus, wie er Magdalena erscheint. Unter den Stollennamen, die das Lehenbuch des Schwazer Bergbaus um 1515 (ab 1440 geführt) verzeichnet, befindet sich Maria Magdalena. Sie ist gruppiert zwischen Unschuldigen Kindern und St. Veit einerseits und zwischen St. Peter und Lienhard andererseits[1856].

Bergbauliche Beziehungen entstanden für Maria Magdalena in Palai im Fersental. Sie gibt sich heute als Pfarrkirche. Früher betreute die Heilige eine Expositur im Gebiet von Trient.

Inwieweit sich mit den genannten Kultstätten oder bei anderen, die noch zu erwähnen wären, eine Beziehung zum Bergbau ergab, mag regional er-

[1852] *Tinkhauser*, Diözese Brixen, 1. S. 688.

[1853] *Weingartner*, Kunstdenkmäler Südtirols, 2. S. 233.

[1853a] Über diesen Künstler vgl. *Alma Tirler-Lutz*, Der Bozner Maler Henrici (Schlern-Schriften, hg. v. R. Klebelsberg, 205. Bd.). Innsbruck 1960.

[1854] Ebd., 1. S. 290f. – *Tinkhauser*, Diözese Brixen, 1. S. 515ff.

[1855] *Weingartner*, Kunstdenkmäler Südtirols, 1, S. 303, aus dem 12. oder 13. Jh. – *Atz* und *Schatz*, Trient, 3, S. 255, bemerken: In dieser alten Zeit (13. Jh.) stand hier schon eine Kirche, welche ganz mit Recht der heiligen Magdalena als Patronin einsamer Gegenden, wie auch diese ist, geweiht wurde. Das Moment des Eremos ist hier mit Recht betont.

[1856] Nach Handschrift, 1587. Landesregierungsarchiv Innsbruck.

gänzt werden[1857]. Aber schon jetzt tritt die Verschwisterung von Gotik und Bergbau heraus. Wahlverwandte Größen.

Für *Steiermark* sei der Erzberg bei Eisenerz erwähnt, für den bereits seit dem 12. Jh. ein Spateisenstein urkundlich nachweisbar ist. Für diesen Abbau liegt eine Beschreibung jener Zechen des 18. Jh. vor, „welche der Eisengewerkschaft zugehörig sind". Dort wird unter nr. 35 eine Grube „St. Magdalenä" namhaft gemacht, in einer Reihenfolge, die sie zwischen der Grube nr. 34 „Andrä" und nr. 36 „Eligi" einordnet[1858]. Ferner wird dort eine Grube „St. Maria Magdalenä" in einer anderen Aufreihung der Eisenberg- und Hüttenwerke erwähnt, „mit den Namen der Gruben so die Vordernberger besitzen". Die Magdalenengrube findet sich in dieser Anordnung als nr. 30, zwischen der Zeche nr. 29 „Gottesgab" und nr. 31 „Armen Seelengang"[1859]. Wenn man solche Aufführung, die so viele Heilbringer als Bergwerksinhaber erwähnt, auf sich wirken läßt, wird man geradezu an die Allerheiligenlitanei mit ihren Anrufungen erinnert. Dazu begegnet man dem Gedankengang, das gewonnene Erz sei ein „Gottessegen", ein Zechenname, der auch heute noch im westdeutschen Bergwerksgebiet geläufig ist[1860]. Daß zum anderen das Arme-Seelen-Motiv aufleuchtet, entspricht so recht der Volksfrömmigkeit des 18. Saeculums, die dieses Motiv in Bruderschaften, Liedern, Bildern (Kärrner), in Gebeten, Sagen behandelte.

Gehen wir in benachbarte alpine Gebiete, und zwar nach *Kärnten*. Dort erfahren wir bei Hermann Wießner in seiner ergiebigen Geschichte des Kärntner Bergbaus von einem Magdalensberg im Klagenfurter Becken[1861]. Es will für die hohe Bewertung des Magdalenenmotivs erwähnt sein, daß Kärnten nicht weniger als fünf Kultstätten zählte[1862], die sich dieser heiligen Frau widmeten. Zum weiteren hören wir von einem Magdalenenberg bei Lavamünd. Wiederum wird zu Ehren Magdalenas ein Bau benannt, der zum Hüttenberger Erzberg gehört. Dieser wird als Magdalenengrube angesprochen[1863]. Ein Verzeichnis des Bergrichters Hans Auer vom Jahre 1550 er-

[1857] Dazu vgl. man noch *Wolfstrigl-Wolfskron*, Tiroler Erzbergbaue. Bereits erwähnt.

[1858] Beschreibung. S. 29.

[1859] Ebd., S. 32.

[1860] *Schreiber*, Bergbau in Geschichte und Ethos. S. 177–201, bes. S. 182.

[1861] Kärntner Bergbau, 3. S. 14. – *Georg Graber*, Volksleben in Kärnten. 3. Aufl., Graz 1949, S. 12f., Abb. neben S. 16. – Der Magdalenenberg gehört zu den vier heiligen Bergen Unterkärntens. Er ist Wallfahrtsstätte. Einzelnes: Reclams Kunstführer Österreich, 2. S. 381ff.

[1862] *Gustav Gugitz*, Fest- und Brauchtumskalender für Österreich, Süddeutschland und die Schweiz. Wien 1955, S. 84ff., bes. S. 85.

[1863] *Wießner*, Kärntner Bergbau, 3. S. 309.

wähnt sodann im Kärntner Berggerichtsbezirk Steinfeld Fundgruben auf dem Siflitzerberg, bezeichnet als „Gruben St. Maria Magdalena“[1864]. Eine weitere „Gruben St. Maria Magdalena“ ist aus dem Jahre 1558 bekannt. Sie befand sich am Landskroner Berg im Berggerichtsbezirk Friesach, Kärnten[1865].

Bei der Untersuchung der Besitzverhältnisse im kärntnerischen Bleiberg erfahren wir für das gleiche Zeitalter weiteres nach der Seite der Zugehörigkeit und Verleihungen[1866]. Im ältesten Gerichtsprotokoll aus den Jahren 1538–1542, aufgezeichnet durch den für solche Vorgänge zuständigen Bergrichter *Georg Scheybmair*, ist für 1538 unter anderen der Gewerke Paul Kramer angegeben. Er wird als Inhaber der Grube „Maria Magdalena“ angesprochen[1867]. Am 27. April 1549 erwarb ein Neuntel dieser Grube ein Melchior Putz von Gregor Egger[1868]. Das Neuntel ist auch sonst, vornehmlich im Tiroler Raum, nachweisbar. Es zerfiel wieder in vier Viertel[1869]. In der Schweiz ergaben sich überdies Miteigentümerverhältnisse, die bis zu einem Zweiunddreißigstel ausgriffen. Im Jahre 1561 schrieb Adam Grymb, Verweser der *Fugger* in Bleiberg, seinem Vorgesetzten Durchenwald in Obergoldegg: „Das Wasser bei unserer Frau an der Gail im Schacht mußten wir rinnen lassen, getrau mich nicht, ohne große Unkosten zu halten, derohalben wir Maria Magdalena wieder belegt und hoffen den Durchschlag in zwei oder drei Wochen zu machen, dann mag man dieweil noch die Teufe also fertig in das Gebirg und das schwarze Striffel hat, mit weniger Kosten vertreiben[1870].“ Die Historiker Jakob Strieder und Götz Frhr. v. Pölnitz haben, neben anderen Autoren, für eine nähere Würdigung des Bergbaues der Fugger aufschlußreiche Darstellungen vorgelegt[1871].

Eine weitere Erwähnung des Bleibergs geschieht in Sachen der Fronraitung des Fröners Lienhart Reisenauer. Da gewinnen wir einen Überblick über die Gewerken und die Gruben um das Jahr 1600. Dabei wird erwähnt die Grube „St. Maria Magdalena hinter der Kirchen“[1872]. Dieselbe Grube erscheint auch in einem Verzeichnis von 1623[1873]. Im Jahre 1665 berichtete

[1864] Ebd., 2. S. 149.
[1865] Ebd., S. 212.
[1866] Ebd., 2. S. 42.
[1867] Ebd., S. 50.
[1868] Ebd.
[1869] Außerferner Buch. S. 39, Anm. 2.
[1870] *Wießner*, Kärntner Bergbau, 2. S. 64.
[1871] Siehe noch *Scheuermann*, Fugger als Montanindustrielle.
[1872] *Wießner*, Kärntner Bergbau, 2. S. 74.
[1873] Ebd., S. 77.

der Bleiberger Bergrichter Michael Pfleger über die ihm unterstehenden Besitz- und Grubenverhältnisse[1874]. Dabei heißt es: „Im Gereuth oder dem vorderen Bleiberg sind noch folgende Gruben als ... Maria Magdalena ...[1875]." Ein Fronlibell aus dem Jahre 1724 nennt unter anderem die Gewerken Christof Ebner senior und junior. Die beiden Ebner waren an der Bamberger Fron mit 50 Prozent, Jakob Kilzer mit 18 Prozent beteiligt[1876]. Aus dieser Bemessung mag die Bedeutung ihrer Gruben, im besonderen der Gruben St. Magdalena hervorgehen.

Diese quellenkundlichen Notizen sind gleichzeitig ein Beitrag zur Geschichte *Bamberger* Besitzes, der sich im Kärntner Gebiet befand. Die Entstehungsgeschichte dieser Magdalenengrube fällt somit in die bewegte Zeit, da die Auseinandersetzungen zwischen den Alt- und Neugläubigen jene Räume erregten. Der den Neugläubigen zugewandte Statthalter Johann Friedrich Hofmann trat 1583 zurück, um durch den Domherrn Johann von Redwitz ersetzt zu werden[1877].

Wenden wir uns noch nach der *Schweiz*. Dort hat in der Ostschweiz, den Flußgebieten der Albula und Lanquart, der kaiserliche Bergrichter *Christian Gadmer* im Jahre 1588 die Bergwerke seines Gerichtssprengels aufgezeichnet. Darunter befanden sich in Erosen die Gruben: 35. „St. Jos" zum Hubel; 36. die „weiße Grube" in den Alpen vor dem inneren See; 37. „St. Maria"; 38. „*St. Magdalena*"; 39. „Zum Heiligen Geist". Die in diesem Verzeichnis gebrachten Grubennamen entsprechen dem sonstigen alpinen Brauchtum. Aber die Gruben „St. Jos" und „St. Kilian" aus dem gleichen Bergwerksverzeichnis, verraten andere Herkunftslinien[1878]. Diese betreffen die Iroschotten. Es mag uns schließlich daran erinnern, daß Irland schon früh, ja in vorkeltischer Zeit, über einen hochwertigen Bergwerksbetrieb verfügte[1879].

Im Bergbau des Westerwaldes erinnerte man sich an Maria Magdalena. Wird doch in Horhausen ihr Gedenktag feierlich begangen. Am Samstag vorauf werden die Gruben geschmückt, am Montag erfolgt eine Prozession. Der Priester segnet die Gruben, die zum guten Teil letzte Ruhestätte der Bergleute sind. Wenn die Prozession beendigt ist, verlangt der Feiertag noch-

[1874] Ebd., S. 82f.
[1875] Ebd., S. 83.
[1876] Ebd., S. 98.
[1877] *Schreiber*, Weltkonzil, 2. S. 126f.
[1878] *Plattner*, Bergbau. S. 45.
[1879] *P. W. Joyce*, Social History of ancient Ireland; 1, p. 34; 2, p. 270. – *Schreiber*, Irland. S. 82ff. - LThK 5^2, Sp. 982.

mals sein Recht, wie so oft auch bei Anniversarien. Am Montag findet auch Tanzmusik statt[1880].

Es lag uns im Vorausgegangenen nur daran, erste Zugänge zu Maria Magdalena als Bergwerksinhaberin zu schaffen und damit ihre Stellung als Volksheilige neu zu beleuchten. Anderes zur Magdalenenkultur haben wir bereits an verschiedenen Stellen früher festgehalten. Das Thema ist nach wie vor reizvoll, selbst dann noch, da es sich seit den Jahren der Aufklärung um einen „abgewürdigten Feiertag" handelt. Es war im Jahre 1788 am Magdalenenfest, als *Cölestin von Königsdorfer*, Abt des Klosters Zum Heiligen Kreuz in Donauwörth, zu Eingang seiner Predigt, um das Pfarrvolk zu beruhigen, erklärte: „Wir begehen heute ein Fest, daß nun, nachdem uns die Kirche selbst, wie für viele andere, so auch für das heutige von allen jenen Verbindlichkeiten losgesprochen hat, die uns sonst an gebothenen Feyertägen zu beobachten obliegt[1881]." Er war ein Kompromißler zwischen der alten und neuen Zeit.

Hierzu sei noch erwähnt, daß die Maximilianische Bergbauordnung von 1517 den Magdalenentag als Tag bergmännischer Arbeitsruhe bezeichnet hatte. Man respektierte diesen Knappenbrauch als consuetudo laudabilis[1882].

Nach allem steht Magdalena in der riesigen *Ostbewegung* von Mysterien und Heiligen, die sich vom Westen der Gallia christiana nach Mitteleuropa mitteilte. Dabei tritt sie an die Seite des Martinskultes in Tours, der Ägidiusverehrung in St. Gilles, der Vitusverehrung in St. Denis, Sakralmotive, die ebenfalls ostwärts strebten, mehr als das. Dieser Golfstrom kultischen Interesses, der jene kultarmen Ostgebiete erwärmte, besaß einen letzten Ausläufer im südlichen Mittelmeer, in *Sizilien*. Unter den Mosaiken dieses denkwürdigen Mischraumes, der östliche wie westliche Sakralmotive vereinigte, erblickte man neben St. Martin, St. Ägidius, St. Vitus auch Maria Magdalena in den Mosaiken von *Monreale*[1883].

[1880] Freundliche Mitteilung von Professor Dr. *Josef Höffner*, Münster (Westf.).

[1881] Sieben und dreißig Predigten. Augsburg 1814. Erwähnt bei *Chrysostomus (Hermann) Schreiber*, Aufklärung und Frömmigkeit. München 1940, S. 64.

[1882] *Schreiber*, Bergwerk. S. 406f.

[1883] *O. Demus*, The Mosaics of Norman Sicily. London 1949, S. 120. Für das Vorkommen von St. Martin, S. Ägidius, St. Vitus s. dort S. 118, 121, 42, 115, 128ff., 322.

7. *St. Helena als Inhaberin von Erzgruben*

Daniel führte das Motiv der Löwengrube mit sich. So wurde er an der Hand der Grube Bergbaupatron, wenn auch der Traum des Nabuchodonosor mit seinem metallischen Inhalt als erregendes Moment ebenfalls erwähnt sein will. Doch tritt letzteres in die zweite Linie.

Verwandtes fand sich bei St. Helena ein. Sie ließ „tief unter der Oberfläche der Erde"[1884] den Boden aufreißen, um das hl. Kreuz zu entdecken. Ja, die Legende macht sie zur *Schatzgräberin*, ein Motiv, das wieder und wieder in der Geschichte des Bergbaus auftritt. So heißt es denn bei *Friedrich Herlet* in der Hagiographie des Barock: „Die Kaeyserin hatte ein gar großes Verlangen diesen so hochheiligen *Schatz* zu erfinden: anderseits aber schreckte dieselbe ab die große Beschwaernuß, oder schier Unmoeglichkeit. Jedoch entfiele ihr der Muth nicht gar, sondern der HErr munderte dieselbe auf durch Hoffnung, er werde ihr die Gnad verleyhen diesen so großen *Schatz* zu erheben, auf dessen Antrieb sie eine so lange und schwaere Reiß auf sich hatte genommen. Beruffte derowegen zu sich die aelteste Hebraeer, betrohete ihnen mit allerhand Peynen, auch mit dem Tod selbsten, wofern sie nicht entdecken wurden, wo solcher *Schatz* vergraben seye, oder aufs wenigst, was sie diß alls von ihren Vorelter gehoert haetten[1885]." Ja, in dieser Darstellung wird das Motiv des Schatzgrabens, an das auch der Corona-Kult des altbayerischen Barock erinnert[1886], noch weiter ausgesponnen, wenn es heißt: „Die Arbeiter kamen ihrem Befelch nach, thaten ein gewaltigen Abraum und viel Stein hinweg, bis sie endlich den *Schatz* gefunden[1887]. Und weiter vernimmt man an der gleichen Stelle: „Da ergriffen zweyerley Anmuthungen, als Freud und Traurigkeit, der Kaeyserin Hertz: Freud; weilen der *Schatz* gefunden und zugegen war: Leyd aber, weilen man nicht zu unterscheiden wuste, welches unsers Heylands eigenes Creutz seye[1888]." So

[1884] *Kellner*, Heortologie³. S. 81, 131, bes. S. 247ff.

[1885] Leben und Geschichte der Heiligen ... Nürnberg 1754, S. 594.

[1886] Zur Schatzgräberin vgl. *Bartholomäus Spirkner*, Zum Corona-Kult. Bauernheilige und Patronin der Schatzgräber. Bei *Georg Schreiber*, Volk und Volkstum, 3. S. 300–313. – *Gustav Gugitz*, Österreichs Gnadenstätten in Kult und Brauch. Bd. 2: Niederösterreich und Burgenland. Wien 1955, S. 164, 165. – *Ders.*, Fest- und Brauchtums-Kalender. S. 53. –
Zum Corona-Kult im allgemeinen s. ferner *Gislind Ritz*, Der Votivfund von St. Corona-Altenkirchen, in: Bayerisches Jahrb. f. Volkskunde, 1954, hg. von J. M. Ritz, S. 123–136, und *L. Schmidt*, Corona. In: LThK 3², Sp. 62.

[1887] *Herlet*, Heilige. S. 594.

[1888] Ebd. – Siehe dazu *Kötting*, Peregrinatio religiosa. S. 90f.

viel über St. Helena als Schatzgräberin, ein Motiv, das Hanns Bächtold-Stäubli unbekannt blieb[1889].

Andererseits wird in der Legenda aurea die Funktion eines Judas – nach wie vor ein namhaftes Forschungsthema – herausgestellt: „Darnach gürtete sich Judas und hub an, mit Kraft zu graben und fand zwanzig Schritt unter der Erde drei Kreuze liegen, die brachte er alsbald herauf zur Königin[1890]." So arbeitet Judas gewissermaßen wie ein schürfender Grubenarbeiter, ja wie der Eigengrübler der Bergmannssage und Bergmannspraxis.

Die legendarische Überlieferung will also wissen, daß Helena „nach langem mühevollen Graben" (J. E. Stadler) das Kreuz, ebenso die Nägel des Kreuzes wieder auffand[1891].

Wie so oft, wanderte die Legende in das mittelalterliche Festleben. Seit dem 8. Jh. weiß der gallikanische Ritus um das Fest Kreuzauffindung für den 3. Mai (inventio sanctae crucis). Um 800 wurde im Zuge der mitteilsamen, an mehr als einer Stelle von der Levante genährten karolingischen Liturgie dieser Gedenktag auch in Rom begangen. Zum „Kreuztag im Mai" trat demnach korrespondierend, zuweilen auch in Verwechslungen der Volksphantasie, der „Kreuztag im Herbst", also die Kreuzerhöhung am 14. September (exaltatio crucis)[1892]. Die Bedeutung beider Tage wurde in der monastischen Lebensordnung des östlichen Byzanz wie auch des Westens unterstrichen. Dabei bezeichnete der Maitag klimatisch den Eintritt der wärmeren Jahreszeit. Die Kreuzerhöhung im September dagegen gewährte bereits einen Ausblick auf das abnehmende Jahr. So verlangt das Typikon für das bedeutende Pantokrator-Spital in Byzanz, daß die Ärzte vom Kreuztag im Mai bis zum Kreuzesfest im September zweimal täglich eine Visite machen[1893]. Dieses Hospital war dem mehrgliedrigen Zönobium des Pantokratorklosters angeschlossen, das der Basileus Johannes II. Komnenos

[1889] Handwörterbuch, 10. Im Register, S. 146.

[1890] Jacobus de Voragine, Legenda aurea. Deutsch von *Richard Benz*. 2 Bde., Jena 1917–1921, Sp. 463. Ein nachapostolischer Judas wird oft erwähnt. *Menzel* 2, S. 115

[1891] Heiligen-Lexikon, Bd. 2. S. 617.

[1892] Zum altchristlichen und frühmittelalterlichen Quellenmaterial s. statt anderer *Kellner*, Heortologie³. S. 247ff. Nur ein kurzer Hinweis bei *Joseph Lechner*, Liturgik des römischen Ritus⁶. Freiburg i. Br. 1953, S. 176. Man nehme neuerdings noch *Otto Wimmer*, Handbuch der Namen und Heiligen, mit einer Geschichte des christlichen Kalenders, Innsbruck-Wien-München 1956, S. 80, 228, wo zum Stichwort „Helena" in einer unvollständigen Zitierung hingewiesen wird auf die „Monographie von *Mockenhaupt*, Waldsassen, 1939". Diese Schrift ist für uns zur Zeit unzugänglich.

[1893] Das fragmentarisch erhaltene Typikon bei A. Dmitrievskij, Opisanie liturgiceskich rukopisej chranjacichsja v bibliothekach pravoslavnago vostoka, I: Typica I. Kiev 1895, p. 683. Dazu *Schreiber*, Gemeinschaften. S. 52f.

(1118–1143) als Mausoleum der prachtliebenden und zugleich sozialkaritativ besorgten Dynastie errichtet hatte[1894]. Ähnliche Zäsuren kennt Jakob von Vitry († 1240), wenn er sich in seiner Ordensschau etwa der Lebenspraxis der Zisterzienser zuwendet[1895].

Vom Monasterium her wurde, wie so oft, die Vorstellungswelt und das Brauchtum des Profanen gestützt, ja selbst das Erwerbsleben erhöht und geadelt. Ungefähr zwischen den beiden Terminen des Kreuzfestes beginnt und endet in Vorarlberg die Alpzeit[1896]. Soviel zunächst zum Fest der Kreuzauffindung.

Dieses Graben im Erdreich, erst recht der Erfolg, der dem Spaten der Helena beschieden war, genügte, um bei dem Bergmann die Vorstellung zu wecken, diese Fürstin sei eine Patronin für seine Grube. Das Mittelalter, das immer wieder zu Schutzgewalten und Symbolen griff, machte überdies, in einem unterstützenden Zug, die Kaiserin zur Schutzfrau der Nadler und Nagelschmiede. Wußte doch Ambrosius, bei seinem Interesse für Altchristliches, zu berichten, daß Helena vier Nägel bei dem Kreuze fand[1897].

Von dort zogen sich Linien in die aufnahmefreudige *Kunst*. Auf einem Gemälde von Barthel Bruyn erscheint die Heilige in der Tracht einer deutschen Kaiserin des 16. Jh. und hält das Kreuz und die heiligen Nägel[1898]. Wiederum in jenem, genau nach der Legenda aurea gebrachten Zyklus, der auf dem Basilikabild von S. Lorenzo und S. Sebastiano des Meisters L. F. in der Augsburger Galerie erscheint, empfängt Helena in einer besonderen (in der dritten) Szene die heiligen Nägel[1899]. Die Kreuzeslegende hatte überdies bereits zu berichten gewußt, daß ein Teil des Kreuzes in Jerusalem blieb, daß Kaiser Konstantin einen anderen Teil erhielt, samt den Nägeln, die der Kaiser für Zügel und Helm verwertete[1900]. Eine Version macht uns nämlich darauf aufmerksam, wenn sie mitteilt, Helena ließ nach den Kreuzesnägeln

[1894] Ebd., S. 10ff.

[1895] A festo sanctae Crucis in septembri, in quo omnibus congregatis abbatibus capitulum generale Cistercij celebrant, vsque ad pascha semel in die manducant. Jacobi de Vitriaco primum Acconensis, deinde Tvscolani Episcopi et S. e Eccl. R. Cardinalis ... libri dvo. Dvaci 1597, p. 300. Siehe zu Jakob von Vitry *Georg Schreiber*, Religiöse Verbände in mittelalterlicher Wertung. In: Hist. Jahrb., 62–69, 1949, S. 284–358.

[1896] *Beitl*, Wörterbuch², S. 440, wo aber der monastischen Vorstufen nicht gedacht ist. Diese fehlen auch bei *Bächtold-Stäubli*, Handwörterbuch, 3. Sp. 1702–1704.

[1897] *Joseph Sauer*, Nägel. In: LThK 7, Sp. 429. Mit Hinweis auf Ambrosius, De obitu Theodosii, 47, und auf verwandte Quellenstellen.

[1898] *Künstle*, Ikonographie der Heiligen. S. 295.

[1899] Ebd., S. 296. - *Menzel*, Symbolik 2, S. 154f.

[1900] *Günter*, Legende. S. 226. Dort auch Hinweis auf *Johannes Straubinger*, Die Kreuzauffindungslegende. Tübinger phil. Diss., Paderborn 1912.

suchen. Ein Blitz vom Himmel – das Mirakel ist der Legende liebstes Kind – offenbart auf das Gebet des bekehrten Judas die Stelle[1901]. Die Kaiserin „ließ daraus nach der Weissagung des Propheten (Zach. 14, 20) einen Zügel für das Pferd des Königs anfertigen, daß es ihm statt einer unbesieglichen Waffe gegen alle seine Feinde sei“[1902]. Der Abwehrzauber trat hervor.

Das altfranzösische Heldenepos kennt seinerseits die Verehrung der Kreuzesnägel auf dem Boden der Gallia christiana[1903]. Die französischen Urkundenbücher sind für den Helenenkult noch durchzuarbeiten. Es sind dort manche Spuren vorhanden, was ich bei einem ersten Durchblättern feststellte, ohne mir nähere Notizen zu machen. Auch von diesem Standort der Nagel-Reliquien mochte der Zugang Helenas zum Bergwerk, in dessen Auswirkung die Nagelschmiede so viel bedeuteten, erleichtert werden[1904]. Wurde sie doch wegen der aufgefundenen Nägel Patronin dieses Gewerbes. Weil sie weiter das Kreuz Christi nach der Legende so treffsicher aufdeckte, wurde sie mit Vertrauen in vielen Auffindungssegen und Diebessegen angerufen[1905]. In altnordischen und angelsächsischen Formeln wendet man sich an sie, um das Vieh aufzufinden. Ebenfalls nimmt man seine Zuflucht zu der domina sancta Helena, mater regis Constantini (man beachte, daß der Kaisertitel in volksgläubiger Sicht durch den Königstitel ersetzt ist), um einen Dieb zu entdecken[1906]. Derart mehrte sich auch die Zahl der Votivmessen, die ein spezielles Anliegen aufnahmen[1907]. So fand sich, wie so oft, eine Mehrheit der Motive ein, um Volksgläubiges und Volksfrommes aufzubereiten und das Erwerbsleben im Zeichen des Symbols zu beeinflussen. Die mittelalterliche Wirtschaft ist ja nicht allein vom Profanen und von der Einkommensseite zu begreifen. Die Ravensburger Handelsgesellschaft hielt sich, um nur einen Zug herauszustellen, bei ihren Geliegern in Spanien an die Karmeliterkirchen und an deren Schutzmächte[1908].

[1901] Man beachte, daß St. Helena als Schutzpatronin bei Donner, Blitz und Feuersgefahr angerufen wird. *Kerler*, Patronate. S. 69, 99.

[1902] *Günter*, Legende. S. 227.

[1903] Zur Kreuzesverehrung (Kreuzerhöhung = jour de Sainte Croix) s. *Merk*, Altfranzösisches Heldenepos. – S. 21, 87, 138ff. Erwähnt wird im Epos das Kloster Ste-Helaine, ebd., S. 207, dazu noch ebd., S. 316.

[1904] *Kerler*, Patronate. S. 256.

[1905] *Bächtold-Stäubli*, Handwörterbuch, 3. Sp. 1703.

[1906] Ebd. – Man liest die Messe von Kreuzauffindung, um den Dieb zu ermitteln. *Franz*, Benediktionen, 2. S. 363. Siehe auch S. 269, Anm. 1.

[1907] S. noch unten.

[1908] *Aloys Schulte*, Geschichte der großen Ravensburger Handelsgesellschaft, 1380 bis 1530, 3 Bde. (Deutsche Handelsakten des Mittelalters und der Neuzeit, Bd. 1–3). Stuttgart 1923. Dazu *Schreiber*, Deutschland und Spanien. S. 321, 388.

Jedenfalls wurde Helena zur Inhaberin von Gruben, ja, sie wurde am *Oberrhein* feierlich in dieser Funktion bestätigt. Darüber hören wir in der Bergbaugeschichte des 15. Jh. in der Bergwerksordnung für die Herrschaften Rhäzüns und St. Jörgenberg im Vorderrheintal, näherhin für das Bergwerk Churwalchen in Graubünden. Dort heißt es im Eingang dieser Handfeste: „Des Ersten, so nehmen wir zu rechten Patron und Pfleger das heilige Frohnkreuz und die hl. Königin *St. Helena*, die dasselbe in der Erde gefunden hat, auf daß sie uns Gnade erwerbe, auch zu finden das, so wir vor uns haben und dasselbe mehr zur Ehre Gottes und unserer Seelen Heil friedlich zu genießen[1909]." Helena soll also als Mittlerin den Bergsegen erflehen. Ähnliches wird sonst von anderen Heilbringern berichtet, die als Sancti intervenieren. Sie werden deswegen Träger eines Bergwerkspatroziniums.

Mehr als das. Wir erfahren überdies von einer *Freitagsmesse* zu Ehren des hl. Kreuzes und der hl. Helena. An dieser sollen sich alle Mitglieder der als „Gesellschaft" angesprochenen Berggemeinde beteiligen: „Dem heiligen Gotteskreuz und *St. Helenen*, der *heiligen Königin*, zu Lob und Ehre und auch zur Förderung unseres Glückes, verordnen wir, daß eine jegliche Person, die in unserer Gesellschaft jetzt oder noch in dieselbe kommen wird, alle Freitage zu einer Messe einen Angster Zürcher Währung beitragen soll, auf daß St. Helena, die das heilige Kreuz unter der Erde gefunden hat, auch uns erwerbe, das zu finden, war wir begehren, und daß dies geschehe nach Gottes Willen und zu unserer Seelen Heil[1910]." Unter der Gesellschaft war die Berggemeinde zu verstehen, das Zueinander der Gewerke und der Bergknappen[1911].

Der Freitag als Tag der Meßfeier war nicht ohne Grund gewählt. In der Reihe der Wochenvotivmessen, die Alkuin zugeschrieben werden, findet sich bereits die Missa de sancta cruce ein[1912]. Diese Übung zieht sich weithin durch die Jahrhunderte. Bemerkenswert für unsere Bergwerksordnung ist die auferlegte *Pflichtoblation*. Wenn ein Angster Zürcher Währung angeordnet ist, war diese oblatio debitalis, was den einzelnen offerens betraf, an sich gering. Sie entsprach dem Werte nach damals etwa einem Heller[1913]. Aber

[1909] *Plattner*, Bergbau. S. 26.

[1910] Ebd., S. 28.

[1911] Siehe das Kapitel Berggemeinde.

[1912] *Franz*, Messe. S. 137. – Zur Freitagsdevotion s. noch *Georg Schreiber*, Wochentage. In: Archiv f. mittelrheinische Kirchengeschichte, 1, 1949, S. 331–345, bes. S. 343f. – *Ders.*, Die Wochentage, S. 266. *Veit †* und *Lenhart*, Kirche und Volksfrömmigkeit. S. 142. – *J. A. Jungmann*, Wochenzyklus. S. 45–68, bes. S. 46, 58f., 61, 63, 65, 68.

[1913] *Friedrich Frhr. v. Schrötter*, Wörterbuch der Münzkunde. Berlin 1932, S. 29.

schließlich opferte eine größere Zahl der Teilnehmer am Gottesdienst. Das geschah zudem Woche für Woche. Ob diese Spende dem Zelebrans, der Kirchenfabrik oder einem Spital zufiel, sei dahingestellt. Jedenfalls dürfte sie in einem feierlichen Opfergang erfolgt sein. Es spricht manches dafür, daß diese Einkünfte dem amtierenden Geistlichen zukamen. Die Mühewaltung des liturgischen Funktionärs wurde schon im Eigenkirchenzeitalter beachtlich herausgestellt. Eigene Vikare für Bergwerksgemeinden sind im benachbarten Tirol für den Ausgang des Mittelalters nachweisbar[1914]. Diese Oblationen wollen nicht nur abgabenrechtlich gesehen sein. Die bergmännische Messe wirkte gemeinschaftsbildend wie andere kultische Handlungen. Die Berggemeinde bedurfte solcher genossenschaftlichen Bekundungen. Die Münze wurde zum Symbol und offenbarte ihre Bindegewalt.

Ebenfalls wurde St. Helena als Schutzfrau in vielen anderen alpinen Zechen geführt. Folgende Gruben seien für den Ausgang des Mittelalters und darüber hinaus erwähnt: Eine Grube St. Helena auf Camplon im Puschlav (Oberengadin) 1481[1915], die Grube ‚Unter dem Wege, St. Helena' in Praunpenz, genannt in dem inhaltreichen Bergwerksverzeichnis des Bergrichters Christian Gadmer vom Jahre 1588[1916], des weiteren eine Grube ‚St. Helena' in der Gemeinde Schmitten, wiederum im Berggericht des Christian Gadmer von 1588[1917]. Wenden wir uns ostwärts nach Tirol und Kärnten und überhaupt in die österreichischen Alpenländer. Da ist die Grube St. Martin Elena im Berggericht Sterzing-Gossensaß im Jahre 1528 genannt[1918], ferner treffen wir die Grube St. Helena in der Seinitzen im Berggericht Windisch-Matrei von 1531[1919], die Grube St. Helena im Berggericht Lienz von 1538[1920], St. Elena im Berggerichtsbezirk Steinfeld, 1538[1921], die Grube St. Helena in Bleiberg-Kreuth von 1542[1922], die Grube Elena in Steinfeld, 1550[1923], eine Grube St. Helena in Logar. Für das Jahr 1551 wird aufmerksam gemacht auf Gewerken zu St. Helena auf Gravenwardt im Hettinger Pach, gemeint ist Hötting bei Innsbruck[1924]. Ferner

[1914] S. oben das Kapitel über das Bergwerk in Recht, Liturgie, Sakralkultur. S. 398ff.
[1915] *Plattner*, Bergbau. S. 11.
[1916] Ebd., S. 45.
[1917] Ebd., S. 47.
[1918] *Wolfstrigl-Wolfskron*, Tiroler Erzbergbaue. S. 289.
[1919] Ebd., S. 310.
[1920] Ebd., S. 378.
[1921] *Wießner*, Kärntner Bergbau, 1. S. 147.
[1922] Ebd., 2. S. 44f.
[1923] Ebd., 1. S. 148.
[1924] Landesregierungs-Archiv Innsbruck, Geschäft von Hof, 1551, fol. 12 u. 97.

erfahren wir für das gleiche Jahr 1551 von Gewerken bey der Gotsgab unnser frauen, S. Helena und Krumppen Larch im Gleyrs (Karwendel)[1925]. Nach Südtirol, und zwar nach Terlan weist eine Notiz aus dem Jahre 1562 mit einer Grube Terlan vom Jahre 1562[1926], St. Helena unter der Petzenalpe im Gebiet von Bleiburg-Petzen-Mieß vom Jahre 1720[1927]. Für das letztgenannte Bergrevier ist für den Anfang des 19. Jh. ein Helenastollen bezeugt[1928], ferner eine St. Helena-Grube in Mieß, die noch für 1885 erwähnt wird[1929]. Gewiß eine weitgehende Verwendung des Namens Helena als alpiner Grubentitel. Im Untergrund wirkt die Kreuzesdevotion nach.

Es war korrespondierend, wenn sich im österreichischen Raum fünf *Helena-Kultstätten* einfanden. Davon liegen drei in Tirol (Papernitzen bei Oberlienz[1929a], Partschins, Ulten), eine in Niederösterreich (Hadres), eine andere in Kärnten (Magdalensberg). Man erfleht von ihr dort in einer agrarischen Wendung den Ernteschutz. Sorgen der Umwelt machen sich geltend. In Niederösterreich soll sie zudem als therapeutisch wohlgesinnte Heilige Fieberschutz gewähren. Sämtliche fünf Kultstätten sind nach Gugitz bescheiden[1930]. Auf dem schon erwähnten Magdalenenberg, einem der vier heiligen Berge Unterkärntens, begann im Jahre 1462 der Bau einer St.-Helena-Kirche. Trotz dieses Patroziniums gab das Volk aber im 16. Jh. den Namen Magdalenenberg. Diese Benennung spiegelt zugleich große Verehrung der Volksheiligen Magdalena[1930a].

Um so mehr will beachtet sein, was die Forschung noch nicht festhielt, daß die Heilige im Bergwerkspatrozinium des alpinen Raums zahlenmäßig stattlich vertreten ist. Der Bergmann ging in seinem Verhältnis zu den Heilbringern eigene Wege. Er erhöhte den Typ der schlichten Bauernheiligen zum spezifischen Berufssymbol.

So ziehen sich kontinuierliche Linien durch die alpine Bergwerkskultur. Sie wurden, wie angedeutet, durch die stets lebendige Kreuzesdevotion

1925 Ebd., Befehl, 1551, fol. 254. Freundliche Mitteilung von Prof. Nikolaus Grass.

1926 *Wolfstrigl-Wolfskron*, Tiroler Erzbergbaue. S. 334.

1927 *Wießner*, Kärnten, 2. S. 228. 1928 Ebd., 2. S. 230. 1929 Ebd., S. 231, 232.

1929a *Tinkhauser*, Brixen, 1. S. 573. – Reclams Kunstführer Österreich, 2. S. 472. – Über das Osterbrauchtum zu St. Helena berichtet *Marie Grass-Cornet*, Bildhafte Feiern im Osterfestkreis. In: Beiträge zur Kultur- und Kunstgeschichte Tirols (Schlern-Schriften, hg. v. R. Klebelsberg, Bd. 167). Innsbruck 1962. S. 115 – Ein Helena-Stollen in Joachimsthal. *Mathesius*, Sarepta, Stollenverzeichnis.

1930 *Gugitz*, Fest- und Brauchtums-Kalender. S. 99, zum 18. August. – *Ders.*, Österreichs Gnadenstätten, 2. S. 40 (Hadres, unter Joseph II. abgebrochen; an Stelle der Kapelle steht eine Helenastatue).

1930a Reclams Kunstführer Österreich, 2. S. 383.

gestützt, die durch den palästinensischen Kreuzweg der via dolorosa im spätmittelalterlichen Jerusalem und durch die zeitgenössische Andachtsliteratur (der Minorit Johannes de Caulibus, um 1300) und durch den Minoriten Michael Magot († 1334 in Toulouse) neue Antriebe erhielt[1931]. Diese gesteigerte Kultpflege mag der Firmierung der Gruben zugute gekommen sein. Dagegen setzte die Kreuzwegandacht des hl. Leonhard von Porto Maurizio († 1751) erst spät ein[1932]. Verhältnismäßig spät erscheinen ebenso die Kreuzbruderschaften der Innerschweiz, die erst im 17. Jh. auftreten[1933]. Vier Helena-Stollen in Joachimsthal [1933a].

Wenn man diese Zeitalter auf sich wirken läßt, in denen die Helena-Grube betont auftrat, mag man sich daran erinnern, daß die Verehrung dieser hl. Frau auch nach der Seite der Liturgie an mehr als einer Stelle in diesen Jahrhunderten erstarkte. Jedenfalls sind für Schlesien Ende des 15. und Anfang des 16. Jh. nicht weniger als acht Helena-Meßformulare nachweisbar. Diese entstammen Leubus und Sagan[1934]. Gerade die *Votivmesse* wird zum Bekenntnis und zum Gradmesser des Volksfrommen.

In den gleichen Zeiträumen vollzieht sich die *Dramatisierung* des Helenastoffes. Diese Haltung entsprach der, wie erwähnt, mächtig ansteigenden Kreuzesverehrung. So wanderte Helena in das Jesuitendrama, trat aber auch sonst in Beziehungen zum Volksschauspiel, wofür Einzelheiten noch herausgearbeitet werden können[1935]. So sei zunächst auf eine Augsburger Handschrift vom Ende des 15. Jh. verwiesen, mit 2010 Versen. In zwei Abteilungen wird der weit verzweigte Stoff behandelt. Eine erste Abteilung schildert die Auffindung des Kreuzes durch die Kaiserin Helena, in einer zweiten Abteilung wird die Kreuzerhöhung durch den Kaiser Heraklius behandelt. Die Beziehungen zu den älteren, mittelalterlichen Versionen des Helena-Motivs[1936] und zur Legenda aurea sind noch zu erörtern.

Noch ein weiteres. Die erwähnte bündnerische Grube spricht von der „*Königin St. Helena*". Der Titel Kaiserin erscheint nicht. Derart machte sich

[1931] *B. Mathis*, Kreuzweg. In: LThK 6[1], Sp. 261ff.

[1932] *Constantin Pohlmann*, Kanzel und Ritiro. Der Volksmissionar Leonhard von Porto Maurizio (Franziskanische Studien, H. 12). Werl 1955, S. 179ff.

[1933] *Henggeler*, Innerschweiz. S. 30ff.

[1933a] *Mathesius*, Sarepta, Stollenverzeichnis.

[1934] *Joseph Klapper*, Religiöse Volkskunde im gesamtschlesischen Raum. Grundlagen und Aufgabe. Bei *Georg Schreiber*, Volk und Volkstum, 1. S. 69–99, bes. S. 84.

[1935] *Müller*, Jesuitendrama, 2. S. 109. Aufführungen in Graz 1601 und in Ingolstadt 1606.

[1936] *Wilhelm Creizenach*, Geschichte des neueren Dramas. Bd. 1: Mittelalter und Frührenaissance[2]. Halle a. d. Saale 1911, S. 84.

eine betont *deutsche* Linie geltend. Wendet sich doch die Sage, die Legende, erst recht das Märchen gern der Königin, nicht aber der imperatrix als einer vorbildlichen heldenhaften Trägerin der Krone zu. Dahin gehören ebenfalls volkstümliche Gebete, wie das Salve Regina. Wiederum wird St. Ursula, die Führerin der 11000 Jungfrauen, als Königin bezeichnet[1937].

Auch die *Kunst* pflegte solchen Stil. Da befindet sich in Schweidnitz ein aus der Schule des Veit Stoß stammender Klappaltar. Dieser behandelt, wie so häufig in jener Zeit, den Tod Mariens. Er führt nun drei Halbbüsten der drei gekrönten Frauen mit sich, nämlich Hedwig, Helena, Elisabeth[1938]. Neutestamentliches, Altchristliches, Mittelalterliches gruppierte sich im Zeichen der Krone, also im Zeichen des fast unvergleichlichen Repräsentativen, zugleich in der Wirkungssphäre der Fruchtbarkeit und des Apotropäischen.

Auch die deutsche *Volkskunst* des Barock hat es deutlich gemacht, daß Helena Patronin der Bergleute werden konnte. Man betrachte nur den rechten Flügel des spätgotischen Hauptaltars (nach Mitte des 16. Jh., Schnitzaltar) in der Pfarrkirche von *Westerheim* bei Memmingen (D. Augsburg) (Abb. 1)[1939]. Dieser stellt die Kreuzauffindung dar. Drei Personen sind abgebildet, zwei von ihnen als Arbeiter. Ein dritter wirkt wie ein Aufseher oder wie ein Beamter in einer besseren Kleidung. Die ihm beigegebene Mütze könnte auf Judas hinweisen. Was die Arbeiter angeht, so betätigt sich einer mit einer Spitzhacke, die den Boden aufreißt. Der andere Arbeiter zieht mit Unterstützung des Aufsehers das Kreuz aus der Erde heraus. Vor Jahren habe ich ein Photo dieses Altarflügels Wilhelm Wiegand, dem Präsidenten des Deutschen Archäologischen Instituts († 1936), geschenkt. Er war sehr erfreut, eine derartige Wiedergabe des Ausgrabens zu besitzen. – Ähnlich wie in Westerheim findet sich eine Szene in der Kalvarienbergkirche in *Bad Tölz*, in einem Wandgemälde von v. Stattler (19. Jh.)[1940]. Auch dort arbeitet die Spitzhacke.

Schließlich will für das Zeitalter des Rokoko noch der *Monatszettel* erwähnt sein, das in Hinsicht auf den 3. Mai[1941]. Dieser widmet sich der

[1937] *Johannes Heldwein*, Die Klöster Bayerns am Ausgange des Mittelalters. München 1913, S. 72.

[1938] *Klapper*, Religiöse Volkskunde. S. 84. - S. auch *Mathesius*, Sarepta.

[1939] *Georg Dehio*, Handbuch der deutschen Kunstdenkmäler. Bd. 3: Süddeutschland[4]. Berlin 1933, S. 577.

[1940] Siehe dazu *Hugo Schnell*, Kleine Süddeutsche Kirchenführer, Bd. 2. München 1935, Nr. 103/04.

[1941] Sammlung Georg Schreiber, Münster i. W. - *Ders.*, Wochentage, S. 132, 235.

„H. Creuz Erfindung". Auf der Rückseite wird in der üblichen hagiographischen Darstellung über St. Helena mitgeteilt: „hat sie 3 Creutz/ sambt dem Haupt-Titul außgraben". Es will vermerkt sein, daß die Vorderseite dieses Monatszettels die Gebetsmeinung mit sich führt: „Für die Kirchfahrter oder Pilgramen". Doch ist hier nicht an St. Helena als Pilgerpatronin zu denken, sondern an die häufige Begegnung der Pilger mit den Kreuzen, die sie auf ihrer Fahrt antreffen. Gerade die Kreuze auf den Bergen waren für sie Wegmarken, also ein Orientierungsmittel, um den rechten Weg zu finden[1942].

Helena ist überdies *Metallheilige*. An diesem Begriff nimmt die Forschung, die Hagiographie, die Volkskunde, im besonderen die Geschichte des Bergbaus ein besonderes Interesse[1943]. In Sachen der metallischen Elemente sei bei Helena nur daran erinnert, daß neben den Ausgrabungen, die sie vornehmen ließ, auch die bereits erwähnten Nägel eine erste und ernste Beziehung zum Bergwerk schufen, was die Nagelschmiede und überhaupt den Bergmann des Mittelalters betrifft. Mehr als das. Die Draht- und Nagelschmiede standen in Kärnten und andernorts am Anfang der Eisenindustrie[1944]. Die christliche Ikonographie weiß, daß die Heilige auf Kirchenbildern oft Nägel in den Händen hält[1945]. Dort, wo Heilige in Attributen oder in Legenden in Beziehung zu Metallen gebracht sind, wurde es ihnen eben erleichtert, als Patron von Gruben angesprochen zu werden, ein Prozeß, der, wie angedeutet, am Ausgang des Mittelalters sich einfindet. Unterstützend wirkte wiederum die Legende, wenn sie außerdem die Aufmerksamkeit auf Edelmetalle hinlenkt. Heißt es doch in der wichtigen und anschaulich wirkenden Version: „Und Helena barg mit großer Sorgfalt das verehrungswürdige Kreuz und faßte es mit herrlichem Gold und kostbaren Steinen und ließ ein Kästchen von Silber machen und legte es hinein und baute eine Kirche an dem Ort[1946]." Was den erwähnten Berufspatronat betrifft, sei im übrigen noch erwähnt, daß zu den Nagelschmieden die Nadler traten[1947], ebenfalls die Färber[1948]. So vollzieht sich die typische Ausweitung des Schutzgedankens.

Zu erforschen bleibt noch die Stellung von St. Helena in der Litanei. Diese Heilige nahm mühsam ihren Weg. Die Litanei Ludwigs des Deutschen

[1942] Siehe dazu *Schreiber*, Mittelalterliche Alpenpässe. S. 335–352.
[1943] *Schreiber*, Bergwerk in Recht, Liturgie, Sakralkultur. S. 383ff.
[1944] *Wießner*, Kärnten, 3. S. 215. – *Tremel*, Frühkapitalismus. S. 104.
[1945] *Samson*, Kirchenpatrone. S. 212f. – *Braun*, Tracht. Sp. 124.
[1946] *Günter*, Legende. S. 226f. - Zur Helena-Legende s. neuerdings *L. M. J. Delaissé*, *H. Liebaers*, *F. Masai*, Mittelalterliche Miniaturen, Köln 1959, S. 180 ff.
[1947] *Kerler*, Patronate. S. 256. [1948] Ebd., S. 91. – *Wimmer*, Handbuch. S. 228.

und die Augsburger Litanei des 11. Jh. kennen sie nicht. Soviel an ersten Hinweisen, die man noch ergänzen mag (Analecta Bollandiana, Anselm von Havelberg u. a.)[1948a].

Die Helena-Devotion findet sich anscheinend gern in der Nähe des Kultes der *Thebäischen Legion* ein. So will es doch beachtet sein, daß wir im Rheinland dem Helena-Kult in St. Gereon in Köln, in Trier (Liebfrauen), im Bonner Münster und in Aachen, ebenso in Xanten begegnen, welche Orte gleichzeitig mehr oder minder als Kultstätten der Legio thebaica anzusehen sind[1949]. Überhaupt will das Stromgebiet von Rhein und Mosel als der bevorzugte Sakralraum St. Helenas angesprochen sein. Diese Kultpflege entsprach der der kaiserlichen Residenz in *Trier*. Dort befanden sich auch Reliquien. Wiederum übernahm sie in Wahrung einer großen Vergangenheit in Trier die Schutzherrschaft für das Erzbistum[1950]. In der Diözese Trier waren ihr zudem die Pfarrkirchen zu Euren, Wahlen und Lasel geweiht[1951]. Die pfarrliche Note will recht beachtet sein, die wiederum auf die alte Verwurzelung des Kultes hinweist.

Ein persönliches Erlebnis schaltet sich ein. Für die Zwecke der religiösen Volkskunde arbeitete ich im Zeitalter des Nazismus in der Moselpfarrei von *Maring*, um einen Pilgerpatron aufzunehmen. Der Pfarrer fand sich freundlich grüßend ein. Er führte mich sofort zur Kanzel und bemerkte mit einiger Bitterkeit, unter den Kanzelfiguren befinde sich die Synagoge. Er leide darunter. Ich sah mir diese angebliche Synagoge schärfer an und stellte dem Pfarrer die Frage: „Seit wann trägt die Synagoge die Krone und das Kreuz? Kennen Sie denn die Heilige des Moselstrandes nicht wieder? Es ist doch St. Helena." Da war der Pfarrer befreit und beglückt. Wir haben diese Episode erwähnt, da J. Braun solch eine Kanzelfigur nicht vermerkt hat.

Der Schutzpatronat, den *hl. Frauen* ausüben, führt nach wie vor ernste Probleme der Forschung mit sich, Helena war ja keine Martyrerin, die wie St. Katharina und St. Barbara und andere Frauen im Zeitalter Diokletians und anderer Christenverfolgungen an bevorzugter Stelle stehen. Aber Helena rankte sich am Mysterium des Herrn, näherhin an der Passion des

[1948a] *Swarzenski*, Die Litanei Ludwigs des Deutschen. S. 173ff. – *Hoeynck*, Liturgie des Bistums Augsburg. S. 432ff.

[1949] *Clemen*, Die gotischen Monumentalmalereien, Textband, S. 463, mit den entsprechenden Verweisen. – *Braun*, Tracht. Sp. 321ff.

[1950] *Samson*, Schutzheilige. S. 212. – *Kerler*, Patronate. S. 257.

[1951] *Samson*, Schutzheilige. S. 213.

Kreuzes empor[1952]. Hier ganz ähnlich Maria Magdalena. Das Mysterium war ein Ersatz für das fehlende Martyrium. Noch die Legende hat diese Wohltat verspürt.

8. Heilig-Geist-Bergwerk

Die böhmische Gemeinde Saaz weist im gleichen Bergwerksbezirk die Grube „Zum hl. Geist" in der Alp auf[1953]. Eine zweite Grube ist im gleichen Gebiet zu verzeichnen[1954]. Auch in Persen in Tirol, in der sogenannten Neuen Zech, findet sich eine Grube desselben Namens[1955]. Eine Heilige-Geist-Zeche bei Schwaz erlebte 1634 eine Naturkatastrophe[1956]. Bis zum Jahre 1822 war überdies der Geist-Schacht am Röhrerbühel der tiefste Schacht der Welt[1957]. Eine Zeche „Gott Heiliger Geist" wird 1765 für Kärnten erwähnt[1958]. Eines besonderen Ansehens erfreute sich der genannte Schacht im Röhrerbichl, der eine Teufe von etwa 920 m besessen hat. Das Schachtförderseil allein wog 120 Zentner, die gefüllte Fördertonne 12 Zentner[1959]. Die Zuweisung an den *Spiritus Sanctus* mag daran erinnern, daß der

[1952] Zum *Dreinagelkult* ist noch zu ergänzen: *Leopold Kretzenbacher*, Kärntner Volkserinnerungen an die Reichs-Heiltümer. Zum mittelalterlichen Wallfahrtstermin des „Dreinagelfreitags" im bambergischen Kärnten. In: Carinthia, I, 147, 1957, S. 803–828. – Zu *Corona* s. ferner: *Anton Bauer*, Zur Verehrung der hl. Corona in Oberbayern, in: Bayerisches Jahrb. f. Volkskunde, 1956, S. 64–69, wo allerdings ein Hinweis auf Corona als Bergwerksheilige fehlt. Dazu s. auch oben. – *Sakralkultur* und *Erzbergbau* begegneten sich auch sonst. Man nehme nur die Vorträge zur Geschichte des Eisens, die am „Colloque International du Fer" gehalten wurden: Le Fer à travers les ages. Hommes et techniques. Actes du Colloque International. Nancy 1956, 592 Seiten mit zahlreichen Tafeln, Karten und Zeichnungen. Erwähnt in: Nachrichten aus der *Eisen-Bibliothek der Georg Fischer Aktiengesellschaft*. „Viris ferrum donantibus". *Schaffhausen*, April 1957, Nr. 10, S. 37. Dort ist (S. 40) auf „die bedeutsame Rolle" aufmerksam gemacht, „die Zisterzienser- und Kartäusermönche in der Verhüttung und Verarbeitung des Eisens gespielt haben". Wir haben in unserem Buch gleiche Beobachtungen angestellt, an denen die Ordengeschichte bislang weniger einging.

[1953] *Plattner*, Bergbau. S. 46.

[1954] Ebd., S. 44.

[1955] Zur Geschichte von Persen s. *Wolfstrigl-Wolfskron*, Tiroler Erzbergbaue. S. 461.

[1956] *R. v. Srbik*, Bergbau von Tirol und Vorarlberg. S. 140.

[1957] *F. Posepny*, Die Erzlagerstätten von Kitzbühel in Tirol und der angrenzenden Theile Salzburgs. Wien 1880, S. 320ff. – Siehe auch *Wolfstrigl-Wolfskron*, Tiroler Erzbergbaue. S. 195.

[1958] *Wießner*, Kärnten, 2. S. 165. - Vier Heilig-Geist-Stollen bei *Mathesius*, Sarepta.

[1959] *Franz Mayer*, Vom Schwazer Bergmannsleben im 16. Jahrhundert. Düsseldorf 1927, Blatt Otto Schwaz, S. 145.

volkstümliche Hymnus Veni creator Spiritus an die Schöpfermacht und an den Gnadenerweis des Hl. Geistes gemahnte. Diese Beziehung wies also auf jenen Herrn und Lebendigmacher hin, den der mittelalterliche Bergmann seinerseits auf das Wachstum des Erzes bezog. Das waren im übrigen jene hoch- und spätmittelalterlichen Zeitalter, die den Spiritus Sanctus auch sonst stärker in die Volksfrömmigkeit hingeführt hatten. Man denke nur an die Gründung der vielen „Heilig-Geist-Spitäler". Sie setzt im deutschen Raum am Ausgang des 12. Jh. ein[1960]. In dem führenden Bergwerksort Gossensass am Brenner kannte man ebenfalls die Benennung „Zum Geist und hohen Stollen", was auch auf die gleiche Schutzmacht verwies[1961]. Diese Wendung des populus christianus hat die Volksliturgie des karolingischen Zeitalters noch weniger erfaßt. Im Eigenkirchenzeitalter Frankreichs gehört Pfingsten nicht immer zu den quator festivitates, jedenfalls nicht an allen Pfarreien. Pfingsten meldet sich in der Tat eine gewisse Sonderstellung an, was bei *M. Righetti* nicht erwähnt ist[1962]. Zuweilen ging man Pfingsten in die Kathedrale und beteiligte sich dort am Opfergang. Der Durchbruch der Pfingsten zugewandten Volksfrömmigkeit setzte erst allmählich ein.

Aber das kultische Interesse verdichtet sich in der Folgezeit. Das geschah in der Votivmesse, die volkstümlich war. Schon vom Liber sacramentorum, also aus dem Zeitalter Alkuins, ist für den Sonntag eine Votivmesse „De gratia spiritus sancti postulanda" nachweisbar[1963].

Im späteren Mittelalter ist die missa de Spiritu sancto unter den Wochenmessen, und zwar am Dienstag zu verzeichnen[1964], im Ermland im 16. Jh. am Donnerstag[1965]. Man denke, was die Entfaltung dieser Devotion betrifft, auch an den Orden von Grandmont – eine typische Entwicklung – und seine Ausrichtung im 12. und 13. Jh. Dieser Verband war 1076 von Stephan von Thiers als eine Vereinigung von Eremiten in der Einöde von Auvergne gegründet. Es war die Eigenart dieser Genossenschaft, daß in ihr, wohl in Nachwirkung des nichtpriesterlichen Einsiedlertums, die Laienbrüder regier-

[1960] Zur Liste der Heilig-Geist-Spitäler bei *F. F. Schäfer*, Das Hospital zum Heiligen Geist auf dem Domhofe zu Köln, Köln 1910, äußert sich kritisch *G. Schreiber* in: Historische Vierteljahresschrift, 15, 1912, S. 136f. – *Ders.*, Kurie und Kloster, 2. Im Register, S. 419.

[1961] Landesregierungsarchiv Innsbruck, Kammerarchiv, Urkunde 38, vom 12. 12. 1571.

[1962] Storia Liturgica, II, p. 235 sgg.

[1963] *Franz*, Messe. S. 137, 151, Anm. 1.

[1964] Ebd., S. 141.

[1965] Ebd., S. 143. – Prozession der Bergknappen in Schwaz. *Schreiber*, Wochentage, S. 156.

ten und die Mönche etwas zweitrangig geführt wurden. So verlangten diese Laienbrüder, daß die Priester Messen zu Ehren Mariens, zum Lobe des Hl. Geistes und für die Verstorbenen zelebrieren sollten[1966]. Sicherlich eine volksmäßig betonte Herausstellung des Spiritus Sanctus, zudem ein recht bemerkenswerter Hinweis auf die Geschichte der Laienfrömmigkeit, die keineswegs erschöpfend bearbeitet ist. So wartet die Geschichte der Laienbeichte auf eine umfassende Untersuchung[1966a].

Sie vollzog sich auf mehreren Wegen, so mit dem Attribut der *Taube*, die der Gnadenstuhl und zahlreiche Heilige als individuelles Attribut aufweisen. Adelgundis, Eulalia, Findanus[1967], Gregor d. Gr., Kunibert, Regina, Remigius, Reparata, Scholastika, Severus von Ravenna, Thomas von Aquin, zwei Tauben für Joachim wollen dieserhalb genannt sein[1968]. Ein Reginastollen findet sich übrigens im Bergbau am Tschirgamt im Gebiet von Imst[1969], ebenso im steirischen Erzberg[1970] auch in Joachimsthal[1970a].

Das Knappschaftsspital in Schwaz führte im 16. Jh. den Patronat der Dreifaltigkeit mit sich. Das Altarbild stellte die Trinität dar. Letztere hat dem mittelalterlichen Stadtbild (Kirchenausstattung, Stadttore, Spitalpatron) und seinem Reiseverkehr, im besonderen den eintreffenden Pilgern, ein bemerkenswertes Gepräge gegeben. Auch sonst stoßen wir auf gottbezogene volksreligiöse Elemente. Dahin sind zu beziehen gewisse Mysterien, die sich an volkstümlichen Festtagen (Mariä Verkündigung, Mariä Heimsuchung, Christi Himmelfahrt) abzeichnen, ferner die Christologie, die Schöpfungslehre, dazu die bergfreundliche Engelwelt, zum anderen volkstümliche Heilbringer und Heilslehren. Auch die Liturgie und die Volksliturgie des Bergwerks wollen erwähnt sein. Beide umfassen die Knappenfeiertage, die Sakramentsprozession, die Totenmesse, die Votivzeichen und vieles andere. Desgleichen ist jene Legende zu hören, die mit Petrus Damiani zu berichten weiß, daß ein verschütteter Bergmann durch eine Taube zur Stärkung ein Jahr lang weißes Brot erhielt, das ihn vor Hunger bewahrte[1971]. Sicher eine hohe Auszeichnung für einen schlichten Bergmann, daß er derart in die eucharistische Volkserzählung einbezogen, ja,

[1966] *Schreiber*, Gemeinschaften. S. 406f. – Der Artikel „Laienberichte", LThK 6², Sp. 741 f. übersieht die epische Dichtung eine unentbehrliche Quelle.

[1967] Über den Iroschotten Findan vgl. *Schreiber*, Irland. S. 61.

[1968] *Braun*, Tracht. S. 841. [1969] *Mutschlechner*, Erzbergbau. S. 54.

[1970] Beschreibung, S. 30. [1970a] *Mathesius*, Sarepta.

[1971] *Franz*, Messe. S. 8. – Näheres s. unten. – Zur Ikonographie vgl. noch *V. H. Elbern*, Heiliger Geist. In: LThK 5², Sp. 113 f. – Siehe noch *Bächtold-Stäubli*, Handwörterbuch, 8. Sp. 693ff. und, Bd. 10, im Register, Sp. 345.

daß ihm das Attribut der Taube wird, die auch sonst als Himmelsbote die christliche Legende beschäftigt[1972].

So tritt der Bergbau in die volkswarme Mirakelerzählung. Auch sonst breiten sich Zusammenhänge aus, die den montanen Bereich betreffen.

Das Heilig-Geist-Spital in Nürnberg wurde gestiftet von den Berggewerken und dessen Hüttenherrn Herdegen Falzner († 1426). Er war ein ausgesprochener Montan-Großunternehmer. Es steht dahin, inwieweit er sich sonst noch jenen Bergleuten des flachen Landes zuwandte, die aufnahmebedürftig für ein Spital waren[1973].

Soviel an einigen Ausblicken, die zur Zielsetzung und der Milieuzeichnung des Bergwerks führen. Solche Zusammenhänge sind oft in der Bergbaugeschichte nicht genügend gepflegt. Aber auch die Darstellungen der Geschichte der Mystik bedürfen solcher Ergänzungen, um die ganze Breite dieser Strömungen zu ermessen.

9. Spanien im deutschen Bergwerk

Das deutsche Bergwerk des späten Mittelalters trug eine weithin sichtbare volkhafte und religiöse Flagge.

Damals wurde es in der volksnahen Bewegtheit der Spätgotik üblich, Gruben nach Mysterien und Heiligen zu benennen. Die Art der Begebung christlicher Taufnamen, die man etwa seit dem 13. Jh. Kindern als Vornamen wie als Vorbild mitgab[1974], wiederholte sich in unterirdischen Bereichen.

Die Legenda aurea mit ihrer anziehenden warmen Volkspoesie, mit ihrem von Sage und Dichtung umrauschten Heiligenleben fand ein hundertfältiges Echo im Bergesinnern, wenn man Stollen und Schächte nach christlichen Glaubensgeheimnissen, nach marianischen Feiertagen, aber mehr noch nach gütigen und mächtigen Heilbringern benannte. Indem man bergbaulichen Betrieben derart ein theozentrisches und kultisches Gesicht gab, indem

[1972] *Günter*, Legende. S. 151, 231, 249f. und im Register, S. 369.

[1973] Über Falzner siehe *Ress*, Baudenkmäler. S. 46 u. 307.

[1974] Zur Geschichte der Namengebung s. *E. Nied*, Heiligenverehrung und Namengebung. Freiburg i. Br. 1923. – *W. Deinhardt*, Namen. In: LThK 7, Sp. 432f. mit Verweisen. – *Dörrer*, Auswirkungen des Trienter Konzils. S. 441f. – *Johannes Vincke*, Volkskundliche Voraussetzungen der Patrozinienforschung. In dem Sammelwerk: Zwischen Wissenschaft und Politik (Festschrift für G. Schreiber). München u. Freiburg i. Br. 1953, S. 56–76, bes. S. 64. – Etwaige spanische Einwirkungen auf deutsche Ortsnamen sind nicht vermerkt bei *Adolf Bach*, Deutsche Namenkunde, 2. S. 2.

man – volksliturgisch gesehen – Anrufungen der Allerheiligenlitanei als Namen von Gruben verwandte, versprach man sich die Erlangung eines besonderen Bergsegens. Man meinte wohl in erster Linie, es werde leichter und gefahrloser, Erz und Kupfer, Gold und Silber, Blei und Quecksilber aus dem Gestein zu heben. Man fühlte sich ja in einem besonderen Schutz von seiten dieser himmlischen Helfer. Metaphysisches und Jenseitiges verklärte die gefährliche Arbeit in der Grube.

Für manche Gewerken (Unternehmer), die dem städtischen Patriziat entstammten, mochten, wenn diese Sakralkultur des Schutzes einströmte, zudem Erinnerungen an die Freiung und die Wohltaten des Königsschutzes und an Vergünstigungen des Papstschutzes wach werden, die sich im höheren Mittelalter in Hunderten von Diplomen aussprachen. So mag man eines Privilegs des Papstes Alexander III. vom 10. Februar 1171 gedenken, das dem 1140 gegründeten Chorherrenstift Seckau in Obersteiermark ein Gut im Jauntal und einen Berg bestätigte, wo man Silber und Blei gewinnt, mit allem Recht (montem ubi effoditur argentum et plumbum cum omni iure)[1975].

Das Schutzbedürfnis des medium aevum war ja in allem außerordentlich, was nicht zufällig auch die Ortsnamen und Flurnamen auswiesen, wenn sie im Ablauf der Zeitalter von Mariaschutz und von der Kapelle der Vierzehn Nothelfer wußten, die sich zuweilen am Eingang der Bergwerke einfand[1976].

So zogen sich verbindende Linien vom *Gottesgedanken* zum Bergmannsleben. Von den Gewerken wie von den Bergknappen werden die in Betrieb genommenen Gruben angesprochen als: Zur Gottesgabe, Gottesglück, Gottes Glücksgrube, Gottessegen, Segen Gottes am Berge, Gottberath, Reich Gottes, Wag's mit Gott und mit ähnlichen Wendungen[1977]. Dieser Haltung entspricht des Bergmanns Gebet im Berchtesgadener Land, das bei der Einfahrt unter anderem feststellt: „Ohne Deinen Segen ist all unser Bemühen umsonst“[1978]. Das Gottvertrauen ist im Bergmannslied stark eingezeichnet[1979]. Man weiß, daß das Erzbergwerk solche Titel an den Kohlenbergbau und selbst an börsengängige Kuxe weitergab. Ein starker Optimis-

[1975] *Wießner*, Kärntner Bergbau, 2. S. 218. Mit Hinweis auf *A. v. Jaksch*, Monumenta historica ducatus Carinthiae. Klagenfurt 1896ff., 3, Nr. 1147. – *Ph. Jaffé*, Regesta pontificum Romanorum, II. Nr. 11 877.

[1976] So am Schweizer Gonzen. *Plattner*, Bergbau. S. 110. – Bei *G. Schreiber* Vierzehn Nothelfer weitere Kapellen. S. 51ff.

[1977] Man nehme spätmittelalterliche Bergwerksnamen der Schweiz. Ebd., S. 44ff. Siehe ferner *Wießner*, Kärnten, 1. S. 115, 168, 171, 229, 231, 242, 250, 255; 2, S. 165.

[1978] *Kriss*, Sitte und Brauch. S. 99.

[1979] *Heilfurth*, Bergmannslied. S. 88ff.

mus geht gewiß von solchen Grubentiteln aus. Diese Herkunftslinie kennzeichnet sich noch in späteren Namengebungen, etwa in der Gutehoffnungshütte in Oberhausen, deren Anfänge bis ins 18. Jh. zurückreichen[1980].

Auch die *Madonna* wird als Hüterin und Besitzerin der Gruben immer wieder erwähnt. Unserer Frauen Schacht erscheint 1539 im kärntnischen Bleiberg-Kreuth[1981]. Marianische Feiertagsnamen werden in der Namengebung der Bergwerke verwandt, so Lichtmeß, Liebe Frau Heimsuchung, Mariä Opferung. Der Bergmann suchte die Begegnung mit der hilfreichen Lieben Frau, die ihm ein Licht, einen Gruß, ein Vorbild der Opferstärke bedeutete im Dunkel der Grube. Er suchte zudem, wie in Altötting, ihren Wallfahrtsplatz auf. Die Benennungen entstammen einer Haltung und stellen einen bemerkenswerten Beitrag zur volksreligiösen, zugleich liturgiegeschichtlich und rechtsgeschichtlich denkwürdigen Marienverehrung dar, der selbst Stephan Beissel unbekannt blieb.

Auch *alttestamentliche* Persönlichkeiten finden sich ein, wenn man den mittelalpinen Raum Europas zur näheren Betrachtung heranzieht. An erster Stelle will von alttestamentlichen Namen Daniel erwähnt sein[1982], der sich mit überraschender Häufigkeit zeigt. Daneben erscheinen Adam, Eva, Noe, Abraham, Moses, Saul, Salomon, David, Susanna, Habakuk, Rebecca[1983]. In allem tritt eine erstaunliche Fülle von Heiligen älteren und jüngeren Datums hervor. Ein ganzes Buch der Volksreligiosität öffnet sich.

Was sich also in oberirdischen Gotteshäusern an *spätgotischen* Heiligen abzeichnet, im Kirchentitel und in der Bruderschaft, an Festen und in Votivmessen, in Fresken und Tagzeiten, in Wallfahrten und Monatszetteln, in Prozessionen und in Plastiken, lebte irgendwie auch im Bergbau und äußerte sich in der Benennung der Schächte und Gruben, in der Aufrichtung von Kapellen und Spitälern für die Bergknappen, in Stiftungen und Umgängen, in bergverwandten Festtagen und Volksschauspielen und in anderen Ausdruckgebungen des Frommen und des Berufslebens[1984].

[1980] 1872 AG, 1923 Teilung in eine Produktions- und Dachgesellschaft. Siehe auch *H. Lohberg*, Aufgaben, Aufbau und Tätigkeit des Historischen Archivs der Gutehoffnungshütte. In: Der Archivar, 6. Jg. (1953), H. 3, Sp. 127–134. – Zur bergmännischen Hoffnung s. noch *Heilfurth*, Bergmannslied. S. 97ff.

[1981] *Wießner*, Kärnten, 2. S. 43. – Marianische Stollen bei *Mathesius*, Sarepta.

[1982] Siehe dazu *G. Schreiber*, Volkskunde einst und jetzt. In: Festgabe für Alois Fuchs, hg. v. Wilhelm Tack. Paderborn 1950, S. 275–317, hier S. 315f. Siehe ferner die folgende Anmerkung.

[1983] Letztere Grube in Eisenerz. Beschreibung, S. 30. *Mathesius*, Sarepta, Stollenverzeichnis.

[1984] Voruntersuchungen bei *G. Schreiber*, Das Bergwerk in Recht, Liturgie, Sakral-

Fast alle im deutschen Raum volkstümlichen Heiligennamen sind, wie angedeutet, in der Titelgebung der Bergwerke vertreten. Man begegnet somit den zwölf Aposteln. Man trifft die Evangelisten. Man hört von den Vierzehn Nothelfern. Man stößt auf Ordensheilige wie Benedikt und Bernhard von Clairvaux, wozu religiöse Genossenschaften der Benediktiner und Zisterzienser als Bergwerksinhaber den äußeren Anstoß gaben. Mit dem oft erwähnten Antonius von Padua kennzeichnen sich franziskanische Einflüsse. Die Karmeliten gewähren mit St. Theresia (Teresa) von Avila von vornherein Herkunftslinien, die nach Spanien führen.

Wiederum hat die *deutsche* Landschaft besondere Sancti anzubieten, die ihr eigentümlich sind. So wandert von Niederbayern St. Corona als Bergwerksheilige nach Böhmen, näherhin nach Joachimsthal[1985]. Ebendort befinden sich Gruben, die St. Wenzel gewidmet sind, der im böhmischen Raum zugleich als Landespatron und Bergwerkspatron, wie auch St. Prokop, gefeiert wurde[1986].

Solche Benennungen gehen in die Richtung, den Gewerken wie den Knappen Helfer, Schutzherren und Vorbilder einzuhändigen. Der Blick fällt auf psychologische Notwendigkeiten, die der Arbeit und dem Volkstum innewohnen. Dieser Bergmann ist einmal wirtschaftender Mensch. Aber er sollte und wollte mehr sein. Seine Erwerbstätigkeit soll sich über das rein

kultur. In: Zschr. der Savigny-Stiftung für Rechtsgeschichte, 70, Kan. Abt. 39, 1953, S. 364ff. – *Ders.*, Apostel und Evangelisten als Bergwerksinhaber. Studien zur Sozialgeschichte und Volkskunde alpiner Räume. In: Rheinisches Jahrbuch für Volkskunde, 3, 1952, S. 145–168. – Schwaz, der bedeutendste Knappenort Tirols, war Vorort eines weiten, stark volksreligiös gerichteten Spielkreises. *Anton Dörrer*, Zillertaler Volksschicksale, gesehen am Schicksal ihrer Schauspiele. Innsbruck 1953, S. 20 (auch in Schlern-Schriften, Bd. 104, Enzinger-Festschrift, ebd., 1953). Dort über die alte Knappen-Wallfahrt Pankrazenberg bei Fügen, S. 27. – Zahlreiche Wallfahrten im Raum von Berchtesgaden. *Kriss*, Sitte und Brauch, S. 110. Dort auch S. 52ff. über die Bergweihe, zu der die Knappen in der kleinen Parade erschienen. Hauptfest am Pfingstmontag, S. 97.

[1985] *Ferber*, Böhmen. S. 58: Corona-Stolle im Abend, ferner Corona-Gang in den Morgen-Gängen in Joachimsthal (S. 63). Corona ist Patronin der Schatzgräber. Bezeichnend ist das Gebet „Corona, Jungfrau und Martyrin“, das neuerdings (Vorname fehlt) *Pfeufer*, Rhönerisch und Fränkisch, Eine vergleichende Volkskunde, Kallmünz o. J., mitteilt: „... du bist mir willkommen, o liebste, heilige, reine Jungfrau und Martyrin, St. Korona; ich bitte, dich über mich zu erbarmen, mir zu einem Schatz zu helfen, daß ich den Armen kann helfen; o du hl. Jungfrau und Martyrin St. Korona, du wollest dich mit deiner Hilfe zu mir wenden, mit deinen jungfräulichen Händen und mir 20 000 fl. Geld und Gut senden.“ (S. 446.) – Siehe noch *Spirkner*, Corona-Kult. S. 300ff. – *L. Schmidt*, Corona. In: LThK 3^2, Sp. 61 (mit Lit.).

[1986] Wenzelstolle in Mitternacht in Joachimsthal. *Ferber*, Böhmen. S. 58. Ferner eine Wenzelstolle im Morgen Ebd., S. 59. – *Mathesius*, Sarepta, Stollenverzeichnis. Über Prokop s. das Register.

Wirtschaftliche und Technische hinaus zum *Beruf* erheben. Wege zu Gott und zum Nächsten sollen in der Dienstleistung gefunden werden. Die Arbeit sei Mittel zur Heiligung. Mit dem Zeitlichen soll sich das ewige Heil verbinden. Eine nur mechanisierte und schablonisierte Auffassung des Arbeitslebens wird abgelehnt. Der Titel des Bergwerks, also das Bergwerkspatrozinium, weist von vornherein in die Sphäre des Ehrfürchtigen und Gottverbundenen, in Bereiche von Überlieferung, Sitte und Brauch.

Es ist hohe Zeit, daß die Volkskunde sich solchen Bekundungen des Bergmannslebens mit echtem Interesse zuwendet. Jedenfalls weiß das vielzitierte „Handwörterbuch des deutschen Aberglaubens" mit seinem mißratenen, der Aufklärung entstammenden Titel nichts über das Bergwerkspatrozinium zu sagen[1987]. Dort wird uns im besonderen der Glaube an die Berggeister auseinandergesetzt, an gute und böse Dämonen. Diese haben sich gewiß im Volksglauben eingefunden. Zeugnisse sind reichlich vorhanden[1988]. Ein bodenständiges Volk kann seine alten, auch vorchristlichen Überlieferungen nicht leicht vergessen, ob es sich nun innerlich noch daran hält oder nicht. Am stärksten vollzieht die Sage den Brückenschlag zwischen dem Einst und Jetzt. Der Einfluß der Aufklärung des 18. Säkulums darf allerdings nicht überschätzt werden. Eine theozentrische Sicht hat sich in Grubennamen noch lange behauptet. Dahin weisen Benennungen von Zechen wie „Vorsehung Gottes" im Kärntner Bezirk von Kreuzen-Stockenboi (1765)[1989] und „Gott Heiliger Geist" ebenda (1765)[1990] den tieferen Sinn der christlichen Auffassung. Der Gehorsam gegen die Vorsehung, der Glaube an die Fürsorge Gottes für seine Geschöpfe klingt an. Das Bekenntnis zur Heilsordnung und zu Erlösungsgeheimnissen wird auch im Schutzbedürfnis offensichtlich. Die Werkarbeit, so notvoll sie sein mag, steht in einer höheren Sphäre. Einzelbeobachtungen mögen das näher beleuchten.

Im Bergwerk Falkenstein bei der führenden Tiroler Bergstadt Schwaz verehrte man im 18. Jh. das Bild des Propheten *Daniel* am Eingang des Stollens. Seine prächtige Statue ziert als ein sprechendes und weckendes Symbol auch die Goldene Pforte, das 1235 geschaffene Portal in der sächsi-

[1987] Vgl. *Schömer*, Bergwerk, und verwandte Artikel bei *Bächtold-Stäubli*, Handwörterbuch, 1. Berlin 1927, Sp. 1084ff.

[1988] Von neueren Verlautbarungen s. *Anton Dörrer*, Tiroler Fasnacht. Wien 1949, S. 82, 324. – *Leopold Schmidt*, Gestaltheiligkeit im bäuerlichen Arbeitsmythos (Veröff. d. Österreichischen Museums f. Volkskunde, Bd. 1). Wien 1952, S. 175.

[1989] *Wießner*, Kärnten, 2. S. 165.

[1990] Ebd. – Eine besondere Studie über die Aufklärung („farbige Bruderschaften") ist erwünscht.

schen Bergwerksstadt Freiberg[1991]. Es vollzieht sich an solchen Bergbauorten für eine biblische Persönlichkeit eine Art Volkskanonisation, die ja auch den 24 Ältesten zuteil wurde.

Man bezieht nun diesen an der Spätgotik gereiften „heiligen Daniel" in die Zusammenhänge des Schatzgrabens ein. Man erstrebt also den Schutz, die Hilfe, das Glück, den Erfolg, den dieser Heilige, den die Schutzfunktion schon im Alten Testament berühmt gemacht hatte, heraufführen soll. Zum anderen denkt man auch an die abwehrende Kraft, die er, der Held der Löwengrube, mit sich führt. Mit seiner Unterstützung soll dem Unglück, das immer wieder hinter der schweren und gefährlichen Arbeit lauert, gewehrt werden. Man hofft, wenn man sich Daniel zuwendet, also auf die Hilfe des Propheten und des ihm zugeteilten Engels. Hat doch ein Mitglied der himmlischen Heerscharen Habakuk, den achten Propheten, in die Löwengrube begleitet. Es kommt hinzu, daß der Traum des Nabuchodonosor, den Daniel deutet, eine Schau von Metallen in sich schließt. Das sächsische Bergmannslied hat diese Zusammenhänge verloren. Begreiflich. Es war inzwischen ein neuer ideeller Unterbau geschaffen.

In Erinnerung an diese alttestamentlichen Vorgänge, die das wahlverwandte Moment der Grube und des Schachtes scharf herausstellen, erfleht der Bergmann himmlischen Schutz und die Abwehr des Unglücks und hält sich selbst bereit für die Hilfeleistung, die er seinen Genossen gewähren kann. Es steht in Einklang mit solchen Vorstellungen, daß die christliche Kunst diese Löwengrube zum Daniel-Attribut machte[1992].

Dieses Zutrauen zu helfenden Mächten, von denen auch volkstümliche Litaneien berichten, drückt sich auch in dem Grubentitel im kärntnischen Khulnitz aus. Es handelt sich um eine bereits 1557 genannte Zeche „bey allen Gottesengeln" westlich von Friesach[1993]. Daß im übrigen um 1800 im Bergrevier des kärntnischen Kappel eine Zeche *Habakuk* erwähnt wird, darf für diese Zusammenhänge besonders beachtet werden[1994].

Inwieweit Daniel auch dem stark entwickelten iberischen Bergbau nähertrat, sei dahingestellt. Jedenfalls ist das Danielbuch in katalanischen Hand-

[1991] Entdeckung von Silberadern 1180–1190 durch vertriebene Harzer Bergleute; Freiberger Stadtrecht, zwischen 1296–1307 geschaffen. Vgl. *Künstle*, Ikonographie der christlichen Kunst. S. 308. – Zur Freiberger Bergwerkskultur s. auch *E. Treptow*, Meisterwerke. S. 22f. – Siehe noch über den Schutzherrn von Carrara *Elisa Ricci*, Mille Santi nell'arte, p. 168.

[1992] Ein erster Hinweis bei *Kerler*, Patronate. S. 30. Als Ortspatronate sind dort angegeben Carrara, Jevern. Liturgischer Gedenktag am 21. Juli.

[1993] *Wießner*, Kärnten, 1. S. 202.

[1994] Ebd., 2. S. 225.

schriften der Roda- und Ripollbibel und in der Beatus-Apokalypse reich illustriert, wobei auch das Motiv der Löwengrube nicht fehlt[1995].

In diesen Bergwerkspatrozinien kündigt sich überdies der Ablauf der Kulturzeitalter an. Dabei meldet sich die Geschichte der Volksfrömmigkeit mit ihrer stufenmäßigen Entfaltung zu Wort. Für unsere Untersuchung, die sich spanisch-deutschen Begegnungen zuwendet, sei festgehalten, daß *spanische* Heilige im 17. Jh. und noch weit späterhin die deutsche Volksreligiosität beschäftigen und kulturplastisch erfüllen. Wir haben in anderen Abhandlungen diesen Prozeß der Einwirkung, zum Teil auch der Eindeutschung festgehalten[1996]. Heute sei dieser für das deutsche Bergwerk weitergeführt. Ein Atlas einer geistig-seelischen Kolonisation breitet sich in deutschen Wirtschaftsräumen aus. So ist ein Gegenstück zur spanischen Erschließung von Westindien, Nord- und Südamerika geschaffen, wenn Küsten, Häfen, Inseln Namen mit religiöser und zugleich volkhafter Prägung empfangen (San Salvador, Dominica, Maria-Galante, Guadalupe, Trinidad, San Domingo, Cap Gracias a Dios, Veracruz u.a.).

Was diese Einflüsse der spanischen Sakralkultur angeht, was weiter die Versuche betrifft, ein gefeites Bergwerk zu schaffen, ist zunächst auf einen überragenden spanischen Sanctus zu verweisen, der dem iberischen Urchristentum angehört. Das ist *Vincenz* von Zaragoza († wahrscheinlich nach 304), jener Erzmartyrer Spaniens, der auch als Vincenz Martyr oder als Vincenz Levita die nachfolgenden Jahrhunderte bewegte. In einem außerordentlichen kultischen Siegeszug wanderte er weit über die Peninsula hinaus. Schon im 5. Jh. kündete Augustin, ein weithin vernehmbarer Wegbereiter, ähnlich dem ebenfalls begeisterten Prudentius seinen ansteigenden Ruhm. In St. Germain-des Prés, Rom, Bern, Paderborn[1997], Breslau erhielt der beatus Christi levita bevorzugte liturgische und volksreligiöse Residen-

[1995] *Georg Schreiber*, Daniel. Religiöse Volkskunde. In: LThK 3^2, Sp. 153f. – Siehe auch *Neuss*, Apokalypse des hl. Johannes. Bes. S. 5 mit Nr. 204.

[1996] *Georg Schreiber*, Spanische Motive in der deutschen Volksreligiosität. In: Gesammelte Aufsätze zur Kulturgeschichte Spaniens (Spanische Forschungen der Görresgesellschaft, hg. v. K. Beyerle, H. Finke, G. Schreiber, 5. Bd.). Münster 1935, S. 1–73, hier besonders S. 39ff. – *Ders.*, Heilige Wasser in Segnungen und Volksbrauch. In: Zschr. f. Volkskunde, N. F., 6, 1935, S. 198ff. – *Ders.*, Deutschland und Spanien. Mit zahlreichen Verweisen im Register. – *Ders.*, Spanien und die deutsche Volkskunde. Bei *Georg Schreiber*, Volk und Volkstum. Jahrbuch für Volkskunde, 2. München 1937, S. 104–127. – *Ders.*, Wochentage. Im Register S. 279.

[1997] Siehe Anmerkung [1996], dazu noch *Christian Völker*, Aus dem religiösen Volksleben im Fürstbistum Paderborn während des 17. und 18. Jahrhunderts. Paderborn 1937, S. 20 (Kirchenpatron in Scherfede, mit Prozessionen und Wallfahrten am dritten Ostertag). – *Schnell*, Der baierische Barock. S. 172. – *Kriss*, Sitte und Brauch. S. 61, 111.

zen. In Portugal trat er überdies in das große kriegerische Erlebnis der Nation. Das Banner des hl. Vinzenz konnte Prinz Heinrich 1415 auf der Zitadelle von Ceuta aufpflanzen[1998]. Daneben traten noch viele andere Kultstätten, die sich bis Konstantinopel zogen, und da man ihn überhaupt als den Vertrauensmann und Nothelfer der verschiedenen Berufsgruppen verehrte, wurde er in der Tat zu einem der großen *Universalpatrone* des Abendlandes. Noch heute kennen die Holzfäller des Wiener Waldes seinen Namen (Leopold Schmidt). Sein Einfluß auf die Vornamengebung bleibt allerdings noch zu untersuchen.

In dieser Betätigung und Einwirkung hat er symbolisch auf Spanien als unersetzlichen Wesensbestandteil der christlichen Gesellschaftsentwicklung hingewiesen. Wir denken an die spanischen Nationalkonzilien, die bedeutsam wurden für den Werdegang des kanonischen Rechts, an den Encyklopädisten Isidor von Sevilla, wiederum an den von Calderon, Murillo und Rubens gefeierten Marienverehrer Ildefons von Toledo, sodann an die heldenmütig vorwärtsdrängende Kampfgemeinschaft der Westgoten gegen den Islam, an die Quellkraft und die Konzentration regionaler Ritterorden. Vor allem sei an die Glaubenseinheit und zugleich an die Glaubensglut von einzigartiger Haltung (fast frei von Häresie, diese Libertas hat Dietrich Schäfer besonders betont; nur Adoptianismus) erinnert. Diese und andere Momente geben Spanien eine ungewöhnlich geschlossene Prägung. Dabei verbinden sich mit dem Namen des Vincenz Levita auch im deutschen Raum starke Gegebenheiten: Kirchenpatronate, Altäre, Bruderschaften, Wallfahrten, Andachten, Prozessionen und bedeutende künstlerische Formgebungen. Das Vincenz-Erlebnis weist am Ebro und am Tajo, aber auch an Rhein und Donau über die Jahrhunderte. Dieser weit ausgreifende Sanctus wurde geradezu zum Wegbereiter und Torwart der kommenden Compostelafahrt. Seine dramatisch wirkende Passio zeigt die ganze Überlegenheit des Christentums und seines beredten Verteidigers gegenüber dem heidnischen Richter Dacian. Ihre beschwingte Art hat immer wieder die Aufmerksamkeit der Nachwelt auf sich gezogen[1999].

[1998] *Edgar Prestage*, Die portugiesischen Entdecker. Leipzig 1936, S. 25.

[1999] Eine größere Zusammenfassung der Vincenzdevotion bei *G. Schreiber*, Deutschland und Spanien. S. 8–64. – Eine Übersicht über die weit ausgebreitete Forschung bei *Konrad Hofmann*, Vincenz. In: LThK 10, Sp. 636f. – Doch ist noch zu verweisen auf *G. Schreiber*, Spanien und die deutsche Volkskunde. S. 109. – Die starke kultische Verehrung in der Schweiz hat die patroziniengeschichtliche Literatur der letzten Jahrzehnte oft beschäftigt. Man nehme etwa: *Beck*, Patrozinien. S. 113f., 127. – *Farner*, Kirchenpatrozinien. S. 77f., 131, 171. – *Gruber*, Stiftungsheilige. S. 36, 45, 85. – *Hecker*, Kirchenpatrozinien. S. 63. – *Kriss*, Sitte und Brauch. S. 111.

Wie aber kommt es, daß Vincenz gerade zum *Bergwerk* tritt? Welche Gründe führen ihn zu den Erzgängen? Mehrere Erwägungen versuchen, eine Antwort zu geben.

St. Vincenz ist erstens, wie angedeutet, einer der überall verehrten Universalpatrone. Man spricht ihn wegen seiner Treue und damit seines Vertrauensverhältnisses zu Christus an als Vorbild und Helfer schlechthin, dem man seine Hoffnungen und Wünsche, aber nicht weniger auch seine Sorgen und Nöte unterbreitet[2000]. So will auch der genossenschaftsmächtige Bergmannsberuf sich seiner erinnern.

Zum zweiten sind es näherhin seine *erzhaltigen* Attribute, die ihm den Weg zu den Erzgängen weisen. Wird er doch mit Lanzen gestochen und, ähnlich wie der Diakon Laurentius, auf einen Rost mit Nagelspitzen gelegt (Retabelflügel 1468 im Dom zu Breslau)[2001]. Einen Feuerhaken erblickt man zudem in dem Hochaltarretabel in der alten Kirche von Heiligenblut am Großglockner, also im Kärntner Raum[2002]. Man begreift es, daß dieser erzhaltige Heilige auch für die Bergwerke dieser Landschaft anziehend wirkte, auch wenn die Vincenzforschung diese gewiß bemerkenswerten Zusammenhänge noch nicht gesehen hat.

Es will weiter ein Mirakel vermerkt sein. Denn die Legende berichtet, daß, während der Heilige in einem stockfinsteren Kerker am Boden lag, aus dem Boden ein weiches von Blumen duftendes Lager wurde. Dieses Moment des Kerkers ist ja in Hinsicht auf die dunklen Gänge des Bergwerks zu werten. Mehr als einmal trifft sich die Legende mit den unabweisbaren Gegebenheiten und mit der unvermeidlichen Gefahrenzone des wirtschaftenden Menschen. Man liest und erlebt sie berufsinteressiert. Dazu hat die Bergmannssage die Blumen mit besonderer Aufmerksamkeit behandelt.

Durch das Bergbaupatrozinium von St. Vincenz, das als eine neue Sicht auftaucht, erfahren die Hagiographie, die Ikonographie, die Volkskunde, auch die Geschichte des Genossenschaftswesens, in dem die Bergleute besonders stark hervortreten, eine aufschlußreiche Ergänzung. In den alpinen Gruben des mitteleuropäischen Raumes erscheint in der Tat Vincenz, im Grunde genommen als Erbe mittelalterlicher Devotion, bereits 1550 in Kärnten, näherhin in Steinfeld im Berggerichtsbezirk Vellach. Da erfahren

[2000] Dazu auch *Kerler*, Patronate, S. 469, mit den einschlägigen Verweisen, wo aber die Bergleute fehlen.

[2001] *Braun*, Tracht. Sp. 722. – Das Relief des Adriaen de Vries, Martyrium des hl. Vincenz, abgebildet bei *Schreiber*, Deutschland und Spanien. Tafel 3 zu S. 47.

[2002] *Braun*, Tracht. Sp. 723.

wir nämlich auf Grund eines Raitbuches aus Steinfeld, daß eine Goldzeche St. Vincenz dort an der Seite von Gruben bestand, die sich St. Nikolaus, St. Johann, St. Erasmus, St. Kunigund, St. Katharein und Unser Fraw nennen; dazu erscheint die gleiche Zeche an der Seite einer Grube, die sich hoffnungsvoll – man nehme unseren obigen Hinweis auf die Gutehoffnungshütte – als das Glück bezeichnet[2003]. So trat der spanische Diakon in den lebensvollen Kreis anderer und so recht dem Bergwerk zugehöriger Volksheiliger[2004].

Eine zweite Grube St. Vincenz ist im gleichen Jahrhundert, näherhin für 1575 genannt, ebenfalls als Goldzeche im Berggerichtsbezirk Vellach (Obervellach)[2005].

Für Eisenerz in Steiermark wird eine Grube St. Vincenti erwähnt, die im 18. Jh. die Vordernberger besaßen[2006]. Desgleichen erscheint ein Vincenzstollen für die Jahre 1836–1853 im Berggerichtsbezirk Vellach[2007]. Bei näherer Durchsicht der Bergwerksverzeichnisse werden sich unschwer weitere Hinweise ergeben. Es ist oben bereits erwähnt, daß er auch Patron der Holzfäller im Wiener Wald war.

Spanische Einflüsse verrät auch jene Titelgebung, die *Jakobus Maior*, also Jakobus den Groteren, herausstellt. Gewiß war seine Verehrung auf deutschem Boden, ähnlich dem sonstigen Apostelkult, in etwa gewachsenes Erzeugnis der deutschen Erde. Man wende sich nur zur Jakobskirche in Rothenburg ob der Tauber oder zur Pfarrkirche in Linz am Rhein. Der Pilgerhut mit der spanischen Jakobus-Muschel erschien in heimischen Gemälden. Jakobuslieder und Jakobuslegenden begegneten in deutschen Passionalien[2008]. Aber ebensowenig darf übersehen werden, daß die mit dem Hochmittelalter einsetzende und von Deutschland wieder und wieder aufgenommene Wallfahrt nach Compostela die deutsche Devotion hervorragend belebt und weitergeführt hat[2009]. Unter den Mirakeln will besonders

[2003] *Wießner*, Kärnten, 1. S. 149.

[2004] *G. Schreiber*, Bergwerk. S. 370ff. Es würde, was an dieser Stelle nicht möglich ist, sich lohnen, festzustellen, inwieweit spanische Heilige auch sonst als berufsverwandt in die Reihen der deutschen Volksheiligen einzugruppieren sind.

[2005] *Wießner*, Kärnten, 1. S. 115.

[2006] Beschreibung, S. 32.

[2007] *Wießner*, Kärnten, 1. S. 134.

[2008] *Künstle*, Ikonographie. S. 323. – Zu Jakobus s. *Gugitz*, Gnadenstätten, Bd. 2. S. 253; 3. S. 32, 93, 115, 128, 150. Jörg Zürn d. Ä. (†1637) zeichnete den Pilger und den spanischen Kavalier.

[2009] Vgl. dazu *G. Schreiber*, Deutschland und Spanien. S. 72–129. – *Ders.*, Wallfahrt und Volkstum. Im Register, S. 291, unter Santiago de Compostela. – *Ders.*, Volkskunde einst und jetzt. S. 284. Dazu viele ortsgeschichtliche Hinweise, etwa *Friedrich Zoepfl*,

das *erzieherische* Element beachtet sein, wenn etwa der Jüngling Emmerich nach einem ausgelassenen Leben von Ungarn nach dem Jakobusgrab wandert und seine innere Umwandlung erlebt[2010]. Ein Moment, das auch für das Bergmannsleben Berücksichtigung fordert, das der Formung vom Vorbild her bedurfte.

Aber was führt den Inhaber des Apostelgrabes in Galicien zum deutschen Bergwerk? Nun, der Heilige hat gleich St. Vincenz ein besonderes Verhältnis zum Erz. Führt er doch mit dem Schwert, das ihn zum Blutzeugen macht, ein metallisches Attribut mit sich. Diese Beigabe findet sich bereits am Dreikönigsschrein im Dom zu Köln und 1247 am Eleutheriusschrein zu Tournai; weiterhin sind diese metallischen Sinnzeichen an anderen Darstellungen des 14. und 15. Jh. im deutschen Raum nachweisbar[2011]. Aber neben den metallischen Beziehungen tut die ungewöhnliche Volkhaftigkeit des Kults ein übriges, um dem in jeder Lage hilfsbereiten Apostel das Bergwerkspatrozinium zu verleihen. Diese bergbauliche Schutzherrschaft ist ungemein häufig für den alpinen Raum zu vermerken, der auch sonst den Apostel in der Alpwirtschaft („Jaggestag") herausstellt[2012]. Dazu kommt, daß der alpine Raum über große Verkehrsstraßen zum Compostelagrab verfügt. Wir erinnern an Ausführungen, die wir über diese Zusammenhänge in einer Abhandlung über Apostel und Evangelisten als Bergwerksinhaber gemacht haben[2013].

Es mochte allerdings auch sein, daß man gerade um Spanien als ein großes Zentrum des bergbaulichen Lebens wußte. „Seit sehr alter Zeit ist Spanien das klassische Land des Bergbaus." So hat der schon früh heimgegangene Hispanist Otto Quelle die Eigenart der Peninsula betont[2014]. Sie war bereits

Geschichte der Stadt Mindelheim. München 1948. Im Register, S. 414. – Eine Bearbeitung verlangen die Jakobsspitäler der deutschen Städte. Siehe vorläufig *Reicke*, Spital, 2. S. 306. – Zur Compostelafahrt im allgemeinen vgl. jetzt *Luis Vásquez de Parga*, *José Mª. Lacarra* und *Juan Uría Ríu*, Las peregrinaciones a Santiágo de Compostela, 3 Bde. Madrid 1948/49.

[2010] *G. Schreiber*, Wallfahrt und Volkstum. S. 114f.

[2011] *Braun*, Tracht. Sp. 346ff. In diesem sonst so ergiebigen Werk sind die Kapellen und die Heimatmuseen, die besonders der Volksfrömmigkeit dienen, nicht genügend berücksichtigt. – Siehe noch *Künstle*, Ikonographie der Heiligen. S. 579ff.

[2012] *Nikolaus Grass*, Rechtsgeschichte der Alpwirtschaft. S. 46. – Siehe ferner *Rudolf Kriss*, Sitte und Brauch. S. 184ff.

[2013] S. oben. – Ergänzend sei zu den dort aufgeführten Gruben noch verwiesen auf die Zeche St. Jakob am Moisternock (Kreuzen-Stockenboi 1756) in der Grafschaft Ortenburg. *Wießner*, Kärnten, 2. S. 165. S. noch *Mathesius*, Sarepta.

[2014] Spaniens Wirtschaftsleben und seine Beeinflussung durch den Weltkrieg. In: Sammelheft Spanien. Süddeutsche Monatshefte, Juniheft 1917, S. 445–454, bes. S. 447.

der Antike (Plinius, Posidonius) und Folgezeitaltern bekannt[2015]. Die Kenntnis dieser Vorzugsstellung mag es erleichtert haben, wenn spanische Sancti als Schutzherren zu deutschen Bergwerken treten konnten.

Die Wanderung zum Jakobsgrab nach Compostela machte im übrigen das Abendland wieder und wieder auf das gewaltige Ringen mit dem *Islam* aufmerksam, das jahrhundertelang Spanien eine andere charakteristische Note gab. Der siegreiche König *Ferdinand III.* der Heilige, König von Kastilien und León († 1252), stand lebendig im deutschen Volksbewußtsein. Er war vermählt mit Beatrix, der Tochter Philipps von Schwaben. Er fand gleich anderen heiligen Königen (Oswald, Eduard, Edmund u.a.) eine Nachfolge in der deutschen Sakralkultur, in der sein Name auch in den Andachtsbüchern für die Tertiaren genannt wurde[2016]. Man zog diesen Sarazenensieger überdies zu den fünf Herrschern, die Maria als Paladine (servi) dienten (Ludovicus rex Galliae, Leopoldus archidux Austriae, Stephanus rex Hungarorum, Casimirus princeps Poloniae, Henricus Romanorum imperator)[2017]. So konnte er auch der steirischen Grube St. Ferdinandi in Eisenerz, die im 18. Jh. im Besitz der Eisengewerkschaft genannt wird, den Namen geben[2018]. Eine zweite Grube St. Ferdinandi ist ebendort im Besitz der Vordernberger nachzuweisen[2019]. Vielleicht, daß die Einführung dieses Bergwerkspatroziniums durch die Namengebung habsburgischer Kaiser erleichtert wurde (Ferdinand I., II., III.). Die kriegerischen und erzhaltigen Embleme, die seinen Andachtsbildern beigegeben sind, legten überdies von vornherein ein Patronat des Erzbergbaus nahe.

Der Spanier *Dominikus* hat die deutsche Kulturwelt oft berührt. Das Sondersiechenhaus, also das Leprosenhaus im mittelalterlichen Kaufbeuren, kannte ihn seit dem Anfang des 14. Jh. als Schutzpatron und wußte um Lichtstiftungen (ad lumen Sci Dominici)[2020]. Aber in Grubennamen ist dieser Dominikaner nicht eingetreten. Die alpine Welt hatte ihre besonderen Voraussetzungen.

[2015] Dazu *Magnalia Dei*. Das „Cap. II. Von den Bergwercken in Spanien" enthält Hinweise auf ihre Hochschätzung in der Antike, ja schon im Alten Testament. Zur Zeit der Entdeckungen ließ der Abbau in den Gold- und Silberminen nach, denn „sie werden dato von den Einwohnern nicht sonderlich aestimirt noch groß geachtet / indem sie diese beyde herrliche Metalle jährlich in großer Quantität mit der Silber-Flotte aus West-Indien bekommen" (S. 5).

[2016] *G. Schreiber*, Deutschland und Spanien. S. 345ff.

[2017] Ebd., S. 347.

[2018] Beschreibung, S. 29.

[2019] Ebd., S. 33.

[2020] *Adolf Fuchs*, Geschichte des Gesundheitswesens der freien Reichsstadt Kaufbeuren (Allgäuer Heimatbücher, Bd. 54). Kempten (Allgäu) 1955, S. 148.

Aus dem siglo de oro, dem Goldenen Zeitalter der spanischen Literatur und Kunst, aber auch dem religiösen Heroenzeitalter, brachen neue Ströme der Innerlichkeit und der Religiosität nach Mitteleuropa auf. Sie teilten sich früh der deutschen Volksfrömmigkeit mit. Diese Einwirkung vollzog sich bereits am Ausgang des 16. Jh., um im 17. und 18. Jh. Höhepunkte zu erreichen[2021]. Die verschiedensten Kulturbereiche wurden von der Pyrenäenhalbinsel her durchdrungen. Allerdings wurde das Bergwerkspatrozinium bislang von der Forschung noch nicht behandelt.

Vorab ist hier *Ignatius* von Loyola zu nennen, wobei auch seine römische Neuheimat und deren Strahlungskraft berücksichtigt sein wollen. Er wurde früh volkstümlich. Gotteshäuser, Altäre und Bruderschaften legten sich seinen Namen bei. Die Andachtsbücher verzeichneten Spezialgebete zu ihm. Selbst eine Oktav wurde begangen. Stirnseiten städtischer Häuser zeigten seine Figur, selbst im niedersächsischen Duderstadt.

Zu seinen Ehren weihte man, um nur das Gebiet der Segnungen zu berühren, das Ignatiuswasser, das seit Ende des 16. Jh. bekannt ist und später der Satire der Münchener Aufklärung begegnete (Anton Bucher)[2022]. Man wandte dieses geweihte Wasser volksmedizinisch an bei Krankheit, bei schwerer Geburt, aber auch bei Viehseuchen[2023]. Der spanische Ordensheros und Inhaber humanistischer Kollegienhäuser begegnete sich mit dem deutschen Bauerntum[2024]. Die Vornamengebung wurde von ihm besonders beeinflußt. Man gehe etwa zum Eichsfeld, das von Kur-Mainz aus bestimmt wurde. So konnte der Volksheilige mit dem bäuerlichen und überhaupt volkhaften Einschlag sich ungezwungen auch zu den Bergwerken stellen. In der Tat erscheint im 18. Jh. im Gebiet des steirischen Eisenerz, und zwar in den Gruben, die den Vordernbergern gehörten, eine Zeche St. Ignatii[2025]. Ebendort befand sich unter den Zechen, die von der Eisengewerkschaft bewirtschaftet wurden,

[2021] *G. Schreiber*, Deutschland und Spanien. S. 136ff.

[2022] *F. Zoepfl*, Mindelheim. S. 113. – *Ida Grassl*, Münchner Brauchtum. S. 83.

[2023] *G. Schreiber*, Deutschland und Spanien. S. 149ff. Dort auch, S. 151, über das Ignatiusöl mit Hinweisen auf die Forschungen von *Franz*, Benediktionen, 1. S. 215. – Siehe ferner *G. Schreiber*, Ignatius von Loyola. Spanien und das Zeitalter des Barock. In: G. W. Leibniz. Hamburg 1946, S. 186–212. – *Konrad Hofmann*, Ignatiuswasser, in: LThK 5, Sp. 363, übersah die ergiebige Studie von *Andreas Schüller*, Die Ignatius-Verehrung in der niederdeutschen Jesuitenprovinz, Annalen für den Niederrhein, 115, 1929, S. 283ff. In: LThK 5² kein Hinweis. – *Gugitz*, Gnadenstätten, Bd. 2. S. 72.

[2024] Dazu *G. Schreiber*, Bauernfrömmigkeit. S. 47, 48.

[2025] Beschreibung, S. 31. Nicht ausreichend LThK 5², Sp. 613.

eine Grube St. Ignatii[2026]. Im steirischen Okonina, in der Expositur St. Jakob, fand sich 1719 eine Ignatiuskapelle ein[2027].

Was führte Ignatius zu den Zechen? Einmal die bereits berührte Tatsache, daß er im 17. Jh. der deutschen Volksreligiosität nähertritt. Aber auch ein bestimmtes und machterfülltes Attribut weist ihn dahin: das ist der *Stock*, den er in der Rechten schwingt. Er vertreibt damit Unholde, Angst und Mißgeschick. Nun aber hatte gerade der Bergmann in seiner Vorstellung gewissermaßen eine unaufhörliche Auseinandersetzung mit jenen unheimlichen Gewalten, die das Dunkel des Stollens erfüllten. Auch die Zwergensagen lebten noch fort[2028]. In Joachimsthal erscheint unter den Gruben des 18. Jh. ein Stollen Geister-Gang[2029]. So mochte es kommen, daß die Hilfe des volksmächtigen spanischen Ordensheros besonders begehrt wurde, da er mit dem Stock abwehrend wirkte. Man wollte das gefeite Bergwerk. Das Augsburger Klauberbild des 18. Säkulums bezeichnet den apotropäisch wirksamen Stab als baculus gloriosus[2030]. Dieses so volksnahe sprechende Attribut ist selbst J. Braun unbekannt geblieben, wenn er bemerkt, als einziges Attribut zeige Ignatius das Buch der Konstitutionen[2031]. Hier und oft auch sonst sind in der Forschung Volkskunde und Ikonographie nicht genügend verbunden.

Die bösen Geister, die St. Ignatius verscheucht und züchtigt, werden in der Art, wie man sich mit St. Pirmin als Beschwörer von Reptilien auseinandersetzt[2032], als drachenhafte Schlangen oder als Drachen schlechthin gezeigt. Ein Klauberstich versieht den Stock, der den Drachen abwehrt, mit der bezeichnenden Unterschrift: „Patronus contra Spectra", also Schutzherr gegen die Gespenster[2033]. Es kommt hinzu, daß man Ignatius unter die Feuerheiligen zählen mochte, die wie Laurentius, Ägidius, Agatha, Antonius der Große im Bergwerk, das für seine Entstehung[2034] wie für

[2026] Ebd., S. 30.

[2027] *Gugitz*, Gnadenstätten, Bd. 4. S. 215f.

[2028] *Mackensen*, Berggeister. – *Schömer*, Bergwerk. Bei *Bächtold-Stäubli*, Handwörterbuch, 1. Sp. 1071ff., 1084ff. – *Stötzel*, Bergmannsage. S. 65ff. – *Kühnau*, Schlesische Sagen, 4 (Registerband). S. 222. – Siehe auch oben.

[2029] *Ferber*, Böhmen. S. 60.

[2030] *Schreiber*, Deutschland und Spanien, Abb. 47, mit dem beigegebenen Schriftwort: „Numquid ego canis sum, quod tu venis ad me cum baculo. I. Reg. 17". Siehe dort weitere Kupferstiche, Abb. 44ff.

[2031] *Braun*, Tracht. Sp. 357.

[2032] Dazu *Schreiber*, St. Pirmin. Mit Kapitel 6 über das Schlangenmotiv.

[2033] *Schreiber*, Deutschland und Spanien. Abb. 49.

[2034] *Schreiber*, Das Bergwerk. S. 383ff. – Wir ergänzen hier *H. Freudenthal*, Das Feuer im deutschen Glauben und Brauch.

seinen Betrieb mit dem Feuer arbeitete, ein besonderes Ansehen hatten. Zeigt doch ein anderer Klauberstich den Heiligen in einer Umrahmung von starken Flammen, entsprechend dem beigegebenen Spruch: „Ignem veni mittere in terram, et quid volo, nisi ut accendatur. Luc. 12." Das Bild trägt zudem die Unterschrift: „Ite, accendite omnia", indem es den Sendungsauftrag des Heiligen an seine Jünger zeigt[2035]. Das Feuer bricht in solchen volksfrommen Andachtsbildern zuweilen aus einer sonnenhaft empfundenen Brust auf, die das gefeierte und mirakulöse Zeichen IHS trägt[2036]. In einem anderen Augsburger Stich wird auf den Heiligen das Stichwort angewandt: „Quasi igni effulgens. Eccli. 50". Man ließ sich den durch das Gehör vermittelten Bezug von Ignatius und ignis nicht entgehen. Ein weiteres Andachtsbild führt die Beschriftung mit sich: „Ein Beherrscher der bösen Geister"[2037]. Da klingen Zeitalter an, die mit dem Hexenwesen, mit Alchemie, Astrologie und Wallensteins Seni vertraut sind. So übernimmt der Heilige von Loyola in der Volksmeinung eine Rolle, die ihn auch für den Bergmann und das Bergwerk empfehlenswert macht.

St. Ignatius und *St. Franz Xaver* wirken in der deutschen Volksreligiosität als wahlverwandte Dioskuren. So kann auch der letztere leicht zum Bergwerk treten. Unter den steirischen Gruben in Eisenerz, die der Eisengewerkschaft gehörten, findet sich denn auch in einem Verzeichnis des 18. Jh. die Zeche Francisci Xaveri[2038]. Im Jahre 1828 erscheint andererseits in Kärnten auf der Trutschnigg-Seealpe ein St.-Francisci-Xaver-Stollen, der Erz förderte[2039]. Andere Bergwerksverzeichnisse bleiben noch nachzuprüfen.

Die Kanonisation des Heiligen erfolgte 1622. Der geistliche Konquistador in Übersee wurde bald der freigebige Mehrer der abendländischen Volksphantasie. Seine Andachtsbilder zeigen Indianer und Chinesen, das Meer und die Fauna (Seekrebs-Motiv) und Flora (Palme) der Tropen[2040]. Ozeanisches gesellte sich in anderen Beigaben dazu, mit Insel, Küste und Schiff. Der Name Xaver wanderte zudem durch die Stadt wie durch das Bauern-

[2035] Das entsprechende Bild findet sich bei *G. Schreiber*, Deutschland und Spanien. Tafel II.

[2036] *Schreiber*, Deutschland und Spanien. Abb. 49.

[2037] Ebd., Abb. 46.

[2038] Beschreibung, S. 29.

[2039] *Wießner*, Kärnten, 2. S. 222.

[2040] *G. Schreiber*, Spanische Motive. S. 43ff. – *Ders.*, Deutschland und Spanien. Im Register. – *Ders.*, Weltkonzil von Trient, 1. S. 401. – Zur volkhaften Verehrung s. noch *Notker Curti*, Volksbrauch und Volksfrömmigkeit im katholischen Kirchenjahr. Basel 1947, S. 5.

land, was Gotteshäuser, Vornamen und auch Doppelkreuze ausweisen[2041]. Nach der Seite des Volkskultes sei erwähnt, daß man in Strasse (Straze) bei Oberburg in der Steiermark in einer Wallfahrtskirche zum hl. Franz Xaver Wasser weihte; daß man dort Kinder ein Xaverius-Kleid anziehen ließ; dort auch ein stark gebrauchtes Xaverius-Öl und eine Xaverius-Andacht[2042].

Öfter begegnen im übrigen in Bergwerksverzeichnissen Franciscusstollen, wie Daniel- und Franciscus-Stollen im Kärntner Knappental mit Kupferbergbau[2043]. Dabei ist es nicht immer ersichtlich, ob es sich um Franz von Assisi oder den Apostel Indiens und Japans handelt. Doch liegt es so, daß in Hinsicht auf italische Ausgangspunkte, die dem alpinen Raum näher liegen, zunächst an den Poverello zu denken ist[2044].

Ein Blick noch auf die Attribute. Führten sie Franz Xaver leichter zum Bergwerk? Gewiß, das Herz, aus dem *Flammen* aufsteigen (Altarfigur zu Groß-Pöchlarn und in der Pfarrkirche zu Starnberg)[2045], setzt ihn an die Seite der Feuerheiligen, die sich gern dem erzhaltigen Bergbau nähern. Dazu wußten Gebetszettel zu berichten, daß dieser Patron des Aderlasses („Schutzhaber in der Aderlaß") kurz vor seinem Tode eine diminutio sanguinis mit einem *Nagel* erfuhr: „Einige wollen berichten, es habe diser untüchtige Feld-Scherer auß Abgang deß gehörigen Instruments, einen stumpffen Nagel geschärpffet, und solchen an statt einer Lanzet gebrauchet"[2046]. Die Nägel aber waren ein bevorzugtes Produkt des Erzbergbaus, was auch St. Pantaleon (beide Hände auf den Kopf genagelt, zur Gruppe der Vierzehn Nothelfer gehörig)[2047] als Schutzherr des Bergbaus ausweist.

Doch mehr als diese äußeren Beziehungen, die sich zur Berufsarbeit des Bergmanns ergeben, mochte die ungewöhnlich starke Stellung sich geltend machen, die Xaver in der deutschen Volksfrömmigkeit einnahm[2048]. Daraus ergibt sich, daß im besonderen sein *Sterbebild*, das ihn vor den Toren des

2041 *G. Schreiber*, Bauernfrömmigkeit. S. 46ff., 68, 84. – *Ders.*, Weltkonzil von Trient, 1. S. 387, 401; 2, im Register, S. 575. – *Heiner Heimberger*, Das gefeite Dorf. Wegkreuze zwischen Neckar und Main. Mainfränkisches Jahrbuch, 4, 1952, S. 263–307, bes. 283.

2042 *Gugitz*, Gnadenstätten, Bd. 4. S. 262ff.

2043 *Wießner*, Kärnten, 2. S. 243. – *Mathesius*, Sarepta.

2044 Über italische Ursprünge s. *G. Schreiber*, Kultwanderungen. S. 1–40.

2045 *Braun*, Tracht. Sp. 169f.

2046 *G. Schreiber*, Deutschland und Spanien. S. 200.

2047 *Künstle*, Ikonographie der Heiligen. S. 485. – *Braun*, Tracht. Sp. 584f.

2048 Näheres bei *G. Schreiber*, Deutschland und Spanien. S. 166–222. – Vgl. noch *Franz X. Buchner*, Volk und Kult. S. 19. – *Heinrich Günter*, Legende. S. 347. – *Curti*, Volksbrauch. S. 5 (Luzerner Stadtpatronat, Xaveriwasser). – *Prestage*, Portugiesische Entdecker. S. 218.

chinesischen Kanton auf der Insel Sancian zeigt, wieder und wieder die Volksfrömmigkeit anregte. Es erschien an Hauswänden der Straßen, erst recht in Pfarrkirchen und Kapellen, vorab in Jesuitenkirchen. Näherhin wiesen Fresken, Plastiken, Andachtsbilder, Teppiche auf diese Sterbeszene hin[2049]. Sterbend küßten seine Ordensgenossen mit besonderem Vertrauen sein Bild[2050]. So ist es nicht verwunderlich, daß auch der gefährdete Bergmann im oberdeutschen Raum ihn zum Nothelfer in der Sterbestunde machte. Man darf nun nicht einwenden, daß die Bergleute nur mit Barbara die letzte Stunde bedenken wollten. Der Volkskundler weiß, daß sich für die Zeiten der Not oft eine Mehrheit von Schutzpatronen einfindet, ebenso landschaftliche Besonderheiten hervortreten. In dieser Pluralität macht sich auch die Abfolge verschiedener Kulturzeitalter und die Eigenart der Nation und ihres Volkstums geltend.

Auch *Teresa* von Avila will erwähnt sein. Sie wurde 1622 heiliggesprochen, zusammen mit Ignatius Franz Xaver, Isidor. Das spanische Königtum veranlaßte geradezu einen sakralen Pairschub. Teresas Kult hat sich in Deutschland schnell verbreitet. Sie ward zudem zur deutschen Volksheiligen, die Mirakel mit sich führte[2051]. Auch die Bergleute verehrten sie als ihre Patronin. Diese Einbürgerung wurde auch bei ihr durch ein erzhaltiges Attribut unterstützt. Erscheint sie doch in Gemälden und Kupferstichen mit dem *Pfeil*, den der Engel, um die Liebesglut zu wecken und zu versinnbilden, ihr ins Herz stößt[2052]. Dieser Typ des Andachtsbildes des 18 Jh. ist offenbar durch die Darstellung Berninis (Santa Maria della Vittoria zu Rom),

[2049] *Schreiber*, Deutschland und Spanien. S. 205ff.

[2050] Ebd., S. 207.

[2051] *Günter*, Legende, im Register, S. 370, verzeichnet an bemerkenswerten Zügen: Fernsehen, Jenseitsvisionen, Schweben, Seele als Taube, vom Teufel gequält, verdorrter Baum blüht. – Siehe ferner zur volksreligiösen Stellung *Schnell*, Barock. S. 69, 160, 166. – *Schreiber*, Der Barock und das Tridentinum. S. 385, 413.

[2052] *Künstle*, Ikonographie. S. 554. – Wir ergänzen *Braun*, Tracht. Sp. 693. – *G. Schreiber*, Deutschland und Spanien. Abb. 87. – Zur Nachwirkung Teresas im volksreligiösen Raum s. noch *Schreiber*, Spanische Motive. S. 47ff. – In der Mystik ist der Pfeil der Bote der Liebe, in der älteren spanischen Poesie ist er Sinnbild des Todes: „O Tod komm leise, wie du im Flug des Pfeils zu kommen pflegst“ (Epistel an Flavio, *Karl Voßler*, Poesie der Einsamkeit. S. 77). Für die Wertung des Pfeils durch den Bergmann erinnere man sich daran, daß er im Tiroler Bergbaugebiet an der Wende vom Mittelalter zur Neuzeit die Jagd ausüben durfte. So war das Attribut des Pfeils für ihn keineswegs inhaltsleer. Ältere Bergordnungen untersagten allerdings die Armbrust und den Pfeil. *Robert R. v. Srbik*, Bergbau von Tirol und Vorarlberg. S. 147. Über die Ausstattung des Todes mit dem Pfeil im Tiroler Volksschauspiel und damit in Bergbaugebieten (16. Jh.) s. *Dörrer*, Zillertaler Volksgeschichte. S. 22.

wohl auch durch die verwandten Gemälde von Rubens gefördert worden[2053].

So nahm sie als Volksheilige ein Bergwerkspatrozinium wahr in Wulzentratten im Kärntner Bezirk Steinfeld im Jahre 1747[2054]. Wiederum wird in der ersten Hälfte des 19. Jh. in Kärnten am Kleinberg (Kappel-Obir) ein Theresienstollen erwähnt[2055]. Ein anderer Theresienschacht wird um die Mitte des 19. Jh. in der gleichen Landschaft an der Grafensteiner Alpe genannt[2056]. Soviel über Kärnten.

Ebenfalls erscheint sie (18. Jh.) als Bergwerksheilige im steirischen Eisenerz unter den Gruben, die der Eisengewerkschaft angeschlossen waren[2057]. Ein Theresiastollen in Morgen fand sich nach dem Zeugnis von Ferber (18. Jh.) in Böhmen im Joachimsthal (Türkner Berg) ein[2058]. Einem anderen Theresienstollen begegnete man (18. Jh.) ebenfalls im Joachimsthaler Gebiet, im Stuebuers Grund[2059]. Auch das Quecksilberbergwerk zu Idria kannte im 18. Jh. einen St. Theresiahauptschacht[2060].

Die Mitgliedschaft zu den tridentinisch bewegten *Karmeliten*, vorab der Ruhmestitel der Erneuerung des Karmel, hat die Stellung der „Muse vom Berge Karmel" (Karl Voßler)[2061] im süddeutschen und alpinen Raum besonders gefestigt. Theresianische und karmelitische Einwirkungen leiteten sich auch über die Skapulierbruderschaften[2062]. Man denke auch daran, daß gerade die Karmeliten die religiösen Anwälte und Betreuer der deutschen Kaufleute in Spanien waren (Aloys Schulte).

Die Zahl der weiblichen Bergwerkspatrone ist im übrigen außerordentlich groß. Die Mehrzahl dieser Bergwerkstitel ist der Spätgotik entnommen. Mit Teresa vollzieht sich der Aufbruch der tridentinischen Erneuerung, der sich selbst den Titeln des Bergwerks mitteilt[2063].

Das Teresa beigegebene Attribut, das oft ein Herz in Flammen zeigte, ließ sie ebenfalls unter die Feuerheiligen einrücken, denen die Bergleute und

2053 *Schreiber*, Deutschland und Spanien. S. 49, 252ff., 441.
2054 *Wießner*, Kärnten, 1. S. 176.
2055 Ebd., 2. S. 222.
2056 Ebd., S. 224.
2057 Beschreibung, S. 41.
2058 *Ferber*, Böhmen. S. 57.
2059 Ebd., S. 59.
2060 *Ferber*, Beschreibung, S. 70.
2061 Poesie der Einsamkeit. S. 277.
2062 *Max Heimbucher*, Orden und Kongregationen. S. 61. – Siehe auch die Karte der Klöster. In: LThK 5[1], Sp. 843. – Bei *G. Mesters*, Karmeliten, in: LThK 5[2], Sp. 1366ff., fehlt leider diese Karte. – Eingehender *Schreiber*, Deutschland und Spanien. Im Register, S. 515.
2063 *Schreiber*, Barock und das Tridentinum.

Hüttenleute stets ein beruflich begründetes Interesse zeigten. Man nehme nur deren besonderes Verhältnis zu St. Laurentius und Florian, zu Agatha und dem spanischen Vincenz[2063a]. Stets loderte die Flamme am Bergwerk. Man beachte nur, um die Anschauung zu pflegen, die farbigen, feuerglühenden Bilder des „Ettenhardtischen Codex" (so wird das Schwazer Bergwerksbuch seit 1556 genannt) im Museum Ferdinandeum in Innsbruck[2064], ein Werk, das sich der zwölfbändigen Veröffentlichung De re metallica von Georg Agricola († 1555 in Chemnitz) als unentbehrlich, wenn auch mehr praktisch ausgerichtet, an die Seite stellt[2065]. Die deutsche Renaissance erwies sich nach dieser Seite als literarisch und wirtschaftlich fruchtbar.

Von *St.Teresa* wendet sich der Blick zum Pflegevater *St.Joseph.* Gerade der Heiligen von Avila ist es ja wesentlich zu verdanken, wenn im 16. Jh. die josephinische Verehrung eine starke Aufwärtsentwicklung erfuhr[2066]. Spanische Künstler (Bartolomé, González, Pablo Legote, Roelas, Zurbaran, Herrera d. Ä.) waren es ja, die St. Joseph als aktive Persönlichkeit und nicht bloß als herkömmliche Begleitfigur (Flucht nach Ägypten) Jesus und Maria zuordneten[2067]. Nicht weniger als zwanzigmal hat Murillo seinerseits den Nährvater Christi dargestellt[2068]. So darf sein Name in der Kette spanischer Motive, die auf die Devotion der Bergleute wirkten, nicht fehlen. Ja, dem Bergbau tritt der Heilige schon verhältnismäßig *früh* näher. So teilt das Bergwerksverzeichnis des Christian Gadmer, der 1588 die Verwaltung des kaiserlichen Berggerichts in den Herrschaften Rhäzüns und St. Jörgenberg (Graubünden) innehatte, mit, daß sich unter den 17 Gruben in Praunpenz oder am Bilberberge auch ein Schacht St. Joseph befand[2069]. Für Kärnten ist sogar ein noch früheres Datum nachweisbar. Bereits für 1496

[2063a] Über St. Agatha (Kristberg) s. noch *A. Schwarz*, Heimatkunde von Vorarlberg. 1949, S. 64).

[2064] Eine Ausgabe dieser umfassenden Übersicht über die Betriebs- und Arbeitsverhältnisse der Tiroler Bergwerke des 16. Jh. fehlt. Zu diesem Codex vgl. *v. Srbik*, Bergbau, 143. Ferner s. oben.

[2065] Neuerdings äußert sich auch für die deutsche Bergbaugeschichte amerikanisches Interesse. Man nehme die Veröffentlichung von *Anneliese Grünhaldt Sisco* und *Cyril Stanley Smith*, Lazarus Ercker's Treatise on Ores and Assaying translated from the German Edition of 1580. Chicago 1951. – Für Tirol s. hier p. 245, 246.

[2066] *Schreiber*, Deutschland und Spanien. S. 250ff. und, im Register, S. 515. – *Hildegard Waach*, Theresia von Avila. Leben und Werk. Wien 1949, S. 130. – *J. Blinzler*, Joseph. In: LThK 5^2, Sp. 1129f. Ferner: Der hl. Joseph. Ein Kapitel Dogmengeschichte. In: Herder-Korrespondenz, Orbis catholicus, 7, April 1953, S. 290ff. Dort ist allerdings die bedeutende volksreligiöse Stellung in den Jahrhunderten der Neuzeit nicht hervorgehoben.

[2067] *Künstle*, Ikonographie der Heiligen. S. 355.

[2068] Ebd., S. 356.

[2069] *Plattner*, Bergbau. S. 44.

hören wir von einer Grube St. Joseph im Bezirk von Vellach, die einem Gewerken und Bürger von Lienz, namens Jörg Lengholzer, zugewiesen war[2070]. Um 1520 findet sich wiederum aus dem gleichen alpinen Raum, diesmal aus dem Bezirk Großkirchheim, eine Grube St. Joseph vor, die an der Seite der Zechen erscheint, die sich Zu Unser Frau, Zu Kreuz und Glück, St. Michael, St. Niklas benennen[2071]. Das sind frühe Belege, die an der Seite gotischer Patrozinien auftreten und natürlich aus deutschem Wurzelgrund, noch ohne spanische Einwirkung aufbrechen.

Diese bergbaulichen Zeugnisse wollen deshalb besonders hervorgehoben sein, weil sich keineswegs die Josephs-Devotion in allen deutschen Landschaften um diese Zeit stärker durchgesetzt hatte, wenn auch manche Vorwellen und Vorstufen nachweisbar sind. Im Breslauer Diözesanmuseum fanden wir ein Gemälde aus der Mitte des 15. Jh., das St. Joseph – wie manche andere Darstellungen – noch ohne Nimbus zeigt. Wenn St. Joseph derart als Bergwerksinhaber eingeführt wird, stammt diese Ehrung, wie angedeutet, aus der heimischen Devotion. Aber später trat die spanische Mitteilsamkeit und Einwirkung hinzu.

Es liegen noch eine Reihe bemerkenswerter bergbaulicher Zeugnisse vor. Daß nämlich St. Joseph eine besondere Kultpflege in *Südtirol* erfuhr, darauf macht uns die Tatsache aufmerksam, daß der Schwazer Gewerke Sigmund Füeger eine Grube St. Joseph in St. Petersbache besaß, also im Berggericht an der Etsch. Diese Zeche ist für das Jahr 1536 nachweisbar[2072]. Für das Jahr 1589 erfahren wir weiter von einer Grube St. Joseph auf der Höchen (Sifliz) im Berggerichtsbezirk des *kärntnischen* Steinfeld. Die Grube war fronfrei, eine Vergünstigung, die sich schon bei geringem Ertrag oder bei Neueinrichtung geltend machte[2073]. Für das Jahr 1626 will zudem das tirolische Kupferbergwerk St. Joseph am Ringenwechsel genannt werden, das durch erzherzogliches Dekret besonders geschützt war. Es hatte von jedem Zentner erzeugten Kupfers nur einen Gulden Kupferzoll zu entrichten[2074].

In der ersten Hälfte des 18. Jh. wird eine Goldzeche, der Josephibau, im Kärntner Berggerichtsbezirk Großkirchheim genannt[2075]. Im Gebiet der Blei- und Zinkerzbergbaue in Kreuzen-Stockenboi in Kärnten zeigt sich um

2070 *Wießner*, Kärnten, 1. S. 95.
2071 Ebd., S. 140.
2072 *Wolfstrigl-Wolfskron*, Tiroler Erzbergbaue. S. 326.
2073 *Wießner*, Kärnten, 1. S. 152.
2074 *Wolfstrigl-Wolfskron*, Tiroler Erzbergbaue. S. 110.
2075 *Wießner*, Kärnten, 1. S. 133.

1850 ein Josefistollen des Gewerken Paul Fuchs, der daneben noch einen St. Barbara- und St. Paul-Stollen besaß, noch darüber hinaus zwölf Hauptgruben am Mitterberg[2076].

Für *Steiermark* sei noch eine Grube St. Josephi erwähnt, die im Gebiet von Eisenerz für das 18. Jh. genannt wird[2077]. Ebenfalls befindet sich unter den steirischen Zechen, und zwar unter den Gruben, die den Vordernbergen zugehörten, eine Zeche Josephi Zinobel. Dieser Doppelname mag uns daran erinnern, daß die Benennung der Grube vielfach auf die Wünsche des Gewerken, also auf dessen Vornamen, zurückging[2078].

Ebenfalls erwählten Quecksilberbergwerke Joseph zu ihrem Patron. In einer Übersicht des 18. Jh. über die Quecksilberbergwerke zu *Idria* in Mittel-Krain (Craeyn) werden genannt ein St. Josephischacht und ein St. Josephi-Stolln und -Rolln[2079]. Derart wird die Kultpflege des Heiligen, soweit die deutsche Umwelt und ihre Berufsschichten in Frage kommen, auch vom Bergwerkspatrozinium belebt und bestritten. Es bleibt im einzelnen noch nachzuweisen, inwieweit die Konventualen eines *Karmelitenklosters*, das sich in mehr als einer alpinen Landschaft bemerkenswert abzeichnete, die spanische Linie der St. Josephsverehrung nunmehr auf deutschen Boden überführten. Noch heute betet man in deutschen Karmelitenkirchen eine *Theresienlitanei* mit der bezeichnenden Wendung „Heilige Theresia, du Augapfel des heiligen Vaters Joseph"[2080]. Andererseits wird man bei der Benennung dieser Gruben für die letzten zwei Jahrhunderte auch daran denken, daß sich immer wieder der Einfluß des Landesfürsten geltend gemacht hat, also vor allem des Kaisers. Haben wir doch im Gebiet von Joachimsthal für das 18. Jh. nachweisbar einen Kaiser-Joseph-Gang[2081].

Die Verehrung des *hl. Joseph* ist im deutschen Raum um das Jahr 1700 bereits so volkstümlich, daß das volksmächtige Andachtsbuch „Die betrübte Turteltaube" eine „Neun *diensttägige* Andacht zum Heiligen Joseph" verzeichnet[2082], die sogar in Wettbewerb zur Dienstagsandacht zum hl. Antonius von Padua tritt. In diesem Andachtsbuch wird übrigens ausdrücklich auf die *hl. Teresa* hingewiesen als Förderin der Josephs-Devotion. Somit

[2076] Ebd., 2. S. 166. [2077] Beschreibung, S. 29.

[2078] Ebd., S. 32.

[2079] *Ferber*, Beschreibung, S. 70.

[2080] *Schreiber*, Deutschland und Spanien. S. 251.

[2081] *Ferber*, Böhmen. S. 81.

[2082] Die Betrübte und nach ihrem Geliebten Seufzende *Turtel Taube*. Gedruckt zu Sulzbach. S. 277 ff. Das bereits erwähnte Werk gewährt mehrfach Ausblicke auf spanische Motive. Spanische Heilige fehlen dagegen bei *Mathesius*, Sarepta, ob der religiösen Neuorientierung.

wird das iberische Moment in der Andachtsliteratur eindeutig herausgestellt. So tritt Spanien unmittelbar oder mittelbar auch in die volksreligiöse Kultur der deutschen *Wochentage* ein, die neben ostkirchlichen Wurzelgründen eine reizvolle abendländische Entfaltung aufweisen. In dem etwa sechzigmal aufgelegten „Himmlisch Palmgärtlein“ des rheinischen Jesuiten Wilhelm Nakatenus († 1682) wird St. Joseph dem Sonnabend und werden St. Ignatius und St. Franz Xaver dem Mittwoch zugeteilt[2083]. Ferner findet sich in der „Betrübten Turteltaube“ das „Gebett zu den sieben Freuden des Heiligen Joseph“, weiterhin ein „Gebett zu den sieben Schmerzen des Heiligen.

Dazu tritt noch eine „Befehlung zu dem Heiligen Joseph“. Ebenso trifft man dort bereits die Anrufung der hl. Familie an mit dem „Gebett zu Jesu/ Maria und Joseph/ *um ein seliges End*“. Gerade dieses Motiv der Sterbestunde dürfte auf die Bergleute eingewirkt haben, die in ihrer ganzen Haltung des jähen unversehenen Todes so oft gedenken. St. Joseph hat für die Bergbaubeflissenen also etwas Barbarahaftes. Er rückt damit in die Linie der Träger und Pfleger der ars moriendi, hier ähnlich St. Michael, St. Benedikt, St. Sebastian, die ebenfalls als Grubenheilige nachweisbar sind. Noch nicht genug mit den an dieser Stelle mitgeteilten Gebeten. Ea findet sich dort noch ein „Beschluß des neun-tägigen Gebetts jedesmal zu sprechen“. Abschließend sei noch erwähnt, gemäß der bewegten Haltung und Stilisierung des Barock: „Andächtiger Liebes-Seufzer gegen den Heiligen Joseph“. So war der Josephs-Kult, wie ein Blick auf diese und andere Andachtsschriften ergibt, ungemein nach der volksfrommen Seite entwickelt, unter starker Beteiligung der iberischen Sakralkultur, die sich bis in die deutsche Montanindustrie zog.

Spanischer Mitwirkung mag man auch gedenken, wenn Gruben im Zeichen der *Immaculata*-Verehrung stehen; denn von Spanien her wurde diese Devotion besonders gepflegt, was die Theologie und Geistesgeschichte, der Werdegang der Frömmigkeit und der Kunst ausweisen. „Nirgends hat man im 17. Jh. die unbefleckt empfangene Gottesmutter mehr verehrt als in Spanien; nirgends ist sie in Bildern mehr verherrlicht worden als hier[2084].“

[2083] *G. Schreiber*, Wochentage. In: LThK 10, Sp. 955. – *Ders.*, Deutschland und Spanien. S. 226f. und, im Register, S. 528. – *Ders.*, Die Wochentage. Abendländische und morgenländische Entwicklungen. S. 331–345. – *Ders.*, Die Wochentage im Erlebnis der Ostkirche und des christlichen Abendlandes. Im Register, S. 268.

[2084] *Künstle*, Ikonographie der Heiligen. S. 646ff. Siehe ferner *Stephan Beissel*, Geschichte der Verehrung Marias. S. 516, im Register, unter Unbefleckte Empfängnis. – *Gustav Gugitz*, Das kleine Andachtsbild in den österreichischen Gnadenstätten. Wien 1950. Im Register, S. 178. – *K. Hofmann*, Empfängnis Mariä. In: LThK 3^2, Sp. 851f. – *Schreiber*, Weltkonzil, 2. S. 595.

An deutschen Bergwerken des alpinen Raumes sei für das Jahr 1754 unter den Windisch-Bleiberger Gruben die Zeche Immaculata (!) conceptionis genannt[2085]. Dazu tritt für 1765 der Stollen Mariä Empfängnis in Mitterberg im Bergrevier Kreuzen-Stockenboi, also ebenfalls in Kärnten[2086].

Kerler hat Mariä Empfängnis als Schutzherrschaft für Böttcher, Tapezierer, Tuchscherer angesprochen[2087]. Es sind aber ebenso die Bergleute einzubeziehen, die für diesen Feiertag auch liturgische und arbeitsrechtliche Vergünstigungen kannten. Es war nämlich nach der Maximilianischen Bergordnung von 1517 „Maria Empfängnis samt Vorabend" Feiertag für die Bergleute[2088]. Das Dekret des Landesherrn begegnete sich mit volksreligiösen Bewegungen, an denen das Bergwerk und seine Beflissenen Anteil nahmen. Nur lagen die Dinge so, daß deutsche Strebungen und Strömungen dieser Art durch Zubringer und Zuflüsse aus dem *spanischen* Raum eine bedeutsame Kräftigung erfuhren.

Ergebnisse

Die Benennung deutscher Bergwerke nach spanischen Sancti ist keineswegs nur eine Maßnahme des Modischen, das wechselnde Zeitalter heraufführten, also keineswegs nur eine äußerlich gezeigte Flagge. Wer von der Symbolik des Mittelalters kommt, weiß den volkhaften und ethischen Wert des Symbols zu schätzen[2089]. Im Grunde genommen handelt es sich bei diesen sinnfälligen Erscheinungen und Verkörperungen auch um denkwürdige Prozesse christlicher Erziehung. Von vorbildlichen Gestalten, wie es die Martyrer und Bekenner waren, dürfte das Verhalten der Bergknappen und der Gewerken namhaft beeinflußt sein, nach der Seite der Aktivität, nach der Seite der Verantwortung, wie nach der Seite der Leidensfähigkeit. Jedenfalls lag eine stete Aufforderung vor, die Wege zu beschreiten.

[2085] *Wießner*, Kärnten, 2. S. 214.

[2086] Ebd., S. 165. – An dieser Stelle seien die Veröffentlichungen von *Rainer Rudolf*, Ars moriendi, weitergeführt.

[2087] *Kerler*, Patronate. S. 455.

[2088] *Wießner*, Kärnten, 1. S. 52. Dazu *G. Schreiber*, Das Bergwerk. S. 407.

[2089] Dazu *J. P. Steffes*, Symbol. In: LThK 9, Sp. 926f. – *Georg Schreiber*, Symbol. Ebd., Sp. 927. – *Ders.*, Weltkonzil von Trient, 2, S. 617, mit Hinweisen auf den Barock. Eingehender *ders.*, St. Pirmin. S. 72. – Grundlegend *Wolfgang Menzel*, Christliche Symbolik, 2 Teile. Regensburg 1854. – *Neubner*, Heilige Handwerker, über Eligius von Noyon. Im Register, S. 261. – *Mathesius*, Sarepta, Stollenverzeichnis.

Erzhaltige *Attribute*, die an die Werkarbeit der Bergknappen erinnerten, erleichterten den Brückenschlag. Den Bergleuten erging es in dieser Hinsicht genauso wie den Handwerkern, den Ärzten, den Kaufleuten, den Bauern, die sich an *heilige Berufsgenossen* mit großem Vertrauen und stärkenden Zuversichten wandten. Goldschmiede hielten sich zu St. Eligius, dem Münzmeister am Merowingerhof. Aber auch das steirische Eisenerz kennt eine Grube S. Eligii, die im 18. Jh. der Eisengewerkschaft gehörte[2090]. Die Bezugnahme auf das Metall tritt an dieser Stelle ganz deutlich heraus. Den Medizinern wurden durch die heiligen Ärzte Kosmas und Damian das Harnglas, der Salbentopf und der Salbenspatel vorgestellt. Kaufleuten zeigte sich St. Nikolaus mit drei Goldklumpen, der wegen dieser metallischen Beigaben auch häufig ein Bergwerkspatrozinium auslöst[2091]. Die Nikolaus beigegebenen Brote ermutigten überdies die Getreidehändler, aber auch die Schiffer, die Korn brachten, ihn zum Schutzherrn zu nehmen. Bauern erwählten den spanischen Isidor in Kirchenfenstern und Bruderschaften zum Anwalt, der einen Pflug bei sich führt, den ein Engel bedient[2092]. Die isidorische Bildfolge des Barock zieht sich bis zur Gegenwart, stärker im oberdeutschen Raum, auch an den Hängen des Teutoburger Waldes.

Diese Andeutungen mögen genügen, um zu zeigen, daß solche Attribute, die sich der Wirtschaft und dem Leben zuwandten, die Volksreligiosität wie das Berufsschaffen stark beeindruckten. Speziell den Bergleuten besagten die metallischen Sinnzeichen der spanischen Sancti Berufsverwandtes. Tief verwurzelte Volksvorstellungen gingen hier mit. Den Erzen wurde von jeher eine abwehrende und schützende Kraft zugeschrieben. Die bösen Geister scheuen das Erz[2093]. Metalle sind ihrer Natur nach antidämonisch.

[2090] Andere Hinweise bei *Heinrich Isenberg*, Altes Brauchtum im Handwerk. Religiöses Brauchtum. Münster (Westf.) 1936, S. 17ff. Ferner *Werner Krebs*, Alte Handwerksbräuche mit besonderer Berücksichtigung der Schweiz (Schriften der Schweizerischen Ges. für Volkskunde, 23). Basel 1933, S. 200ff. – *G. Schreiber*, Volksreligiosität im deutschen Lebensraum. S. 55f. *Curti*, Volksbrauch, passim.

[2091] Beschreibung, S. 29, Nr. 36.

[2092] Wir verweisen auf *Plattner*, Bergbau. S. 10, 45. – *Wolfstrigl-Wolfskron*, Tiroler Erzbergbaue. S. 252, 297, 314, 325, 329, 333, 346, 366, 369, 373, 378. – *Wießner*, Kärnten, 1. S. 103, 104, 149, 187, 190, 203, 214; 2. S. 77, 83, 159, 165, 173, 201. – Wir ergänzen hier die grundlegende Veröffentlichung von *Karl Meisen*, Nikolauskult und Nikolausbrauch. – *Ders.*, Volkskunde und christliche Kulturgeschichte, in: Volkstum u. Kulturpolitik, Festgabe für Georg Schreiber, Köln 1932, S. 358–378, bes. S. 366, mit vergleichenden Maßstäben. – Für die Anfänge des Kults neuerdings *Heinrich Börsting*, Liudger, Träger des Nikolauskults im Abendland. In: Westfalia Sacra, 1. Münster 1949, S. 139–181. – *Dörrer*, Zillertaler Volksschicksale, S. 20f., hat darauf aufmerksam gemacht, daß Nikolausspiele „in vielen früheren Bergwerksorten“ anzutreffen sind.

[2093] *Olbrich*, Metalle, Erze. Bei *Bächtold-Stäubli*, Handwörterbuch, 6. Sp. 208.

Es geht nicht an, wenn vom Bergwerk gehandelt wird, solche vom bergmännischen Berufsstand genährte Auffassungen beiseite zu schieben, wenn sie auch zeitweilig mehr als Unterströmungen gesehen werden mögen.

Doch wenn von der Einwirkung spanischer Sancti auf deutsche Bergleute die Rede ist, wird man sich daran erinnern, daß sie ganz allgemein der deutschen Volksfrömmigkeit im reizvollen Wechsel der Kulturzeitalter beachtliche Werte übermittelten. Vincenz von Zaragoza erwarb bereits in der Frühstufe der Romanik an vielen deutschen Kathedralen und Kirchen das Bürgerrecht. Er war speziell im Salzburger Bezirk und in der Schweiz heimisch[2094]. So konnte er leicht die Wege zu den dortigen Bergwerken finden. Andererseits hatte vom 12. Jh. an Jakobus Maior in deutschen Landen eine geradezu übermächtige Stellung. Das machte ihn von vornherein zum Patron des schutzbedürftigen Bergbaus. Dazu mochte die Tatsache beitragen, daß, wie oben erwähnt, die Durchgangsstraßen nach Spanien vielfach durch alpine Räume führten, ein Umstand, auf den uns auch der Compostelapilger-Baedeker des Hermann Künig von Vach aufmerksam macht, der dem Anfang des 16. Jh. zugehört. Er schildert uns Einsiedeln mit seinem in der Hospitalgeschichte einzigartigen Pilgerspital als eine der Sammelstellen der Jakobusfahrt, die gen Spanien führte[2095].

Soviel an ersten Hinweisen über Einwirkungen der iberischen Peninsula auf das Bergbauwesen des mitteldeutschen und besonders des oberdeutschen Raumes, vor allem unter dem Gesichtspunkt des Bergbaupatroziniums. Weitere Quellenstudien seien hiermit angeregt.

Ein Weiteres. Neuerdings hat J. Vincke über den beschwingten Sinn und die aufrüttelnde Art der Patrozinienforschung zusammenfassend und ausblickend berichtet. Dabei fiel der Blick auf mehrere Wissenschaftsdisziplinen. Unter andern wurde die Vorstellung vom Schutzheiligen, dessen Wirksamkeit zur Entfaltung der Persönlichkeit, gleichzeitig die volkhafte Einwurzelung der Legendenbildung als Forschungsaufgabe, aber auch bereits als Forschungsergebnis herausgestellt[2096]. Nunmehr wird man in diese weit ausgreifende Sicht auch das *Bergwerkspatrozinium* einbeziehen müssen. Es

[2094] S. oben.

[2095] Das einzige Pilgerspital des Abendlandes, während andere Spitäler gemischten Charakters sind. Wir ergänzen das inhaltreiche Werk von *Odilo Ringholz*, Geschichte des Fürstlichen Benediktinerklosters U. L. Frau von Einsiedeln. Einsiedeln 1904, S. 232ff., 418. – Siehe noch *Rudolf Henggeler*, Der Einsiedler Pilgerspital. In: Schwyzer Nachrichten, 7., 8., 11., 12. August 1953, N. 182, 183, 185, 186.

[2096] Volkskundliche Voraussetzungen der Patrozinienforschung. S. 57ff.

verlangt von vornherein eine besondere Berücksichtigung. Warum? Erstens weil die Kräfte des Genossenschaftlichen und die Differenzierung wie die Bereicherung des Volkstums sich scharf und betont abheben. Wie bei wenigen anderen Berufen waltet ja unter den Bergbaubeflissenen ein betonter, hochentwickelter Gemeinschaftsgeist, der sich in unverwüstlicher Schwerkraft bis in die hastende Gegenwart weiterleitet[2097]. Wenn die Bergknappen in ihrer Tracht mit Musik aufziehen, wenn selbst 60000 exilierte Schlesier im Jahre 1953 auf dem Wallfahrtsgang nach Werl diese heimische Art nach wie vor zu pflegen wissen, kennzeichnet schon diese repräsentative Ausdrucksgebung die Form des eng Verbundenen, das Schicksalhafte der Berufsarbeit, die unzertrennliche und letztlich ethisch bestimmte Gemeinschaft des unterirdischen Raumes und seiner Gefahrenzone, von der auch die Gemeinschaftskasse der Bruderlade kündete.

Von der Volkskunde her hat man diese Bergverwandtschaft nicht mit Unrecht als „Volk im Volke" gesehen[2098]. Man kann dieses Zueinander und unzerreißbare Band auch als Sippe der Arbeit und als Bewußtsein einer Großfamilie ansprechen.

Ein zweites noch. Die Berufshaltung, das Verantwortungsbewußtsein, die Vorbildlichkeit des Schutzherrn empfing Anregungen und persönlichkeitsbildende, kulturplastische Motive nicht nur aus den heimischen Räumen. Der Universalismus des christlichen Abendlandes betätigte sich je nach dem Stande des Kulturzeitalters. Dabei hat sich auch die iberische Halbinsel mitteilsam und freigebig eingeschaltet. Ihre Literatur, ihr Schauspiel, ihre Kunst, ihr Glaube, ihre Frömmigkeit, ihre Mystik, ihre Genossenschaftskraft, ihre Sendung im Islamkampf und ihr Drang ins Ozeanische haben den wirtschaftenden deutschen Menschen bemerkenswert beeindruckt. Auch das genossenschaftsmächtige Bergwerk erfuhr eine weithin sichtbare Einwirkung.

Doch ein anderes ist noch festzustellen. Die Heiligsprechung mancher spanischen Heilbringer, die 1622 erfolgte, war gewiß verhältnismäßig schnell durch das Königtum besorgt. Aber in der gesamtkirchlichen Entwicklung lag diese Rangerhöhung eigentlich spät. Die Kirchentitel waren mehr oder minder vergeben. Die Pfarrkirchen hatten sich an das gebefreudige Mittelalter gehalten. Mehr Kapellen und Nebenkirchen wurden diesen Spaniern zuteil. Ganz anders das Bergwerk. Es öffnete seine Stollen der Hispania sacra.

2097 Dazu vgl. *Schreiber*, Nationale und internationale Volkskunde. S. 51, 96f.
2098 *Dörrer*, Zillertaler Volksschicksale. S. 1.

Ein Weiteres. Von der Donau her zogen im Jahre 1212 deutsche Ritter mit dem Babenberger Leopold VI. in den Kreuzzug nach Spanien. In späteren Zeitaltern sah man münsterländische Bombardiere in Lissabon. Gewiß denkwürdige, aktivistische, kämpferische Begegnungen in der großen Kette der weitgespannten Fühlungnahme, die sich durch die Jahrhunderte zieht[2099]. In weicheren, aber eindringlichen und fernmächtigen Akkorden gewährte die Peninsula als Gegenleistung, richtiger als freiwillige Hingabe ihrerseits zeugungsmächtige Imponderabilien, auch, was bislang noch wenig herausgestellt wurde, für das deutsche *Genossenschaftswesen*, näherhin für Gewerken und Knappschaften und für die von diesen Gruppen heraufgeführte Wirtschaft und Kultur.

Noch ein Letztes. Wir haben uns die Stollen nicht nur als finster und verlassen zu denken. Sie waren durch heilige Mysterien und kultisch verehrungswürdige Namen belebt. Diese drängten sogar in Bilder, die zuweilen im Mundloch aufgehängt waren. Dieses Vorkommen wurde bereits oben erwähnt. Mehr als das. Das altfranzösische Heldenepos weiß von einem Kapellchen unter der Erde (croute[2099a]). Es kann schon sein, daß die Gallia christiana auch andere unterirdische Kultstätten besaß, zu denen die christliche Frühzeit Veranlassung gab.

[2099] Siehe für das spätere Mittelalter *J. Vincke*, Die Begegnung des Deutschen und des Spaniers im 14. Jahrhundert. Freiburger Rektoratsrede am 21. 4. 1951. Freiburg i. Br. 1951.

[2099a] *Merk*, Altfranzösisches Heldenepos, S. 142, mit Hinweis auf Aiol et Mirabelle und Elie de saint Gille, hg. von W. F. Förster, Heilbronn 1876-1882.

VI. BERGMÄNNISCHE SAKRALKULTUR

1. *Primissarius*

Der Bergbau wurde kultisch umrahmt. Mehr als das. Liturgische Grundkräfte beteiligten sich daran, seine berufliche Eigenart und soziale Bedeutung zu heben und zu verstärken.

Unter den Kultakten ist die Gemeinschaftsmesse an erster Stelle zu nennen. Die eucharistische Opferfeier erfuhr in der öffentlichen Meinung des Mittelalters ja eine außerordentliche Wertschätzung. Demgegenüber hat die Opposition der Katharer, der Wiclifiten und anderer abweichender Gruppen nicht zu viel bedeutet. Gewiß, regionale und aufklärerische Strömungen haben sich immer wieder geregt, was schon *H. Reuter* in einem ersten Zugriff näher dartun konnte[2100]. Aber diese Widersprüche vermochten in jenen Zeitaltern nicht, tief verwurzelte Vorstellungen zu beseitigen und die Breite des populus christianus zu erfassen.

Diese hohe Wertung des Missalen ist in bedeutenden quellenkundigen Ausführungen besonders von dem Liturgiehistoriker *A. Franz* scharf herausgearbeitet[2101]. Aber es ist dort ein wichtiges Moment nicht ausreichend berücksichtigt. Das ist die besondere Wertung, die der jeweilige *Berufsstand* des Mittelalters dem Missalen bezeugte. Das geschah in der Votivmesse (missa specialis), in der Segnung, im Totengedächtnis, dazu traten die Volksliturgie der Bruderschaften, ferner der gestraffte Opfergang (oblatio gratuita und oblatio debitalis), ebenso die Prozession und die Wallfahrt. Das alles bewegte das Stiftungswesen. Gemeinschaften, Sozialständisches und Wirtschaftliches drängten in den Raum des Ehrfürchtigen.

Dieser missale und kultische Forschungsbereich ist für das Bergwerk noch weithin herauszuarbeiten, soweit sich nicht schon erste Ansätze und Ergebnisse abzeichnen[2102]. Ja, es stellte sich für die bergbauschaffende Be-

[2100] Geschichte der religiösen Aufklärung im Mittelalter vom Ende des 8. bis zum Anfang des 14. Jahrhundert, 2 Bde. 1875 u. 1877.
[2101] Messe. S. 8ff.
[2102] *Schreiber*, Bergwerk. S. 412ff.

völkerung mehr als ein Anliegen heraus, das auf Formung und Erfüllung drängte. Da war zunächst die Betreuung der Bergleute am Morgen bei der Einfahrt in die Grube. Man verrichtete dort ein Morgengebet. Man pries den Schöpfer als Herrn des Bergsegens. Man wußte um eine gefahrvolle Tagesarbeit. Stiftungen können Näheres über diese und andere Kultakte berichten.

In der sächsischen Bergstadt Altenberg unternahm die *Knappschaft* Erforderliches von sich aus. Im Jahre 1437 wird berichtet, die „*Sampnung* der Knappschaft" habe vor langer Zeit beschlossen, daß die jungen und alten Bergleute wöchentlich je einen Pfennig von ihrem Lohn abgeben sollten. Dieses freiwillige „Almosen", jene immer wieder anzutreffende, allerdings mehrdeutige eleemosyna des Mittelalters. So sah man von der Genossenschaft her. Die Parochie empfand anders. Das erwähnte „Almosen" bezahlte einen *Priester*, der ihnen in der Woche fünf Messen zu halten hatte, ehe sie morgens einfuhren. Es erhob sich nämlich der Widerspruch des Pfarrers von Bärenstein, der seine parochialen Rechte beeinträchtigt glaubte. Aber der Verbandswille erwies sich als stärker. Er konnte sich auf das Gewohnheitsrecht stützen. Die Knappschaft selbst präsentierte sich in dem ansehnlichen Gewande der Bruderschaft der Heiligen Dreifaltigkeit[2103]. Auch die Gewerken und Knappen des tirolischen St. Margarethen, ein bevorzugter Bergbauplatz in der zweiten Hälfte des 15. und in der ersten Hälfte des 16. Jh., stifteten 1492 ihrerseits Messen mit Kaplänen[2104]. Das bergmächtige Gossensaß will überdies erwähnt sein. Im Jahre 1478 schuf dort die Bruderschaft der Gewerken und Knappen die Möglichkeit für eine tägliche Frühmesse und bestritt dazu den Unterhalt für einen Kaplan. Die gleiche Bruderschaft ließ die Barbarakapelle von Gossensaß (1515) und die Antoniuskirche von Pflersch (1482) erbauen. Ein Weiteres. In Prettau im Ahrntal trug im Jahre 1532 die Gewerkschaft den Lebensunterhalt für einen eigenen Priester in der dortigen Kuratie zum hl. Valentin. Dort hatte sich seit der Erschließung der berühmten Kupfergruben am Rettenbacher Berge, die in der Mitte des 15. Jh. erfolgte, eine zahlreiche Bevölkerung eingefunden. Die Anteilnahme am kirchlichen Leben griff über Jahrhunderte. Noch im Jahre 1804 stiftete der Bergknappe Andre Krabichler für die dortige Seelsorge 672 fl.[2105].

[2103] *Löscher*, Erzgebirge. S. 327.

[2104] Über St. Margarethen, Pfarrei Vomp, vgl. *Fink*, Kirchenpatrozinien Tirols. S. 140. – *Weingartner*, Schwazer Bergwerksgeschichte. S. 105.

[2105] *Tinkhauser*, Brixen, 1. S. 416.

Mehrere Frühmesserstiftungen erfolgten in der tirolischen Stadt Bruneck, nämlich bereits im 14. Jh. In der Kirche zu Rain wurde eine tägliche Frühmesse errichtet[2106]. Im gleichen Zeitraum erfolgte die Gründung einer täglichen Frühmesse in der Spitalkirche in Rain. Im Zeichen der tridentinischen Reform ergab sich wiederum die Besorgung einer Frühmesse in Worberg und Lamprechtsburg, die zur selbständigen Pfarrei erhoben wurden[2107]. Für die Kaplanei St. Magdalena (Pfarrei Absam) im tirolischen Halltal wurden im Jahre 1581 wöchentlich sechs Pfund Berner aus dem Pfannhaus der Salzsieder bezahlt. Einer der Benefiziaten in Hall versah diese Kaplanei. Er hielt die sogenannte zweite Wochenmesse, also noch eine weitere Messe neben der vom Erzherzog Siegmund gestifteten. Weitere Pflichten des Primissarius, also des Frühmessers, traten hinzu. Er mußte im Notfall die Sakramente den kranken oder verunglückten Bergleuten reichen[2108]. Also ein außerordentlicher Seelsorgedienst. Im Jahre 1664 ordnet die Oberösterreichische Hofkammer an, sechs Pfund Berner dem Pfarrer von Hall einzuhändigen. Bei guter Witterung in der Sommerzeit sollten dafür die genannten zwei Messen in St. Magdalena gehalten werden. War schlechtes Wetter, so hatte nur eine Wochenmesse dort stattzufinden. Die zweite war in der Pfarrkirche zu Hall zu besorgen. Zur Winterzeit sollen alle zwei in der Pfarrkirche gelesen werden. So hielt man es bis zum Jahre 1786. Dann fielen die Messen und Bezüge fort. Der *Josephinismus* brachte rücksichtslose Verbote. Er schloß zahlreiche Nebenkirchen und Kapellen[2109].

Manche landschaftliche Besonderheiten mögen noch nachzutragen sein. Im Ruhrgebiet wurde das Schichtgebet erst verhältnismäßig spät, gegen Ende des 18. Jh., nach dem Vorbild anderer Gegenden eingeführt. Dabei ging die Initiative in manchen Gebieten gar nicht einmal von den Gewerken aus. Landesherren trafen diese Anordnungen.

Die Frühmessen erfolgten, um ihre geschichtliche Ausrichtung zu streifen, zunächst im normalen Ablauf des pfarrlichen Lebens. In der Reichsstadt Eßlingen hatten nach einer Kapellenordnung von 1364 auf Grund eines Erlasses des Bischofs Heinrich von Konstanz die Kapläne in der Pfarrkirche an den Frühmessen zu Weihnachten, Ostern und Pfingsten und an einigen anderen Tagen teilzunehmen[2110]. Aber dieser Brauch hat sich da und dort

[2106] Ebd., S. 311.
[2107] Ebd., S. 315.
[2108] *Tinkhauser*, Brixen, 1. S. 510.
[2109] Ebd., und nach persönlichen Erkundigungen. Vgl. noch *Ferdinand Maaß*, Der Josephinismus, Quellen zu seiner Geschichte in Österreich, 4 Bde. 1951–1957.
[2110] *Karl Müller*, Esslinger Pfarrkirche. S. 51.

verfestigt. Diese Übung drängte nämlich auf die Schaffung eines eigenen Benefiziums. Dafür fanden sich eigene Stiftungen ein, zunächst in den Städten des deutschen Sprachraums. Gute Beobachtungen liegen bereits für die steirischen Frühmesser vor, die *Karl Amon* vornahm. Doch ist die Beziehung zum Bergwerk dort noch nicht eigens aufgenommen[2111]. Sie wären einmal vergleichend aufzuarbeiten. Die Befugnisse der Primissarie wurden scharf umrissen. Sie durften der Pfarrorganisation nicht schaden. Sie mußten sich vielmehr einordnen. Jedenfalls war das Ausmaß dieser Rechte unterschiedlich gehalten[2112].

Mit den Bergwerken betrat diese besonders in den Städten gepflegte Einrichtung auch das *Land*. Dort haben die Bergleute sich dieser Primissarien angenommen. Aber die Parochialverfassung wurde deswegen nicht gesprengt. Doch bleibt es bemerkenswert, daß von der Wirtschaft und von deren seelischen Bedürfnissen her eine neue kirchliche Institution gesetzt wurde. Einzelheiten bleiben der Forschung noch überlassen. An anderer Stelle haben wir die Einführung zugunsten der bergbaulichen Bevölkerung in Schwaz bereits für das 15. Jh. dargelegt[2113].

Der Frühmesser trat auch in die *Sage*. Nach dieser soll der Primissarius im Imster Gebiet in Nasserreith der Entdecker einer Grube gewesen sein. Von diesem kirchlichen Funktionär her wurde der bergbauliche Bereich angeregt. Es handelt sich dabei um den „Frühmesserstollen" in 880 m Seehöhe in der Matthiasgrube[2114]. Eine volkstümliche Wertschätzung machte sich somit in der Titelführung der Grube geltend.

Gelegentlich wurde das Amt des Primissarius im Zuge der Gegenreformation errichtet. So erbaute Erzbischof Wolf Dietrich (Salzburg) eine schöne Kirche am Dürrnberg, dessen Knappen damals dem neuen Glauben zuneigten. Diese hat aber nicht bloß zahlreiche Wallfahrer aus dem Tal hinaufgelockt. Sie wird auch auf die Salzarbeiter selbst, die dort zu Hause waren, eine gewisse Einwirkung ausgeübt haben. Über die Tätigkeit eines von der Saline besoldeten Geistlichen sind wir allerdings für die ersten Anfänge nicht sicher unterrichtet. Aber wir erfahren für die Folgezeit, daß die Dürrnberger damals die Loslösung ihres Gotteshauses von der Parochie zu Hallein, und zwar die Errichtung eines eigenen Vikariates, anstrebten, „um das sie

2111 Steiermark, 3. S. 58, 66, 67, 72, 76, 85. – In der Frühmesse in der St. Johanneskirche in Vorau warb ein Chorherr für den lutherischen Glauben. Ebd., 90.

2112 Für den Eichstätter Raum (Ingolstadt, Hilpoltstein, Jahrdorf) s. *Goetz*, Pfarrbuch von Hilpoltstein. Im Register, S. 198, unter „Frühmesse".

2113 *Schreiber*, Bergwerk. S. 412ff.

2114 Imster Buch. S. 50.

viele Jahre gelofen". Sie erhielten diese Vergünstigung im Jahre 1621. An Sonn- und Feiertagen wurden Messe und Predigt üblich. An neun bis zehn „Pergfeiertägen" – man gedenke der Knappenfeiertage – wurde desgleichen eine Messe gelesen, während der hohe Feiertag das „gesungen Amt" kannte. Im Jahre 1650, bis zu dem Weltpriester den Gottesdienst versehen haben, errichtete Erzbischof Paris (von Salzburg) die Missionsanstalt der Augustiner am Dürrnberg mit drei Patres und einem Laienbruder. Die Knappen waren nach seiner Auffassung besser in der Religion zu unterrichten[2115]. Eine eigene Messe für die Salinenarbeiter in Hallein ist uns allerdings erst aus dem 17. Jh. überliefert. „A. 1673 erging an die PP. Augustiner der Auftrag, an 30 Feiertägen ‚für glückl. Succeß des Salzwesens' zu applicieren; aber a. 1676 an den geistl. Rath und Prior in Mülln, P. Johann Marald, die PP. in Dürrnberg seinem Auftrage gemäß anzuweisen, statt jener 30 Applikationen gegen eine Zulage von 8 fl. zu dem von ihnen aus der Salinkasse bezogenen 192 fl. künftig eine Wochenmesse pro re salinar. zu lesen auch an Sonn- und Feiertägen auf der Kanzel hierfür nach einer vorgeschriebenen Formel zu beten[2116]." 1732 wurde die Skapulierbruderschaft und 1745 die Ruperti-Bruderschaft geschaffen[2117]. Letztere entfaltete eine lebhaftere Aktivität. Denn zu den gewöhnlichen Gottesdiensten traten vier Messen an den Quatember-Sonntagen und eine für die Stifter und Wohltäter der Bruderschaft am „Fastenrupertifest"[2118]. Soviel zum Andachtsleben eines Bergwerks, in dem sich das partikulare Kirchenrecht und verschiedene Zeitalter spiegelten.

Es ist gewiß berechtigt, von einem proletarischen Klerus am Ausgang des Mittelalters zu sprechen. Und doch bedarf es der Einschränkungen. Noch fehlen uns umfassende Untersuchungen zur Geschichte der Benefizien, wie sie etwa *Ernst Tomek* und *Karl Amon* für die Geschichte der Diözese Seckau vorlegten[2119]. Ebenso bedarf es aber weiterer Erforschung der Standesbruderschaft, die einen eigenen Kaplan und einen eigenen Altar besaßen. In dieser Hinsicht wollen wir anregen, dem Frühmesser des Bergbaus eine besondere Aufmerksamkeit zu widmen.

[2115] Vgl. dazu *H. F. Wagner*, Der Dürrnberg bei Hallein. In: Mitteilungen der Gesellschaft für freie Salzburger Landeskunde. Salzburg 1905, S. 40. Ferner s. dazu *J. Dürlinger*, Handbuch der Erzdiöcese Salzburg in ihren heutigen Grenzen, 1. Bd. Salzburg 1862, S. 506ff. Freundlicher Hinweis von Prof. Dr. Nikolaus Grass, Innsbruck.

[2116] *Dürlinger*, Handbuch, 1. S. 515.

[2117] *Wagner*, Dürrnberg. S. 506.

[2118] *Dürlinger*, Handbuch, 1. S. 515.

[2119] S. oben.

Die Frühmesse rückte in der mittelalterlichen Reichsstadt Nürnberg, die ein gutes Beobachtungsfeld für missales Leben darstellt, selbst in die Bestimmungen der Forst- und Jagdpolizei des 13. und 14. Jh. Da hieß es in der sogenannten ersten Waldordnung: „Ez sol auch nieman vor fruemesse vnd nach cumplet kaufen. Swer der gesetzte aine brichet, der gibt als ofte 1x haller[2120]." Man wollte dem Betrug steuern, der frühmorgens oder abends spät mit einem Holzkauf einsetzen konnte.

2. *Fürbitte*

Das Gebet als Gemeinschaftsbrauchtum ist zuweilen schon früh von der Landesregierung auferlegt worden. So wurde im Jahre 1598 den Salzbergknappen vom Haller Salzberg durch die Regierung des Erzherzogs Maximilian des Deutschmeisters das herkömmliche Gebet beim Ein- und Ausfahren geboten. Es handelte sich damals um eine Belegschaft von etwa 200 Bergknappen[2121].

Die Mühen und Gefahren der Arbeit „vor Ort" drängten ja oft in hilfesuchende Äußerungen des Frommen. Dabei tritt der genossenschaftliche Rhythmus heraus. So betete man vielerorts gemeinsam vor der Einfahrt in die Grube und ebenso bei der Ausfahrt. Im westerwäldischen Horhausen, vor den Toren des Siegerlandes, hielt man im Spätbarock vierteljährlich für die Bergleute eine Meßfeier. Ihre Gebetstexte enthält das „Horhauser Bergbüchlein"[2122]. Dieses Andachtsbuch des 18. Jh. folgt im Text und Lied meist dem „Gesang- und Gebetbuch" der Diözese Trier[2123]. Aber immer wieder finden sich besondere bergbauliche Wendungen ein. So erscheint in diesem Bergbüchlein als theozentrisches Leitmotiv ein Gesang „Zum Eingang", dessen erste Strophe besagt:

„Herr, den Dank vor deinen Füssen / Ehrerbietig auszugiessen / Fei'rt der Bergmann diesen Tag / Da das Vierteljahr verflossen / Wo er soviel Glück's genossen / Daß er nicht g'nug danken mag[2124]."

[2120] *Joseph Baader*, Nürnberger Polizeiordnungen aus dem XII. bis XV. Jahrhundert. Stuttgart 1861, S. 300.

[2121] *Josef Hirn*, Erzherzog Maximilian. 2. 1. S. 103.

[2122] *Höffner*, Bergbüchlein. S. 172. Dem Autor habe ich für den frdl. Hinweis zu danken.

[2123] Dieses erschien, wie *Höffner*, ebd., bemerkt, erst 1848, war aber schon längst in Übung.

[2124] *Höffner*, Bergbüchlein. S. 173.

Dabei klingt in solchen schlichten Anmutungen das Glücksmotiv wieder und wieder an, das sich stets erneut in Grubennamen und ebenso im Bergmannsgruß „Glück auf" abzeichnet. Dieser Glückwunsch ist seit 1675 beziehungsweise 1684 in neugläubigen Bergrevieren ebenfalls nachweisbar[2125]. Dieser Gruß hat sich dann in den verschiedensten Landschaften fortgepflanzt.

Das Horhauser Bergbüchlein nimmt zudem die Beziehungen zu dem Arme-Seelen-Motiv auf. Es teilt ein Gebet mit „zum Troste der armen Seelen im Fegfeuer, besonders unserer verstorbenen Bergbrüder, Freunde und Wohltäter"[2126]. Die Berggemeinde, ihre Freunde und benefactores, um in einen kirchlichen Sprachgebrauch einzumünden, treten somit in dieser Totenmemorie in Erscheinung. Doch ist der im ersten Teil der Oration erwähnte Allerseelengedanke etwas im Abklingen[2127]. In einem nachfolgenden Lied des gleichen Andachtsbuches wird der Macht des Höchsten „in den Klüften" gedacht. Der Bergmann erinnert sich seiner fortgesetzten Gefährdung:

„Und fahr' in den Schacht hinein, Du sollst mir den Segen geben Und mein Licht im Finstern sein."

Aber ihn trägt inmitten der Gefahren das Gottvertrauen:

„Wenn die Berge auch schon krachten, Stürzten Hügel, Fels und Stein Mit den eingeriss'nen Schachten über mich zusammen. Nichts soll mich mehr schüchtern machen. Wenn dein starker Arm mich deckt, Ich will nur darüber lachen, Was sonst feige Herzen schreckt[2128]."

Verwandte Äußerungen durchziehen auch sonst die Bergmannslieder[2129]. Zum Schluß der Messe, bei der Kommunion, folgt im Horhauser Bergbüchlein ein Gebet für den Landesherrn, nach dem ja auch manchmal Gruben benannt wurden. Diese Fürbitten für den dominus terrae dürften schon früh eingesetzt haben und wurden im Zeitalter des Absolutismus besonders gepflegt. Im Anschluß daran wird in dem Horhauser Gottesdienst eine Segensbitte für die Grube selbst vorgetragen, wenn der Vorbeter bemerkt: „Lasset uns beten zur Aufnahme unseres ganzen Bergwerks." Antwort:

[2125] *Oswald A. Erich* und *Richard Beitl*, Wörterbuch der deutschen Volkskunde[1]. Leipzig 1936, S. 71. – *Ders.*, Wörterbuch[2]. S. 76. – Eine inhaltreiche Untersuchung bot *Heilfurth*, Glück auf!

[2126] *Höffner*, Bergbüchlein. S. 173.

[2127] Siehe auch *Dörrer*, Allerseelentag. In: LThK 1[2], Sp. 349f.

[2128] *Höffner*, Bergbüchlein. S. 178.

[2129] *Heilfurth*, Bergmannslied. Im Register, S. 343, u. ö.

„Gott erhalte es in seiner Blüte, er segne unsere Vorsteher und Bergbrüder, er segne unsere Mühe und Arbeit[2130]." Somit werden die Bergbaubeamten und die Berggemeinde in diese preces einbezogen. Zum weiteren wird unmittelbar daran anschließend des in Bergmannskreisen wieder und wieder erörterten Schatzgrabens gedacht. Allerdings unter Ablehnung jeder Zauberformel heißt es in diesem Andachtsbüchlein in bewußter Religiosität:

„Gütigster Gott, der du uns die Schätze deiner Freigebigkeit auch in den tiefsten Klüften der Erde finden lässest, verleihe uns, daß wir durch unsere Arbeit in Sammlung derselben dich, den besten Schatz in der Ewigkeit zum Besitz verdienen, durch Jesum Christum unsern Herrn. Amen[2131]."

Bislang blieb den Volkskundlern diese lehrreiche Andachtsschrift des Westerwaldes unbekannt, die den Vorzug hat, neueren Datums zu sein.

Von evangelischer Seite liegt ein älteres Andachtsbuch vor, betitelt: „Der christliche Berg- und Hüttenmann, oder ein Erbauungsbuch in Predigten, Morgen-, Abend- und Festgebeten usw. für die Berg- und Hüttenleute nebst einem erklärenden Verzeichnisse der gebrauchten bergmännischen Kunstausdrücke, hrsg. von *Franz Georg Ferdinand Schläger*, Hannover 1852"[2132]. Die nähere Anregung für diese Ausgabe boten anscheinend die Hannover benachbarten Bergwerke des Harzes. Der bergbaugeschichtlich interessierte Autor bemerkt im Vorwort: „Ich glaube das Ganze so eingerichtet zu haben, daß Berg- und Hüttenleute von allen christlichen Confessionen es gebrauchen können, weil ich mich gern der Hoffnung hingebe, daß auch die Preußischen, Sächsischen, Ungarschen usw. Bergwerke diese meine Gabe nicht verschmähen werden[2133]." Wieweit der Autor damit allerdings Zustimmung finden konnte, steht nicht fest. Denn noch ein Jahrhundert zuvor hatte der preußische König in der selbstbewußten Grafschaft Mark ein neues evangelisches Gesangbuch einführen wollen. Aber die Bevölkerung lehnte das neue Buch ab[2134]. Doch verdient die

[2130] *Höffner*, Bergbüchlein. S. 178.

[2131] Ebd.

[2132] Die Entwicklung des neugläubigen Andachtsbuches für Bergleute ist noch weitgehend zu erforschen.

[2133] *Franz Georg Ferdinand Schläger*, Der christliche Berg- und Hüttenmann oder ein Erbauungsbuch in Predigten, Morgen-, Abend- und Festgebeten für die Berg- und Hüttenleute nebst einem erklärenden Verzeichnisse der gebrauchten bergmännischen Kunstausdrücke. Hannover 1852, S. VIII.

[2134] *Wilhelm Brepohl*, Industrievolk im Wandel von der agraren zur industriellen Daseinsform dargestellt am Ruhrgebiet (Soziale Forschung und Praxis, hg. von der Sozialforschungsstelle an der Universität Münster, Sitz Dortmund, Bd. 18). Tübingen 1957, S. 75.

simultane Wendung des Autors schon einige Aufmerksamkeit. So wendet sich der Autor in einer recht bemerkenswerten Weitherzigkeit an die Bergwerke im gesamten deutschen Sprachraum. Im übrigen bietet *G. Heilfurth* eine gute Übersicht über Bergmannskantoren und Pfarrer als Verfasser geistlicher Bergmannslieder des Protestantismus, die sich im 17., 18. und 19. Jh. einfinden[2135]. Doch werden ebenso österreichische Bergmannslieder verzeichnet[2136]. Stark ist in der Periode des Vormärz der Einschlag biedermeierlichen Denkens und selbstgenügsamer Haltung.

Wieder und wieder wird in den katechetisch-homiletischen Darlegungen das Motiv der Gemeinschaftsarbeit erörtert, wenn mit einer leicht aufklärerischen Wendung und in bürgerlicher Enge bemerkt wird: „Einer arbeitet dem Anderen in die Hand. Wieviele müssen in Tätigkeit kommen, ehe das Erz zu Tage erscheint, und was muß nun erst noch geschehen, ehe es im bürgerlichen Leben gebraucht werden kann[2137]."

Soviel wir sehen, sind solche Andachtsbücher und Predigtwerke für den Spezialberuf des Bergmanns selten. Weitere Nachweise sind erwünscht, um die Geistesgeschichte und volksreligiöse Stellung der Berggemeinde stärker herauszuarbeiten. Man wird dabei auf Bodenständiges wie etwa auf den Calvinismus des Siegerlandes achten müssen[2138], aber auch die Religiosität zugewanderter Bergknappen, wie die aus Ostpreußen eingewanderten neugläubigen Bergleute des 19. Jh., will beachtet sein[2139]. Viel Volksglaube wanderte mit, in dem sich auch zuweilen die Magie äußerte. Im Ruhrgebiet hat das Schichtgebet im 19. Jh. keinen festen Fuß fassen können, wenn auch Versuche auf Wiederbelebung einsetzten. Ungünstig wirkte zuweilen der Mangel an einem geeigneten Raum[2140]. Soviel ich sehe, sind die Andachtsschriften des oberdeutschen Bereiches noch nicht erforscht.

Gerade die Bergandacht verlangt ein Verstehen und eine Erklärung vom Gemeinschaftsgedanken und vom Genossenrecht her. Es war eine Selbstverständlichkeit für die Knappen, daß man teilnahm. Doch hat die Bergmannssage, vorab für den Harz, manche Mißstände und Verfall der Kirchenzucht festgehalten. So werden das Kartenspiel und Branntweintrinken

[2135] *Heilfurth*, Bergmannslied. S. 66ff.

[2136] Ebd., S. 71. Dort auch über Oberschlesische Bergmannsdichtung.

[2137] Einzelheiten bei *Brepohl*, Industrievolk. S. 75.

[2138] Erste Hinweise ebd., S. 80f.

[2139] Ebd., S. 86ff.

[2140] Ebd., S. 89f. Siehe den kurzen Artikel „Das Schichtgebet im Ruhrbergbau". In: Der Anschnitt, Jg. 7, Nr. 5, S. 21. Mit Hinweis auf *Fritz Trebsdorf*, Die Knappschaftsordnung der Reiche Segen Gottes Zeche zu Steinbach vom Jahre 1730. In: Glückauf, Jg. 1953, S. 730.

während der Predigt und die zu frühe Entfernung aus dem Gotteshaus gerügt[2141]. Im Ablauf der Entwicklung wurde die Beteiligung an den Fürbitten vom Hoheitsträger zur strengen *Pflicht* gemacht. Sie gehörte zum Dienst am Bergwerk. So bestimmt das Kgl. Oberbergamt der westfälischen Provinzen am 8. Mai 1843 für den Steinkohlenbergbau der Herrschaft Broich einschließlich des Kirchenspiels Mülheim: „Die Bergleute sind zu bestrafen wegen Nichterscheinens am Morgengebet mit einem Silbergroschen“[2142].

Dazu treten verwandte Äußerungen bergbaulicher Behörden, wenn etwa ein Schreiben des Kgl. Berggeschworenen von Scheideweg 1852 der Zeche Herzkamp mitteilt: „An die Steiger und Schichtmeister der Grube Herzkamp. Höherer Bestimmung zufolge werden sie hierdurch angewiesen, bei jedesmaligen *Anfragen* der Knappschaft mit derselben das vorgeschriebene Gebet abzuhalten[2143].“ Doch man mag auch der Frühzeit gedenken. Sie hatte seit Jahrhunderten einiges vorbereitet. Reizvolle historische Züge gemeinschaftlicher Teilnahme am Gottesdienst hatten sich bereits im Mittelalter und in den nachfolgenden Jahrhunderten eingefunden, mit der Votivmesse, mit dem Quartalsgottesdienst, mit Umgängen, Sakramentsandachten, Festtagsfeiern, Totenmemorien, Volksschauspielen[2144]. Dazu traten im Bergbaugebiet von Hofgastein die Stiftungen von Jahrtagen, Quatemberrequiems und Frühmesse, dazu der täglichen Salve-Andacht und des Ewigen Lichtes[2145]. Im Barockzeitalter kam es anscheinend zu Steigerungen und Ausweitungen. Das gemeinsame Gebet hieß im Bergwerk mancherorts „Betschicht“. Es dauerte gelegentlich länger und wuchs zu einer eigenen Andacht aus. So teilt *W. Schulz* mit, es habe im Harz eine Stunde gedauert, ohne uns näher über das Zeitalter aufzuklären, in dem diese Übung abgehalten wurde[2146]. Für die erwähnten Fragenbereiche bedarf es noch mancher Untersuchungen. Neben Musealem steht noch in einigen, wenn auch wenigen Bergbaugebieten, eine lebensvolle Praxis.

In allem bekunden die zahlreichen Bergordnungen das Eindringen jener riesenhaften Ordnungssysteme, die das mittelalterliche Weltbild erfüllten.

2141 *Stötzel*, Bergmannssage. S. 20.

2142 *Otto Dünbier*, Der Kumpel. Bd. 3: Von Sitte Brauch und Sprache des deutschen Bergmanns. Düsseldorf 1936, S. 72.

2143 Ebd., S. 73.

2144 S. oben S. 179f.

2145 *Hinterseer*, Hofgastein. S. 274ff.

2146 Wirklichkeit, Aberglaube und Sage bei den deutschen Bergknappen der Vergangenheit. Freiberg (Sachsen) 1890, S. 8.

Dazu traten bescheidene Ansätze der Selbstverwaltung. Aber diese derartig gespeicherte Energie und Regelung fiel als Erbe jenem Absolutismus zu, der in nachmittelalterlicher Zeit seine Herrschaftsbereiche ausbaute.

Man hat andererseits darauf hingewiesen, daß gerade die Bergordnungen der fürstlichen Gewalt besonders versucht haben, soziale Schäden zu beseitigen. Hatten sie doch die regelmäßige Zahlung des Arbeitslohnes verlangt, ferner sich dagegen gewandt, Geldzahlungen in Waren zu leisten (Pfennwerthandel), waren sie doch weiter für eine entsprechende Arbeitsruhe. Dazu zeigten sie eine Fürsorge für Kranke und Hinterbliebene[2147]. Im Zeitalter des Niedergangs des österreichischen Kapitalismus, der sich um 1650 geltend macht, war es der Landesherr, der seine führende Stellung im Wirtschaftsleben auch nach der sozialen Seite erweiterte[2148].

Noch ein Letztes. Es greift in die neueste Zeit. Als *Gustavo Testa*, der päpstliche Delegat 1923–1924 für die Jahre der Ruhrbesetzung (heute Kardinal), erstmals eine Pfarrkirche in Essen zur Zeit des Hochamtes besuchte, vernahm er den urkräftigen Männergesang „Hier liegt vor deiner Majestät". Vorab die Kumpels beteiligten sich daran, in einem geschlossenen Rhythmus, in ausdrucksvoller Kraft, in wuchtenden Akkorden. Ungewohnte Akzente für den Fremden. Hocherstaunt und fassungslos konnte dieser nur ausrufen „Tutto militarismo". Das war allerdings eine Verkennung echter bergmännischer Frömmigkeit. Zugleich trat der Unterschied der Völkercharaktere hervor[2149]. Doch hat Testa durch seine andauernde Vermittlung bei der Besatzung manches an Not und Elend gemildert, auch für den Bergbau.

3. Bergwerksweihe

Wenn man das monumentale Werk von *Adolph Franz* über die Benediktionen aufschlägt, wird man die Segnung des Bergwerks als solche vermissen. Doch lassen sich von dieser oder jener anderen Weiheformel her dennoch Aufschlüsse beibringen. Einmal empfangen die Edelsteine, die im Bergbau gewonnen werden, eine Segnung an Epiphanie[2150]. Ebenfalls benedizierte man an diesem so angesehenen Festtag Gold und Silber, dafür

[2147] *Haussherr*, Wirtschaftsgeschichte, S. 47, wo aber die soziale Fürsorge nicht umfassend genug herausgestellt ist.
[2148] *Tremel*, Frühkapitalismus. S. 52ff. – *Hinterseer*, Gastein. S. 621
[2149] Dazu *Georg Schreiber*, Zwischen Demokratie und Diktatur. S. 92, 115.
[2150] Benediktionen, 2. Im Register, S. 714, bes. S. 429, 435.

fand sich eine besondere Formel ein[2151]. Der Segen galt mehr den Erzeugnissen der Gruben als diesen selbst. Zum anderen aber läßt sich eine Bergweihe im Brauchtum nachweisen. Im Jahre 1935 wurde gewiß die Bergweihe in Berchtesgaden vom Nazismus verboten. Im Jahre 1945 ward sie wiederum neu eingeführt. Wir folgen der zeitgenössischen Beschreibung von *Rudolf Kriss*, des besten Kenners des dortigen Bergbaugebietes. Handelt es sich doch um besondere Riten, die dieser kundige Autor vorlegt. Die Liturgiegeschichte und die Volkskunde erfahren eine bemerkenswerte Ergänzung. Da vernehmen wir: „Am Vorabend vor Dreikönig wurde in der Stiftskirche die Bergweihmesse gelesen und am Tag nach dem Fest fand die eigentliche Bergweihe statt. Die Knappen erschienen dabei in der sogenannten kleinen Parade, mit weißem Gewand[2152] und Schachthut ohne Federbusch. Der Pfarrer von Berchtesgaden nahm in Assistenz des Mesners die Weihe vor, wobei dem Alter nach ein Knappe das Kreuz, der zweite das Rauchfaß, der dritte das Schifferl und der vierte den Schlüssel zu den Stollen trug." So rückte der Stollen in die Liturgie.

Man begann mit der Weihe des Maschinenraumes. Die *Maschinenweihe* geschieht mit folgenden Gebeten, die wie bei allen übrigen der Bergweihe deutsch gesprochen werden:

„V. Unsere Hilfe kommt von Gott!
R. Der Himmel und Erde geschaffen hat!

Lasset uns beten!

Deiner Hände Werke, o Gott, verkünden überall Deine Weisheit und Güte gegen uns; dort ernährest Du die Menschen durch die Erträgnisse des Feldes, dort durch Handel und Gewerbe; dort durch Kunst; hier verschaffst Du uns Unterhalt durch den Reichtum Deiner Güte, die Du in diesem Berge niedergelegt hast und der hier zum Genusse für Millionen Menschen durch diese Maschine geleitet wird: Tausende finden da bei diesem Geschäfte ihr Unterkommen und verdienen ihr tägliches Brot, ein Reichtum, der nicht minder den Wohlstand des gesamten Vaterlandes begründen hilft, als er einzelnen Verdienst und Auskommen verschafft; ohne ihn wäre unsere Gegend der größten Not unabweislich preisgegeben. Wir erkennen diese Wohltat, erkennen sie recht lebhaft, und darum, o Vater im Himmel, sind wir hier im Amtskleide auf eine so feierliche Weise versammelt, zu bekennen unsere Abhängigkeit von Dir, indem wir Dir danken für das empfangene Gute und um Fortsetzung desselben bitten, überzeugt, daß jede gute Habe und jedes Gedeihen von Deiner Gnade, von Deinem Segen abhängt. In dieser Überzeugung und im Vertrauen auf das Wort Jesu, um was ihr immer den Vater in meinem Namen bitten werdet, das wird er euch geben, in diesem Vertrauen bitten wir Dich, gütiger Gott, allmächtiger Vater, sieh herab auf uns, deine flehenden Kinder! Wir danken

[2151] Ebd., 1. S. 429.
[2152] So zeigten sie sich Karl V. in Schwaz. S. oben S. 209.

Dir für alles Gute, das Du in diesem Jahre und von diesem Orte aus uns hast zukommen lassen, wir danken Dir für alle, welche von da aus mittelbar oder unmittelbar ihr Brot verdienen und ihre Speisen würzen konnten, erhalte uns diesen Schatz Deiner Gnade, bewahre diese Maschine und was zu ihr gehört vor jeglichem Unglück, segne dieses ganze Unternehmen mit der Kraft Deines Segens, auf daß es gesegnet sei und bleibe. Durch Jesum Christum, unsern Herrn. Amen."

(Die Maschine wird inzensiert und mit Weihwasser besprengt.)

„V. Heil und Friede, o Herr, laß hier wohnen!

R. Heil und Friede allen, welche hier von und zu gehen!

Herr, Gott, wir danken Dir! Dich, ewiger Vater, verehret der ganze Erdkreis. Dir singen alle Engel, Dir singen alle Himmel und alle Kräfte der Himmel, Dir rufen alle Cherubim und Seraphim mit unermüdeter Stimme zu: Heilig, heilig, heilig ist der Herr Gott Sabaoth! Himmel und Erde sind voll von der Majestät Deines Namens. Alles, was Du geschaffen hast, verkündet Dein Lob, selbst die Kunsterzeugnisse der Menschen verkünden Deine Herrlichkeit, weil Du von Deinem Geiste ihnen mitgeteilt hast, und so verkündet auch diese Maschine Deine Weisheit und Güte; segne und bewahre sie und alle, die da arbeiten, durch Jesum Christum, unsern Herrn. Amen.

V. Lasset uns lobpreisen den Vater, den Sohn und den hl. Geist!

R. Lasset uns ihn lobpreisen und anbeten in Ewigkeit!

Christus, Du König der Herrlichkeit! Du bist der ewige Sohn des Vaters! Um die Menschen zu erlösen, um Friede auf Erden zu stiften und alle zu beseligen, bist Du auf dieser Welt in Knechtsgestalt erschienen. Du hast den Stachel des Todes überwunden und den Gläubigen das Himmelreich eröffnet. Du sitzest zur Rechten Gottes in der Herrlichkeit des Vaters. Als Richter wirst Du wieder kommen; gläubig erwarten wir Dich. Darum bitten wir Dich, komm Deinen Dienern zu Hilfe, die Du mit Deinem teuren Blute erlöset hast. Laß unsre Namen in der Zahl der Heiligen, dort im Lande der ewigen Herrlichkeit genannt werden. Herr, rette Dein Volk und segne Deine Erde, segne diese Maschine, regiere Deine Diener und sei ewig ihr Schutz; erhalte in Eintracht und Liebe alle, die da vorgesetzt und untergeordnet sind. Alle Tage preisen wir Dich und loben Deinen heiligen Namen in Ewigkeit. Erhalte uns, o Herr, in Deiner Gnade. Erbarme Dich unser, o Herr! Erbarme Dich unser! Laß uns Deine Erbarmungen erfahren, die wir auf Dich vertraut haben. Auf Dich, o Herr, hoffen wir und wir werden nicht zuschanden werden!

Lasset uns beten!

Dein Geist, o Herr, durchströme unsere Herzen! So wie das Herz des hl. Apostels Johannes von wahrer Gottesliebe durchströmt worden ist, so beseele auch die Herzen aller, die an diesem Orte walten, arbeiten, aus- und eingehen, alle, die von diesem Salze, das da aus dieser Sole bereitet wird, genießen, beseele sie mit Liebe, Eintracht und Sorge für Erfüllung ihrer Standespflichten; um das bitten wir Dich durch die Ausgießung des zum Andenken und zur Ehre des hl. Apostels Johannes geweihten Weines, im Namen des Vaters + des Sohnes + des Heiligen Geistes + Amen."

(Nun wird ein Glas Johanniswein 3mal in Kreuzform über ein Maschinenteil geschüttet. Dann spricht der Priester:)

„Der Friede Gottes sei mit uns allen![2153]"

2153. *Kriss*, Sitte und Brauch. S. 52ff.

An dieser Stelle wird ersichtlich, wie der Wein in den Bergbau eintritt. Man nimmt gesegneten Wein, man erinnert sich an das Johannisbrauchtum, das weithin volkstümlich war und ist.

Der *Johanniswein* wurde getragen von der Johannisminne, die sowohl den Evangelisten als auch den Täufer ehrte. Sie hat nach einer Überlieferungslücke von vier Jahrhunderten im 16. Jh. eine neue Erstarkung gefunden. Im Volksglauben besaß sie fast die Hochachtung des Sakramentes, dann aber ist sie in vorgerücktem Zeitalter nur noch die Minne des Evangelisten Johannes. Wenn Zunftgenossen zusammenkamen, huldigten sie durch die Johannisminne dem Lieblingsjünger des Herrn als dem Patron wahrer Freundschaft. Sie wurde zum Gemeinschaftszeichen. Außerordentlich stark brach der apotropäische Charakter der Johannisminne durch. Man war jahrhundertelang der Auffassung, der Johannissegen und damit der Johanniswein schütze vor Zauberei, Vergiftung, Ertrinken, schädlichen Speisen und Blitz. Man wollte demnach, wie der von Kriss mitgeteilte Ritus zeigt, auch mit diesem Johanniswein die Menschen des Bergwerks besonders vor Unheil bewahren[2154].

Kriss geht dann in seiner rituellen Beschreibung dazu über, die Prozession der Bergleute zu kennzeichnen, die sich verschiedenen Stollen zuwenden, an jedem Mundloch vollziehen sich weitere Weihungen. Man wird unwillkürlich an das Brauchtum von Fronleichnam erinnert, wenn die vier Evangelien an bestimmten Stationen gelesen werden. Näherhin weiß Kriss zu berichten:

„Es folgt nun der gemeinsame Zug der Bergleute durch die Moser-Roesche zum Petersbergstollen, wobei ein Rosenkranz gebetet wird, ebenso im Bergwerk auf dem Weg von einem Evangelium zum anderen, die an verschiedenen Plätzen im Schurf gelesen werden.

I. Im Bergwerk; Bayernschurf

Dabei betet man wie folgt:
‚V. Der Herr sei mit euch!
R. Und mit deinem Geiste!
V. Der Anfang des hl. Evangelium nach Matthäus:
R. Lob sei Dir, o Gott!‘
(Das Buch wird inzensiert, weil es in der Liturgie Christus vertritt.)
Nun wird das Evangelium gesungen, und zwar Matthäus I, 1–16. Dann wird das Buch geküßt und dabei gesprochen:

[2154] Näheres bei *Franz*, Benediktionen, 1. S. 286–334. – *Hedwig Schommer*, Die Heiligenminne als kirchlicher und volkstümlicher Brauch. In: Rheinisches Jahrbuch für Volkskunde, Jg. 5, hg. v. Karl Meisen. Bonn 1954, S. 184–231.

‚Durch die Worte des Evangeliums mögen getilgt werden unsere Sünden!'
Anschließend wird gesungen:
‚Durch diese Sätze des hl. Evangeliums und durch die Verdienste und die Fürsprache des hl. Apostels und Evangelisten Matthäus verzeihe uns der Herr all unsere Sünden und Vergehen! Amen[2155].
V. Von Blitz und Ungewitter
R. Erlöse uns, o Herr!
V. Herr, erhöre mein Gebet!
R. Und laß mein Rufen zu Dir kommen!
V. Der Herr sei mit euch!
R. Und mit deinem Geiste!

Lasset uns beten!

Von Deinem Hause, o Herr, wir bitten Dich, mögen vertrieben werden die Schäden der Wetter und es möge weichen die Bosheit der stürmischen Winde! Durch Christus, unsern Herrn. Amen.'

II. Im Frauenberg

‚V. Der Herr sei mit euch!
R. Und mit deinem Geiste!
V. Der Anfang des hl. Evangeliums nach Markus:
R. Lob sei Dir, o Gott!
Es wird gesungen Markus I, 1–8.
Durch die Worte des Evangeliums mögen getilgt werden unsere Sünden!
Durch diese Sätze des hl. Evangeliums und durch die Verdienste und die Fürsprache des hl. Evangelisten Markus verzeihe uns der Herr all unsere Sünden und Vergehen! Amen.
V. Von jeder Sünde
R. Erlöse uns, o Herr!
V. Herr, erhöre mein Gebet!
R. Und laß mein Rufen zu Dir kommen!
V. Der Herr sei mit euch!
R. Und mit deinem Geiste! Lasset uns beten!
Segne, allmächtiger Gott, diesen Ort, damit in ihm sei Gesundheit, Keuschheit, siegreiche Tugend, Demut, Güte, Sanftmut, Gesetzeserfüllung und dankbare Gesinnung gegen Gott, den Vater und den Sohn und den Heiligen Geist! Dieser Segen bleibe über diesem Orte und allen seinen Bewohnern jetzt und allezeit! Amen.'

III. Im Ferdinandsberg

‚V. Der Herr sei mit euch!
R. Und mit deinem Geiste!
V. Der Anfang des hl. Evangeliums nach Lukas:
R. Lob sei Dir, o Gott!
Lukas I, 1–17[2156].

2155 Über die Stellung von Matthäus im Bergbau s. oben das Kapitel über die Apostel und Evangelisten. Dort ebenfalls über Markus.

2156 Über Lukas als Bergbaupatron s. die vorhergehende Anmerkung.

26. Bemalte Türfüllung (um 1735) mit Szenen aus dem Bergbaubetrieb am Pfunderer Bergwerk bei Klausen (Südtirol), S. 385.

27. Das Schwazer Silberbergwerk.
Kupferstich von Andreas Spängler. 1626.

Durch die Worte des Evangeliums mögen getilgt werden unsere Sünden!

Durch diese Sätze des hl. Evangeliums und durch die Verdienste und die Fürsprache des hl. Evangelisten Lukas verzeihe uns der Herr all unsere Sünden und Vergehen! Amen.

V. Von allem bösen Willen
R. Erlöse uns, o Herr!
V. Herr, erhöre mein Gebet!
R. Und laß mein Rufen zu Dir kommen!
V. Der Herr sei mit euch!
R. Und mit deinem Geiste!

Lasset uns beten!

Allmächtiger, ewiger Gott, der Du an jedem Orte Deiner Herrschaft ganz gegenwärtig bist und ganz wirkst: steh unserem Flehen bei und sei der Schutzherr dieses Ortes, dessen Gründer Du ja bist: damit in ihm keinerlei Bosheit des Widerspruchs aufstehe, sondern daß unter Mitwirkung der Kraft des Heiligen Geistes Dir hier immer ein reiner und wohlgefälliger Dienst geboten werde und eine demutsvolle Gesinnung! Durch Christus, unsern Herrn. Amen.

Lasset uns beten!

Besuche, wir bitten Dich, o Herr, diesen Ort und halte fern von ihm alle Nachstellung der bösen Geister! Laß Deine heiligen Engel in ihm wohnen, daß sie ihn friedvoll beschützen und Dein Segen bleibe immer über ihm! Durch Christus, unsern Herrn. Amen.'

IV. Im Ölkeller des Ferdinandsberges

,V. Der Herr sei mit euch! usw. Johannes I, 1–14

Durch diese Sätze des hl. Evangeliums und durch die Verdienste und die Fürsprache des hl. Apostels und Evangelisten Johannes verzeihe uns der Herr all unsere Sünden und Vergehen! Amen[2157].

V. Von allem Übel
R. Erlöse uns, o Herr!
V. Herr, erhöre mein Gebet! usw.

Lasset uns beten!

Mit himmlischer Segnung sei dieser Ort gesegnet, behütet und erhalten und alle, die in ihm arbeiten! Im Namen des Vaters und des Sohnes und des Heiligen Geistes! Amen.

Lasset uns beten!

Allmächtiger, ewiger Gott! Du bedeckst den Himmel mit Gewölk und schaffst Regen der Erde; Du schickst den Ostwind vom Himmel und führst den Südwind durch Deine Kraft: schone alle, die Dich fürchten, und neig Dich in Gnaden zu denen, die Dich anflehen! Dich bitten wir flehentlich, o Herr, daß weit von uns weiche der Anprall der Wasserwogen, das Unglück der Gewitter, Hagelschaden und Blitzschlag, und daß gebannt werden gefährliche Donner, schädliche Regengüsse und Wehen der Winde; durch Deine Rechte mögen niedergehalten werden auch alles böse Toben der Stürme und die Ungewitter! Es komme herab, darum bitten wir Dich, o Herr, Dein Heiliger Geist,

[2157] Über Johannes als Bergbaupatron s. ebd.

damit Seine Hand alle feindseligen Kräfte vertreibe und dieses Haus bewahre mit dem Schutz der Engel! Der Du lebst . . . usw. Amen[2158].'"

Soviel zu den Weihungen am Bergwerk, die auch die Gefahrenzone der Bergleute berühren und die um eine Abwehr bitten. Doch ist die Folge der Benediktionen in Berchtesgaden noch nicht ganz erledigt. Kriss kann nämlich weiter mitteilen:

„Man verläßt das Bergwerk beim unteren Stollenausgang. Nach der Bergweihe folgt dann noch die gewöhnliche Hausweihe des Dreikönigstages in der Zechstube der Knappschaft und es werden 3 Vaterunser für die verstorbenen Knappen gebetet. Anschließend fuhr man nach Ilsank zur Pumpenweihe; noch früher besuchte man auch die Saline, wo die Pfannhausweihe vorgenommen wurde, dabei die 4 Evangelien an den 4 Ecken der Salzpfanne gelesen und ein Glas Johanniswein in Kreuzform in dieselbe gegossen wurde. Geweihtes Karsamstagholz wurde in die Feuerung der Sudpfanne in der Saline geworfen[2159]."

Die Maschinenweihe in Ilsank lautet:

„V. Herr, erhöre unser Gebet!
R. Und laß unser Rufen zu Dir kommen!

Lasset uns beten!

Allmächtiger, ewiger Gott! Du Urquell aller vollkommenen Geschenke, Du Ausspender aller guten Gaben! Mit gerührtem Herzen erheben wir unsere Hände dankend zu Dir empor und preisen Deine väterliche Güte, die täglich neu über uns aufgeht, und Deine treue Liebe, die uns erhält und schützet immerdar. O Vater der Erbarmung und Gott alles Segens, wie liebst Du uns, wie erfreust Du uns, wie sorgst Du für uns! Ja wahrhaftig, hier in dieser Maschine da waltet Deine Güte! Die ganze Welt ist voll Deines Segens, und wo wir hinblicken, sehen wir die Gnadengeschenke Deiner Vaterliebe, die Gaben und Wohltaten, die Du uns spendest, auf daß wir uns freuen und den Vater im Himmel dafür preisen. Vater über alle Völker, zu Dir blicken aller Augen auf! Du öffnest Deine milde Hand und erfüllst alles, was da lebt, mit Deinem Segen. Ja, weit mehr, als wir bedürfen, spendest Du aus dem Reichtum Deiner Gnade. Du beschämst durch Deine väterliche Fürsorge unsere unchristlichen, heidnischen Sorgen; Du erfüllest unsere frommen Erwartungen und befestigst durch die vielen Beweise Deiner Liebe unser Vertrauen auf Deine göttliche Vorsicht aufs neue. O Gott, sei uns auch in diesem wie in dem abgewichenen Jahre wieder nahe an diesem Orte, wende ab von dieser Maschine alles Ungemacht, jegliches Unglück; es walte da Deine segnende Hand, Dein schützender Arm für und für!

Um dieses bitten wir Dich durch Jesum Christum, unsern Herrn. Amen.

(Die Maschine wird inzensiert und mit Weihwasser besprengt.)

[2158] *Kriss*, Sitte und Brauch. S. 54ff.

[2159] Dieses Brauchtum ist bei *Bächtold-Stäubli*, Handwörterbuch, 4, Sp. 1015ff. (Karsamstag), nicht vermerkt.

Lasset uns beten!

O wie undankbar, wie strafwürdig würden wir sein, wenn wir über der Gabe den Geber, Dich, o Gott der Güte, vergäßen! Nein! Deiner wollen wir nicht vergessen, alles was wir tun, wollen wir in Deinem Namen anfangen, fortsetzen und vollenden, stets eingedenk, daß wir in Deiner Hand stehen und ohne Dich nichts vermögen. Ferne sei von uns Stolz und Eitelkeit, die auf menschliche Kräfte baut und vertraut; alles was wir sind und haben, sind und haben wir nur durch Dich. Mit Dank und Mäßigkeit wollen wir Deine Gaben genießen, in Demut wandeln und auch der Armen in ihrer Not gedenken. Entziehe uns, o Gott, Deine Liebe nicht, segne unsere Arbeit, segne unser Bemühen im Dienste unseres Berufes und wache über diesem Orte, über dieser Maschine und über allem, was zu ihr gehört, auf daß das Wohl dieser Gemeinde und des gesamten Vaterlandes von diesem Tale aus immerdar sich mehre, durch Jesum Christum, unsern Herrn. Amen.

Lasset uns beten!

O Gott, Deine Erbarmungen sind ohne Zahl und die Schätze Deiner Güte ohne Maß! Du gibst den Flehenden, um was sie bitten, und bist nahe denen, die Dich anrufen. Wir danken Deiner Majestät, die ganz Liebe ist, für alle Gaben, die Du uns geschenkt hast, zumal von diesem Betriebe aus, und flehen ohne Unterlaß zu Deiner Milde, die ganz Weisheit ist. Nimm sie in Deine Obhut alle, die da arbeiten, von und zu gehen, bewahre sie vor Unglück des Leibes, bewahre sie vor der Sünde, gib, daß sie in Deiner Liebe leben, pflichtgetreu und frommen Sinnes wandeln, gib, o Vater aller, daß alle, welche hier arbeiten und von dem Salze, das da von dieser Sole bereitet wird, genießen, immer mehr erkennen und lieben den Vater, den Sohn und den Heiligen Geist!

Lasset uns beten!

Dein Geist, o Herr, durchströme unsere Herzen! So wie das Herz des hl. Apostels Johannes von wahrer Gottesliebe durchströmt worden ist, so beseele auch die Herzen aller, die an diesem Orte walten, aus- und eingehen, alle, die von diesem Salze, das da aus dieser Sole bereitet wird, genießen; beseele sie mit Liebe, Eintracht und Sorge für Erfüllung ihrer Standespflichten; um das bitten wir Dich durch die Ausgießung des zum Andenken und zur Ehre des hl. Apostels Johannes geweihten Weines, im Namen des Vaters + des Sohnes + des Heiligen Geistes. Amen.

(Nun wird *Johanniswein* zuerst über einen Teil der Maschine gegossen und dann die Maschine mit Weihwasser besprengt.)

Der Segen des Allmächtigen Gottes des Vaters + des Sohnes + des Heiligen Geistes sei und bleibe bei uns allen. Amen[2160]."

Es folgt dann ein Gemeinschaftsmahl im Gasthof Ilsank, auch hier setzen sich wohl ältere Linien mittelalterlicher genossenschaftlicher Mahle fort. Für die Beteiligung der Knappen wurden gewisse Reichnisse gewährt. Sie waren nach dem Rang abgestuft:

„Der Bergmeister drei Maß Bier, die zwei Kreuzträger eine Maß, die zwei Hutleute eine Maß und die zwei Wasserknechte eine Maß, der alte Wasserknecht eine halbe Maß

[2160] *Kriss*, Sitte und Brauch. S. 58ff.

Bier, zwei alte Knappen eine Maß, der Rinnenknecht eine halbe und zwei weitere Bergleute auch eine halbe. Alle mitsamt erhielten noch vier Laib Brot. An Geld erhielten entschädigt der Weihbrunnkesselträger, der Kreuzträger, der Rauchfaßträger und Schifferlträger und der Schlüsselträger je zwei Tagschichten[2161]."

Diese Zuwendungen erinnern einen an das Zeitalter des Barock. Damals empfingen Mitglieder der Hofgesellschaft etwa an fürstbischöflichen Höfen in Würzburg oder in Bamberg ähnliche Vergabungen. Auch hier hielt man darauf, nach dem jeweiligen Rang und Stand des Betreffenden die Verteilung vorzunehmen.

Außer der Bergweihe feiern die Bergknappen noch eine Reihe von Gottesdiensten, die zu den Bergheiligen in näherer Beziehung stehen. Dahin gehören: „ein Lobamt am Sebastianstag, Faschingsdienstag, Osterdienstag, einen Bittgang am Kreuzauffindungstag von Ramsau nach Kunterweg mit Lobamt in der Gern, den Jahrtag am Pfingstmontag, die Ruperti-Messe am Pfingstdienstag in der Fürstensteinkapelle (jetzt abgekommen), am Annatag eine Wallfahrt nach Dürnberg, am 24. August eine Wallfahrt nach Bartholomä, am Matthiastag (24. September) einen Bittgang abwechselnd nach Ettenberg oder nach Schellenberg[2162]." Diese Tage erinnern wenigstens mit einigen Daten (Rupert, Allerseelen) an ältere Knappentage, die als Tage der Arbeitsruhe anzusprechen sind.

Dazu findet sich die Totenmemorie ein. An Allerseelen hält man eine Messe für die verstorbenen Bergknappen. In der Art wie man sich auch an St. Andreas erinnert, ebenfalls an Johannes Evangelist, versammelt man sich zu einem Lobamt. Noch heute wird für diese Gottesdienste eine Entschädigung aus der freiwilligen Bruderlade gezahlt, obwohl die Zünfte eigentlich aufgehoben sind[2163].

Verwandte Vorgänge fanden sich im Jahre 1826 am *Haller* Salzbergwerk ein. Dort existierten die *Roten Kalendertage*. Es waren Ruhetage. Dahin gehörten der Kaisergeburtstag, Ruperti, Faschingsdienstag, Barbaratag. Wer jedoch an diesen Tagen arbeitete, bekam zusätzliche Entlohnung[2164].

Am Haller Salzbergwerk hatte übrigens bereits Joseph II. eine radikale Kürzung der Bergfeiertage vorgenommen. In den Jahren 1781 und 1785 hob er nicht weniger als 26 solcher Bergfeiertage auf. Ein neues Staats-

2161 Ebd., S. 61.

2162 *Kriss*, Sitte und Brauch. S. 110. – *Schreiber*, Wochentage. Im Register, S. 263, 273, 275, 276.

2163 Ebd. – Was die soeben erwähnten zwei Aposteltage betrifft, vgl. das Kapitel „Apostel und Evangelisten als Bergwerkspatrone".

2164 *Loehmer*, Haller Salzarbeiterschaft. S. 189. Mitteilung von Prof. Nikolaus Grass.

kirchenrecht trat zum Bergbau. Aber es wurde ebenso durch die Verminderung der Schichtzeit ernst berührt. Die Zahl der Jahresschichten erhöhte sich bei den Säuberern der Saline, die in der Woche acht Schichten verfuhren, auf 406 und bei den Häuern, die bloß sechs Schichten arbeiteten, auf 302[2165].

4. Bergsegen

Der Bergsegen tritt in bergbaulichen Beschreibungen des späteren Mittelalters schärfer heraus. Enthusiastische Zeugnisse für die Wertung der Fundgruben werden laut. Die Salzburgische Chronik weist für das Jahr 1463 aus, daß der Bergsegen derartig ergiebig ausfiel, daß der Handel dort den Zulauf vieler fremder Kaufleute fand und derartig zunahm, daß das Geld wegen der reichen Ausbeute fast nicht mehr geachtet wurde. Viele Leute verschwendeten geradezu ihr Vermögen. Sie rechneten damit, durch die Beteiligung am Bergbau Ersatz zu finden, ja noch größere Einnahmen zu erzielen[2166]. Wenn die Metalladern versiegten, war allerdings die Stimmung der Bergleute verdüstert. Es waren zunächst die Bergunternehmer, die sich fast nur um die Gesetze der Rentabilität kümmerten und kurzentschlossen das Bergwerk stillegten. In diesem Fall erwuchsen für die Landesherrschaften ernste Verpflichtungen, deren sie sich im allgemeinen, so im Schwazer Bergbau des Krisenjahres 1571, bewußt waren[2167].

Der Niederschlag über das Aufblühen und ebenso über den Verfall des Bergbaus in der *Sage* war bedeutend. Desgleichen behandelte sie die Binnenwanderung der deutschen Bergwerksgebiete. Sie berichtet in der Volkserzählung vom „letzten Tanz in Goslar" darüber, daß die Franken als gelernte Bergarbeiter den Stollenbau im Harz einführten[2168]. Sie kennt ebenso den Zug Harzer Bergleute nach Sachsen[2169]. Sie weiß um Fuhrleute, die von Zellerfeld und Wildemann Blei nach Böhmen führten, aber unterwegs in Freiberg silberne Metalladern entdeckten[2170]. Nach einer anderen Version fuhr ein sächsischer Fuhrmann aus Halle nach Böhmen. Er fand Silber, und

2165 *Carl Schraml*, Das oberösterreichische Salinenwesen von 1750 bis zur Zeit nach den Franzosenkriegen (Studien zur Geschichte des österreichischen Salinenwesens, Bd. 2). Wien 1934, S. 129.

2166 *Wolfstrigl-Wolfskron*, Tiroler Erzbergbaue. S. 156.

2167 Ebd., S. 71.

2168 *Stötzel*, Bergmannssage. S. 13f.

2169 Ebd., S. 14f.

2170 Ebd., S. 37.

es begab sich die Frühblüte jenes Freiberger Bergbaus, der zwischen 1440 und 1540 eine Hochentwicklung verzeichnete. Dabei greift die Sage der Neugläubigen auf Motive der *altgläubigen* Zeit zurück. So werden die Zisterzienser von Grünhain als Metallfinder[2171] genannt, und andererseits bestraft die hl. Mutter Anna den Betrug an Scheibenberger Fundgrubnern (Erzgebirge)[2172]. Man hört weiter von der erzgebirgischen Schatzsage am Kiesleistenberg, die den Allerseelentag und Fronleichnam berühren[2173]. Relikte werden also noch lange weitergeführt. Knappenfeiertage fanden mit solchen Gedenktagen ein letztes Echo.

Der Bergsegen erlischt, wenn das Bergwerk mit gutem Grund *verwünscht* ist. Solcher Fluch brachte den blühenden Bergbau im schlesischen Jürgengraben zum Erliegen[2174]. Wiederum fuhren nach der Tiroler Sage zwei Knappen in die Falkengrube, in den gefährlichsten Stollen des Schwazer Bergwerks. Sie neckten die Bergmännlein, die in Knappentracht mit langen Bärten sich dort aufhielten. Die beiden Bergleute forderten in frechem Ton, daß die Zwerglein etwas zum Essen und Trinken bringen sollten, anstatt so müßig herumzustehen. Auf diese Kränkung hin verschwanden die Bergmännlein. Es ertönte ein furchtbares Krachen. Die Falkengrube stürzte ein und begrub die beiden unvorsichtigen und boshaften Knappen[2175]. Weiter berichtet die Tiroler Sage über den Schachtgeist im Silberstollen des Illbergwerks. Ein guter Berggeist, der Schachtgeist, diente den Knappen. Die reiche Ausbeute machte aber diese Knappen gottlos und übermütig. Da ließ der Schachtgeist das Bergwerk einstürzen[2176]. Ähnliches erlebte ein Schafhirt in der Nähe des nordtirolischen Achenkirch. Der Berggeist (das Mandl) hatte ihm zwei tiefe, erzreiche Schächte geöffnet. Der Reichtum, den der Hirte gewann, machte ihn übermütig. Er ergab sich dem Spiel und Trunk. Er verletzte dazu das Schweigegebot und erzählte einmal einem Zechgenossen von dem Geheimnis des Schachtes. Aber der Segen des Schachtes versiegte für immer. Übermütige und frevelnde Knappen nennt ferner der Bergbau von Löbau in der sächsischen Lausitz. Zur Strafe ist der Bergsegen plötzlich ausgeblieben[2177]. Die Verwünschung richtete auch das

[2171] Ebd., S. 38, 41. – Über Grünheim s. LThK 4², Sp. 1253.
[2172] *Stötzel*, Bergmannssage. S. 49.
[2173] Ebd., S. 51 – "Warleichnamstolle". *Mathesius*, Sarepta.
[2174] *Stötzel*, Bergmannsage. S. 57.
[2175] *Paulin*, Sagen aus Nordtirol. S. 99.
[2176] Ebd., S. 84.
[2177] *Kühnau*, Schlesische Sagen, 3. S. 725.

Salzbergwerk bei Rosenthal zugrunde[2178]. Ferner will das verwünschte Bergwerk bei Deutsch-Gießhübel[2179] und ebenso der verfluchte Bergbau in Jürgengraben bei Johannisbad erwähnt sein, wo eine arme Frau vergeblich um eine milde Gabe bat[2180]. So kam und erlosch der Bergsegen. Kleinere und größere Halden sind wie im Bergbaugebiet von Kirchberg manchmal noch die stummen Zeugen früheren Bergbaubetriebes[2181].

Doch an dieser Stelle will noch der Mißbrauch des *Weins* erwähnt sein. Wir teilen deshalb einen bestimmten Zug mit, den die Nordtiroler Sage vom Höttinger Berg berichtet. Näherhin heißt es, daß oberhalb des Achselkopfes am Brandjoch in alter Zeit eine Silbergrube war, die so reiche Erzbeute ergab, daß 13 Knappen eines Tages ein Fuhrwerk mit vier Ochsen bestellen mußten, um einen großen Klumpen Silbererz ins Tal zu bringen. Dort hatten diese Bergknappen in ihrem Übermut in vorgerückter Stunde den Silberklumpen mit Wein getauft. Einer der Knappen widersprach, dem vor dem Frevel graute. Die übrigen zwölf haben den Silberklumpen mit soviel Rebenblut getauft, daß der vergossene Wein in Strömen in den Mühlbach rann. Dieser Frevel wurde geahndet. Der Hochofen zersprang, mehrere Schmelzknechte wurden getötet. Aber diese zwölf Knappen kehrten zum Höttinger Wirtshaus zurück, wo sie weiterzechten und -schlemmten. Kaum waren jedoch diese zwölf Knappen zur Arbeit in den Silberstollen eingefahren, stürzte das ganze Bergwerk mit Donnerkrachen ein und begrub die Gottlosen unter den Erztrümmern[2182].

An dieser und an anderen Stellen erfährt man aus der Sphäre des Bergwerks, daß der Wein – ein missales und benediktionales Element (St. Johanniswein) zugleich – ehrfürchtig behandelt werden muß, sonst rächt sich der Mißbrauch am Bergbau selbst.

Die Johannisnacht spielt mit ihrem Zauber ebenfalls in den Sagenschatz des Bergbaus ein. Da waren in Südtirol Hirten, die ausgerechnet am Johannistag ihr Vieh verloren hatten. Sie suchten es bis tief in die Nacht. Als es zwölf Uhr schlug, kamen die Suchenden in die „Wäschfratten" und sahen die Gegend in helles Licht getaucht. Sie blickten in einen Schacht, wo zahlreiche Knappen das reinste Silbererz zutage förderten. Dazu lagen in einer Höhle nebenan mächtig funkelnde Silberlaibe, die ein großer schwar-

[2178] Ebd., S. 742.
[2179] Ebd., S. 743f.
[2180] Ebd., S. 744.
[2181] *M. Mayer*, Tiroler Anteil, 1. S. 214.
[2182] *Paulin*, Sagen aus Nordtirol. S. 26.

zer Ziegenbock hütete[2183]. Die Hirten eilten sofort ins Tal, um diesen Schatz mit geweihten Dingen zu versehen. Man achte auf die hohe Wertung des Sakralen, das immer wieder in der Bergmannssage aufbricht. Als die Hirten zurückkehren, ist der Silberschatz im Innern des Berges verschwunden[2184].

Zum Mißbrauch des Bergsegens. An mehr als einer Stelle gehen die Bergordnungen darauf ein, daß die Bergbeflissenen für gewinnsüchtige Zwecke den Bergsegen nicht zugestehen. Dahin gehört es, wenn Erzstufen gefunden werden und der Fundort nicht gemeldet wird. Im Verlauf unserer Abhandlungen haben wir bereits darauf hingewiesen. Dem Schweigsamen, der egoistisch vorging, winkte die Folter. Eine Bergwerksordnung für die Herrschaften Rhäzüns und St. Jörgenberg im vorderen Rheintal aus dem 15. Jh. bemerkt ausdrücklich: „Ein jeder Knecht und Gesell, der in unserm Bergwerk hinfür graben und arbeiten will, soll bei gegebenen Treuen, an geschworenen Eiden Statt geloben, einem Schichtmeister gehorsam zu sein in Allem, was unsere Gesellschaft und unser Gewerbe betrifft, insbesondere was Jeder von gutem Erz, welcher Art es wäre, oder von anderer Materie, fände oder erführe, ohne jeglichen Verzug einem Schichtmeister zu sagen und zu zeigen und nicht zu verschweigen und vor Niemandem sonst irgend etwas zu sagen[2184a]." Immer wieder beziehen sich die Bergordnungen, gleich anderen rechtlichen Verlautbarungen des Mittelalters auf Treu und Glauben. Der Gemeinschaftsgedanke ist stark akzentuiert.

Noch ein anderes. Zu den zuständigen Schmelzhütten des Adels, der Unternehmer, des Landesherrn, der Lehensinhaber, fanden sich noch *geheime* Erzschmelzen ein. Jedenfalls sind diese bezeugt durch Knappenhäuser in Hall und Schwaz. Dort fand man Reste von privaten Erzschmelzen. Zuweilen wurden Schlacken gefunden. Man darf wohl annehmen, daß die Bergknappen dort ganz still für sich Silber geschmolzen haben. Es sei dieserhalb noch erwähnt, daß neben der landesherrlichen Schmelze in der Stadt Hall am „Silbernen Hansl" im Halleranger geschürft wurde[2184b].

[2183] *Bächtold-Stäubli*, Handwörterbuch, 10. Im Register, S. 413 – Der Bock als Schatzhüter. bei *Bächthold-Stäubli*, Handwörterbuch, 9. Sp. 921.

[2184] *Paulin*, Sagen aus Südtirol. S. 247f.

[2184a] *Plattner*, Bergbau. S. 27.

[2184b] *Josef Fuchs* und *Josef Faistenberger*, Aus der guten alten Zeit. 2. Aufl., Hall in Tirol 1935, S. 7 u. 9.

5. Das Türkenmotiv

Die Bergmannsfrömmigkeit wurde durch die Türkennot wesentlich beeindruckt[2185]. An die Türkenkriege erinnern die Grube Mariahilf im Imster Gebiet um 1530[2186], ferner die Grube *Mariahilf* von 1685[2187] im gleichen Bergwerksraum und der Mariahilf-Stollen von 1715 bei Nassereith[2188]. Ein Maria-Hilf-Stollen erscheint 1736 im alpinen Ausserfern[2189]. Eine Maria-Hilfer-Zeche begegnet 1759 im Kärntner Berggerichtsbezirk Vellach[2190]. Dazu nehme man St. Maria-Hilf, die sich am Ausgang des 18. Jh. im steirischen Bergwerk zu Eisenerz einfindet[2191]. Die Gründung mag sich allerdings vorher vollzogen haben. Das Maria-Hilf-Motiv hat sich im besonderen zur Zeit der Belagerung Wiens und darüber hinaus ausgebreitet, als Titel für Pfarrkirchen und Kapellen. Es gab sich auch als Anreiz für Wallfahrten, die sich im besonderen zu Gotteshäusern einfanden, die diesen Kirchentitel mit sich führten. Dabei wirkte das Lepanto-Erlebnis mit, um dieser Devotion eine größere Breite zu geben[2192]. Man empfand diesen Seesieg über die türkische Flotte wie eine Art Gottesgericht. Wenn man Gotteshäuser in alpinen Gebieten an Flußläufen betrachtet, hat man manchmal den Eindruck, daß St. Nikolaus später durch das Maria-Hilf-Bild ersetzt ist. Letzterem wuchs eine größere Aktualität zu. Drückend legte sich die Türkennot des Jahres 1683 über den steirischen Bergbau; da „erschien das Elend zu Gaste“[2193].

Mehr mechanisch wird in Weiterführung auf ältere Überlieferungen eine „Mariahilfzecher Gewerkschaft“ 1818 gebildet, die den Silberbergbau bei Niklasberg in der Nähe von Bilin in Böhmen in die Hand nimmt. Die Anlehnung an frühere Überlieferungen aus der Türkenzeit ist eine rein äußerliche[2194].

[2185] Dazu *Georg Schreiber*, Das Türkenmotiv und das deutsche Volkstum. In: Volk und Volkstum, Bd. 3, S. 9–53.

[2186] *G. Mutschlechner*, Der Erzbergbau in Außerfern. In: Außerferner Buch (Schlern-Schriften, Bd. 111). Innsbruck 1955, S. 36f.

[2187] Ebd., S. 57.

[2188] Ebd., S. 46f.

[2189] Ebd., S. 33.

[2190] *Wießner*, Kärnten, 1. S. 133. – Weitere marianische Gruben bei *Schreiber*, Alpine Bergwerkskultur. S. 42. – Zum Türkenmotiv vgl. im übrigen *Gugitz*, Gnadenstätten, Bd. 2, im Register, S. 269; ebd., 3, im Register, S. 251; ebd., 4, im Register, S. 309.

[2191] Beschreibung, S. 28. Snoch *Mathesius*, Sarepta, Stollenverzeichnis.

[2192] Dazu *Schreiber*, Deutschland und Spanien. S. 152, 175, 375, 429. – *Ders*., Mirakelbücher. Im Register, S. 166.

[2193] *Pirchegger*, Steiermark. S. 194.

[2194] *Ernst*, Bergwerksmünzen, 9. S. 123.

Das Bergwerk verlangte, wie erwähnt, nach viel *Holz*. Allerdings standen diesen Wünschen gelegentlich militärische Anforderungen entgegen. Holz wurde auch für gute Waffen gebraucht. In mehr als einem Erlaß des 16. Jh. geht man auf das Eibenholz ein, es ist ein Edelholz, das für die Anfertigung von Bogen (Bögen), für Armbrustgewehre in dem erwähnten Zeitalter sehr begehrt war. Ferdinand I. schloß 1555 mit den Gebrüdern Ferrenberger aus Nürnberg für drei Jahre einen Vertrag, in welchem diesen das Recht eingeräumt wurde, jährlich 20000 Eibenstöcke zu schlagen. Es wurde aber eigens ausgemacht, die Auslieferung des zoll- und mautpflichtigen Eibenholzes dürfe nicht an die Türkei und an sonstige Feinde des christlichen Glaubens erfolgen[2195].

Die Türkenkriege führten manchen Künstler an die Donau. Damit traten sie zuweilen dem Bergwerk näher. So nahm die sogenannte „Donauschule" der Kunst auch Beziehungen zur Bergstadt Schwaz auf[2196]. Da will als Episode noch der Grazer Schloßberg erwähnt sein. In den Jahren 1553 bis 1558 bohrten vier deutsche Bergknappen im Verein mit Arbeitern und gefangenen Türken den 94 m tiefen „Türkenbrunnen" aus dem Dolomit[2197].

Noch ein Kuriosum sei mitgeteilt. Der oft genannte Prediger Johann *Mathesius* im Joachimsthal, zugleich Bergbauschriftsteller hat noch Erinnerungen an den marianischen Kult von *Loreto*[2197a]. Kennt er doch einen „Maria de Loretastoln"[2197b]. Relikt aus dem Mittelalter. So werden vom Bergbau her die Forschungen von Georg *Hüffer* und Stephan *Beissel* über Loreto ergänzt. Außerdem nennt er einmal einen Stollen „Ehre Maria in der Heyerzech am Pfaffenberg". Ferner werden bei ihm erwähnt „Schoene Maria Fundgrub am Kolberg" und „Schoene Maria Fundgrub am Mittelberg". Unwillkürlich fühlt man sich erinnert an die um 1500 stattfindende Wallfahrt zur Kapelle der „Schönen Maria" in Regensburg[2197c]. Noch deutlicher erscheint in Joachimsthal der Bergwerkstitel „Hilf Maria fundgrub und stoln am Kolberg". So reiht sich die Grube in die Abwehrfront gegen die Türkei.

[2195] *Schraml*, Oberösterreichisches Salinenwesen, 1. S. 394.

[2196] *Erich Egg*, Fresken im Kreuzgang des Franziskanerklosters. In: Schwazer Bergbuch, S. 197–209, bes. S. 201f.

[2197] *Pirchegger*, Steiermark. S. 185.

[2197a] Gemeint ist der berühmte Wallfahrtsort in der italienischen Provinz Ancona. Dazu *Schreiber*, Deutschland und Spanien, S. 243, 409.

[2197b] S. das Stollenverzeichnis, auch mit dem Anfang „Namen Gottes".

[2197c] Prozession zur Kapelle der Schönen Maria in Regensburg. Holzschnitt von Michael Ostendorfer um 1500. Abbildung bei *Veit*, Volksfrommes Brauchtum, S. 20.

VII. BERGVERWANDTE

1. Bergordnung

Im Jahre 1158 hatte der Hohenstaufe Kaiser Friedrich I. durch die Ronkalische Konstitution erstmals Salz und Silbererz der Verfügung des Grundherrn entzogen. Im Jahre 1356 übertrug Karl IV. dann das Bergregal den Kurfürsten[2198]. Rechtsgrundsätze für den Bergbau haben schon früher in Innerösterreich Aufzeichnungen gefunden. Zu den ältesten Quellen dieser Art, die es dort gibt, zählen Verträge seit etwa 1185, die die Abtei *Admont*, eine führende Produktionsstätte im Bergbau, über den Abbau ihrer Silbergruben am Zessenberge in Kärnten geschlossen hat[2199]. Im Zeichen der Landeshoheit erlassen diese und später auch andere Landesherrn, die nach und nach im Mittelalter das ehemals königliche Bergregal (Bergbannrecht) erhalten, ihre Bergordnungen. Diese Normen treffen wir vor allem seit dem 14. Jh. an[2200]. Sie geben sich als ein Fortschritt. Sie betonen die Eigenart und das Eigenleben der Landschaft. Sie befördern den Wuchs und die Geschlossenheit der Berggemeinde. Noch in karolingischer Zeit dagegen trug der König allein die Verantwortung für den Bergbau[2201].

Wohl die erste Übertragung eines Bergregals vom König an einen Landesherrn fand bei der Verleihung des Königshofes Salzburghof an den Erzbischof von Salzburg durch König Ludwig IV. im Jahre 907 statt[2202]. Die alte Munizipalstadt Juvavum wurde zu einem bedeutenden Vorort bergbaulichen Geschehens. Das um so mehr, da sich dort – neben den vorteilhaften Straßenkreuzungen – das Erz und das Salz begegneten, die auf eine gewisse

2198 Eine kurze Übersicht dazu bei *Winkelmann*, Bergbau in der Kunst. S. 10f. Diese Veröffentlichung will nicht nur für die Kunstgeschichte mit ihren Hinweisen erwähnt sein.

2199 *A. Luschin*, Handbuch der Österreichischen Reichsgeschichte, Bd. 1², Bamberg 1914, S. 162, mit weiteren Literaturangaben. Freundliche Mitteilung von Univ.-Prof. Dr. Dr. Nikolaus Grass, Innsbruck.

2200 So *Beck*, Geschichte des Eisens, 1². S. 769.

2201 *Schröder* und *v. Künßberg*, Rechtsgeschichte⁵. S. 210, 226.

2202 Ebd., S. 285.

einheitliche Bearbeitung drängten. Zum Bergzins trat der Salzzins. Dieser Parallelismus gehört so recht zur Eigenart des alpinen Gebietes.

Die Texte der kommenden Bergordnungen betreffen vorab den Abbau von Gold, Silber, Blei, Eisen, Kupfer, Alaun. Aber an erster Stelle will wie ein Generalnenner der Erzbergbau erwähnt sein. Erhöhte Tätigkeit in der Gewinnung der Bergschätze verlangte eine bewußte Hinordnung auf das Ziel, angespannte und verantwortungsvolle Tätigkeit, Anwendung und Steigerung der Technik. Zunächst ungeschriebene, dann geschriebene Regeln „des Baus" werden zur Vorbedingung des Erfolgs. Zu den ältesten Bergordnungen gehören die Dekrete des Trienter Fürstbischofs Friedrich von Wangen (Wanga, 1207–1218), dessen Regierung als eine Glanzzeit der herzoglichen Macht der Trienter Kirchenfürsten angesprochen wird[2203]. Es war jener Landesherr, der darauf bedacht war, deutsche Bauern in sein Land zu berufen und ihnen Wildland zu verleihen, um dieses zu roden. Er bediente sich der Werber. So hatte er im Jahre 1216 zwei Männer damit betraut, geeignete Leute anzuwerben, um bischöfliches Land urbar zu machen. Es gelang. Diese zwei Werber haben deutsche Bauern veranlaßt, Wälder auf den Hochflächen östlich von Trient zu roden. Es erfolgte dort die Ansiedlung von Villgereut (Folgaria)[2204]. Diese Bergordnungen im Etschland, näherhin vom Fürstbischof 1208 und 1214 erlassen, sind auch darin bedeutsam, daß sie die deutsche und damit eine fachlich bereits hochstehende Einwirkung in der Erschließung der tridentinischen Bergreviere ausweisen[2205]. Auch in solchen Regelungen bekundet sich der anhebende Aufbruch nationaler Produktion. Man denke an die gleichzeitige Wanderung geistlicher Grundherrschaften zum Etschland, um mit dort gegründeten oder übernommenen Höfen die dortige Weinwirtschaft zu studieren, aber ebenso, um diese in vergleichender Erkenntnis und in gestraffter Disziplin vorwärts zu bringen. Auch das Hochstift Salzburg hatte seinerseits laut Urkunde von 923 ein Weingut in Terlan und später in Mölten und Bozen[2206].

Die erwähnten Fürstbischöfe von Trient erhielten von den obersten Bergwerksherren eine unbeschränkte Verfügungsmacht über die Eisengruben.

[2203] *Adelgott Schatz*, Trient. Bei *Wetzer* und *Welte*, Kirchenlexikon², 11. Sp. 2023–2038, bes. Sp. 2027f.

[2204] *Wopfner*, Bergbauernbuch, 1. S. 92.

[2205] *Hochenegg*, Deutsche Bergbautätigkeit. S. 437–456. Dazu noch *Wagner*, Corpus, S. XV, mit Hinweis auf „Trientische Berggesetze". Näheres s. unten S. 489.

[2206] Siehe dazu vorläufig *Ludwig Steinberger*, Auswärtige geistliche Grundherren als Weingutsbesitzer in Südtirol. Innsbruck 1934. Eine Erweiterung folgt 1962 in meinem Buch: Der Wein in Geschichte und Wirtschaft, in Liturgie und Volkstum.

Mit dem nachbarlichen Landesfürsten von Tirol teilten sie sich aber in die bergrechtlichen Befugnisse. Ein Bergwerk stand ja nie eigentlich isoliert. Es war in irgendwelche politische und wirtschaftliche Zusammenhänge eingerückt, zumal da manche Berginhalte unterirdisch die Landesgrenze überschritten. So vereinbarten beide tirolischen Hoheitsträger, der Habsburger und der Fürstbischof von Trient, in einem Vertrag von 1489, die Bergwerke im Gebiete des genannten Bistums gemeinsam mit Bergrichtern zu besetzen. Das drängte auch auf Vergleiche in Lagerstätten.

Als eine besonders umfassende Kodifikation des böhmischen und sächsischen Bergrechts gibt sich das Jus regale montanorum, auch als Constitutiones iuris metallici angesprochen, des Königs Wenzel II. von Böhmen (1300–1305)[2207]. Mit Tirol äußerte sich der größte Anschauungsunterricht bergbaulichen Lebens in Mitteleuropa. Man mag bei dieser Charakteristik an die mehrfachen Forschungen von Otto Stolz über die Bergrechte in Tirol denken.

In den Inhalten der Bergordnungen leben die ungebrochene Gewohnheit, das anerkannt Herkömmliche, ebenso die sich anreichernde Überlieferung und Erfahrung[2208]. Daher schaut man gelegentlich über Grenzpfähle hinweg nach Vorbildern aus, um solche Normen festzuhalten. Dabei tritt wieder und wieder die führende Rolle von *Tirol* heraus. Im Jahre 1479 ließ der dortige bergbaufreundliche Herzog Sigismund eine Bergwerksordnung für die Bergwerke im Vintschgau, also im oberen Etschtal, entwerfen. Das sollte nach dem Muster von Schwaz geschehen. Kundige Bergleute und Knappen zu Gossensaß, einer ebenfalls führenden Berggemeinde am Brenner, hatten sich deshalb nach dem Vintschgau zu begeben[2209]. Andererseits wirkte eine im Jahre 1424 von Herzog Ernst von Österreich erlassene Bergordnung, die für ein steirisches Bergwerk ergangen war, auf das churrätische Bergwesen als Muster ein[2210]. Man war aufeinander angewiesen, wenn sich auch ernste Zwistigkeiten zwischen Habsburg und Graubünden abzeichneten, die gerade das Bergwesen betrafen.

Aber nicht nur die technische Erfahrung und eine damit gewonnene Betriebsverfassung will in solchen Normierungen ein Wort mitreden. Nebenher äußern sich ebenso nach der Seite des ideellen Fundamentes das Naturrecht, das Menschenrecht, das Genossenrecht, das ius aequum. Damit

[2207] *Schröder* und *v. Künßberg*, Rechtsgeschichte[5]. S. 736.
[2208] Dazu s. *Haussherr*, Wirtschaftsgeschichte. S. 46.
[2209] *Plattner*, Bergbau. S. 30.
[2210] Ebd., S. 21.

wird in solchen Bestimmungen[2210a] bereits der Gedanke von Treu und Glauben aber ebenso des gerechten Lohnes herausgestellt[2211]. Eine Bergordnung der Arbeitszeit sowie die Fürsorge für Kranke und Hinterbliebene werden ebenfalls des öfteren berührt[2212].

Derart meldete sich der Fortschritt an. Der Bergmann war frei. Er hatte das Recht auf Freizügigkeit. Er genoß besonderen Schutz, was sich im Berggericht abzeichnete. Gastfreundschaft ihm gegenüber war desgleichen ein Gebot. Die salzburgische Bergordnung von 1477, der im Jahre 1476 bereits eine an sich unabhängige Bergordnung des Rates der Stadt Goslar für den Rammelsberg vorausgegangen war[2213], bemerkt § 51: „Die Gewerken, Berggesellen und Arbeiter sollen in allen fürstlichen Landen beherbergt und mit Notdurft versehen werden[2214]." Diese Vergünstigung, also die Übung der Tugend der hospitalitas, geht weiter als jener eintägige Aufenthalt, den städtische Spitäler in der Art von Soest[2215] im späteren Mittelalter dem Fremdling gewähren. Solches Indult, das wandernden Bergleuten gewährt wurde, schließt eigentlich eine besondere Tracht und ein spezifisches Gezäh in sich. Zu letzterem gehört das Standeszeichen der Bergbarte[2216]. Sie wirkt im symbolfreudigen medium aevum fast wie ein ritterliches Schwert. In der Fassung der gleichen Bergordnung von 1533 heißt es, zum Teil in einer Wiederholung, ferner: „Auch sollen die Gewerkhen, Perkhgesellen und Arbaiter für ander in unsern Landt und zur Fürdrung unser Perkwerch behaußt, beherbergt und mit Notdurft versehen werden[2217]."

[2210a] Über das Bergregal der Tiroler Landesfürsten im Unterengadin berichtet *Otto Stolz*, Beiträge zur Geschichte des Unterengadin aus Tiroler Archiven. In: 53. Jahresbericht der Historisch-antiquarischen Gesellschaft von Graubünden, Jg. 1923, Chur 1924, S. 115–123. Weitere Bergbau-Veröffentlichungen des gleichen Autors verzeichnet *Nikolaus Grass*, Österreichische Geschichtswissenschaft der Gegenwart in Selbstdarstellungen, 1. S. 108f., 115. Vgl. ferner den Nekrolog von *Nikolaus Grass*. In: Zeitschrift der Savigny-Stiftung für Rechtsgeschichte, Germ. Abt. 76, Bd. 1958. S. 589 ff

[2211] Siehe dieserhalb für das 13. und 14. Jh. in Hinsicht auf Trient und den sächsischen Raum *Schwarz*, Bergleute im späteren Mittelalter. S. 27ff. Ferner *Haussherr*, Wirtschaftsgeschichte, S. 47, und das Verleihbuch des Bergrichters von Trient 1489–1507, bearbeitet von *Hans Hochenegg*, *Georg Mutschlechner* und *Karl Schadelbauer* (Schlern-Schriften, Bd. 194). Innsbruck 1959.

[2212] Ebd.

[2213] *Winkelmann*, Bergbau in der Kunst. S. 11.

[2214] *Beck*, Geschichte des Eisens, 1². S. 772.

[2215] *Friedrich von Klocke*, Urkunden und Regesten Soester Wohlfahrtsanstalten, Bd. 3, Lfg. 1. Münster 1952. Dazu *Georg Schreiber*, Hospital. In: LThK 5², Sp. 401.

[2216] *Anacker*, Von Beilen, Barten und Häckchen. S. 24ff.

[2217] *Beck*, Geschichte des Eisens, 1². S. 772.

Die einschlägigen Bestimmungen für die Abwicklung des Bergwesens verlangten jedoch stets Revisionen und Ergänzungen. Dabei äußert sich an erster Stelle der Hoheitsträger, der die Beleihungen vollzog. Streitigkeiten und deren Schlichtung schufen weitere Änderungen und Zusätze. Die Bergordnung für Österreich vom Jahre 1517 betont ihrerseits die Freiheit des Bergmanns[2218]. Mit gutem Grund. Man weiß um seine besondere Qualität, um seine fachliche Produktionskraft, die durch die Mitgliedschaft in einer anderen Zunft nicht ersetzt werden kann. Die Montanen standen abseits zur Entwicklung der civitas. Um den Bergordnungen als Quelle noch näherzutreten, verweisen wir auf *Hofgastein*. Dort wird ersichtlich, daß diese Normen für einen engeren Raum häufiger erlassen wurden. Es hat neuerdings Sebastian Hinterseer[2219] in einer chronologischen Übersicht auf die stattliche Folge und zugleich auf die Veränderlichkeit hingewiesen. Mit Genehmigung des Verfassers teilen wir seine Aufstellung mit, die wie kaum anderswo die ganze Intimität dieser Bergwerksordnungen für ein bestimmtes Bergbaugebiet erkennen läßt. Es wird dabei zunächst auf eine erste und allgemeinere Bergwerksordnung dieses salzburgischen Gebietes aus dem Jahre 1237 verwiesen, in der allerdings Gastein nicht erwähnt wird. Dann aber folgen eine Reihe von Jahren, die Normen für den bergbaulichen Betrieb gerade dieses Ortes mit sich führen.

Es heißt bei dem erwähnten Autor in Hinsicht auf den Erzbischof als Landesherrn:

„1342 als der Bergbau eine größere Bedeutung erlangte, erließ Erzbischof Heinrich eine neue Bergwerksordnung, die denselben durch gesetzliche Bestimmungen regelte. (Erstmalig wird der Goldbergbau in der Gastein erwähnt.)

1344 neue Bergwerksordnung von Erzbischof Ortolf, in welcher bestimmt wird, daß nur erzbischöfliche Wechsler die Einlösung von Gold und Silber vornehmen dürfen. Auch das Waffentragen der Bergknappen wird in dieser Verordnung geregelt.

1359 übernimmt der Salzburger Bürger namens Martin Aufner pachtweise den Gasteiner Bergbau um 1600 Gulden Pachtzins. Zugleich übt dieser Bürger auch im Namen des Erzbischofs das Fron-, Wechsel-, Berg- und Landrecht aus, wie auch die folgenden Pächter.

1369 neue Bergordnung des Erzbischofs Pilgrim II.

1411 ließ der Erzbischof seine Regalrechte wieder durch seine eigenen Beamten durchführen und verwalten, nachdem er gesehen hatte, daß manches zu gewinnen war, was vorher den Pächtern zugute gekommen war.

[2218] Einzelne Bestimmungen wiedergegeben bei *Winkelmann*, Bergbau in der Kunst. S. 10.

[2219] Bad Hofgastein. S. 352ff.

1459 neue Bergwerksordnung des Erzbischofs Sigismund I.
1462 neue Bergwerksordnung für den Pongau und die Gastein. Aufstellung fürsterzbischöflicher Bergrichter.
1463 Bergordnung des Erzbischofs Burkhart von Weißbriach, worin auch gestattet wurde, den hiezu nötigen Holzbedarf aus den erzbischöflichen Waldungen zu schlagen[2220].
1466–1482 Erzbischof Rohr erläßt neue Bergordnungen und fordert darin jedermann auf, alte Bergbaue wieder neu in Gang zu bringen, Neuschürfe zu unternehmen und Flußgoldwäschereien zu errichten.
1477 neue Bergwerksordnung."

Der sich fortsetzende Erlaß von Bergordnungen erinnert an den Herrenfall des Lehensrechtes. Der Autor verzeichnet dann weiter folgende Daten:

„1501 Bergordnung des Erzbischofs Leonhard von Keutschach; Unterstützung der Gewerken durch Befreiung von Abgaben und Gewährung von Krediten; trifft Maßnahmen zur Versorgung der Bergleute mit ausreichenden und billigen Pfennwerten (Naturallieferungen, für die die Bergherren aufzukommen hatten)[2221]. Der Bergbau wird auf eine breitere Grundlage gestellt, auswärtige Bergfachleute werden herangezogen.
1532 ausführliche Bergwerksordnung, erlassen von Erzbischof Matthäus Lang, welche den gesamten Bergbau im Lande als erzbischöfliches Privileg erklärt und diesen vollständig der Berggerichtsbarkeit unterstellte, welche durch den von ihm ernannten Bergrichter ausgeübt wurde. Dem Bergrichter standen Geschworne und Schreiber zur Seite, ebenso wie ihm Fröner, Schieder (Markscheider), Silberbrenner und Fronboten unterstanden.
1564 neue Bergwerksordnung des Erzbischofs Jakob Kuen von Belasi.
1591 ordnet Erzbischof Wolf Dietrich nach seinem Besuch in der Gastein eine Bergwerksreform an, vermindert die Zahl der Gewerken, gibt sämtliche Berganteile samt den Wäldern und Taggebäuden an diese ab, schafft die Frone ab und nimmt die Bergleute vom Reformationsedikt aus. Sein Nachfolger Erzbischof Markus Sittikus (1612–1619) erhöht den Goldeinlösepreis, verzichtet ebenfalls auf die Frone und gewährt den Gewerken außerordentliche Zuschüsse."

Diese Vorsorge für den Wald, der ja einer der wichtigsten Rohstofflieferanten der Grube war, will beachtet sein. Holz wurde ja für Maschinen und Bauten verwendet. Holzkohle diente der Verhüttung. Es heißt weiter:

„1616 erwirbt der Erzbischof einen Großteil des Bergbaues und trachtet danach, diesen vollständig in seine Hand zu bekommen[2222].

[2220] Bemerkenswert für die noch zu berührenden Zusammenhänge von Wald und Bergwerk.

[2221] Zu den Pfennwerten vgl. das Register bei *Wolfstrigl-Wolfskron*, Tiroler Erzbergbaue, S. 452ff., wo auf das Stichwort „Proviant" zu achten ist. Die Bergknappen wünschen den dem Proviantsatz entsprechenden Betrag in bar, S. 25f.

[2222] Zum Vordringen der fürstlichen Landesgewalt in Österreich s. *Tremel*, Frühkapitalismus. S. 148ff.

28. Das Haller Salzbergwerk.
Kupferstich von Andreas Spängler. 1626.

29. Salzbergwerk. Kupferstich von Josef Anton Fridrich
als Illustration zu Franz Gaun, Iter per salinas Tyrolenses. Innsbruck 1707.

1619–1653 wird unter Erzbischof Paris Lodron vor allem dafür Vorsorge getroffen, daß die Bergknappen ordentliche Unterkünfte und bessere und billigere Verpflegung erhalten, und er billigt diesen auch das Hutweiderecht für ihre Saumtiere zu.
1622 geht auch die Lender Handelsgesellschaft in erzbischöflichen Besitz über.
1642 geschieht dies ebenso mit dem gesamten Bergbau am Radhausberg. Damit tritt an die Stelle der Gewerken die landeshoheitliche Verwaltung des Gasteiner Bergbaues.
1718 Gründung einer ‚Bergwerksdeputation' als oberste Montanbehörde.
1746 wird in Lend eine Berghauptmannschaft errichtet, welche eine Mittelstelle zwischen der Hofkammer und der lokalen Betriebsleitung darstellte.
1782 übersiedelte die Bergbehörde, die bisher ihren Sitz in Hofgastein gehabt hatte, nach Böckstein.
1840 Errichtung des k. k. Bergamtes in Böckstein (aufgelassen 1862).
1868 Gründung der ersten Gewerkschaft Radhausberg (aufgelöst 1907).
1907 Gründung der zweiten Gewerkschaft Radhausberg (tätig bis 1914).
1918 Wiederaufnahme des Bergbaues nach dem Kriege.
1927 neuerliche Einstellung des Betriebes und Übernahme der Aufsicht durch den österreichischen Staat.
1937 1. Dezember Wiederaufnahme des Goldbergbaues durch den englischen ‚Edon-Trust'.
1938 Übernahme der Gewerkschaft Radhausberg durch die ‚Preussag'.
1944 1. August, Einstellung der Bergbauarbeiten."

Derartig hatte dieses Bergwerksgebiet wechselvolle Schicksale, die sich auch anderen alpinen Zechen mitteilen[2223]. Das Waffentragen war regional geregelt. Das Amt des Bergrichters gestattet Vergleiche zu Graubünden[2224]. Im 17. Jh. zieht der Salzburger Landesherr die Bergwerke stärker an sich, indem er die Gewerken zurückdrängt, ganz wie in Innerösterreich[2225].

Diese autarke Stellung des Bergwerks wird bereits im Mittelalter zuweilen nachdrücklich unterstrichen. Beamte des Territorialherren, die außerhalb des Bergbaubetriebes tätig sind, haben sich jeder Einmischung zu enthalten. Herzog Ernst von Österreich gab 1424 eine steirische Bergordnung, die im churrätischen Bergbau zu Rate gezogen wurde. Da wird die Selbständigkeit des Bergwerks wie folgt umschrieben: „Kein Hauptmann, Pfleger, Burggraf, Landschreiber, noch jemand von des Herzogs Landleuten, weder Edel noch Unedel, soll in dem Erz sich ein Recht anmaßen oder begehren, mit Ausnahme dessen, was die Grubherren aus eigenem gutem Willen tun." Anschließend wird die Sonderstellung der Bergleute nachdrücklich betont: „Insbesondere wird des Herzogs Unterthanen empfohlen,

[2223] *Hinterseer*, Bad Hofgastein. S. 352–354.
[2224] Siehe das Kapitel „Berggemeinde".
[2225] *Tremel*, Frühkapitalismus. S. 150ff.

die Bergleute bei den vorgenannten Gesetzen, Gnaden, Freiungen zu halten und bleiben zu lassen und ihnen daran keine Irrung und Hinderniß zu thun, in keiner Weise, bis auf Widerrufen des Herzogs, ohne Gefährde[2226]."

So rückte das Bergwerk bereits im Anfang des 15. Jh. in die Sphäre der Immunität. So erhob sich die Bergwerksordnung über jene Zunftordnungen, Statuten der Gilden und Regelungen der Bruderschaften, die gewiß manche Ähnlichkeiten in der Verfassung aufweisen.

In fränkischer Zeit war, wie angedeutet, das Bergwesen dem König unterstellt. Durch seinen Bann konnte er die Ausbeutung von metallhaltigen und salzhaltigen Bergwerken zu seinen Gunsten ausweiten[2227]. Soweit Verleihungen eintraten, konnten sich Vorbehalte ergeben. Im Jahre 1150 erhielt der Abt Wibald von Corvey vom König Konrad III. das Recht auf Metallgewinnung. Aber das Eisen war ausgenommen. Doch ging das königliche Bergregal, das schon den Ottonen namhafte Einnahmen brachte, bereits im 12. Säkulum – auch hier Mutterschoß für neue und bedeutende Entwicklungen – auf die Territorialherren über. Sie erblickten in den Bodenschätzen nicht mehr die herrenlosen Bestandteile und Sachen der Lagerstätte, der Berghalde und des Waldes. Vielmehr weitete sich das Aneignungsrecht des privilegierten Landesherren aus[2228]. Dieser konnte das Abbaurecht Dritten verleihen, auch dem Entdecker des Metalls. Zur Blütezeit des Genossenschaftlichen konnte sich gleichzeitig Individuelles einfinden, was den Freigrübler ermutigte.

Abgabenrechtliches machte sich in diesen Bergordnungen ebenfalls geltend[2229]. Die vom *Kölner* Kurfürsten Maximilian Heinrich am 4. Januar 1669 erlassene Bergordnung, „Sampt einer newer Berg Freyheit deß Hochwürdigsten Durchleuchtigsten Fürsten und Herrn, H: Maximilian, Henrichen Ertz Bischoffen zu Cöllen"[2230], verlangte den *Zehnten* von allen Gruben. Den Zehnten forderte in einem Schriftstück vom 6. Februar 1765 ebenso,

[2226] *Plattner*, Bergbau. S. 26.

[2227] *Schröder* und *v. Künßberg*, Rechtsgeschichte⁶. S. 1028. – *Planitz*, Germanische Rechtsgeschichte. S. 61, 90. – Man wird dabei an den Bannwein erinnert. Der Bergbau begegnet sich öfters mit den Gewohnheiten der Weinlandschaft.

[2228] Ebd., S. 175, 200.

[2229] Verwiesen sei hier auf die Ausführung in unserem Kapitel über das Bergwerk in Recht, Liturgie, Sakralkultur.

[2230] *Gerhard Adelmann*, Quellensammlung zur Geschichte der sozialen Betriebsverfassung. Ruhrindustrie unter besonderer Berücksichtigung des Industrie- und Handelskammerbezirks Essen, 1. Bd. Überbetriebliche Einwirkungen auf die soziale Betriebsverfassung der Ruhrindustrie (Publikationen der Gesellschaft für rheinische Geschichtskunde, LIV). Bonn 1960, S. 3. – Westfälisches Volksblatt, Paderborn, Jg. 104, Nr. 298, 30. 12. 1952.

um einen kleineren Grundherren anzuführen, die regierende Äbtissin Magdalena von der Assenburg des Kanonissenstiftes von (Neuen-)*Heerse* bei Paderborn, das bereits im 9. Jh. von Bischof Liuthard von Paderborn gegründet worden war[2231]. Die Grube selbst wurde nach dieser Lehensherrin „Magdalena" benannt. Doch mochte, wenn eine solche Benennung erfolgte, dabei die Erinnerung an den Grubenpatronat der biblischen Heiligen und Büßerin Maria Magdalena mitgehen, die sonst oft erwähnt wird[2232]. Der zuletzt genannte Zehnte war allerdings abzuführen an die Hofkammer des Hochstiftes zu Paderborn, zu dem das Stift Heerse gehörte[2233]. Man nahm gleichzeitig in Heerse ein Silber- und ein Kohlenbergwerk in Angriff. Silber wurde nicht gefunden. Der Grubenbetrieb wurde 1776 aufgehoben, also noch vor der Säkularisation des Stiftes im Jahre 1810, aber später wieder unter anderen Besitzverhältnissen aufgenommen, zuletzt 1899[2234].

Die Bergordnungen seien ferner mit einem Ausblick auf die kommende Entwicklung des *Ruhrgebietes* gekennzeichnet. Über den Essener Bergbau unterrichtet jedenfalls eine landesherrliche Bergordnung vom 15. April 1575[2235]. Diese betraf die „Societät des Koelers auf der Goiß" mit „Consent und Bewilligung" der Äbtissin Irmgard von Diepholz, die von 1561 bis 1575 in der reichsunmittelbaren Abtei regierte[2236]. Dieser Erlaß kennzeichnet sich als „eine richtige Ordnungh, Verkoeringe und Contract freiwillig und einträchtig". Man sollte „sie sampt und besunder in und auf dem Werk und Berge hinfürten stets halten und gebrauchen"[2337]. Also eine Anweisung für die Praxis.

Wir erfahren aus dieser Verlautbarung, daß sich mehrere Bergleute zu einem Betrieb zusammentun. Genossenschaftliches regt sich. Diese Bergbeflissenen schließen mit der Äbtissin einen Vertrag, den ein Notar bestätigt. Es zeichnet sich somit eine gruppierende Gesellschaft ab, eine sich regende Samnung, der der Einzelne seine Kraft leiht, an der er aber auch

[2231] Ebd. – Siehe ferner *H. J. Wurm*, Heerse. In: LThK 4, Sp. 865f. – In: LThK 7^2 demnächst unter der heutigen Ortsbezeichnung Neuenheerse.

[2232] Siehe unten das Kapitel über St. Maria Magdalena.

[2233] Westfälisches Volksblatt, Nr. 298. Vgl. Anm. 2230.

[2234] Ebd. – Zu Heerse s. ferner *Dehio-Gall*, Niedersachsen und Westfalen². S. 247f.

[2235] *Spethmann*, Forschungen zur Geschichte des Ruhrbergbaus, 2. S. 262f. – Hier habe ich dem Staatsarchiv in Düsseldorf, insbesondere Herrn Direktor Dr. *Oediger*, aber auch dem Autor zu danken, daß ich dieses inhaltsreiche Manuskript einsehen konnte, desgleichen Herrn Staatsarchivrat Dr. *Helmut Lahrkamp*, Düsseldorf.

[2236] *Adelmann*, Quellensammlung. S. 24f. – Über die Fürstin s. *Jahn*, Essener Geschichte. S. 211ff. – Weitere Hinweise in der nächsten Anmerkung.

[2237] *Spethmann*, Forschungen, 2. S. 262f.

seinen besonderen Anteil hat. Die Sorge für die Ableitung des Wassers, jene große Gefahrenquelle des technisch noch tastenden Zeitalters, tritt dabei bezeichnend heraus. Diese Wassergefahr wie der Gesteinsbruch wirkt geradezu gemeinschaftsbildend. Man baut im übrigen Kohle bei Licht und Kerzen. Das Wort „hauen" ist für diesen Raum nach den Ausführungen des Bergbauhistorikers *H. Spethmann* zum erstenmal gebraucht[2238].

Eine Häufung von Bergbauordnungen im *rheinisch-westfälischen Bezirk* macht sich zu Anfang des 16. Jh. geltend[2239]. Das hatte seine Gründe. Denn mehrere Territorien teilten sich in diesen Raum. Die Buchdruckerkunst ermöglichte literarische Wiedergaben, förderte also die formelle Gesetzgebung auf einem bisher nur gewohnheitsrechtlich geregelten Weg. Eine mündliche Verlesung vor einem größeren versammelten Gewerkenkreis und vor den Knappen konnte jedoch nur wenige Male im Jahr stattfinden. Wir verweisen auf Kölnische Ordnungen von 1533. Dazu tritt die *Kurkölnische* Bergordnung des Erzbischofs Hermann von Wied vom 4. September 1533. Ferner wollen die Bergordnungen des Erzbischofs Johann Gebhard Truchsess von Waldburg vom 14. Juni 1559 und 24. Juni 1559 erwähnt sein[2240]. Im Jahre 1759 läßt Kurfürst Clemens August († 1761) von Köln zum 200jährigen Gedächtnis ihrer Verkündigung eine Gedenkmünze schlagen[2241]. Dazu kommt die Normierung des Erzbischofs Maximilian Heinrich vom 4. Januar 1669. Dahin gehören auch Erneuerungen und Bestätigungen für die Breidwerker bzw. Breidschmiedegenossenschaft in Olpe, Drolshagen und Wenden. Die Schmiede gehörten nun einmal zur nächsten Verwandtschaft der Bergbeflissenen[2241a]. Deswegen wandern sie auch in die Bergmannssage.

Für *Trier* ist heranzuziehen die Bergordnung von 1510. Herzog Wilhelm der Reiche von *Jülich*, *Geldern*, *Cleve* und *Berg* brachte seinerseits eine Bergordnung heraus am 28. April 1542[2242]. Erste Voraussetzungen für einen niederrheinischen Großstaat wurden auch nach der Seite des Bergbaus geschaffen. Aber diese Konzeption wurde nie erfüllt. Die soeben erwähnte Regelung wurde bestätigt vom Kurfürsten *Georg Wilhelm von Brandenburg* am 3. Februar 1639[2243]

[2238] Ebd.

[2239] Für den Essener Raum s. *Adelmann*, Quellensammlung, S. 1ff., mit weiteren literarischen Verweisen.

[2240] Vgl. auch *Winkelmann*, Bergbau in der Kunst. S. 304.

[2241] Ebd.

[2241a] Vgl. z. B. die Sammelschrift: Wattner Buch (Schlern-Schriften, hg. von R. Klebelsberg, Bd. 165). Innsbruck 1958, S. 487ff.

[2242] *Winkelmann*, Bergbau in der Kunst. S. 1f.

[2243] Ebd., S. 2.

Öfters setzten im Wandel der Zeiten Überprüfungen ein. So ist eine „Renovierte Bergordnung" des Königs Friedrich Wilhelm I. für Kleve und Mark vom 18. Juli 1737 zu nennen[2244]. Desgleichen begegnet die „Revidirte Bergordnung" des Königs Friedrich II. für Kleve, Moers und Mark vom 29. April 1766, die im Jahre 1777 noch einmal ergänzt wurde[2245]. Trotz dieser Fortschritte fehlt Preußen der große Zug, den Österreich zeigte.

Mehr als einmal wird in Bergordnungen und in verwandten Verlautbarungen den Bergleuten das Fluchen, Pfeifen, Lärmen, in der Grube verboten. Es gefährdet die Sicherheit. Es weckt unfreundliche Bergmächte. Der Glaube, daß mit dem Aussprechen des Teufelsnamens man den Gott-sei-beiuns beschwört, mochte dabei mitwirken. Nach dem Bergmannsglauben kann der Berggeist schon erzürnt sein. Er kann diese aufreizenden Gespräche und Geräusche nicht leiden. Der Übeltäter wird in der Bergmannssage nicht selten mit dem Tode bestraft[2246]. Also, die Sage weiß um eine Ahndung.

Das gleiche, auch sonst oft aufgenommene Thema berührt mit einer Strafandrohung die erwähnte Bergordnung der *Essener* Fürstin Irmgard von Diepholz von 1575. Näherhin wird mit Bewilligung der Äbtissin für die Gesellschaft und Sozietät der Köhler „uff der Geist im Stifft Essen" mit Strafandrohungen wie folgt bestimmt: „fernere wer auff dem berge schweren und floichen und sonst Gottslasterliche unnütze wordte geprauchen und außgießen und sprechen würde, der soll allezeitt hochgnädigster fürstin und fraw fünff Dahler und der Gesellschaft fünff Dahler zur bueß und straff geben. – Wer auch ein solches von imandts sehen und hören und gleichwohl nicht anbringen, sondern verschweigen würde, soll mitt gleicher Phoen (= Poen) darumb gestraifft werden. Item wer einen Unwillen Zanck und Wiederwertigkeit auff dem berge ahnrichten würde, soll der Gnädigen frawen wie ingleichen der Gesellschaft verfallen sein mitt fünff Dahlern. Item die den anderen einige Kohlen affstelen ...[2247]." Es wird also eine

[2244] Ebd., S. 5f. – *Winkelmann*, Bergbau in der Kunst. S. 16.

[2245] Ebd., S. 8ff., mit den ergänzenden und späteren Ordnungen und Erlassen. – *Winkelmann*, Bergbau in der Kunst. S. 12.

[2246] *W. Schulz*, Wirklichkeit, Aberglaube und Sage. S. 22. – *Stötzel*, Bergmannssage. S. 131. – *Bächtold-Stäubli*, Handwörterbuch, 10, S. 110, bedarf der Ergänzung.

[2247] St. A. Münster, Paderborner Hofkammer VII, Nr. 256. Ähnlich: „Niemandt soll auff dem berge floichen nach schweren, noch leichtfertige Worte, viel weniger Gotteslästerungen brauchen noch sprechen, wie auch keinen Zanck, noch Unwillen noch Niederwertigkeit anrichten, bei poen von einem halb ahmen bires." Kohlgrube (Kohlengrube) auf dem St. Johannisberge an der Bau- und Lohmühle, Bergordnung von 1624. – Fluchen vom Berggeist nicht geduldet. *Kühnau*, Schlesische Sagen, 2. S. 412, 413, 414, 421.

sittlich gestraffte Grundausrichtung der Berggemeinde gefordert. Solche Anweisungen gingen durch die Jahrhunderte. Darin bekundete sich eine gewisse Ehrfurcht vor dem Berggeschehen. Das Motiv der Großtaten Gottes (Magnalia Dei) klingt erneut an. Mochten manche Überprüfungen und Zusätze sich solchen Bergnormen mitteilen, gegenüber diesem Veränderlichen und Zeitbedingten blieben diese Grundgesetze unabänderlich.

Doch zeigen sich im Essener Raum in Sachen der Bergordnung auch Sonderentwicklungen.

Neben die landesfürstliche Regelung trat desgleichen die *genossenschaftliche* Verlautbarung. So beschloß die Gesellschaft der Köhler „Auf der Geiss" vor Richtern, Gerichtsfronen und Standesgenossen am 15. April 1575 freiwillig und einträchtig eine „Kohlbergordnung". Der Ablauf der Arbeit wurde hier genauestens geregelt. Doch zeigten die Bestimmungen im übrigen manche Unterschiede zur landesherrlichen Bergordnung. Es fehlte jeder Hinweis auf Regalien, Leihe, Abgaben oder Bergbaufreiheit[2248].

Ähnliches geschah am 25. Juli 1624 durch die Gesellschaft St. Johannisberg vor dem Richter Dietrich Reppelmundt erneut in Essen[2249].

Aber der städtische Rat schaltete sich gleichfalls ein, soweit er sich dem Bergbau zuwenden konnte. So verkündete der Magistrat der Stadt Essen eine Bergordnung für das städtische Gebiet. Dies geschah am 16. Juni 1725[2250].

Die Bergordnungen der Territorialfürsten empfingen in späterer Zeit, vorab im 16. Jh., Revisionen und auch Kommentare. So wurde von seiten der Habsburger die Ferdinandeische Bergordnung vom Jahre 1553 weitergeführt. Immer wieder reizt die Sonderstellung der Bergleute zu neuen Aufzeichnungen, so, wenn in der vorgenannten Bergordnung die Zahl der Feiertage vermerkt ist[2251]. Diese Festtage werden unter dem Namen der „Knappenfeiertage" festgehalten. Solche Ruhetage üben in jenem schweren Beruf auch eine Sozialfunktion aus. Sie sind gleichzeitig diözesanrechtlich wie landesrechtlich bestimmt. Derart wird in jenen Zeitaltern jedenfalls den Knappen eine liturgische Sonderstellung und Teilexemtion zuteil, im Sinne einer Vergünstigung gegenüber anderen Diözesanen und Parochianen.

2248 *Julius Raub*, Die ältesten Kohlbergordnungen des Ruhrgebietes. In: Der Anschnitt, Jg. 9, Nr. 5, 1957, S. 17–23, bes. S. 17f.

2249 Ebd., S. 19.

2250 Ebd., S. 21.

2251 *Max Josef Gritzner*, Commentar der Ferdinandeischen Bergwerksordnung vom Jahre 1553 nebst den dieselbe erläuternden späteren Gesetzen und Verordnungen mit dem Urtexte im Anfange. Wien 1842. Dort über die Feiertage, Nr. 194.

Kein anderer Berufsstand empfing im deutschen Raum ein solches Indult. Eine ungewöhnliche Herausstellung. Zugleich ein Bekenntnis zum partikularen Kirchenrecht.

Aber auch sonst verweisen uns die Bergwerksordnungen auf eine *soziale* Bevorzugung. Einschlägige Bestimmungen über die Knappschaftskassen lassen das erkennen. So enthielt die „Revidirte Clevisch-Märkische Bergordnung“ vom Jahre 1766 manche einschlägige Berücksichtigung, was an die Donau, an die Reformen der Kaiserin Maria Theresia erinnern mag. Die „Treuen und gehorsamen Bergleute“ waren nach der soeben erwähnten Bergordnung in das Knappschaftsregister aufzunehmen. Jedem Kranken oder Verunglückten hatte die Zeche, solange sie in Ausbeute stand, acht Wochen lang den Lohn weiterzuzahlen, wenn sie in Zubuße stand, dagegen nur vier Wochen. Die Kurkosten sollte die Knappschaftskasse tragen. „Gnadenlöhne“ für Witwen und Waisen tödlich verunglückter Bergleute wurden ferner vorgeschrieben. Die Kasse bezahlte zudem das Begräbnis. Sie erhob dafür von jeder Zeche je Bergmann einen Betrag; dem Arbeiter wurde von jedem gelohnten Taler ein Stüber einbehalten. Gleichzeitig unterstützte die Knappschaft aber nicht nur die wirtschaftlichen Interessen. Die enge Gemeinschaft wirkte sich auch sonst aus. Diese beschränkte den Zustrom fremder Knappen und wählte die neuen Mitglieder sorgfältig aus[2252]. Soviel zu einer Verordnung des 18. Jh. Manche Leistungen dieser Art gingen in der Folgezeit erheblich zurück. Erst in unseren Zeitaltern ergaben sich wiederum Fortschritte. So zeigt der Bergbau ein Auf und Ab der Sozialgeschichte.

Ähnliche soziale Sicherungen entstanden im *Siegerländischen* Bergrecht. Bergzünfte schlossen in dieser Landschaft die Bergleute zusammen. Jedes Zunftmitglied gab jährlich am Aschermittwoch den sogenannten Wachspfennig ab. Das gab sich als eine Art Fastenalmosen. Ursprünglich bezahlte dieser Wachspfennig die Kerzen und Wachsstäbchen, die auf einem Altar zu St. Nikolai in Siegen brannten. Später unterstützten die angesammelten Beträge notleidende Zunftmitglieder. Gelegentlich übte der Landesherr ein Aufsichtsrecht aus. Er gestattete der Zunft das Recht, säumige Zahler zu pfänden, doch durfte der Wachspfennig „keineswegs zum gesoff, wie bißanhero geschehen“, verwendet werden[2253].

[2252] *Max Koch*, Die Bergarbeiterbewegung im Ruhrgebiet zur Zeit Wilhelm II. (1889–1914) (Beiträge zur Geschichte des Parlamentarismus und der politischen Parteien, H. 5). Düsseldorf 1954, S. 14.

[2253] *Horst Schneider*, Das ältere Siegerländer Bergrecht (Siegerländer Beiträge zur Geschichte und Landeskunde, H. 7). Siegen 1956, S. 41. – LThK 1^2, Sp. 919.

Wandlungen der Industriegeschichte spiegeln sich desgleichen in den Bergwerksordnungen. Eine *Westerwälder* Berg- und Hüttenordnung aus dem Jahre 1620 läßt überdies einen Strukturwandel erkennen. Im Mittelalter und selbst noch im 16. Jh. grub man dort nach den Edelmetallen Kupfer, Blei und Silber, die man für die Herstellung von Kannen, Becken, Kesseln und anderem Hausrat benötigte. Aber die Vorräte waren in der Folge erschöpft. Man ging nunmehr, wie auch sonst in Europa, an den Abbau des Eisenerzes. So weiß uns die erwähnte Verlautbarung mitzuteilen, daß „unsere Voreltern in unserem Gebiet an onterschiedenen Orten allerhand andere ertz gegraben", daß „diese aber nun mehrenteils außer eysenbergwerk, so noch in vollem Schwung geht, in Abgang gerathen"[2254]. So wurden die Bergordnungen, wie man immer wieder feststellen kann, die Quelle des modernen Bergrechts wie auch eine hochwertige Geschichtsquelle.

Andere Landschaften zeigen desgleichen zu Beginn des 17. Jh., daß neue Vorschriften entstehen. Im Zeitalter des Dreißigjährigen Krieges empfing der *Steinkohlenabbau* einen ersten kräftigen Auftrieb und eine namhafte Regelung. Das wilde Kohlengraben ohne Kenntnisse und Schutzmaßnahmen hatte manche Menschenopfer gekostet. Zum Abbau der Kohlenberge taten sich mehrere Kohlenbergsgewerken, auch Konsorten oder Interessenten genannt, zusammen. Einer hatte die Führung, die anderen waren Mitgewerke, im Ruhrbergbau mit einem Sechstel oder Achtel[2255].

Neben den Gewerken waren auf einigen Gruben Lohnarbeiter tätig. Die Gewerken trugen als finanziell Beteiligte dafür die Kosten. So entwickelte sich der Ruhrbergbau, der sich mehr und mehr auf Lohnarbeit umstellte. Die Bezahlung wurde in gegenseitiger Übereinstimmung abgeschlossen. Ja, es finden sich auch die Anfänge der Deputatkohle ein. Der Raum der heutigen Montanstadt Essen meldet sich für letzteres vornehmlich zu Wort. So hören wir vom Steeler Kohlberg, daß die Arbeiter nach Vollendung ihrer Tagesarbeit ein Stück Kohle mit nach Hause tragen durften, um ihre nassen Kleider zu trocknen. Sie beriefen sich auf eine alte Gewohnheit und bemerkten, es geschehe öffentlich, ohne Dieberei und ohne Heimlichkeit. Damals kannte man in der Essener Bergmannssprache die Ausdrücke Zeche und Flöz noch nicht, dafür redete man von Kohle, Grube und Kohlberg. Ein Flöz sprach man als „Kohlbank" an[2256].

[2254] *Höffner*, Horhauser Bergbüchlein, S. 172–178, mit Hinweis auf *J. Rausch*, Geschichte des Kreises Altenkirchen. Betzdorf 1921, S. 212.

[2255] Ruhr-Almanach. Vom Bergmann und Bergbau. Köln 1950, S. 42.

[2256] Viele Einzelheiten bei *Jahn*, Essener Geschichte. Vgl. bes. S. 179ff., 360ff.

Viele mittelalterliche und neuzeitliche Bergwerksordnungen sind nicht veröffentlicht. Sie ruhen noch in Archiven. Die Zahl dieser bergbaulichen Verlautbarungen mehrt sich zusehends im 16. Jh, ja, schon in der ersten Hälfte dieses renaissancehaft sammelnden und sichtenden, ebenso schreibfreudigen Säkulums. Es verzeichnete ebenfalls eine Blütezeit des Bergbaus in den verschiedensten Landschaften.

Dabei müßte man auch die Ordnungen für die einzelnen Metalle, wie etwa die Eisenbergordnung im Grunde am Iberge bei Goslar, vom 7. September 1579, auch noch viel stärker berücksichtigen[2257]. Erwünscht wäre, wie im Vorwort erwähnt, ein Corpus, ein Sammelwerk sämtlicher deutscher Ordnungen. Manche Vorarbeiten sind bereits getätigt. Dazu gehört an erster Stelle der Folioband des Kurbaierischen Geheimen Rates und Mitbegründers der Bayerischen Akademie der Wissenschaften in München, *Johann Georg von Lori*, Geschichte des bairischen Bergrechts (München 1764). Dieses Werk enthält im zweiten Teil nicht weniger als 319 einschlägige Urkunden[2257a].

Man nehme ferner das bedeutende Werk von *Thomas Wagner*, Churfürstl. Sächs. geheimden Finanz-Rathe und Beysitzern der Landes-Oeconomie-Manufactur- und Commercien-Deputation, bezeichnet Corpvs Ivris Metallici recentissimi et antiquioris, mit dem Untertitel: Sammlung der neuesten und älteren Berggesetze. Leipzig, bei Johann Samuel Heinsing, 1791[2258]. In einer übersichtlichen Gliederung werden die verschiedensten Berggesetze deutscher Landschaften und Staaten festgehalten, in einer historischen Folge. Hier und da erfolgt eine kurze Kennzeichnung, wenn es etwa zu den Trienter Berggesetzen heißt: „Carta de Posta et jure montis –

[2257] Ein Hinweis darauf bei *Winkelmann*, Bergbau in der Kunst. S. 10.

[2257a] Über Lori vgl. *Eisenhart*, Lori. In: ADB, Bd. 19, Leipzig 1884, S. 183–195, sowie die Briefedition Academiae Boica Primordia, hg. von Max Spindler, München 1959. Ferner die Bücher von *Andreas Kraus*, Die Historische Forschung an der churbayerischen Akademie der Wissenschaften 1759–1806 (Schriftenreihe zur bayer. Landesgeschichte, Bd. 59), München 1959, S. 278f., und *Ludwig Hammermayer*, Gründungs- und Frühgeschichte der Bayer. Akademie der Wissenschaften (Münchener Historische Studien, Bd. 4). Kallmünz 1959, siehe S. 385 im Register. – *Nikolaus Grass*, Eine Akademie zwischen Barock und Aufklärung. In: Forschungen zur Innsbrucker Universitätsgeschichte, Bd. 1. Innsbruck 1962, z. Z. in Druck.

[2258] Zum Teil weitergeführt von *J. J. Scotti*, Sammlung der Gesetze und Verordnungen, welche in dem Herzogtum Cleve und in der Grafschaft Mark ... ergangen sind, 5 Bde. Düsseldorf 1826. – *Ders.*, Sammlung der Gesetze und Verordnungen ... im vormaligen Churfürstentum Cöln. Düsseldorf 1830. – Siehe ferner *H. Brassert*, Bergordnungen der Preuß. Lande. Köln 1858. – Vieles in örtlichen und landschaftlichen Zeitschriften.

ein sehr merkwürdiges Urthel der Bergrichter zu Trient d. 26. May 1213[2259]." Diese Sammlung umfaßt auch den Herrschaftsbereich der Habsburger.

Über die Entwicklung der Berggesetzgebung bis zum Ende des 19. Jh. unterrichten kurz *Schröder* und *v. Künßberg*[2260]. Der Bergbau des 20. Jh. sah manche neue Probleme vor sich. So hatte sich der Bergbau mit der Rationalisierung auseinanderzusetzen, die neue Fragen aufwarf (Rentabilität, Abwanderung, Nachwuchs, Umschulung u. a.)[2260a].

Ein Blick noch auf Österreich. Dort erstrebte bei Beginn der Neuzeit das Landesfürstentum den vollen Durchbruch zum Kapitalismus, sowohl im Eisenhandel wie auch im Eisenbergbau. Allerdings kam es dort unter Beteiligung der Ratmeister, der Verleger und von dem Hammerherrn zur Bildung von Gesellschaften, die Individuelles einzuordnen wußten. So schlossen sich Leobener Bürger 1415 zu einer „Comune" zusammen, ähnlich errichteten am Ende des 15. Jh. die Bürger von Althofen eine Eisenhandelsgesellschaft, desgleichen die Bürger von St. Veit. Doch die beiden letzten Comunen wurden von Maximilian I. aufgehoben[2261].

Noch ein Hinweis zum Sprachgebrauch und zu rechtlichen Unterscheidungen. In österreichischen Urkunden des Mittelalters und der Folgezeit ist öfters die Rede von einem *steirischen* Bergrecht. Dieses bezieht sich nicht auf den Bergbau. Es erfaßt vielmehr den Weingarten als Rechtsobjekt. Es behandelt das rechtliche Verhältnis zwischen Bergherrn und Berggenossen, welches außerhalb der allgemeinen, zwischen Grundherren und Holden gewohnheitsrechtlich geübten Normen stand. Diesmal gegeben durch die im Weingarten, dessen Bebauung und besondere Einschätzung als Kulturobjekt liegende Ausnahmsform gegenüber den übrigen im Lande zu Recht bestehenden bäuerlichen Besitzformen und Untertänigkeitsverhältnissen[2262].

[2259] Gedruckt bei *von Sperges*, Tyrolische Bergwerks-Geschichte. S. 272. Vgl. dazu *A. Haemmerle*, Cartae de posta et jure montis. In: Tiroler Wirtschaft in Vergangenheit und Gegenwart. Festschrift zum 100jährigen Bestande der Handelskammer für Tirol, Bd. 1 (Schlern-Schriften, hg. von R. Klebelsberg, Bd. 77). Innsbruck 1951, S. 11–30.

[2260] Lehrbuch der Rechtsgeschichte, 5. S. 974, 1021; im Register, S. 1041. Ferner siehe *H. Conrad*, Deutsche Rechtsgeschichte², Bd. 1 ff. Karlsruhe 1954 ff.

[2261] *Tremel*, Frühkapitalismus. S. 101 f. – Über den Begriff „Comune" in Tirol vgl. *Nikolaus Grass*, Comaun Kastelrut. Aus der Rechtsgeschichte einer Südtiroler Urmarkgemeinschaft. In: Zeitschrift der Savigny-Stiftung für Rechtsgeschichte, Germanistische Abteilung, 71. Jg., 1954, S. 353–366.

[2262] *Anton Mell*, Das Steirische Weinbergrecht und dessen Kodifikation im Jahre 1543 (Akademie der Wissenschaften in Wien, Philosophisch-Historische Klasse, Sitzungsberichte, Bd. 207, Abhandlung 4). Wien u. Leipzig 1928, S. 24 f. Dazu noch *Franz Leskoschek*, Geschichte des Weinbaues in Steiermark. Graz 1934, S. 27. Weiteres demnächst bei *Georg Schreiber*, Der Wein in Geschichte und Wirtschaft, Liturgie und Volkstum.

Diesem Bergrecht kam es darauf an, den Weinbau pfleglich zu entwickeln. Grundholden und Bürger, dazu der kleine Adel wurden Berggenossen und damit bergrechtlichen Bestimmungen unterworfen. Die Ausgabe des Steirischen Bergrechtsbüchels erschien 1543. Zuvor gab es allerdings bereits Niederschriften.

In der Wertung dieses Weinbergrechtes mag man sich erinnern, daß auch sonst zwischen der Weinwirtschaft und dem Bergbau, zwischen der Weinlandschaft und der Berglandschaft sich manche Parallelen ergaben, was in unserer Untersuchung an mehreren Stellen ausgewiesen ist.

Der Erlaß einer den Bergbau regelnden Bergordnung war oft mit der *Fronfreiheit* verbunden. Letztere war eine besondere Vergünstigung. Diese wurde im Zeichen des Privilegs als ein zeitlich befristetes Indult ausgesprochen. Solch eine Fronfreiheit erhielten Sigmund Hol von Bozen und seine Mitgewerken im tirolischen Taubertal in Fleims am 12. Juli 1540 für drei Jahre[2263]. Am Rörerpühl, in der Nähe des 38 km entfernten Rattenberger Hüttenwerkes, wurde 1544 einem hilfsbedürftigen Gewerken eine dreijährige Fronfreiheit zugestanden[2264]. Ein anderer Fall. In der Herrengrube bei Rattenberg hatten sich die Unternehmer schwer verbaut. Das Gestein erwies sich als überaus hart. Die Gewerke baten daher für mehrere Jahre um die halbe Fron und um Nachlassung von zehn Kreuzern beim Silberwechsel[2265]. Am 28. Juni 1534 wurde den Gewerken bei St. Martin am Altenberg bei Gossensaß eine fünfjährige Fronfreiheit bewilligt, da sie dort bisher noch kein Erz gehauen hatten[2266]. Eine sechsjährige Fron- und Wechselfreiheit wurde am 1. Februar 1544 dem Bergbau im tirolischen Primör bewilligt, auf Antrag des Augsburger Bürgers Sebastian Wurm[2267]. Die Fugger baten, ihnen am Erbstollen zu Sterzing für zehn Jahre Fronfreiheit zu gewähren. Die Entscheidung ging am 24. Juni 1624 dahin, daß sie unter bestimmten Bedingungen eine Zeitlang von der Fron befreit würden[2268]. Einblick in den Niedergang des tirolischen Bergbaus gibt ein in der Sammlung Hochenegg (Hall in Tirol) befindliches Originaldokument. Nikolaus und Albrecht, die Fugger, Grafen zu Kirchberg und Weissenhorn, richten am 16. Juni 1662 an den Landesfürsten Erzherzog Ferdinand-Karl ein „underthenigist flehentliches Anlangen und gehorsamistes Bieten“ um

[2263] *Wolfstrigl-Wolfskron*, Tiroler Erzbergbaue. S. 263.
[2264] Ebd., S. 190.
[2265] Ebd., S. 158.
[2266] Ebd., S. 292.
[2267] Ebd., S. 345.
[2268] Ebd., S. 298.

fünfzehnjährige Verlängerung der abgelaufenen Freiheit von Kupferzoll, Wechsel und Fron für das Bergwerk am „Rererpichl". „Der Status solchen Perkhwerchs hat sich leider so namhaft geändert, daß wir uns ohne augenscheinlichen Schaden nit gethrauenth forth zu kommen." Sie wären aus „anthringender Noth" gezwungen das Bergwerk aufzulassen. Falls es der Erzfürstlichen Durchlaucht beliebe, möchten sie ihm das ganze Berg- und Schmelzwerk mit allen Aktiven und Passiven anbieten, damit die zum Teil hochbedürftigen Kreditoren eher zu ihrem Geld kämen. Sie bitten aus höchster Notdurft um gnädige Erhörung. Welche Sprache der einst so stolzen Fugger!

Solche Fronfreiheit wird oft in Bergordnungen aufgenommen. Sie bildet einen Bestandteil des örtlich verankerten Bergrechtes. Nach Ablauf einer ersten und begünstigten Verleihungsfrist muß die Fron geleistet werden. So verlangt es am Beginn des 15. Jh. der Bischof Johann von Chur nach der Bergordnung des Herzogs Sigmund von Tirol, die er als Vorbild für die Bergwerke seines Hochstiftes nimmt. Auch den Bergzehnten nannte man im Mittelalter die Fron. Der Tiroler Landesfürst besaß im 16. Jh. im Gebiet von Davos, näherhin in sämtlichen Erzadern in den acht Gerichten, den zehnten Teil vom Ertrag der Bergwerke. Man berief sich dabei auf das römische Recht[2269].

Nicht überall befand sich eine Fronhütte. Am 30. Juni 1510 empfing der Bergrichter in Lienz, bis auf weiteres alles Fronerz zusammenzuführen und zusammenschütten zu lassen. Man hatte dort die Absicht, eine Fronhütte bald zu errichten[2270]. Zuweilen erging an den Bergrichter der Befehl, eine alte Fronhütte wieder instand zu setzen[2271].

Im *kursächsischen* Gebiet erfolgte für das Bergbaudorf Glashütte spätmittelalterlich eine besondere Vergünstigung. Als Berggemeinde hatten sie nach dem alten Freiberger, aber auch nach altem westerzgebirgischem Bergrecht die Gerechtigkeit, mit Genehmigung des Dorfherrn Fleisch-, Brot- und Schuhbänke sowie eine Badestube zu halten und Bier und Wein einzuschroten, d. h. in ihre Keller einzulagern, und zu schenken. Ein Tavernenrecht findet sich also ein. Es wird durch ein weiteres Privileg der Steuerfreiheit ausgezeichnet. Diese Rechte, die bereits an städtische Freiheiten erinnerten, erweiterte der Landesherr, der für den größten Teil des Dorfes

[2269] *Plattner*, Bergbau. S. 43. – Zu den verwickelten Beziehungen zwischen Graubünden und Tirol vgl. *Stolz*, Geschichte des Landes Tirol, 1. Im Register, S. 807.
[2270] *Wolfstrigl-Wolfskron*, Tiroler Erzbergbaue. S. 374.
[2271] Ebd., S. 189.

zugleich Dorfherr war, am 6. Mai 1501 insofern, als er dem Richter und den Einwohnern von Glashütte erlaubte, selbst frei, d. h. ohne *Abgabe der Ungeld* genannten Getränkesteuer, zu brauen und fremde Getränke zu schenken. Er behielt sich aber die Rücknahme dieses Privilegs für den Fall vor, daß sich der Ort durch Ansiedlung neuer Einwohner bedeutend vergrößern würde[2271a]. Der Landesherr will also auf den größeren Steuereingang nicht verzichten. Weitsichtige Steuerpolitik.

2. *Bergbücher und Verleihbücher*

Die gewonnenen bergbaulichen Erfahrungen romanischer und gotischer Zeitalter drängen in eine greifbare Zusammenfassung. Der Typ des Bergbuches erscheint. Der bedeutendste Autor eines solchen Bergbuches ist *Georg Agricola* (eigentlich Bauer), Rektor, Arzt und Stadtphysikus in Chemnitz († 1555). Man bezeichnet ihn als ersten systematischen Mineralogen Deutschlands. Sein großes Werk „De re metallica libri XII“, Basel 1556, deutsch 1557, eine Neuausgabe 1928, feiert den mitteldeutschen Bergbau.

Aber es ist kein Zufall, daß fast um die gleiche Zeit in Tirol ein ähnliches Werk geschaffen wird. Die dort angesammelte bergmännische Erfahrung und das innewohnende Zukunftsstreben verlangte ebenfalls nach einer Zusammenfassung, die im *Ettenhardtschen* (Ettenhart) Codex ebenfalls 1556 erfolgte. Dieses in deutscher Sprache geschriebene Quellenwerk ist nach wie vor eine Forschungsaufgabe. Schon *Sperges*, der Bergbauschriftsteller in der zweiten Hälfte des 18. Säkulums, hat sich in einem ersten Zugriff damit auseinandergesetzt. Er zieht, um darüber näher zu berichten, den Vergleich zu Agricolas Bergbuch. Dieses ist ihm durchaus lehrhaft gehalten, dagegen hebt er für das Tiroler Buch „Von dem hoch- und weltberühmten Pergwerg am Valkenstein bei Schwaz in der fürstlichen Grafschaft Tirol und anderen Pergwergen“ die Subjektivität des Stiles hervor[2271b].

[2271a] *Hermann Löscher*, Die Bedeutung Glashüttes für die sächsische Bergrechtsgeschichte. Zur 450-Jahr-Feier der ehemaligen Bergstadt Glashütte. In: Bergakademie, Zeitschr. für Bergbau, Hüttenwesen und verwandte Wissenschaften, hg. von der Bergakademie Freiberg, Jg. 8, Nr. 6, 1956, S. 265–268, bes. S. 267.

[2271b] Über den namhaften Tiroler Bergwerkshistoriker Joseph von Sperges (Spergs) vgl. *Nikolaus Grass*, Benediktinische Geschichtswissenschaft und die Anfänge des Instituts für österreichische Geschichtsforschung. In: Mitteilungen des Instituts für österreichische Geschichtsforschung, Bd. 58, 1960, S. 470–484, bes. S. 477f. Ferner siehe *ders.*, Eine Akademie zwischen Barock und Aufklärung. In: Forschungen zur Innsbrucker Universitätsgeschichte, Bd. 1. Innsbruck, z. Z. im Druck.

Inwieweit Agricola eine Priorität anmelden kann, läßt dieser Autor dahingestellt. Was die Genesis angeht, hat, um erneut Sperges zu folgen, bereits der tirolische Landesfürst den Wunsch nach einer Zusammenfassung geäußert. Doch haben erst die bedeutenden Bergbaufamilien von Schwaz die eigentliche Initiative ergriffen, um für sich und ihre Kanzleien ein Handbuch zu besitzen, das in mehreren Exemplaren hergestellt wurde. Die Praxis drängte auf eine Fixierung.

Es sind zur Veranschaulichung des Abbaus in dem Codex des Museum Ferdinandeum viele kolorierte und prächtige Zeichnungen beigegeben[2272]. Das entsprach dem Lebensgefühl und der betonten Wertung des wirtschaftlichen Geschehens, das die Renaissance heraufführte. Sie wandte sich dabei der Betriebsart des Bergbaus zu.

Näherhin vermerkt man 104 Zeichnungen, bei 200 Seiten Text. Es werden außerdem 17 kolorierte Abbildungen in Querfolio von Bergorten gebracht, nämlich von Kitzbühel, Terlan, Schneeberg, Klausen, Schwaz, Innsbruck, die den Blick in eine große Bergwelt vermitteln. Dazu sind einige Wasserhaltungsmaschinen gezeichnet. Was die bergmännischen Hantierungen betrifft, seien erwähnt: S. 93, Probirer; S. 94, Silberbrenner; S. 131, Stehende Klüfte; S. 132, Arbeit mit Schlenkerhammer; S. 156 erblickt man das Bruderhaus und das Spital; S. 165 begegnen Kupferstrecken; S. 167, Münzschlagen. Derart wird bereits das Zubehör, also die ausgeweitete Art des Bergbaus erfaßt. Die mitgeteilten Titel finden sich z. T. auch bei Agricola. Aber es ist bereits von Sperges darauf hingewiesen, daß die Textbeschreibung bei Ettenhardt auf den praktischen Gebrauch der Gewerke eingerichtet ist.

Nur vereinzelt war bisher das eine oder andere farbige Blatt herausgebracht. Es ist aber recht dankenswert, daß inzwischen in den letzten Jahren der Text vorgelegt ist. Lediglich die Titelführung des prächtigen Werkes ist nicht ganz gelungen.

Wie häufig am Ausgang des Mittelalters die Verleihungen für Schürfrechte sind, darüber unterrichten uns die *Verleihbücher*. Ein solches Lehenbuch für das Fürstbistum Trient verzeichnet für das Jahr 1490 nicht weniger als 47 Verleihungen; im Jahre 1491 sind es 34 solcher Rechtsakte. Diese

[2272] Signatur 4312, Bibl. Tirol. Ferdinandei. Näheres bei *Schreiber*, Bergwerk. S. 365f. – Der Codex Ettenhardt ist auch erwähnt bei *Jacob Strieder*, Studien zur Geschichte kapitalistischer Organisationsformen². Leipzig 1925, S. 40. Wattner Buch, 1. S. 464, 504f. – Siehe hierzu noch *Albrecht Schrauf*, Zur Erinnerung an Georg Agricola. S. 217–224.

Aufzeichnungen[2273] erstrecken sich dort über 18 Jahre mit insgesamt 228 Verleihungen. Letztere sind so recht der Gradmesser bergbaulichen Interesses und einer auch den kleineren Gewerken geneigten Zuteilung. Was den Bergbau in mittelalterlichen und späteren Zeitaltern in Churrätien betrifft, hat Placidus Plattner die Inhalte der Lehenbücher anschaulich übermittelt.

Durch seine Beauftragten wird der Fürstbischof von Trient als Hoheitsträger über das Dasein und die Leistung der von ihm Beliehenen genauer unterrichtet. Er sorgt dafür, daß seine Vertreter, die auch als Bergrichter tätig sein können, Verzeichnisse von Bergwerken anlegen, die ähnlich den Urbaren, also den oberirdischen Güterverzeichnissen und Zinsbüchern, vom Landesherrn oder Großgrundbesitzer veranlaßt werden. So haben wir für die Grafschaft Tirol eine Übersicht des Rattenberger Richters Michael Eberwein vom 17. Oktober 1514. In einem höheren Auftrag hat er mit zwei verständigen Bergleuten – die Hervorhebung der fachmännischen Qualität will beachtet sein – die Baue des Kitzbüheler Berggerichtes befahren. Er stellt fest, daß an mehreren Stellen, obwohl man ein Lehen für diese beträchtlichen Höhen (1328 m) noch nicht gegeben hat, sich reiche Erze zeigen. Man hat also allen Grund anzunehmen, daß diese Baue bei einer stärkeren Belegung sehr „höfflich" werden[2274]. Wir erfahren weiter, zwei von armen Gesellen am Weckeme betriebene Gruben wären, wenn dieselben mehr Geldmittel hätten, ebenfalls sehr „höfflich"[2275], gewiß eine bemerkenswerte Illustration zu den „Eigengrüblern". Ihre Tätigkeit und ihr Erfolg hingen ab vom Kapital. Die Sage war großzügiger. Sie hat den Knappen öfter als Metallfinder angesprochen und im allgemeinen freundlich behandelt. Man nehme nur den Konventualen von Grünhain, der Silbererze entdeckt[2276]. Man erinnere sich weiter an einen Adligen, dessen Roß „einen schönen Bleigang entblösset" am Rammelsberg[2277]. Einen Silberbrunnen bei Eisenach, nicht weit von der Höhle der verfluchten Jungfer, entdeckt ein armer Bürger und Leineweber in der gleichen Stadt[2278]. Züge dieser Art, die sich an manchen Stellen der Bergbaugeschichte abzeichnen, bereichern die Sozial- und Wirtschaftsgeschichte der mittelalterlichen Stadt und ebenso des Monasteriums. Doch auch Bauern wurden nach Ausweis ostschweizerischer Quellen bei

[2273] *Hochenegg*, Trient. S. 440. Siehe auch *Wießner*, Geschichte des Kärntner Bergbaus, 1.
[2274] *Wolfstrigl-Wolfskron*, Die Tiroler Erzbergbaue. S. 176.
[2275] Ebd., S. 177.
[2276] *Stötzel*, Bergmannssage. S. 38.
[2277] Ebd., S. 12.
[2278] Ebd., S. 34.

Beginn der Neuzeit mit Gruben belehnt. So haben die Grafen von Werdenberg-Sargans (Kanton St. Gallen) die Grube am Gonzen (Eisen- und Manganerzlager) meist Landleuten zu Lehen gegeben. Das geschah gegen einen jährlich zu entrichtenden Lehenszins von fl. 4[2279]. So geschah es auch anderorts und schon früher. Schuf der Bergbau eine Skala der Bergbeflissenen, so zögerte die Thüringer Bergmannssage nicht, selbst den Hütejungen bei Heillingen zum Entdecker von Silberseifen zu machen[2280].

So erfahren Bergbücher und Verleihbücher eine reizvolle Umrahmung. Trockene Notizen gewinnen Form und Leben. Doch wartet die Forschung noch auf umfassende Vergleiche.

Die Verleihbücher gestatten ja noch manche Aufarbeitung. So erfahre ich vom Museumsdirektor Dr. Egg (Ferdinandeum) in Innsbruck von einem Bergverleihbuch, das Dr. Knapp in Schwaz besitzt. Es handelt vom Schwazer Bergwerk und ist ein großer Kodex, Original-Handschrift, etwa von 1530. Dr. Egg machte gleichzeitig darauf aufmerksam, daß noch ein um gut zehn Jahre älteres Bergverleihbuch im Landesregierungsarchiv in Innsbruck liegt. Es sei sogar etwas ausführlicher als das, was Dr. Knapp besitzt. Doch im großen und ganzen dürften diese beiden Bergverleihbücher von Schwaz übereinstimmen.

3. Die Berggemeinde

Die Bergverwandten bezeichnen in Tirol die Gesamtheit der mit dem Bergbau unmittelbar beschäftigten Personen. Dahin gehören die Bergmeister, die Bergrichter, die landesfürstlichen Bergbeamten, die Knappen und die Gewerken. Alle diese werden im Bergbau verwendet, daher der Name Verwandte[2281].

Diese Bergverwandten fallen in diesen oder anderen Bergbaugebieten unter den Begriff der Berggemeinde. Schon der Name zeigt eine gewisse Selbständigkeit. Wo Bergwerksstädte als Siedlungsgebiete in Anspruch genommen werden, sind die dort wohnhaften Bergleute mehr oder minder in die ganze Siedlung einbegriffen. Es gelingt den Montanen in der

[2279] *Plattner*, Bergbau. S. 15. – Zur Lage der Kleinbauern (Verschlechterung) und der geldkräftigen Großbauern (Besserung) in Innerösterreich am Ausgang des Mittelalters s. *Tremel*, Frühkapitalismus. S. 50. – „Wissen um das Recht und die Freiheit der Schweizer und Tiroler Bauern ist unverkennbar, sie waren das hohe Ideal des Bergbauern auch in den Alpentälern Kärntens und der Steiermark.“ Ebd., S. 46.

[2280] *Stötzel*, Bergmannssage. S. 46.

[2281] *R. v. Srbik*, Überblick des Bergbaues von Tirol und Vorarlberg. S. 142.

Bergstadt Goslar nicht, gegenüber dem wachsamen Rat eine autarkische Stellung zu erobern. Außerhalb der Ringmauern dagegen, also im flachen Lande, entstehen Zechen mit betonter Selbständigkeit, sei es mit eigenen Knappenhäusern, sei es unter Einbeziehung von Bauernhäusern. Diese neuerstandenen Gruben wirken zunächst, ja auf lange Zeit, wie ein Fremdkörper inmitten einer alten Agrarlandschaft. Zu deren eingesessener Bevölkerung besteht vorerst ein nicht immer befriedigendes Verhältnis[2282]. Menschen aus anderen Gebieten wandern hinzu[2283]. Neugläubige finden sich ein. Das Ausland entsendet in den letzten Jahrhunderten zur Ruhrkohle die Polen. Dieser Zuwachs verstärkt vorerst die Spannungen. Aber man findet sich schließlich zueinander, in einem schwierigen Prozeß der Angleichung, der Verstädterungen heraufführt. Diese Annäherung und Wandlung greift über Jahrzehnte, fast über Jahrhunderte. Die Weltkriege haben das Zueinander in etwa beschleunigt, bei dem unglücklichen Ausgang allerdings wesentliche Änderungen heraufgeführt[2284]. Doch kommunale Energien haben den Bergbau geschützt. Die mittelalterliche Berggemeinde ist dagegen organisch gewachsen und selbständiger geformt. Ihr Untergrund, der Erzbergbau, erwies sich als anpassungsfähig.

Im genossenschaftlichen Zuschnitt des Erwerbslebens im medium aevum verlangt die Berggemeinde oder, wie man auch sagte, die „Gesellschaft“ oder „gemeine Gesellschaft“ oder „Samnung“, in der Tat eine besondere Aufmerksamkeit. Diese Berggemeinde ist begrifflich weder mit der heutigen politischen Gemeinde noch mit der Pfarrgemeinde gleichzusetzen, auch wenn sie solche Bezirke des menschlichen Zusammenlebens mit einbezieht. Sie umfaßt im rätischen Sprachgebrauch des 15. Jh. alle „Bergwerker“ oder

[2282] *Helmut Croon* und *Kurt Utermann*, Zeche und Gemeinde. Untersuchungen über den Strukturwandel einer Zechengemeinde im nördlichen Ruhrgebiet („Soziale Forschung und Praxis“, hg. v. d. Sozialforschungsstelle an der Universität Münster, Dortmund, Bd. 19). Tübingen 1958, bes. S. 9ff., 40ff., 146ff. – Siehe ferner *Brepohl*, Industrievolk. Bes. S. 29ff. –
Überhaupt sei an dieser Stelle auf die Untersuchungen der Sozialforschungsstelle an der Universität Münster hingewiesen, da diese viele Hinweise zur jüngsten Geschichte des Ruhrreviers erbracht haben.
Desgleichen wollen die Forschungen aus dem Arbeitskreis von Prof. *Joseph Höffner*, Münster, berücksichtigt sein.

[2283] Vgl. dazu *Wilhelm Brepohl*, Der Aufbau des Ruhrvolkes im Zuge der Ost-West-Wanderung. 1948.

[2284] *Brepohl*, Industrievolk. Bes. S. 209ff. Ferner vgl. dazu *Adolf Bach*, Deutsche Volkskunde. Wege und Organisation. Probleme, System. Methoden. Ergebnisse und Aufgaben. Schrifttum. Heidelberg[3] 1960, S. 112, mit einer Bibliographie von weiterem, einschlägigem Schrifttum des genannten Autors.

„Gesellen“[2285]. Ihr eignet jene selbstbewußte und volkslebendige Verbundenheit, die sich sonst in Zünften und Gilden des Stadtkörpers abzeichnet[2286]. Es führte zueinander die Arbeit, mehr noch der Beruf, der sich mit Standesbewußtsein erfüllte. Es kettete die Gefahrenzone und das Schicksal, das eine herzhafte Kameradschaft auslöst. Man wußte zudem um die männliche Sprache und Abstammung, die die Landschaft auslöst. Man erlebte die Anpassung der Fremden, die den gleichen Beruf, ja zuweilen, wie wandernde Tiroler und Bergknappen des Erzgebirges, gesteigerte Erfahrungen mit sich führten. Man fühlte sich letztlich auf Gedeih und Verderb verbunden, zumal wenn die Schätze der Berge zurückgingen.

Diese Berggemeinschaft erfüllte, wie angedeutet, nicht nur die *Bergstadt*, in deren Weichbild wie in Goslar, Clausthal, Andreasberg, Schwaz, Kemnitz, Schemnitz und anderorts sich der bergbauliche Betrieb abzeichnete. Darüber hinaus machte sich die Berggemeinde im Neuland des platten oder bergigen Landes auf, also jenseits der städtischen Festungswälle. Ja, sie bevorzugte dieses unerschlossene Gebiet. Dort klammerte sie sich an waldige Höhen und senkte sich ebenso in die Gebirgstäler. Im Forst und am Bach erblickte man Helfer und Verbündete, da der Wald die Holzkohle für Schmelzöfen und Schmieden lieferte und da der Bach die Wasserkraft für die Schmiedehämmer bereitstellte.

Diese Berggemeinde nahm draußen gesellschaftlich und organisatorisch eine gewisse Sonderstellung ein. War doch der weite Raum außerhalb der Stadt eigentlich genossenschaftsarm, wenn man von suburbanen und dabei zukunftskräftigen Bildungen absieht. Dazu mag man, um genossenschaftliche Bindungen zu nennen, noch jener mehr ländlichen Kalande und sonstigen Konfraternitäten gedenken, die um Beteiligung des Klerus und der Laien in Sachen der Totenmemorie und der Armenpflege wissen (Kalandsbruderschaften, Kalandshöfe). Weit mehr sind die monastisch oder kanonikal ausgerichteten Konvente des älteren Religiosentums zu erwähnen, die wie Cornelimünster oder Admont Bergwerksgruben innehatten[2287]. Dazu traten in den Ackerbaugebieten hofrechtliche Genossenschaften grundherrlicher Bauern und in den Weinlandschaften noch Wingertlehensgenossenschaften[2288]. Sonst war das Flachland und das unerschlossene Bergland

[2285] *Plattner*, Bergbau. S. 26. – Zum genossenschaftlichen Zuschnitt des Mittelalters s. *Schreiber*, Gemeinschaften. Bes. S. Vff.

[2286] Lehrreich *Henggeler*, Bruderschaften und Zünfte der Innerschweiz. S. 18ff.

[2287] S. oben S. 130.

[2288] Zu den letzteren s. demnächst für manche Vergleiche *Georg Schreiber*, Der Wein in Geschichte und Wirtschaft, Liturgie und Volkstum.

im allgemeinen frei von solchen Gemeinschaftsringen, wenn man vom Gericht der oft weniger fest umschriebenen Gerichtsgemeinde absieht[2289].

Immerhin der *Hammer*, der der Grube eng verbunden war, löste desgleichen Siedlungen aus. Der Hammer Rothenbruck an der Pegnitz, im oberpfälzischen Landkreis Eschenbach, dürfte bereits um das Jahr 1300 gegründet sein. Zu diesem Hammer trat hie und da eine eigene Hauskapelle, gewiß eine wichtige Stütze im Prozeß der Verselbständigung[2290].

Die Berggemeinde umfaßt, was ihre Gliederung angeht, die Gewerke und die Bergarbeiter, zunächst jeden, der „mit am Werk ist". Die Bezeichnung Gewerke ist in den mittelalterlichen Quellen keineswegs eindeutig. Häufig sind damals schon die Unternehmer gemeint, zuweilen ist der Bergmann oder eine Gruppe von Bergleuten mit einbezogen, die auch Miteigentümer sein können. Manchmal sind geistliche Mitgewerke zu nennen. Im Bergbaugebiet des tirolischen Berggerichts Persen ergibt sich für die Jahre 1527 bis 1536, daß der Bischof von Trient mit zwei Neunteln „mitbaute"[2291].

In den Kreis der Unternehmer gehören im weiteren Sinne jene *Freigrübler*, die auf eigene Faust schürfen[2292]. Oft sind sie arm geblieben. Nicht immer gut ging es ebenso jenen kleinen Gewerken, also jenen schwächeren Unternehmern, die gewisse, oft recht bescheidene Anteile am Bergbau innehatten, die etwa $^1/_{32}$ am Bergwerk besaßen. Dieser Bruchteil wird wieder und wieder erwähnt. Diese kleineren Unternehmer haben oft genug als schlichte Bergleute mitarbeiten müssen. Örtlich konnten einzelne Personen zur Berggemeinde noch hinzugezählt werden. Im allgemeinen war man weitherzig in der Einbeziehung. Man brachte sie ebenfalls unter den Begriff der Bergfreiheit. Die Zünfte in der Stadt konnten sich engherziger geben.

So ungefähr zeichnet sich die Gliederung ab, die sich für die spätmittelalterliche Berggemeinde des Erzgebirges und ebenfalls für alpine Räume

2289 „Mit Ausnahme des Berggerichtes Sterzing-Goßensaß (1540) ist bis ins 17. Jahrhundert kein Akt bekannt, in dem der Umfang eines Berggerichtes genau bezeichnet worden wäre." *Srbik*, Tirol und Vorarlberg. S. 144.

2290 *Ress*, Denkmäler. S. 68.

2291 *Wolfstrigl-Wolfskron*, Tiroler Erzbergbaue. S. 263.

2292 „Art. 1. Jede Fundgrube soll auf ‚den Zug' und jeder Stollen auf des Zuges Länge ‚Ort' haben, auf jedes Stollen Ort zwei Leben, auf ‚Hangendes' ein Lehen und auf Liegendes ein Lehen; und so viele Stollen eine Grube hat sollen sie ungehindert gehen. Ein Jeder mag daselbst frei und ohne Irrung aufschlagen, doch soll er es vorher von dem *Bergrichter* empfangen. Auch soll niemand gestattet sein, einen Bau oder mehrere niederzulegen, außer mit des Bergrichters Bewilligung, daß ein Jeder wohl arbeiten möge, und ungehindert sei bis zu seinem Durchschlag in einen andern." *Plattner*, Bergbau. S. 23. Dort weitere Äußerungen dieser Art, die sich ebenfalls in anderen Bergbauordnungen abzeichnen.

ergibt. Diese Ähnlichkeit ist in einer vergleichenden Schau noch näher festzustellen, die man den jeweiligen Bergordnungen zuerkennt. Es bleibt hier noch viel zu tun. Dabei tritt an mehr als einer Stelle die führende Rolle von Tirol heraus, dessen Bergleute weithin wanderten.

Aber in der neuzeitlichen Entwicklung wird, um auch dieses zu sagen, die Bezeichnung Gewerke mehr auf den finanzstarken Unternehmer bezogen; doch ist die regionale Differenzierung zu beachten. Aber eine andere Gruppe fand sich zudem noch ein. Die hohen Kosten, die Notwendigkeit, Holz und Lebensmittel zu beschaffen, überhaupt dem Bergwerk eine große Apparatur mit Nachbarbetrieben einzuräumen, wiederum das große Risiko, das bis zur Ausbeute und zur Abnahme zu tragen ist, legen es für den Bergbau nahe, den *Kaufmann* als kapitalstarken Unternehmer zu gewinnen. Dieserhalb strömten interessierte Persönlichkeiten und Familien aus oberdeutschen Städten, aus Nürnberg, Ulm, Konstanz, Zürich usw. herbei, später auch aus Memmingen und Reutlingen. Im Jahre 1456 gab der verschwenderische Herzog Sigmund von Tirol aus Geldnot die einträglichen Silbergruben am Falkenstein (Herrschaft Freundsberg) als Pfand an die Meitingsche Handelsgesellschaft. Sie bestand hauptsächlich aus Augsburger Kaufleuten[2293]. Noch ahnten manche Augsburger Kaufhäuser nicht, daß ihre Nachfahren in der zweiten Hälfte des 16. Jh. geschäftliche Zusammenbrüche erleben sollten[2294].

Die Silberstadt *Schwaz* sah an der Wende vom Mittelalter zur Neuzeit reiche Gewerke bei sich, so die Familien Fieger, Paumgartner, Hochstetter, Fugger (seit 1448), Stöckl, die Tänzl auf Schloß Tratzberg, die Behaim aus

[2293] *Wolfstrigl-Wolfskron*, Tiroler Erzbergbaue, im Register, S. 453, mit vielen Verweisen. – *Mayer*, Schwazer Bergwerksleben. S. 145. – *E. Werunsky*, Österreichische Reichs- und Rechtsgeschichte, Lieferung 11 „Tirol". Wien 1931, S. 957ff. Ferner *Karl Otto Müller*, Quellen zur Handelsgeschichte der Paumgartner von Augsburg (1480–1570). Wiesbaden 1955. – Über die *Tänzl* vgl. *Erich Egg*, Aufstieg, Glanz und Endes des Gewerkengeschlechts der Tänzl. In: *Hermann Gerhardinger* und *Franz Huter*, Tiroler Wirtschaft in Vergangenheit und Gegenwart, Bd. 1, Beiträge zur Wirtschafts- und Sozialgeschichte Tirols (Schlern-Schriften, Bd. 77). Innsbruck 1951, S. 31–52. – Zu den Welsern s. auch *Hubert Frhr. von Welser*, Bartholomäus Welser V. In: Lebensbilder aus dem Bayerischen Schwaben, hg. v. Götz Frhr. von Pölnitz, Bd. 4 (Schwäbische Forschungsgemeinschaft bei der Kommission f. bayerische Landesgeschichte, Veröffentlichungen, Reihe 3, Bd. 4). München 1955, S. 120–169; mit weiteren Literaturangaben, S. 168f. – Zum weiteren nehme man zu den übrigen Tiroler Unternehmungen die einschlägigen ortsgeschichtlichen Monographien Tiroler Bergorte, die in den „Schlern-Schriften" erschienen sind. – Für den steirischen Raum vgl. *Pirchegger*, Steiermark. S. 95ff.

[2294] *Tremel*, Frühkapitalismus. S. 148.

Nürnberg und andere[2295]. Binnenwanderung des deutschen Kapitals südwärts, eigentlich auf alten Weinstraßen.

Für *Gastein*, um einen weiteren Bergbauort, diesmal Salzburger Prägung, namhaft zu machen, wollen als Unternehmer vermerkt sein reichsständische Patrizier, neben den Fuggern die Liegsalze, Rosenberger, Müller, Regel, Welser, Ilsung, Schweikarde, Mayer, Riepl von Ache und viele andere[2296]. Besonders namhaft waren zudem die Strasser aus dem salzburgischen Hochstift, ferner die Strochner, die auch Inhaber von Hofämtern waren. Bei diesem Geschlecht erfahren wir, daß bei dem Errichten („einschlagen") neuer Baue als öffentliche Abgabe eine Fron eingesetzt wurde, derart, daß für die ersten zehn Jahre der zehnte Kübel Erz auf den Halden entrichtet wurde, für die folgenden 30 Jahre aber nebst der Fron von jeder Mark Silber ein Gulden und von jeder Mark Gold neun rheinische Gulden abgegeben wurden. Doch nach Ablauf dieser 30 Jahre wurde die Ablieferung allen Goldes und Silbers an den hochfürstlichen Wechsler verlangt[2297]. So war eine Verjährung, eine praescriptio inter praesentes nach 30 Jahren, ausgeschlossen[2298].

Ein weiterer und bedeutender Gewerke sei noch für Gastein erwähnt. Es sind die Zotten, die auch an dem Goldbergwerk in Rauris beteiligt waren. Noch heute ist überdies in Rauris die Überlieferung an die Frau Margaretha Mayerin, die Tochter von Hans Zott, lebendig. Sie soll einen besonders silberreichen und goldreichen Stollen auf der Erzwiese aufgeschlossen haben[2299]. Bedeutende Unternehmer waren zudem in Gastein die Weitmoser. *Christoph Weitmoser* († 1558 zu Hofgastein) überbot die dortigen Gewerken „weit an Geist und Adel des Charakters und Bildung". Sein Name war weit in den deutschen Landen bekannt. Mit ihm erreichte der Gasteiner Goldbergbau seinen Höhepunkt. Er war ein Geschäftsmann und ein Bergherr von einmaligem Format, und er verstand es, den bisher zersplitterten Bergbau in der Lender Handelsgesellschaft zusammenzufassen, wodurch die Kapitalien viel wirkungsvoller verwendet werden konnten[2300]. Die Wendung zur Gesellschaft ist in jenem Zeitalter unverkennbar.

2295 *Weingartner*, Schwazer Bergwerksgeschichte. S. 161. – *Mutschlechner*, Bergbau am Falkenstein. S. 115.

2296 *Hinterseer*, Bad Hofgastein. S. 458.

2297 Ebd., S. 459.

2298 *Witteler*, Verjährung. In: Kirchenlexikon², 12. Sp. 781.

2299 *Hinterseer*, Hofgastein. S. 459ff.

2300 Ebd., S. 462f.

Nürnberger Geschlechter, um einen anderen Ausgangspunkt zu erwähnen, haben das Eisenhüttenwesen nicht bloß des nordöstlichen Bayerns, sondern auch das Montanwesen Mitteleuropas, zumindesten in der Zeit vom 15. bis 17. Jh., weithin gefördert. Dahin gehören die Familien Stromer, Maurer, Koler, Groland, Haller, Schlüsselfelder und Imhoff. Man nehme nur die Glasgemälde und Wappen dieser Stifterfamilien in der Pfarrkirche St. Sebald zu Nürnberg[2301]. Als kapitalmächtige, in der Handelsmetropole beheimatete Kräfte und Firmen vermochten sie sich draußen an den Hängen der Berge zu beteiligen[2302]. Sie waren ansich in armen gebirgigen Regionen nicht unwillkommen. Sie brachten nämlich neben den Vermögensstücken, die sich dem Erwerb und Betrieb zuwandten, auch eine Fülle von Handelsbeziehungen mit, die den Produkten des Bergbaus auch den Absatz erleichterten. Man weiß, die Oberpfalz mit dem Abbau und der Verwertung von Eisenerzen gab sich wie ein anderes Ruhrgebiet zwischen Jura, Fichtelgebirge und Bayerischem Wald. Nürnberg wirkte wie ein kommerzieller Anwalt. Die Stifterfamilie Imhoff bezog ihre Eisenerze im 16. Jh. aus der Bergstadt Sulzbach. Nachkommen der Sulzbacher Linie der Imhoff wurden aber während des 18. Jh. Berghauptleute im Harz[2303]. Unter ihnen war Karl Albrecht Ludwig von Immhoff, zugleich Geheimer Rat des Herzogtums Braunschweig. Er entwarf die bekannte kostbare Unterharzer Bergkanne[2304]. So griff er über kleinräumige Grenzen hinweg. Allerdings waren einige Vorbehalte gegen die *Fremden* auszuräumen. Sagt doch ein Spruchbrief aus Graubünden vom Ausgang des 16. Jh.: „Wegen der Kohlenführung, wofern die Einheimischen um billigen Lohn fahren, sollen die ‚Eisenherren' keine Fremden anstellen[2305]." Den welschen Knappen wurde in der ersten Hälfte des 16. Jh. im Bergbaubezirk von Persen ein schwunghafter Erzdiebstahl nachgesagt[2306]. Also sind die eigenen Landsleute vor den Aus-

[2301] *Ress*, Denkmäler. S. 25.

[2302] *F. Mayer*, Schwazer Bergwerksleben. S. 145. – *E. Werunsky*, Reichsgeschichte. S. 957ff. – Zum Kupferhandel der Fugger s. neuerdings den in der Fuggergeschichte reichbewanderten *Götz Frhr. v. Pölnitz*, Fugger und Hanse. S. 121, 137, 170, 171. – *Scheuermann*, Die Fugger als Montanindustrielle. S. 383. – *Karl Otto Müller*, Quellen der Handelsgeschichte. Für Tirol s. ebd., S. 71–112, 251–268.

[2303] *Ress*, Denkmäler. S. 50.

[2304] Ebd. – Vgl. dazu aber auch den Abschnitt über Tischgerät im Kapitel „Der Bergmann kulturproduktiv".

[2305] *Plattner*, Bergbau. S. 17. – Zum Vergleich sei darauf hingewiesen, daß im Weinteuerungsjahr 1516 die Fremden in Basel einer besonderen Ordnung unsterstellt wurden. *Weiss-Bass*, Weingewerbe. S. 109.

[2306] *Wolfstrigl-Wolfskron*, Tiroler Erzbergbaue. S. 265f.

wärtigen zu bevorzugen. Das Fuggerhaus in Schwaz nahm auf solche Empfindlichkeiten eine gewisse Rücksicht. Es wirkte wie eine Filiale des Haupthauses in Augsburg, die sich örtlichen Bedingtheiten anpaßte. Sie schufen sich dort ein eigenes Benefizium, das noch stärker mit diesem Bergort verband. Kirchen pfründen im Gefolge des Bergbaus.

Es war der geniale *Jakob Fugger der Reiche* († 1525), der sich erfolgreich dem Schwazer Bergbau zuwandte. Dieser große Kaufmann, der Mitbegründer der über ganz Europa verbreiteten Handelsgesellschaft der Fugger, hatte die großen wirtschaftlichen Vorteile eines Zugriffes nach Tirol erkannt. Bedeutende Gewinne wurden erzielt[2307]. Doch seit der Mitte des 16. Jh. nimmt der Bergsegen ab. Aber der Erz- und Metallhandel mit Venedig schuf einen gewissen Ausgleich. Dazu traten die Einnahmen in Verhüttungsbetrieben, wie etwa in dem Fuggerischen Hüttenwerk im tirolischen Achenrain (Berggericht Rattenberg)[2308]. Doch hat die Haltung der Fugger im Bergwerk am Röhrerbühel schon um die Mitte des 17. Jh. bei der österreichischen Regierung eine scharfe Kritik ausgelöst[2309].

In diesen und anderen Zusammenhängen machte sich das Übergewicht des Kapitalstarken geltend. Die Eigengrübler suchten sich Geldgeber; sie arbeiteten dann mit diesem Kapitalisten, blieben aber vielfach Gewerke und Lohnempfänger zugleich. So kam es zu dem Bergsprichwort: „Der Bergbau ist nicht *eines* Mannes Sache.“ Damit wurde der schlichte Bergknappe aus seiner Stellung als Unternehmer mehr und mehr verdrängt. Je tiefer man Stollen und Schächte legte und je mehr man also in den Berg eindrang, um so mehr kosteten die technischen Anlagen für Förderung und Pumpwerke, die geschaffen werden mußten, ehe der gewinnbringende Abbau überhaupt erst begann. Vereinzelte Gesellen und Eisengrübler, die sich immer wieder einfanden, waren, wie angedeutet, somit nicht in der Lage, diesen riesigen finanziellen Anforderungen zu entsprechen. So wurde der Mittelstand mehr und mehr zum Verschwinden gebracht. Die „schmelzenden“ Gewerke, die also Bergwerke und Hüttenbetriebe zugleich innehatten, brauchten sich gar

[2307] Aus der reich entwickelten Fugger-Literatur erwähnen wir *Scheuermann*, Fugger als Montanindustrielle. Bes. S. 383. – Für manche Hinweise habe ich *Götz Frhr. von Pölnitz* zu danken. Vgl. auch *ders.*, Die Fugger. Frankfurt a. M. 1959. – *Ders.*, Fugger. In: LThK 4², Sp. 441f. – Zur Bezeichnung Fuggerstollen, die hie und da auf tritt, vgl. den Bergbau Haverstock bei Nassereith. Imster Buch. Beiträge zur Heimatkunde von Imst und Umgebung (Schlern-Schriften, 110). Innsbruck 1954, S. 52.

[2308] *Wolfstrigl-Wolfskron*, Tiroler Erzbergbaue. S. 161.

[2309] Ebd., S. 232. – Über ihren Rüstungsbetrieb in der Hütte Fuggerau s. *Tremel*, Frühkapitalismus. S. 94. – *Zöpfl*, Bistum Augsburg, 495, 536.

nicht anzustrengen, den kleinen Mann zu beseitigen. Diese kapitalistische Entwicklung schuf weitgehende Proletarisierung bei den Bergarbeitern[2310], aber auch verständnisvolle Gegenwirkungen bei den Landesherren. Einzelheiten, auch in Hinsicht auf das soziale und asoziale Verhalten der meisten Gewerken, sind noch herauszuarbeiten.

Doch ist die *Bergmannssage* dem Eigengrübler freundlich gesinnt. Sie geht gewissermaßen auf Urzustände zurück. So soll in altersgrauer Zeit eine Magd im Schneebergischen Erzgebirge das Silber in den Bergen entdeckt haben, da sie mit – hier ähnlich der tirolischen Notburga – ihrer Sichel mähte[2311]. Diese Sage weiß zudem um die Wünschelrute. Sie kennt den Hirtenknaben, der im 16. Jh. die Silberleitner Erzlagerstätten im Erzgebirge entdeckt. Dann strömen dort die Eigenlöhner herbei, die die Lagerstätte mittels Tagebau in Angriff nehmen[2312].

Unternehmer, die sich dem Bergbau erfolgreich zuwandten, setzten sich in den Städten mancherlei bauliche und plastische Denkmäler. Das Heilig-Geist-Spital zu Nürnberg des 14. Jh. ist eine Stiftung des Reichsschultheißen, Reichsmünzmeisters und Eisenhüttenherrn Konrad Groß. Der heutige Bau auf Schwibbögen wurde an Stelle des ersten Gebäudes in den Jahren von 1511 bis 1527 errichtet[2313]. Dort in diesem Spital ist das Hochgrab des Berggewerken und Eisenhüttenherrn Herdegen Falzner († 1426) zu beachten. Dieser Montane stammte aus dem Dorf Großen-Falz, nahe bei dem oberpfälzischen Sulzbach, wo früh Bergbau erfolgte. Er wanderte nach Böhmen, das seine Metalle angemeldet hatte, aus und ließ sich schließlich in Nürnberg nieder. Dieses bedeutende Geschlecht der Falzner war mit vielen Gewerkenfamilien versippt. Außer dem Eisenhüttenwesen befaßte sich Herdegen Falzner mit dem Metallbergbau[2314].

Ein geistlicher Hüttenmann will für Westfalen genannt sein, diesmal ein Aristokrat. *Franz Ferdinand Freiherr von der Wenge zu Dieck*, Domherr zu Münster, gründete die Eisenhütte St. Antony bei Osterfeld im Vest Recklinghausen. Mit diesem Hüttenwerk zog 1753 die Eisengewinnung auf der Grundlage heimischer Erze ins Ruhrgebiet ein. Der Regalherr, der Wittelsbacher Clemens August, Erzbischof von Köln und Herzog von Westfalen,

2310 Wir folgen hier *Scheuermann*, Die Fugger. S. 324. – Vgl. auch *Stephen Worms*, Schwazer Bergbau im 15. Jahrhundert. Wien 1904, bes. mit dem 3. Kapitel.

2311 *Stötzel*, Bergmannssage. S. 36.

2312 Ebd., S. 37.

2313 *Ress*, Denkmäler. S. 303.

2314 Ebd., S. 307.

gab in zwei Urkunden (1741/1753) die Erlaubnis zum Bau dieses Werkes[2315]. Ein geistlicher vermögender Gewerke aus Tirol ist Dr. theol. *Matthias Jenner* († 1691), der Gründer des Benediktinerinnenstiftes Säben, der sich auch als Bauherr, wie bereits erwähnt, betätigte. Dieser Matthias Jenner (von Kaiser Leopold I. 1665 in den Reichsadel aufgenommen) war seit 1676 Spitalverwalter und Pfarrer in Klausen und gehörte seit dem Jahre 1679 dem Brixner Domkapitel an[2315a].

Andererseits schufen auch die Bergbaustädte selbst – wie etwa Amberg und Sulzbach in der Oberpfalz – montanen Besitz. Diese sich rasch entwickelnden Siedlungen besaßen ergiebige Erzgruben, deren Absatz sie geschickt durch Verträge mit den Hammerwerken des Umkreises sicherten, so daß sie die Mittelpunkte eines ausgedehnten Industriereviers wurden[2316]. Amberg und Sulzbach aber schlossen außerdem 1341 und 1378 miteinander „Hammereinigungen“ ab. In diesen verpflichteten sich beide Städte gegenseitig, keine Geschäfte mit auswärtigen Schmiedemeistern abzuschließen, ferner Hammerwerke nur zuzulassen, wenn der Inhaber Amberger oder Sulzbacher Bürger war oder wurde, und schließlich alle Schmiedemeister anzuhalten, ihr Erz aus den heimischen Gruben zu beziehen[2317]. Im Grunde genommen ein Schutzzollsystem. Ansätze zum Protektionismus.

In der Bergstadt Sulzbach, die heute noch mit ihrem Umland auf Eisen- und Stahlerzeugung verweisen kann, trafen sich die in der Hammereinigung zusammengeschlossenen Berg- und Eisenhüttenherren der Oberpfalz. Das im letzten Drittel des 14. Jh. entstandene Rathaus war bald die Versammlungsstätte[2318]. Ein gewerblicher Heimatbund. Es erinnert an verständnisvolle Vereinbarungen von Städten, die in Sachen der Weinwirtschaft in den mittelalterlichen Weinlandschaften erfolgten.

[2315] Ebd., S. 88.

[2315a] *Karl Wolfsgruber*, Das Brixner Domkapitel in der Neuzeit (Schlern-Schriften, hg. von R. Klebelsberg, Bd. 80). Innsbruck 1951, S. 70, 78ff., 98, 163f. – Hingewiesen sei auch auf *Wonisch*, Die Gründung der Benediktinerinnenabtei Säben; *Cornet*, Die Jenner; ferner auf den vorausgegangenen Abschnitt „Bergleute als Bauherrn“.

[2316] Eine eindringliche Darstellung der Wirtschafts- und Sozialgeschichte der oberpfälzischen Eisenindustrie bietet *Franz Michael Ress* in seiner „Geschichte und wirtschaftliche Bedeutung der oberpfälzischen Eisenindustrie bis zur Zeit des 30jährigen Krieges“. Regensburg 1950. Zum Bergbau der Oberpfalz vgl. ferner *ders.*, Die oberpfälzische Eisenindustrie im Mittelalter und in der beginnenden Neuzeit (Archiv für das Eisenhüttenwesen, 21). Düsseldorf 1950, S. 205, 215.

[2317] *F.M. Ress*, Die oberpfälzischen Hammereinigungen von 1341–1626. Zünftlerischer Zusammenschluß oder kapitalistische Interessengemeinschaft? In: Zeitschr. für Handelswissenschaftliche Forschung, N. F., 2. Köln u. Opladen 1950, S. 39, 44.

[2318] *Ress*, Denkmäler. S. 24.

Jahreslöhne und Leistungslöhne der oberpfälzischen Hammerarbeiter wurden überdies genau festgelegt. Seit 1387 wirkten dort die Hammereinigungen ununterbrochen bis zum Jahre 1626, in dem man wegen der Kriegsverhältnisse auf eine weitere Verlängerung verzichtete. Alle zehn Jahre paßte man die Statuten den jeweils neuen Zeitverhältnissen an. Eine bemerkenswerte Elastizität. Solche Wirtschaftspolitik aber stärkte auch zugleich das Zueinander innerhalb der Berggemeinde[2319]. Zuweilen macht sich auch der Wettbewerb zwischen Bergwerken und Hammerwerken geltend. Da wurde laut einem Spruchbrief von 1550, den neu aufkommenden Hammerwerken im schweizerischen Sarganser-Land untersagt, Erz zu graben und Eisen zu erzeugen. Diese Befugnis stehe einzig und allein den Besitzern des Bergwerks zu. Der Landvogt solle im übrigen diese Eisenhämmer in allen Freiheiten schützen und schirmen[2320].

Die Vergünstigungen des *Landesherrn* wollen besonders erwähnt sein. Dieser Hoheitsträger gestand dem Beliehenen eine bemerkenswerte Summe von Freiheiten zu, um den Bergbau zu fördern, von dem er selbst Nutzen zog. Dahin gehört die oft für kürzere (Monate), oft für längere Zeit (Jahre) gewährte Befreiung von Frondiensten, die Freiheit des Zuzuges und des Abzuges (Freizügigkeit), freies Geleit, Abgabenfreiheit, Testierfreiheit, freie Jagd und Fischerei, Befreiung von Kriegsdiensten, eigene Gerichtsbarkeit und das (zeitweise eingeengte) Recht, Waffen zu tragen.

Nicht immer wurde das ganze Ausmaß dieser Vorrechte verliehen, aber doch wesentliche Teile[2321]. Die Kasuistik breitet sich aus. Der Nachhall des Lehensrechts macht sich dabei geltend. Wurden im Jahre 1457 für die Inhaber von drei Tiroler Herrschaftsbezirken[2321a] Bergfreiheiten im Berggericht Rattenberg verteilt, so erfolgte (angesichts des Herrenfalls?) zwei Jahre später von Herzog Ludwig dem Reichen eine Bestätigung[2322]. Kontinuierliche Linien wurden eingehalten, die ja auch im Rathaus und in der Pfarrkirche begegneten, desgleichen in der abgabenrechtlich so einträglichen Weinwirtschaft (Ungeld).

Das Verhältnis von Großgewerken und Bergknappen war, soweit die spätmittelalterlichen und barocken Quellen zeigen, verhältnismäßig gut,

[2319] *Ress*, Oberpfälzische Hammereinigungen. S. 39, 44.

[2320] *Plattner*, Bergbau. S. 16.

[2321] *W. Schulz*, Wirklichkeit, Aberglaube und Sage. S. 5.

[2321a] Die drei unterinntalischen Gerichte Rattenberg, Kitzbühel und Kufstein waren ehedem bayerisch. Erst Kaiser Maximilian I. († 1519) vereinigte sie endgültig mit Tirol.

[2322] *Wolfstrigl-Wolfskron*, Tiroler Erzbergbaue. S. 156.

wenn auch manche Knappenaufstände zu verzeichnen sind[2323], wenn auch die Sage die Motive des anmaßenden reichen Bergherrn[2324] und des herrschsüchtigen Steigers (Steiger Calvör in Andreasberg) ausbreitet[2325]. Treue und Gehorsamspflichten sind von seiten der Bergleute zu üben. Das sind Motive, die bereits in der Bergwerksordnung anklingen, die Herzog Sigmund der Münzreiche 1468 für tirolische Gruben erließ. Sie diente churrätischen Bergordnungen als Muster[2326]. Beide Gruppen bildeten eine wirtschaftliche, rechtliche und soziale Einheit. Im allgemeinen war man auf Gedeih und Verderb verbunden. Die Beziehungen beider Teile wurden allerdings gelockert, wenn die Gewerke als Betriebsgesellschaften tätig waren. Ihre Kapitalien erwiesen sich jedoch für manche große Unternehmungen zu schwach; sie haben dann vielfach die Gewerkschaftsanteile ganz oder zum Teil an Metallhändler verkauft. Dadurch wurden die Häuer zu Lohnarbeitern herabgedrückt[2327]. Trotz allem blieb die Verbundenheit nach der wirtschaftlich-rechtlichen und sozialen Seite zwischen den Gewerken und zwischen den Bergknappen noch lange erhalten, bis hin an den Anbruch der Neuzeit und darüber hinaus. Die Aufstände der Bergknappen, die sicher ihre Würdigung verlangen, dürfen nicht dramatisiert werden, etwa wie mancher die „Weber" von *Gerhart Hauptmann* sieht. Der Rückgang des Bergsegens konnte allerdings eine Lockerung oder gar Auflösung dieses Verhältnisses herbeiführen. So ließen die Fugger am 23. September 1624 drei Tiroler Bergwerke auf, nämlich St. Georg an der Wand, St. Oswald am Kogel und St. Katharina in der Summerau[2328]. Die benachbarten Gewerken wollten diese Baue nicht übernehmen. Sie wurden mit Ausnahme der unrentablen Zeche St. Katharina dem österreichischen Handel überschrieben. Aber die oft so schwierige Verproviantierung in den getreidearmen Gebirgstälern brachte bei den hohen Preisen unheimliche Verluste. So entließ man 35 Arbeiter und nahm an, daß sie anderswo leichter ihr Brot verdienen konnten. Nun mußte aber in der Folge selbst der österreichische

[2323] Für Tirol vgl. das Register bei *Wolfstrigl-Wolfskron*, S. 452ff., mit manchen Verweisen. S. noch in unserem Buch S. 77, 531, 535.

[2324] *S. Stötzel*, Bergmannssage. S. 45.

[2325] Ebd., S. 24.

[2326] *Plattner*, Bergbau. S. 18, 21, allerdings fehlerhaft, näheres s. unten. – *Planitz*, Germanische Rechtsgeschichte. S. 214.

[2327] *Haussherr*, Wirtschaftsgeschichte. S. 42.

[2328] *Wolfstrigl-Wolfskron*, Tiroler Erzbergbaue. S. 168. – Zur Auflassung s. noch *Joseph Edler v. Senger*, Das verlassene Bergwerk am Röhrer Bühel (Beiträge zur Geschichte, Statistik, Naturkunde und Kunst von Tirol und Vorarlberg, hg. von den Mitgliedern des Ferdinandeums). Innsbruck 1825, S. 251.

Handel diese Baue auflassen, da die Kupferpreise nach sechs Jahren gesunken waren. Schon machte sich im europäischen Raum der Weltmarktpreis mehr und mehr bemerkbar. Doch sollten nach einem landesherrlichen Erlaß vom 30. Mai 1630 jene Stollen noch für einige Jahre in Betrieb gelassen und die Arbeiter anderweitig verwendet werden. Solche Sozialpolitik meldete schon früh ihre Forderungen an, also bereits in den Zeiten vor Maria Theresia und Joseph II.

Es wirkt wie ein symbolischer Zug, wenn bereits am 13. August 1567 laut Hofdekret einem Eigengrübler, dem Erzknappen Hanns Rainer, für seinen Bergbau zu Unser Frauen neben dem Höttinger Bach am Achselkopf (Berggericht Hall, Nordtirol) fünf Gulden Gnade und Hilfe verliehen wurden[2329]. Also ein Gnadengeld. Die habsburgische Montanpolitik zeigte, wie erwähnt, – über diese kleine Dotation hinaus – einen größeren Stil, den das kleinräumige Preußen nicht aufzubringen vermochte. Waren doch für die Berliner Verwaltung Bergwerke schwach vertreten.

Wenn Grubeninhaber nicht ortsansässig waren, verlangte diese Sonderstellung eine gewisse Berücksichtigung. Darum bestimmte die spätmittelalterliche rätische Bergwerksordnung für die Herrschaften Rhäzüns und St. Georgenberg: „Da Einige von unserer Gesellschaften zu entfernt in unsern Bergwerken sich aufhalten und es deßhalb nicht kommlich oder auch zu kostspielig wäre, sie zu allen Sachen zu berufen, so ordnen und setzen wir, daß, wenn sie je unseres Rates und unserer Gewalt nothwendig bedürfen sollten, sie zu sich noch vier Mitglieder unserer Gesellschaft an einen gelegenen Ort und auf einen bestimmten Tag berufen mögen, um mit denselben solche Sachen vorzunehmen und nach ihrem besten Bedünken zu handeln, zu thun und zu lassen ohne Widerrede[2330].“ Bei den vier Mitgliedern dürfte an die vier Bergmeister zu denken sein. Es heißt an dieser Stelle weiter: „Sollten jedoch von den Berufenen Einer oder Zwei ausbleiben und nicht kommen, so sollen die Übrigen nichtsdestoweniger die Sachen ausrichten und bei ihrer Handlung bleiben ohne Eintrag und Widerrede[2331].“ Derart wird Rücksicht auf die Wechselfälle des Lebens und der Entfernungen im oberdeutschen Raum genommen. Eine elastische Praxis bildete sich heraus.

Es war ferner ein Vorrecht des Unternehmers, der Grube einen besonderen *Namen* zu verleihen, wobei er sich hie und da der Mitwirkung der Berg-

[2329] *Wolfstrigl-Wolfskron*, Tiroler Erzbergbaue. S. 16, 452.
[2330] *Plattner*, Bergbau. S. 27.
[2331] Ebd.

knappen bedienen mochte. Die individuelle Art der jeweiligen Zeche wurde herausgearbeitet. Ja, der einzelne Stollen empfing seine Namenstaufe. Eine volksreligiöse Flagge war im Mittelalter die Regel. Die Bergbauwirtschaft unterstellte sich dem Zeitgefühl. Man wandte sich, was man zu *J. Burckhardt* wie zu *J. Janssen* ergänzen mag, in der Titelgebung besonderen Mysterien zu. Profane Bergwerkstitel waren im späten Mittelalter, also in dem großen Aufbruch bergbaulicher Arbeit, seltener. Im Zeichen einer von Italien gestützten marianischen Entwicklung erscheinen noch im 17. Jh. Grubennamen, die von den Feiertagen Unser Lieben Frau übernommen sind. Die heortologische Forschung weiß nichts über diese Zusammenhänge. Im Imster Bergwerksgebiet erscheinen die Namen Mariahilf[2332], Maria Himmelfahrt (17. Jh.)[2333], Maria Trost (17. Jh.)[2334], Maria Heimsuchung (1745–1767)[2335] und in späterer Zeit Maria zum guten Rat (1850)[2336]. Oft genug haben diese Gruben, indem sie schon früh über den Kreis marianischer Bergkultur hinausgriffen, auch bestimmte Heilbringer angesprochen. Es ist dabei vorab an St. Anna und St. Barbara zu denken, die, wie man weiß, im Bergbau besonders verehrt wurden. Man denke an das sächsische Annaberg. Gern schaltet sich dabei St. Katharina ein. So hören wir vom St.-Anna- und Katharinenbau in der Herrschaft Rappoltstein in Schlesien[2337]. Dieses Zueinander der beiden weiblichen Heilbringer ist mehr noch für Barbara und St. Katharina reichlich bezeugt. Matriarchalisches im Bergbau. Zugleich Geschwisterheilige.

Im übrigen wurde die Berggemeinde, was wenig in der Forschung berücksichtigt ist, vom religiösen und kirchlichen Leben her, im besonderen durch das Pfarrecht, gestützt, das verklammerte. Sie war in ein gemeinschaftsstarkes Kirchspiel einbezogen. Es konnten sich nunmehr Benefiziaten, Frühmesser, Kapläne, Gesellpriester, Hilfsgeistliche einfinden, denen für manche Fälle eine gewisse, wenn auch bescheidene seelsorgerliche Betreuung der Bergbeflissenen eingeräumt wurde[2338]. Die Gefahrenzone wies ja in die Richtung, der cura animarum einigermaßen freundlich gegenüberzutreten. Die Kette der Unfälle riß nicht ab. Schlagende Wetter, einströmende Wasser,

[2332] S. unten S. 594.

[2333] *Mutschlechner*, Erzbergbau. S. 57.

[2334] Ebd.

[2335] Ebd., S. 41 f.

[2336] Ebd., S. 41 ff.

[2337] Landesregierungsarchiv Innsbruck, Pestarchiv, Rep. 13, Fol. 192. Verwiesen sei ferner auf die einschlägigen Kapitel dieses Buches zur Namengebung.

[2338] Über diese Hilfsgeistlichen s. neuerdings *Franz Grass*, Pfarrei und Gemeinde. S. 57 ff.

Lawinen, Seilbruch fanden sich ein[2339]. Man begegnete hungrigen Wölfen auf dem Hinweg und Rückweg zum Bergwerk, was auch der zwischen Graubünden und Tirol 1499 geführte Krieg andeutet[2340]. In Würdigung solcher Notstände eroberten sich die Bergleute praktisch, im besonderen durch Stiftungen, eine gewisse Berufsseelsorge, wenn auch das ius parochiale daneben grundsätzlich geachtet wurde.

So erscheinen Gewerke und Unternehmer in geistig-seelischen Bereichen, um einander zu helfen. Beide Teile verbinden sich zur Errichtung von Gotteshäusern, zu sonstigen Zuwendungen ad pias causas, zu karitativen Schöpfungen. Sie fühlen sich ebenso eins in der Barbara-Konfraternität in Gossensaß oder in der Sakramentsbruderschaft in Schwaz, die unter tridentinischen Einflüssen erstarkt war[2341]. Solche Korporationen förderten den Gemeinschaftssinn und das Genossenrecht. Sie bildeten dieserhalb Zweckvermögen.

In dieser tirolischen Bergstadt hatten die Knappen, wie bereits angedeutet, in der vierschiffigen Pfarrkirche zwei Schiffe für sich, getrennt von den Bürgern der Stadt. Feierlich vollzieht sich dort die Knappenprozession, in der die Bergknappenkerze von drei Bergleuten getragen wurde. Eine wuchtende Symbolik, die gleichzeitig Distanzen aufrichtete, stärkte somit solche Verbundenheiten. Solch eine Verbandskerze wirkt wie ein volksliturgisches Grubenlicht. In der Rattenberger Pfarrkirche war den Bergleuten ähnlich ein besonderes Kirchenschiff vergönnt. Gewiß zwei bedeutsame Auszeichnungen in führenden Tiroler Gotteshäusern. Also zwei Privilegien jenseits des kanonischen Rechts, aber unter Duldung des Brixener Diözesanrechtes. Die Bergknappen des Erzgebirges, aber auch der bergfreudigen und hammervergünstigten Oberpfalz haben eine solche Vergünstigung nie erfahren. Die Bruderlade sorgte in diesen Tiroler Einrichtungen für die sozialkaritative Seite[2342]. Sie verstärkt das Eigengewicht dieser Bergmannszunft. Beitragsleistungen ketten die Gemeinschaft. Von dieser Basis her weiß der einzelne Knappe um gewisse Geborgenheiten und ebenso um Verpflichtungen. Es entfaltet sich von einer grundsätzlich bejahten und von der Über-

[2339] Seilbruch im Jahre 1634 am Fundschacht beim Röhrerbühel. *Wolfstrigl-Wolfskron*, Tiroler Erzbergbau. S. 231.

[2340] *Plattner*, Bergbaue. S. 57. – S. unten S. 600f.

[2341] Über die Bruderschaft s. *Georg Schreiber*, Der Barock und das Tridentinum. In: *Schreiber*, Weltkonzil von Trient, 1. S. 381–425. Demnächst *Franz Grass*, Studien zur Kulturgeschichte Tirols. Kerzenwunder bei *Menzel*, Symbolik, 1. S. 473.

[2342] Für Goßensaß s. *G. Tinkhauser*, Beschreibung der Diözese Brixen, Bd. 1. S. 682. – Für Schwaz s. *Schreiber*, Bergwerk. S. 392ff.

lieferung gewerteten Gemeinschaftsarbeit die Verantwortung. Es wächst der Berufsgeist, der Sinn für qualitative Leistung, für eifernden Standesstolz und eine gehütete Ehre, auch dann, wenn es sich, wie an vielen Stellen, um Lohnarbeiter handelte. Diese paßten sich dem Vollbergmann an.

In den alpinen Gebieten hat die Reformation des 16. Jh. nach vielen Wechselfällen weniger Fuß gefaßt als im sächsischen Erzbergbau. Die Geschichte des Bergbaus wurde immerhin in einigen Landschaften des Hochgebirges tiefernst beeinflußt. Selbst die dänische Regierung wurde von dem neugläubigen Tirol um Vermittlung angegangen[2343]. Es gab frühe Zeitalter, in denen in Steiermark und Kärnten eine neugläubige Mehrheit festzustellen war[2344]. Aber es kam nicht zu dauernden Erschütterungen, die sich über ganze Jahrhunderte zogen. Die Gegenreformation hat gewiß ganz scharf zugegriffen, wenn sie Widerständen im Adel und im Bürgertum begegnete. Die Wiedertäufer traten nicht nur in Rattenberg in Opposition. Dort erfolgte gewiß die Hinrichtung eines täuferischen Franziskaners. Die neue Bewegung setzte ebenso den Imster Bergrichter im Zeichen der Abwehr in Bewegung. Im Jahre 1532 wurde dort anläßlich einer Empörung sogar die Schmelzhütte demoliert. Das strenge Vorgehen und die gerichtliche Verfolgung der Andersgesinnten, der „Schmalkaldener" wie man sagte[2345], unter dem unduldsamen steirischen Erzherzog Ferdinand (später Kaiser Ferdinand II.) hatte eine Abwanderung vieler und guter Bergleute zur Folge. Ähnlich in Tirol. Für Imst bedeutete das eine starke Bevölkerungsabnahme. Dort war „der Höhepunkt des Bergbaus überschritten"[2346]. Es wurden ebenso die bergbaulichen Verhältnisse in Röhrerbühel bei Kitzbühel in Mitleidenschaft gezogen. Wechselhafte Auffassungen machten sich dort geltend. Man drängte auf Abschaffung protestantischer Bergarbeiter im Jahre 1628[2347]. Doch es erfolgte, wie angedeutet, für diese eine Unterstützung der dänischen Regierung vom 12. März 1628. Dieserhalb wurde die Ausführung für ein Jahr hinausgeschoben[2348]. Schon zuvor war

[2343] *Wolfstrigl-Wolfskron*, Tiroler Erzbergbaue. S. 226. Schikanierung der protestantischen Gewerke im Jahre 1631, S. 269. Siehe noch ebd., S. 207, 208, 229.

[2344] *Pirchegger*, Steiermark. S. 120ff. – Über Hubmair s. unten S. 591.

[2344a] Zusammenfassend mit weiteren Literaturhinweisen dazu demnächst *Ferdinand Kogler* und *Franz Grass*, Der Kampf der Stände Tirols um die Glaubenseinheit des Landes. In: Studies presented to the International Commission for the History of Representation and Parliamentary Institutions, XXIV. Paris 1961/1962, im Druck. – S. auch unten S. 591.

[2345] *Tremel*, Frühkapitalismus. S. 154. – *Pirchegger*, Steiermark. S. 127ff.

[2346] *Mutschlechner*, Erzbergbau. S. 57.

[2347] *Wolfstrigl-Wolfskron*, Tiroler Erzbergbaue. S. 226.

[2348] Ebd.

für protestantische Gewerke wie für Friedrich Behaimb und andere die Bitte beim Landesfürsten geäußert, in Steiermark bleiben zu dürfen. Die freien Reichsstädte Augsburg und Nürnberg erwirkten einen Aufschub auf ein Jahr[2349]. Im allgemeinen ergab sich für die Neugläubigen eine ungenügende Sicherung. Noch fehlt es für die alpinen Bergwerksgebiete an einer religionspolitisch und wirtschaftlich zusammenfassenden Schau, wenn auch manche Ansätze vorhanden sind. So hat bereits *Wolfstrigl-Wolfskron* manche wertvolle quellenkundliche Angaben verzeichnet[2350]. Doch lassen sich die außerordentlichen Spannungen des 16. und 17. Jh. in ihrer Gesamtheit noch nicht übersehen. Die Abneigung gegen die Neugläubigen wuchs jedenfalls betont heraus und führte zu drastischen Maßnahmen. Amtliche Verlautbarungen setzten ein, um gewalttätige Lösungen im Bergbau heraufzuführen. So findet sich im Landesregierungsarchiv Innsbruck aus dem Jahre 1578 ein Bericht über die Abschaffung von Akatholiken unter den Bergarbeitern am Röhrerbichl bei Kitzbühel[2351]. Ähnliche Ereignisse, ja besonders harte Maßnahmen meldet die Geschichte der steirischen Gegenreformation, die im Jahre 1600 im großen und ganzen vollendet war. Sie ging amtlich unter dem Namen „Die heilsame katholische Reformation"[2352].

Man wird sich auch die Frage nach ähnlichen Vorgängen in umgekehrter Richtung stellen müssen, also für die neugläubigen Gebiete anderer Bergwerkszonen, die grundlegende Änderungen im Bekenntnisstand der Bergleute herauffführten. Selbst die Volkserzählung wurde beeindruckt. Die Bergmannssage ersetzte den uralten Bergmönch und den Grünhainer Zisterzienser, der Silberadern aufschloß[2353], durch den *Superintendenten*. Aber diese Verwandlung erfolgte nur hie und da. Der Wirkungsgrad des letzteren in der Bergmannsüberlieferung war verhältnismäßig bescheiden, da die Sage sich stärker auf das erzählungsfreudige und mirakelfrohe Mittelalter stützte. Eine Harzsage stellt den Superintendenten sogar als geprellten Bergherren heraus: „In alten Zeiten ist ein Superintendent ein mächtiger Bergherr gewesen. Die Hütten um Riefensbeek und Kamschlacken waren seine, neun-

[2349] Ebd., S. 223.
[2350] Tiroler Erzbergbaue. Register, S. 207, 208, 209, 223 u. ö. – *Plattner*, Bergbau. S. 66.
[2351] Repertorium, 13, Fol. 192v, Nr. 634.
[2352] *Pirchegger*, Steiermark. S. 127.
[2353] *Stötzel*, Bergmannssage. S. 38: „Einst ging ein Grünhainer Pater zu der Kapelle im Walde, um die Messe zu lesen ... Er untersuchte den Boden und fand einen starken Zacken gewachsenen Silbers, der drei Zoll lang aus der Erde hervorstand. Um die Stelle sicher zu bezeichnen, zog er seine Kutte aus und legte sie darüber ... Bald wurde an der Stelle ein Bergwerk angelegt, das lange Zeit gute Ausbeute gab und noch jetzt die Kutte heißt."

undneunzig Hütten. Einmal saßen seine Leute vor dem Zechenhause und spielten Karten. Und sie machten soviel Leben. Einer rief beim Ausspielen: ‚Trumpf ruht! De Superdente teilt dat Geld ut!' Das hörte der Herr Superintendent. Er kratzte sich hinter den Ohren; denn aus dem Spruche merkte er, daß seine Leute von der Hütte mehr profitierten als er selbst. Da ließ er seine Hütte erliegen[2354]."

Gegenüber dem neugläubigen Kirchenbeamten hatte der mittelalterliche Konvent den Vorsprung eines Blütezeitalters des Bergbaus, jedenfalls, wenn es sich um ein zisterziensisches Bergwerk handelte. Zudem führte diese Kommunität überzeitliche Momente mit sich. Doch war die Stellung des Superintendenten für das evangelische Verfassungsleben an sich bedeutend. Man prüfe nur die evangelischen Kirchenordnungen von *E. Sehling* und anderen Autoren durch[2355]. Aber die Volkserzählung greift gern über altersgraue Jahrhunderte. An mehr als einer Stelle wird der *Pfarrer* in die Berggemeinde einbezogen, wurde er doch oft zum Inhaber einer Kuxe. Das Wort Kuxe läßt sich ab 1476 im Freiberger Bergurteil feststellen. In Tirol ging die Kuxe unter dem allgemeinen Titel des Bergteiles[2356]. Kuxen waren auch in den Händen von Fürsten, dort allerdings hatten sie das Vorrecht, keine Zubuße zahlen zu müssen[2357].

Doch wußte die Berggemeinde nicht nur um Gemeinschaftliches und volksreligiös empfundene Verbundenheiten. Nein, sie richtete auch in sich gewisse Schranken zwischen einzelnen Gruppen auf.

Da war einmal die große Masse der „*Lohnarbeiter*". Um diesen Sprachgebrauch weiß bereits eine rätische Urkunde aus dem Beginn des 15. Jh.[2358]. Man konnte diese Bergleute im allgemeinen als ortsansässig ansprechen, das in Gegensatz zu manchen Unternehmern, die weitab in oberdeutschen Städten, vorab in Reichsstädten wohnten, wenn sie auch in Bergorten das eine oder andere an Niederlassungen besaßen. Doch traten im Zeichen der Freizügigkeit wie der ansteigenden Förderung wieder und wieder für die

2354 *Stötzel*, Bergmannssage. S. 23.

2355 Geringes historisches Interesse bei *Haendler*, Superintendent. In: RGG 5², Sp. 921.

2356 *Haussherr*, Wirtschaftsgeschichte. S. 44.

2357 Ebd., S. 45.

2358 Zum Sprachgebrauch von Lohnarbeiter vgl. etwa den Spruchbrief des Lienhard Eykelzain aus dem Jahre 1408, aus dem Bergwerksgebiet von Chur: „Geht ein *Lohnarbeiter* suchen, er sei Knapp' oder Knecht, der ist schuldig, dem Grubenmeister Theil zu geben, ausgenommen an Baufeiertagen." *Plattner*, Bergbau. S. 22. Gemeint ist wohl ein Freigrübler, der aus eigener Initiative schürft, der in einer neu in Angriff genommenen Aufgabe die Fühlung mit der früheren Grube nicht verliert. Der Baufeiertag ist der Knappenfeiertag.

Gruppe der Lohnarbeiter *fremde* Bergknappen hinzu. Der Wandertrieb war zeitweilig stark entwickelt. Facharbeiter kamen als Neuankömmlinge zu den Eingesessenen.

In einer breiten Lohnarbeiterschicht, aber mehr noch unter den Bergknappen, wollen die *Häuer* an erster Stelle erwähnt sein. Mit Hammer und Schlägel haben sie der harten Arbeit am Gestein das charakteristische Gepräge gegeben. Sie sind Bergleute im eigentlichen Sinn des Wortes. Man ehrte sie im Lied: „Ihr Häuer, schlaget ein / Führt Schlägel und Eisen in der Hand / Bezwingt das Gestein / Entblößt den rechten Gang / Ruft Tag und Nacht / Stets in den Schacht / Glückauf im Schacht / Bezwinget jetzt die harten Flötz / Schlagt das Geding heraus[2359]!" Man begegnet diesen Häuern ebenso in der Sprache des Symbols. Als solcher Häuer erscheint bezeichnenderweise der Bergbaupatron Daniel im gotischen Glasgemälde in der Pfarrkirche der Silberstadt Schwaz. Er führte die soeben erwähnten Attribute des Hammers und des Schlägels mit sich, zu denen noch die Erzstufe tritt[2360]. Dieser wichtigen, ja sachlich bevorzugten Arbeitsgruppe gedenkt das Bergmannslied in weiteren Anerkennungen: „Von den Heyern da wöllen wir singen, Sie hauen das Silber, das Gold mit Fleiß, sogar aus festem Gesteine[2361]." Die Kleidung der Häuer bestimmte auch die Entstehung der – in der Landschaft unterschiedlichen – Bergmannstracht, indem man jedenfalls im Erzgebirge im Laufe der Zeit charakteristische Kleidungsstücke und Ausrüstungsgegenstände zusammenfügte. Ein loser Grubenkittel, eine Fahrhaube oder Kappe, ein Bergleder und Kniebügel, eine Grubentasche (auch Bergtasche genannt) und eine Tscherperscheide mit Tscherper (Grubenmesser) fanden sich ein. Man sprach von der Tracht des „ansehnlichen" Bergmanns. Damit mochten sich Unterscheidungen zu manchen Freigrüblern abheben. Die kursächsische Bergverwaltung legte seit August II., also in einer Spätentwicklung, besonderen Wert darauf, die Bergmannskleidung durch Vorschriften zu regeln und repräsentativ zu gestalten[2362]. Die Prachtliebe des Barock trat selbst zum bergbaulichen Personal in dunklen Stollen.

An der Seite der Häuer seien die ihnen eng verbundenen *Haspeler* genannt, die mit viel Vertrauen zu dem Heilbringer *St. Erasmus* (Ernus, St. Elmo, Elmsfeuer) aufschauen. Wieder tritt Symbolisches und Transzendentales zu einem erdhaft gebundenen Erwerbsstand. Führt doch Erasmus

[2359] *Heilfurth*, Bergmannslied. S. 81, Strophe 3 des Liedes „Frischauf ihr Bergleut' auf".
[2360] *Schreiber*, Daniel im Bergbau. S. 12/13.
[2361] *Heilfurth*, Bergmannslied. S. 331. – Man beachte, daß das Gold im Bergmannslied oft erwähnt ist.
[2362] S. unten.

als Bergbaupatron die Winde, das Beizeichen seines Martyriums, in einem individuellen Attribut mit sich[2363]. Weiß doch die Legende zu berichten, daß dieser Bischof von Antiochia, der zu dem besser beglaubigten Martyrium der diokletianischen Verfolgung gehört, zunächst als Patron der Seeleute im Mittelmeer verehrt wurde[2364]. Daher wurde ihm als Attribut die Schiffswinde mit den aufgewickelten Ankertauen beigegeben. Diese Winde wurde von den Bergleuten ebenso als ihr Instrument und Attribut beansprucht, da man dieses Werkzeug vielseitig zum Heben von Lasten und Personen benötigte[2365]. Es lag nahe, daß man diese Winde im Binnenland als sein Marterwerkzeug ansah. Ein Mosaikbild über dem Altar in St. Peter in Rom zeigt die Herauswindung der Gedärme in naturalistischer Art, nach dem Originalbild von Nicolas Poussin im Vatikan[2366].

Diese Schutzherrschaft über Häuer und Haspeler ist bei den verschiedensten Autoren der Sakralkultur (*Heinrich Samson*, *Dietrich Kerler*, *Joseph Braun* u. a.) noch nicht herausgestellt. Solches Zuvertrauen legte sich für die Bergmannsphantasie besonders nahe, da der Sanctus metallische Attribute mit sich führte. Man sah an ihm Pfriemen und Nägel. Diese Nägel waren unter seine Hände getrieben. Dazu waren ihm ein vitushafter Kessel und eiserne Beizeichen mitgegeben, die den Bergmann besonders ansprechen mochten. So sind gewisse Voraussetzungen gegeben, daß Erasmus über zahlreiche Bergwerkspatrozinien verfügte. Diesmal ohne eigentliche Einwirkung der Stadtkultur. Das Bergwerk stellte sich auf sich selbst, ein sozialgeschichtlich wie wirtschaftsgeschichtlich bemerkenswerter Zug.

Wir erwähnen dieserhalb folgende Zechen, die den Namen St. Erasmus tragen: eine Grube am Falkenstein im Schwazer Bergbaugebiet (1490 bis 1495)[2367], eine andere im Bezirk Großkirchheim (1524)[2368], eine weitere im Gebiet Jauken (1526)[2369], in Vellach (1531)[2370], dann im Berggericht

[2363] *Braun*, Tracht. Sp. 545f. – Als Bergmannspatron auch erwähnt bei *Engels*, Erasmus. In: LThK 3², Sp. 955. – *Schreiber*, Deutschland und Spanien, über die Erasmuskapelle in Kaufbeuren. S. 39. – *Ders.*, Vierzehn Nothelfer. S. 78. – *Mathesius*, Sarepta, Stollenverzeichnis.

[2364] *Zoepfl*, Erasmus. In: LThK 3, Sp. 725f. Allerdings ohne Verweis auf das Bergbaupatrozinium. Letzteres ist erst der Fall bei *O. Engel*, Erasmus. In: LThK 3², Sp. 955. Zu ergänzen ist dort *Kerler*, Patronate. S. 441.

[2365] Zur Winde s. auch *Ludwig Beck*, Geschichte des Eisens, 1. S. 574.

[2366] Reproduktion bei *Elisa Ricci*, Mille Santi nell' Arte, p. 207. – Siehe noch *Künstle*, Ikonographie. S. 210ff. – *Braun*, Tracht. Sp. 224ff. Diese Autoren aber ohne Hinweis auf ein Bergbaupatrozinium.

[2367] *Wolfstrigl-Wolfskron*, Tiroler Erzbergbaue. S. 33.

[2368] *Wießner*, Kärnten, 1. S. 103.

[2369] Ebd., 2. S. 173. [2370] Ebd., 1. S. 57.

St. Petersbach an der Etsch (1535)[2371], in Rattenberg (1590)[2372], in Kärnten (1600)[2373]. Ferner seien genannt die Grube St. Erasmus ob dem Kolben in Bleiberg-Kreuth (1623)[2374] und in Vilrag[2375], endlich noch in Eisenerz (Steiermark)[2376]. Wiederum rückt mit Erasmus eine bergmännische Erwerbsgruppe in den Bereich der Kunst. Zwei Handhaspeler bedienen ja die Handhaspel in dem spätgotischen Altarbild des Bergmannsaltars in der St. Annenkirche zu Annaberg[2377]. Widerschein mühseliger Arbeit am Wasserhaushalt des Bergesinnern. Die einschlägige Ikonographie hat sich weniger um diese Haspler gekümmert. Doch haben neuzeitliche Münzen und Medaillen deren Tätigkeit hie und da im Revers dargestellt.

Bergbauheilige haben die Vornamen der Bergleute stets beeinflußt. So findet sich in Kitzbühel im 16. Jh. ein Faktor Erasmus Reisländer ein. Er äußert sich kritisch zur Rentabilität dieses Bergbaus[2378]. Über die Namengebung Erasmus sind wir auch aus der Geschichte Gasteins gut unterrichtet. Um 1525 war es, da der große Unternehmer *Hans Weitmoser* am Radhausberg einen Stollen anschlug, den er Erasmusstollen nannte. Nach diesem Stollen ging der Name auf ihn selbst über. So wird er in der Geschichte Gasteins meist als Erasmus Weitmoser bezeichnet[2379]. Die Verbundenheit einer Familie mit der Schachtanlage tritt bemerkenswert hervor.

Dazu finden sich im bergmännischen Personenkreis die *Wasserknechte* ein, bei denen man sich an *St. Nikolaus*, den im Bergwerk besonders verehrten Schutzherrn, erinnert. Er soll dem Einbruch des Wassers wehren[2380]. Diese Gefahrenzone, dem Wasser zu erliegen, drückt Hunderten von Gehilfen den Eimer in die Hand, der in einer Kette von Mann zu Mann gereicht wird, ehe die zunächst noch unvollkommene Wassermaschine zur Anwendung kam. Wegen Wassereinbruch mußte 1612 der St.-Niclas-Herrenbau im Rettenbacher (Tauferer) Bergbau (Tirol) stillgelegt werden[2381]. Es will erwähnt sein, daß Nikolaus in der spätmittelalterlichen Vornamengebung des bergbaulichen Personals eintritt. Da ist der Knappe Claus, der 1481 am

2371 *Wolfstrigl-Wolfskron*, Tiroler Erzbergbaue. S. 325.
2372 Ebd., S. 162.
2373 *Wießner*, Kärnten, 2. S. 243.
2374 Ebd., 2. S. 77.
2375 *Wolfstrigl-Wolfskron*, Tiroler Erzbergbaue. S. 262.
2376 *Ferber*, Beschreibung des Quecksilber-Bergwerks. S. 28, Nr. 12.
2377 *E. Treptow*, Deutsche Meisterwerke. S. 7. – Siehe auch oben S. 213.
2378 Über Kitzbühel vgl. *Wolfstrigl-Wolfskron*, Tiroler Erzbergbaue. Im Register, S. 426.
2379 *Hinterseer*, Hofgastein. S. 462. – Zwei Erasmusstollen bei *Mathesius*, Sarepta.
2380 *Schreiber*, Bergwerk. S. 387 f. – *Meisen*, Nikolauskult. S. 247.
2381 *Wolfstrigl-Wolfskron*, Tiroler Erzbergbaue. S. 366.

Heiligkreuztag nach Bergrecht eine neue Fundgrube auf dem Berg Montür empfängt[2382].

Der *Bergjunge*, der der Gesamtheit der Bergarbeiter beigegeben ist, bezeichnet den Nachwuchs. Dieser hat eine Stufenleiter in seiner Beschäftigung zu durchlaufen, ehe er als leistungsfähiger Bergmann anerkannt wird. Ganz wie im städtischen Handwerk wird eine brauchbare Qualifikation angestrebt. Dieser Anwärter wird sowohl im eigentlichen Bergbau wie in den Hammerwerken als sogenannter Klaub- oder Pochjunge beschäftigt. Er muß unter anderem „vor Ort" aufpassen, daß das Seil oder die Kette, die nach oben und nach unten führt, richtig bedient wird. Seilbruch wird hie und da festgestellt[2383]. Erst im siebten Jahr rückt der Novize in den Stand des Bergmanns ein. Unwillkürlich denkt man, um einen Vergleich zu ziehen, daß ein Knabe im Leben der mittelalterlichen Pfarrgemeinde erst mit 14 Jahren die Opfermündigkeit besitzt. Das will besagen, daß er als adultus quatuordecim annorum, als „opferbaere", als „ein opferbar Mensch", „zum Opfern alt und geeignet", angesprochen wird[2384]. Solche Altersstufen verlangen nach der Seite des Kultes wie der Wirtschaft einige Berücksichtigung.

Untersuchungen über diese Bergreife sind nach der jeweiligen Landschaft erwünscht. Die Bergmündigkeit, also die künftige Einreihung in die Knappschaft, wird auch dadurch ausgewiesen, daß schon der Bergjunge sich an den Abgaben zur Unterhaltung der Bergkapelle beitrug. So zahlte er nach der ältesten Schneeberger Bergordnung von 1471 (oder spätestens 1472) wöchentlich am Sonnabend einen halben Pfennig. Es war wichtig, daß bereits die Jugend derartig zum Beitragswesen herangezogen wurde. Auch der Haspler zahlte einen halben Pfennig, während der bergmännisch gewichtige Häuer einen Pfennig beizusteuern hatte. Die Zahlung war an den Hutmann der Zeche zu entrichten[2385].

Der Pochjunge, hier ähnlich dem Bergmannsjungen, rückte auch in die *Bergmannssage* des Harzes. Da hört man, am Freitag, wohl am Zahltag, würfeln diese Lehrlinge um ihre Pfennige. Unser Pochjunge verspielt. Er fürchtet sich vor den Prügeln daheim. Aber er trifft einen Herrn im schönen feurigen Rock, der ihm das Geld ersetzt und noch mehr dazugibt. Seine Eltern sind mißtrauisch, als ihr Sohn über das generöse Verhalten des

[2382] *Plattner*, Bergbau. S. 9. – *Mathesius*, Sarepta, Stollenverzeichnis.

[2383] Fundgrube in Rörerbühel im Jahr 1634 durch Seilbruch zerstört. *Wolfstrigl-Wolfskron*, Tiroler Erzbergbaue. S. 464.

[2384] *Schreiber*, Gemeinschaften. Im Register, S. 468, unter „adultus".

[2385] *Löscher*, Erzgebirgische Knappschaft. S. 226.

Fremden berichtet. Sie melden es dem Superintendenten. Am anderen Morgen soll der Junge zur Grube kommen. Der Superintendent begleitet ihn. Der Junge läßt drei Blutstropfen in den Geldbeutel fallen und reicht diesen durchs Fenster dem Teufel, der mit Krachen abfährt. Diese Sage steht schon im Zeichen der nachmittelalterlichen und neugläubigen Entwicklung[2386]. Ähnlich kennt die Oldenburger Sage diesen Zauber der drei Tropfen Blut, die einem Glase Wein beigemischt, sogar – im Zeichen des neuzeitlichen Wandels des Volksgetränkes – dem Kaffee zugeteilt werden[2387]. Es handelt sich dabei um einen Liebeszauber. Es ist jene Zeit, in der der Frankfurter Verleger Spieß das Buch vom Teufelsbündner Faust herausbringt (1587). Es erscheint auch an Stelle des Superintendenten der Prediger. So weiß die Sage zu berichten von der wartenden Frau auf dem Golm, einem Berg bei Swinemünde. Sie ist für Jahrhunderte bergentrückt. Die Sache wurde ruchbar und soll selbst bis vor den Prediger gekommen sein[2388]."

Die Gruppe der *Schmelzer* tritt betont heraus. Sie geben sich vollgewichtig. Ähnlich den Häuern strebt sie manchmal innerhalb der Berggemeinde nach besonderer genossenschaftlicher Formung. Das geschieht im Zuge jener mittelalterlichen Entwicklung, die so gern jene Spezialisierungen heraufführte, die neben dem Bergbau vor allem das Weingewerbe betrafen. Es scheint, daß sich diese Schmelzer dem ständischen Schutzbedürfnis der Zeit entsprechend, besonders der Feuerheiligen *St. Agatha* zugewandt haben. Diese aus Catania stammende Heilbringerin war ja gleich einem Bergmann mit den Attributen der Kerze und der brennenden Fackel ausgerüstet. Die Legende berichtet überdies, daß sie über brennende Kohlen, die mit Scherben gemischt waren, gewälzt wurde. Zum weiteren weiß die Überlieferung zu berichten, daß am Jahrtag ihres Todes der Ätna ausbrach. Der Lavastrom wälzte sich gen Catania. Aber er wurde zum Stehen gebracht, da man die Decke des Grabes oder den Schleier der Martyrin dem Feuerstrom entgegenhielt. Ihr Natalitium fand am 5. Februar statt, so konnte sich das Volkssprichwort einfinden „St. Agatha ist reich an Schnee". Der Agathenzettel, das Agathenbrot (noch heute in Ottobeuren), der Agathen-Wein

[2386] *Stötzel*, Bergmannssage. S. 25. Mit Hinweis auf *Sieber*, Harzlandsagen. S. 245. – Wir ergänzen hier *Bächtold-Stäubli*, Handwörterbuch, 1, Sp. 1459ff., mit seinen Ausführungen über die drei Blutstropfen.

[2387] *Ludwig Strackerjan*, Aberglaube und Sagen aus dem Herzogtum Oldenburg, 2 Bde. Oldenburg 1909; 1, S. 114.

[2388] *Will-Erich Peuckert*, Deutsche Sagen, I: Niederdeutschland. Berlin 1961, S. 116.

und entsprechende Segnungen bekunden weiter die Volkstümlichkeit der Feuerheiligen[2389].

Agatha war gleichzeitig Schutzheilige verwandter metallischer Gewerbe, so der Gelbgießer, der Geschmeidemacher, der Gürtler, der Glockengießer und der Hochofenarbeiter[2390]. Die für den Bergbau so wichtige Funktion der Schmelzhütte tritt in einer rätischen Bergwerksordnung des 15. Jh. wie folgt heraus: „Alles Erz, welcher Art es sei, das wir hinfür in unserem Leben finden und überkommen, soll zusammen gelegt werden und ungetheilt bleiben, bis es geschmolzen und auf seiner Stätte bereitet wird. Dort soll es Jeglichem nach seinem Antheil und Recht verabfolgt werden[2391]." Hüttenarbeiter treten diesen Schmelzern als verwandter Arbeitskreis zur Seite.

Zuweilen findet sich eine alte Schmelzhütte ein, die verlassen ist. In Judikarien (Pergutzer Tal) setzte man diese in der ersten Hälfte des 16. Jh. wieder instand, ohne beim Bergrichter von Persen um Belehnung nachzusuchen[2392]. Gerade über die Schmelzhütten in Tirol sind wir besonders gut unterrichtet.

Zum Aufsichtspersonal, also zu einer bevorzugten Gruppe, zählen sodann *Schichtmeister*, *Steiger* und *Hutleute*. Unter diesen sind die Steiger mehr als einmal von der Bergmannssage festgehalten, wenn sie böse Eigenschaften zeigen und zum warnenden Beispiel dienen[2394].

Den Schmelzern nahe stehen die Silberbrenner. Diesen stand die Kontrolle über die Schmelzarbeit zu. Sie hatten ebenfalls sich mit den Abgaben

[2389] Vgl. *Fink*, Kirchenpatrozinien Tirols. S. 51. – *Franz*, Benediktionen, 2. Im Register, S. 676. – *Braun*, Tracht. Sp. 37ff. – Zur Legendenbildung *Günter*, Legende. Im Register, S. 337. – Zum Patrozinium s. *Samson*, Schutzheilige, S. 104, mit bemerkenswerter Verbreitung im westdeutschen Raum. Für Schwaben vgl. *Hoffmann*, Kirchenheilige in Württemberg. S. 259.

[2390] *Kerler*, Patronate. S. 427. – *Bernhard Kötting*, Agatha. In: LThK 1^2, Sp. 183f. – Die bergbauliche Funktion blieb *Bächtold-Stäubli*, Handwörterbuch, 1, S. 208ff., unbekannt. – Zum abendländischen Wanderzug s. *G. Schreiber*, Wanderkulte. S. 55, 112. – *Ders.*, Deutschland und Spanien, S. 71, 246, 247, mit weiterer Literatur. – Die Harzbergwerke wurden vom Kirchentitel nicht ergriffen, um hier *E. Hennecke* und *H. W. Krumwiede*, Die mittelalterlichen Kirchen und Altarpatrozinien Niedersachsens, Göttingen 1960, S. 278, zu ergänzen.

[2391] *Plattner*, Bergbau. S. 27.

[2392] *H. Hochenegg*, *G. Mutschlechner* und *K. Schadelbauer*, Verleihbuch des Bergrichters von Trient. S. 17.

[2393] *Wolfstrigl-Wolfskron*, Tiroler Erzbergbaue, mehrere Schmelzöfen am Ende des 15. Jh., S. 174; Ausbesserung 1561, S. 337, 468; Bau eines Schmelzofens 1596, S. 19; Schmelzhüttenverleihung 1557, S. 248; Antimonschmelzen 1641, S. 151.

[2394] S. oben S. 254.

auseinanderzusetzen, indem sie Sorge tragen mußten für eine pünktliche Erledigung des Wechsels. Überdies hatten sie die landesfürstliche Marke auf das Brennsilber zu schlagen[2395].

Eine noch höhere Ebene der Kontrolle bezieht der *Bergmeister*. Über seine Tätigkeit verbreitet sich eingehend die Bergwerksordnung für die Herrschaften Rhäzüns und St. Jörgenberg im Gebiet des Grauen Bundes. Sie gehört dem 15. Jh. an. Sie weiß wie folgt zu bestimmen: „Von unserer Gesellschaft sollen alle Jahre nach St. Martin vier ehrbare Männer, die Bergmeister genannt, gesetzt werden. Wir sollen denselben volle Gewalt geben, zu allen Sachen des Bergwerks zu sehen, zu thun und zu handeln, Amtleute zu dem Bergwerk zu setzen und von denselben halbjährlich oder zu den vier Fronfasten, wie sie gut dünkt, Rechnung zu nehmen und, ob es ihnen nothwendig scheint, einen andern zu setzen, Steuern anzulegen und Alles zu thun, was sie Gott und uns Allen löblich, nützlich und ehrlich zu sein bedünkt[2396]." – Man beachte in dieser Bestimmung die wieder und wieder erwähnte gottbezogene Sicht, die ja auch in den Grubennamen sich geltend macht. Desgleichen tritt im Moment der Ehrbarkeit, der mittelalterlichen Honestas, jenes Ethos heraus, das das ganze bergbauliche Schaffen durchzieht. Man nehme nur die strenge Bestimmung in einem Spruchbrief des Jahres 1408 in Graubünden: „Wer gestohlenes Erz kauft, es sei am Berg oder in den Hütten, sei der Herrschaft mit Leib und Gut verfallen[2397]."

Zum weiteren sind die vier Fronfasten, also die Quatembertage, die genannt sind, auch sonst im bergbaulichen Betrieb oft erwähnt. Sie nehmen in der Volksfrömmigkeit, ebenso in der Wirtschaft und im Genossenschaftswesen eine bevorzugte Stellung ein[2398].

Das Zusammenwirken mit den vier Bergmeistern erfährt noch in diesem Graubündener Revier die ergänzende Anordnung: „Wenn einem Schichtmeister Sachen zufallen, es sei eine Steuer anzulegen oder etwas Anderes, wofür es ihm nothwendig scheint, Rath und Hilfe zu suchen, so mag er den vier Bergmeistern anliegen und die Stellen beschreiben und auch auf gemeiner Gesellschaft Kosten deßhalb sich dahin verfügen und die Sachen und Gebresten, die an sie gelangen, nach bestem Verständniß ausrich-

[2395] *Weingartner*, Schwazer Bergwerksgeschichte. S. 158–172, bes. S. 164.
[2396] *Plattner*, Bergbau. S. 26.
[2397] Ebd., S. 22.
[2398] *Schreiber*, Gemeinschaften. Im Register, S. 473. – *Ders.*, Wochentage. Im Register, S. 276. – *Franz*, Benediktionen, 2. S. 742.

ten[2399]." Derart werden die Zuständigkeiten und Arbeitsaufgaben abgegrenzt. Ein Beschwerderecht ist anerkannt. Es wird also eine Harmonisierung der Aufsichtsinstanzen angestrebt. Es gilt das Suum cuique, wenn weiter statutarisch in dieser rätischen Urkunde bestimmt wird: „Ob uns Gott eines guten Erzes beriethe und dasselbe geschmelzt würde, so sollen die vier Bergmeister dabei und daran sein, damit der freie Gottestheil gesöndert und an seine Stelle komme, wo er hingeordnet und gewendet wird, und daß nachher Jeder seinen Theil oder halben Theil, was er zu gut hat, nach jeglichem Loos ohne allen Vortheil ehrbar erhalte[2400]." Die Fronfreiheit des *Gottestheils*, der pia causa im Bergwerksbetrieb, wird also an diesen und an anderen Stellen nachdrücklich betont. Für den Anteil der Gesellschafter findet sich auch die Bezeichnung Los ein. Hinweise auf die Treue, auf den Eid und auf die Ehre der Gesellschaft machen sich mehrfach in solchen Bergordnungen geltend. Das erinnert an ähnliche Auslassungen in den Statuten städtischer Zünfte. Dort begegnet ebenso ein nachdrücklich herausgestelltes Ethos und eine gestraffte Disziplin[2401].

Die Bergwerke Tirols unterstanden dem Regiment und der Raitkammer in Innsbruck. Der oberste *Bergmeister* war Mittelbehörde zwischen der Innsbrucker Zentrale und den einzelnen Bergrichtern. Nach *R. von Srbik* scheint er auch Berufungsinstanz gegen Urteile des Bergrichters gewesen zu sein[2402]. Die *Bergrichter* selbst wurden vom Landesfürsten als oberstem Bergherren in Tirol ernannt. Sie sprachen in seinem Namen das Recht. Sie nahmen die Klagen entgegen. Aber das waren noch nicht alle Rechte.

Die Bergrichter können außerdem mit Gefängnis bestrafen. Sie belehnen mit Gruben, Wasser, Wald und Wegen. Der Bergrichter ist dem Lehensherrn schlechthin verantwortlich für alles und jedes und wird eigentlich zur Seele des Ganzen. So trägt er auch die aufwendigste und kostbarste Bergmannstracht[2403]. Diese ist im absolutistischen Staat des 18. Jh. zu einer Art reprä-

[2399] *Plattner*, Bergbau. S. 27. – Der Bergmeister Brocke im sauerländischen Olpe wird 1780 für die Revision der Kirchenrechnung herangezogen. *Hirschmann*, Geschichte der Pfarrei Olpe. S. 299. – Eine besondere Auszeichnung 1793 wegen 53jährigen Bergdienst (zwölf Dukaten schwere goldene Medaille und eine Pensionszulage für den Bergmeister Johann Müller am Salzberg bei Hall). *Schraml*, Oberösterreichisches Salinenwesen, 2. S. 124.

[2400] *Plattner*, Bergbau. S. 26.

[2401] Für die Weinleutenzunft in Basel vgl. etwa *Weiss-Bass*, Weinleutenzunft. S. 81ff.

[2402] Bergbau von Tirol und Vorarlberg, passim. – Codex-Ettenhardt. S. 73.

[2403] Ebd., S. 41: „Was der Bergrichter tun soll, ihn allein berührend." Eingehende Hinweise dazu bei *Werunsky*, Österreichische Reichsgeschichte. S. 1031. – Für das Mittelalter siehe auch *Hermann Wopfner*, Das Almendregal der Tiroler Landesfürsten. Innsbruck 1906, S. 86f.

sentativer Uniform geworden. Sie kennzeichnet die hohe Rangstufe innerhalb der Bergbauberufe[2404]. An sich soll er über juristisches Wissen und technisches Können verfügen. Inwieweit der Adel bevorzugt wurde, bleibt für die einzelnen Bergbaugebiete noch zu untersuchen.

Was seine nähere Tätigkeit betrifft, überwacht er die neue Fundgrube, die verliehen ist. Wer also schürfen will, hat zunächst die Bewilligung des Bergrichters nachzusuchen. Das Recht des Eigengrüblers wird im Ablauf der Entwicklung mehr und mehr eingeengt. Dieser Bergrichter muß es ebenso genehmigen, wenn eine Grube stillgelegt werden soll. So ist er ein wichtiges Kontrollorgan. Solche Vollmachten wurden dem Bergrichter bereits 1424 in einer Bergwerksordnung zuerkannt, die vom Herzog Ernst von Österreich 1424 bei Entdeckung des neuen Silberbergwerks auf dem Rechberg bei Sembnach in Steiermark erlassen wurde[2405]. Es geschah auf Verlangen der Bergleute, die also auf Sicherung ihrer Existenz bedacht waren. Aber ähnliche Bestimmungen galten wohl für Silberbergwerke des Hochstifts Chur[2406]. Diese Berggesetze glichen sich im österreichischen und rätischen Raum an. Ja, sie greifen in der Einflußnahme darüber hinaus.

In Einzelheiten ist dieser Prozeß, der Vorbilder und Abhängigkeiten in den Bergordnungen wie in der Bergpraxis kennt, für die verschiedensten Bergbaureviere noch nachzuweisen. Dabei finden sich sakrale Elemente ein, die noch wenig herausgearbeitet sind. Das trinitarisch ausgerichtete Altarblatt des ehemaligen Knappenspitals in Schwaz kannte die Darstellung des Bergrichters und Landrichters. Es drängte auf Harmonisierung und auf Verbundenheiten der Bergfamilie.

[2404] Die Geschichte der Bergmannstracht bildet eine eigene, noch nicht gänzlich gelöste Forschungsaufgabe. Als bedeutende Quelle des 18. Jh. sei genannt das Werk von *Christoph Weigel:* Abbildung und Beschreibung derer sämtlicher Berg-Wercks-Beamten und Bedienten nach ihrem gewöhnlichen Rang und Ordnung im zugehörigen Berg-Habit. Nürnberg / zu finden bei Christoph Weigelin, der Kayserlichen Reichspost über wohnhaft, Anno 1721. – Ferner vgl. *Karl Ewald Fritzsch* und *Friedrich Sieber*, Bergmännische Trachten des 18. Jahrhunderts im Erzgebirge und im Mansfeldischen. Deutsche Akademie der Wissenschaften zu Berlin. Veröffentlichungen des Instituts für deutsche Volkskunde, Bd. 12. Berlin 1957. – Einzelbeiträge immer wieder in: Der Anschnitt, Jg. 1ff., 1949ff. – Zur Trachtenforschung zusammenfassend s. außerdem *Mathilde Hain*, Die Volkstracht. In: Deutsche Philologie im Aufriß. Unter Mitarbeit zahlreicher Fachgelehrter, hg. v. Wolfgang Stammler, Bd. 3. Berlin 1957, Sp. 1929–1944. Ferner *dies.*, Methoden der Volkskunde. Ebd., Sp. 1723–1740, insbes. Sp. 1735. – Der Artikel „Tracht“ bei *Beitl*, Wörterbuch², S. 766/67, und das Stichwort „Trachtenpflege“, ebd., S. 767–769, verweisen dagegen nicht auf die Bergmannstracht.

[2405] *Plattner*, Bergbau. S. 23.

[2406] Ebd., S. 23ff.

Dieser Bergrichter hatte im übrigen die Schurfrechte an einzelne Unternehmer zu verleihen[2407]. Über solche Vergebungen, die den Beginn bergbaulichen Schaffens kennzeichnen, unterrichten für gewöhnlich die Verleihbücher. Zum weiteren hatte er die Abgaben, und zwar Fron und Wechsel, einzuziehen. Dieses Silber mußte nämlich an die Landesfürstliche Münze zu einem Vorzugspreis abgegeben werden. Dieser Übernahmepreis wurde als Wechsel bezeichnet. Der Wechsel wird ebenso in Bergwerksurkunden für Graubünden im 15. Jh. erwähnt[2408], wobei allerdings bei diesen Verlautbarungen zu beachten ist, daß der offiziellen Münze der Silberpreis nicht erhöht angeboten werden durfte. Doch ist der Wechsel jeweils von der regionalen Bearbeitung zu überprüfen. Zuweilen wurde der Bergrichter von *zwei* übergeordneten Instanzen eingesetzt. Im späteren Mittelalter ist der landesfürstliche Bergrichter von Klausen im Einverständnis mit dem Fürstbischof von Brixen ernannt. Von letzterem bezog er auch die Hälfte seines Einkommens[2409]. So haben zum weiteren die Landesfürsten von Tirol und Salzburg im 16. Jh. den Bergrichter *gemeinsam* aufgestellt und auch gemeinsam eine Bergordnung erlassen, allerdings nur für den Salzburger Anteil am tirolischen Land. Dieser betrifft das Zillertal, dessen Landeshoheit damals in mancher Hinsicht zwischen Salzburg und Tirol strittig war. Die erwähnte Bestimmung ist in einem Vertrag zwischen König Ferdinand und Kardinal-Erzbischof Matthäus Lang von Salzburg vom 1. Dezember 1533 enthalten. Die gemeinsame Bergordnung wurde dann 1537 erlassen[2410]. Ähnliches begab sich im Raum von Graubünden, wo die österreichische Regierung und der Bischof von Chur sich einigten[2411]. Derart griffen einige Gruben über die Landesgrenzen hinaus. Die Wirtschaft überbrückte. Sie erwies sich stärker als die Gewalt der Waffen. Dabei machte sich, wie schon angedeutet, die Anziehungskraft jenes Bergrechts geltend, das den Silberbergbau Tirols bei Beginn der Neuzeit regelte. Die Stromlandschaft des Inn erwies sich in mehr als einer Hinsicht als wegweisend.

[2407] Zum steirischen Bergrecht s.: „Ein jeder mag daselbst (an der Fundgrube) frei und ohne Irrung aufschlagen, doch soll er es vorher von dem Bergrichter empfangen. Auch soll Niemand gestattet sein, einen Bau oder mehrere niederzulegen, außer mit des Bergrichters Bewilligung, daß ein Jeder wohl arbeiten möge und ungehindert sei bis zu seinem Durchschlag in einen andern." *Plattner*, Bergbau. S. 23. Dort verwandte Äußerungen zum „Gang" und zur „Kluft".

[2408] Ebd., S. 34, 38, 43.

[2409] *Wolfstrigl-Wolfskron*, Tiroler Erzbergbaue. S. 240.

[2410] Vgl. dazu *Otto Stolz*, Geschichtskunde des Zillertales (Schlern-Schriften, Bd. 63). Innsbruck 1949, S. 182.

[2411] *Plattner*, Bergbau. S. 35, 44.

Der Bergrichter führte das Berggerichtsbuch, das quellenkundlich von hoher Bedeutung ist. Es zeigt, wie eine fürstlich erlassene Bergwerksordnung in die Praxis überführt wird. Das Trienter Verleihbuch am Ausgang des 15. Jh. verzeichnet für das Jahr 1490 nicht weniger als 47 Verleihungen. In einem achtzehnjährigen Ablauf erfolgten sogar 228 Eintragungen dieser Art[2412]. Ein solches Verleihungsbuch unterrichtet über ältere Gruben und über Neuschürfe. Der Bergrichter des tirolischen Persen verlieh 1549 den Grafen Peter und Alois von Lodron 13 Schürfe[2413].

Bei Streitigkeiten kam es in einer Einigung, wie bereits angedeutet, zu einer gemeinsamen Ernennung von seiten der Parteien. So hielt man es 1503 in Feldkirch, wo Bischof Heinrich VI. von Chur, ein geborener Freiherr von Höwer (1491–1503), einen Vergleich mit Habsburg abschloß. Darin wurde bestimmt, der Bischof solle für 20 Jahre einen Bergrichter ernennen, dieser solle sowohl dem Könige als dem Bischof schwören und nach Bergwerksrecht richten[2414]. Letzteres ist wohl, soweit es nicht durch eine eigens erlassene Bergordnung gestützt ist, vorab als Gewohnheitsrecht aufzufassen. Es will noch ein Lehensbrief des Bischofs Lucius Iter, eines aus Chur stammenden Bürgers, erwähnt sein (1541–1548). Dieser Lehensherr verlieh 1543 dem Hans und Rudolf von Marmels zu Rhäzüns „alles Erz vom Stein bis zur St. Peterskirche auf dem Septimer“[2415]. Auch ein Beitrag zur Geschichte der Alpenpässe.

Wenn sich der Bergrichter mit jemandem verständigte, der einen neuen Schurf unternahm, ist von diesem richterlichen Beamten die neue Fundgrube gegenüber den Ansprüchen dritter zu schützen: „Geht Einer auf den ‚Gottberath‘ und findet er einen Gang mit Erz oder mit Blei, und er hat ihn zu Lehn empfangen, und es käme ein Anderer und wollte ihn davon drängen, um selbst das Lehn zu nehmen, so soll ein Solcher kein Recht haben; der Richter darf den Fund ihm nicht verleihen, bis der kommt und empfängt, was er mit dem ersten oder zuerst gefunden und geöffnet hat[2416].“ Die Wendung „auf den Gottberath“ gehen, die einem rätischen Spruchbrief des Jahres 1408 zugehört, verrät wiederum die gottbezogene Sicht, die in allem das bergbauliche Geschehen, auch jenseits des Bergmannsliedes, kennzeichnet[2416a]. Verwandte Anordnungen finden sich noch anderorts ein. Es

[2412] *Hans Hochenegg*, *Georg Mutschlechner* und *Karl Schadelbauer*, Das Verleihbuch des Bergrichters von Trient, 1489–1507 (Schlern-Schriften, Bd. 194). Innsbruck 1959, S. 26.

[2413] Ebd., S. 17. [2414] *Mayer*, Bistum Chur, 1. S. 510.

[2415] Ebd., 2. S. 96.

[2416] *Plattner*, Bergbau. S. 22.

[2416a] „Ehre sey Gott am Schottenberg“, *Mathesius*, Sarepta, Stollenverzeichnis.

will selbst der frühe Ruhrbergbau genannt sein. Dort trifft man auf Bestimmungen, daß bei allen Streitigkeiten zwischen den Gewerken, also zwischen den Unternehmern und der Bergarbeiterschaft, der Bergrichter vom Landesherrn als erste richterliche Instanz eingesetzt ist. Er hatte die Vollmacht, auch Strafen zu verhängen[2417]. Der Bergrichter des 16. Jh. ist hie und da adligen Geblüts, weit mehr aber ist er bürgerlich. Er steht in der Linie jener Fachjuristen, die sich in jenem Zeitalter durchzusetzen wissen. Nähere Untersuchungen zum Thema Adel und Bergwerk stehen, wie bereits angedeutet, noch aus. Über seine Besoldung sind wir für Hofgastein im Jahre 1632 gut unterrichtet. Dort stehen ihm unter anderem zu das Jagdrecht und das Fischwasser („Gejaid und Vischwässer")[2418]. Herrschaftliche Konturen.

Mehr als einmal hat der Bergrichter mit durchaus sozialem Verständnis eine kräftige Sprache zugunsten armer Bergknappen geführt. So erscheint der Bergrichter Yeremias Remplmayr in Schwaz gewissermaßen als Anwalt einer gedrückten Knappschaft gegenüber der Hofkammer. In einem Berichte vom Jahre 1648 beschwert er sich unter anderem über den mit den Pfennwerten betriebenen Wucher der *Fugger* mit den Worten: „wy khennen di armen perckgsellen bey der yetzigh hochn steygerungh der proviant sych in acht nehm, wy sy bey den schlechtn gwynnetn unt altn wochnlohn beuorab dy herrnarbeytr, weyln dy merer Leutt aynychs pargelt ny eynnehmen und dy hayer nur ymmer mer in schuldn und ausstant khumben, sambt am yetzign wynter hynumb merer erfrorn, und von der khöltn auss mangleter khaydung erhaltn khünen, also daz auff dysn ungehawerlych auffschlag und beuorstechent noch gressere hunghersnott bey dysn arbytern nyt alleyn allerlay schröckhlych claynmuetygkhayt und schedlych krankhaytn, sondern auch anders mer pesorgent ybl zuegewärtygn ist[2419]!" Es war ein gewisses Wagnis, derart in Sachen der Fugger eine so deutliche Sprache zu führen und damit den Finger auf eine Wunde zu legen.

Ein Wort über die Tracht des Bergrichters. Bemerkenswerte Angaben mit Aquarellzeichnungen trifft man im berühmten Schwazer Bergbuch (Codex Ettenhardt)[2419a] vom Jahre 1556 an. Nach diesen Aufzeichnungen bestand die Bergmannstracht aus einem „Bergkittel aus weißem Tuche, über welchem

[2417] *Spethmann*, Geschichte des Ruhrbergbaus, Buch I. S. 149, 150.

[2418] *Hinterseer*, Hofgastein, S. 373, wo – wohl versehentlich – „Gajeid" steht.

[2419] *Max von Isser Gaudententhurm*, Schwazer Bergwerksgeschichte. Innsbruck 1925, S. 149, 150, 151.

[2419a] Druckausgabe, besorgt von *H. Winkelmann*. Bochum 1956. Über die Handschriften vgl. ebd., S. VI.

das Bergleder (Arschleder) geschnallt war. Die Kopfbedeckung bestand in einer mit dem Kittel verbundenen spitzen Kapuze aus dem gleichen Stoffe"[2420].

Die Funktionen des Bergmeisters und des Bergrichters sind anscheinend nicht immer klar voneinander abgegrenzt. Es bedarf noch der Veröffentlichung von handschriftlichem Material. Einen Bergmeister als obersten Leiter des Bergwerks kennt das Stift Admont, desgleichen das Kloster St. Paul im Lavantthale. Ebenso sind für diese Bergmeister-Verfassung im Jahre 1212 die Bergwerke der Stifte Gurk und Seckau auf dem Berge Dobritsch zwischen Friesach und Hüttenberg zu erwähnen[2421]. Die bergfreundliche Kartause Seiz war gegründet von Mönchen aus Chartreuse, also von einem Bergwerksgebiet, das vielleicht Anweisungen nach Steiermark weitergegeben hat[2422].

Der Bergmeister rückt auch in die *Sage*. Es ist eigentlich selbstverständlich, daß der hohe Bergbeamte in die Volkserzählung wandert von mehr als einem Ausgangspunkt. So erfährt man aus dem sächsischen mittelalterlichen Bergbaugebiet, daß der Bergmönch früher ein Bergmeister war. Er ist dann erwähnt mit einem silbernen Grubenlicht in der Hand. Er wird angesprochen als Wohltäter. „Wem er gut ist, dem tut er manchen Gefallen, macht ihm (dem Bergknappen) Geschenke und erscheint ihm in Menschengestalt und Menschengröße, wenn er böse ist, oder wo er sich unbeachtet glaubt, oder sich um das Auge des Menschen nicht kümmert, erscheint er in seiner wahren Gestalt. Dann ist er riesengroß, gekleidet wie ein Geschworener. Seine Augen sprühen Flammen und sind so groß wie Kutschenräder, sein silbernes Grubenlicht ist so groß wie ein Scheffel, und die Flamme desselben ist von entsprechender Größe und Helle, seine Beine sind wie Spinnengewebe. Wenn ein Bergmann seine Pflicht nicht tut, gibt er ihm den Rest[2423]."

Den Bergmeistern unterstehen die *Schichtmeister*. Über deren Verhältnis zu den Bergmeistern wie zu der Gesellschaft wird in der gleichen rätischen

[2420] *Franz Mayer*, Vom Schwazer Bergmannsleben. S. 145 (Blatt Otto Schwaz). Das Bergleder ist ein schürzenähnliches Kleidungstück, das über dem Gesäß getragen wurde. – Einige Hinweise auch bei *Karl Schädler*, Die Trachtenlederhose in Bayern und Tirol. Innsbruck, z. Z. im Druck.

[2421] *Zycha*, Recht des Bergbaus. S. 91.

[2422] Über Seiz vgl. *Turk*, Seiz. In: LThK 9, Sp. 435. Es bezog Deputateisen aus dem steirischen landesfürstlichen Eisenmagazin. *Tremel*, Frühkapitalismus. S. 101.

[2423] *Stötzel*, Bergmannssage, S. 84, mit Hinweis auf *Fr. Wrubel*, Sammlung bergmännischer Sagen, 2. 11.

Urkunde wie folgt bestimmt: „Ein jeder Schichtmeister, der je zu Zeiten gewählt wird, soll den Vieren (Bergmeister) mit gebührenden Treuen geloben, oder, wenn es ihnen nothwendig scheint, mit gelehrtem Eide schwören, gemeiner Gesellschaft Nutzen und Ehre zu fördern, Schaden und Unglimpf zu wenden, Treue und Wahrheit zu halten, so fern er kann und mag, ohne Gefährde[2424]." Also ein Bekenntnis zur Ehrbarkeit wie bei den städtischen Zünften, das im Bergbau fast noch gestraffter und gesteigerter ausfiel. Die Bergordnungen werden nicht müde, an Treu und Glauben zu erinnern. So bemerkt auch der Codex Ettenhardt zur honestas des Schichtmeisters: „Der Schichtmeister soll eine stattliche Person vom ehrbaren Sinn und gutem Verstande sein, der alle Berge täglich begehen kann[2425]."

Die Namen der Organe der Bergbauverwaltung sind unterschiedlich nach dem jeweiligen Sprachgebrauch der Landschaft. Da hören wir in den Bergwerksordnungen vom Grubenmeister[2426], vom Grubenschreiber[2427], vom Grubenhüter[2428], vom Hutmann[2429] (im Codex Ettenhardt vom Taghutmann und Nachthutmann, Knechthutmann und Bubenhutmann[2430]), vom Fronboten (Fröner)[2431], von Amtleuten und vielen anderen Funktionären. Die Bodengewalt der Landschaft macht sich im Bergwerk geltend.

[2424] *Plattner*, Bergbau. S. 27. – Zum Vergleich mag man noch heranziehen *Löscher*, Erzgebirgische Knappschaft. S. 223, 224.

[2425] Ausgabe *Winkelmann*, S. 77.

[2426] „Keiner soll dem Andern ohne sämmtlicher Grubenmeister Willen in seinen Bau fahren, wodurch er zu Schaden kommen könnte." Spruchbrief des Jahres 1408 im Bischöflichen Archiv in Chur. *Plattner*, Bergbau. S. 23. Im gleichen Spruchbrief wird über den Neuschurf vermerkt: „Geht ein Lohnarbeiter suchen, er sei Knapp' oder Knecht, der ist schuldig, dem Grubenmeister Theil zu geben, ausgenommen an Baufeiertagen." Ebd., S. 22.

[2427] Codex Ettenhardt. S. 102.

[2428] Ebd., S. 105.

[2429] „Führt ein Hutmann einen Arbeiter um seinen Lohn auf seinen Gewerken und ist dieser dessen geständig, so soll der Arbeiter von dem Hutmann ein Genügen haben. Wäre aber der Gewerke nicht geständig, so soll ihn der Hutmann bezahlen." Bergwerksordnung des Herzogs Sigmund von Tirol vom 16. 7. 1408. *Plattner*, Bergbau. S. 20. Diese von Plattner angegebene Jahreszahl 1408 ist falsch; regierte doch Herzog Sigmund von 1439–1490.

[2430] S. 101, 103, 104.

[2431] „Ruft Einer den Richter an, damit der Frohnbote ihm sein Geld pfände, so soll ihm der Richter den Frohnboten erlauben nach Recht. Der Frohnbote soll gehen und Pfand fordern und nehmen. Ist der Gepfändete ein ‚gesessener' Mann oder Frau und giebt einen Vierer zu Pfand, so soll ihn der Frohnbote nehmen; sind dann die 14 Tage vorbei, so soll der Gepfändete bezahlen und zwar mit baarem Geld." Bergwerksordnung des Herzogs Sigmund von Tirol. *Plattner*, Bergbau. S. 20. Siehe auch Codex Ettenhardt. S. 39. – Der Frohnbote, also der herrschaftliche Bote, erscheint ähnlich in der Weinwirtschaft. *Zitzen*, Wein. S. 57.

Da ist besonders noch des *Zehntners* zu gedenken, der auf die Schürfungen, auf die Fron und auf das Abgabenwesen zu achten hat[2432]. Dieser in Schwaz als Froner bezeichnete Beamte hat das Reichnis einzuziehen, das als Fronerz oder Bergzehnt bezeichnet wird. Von dieser Abgabe erhielt der Landesfürst 10% des gewonnenen Erzes[2433]. Aber der gleiche Zehntner sah sich veranlaßt, die oft ungetreuen Unternehmer zu kontrollieren. Auch die Parochie will neben den Laien als Dezimator erwähnt sein. „Im Jahre 1465 schenkte Friedrich von Gaugreben zu Siedlinghausen der Bigger Kirche im Sauerland den Zehnten aus dem Eisenberge.“ Das ist nur ein Hinweis für viele. Die Geschichte der Bistums und der Pfarrei ist daran interessiert. Ähnlich wie beim Weinbau schalteten sich geistliche Grundherrschaften ein. „Von Hoppecke bezog das Kloster Corvey jährlich 50 Zentner Blei[2434].“

Nach dem alten Brauch, jede Gabe mit einer Gegengabe zu erwidern, bedankten sich die Empfänger, indem sie die Überbringer ausgiebig bewirteten. Diese Leistung (procuratio) wurde zu einer Pflichtgabe, eventuell auch zu einer Geldleistung. Mitunter artete sie zum sogenannten „Widum- und Klosterstürmen“ aus. So genoß das Stift Wilten bei Innsbruck seit dem Jahre 1244 freien Salzbezug aus der Haller Saline. Daher mußte der Wiltener Prälat die Haller Salinenarbeiter nebst ihren Frauen an jedem Laurentiustage, dem Fest des Patrons der Stiftskirche, zu sich einladen. Die Teilnahme der Frauen will besonders vermerkt sein. Sie ist ja noch für die niedersächsische Agape des Gründonnerstags in der evangelischen Pfarrei Oschersleben als Erbe des Mittelalters festgehalten[2434a]. Dort in Wilten

[2432] Es heißt bei Agricola (4. Buch, XLIX, Die Gestalt einer Fundgrube): „Früher war die übliche Art, einen Gang zu vermessen, die folgende: Sobald ein Schürfer Erz gefunden hatte, zeigte er dies dem Bergmeister und dem Zehntner an.“ Ausgabe *Friedrich Hassler*, S. 62. – Bergbau und Weinbau begegnen sich öfter, besonders im Etschland. So mag man zum Vergleich die Abgabe des Fronweins und die Einrichtung des Weinfronhofes heranziehen. Dazu *Zitzen*, Wein. S. 57.

[2433] Johann III., Bischof von Chur (1417–1440), verleiht in einem „Lehenbrief“ „unseren Getreuen“, nämlich den Bergleuten, alte und neue Bergwerke, „sie enthalten Gold, Silber, Kupfer oder Blei“. Dabei wird bestimmt: „Den Nutzen, der ihnen (den Bergleuten) aus diesen Bergwerken zufällt, sollen sie wechselfrei haben und verkaufen dürfen, wem sie wollen. Nur die Frohn sollen sie dem Bischof geben und ausrichten nach Bergrecht, und wenn er für seine Kammer oder Münzstätte Silber nöthig hat, so sollen sie ihm solches zum nämlichen Preise wie andern Leuten abtreten. Nach Ablauf dieser ersten wechselfreien Verleihungsfrist sollen sie von all ihren Bergwerken sammt der Frohn einen gleichen Wechsel geben.“ *Plattner*, Bergwerk. S. 18.

[2434] *Cramer*, Silbach. S. 164. – *Seeger*, Westfalen. S. 87.

[2434a] *Georg Schreiber*, Die Weinglocke in der deutschen Weinlandschaft. In: Archiv für Kulturgeschichte, hg. v. Herbert Grundmann, Bd. XLIII, H. 1. Köln-Graz 1961, S. 1–17, bes. S. 4.

wurden die Gäste so gut mit Speise und Trank bewirtet, daß der Innsbrucker Hofprediger im Jahre 1655 die heimkehrenden Gäste mit schwankenden Schiffen verglich[2434b].

Die Markscheider und Probierer sind als Funktionäre ebenso zu erwähnen[2435]. Das Schwazer Erz enthielt neben dem Silber vor allem noch Kupfer. Der dort erwähnte Holzmeister hatte den Bedarf an Holz nachzuprüfen. Er durfte nur so viel zur Verfügung stellen, als der Waldbestand gestattete[2436]. Im Ablauf der Zeit steigerten sich allerdings die Ansprüche an die Forstwirtschaft.

Das Personal im Bergwerk blieb beweglich. Bergleute wurden zuweilen im 18. Jh. entsandt, um *neue Fundgruben* zu begutachten. So schickte im Jahre 1797 die Hofkammer zwei Knappen zur Untersuchung eines Quecksilbervorkommens nach Pantaleon[2436a].

Von einem *Werkmeister*, der unter völliger Mißachtung von Recht und Gesetz betrog, hören wir im Jahre 1714 am Hallstätter Salzberg. Dieserhalb erfolgte am 8. Juni 1708 ein kaiserliches Mandat, datiert von Gmunden. „Demnach Wir missfällig vernehmen müssen, was gestalten einige Jahr hero bei Unserem Salzberg zu Hallstatt verschieden hoch strafmässige Misshandlungen verübt und allwöchentlich in dem Bergpartikular Uns namhafte Posten mit blinden Schichten und anderen falschen Zuraitungen in die Zahlung vermessener weis angerait und Unsern grossen Schaden viel 1000 Gulden freventlich unterschlagen worden – Wir ernstlich entschlossen seindt, dass ohn ferneren verschub gegen ermeldten Georg Stieger mit mehreren rigorose verfahren werdet, derselbe auch von seinem Bergmeisterdienst entsetzt, in Eisen und Banden schliessen mit guter Verwahrung in Unser Schloss Ort liefert[2437].“ Soviel zum werktätigen Personal.

Außerordentlich wichtig für die Gesamtstruktur des Genossenschaftswesens lassen sich die im Bergknappentum verankerten *Geschworenen* an[2438]. Sie haben über Recht und Unrecht in Sachen der Bergbautätigen zu entscheiden. Der Kreis der Wähler, die die Geschworenen bestellen, ist zu-

[2434b] *Nikolaus Grass*, Das Widum- und Klosterstürmen. S. 186f. – *Hans Hochenegg*, Die Haller Salzknappen und das Stift Wilten. In: Tiroler Heimatblätter, 23. Jg., 1948, S. 23f.

[2435] Codex Ettenhardt. S. 78.

[2436] *Heinrich Oberrauch*, Tirols Wald- und Waidwerk. S. 49. – Siehe noch *Stolz*, Geschichtskunde des Zillertales. S. 180. – *Plattner*, Bergbau. S. 96.

[2436a] *Schraml*, Oberösterreichisches Salinenwesen, 2. S. 130.

[2437] Ebd., 1. S. 153f.

[2438] Zu den Geschworenen s. *Plattner*, Bergbau. S. 24. – Codex Ettenhardt. S. 39.

weilen umstritten. In den Berggesetzen wird die Tätigkeit dieser Funktionäre, zu denen noch dieser oder jener Bergbautätige hinzutreten mochte, eingehender beschrieben. Erinnerungen an das deutsche Weistum werden wach.

Die mittelalterliche Berggemeinde mußte es erleben, daß im Ablauf der Entwicklung der Einzelgewerke etwas zurücktrat, daß dann im 16. Jh. und zum Teil früher übergeordnete *Gesellschaften* sich einfanden. Deren Kapital führte Anteilscheine mit sich, die dann in regelmäßigen Abständen den Gewinn ausschütteten. So erschienen bereits im 16. Säkulum Unternehmungsformen bei Bergwerken und Hütten, die größere Kapitalien erforderten. Dieser neue Typ der Gesellschaften ist mit deutschen Bergleuten nach England gekommen[2439].

Andererseits rückte das Bergwerk stärker und stärker in die Überlegungen der Staatsraison. Man meinte, es müsse doch möglich sein, die Bergwerke noch besser zu nutzen. Sie könnten der Entlastung der Staatskasse besonders dienen[2440].

Die Bedeutung der Bergwerke wurde auch von *John Locke* (1632–1704) scharf herausgearbeitet, wenn er in seinem Werk „Money and Trade considered“ über eine entsprechende Leistung der Epoche des Merkantilismus bemerkte: „*Für ein Land ohne Bergwerke gibt es zum Reichtum nur zwei Wege, Eroberung oder Handel*[2441].“ Ein ungemein bezeichnendes Diktum, aber in der Geschichte des Bergbaus nur wenig festgehalten. Dieser Gedankengang ist eigentlich schon vorweggenommen von dem Griechen *Xenophon*, der seinerseits bemerkt hat: „Es giebt Erdreiche, die sich mit dem Pfluge nicht fruchtbar machen laßen: werden sie aber mit dem Bergeisen gebauet, so ernehren sie viel mehr Leute, als wenn sie fruchtbar wären[2441a].“

Das Bergwerk geriet zudem in internationale Zusammenhänge, die das Eigentumsrecht des jeweiligen Landes gefährden konnten. So wurden in dem kapitalschwachen Österreich während der Zeit des Spanischen Erbfolgekrieges 1701–1714 die Bergwerke von Idria und Neusohl an die Holländer

[2439] *Haussherr*, Wirtschaftsgeschichte. S. 177.

[2440] Ebd., S. 227f.

[2441] Some considerations on the Consequences of the Lowering of Interest and Raising the Value of Money. London 1691. Zitiert nach *Haussherr*, Wirtschaftsgeschichte. S. 233.

[2441a] Bereits zitiert bei *J. v. Sperges*, Tyrolische Bergwerksgeschichte, im „Vorbericht“ mit dem einschlägigen griechischen Zitat, und zwar mit dem Verweis „de Provent, Atheniens, Cap. I. 5.“, wozu man die Ausgabe von *C. Marchant*, Oxford 1920, nehmen mag.

verpfändet. Es dauerte Jahrzehnte, bis diese Baue an die habsburgische Krone zurückfielen[2442].

Es liegt im 18. Jh. eine gewisse Abminderung des Bergwerks vor, wenn durch die Dampfmaschine Schmieden und Walzwerke vom fließenden Wasser abgesetzt werden. Standen vorher die Eisenhütten im Wald, befanden sich dort ebenfalls die Hammerwerke und Schmieden, so entwickelte sich die Linie dahin, daß man in einer Standortverlegung des Eisengewerbes die Verarbeitung des Erzes im 19. Jh. an die Kohlengebiete verlegte[2443].

Aufstände der Knappen und der Hüttenarbeiter erfolgten zum Teil im Anschluß an die Bauernbewegung des 16. Säkulums. Man wandte sich dabei gegen die Unternehmer, nämlich gegen die Fugger, Welser, die Höchststetter und wie sie alle hießen. Sie erfolgten auch später noch aus manchen Anlässen. Aber sie wuchsen keineswegs in Großkämpfe, die auch einen bescheidenen Vergleich zur französischen Revolution zuließen. Nirgendwo hat der Gleichheitsgedanke den Unterschied zwischen Gewerken und Bergknappen zu beseitigen vermocht.

Bergmännisches Erleben, vor allem in Beziehungen zum Volkstum, ist von uns bereits vor Jahrzehnten an anderen Stellen literarisch gekennzeichnet, wenn dort bemerkt wurde: „Ganz allgemein wird man festhalten müssen, daß die Industrialisierung des 19. und 20. Jh. zu schnell schritt, um gleichzeitig Volkstumswellen von entsprechender Tiefe und Kraft zu gewinnen. Vielfach wurde das Dorf von Fabrik und Zeche verschluckt, ohne daß für den Volkstumsschwund ein entsprechender Ersatz eintrat. Immerhin bildete in einem, wenn auch bescheidenen Ausgleich sich im Walzwerk und an Hochöfen, bei Schwefelsäurebehältern und Getreidesilos eine Mindestsolidarität der Werktätigen, ein Mitgefühl für die gegenseitige Lage, eine bewußte Gefahrenverbundenheit und eine nächstenhafte Kameradschaftlichkeit der Arbeit, die nicht nur im wirtschaftlichen und sozialen Klassenbewußtsein, sondern irgendwie auch in Sitte und Brauch, in Lied und Dichtung, bei Knappen und Veteranen in Erscheinung traten, in volkstumsmäßig festgehaltenen Erlebnissen und in konventionellen Formen, die sich irgendwie ansiedelten. Auch mit Ausdrucksformen des kirchlichen Volkstums wie beispielsweise mit der St. Barbaraverehrung.

Vor allem bei den Bergarbeitern, wo immer die Schicksalsschwere, die Tragik und eine gewisse Mystik des Berufes mitschwingt, wo das unter-

[2442] *Haussherr*, Wirtschaftsgeschichte. S. 267.
[2443] Ebd., S. 296.

irdische Reich immer wieder den Blick auf eine bestimmte Metaphysik lenkt, wo das Bergmannslos oft mit starken Ergriffenheiten empfunden wird, wo all jene immer wiederkehrenden Ereignisse des unaufhaltsamen Gebirgsdrucks, der schlagenden Wetter, des brennenden Schachts, des Seilbruchs, mit elementarer Kraft nach künstlerischer Formgebung rufen. Dort walten noch manche Überlieferungen von dem ‚*Berggeist*‘[2444], und diese älteren Erinnerungen nähren ihrerseits wiederum das volklich und literarisch unerschöpfliche Motiv der Verunglückten und Verlorenen, die als vereinsamte Wanderer erscheinen, zumal wenn Unglück droht (Vorzeichenglaube). So werden die Sagen der Vorzeit durch die schweren Schicksalsschläge der Gegenwart mittelbar gestützt (Sagenmotive: jeden *Freitag* erschien ein Berggeist in einem Bergwerk bei Davos, der das ausgegrabene Erz von einem Eimer in den anderen schüttete; Zusammensturz der Gruben, bewirkt durch die Berggeister; der ‚Bergmönch‘ in den Harzgruben; daneben Bergmannssagen, die an die geheimnisvollen ‚Venetianer‘ oder ‚Walen‘ anknüpfen).

Vieles hielt sich und manches reifte auch schneller, weil der deutsche Bergbau in vielen Gebieten auf ältere Überlieferung zurücksieht (Heinrich Heines Harzreise). Die Anfänge des europäischen Auslanddeutschtums gehen in manchen Gebieten auf bergbauliche deutsche Auswanderer zurück. Es gibt überdies einen Sprachschatz des ‚Kumpels‘, wenn man will eine Bergmannsmundart. Die Bergleute fühlen sich verhältnismäßig leicht als verwurzeltes Element. Der Boden, dem sie sich widmen, gewinnt Macht über sie, wie der Acker über den Bauer und wie die See über den Schiffsmann. Die Kumpels aber sind verwachsen mit dem Boden, mit dem Gestein und der schwarzen *Kohle*. Und kaum noch würden sie eine Arbeit über Tage annehmen, denn das Geheimnis der Erde, die keinen mehr läßt, den sie in ihren Schoß aufnahm, hat sie gefangen, weiß Friedrich Kondring von ihnen in einer Novelle ‚Der Kumpel‘ zu sagen. So hat sich von mehreren Ausgangspunkten her das Volkstum des Bergmanns als etwas Gefestigtes und Gehärtetes entwickelt. So winkte von vornherein eine dem Brauchtum günstige Atmosphäre. Dazu tritt, wie das aus seinen eigenen Kreisen versichert wird, ein derber Humor, dazu klingt das Bergmannslied. Noch lebt auch eine gewisse Freude an der Tracht. Es ist schwer zu beurteilen, wie diese Volkstumswerdung, so wie sie sich berufsmäßig vollzieht, auch bei Textilarbeitern, bei Metallarbeitern bei den verschiedensten technischen

2444 *Bächtold-Stäubli*, Handwörterbuch, 10. S. 31 (Register).

Berufsgruppen statthat. Aber zweifelsohne dämmern auch in diesen Erwerbsschichten neue Bezirke der Volkstumskultur heraus[2445]."

Soviel über einige Fragenbereiche, die vom Volkstum her gesehen wurden. Sie umschließen noch manche Forschungsaufgaben.

4. *Bergbau und Ständeordnung*

Das Bergwerk wurde zunächst in den herrschaftlichen Aufbau der arbeitsteiligen mittelalterlichen Gesellschaft einbezogen. Es stand ja im Zeichen des Regals. Später wurde es zu einem Ausweis einer erstarkenden berufsständischen Idee. Geistige und seelische, sittliche und religiöse Grundlagen halfen bei einer bedeutenden wirtschaftlichen und sozialen Entwicklung. Es bildete sich dabei eine hochstehende Motivlehre, um eine nur materielle Bewertung der Arbeit zu erhöhen, um also den Erwerbsstand in einen Berufsstand zu überführen. Die Entpersönlichung der Arbeit war zu überwinden. Wert, Würde und Freiheit bekundeten sich als Motive bei den Gewerken und in den Bergknappen. Stiftungen wiesen diese Grundgesinnung aus, an denen sich selbst die Bergarbeiter beteiligten.

Ungemein stark war an dieser Höherstufung ebenfalls die Bergmannstracht beteiligt. Die herrschaftsständische Ordnung lockerte sich auf, indem dieser Berufsbegriff in Auswirkung der Bergordnung und der Privilegien eine neue Libertas, eine ständisch empfundene Freiung und damit einen geistigen Gewinn auslösten[2446].

Es entfaltete sich somit in den Bergschächten in Jahrhunderten eine eng geschlossene Arbeitsgemeinschaft, ausgerüstet mit einem starken Eigenleben, mit fühlbarem Verantwortungsbewußtsein, mit Festen und Feiern, zugleich mit sittlichen Bindungen. Davon wissen auch die *Bergordnungen*, die nicht nur eine Vergünstigung in Sachen der eigenen Gerichtsbarkeit aufwiesen. Zugleich bekundete sich eine Leistungsgemeinschaft, die der

[2445] *G. Schreiber*, Nationale und internationale Volkskunde. S. 96ff. – Siehe noch einige Hinweise bei *Karl Reuschel*, Deutsche Volkskunde im Grundriß. 2. Teil: Aus Natur und Geisteswelt, Bd. 645. Leipzig u. Berlin 1924, S. 104ff.

[2446] *Plattner*, Bergbau. S. 36. Aber zum Teil andere Fragestellungen bei *Zycha*, Recht des Bergbaues. Diese Studie zur deutschen Rechts- und Wirtschaftsgeschichte hat sich mit dem Bergwerksgebiet des Benediktinerklosters *Admont* beschäftigt. Dort die wichtige Feststellung, daß selbst nach 1185 ein Teil der Admonter Gruben noch im *Eigenbetrieb* des Stiftes stand (S. 89). Solch eine Feststellung ist auch aufschlußreich für den Anteil, den später die Konversen des Zisterzienserordens am Bergbau nehmen. Zycha hat allerdings diesen Punkt noch nicht behandelt.

straffen Ausrichtung des städtischen Handwerks nichts nachgab. Die Sorgsamkeit der Berufsausbildung gab sich bei beiden Gruppen der Bergarbeiter und der opifices (artifices) kund. Die einzuhaltende Arbeitsruhe zeichnete sich beim Bergwerk noch schärfer ab als in der civitas.

Die Harzsage und die Volkssage in Thüringen verlangen ebenfalls auch nach der Cäsur des 16. Jh., daß der Bergarbeiter trotz der Beseitigungen der Knappenfeiertage nach der Arbeit die sittlich gebotene Ruhezeit einhält. Weiß sie doch zu berichten:

„Ein Bergmann ging an einem Sonnabend zur Beichte, um am darauf folgenden Sonntage zum Abendmahl zu gehen. Nun ist es alter *Brauch*, daß nach der Beichte niemand mehr arbeitet, sondern all seine Gedanken auf das fromme Vorhaben richtet. Der Bergmann aber wollte sein bißchen Lohn nicht einbüßen und fuhr nach der Beichte dennoch wieder vor Ort. Aber kaum war er in der Grube, als der Schacht einstürzt und alle Spur von ihm verschwindet. Erst nach 100 Jahren, da andere Bergleute dort einschlugen und ein Bergwerk bauten, fanden sie in einem Gange einen Bergmann, der hatte einen großen langen Bart und schien zu schlafen; und da sie um ihn redeten, erwachte er und fragte gleich: ‚hat es schon zusammengeschlagen? Ich muß zum Nachtmahl gehen!‘ Da sprachen die anderen: ‚Es ist heute kein Sonntag und deshalb auch kein Gottesdienst, es ist Werkestag.‘ ‚Doch‘, sprach er, ‚nächten bin ich zur Beicht gewesen und heint muß ich zum Abendmahl gehen.‘ Da geleiteten sie ihn aus der Grube und nach der Kirche und holten den Pfarrer, der gab ihm das heilige Abendmahl. Und wie er es empfangen hatte, stürzte er zusammen und war ein Häufchen Asche[2447].‘“

An dieser Stelle wirkt, wie man sieht, die Sage volkserzieherisch. Über dem Feierabend, der nach einem religiösen Akt folgt, liegt in der Bergmannsvorstellung eine gewisse Weihe. Gleichzeitig gibt sich die Sage als eine Ergänzung von evangelischen Visitationsprotokollen zu Beginn der Neuzeit, wenn sie auch nur in einer gleichnishaften Bildersprache redet.

Das Mittelalter ist nun in seinem ständischen Aufbau wesentlich bedingt durch das *Privileg*. Eine solche Kette von Vergünstigungen wurde auch den Bergleuten von verschiedenen Instanzen zuteil. Es verwischten sich damit manche Unterschiede zwischen Freien und Unfreien. Allerdings wurden die Gegensätze zwischen Besitzenden und Besitzlosen wohl gemildert, aber nicht aufgehoben. Das Problem blieb, inwieweit die Träger körperlicher Arbeit Anteil am Besitz haben dürfen; inwieweit jene Bergarbeiter lediglich kapitalistischen Machtinstinkten verfallen; inwieweit sie jedoch durch eine kraftvolle genossenschaftliche Haltung sich bei Autoritäten und Machthabern Achtung erzwingen. Diese Bewegung zum Freiheitlichen ist trotz

[2447] *Stötzel*, Bergmannssage, S. 22, mit Hinweis auf *Wrubel*, Sammlung bergmännischer Sagen, 4. S. 2.

allem unverkennbar. Sie bricht auf in oft erfolgten Knappenaufständen, inmitten der Verarmung und Hungersnot[2448]. Sie ist ebenso eine Folge von religiösen Neuerungen, die man zu unterdrücken versucht[2449].

Die Gemeinschaft freier Bergleute findet sich ebenso beim Vertragsschluß ein. Hören wir doch über die Silbergruben des Stiftes Admont am Berge Zessen bei Friesach in Kärnten, daß diese Zechen seit 1185 zum Teil an Genossenschaften freier Bergleute übergingen. Man hat letztere, was *Zycha* herausarbeitet, als „communicatores" und als „socii" bezeichnet. Derjenige in dieser Grube, der eine anscheinend leitende Stellung einnahm, wurde als „Magister montis" angesprochen[2450]. Als solche Instanzen, die sich in Sachen der Bergleute beeindrucken lassen, sind anzusprechen der Landesherr, insbesondere der österreichische Erzherzog. Diese Dynasten sind ja gleichzeitig kluge Hersteller und Anwälte der Bergbauordnungen. Von der Praxis her erfahren diese Normen manche Revisionen. Sie wirken oft wie eine Auffüllung von Lücken, die das Bergwesen mit sich führt. Diese Landesherren sind die Hoffnung der hungernden Bergleute. Dabei kann sich der Bergrichter, der den Erfahrungsbereich vertritt, mit Anregungen einschalten. Eine besondere Untersuchung verlangen die Fürstbischöfe der alpinen Welt, was die Sozialinteressen der Bergleute betrifft.

Andererseits wollen die straff organisierten Bergknappen, um sie in ihrer Gesamtbedeutung zu erfassen, als eine *militärische* Macht anerkannt sein. Man führte sie im Jahre 1499 in den Krieg, der sich zwischen Österreich und Graubünden abspielte. Man zog sie in das tiroler Landsturmaufgebot, das der Bergrichter zu Sterzing dieserhalb besorgte. Es wurde diesem Bergbeamten eingeschärft, mit den Bergknappen von Sterzing, Schneeberg und Gossensaß nach Glurns aufzubrechen. In der Tat führte am 13. März dieses Jahres „Hans Freiher von Wolkenstein eine auserlesene Schar von 700 Bergknappen aus Schwatz durch das Oberinnthal herauf. Während der Schlacht an der Calver Klause hielten 1500 Bergknappen aus Schwatz die Höhe des Berges oberhalb der Tirolerschanze besetzt". Aber gegen die gut gerüsteten und kriegserfahrenen rätischen Bünde richteten die Tiroler nichts aus[2451]. Noch hatte der Schweizer die Vorderhand. In Bälde, mit der

[2448] *Wolfstrigl-Wolfskron*, Tiroler Erzbergbaue. S. 27, 42, 73, 74, 83, 85, 90, 91, 92, 105, 107, 115, 299.

[2449] Ebd., S. 207, 208, 223, 226, 269, 277.

[2450] *Adolf Zycha*, Recht des Bergbaues. S. 88.

[2451] Dazu *Wilhelm Schwer*, Stand und Ständeordnung im Weltbild des Mittelalters. Die Geistes- und gesellschaftlichen Grundlagen der berufsständischen Idee. 2. Aufl. v. Nikolaus Monzel. Paderborn 1952.

Schlacht von Pavia (1525), sollte er seine militärische Vormachtstellung an oberdeutsche Landsknechte abgeben. Ein neues Zeitalter brach an.

Es bildete sich in der Tat von den verschiedensten Voraussetzungen her in jener Wende vom Mittelalter zur Neuzeit, im Bergbau ein beruflicher Standesbegriff. Das begab sich, wie angedeutet, mit einer Entfaltung des Freiheitsbegriffes und des gleichzeitig verantwortlichen Pflichtgedankens. Damit vollzog sich eine Einschaltung geistig-seelischer Kräfte, die in einen weltanschaulich-religiösen Bereich hinüberwechseln. Von christlichen Grundvoraussetzungen her werden der hohe Menschenwert, die Seelenverfassung der Bergleute, ihre das Gemütsleben erhebenden Feiern (Festtag, Hochzeit, Taufe, Totenmemorie, Anniversar) und das Lied gewürdigt[2452]. Das Südtiroler Brauchtum, das uns neuerdings *Johannes Baur* schildert, wurzelt weithin noch in der mittelalterlichen Übung[2453]. Desgleichen, was ungemein wichtig war, wird die Arbeitsruhe der privilegierten Knappenfeiertage in solche Verlautbarungen und Normenbücher einbezogen. Kaum ein anderer Erwerbsstand kannte eine solche Auszeichnung. Man mußte schon zu den Religiosenverbänden gehen, um solche Vergünstigungen zu besitzen.

Dort, wo sich gegen die sich festigende Berggemeinschaft der Spötter regt, wird er in der *Sage* gestraft. Auch das Mirakelbuch weiß darüber Bescheid. Da hören wir über ein Silberbergwerk in der Nähe von Siegburg („Caldenbeche"), daß sich unter den Bergarbeitern ein spottlustiger Jüngling befand. Als jemand vorbeikam, die Silberarbeiter begrüßte und hinzufügte „Der heilige Anno ist aus dem Grabe erhoben", fügte dieser junge Bergmann diesem Zuruf suffisant, mit einem Vorgriff auf Voltaire, hinzu: „Ist der heilige Anno aufgehängt?" Die Vergeltung folgte nach der Sage auf dem Fuße. Während er abstieg, stürzte auf ihn eine Steinmasse mit gewaltigem Krachen. Er wurde schwer verletzt, wenn auch nicht zu Tode getroffen. Das einschlägige Mirakelbuch, das wir soeben erwähnten, fügt noch hinzu, daß dieser Frevler allerdings Buße tat und deshalb Heilung empfing[2454].

Wer den Quellen nachgeht, wird an eine gerade vom tirolischen Herzog Sigismund (1439–1490) geschaffene Bergmannsordnung erinnert, die

[2452] *Stötzel*, Bergmannssage, S. 22, mit Hinweis auf *Wrubel*, Sammlung bergmännischer Sagen.

[2453] Volksfrommes Brauchtum Südtirols. S. 8ff. Dazu *Nikolaus Grass*. In: Zeitschrift der Savigny-Stiftung für Rechtsgeschichte, Kan. Abt., Bd. 46, 1960, S. 609f.

[2454] *Güthling*, Siegburger Bergbau. S. 19. – Anno II. von Köln (†1075).

Bindungen und Einordnungen in ein gestrafftes Ethos verlangt[2455]. Letzteres stützt sich auf gewisse Gleichheitsideen, auf den nämlichen Glauben, auf eine heimatliche Verankerung, auf die Zugehörigkeit zur Pfarrgemeinde oder doch auf die Verbundenheit mit einer Teilparochie oder einem Benefizium. Dazu treten Bindungen in den sonstigen Ausdrucksgebungen des Kultes und der Frömmigkeit. Es begibt sich überdies für jedes Mitglied der Berggemeinde die Anwendung des nämlichen Brauchtums. Es vollzieht sich eine Gruppierung, die sich beachtlich vom autoritären Herrschaftsgedanken entfernt, die sich also im Ablauf bergbaulicher Entwicklung stärker zum Genossenschaftsverband freier Menschen wendet[2456]. Solche Gedankengänge werden stets von neuem bejaht. Der Gedanke des populus christianus leuchtet auf in missalen Orationen und in den Akklamationen der Litanei, wie in der Fürbitte der Totenmemorie.

Der Bergmannsberuf ist nicht geburtsständisch, auch nicht eigentlich erbständisch. Aber er wandert und vererbt sich anscheinend durch ganze Generationen. Luthers Berufsauffassung, die familiär bestimmt wird, ist durchaus konservativ. Man soll den Beruf nicht ändern, das im Gegensatz zu den Reformierten. Untersuchungen für den Bergbau sind auf solche Fragestellung noch anzustellen. Es spricht vieles für eine traditionelle Haltung. Der Bergmann war ja in der Regel im Bergrevier ansässig. Nicht nur die Stadtluft machte frei. Auch die Bergluft schuf einen verhältnismäßig freiheitlichen Zustand, der auch im Vorrecht der Vorfahren gründete. Da ist im westlichen Erzgebirge ein volkstümliches Lied, betitelt „Vater, ich mags nicht mehr leiden". Es kündet die Sehnsucht eines Bergmannssohnes, den Beruf des Vaters und seines Bruders zu ergreifen. Dabei wird freudig erwartungsvoll auf die Tracht verwiesen, die von anderen Ständen unterscheidet und die repräsentativ heraushebt und an die Kameraden bindet. Nach *Heilfurth* wird dieses Lied heute noch gesungen[2457].

Allerdings kamen Erschütterungen bei Krisen der Ernährung, bei Seuchen, bei der kargen oder gar ausbleibenden Entlohnung. Dazu bei neuen und aufwühlenden religiösen Fragestellungen. Die Wiedertäufer drangen in Tirol ein. Sie erschienen ebenso in anderen alpinen Gebieten, was an anderer Stelle von uns behandelt wird. In den Bergwerken des Harzes, Thüringens, des Erzgebirges kam es des weiteren zur grundsätzlichen Abkehr von herkömmlichen Überlieferungen. Das Gesicht der Bergwerksland-

[2455] *Oberrauch*, Tirols Wald und Waidwerk. S. 51.
[2456] *Schwer*, Ständeordnung. S. 15.
[2457] Bergmannslied. S. 151.

schaft wurde neu bestimmt. Kapellen verfielen, Bittgänge wurden eingestellt. Münzen und Medaillen, die den Bergbau betrafen, verloren damit manche religiöse Embleme. Die Grubentaler von Annaberg, geboten von der ernestinischen Kurlinie aus den Jahren 1542–1547, bringen keineswegs mehr die Bilder der hl. Anna. Dagegen hält sich Antonius der Einsiedler in einem Taler (1697) in der Grube St. Antonius Eremita bei Hahnenklee. Dieser gehört allerdings dem Hildesheimer Jodocus Edmund, Freiherr von Brabeck (1688–1702). Die Rückseite enthält die Inschrift: „HAEC SUNT MUNERA MINERAE S: ANTONY EREMITAE." Sie zeigt einen stehenden St. Antonius von vorne mit aufgeschlagenem Buch in der Rechten, Krummstab in der Linken und T auf der Schulter und in der Krümme des Stabes"[2458]. Das dort beigegebene T (Thau, Tau) ist als magisches Kennzeichen gebraucht, das sich auch in Sebastiansgebeten und in Pestamuletten und Pestmünzen einfand[2459]. Gewiß waren die Brabecks altgläubig (Brabecksche Stiftung vom 1. September 1615 im Hildesheimer Domkapitel)[2460]. Man mag immerhin beachten, daß die Umgebung von Hahnenklee damals wesentlich als neugläubig anzusprechen war. Erschütterung der Glaubensgemeinschaft bedeutete zuweilen Rückgang der bergmännischen Ordnung, jedenfalls in einigen deutschen Räumen. Doch die Forschung steht für diesen Fragenbereich noch weithin aus. Selten haben wir in der Ikonographie bei einem Heiligen dieses Zeichen T getroffen. Es ist erstaunlich, daß man es wagte, dieses abwehrende Symbol einem Bergwerksheiligen mitzugeben, denn Antonius der Einsiedler erscheint oft als Patron der Gruben. So begegneten sich ein magisches und ein christianisiertes Weltbild in einer mehr volksgläubigen Sicht.

Für diese Wirtschaftsordnung und Sozialordnung macht sich gleichwohl das Machtprinzip des Landesherren im 16. Jh. entscheidend geltend, ganz wie in anderen Bezirken des sozialen und religiösen Lebens (Staatskirchenrecht). Man hat den *herrenständischen* Aufbau des Mittelalters als eine Dreiteilung gekennzeichnet, an dessen Wirtschaftsleben Adel, Freie und Halbfreie Anteil nahmen. Dazu trat in einer besonderen Sphäre das zielbewußte Stadtregiment. Das alles bezeichnet ein System, das auf Blut, Abstammung, Ritterschlag, Lehnrecht, Kriegsdienst, Macht, Besitz und gei-

[2458] Sammlung Vogelsang. Nr. 756–760, S. 68.

[2459] *Jacoby*, Thau. Bei *Bächtold-Stäubli*, 8. Sp. 749. Übersehen wurde *Menzel*, Symbolik, 2. S. 479.

[2460] Sammlung Vogelsang. Nr. 345, S. 30. – Über die Familie v. Brabeck vgl. *Adolf Bertram*, Gesch. des Bistums Hildesheim, 3 Bde. Hildesheim 1899–1925; 3. S. 412,

stige Überlegenheit gegründet war. Führend erwiesen sich mehr und mehr im Bergbau die Kapitalstarken. Neue Zeiten brachen an, die ebenso um Besitz und Bildung wußten.

Was die Beziehungen zum Bergwerk angeht, hat der *Adel* als Vertreter des Herrn die Führung insoweit ergriffen, als er sich vom König bzw. vom Landesfürsten mit zahlreichen Gruben belehnen ließ. Dann wurde die wirtschaftliche, soziale, zum Teil auch die religiöse Aufbereitung der Berggemeinde in die Hand genommen. Sein Anteil ist am mittelalterlichen wie am späteren Bergbau bedeutend. Einen starken Widerschein bietet die Münze. So berichteten etwa die Publikationen von *Karl Friederich*, Münzen und Medaillen des Hauses Stolberg[2461] und von *P. Joseph*, die Münzen des fürstlichen und gräflichen Hauses Solms[2462] über solche hochadligen Zechenbesitzer. Insoweit machte sich auch die feudale Ordnung geltend, indem der Beliehene weiter verlieh. Dazu trat die Tatsache eines vererbbaren Familiengutes heraus. Der herrenständische Aufbau trat auch darin hervor, daß Gerechtsame und Vergünstigungen an einzelne, auch an Gruppen verliehen wurden. Das drängte allerdings auf eine Abwandlung des bloßen Machtprinzips. Handelsgesellschaften fanden sich als Bergbautreibende ein. Großkaufleute wurden Grubenbesitzer. Der Metallhandel trat also als bewegende Kraft zu den Stollen[2463].

Kirchliche Grundbesitzer bezogen in ihr Herrschaftsgebiet auch die Bergwerke. Hörige und Hintersassen wurden zur Bergarbeit verpflichtet, aber Freiheitsgedanken und Gleichheitsvorstellungen rüttelten, wie angedeutet, an der überkommenen Gesellschaftsordnung. Hochmittelalterliche Reformen von Cluny, Gorze, Hirsau und Vallombrosa haben neben anderen Erneuerern christlich-demokratische Grundsätze zunächst, um die Fortpflanzung zu sichern, Maximen für die Aufnahme des Novizen ausgebreitet. Aber darüber hinaus wurde die Umwelt durchsäuert. Ging doch die Teilnahme an der Liturgie, am missalen Opfergang, am sakramentalen Leben, am Empfang der Segnungen, am Kirchenjahr, an den Festtagen des Konvents, Hand in Hand mit der Freiheit und mit Gerechtsamen, die das Kloster in das Umland überführte. Das geschah in Cellen, in Grangien, in Prioraten, bei sonstigen Verbrüderten. Ebenso wurden die Klosterhöfe in den Städten berührt. Der Bergmann beteiligte sich überdies an der Wall-

[2461] Dresden 1911.
[2462] Frankfurt a. M. 1912.
[2463] Vgl. dazu das Kapitel „Bergbau und Industrie in der frühkapitalistischen Wirtschaft“, S. 52ff.

fahrt und am Anniversar[2464]. Aber andererseits berichtet die Bergmannsüberlieferung als Schatzsage im Erzgebirge von der mißlungenen Schatzhebung, die ausgerechnet am Allerseelentag und am Fronleichnamstag erfolgte. Ehrfürchtiges schaltet sich in die Sage ein. Sie protestierte. Man empfing eine Strafe dafür, daß man an diesen Tagen, die geheiligt waren, die Arbeitsruhe nicht einhielt. Mittelalterliche Glaubensvorstellungen wirkten in der Sage noch nach[2465].

Da ging man ferner an mehr als einer Stelle an die Aufrichtung einer eigenen Pfarrgemeinde oder doch einer Teilparochie. Das Bergwerk fördert in seiner Existenz gewisse Emanzipationen, auch wenn diese im Bereich der Niederkirche sich mehr suchend und tastend anließen. Das tirolische Silberbergwerk Schwaz drängte auf Befreiung von der Mutterpfarrei Vomp. Es setzte sich auf dem Konzil von Basel mit diesem Anliegen durch[2466]. Man mag andere Vergleiche dieser Art beibringen. Im allgemeinen erwies sich die aus dem Mittelalter überkommene Parochie doch als eine Festung. Die ecclesia matrix behauptete sich in einem Schwergewicht, das sich konservativ anließ.

Bergmannssöhnen konnte ein Zutritt zum geistlichen Stande leicht gewährt werden. Die Eltern, die Gesamtfamilie, die Paten, die Sippe wußten um die Ehrbarkeit, die der Bergmannsanwärter besitzen mußte. Die sittlichen Bindungen wurden stark empfunden. Einen bergmännischen Tugendspiegel behandelte das Bergmannslied. Gegenstück zum Fürstenspiegel.[2467]

Die *Volksseelsorge* hatte sich im Hochmittelalter in steigendem Ausmaß entwickelt. Im 12. Säkulum machte sich die verstärkende Seelsorge der Benediktiner geltend, erst recht die der regulierten Augustiner und der Prämonstratenser, die sich damit nachhaltiger dem Bauern zuwandten. Im Flachland und in den Bergen wurde also die cura animarum von den Religiosen damals stärker betont. Damit wuchs der Bergmann auch von diesen Voraussetzungen her aus dem abhängigen Kreis der Grundhörigen, der Unfreien, der Leibeigenen in etwa heraus. Er war vollberechtigtes Mitglied der Pfarrgemeinde und der sakramentalen Begnadigungen und kirchlichen Segnungen in jenen Gefahrenzonen, die einen besonderen Schutz verlangten. In unserem Kapitel über den verschütteten Bergmann tritt sein Recht und seine Verpflichtung heraus, missale Oblationen darzubringen.

[2464] S. oben S. 294ff. über den verschütteten Bergmann.

[2465] *Stötzel*, Bergmannssage, S. 51, mit Hinweis auf *Jungbauer*, Böhmerwald-Sagen. Jena 1924.

[2466] *Schreiber*, Bergwerk. S. 413.

[2467] *Heilfurth*, Bergmannslied. S. 143.

Er war also „opferbaere", opferwürdig, vollberechtigtes Mitglied einer lebendigen Gemeinschaft.

Die Ausnützung und Verwertung des Bergsegens war abhängig vom Grad der Leistung, vom persönlichen Dienst, vom inneren Mitschwingen seelischer Grundelemente. Die Unternehmer mußten dafür sorgen, daß die menschliche Arbeitskraft erhalten blieb, daß vertragliche Bindungen einsetzten, die in einer Bergbauordnung verwurzelt waren. Wenn diese, wie 1427 in Gossensaß, nur auf zwei Jahre Gültigkeit besaßen, leiteten sich die Grundgedanken weiter. Auch im Bergbau ergab sich eine communicatio privilegiorum.

Allerdings mußte die Landesgewalt zuweilen den Gewerken zu Hilfe kommen. Aber hier dürfte sich nicht bloß der Machtstand und das Herrentum äußern, sondern auch eine soziale Grundgesinnung, wenn die bergbaulichen Vorräte nachließen; wenn etwa die Weltmarktpreise für Erz, Eisen, Silber, Kupfer, Blei absanken, wenn die privaten Unternehmer beim Nachlassen des Metallsegens die Löhne nicht mehr zahlen wollten oder konnten. Gruben wurden schon 1547 am Tiroler Röhrerbühel zusammengelegt[2468]. Wurden Bergwerke aufgelöst, kam es, wie man sagte, zu einem „verlassenen" Bau, hatte die Landesregierung des Territoriums ausgleichend und unterstützend zu wirken[2469]. Sie hat tatsächlich beim Anbruch der Neuzeit gegenüber den Fuggern und anderen Unternehmern eingegriffen, indem sie versuchte, Bergwerke mit einem zurückgehenden Ertrag noch am Leben zu halten. Sie ließ deswegen Neuschürfungen vornehmen. „Aus Mitleid mit den armen Arbeitern übernahm die Regierung die von den Gewerken aufzulassenden Gruben am Sinnwell, im Taxental und an anderen Orten der Herrschaft Kitzbühel[2470]." Weiteres Eingreifen der Regierung für Tirol ist nachweisbar. Anfänge einer bergbaulichen Sozialpolitik im Zeitalter des Absolutismus zeichneten sich ab.

Sie versuchte auch sonst den Gedanken der sozialen Gerechtigkeit auszuprägen. Sie konnte natürlich nicht hindern, daß die Eigengesetze der Wirtschaft, im besonderen der Rentabilität sich geltend machten, aber sie konnte Krisen erleichtern und in ihren praktischen Auswirkungen abmildern. Sie konnte dazu beitragen, daß die Bergknappen keine revolutionäre Kampfgruppe bildeten, die das Arbeitssystem des Bergwerks auf längere Zeit er-

[2468] *Wolfstrigl-Wolfskron*, Tiroler Erzbergbaue. S. 192.

[2469] Bergknappen verziehen sich 1598 in Terlan, ebd., S. 338. Zur Arbeiterentlastung im Jahre 1623 am Rörerbühel, ebd., S. 224f.

[2470] Ebd., S. 233.

schütterten. Diese deutlich wahrnehmbare Haltung fand wieder und wieder Vertreter.

Die *bäuerliche* Herkunft der Bergknappen zeichnete sich im wesentlichen als ein konservatives Element ab, wobei aber auch der Wandertrieb und manche Aufstände berücksichtigt werden müssen. Doch hatten letztere keine längere Dauer.

Den Bauernkriegen sind keine *Bergmannskriege* zur Seite getreten. Es kam im Grunde genommen zu einer Verschmelzung des Herrschaftsständischen und des Berufsständischen. Träger des Herrschaftsgedankens blieben gewiß nach wie vor die mit dem Bergwerk Beliehenen. Als deren vollziehende Organe erscheinen die Bergrichter und leitende Bergbaubeamte. An mehr als einer Stelle gewinnt man dabei den Eindruck, daß der *Bergrichter* mit dem Bergwerk auf Gedeih und Verderb verbunden ist. Er hat nicht bloß vom Wirtschaftlichen, sondern auch von ethischen Voraussetzungen her den Betrieb zu überwachen. Er hat etwaige Streitigkeiten, die in den Bergbriefen beachtlich vorgesehen sind, zu schlichten. Sie umspannen ja die Fülle des Lebens. Dieser Bergrichter sucht sich ebenso sozial zu betätigen, im besonderen, wenn die Förderungsziffer eines Bergwerks erlahmt. Er steht je nach den Gegebenheiten in seinen Entscheidungen auf der Seite des Landesherren, auch auf Seiten der Gewerke, aber ebenso auf der Seite der armen Bergknappen, was man für Tirol bei *Wolfstrigl-Wolfskron* für die Zeit von 1301–1663 nachlesen kann[2471]. Dieser Bergrichter verwaltet sein Amt nicht so sehr auf Grund des Geburtsprinzips, sondern durchaus im Zeichen der Verantwortlichkeit und des Leistungsgedankens. Dabei unterliegt er manchen Bindungen.

Ein Spruchbrief aus dem Jahre 1408 aus dem bischöflichen Archiv in Chur bestimmt, „daß künftighin von dem churrätischen Bergrichter einer und derselben Gesellschaft nicht mehr vom Bergwerk als drei Felder Bann verliehen werden soll“[2472]. In allem aber wird dieser hohe Bergbeamte auf sein Verantwortungsbewußtsein angesprochen. Der Gedanke an Treu und Glauben geht als Leitmotiv durch die Bergordnungen und Spruchbriefe, desgleichen durch das Bergmannslied. Im übrigen bleibt über *Aloys Schulte* hinaus zu klären, inwieweit auch ein geistliches Mitglied des Adels dem Bergwerk angehört[2473]. Ja, diese Fragestellungen erweitern sich dahin, inwieweit überhaupt der Adel unter die Gewerken eintritt. Schon *Zycha* hat sich

[2471] Tiroler Erzbergbaue. S. 452ff.
[2472] *Plattner*, Bergbau. S. 21.
[2473] Der Adel und die deutsche Kirche im Mittelalter². Stuttgart 1922.

dieser Frage angenommen, besonders für die Gebiete von Friesach und Trient. Er weist darauf hin, daß sich im ersten Friesacher Vertrage von 1185 unter den Gewerken noch kein adeliger Name einfindet, dagegen erscheint 1216 unter drei genannten Grubenmeistern ein Adeliger, nämlich Heinricus de Pulndorf[2474]. In Trient hat nach dem gleichen Autor in den Statuten von 1208 der Adel bereits eine „sehr starke Zahl“ unter den Gewerken aufzuweisen. Dieses Hervortreten des aristokratischen Elementes wird begleitet von einem Einzug in das Bergwerk von seiten der reichen Bürger der Stadt. Der Kapitalsbedarf der Gruben war ja mit der Förderung, erst recht mit dem Neuschurf in einem stets erkennbaren Wachsen[2475].

5. Der Wald, das Wasser und der Bergbau

Das Holz, das den Bergwerken gewidmet war, war dem freien Handel entzogen, nur berechtigte Bergwerke und Hammerwerke durften die Nutzung ausüben. Die Folge war eine Fülle fortgesetzter Streitigkeiten zwischen den Gwerkschaften und den Grundherrschaften, ebenso zwischen den Landesfürsten und den Landesständen. Die Praxis ging also über die Berechtigung der Bergwerke oft genug rücksichtslos hinweg[2476].

Im Jahre 1560 beklagten sich die Schmelzer und Gewerken des tirolischen Rattenberg, daß Holzmangel den Betrieb ihrer Baue am Geyr behinderte[2477]. Ein ernster Notruf. Denn jede Grube benötigte damals mehr oder minder Holz, darum sorgten sich die Nachbarbetriebe wie Schmelzöfen, Pochhammer, Eisenhammer. Zuweilen mußten besondere Maßnahmen getroffen werden. Wegen enormen Holzbedarfs des Haller Salzbergwerkes wurden schon seit dem 14. Jh. Hölzer, insbesondere „Stempel“ zur Auszimmerung der Stollen aus dem Gleierschtal zum „Stempeljoch“ heraufgeführt, das geschah mit Ochsenfuhrwerk. Am Stempeljoch verblieben die „Stempel“ und wurden dann im Frühjahr auf der anderen Seite über die harte Schneehalde ins Halltal hinabgelassen. Für diese Ochsen bestand auf mehreren Almen ein Mitweiderecht[2478]. Planvolle Bergwirtschaft. Man hat den Holzmangel im übrigen auch als „das Erbübel des Erzberges“ bezeichnet, bereits für den Beginn der Neuzeit. So kam es, daß man die Hammerwerke von den Rad-

[2474] Recht des Bergbaus. S. 112.
[2475] Ebd.
[2476] *Tremel*, Frühkapitalismus. S. 124.
[2477] *Wolfstrigl-Wolfskron*, Tiroler Erzbergbaue. S. 169.
[2478] *Nikolaus Grass*, Rechtsgeschichte der Alpwirtschaft. S. 98.

werken trennte[2479]. Besonders groß ist der Holzbedarf der Glashütten. *Löscher* hat diesen als geradezu ungeheuer bezeichnet. In Hinsicht auf die Verarbeitung zu Pottasche, ferner für die Gewinnung der Holzkohle für die Öfen[2480].

Dahin gehörten ebenso die Anforderungen der Schmiede. Ohne Wald kein Eisen. Das Verhältnis beider Bereiche, also des Bergbaues und der Forsten wurde vom 15. Jh. an stets von neuem überprüft. Die Beschaffung des notwendigen Grubenholzes war in hoher Berglage, wie am tirolischen Khumbriaul ober Lienz mit besonderen Kosten verbunden. Darum wurde 1544 für die Gewerken eine vierjährige Fronfreiheit bewilligt[2481]. Eine ähnliche Berücksichtigung auch in Westdeutschland. Im Anschluß an die kurkölnische Bergordnung wurde im Jahre 1669 eine besondere Ordnung für das alte Breitwerks-Schmiede-Handwerk in den Gerichten Olpe, Drolshagen und Wenden erlassen. Alle Beteiligten wurden zu einer Zunft zusammengeschlossen. Vor dem Bergmeister und dem gesamten „Handwerk" mußte Rechnung abgelegt werden[2482].

Zu den Bergordnungen, die zum Wald Stellung nahmen, traten viele Einzelentscheide. Im Salzburgischen erschienen sie als Hofkammerbefehle. Es lag eine soziale Not darüber, wenn „ein yeder angeseseßener, er sey Reich oder Armb" das ihm notwendige Holz als „sein Hausnotturft" im Gasteiner Bergwerksbetrieb beanspruchen konnte[2483].

Mancherorts hatte ein planloser *Raubbau* am Wald diesen Mangel verursacht, so daß Ende des 16. Jh. in vielen Orten des Landes Tirol bereits eine starke Holznot herrschte. Ganz besonders davon betroffen war die Saline der Stadt Hall. Holzeinschläge in immer entfernteren Tälern wurden deshalb nötig. Mühsamer wurde zudem der Antransport des Holzes. Diese nachteilige Entwicklung ist bis zum Ende des 18. Jh. zu verfolgen[2484]. Das mittelalterliche Bergwerk und ebenso der nachmittelalterliche Bergbau verzehrten den Wald oder doch wesentliche Teile des Forstes. Der Holzmangel stellte sich in den verschiedensten Bergbaugebieten ein, als bleibendes Defizit. Ähnlich erging es dem Weinberg, dem oft genug die Holzpfähle fehlten.

2479 *Tremel*, Frühkapitalismus. S. 55.

2480 Die Bedeutung Glashüttes. S. 265–268, bes. S. 265.

2481 *Wolfstrigl-Wolfskron*, Tiroler Erzbergbaue. S. 379.

2482 *Hirschmann*, Olpe. S. 129f. – *Seeger*, Westfalen. S. 83.

2483 *Hinterseer*, Hofgastein. S. 354f.

2484 Tiroler Waldwirtschaft. Festschrift zum 100jährigen Bestehen des Reichsforstgesetzes in Tirol. In Druck gegeben von der Landesforstinspektion für Tirol (Schlern-Schriften, hg. v. R. Klebelsberg, Bd. 125). Innsbruck 1954, S. 11f. – *Wopfner*, Almendregal. S. 105ff.

Für die Ausrüstung der Fuggerhütte zu Grasstein im Eisacktal setzte sich 1535 die oberösterreichische Regierung ein. Sie wandte sich dieserhalb für die Holzbelieferung an den Propst des Chorherrenstiftes von Neustift bei Brixen. Hier und auch sonst verspürt man die ausgleichende Hand der Länderverwaltung. Ihr stand der Waldreichtum alteingesessener geistlicher Grundherrschaften zur Seite[2485]. Doch ist diese zustimmende Haltung noch näher zu untersuchen.

Die rücksichtslose Abholzung der Wälder wird für die Mitte des 16. Jh. auch für Kärnten und Steiermark bezeugt. Holz und Holzkohle wurden verteuert, die Betriebskosten stiegen. Überlegungen wurden heraufgeführt, daß sich neben anderen Momenten die süddeutschen Kapitalisten zurückzogen[2486].

In diesem Zusammenhang verdient eine noch unveröffentlichte Originalurkunde aus der Sammlung Hochenegg (Solbad Hall in Tirol) erwähnt zu werden. König Ferdinand der Andere, der spätere Kaiser *Ferdinand II.*, erließ am 30. Oktober 1617 von Graz aus folgenden eigenhändig gefertigten Erlaß an alle Obrigkeiten und Untertanen in seinem Fürstentum *Krain:* „. . . das uns mit Befrembdung fürkhommen, wie das in denen zu Perckh- und Hamerwerckhen aldorten gehörig Wäldern und Gehöltz nit allein mit Eintreibung von Gaiss- und andern Vieh allerley Schädlichkeiten, sondern auch durch das Graitnmachen (Gewinnung von Waldstreu) grosse Verwüstung des abgestandtnen und jungen Holtz muthwillig und fräventlicherweis verübt worden . . . wann uns aber solche Ungebür, welche so woll denen Perckh- und Hamerwerckhen als auch unserer landtsfürstlichen Camer zu Schaden geraichet . . . so bevelchen wir Euch hiemit gantz ernstlich, dass Ir Euch angeregtes schädlichen Eintribes des Gaiss- und anderen Viehes, wie auch des Geraitenmachens und Holtzabmaissens, sonderlichen an denen Orthen, daraus und darvon zu den Perckh- und Hamerwerckhen die Behültz und Kholung gebracht werden kann, gentzlichen enthaltet . . .“ Es folgt die Mahnung an die Bergrichter in Krain und ihre Untergebenen, sie sollten Zuwiderhandelnde entsprechend bestrafen.

Doch war dieser Holzmangel nicht das einzige Problem, mit dem der Bergbau rang. Besondere Schwierigkeiten bot in diesem Tiroler Raum wegen der geringen Bodenerträge im Gebirge und im Wald die Beschaffung der Lebensmittel, besonders von Getreide, Vieh und Fett. Diese mußten erst aus weiter Ferne besorgt werden. Wenn Flüsse nahe waren, mochte

[2485] *G. von Pölnitz*, Anton Fugger, 1 Bd. Tübingen 1958, S. 341.
[2486] *Treml*, Frühkapitalismus. S. 74.

das auf Schiffen in größeren Mengen einfach geschehen. Im Gebirge aber zogen Gespanne langsam und mühselig. Es waren jene Fuhrwerke, deren Fracht für eine große Menge von Bergleuten immer noch zu wenig war. Unter solchen Verhältnissen stiegen die Preise. In Hinsicht auf diese Notstände sah sich der Landesherr genötigt, wieder und wieder einzugreifen, besonders in alpinen Gebieten. Die Tiroler Bergwerksgeschichte des 15. und des 16. Jh. kann genügend Einzelzüge mitteilen. So wurden durch hohe Getreidepreise in der ersten Hälfte des 16. Jh. die Rattenberger Bergknappen verschuldet. Die Preise für Weizen, Roggen und gesottenes Schmalz waren zu hoch. Doch befiehlt die Tiroler Landesregierung, daß diese Lebensmittel zu der erbetenen Taxe abgegeben werden[2487]. Anfänge einer staatlichen Fürsorge[2487a]. Diese erstreckte sich auch auf die Fleischversorgung des Knappenortes Schwaz. Denn der Tiroler Landesfürst Erzherzog Ferdinand II. verlieh den Schwazer Metzgern im Jahre 1575 eine ausgedehnte Alm im Wattental. Hier konnten die aus Ungarn, Böhmen und Steiermark herangeschafften Ochsen solange weiden, bis sie nach und nach in Schwaz, je wie es der Bedarf ergab, geschlachtet wurden[2487b]. Das Fleisch spielte in der Knappenkost von Tirol damals eine große Rolle. Auch heute ist der Fleischbedarf bei der Industriebevölkerung groß.

Die Gewerke und die Behörden mußten für das Bergwerk am Röhrer-Bühel zuzeiten Lebensmittel besorgen mit außerordentlichen Kosten aus Österreich, Steiermark und Kärnten, manchmal aus Ungarn und Polen, selbst aus Burgund[2487c].

Die Sperrung der Bayerischen Getreidezufuhr nach Tirol, die um 1570 stattfand, verschärfte die Lage in Schwaz[2488]. Die Hungersnot meldete sich an. Die Schwierigkeiten in der Verpflegung führten bald da, bald dort eine Verringerung der Belegschaft herauf. Damit wurde die Rentabilität des Bergbaus wesentlich abgeschwächt. Untersuchungen für außertirolische Bergbaugebiete sind recht erwünscht. Es mangelt oft das Vergleichsmaterial.

[2487] *Wolfstrigl-Wolfskron*, Tiroler Erzbergbaue. S. 169.

[2487a] Vgl. *Josef Fischer*, Tirols Getreidepolitik 1527–1601, Innsbruck 1920, mit manchen Hinweisen. – *Hermann Wopfner*, Die Lage Tirols zu Ausgang des Mittelalters. Berlin 1908. S. 25, 30. – *Werunsky*, Österreichische Reichsgeschichte. S. 835ff., 865ff.

[2487b] *Nikolaus Grass*, Die Almwirtschaft in Geschichte, Volkstum und Recht. In: Festschrift K. G. Hugelmann, Bd. 1. Aalen 1959, S. 166.

[2487c] *Josef Edler von Senger*, Das verlassene Bergwerk am Röhrer Bühel. In: Beiträge zur Geschichte, Statistik, Naturkunde, Kunst von Tirol und Vorarlberg, hg. v. den Mitgliedern des Ferdinandeum. Innsbruck 1825, S. 247–280, bes. S. 251.

[2488] Weitere gute Beobachtungen ebd., S. 74, 75, 115, 168, 171.

Die Kultdynamik und die Kulturentfachung, die der Bergmannsstand aufweist, ruhten, von Krisenzeiten abgesehen, auf kräftigen wirtschaftlichen Pfeilern. Die sich verantwortlich fühlende Arbeit und die Gunst der Natur müssen dabei zusammenwirken; denn wo der mittelalterliche Bergbau sich entfaltet, sind nicht allein nach der technischen Seite Erzlager zu bearbeiten, Wasserläufe und Wald haben ebenfalls in der Nähe zu sein.

Flüsse dienen einmal als *Wasserstraßen* zum Gütertransport[2489]. So hat die *Ruhr* seit dem 19. Jh. als Schiffahrtsweg viel dazu beigetragen, daß die Industrie des Ruhrgebiets sich so bedeutend entwickeln konnte[2490]. Aber dieser Fluß speiste desgleichen die Kanäle, die man als weitere Transportwege ansetzte[2491]. Günstige Bedingungen fanden sich auch in anderen Landschaften. Wieder blicken wir nach Graubünden. Die 1804 gegründete Berggaugesellschaft von Tiefenkasten in Reichenau am Zusammenfluß des Vorderen und Hinteren Rheines befand sich in einer bevorzugten günstigen Lage. Holz erhielt sie mit Flößen. Ihre Produkte konnte sie gleichzeitig günstig verschiffen[2492]. Der Inn bildete für die Tiroler Bergwerke wie für die Mitglieder der jungen Gesellschaft Jesu, die von Hall in Tirol flußabwärts nach Passau fuhren, einen idealen Wasserweg. Aus Quellen des 16. Jh. bis zum 19. Jh. sind wir über die Bedeutung der Enns als Schiffahrtsweg für das steirische Eisenerz unterrichtet[2493]. Erst der Bau einer Bahnlinie entlang des Flusses, die in den siebziger Jahren des vorigen Jahrhunderts vor sich ging, nahm der Enns viel von der Bedeutung als Wasserstraße[2494].

Die *Zisterzienser* sind es im übrigen, die sich der Archenbauten am Inn annehmen, um die reißende Strömung einigermaßen aufzuhalten. So ist es uns überliefert in Sachen des Zisterzienserstiftes Stams[2494a].

Neben den Wasserwegen ist vor allem wichtig die für den Betrieb angesetzte *Wasserkraft*. Bäche treiben die Wasserräder an, die die Schmiede-

[2489] *Haussherr*, Wirtschaftsgeschichte. Im Register, S. 540.

[2490] Ebd., im Register, S. 532.

[2491] Vgl. auch ebd., S. 423.

[2492] *Plattner*, Bergbau. S. 71.

[2492a] Vgl. dazu *Fritz Plaseller*, Die Tiroler Innschiffahrt. In: Tiroler Heimat, N. F., Bd. 9/10. Innsbruck 1938, S. 62–159.

[2493] *Otfried Kastner*, Vom Brauchtum in den *Landesfürstlichen Haupteysenwurtzen* Österreichs. In: Der Anschnitt, Jg. 5, Nr. 4/6, 1953, S. 24–28, bes. S. 24, 25, 27f.

[2494] Ebd., S. 27. Den gleichen Vorgang finden wir auch sonst oft. Vgl. *Haussherr*, Wirtschaftsgeschichte. Im Register, S. 509, unter „Eisenbahnen“.

[2494a] *Nikolaus Grass*, Wirtschafts- und Kulturgeschichte des Zisterzienserstiftes Stams. 1959, S. 157–187.

hämmer, Pumpwerke und andere Maschinen bewegen[2495]. Die Zeitalter, in denen die intensive Ausnutzung der Wasserkraft begann, mochten von Landschaft zu Landschaft recht verschieden sein. Für die märkischen Eisenhämmer setzte diese Entwicklung in der zweiten Hälfte des 15. Jh. in vollem Umfange ein, so daß der Süden des westfälischen Raumes seitdem ein blühendes Metallgewerbe aufwies[2496]. Da der mittelalterliche deutsche Bergbau sich vor allem in gebirgigen Landschaften einfand, herrschen hier oberschlächtige Wasserräder vor. Diese nutzten ja besonders günstig jene Bergwasser aus, die kraftvoll von oben in das Rad einfielen[2497]. Aber der Umgang mit der Wasserkraft war noch wenig entwickelt. Künstliche Stauseen kannte hie und da die Eisenproduktion des Mittelalters. Die Eisenhütte Bodenwöhr im oberpfälzischen Landkreis Neunburg vorm Wald hatte Stauweiher in einem Ausmaß von mehreren Kilometern. Um 1410 wurde dort der Hammer „Alt-Haß" angelegt. Drei andere Stauweiher folgten nach[2498]. Stauanlagen des Hammer Schwarzenfeld, im oberpfälzischen Landkreis Nabburg wurden bereits im 13. und 14. Jh. errichtet[2499]. Später folgte in neuzeitlichen Schweizer Bergwerken die Wassertrommel, die den benötigten Bergwind in eine Bergschmiede führte[2500]. Andererseits fanden sich auch Situationen ein, daß die Eigentümer von Bergwerken mit dem tückischen Wassereinbruch nicht fertig wurden. So hat der Abt Isenric des bergbaumächtigen Benediktinerstiftes Admont um 1185 einer Gesellschaft von Bergleuten ein Bergwerk überlassen, da sich wegen der Wassermengen fortgesetzt Sumpf und Morast einfanden (fodinam illam nostram super Zezzen, quam illuuies aquarum superducens inutilem reddidit)[2501]. Solche Beobachtungen ziehen sich in einer weitgedehnten Kette bis zu Graubündener Bergwerken des 19. Jh. (St. Johann-Gruben)[2502]. Von den Katastrophen, die aus Tirol berichtet werden, sei unter anderem die von 1631 erwähnt. Es erfolgte dort am 14. Mai in der St. Otiliengrube am Falkenstein durch Anbohrung einer offenen Gesteinsspalte ein überaus gewaltiger

[2495] *Beck*, Geschichte des Eisens; 1, im Register, S. 1066; 2, im Register, S. 1331; 3, im Register, S. 1204, mit sehr vielen Verweisen. – *Wopfner*, Almendregal. S. 63f. Ferner siehe *Otto Stolz*, Geschichtskunde der Gewässer Tirols.

[2496] *A. Meister*, Die Grafschaft Mark. Festschrift zum Gedächtnis der 300jährigen Vereinigung mit Brandenburg-Preußen, 2 Bde. Dortmund 1909; 1, S. 467f. – *Seeger*, Westfalen. S. 82.

[2497] Ebd., 3. S. 545. – *Haussherr*, Wirtschaftsgeschichte. S. 295f.

[2498] *Ress*, Denkmäler. S. 56. [2499] Ebd.

[2500] *Plattner*, Bergbau. S. 79.

[2501] *Zycha*, Recht des Bergwerks. S. 89.

[2502] *Plattner*, Bergbau. S. 73ff.

Wassereinbruch, dem acht Knappen zum Opfer fielen. Derselbe zerstörte mehrere Taggebäude und verschwemmte größere in Städeln zur Abfuhr bereitgehaltene Erzmengen. Zur Erinnerung hieran wurde seither dieser Tag als Bergfeiertag begangen[2503]. Für Steiermark wird bereits für die gotische Zeit eine weitaus größere Katastrophe festgehalten. Kurz vor dem 16. August 1361 vernichtete ein Wassereinbruch das bedeutendste landesfürstliche Silberbergwerk in Oberzeiring. Es war um 1260 erschlossen und sah bereits eine Münzstätte neben sich. Eine eigene Bergwerksordnung war erlassen. Im Falle von Oberzeiring sollen 1400 Arbeiter im Bergwerk ertrunken sein. Wenn diese Fundstätte auch nicht verloren war, war die Blüte dieses Bergwerks doch dahin[2504].

Eine planmäßige Ausnutzung der Wasserkraft in der Eisengewinnung, näherhin für Hämmer und Bälge, nahmen die Zisterzienser von *Waldsassen* in die Hand. Sie verpflanzten Hammerwerke in den äußersten Nordostwinkel des Nordgaues. Mochte man das Erz für seine Hammerstätten von draußen holen, so gelang es später, diese Hammerstätten ausschließlich mit Erz aus dem Bergwerk am Geisberg im südöstlichen Fichtelgebirge zu versorgen[2504a]. Pächter der Hämmer lieferten zum Hofbau des Stiftes Pflugscharen und Pflugbuge sowie Sägen. Die Zisterzienser suchten das städtische Kapital für ihre Hammerwerke zu interessieren, die ein reines Finanzunternehmen bedeuteten. Sie erwärmten 1380 für ihren Hammer Tirschenreuth den Wunsiedler Bürger Gaber, 1470 für den Hammer zu Wildenau den Amberger Bürger Baumgarten[2504b].

Doch sei auch des *Wassermangels* gedacht. Über diesen wird 1574 für die Seigerhütte in Wernigerode berichtet, daß er sich im September dieses Jahres empfindlich anließ[2505]. Erst die Erfindung der Dampfmaschine und ihre wachsende Verbreitung befreite die Hüttenwerke von ihrer Bindung an Wasserläufe. Die Standortwahl wurde einerseits freier. Andererseits zogen die Kohlenreviere die Erzverarbeitung jetzt stark an, da sie den Brennstoff für die neuen gefräßigen Maschinen boten[2506].

[2503] *J. von Sperges*, Tirolische Bergwerksgeschichte, 1765. Ferner nach Notizen einer Schwazer Bergchronik seit 1631, zitiert nach *Max von Isser-Gaudententhurm*, Schwazer Bergwerksgeschichte.

[2504] *Pirchegger*, Steiermark. S. 94.

[2504a] *Hans Muggenthaler*, Kolonisatorische und wirtschaftliche Tätigkeit eines deutschen Zisterzienserklosters im XII. und XIII. Jahrhundert (Deutsche Geschichtsbücherei, hg. v. M. Doeberl und G. Leidinger, Bd. 2). München 1924, S. 141.

[2504b] Ebd., S. 142.

[2505] *Friederich*, Münzen und Medaillen. S. 100.

[2506] Einzelheiten bei *Haussherr*, Wirtschaftsgeschichte. S. 296, 341, 365.

Man ermißt die Bedeutung des Wassers auch dadurch, daß man feststellen kann, daß es auch in die Namengebung eindrang. So findet sich in dem Bergwerksverzeichnis des Christian Gadmer aus dem Jahre 1588 ein „Wasserbau“ ein, bezeichnet als Maximilian und Ferdinand. Gadmer war kaiserlicher Bergrichter von Davos. In seinem Verzeichnis ist auch die Wasserlage anderer Stollen mehrfach festgehalten[2507].

Der *Wald* aber liefert seinerseits für das Bergwerk das *Grubenholz*, das die Stollen abstützt[2508]. Er versorgt ferner die Zimmerleute, Schreiner und Techniker mit *Werkstoff* für Wirtschaftsbauten und für die Anfertigung von Maschinen[2509]. Nicht zuletzt aber braucht man den Wald zur Gewinnung von *Holzkohle*[2510]. Schon die zwischen den Jahren 1413 bis 1449 erlassenen Tiroler Bergordnungen bemerken deutlich genug, daß „Bergbau ohne Holz für die Stollen und Schmelzhütten nicht zu bestehen vermag[2511]“. Gelegentlich wurden für die Zwecke der Versorgung die Schmelzhütten und die Hammerwerke, die oft dicht beieinanderlagen, wieder getrennt. Denn der Holzverbrauch war zu groß, wie es uns aus der Grafschaft Mark wohl seit dem 16. Jh. überliefert ist[2512]. Man benötigte dieses Material zum Schmelzen der Erze in den Öfen, man füllte mit diesem die Schmiedeesse.

Der *Köhler*, mit dessen Beruf sich viel Brauchtum und Volksüberlieferung verband, wurde ein wichtiger Helfer des Bergmanns[2513]. Bis in das Mittelalter fand die Eisenverarbeitung recht beachtlich in der Waldschmiede statt, deren Inhaber meist zugleich Köhler waren[2514]. Über die sauerländischen Waldschmieden erfahren wir, daß sie das Erz, das sie benötigten, aus den Bergen holten. Die notwendige Holzkohle besorgten sie sich aus dem Gemeindewalde[2515]. Doch waren für die Köhler keine großen Reichtümer zu erwerben. Davon weiß selbst die Dichtung. In seinem bekannten Märchen „Das kalte Herz“ erzählt der Stuttgarter *Wilhelm Hauff* († 1825) von solch einem Köhler. Dieser war jung und unzufrieden mit seinem Beruf.

[2507] *Plattner*, Bergbau. S. 44.

[2508] Viele historische Einzelheiten dazu bei *Plattner*, Bergbau. S. 64, 75, 76, 86.

[2509] Siehe auch *Haussherr*, Wirtschaftsgeschichte. S. 294.

[2510] *Beck*, Geschichte des Eisens; 1, S. 523; 2, S. 51, 94; 3, im Register, S. 1192. – *Haussherr*, Wirtschaftsgeschichte. Im Register, S. 517, bes. S. 294.

[2511] Tiroler Wirtschaft. S. 146.

[2512] *Meister*, Grafschaft Mark, 1. S. 426.

[2513] *Beck*, Geschichte des Eisens; 1, S. 740, 947; 2, im Register, S. 1318; 3, S. 54, 554. – *Beitl*, Wörterbuch². S. 427, 752. – *Bach*, Volkskunde³. S. 424. – Trotz der reichen Volksüberlieferung zum Köhler bei *Bächtold-Stäubli*, Handwörterbuch, 10, im Register, kein einziger Hinweis.

[2514] *Beck*, Geschichte des Eisens, 1. Im Register, S. 1066.

[2515] *Hirschmann*, Olpe. S. 128.

Denn das Einkommen war bescheiden. Daher läßt er sich erst drei Wünsche – man mag dabei an Hermann Sudermanns drei Reiherfedern denken – von dem guten Geist seiner Schwarzwaldheimat erfüllen, aber da die Wünsche nicht alle sonderlich klug sind, gerät er in Not. Ein Pakt mit dem bösen Geist seiner Heimat bringt zunächst Reichtum, verstrickt aber in Schuld und Laster, aus denen wiederum der gute Geist hilft. In einem schönen und bescheidenen Bauernhaus, das der gute Geist schenkte, leben der Held und seine Frau bis zu ihrem Ende. Besitzt diese Erzählung auch keine eigentliche Beziehung zum Bergbau, so hat sie doch dem Schwarzwälder Köhlerstand ein schönes Denkmal gesetzt. Vielleicht mag man solche Not eines Berufsstandes auch als Grund dafür ansehen, daß sich die Köhler in anderen Landschaften gelegentlich an Revolutionen beteiligten. So finden wir seit dem Jahre 1420 viele Köhler im bergbaureichen Böhmen unter den aufständischen Hussiten[2516].

Erst die immer stärkere Verwendung von Steinkohle – in England seit dem 18. Jh., in Deutschland seit Beginn des 19. Jh. – schuf für die Beziehungen zwischen Bergbau und Wald ein gänzlich anderes Bild. Sie verlagerte die Eisenindustrie aus den Waldlandschaften in die Kohlenreviere[2517]. Auch der Berufsstand des Köhlers verschwand damit mehr und mehr. Es ist schon eine Seltenheit, wenn der letzte Holzkohlen-Rohstahlhammer des Sauerlandes in Milspe, Kreis Schwelm, erst Ende 1906 seine Arbeit einstellte[2518].

Man benötigte beim Bergbau im Mittelalter und darüber hinaus nicht nur viel Holz als Rohstoff für die Holzkohle. Man brauchte dieses Material ebenso zum Geräte- und Maschinenbau. Der schweizerische Bergbauhistoriker *Placidus Plattner* hat die Bedeutung des Holzes für den Bergbau der Ostschweiz oft herausgestellt[2519]. Ihm folgte der Tiroler

[2516] Vgl. *Schwarz*, Bergleute im späteren Mittelalter. S. 105.

[2517] Vgl. dazu das Kapitel „Wechselnde Zeitalter“. *Haussherr*, Wirtschaftsgeschichte. S. 389ff., bes. S. 394.

[2518] *Meister*, Grafschaft Mark, 1. S. 562.

[2519] Geschichte des Bergbaus. S. 6, 8, 15, 18, 21, 29, 35, 39, 40, 42f., 53f., 58f., 64, 71, 75, 76, 81, 83, 86, 103. – *Hinterseer*, Hofgastein. S. 354. – Weiteres bei *F. M. Ress*, Die oberpfälzische Eisenindustrie im Mittelalter und in der beginnenden Neuzeit. Standortbedingungen und Technik. Erz, Holz, Wasser, Eisendarstellung, Holzkohlenhochofen. Die oberpfälzische Sinterschmelzerei. Organisatorisches und Soziales. Berglehen, Hammerlehen, Hammereinigungen, Unternehmungsformen beim Amberger Bergbau. Der Eisenhandel. Wirtschaftliches, Persönliches, Kulturelles. In: Archiv für das Eisenhüttenwesen, hg. v. Verein Deutscher Eisenhüttenleute und Max-Planck-Institut für Eisenforschung, Jg. 21. Düsseldorf 1950, S. 205–215. Ferner *ders.*, Denkmäler. Mit vielen anschaulichen Abbildungen, die die Verwendung von Holz demonstrieren.

Oberforstrat *Heinrich Oberrauch*[2520], dessen Auffassungen sich der Wirtschaftshistoriker *Hans Haussherr* mit eigenen allgemeinen Beobachtungen anschließt[2521].

Holz nahm nämlich im Mittelalter und später die Stellung ein, die sich in der Gegenwart zum großen Teil der Stahl erobert hat. Man verwendete das Holz bekanntlich vor allem im Wohnhausbau und bei der Errichtung von Wirtschaftsgebäuden, während der Wehrbau und das Gotteshaus stärker das Steingewölbe bevorzugten[2522]. Die Holzkirche hat den Übergang zur Steinkirche in einigen Landschaften verhältnismäßig früh vollzogen, in anderen Gegenden erhielt sich die hölzerne Waldkapelle. Es sei nur für viele andere Namen verwiesen auf die Waldkapelle Thierham im Bayerischen Wald, ebenfalls auf die Samareikapelle im Passauer Gebiet[2523]. Man verwendete ferner, wie angedeutet, das Holz zum Bau von allen größeren Maschinen. Das Räderwerk, das Gerüst und das Fachwerk von Wind- und Wassermühlen, von Schleifkotten und Hammerwerken, von Verladekranen und von Kelterpressen und Kelterhäusern, das alles war aus Holz[2524]. Die Kelterpresse bekundet ferner in Weingebieten den Weinverzehr der Bergknappen, der oft in der Sage erwähnt wird[2525]. Das gleiche vom Holzverbrauch galt von Haspeln, von Leitern, von Stützen der Bergstollen, von Wagen und Förderkörben des Bergbaues.

Für das schweizerische *Graubünden* sind wir über die Ausstattung der Bergwerke mit Wald gut unterrichtet. Einige Orte seien genannt. Das Dorf Schuls pflegte nach einem Bericht des 16. Jh. eigens für die Schmelzhütte einen Wald[2526]. Zum Bergwerk des entlegenen Dorfes Schmitten gehörte bis zum 17. Jh. Waldung[2527]. In ähnlich günstiger Lage befand sich die Silber- und Bleihütte zu Andeer am Hinter-Rhein, die bereits im 17. Jh.

[2520] Tirols Wald und Waidwerk. Das Werk erschien posthum.

[2521] Wirtschaftsgeschichte. Im Register, S. 502ff.

[2522] *Beitl*, Wörterbuch². S. 181, unter „Fachwerk“; S. 350f., unter „Holz“, mit weiteren Literaturhinweisen.

[2523] *Schreiber*, Bauernfrömmigkeit. S. 60 mit Abb.

[2524] Zur Kelter und zu Verwandtem s. *Friedrich v. Bassermann-Jordan*, Geschichte des Weinbaus². Frankfurt 1923, im Register, S. 1337. – Zur Mühle s. *Beitl*, Wörterbuch². S. 534. Zum Bauernhaus ebd., S. 58ff., mit einer Karte auf S. 59 zur Verwendung von Holz beim Hausbau. Weitere Literatur ebd. – Einen eingehenden Hinweis auf die Bedeutung von Holz im Maschinenbau vermißt man bei *Haussherr*, Wirtschaftsgeschichte. Im Register, S. 517, unter „Holz“. – Vgl. auch das Kapitel „Siedlung und Wohnung“ bei *W. H. Riehl*, Land und Leute am Rhein. Koblenz o. J., S. 89ff.

[2525] *Paulin*, Südtiroler Sagen. S. 41, 158, 160, 206 (Beraubung durch eine Hexe), 213 (Erlösung eines Ritters), 241 (Schwertsage).

[2526] *Plattner*, Bergbau. S. 38ff., bes. S. 39. [2527] Ebd., S. 53.

in vollem Betrieb war[2528]. Die Gewerkschaft von Reichenstein in Graubünden verfügte im 18. und 19. Jh. über ausgedehnten Waldbesitz[2529]. Noch im Jahre 1837 wurde im Raum von Davos eine alte Bleischmelze erneuert und vermittels Holzkohle wieder in Betrieb genommen[2530]. Andererseits erfahren wir weiter für das zweite Jahrzehnt aus der Landschaft Davos, daß der Zinkofen in Hoffnungsau nicht genügte und „um das Holz in der Nähe der Gruben zu schonen, sollte von nun an die aufbereitete Blende nach Klosters geschafft und dort destillirt werden[2531]."

Diese Bedeutung der *Waldlandschaft* für den Bergbau mit Flüssen und Bächen ist übrigens auch durch die *Kunst* seit dem Ende des Mittelalters stärker und stärker herausgestellt worden. Die Praxis des bergmännischen Alltags empfing ihre künstlerische Verklärung. Das beweist in der Malerei etwa eine Felsenlandschaft mit Hüttenwerk des Niederländers *Lucas van Valckenborgh*, die mit dem Entstehungsjahr 1595 signiert ist[2532]. Solche Belege der darstellenden Kunst ziehen sich bis in das 19. Jh. Auch das Kunstgewerbe spricht mit. Es zeigt, wie bei der Unterharzer Bergkanne von 1732, Bergbau in waldiger Landschaft[2533].

Die Geschichte der Kunst, die uns die Arbeit des mittelalterlichen Knappen und des Bergbaues bis ins frühe 19. Jh. darstellt, erweist desgleichen die Verwendung von Holz für *Maschinen* immer wieder[2534]. Schon der Hausbuchmeister des ausgehenden 15. Jh., dessen Werk teils in Amsterdam, teils auf Schloß Wolfegg aufbewahrt wird, belegt das mit seinem Werk[2535]. War doch das Thema des Bergbaus am Beginn der Neuzeit mit Macht ergriffen worden[2536].

Weiter schuf der Niederländer *Herri met de Bles* eine „Landschaft mit Berg- und Hüttenwerk" um das Jahr 1540. Dieses Bild war ein besonders charakteristisches Werk, das bereits bei den Zeitgenossen große Anerkennung fand. Mehrfach mußte daher der Künstler seine Schöpfung, deren

[2528] Ebd., S. 59.
[2529] Ebd., S. 83.
[2530] Ebd., S. 103.
[2531] Ebd., S. 96.
[2532] Zu dem bedeutenden Werk der Malerei s. *Winkelmann*, Bergbau in der Kunst. S. 19, 86, 91, 100, 101.
[2533] Ebd., S. 147.
[2534] Vgl. dazu viele Abbildungen in: Der Anschnitt, Jg. 1ff., Bochum 1948ff., und bei *Winkelmann*, Bergbau in der Kunst, passim.
[2535] Vgl. *Jahn*, Wörterbuch der Kunst^5. S. 277. – *Winkelmann*, Bergbau in der Kunst. S. 198.
[2536] Dazu ebd., S. 88.

Hauptstück jetzt in den Uffizien zu Florenz hängt, wiederholen. Daher gibt es heute Varianten des Gemäldes in Museen von Graz, Prag, Budapest und Wien[2537]. „Liebe zur Heimat, wo der Bergbau blühte, und der überwältigende Eindruck der fremdländischen Alpen finden in seinen Bildern gleichermaßen zusammen. Eine Urwelt-Landschaft tut sich auf. Über Klüfte, Gestein und Hochwald ragen bizarre Bergriesen gegen den wetterwechselnden Himmel. Die höchsten Felsennester bekrönen noch Türme von Burgen. Kaum finden sich Weg und Steg, nur im Vordergrund scheint der Wald gerodet für die Erzausbeute. Rechts führen Schächte in den Berg, und im Vordergrund wäscht man das Erz. Ein Karrenläufer bringt das Gut in die am Dickicht gelegene Hütte, wo das vom Gebirgsbach getriebene Wasserrad unermüdlich die Blasebälge bewegt, die den Hochofen durch die laufende Zufuhr von Frischluft in höchster Glut halten. Hoch schlägt die Lohe zum Kamin hinaus, während das flüssige Eisen rotglühend in den Vorofen läuft. Ein bereits erkalteter Barren wird zur benachbarten Waage getragen. Linker Hand finden sich Frischfeuer und Hammerwerk, die das Eisen in Stahl verwandeln sollen. Von der Geschäftigkeit unberührt, zieht unauffällig eine kleine Gruppe an dem Treiben vorbei: ein alter Mann führt eine Frau mit einem Knaben auf einem Pferd durch das Gebirge. Sind es Joseph und Maria mit dem Christuskinde, die aus Ägypten zurückkehren? Wie eine Erinnerung an vergangene Zeiten, in denen die Malerei biblischen Szenen vorbehalten war, wirkt die kleine Familie, ein schüchterner Rechtfertigungsversuch für die neue Bildgattung der Landschaftsmalerei. Denn Thema des Bildes ist nicht eigentlich das Berg- und Hüttenwesen, sondern die Landschaft. Undurchdringlich, übermächtig und voller Wunder bietet sich die Natur dem nimmermüden Blick dar. Überall ist etwas anderes zu entdecken, Waldesdickicht und freundliche Lichtungen, stürzende Bäche und in der Ferne ein breit und geruhsam sich hinziehender Strom, eine märchenhafte Burg und eine vieltürmige Stadt, einsame Wanderer wie volkreiche Schiffe. Zu der Unerschöpflichkeit der Erde gehören ebenso die Schätze der Tiefe wie die Vögel am Himmel. In jeder Richtung scheinen die Güter der Erde unbegrenzt. Es ist ein Weltbild, wie sich die Natur den staunenden Augen der Menschen im 16. Jh., dem Zeitalter der großen Entdeckungen, zum erstenmal in der Kunst darbot[2538]." Diese ungemein lebendige Schilderung, die dem Gemälde des 16. Säkulums zuteil wird, wirkt wie ein an-

[2537] Ebd., S. 84, 86, 87.

[2538] *Winkelmann*, Bergbau in der Kunst. S. 84, 86 (auf S. 85 eine den Text unterbrechende Abbildung).

schaulicher Kommentar zu den Bergbüchern Agricola und Codex Ettenhardt. Es ist ja jenes Zeitalter, da der Bergbau gesellschaftlich, politisch, wirtschaftlich eine enthusiastische Anerkennung fand. Das Bergwerk wurde in der Vorstellung der Zeitgenossen bald zur unerläßlichen Apparatur des Fürstenhofes im deutschen Raum und darüber hinaus. Was die Darstellung von Maria und Joseph und dem Christuskind auf der Wanderung aus Ägypten betrifft, so fehlen gerade für dieses Motiv noch weitere Untersuchungen, die allerdings im Kupferstichkabinett in Basel vorbereitet werden.

Aber trotz dieser so ansprechenden Deutung, die den Bergbauhistoriker fesselt, darf man nicht daran vorbeigehen, daß sich die technische Verwendung von Holz beim Bergbau hervordrängt. Augenfällig günstig ist in der Tat die Lage der Stollen bei ausreichendem Wald und Wasser.

Daneben entstanden Bilder, die die ganze technische Ausstattung eines Bergwerks rein sachlich wiedergaben. Dieses ist etwa für ein tirolisches Bergwerk der Fall. Wohl von einem Stollenmundloch der Sigmundgrube zu Schwaz stammt ein Überschaubild des 16. Jh., das uns eine berühmte „Wasserkunst" der gleichen Zeche zeigt[2539]. Immer wieder war ja die Entwässerung der Gruben ein Problem, das zugleich manche Schwierigkeit brachte. Wurden doch viele Arbeitskräfte benötigt, und hohe Lohnkosten stellten sich ein[2540]. „Sie galt (in Schwaz) als wahres Wunderwerk und hat eine aufschlußreiche Vorgeschichte. Als die Fugger vorübergehend vom Kaiser die Ausnutzung der Grube verpfändet erhielten – Karl V. hatte sich zur Beeinflussung der Kurfürsten bei der Kaiserwahl 6000000 Gulden von ihnen leihen müssen –, drängte sie auf erhöhte Ausbeute, die in größere Tiefe führte und Wassereinbrüche zur Folge hatte, so daß bis zu 600 Mann nur mit Wasserschöpfen beschäftigt werden mußten. Um der Not Einhalt zu gebieten, wurde schließlich 1553 der Bau des von dem Wasserwerkmeister Lewscher entworfenen Kunstwerks beschlossen. Der Erfolg übertraf alle Erwartungen. Eine zeitgenössische Beschreibung des Kanzlers Matthias Burglechner von 1619 schildert die Arbeitsweise:

„Das Kunstwerk ist ein doppeltes oberschlächtiges Wasserrad, das bald nach der einen, bald nach der anderen Richtung vom Wasser getrieben wird. An dem Wellbaum hängen Kübel und Säcke an Seilen. Mit den Kübeln und Kufen fördert man das Erz und auch die Berge, und in den Säcken, die aus zwei der größten Ochsenhäute, die man haben kann, gemacht werden, hebt man eine große Menge Wasser über 125 Klafter Höhe bis

2539 *Winkelmann*, Der Bergbau in der Kunst. S. 82, 84.

2540 Über die Personalfrage im mittelalterlichen und nachmittelalterlichen Bergbau s. das einschlägige Kapitel über die Berggemeinde.

auf den Stollen, auf dem es dann zutage fließt. Ein solcher Sack faßte 10 oder 11 Yrn (das sind 1,4 cbm). Auch das Schwazer Bergbuch gibt dieses Wunderwerk in sehr getreuer Zeichnung und mit fast den gleichen Fehlern der Darstellung wieder[2541]."

Welche wuchtigen Balken und Stämme für das Maschinenhaus eines Stollens des 18. Jh. notwendig waren, hat uns ein Ölbild von *Léonhard Defrance* aus dem Jahre 1778 dargestellt. Dieses Werk des belgischen Künstlers zeigt uns einen durch einen Pferdegöpel betriebenen Aufzug mit Förderkörben, alles aus Holz[2542].

Das gleiche Jahrhundert greift auch sonst das Thema der Bergbauarbeit auf, wobei wiederum die vielseitige Verwendung von Holz in der Bergbautechnik besonders augenscheinlich wird. Wir nennen hier lediglich *Lucas Gassel* mit seinen von ihm datierten und signierten Bild aus dem Jahre 1544 „Die Arbeiten im Bergwerk"[2543].

Gelegentlich wirken religiöse Themen wie ein Vorwand für den Künstler, um sich dann in der Darstellung der Bergbaumaschinerie zu ergehen. So hat der Augsburger Maler und Kupferstecher *Georg Pintz* († 1767) viele Einzelheiten aus dem Bergbau auf einem häufig gedruckten Blatt seiner Bibelillustrationen erwähnt[2544]. Gerade das an sich an Hinweisen für den Bergbau nicht ergiebige Alte Testament[2545] – Palästina wird trotz der neuherausgestellten Kupfergruben Salomons als nicht besonders metallreich empfunden[2546] – gibt den Vorwand. Es handelt sich um die Erzählung aus den letzten Tagen des Moses, als er den Söhnen Israels seinen Segen gibt: „Und zu Aser sprach er: Aser sei gesegnet unter den Söhnen; er sei angenehm seinen Brüdern und tauche seinen Fuß in Öl. Eisen und Erz sei dein Riegel. Dein Alter wie deine Jugend" (V. Mos. 33, V. 24).

Über die Metallarmut von Palästina hat man sich gelegentlich in Schwaz hinweggesetzt. Man benötigte für das reiche Metallvorkommen von Schwaz

[2541] *Winkelmann*, Bergbau in der Kunst. S. 82. – Ferner s. Allg. Deutsche Biographie 3. S. 608/609.

[2542] Abbildung mit Erläuterung in: Der Anschnitt, Jg. 8, Nr. 1, 1956, S. 2.

[2543] *Winkelmann*, Bergbau in der Kunst. S. 86, 89.

[2544] Ebd., S. 88. [2545] *Haag*, Bibel-Lexikon. Sp. 180.

[2546] Dazu vgl. Frankfurter Allgemeine Zeitung für Deutschland, Nr. 187, v. 15. 8. 1959, mit dem Hinweis „*König Salomons Kupfergruben*", ein Kapitel der biblischen Geschichten in Israel, neu entdeckt von *Beno Rothenberg*: „Wir entdeckten eine große Reihe sandgefüllter Zisternen. Sie waren direkt am Fuße der Grubenwand selbst in den Felsboden gehauen. Fast alle zwei bis drei Meter, überall, wo Regenwasser von der Wand herunterfließen konnte, waren Zisternen, alle nach demselben Maße und mit denselben Metallmeißeln in den weißen Sandstein gehauen." Dazu s. noch: The Illustrated London News, September 3, 1960, S. 384ff., King Solomons Mines: A new discovery by Beno Rothenberg The mines of Wadi Timna.

einen biblischen Untergrund. So geschah es auf einer Triumphpforte, die bei einem repräsentativen Empfang von Bergleuten geschaffen wurde. Man begegnete in erhabenen Schilderungen der Fruchtbarkeit von Palästina, man wies in der Verlautbarung darauf hin, es sei das Land „wo die Steine aus Eisen bestehen, und wo aus den Bergen Erz gegraben wird, damit, wenn du genießest und satt bist, du dankest dem Herrn, deinem Gott für das so gute Land, welches er dir gab." Es war schon wichtig, daß die bergbauliche Produktion dieses hochwertigen Gebietes sich auf biblische Vorbilder bezog[2547].

Das Gleiche gilt auch für die Erbauungsliteratur. Genannt sei hier wegen der Darstellung des Bergwerksbetriebes das Titelblatt eines Erbauungsbuches des 17. Jh. „Geistliches Bergwerks 1. Theil. So vorstellt die Zugehoerige Dinge Zu Erfindungen Erbavung und Fortsetzung eines Bergwercks. Ander Theil, So vorstellet die Bey Bergwerck in der Gruben Pochwerck Hütten und Münze vorgehende Arbeit. Von *M. Petr. Eichholtz* Prediger Zu Zellerfelt"[2548]. So rückt Eichholtz an die Seite des Bergpredigers Mathesius, auch nach der Seite des evangelischen Bekenntnisses.

Noch ein Letztes. Schon allein der *rätische Raum*, dessen Bergbau seit dem Mittelalter lebendig entwickelt ist, zeigt nachdrücklich die Bedeutung von Wasser und Wald für die rechtliche und praktische Bewertung des Bergwerks[2549]. Einige Hinweise seien mitgeteilt.

Wald und Wasser waren in Graubünden und anderorts Bestandteile des Bergwerkslehens. So erhielt im Jahre 1347 der Ritter Ulrich von Planta die Eisenerzgrube zu Lehen samt Wasser und Holz von dem Joch zu Vall bis nach Zernetz, wie die Urkunde ausdrücklich feststellt[2550]. Das war jenes gotische Zeitalter, in dem die nobilitas weithin als Bewirtschafterin von Gruben auftritt, so recht an der Seite von adligen Äbten. Noch ein Weiteres zum bergbaulichen Interesse der Schweizer Aristokratie. Die Grafen von Werdenberg-Sargans haben das bedeutende Bergwerk von *Gonzen* im hohen Mittelalter zur Ausbeute auch an Landleute zu Lehen gegeben[2551]. Das geschah unter Vorbehalt ihrer hoheitlichen Rechte. Dabei sicherten diese

[2547] 5. Buch Moses, Kap. VII.

[2548] *Winkelmann*, Bergbau in der Kunst. S. 132, 200/01.

[2549] Viele Hinweise bei *Plattner*, Bergbau.

[2550] Ebd., S. 6.

[2551] Ebd., S. 15, ohne Angabe des Jh. – Zur Beteiligung der kleinen Leute am Bergbau des 15. und 16. Jh. s. auch *Haussherr*, Wirtschaftsgeschichte. S. 42ff. Mit Hinweis (S. 42) auf den Vater von Martin Luther.

Grafen sich im Falle der Holznot „das Recht des dritten Baumes“[2552]. Die germanische Drittelung des Abgabewesens mochte sich geltend machen[2553]. Doch hat man diesen scharfen Eingriff in die Obstgärten nachher aufgegeben. Noch im Jahre 1549 wurde es den Eisenherren im Gebiet von Sargans gestattet, nicht nur in der Gemeinde Berschis, die in Sachen der Obstgärten protestiert hatte, sondern in allen Gemeinden zu holzen und zu kohlen. Nur die „nährhaften“ Bäume seien zu schonen. Damit war das alte strenge Recht, die Obstbäume im Notfall zu benutzen, aufgehoben. Es wurde dabei ausdrücklich bestimmt, wenn die Gewerken ganz allgemein die Abholzung allzu stark betrieben, so möge der Landvogt ein Einsehen haben[2554]. Mehr als einmal hat sich in der Geschichte des Bergwerks der *Holzmangel* geltend gemacht. Im Jahre 1560 beklagen sich die Schmelzer und Gewerken zu Rattenberg, daß der Mangel an Holz ihre Baue am Geyr und Anlass hindert[2555]. Einige Jahrzehnte zuvor (um 1517) hatten sie dem Kaiser geklagt, daß das Holz auf dem Rücken der Bergleute auf die Berge gebracht werden müsse[2556]. Sicherlich eine starke Belastung der Bergbeflissenen.

Manche Rechtsstreitigkeiten wollen beachtet sein. Im Jahre 1457 macht Herzog Sigmund von Österreich gegenüber den Bischöfen von Trient und Brixen sein Recht auf die Regalien der Gruben am Hinterrhein geltend, einschließlich der zugehörigen Wälder. Dieses Recht wurde ihm nämlich von den beiden Bischöfen aberkannt[2557].

Innerhalb der sauerländischen Bergbaulandschaft wurde der Wald als Rohstoffquelle für Holzkohle immerhin so wertvoll, daß durch unklare Besitzverhältnisse oder Habgier oft heftige Auseinandersetzungen zwischen den Eigentümern am Wald entstanden. Dabei kam es nicht selten zwischen den Bewohnern der verschiedenen Herrschaftsgebiete zu Handgreiflichkeiten und Gewalttaten. Kleinere Grundherren mochten ihre Bauern und Leibeigenen dazu anstacheln[2558]. So etwa stritten sich, wohl im 16. Jh., in dem Gebiet des Kahlen Asten die Beamten des Grafen von Waldeck mit den Einwohnern der kurkölnischen Stadt Winterberg. Die Leute des Grafen fielen als „muthwillige böse schelcke“ schwerbewaffnet „gleich weren sie

[2552] *Plattner*, Bergbau. S. 15.

[2553] Weitere Einzelheiten mit Literaturverweisen zur germanischen Drittelung bei *Schreiber*, Wochentage. S. 140, 242.

[2554] *Plattner*, Bergbau. S. 16. – Zum Landvogt s. Schweizer Lexikon, 4. Sp. 1416.

[2555] *Wolfstrigl-Wolfskron*, Tiroler Erzbergbaue. S. 160.

[2556] Ebd., S. 158.

[2557] *Plattner*, Bergbau. S. 29.

[2558] *Hömberg*, Sauerland. S. 42f.

voller kreigs" in die Waldungen ein. Sie zerstörten die fremden Kohlenmeiler, fällten mutwillig mehr als 1000 Bäume und verdarben Saat und Weide des Dorfes Lichtenscheid[2559]. Ähnlich litten ja auch manche Weingärten in jenem Säkulum. Nicht zuletzt will auch die *Bergordnung* in Sachen des Holzes und des Wassers gehört sein[2560]. Eine solche des österreichischen Herzogs Sigmund regelt genau den Holzeinschlag, den die Gewerken vornehmen[2561]. Diese Bestimmungen wirkten vorbildlich auch für andere Bergordnungen der südöstlichen Schweiz[2562]. Auch die Benutzung der Gewässer durch den Bergbau war ebendort für den Ostschweizer Bergbau genau festgelegt[2563].

Aber damit ist die Rechtsgeschichte des Bergwerkswaldes noch lange nicht erschöpft. Im Jahre 1286 übernimmt Graf Meinhard von Görz und Tirol das Herzogtum Kärnten[2563a]. Damit wurde er für weitere alpine Gebiete Reichsfürst und Regalherr. Seitdem werden in Tirol Bergwerke mit ganz bestimmten, wiederkehrenden Rechten verliehen. So darf der Beliehene nicht nur Erze, auch gegen den Willen des betreffenden Grundeigentümers, schürfen. Nein, er darf ebenfalls alles zum Bau benötigte Holz und Wasser jenem Ort entnehmen, der seinem Bergwerk am günstigsten liegt[2564]. Die Bergordnungen der folgenden Jahrhunderte zeigen die gleiche Obsorge, durch Bergordnungen den Gruben die Versorgung mit Holz, Holzkohle und Wasserkraft zu sichern[2565]. Genannt sei die Bergordnung des tirolischen Gossensaß[2566]. Kaiser Maximilian († 1519) verfolgt dieselbe Politik[2567]. Das zeigt sein Bergentscheid vom Jahre 1490[2568]. „Pfannhauswaldmeister" werden schließlich als ein eigenes Amt genannt, das die Waldungen der Salinen (wie etwa bei Hall) zu beschützen hat[2569]. Ja, neben die Bergord-

[2559] Ebd., S. 43.

[2560] Zur Bergordnung s. auch unten in dem einschlägigen Kapitel.

[2561] *Plattner*, Bergbau. S. 18ff., bes. S. 21. Aber wegen der Jahreszahl fehlerhaft. Es ist vielmehr festzustellen, daß es sich um den Schladminger Bergbrief von 1408 oder um einen Erlaß des Herzogs Sigmund von 1468 handelt. Zum Bergbrief siehe auch *O. Stolz*, Anfänge des Bergbaus und Bergrechts in Tirol. S. 254.

[2562] Ebd., S. 17, 21.

[2563] Ebd., S. 18.

[2563a] *Wiesflecker*, Meinhard der Zweite. S. 124ff.

[2564] *Oberrauch*, Tirols Wald und Waidwerk. S. 45.

[2565] Ebd., S. 49.

[2566] Ebd.

[2567] Ebd., S. 53ff.

[2568] Ebd., S. 69ff.

[2569] Ebd., S. 87ff., und im Register, S. 316. Allerdings hat der Autor anscheinend nicht festgestellt, wann dieses seit dem ausgehenden Mittelalter auftauchende Amt zuerst auftritt oder geschaffen wird. Zur Holzversorgung der Tiroler Salinen s. ebd., S. 182f., 250.

nung tritt seit dem 16. Jh. die *Waldordnung*, deren Bestimmungen, bei aller Obsorge für den Wald, immer wieder auch die Holzversorgung des Bergwerks sicherstellen soll. Für Tirol hat uns *H. Oberrauch* in einer umfassenden Studie einschlägig unterrichtet[2570]. Für die preußische Grafschaft Mark im Süden des heutigen Westfalens hat uns der Historiker *A. Meister* ein Gutachten über die märkische Holzwirtschaft und den Entwurf einer Holzordnung, beide aus dem Jahre 1704, veröffentlicht[2571]. Andere Bergbaulandschaften mögen in dieser Hinsicht noch zu erforschen sein. Die Sage berührt mehr als einmal die Wasserzuführung. So weiß sie zu berichten, daß in Andreasberg der Bergmönch bekannt war. Er war früher ein wirklicher Mönch. Er fing an den Rehberger Graben zu bauen, „der die ganzen Wasser nach Andreasberg bringt. Als er fast zu Ende war, wurde er bankrott.“ So deutet selbst die Volkserzählung an, wie schwer die Wasserfrage zu lösen war[2572].

Nachhaltig hat sich die Bergmannssage ebenso mit dem Wald beschäftigt. Es geschah dann, wenn sie den Fund von Erzen herausstellt. So weiß sie vom „dicken Wald“ in der Annaberger Traumsage, wo sich die Bergschätze einfinden[2573]. Sie wahrt das Geheimnisvolle, das Ehrfürchtige und die seelische Erhebung, die gerade dem deutschen Wald anhaftet. Die Sage steht damit in den überaus vielseitigen Überlieferungen heimatlicher Walddichtung. Mittelbar wurde die Geophysik bereichert.

Die Anlage eines neuen Bergwerkes machte eine umfängliche *Apparatur*, auch außerhalb der Forderung nach Wasser und Wald, notwendig. So wurde im Anfang des 13. Jh. bei Hettstedt südöstlich von Stolberg ein Kupfer-Schiefer-Bergbau in die Hand genommen. Dieser wurde betrieben von dem Edlen von Arnstein. Zunächst war ein Tagebau möglich, dann aber wurde das dort gefundene Silber durch Abseigerung gewonnen. Nun erwies es sich aber als notwendig, zur Sicherung ein Schutzschloß zu erbauen. Darüber hinaus wurde im Jahre 1223 die Einrichtung einer Münze erforderlich[2574]. Bei anderen Bergwerken fand sich die Schmelzhütte und das Hammerwerk ein. Dazu traten die Eisenschmiede und anderes Personal.

[2570] Ebd., im Register, S. 326, bes. S. 161f.

[2571] Die Grafschaft Mark, 2. S. 97ff., 99ff.

[2572] *Stötzel*, Bergmannssage. S. 91.

[2573] Ebd., S. 38. – Weitere Hinweise dazu bei *Kosch*, Deutsches Literaturlexikon, 4^2. S. 3194 (Wald als poetisches Motiv), 3196 (Waldeinsamkeit). Ferner s. über den Wald als spukhafte Erscheinung *Kühnau*, Schlesische Sagen, 1. S. 305.

[2574] *Karl Friederich*, Münzen und Medaillen, S. 15, mit Hinweis auf Zeitschrift des Harz-Vereins, XXXVII. S. 156ff.

Für die Waldwirtschaft kam im 19. Jh. die Zeit einer Herabminderung ihrer Bedeutung zum Ausdruck, wenn die Holzfeuerung zurücktrat, um nunmehr die Eisenindustrie in unmittelbarer Nähe der Kohle zu entwickeln[2575].

Das tirolische Braunkohlenvorkommen am Pölven bei Häring nahe Kufstein will noch erwähnt sein. Hier wütete im Inneren des Berges im Laufe des ausgehenden Mittelalters seit Jahrhunderten ein Brand. Der bereits schon mehrfach erwähnte „Tiroler Landreim" vom Jahre 1558 sagt dazu:

„Bey Kuefstain ain Perg prinnen tuet
Am Pelchñ genandt an sonder huet
Gybt Kalch/darff kainer ferrern gluet[2575a]."

Man benutzte, wie die Verse andeuten, die aus mehreren Felsspalten quellende Hitze zur Kalkgewinnung, die weder Aufsicht noch Feuerung verlangte. Findige Bauern legten auf den erwärmten Felsen Frühbeete an und versorgten den Innsbrucker Hof im Winter mit Frischgemüse, das sie hier gezüchtet hatten[2575b]. Ein planvoller Abbau zugänglicher Flöze des Braunkohlenlagers begann erst in der Mitte des 18. Jh., doch konnte man damals schon ältere Stollen feststellen. Erst nach dem zweiten Weltkrieg wurde dieser Bergbau aufgelassen[2575c]. Lokales fiel einer großräumigen Wirtschaft und dem zielbewußt gesteuerten Kapital zum Opfer.

[2575] *Haussherr*, Wirtschaftsgeschichte. S. 365.

[2575a] Zitiert nach *Rösch von Geroldshausen*, Tiroler Landreim. Vers 883–885. Der Text lautet hochdeutsch: „Bei Kufstein brennt ein Berg / Am Belchen genannt. Ohne besondere Wartung (hut) / liefert er Kalk. Er bedarf dazu keiner anderen Feuersglut." – Vgl. dazu ferner *Karl Wilhelm von Dalla Torre*, Junk's Naturführer Tirol. Berlin 1913, S. 92.

[2575b] Ebd.

[2575c] Ebd.

VIII. BERGWERKE WESTFALENS

Der heutige Raum Westfalen, einst gespalten in mehrere geistliche und weltliche Territorien bis an die Schwelle des 19. Jh., war nie ein Armutsgebiet. Doch bildeten nicht nur der Ackerbau (Hellweg, Soester und Warburger Börde), die Rinder- und Pferdezucht oder der Wald mit seinen sprichwörtlichen und dem Enkel zuzuwendenden Eichen die Quelle des Wohlstandes. Daneben traten die Produktion in anderen Wirtschaftszweigen, dazu der Handel und nicht zuletzt der Bergbau. Bevor allerdings das Ruhrgebiet im 19. Jh. seine beherrschende Stellung eroberte, waren die montanen Schwerpunkte ganz anders als heute verteilt. Je weiter man von der Ebene aus nach Süden in den *sauerländischen* Raum vordrang, desto ertragreicher wurden die Gruben. Es waren damals allerdings *Erzgruben* und im allgemeinen noch keine Kohlenlager[2576]. Ja, man kann sagen, daß der mittel-

[2576] Zur Geschichte des westfälischen Bergbaues s. *Ludw. Herrm. Wilh. Jacobi*, Das Berg-, Hütten- und Gewerbewesen des Regierungs-Bezirks Arnsberg in statistischer Darstellung. Iserlohn 1857, S. 107–299. – *Ernst Voye*, Geschichte der Industrie im märkischen Sauerlande, 4 Bde. Hagen 1908–1913 (von denen je ein Band dem Kreis Hagen, Altena, Iserlohn und Schwelm gewidmet ist). – *G. von Detten*, Ueber die wirthschaftlichen Verhältnisse Westfalens im Mittelalter. In: Aus Westfalens Vergangenheit. Beiträge zur politischen, Kultur- und Kunstgeschichte Westfalens. Münster 1893, S. 38–46. – *A. Meister*, Die Grafschaft Mark. Festschrift zum Gedächtnis der 300jährigen Vereinigung mit Brandenburg-Preußen, 2 Bde. Dortmund 1909; 1, S. 399ff.; 2, S. 80ff., 169ff. – *August Hirschmann*, Geschichte der Pfarrei Olpe im Rahmen der Orts- und Landesgeschichte. Olpe (Westf.) 1930, bes. S. 127–137, 427–436 und, im Register, S. 501ff. – *Bruno Kuske*, Die berg- und metallwirtschaftlichen Hauptgebiete. In: Der Raum Westfalen. Bd. 1: Grundlagen und Zusammenhänge. Berlin 1931, S. 75–95. – *Ders.*, Wirtschaftsgeschichte Westfalens in Leistung und Verflechtung mit den Nachbarländern bis zum 18. Jahrhundert (Veröffentlichungen des Provinzialinstituts für westfälische Landes- und Volkskunde. Reihe I: Wirtschafts- und Verkehrswissenschaftliche Arbeiten, H. 4)². Münster (Westf.) 1949, bes. S. 118–131. – *Albert von Hofmann*, Westfalenland. Eine geschichtliche Heimatkunde. Stuttgart u. Berlin 1936, S. 39, 40, 41, 59, 93. – *Wilhelm Schulte*, Iserlohn. Geschichte einer Stadt, 2 Bde. Iserlohn 1937/38. – *Ders.*, Der Iserlohner Galmei-Bergbau. In: Der Anschnitt, Jg. 13, Nr. 1, 1961, S. 3–10. – *Hans Spethmann*, Die geschichtliche Entwicklung des Ruhrbergbaus um Witten und Langendreer. Ein Beitrag zur Heimatkunde des Ruhrgebiets. Gelsenkirchen 1937, bes. S. 12–150. – Besonders eindringlich *Albert Hömberg*, Siedlungsgeschichte des oberen Sauerlandes (Veröffentlichungen der Historischen Kommission des Provinzialinstituts

alterliche und nachmittelalterliche Bergbau Westfalens sich vor allem im Sauerland abspielte. Doch bildete dieses Gebiet keine politische Einheit.

Zwar ist das Sauerland durch die Gebirgszüge, die als Wasserscheiden das Einzugsgebiet der oberen Ruhr und ihrer Nebenflüsse bis einschließlich der Lenne umschließen, schon von der Natur aus scharf begrenzt. Nur an einigen Stellen empfinden auch Landstriche außerhalb dieser natürlichen Grenzen ihre Zugehörigkeit zum Sauerland. Wasserscheiden, die als Gebirge einen Raum umgrenzen, sind desgleichen oft Volkstumsscheiden. Das betrifft das Sauerland vor allem im Süden, da die Berghöhen ein kühles Klima aufweisen, wenig Ackerbau und nur eine dünne Besiedlung zuließen[2577]. Doch zeichnen sich innerhalb dieses Raumes manche weiteren territorialen Grenzen ab, die auf die nachmittelalterliche Wirtschaft nicht ohne Einfluß blieben. Die Westhälfte des Gebirgslandes gehörte zur *Graf-*

für westfälische Landes- und Volkskunde, XXII. Geschichtliche Arbeiten zur westfälischen Landesforschung, Bd. 3). Münster (Westf.) 1938, bes. S. 101–113. – *Georg Dehio*, Handbuch der Deutschen Kunstdenkmäler. Neu bearbeitet von *Ernst Gall*. 1. Bd.: Niedersachsen und Westfalen². München u. Berlin 1949. – *Norbert Scheele*, Geschichte der Gemeinde Olpe-Land. Olpe (Westf.) 1952, passim. – *Elisabeth Schumacher*, Das kölnische Westfalen im Zeitalter der Aufklärung unter besonderer Berücksichtigung der Reformen des letzten Kurfürsten von Köln, Max Franz von Österreich. Phil. Diss. Rotaprintdruck. Bonn 1952, S. 137–142. – *Heinz Röttgermann*, Die Geschichte der Industrie des Wirtschaftsraumes Menden/Fröndenberg und seiner Probleme seit Beginn des 19. Jahrhunderts. Menden² 1952, bes. S. 39ff., 107ff. – *Erich Keyser*, Westfälisches Städtebuch (Deutsches Städtebuch. Handbuch städtischer Geschichte. Bd. III: Nordwestdeutschland; Bd. II: Westfalen). Stuttgart 1954. – *Wilhelm Güthling*, Geschichte der Stadt Siegen im Abriß. Siegen (Westf.) 1955. – *Ders.*, Alter Bergbau im Siegerlande. In: Der Anschnitt, Jg. 7, Nr. 3–6, 1955. – *Horst Schneider*, Das ältere Siegerländer Bergrecht (Siegerländer Beiträge zur Geschichte und Landeskunde, hg. im Auftrage des Siegerländer Heimatvereins von Hermann Böttger u. Wilhelm Güthling, H. 7). Siegen 1956, bes. S. 13ff. – *Jos. Rüther*, Heimatgeschichte des Landkreises Brilon. Münster 1956, passim. – *Heinrich Schauerte*, Schieferbergbau im Sauerlande. Ein Beitrag zur Volkskunde des Bergbaus. In: Rheinisch-westfälische Zeitschrift für Volkskunde, Jg. 5, 1958, S. 47–75. – *Rolf Schroeder*, Der Steinkohlenhandel im Dortmunder Raum bis zur Mitte des 17. Jahrhunderts. In: Der Anschnitt, Jg. 10, Nr. 1, 1958, S. 5–7. – *Hans Heinrich Schroers*, Aus der Geschichte des Bergbaues in Brilon. In: Der Anschnitt, Jg. 12, H. 1, 1960, S. 11/12. – *Otto Witte*, Iserlohner Exportindustrie und Außenhandel vom Mittelalter bis zum ersten Weltkrieg. Ein Beitrag zur Wirtschaftsgeschichte Westfalens. In: Der Märker, Jg. 10, H. 3, 1961, S. 61–76. – *Wilhelm Güthling*, Aus der bergmännischen Überlieferung des Siegerlandes. Ausgewählte Abbildungen. Privatdruck der Erzbergbau Siegerland AG. Betzdorf (Sieg) o. J. – *Güthling* hat in Zeitschriften manchen Beitrag zur Bergbaugeschichte beigesteuert. Herrn Universitätsprofessor Dr. *Albert K. Hömberg*, Raestrup über Münster, sei für seine Auskünfte zur sauerländischen Bergbaugeschichte hier besonders gedankt, für viele weitere Hinweise ebenfalls Herrn Universitätsprofessor Dr. *Johannes Bauermann*, Münster (Westf.).

[2577] *Hömberg*, Sauerland. Vor allem S. 4f.

schaft Mark und teilte deren wechselvolle Schicksale. Seit dem Jahre 1609 stand dieses Land unter brandenburgisch-preußischer Herrschaft[2578]. Gleiches widerfuhr dem einst mächtigen Soest, das im späten Mittelalter ein bedeutender Eisenhandelsplatz war und seit dem 15. Jh. sich unter den Schutz des Herzogs von Kleve-Mark gestellt hatte[2579]. Die östliche Hälfte des Sauerlandes bildete das *Herzogtum Westfalen* und war damit ein Teil des *Erzstiftes Köln*. Noch heute pflegt man deshalb das ehemals preußische „märkische Sauerland", das sich seit der Reformation überwiegend dem neuen Glauben zugewandt hatte, von dem altgläubigen „kurkölnischen Sauerland" zu unterscheiden[2580].

Beide Bezirke entwickelten seit dem Mittelalter eine lebhafte Montanindustrie. Aber sie gingen, unterschiedlich vom Rhein und von Berlin gelenkt, gelegentlich verschiedene Wege. Nicht zuletzt war der Raum des kölnischen Sauerlandes im Bergbau der Mark überlegen[2581].

Daneben trat schon seit dem 11. Jh. das Siegerland als eine montane Zone eigenen Gepräges. Es teilte vom 12. Jh. bis zum Jahre 1816, als es endgültig an Preußen fiel, die verwickelten Geschicke der nassauischen Territorien[2582]. Doch werden die urkundlichen Nachrichten erst seit dem 15. und 16. Jh. über das Siegerland gesprächiger[2583].

Geringere Bedeutung besaß der Raum südwestlich des Rothaargebirges und der Hochebene von Winterberg, die seit dem Ausgang des Mittelalters und der Folgezeit wenigstens genannt sein will[2584].

Im Nachfolgenden soll eine Übersicht über wesentliche Züge der historischen Entwicklung des westfälischen Bergbaues gegeben werden, nicht ohne gelegentliche Ausblicke auf neuere Forschungsergebnisse oder auf Einwirkungen durch außerwestfälische Räume. Mehr als eine Vorarbeit ist hier zu nennen. So hat sich *B. Kuske* vor allem dem Bergbau unter dem

[2578] Ebd., S. 1.

[2579] *Keyser*, Westfälisches Städtebuch. S. 330ff.

[2580] *Hömberg*, Sauerland. S. 1. – Zum kirchengeschichtlichen Erlebnis vgl. *Schreiber*, Weltkonzil, 2. S. 269, 277, 294.

[2581] Dazu *Schumacher*, Das kölnische Westfalen. S. 137–142. – Ferner *Seeger*, Westfalen. S. 80ff.

[2582] Vgl. dazu *Hans Schubert*, Geschichte der nassauischen Eisenindustrie von den Anfängen bis zur Zeit des 30jährigen Krieges (Veröffentlichungen der Historischen Kommission für Nassau, 9). Marburg 1937. Ferner s. *Schneider*, Siegerländer Bergrecht, S. 13ff., mit weiteren Literaturhinweisen.

[2583] *Güthling*, Aus der bergmännischen Überlieferung des Siegerlandes. S. 3.

[2584] *A. Emde*, Bergbau im waldeckisch-westfälischen Grenzgebiet. In: Der Anschnitt, Jg. 8, Nr. 4, 1956, S. 17–20. – Zu Winterberg s. auch *Keyser*, Westfälisches Städtebuch. S. 391f.

Blickwinkel verschiedener Rohstoffe zugewandt[2585]. *A. Hömberg* widmete sich den Zusammenhängen von Bergbau und Siedlungsgeschichte des Sauerlandes[2586]. *E. Voye* verdanken wir eine Industriegeschichte der Mark[2587], während *E. Schumacher* vor allem in die Wirtschaftspolitik des erzreichen Herzogtum Westfalens eindrang. Dabei wurden die Verhältnisse des kölnischen Kurstaates berührt[2588]. Damit bieten sich Vergleiche für Kursachsen an[2589].

Die zeitlich ersten Ansätze einer Erzgewinnung und Verhüttung in Westfalen sind nicht beim Sauerland, sondern im benachbarten Raum des heutigen Siegerlandes festzustellen. Diese Entwicklung setzt schon seit der Latènezeit ein, deren Einwirkungen auf das Sauerland dann ausstrahlen. Kelten wanderten an der Sieg ein. Sie kamen von Westen. Vom Raum des heutigen Frankreich her waren sie letztlich eingedrungen. Rund 150 Verhüttungsplätze im Siegerland aus der Zeit von 500 v. Chr. bis zur Zeit um Christi Geburt sind heute bekannt. Reste von Schmelzöfen, Schlackenhalden und Siedlungsspuren, die das entsprechende Alter aufweisen, haben zu dieser Deutung geführt. Diese Kultur, deren Geltungszeit zeitlich schwer einzugrenzen ist, hat bis in die ersten Jahrhunderte nach Christus fortbestanden[2590].

Der Weg, auf dem der nur durch Bodenfunde belegte Erzbergbau in das durch schriftliche Quellen erhellte Mittelalter tritt, ist allerdings schwer nachzuzeichnen. Der reiche Fluß urkundlicher Belege Westfalens fällt im Vergleich zu Kursachsen, zur Oberpfalz oder zu Tirol verhältnismäßig spät an. Die Überlieferung weist also große Lücken auf. Ganze Zeiträume ver-

[2585] Wirtschaftsgeschichte Westfalens. Bes. S. 118–147. [2586] Sauerland. S. 100–113.

[2587] Industrie im Märkischen Sauerland, 4. S. 249–320. – Dazu neuerdings *E. Dösseler*, Die Wirtschaft der Grafschaft Mark unter Brandenburg-Preußen 1609–1806. Altena 1961.

[2588] Das kölnische Westfalen. S. 137–146.

[2589] Siehe das Kapitel über die Berggemeinde.

[2590] *Hömberg*, Sauerland, S. 12, mit Hinweis auf *Hermann Böttger*, Gang der frühesten Besiedlung des Siegerlandes. In: Westfalen, Münster, Bd. 19, 1934, S. 159–170. Ferner vgl. *Schneider*, Siegerländer Bergrecht, S. 8, 15, 73, mit Hinweisen auf *Hans Beck*, Siedlungs- und Verhüttungsplätze der Spätlatènezeit bei Trupbach. In: Siegerland, 20. Bd., 1938, S. 26–32. – *Heinz Behaghel*, Die Eisenzeit im Raum des rechtsrheinischen Schiefergebirges. Wiesbaden 1943. – *Otto Krasa*, Vorgeschichtliche Eisenschmelzen im Siegerlande. In: „Stahl und Eisen", Zeitschrift für das deutsche Eisenhüttenwesen, Bd. 51, 1931. – Hingewiesen sei auch auf *Hermann Böttger*, Siedlungsgeschichte des Siegerlandes. Siegen 1951. – *Güthling*, Siegen. S. 5f. – *Wilhelm Gilles*, Vorgeschichtliche Eisengewinnung. In: Siegerland. Blätter des Siegerländer Heimatvereins e. V. Siegen, Bd. 35, H. 1, 1958, S. 1–4. – *Otto Krasa*, Die mittelalterliche Eisenverhüttung des Siegerlandes. In: Ebd., S. 5–10. – *Paul Theis*, Siegerländer Bodenforschung. Ergebnisse einer 35jährigen Arbeit. In: Ebd., S. 11–16. – *Keyser*, Westfälisches Städtebuch. S. 326ff.

sinken im Dunkel. Aber das ist nicht der einzige Grund für die genannten Schwierigkeiten. Bergbausiedlungen entstanden und gingen im Laufe der Jahrhunderte wieder unter. Die Zahl dieser *Bergbau-Wüstungen*, wenn diese Bezeichnung für verlassene Baue überhaupt verwandt werden darf, ist dazu verhältnismäßig groß. Solche untergegangenen Orte haben entweder nicht genug Nachrichten hinterlassen oder das vorhandene Urkundenmaterial ist archivalisch anscheinend noch nicht genug erschlossen[2591]. Dazu kommt die Tatsache, daß die Einwanderung germanischer Stämme die keltische Bevölkerung, die sich im Sauerland angesiedelt hatte und die Erzabbau und Erzverhüttung betrieb, in den ersten Jahrhunderten nach Chr. verdrängte. Damit aber hörte vielerorts im frühen Mittelalter zeitweise das Metallgewerbe auf. Der Abbruch dieser Kontinuität bedeutete zugleich auch den Verlust historischer Überlieferungen.

Erst das hohe Mittelalter meldet sich wieder vernehmlicher zu Wort. Der Redestrom der historischen Zeugnisse bricht von nun an nicht mehr ab, auch wenn er zeitweise stockend fließt. Zunächst war wohl im Sauerlande wie überall die Waldschmiede üblich gewesen, deren Inhaber oft Schmied und Köhler zugleich war. Das Erz, das der Waldschmied benötigte, grub er sich selbst aus den Bergen, die Holzkohle holte er sich aus dem Gemeindewald[2592].

Für die folgenden Zeitalter ist die kurze Schilderung, die *G. von Detten* für Westfalen gab, immer noch eine bemerkenswerte Übersicht. Wir folgen dieser Studie zunächst, die natürlich mancher Ergänzung bedarf. „Im Hochsauerland ... war der Bergbau von großer Bedeutung. Er blühte auf der Linie Dortmund, Iserlohn, Siegen, Attendorn und Marsberg.[2593]" Mit diesen Orten aber war zugleich auch die Begrenzung desjenigen sauerländischen Raumes gegeben, der seit dem Mittelalter mit montaner Industrie

[2591] Vgl. dazu *Hömberg*, Sauerland. Im Register, S. 195, unter „Wüstungen". – Zu Schlackenhalden als Quelle für ehemalige Erzverhüttung an Stätten des Bergbaues s. *Voye*, Industrie im Märkischen Sauerlande; 1, S. 169; 2, im Register, S. 373, mit vielen Hinweisen. – Ferner *B. Ortmann*, Vororte Westfalens. 2 Paderborn 1949, S. 19f., 184f.

[2592] *Hirschmann*, Olpe. S. 128. – Rückstände solcher Waldschmieden im Boden lassen sich selbst nach Jahrhunderten durch chemische Analysen nachweisen. Vgl. dazu *Scheele*, Olpe-Land. S. 67. Die Sage hält sich im Gegensatz zu manchen anderen Landschaften anscheinend zurück. – Über die Schmiede vgl. *Kühnau*, Schlesische Sagen, 4 S. 183. – *Seeger*, Westfalen. S. 81 (Dortmund und Höxter, Schmiedezünfte).

[2593] Wirtschaftliche Verhältnisse Westfalens. S. 43. – Das geschah 1150 durch Konrad III. gegenüber Abt Wibald von Korvey. *Schroers*, Brilon. S. 11. – Zu Dortmund s. *Keyser*, Westfälisches Städtebuch. S. 108ff., bes. S. 111. Zu Siegen s. ebd., S. 326ff., bes. S. 327. Zu Attendorn s. ebd., S. 36ff., bes. S. 37. Zu (Ober- und Unter-) Marsberg s. ebd., S. 271ff., bes. S. 272. Zu Iserlohn s. unten.

hervortreten sollte. „Schon von den Kaisern Konrad III. und Heinrich VI. (1192)“, fährt v. Detten fort, „also seit der Mitte des 12. Jh., war dem Abt von Corvei das Recht verliehen, zu Eresburg (Marsberg)[2594] Gold, Silber, Kupfer, Blei und Zinn zu graben und zu verarbeiten. Während die Mönche hier also besonders Kupfer gruben, verarbeitete das benachbarte Kloster Bredelar den Eisenstein und verschaffte Marsberg in der besten Zeit für 500 Panzerschmiede das nötige gute Arbeitsmaterial“[2595]. Das beim kurkölnischen Brilon gelegene Bredelar war 1170 als Prämonstratenserinnenkloster gegründet. Im Jahre 1190 wurde es mit Zisterziensern aus Hardehausen (Krs.Warburg) besetzt. Diese Weißen Mönche hatten auch sonst in ihrem Verband sehr beachtliche Beziehungen zum Bergwerk. Ihre Verwurzelung in der deutschen Landschaft war besonders stark. Die burgundisch-französischen Herkunftslinien gingen in die gleiche Richtung der Interessierung am Erzbergbau[2596]. Der eigentliche Eisenerzabbau für Brilon wird aber urkundlich erst im 14. Jh. erwähnt[2597].

Im nördlichen Sauerland kannte ferner Rüthen an der Möhne im 14. Jh. Silbergruben, während Warstein und Endorf, beide im Kreis Arnsberg gelegen, durch Eisenerz neben verschiedenen anderen kleineren Bauen hervortraten[2598].

Daneben war es im Ostsauerland die Gemeinde Padberg (Kreis Brilon), deren Eisenbergbau im 16. und 17. Jh. besonders blühte, später aber zurückging. Die heutige Eisengießerei im Raum von Waldeck und Brilon setzt die industrielle Tradition fort, die mit der Verarbeitung des Padberger Erzes begonnen hat[2599]. Dieser Abbau war bedeutend. Solche Beobachtungen sind von der historischen Forschung unseres Säkulums weiter vervollkommnet worden. Das Bergbaumonasterium meldet sich also auch im Sauerlande zu Wort[2600]. Wir erwähnten bereits Korvey.

Doch werfen wir noch einen Blick mit v. Detten über die südliche Grenze des Sauerlandes hinaus. „Im Siegerlande hatte sich schon im 13. Jh. der Landesherr ein Drittel des Eisensteins der Mark vorbehalten[2601].“ Die

[2594] Gemeint ist der Eresberg bei den heutigen Städten Obermarsberg und Untermarsberg. S. noch Kirchenlexikon 10², Sp. 1422. *Seeger*, Westfalen. S. 82, 83.

[2595] *v. Detten*, Wirtschaftliche Verhältnisse Westfalens. S. 43.

[2596] Siehe oben das Kapitel über den verschütteten Bergmann.

[2597] *Schroers*, Brilon. S. 11. – *Keyser*, Westfälisches Städtebuch. S. 84.

[2598] Freundlicher Hinweis von Univ.-Prof. Dr. *Albert K. Hömberg*, Raestrup.

[2599] Ebd. – Siehe ferner *ders.*, Sauerland. S. 105f.

[2600] Siehe das Kapitel über die Bergbaumonasterien.

[2601] *v. Detten*, Wirtschaftliche Verhältnisse Westfalens. S. 43f.

Überlieferung der germanischen Drittelung, die bei allen Abgaben den dritten Teil forderte, mochte hier noch mitwirken[2602]. „Der berühmte Stahlberg bei Müsen, der bereits vor dem Jahre 1313 bebaut war, hat seit dem Jahre 1380 in ständiger Ausbeute gestanden[2603]." Dieser heute kleine Ort nördlich von Siegen hat seitdem, wie viele der genannten sauerländischen Siedlungen, seine ursprüngliche Bedeutung verloren.

„In der Grafschaft Arnsberg war um 1348 der Bergbau so einträglich, daß nach dem alten Lagerbuch der Zehnte der dortigen Eisenhütten bereits 500 Goldgulden abwarf. Die vorzügliche Art gehärteten Eisens, welche im Iserlohnschen unter dem Namen Osemund[2604] verhüttet wurde, zeitigte eine schwunghafte Fabrikation von Waffen aller Art, in Messern, Sensen und sonstigem Eisengerät, das weithin die Warenlager der Handelsstädte füllte. Die Zollrollen von Damme bei Brügge z. B. führen schon im Jahre 1252 Sensen als westfälische Handelsartikel auf. Kurz: die Schmelzöfen der Gießereien, die Werkstätten der Panzerschmiede und Schwertfegereien bedeckten in einem weiten Bogen bis nach Marsberg und dem Paderborner Land das bergische Westfalen. Hier, wo so viele Gewässer zugleich der Menschenfaust zu Hülfe kamen, an der Ruhr und ihren Nebenflüssen, in den Tälern der Volme, Ihne, Lister und Diemel blühten deshalb besonders die Zünfte der Metallarbeiter, die Stahl- und Hammerschmiede, die Schwertfeger, Panzerschmiede und Schlosser[2605]." Bei dieser Schilderung hat v. Detten allerdings die Bedeutung von Iserlohn nicht betont, die eingezeichnet werden muß. *Iserlohn* war schon im Mittelalter bekannt durch die Herstellung von Ringpanzern, ein Gewerbe, das sich später zur Drahtindustrie entwickelte[2606]. Letztere fand sich stark in Lüdenscheid und Altena ein, während die gleiche Industrie in Hamm von Iserlohn her kam[2607]. Aber dieses Gewerbe war nicht allein für die Geschichte der Stadt Iserlohn wichtig. Weithin bekannt war auch, besonders im 18. Jh., die Produktion

[2602] Zur Drittelung s. oben. – Doch ist hierzu zu sagen, daß im allgemeinen der Grundherr zwei Drittel und sein Funktionär ein Drittel empfing.

[2603] *v. Detten*, Wirtschaftliche Verhältnisse Westfalens. S. 43f.

[2604] „Osemund" war ein weiches, aber besonders zähes Eisen. Dazu *Meister*, Grafschaft Mark, 1. S. 425. Ferner s. *Voye*, Industrie im märkischen Sauerlande, 1, im Register, S. 391; 2, im Register, S. 373; 3, im Register, S. 238. Das Osemund-Eisen ist auch sonst in der Literatur oft erörtert.

[2605] *v. Detten*, Wirtschaftliche Verhältnisse Westfalens. S. 44; *Seeger*, Westfalen. S. 83.

[2606] *Voye*, Industrie im Märkischen Sauerlande, 3. S. 10ff., 29ff.; im Register, S. 238. – *Keyser*, Westfälisches Städtebuch. S. 202ff. – *Planeth*, Handel. S. 28. – Aus der älteren Literatur s. *Jacobi*, Arnsberg. S. 85ff.

[2607] *von Hofmann*, Westfalenland. S. 59. – *Seeger*, Westfalen. S. 82.

von Messingwaren. Spangen, Schnallen, Beschläge, Dosen, Kessel, Draht, Ketten, Haken, Klammern, Angeln und noch manches andere wurden hergestellt. Das bei Iserlohn abgebaute Galmei (Zinkkarbonat), das man bis ins 17. Jh. für ein eigenes Erz und nicht für Zinkverbindung hielt, bot den wichtigsten Rohstoff. Es wurde mit Kupfer durch die sogenannten „Gelbgießer" verschmolzen[2608]. Auch wenn der Anfang dieses Abbaues sich nicht mehr feststellen läßt, so wurden doch schon zu Anfang des 15. Jh. drei Gruben ausgewertet[2609]. Galmei wurde nach Köln, Bremen, Hamburg, aber auch in die Niederlande ausgeführt[2610]. Österreich dagegen war Selbstversorger. Jedoch eine wirklich lohnende Ausbeute der Gruben ergab sich erst, als der Iserlohner Oberbürgermeister, Hofrat Johann Caspar Lecke, eine eigene Kapitalsgesellschaft 1736 gründete, die Messinggewerkschaft. Dieser Vorgang der Gesellschaftsbildung hat Vergleiche zum Tiroler, steirischen und Kärntner Bergbau nahegelegt[2611]. Diese Iserlohner Gruppe baute eine Messinghütte, teufte alte Gruben erneut ab und erschloß dazu neue, bis sie 1853 in der Aktiengesellschaft „Märkisch-Westfälischer Bergwerksverein" aufging[2612].

Die 1870er Jahre sind gekennzeichnet durch ganz erhebliche Bergschäden innerhalb der wachsenden Stadt, die u. a. das Preußische Abgeordnetenhaus ernst beschäftigten[2613]. Aber im Laufe der nächsten Jahrzehnte mußte dann doch eine Grube nach der anderen schließen, die letzte am Silvester 1899[2614].

Doch konnte Iserlohn selbst in der Blütezeit des 18. Jh. seinen Vorrang gegen die auswärtige Konkurrenz behaupten. Und selbst in engerer Nachbarschaft gab es solchen Wettbewerb. Denn *Brilon* betrieb desgleichen Galmei-Bergbau, der zumindest im 18. Jh. von Iserlohn als Konkurrenz empfunden wurde[2615]. *Menden* dagegen, das im 17. und 18. Jh. eine bedeutende Nadelindustrie besaß, mochte durch seinen Markt mehr dem Verkauf der Iserlohner Metallerzeugnisse dienen[2616].

[2608] *Wilhelm Schulte*, Der Iserlohner Galmei-Bergbau. In: Der Anschnitt, Jg. 13, H. 1, 1961, S. 3–10, bes. S. 3. Dort auch weitere Literaturhinweise. Ferner s. *Voye*, Industrie im Märkischen Sauerlande, 3. S. 73ff.

[2609] Ebd.

[2610] Ebd., S. 3.

[2611] Ebd., S. 4.

[2612] Ebd., S. 4ff., 8.

[2613] Ebd., S. 9.

[2614] Ebd., S. 10.

[2615] *Keyser*, Westfälisches Städtebuch. S. 84. – *Schulte*, Iserlohner Galmei-Bergbau. S. 7.

[2616] *Röttgermann*, Menden/Fröndenberg. S. 29ff. – *Keyser*, Westf. Städtebuch. S. 149ff.

Diese und andere Züge der montanwirtschaftlichen Entwicklung Westfalens darf man aber, wie soeben angedeutet, nicht für sich allein beobachten. Die Wirtschaftsgeschichte Westfalens ist mit der europäischen Gesamtentwicklung eng verbunden. So beflügelt die Blüte des Silberbergbaus im tirolischen Schwaz seit dem 16. Jh. weithin in Europa den Abbau kostbarer Erze. Diese Blüte ist Vorbild und zugleich Anreiz. Die Welle erreicht auch das südliche Westfalen. Wiederum ist es das Sauerland, das die Anregung aufgreift, und hier besonders die kurkölnische Gemeinde Silbach.

Der Bergbau von *Silbach* beginnt anscheinend im Jahre 1544. Seine Bedeutung wurde hoch eingeschätzt[2617]. Schon im Jahre 1559 gewährt der Kölner Kurfürst und Erzbischof Gebhard von Mansfeld Bergfreiheit (eigenes Gericht, Steuerbefreiung, Marktrechte)[2618]. So kommt dieser Territorialfürst, dem sehr viel an den märkischen Gruben lag, schon im Jahre 1558 eigens nach dem Bergbauort Attendorn[2619]. Ob der Kurfürst auch noch andere Gruben damals persönlich besuchte, bleibe dahingestellt. Schon früh versuchte er im übrigen die wirtschaftlichen und sozialen Verhältnisse seines sauerländischen Herrschaftsbereiches zu regeln. So erschien bereits im Jahre 1533 die erste kurkölnische *Bergordnung*, während die sechste letzte vom Jahre 1669, erlassen durch Kurfürst Maximilian Heinrich, immerhin bis zum preußischen Allgemeinen Berggesetz von 1865 in Kraft blieb[2620]. Die Kölner Kurfürsten förderten überhaupt den Bergbau im Herzogtum Westfalen[2621]. Das rheinische Territorium verfügte nämlich über keine Gruben. Daher erschien das westfälische Eigentum um so kostbarer. Denn manches andere Herrschaftsgebiet, dem man an Wirtschaftskraft nicht nachstehen wollte, besaß ja ebenfalls Gruben. Und wenn man vielleicht auch nie den gleichen Ertrag erzielen sollte, so mußte der Ruf, daß man Baue besaß, zumindest nach außen hin den gleichen Rang betonen. Ein „Westfälisches Oberbergamt", bis 1682 in Olpe, seitdem in Brilon, war die höchste Aufsichtsbehörde. Diesem wurde später ein Unterbergamt in Olpe unterstellt[2622]. Das Bergamt Brilon zog den Bergzehnten ein, stellte Mutungen

[2617] *Hömberg*, Sauerland. S. 101.
[2618] Ebd., S. 102.
[2619] *Hirschmann*, Olpe. S. 105.
[2620] Ebd., S. 134, 135, allerdings ohne Hinweis auf die Bergordnung von 1533. – *Hömberg*, Sauerland. S. 101. – *Schroers*, Brilon. S. 12.
[2621] *Schumacher*, Das kölnische Westfalen. S. 139ff.
[2622] *Hirschmann*, Olpe. S. 132, 136f. – Nach *Schroers*, Brilon, S. 12, gab es bereits in Brilon ein Bergamt mit einer Nebenstelle in Olpe.

aus und schlichtete Streitigkeiten. Ein meistens adeliger Berghauptmann und ein sachverständiger Bergmeister waren die Leiter[2623].

Andere Gruben entstehen im Raum Brilon zu gleicher Zeit. Das im Jahre 1597 aufgestellte Lagerbuch des Herzogtums Westfalen zählt allein im Bereich des Gogerichts Brilon 16 Gruben auf. Das 17. Jh. bedeutet einen Niedergang. Der Dreißigjährige Krieg stört ebenfalls die Fortentwicklung[2624]. Aber der Silberrausch war schon vorher verflogen, ganz wie in Tirol, wo der Silberbergbau einen außerordentlichen Rückgang erlebte. Das quellenkundlich ausgezeichnete Werk von *Wolfstrigl-Wolfskron* über den Tiroler Erzbergbau beginnt bezeichnenderweise mit dem Jahre 1301 und schließt mit dem Jahr 1665. Diese Zeiträume bezeichnen die eigentliche Periode des Silberbergbaus. Das Jahr 1665 kennzeichnet bereits den Niedergang[2625].

Ramsbeck (370 m), nördlich des Kahlen Asten (840 m), erfuhr mit seinen Silber-, Blei- und Kupfergruben am Bastenberg in der zweiten Hälfte des 17. Jh. eine kurze Blüte. Es ist wie ein Nachhall der Ereignisse von Silbach. Der Versuch einer belgisch-französischen Kapitalgesellschaft, noch einmal im 19. Jh. eine große Förderung anzufangen, scheiterte[2626].

Bemerkenswert erscheint auch die Geschichte des Kupferbergwerkes Rhonard bei *Olpe*. Es ist seit 1562 nachweisbar. Es gehörte zunächst u. a. den Grafen von Neuenahr. Im Jahre 1584 nahm Kurfürst Ernst von Bayern († 1612) die Grube in Besitz. Dieser Herrscher war an ihrer Ausbeute sehr interessiert. Er besuchte daher mehrfach diese Zeche. Ja, er duldete als katholischer Landesherr und Erzbischof zunächst, daß seine Bergknappen die Reformation angenommen hatten. Erst im Jahre 1606 forderte der zuständige Droste *Caspar von Fürstenberg* diese Neugläubigen auf, entweder wieder katholisch zu werden oder fortzuziehen[2627]. Es offenbarte sich jene Härte der Gegenreformation, die auch die Geschichte der steirischen, Kärntner und Tiroler Bergwerke ernst durchzieht[2628]. Ein Rückgang der Förderung wurde in der zweiten Hälfte des 17. Jh. wieder überwunden.

[2623] Ebd., S. 12.
[2624] *Meister*, Grafschaft Mark, 1. S. 428. – *Hömberg*, Sauerland. S. 102f.
[2625] Tiroler Erzbergbaue. S. 9ff.
[2626] Ebd., S. 104f. – *v. Hofmann*, Westfalenland. S. 93.
[2627] Freundlicher Hinweis von Univ.-Prof. Dr. *Albert K. Hömberg*, Raestrup über Münster. Siehe ferner *Scheele*, Olpe-Land. S. 160ff.
[2628] *Pirchegger*, Steiermark. S. 125ff., 127, 130. – *Wolfstrigl-Wolfskron*, Tiroler Erzbergbaue. S. 45, 80, 208, 209, 219, 223, 226, 269, 277. – Zur Emigration des Protestantismus am Ausgang des 16. Jh. s. *Wießner*, Kärntner Bergbau. S. 13.

Von 1670 oder 1809 an lag der Betrieb der Grube in der Hand der Familie *von Brabeck*, die ja auch in Hahnenklee im Harz den Bergbau aufgenommen hatte[2629]. Die seit dem 16. Jh. bekannte Stachelauerhütte nahe der genannten Grube will desgleichen erwähnt sein[2630].

Mit dem Ausbau der sauerländischen Gruben ging natürlich im Laufe der Zeit die Entwicklung mancher Eisengewerbe Hand in Hand. Das 13. und 14. Jh. überliefern uns die ersten schriftlichen Zeugnisse sowohl aus Städten wie Brilon und Schmallenberg als auch aus dem platten Land[2631]. Kleine Schmieden waren es zumeist. Größere Werkstätten dagegen entstanden erst, als man im 14. und 15. Jh. begann, die Wasserkraft zu nutzen. Jetzt entstanden in den Bachtälern die Hammerwerke, deren Wasserräder zentnerschwere Schmiedehämmer bewegten und die größere Eisenstücke bearbeiten konnten. Da die Wasserkraft auch Blasebälge betrieb, wurden die Schmelzöfen größer und produktiver[2632]. Manche alte Mühle wurde sogar jetzt zum Eisenhammer umgebaut[2633]. Das talreiche Sauerland verfügte über genügend Wasserläufe. Das Holz für Holzkohle gab dazu überreich der Wald. Um 1800 zählte man allein an dem 26 km langen märkischen Lauf der Lenne zwischen den Orten „In der Lenne“ und „Altenhunden“ 30 Hammerwerke. Das kurkölnische Bergamt Brilon dagegen verzeichnet im gleichen Jahr in seinem ganz erheblich größeren Raum nur 38 Betriebe. Die Zuflüsse der Ruhr zeigen ebenfalls nur eine geringfügige Entwicklung des Montanen. Die Zahl der Eisenhämmer stieg im Gerichtsbezirk Olpe während des 16. Jh. auf 15 Betriebe[2634]. Das Register von 1597 nennt im Gogericht Brilon 21 Hütten. 1612 waren es 23 Hütten[2635]. *A. Meister* verzeichnet mit Belegen vor allem seit dem 17. Jh. allein über 30 Bergwerke in der Grafschaft Mark; die Zahl der Hammerwerke war bedeutend größer[2636]. Das märkische Schwerte kannte bereits im 16. Jh. eine bedeutende Eisenwarenherstellung[2637]. Das ebenfalls märkische Altena wies desgleichen seit dem 16. Jh. Eisenverarbeitung in handwerksmäßigen Kleinbetrieben

[2629] S. oben S. 538.

[2630] Einzelheiten bei *Scheele*, Olpe-Land. S. 168. – *Hömberg*, Sauerland. S. 111.

[2631] Ebd., S. 105f. *Seeger*, Westfalen, S. 86ff.

[2632] *Hömberg*, Sauerland. S. 106. – Ausführliche Schilderung bei *Meister*, Grafschaft Mark, 1. S. 425. – Manche weiteren Hinweise auch in dem Kapitel über das Bergwerk, der Wald und das Wasser.

[2633] *Meister*, Grafschaft Mark, 1. S. 426.

[2634] *Hirschmann*, Olpe. S. 128.

[2635] *Hömberg*, Sauerland. S. 107.

[2636] *Meister*, Grafschaft Mark, 2. S. 80ff.

[2637] *Keyser*, Westfälisches Städtebuch. S. 323ff.

auf[2638]. Die ebenfalls märkische Stadt Breckerfeld war im 14. bis 16. Jh. wichtig durch ihre Stahlerzeugung und die Werkstätten ihrer Messerschmiede[2639]. Dann aber hörte die Blüte auf.

Eine Rückwärtsentwicklung setzt ein. Die Quellen über diesen Niedergang der märkischen Industrie im 17. Jh. fließen reich. In den Jahren 1663 und 1664 bereiste der Bergmeister Kutschauer die Montanbetriebe der Mark. Es geschah in staatlichem Auftrag. Trostlos klingt sein Bericht. Alle Eisenbergwerke sollen damals stillgelegen haben[2640]. Einheimische und seit 1559 aus den Niederlanden eingewanderte Kalvinisten, durch ihren Glauben an eine strenge Arbeitsethik gewöhnt, nahmen sich erfolgreich des Bergbaues und vor allem des Hüttenwesens in der Grafschaft Mark an[2641]. Es gab eine teilweise Aufwärtsbewegung. Langsam setzte dazu eine Einwanderung von Kleinindustrie, besonders gefördert durch den Großen Kurfürsten von Brandenburg im 17. Jh., aus dem Raum des bergischen Herzogtums ein[2642]. Aber im Laufe des folgenden Jahrhunderts förderte auch manche andere und bedeutende Persönlichkeit den märkischen Bergbau.

1784 betrat bekanntlich Heinrich Friedrich Reichsfreiherr vom und zum Stein diesen Boden. Reisen in die Bergbaugebiete von Galizien, Schlesien, Thüringen, vom Harz und ein Studienjahr an der Bergakademie von Freiberg hatten seinen Blick für das Notwendige im Bergbau geschult, denen noch einmal eine Reise von der Mark nach England vom November 1786 bis zum August 1787 folgte. Die kursächsische Bergbauverwaltung war für ihn damals, nicht zu Unrecht, das Vorbild, als er, der junge Oberbergrat, an die Spitze der märkischen Bergwerke trat. Wetter an der Ruhr war zunächst der Amtssitz[2643]. Seine Tätigkeit im Bergbau ist oft erörtert. Diese begann bereits mit dem Generalbefahrungsprotokoll, das Stein im Jahre 1784 nach der Besichtigung aller ihm damals unterstellten Gruben abfaßte. Dieses Gutachten enthält viele Verbesserungsvorschläge zur Fördertechnik. Es empfiehlt für alle Zechen eine gleichmäßige Entlohnung. Gleichzeitig werden

[2638] Ebd., S. 29ff., bes. S. 30. – *Voye*, Industrie im märkischen Sauerlande, 2. S. 93ff.

[2639] Ebd., 1. S. 229ff., bes. S. 231, 234ff. – *Keyser*, Westfälisches Städtebuch. S. 81f.

[2640] *Meister*, Grafschaft Mark, 1. S. 428.

[2641] *Hellmuth Rössler* und *Günther Franz*, Sachwörterbuch zur deutschen Geschichte. München 1958, S. 708 (mit weiterer Literatur). – Zur Geschichte der Reformation in der Grafschaft Mark s. *Meister*, Die Grafschaft Mark, 1. S. 232f.

[2642] *Meister*, Grafschaft Mark, 1. S. 429f.

[2643] Zur Geschichte des Bergamtes Wetter s. ebd., S. 452ff., 460ff. – *Voye*, Industrie im märkischen Sauerlande, 1. S. 352. – *Spethmann*, Witten und Langendreer. S. 15ff.

Mißstände kritisiert und verschiedene erfolgreiche Fördersysteme miteinander verglichen[2644].

Doch blicken wir wieder zurück auf das kurkölnische Sauerland. Im Jahre 1800 zählt der Verwaltungsbezirk des Bergamtes Brilon 11 Eisenhütten und drei Kupferhütten. Es war eine harte Depression vorausgegangen. Denn ein großer Teil der Betriebe lag still, wenn wir über das Ausmaß der Stillegungen auch anscheinend keine genauen zeitgenössischen Angaben besitzen[2645].

Wenn diese Betriebe auch dann zum Teil untergegangen sind, so hinterließen sie uns doch viele Spuren. Aus den letzten Jahrhunderten blieben uns manche Einzelbauten oder zumindest die Ruinen. Schlackenhalden aus der Zeit des Mittelalters, Flurnamen und Ortsnamen erinnern uns heute noch vielfach an das ehemalige Eisengewerbe[2646]. Desgleichen trifft man noch auf Wiesen im Sauerland, die sich unproduktiv anlassen, da sie noch mit Erz- oder Silberschlacken durchsetzt sind. Die Mineralien haben den Boden gleichsam vergiftet. Anfragen, die dieserhalb bei der Max-Planck-Gesellschaft eingingen, fanden wohl Interesse, aber noch keine Lösung.

Manche vermögende westfälische Familie wandte sich in den Jahrhunderten der Neuzeit mit ihrem Kapital dem Bergbau zu. Da war gegen Ende des 17. Jh. *Johannes Heerde* († 1733), Sproß einer ratsverwandten Münsterer Bürgersfamilie und Stiftsdechant der Kollegiatkirche Heilig-Kreuz zu Hildesheim. Er erwarb mehrere Anteile an dem Clausthaler und Zellerfelder Erzbergbau. Diese wurden damals kurz „Harzer Kuxen“ genannt. Infolge testamentarischer Verfügung des Stiftsdechanten fielen diese Anteile 1775/76 – nach dem Aussterben der Agnaten der Familie Heerde – dem Seminarium zu, das Johannes Heerde 1725 als Familienkonvikt für Schüler des Gymnasiums in Münster (Westf.) gestiftet hatte. Die Clausthaler Kuxe Margareta erbrachte 1776 für die Heerde-Familie eine Einnahme von 44 Talern. Im Jahre 1790 belief sich die Einnahme „an Ausbeute von drei Quartalen außm Clausthaler Zehnten St. Margarethe 3 Spec. Thaler, d. sind 4 Thlr. courrant“[2647]. Andere Namen sind noch zu nennen. *Franz Ferdinand Freiherr von der Wenge zu Dieck*, emanzipierter Domherr am Paulusdom zu

[2744] *Heinrich Winkelmann*, Die Ruhrzechen in dem Generalbefahrungsprotokoll des Reichsfreiherrn vom und zum Stein. In: Der Anschnitt, Jg. 9, Nr. 5, 1957, S. 3–10.

[2645] *Hömberg*, Sauerland. S. 107.

[2646] *Meister*, Grafschaft Mark, 1. S. 422, 423.

[2647] Testamente und Jahresrechnungen im Hausarchiv des Heerdekollegs, Münster, Am Stadtgraben 13–15. Freundliche Mitteilung von Universitätsprofessor Dr. *Alois Schröer*, Münster (Westf.). – *Schreiber*, Weltkonzil 2. S. 332.

Münster, erhielt in der ersten Hälfte des 18. Jh. die Erlaubnis, Eisenstein bei Osterfeld im Vest Recklinghausen zu graben. Er begründete Mitte des 18. Jh. die St. Antoni-Hütte, deren ersten Hochofen er 1758 anblasen ließ. Dieses Werk wurde mit der benachbarten, 1783 in Betrieb genommenen Hütte „Gute Hoffnung" und mit der 1791 entstandenen Hütte „Neu-Essen", das Stammwerk der heutigen „Gutehoffnungs-Hütte AG"[2648].

Noch ein Blick auf die *Hammerwerke*. Da einzelne Hämmer das ganze Jahr mit genügend Wasserkraft versorgt waren, andere aber zeitweilig infolge trockener Wasserläufe stille lagen, wurde behördlicherseits ein Ausgleich geschaffen. So verfügte das Bergamt Olpe im 17. Jh. für alle Hämmer des kurkölnischen Sauerlandes eine Ruhepause von 4 Wochen[2649]. Ob sich auch jene Spannungen in Westfalen zwischen Bergwerken und Hammerwerken einfanden, die in alpinen Gebieten nachweisbar sind, sei dahingestellt.

Der *Köhler* war auch in Westfalen der unentbehrliche Bundesgenosse des Bergmannes und Schmiedes. Doch ist es schwer, eine Geschichte dieses Erwerbsstandes zu schreiben. Der „Köhlerglaube" ist zwar in der Kontroverse ein geflügeltes Wort. Die Schicksale dieses Berufes sind aber anscheinend noch wenig erforscht. Sein Fortkommen war seit jeher mit der Entwicklung der Metallverhüttung und mit dem Schmiedegewerbe verbunden. Das zeigen auch die westfälischen Verhältnisse. Doch fließen die Nachrichten spärlich. Der Köhler lebte ja abgeschieden. Sein Lebensraum war der tiefe Wald. Hier schlug er sich die passenden Stämme oder er ließ von anderer Seite abholzen. Er schichtete sie kunstvoll zu Meilern.

Dabei konnten beachtliche Mengen Holzkohle hergestellt werden. Nach Akten des Benediktinerklosters Grafschaft (Kreis Meschede), das mit reichem Grundbesitz und mit 12 Pfarreien ausgestattet war[2650], vermochte ein Köhler in einem Jahr bis zu 300–400 Fuder Kohle zu brennen, während die Durchschnittsproduktion eines Köhlers allerdings bei 150–225 Fuder Kohlen lag. Vier Fuder Kohle aber sollten genügen, ein Fuder Eisen zu schmie-

2648 *Maximilian Frhr. von Twickel*, Die St.-Antoni-Hütte zu Osterfeld. Ein münsterischer Domherr des 18. Jahrhunderts als Wirtschaftspionier. In: Auf Roter Erde. Monatsblätter für Landeskunde und Volkstum Westfalens. Heimatbeilage der Westfälischen Nachrichten, Münster (Westf.), N. F., Nr. 27, Mai 1961, Jg. 17, S. 3. Allerdings stimmt die folgende Aussage des genannten Autors nicht: „Man kann zu Recht behaupten: Die Anfänge der St.-Antony-Hütte sind die Anfänge der rheinisch-westfälischen Industrie überhaupt." – Siehe auch *Ress*, Stiftungen, S. 88, und überdies oben.

2649 *Hirschmann*, Olpe. S. 131f.

2650 *K. Honselmann*, Grafschaft. In: LThK 4², Sp. 1160. – *Hömberg*, Sauerland. S. 45f.

den[2651]. Doch betrug die Holzmenge, die der Köhler brauchte, wiederum ein Mehrfaches des Kohleertrages. Ein Durchschnittsmeiler erbrachte 6 Wagen Holzkohle, zum Meilerbau benötigte man aber 48 Wagen, also die sechsfache Menge. Dieses Quantum aber wuchs auf sechs bis sieben Morgen in 16 bis 18 Jahren heran[2652]. Brannten auch die Schmallenberger Schmiede noch um 1625 ihre Kohlen selbst, so scheint diese Tatsache dem Köhlergewerbe keinen Abbruch getan zu haben. Aber schon bald brach die Blütezeit ab, so wie auch das Eisengewerbe zurückging. Zuzügler aus dem Westerwald, aus der Eifel, aus den Ardennen, dem Hunsrück und aus Sachsen führten dann die Produktion Ende des 17. Jh. erneut wieder auf eine Höhe[2653]. Im 18. Jh. hatten sich die Köhler derart vermehrt, daß sie in eigenen Siedlungen im Wald wohnten[2654]. In der zweiten Hälfte des 18. Jh. wuchs der Bedarf der Industrie an Holz derart, daß die Köhlerei zum Raubbau am Wald wurde[2655]. Auch die großen Bauern gingen zur Köhlerei über[2656]. Dann aber nahte bald die Zeit, in der die Steinkohle ihren Siegeszug begann. Der Köhler starb schließlich fast aus. Nach Pressemeldungen gibt es 1961 nur noch einen einzigen Köhlerbetrieb im Sauerland.

Allerdings reicht die Geschichte der Steinkohle weiter zurück[2657]. Ein Kohlengräber wird bereits für das Jahr 1296 erwähnt. Eine lateinische Urkunde des Jahres 1302 erwähnt die Ruhrkohle zum ersten Male. Das Archiv der Stadt Dortmund bewahrt eine Kopie des 16. Jh. In dieser Urkunde wird ein Haus des Dorfes Schüren dem Priester Boymundus, dem Benefiziaten des in der Dortmunder Kirche St. Reinoldus befindlichen Altars, verkauft. Dafür aber haben Boymundus und seine Nachfolger bei allen Predigten und Messen des Verkäufers zu gedenken. Eine Totenmemorie im Wirtschaftsbereich.

Das genannte Haus aber war ausgestattet mit „Äckern, Wiesen, Weiden, Waldstücken, bebauten und unbebauten Ländereien, mit dem Recht, Steine zu brechen und *Kohle zu schürfen* im Waldgebiet wie in den Wiesen ..."[2658]. Das sind ganz bemerkenswerte Bestimmungen. Sie besagen für uns ein Doppeltes. Einmal nämlich ist die erste Nachricht über den Kohlenabbau

[2651] Ebd., S. 43.
[2652] Ebd., S. 44.
[2653] Ebd., S. 43. – Zu Schmallenberg ferner *Seeger*, Westfalen. S. 81.
[2654] *Hömberg*, Sauerland. S. 44.
[2655] Ebd.
[2656] Ebd.
[2657] Dazu *Spethmann*, Witten und Langendreer, S. 7ff., mit manchen Belegen.
[2658] *Wolfhard Raub*, Die erste Nachricht über den Ruhrkohlenbergbau. In: Der Anschnitt, Jg. 7, Nr. 5, 1955, S. 21/22.

eine Urkunde über die Stiftung eines Seelgerätes, also einer immer wiederkehrenden missalen Fürbitte für das Seelenheil eines Menschen[2659]. Gleichzeitig aber geht zweitens aus ihr hervor, daß die Kohle im Jahre 1304 noch nicht in das Bergregal einbezogen war[2660]. Immerhin wird die Steinkohle aus dem heutigen Raum des Ruhrgebietes bereits seit dem 14. und 15. Jh. ausgeführt. Zollrechnungen des niederrheinischen Ortes Lobith nennen seit 1368 Kohlenschiffe. Rechnungen von Rheinsberg berichten seit 1368 das gleiche, ebenso seit 1394 Belege aus Isselort. Nymwegen, Thiel und Zaltbommel überliefern weitere Belege. Quellen des 15. Jh. berichten von Kohlenfuhren aus dem Dortmunder Raum nach Köln und noch mehr nach Münster. Die im Amt Hörde gewonnenen Steinkohlen wurden auf dem Dortmunder Markt verkauft, der im 16. und 17. Jh. ein Mittelpunkt des Steinkohlenhandels blieb. Die Kohle wurde zunächst nur als Schmiedekohle verwendet. Erst seit dem 16. Jh. erfahren wir von der Benutzung als Hausbrand[2661]. Immerhin verzeichnete im Jahre 1735 der preußische Bergrat August Heinrich Decker im märkischen Raum 105 Kohlengruben. Diese waren fast alle sehr klein[2662].

Die Ruhr selbst war vor dem 18. Jh. allerdings selbst nur begrenzt schiffbar. Erst im Jahre 1780 war der Fluß für die Schiffahrt und ihre Kohlenkähne befahrbar gemacht worden. Um das Jahr 1880 aber waren die Bahnlinien so entwickelt, daß die Ruhrschiffahrt ihr Ende nahm[2663]. Ganz besonders der obere Lauf. Heute ist die Ruhr von Witten an begrenzt schiffbar, durch die Kanalisierung von Mülheim an für Kähne bis zu 1700 t.

Das 19. Jh. hat durch das mächtige Wachstum der Montanindustrie des Ruhrgebietes manchen Wandel gebracht. Nicht wenige Kleinstädte wuchsen in anderthalb Jahrhunderten zu Großstädten. Bochum war 1815 eine Ackerbauernstadt von 2000 Bewohnern[2664]. Heute sind es über 360000 Einwohner[2665]. Viele kleine, verkehrsungünstig gelegene Betriebe gingen unter, andere in günstigeren Räumen entwickelten sich zu einer blühenden Kleineisenindustrie. Das geschah vor allem am Südrand des Ruhrgebietes. Hagen,

[2659] Ebd., unberücksichtigt.

[2660] Ebd., S. 22. Dazu *Seeger*, Westfalen. S. 88.

[2661] *Rolf Schroeder*, Der Steinkohlenhandel im Dortmunder Raum bis zur Mitte des 17. Jahrhunderts. In: Der Anschnitt, Jg. 10, Nr. 1, 1958, S. 5–7.

[2662] *Spethmann*, Witten und Langendreer. S. 12.

[2663] *Johannes Reinirkens*, mit aakes über die schlachten. Von der alten Ruhrschiffahrt 1780–1880. In: ruhrgebiet. landschaft, kultur, wirtschaft. Essen 1960, H. 4, S. 30/31.

[2664] *Keyser*, Westfälisches Städtebuch. S. 63ff.

[2665] *Gustav Fochler-Hauke*, Der Fischer Weltalmanach 1961 (Fischer-Bücherei). Frankfurt a. M. 1960, S. 66.

Hohenlimburg und Lüdenscheid sind heute die Mittelpunkte einer solchen Metallindustrie, die sich in den märkischen Tälern ausbreitet[2666]. Die Umgebung von Olpe will ebenfalls genannt sein[2667]. Neugründungen von Werken traten hinzu. Über diese Geschichte des Ruhrbergbaues, die nicht ohne soziale Spannungen verblieb, haben seit dem 19. Jh. *Bruno Kuske*[2668], *Wilhelm Brepohl*[2669], *Max Koch*[2670], *Hans Georg Kirchhoff*[2671], *Heinrich Husmann*[2672], *H. J. Seeger*[2672a] manches dargestellt. Hinzuweisen ist zudem auf die Zeitschrift „Ruhrgebiet"[2673] und „Der Anschnitt"[2674].

Ein weiterer wichtiger Zweig des Bergbaues ist die *Salzgewinnung*, die uns beim alpinen Bergbau bereits beschäftigte[2675]. Seit dem 10. Jh. ist die Saline von Soest bekannt. Ausgerechnet ein arabischer Gewährsmann bietet eine frühe Nachricht[2676]. Daneben traten des weiteren im kurkölnischen Raum die Salinen von Sassendorf[2677], Brockhausen-Königsborn[2678] und besonders seit dem 17. Jh. Werdohl[2679]. Die Sole auf dem Oberhofe von Brockhausen, der ursprünglich der Abtei Essen und dann erst den märki-

2666 *Voye*, Industrie im märkischen Sauerlande; 1, S. 21ff.; 3, S. 181ff.; 4, S. 249ff., bes. S. 286ff. – *Kuske*, Die berg- und metallwirtschaftlichen Hauptgebiete. S. 94f. – *Keyser*, Westfälisches Städtebuch. S. 154ff., 195ff., 228ff.

2667 *Hirschmann*, Olpe. S. 368ff., 427ff.

2668 Die berg- und metallwirtschaftlichen Hauptgebiete. S. 75–95.

2669 Der Aufbau des Ruhrvolkes im Zuge der Ost-West-Wanderung. Beiträge zur deutschen Sozialgeschichte des 19. und 20. Jahrhunderts (Soziale Forschung und Praxis, hg. v. der Sozialforschungsstelle an der Universität Münster, Sitz Dortmund, Bd. 7). Recklinghausen 1958. – *Ders.*, Industrievolk im Wandel von der agraren zur industriellen Daseinsform, dargestellt am Ruhrgebiet. Ebd., Bd. 18. Tübingen 1957.

2670 Die Bergarbeiterbewegung im Ruhrgebiet zur Zeit Wilhelms II. (1889–1914) (Beiträge zur Geschichte des Parlamentarismus und der politischen Parteien, H. 5). Düsseldorf 1954. Ergänzungen dazu auch bei *Lutz Graf von Schwerin-Krosigk*, Die große Zeit des Feuers. Der Weg der deutschen Industrie, 3 Bde. Tübingen 1957–1959; 3, S. 527ff.

2671 Die staatliche Sozialpolitik im Ruhrbergbau 1871–1914 (Wissenschaftliche Abhandlungen der Arbeitsgemeinschaft für Forschung des Landes Nordrhein-Westfalen, Bd. 4). Köln u. Opladen 1958.

2672 Lebensformen und ihr Wandel beim Arbeiter in Hamborn. In: Rheinisch-westfälische Zeitschrift für Volkskunde, Jg. 4, 1957, S. 1–39, 133–214. Einiges Ergänzende durch *Ernst Wolfgang Buchholz*, Der Ruhrbergmann von heute – soziologisch gesehen. In: Der Anschnitt, Jg. 6, Nr. 4, 1954, S. 3–5.

2672a S. oben.

2673 ruhrgebiet. landschaft, kultur, wirtschaft, Jg. 1ff. Essen 1960ff.

2674 Jg. 1ff. Bochum 1948ff. Siehe auch oben.

2675 Manche Hinweise oben und dazu im besonderen *H. R. v. Srbik*, Österreichisches Salzwesen. S. 1ff.

2676 *Meister*, Grafschaft Mark, 1. S. 407. – *Seeger*, Westfalen. S. 76.

2677 *Meister*, Grafschaft Mark, S. 408ff., 414, 415f.

2678 Ebd., S. 408, 413ff.

2679 Ebd., S. 408, 416f. – *Keyser*, Westfälisches Städtebuch. S. 373f.

schen Grafen gehörte, wird bereits im 14. Jh. erstmalig erwähnt[2680]. Die Salinen von Werl und Westernkotten aus dem Herzogtum Westfalen, die auch die umliegenden Territorien belieferten und dem Kurfürsten beträchtlichen Salzzins im 18. Jh. erbrachten, wollen ebenfalls genannt sein[2681].

Der Goldbergbau Westfalens blieb gering. Die Eder, die der Dichter und Humanist Eobanus Hessus († 1540) einmal als „fluvium aurifluum“ (goldführender Fluß) bezeichnete, führt Goldsand. An den Ufern dieses Flusses ist mindestens vom Ende des 13. Jh. bis in das 18. Jh. hinein Gold gewaschen worden, doch ohne große Erfolge[2681].

Noch ein Letztes. Der Erzabbau und die Kohle stehen in Westfalen keineswegs allein. Der kurkölnische Schieferabbau will erwähnt sein. Schriftliche erste Urkunde über den Schieferabbau besitzen wir seit dem 16. Jh. Die im Süden des Sauerlandes gelegene Stadt Attendorn meldete sich danach zu Wort[2682]. Hallenberg und Hoppeke bei Brilon traten dazu[2683], ferner das ebenfalls kurkölnische Nuttlar und Antfeld[2684], sowie das wittgensteinische Gladenbach[2685]. Allerdings ist die Schiefergewinnung in Deutschland schon älter. Sie führt bis in das 13. Jh. zurück, und schon im Jahre 1289 soll die Kaiserpfalz von Goslar ein Schieferdach erhalten haben[2686].

Auch wenn der Bergbau des Sauerlandes heute weitgehend nicht mehr besteht, so hinterließ er genug lebendige Spuren. Denn das Metallgewerbe, das er einst anregte, blieb nicht nur erhalten, sondern entwickelte sich selbständig weiter. Eine metallverarbeitende Industrie, die ihr Rohmaterial aus dem Ruhrgebiet und aus anderen Landschaften sowie Halbfertigprodukte bezieht, ist hier entstanden. Kleineisenwaren und hochveredelte Stahlprodukte werden hergestellt. Manches Zweigwerk der Ruhrindustrie ist unter solchen Erzeugern[2687]. Der Eisensteinbergbau des Siegerlandes hat sich bis heute behauptet. Er beliefert vor allem die Ruhr[2688].

[2680] *Meister*, Grafschaft Mark, 1. S. 413.

[2681] *Schumacher*, Das kölnische Westfalen. S. 141ff. – *Seeger*, Westfalen S. 77.

[2682] *Kurt von Wickeren*, Goldbergbau in Waldeck und Westfalen. In: Der Anschnitt, Jg. 10, H. 1, 1958, S. 19–21. Der Goldbergbau im benachbarten Waldeck blieb bedeutungslos.

[2683] *Keyser*, Westfälisches Städtebuch. S. 36ff. – *Schauerte*, Schieferbergbau. S. 53.

[2684] Ebd., S. 54. – Zu Hallenberg s. auch *Keyser*, Westfälisches Städtebuch. S. 161f.

[2685] *Schauerte*, Schieferbergbau. S. 54.

[2686] Ebd., S. 56.

[2687] Einzelnes s. vor allem bei *Kuske*, Die berg- und metallwirtschaftlichen Hauptgebiete. S. 89ff.

[2688] Ebd., S. 92ff.

Es will noch der Bergbau in *Lippe*, und zwar für Falkenhagen, beachtet sein. Auf das Erzvorkommen im Falkenhagener Liasgraben verweist eine Urkunde des Grafen Widekind von Schwalenberg aus dem Jahre 1260. Diese tritt den Benediktinern von Marienmünster gewisse Güter ab, gegen das Recht auf allen Klostergründen Gold und Silber zu fördern[2689]. Inwieweit diese Berechtigung praktisch in Anspruch genommen worden ist, entzieht sich der Kenntnis. Weiter erfahren wir für das Jahr 1532 von der Abgrenzung eines Bergwerkbezirks zur Hälfte für Braunschweig und zur anderen Hälfte für Paderborn und Lippe. Es kam für die Ausbeute auch Kloster Falkenberg, einst eine Zisterze (im späteren Mittelalter den Wilhelmiten und Kreuzherren zugehörig) in Betracht; es beklagte sich über die Begierde der Braunschweiger nach Erzgruben[2690]. Um Unternehmer anzulocken, erließ 1536 der Erzbischof Heinrich von Köln als Administrator von Paderborn mit Beteiligung der Herzöge Erich d. Ä. und Heinrich d. J. von Braunschweig-Lüneburg und ebenfalls des Grafen Simon V. ein Privileg folgenden Inhaltes: „Jedermann soll der Zugang zu den Bergwerken frei und offen sein. Alle Bergleute, welche auf den Bergwerken arbeiten, sollen freies Geleit haben, und vor Gewalt geschützt werden. Was die Bergleute an Hab und Gütern mitbringen, darüber sollen sie frei verfügen können. Auf dem ‚Kettersberge‘ sollen die Bergleute an jedem Sonnabend einen zollfreien Markt abhalten dürfen, auf dem sie sich mit Nahrung und Kleidung versehen können, ferner dürfen sie selbst backen, schlachten, brauen usw. und zollfrei Handel treiben. Sie sollen frei sein von Steuern und Hofdienst, und der Zehnte soll ihnen für drei Jahre erlassen werden. Das nötige Bau- und Grubenholz sollen sie frei von allem Zins aus den herrschaftlichen Forsten erhalten. Alles Silber und Blei, welches sie fördern, sollen sie an die Kammer abliefern, die ihnen das Silber die Mark mit acht Gulden und einem Ort, das Blei den Zentner mit 33 Goslarischen Schillingen bezahlen wird[2691].“ Also eine freiheitliche Bergordnung. Aber die Versuche verliefen anscheinend ohne Ergebnis. Der Lemgoer Bürger Hans Ist erhielt von Simon VI. den Auftrag, in der Grafschaft Lippe nach Erzen zu suchen. Es ergab sich im weiteren Verlauf, daß bei Falkenberg weder Gold und Silber noch Kupfer einzubringen war. Auch weitere Versuche führten zu keinem Ergebnis. Der Falkenhagener Schwefelkiesabbau ist vorläufig gescheitert[2692]. Allerdings

[2689] *O. Weerth*, Der Bergbau bei Falkenhagen (Mitteilungen aus der lippischen Geschichte und Landeskunde, XII). Detmold 1926, S. 72–85, bes. S. 74.

[2690] Ebd.

[2691] *Weerth*, Bergbau bei Falkenhagen. S. 75.

[2692] Ebd., S. 84f.

hatte bereits einer der Berggesellen, Sohn eines Obersteigers im Harz, im März 1707 in Falkenstein seinen Abschied genommen mit dem Hinweis: „Wenn das Bergwerk fortgesetzt werden soll, müssen die liederlichen Bergleute, die mehr saufen als arbeiten, entlassen und durch frömmere ersetzt werden[2692a].“

Der Landesfürst der deutschen Renaissance und des Barock ist am Bergbau recht interessiert. Dieses entspricht dem Zeitgeschmack. Nachrichten über erstaunliche Förderungen in Kursachsen und Tirol erreichen sein Ohr. So will er nun auch in seinem Herrschaftsgebiet schürfen. Aber die Grafen von Lippe erzielen kaum Erfolge. Sie betreiben wohl Salinen, aber keine Bergwerke. Doch haben sie ein Anrecht darauf, in der Geschichte freiheitlicher Bergordnungen vertreten zu sein[2692].

Seit dem 16. Jh. sind es ja selbst die kleinen Staaten, die Gewinne am Bergbau heraufführen möchten. Modische Wellen. In der erwähnten Reichsgrafschaft Lippe hat man seit 1520 versucht, der Erde Mineralschätze in Falkenhagen zu entreißen. Allerdings mit wenig Erfolg, wie soeben dargetan.

[2692a] Eingehender *Erich Kenter*, Bergbau im Lande Lippe. Detmold 1954, S. 11ff., bes. S. 38.

IX. KRIEGERISCHE AKZENTE

1. *Der wehrhafte Bergmann*

Die vielseitige Bergwerksarbeit, die grundverschiedene Berufe beschäftigte, verlangte nach einer gut geführten und gestrafften Organisation[2693]. Das ergab zugleich ein lebensvoll empfundenes Zueinander, also den Geist und die Haltung einer ausgeprägten Gemeinschaft. So wohnte dem Bergmannsstand eine gesammelte Kraft inne. Diese aber erinnerte an die Einsatzbereitschaft und an die Wehrhaftigkeit der Zünfte in der mittelalterlichen Stadt, auch wenn der Grube starke Mauern und festungsartige Tore fehlten. Sie war gleichwohl in Hinsicht auf ihr waffengeübtes Personal wie eine Burg anzusprechen, wie eine Wehr in der Landschaft. In Tirol standen die Bergleute, was die Waffen angeht, zeitweise in einer Linie mit den Schildhofbauern, die Schwert und Schild trugen. Wenn der Kaiser in Tirol weilte, waren diese Schildhofbauern seine Leibwache. Zehn Höfe am Passeier besaßen dieses Privileg.

Im Jahre 1427 hatte Herzog Friedrich den tirolischen Bergknappen in Gossensaß, in einem ergiebigen Bergbaugebiet, das Recht bewilligt, Wehr und Waffen zu tragen, wie „spies, wurfpfeil, schilt, armprost und verporgen harnasch"[2694]. Die benachbarte Schwazer Knappschaft war ebenfalls militärisch durchorganisiert. Man ließ sie dort bei repräsentativen Aufzügen Aufstellung nehmen. Beim Besuch Kaiser Karls V. am 5. Juli 1530 traten 5000 wohlbewaffnete Bergleute in sechs heermäßig geordneten Haufen an. Sie empfingen den Monarchen mit Pauken und Trompetenschall. Die Bergherren (Gewerke) widmeten der Majestät eine silberne Schaumünze.

[2693] Die Aufführung der verschiedensten Bergwerksberufe im Kapitel über die Berggemeinde.

[2694] *Weingartner*, Schwazer Bergwerksgeschichte. S. 107. – Für Schwaz s. noch *Franz Kirnbauer*, 400 Jahre Schwazer Bergbau, 1556–1956. Wien 1956. Ferner *Erich Egg*, Die Pfarrkirche Unserer Lieben Frau Himmelfahrt in Schwaz. Schwaz 1956. – *Ders.*, Das Wirtschaftswunder im silbernen Schwaz. Der Silber-Fahlerzbergbau Falkenstein im 15. und 16. Jahrhundert (Leobener Grüne Hefte, hg. v. Franz Kirnbauer, H. 31). Wien 1958.

Sie zeigte die Wappen „Aller österreichischen und hyspanischen lanten gar sawverlych und kunstvoll geprägeth", 70 Wiener Pfund schwer, im Werte von 1700 Goldgulden. Vier Knappen trugen die gewaltige Münze, ein beredtes Wahrzeichen des Silberbergwerks, auf silberner Schüssel[2695]. Es war, als wenn damals der Geist des großen Landsknechtsführers Georg von Frundsberg († 1528) sich den Knappen mitgeteilt hätte. Denn sein Geschlecht war im Weichbild von Schwaz ansässig. Es hatte überdies für das Bergwerksgebiet von Trient einen Fürstbischof gestellt[2696]. Dazu galt, jedenfalls in Tirol, die dort noch namhaft bestehende Freiheit der Bauern als ein weiteres erregendes und wehrhaftes Element. Jedenfalls wirkte für Siedlungen in Tirol im Hochmittelalter die Verleihung des Erbbaurechtes durchaus anziehend. Das um so mehr, da dem Beliehenen ein „erbliches und mit bestimmten Einschränkungen auch veräußerliches Besitzrecht" zugestanden war[2697]. Auch der Salzburger Raum kannte unter dem bergbaufreudigen Erzbischof Leonhard von Keutschach (1495–1519) Knappenparaden beim Besuch dieses Erzbischofs im Jahre 1514. Er ließ die löbliche Gesellschaft Rauris und Gastein zusammenkommen. Von Rauris zogen aus 1000 Mann mit zwei Fändl, mit Spießen und Hellerparthen, auch Pixen. Von Gastein kamen hinzu „drei Fändl mit Pixen, Hellerparthen und langen Spiecken, in der Ordnung bei 1500 Mann stark und wohlgerüstet. Da rütten ihnen auch die Herren Gewerken entgegen, und kommen auf dem Weitfeld zusammen, welches dem Bischof gar wohlgefallen. Also daß man baide Teil miteinander einziehen ließe und in der Ordnung vor dem Bischof kämen gegen den Markt, war ihne von Stund an Wein verordnet, das ihnen der Fürst geschenkt hat. Und nachdeme der Bischof mit ihnen gesprochen und 2 Tag kostfrei gehalten, ließ er sie wiederum von sich und haimreisen"[2698]. Die Zuwendung an Wein verlangt als besonderer Gunsterweis einige Aufmerksamkeit, ebenfalls die Verpflegung[2698a]. Hatte man früher für die procuratio, für die Verpflegung des Lehensherrn und Gerichtsherrn gesorgt,

[2695] *Wolfstrigl-Wolfskron*, Tiroler Erzbergbaue. S. 395. – Siehe noch *W. Hauthaler*, Salzburg. In: Kirchenlexikon 10², Sp. 1721: „Der Bergbau kam zur segensreichsten Blüte."

[2696] Kirchenlexikon, 11². S. 2031.

[2697] *Albert Jäger*, Die ständische Verfassung Tirols. Innsbruck 1848. – *Ders.*, Geschichte der landständischen Verfassung Tirols, 2 Bde., Innsbruck 1881–1885, sowie *Otto Stolz*, Geschichte der Wehrverfassung Tirols, hg. v. Fr. Huter. Innsbruck 1960. – *Wopfner*, Bergbauernbuch, bisher 3 Lieferungen. – *Nikolaus Grass*, Aus der Geschichte der Landstände Tirols. In: Standen en Landen 1962 (z. Z. im Druck).

[2698] *Hinterseer*, Hofgastein. S. 467.

[2698a] S. demnächst *G. Schreiber*, Der Wein in Geschichte und Wirtschaft, Liturgie und Volkstum. 1962.

so führte ein neues Zeitalter die Bewirtung des populus christianus mit sich[2699].

Die Bergordnung des Rates der Stadt Goslar aus dem Jahre 1476 darf in diesem Zusammenhang nicht übergangen werden. Diese galt für die Gruben des Rammelsberges. Sie bestimmte, jeder Schmelzer habe eine Armbrust zu tragen. Seine Knechte sollten einen Spieß und eine Barte, also das Beil der Bergleute bei sich führen[2700]. Eine Schwazer Verfügung verbot 1505, „Harnisch und Wehr zu verpfänden[2701]". Das 18. Jh., im Zeichen des stehenden Heeres, mehr repräsentativ als wehrhaft, kannte die großen Paraden im Kursächsischen, deren stolze Überlieferung sich bis in das 19. Jh., ja gelegentlich auch an anderen Stellen, wie bei Bergmannsaufzügen bis in unser Säkulum fortsetzte[2702].

Knappen begleiten den verstorbenen Landesfürsten beim Begräbnis. „Am 13. September 1632 verschied im Handelshause, in welchem die Bergwerksfactorei und später das Bergwerksdirectorat untergebracht war, in der Wohnung des Oberstbergmeisters Hans Aynkhäs der Erzherzog Leopold V., derselbe war bereits krank von einer Jagdtour am Achensee hier angelangt und erlag in wenigen Tagen einem hitzigen Fieber. Seine Leiche wurde unter feierlichem Gepränge und Knappenbegleitung ‚myt prynnent kherzn' nach Innsbruck überführt, und dort in der von ihm erbauten Dreifaltigkeits-(Jesuiten-)Kirche beigesetzt[2703]." Mit dem Landesherrn wurde der Bergherr betrauert.

Deutsche Bergleute nahmen wiederholt an den Heereszügen ihrer Könige gegen die eindringenden östlichen Völker teil. So gelangten sie in die erzreichen Gegenden des deutschen Mittelgebirges, in den Böhmerwald und in die ferne Ostmark. Dort aber bot sich neue Gelegenheit, nach Erzen zu

[2699] Zur Geschichte der procuratio canonica viele Quellenstellen (Laie, Legat, Papst, Bischof) bei *Schreiber*, Kurie und Kloster, 2. Im Register, S. 444; *ders.*, Gemeinschaften, S. 127. Ferner *Achille Luchaire*, Manuel des institutions francaises. Periode des Capétiens directs. Paris 1892, im Register, p. 655 (droit de procuration, gîte).

[2700] *Winkelmann*, Bergbau in der Kunst. S. 11.

[2701] Ebd. – Es sei auch auf verschiedene Bildwiedergaben des gleichen Werkes verwiesen.

[2702] Vgl. dazu das Kapitel über die Berggemeinde.

[2703] *Max von Isser-Gaudententhurm*, Schwazer Bergwerksgeschichte. S. 148 mit Anm. 477: Prof. Dr. *J. Egger*, Geschichte von Tirol, 1872, Bd. II, und nach Mitteilungen von Prof. Monsgr. Albert Jaeger. Nach dem Tode Erzherzog Leopold V. übernahm dessen Gemahlin Frau Erzherzogin Claudia die Regierung des Landes Tirols. Von dieser wurden die von den Franzosen im Jahre 1809 zerstörten Befestigungswerke in Scharnitz „Porta Claudia" angelegt. Erich *Zöllner*, Geschichte Österreichs. München 1961.

schürfen[2704]. Also auch militärische Erinnerungen traten zur deutschen Volksüberlieferung.

Schon der Historiker *Carl Friedrich Mosch* weiß zu Beginn des 19. Jh. von dem mutigen Einsatz schlesischer Knappen des 13. Jh. zu berichten: „Besonders rühmlich stritten die Bergleute von Goldberg bei der Gefahr des Vaterlandes durch den Einbruch der Tataren in Schlesien 1241. Sie stellten, mit Aufbietung des 5. Mannes, 500 Mann für ihren Herzog Heinrich den Frommen von Liegnitz; und als die Schlacht auf den Höhen, wo nachher Wahlstatt gegründet ward, begann, machten die Bergknappen mit den Kreuzzüglern und etlichem geworbenen Volke einen Haufen von 6000 Mann und die erste Angriffslinie. Die tatarische Schlachtordnung von 30000 Mann stand ihnen gegenüber. Dem ungeachtet griffen sie dieselbe mutig an, schlugen sie zurück und setzten ihnen nach. Da sie aber nicht mit Blechhauben bedeckt, auch sonst schlecht bewaffnet waren (sie hatten nur kleine Bergbarten oder Streitäxte, Grubenbeile und Keilhauen), wurden sie endlich von der Übermacht der Tataren umzingelt und nebst ihrem tapferen Heerführer, Boleslaus von Mähren, sämtlich durch Pfeilhagel niedergestreckt, sodaß sie ihr Leben treulich für und mit ihrem frommen Fürsten zugesetzt haben[2705]." Tragischer Ausgang. Die Bergmannssage der Stadt *Goldberg* weiß von einer Teilnahme von 600 Bergknappen an dieser Tatarenschlacht. Da sie „größtenteils das Leben verloren, geriet der Bergbau sehr ins stocken. Im 14. Jh. hob er sich wieder, bis er im 15. endlich wieder ganz aufhörte; man fand nichts mehr"[2706].

Ein militärischer Befehl fand sich für den Notstand kaiserlicherseits ein. Nach einer Bestätigung ihrer Rechte und Pflichten durch Kaiser Maximilian I. müssen die Knappen drei Tage lang im Notfall die Grube zur Verteidigung des Landes verlassen. Werden sie über diese Zeit hinaus verwandt, treten sie automatisch in das Söldnerverhältnis wie alle übrigen Truppen auch. Jegliche Verpflichtung zum Kriegsdienst bestand im übrigen nur gegenüber dem Landesherrn, nicht etwa gegenüber dem Bergherrn, der sich nur als Grundbesitzer auswies[2707]. Nach allem war für den selbstbewußten Stand ein beachtliches potential de guerre gegeben.

[2704] *Kaestner*, Bergbau, S. 87, mit Hinweis auf die Heranziehung der Knappen bei der Landesverteidigung bei *Jäger*, Verfassung. S. 45.

[2705] Zur Geschichte des Bergbaus in Deutschland, 2 Bde. Liegnitz 1829; 1, S. 90; 2, S. 22. Zitiert nach *Anacker*, Von Beilen, Barten und Häckchen. S. 17, 84.

[2706] *Stötzel*, Bergmannssage. S. 55.

[2707] *H. Wießner*, Vom Kriegsdienst der Kärntner Bergknappen. In: Der Anschnitt, Jg. 8, Nr. 3, 1956, S. 10f.

Derart konnte es in unruhigen Zeiten zu ernsten Drohungen kommen, die gegenüber der Territorialgewalt erfolgten. So verlangten Tiroler Bergleute vom Landesfürsten Sigismund 1479 die Mehrung der *Knappenfeiertage*[2708]. Fünf solche Ruhetage wurden ihnen in der Tat gebilligt. Diese von Weingartner festgehaltene Tatsache teilt allerdings nicht mit, um welche fünf neuen Feiertage es sich handelt[2709]. Von einem „Aufruer der Knappen zue Schwatz" 1525, bei dem es auch um diese Knappenfeiertage (Arbeitsruhe) ging, berichtet die Chronik der Stadt Hall[2710]. Das waren nicht nur bergmännische Forderungen, die die Arbeitszeit berührten. Darüber hinaus wurden das Rechtsbrauchtum, das Kultleben und das diözesane Kirchenrecht betroffen, wenn somit eine Reihe von Gedenktagen des Kirchenjahres als Feiertage für die Bergbeflissenen erklärt wurden. Noch haben Rechtshistoriker, Heortologen und Liturgiehistoriker von der Existenz dieser Sondervergünstigung kaum Kenntnis genommen. Haben sie sich doch noch nicht darauf eingelassen, Bergbauordnungen, wie die den Knappenfeiertagen zugewandte *Maximilianische Ordnung* von 1517[2711], als Quellen des Kultes und der Festfeier heranzuziehen. Die gelegentliche wirtschaftliche, oft starke politische und religionspolitische Unzufriedenheit der Bergknappen, ihre zeitweilige Verarmung und schlechte Verproviantierung entlud sich in der Zeit vom 14. bis zum 17. Jh. immer wieder. Es erfolgten oft kleinere Aufstände oder Verschwörungen, die den Territorialherren und Bergbauinhabern manche Schwierigkeiten brachten[2712].

Das erwähnte Ansinnen der Bergleute gibt sich in einer anderen Sicht als ein bemerkenswerter Beitrag zu jenem Staatskirchenrecht, das sich im späteren Mittelalter in steigendem Ausmaß entwickelte, vorab in der Stadt. Diesmal wurde auch das Land zugunsten eines zu privilegierenden Erwerbsstandes einbezogen.

Zugleich begegnet mit diesen Knappenfeiertagen ein *soziales* Moment. Diese Schwerstarbeiter verlangten, was die Sozialgeschichte wie die noch entwicklungsfähige Quellenkunde der Arbeitsphysiologie mit einigem Inter-

[2708] Zu diesen liturgischen Sonderrechten der Knappenfeiertage vgl. *Schreiber*, Bergwerk. S. 406ff.

[2709] *Weingartner*, Schwazer Bergwerksgeschichte. S. 167.

[2710] *Franz Schweygers* Chronik der Stadt Hall, 1303–1572. Hg. v. David Schönherr. In: Tirolische Geschichtsquellen, Bd. 1. Innsbruck 1867, S. 83f.

[2711] *Schreiber*, Bergwerk. S. 406.

[2712] Vieles aus dieser Entwicklung müßte noch verfolgt werden. Zahlreiche Hinweise bei *Wolfstrigl-Wolfskron*, Tiroler Erzbergbaue. S. 27, 64, 167, 299; außerdem im Register, S. 458, 466.

esse verzeichnen mag, nach einer größeren Anzahl von Ruhetagen. In diese Richtung drängten begreiflicherweise eine noch weniger entwickelte Arbeitstechnik, die schwierige Arbeit in den noch zu besorgenden Stollen, die Bekämpfung des Wassereinbruchs, die Gefahren des Bergwinters (Lawinen). Dazu will die etwaige Nachtarbeit und der keineswegs belanglose Anmarsch von und nach der oft entfernten Siedlung erwähnt sein. Raubtiere konnten sich im Forst oder in der Wildnis einfinden. Noch in der Zeit zwischen 1611 und 1653 wurden allein in Gegenwart des sächsischen Kurfürsten Johann Georg in den Wäldern 203 Bären und 3543 Wölfe erlegt[2713]. Wir sind überdies näher über die Jagdverhältnisse in Passeier unterrichtet. Raubtiere erschienen nur äußerst selten. Jahrelang sah man keinen Bären, aber es fanden sich in besonders kalten Wintern Wölfe ein, die den Häusern näherrückten und für das Vieh gefährlich wurden. Doch hat der Winter in Passeier im allgemeinen keine besonders strenge Art. Damit tritt die Gefährlichkeit der Raubtiere zurück.

Es mochte auch sein, daß sich überdies, um seelische Motive zu berühren, auf einer anderen Ebene eine gewisse Anhänglichkeit an bestimmte Mysterien und ihre Gedenktage wie an geschätzte Heiligentage seit Generationen eingefunden hatte. Man forderte deren festliche Begehung. Überlieferungen sprachen mit. Taufnamen in der Familie oder bei den Paten machten sich geltend. Ein lebensvoll empfundenes Volkstum entwickelte die verschiedensten Zuneigungen zum Althergebrachten. Das Schutzbedürfnis des Mittelalters trat immer wieder dabei auf, oft begleitet von magischen und zauberischen Vorstellungen. Man mag es wiederum unter die Aufgaben der Landschaftsforschung beziehen, diese Zusammenhänge vom Bergwerk, sowie vom heimatlichen und kirchlichem Brauchtum und Geschehen näher zu erörtern.

Mehr als einmal trat an *Tiroler* Bergleute die Versuchung heran, in bestimmten Aktionen die ihnen innewohnende militärische Macht zu bekunden. Hier war es besonders die so oft erwähnte Silberstadt *Schwaz*, die sich regte. Dort waren gegen 15000 Bergleute tätig. Sie fühlten sich als eine einzige geschlossene Berggemeinde. Sie betrachteten sich als ein arbeitsmäßig wie sozialethisch verbundenes Ganze. Dahin wiesen die Zugehörigkeit zur Bruderschaft, die Bruderlade, das Bruderschaftshaus.

Dieses Eigenleben und Eigengewicht wurde gestützt durch die zwei den Bergleuten eingeräumten Knappenschiffe der Pfarrkirche. Sie wirkten

[2713] *Anacker*, Von Beilen, Barten und Häckchen. S. 18. – Die Erwähnung der Wölfe auch im Engedeiner Krieg, s. oben.

wie ein lebensmächtiges Symbol. Dazu traten kriegerische Überlieferungen, die an den Engedeiner Krieg (1499) erinnerten. Man kämpfte gegen Graubündner und Schweizer. Die Tapferkeit der Tiroler Bergknappen wurde von Schweizer Chronisten anerkannt[2714].

Andere Erlebnisse wirkten noch stärker. Die unruhevolle Zeit der ersten Hälfte des 16. Säkulums teilte sich auch sonst den aufhorchenden Bergleuten mit. So beteiligte man sich am *Bauernkrieg*, der sie 1522 gen Salzburg führte. Es geschah im Zeichen jenes wuchtig aufbrechenden Motivs, das man wegen der Vorherrschaft des mittelalterlichen Privilegs (Adel und Klerus) als odium in tyrannos ansprechen mag[2715]. Die oft prekäre wirtschaftliche Lage drängte desgleichen mehr oder minder in eine sich wiedersetzende Richtung[2716]. Manche Vergleiche wollen gesehen sein. Solche Unruhen zur Zeit des Bauernkrieges sind überliefert für die erzgebirgischen Knappensiedlungen Buchholz, Schneeberg, Geyer, Ehrenfriedersdorf, Marienberg, Annaberg und vor allem für Joachimsthal. Die Erregung nahm in der zuletzt genannten Stadt bedrohliche Ausmaße an[2717]. Sozialrevolutionäres verband sich mit religiösem Neuorientierungsgeist, dessen Bedeutung man nicht unterschätzen darf.

Bei den tirolischen Gerichten Thaur und Rattenberg waren als Gravamina spezielle bergmännische Klagen eingereicht, was die Verleihung von Gruben an die Knappen anging, die im Freigrüblertum nur einen unzureichenden Ersatz einer vollgültigen Wertung finden konnten. Ferner solle kein Knappe wegen einer Beschwerde, die er aussprach, entlassen werden[2718]. Desgleichen trat in den Knappenaufständen die Verwurzelung mit dem

[2714] *Albert Jäger*, Der Engedeiner Krieg im Jahre 1499. Mit Urkunden. In: Neue Zeitschrift des Ferdinandeums für Tirol und Vorarlberg, hg. v. den Kuratoren desselben, 4 Bde. Innsbruck 1838, S. 73f. Ferner s. *Wolfstrigl-Wolfskron*, Tiroler Erzbergbaue. S. 395.

[2715] Siehe dazu auch *Schwarz*, Bergleute im späteren Mittelalter. S. 79ff. – Es liegt bei ostdeutschen Historikern wie Schwarz nahe, soziale Spannungen besonders betont zu verfolgen.

[2716] Ein Gegenstück zu der Erregung in der bergbaulichen Bevölkerung bietet die gleichzeitige und leidenschaftliche Erörterung über die Steuerfreiheit der Geistlichkeit in Sachen des *Weines* (Ungeld, Weinausschank) in den Bischofsstädten und Reichsstädten der Weinlandschaften. – Dazu statt anderer *Kurt Kaser*, Politische und soziale Bewegungen im deutschen Bürgertum zu Beginn des 16. Jahrhunderts. Stuttgart 1889, S. 17ff., 34ff.

[2717] *Siegfried Sieber*, Die Teilnahme erzgebirgischer Bergleute am Bauernkrieg 1525 (Freiberger Forschungshefte, hg. v. Rektor der Bergakademie Freiberg. Kultur und Technik, D 11). Berlin 1955, S. 83–106, bes. S. 90ff., und für Joachimstal S. 97ff.

[2718] Glück auf. S. 146. – Eingehender *Weingartner*, Schwazer Bergwerksgeschichte, S. 167f., und *Lechthaler*, Geschichte Tirols², S. 199f. – Zu Salzburg und Tirol vgl. *Kaser*, Bewegungen. S. 249ff. – *Stolz*, Geschichte des Landes Tirol, 1. S. 520f.

alpinen Bauerntum betont heraus, dem man – trotz zeitweiliger auch in der Bergmannssage erfaßter Spannungen[2719] – zu Hilfe kommen wollte. Bergknappen taten mit, um den Salzburger Erzbischof Matthäus Lang (1519–1540) in der Feste Hohensalzburg zu belagern, dem ein Teil von Tirol kirchlich, aber auch bergbaumäßig unterstand[2720]. Später, im Jahre 1525 kam es in Tirol zu einem Aufstand, der die Verschwisterung von Bauern und Knappen ganz bezeichnend hervortreten ließ. In Südtirol formulierte die Opposition 112 Artikel[2721]. Es war ein Zugeständnis, wenn die streitbaren Bergleute zum „Bauernlandtag" im Juni und Juli 1525 hinzugezogen wurden. Derart wurde das ständische Element in ihnen gestärkt.

Weit mehr haben sich 1525 die Knappen im westlichen Erzgebirge, und zwar in dem bereits genannten Marienberg, an den Bauernunruhen beteiligt. Sie waren in diesem Aufstand ein aktives Element[2722]. Sie stellten dort geradezu die Führer und haben den aufrührerischen Bauern des Erzgebirges die beschwerenden und fordernden Artikel verfaßt[2723]. „Als im Jahre 1525 der deutsche Bauernkrieg auf das Erzgebirge übergriff, beteiligten sich besonders die Bergleute von *Joachimsthal* an den Unruhen. Dabei bildeten sich zwei scharf getrennte Gruppen: Die organisierte Knappschaft bezog mit 10000 Mann, die mit Harnischen, Feldgeschützen, Hakenbüchsen und langen Spießen ausgerüstet waren, ein Lager, während etwa 8000 Knechte und Bergjungen, zu denen vielleicht noch Bauern gestoßen waren, außerhalb desselben blieben. Sie waren bewaffnet ‚nicht mit harnasch oder were den allein grubenbeile, barten'. Der Unterschied in der Bewaffnung ist recht bezeichnend: Die eine Gruppe führt die damals üblichen Kriegswaffen, die andere besitzt lediglich Gezähe, die bei der ersten nicht unter den Waffen genannt und hier ausdrücklich von der ‚were' unterschieden, also nicht als Kriegswaffen eingeschätzt werden. Nachdem die besser bewaffnete Knappschaft nicht gekämpft, sondern mit der Herrschaft verhandelt und sich mit

2719 Die Bauern vertreiben die Bergleute aus dem schlesischen Dorfe Grunau, wo um das Jahr 1569 die Stadt Hirschberg ein Goldbergwerk besaß. *Stötzel*, Bergmannssage. S. 56. Dort weitere Hinweise.

2720 *W. Hauthaler*, Salzburg. In: Kirchenlexikon, 10^2. Sp. 1622.

2721 *Lechthaler*, Tirol². S. 201, 213. – *Hermann Wopfner*, Quellen zur Geschichte des Bauernkriegs in Deutschtirol, 1. Teil (Acta Tirolensia III, 1). Innsbruck 1908. Im Register, S. 197 (Stichwort „Bergwerk"). – *Walter Honold*, Die Meraner Artikel. Tübingen 1936. Dazu die Rezension von *Hermann Wopfner* in: Historische Zeitschrift, Jg. 156, 1938, S. 139–141. Zur Erforschung des Tiroler Bauernaufstandes vgl. den Bericht *dess.* in: *Nikolaus Grass*, Österreichische Geschichtswissenschaft, 1. S. 172ff.

2722 *Sieber*, Bergbau und Bauleute. S. 83ff.

2723 So *Anacker*, Von Beilen, Barten und Häckchen, S. 17f., unter Benutzung von *Sieber*, Teilnahme erzgebirgischer Bauern am Bauernkrieg. S. 99.

einem mageren Vergleich begnügt hatte, war für die andere Gruppe mit ihren Beilen ein Kampf gegen die kriegsmäßig gerüsteten Mannschaften der Grafen Schlick aussichtslos, und sie mußte sich zerstreuen, ohne etwas erreicht zu haben[2724]." Ein Riß ging durch die Berggemeinde. Die Art der besseren Bewaffnung entschied. Also revolutionäre Zuckungen, zugleich politisches Ungeschick, das auch in anderen Territorien begegnete.

Für die tirolischen Knappen wird bereits früh berichtet, daß ihnen im Jahre 1427 der Herzog Friedrich, soweit es den mächtig erstarkenden Bergort *Gossensaß* betraf, verboten hat, Wehr und Waffen zu tragen. Näherhin wurden abgelehnt: „spies, wurfpfeil, schilt, armprost und verporgen harnasch[2725]." Derart war die Bergfreiheit weit eingeschränkt. Sie schloß an sich den Besitz und den Gebrauch der Waffen in sich. Diese Revision war nicht vereinzelt. Es stand im Einklang mit der Waffenpolitik Maximilians I., daß dieser Landesherr versuchte, die Rüstungsproduktion in seine Hand zu bekommen. Er bediente sich der Hütte der Fugger in der Fuggerau. Dort wurden im Zeitalter der Spannungen zu Venedig, näherhin zwischen 1507 und 1510, zweitausend Handbüchsen und 12 Hakenbüchsen hergestellt[2726]. Zieht man die reifende Entwicklung Österreichs zur Großmacht heran, kann man nur feststellen, daß die Landesherren, vorab Maximilian I., verstanden, den Bergbau derart pfleglich in die Hand zu nehmen, daß die staatliche Gewalt und ihre Heerespolitik darauf bedacht war, die Eisenwirtschaft und die Rüstung – ganz wie den Salinenbetrieb – stärker an sich zu fesseln. Wenn es sich auch nicht um die Aufrichtung eigentlicher Monopole handelt, wurde doch die eisenwirtschaftliche Konkurrenz wie im Falle Admont weithin beseitigt[2727].

Dieses Admont hat seine Erzwirtschaft auch architektonisch festgehalten. Die beiden behelmten Kirchtürme der Pfarr- und Wallfahrtskirche Mariä Opferung im Frauenberg, dem Stift zugehörig, zeigen in ihrem Maueranwurf Schlackenstücke. Diese stammen aus dem ehemaligen stiftischen Kupferbergwerk im Edelgraben am Abhang der Gyhrn[2727a]. Die Bei-

[2724] *Löscher*, Erzgebirgische Knappschaft. S. 230f.

[2725] *Josef Weingartner*, Schwazer Bergwerksgeschichte. S. 167.

[2726] *Tremel*, Frühkapitalismus. S. 94f. – Tirol war besonders gut bewaffnet. Dazu *Erich Egg*, Der Tiroler Geschützguß 1400–1600 (Tiroler Wirtschaftsstudien, Bd. 9). Innsbruck 1961. Die *Geschütznamen* (etwa „Schöne Katharina") verdienen auch in Hinsicht auf die Stollennamen hohes Interesse.

[2727] Ebd.

[2727a] *Adalbert Krause*, Die Pfarr- und Wallfahrtskirche Frauenberg a. d. Enns bei Admont (Kunst der Heimat, Reihe 11, Kirchen und Klöster), 2., verbesserte Auflage. Linz o. J., S. 18. – *Reclam*, Kunstführer Österreich, 2. S. 17f.

bringung des Kupfers mag volkskundlich beachtet sein. Vom Altertum her übernahm das Mittelalter die Vorstellung, das *Kupfer* löse jeden Zauber. Die Tiroler Sagen lassen erkennen, daß man diesem Metall – der Metallheilige St. Eligius, Patron der Schmiede, führt eine kupferne Lanze mit sich – die Kraft zuschrieb, Hexen und Zauberer festzuhalten und zu bannen[2727b]. Man erinnere sich dabei an manche Einmauerungen, die um das Glück zu erhaschen, unter der Türschwelle stattfanden. Man denke an das Bauopfer der Katze[2727c].

In den Tiroler Bergwerksgebieten fanden sich ernste Sympathien für religiöse Neuerungen ein[2728]. Das öffentliche Leben wurde stärker berührt. In der Bergstadt *Rattenberg* ist, um einen Einzelzug zu erwähnen, ein Franziskanerpater, der sich zu den Wiedertäufern bekannte, hingerichtet. Die Täufer machten ebenso dem *Imster* Bergrichter viel zu schaffen. Im Jahre 1532 wurde dort bei einem Aufruhr die Schmelzhütte demoliert. Als es zu gerichtlichen Verfolgungen unter dem gestrengen Erzherzog Ferdinand I. kam, wanderten viele und tüchtige Bergleute nach auswärts. In Imst war mit solchen Verlusten nach *G. Mutschlechner* „der Höhepunkt des Bergbaus überschritten"[2729]. Der Glaubenskampf im Salzburger Land, der sich über Jahrhunderte hinzog, drängte die Bergleute stark in den Vordergrund. Diese beeindruckten die Bauern, bei denen sie wohnten. Hausandachten verbreiteten sich. Man sang das Trutzlied des „Linpacher", das wahrscheinlich im Jahre 1614 unter der Protestantenverfolgung des Markus Sittikus entstand[2729a]. Der Wiedertäufer Balthasar Hubmair (auch Hubmayer, einst in Ingolstadt, Regensburg, Waldshut) wurde 1528 in Wien als Ketzer verbrannt[2729b].

[2727b] *Bächtold-Stäubli*, Handwörterbuch, 5. Sp. 836ff. Im Registerband 10, Sp. 208.

[2727c] Ebd., 4. Sp. 1114. – *Beitl*, Wörterbuch², S. 86. Über Schlackeneinschlüsse siehe noch *Ernst Hermann Schulz*, Eisenfunde und ihre Bedeutung für die Technik und die Archäologie (Arbeitsgemeinschaft des Landes Nordrhein-Westfalen, Naturwissenschaften, Heft 91). Köln u. Opladen 1961, S. 92f.

[2728] *Weingartner*, Schwazer Bergwerksgeschichte. S. 169.

[2729] *Mutschlechner*, Erzbergbau. S. 57. – Vgl. auch *Eduard Widmoser*, Die Wiedertäufer in Tirol. In: Tiroler Heimat, 15. Bd., 1951. Innsbruck 1952, S. 45–90, und 16. Bd., 1952. Ebd., 1953, S. 103–128. Ferner siehe *Franz Kolb*, Die Wiedertäufer im Wipptal (Schlern-Schriften, hg. v. R. Klebelsberg, Bd. 74). Innsbruck 1951.

[2729a] *Hinterseer*, Hofgastein. S. 204ff., mit einem Hinweis (S. 728) *Gertrud Oberhumer-Schwarz*, Die Auswanderung der Gasteiner Protestanten unter Erzbischof Leopold A. V. Firmian. S. L. K. Phil. Diss. 1954. Mit Namenslisten.

[2729b] Allgemeine Deutsche Biographie, 13. S. 264–267. – *Rössler* und *Franz*, Biographisches Wörterbuch zur deutschen Geschichte. S. 381. – *Carsten Bergsten*, Balthasar Hubmair, Kassel 1961.

Für die Auswirkung der Gegenreformation auf das steirische Bergwesen hat *Pirchegger* Beobachtungen vorgelegt. Auch dort entflohen Neugläubige aus den montanen Bezirken. So wanderte ab Hans Steinberger aus Schladming, der „beste Sachverständige im Bergbau, der 3000 Bücher besaß, die ebenso viele Taler wert waren“[2730].

Die Darstellung der Gegenreformation läßt oft den kritischen Blick auf wirtschaftliche Niedergangserscheinungen vermissen und auf deren spätere Überwindung[2731]. Es ist allerdings für die Forschung erwünscht, den *Vergleich* zu anderen Landschaften in Sachen der Täufer und Neugläubigen bewußt aufzunehmen[2732]. Wenn sich die Tiroler Bergknappen an mehr als einem Ort einer religiösen Neuorientierung zugänglich erwiesen, so will neben der geistig-seelischen Interessiertheit und neben der Wirksamkeit der neuen Prediger noch jenes Moment der Fluktuierung erwähnt sein, das für Schwaz und andere Tiroler Bergorte unverkennbar ist. Gerade die Knappen dieses Bergwerksgebietes sind oft unterwegs. Waren sie doch in ganz Europa ob ihrer reichen Erfahrung und ihres technischen Könnens gesucht. Sie oder ihre Vorfahren hatten in der Tat fremde Landschaften kennengelernt. So waren sie auswärtigen Einflüssen leichter zugänglich. Verbindungslinien nach Mailand und Oberitalien hatten sich allerdings gleichfalls als Gegengewichte stark geltend gemacht. Man denke nur an die Wirksamkeit des Kardinal-Erzbischofs Karl Borromäus (1538–1584). Eine Grube „Caroli Barromäi“ fand sich im steirischen Eisenerz ein[2733]. So trat der große Mailänder Reformer selbst in die Bergwerkssphäre.

Doch in den Auseinandersetzungen zwischen dem angestammten Glauben und der neuen Lehre erwies sich der erstere in Tirol auf die Dauer als stärker. Das um so mehr, da der Wille des habsburgischen Landesherren, Erzherzog Ferdinand II. (1564–1559), sich unmißverständlich regte. Er war Anwalt der Rekatholisierung wie Erzherzog (Kaiser) Ferdinand I., aber doch noch ausgeprägter. Der Zusammenbruch der oberdeutschen Bauernbewegung will ebenso für diese Zusammenhänge gewertet sein. Aber noch ein anderes. Gleichzeitig setzte die Gegenreformation neben den Positionen politischer Macht mehr und mehr geistige Energien im Zeichen der Abwehr und planvoller Volksaufklärung an. Seminarien in den Bergbaugebieten von

[2730] Steiermark. S. 131. Siehe dort noch S. 125ff.

[2731] Was auch für den mehr politisch abgestellten Artikel „Gegenreformation“, in: LThK 4², Sp. 585–588, gilt.

[2732] Es sei in diesem Zusammenhang darauf hingewiesen, daß Prof. *Robert Stupperich*, Münster (Westf.), größere Forschungen über die Wiedertäufer in die Hand nahm.

[2733] Beschreibung, S. 29.

Brixen und Bozen fanden sich ein[2734]. So gingen manche Ansätze zur religiösen Neuorientierung zurück.

Ein weiteres Moment, was die kriegerische Kraft der alpinen Bergknappen angeht, wächst unmittelbar aus ihrer beruflichen Tätigkeit heraus. So berichtet schon der Chronist Rolandinus Patavinus von einer Belagerung der italienischen Burg Este durch einen Anhänger Kaiser Friedrichs II. Man setzte dort Kärntner Bergknappen ein, die sich unterirdisch bis in das Burginnere wühlten und, plötzlich in einer Stärke von 500 Mann buchstäblich aus der Erde hervorwachsend, die Besatzung zur Übergabe veranlaßten[2735]. Das waren erste Formen des Sappenkrieges. Wiederum will Tirol militärisch noch in der Folgezeit erwähnt sein:

Man erinnert sich des kriegerischen Könnens der Knappen in Notzeitaltern. So holte man sie zur Verteidigung *Wiens* 1529. Man konnte sie als Spezialisten im Minenkrieg einsetzen, den die Türken führend entwickelt hatten. Die Tiroler Bergleute waren es, „die durch kluges Gegenminieren sehr zur Erhaltung der Stadt beitrugen“[2736]. Sie waren es ja gewohnt, in unterirdischen Räumen jahraus, jahrein zu arbeiten. Man konnte sie geradezu als Vertraute der Unterwelt ansprechen. Sie wußten mehr als andere Berufe auf vielsagende Geräusche und dumpfe Erschütterungen zu achten. Im Jahre 1541 wurden erneut 100 gute Erzknappen für Wien angefordert. Man schätzte zudem ihre Arbeiten für Zwecke der Befestigung im Jahre 1575 für den Paß Strub, also für die Salzburger Talenge der Loferer Steinberge, somit für die alte Straße Wien-Innsbruck. Im Jahre 1632 holte man sie für Fortifikationen an den Nordtiroler Engpaß der Ehrenberger Klause, die 1552 von Moritz von Sachsen erobert war[2737]. Im Jahre 1647 verwandte man sie bei der Belagerung der Reichsstadt Memmingen, die die Kaiserlichen damals vornahmen[2738]. Sie vermochten zudem seit dem 17. Jh. mit dem Schwarzpulver zu hantieren, mit dem sie das Gestein sprengten[2739]. Die Geschichte des Bergbaues ist überdies in vielem auch die Geschichte der Sprengtechnik. Die Erinnerungen an solch wertvolle Hilfe der Schwazer liefen bei den Habsburgern über mehr als ein Jahrhundert. Man zog sie zur

[2734] *G. Schreiber*, Weltkonzil, 2. Im Register, S. 562, 563, 613, zu den Stichworten „Bozen“, „Brixen“ und „Seminarien“.

[2735] *H. Wießner*, Vom Kriegsdienst der Kärntner Bergknappen. S. 10.

[2736] *Wolfstrigl-Wolfskron*, Tiroler Erzbergbaue. S. 393. – *Weingartner*, Schwazer Bergwerksgeschichte. S. 166.

[2737] Für diese Zusammenhänge *Wolfstrigl-Wolfskron*, Tiroler Erzbergbaue. S. 394.

[2738] Ebd.

[2739] *Winkelmann*, Bergbau in der Kunst. S. 14.

Artillerie. Der spanische Gesandte erbat 1637 acht Mineure für Mailand[2740]. Man holte diese Bergleute erneut 1683 zur Verteidigung von Wien, bei der der Minenkrieg wiederum sich gefahrvoll und diesmal noch bedenklicher für die Belagerten anließ[2741].

Eine ähnliche Rolle spielten die Kärntner Knappen 1697 unter Prinz Eugen bei der Rückeroberung Belgrads aus der Hand der Türken[2742]. Im übrigen ist noch zu untersuchen, inwieweit das volkhafte Türkenmotiv in Brauchtum und Übung, in Volkserzählung, Sage und Lied das Tiroler Land, im besonderen die bergbautreibende Bevölkerung, auf Grund der für das Zeitbewußtsein geradezu ungeheuren Wiener Erlebnisse ergriff[2743]. Der Grubenpatronat Maria Hilf, das marianische Echo zum Türkenkampf, will besonders erwähnt sein. Jedenfalls konnte sich das Standesbewußtsein der Bergbeflissenen mit diesen Flaggen nur festigen.

Doch war der Einsatz und die Haltung der Knappen im 16. Jh. mehrfach umstritten. Im Schmalkaldischen Krieg vom Jahre 1546 sympathisierten sie sogar mit dem Gegner[2744]. Man darf aber nicht verkennen, daß der Schwazer Silberbergbau in der zweiten Hälfte des 16. Jh. ungemein nachließ. Damit sank auch die Wehrfähigkeit ab.

Aber in jenen Zeitaltern wurden die Knappen gleichwohl bedrängt, Kriegsdienste zu nehmen. Im Jahre 1525 wirbt Oberst Cunnrat von Lämmelpärckh solche als Kriegsleute nach Italien[2745]. Man suchte sie weiter auf in Schwaz 1537 und 1542. Man verlangte nach ihnen 1628 und 1635 in Imst[2746].

Mehrfach sind die Bergknappen von Tirol feierlich und eindrucksvoll repräsentativ angetreten, manchmal mit Tausenden von Teilnehmern, wenn die habsburgischen Landesherren sie besuchten. Als Karl V. zur Schwazer Silberstadt kam, sind es 5000 Knappen gewesen, die zur Ehre des obersten Bergherren sich aufgestellt haben. Das war geradezu eine Truppenparade, ein glänzendes militärisches Schauspiel, das die Wehrfähigkeit dieser Berg-

[2740] *Wolfstrigl-Wolfskron*, Tiroler Erzbergbaue. S. 394.

[2741] *Winkelmann*, Bergbau in der Kunst. S. 11. – *Wießner*, Vom Kriegsdienst der Kärntner Bergknappen. S. 11f. – Nicht erwähnt bei *Reinhold Lorenz*, Türkenjahr 1683. Das Reich im Kampf um den Ostraum? Wien-Leipzig 1954.

[2742] *Wießner*, Vom Kriegsdienst der Kärntner Bergknappen. S. 12.

[2743] *Schreiber*, Türkenmotiv. S. 9–54, bes. S. 43. – Vgl. für Böhmen (Maria-Hülfs-Zeche im Saazer Kreis): *Ferber*, Böhmen. S. 96.

[2744] *Wolfstrigl-Wolfskron*, Tiroler Erzbergbaue. S. 64.

[2745] Freundlicher Hinweis von Prof. Dr. Nikolaus Grass.

[2746] *Wolfstrigl-Wolfskron*, Tiroler Erzbergbaue. S. 395f.

leute anschaulich vor Augen führte[2747]. Wiederum wurde am 1. Oktober 1665 der Kaiser Leopold I. am Fürstenbau in Schwaz von 1200 weißgekleideten Erzknappen, also nicht in schwarzer Tracht empfangen. Dort stand eine Ehrenpforte mit Abzeichen des Bergbaus, in der Symbolkraft des Barocks[2748].

Es ist kein Zufall, daß unter den Namen der Gruben gerade der wehrhafte Heilige *St. Georg* im alpinen Raum und darüber hinaus als Schutzherr geführt wird; wir verweisen dieserhalb auf: Sant Jörgen im Rostal (Berggericht am Eisak, Klausen, 1477–1662)[2749], St. Jörgenzech (Primör, 1477)[2750], St. Jörgen im Voltzlbach am Falkenstein (Berggericht Schwaz, 1490–1495)[2751], Sand Jörg im Pranndt (Berggericht Schwaz, 1513, 1556, 1582)[2752], Sand Jörg im Wald (ebd., 1513, 1520–1531)[2753], St. Geörgen (Gossensaß, 1514, 1558)[2754], St. Georg (Bez. Großkirchheim, 1524)[2755], St. Georgen (Bez. Bleiberg-Kreuth, 1527)[2756], St. Jörgen (Berggericht Sterzing-Gossensaß, 1528, 1621)[2757], Georgistollen in der Dechant (Bez. Vellach, später Bez. Steinfeld, 1531, 1740–1746, 1747)[2758], St. Jörgen auf der Silberzech (Berggericht Lienz, 1538)[2759], St. Jörgen im Kestental (Berggericht a. d. Etsch, 1540, 1556)[2760], St. Georgen (Berggericht Schwaz, 1540 bis 1594)[2761], St. Georgen im Grillental (Bleiberg-Kreuth, 1542)[2762], St. Jörgen in der Bockleiten (ebd. 1543)[2763], St. Geörgen im Stubai (1544)[2764], St. Georg im unteren hl. Geist (Bleiberg-Kreuth, 1546)[2765], St. Jörg (Berggericht Persen, 1547)[2766], St. Jörg zu Persen am Vilrager Berg (1550)[2767],

[2747] Zur Knappenziffer siehe ebd., S. 64; ferner *Schwazer Buch*, S. 117. – S. auch oben.

[2748] *F. Vetter*, in: Festgabe für Georg Schreiber (Spanische Forschungen der Görres-Gesellschaft Bd. 19). – *Wolfstrigl-Wolfskron*, Tiroler Erzbergbaue. S. 125.

[2749] Ebd., S. 244. [2750] Ebd., S. 341.

[2751] Ebd., S. 33.

[2752] Ebd., S. 38, 68, 88.

[2753] Ebd., S. 38, 46.

[2754] Ebd., S. 287, 293.

[2755] *Wießner*, Kärnten, 1. S. 103, 112.

[2756] Ebd., 2. S. 49.

[2757] *Wolfstrigl-Wolfskron*, Tiroler Erzbergbaue. S. 289, 296, 297.

[2758] *Wießner*, Kärnten, 1. S. 56, 147, 172, 173, 176.

[2759] *Wolfstrigl-Wolfskron*, Tiroler Erzbergbaue. S. 378.

[2760] Ebd., S. 330, 336.

[2761] Ebd., S. 61.

[2762] *Wießner*, Kärnten, 2. S. 44.

[2763] Ebd., S. 45.

[2764] *Wolfstrigl-Wolfskron*, Tiroler Erzbergbaue. S. 18.

[2765] *Wießner*, Kärnten, 2. S. 49.

[2766] *Wolfstrigl-Wolfskron*, Tiroler Erzbergbaue. S. 268.

[2767] Ebd., S. 269.

St. Jörgen ob dem Rudolf (Bleiberg, 1550)[2768], St. Georg beim Geist (ebd., 1550)[2769], St. Georgen in der Riesen (ebd., 1550)[2770], St. Jörg Lucein (Berggericht Schwaz, 1556, 1582)[2771], Sand Jörg am Landskronerberg (Bez. Friesach, 1558)[2772], St. Jörgen Türggenfelderin (ebd., 1558)[2773], St. Georgstollen bei St. Johann (Bez. Wolfsberg-St. Leonhard, 1561)[2774], St. Jörgen im Köstenthal (Terlan, 1562)[2775], St. Georg (Bergbaurevier Jauken, 1565, 1717)[2776], St. Georgen am Gaisberg (Bez. Friesach, 1570)[2777], St. Georgen (Bez. Vellach, 1575)[2778], St. Georgen (Bez. Wolfsberg-St. Leonhard, 1575)[2779], St. Georgen in der Zienitzen (Bez. Friesach, 1576)[2780], St. Georgen im Retenbach (Berggericht Taufers, 1585–1590)[2781], St. Georg (im Praunpenz, Landschaft Davos, 1588)[2782], St. Georg beim Rothen Stein (Gemeinde Feldsberg, am Calanda, Graubünden, 1588)[2783], St. Georgen unter der Wand (Rattenberg, 1590)[2784], St. Georgen (Rörerbühel, 1604)[2785], St. Georgen ob dem Leitner (Bleiberg-Kreuth, 1623)[2786], St. Georgen im Prantl (ebd., 1623)[2787], St. Georgen ob dem Legaten (ebd., 1623)[2788], St. Georgen bei Griffen (Bez. Wolfsberg-St. Leonhard 1643)[2789], St. Georg (Bleiberg, 1665)[2790], Jörg (ebd., 1665)[2791], St. Georgen in der Wand (Bleiberg-Kreuth, 1665)[2792], St. Georg (Bleiburg-Petzen-Mieß,

[2768] *Wießner*, Kärnten, 2. S. 50.
[2769] Ebd.
[2770] Ebd.
[2771] *Wolfstrigl-Wolfskron*, Tiroler Erzbergbaue. S. 68, 88.
[2772] *Wießner*, Kärnten, 1. S. 212.
[2773] Ebd.
[2774] Ebd., S. 240.
[2775] *Wolfstrigl-Wolfskron*, Tiroler Erzbergbaue. S. 334.
[2776] *Wießner*, Kärnten, 2. S. 173, 177.
[2777] Ebd., 1. S. 206.
[2778] Ebd., S. 115.
[2779] Ebd., S. 248.
[2780] Ebd., S. 206.
[2781] *Wolfstrigl-Wolfskron*, Tiroler Erzbergbaue. S. 362.
[2782] *Plattner*, Bergbau. S. 44.
[2783] Ebd., S. 47.
[2784] *Wolfstrigl-Wolfskron*, Tiroler Erzbergbaue. S. 162.
[2785] Ebd., S. 216.
[2786] *Wießner*, Kärnten, 2. S. 77.
[2787] Ebd.
[2788] Ebd.
[2789] Ebd., 1. S. 257.
[2790] Ebd., 2. S. 83.
[2791] Ebd.
[2792] Ebd.

1706)[2793], St. Georgstollen am mittleren Königsberg (Bez. Raibl, 1775)[2794], St. Georg im bösen Gras auf Galmei (ebd., 1775)[2795], St. Georg (in Oberhof, Kärnten, 1574)[2796].

Ebenso ist St. Georg als Bergwerkspatron häufig im Siedlungsgebiet von Trient vertreten: St. Jorgen bei dem Mühlbach[2797], St. Jörg ob St. Bartholomä[2798], St. Jorgen bei der Bernhardus-Zeche[2799], St. Jorgen am Wererberg „in Radena Silber-Zech" (Val Rendena)[2800].

Zu allem kannte das Imster Bergbaugebiet den Stolleneinbau St. Jörgen[2801]. Bereits am Ende des 15. Jh. erscheint St. Georg als Landespatron auf einem Tiroler Banner eines Bergknappen-Aufgebots[2802].

Gewiß eine weitausgreifende Schau und ein überreiches mittelalterliches Erbe. Seine Stellung im Bergbau ist oft übersehen[2802a].

So rückte St. Georg in den alpinen Bergwerksraum. Gewiß übernahm man gerade diesen Patron aus der ritterlichen Gesellschaft des Hochmittelalters, ebenso aus der ihm zugewandten Stadtkultur – eine Linie – die sich noch weithin durch spätere Jahrhunderte zieht[2802b]. Aber diese Herübernahme zum Bergbau konnte um so leichter geschehen, da man bei den Bergknappen militärische Energien verspürte, die nach sakralem Beistand, also nach hilfreichen Schutzherren ausschauten. St. Georg ging als Schlachtenhelfer an mehr als einer Stelle durch das mittelalterliche Erlebnis. So zog er 1004 dem Heere des Kaisers Heinrich II. gegen die Slawen voran, wie der Engel gegen Sennacherib[2803]. Ähnlich schauten die flandrischen Zünfte erwartungsvoll in der Sporenschlacht (Journée des éperons) von Kortryk (1302) nach ihm aus. Er erfüllte die Erwartungen insoweit, als nach der Volkserzählung ein goldgerüsteter Ritter zu Roß erschien und Wunder der

[2793] *Wießner*, Kärnten, 2. S. 227f.

[2794] Ebd., S. 201. [2795] Ebd. [2796] Ebd., S. 244.

[2797] *Hochenegg*, Bergbautätigkeit. S. 449.

[2798] Ebd., S. 452.

[2799] Ebd., S. 453.

[2800] Ebd., S. 455.

[2801] *Mutschlechner*, Erzbergbau. S. 36.

[2802] *Franz Huter*, Das alte Land Tirol. In: Merian, Das Monatsheft der Städte und Landschaften. 14. Jg., 1961, H. 4, S. 3. – Unsere Abbildung Nr. 30

[2802a] „S. Jorgen stoln" bei *Mathesius*, Sarepta, Stollenverzeichnis. – Ferner *B.Kötting*, Georg. In: LThK 4^2, Sp. 690-692, bes. Sp. 692.

[2802b] Siehe neuerdings über St. Georg als den heiligen Fürsprecher des schwäbischen Adels bei Gott, die Studie von *Herbert Obenaus*, Recht und Verfassung der Gesellschaften mit St. Jörgenschild in Schwaben. Untersuchungen über Adel, Einung, Schiedsgericht und Fehde im fünfzehnten Jahrhundert (Veröffentlichung des Max-Planck-Instituts für Geschichte, 7). Göttingen 1961.

[2803] *Günter*, Legende, S. 158, mit Hinweis „Adelberti vita Heinrici c.4: SS.IV. 793".

Tapferkeit vollbrachte. Die Zünfte hielten ihn für St. Georg. Hendrich Conscience, der flämische Dichter († 1883), hat uns diese Zusammenhänge in seinem „Löwen von Flandern" geschildert, ein Werk, das als deutsches Volksbuch angesprochen werden darf. Auch im französischen Heldenepos erscheint St. Georg als mächtiger Kämpfer[2804].

Diese weithin aufleuchtende Schutzmacht wird deutlich in einem Tiroler *Banner* um 1500[2805]. Es zeigt in der Mitte als Hauptfigur das Landeswappen, den roten Tiroler Adler. Dort ist die geharnischte Figur des heiligen Georg gemalt, einst des Landespatrons, der im Kampf mit dem Drachen steht. Unter dieser Darstellung sieht man die Figur eines Bergknappen mit betend gefalteten Händen und gebeugtem Knie. Es handelt sich um die früheste erhaltene Kriegsfahne Tirols. Wenn ein Bergmann sich dort einfindet, darf man vermuten, daß das Banner der Truppe eines Gerichtes als Feldzeichen diente, in dessen Bereich ein Bergwerksbetrieb lag. Man darf vielleicht an Schwaz oder an Hall denken. Ein *Handstein*, der im Kunsthistorischen Museum in Wien (unter der Nr. 4144) aufbewahrt wird, zeigt über der Darstellung von arbeitenden Bergleuten den hl. Schutzherrn im Kampf mit dem Drachen[2806].

Eine Beziehung vom hl. Georg zum Bergwerk dürfte sich auch aus einer Legende des 12. Jh. ergeben, nach der er einen Dämon in einen Felsen bannt. Auf Geheiß des Heiligen öffnet sich dieser Felsen als es heißt: „Im Namen unseres Herrn Jesus Christus öffne dich", und der Felsen tat sich auf, ein schreckliches Feuer brach hervor und hüllte den Dämon ein, zog ihn in die Tiefe, und der Fels stand wieder wie vorher[2807]. Die Macht des Dämons war gebrochen.

Man mag sich auch an Ausführungen von *H. Wopfner* erinnern. Sie betreffen neue Siedlungen in Tirol im 12. Jh. und deren spirituelle Versorgung. Es wurden dieserhalb kleine Kirchen oder Kapellen gegründet, oft nur aus Holz. Hilfspriester, die aus der Pfarrkirche kamen, feierten an Sonn- und Feiertagen das Meßopfer. „Als Patron für die neuen Kirchen in der Wildnis wählte man mit Vorliebe den Erzengel Michael, den heiligen *Georg*[2808] und die heilige Katharina, weil diese Heiligen als Drachenkämpfer dargestellt wurden und man von ihrer Fürbitte den Schutz gegen alle höllischen

[2804] *Merk*, Altfranzösisches Heldenepos. S. 88.

[2805] Tiroler Landesmuseum Ferdinandeum. Neuerwerbungen, 1938/39. Innsbruck 1939, S. 53. – Ferner: *Stolz* und *Huter*, Wehrverfassung und Schützenwesen in Tirol. Im Register S. 266 (unter Fahne).

[2806] *Schiedlausky*, Handstein. S. 9, Abb. S. 10. [2807] *Günter*, Legende. S. 204.

[2808] Von uns hervorgehoben.

Mächte erwartete[2809]." Man zog gerade diese Heilbringer unter die Bergbaupatrone.

Gleichfalls findet sich St. Georg in Siegeln der Bergbaulandschaften, so in dem von Mansfeld aus dem 15. Jh. und in dem von Schwarzenberg im Erzgebirge vom Jahre 1541. Das ritterlich-kriegerische Element bezeugen vor allem auch Siegel mit dem Bildnis des heiligen Michael. So wächst der Erzengel über dem Schild von Siegburg in einem Gerichtssiegel des 15 Jh., ebenso über dem oberen Schildrand im Wappen von Lengefeld im Erzgebirge aus dem Jahre 1646[2810]. In Schlesien war sogar die Bergpatronin St. Barbara die Schutzherrin der Krieger, insbesondere der Artilleristen[2811].

Noch einige abschließende Hinweise. Das Bergmannswerkzeug war, wie bereits erwähnt, ebenfalls als Waffe geeignet. Da benutzte man das Grubenbeil und ferner die Bergbarte, eine nur im Erzgebirge heimische Sonderform dieses Werkzeuges, das uns außerdem erst seit dem 17. Jh. überliefert ist. Dieses Grubenbeil wurde später vom Bergmann auch als Standesabzeichen getragen. Die Bergoffiziere bis zum Landesherrn hinauf führten es desgleichen mit sich, doch war das Beil jetzt kein Werkzeug mehr, sondern ein kostbar verziertes Schaustück, ein Kennzeichen des hohen Amtes. Juwelen schmückten es in der Tracht des Territorialfürsten[2812].

Gelegentlich richtete diese Waffe auch bei Streitigkeiten manches Unheil an. Die „Land-Berg-Ordnung uffm Joachimsthal" Kaiser Rudolfs II. schreibt deshalb vor:

„§ 5. Sollen nicht schädliche Wehren tragen. Nachdem auch uns bericht fürkommt / als wie die Steiger und Berg-Arbeiter nach der Schicht / und sonderlich am Sonntage und anderen Feyertagen / in unseren Berg-Städten / Grubenbeil / it. schädliche eiserne Spitz- und andere Hacken und Hammer tragen / damit offtmahls aus Leichtfertigkeit und Trunkenheit einander hat beschädiget / daß sie der Bergarbeit nicht allein nicht gebührlich mehr fürstehen können / sondern auch offtmahlsnie / ihr Weib und Kind an Bettelstab gerathen seyn sollen; So verordnen wir hiermits gnädiglich / und wollen / daß in unsern Berg-Städten / an Sonn- und Feyertagen / weder Steiger noch andere Berg-Arbeiter / sowohl Wäscher und Schmeltzer dergleichen obbemeldte oder andere schädliche und ungebührliche Waffen außerhalb ihrer gewöhnlichen Seiten-Wehr / oder sonst gemeiner Berg-Häcklein / zum Ansteuern nicht tragen sollen. Befehlen hierauff unsern Berg-Amtleuten und dem Stadt Richter zu Joachimsthal sowohl auch auf andern unsern Bergwerken / woferne sie einen oder mehr Bergleute und Schmeltzer / die dieses unser Verboth übertreten würden / befinden / denselben sollen sie Wehren und Waffen neh-

[2809] *Wopfner*, Bergbauernbuch. S. 101.

[2810] *Kaestener*, Bergbau in den Wappen deutscher Städte. S. 49.

[2811] *Drechsler*, Bergbau und Bergmannsleben in Schlesien. S. 94.

[2812] *Anacker*, Von Beilen, Barten und Häckchen. Bes. S. 6ff., 16ff., 21ff., 32ff. u. ö.

men / und Ihnen selbst behalten / und dem Verbrecher keines weges wieder geben: Würde sich aber einer wider diese unsere Ordnung fürsetzend widersetzlich machen / und die Wehren nicht von sich geben wollen / der soll mit Gefängniß / oder nach seiner Verbrechung ernstlich gestrafft werden[2813]."

Der wehrhafte Bergmann wurde im übrigen auch ein Motiv der Gedenkmünze. Eine Jubelmünze schuf man 1743 zum hundertjährigen Gedächtnis der von der schwedischen Belagerung befreiten Stadt Freiberg. Die Bergleute hatten dort durch ihre mutige Verteidigung einen besonderen Ruhm erworben[2814]. Der Kampf an der Donau 1683, bei dem sich die Knappen so hervortaten, fand ein bemerkenswertes Gegenstück.

2. *Graubünden und Habsburg*

Tiroler Bergknappen wurden auch in den kriegerischen Auseinandersetzungen zwischen Kaiser *Maximilian I.* und Graubünden eingesetzt. Der Habsburger und das Hochstift Chur erhoben ihre Ansprüche auf das Bergwerk Buffalora (Valdera)[2815]. Maximilian glaubte es zum Engadin ziehen zu dürfen, wo Österreich allerdings hohes und niederes Gericht innehatte. Dagegen zog der wachsame Bischof von Chur dieses Bergunternehmen zum Münstertal, also unter die Gerichte des Hochstiftes. Im Januar des Jahres 1499 kam es zu einem Vergleich, der unter anderem vorsah, daß der Bergrichter von beiden Seiten bestellt werden sollte, „in gemeinschaftlichem Solde, beiden Theilen zu gleichem Gewinn und Verlust"[2816].

Aber diese Abmachung wurde nicht ausgeführt. Die Fehde brach aus. Ein Krieg um ein Bergwerk, nicht überall anzutreffen. Auf der Tiroler Seite wurden dem Bergrichter von *Sterzing* militärische Funktionen zuerkannt, was für die Würdigung seiner richterlichen und administrativen Stellung beachtet sein will. Er sollte nach Weisung von Innsbruck mit den

[2813] Ebd., S. 20.

[2814] *Ernst*, Bergwerksmünzen. Nr. 9, S. 121.

[2815] *Plattner*, Bergbau. S. 34f. – *Werunsky*, Österreichische Reichsgeschichte. S. 626f. Ferner *A. Jäger*, Der Engedeiner Krieg. – *Ders.*, Regesten und urkundliche Daten über das Verhältniß Tirols zu den Bischöfen von Chur ... von den frühesten Zeiten des Mittelalters bis zum Jahr 1665. Innsbruck 1855. – Über den um die Bergwerksgeschichte verdienten Historiker *Jäger* vgl. *Nikolaus Grass*, Benediktinische Geschichtswissenschaft. S. 479ff. – *Ders.*, Österreichische Historiker-Biographien, 1. Im Register, S. 153. Ferner vgl. *Georg Schreiber*, Zur österreichischen Theologie und Geschichtswissenschaft im 19.–20. Jahrhundert. Beziehungen zu Gesamtdeutschland. In: Theologische Revue, 55. Jg., 1959, Sp. 145–152, bes. Sp. 149.

[2816] *Plattner*, Bergbau. S. 35.

Bergknappen von Sterzing, Schneeberg, Gossensaß gegen Glurns aufbrechen. Zum weiteren führte am 13. März 1499 *Hans Frhr. v. Wolkenstein* eine auserlesene Mannschaft von 700 Schwazer Bergknappen das Oberinntal hinauf. Diese Bergleute unterstellten sich also vertrauensvoll einer alteingesessenen adligen Führung. Man vernimmt weiter, daß während des Gefechts an der Calver Klause wiederum 1500 Schwazer Bergknappen die Höhe des Berges oberhalb der Tiroler Schanze besetzten. Hier wie auch sonst wirkte die Silberbergstadt Schwaz wie ein mächtiges Arsenal an Kämpfern und Waffen. Doch das kriegsgeübte bündnerische Kriegsvolk hielt stand. Ja, die Bündner nahmen den Tirolern das von diesen eroberte Kloster St. Johann in Münster (Müstair-Monasterium) wieder ab[2817]. Darüber hinaus unternahm eine Schar dieser Engadiner einen Streifzug nach dem metallreichen Bergwerksort Scharl. Dort raubten sie das im Bergwerk lagernde Silber, das in ganz beträchtlichen Mengen angetroffen wurde[2818].

Dieser Kampf um ein Grenzland-Bergwerk erhielt sich im Bewußtsein der Nachwelt. Der Krieg wurde nun von dem rätischen Dichter *Simon Lemnius* († 1550) in einem lateinischen Epos „De bello Raetico-Raetis" besungen[2819]. Ein starkes Heimatgefühl machte sich geltend. Dieser Humanist und neulateinische Dichter entstammt St. Mario im schweizerischen Münstertal. Gleich anderen Renaissancepoeten hat er diesen Überfall antikisierend in der Art Homers, den er als erster in das Lateinische übertrug, mehr noch im Stile von Vergils Aeneide geschildert. Man mag diesen Kampf in jene Dichtungen einreihen, die dem Bergwerk im Ablauf der schönen Literatur zuteil wurden. Das ist gewiß eine bedeutende Linie, in der unter anderen *Novalis*, *Johann Peter Hebel*, *E.T.A. Hoffmann*, *Émile Zola* und *Heinrich Hansjakob* stehen[2820]. Immerhin erweist sich bereits Lemnius, der schlichter zu bewerten ist, als ein Meister des Vergleiches. Wir lassen die deutsche

[2817] Dazu *Theodor Schwegler*, Geschichte der katholischen Kirche in der Schweiz von den Anfängen bis zur Gegenwart². Stans 1943, S. 39.

[2818] Wir folgen hier der Darstellung von *Plattner*, Bergbau. S. 35f. – Vgl. *Lechthaler*, Tirol². S. 185ff.

[2819] *Plattner*, Bergbau. S. 37. Mit Hinweis auf den ersten Gesang von De bello Raetico-Raeteis (Epos über den Schwabenkrieg) von Simon Lemnius, hg. von *Placidus Plattner*, Chur 1874, deutsch 1882. Lemnius, dessen Schriften unter verschiedenen Decknamen erschienen, geriet literarisch in Auseinandersetzung mit Luther, den er epigrammatisch angriff. Vgl. Schweizer Lexikon, 4. Zürich 1947, Sp. 1545. – *Kosch*, Literatur-Lexikon, 2. S. 1500.

[2820] Man nehme unter *Hansjakobs* „Ausgewählten Erzählungen, Volksausgabe" den Bd. 2 „Erzbauern". Stuttgart 1898. Gemeint sind nach dem Vorwort jene Großbauern, die Bergbau trieben. Im übrigen sei verwiesen auf das Kapitel „Der Bergmann kulturproduktiv".

Vertonung folgen, die uns *Plattner* als Übersetzer freigebig mitzuteilen weiß:

„Auf geflügelten Winden erschien inzwischen vom Lande
Scythien Mars im Schmucke der Waffen, dem Kriege zu folgen,
Ließ auf's Gebirg sich herab mit dem Helm und der eisernen Lanze;
Auf dem Buffalora saß schrecklich er unter den Felsen,
Wo das Gebirg gen Abend gepeitscht wird vom sausenden Westwind.
Als er vom Joche des Berges herabstieg, kam er in's Scharlthal,
Wo ein Haufe von Knappen, Chalybern gleich, in der Erde
Wühlend, die Gruben durchsuchte nach Schätzen von dunkelm Metalle.
Dort erglänzen die Adern vom Saamen des blonden Electrons
Und es vermehret die Schrecken des Berges die Brut der Chalyber:
Tief hinab in den dunklen Schooß der zerissenen Erde
Tauchen begierig die Knappen und kehren zurück mit dem Erze,
Welches an goldenem Glanze nicht weicht der Chalyber Metallen.
Kaiser Max besaß allhier goldführende Gruben,
Waffen und Kriegesbedarf und Mundvorrath und Getreide;
Aufgestapelt lagen daselbst unzählige Lasten von Zufuhr.
Hieher lockte nun sechzig Venonen der Krieg und die Hoffnung
Reichlicher Beute in heimischen Waffen mit Männern des Innthals
Ueber die Joche, die rings von körnigem Schnee schon erglänzten.
Gleichwie das Waldthal hungrige Wölfe im Nebel durchirren,
Also stürzt sich die rätische Jugend zwischen den Felsen
Und den Lawinen herab von den eisigen Jochen der Berge.
Als die Feinde von ungefähr in der Nähe sie sahen,
Nahmen sie eilig die Waffen zur Hand, doch geschah's nicht zum Heile;
Sechzig Männern traten zum Streit zweihundert entgegen,
Aber die Schaar aus dem Innthal warf sich auf sie wie die Löwen,
Welche, begierig des Kampfes, im Wald auf Stiere sich stürzen.
Greuliches Raufen entspinnt sich; geschlagen entfliehen die Feinde;
Blutig verfolgt sie die Schaar, eilf strecket sie tödtlich zu Boden;
Unter den Ersten befand sich mit flammendem Schwerte Dunanna,
Welcher des nämlichen Stammes und Wappens sich rühmt wie die Stampa.
Jan Dunanna war Führer der Schaar in dem Dienste des Kaisers;
Als er zuvörderst den Männern vom Inn entgegen sich stellte,
Ward er zusammengehauen: es strömte sein Blut von den Waffen.
Schätze erbeuteten hier die Sieger und reichlichen Vorrath;
Aber der Jubelnden Geist berückte hier wiederum Pallas,

Die auf Antrieb Juno's den Männern feindlich gesinnt war;
Uebel beräth das Vaterland fluchwürdiger Goldburst.
Achtzehntausend Gulden (o Schmach!) von dem Silber des Bergwerks,
Welches die Sieger erbeutet, wurden dem Feinde gegeben,
Bündner geleiteten selbst die gewonnenen Schätze nach Taufers,
Wo in den Feldern herum der Feind sich die Zelte errichtet.
Aber es blieb nicht verborgen der Lohn des habgierigen Führers[2821]."

Man erlebt, daß die Schrecken der Bergwelt knapp, aber doch eindringlich geschildert sind. Das gibt sich wie ein Gegenstück zu der mehr friedlichen bergmännischen Darstellung des gotischen Altars im erzgebirgischen Annaberg.

Diese Bergarbeiter werden bei Lemnius mit Tauchern verglichen, die sich ins Meer stürzen, aber mit der Beute wieder nach oben kommen. Dieser Vergleich ist begreiflich. Hat man doch in Bergbaugebieten in einem früheren Stadium versucht, von der Oberfläche her in den Berg senkrecht einzudringen, ehe man den horizontalen Stollen schuf.

Der Respekt vor Kaiser *Maximilian* als dortigen Eigentümer, ja als Schirmherrn des Bergbaus, will besonders vermerkt sein[2822]. Der Habsburger besaß, was das Epos eindringlich zu schildern weiß, ein geradezu ideales Bergbaugebiet, mit einer hervorragenden Ausrüstung. Sein Bergwerk führte ja zur Abwehr räuberischer Eingriffe Waffen und Kriegsbedarf mit sich. Das wehrhafte und kriegerische Porträt des zugleich volkstümlichen Herrschers, der ja der „letzte Ritter" genannt wurde, teilt sich mit. Als weiteres Zubehör des Bergwerks wird der Mundvorrat und das Getreide angesprochen. Wieder und wieder ist ja in der Geschichte des mittelalterlichen Bergbaus jener Umstand verzeichnet, daß die notwendigen Lebensmittel eigens beschafft werden müssen, oft von weither, da das Gebirge arm an Getreide und Vieh ist. So war Schwaz auf Zufuhren von der östereichischen Donau angewiesen. Das Bergwerk in Scharl verfügte seinerseits jedoch über „reichlichen Vorrat". Die wilde Szenerie der Berge mit den eisigen Jochen, mit stürzenden Lawinen, mit hungrigen Wölfen im nebelerfüllten Waldtal[2823] wird bereits jetzt schon wirkungsvoll gezeichnet, ehe der vielseitige Schweizer Naturforscher, Arzt und Poet *Albrecht von Haller*

[2821] *Plattner*, Bergbau. S. 37.
[2822] Über Maximilians selbstbewußte Stellung zum Bergwerk vgl. *Tremel*, Frühkapitalismus. S. 69, 94.
[2823] Über die Wölfe im Erzgebirge als Bedrohung wandernder Bergleute s. oben.

das erste große Naturgedicht neuerer deutscher Literatur „Die Alpen“ (1729) veröffentlicht[2824].

Was das Getümmel des Gefechts angeht, mochten Schweizer Erinnerungen an die Sempacher Schlacht (1386) und an die Feldzüge nach Mailand mitgehen, auch an die Renaissanceschlachten von Bicocca (1522) und Pavia (1525). Dabei mag man sich an die getönte Zeichnung erinnern, die *Hans Holbein* (tätig in Basel 1497–1543) einer Schlacht zwischen Landsknechten und Schweizern mitgab, die die erbitterten Langspießhaufen im Nahkampf zeigt[2825]. Da zeichnen sich in der künstlerischen Darstellung auch jene blutigen Rückzüge ab, die weit später kein Geringerer als der Schweizer Maler *Ferdinand Hodler* († 1918) in wuchtender Monumentalität festhielt.

Das so umstrittene Bergwerk in Scharl (Unterengadin) verblieb den Österreichern. Es wird uns weiter unten rechtshistorisch und bergbaugeschichtlich beschäftigen, da die Quellen verhältnismäßig reichlich fließen.

Doch ist schon jetzt festzustellen: mit dem Rückzug der Habsburger aus dem ostschweizerischen Raum, verlagerte sich das Schwergewicht des österreichischen Bergbaus nach Tirol und Steiermark. Diese Wandlung mochte der Festigung der habsburgischen Lande zugute kommen. Die Tirolensia sind von uns bereits stark berücksichtigt. Das Bergwerk im steirischen *Schladming* (Niedertauern) erbrachte andererseits für den Landesfürsten am Ausgang des Mittelalters 1400 Pfund Silber an Pachtzins und soll über 500 Arbeiter versorgt haben. Berühmt war der Bergbrief seines Bergrichters Leonhard Eckelzain von 1408, der die Grundlage für viele Bergwerke abgab[2826]. Man beachte im übrigen seinen Vornamen, der auf den Bergbaupatron Leonhard hinweist[2827].

[2824] *Kosch*, Deutsches Literaturlexikon, 1². S. 27 (Artikel „*Alpen* in der deutschen Dichtung“).

[2825] *Ernst Gagliardi*, Geschichte der Schweiz von den Anfängen bis zur Gegenwart, Bd. 1. Zürich 1934, mit der S. 560 beigegebenen Tafel. – *Harold Steinacker*, Staatswerdung und politische Willensbildung im Alpenraum. In: Beiträge zur Geschichte und Heimatkunde Tirols. Festschrift zu Ehren Hermann Wopfners I. Geleitet von *Franz Huter* (Schlern-Schriften, hg. v. R. Klebelsberg, Bd. 52). Innsbruck 1947, S. 71 bis 316. – *Ders.*, Die Habsburger und der Ursprung der Eidgenossenschaft. In: Mitteilungen des Instituts für österreichische Geschichtsforschung, 61. Bd., S. 1–37. – *H. G. Wackernagel*, Altes Volkstum in der Schweiz. Basel 1956. Vgl. dazu die Rezension von *Nikolaus Grass* in: Zeitschrift der Savigny-Stiftung für Rechtsgeschichte, Germanistische Abteilung, 75. Jg., 1958, S. 482–488.

[2826] Für die Bedeutung von Schladming s. *Tremel*, Frühkapitalismus. S. 72, 160. – *Werunsky*, Österreichische Reichsgeschichte. S. 300ff.

[2827] *Pirchegger*, Steiermark. S. 94.

Österreich entwickelte sich im ausgehenden Mittelalter und in der ersten Hälfte des 16. Jh. zu einer Waffenkammer. Dort wurden in Tirol, nicht minder in Steiermark und in Kärnten begehrte Eisenwerke errichtet, die gleichzeitig Waffen für die Verteidigung, wie für den Angriff herstellten. Dahin gehören die Armbrust, Harnisch, Klingen, aber auch nach dem Sprachgebrauch jener Zeit Nägel und Draht. Die Armbrust empfing einen Bogen aus Stahl. Das Harnischblech und ebenso die Degenklinge wurden von steirischen und kärntnerischen Gebieten größtenteils nach auswärts geführt[2828]. Das Bergwerk in Scharl veranlaßt weitere Mitteilungen. Nach Akten von 1549–1562 erscheinen als seine Schmelzer und Gewerke oder Inhaber der Abt Martin des Benediktinerklosters Marienberg (Vintschgau) und seine Verwandten, die Augsburger Bürger und Kaufleute waren. 28 Viertel des Erbstollens besaß der erwähnte Abt von Marienberg. 8 Viertel gehörten dem Tiroler Landesfürsten. Rechnungsauszüge des Jahres 1561 nennen folgende Baue in Betrieb: „Bei den Kinigen“, „St. Sigmund“, „Stetnerin“ und „St. Sebastian am oberen Patatsch“. 30 Lehnhäuer und 16 Herrenarbeiter waren hier beschäftigt. Die Baue „Fundgruben“, „St. Margret“, „St. Johann im Bach“, „St. Peter im Bach“, „Unser Frau am Weg“ und „St. Johans Helferin“ lagen trotz ertragbietender Klüfte und Gänge still. Es fehlten die Arbeitskräfte dazu[2828a]. Im übrigen verlangt das Miteigentümerverhältnis schon einige Aufmerksamkeit, zumal der Landesherr den geringeren Anteil besitzt.

[2828] *Tremel*, Frühkapitalismus. S. 104f. – *Erich Zöllner*, Geschichte Österreichs, Wien 1961, S. 172f., 228ff. – *Egg*, Der Tiroler Geschützguß, mit manchen Hinweisen.

[2828a] *Otto Stolz*, Beiträge zur Geschichte des Unterengadin. In: 53. Jahresbericht der Historisch-antiquarischen Gesellschaft von Graubünden, Jg. 1923, Sonderdruck, S. 119/20. Freundlicher Hinweis von Univ.-Prof. Dr. Nikolaus Grass, Innsbruck. Einen kurzen Überblick über die Geschichte des Schweizer Bergbaus gibt *Albert Hauser*, Schweizerische Wirtschafts- und Sozialgeschichte. Erlenbach-Zürich-Stuttgart 1961, S. 66ff., 113ff., 148f. – Der Mangel an Bergleuten wird auch sonst erwähnt. Man nehme 1549 einen Vergleich zwischen Johann Hillebrand von Gaugreben und der sauerländischen Stadt Winterberg. *Cramer*, Silbach. S. 168 (Grube der Zwölf Apostel).

X. EDELMETALLE, EDELSTEINE, ERZSTUFEN, WUNDERSTUFEN

Die Edelmetalle berühren ebenfalls die Geschichte des Bergbaus. Ganz wie die Bergknappen begeben sie sich auf große Wanderungen, die für unsere Zusammenhänge nur andeutungsweise festgehalten werden[2829]. Weitere Einzelheiten bieten die Bände, die das Gmelin-Handbuch des Gmelin-Instituts der Max-Planck-Gesellschaft vorlegt[2830].

Die Wirtschaft des Kaiserreiches Byzanz, um hier die Frühzeit des Ostens zu streifen, wies der Verwendung des Goldes manche Wege, im Raume des Gotteshauses wie in Handel und Verkehr. Andererseits zogen vielbegehrtes norisches Eisen, Kupfer und Blei italienwärts[2831]. Mit Blei, das man auch als Zusatz zum Verhütten von Gold und Silber verwandte, beschwerte man zudem die Papsturkunden (Bleibullen), die im übrigen hie und da im Zeichen des päpstlichen Schutzes ihrerseits als Anerkennungszins (ad indicium recognitionis) den Goldbyzantiner erwähnen. Dieser findet sich selbst im mitteleuropäischen Raum als Zinsleistung ein[2832].

[2829] Vgl. zunächst grundsätzlich *Haussherr*, Wirtschaftsgeschichte, im Register, S. 509 (Edelmetalle), 515 (Gold), 534 (Silber), mit vielen sachlichen Verweisen.

[2830] „Das *Gmelin-Handbuch*, das primär nach Stoffen, d. h. nach chemischen Elementen und deren Verbindungen, aufgebaut ist, berichtet in seinen einzelnen Sachverhaltskapiteln jeweils vom Beginn der klassischen Periode der Chemie, d. h. von etwa 1750 an bis praktisch zur Gegenwart. *Vorgelagert* aber ist jeder einzelnen sogenannten Systemnummer, die im allgemeinen identisch ist mit einem Element des periodischen Systems, ein sogenannter *geschichtlicher* Teil, der alle zur Entdeckung der Elemente und ihrer Bedeutung in Kultur und Wissenschaft wichtigen Arbeiten *vor* 1750 berücksichtigt.

Für die im Leben der Menschen bedeutsamen Elemente, wie Eisen, Kupfer, Gold, Silber, Platin etc., bedeutet das, daß von ihrem ersten Auftreten an im Bereich der Kultur, einschließlich dem der Naturvölker, nach den Schrifttumsquellen (aber auch unter Hinzuziehung etwa ethnologischer und archäologischer Funde, über die Berichte vorliegen) bis etwa heran an 1750–1780 unterrichtet wird."

Freundliche Mitteilung von Professor Dr. *Erich Pietsch*, Frankfurt, dem Herausgeber des Gmelin-Handbuchs. Siehe ferner das Vorwort und unten.

[2831] *Haussherr*, Wirtschaftsgeschichte. S. 40.

[2832] Dazu *Schreiber*, Kurie und Kloster, 1, S. 34f., wo mitgeteilt wird, daß es dem Kloster Petersberg (D. Metz) überlassen wird, jedes vierte Jahr einen aureus oder einen Byzantiner zu zahlen. – Ebd., 1. S. 185, Anm. 1: sub censu annuo unius byzantii. – *Ulysse Robert*, Bullaire du pape Calixte II., 1/2. Paris 1901; II, p. 183 (*Jaffé-Loewenfeld*, Regesta pontificum Romanorum. Ebd., 2ᵃ. 2 vol. Lipsiae 1885–1888, Nr. 6804). –

Die Kulturgeschichte des *Goldes* ist verzweigt. Dahin gehören Salomo und Ophir[2833], die Goldschätze orientalischer Herrscher[2834], die phönizischen Goldgruben in Thrazien und Bithynien, ebenso asiatische Tributsendungen nach Ägypten. (Amarnatafeln).

Noch eingehender unterrichtet die Geschichte des Goldes im Gmelin-Handbuch[2835]. Man darf dort an der Hand von Quellen die Goldproduktion durch verschiedene Erdteile begleiten. Das magische Denken der Frühzeit vollzog bereits in Ägypten die Gleichsetzung von Gold und Sonne. Man schrieb dem Metall die Kraft des Sonnenlichtes zu, das Leben zu spenden und die Dämonen zu scheuchen[2836]. Es fesseln besonders die Mitteilungen über die Reichtümer an Gold vor der Entdeckung Amerikas[2837]. Der Kameralismus des 17. Jh. und der Merkantilismus des 18. Jh. beschäftigten sich eingehend mit der Gold- und Silberwährung[2838]. All dieses und anderes berühren mehr oder minder die Geschichte des Bergwerks. Darüber hinaus mag man noch der atlantischen Entdeckungsfahrten beim Anbruch der Neuzeit gedenken. Es sei nur an Columbus erinnert. Hatte der Admiral doch beabsichtigt, mit indischem Gold ein Heer von 100000 Mann auszurüsten, um Jerusalem zu gewinnen. Das so oft angestrebte Ziel abendländischer Sehnsucht sollte von ihm ursprünglich erobert werden[2839].

Vgl. noch *Karl Kennepohl*, Goldzahlungen in Westfalen im 11. bis 13. Jahrhundert. In: Hamburger Beiträge zur Numismatik, 3, 1949, S. 15–20. – *Haussherr*, Wirtschaftsgeschichte. S. 34.

[2833] Zur Einfuhr des Goldes aus Ophir vgl. *Haag*, Bibel-Lexikon. S. 600. Siehe auch Anm. 2834 u. 2835.

[2834] So haben die ägyptischen Herrscher des öfteren dreijährige Expeditionen in ein sagenhaftes Land Punt unternommen, das – wahrscheinlich am Sambesi gelegen – außer kostbaren Edelsteinen u. a. auch Gold lieferte. Siehe *Hanns Graefe*, Ziel und Zweck der ägyptischen Puntfahrten. In: Der Anschnitt, Jg. 8, Nr. 4, 1956, S. 10–13. – Vgl. noch *Wolfgang Helck* und *Eberhard Otto*, Kleines Wörterbuch der Ägyptologie. Wiesbaden 1956, S. 122, unter dem Stichwort „Gold". – Siehe noch *H. Lüer* und *M. Creutz*, Geschichte der Metallkunst, 2 Bde. 1909. – *E. Redslob*, Deutsche Goldschmiedeplastik. 1923. – *W. Lotz*, Gold und Silber 1926.

[2835] Gmelins Handbuch der anorganischen Chemie[8], hg. v. Gmelin-Institut in Clausthal-Zellerfeld. System-Nummer 62, *Gold*, Lieferung 1, Geschichtliches. Weinheim 1950, S. 1–100. – Zu ergänzen *Seeger*, Westfalen. S. 87; *Hinterseer*, S. 364, 448ff. (Flußwäscherei). *Plattner* Bergbau. S. 17.

[2836] Ebd., S. 16. [2837] Ebd., S. 24f.

[2838] *Haussherr*, Wirtschaftsgeschichte. Im Register, S. 513 (Geld, Geldwesen), 519 (Kameralismus), 525 (Merkantilismus).

[2839] Vgl. dazu *Salvador de Madariaga*, Christoph Columbus. Das Leben des sehr hoch mögenden Señor Don Cristóbal Colón. Stuttgart 1951, S. 209. Ferner *Egmont Zechlin*, Maritime Weltgeschichte. Altertum und Mittelalter. Hamburg 1947, passim. – *Richard Hennig*, Terrae incognitae, 2 Bde. Leiden 1950, passim.

Aber dieser mit geringem Wirklichkeitssinn erwogene Plan wurde nie ausgeführt. Ein letzter Nachhall der Kreuzzüge.

Der spanische Königshof erwartete ja seinerseits die unverzügliche Heranführung dieser kostbaren Metalle. Die iberischen Konquistadoren, Spanier wie Portugiesen, haben dann die auri sacra fames ohne Scheu, ja in grausamen Verfahren in Mexiko und Peru, sowie anderorts unter Beweis gestellt[2840]. Und doch konnte das erste Gold, das aus Amerika kam, die Decke von S. Maria Maggiore in Rom zieren[2841]. Die blinkenden Dublonen des Goldes stehen überdies in der Kreditpolitik Karls V.[2842].

Überhaupt wuchs im Weltgeschehen, wenn man Kriege und internationale Verträge abtastet, das Gold in die Forderungen des oft maßlosen Siegers und in die Tributleistungen des nunmehr Unterjochten. Zu allen Zeiten, auch heute noch. Die europäische Geschichte des 19. und 20. Jh. bietet mit ihren Friedensschlüssen genügend Beispiele, wobei der Sieger durch die Schwächung des Unterlegenen oft genug den Handelspartner des Friedens und damit sich selbst schwächte. Man gedenke ferner der Goldgier der Gründerära, jener ersten Jahre nach dem Deutsch-Französischen Krieg (1871–1873). Damals wurden heftige und ungesunde Spekulationen vorgenommen. Nicht zuletzt stand die Goldwährung in hohem Ansehen[2843]. So strafte die Goldgier sich selbst, wenn sie sich auch verdeckt, das heißt unter anderem Namen, äußerte. Noch im Gefolge des zweiten Weltkrieges hat 1945 eine siegreiche Macht der Edelmetallindustrie in Pforzheim große Mengen Feingold und Platin abgenommen, allem Völkerrecht zum Trotz.

Das Gold rückte zudem vielfältig in die Weltliteratur. Man denke an die habgierigen Gestalten, die der Verfasser der „Comédie humaine" *Honoré de Balzac* schonungslos schilderte. In Goethes „Faust" (2. Teil, vor allem der

[2840] Aus der Literatur heben wir nur heraus *Edgar Prestage*, Die portugiesischen Entdecker. S. 21, 52, 62, 81, 86, 115. – Siehe noch *Hünnerkopf*, Gold. Bei *Bächtold-Stäubli*, Handwörterbuch, 3. Sp. 918–926. – *Haussherr*, Wirtschaftsgeschichte, S. 57f., in Hinsicht auf Bolivien (Potosí) und auf die Vorzugsstellung der Kastilianer. Ferner s. ebd., S. 54ff., 83f., 412f.

[2841] *Mariano Armellini*, Le Chiese di Roma dal secolo IV al XIX. Roma 1891, p. 231.

[2842] *Ramón Carande*, Das westindische Gold und die Kreditpolitik Karls V. In: Spanische Forschungen der Görres-Gesellschaft. Reihe 1: Gesammelte Aufsätze zur Kulturgeschichte Spaniens, Bd. 10, hg. v. Johannes Vincke, Münster (Westf.) 1955, S. 1–22. Mit Hinweis auf *Soetbeer*, Edelmetall-Produktion und Werthverhältnis zwischen Gold und Silber seit der Entdeckung Amerikas bis zur Gegenwart. Gotha 1879. – Über Goldstücke als Votivgaben in München im 17. und 18. Jh. vgl. *Schreiber*, Deutschland und Spanien. S. 181.

[2843] Einzelheiten bei *Haussherr*, Wirtschaftsgeschichte. S. 435ff. und, im Register, S. 515.

erste Akt) klingen verwandte Motive an, wenn der Gold- und Geldmangel eines Kaiserreiches hervortritt und durch (vielleicht nicht umsonst gerade von dem Teufel Mephisto vorgeschlagenes) Papiergeld ersetzt werden soll. In *E.T.A. Hoffmanns* berühmter Kriminalnovelle „Das Fräulein von Scudery" wird ein Goldschmied Cardillac geschildert. Er kann sich von seinen Arbeiten sowenig trennen, daß er seine Kunden überfällt und tötet, um wieder in den Besitz der Geschmeide zu kommen. Die Plünderungen der Kirchenschätze durch eine verwilderte Soldateska hat uns desgleichen mancher chronikalischer Bericht geschildert. So gilt, auch abgewandelt, die Bemerkung aus Goethes Faust (Vers 4941): „Der Satan legt euch goldgewirkte Schlingen ...", wenn damit die Versuchung des Goldes gekennzeichnet werden soll. Doch das sei nur ein Seitenblick auf eine gewiß reizvolle Thematik, die mehr dem Literarhistoriker zugehört.

Besonders reizvoll läßt sich der hochmittelalterliche Übergang von der Naturalwirtschaft zum *Geldverkehr* an. Dieser ergriff selbst die Gebiete des kirchlichen Abgabenwesens und der Liturgie. Dieser Entwicklungsgang ist oft durch die Wirtschaftsgeschichtsschreibung wenig beachtet worden. Im Zeitalter des hl. Ambrosius und des Papstes Gregor I. brachte man noch die Opfergaben von Brot und Wein im Gottesdienst der Messe und bei der Spendung der Benediktionen. So erfolgte im 11., mehr als im 12. Jh., wenn auch etwas zögernd und tastend, die Wandlung zum nummus, also zum Obulus und zum wertvolleren Silberdenar, den man als oblatio debitalis, als Pflichtoblation super altare oder ad manus sacerdotis brachte. Dabei kam es zu bemerkenswerten Teilungsmaßstäben zwischen dem Eigenkirchenherrn bzw. Patronatsherren (seniores, abbatia, monachi) einerseits und dem Inhaber des ius parochiale, bzw. dem liturgischen Funktionär (plebanus, cappellanus, vicarius), andererseits. Doch in diesen kultischen Bereichen erhielten sich noch die Naturalabgaben durch lange Zeit. Das geschah in der Macht der Gewohnheit wie zur Deckung des Bedarfs. Neben dem Beichtgeld des denarius confessionis, wollen die Beichteier[2843a] und neben dem Reichnis von Hanf und Käse, will auch das Wachs erwähnt sein, das die Abwicklung des Kultes gewährleistet. Dieses cereum erscheint in vielfacher Ausgestaltung als Votivgabe, als Ewiglicht, als Beitrag zur Erhöhung der Solemnität. Es begibt sich ebenso in das geheimnisvoll umwehte Kerzenmirakel.

Doch zuzeiten stellte sich ein umgekehrter Prozeß ein, nämlich die Geldzinse wieder in Naturalzinse umzuwandeln. Um die Mitte des 16. Jh.

[2843a] Über Beichteier und Beichtkreuzer *Nikolaus Grass*, Ostern in Tirol. S. 24ff. sowie *Franz Grass*, Pfarrei und Gemeinde. S. 50; *Schreiber*, Gemeinschaften. S. 441 (Reg.)

war es der Erzherzog Karl in Graz, der die Geldzinse in Leistungen umkehrte. Die Bauern sollten Kälber liefern, Lämmer, Gänse, Kapaune, Hühner, Eier, damit der Hof mit Lebensmitteln versorgt würde[2844]. Inwieweit damit die Forderungen des Bergwerks in Mitleidenschaft gezogen wurden bleibt noch zu erörtern. Jedenfalls ergaben sich für den Bergbau gewisse Schutzmaßnahmen. Alles Vieh, Fleisch, Fett, Leder, Getreide usw. im Umkreis des steirischen Erzberges und des Ausseer Salzberges durften nur an den Bergbau verkauft werden[2845].

Wirtschaft und Handel werden vom Hochmittelalter an im Zeichen verstärkten Geldverkehrs wesentlich vom Edelmetall getragen. Selbst die volkswirtschaftliche Theorie sah sich ergriffen, wenn sie sich dem Dogma der Goldwährung zuwandte, das allerdings von zwei Weltkriegen und von deren Folgen schwer erschüttert wurde.

Wiederum wurde in dem anderen und bedeutenden Wertbereich der Dichtung und der schönen Literatur die Phantasie der Völker unablässig von Edelmetallen her angeregt und beschäftigt. Die Geschichte des Wandermärchens und der Wandersage weiß um das Gold, wobei das Bergwerk in etwa berührt wurde. Das „Sesam öffne dich“ aus der Erzählung „Ali Baba und die vierzig Räuber“ in „Tausend und einer Nacht“ und andere schatzerschließende Zauberformeln rissen in Volkserzählungen wieder und wieder das Bergesinnere auf. Sie zeigten den erstaunten Erdenkindern eine glitzernde und berückende Schau. Wünschelruten sollten den unendlichen Tiefen ihre Geheimnisse entreißen[2846]. Indien und überhaupt der Orient, die klassischen Ausfuhrländer von phantastisch wunderbaren Erzählungen und Begebenheiten, galten, wie angedeutet, als bevorzugte Heimat des gleißenden Metalls. Von dort und von anderen Quellgründen her wurden die epische Dichtung und die reifende Nationalliteratur der abendländischen Völker befruchtet. Das altfranzösische Epos schildert Heiltümer in Schreinen, die nicht selten aus Gold hergestellt waren. Und die Reliquien erstrahlen oft an der gleichen Stelle in der Fassung von reichem Gold- und Silberschmuck[2847]. Aus dem Karfunkelberg hatte Herzog Ernst nach der Sage den „Waisen“ geholt, jenen Edelstein, der in der Krone des Reiches glänzte[2848].

[2844] *Pirchegger*, Steiermark. S. 175.
[2845] Ebd., S. 178.
[2846] *Beitl*, Wörterbuch². S. 899f.
[2847] *Merk*, Heldenepos. S. 92.
[2848] *Grupp*, Kulturgeschichte, 3³. S. 331. – *Ehrismann*, Geschichte der deutschen Literatur, 2.2. S. 39ff. – *Stammler* und *Langosch*, Verfasserlexikon, 5. Sp. 386ff.

Spätere Jahrhunderte in der Alchemie Anfang des 17. und 18. Jh. glaubten hier und da, man könne durch ein Kristall in ferne Länder und in die Tiefe der Berge blicken. Bergsagen dieser Art fanden sich ein[2849].

Dieses vermeldet die Thüringer Volkserzählung über die güldene Kirche: „Eine Granitkuppe bei Glasbach im Scharzatal, in der sich ein alter Stollen befindet, heißt die güldene Kirche. Ein Kind aus Obstfelderschmiede ist hinein geraten und ist viele Jahre später wieder herausgekommen. Da ist's bestätigt worden, daß in dieser Kirche alles von Gold ist[2850]." Das Rheingold zieht sich vom Nibelungenlied bis zum Bayreuther Musikdrama. Andere Linien glitten über Simplicius Simplicissimus bis zu Goethes Faust.

Das Gold wanderte zudem in die christliche Legende. Es glitzert, wo immer man das Volksbuch von Sanct Brandan aufschlägt[2851]. Geweihtes Gold wurde im Mittelalter im Kult und als Heilmittel verwendet[2852].

Auch die christliche *Legende*, die über Abhängigkeiten ihrer Motive vom Osten weiß, wird mit manchen Zügen am Gold interessiert, was über den Legendenforscher *Heinrich Günter* hinaus noch zu untersuchen bleibt[2853].

Heiligenleiber wurden nach der Legende in Gold aufgewogen. So will Maria von Verona († Ende des 8. Jh.) für ihre Heimatstadt Verona die Leiber der Heilbringer Firmus und Rusticus von Capra erwerben, die in Istrien greifbar sind. Sie ist bereit, diese Heiltümer mit Gold, Ringen und Schmuck aufzuwägen. Aber die mitleidige und mirakelfreudige Legendendichtung weiß zu berichten, daß die Leiber auf der Waage so leicht befunden wurden, daß die Veronesin die Hälfte ihres Goldes wieder mitnehmen konnte[2854]. Der Volkskundler wird diesen Zug gern zu anderem und spärlich berichteten Brauchtum hinzunehmen, das über das Wiegen bekannt ist[2855]. Überhaupt wird die religionsgeschichtlich denkwürdige und volksgläubige Sphäre vom Gold her bemerkenswert ergriffen, auch von anderen Edelmetallen und ebenso von Edelsteinen. Gregor von Tours († 594) weiß von einem „prächtigen Schwert, dessen Griff aus spanischen Edelsteinen

[2849] *Pirchegger*, Steiermark. S. 147.

[2850] *Stötzel*, Bergmannssage, S. 33, mit Hinweis auf *Paul Quensel*, Thüringer Sagen. S. 107.

[2851] *Benz*, Sankt Brandans Meerfahrt. S. 23ff., 56, 59.

[2852] *Günter*, Legende. S. 209. – *Franz*, Benediktionen, 2. S. 433.

[2853] *Günter*, Legende. Im Register, unter „Gold", S. 209, 263.

[2854] Ebd., S. 209. – Dazu s. *J. E. Stadler*, Heiligenlexikon; 2, S. 216f.; 5, S. 169. – Gold und Topas sind mittelalterliche Sinnbilder der Hoheit: *Grupp*, Kulturgeschichte, 3³. S. 331. – *G. Schreiber*, Gold. In: LThK 4², Sp. 1039. – *Menzel*, 1. S. 346.

[2855] *H. Bächtold-Stäubli*, Handwörterbuch; 1, Sp. 150; 6, Sp. 1346. – *R. Beitl*, Wörterbuch². S. 268, Sp. 1039.

und Gold gearbeitet". Man hatte es dem Merowingerkönig Chilperich I. († 584) geschenkt[2856]. In goldhaltige Zusammenhänge weist auch die Bezeichnung Codex aureus Echternacensis[2857], nicht minder der Name Legenda aurea des Jacobus a Voragine[2858]. Das Gold weckt Vorstellungen des Werthaltigen, des Überzeitlichen und des reinen Lichtäthers.

Die *Bibel* preist bereits jene Länder, die diese gleißenden Werte in ihrem Erdreich besitzen. Schon das Deuteronomium (8,9) erwähnt rühmend das Vorkommen von Erz und Kupfer[2859].

Früh schon entwickelte sich ein internationaler Handel mit den allseits begehrten Metallen. Durch spektralanalytische Untersuchungen wurde in prähistorischen Bronzen auf deutschem Boden gewonnenes Kupfer und afrikanisches Zinn festgestellt. Das böhmische Zinnvorkommen wurde nämlich erst in historischer Zeit entdeckt. Ähnlich der Bernsteinstraße, die sich von der norddeutschen Küste nach Süden zog, mußten auch Handelswege vom Süden nach Norden bestanden haben. Dies setzt voraus, daß es schon in prähistorischer Zeit Ansätze zum Völkerrecht gegeben haben muß, sonst wäre dieser Handel von Erdteil zu Erdteil nicht möglich gewesen. Durch die Spektralanalyse konnte auch nachgewiesen werden, daß latènezeitliche Funde aus dem Himmelreich bei Volders, aus der Schweiz, Salzburg, Ober- und Niederösterreich aus dem Kupfer stammen, das in den Berta-Gruben am Pirchanger in Schwaz gewonnen wurde[2859a].

Der Traum des Königs Nabuchodonosor berührt seinerseits die metallische Plastik orientalischer Zeitalter. Führt doch diese Vision ein großes Standbild mit sich, das Gold, Silber, Erz und Eisen aufweist[2860]. Diese

[2856] *Wilhelm v. Giesebrecht*, Zehn Bücher fränkischer Geschichte. 4. Aufl. von *Siegmund Hellmann*. Buch 10, 21. – Man nehme auch das Kapitel „Schwertschmiede" bei *Wevers*, Schwert. S. 12ff.

[2857] *Peter Metz*, Das Goldene Evangelienbuch von Echternach im Germanischen National-Museum zu Nürnberg. München 1956. Siehe dort über das Gold als Symbol. S. 28, 34, 39.

[2858] *Günter*, Legende. S. 15ff. und, im Register, S. 349. – *Menzel* 1. S. 346.

[2859] Siehe *Haag*, Bibel-Lexikon. Im Artikel „Metall", Sp. 136f.

[2859a] *Richard Pittioni*, Urzeitlicher Bergbau auf Kupfererz und Spektralanalyse. Wien 1957 (Archiv für ur- und frühgeschichtliche Bergbauforschung, 10). – *Ders.*, Der älteste Erzbergbau Tirols. Tiroler Heimatblätter, Jg. 35, 1960, S. 105–107. – Mit den ältesten Handelswegen beschäftigt sich auch *Jacques Moreau*, Die Welt der Kelten. Stuttgart 1958. Auf S. 25 wird darauf hingewiesen, daß z. B. bei Bern illyrische und etruskische Importware gefunden wurde. Im Grabe von Vix in der Vendée fand sich verarbeitetes Zinn aus Cornwall.

[2860] Ebd., Sp. 1188. – Siehe auch ebd., Sp. 1136, im Stichwort „Metall", wo es in Hinsicht auf den „Metallkatalog" (Nm. 31, 22) heißt, daß in der Reihenfolge der Aufzählung mit Gold, Silber, Bronze (Kupfer), Eisen, Zinn, Blei „wohl die damalige Wertschätzung zum Ausdruck kommt".

metallhaltige Schau und die dieser mitgegebene Erläuterung durch den Propheten *Daniel* haben die spätmittelalterlichen Bergleute und ihre Nachfahren auf Jahrhunderte hinaus beschäftigt. Daniel wurde an bevorzugter Stelle unter die Symbole des bergbaulichen Betriebs aufgenommen. Um so mehr, da er noch ein zweites bergbauliches Motiv mit sich führte. Stieg er doch zu allem noch in eine Grube, nämlich in die Löwengrube hinab. So konnte er auch von diesem Standort des unterirdischen Raumes zum Helfer und zur Schutzmacht für alle Bergleute werden, die mit ungewissem Schicksal in die Tiefe fuhren[2861]. Es kommt noch etwas anderes in Betracht, nämlich seine Schau, seine Visionen, da er Gold, Silber und Edelmetalle sieht. Dieser Ausblick auf Metall macht ihn zum Metallheiligen. So wurde Daniel von mehr als einem Motiv vorteilhaft bei den mittelalterlichen Bergleuten eingeführt.

Wenn zudem mittelalterliche Berufe irgendwelche sakrale Schutzherrschaft aufsuchten, schöpften sie nicht nur, wenn auch mehr mittelbar, aus Martyrologien, Passionalien, Kalendaren, sie griffen ebenso zu den oft novellistisch und romanhaft ausgerichteten Apokryphen, wiederum zu den Gebieten des Visionären und der Prophetie, desgleichen zu unerschöpflichen Bereichen der Volkserzählung und der Exempelliteratur. Diese Quellen wurden zum Teil in der Predigt, aber ebenso in der Schau von Fresken, Skulpturen und anderen Bildern nähergebracht. Im besonderen erwies die Legende, näherhin die Legenda aurea ihre geradezu suggestive Anziehungskraft. Vom Symbol glitt sie in die Historie. Doch an erster Stelle stand, wie bereits angedeutet, das biblische Element, das die vorgenannten Bereiche der Volksreligiosität und Volkserziehung unablässig befruchtete. Dabei wollen die Motive und Anregungen, die vom Alten Testament ausgingen, ganz besonders gewürdigt sein. Gold wurde neben anderen goldliefernden Ländern, wie bereits angedeutet, aus Ophir eingeführt[2862]. Enoch und Elias als Vertreter des Vetus Testamentum sind selbst noch in der irischen Odyssee des irischen Abtes Brandan erwähnt, der auf diese Propheten bei seiner Atlantikfahrt trifft[2863]. Man durchblättere für die Wertung des Goldes zum weiteren die Heldenepen der abendländischen

[2861] Zusammen mit Noe und Job als Vertreter der drei Stände bei Bernhard von Clairvaux. Vgl. *Bernards*, Speculum virginum. Im Register, S. 244, 251.

[2862] *Haag*, Bibel-Lexikon. Sp. 600.

[2863] *Benz*, Sanct Brandans Meerfahrt. S. 24. Beide weilen in einer „minniglichen hübschen Burg“, von der es heißt: „Die Burg leuchtete als schön und also licht, daß sie wohl einem ganzen Land Lichts genug gegeben hätt von Gold und von edelem Gestein.“ S. 23. – Siehe noch *Henning*, Terrae incognitae². S. 99, 102, 105, 139.

Nationalliteraturen. Da weiß uns die altfranzösische Dichtung mitzuteilen, daß die Sophienkirche in Konstantinopel glänzt im Golde[2864]. Man wende sich weiter den Volksschauspielen zu. Im besonderen bekundet das Märchen die Vorliebe des Menschen für das Gold[2864a].

Die Hagiographie hat ebenfalls manche Züge der Wertschätzung des Goldes herausgestellt. Dem gottbegnadeten Rhetor und Patriarchen von Konstantinopel, dem hl. Johannes Goldmund († 407), wird der vielsagende Beiname Chrysostomus (Goldmund). Im abendländischen Raum, in Ravenna, also dem Neu-Byzanz, erscheint der bedeutende Homilet Chrysologus († ca. 433). Verwandte Vornamen und Eigennamen wären noch anzuführen.

Die *Ikonographie* steuert ihrerseits den oft goldgetönten Nimbus bei, dann auch jenes volkstümliche Dreikönigsbild, in dem der älteste und angesehenste Magier seinerseits das Gold, das Erbe des Orients, als Weihegeschenk überreicht: Derart konnte die symbolische Deutung und die Allegorie einsetzen. Kein Wunder, daß mittelalterlichen Gruben in der Benennung den tres reges gewidmet wurden[2865].

Der christliche *Kult* erwartete für die Kultgeräte die kostbare Fassung des Goldes und Silbers. Mit dem 9. Jh. setzt die durch Gratians Dekret gestützte Bewegung ein, Edelmetalle zu verwenden[2866]. In Tirol beginnen Kultgeräte aus Edelmetallen mit der gotischen Stilperiode des 14. Jh.[2867]. Heute wird für die Kelche Silber mit dem vergoldeten Innern als zulässig erachtet[2868]. Gold und Edelsteine zierten überdies, wie bereits angedeutet, die Reliquiare, also die Prunkstücke mittelalterlicher Gotteshäuser und zugleich des Stadtstolzes[2868a]. Als vielaufgesuchte Heiltümer, als Zielpunkte

[2864] *Merk*, Heldenepos. S. 145.

[2864a] Viele Belege bei *Max Lüthi*, Die Gabe im Märchen und in der Sage. Phil. Diss., Bern 1943. – Vgl. ferner *ders.*, Das europäische Volksmärchen. Form und Wesen. Bern 1947. – Goldne Nimben u. Glorien. *Menzel* 1. 346.

[2865] *Schreiber*, Alpine Bergwerkskultur. S. 66. – Über den Taler 1728 der württembergischen Grube „Dreikönigsstern" s. Sammlung Vogelsang. Nr. 887, S. 80.

[2866] *V. H. Elbern*, Kelch. In: LThK 6^2, Sp. 104-106, bes. Sp. 105.

[2867] Ebd. – Siehe noch *Joseph Braun*, Der christliche Altar in seiner geschichtlichen Entwicklung. München 1923. Mit den Ausführungen über Edelsteine und Perlen als Schmuck der Altarbekleidung. S. 47ff.

[2868] *Otto Stolz*, Erze und Gesteine in alten Tiroler Schriften (Veröffentlichungen des Museums Ferdinandeum, Bd. 27–29, 1947–1949). Innsbruck 1949, S. 329–344, bes. S. 331.

[2868a] Vgl. *Joseph Braun*, Die Reliquiare des christlichen Kultes. Freiburg i. Br. – *Nikolaus Grass*, Der Verkauf der „Haller Pyramiden". In: Beiträge zur Kunst- und Kulturgeschichte Nordtirols (Schlern-Schriften, hg. v. R. Klebelsberg, Bd. 167). 1962, S. 149ff.

der Wallfahrt, als Inhalte der Heiltumsschau, wurden sie gleichzeitig zu Klammern des sozialen Gefüges. Von der kirchlichen Kunst her wurden zudem den Goldschmieden und Silberschmieden demnach hohe Anerkennung. Hildesheim und Köln wollen dieserhalb für das Hochmittelalter genannt sein. Berufspatrone fanden sich ein. Kein geringerer als der flandrische Bischof *Eligius* (Eloy, Alo) von Noyon († um 660) wurde für die Goldarbeiter zum Berufspatron dieser Handwerker, richtiger, dieser Künstler, erhoben[2869]. Die Kinder der Goldschmiede wurden auf den Namen dieses merovingischen Goldschmiedes und Münzmeisters getauft, was heute noch die Geschichte der Bischofsstadt Paderborn ausweist. So tritt Eligius, weil Schutzherr des Goldes, auch als einer der Patrone der Bergleute hervor[2870]. Es stärkte seine volksmächtige Stellung, wenn Mirakel überliefert wurden. So schnitt er einem störrischen Pferd das Bein ab, das sich nicht beschlagen lassen wollte. Er beschlug und setzte das Bein wieder ein[2871]. Die Darstellung dieser Szene war in der Kunst des ausgehenden Mittelalters verbreitet. Eine solche, ein spätgotisches Relief, befindet sich am Eingang zur Höttinger Gasse gegenüber der Innbrücke zu Innsbruck.

Auch die Kultkleidung trat in diese Zusammenhänge. Das goldbestickte oder silbergetönte Meßgewand wanderte in das metallbewegte, in Gold und Silber aufjauchzende Barockzeitalter. Damals war es ja, daß spanische Silberflotten, zuweilen gestört von Engländern und Holländern, ihre reichen Erträgnisse nach Europa brachten, allerdings auch den Preissturz für das abendländische Silber und seine Gruben verursachten[2872]. Dadurch nahm der Silberwert ab. Gleichzeitig vermehrte sich das Silbergeld. Bei dieser größeren Geldmenge und einem sonst gleichbleibenden Warenangebot aber stiegen damals die Preise, und viele Menschen wunderten sich, daß man mit mehr Zahlungsmitteln nicht reicher wurde und mehr kaufen konnte[2873].

[2869] *Kerler*, Patronate. S. 30. – Eingehender *Neubner*, Heilige Handwerker. Im Register, S. 261, mit vielen Verweisen. – *Wever*, Schwert. S. 14. [2870] *Kerler*, Patronate. S. 30.

[2871] *Wever*, Schwert. S. 14. – Man nehme dazu die Geschichte des Mohrenbeins bei Kosmas und Damian. *G. Schreiber*, Christlicher Orient und mittelalterliches Abendland. Oriens Christianus, 39, 1955, S. 66ff., bes. S. 74f.

[2872] *Carande*, Kreditpolitik Karls V., S. 2ff., mit Hinweis auf *C. H. Haring*, American Gold and Silver Production in the First Half of the Sixteenth Century, The Quarterly Journal of Economics, vol. XXIX, May 1915, p. 468, und *Earl J. Hamilton*, American Treasure and the Price Revolution in Spain 1501–1650. – Siehe noch *Haussherr*, Wirtschaftsgeschichte, S. 82ff., über Preiserhöhungen auf Grund der deutschen Silberproduktion (zwischen 1545 und 1560). Beim Rückgang deutscher Silberförderung trafen die Lieferungen aus Amerika ein. Diese Einfuhren gingen Mitte des 17. Jh. zurück.

[2873] Zur Geschichte des Silberbergbaues und des Silbergeldes s. ebd., S. 41ff. – *Schreiber*, Deutschland u. Spanien. S. 524 (Reg.)

In deutschen Landen wurde nunmehr *Augsburg* eine Stadt weithin schimmernder Erzeugnisse von Kelchen, Ziborien, Kruzifixen, Monstranzen, Reliquiaren. Im oberdeutschen Raum zeigte sich eine große Aufnahmebereitschaft. Es sei nur an die Prachtmonstranz in Ingolstadt erinnert, die das sinkende türkische Admiralschiff der Lepantoschlacht zeigt[2874]. Selbst in einfache bayerische Landkirchen drangen die dem Kult zugewandten Schätze des Barocks ein[2875].

Das Bergmannslied weiß seinerseits um das Gold, was gewonnen werden sollte, wenn es heißt: „Gold, Silber frei, Zinn, Kupfer, Blei, das lacht, das lacht ...[2876]". Ja, es findet sich eine bestimmte Form ein: „Das Silber und das rote Gold", wenn es etwa lautet: „Das Silber und das rote Gold / Wird aus Gestein gehauen / Ist lieblich anzuschauen ...[2877]". Und wiederum singt das Bergmannslied: „Wir Bergleute hauen fein / Aus dem Stein Silber, Gold und Erzelein ...[2878]". So drängten die Edelmetalle ganz betont in repräsentative, besonders in kunstfreudige kirchliche Bereiche. Zudem ergriffen sie die Sage und die Volksphantasie, ebenso die Bereiche der Magie. Schon die Ägypter warfen Gold und Edelsteine als Talisman in den Baugrund[2879]. Diese von aufgeschlossenen Kulturzeitaltern getätigte Herausstellung und die außerordentliche Wirkungsmacht des Edelmetalls war für den Bergmannsberuf keineswegs gleichgültig. In bergbaugeschichtlichen Studien, die sich der Erschließung der Metalle zuwenden, fehlt es zuweilen an solchen Umrahmungen. Die Umwelt wird oft genug vernachlässigt. Der Blick auf die bäuerliche Siedlung und auf die nächste Stadt wird nicht genügend entwickelt. Allerdings sind die Quellen oft schweigsam und spröde. Immerhin sind einige bewegliche Züge zu verzeichnen. Das Bergwerk erlebt bald da, bald dort Fernsichten und Völkerverbindungen von einzigartigem Ausmaß. Es lockte die fremden Unternehmer aus oberdeutschen Städten, aus Franken und Schwaben nach Tirol und nach den Grauen Bünden. Aber ebenso wanderten aus dem bergbaulich hochstehenden mittel-deutschen Raum Knappen in das Inntal.

Dieser Austausch in der Binnenwanderung begab sich fortgesetzt, gestützt durch den Rechtsgedanken der Freizügigkeit, der sich früh bei den

[2874] *Schreiber*, Ebd. Im Register, S. 517, unter „Lepanto".

[2875] *Schnell*, Der baierische Barock. S. 192 mit der Abbildung für das unbekannte Landkirchlein Kreuzpullach.

[2876] *Heilfurth*, Bergmannslied. S. 334.

[2877] Ebd., S. 331.

[2878] Ebd.

[2879] *Kirchgässner*, Die mächtigen Zeichen. S. 385.

Knappen einfand. Das im Gegensatz zur Enge städtischer Zunftverfassung und zur Schollenpflichtigkeit bäuerlicher Bevölkerung. Wenige mittelalterliche Erwerbsstände konnten sich mit dieser Vorzugsstellung und dem weiträumigen Denken der Bergbaubeflissenen messen.

Nicht nur das Bergesinnere wurde von ihnen mit dem notwendigen und zunächst primitiven Gezäh aufgerissen. Darüber hinaus öffneten sich auf einer anderen und doch verwandten Ebene die Vorfelder des Transzendentalen. Diese erhabene Sicht lebte jedenfalls in Knappenfeiertagen und im Stiftungswesen, ebenso in zahlreichen Votivbildern eines rührenden Vertrauens, und zugleich wie in der tirolischen Kirche von Thaur, des Dankes ob der Errettung aus der Todesnot. Solche Votivzeichen fanden sich in Bergkapellen ein. Das Standesbewußtsein wußte um ernste und doch erhebende Erlebnisse, die sich in die Architektur und in die bildende Kunst umsetzten.

Wieder und wieder erscheint das Gold als weithin leuchtendes Motiv inmitten des Volksfrommen. So wurde im Barockzeitalter die Volksandacht der *Goldenen Samstage*, der drei Samstage nach Michael, eingeführt. Michaelskult und Madonnenkult trafen sich[2880]. Diese Andacht ist, wenn auch nicht ausschließlich, spätmittelalterlich und mehr noch im Barock in tirolischen Bergbaugebieten und im alpinen Vorland nachweisbar. Ja, sie greift aus bis in den Eichstätter Raum[2881]. Übrigens kennt Meister Konrad von Würzburg in seiner „Goldenen Schmiede" die Madonna als „Du Ring vom edlen Golde"[2882]. Verwandte Beziehungen erschienen überdies im volksliturgischen Gebiet. So verzeichnet die Messe des Mittelalters bereits eine Bezeichnung *Missa aurea*, oder „Dy guldin mess", die als Notmesse des 15. Jh. im Oberaltaicher Missale erscheint[2883]. Es soll mit dieser Verwendung des Goldes im Andachtsraum eine hohe Zuversicht und eine besondere Wertung dieser gottesdienstlichen Funktionen ausgedrückt werden. Ähnlich und schon früher wurde, wie angedeutet, die Legendensammlung des Jakobus a Voragine, des Genueser Erzbischofs († 1298), unter dem Titel der Legenda aurea verwendet, der die andere Bezeichnung Historia lombardica beiseite schob. Die Volksfrömmigkeit wandte sich dem Werthaltigen und Unvergänglichen zu. Der historische Ausgangspunkt interessierte

[2880] *Georg Schreiber*, Kultische Nacht und Goldene Samstage. In: Zeitschr. f. Aszese und Mystik, 18, 1943, S. 96–111, bes. S. 107f. – *Ders.*, Die Wochentage. Abendländische und morgenländische Entwicklungen. S. 344f. – *Menzel* 1. S. 346; Goldene Worte = Quatemberwoche; goldenes Jahr = Jubeljahr.

[2881] *Buchner*, Volk und Kult. S. 36. [2882] *Schmidt*, Edelsteine. S. 101.

[2883] *Franz*, Messe. S. 282ff.

breite Kreise nicht sonderlich. Das Goldhaltige bewegte sie mehr. Das Gold wird therapeutisch empfunden. Nicht nur in Indien, wie Kirchgässner meint[2884]. Lebensweisheiten wurden für den Volksmund „goldene Worte". Eine rechte Lebenshaltung kannte die „goldene Mitte". Man mag dieserhalb sich in den bekannten Zitatenschätzen (Büchmann, Zoozmann u. a.) unterrichten.

Die den Metallen zugewandte Sprache der Diplome und Gesetze, die den Bergbau betreffen, will ebenso erwähnt sein. Wieder und wieder erscheint in solchen Verlautbarungen das Gold an erster Stelle als besonders abbauwürdig. Man greife nur zu den besonders gesprächigen Tiroler Quellen. Nach dem Zillertaler Landrecht von 1487 gebührt dem Erzbischof von Salzburg „aller Grund und Fund, es sei Gold oder Silbererz oder welcherlei Erz, das in unseres Herrn Gericht gefunden wird"[2885]. Nebenbei bemerkt, gerade das Zillertal mit Mayrhofen und anderen Orten war so recht das Heimatgebiet der Goldenen Samstage[2885a]. Es ist erwünscht, daß die bergbauliche Forschung auch an jenen Stellen nachdrücklicher einsetzt, wo die Gewinnung von Gold erwähnt wird. Dieses Gold vollzieht gewissermaßen eine Aristokratisierung des Erzes, in die sich allerdings auch andere Edelmetalle teilen. Daß daneben das Gold aus Alpenflüssen herausgewaschen wurde, ist vielfach und doch keineswegs erschöpfend behandelt worden. Die Sage, die Historie, die Volkskunde, die Münzkunde wissen darum. Flußgötter als Vertreter des Flußgoldes (Rhein, Donau) erscheinen auf neuzeitlichen Münzen und Medaillen. Ebenso bieten sie Ansichten der Goldwäsche[2886]. Des Harzes gedenken Harzgold-Dukaten[2887]. Zudem berichtet die Harzsage über den Bergmönch am Goldquell, „einem überaus schönen Brunnen, dessen Grund und Boden wie lauter Goldflammen leuchteten"[2888]. Ebenso erscheint dieser Bergmönch freigebig mit Kapuze und Grubenlicht am Silberquell[2889].

Die Charakteristik des Bergwerks in der schönen Literatur ist noch eine weit verzweigte Forschungsaufgabe. Der Weg vom „Tiroler Landreim" bis zu Zolas „Germinal" war weit. Verfasser der erstgenannten Dichtung von 1558

[2884] *Kirchgässner*, Mächtige Zeichen. S. 461.

[2885] *Stolz*, Geschichtskunde des Zillertales. S. 179.

[2885a] Dazu *G. Schreiber*, Kultische Macht und Goldene Samstage. S. das Literaturverz.

[2886] Sammlung Vogelsang. Nr. 421, S. 37 (Rheingold-Dukat von 1778, auf der Rückseite der Spruch „*SIC FULGENT LITTORA RHENI*" mit Ansicht von Stadt und Schloß Mannheim mit der Goldwäscherei im Vordergrund, von der Sonne bestrahlt).

[2887] Ebd., Nr. 138ff., S. 13f. [2888] *Stötzel*, Bergmannssage. S. 91f.

[2889] Ebd., S. 89.

war nach Wieser „fast unzweifelhaft ein Bergmann“[2890]. Fast zwei Drittel der Darstellung sind dort den Bergwerken, den Schmelzhütten und verwandten Gegenständen gewidmet. In die gleiche Richtung geht dort die Verwendung bergtechnischer Bezeichnungen. Das Ganze gibt sich als Hochgesang auf die „fürstliche Grafschaft Tyrol“ und auf die ergiebige Silberstadt Schwaz. Letztere wird wie folgt angesprochen:

„Schwatz ist aller Perckhwerck Mueter zwar
Davon nehrt sich eine große Schar,
Ob dreissig tausend hab ich's recht behalten,
Von Mannen, Frawen, yung und alten[2890a].“

„Die Bergbaulust wurde in den Zeitaltern des Silberrausches (15. und 16. Jh.) auf einmal in dem ganzen Lande Tirol erwecket. Man fieng aller Orten an, das Gebirge, wenn es einiges Gespür von edlen Klüften hatte, bergmännisch zu untersuchen (bey den Alten hieß es abentewren, auf Gottberat ausgehen, u. d. g.) und an vielen Orten fand man die schönsten Anbrüche.“ Soweit *Josef von Sperges* in einem Lob auf Tirol, das den Landreim fortführt[2890b].

Noch ein anderer Hinweis. Annette von Droste-Hülshoff, die in ihrer Dichtung stets auf den Durchbruch von der Oberfläche bis zum Kern des Seins zielt, bot sich das Bergwerk als Stoff für das Gedicht „Die Erzstufe“ an[2891].

Die Erzstufe rückt noch in gewisse Zusammenhänge des Kärntner Brauchtums. Das betrifft das sogenannte „Wänd-Wooken“, das dem Hüttenberger Reiftanz nähersteht[2891a]. „Auf dem Knappenberg wird beim gemeinsamen Mittagessen des Barbara-Tages von zwei Knappen eine schwere Erzstufe, eine Druse, an den Tischen herumgetragen, wobei die Anwesenden Geldspenden in die Höhlung der Druse zu legen haben. Dieses Geld gehört der ‚Lumperbutten‘, d. h. dem Fonds, aus dem die Unkosten des Reiftanzes bestritten werden. Je mehr Geld in die Stufe kommt, desto milder wird, heißt es, das Gestein in der Grube. Von dieser volkläufigen Meinung stammt daher der Name ‚Wänd-Woakn‘, d. h. die Wände (Gesteins- oder Felswände) weicher machen, ‚erweichen‘. Gegenwärtig wird diese Begründung oder Erklärung bei den Knappen von Hüttenberg freilich nur als

[2890] *Wieser*. Der Tiroler Landreim, S. 209–246.

[2890a] Ebd., Vers. 382-385. [2890b] Tyrolische Bergwerksgeschichte. S. 77.

[2891] *Rolf Bongs*, Der Bergbau im Wort der Dichter, II: Annette von Droste-Hülshoff, Die Erzstufe. In: Der Anschnitt, Jg. 4, Nr. 4, 1952, S. 3ff.

[2891a] Über den Hüttenberger Reiftanz siehe *Wolfram*, Volkstänze. S. 83ff.

Scherz aufgefaßt und der Hauptzweck ist das Sammeln für die Reiftanz-Kasse. Immerhin aber ist es schon denkbar, daß dieser Brauch auf einem Zauberglauben weit zurückliegender Zeit zu beziehen ist[2892]."

Ein weiterer Punkt sei berührt. Das Bergwerk als solches empfing, wenn man *E. Martène* und *A. Franz* folgt, kein liturgisches Formular der Segnung. Immerhin wurde es mittelbar berührt, wenn sich im Mittelalter eine Benediktion von Gold oder Silber oder von Edelsteinen einfand. Der Festtag der Heiligen Drei Könige (Epiphanie) schuf entsprechende Formulare (Exorcismus auri, thuris et mirre in Epiphania domini, Prager Rituale von 1520)[2893]. Segnungen von Salzbergwerken bei Berchtesgaden hat uns *Kriss* mitgeteilt[2893a].

Von Edelsteinen erwartete man von jeher wunderbare Wirkungen[2894]. Sie dienten dem Geist und der Seele, ebenso der Gesundheit des Körpers. Sie rückten überdies in das Dunkel des Zaubers und der Magie. Man sah in diesen Steinen Symbole und andere Beziehungen zu den Gestirnen. Man beachte ihre starke Stellung in Tibet, auf tibetanischen Rollbildern und in indonesischen Ringen[2895]. Man beachte den Schmuck auf Statuen von Buddha[2896]. Edelsteine zierten den Schild des Hohen Priesters[2897]. In ägyptische Bauten wurden Edelstein oder Bilder, Geld und sakrale Gegenstände eingelassen, da man diesen besondere Kräfte zuschrieb[2898]. Die Edelsteine nahmen weiterhin die Beziehung zum Bergesinnern auf. In der Begründung hat die hl. Hildegard von Bingen in den Physica auch der Berge gedacht, wenn sie auseinandersetzt, daß von der Sonnenwärme Berge und Flüsse in hohe Temperatur gebracht werden. Die Flüsse lassen die Wellen an die Bergwände schlagen. Der Schaum des Wassers bleibt an den heißen Felsen hängen und verdichtet sich in einigen Jahren zu Stein[2899].

Für die Weihe der Steine gab es unterschiedliche Formeln. Gervasius von Tilbury (um 1220) kennt sogar eine Wiederholung der Segnungen für einzelne Steine, so daß sich bei ihm 72 Benediktionen einfinden für die vorzüglichsten 72 Edelsteine. Die Zahl 72 entspricht den 72 Gottesnamen, die sich heute noch in einzelnen Landschaften bei der Kräuterweihe abzeichnen.

[2892] *Kirnbauer*, Bergmännisches Brauchtum in Kärnten. S. 10.
[2893] *Franz*, Benediktionen, I. S. 429ff. Im Register, 2. S. 714.
[2893a] S. oben S. 661ff.
[2894] *Franz*, Benediktionen, 1. S. 435. 2. Im Register, S. 714.
[2895] *Kirchgässner*, Die mächtigen Zeichen. S. 119. [2896] Ebd., S. 120, 154.
[2897] Ebd., S. 138. – *Haag*, Bibel-Lexikon. Sp. 264f.
[2898] *Kirchgässner*, Die mächtigen Zeichen. S. 339.
[2899] *Franz*, Benediktionen, 1. S. 436. – *Menzel*, Symbolik, 1. S. 222ff.

Die erste kirchliche Weiheformel für die Edelsteine bot Thomas v. Chantimpré († um 1270)[2900]. Die Steine nahmen neben den Pflanzen in der Heilkunde des Mittelalters eine bedeutende Stelle ein[2901].

In die Entstehungsgeschichte der Bergwerke greift die *Erzstufe* hinein. Sie wurde zum kunstvollen Handstein verarbeitet, der als Tischschmuck diente[2902].

Sie wurde auch sonst volkstümlich. Man brachte sie als Votivopfer in die Kirche. Man fügte sie wie ein Erkennungsmal bergmännischen Lebens an die Vorderseite von Knappenhäusern. Sie rückt aber ebenso in die Legende. Anmutige Züge berichtet darüber *J. P. Kaltenbaek* in seinem Buch über die Mariensagen in Österreich[2903]. Wir lassen diese Auslassung wörtlich folgen, weil sie das größte Bergwerk der Steiermark betrifft. Da verlautet folgendes:

„Auf dem Erzberge in Steiermark steht eine schöne, große, der heiligen *Barbara* geweihte Kapelle. Sie ist ganz von Stein im Jahre 1703 erbaut[2904], und von drei Seiten mit großen eisernen Gittern geschlossen. In der Nähe befindet sich ein Predigtstuhl von Erzstufen und andern Steinen in grotesker Form erbaut, und der Kapelle gegenüber steht ein geräumiger Chor. Hier wird am Sonntage nach Christi Himmelfahrt jährlich ein feierlicher Gottesdienst gehalten[2905], bei welchem die gesamte Knappenschaft, angeführt von ihren Vorstehern und Oberbeamten, im festlichen Zuge erscheint, und die sogenannte *Wunderstufe* mit sich bringt[2906]. Die Geschichte der Wunderstufe aber ist folgende: Als sich im Jahre 1669 eine Kommission in Eisenerz befand, und nach genauer Prüfung aller Verhältnisse am 8. Oktober „den Ausspruch machte, es sey kein anderes Mittel vorhanden, als die Hauptgewerkschaft zu trennen, den Gliedern derselben den Rest ihrer Einlage-Kapitalien hinaus zu zahlen, und unther sie zu theilen, und den weiteren Bau Jedem auf gut Glück zu überlassen, erschienen die Knappen Simon Weissenbacher und Balthasar Millauer, und brachten die Stufe, welche sie im Dorothea-Stollen eben gefunden hatten. Es war dies nämlich ein Stück Spatheisenstein, der, als sie ihn zufällig zerschlugen, auf seinen

2900 *Franz*, Benediktionen, 1. S. 439.

2901 Ebd., S. 441f. – *Schmidt*, Edelsteine. S. 68ff. – Zu Hildegard von Bingen siehe *Diepgen*, Geschichte der Medizin, 1. S. 202, 205, 218. – *Grupp*, Kulturgeschichte, 3³. S. 330. 5². S. 328.

2902 Vgl. den einschlägigen Abschnitt im Kapitel über den kulturproduktiven Bergmann.

2903 Wien 1845, S. 245ff.

2904 Vorläufer waren oftmals die Holzkapellen, die der Gebirgswald nahelegte.

2905 Eine Auszeichnung für eine Waldkapelle.

2906 Die Geschlossenheit der Berggemeinde tritt gut hervor.

inneren Flächen durch die Schattierungen der Farben des Flinzes das Bild Mariens mit dem Jesuskind auf dem Arme darstellte. Die muthlos gewordenen Gewerken fanden hierin einen Beweis, besonderen Schutzes für ihren Bergbau, und harrten aus in den trüben Stunden herber Prüfung, im vertrauensvollen Hinblicke auf Gottes Vorsehung.

Die eine Hälfte dieser Wunderstufe wurde nach Wien in die kaiserliche Schatzkammer gesendet; die andere ist in der Konsulationskanzlei zu Eisenerz aufbewahrt, wo sie jedem gezeigt wird, der sie zu sehen wünscht."

So fand sich bei der Erzstufe Schicksalhaftes und Mirakulöses ein. Sie rückte unter die Votivgaben. Sie begab sich in die ehrfürchtigen Räume der Volksliturgie. Sie wirkte wie ein glückverheißendes Symbol.

Silber und Kupfer werden so recht für die deutsche Metallförderung weithin in Europa vermerkt, indem Deutschland und das westliche Ungarn als Ursprungsländer angesehen werden. Man fördert diese beiden Metalle meist zusammen. Die Erze wurden unter Zuhilfenahme von Blei verhüttet (gesaigert), daher Saigerhütte[2907]. Diese Förderung von Silber und Kupfer wurde auch vorgenommen im Harz im Gebiet von Goslar, Clausthal, in Mansfeld, besonders in Tirol und Salzburg, aber auch in mitteldeutschen Gebirgen, ähnlich im Erzgebirge in Freiberg, ferner in Kuttenberg und Iglau. Deutsche Bergleute wurden ja in Böhmen angesiedelt[2908].

Im übrigen rückten die Edelsteine in die Hierarchie und Litanei des neuen Jerusalem. „Der Waise bedeutet die Maria, der Kristall den Engel, der Diamant die Erzengel, der Magnet die Patriarchen, der Smaragd die Propheten, der Jaspis die Apostel, der Karfunkel die Evangelisten, der Rubin die Märtyrer, der Saphir die Heiligen, der Sardix die keuschen Jungfrauen, der Chrysopras die frommen Witwen, der Hyazinth die frommen Eheleute[2908a]." Gewiß ein Beitrag zur Sakralkultur des Bergbaues und der Farbenlehre.

[2907] *Haussherr*, Wirtschaftsgeschichte. S. 41f.

[2908] Ebd. – *Stötzel*, Bergmannssage. S. 36ff.

[2908a] *Menzel*, Symbolik, 1. S. 223f. – *Mathesius*, Sarepta, kennt die Stollen „Güldener Hirsch" und „Güldene Rose" in Joachimsthal.

XI. MÜNZE UND BERGBAU
WESTFALEN UND ANDERE LANDSCHAFTEN

Das Thema Bergbau und Münzstätte umschließt noch eine Fülle von Beziehungen. Uns liegt es im besonderen daran zu wissen, inwieweit das Münzwesen seinerseits den Bergbau spiegelt[2909]. Diese Verbundenheit ist zuweilen so stark, daß das Münzgebäude unmittelbar neben der Zeche steht. Quellen und Literatur liegen weit verstreut. Umfassende vergleichende Darstellungen sind weniger entwickelt. Das regionale Element tritt stärker hervor.

Gern wird man jener Publikationen gedenken, in denen der *Freiberger Bergbau* einige dort gehaltene Reden zu den Bergwerksmünzen vorlegte. Gerade dort wurde ja die Feststellung des Bergrechts gepflegt. Im Jahre 1776 war die Bergakademie dort gegründet. Das wurde eine Vorzugsstellung, die Westdeutschland trotz Clausthal (gegründet 1775), aber auch Tirol nicht besaßen. Schwaz war eine akademische Hochschule ja nicht vergönnt.

Bei der Kennzeichnung der Münzen Westfalens, denen wir uns mit einigen Hinweisen zuwenden wollen, wird man sich erinnern müssen an die dortige Produktion an Metallen. Die Förderung von Silber vollzieht sich gewiß an mehreren Stellen. Für 1188 will Minden erwähnt sein; für 1235, vielleicht schon für 1180 ist das Bistum Osnabrück zu nennen. Im Jahre 1390 begegnet ein kölnisches Silberbergwerk zu Rüthen. Ebenfalls wird Westfalen zu einem, wenn auch bescheidenen, Produktionsgebiet in Kupfer (Siegerland, Olper Gegend, Marsberg, Paderborn). Blei wurde von Hoppeke in der Nähe des Diemeltales an das Kloster Corvey geliefert[2909a]. Von diesen

[2909] Von neuerlichen Veröffentlichungen sei an erster Stelle erwähnt *Frank C. Spooner*, L'économie mondiale et les frappes monétaires en Françe 1493–1680. École Pratique des Hautes Études, VIe Section, Centre de Recherches Historiques. Monnaie – Prix – Conjuncture, Bd. IV (Librairie Armand Colin. Paris 1956). Nach diesem Autor sind drei Phasen in der Geldwirtschaft zu unterscheiden, „1493–1550 Phase des Goldes, 1550–1607 Phase des Silbers, 1607–1680 Phase des Kupfers". Nach *Peter Berghaus* ist das Werk von Spooner ein ausgezeichneter Ansatz, um die allerdings verwickeltere deutsche Geldgeschichte des 16./17. Jh. zu behandeln. Siehe dieserhalb die Rezension von Berghaus. In: Vierteljahresschrift für Sozial- und Wirtschaftsgeschichte 1958.

[2909a] *Seeger*, Westfalen. S. 80ff., bes. S. 86ff.

und anderen Voraussetzungen her vollzog sich die westfälische Münzprägung. Doch ist diese noch in allgemeinere Zusammenhänge einzuordnen. Es legt sich zunächst ein Blick auf den oberdeutschen Raum nahe.

Für das 19. Säkulum will dieserhalb in der literarischen Würdigung an erster Stelle *C. Ernst* erwähnt sein. Dieser Autor hat eine Reihe von Aufsätzen in der „Oesterreichischen Zeitschrift für Berg- und Hüttenwesen" im Jahre 1885 veröffentlicht[2910]. Er gliedert seine Feststellung in Abschnitte, die da behandeln: Bergwerks-Jetone, Bergwerks-Marken, Ausbeute-Münzen und Bergwerksmedaillen.

Wenn sich hervorragende Persönlichkeiten zur Befahrung von Gruben einfanden, schuf man zur Begrüßung und zur Erinnerung gern diese Jetone. Ausklang eines Fürstenspiegels.

Als 1751 Kaiser Franz I. und seine Gemahlin Maria Theresia niederungarische Bergstätte betraten, und die Silbermünze die Bilder des Kaisers und der Kaiserin zeigte, fanden sich auf der Rückseite Bergleute ein, die mit ihren Fahnen huldigend nahten. Ihr Anführer überreichte dem Monarchen eine Erzstufe. Man gedenkt unwillkürlich jener Erzstufen, die in Tirol als Votivopfer in Kirchen dargebracht wurden. Sie wurden ebenso an der Vorderseite von Häusern eingefügt. Im Hintergrunde dieses Münzbildes waren Schachthäuser auf einer Anhöhe angebracht[2911].

Andere bergmännische Ereignisse kamen bei C. Ernst zur Erwähnung, wenn im Jahre 1880 eine Münze daran erinnerte, daß das ungemein reiche Quecksilber in Idria in den Jahren 1490–1497 entdeckt wurde, und zwar von seiten eines Bauern[2912]. Dieses Bauerntum wird ja auch sonst in der Fundsage als förderndes Element erwähnt, wobei man übersieht, daß sie oft der Anlage eines Bergwerks widerstrebten.

Knappschaftsmarken für Lebensmittelbedürfnisse wie Wein, Fleisch, Holz usw. wurden in der Erzbischöflich-*Salzburgischen* Regierungsperiode ausgehändigt[2913]. Diese Erwähnung von Wein will auch für den Weinbauforscher erwähnt sein.

Ein Ausbeutetaler von *Ilmenau*, seit 1660 zu Sachsen-Weimar gehörig, aus dem Jahre 1639 weiß über die Wiedererrichtung des im Dreißigjährigen Krieg zerstörten Bergwerks auszusagen. Wie ein Chronist berichtet dieser Taler:

[2910] Jg. 33, Nr. 8, S. 100.
[2911] Ebd., Nr. 9, S. 120.
[2912] Ebd., S. 121.
[2913] *Ernst*, Bergwerksmünzen. Nr. 10, S. 140.

30. Knappenfahne mit dem Tiroler Adler, mit St. Georg und einem betenden Bergmann. Um 1500.

31. Besuch des Kaisers Maximilian I. in der Silberstadt Schwaz.
Aus Johann Jakob Fugger: Spiegel der Ehren des Hauses Habsburg.
Nürnberg 1668, S. 1013.

„Nachdem mit Gottes Hilfe die Metalladern zu Ilmenau wieder in Abbau genommen, die Schächte hergestellt und neue Gänge erschürfet, die einbrechenden Wasser durch die stärksten Künste und einen neu angelegten staunenswürdigen Teich gewältigt, eine Bergordnung erlassen und dem Lande seine natürliche Frucht wiedergegeben worden, hat der Herzog zu Sachsen diese Denkmünze schlagen lassen[2914]." Es will gerade bei diesem Bergwerk das Interesse von Goethe erwähnt sein, auch mit dem 1874 erneuerten Goethehaus.

Bei den Ausbeutemedaillen seien für *Braunschweig* aus dem Jahre 1650 eine Medaille erwähnt, die über Tag drei beschäftigte Bergleute zeigt, einen davon als Rutengänger. Im Bergwerk selbst stehen in der Mitte zwei haspelnde Bergknappen, links davon arbeitet ein Häuer vor Ort, rechts einer davon im Fahrschachte[2915]. Die hier erwähnte Wünschelrute wird im übrigen auch in der schlesischen Sage erwähnt, wenn sie berichtet, wie ein Mann aus Ziegenhals (Kreis Neiße) sich vergeblich bemüht, eine solche Rute zu schneiden. „Da lief er heim und bemühte sich das Geld auf ehrliche Weise zu verdienen[2916]." Noch eingehender schildert nach der Darstellung von C. Ernst eine Harzer Medaille aus der zweiten Hälfte des 17. Jh. die Bergwerksanlagen. „Die Vorderseite ist mit Bergwerksanlagen ganz erfüllt. In der Mitte ein Göppel mit dem kreisenden Pferdepaar und dem auf dem Wellenbaum sitzenden Treiber, darunter zwei Haspler am Haspel windend; rechts davon ein Theil des Fahr- und Treibschachtes, links eine gezimmerte Querstrecke. Ueber Tag rechts und links vom Göppelhause je eine hohe Tanne ,um den unteren Stamm einer jeden windet sich ein Füllhorn, aus dem Füllhorne links fallen Münzen mit dem braunschweigischen Pferde, aus jenem rechts Erzstufen. Neben dem Baume rechts eine rauschende Hütte, neben dem Baum links eine Aufbereitungsstätte. Im Hintergrunde gebirgige Landschaft. Ueberschrift *avera herciniae sterilitas*; unten im Abschnitt *ditescit ab imo*[2917]." Die Tanne wird wieder zum charakteristischen Ausdruck der Harzlandschaft.

Öfters erscheint in solchen Gedenkmünzen die Glücksgöttin mit dem rechten Fuß auf einer Kugel. Ähnlich geht ja das *Fortuna-Motiv* in der Neuzeit durch die Malerei und die Dichtung. Allegorie des Glücks, korrespondierend dem Bergmannsgruß „Glück auf!"

[2914] Ebd., Nr. 12, S. 169.
[2915] Ebd., Nr. 14, S. 202.
[2916] *Stötzel*, Bergmannssage. S. 58.
[2917] *Ernst*, Bergwerksmünzen. Nr. 14, S. 202.

Seit dem 17. Jh. gibt es weitere und gepflegte Abbildungen vom Bergbau häufig auf Münzen. Braunschweig-Lüneburg, das Fürstentum mit den reichen Silberbergwerken am Harz, und das Kurfürstentum Sachsen mit seinen bedeutenden Silber- und Kupfergruben, wie schon erwähnt, sind besonders als Prägestätten hervorzuheben. Immer wieder erscheint auf den Münzen dabei auf der Vorderseite das übliche Porträt des Landesherren. So wächst die Münze in die Geschichte des Bildnisses und zugleich des sich steigernden Absolutismus. Der Revers widmet sich anderen Motiven, vornehmlich der Geschichte des Bergbaus[2918]. Jene Silbermünze erfuhr damals die künstlerisch sorgfältigste Prägung[2919].

Neben der sächsischen und braunschweigischen Dynastie aber ist es ein anderes Fürstenhaus, das sich durch seine originelle Münzprägung einen Namen schuf. Es ist das edelfreie Harzgrafengeschlecht Stolberg aus Wernigerode, das desgleichen am Harzer Bergbau teilhatte[2920].

In den Münzen dieses Hauses findet sich öfters das Wappentier, ein in Gold schreitender schwarzer *Hirsch*. Aus diesem Tier spricht der Stolz des Geschlechtes, dessen Stammreihe um 1200 beginnt, das zugleich die Jagdfreude und überhaupt das Waldgefühl älterer Zeitalter mit sich führt[2921]. Wenn sich dieses Tier überhaupt in Münzen des Mittelalters einfindet, mag man sich daran erinnern, daß am Ende noch irgendwelche keltische Überlieferungen mitsprechen, wenn auch mehr im Unterbewußtsein. War doch, was in der deutschen Forschung übersehen ist, der Hirsch im älteren Irland ein Götterbote[2922]. Manche antike Überlieferung an Volksglauben, der den Hirsch betraf, mochte zudem auch vermittelst der deutschen Übersetzungen des griechischen Physiologus seit dem 11. Jh. und über die Schriften der Hildegard von Bingen (13. Jh.) tiefer in Deutschland eingedrungen sein[2923]. Diese symbolische Zoologie, wie sie sich vor allem im Physiologus darbot,

[2918] Siehe *Hanns-Ulrich Haedecke*, Münzen, Medaillen und Zinn. In: *Winkelmann*, Bergbau in der Kunst. S. 297–308, bes. S. 297ff.

[2919] *Jahn*, Wörterbuch der Kunst[5]. S. 475f. – Siehe noch *Lamer*, Wörterbuch der Antike[4]. S. 235f. (Geld), 253f. (Goldprägung), 497ff. (Münzen).

[2920] Zur Geschichte des Hauses Stolberg s. Allgemeine Deutsche Biographie, 56 Bde. München u. Leipzig 1875–1912; 26, S. 324ff.

[2921] *Karl Friederich*, Die Münzen und Medaillen des Hauses Stolberg und die Geschichte seines Münzwesens. Dresden 1911, S. 10ff. Freundlich übersandtes Exemplar von Herrn Landesverwaltungsrat Prof. Dr. *Peter Berghaus*, Münster (Westf.). Dieser Gelehrte steht in Vorbereitung einer Geschichte des Westfälischen Münzwesens.

[2922] *Benz*, Sanct Brandans Meerfahrt. S. 56. – Ferner *Menzel*, Symbolik, 1. S. 404ff.

[2923] *Beitl*, Wörterbuch[2]. S. 340/41. – Siehe ferner *Bächtold-Stäubli*, Handwörterbuch, 10. Im Register, S. 155, wo noch viele Hinweise auf die Rolle des Hirsches im Volksglauben gegeben sind. Aber die Legende ist kaum berücksichtigt.

hatte natürlich auf die Gebildeten des Mittelalters einen besonders tiefen Eindruck hinterlassen[2924]. Hat doch auch die christliche Legende den Hirsch betont herausgestellt: er ackert, er bahnt sich den Weg; er leuchtet ganz wie in der Bergmannssage; er redet; er trägt eine Last; er weist den Weg; er verweilt bei dem Gefangenenpatron Johannes von Matha († 1213)[2925]. Allerdings oft wird das Stolberger Wappen nicht auf die Legende bezogen.

Stolbergische Münzen sind neben den Forschungen des Numismatikers *K. Friederich* auch behandelt bei *J. G. Bidermann*[2926]. Dieser zuletzt genannte Autor vermerkt eine Stolberger Münze von zwei gräflichen Brüdern, die in Brustbildern zu sehen sind. Im Revers zeigt sich ein Schacht, woraus ein Bergmann einen Eimer auswindet, daran das Wort Iubilaeum stehet. Die Umschrift heißt: „Wir feyren ietz ein Iubel-Iahr; das Bergwerck giebt die Münze dar. 1717, den 31. Oct.[2927]." Der Eimer war wohl mit Erz gefüllt. Er diente kaum der Bekämpfung der Wassernot. So zeigt Stolberg eine festgefügte Überlieferungsreihe.

Seltene und ungewöhnliche Metalle sind für das Ausprägen von Münzen und Medaillen zuweilen verwendet worden. Nach dem Münz-Ukas des Zaren Nikolaus I. prägte man 1828 aus den Metallen, die seit 1819 in den Goldseifen des Urals gefunden waren, einfache Dukaten zu drei Silberrubel sowie Doppeldukaten und vierfache Stücke[2928]. Das Platingeld wurde wegen des schwankenden Metallwertes allerdings bald eingezogen, denn Platin notierte bald unter, bald über dem Goldpreis; jenes Edelmetall bildete also keine brauchbare Währungsgrundlage. Doch dieses mehr nebenbei. Es reizt uns ja der deutsche Raum.

Gedenkmünzen finden sich ein, wie angedeutet, wenn Fürstlichkeiten Bergwerke besuchten. Die Habsburger wollen hier genannt sein. „Als im Jahr 1751. Ihro Kaiserl. Maj. die Bergwerke in Ungarn besuchten, wurden dreyerley Gedächtniß-Müntzen darauf geschlagen. Auf der größten siehet man beyde Majestäten in Brustbilde mit der Umschrift: Francisc. Imp.

[2924] *Ehrismann*, Geschichte der deutschen Literatur, 2.1, S. 224–231. – „Güldener Hirsch" und „Grüner Hirsch" bei *Mathesius*, Sarepta, Stollenverzeichnis.

[2925] *Günter*, Legende. Im Register, S. 351. – *Menzel*, Symbolik, 1. S. 405.

[2926] Die Zweyte Abhandlung von Berg-Müntzen womit zu einigen öffentlichen Reden welche 1753. Dem Höchsterfreulichen AVGVSTVS-Tage zu Ehren in der Schule zu Freyberg sollen gehalten werden, geziemend einladet *M. Johann Gottlieb Bidermann*, R. Freyberg, gedruckt mit Matthäischen Schriften. LV., Nr. 72.

[2927] Ebd., Nr. 77. – Siehe auch ebd., Nr. 75.

[2928] *Kirchheimer*, Über eine Bergbau-Medaille aus einheimischem Uran. Sonderdruck aus „Bergfreiheit", Zeitschr. für den deutschen Bergbau, Nr. 1, 1959.

Aug. Maria Theresia Hungariae Rex. Auf dem Revers erblickt man den Kaiser allein zu Pferde, neben demselben ein Bergwerk und die Berghauerschaft mit ihren Fahnen; deren Oberhaupt den Monarchen einige Bergstuffen zu Füssen leget. Die Umschrift heißt: Adventus Augusti. In Abschnitt: In fodinas Hungariae infer. MDCCLI[2929]." Die ungarischen Bergwerke, vorab die Kupferbergwerke, waren zu Zeiten für die Habsburger besonders wichtig. Der schwedische König Gustav Adolf gedachte, sie zugunsten seiner Gruben von Falun im Dreißigjährigen Krieg auszuschalten[2930]. Das alles erinnert an die Äußerungen Bismarcks, er könne ohne die ungarischen Pferde keinen Krieg führen. Andererseits mag man der Paraden der Tiroler Bergknappen gedenken, die mehrfach vor dem österreichischen Landesherren in Schwaz mit Karl V. und mit Leopold I. stattfanden[2931].

In Sachen der Ausbeutetaler macht der Münzforscher *Joh. Dav. Köhler* aus dem Freiberger Kreis die Bemerkung: „Da Gott unser Deutschland mit so vielen Silbergruben geseegnet, so giebt es auch gar mancherley schöne Ausbeut-Thaler und Bergwerks-Medaillen, welche mit sinnreichen Sprüchen und angenehmen Vorstellungen gezieret sind, indem man damit eines Bergwerks Ruhm hat ausbreiten, und die Leute zum fleißigen Bergbau ermuntern und anreizen wollen[2932]." Wieder und wieder findet das Silber den Weg zur Ehrung des Berufsstandes seiner Erzeuger (Probierer, Silberbrenner).

Den Vergleich zu der Fruchtbarkeit des Ackers, den die ergiebige Förderung des Metalls nahelegt, besorgt, wie der Numismatiker *Bidermann* feststellt, „Eine Braunschweigische Berg-Münze von Jahr 1692. worauf der Name des Herzogs Ern. Aug. nebst dessen Wapen, auf der andern Seiten aber die Worte: Sola bona, quae honesta. Um den Rand: Agricolam

[2929] *Bidermann*, Zweyte Abhandlung von Berg-Müntzen. Nr. 87. – *Karl Domanig*, Die deutsche Medaille, Wien 1907, bildet auch manche Bergwerksmünze ab, z. B. den Ausbeutetaler Rudolfstadt, 1951; den Ausbeutetaler aus der Grube St. Wenzel des Josef Wenzel Fürstenberg, 1767; die Medaille des Johann Georg von Sachsen auf den St. Anna-Stollen in Freiberg, 1690; die Bergwerksmedaille von Pribram, 1727, u. a.

[2930] Siehe das Kapitel „Historische Sicht".

[2931] 1200 weißgekleidete Erzknappen waren bei Leopold I. anwesend. *Wolfstrigl-Wolfskron*, Tiroler Erzbergbaue. S. 125.

[2932] *Bidermann*, Von Bergwercks-Münzen wird in etlichen Einladungsschriften handeln und ladet gegenwärtig zu geneigter Anhörung derer Abschiedsreden zweyer Hoffnungsvoller Jünglinge gehorsamst ein. Freyberg, gedruckt mit Matthäischen Schriften, LIII., S. 1. – *Köhler* hat „Münzbelustigungen" herausgegeben. Dazu *Ernst*, Bergwerksmünzen. Nr. 10, S. 167.

segetis spes, nos alit haecce metalli"[2933]. Das Moment der Ehrbarkeit durchzieht weithin die Geschichte des bergbaulichen Personals.

Die Silbermünzen treten in Kurköln und andernorts schon früh in Wettbewerb mit den bestehenden Goldmünzen. Die Goldwährung wird von diesen Zwistigkeiten scharf beleuchtet. Es kam überdies zu Streitigkeiten zwischen den Bergherren einerseits, die reichsständische Besitzer von Silberbergwerken waren, und ebenso zwischen denjenigen Ständen, die nicht über solche Bodenschätze verfügten. Man mag zur näheren Würdigung die Reichstaler hinzuziehen (15. – 16. Jh.)[2934]. Die Geschichte der Silberwährung kann im übrigen von der Bearbeitung des Bergbauwesens noch manche Aufhellung empfangen. Westfälische Silbermünzen, 1759 geprägt aus westfälischem Silbacher Silber unter Kurfürst Clemens August von Köln, zeigen ebenfalls ein Silberbergwerk aus dem nämlichen kurkölnischen Gebiet, gleichzeitig den Abtransport des gewonnenen Metalls[2935].

Auch große Seuchen hinterlassen auf der Münze ihre Spuren. So schuf das Erzgebirge einen Pesttaler. Auf diesem wird auf der Vorderseite das Bild der ehernen Schlange gezeigt. Zu ihr wenden sich kniende Beter. Auf der Rückseite erblickt man Christus am Kreuz. Diese Darstellung gibt sich auch als ein bemerkenswerter Beitrag zur Ikonographie der Heilkunde. Der älteste erzgebirgische Pesttaler stammt aus dem Jahre 1525.

Um diese gleiche Zeit entstanden im nämlichen Raum ebenso münzförmige *Osterpfennige* mit dem Bild der Auferstehung und der Darstellung des Jonas, dessen Erlebnisse ein Gleichnis der Auferstehung bilden. Doch die Pest ließ den Menschen keine Ruh[2936]. In der ersten Hälfte des 16. Jh. erscheinen wiederum im Erzgebirge Pesttaler mit dem Motiv „Maria Verkündigung", wobei man daran denken mag, daß marianische Titel sich auch in den Grubennamen wiederfinden[2937]. Die wachsende Marienverehrung wirkt also mit. Die Bergbaulandschaft des Erzgebirges ist für neue Anregungen zur Münzprägung stets empfänglich gewesen. Doch führte der geistige Umschwung neue Zeitalter herauf.

Immerhin werden ältere Motive noch behandelt. Daniel wandert im Erzgebirge in die Bergmedaille des 16. Jh. Ein Stück aus der Veröffentlichung

[2933] Von Bergwercks-Münzen. Nr. 15.

[2934] *Alfred Noss*, Die Münzen der Erzbischöfe von Köln, 1547–1794 (Die Münzen und Medaillen von Köln, hg. v. d. Stadt Köln, Bd. 3). Köln 1925, S. 3.

[2935] *Hugo Cramer*, Geschichte der Bergfreiheit Silbach. Bigge 1960, S. 201.

[2936] *Viktor Katz*, Die erzgebirgische Prägemedaille des XVI. Jahrhunderts. Praha 1932, S. 39f.

[2937] Ebd., S. 98. – Siehe noch *Schreiber*, Alpine Bergwerkskultur. S. 61f.

von *Viktor Katz* zeigt Daniel in der Löwengrube in einem Hüftbild; er hält ein Buch in den Händen. Es zeigt sich dabei die Aufschrift: „*Daniel propheta messia praedica' VI.*" Die Rückseite trägt den Text: „*Daniel obiectvs leonibvs fato servatvs es*[2938]." Ein weiteres Exemplar aus dem Jahre 1567 der gleichen Publikation weicht in der Zeichnung teilweise ab[2939]. Ein anderes Stück zeigt das Brustbild des Propheten, der hier den Brustbildern von Fürsten gleichgesetzt wird, mit der Beschriftung: „*In lacvm leonvm pascitevm habacvc dani XIIII.*" Die Rückseite bringt Daniel in der Löwengrube mit dem Hinweis: „*Daniel propter felis draconis eversionem* ...[2940]." Der Respekt vor dem Alten Testament hatte sich noch weiter geleitet. Das mittelalterliche Motiv behauptete sich im 16. Säkulum noch mit einer gewissen Zähigkeit. Der Bergbauprediger Johannes Mathesius († 1565) erzählt in seiner (14. Auflage seit 1562) Sarepta vom Propheten Daniel die Fabel, er habe Erz auf den Bäumen suchen lassen[2941]. Die mittelalterliche Sicht war hier verwischt. Gleichwohl erscheint Daniel unter den Stollennamen.

Welfische Münzen des 17. Jh. sind ebenfalls erwähnenswert. Die Harzberge wollen dabei sein. Eine solche Medaille ohne Jahreszahl gibt auf der Vorderseite den Fürsten Johann Friedrich, Herzog von Braunschweig und Lüneburg (1665–1679) wieder. Über ihm steht der Spruch: „*Ex dvris gloria*"[2942], der auch auf anderen welfischen Münzen wiederkehrt[2943]. Die Übersetzungen des Spruches schwanken von „Aus Kargheit zum Ruhm" bis zu „Ruhm aus dem Harten (Gestein)"[2944]. Die erste Münze stellt eine Sicht, die wie folgt beschrieben ist: „Eine Landschaft mit ausgebreiteten Bergwerksanlagen, an denen Häuer und Förderer arbeiten. In der Mitte der Anlagen erhebt sich ein Felsenkegel, dessen Gipfel eine einsame Palme krönt und der nach vorne geöffnet, den Einblick an die Arbeit eines Häuers gewährt. Die vordere Partie ist ebenfalls offen und zeigt hier die im Stollen Erze fördernden Bergknappen bei der Arbeit[2945]." Schon dringt mit der Palme ein orientalisches Bildmotiv ein, ähnlich den Kupfer-

[2938] *Katz*, Erzgebirgische Prägemedaille. S. 221, Nr. 478.
[2939] Ebd., S. 193, Nr. 400a.
[2940] Ebd., S. 196, Nr. 409.
[2941] *Stötzel*, Bergmannssage. S. 39.
[2942] *Eduard Fiala*, Münzen und Medaillen der Welfischen Lande (Sammlungen Sr. Königlichen Hoheit des Herzogs von Cumberland, Herzogs zu Braunschweig und Lüneburg). Teil: Das neue Haus Lüneburg (Celle) zu Hannover, II. Leipzig u. Wien 1913, S. 287, Nr. 1653.
[2943] *Winkelmann*, Bergbau in der Kunst. S. 300.
[2944] Ebd.
[2945] *Fiala*, Münzen und Medaillen. S. 287.

stichen jenes Zeitalters der Entdeckungen, die den Indien-Apostel Franz Xaver behandeln[2945a].

Im gleichen Band findet sich ein Schaustück zu drei Reichstalern vom Jahre 1677. Dort wird die Rückseite wie folgt beschrieben: „Landschaft mit zahlreichen Bergwerksanlagen, in der Markscheider, Häuer und Förderer arbeiten. Im Vordergrunde der Anlagen ein offener Förderschacht mit arbeitenden Knappen. Über der Landschaft schwebt vor der ersten Seite das von einer aus Wolken herausragenden Hand gekrönte Braunschweiger Roß. Blumenkelchrand beiderseits[2946]." Daß Erz und Münzen in einem fortgesetzten Verkehr stehen, zeigt zum weiteren eine Medaille ohne Jahreszahl, wo hingewiesen wird auf die Produktionskraft des Harzgebirges, wenn nämlich auf der Rückseite geboten wird die „Ansicht einer Landschaft mit Bergwerksanlagen, in deren Vordergrunde zwischen zwei hohen, mit Füllhörnern behängten Tannen ein offenes Förderwerk mit Fahrkunst zu sehen ist. Aus den Füllhörnern fallen Erze und Münzen heraus"[2947]. Die Tanne ist auch hier, ganz wie in der Sage, das charakteristische Zeichen des Harzes.

Wiederum ein Ausbeutetaler in der Zellerfelder Münzstätte aus dem Jahre 1745 zeigt auf der Rückseite eine Landschaft mit Bergwerksanlagen, wobei beachtet sein will, daß eine aus Wolken ragende Hand einen Kranz hält[2948]. Die Geschichte der Ikonographie kennt bereits früh den mirakulösen Arm bzw. die wundertätige Hand[2949]. Ein anderer Ausbeutetaler aus dem Jahre 1748 zeigt ebenso auf der Rückseite eine Landschaft mit Bergwerksanlagen, über die sich der Regenbogen wölbt. Die betreffende Grube nennt sich „Regenbogen". An dieser Stelle tritt die Tatsache heraus, daß der Grubenname doch recht beachtet wird, wenn dieser sich derart in der Münze fortpflanzt. Daß wiederum das Erz als Gottesgrube angesprochen wird, zeigt der Revers mit dem Spruch: „*Lobe den, der ihn gemacht hat.* SVR. C. 43[2950]." Die Rückseite eines Ausbeutetalers vom Jahre 1850 spricht noch in später Zeit ausdrücklich vom Bergsegen des Harzes, den die Sage vom Rammelsberg betont behandelte, wenn sie die „reichsten Erzstufen" erwähnt[2951].

Ein Wort über *Ostfriesland.* Hohe Aufmerksamkeit verlangen die Taler

[2945a] *Schreiber*, Deutschland und Spanien. S. 479.
[2946] *Fiala*, Münzen und Medaillen. S. 298f., Nr. 1766a.
[2947] Ebd., S. 363, Nr. 2300. [2948] Ebd., S. 530, Nr. 3957.
[2949] *Schreiber*, Lusitanien im Exempelbuch. S. 161ff.
[2950] *Fiala*, Münzen und Medaillen. S. 532, Nr. 3973.
[2951] Ebd., S. 696, Nr. 5616. Dazu *Stötzel*, Bergmannssage. S. 12.

des Edelfräuleins *Maria von Jever*, die 1575 durch Erbschaft ihre Gebiete von Rüstringen, Oestringen und Wangerland an die Grafen von Oldenburg fallen ließ. Maria war die zweite und eigenwillige Tochter des Häuptlings von Jever, des Edo Wiemken d. Jüngeren und seiner Gattin Heilke (Heilwig) geb. Gräfin von Oldenburg, Maria war 1500 geboren. Das Gebiet dieser friesischen Landesherrin wurde durch Kriegszüge vielfach bedrängt. Sie ließ 1560 ein Münzhaus in Jever erbauen, das bald zu der Eröffnung der Münzstätte führte. Dort sind für sie sieben Symboltaler nachweisbar. Davon verdienen besondere Berücksichtigung die *Danielstaler* von 1561–1567. Es war schon begreiflich, daß man auf Daniel zurückgriff, da sich im Wappen von Jever ein Löwe einfindet. Dabei mochten sich noch mittelalterliche Vorstellungen weiterleiten. Die Reformierten haben ja Alttestamentliches besonders gepflegt. Der Münzenforscher *P. v. Lehmann* hat diesen Taler wie folgt beschrieben: „Der Prophet Daniel sitzt mit vorgestreckten Füssen und erhobenen Händen in der Grube, umgeben von 4 Löwen, von denen 2 auf ihn anzuspringen scheinen, die beiden andern rechts und links neben ihm liegen. Ihm gegenüber führt ein von oben herabschwebender Engel den gleichfalls schwebenden Propheten Habakuk, denselben am Schopfe haltend, nahe an Daniel heran, welchem der Prophet zwei Gefäße, ein grosses und ein kleineres, darreicht. Im Vordergrunde deutet etwas Gestein, im Hintergrunde ein schräg durch die Mitte der Münze gehender Streif die Grube an; das Ganze in einem Strichelkreise[2952].“ Dieser Taler trägt keine Jahreszahl, er ist nach Lehmann etwa 1559 oder 1560 geprägt worden. Daß Habakuk sich im alpinen Raum als Stollenheiliger einfand, ist bereits von uns festgehalten[2953].

Mittelalterliches wirkt nach, wenn im gleichen Hause Jever sich ein *Jodocustaler* einfindet[2954]. Jodocus ist hier als Martyrer abgebildet und in der Umschrift ausdrücklich als solcher bezeichnet. Zu Unrecht. Er zählt unter die Bekenner (confessores), nicht aber unter die Blutzeugen. Dieser Bretone, Einsiedler und Jerusalemfahrer, wurde im Jeverland als Schiffspatron besonders verehrt. Sein Kult ist heute noch an den Hängen des Teutoburger Waldes im Münsterland nachweisbar[2955].

[2952] Die Thaler und kleineren Münzen des Fräuleins Maria von Jever, Erbherrin von Rüstringen, Oestringen und Wangerland. Wiesbaden 1887, S. 49.

[2953] Siehe *Schreiber*, Alpine Bergwerkskultur. S. 26.

[2954] Nach Anmerkung 2952, S. 37ff.

[2955] *G. Schreiber*, Nationale und internationale Volkskunde, S. 31, mit Hinweis auf *Jost Trier*, Der hl. Jodocus. Sein Leben und seine Verehrung, zugleich ein Beitrag zur Geschichte der deutschen Namengebung (Germanistische Abhandlungen, hg. v. Friedrich

Hie und da wirkt die Münze wie ein Zubehör des Bergwerks. Das geschieht dann, wenn sie sich in nächster Nähe der Stollen einfindet. So war es in Ober-Zeiring in dem größten landesfürstlichen Silberbergwerk Steiermarks, das um 1260 erschlossen, aber bereits 1361 durch Wassereinbruch fast vernichtet wurde[2956]. Andererseits wurde Jakob Wegerich, Münzmeister in Chur, Grubenbesitzer im Jahre 1593 in der ostschweizerischen Grafschaft Sargans und ebenso in Graubünden[2957].

Damit hat die Münze wesentlich beigetragen, die deutsche Kulturlandschaft zu erfassen, wenn sie das Bergwerk darstellte. Man denke dabei nur daran, wie ein solches Geldstück durch Tausende von Händen ging. Eine ähnliche Vorzugsstellung wurde selbst der deutschen Weinlandschaft nicht zuteil.

Schließlich noch ein Hinweis auf das mittelalterliche Salzburger Bergbaurevier. Dort wurde im Jahre 1377 das Gasteiner Goldbergwerk, ebenso die Fron, der Wechsel, das Berggericht und Landgericht an die beiden Judenburger Bürger Hans Goldlein und Konrad Decker verliehen. Diese beiden hatten auch die *Salzburger Münze* in Pacht. Dieser Konrad Decker verschaffte sich durch die Gerechtsame so großen Einfluß, daß er dem Salzburger Erzbischof zu mächtig wurde. Decker entzog sich dem unweigerlichen Konflikt durch die Flucht[2958]. So trat die Münze in das politische Geschehen eines hervorragenden Territorialfürstentums, dessen Inhaber seit 1529 den Titel „Primas von Deutschland" führte. Ganz anders vollzog sich die Entwicklung im benachbarten Tirol, das um den Landesfürsten Sigmund den Münzreichen weiß[2958a].

Es will noch eine Münze erwähnt werden, die den Arbeitsprozeß des Häuers behandelt. So wurde vom Haus der Grafen *Stolberg* im Jahre 1709 eine Ausbeutemedaille in Silber geschaffen[2959]. Der dort gezeigte Bergarbeiter hält in der rechten Hand als Attribut eine Barte und mit der linken Hand auf der Schulter eine Mulde, die mit Erz gefüllt ist. Ebenso findet sich, wie so oft bei Medaillen, eine gottbezogene Wendung ein. Heißt es doch:

Vogt, H. 56). Breslau 1924. – Siehe noch *G. Schreiber*, Deutschland und Spanien. Im Register, S. 515. – *Kerler*, Patronate. S. 305.

2956 *Pirchegger*, Steiermark. S. 94.

2957 *Plattner*, Bergbau. S. 16f.

2958 *Hinterseer*, Hofgastein. S. 364.

2958a Vgl. *Karl Moeser* und *Fritz Dworschak*, Die große Münzreform unter Erzherzog Sigmund von Tirol. Wien 1936. – Ferner siehe *Karl Moeser*, Die Münzstätte Hall, ihre Bedeutung für das gesamte Münzwesen. In: Haller Buch. S. 470–489.

2959 *Friederich*, Münzen und Medaillen. Nr. 1508, S. 348.

„*Schafft daß sie diese Frucht / im Segen Gottes – können schauen.* Unten im Abschnitte *Strasberg / 1709*, und auf dem Rande der Medaille *Gott seegne und erhalte unsere Bergwercke * C * W **.“ Diese Münze wirkt wie eine Erläuterung zu der bemerkenswerten Studie von *Heinrich Anacker* über das Gezäh des Bergmanns[2960], was wir hier im Sinne einer Ergänzung mitteilen.

Manchmal hat die in der Ausbeutemedaille von Silber gezeigte Bergwerkslandschaft Einzelheiten des Betriebes noch sorgsamer ausgezeichnet. So zeigt eine Stolberger Darstellung (Nr. 1520) aus dem Jahre 1710 ein Bergwerk, dessen Einfahrtshäuschen die Zahlen 1–5 tragen. Diese vier Schächte führen in einen Stollen, in welchem zwei Bergleute arbeiten und dessen Abteilungen durch die Zahlen 6 bis 9, X und XI (letztere beiden doppelt) markiert sind[2961]. Die betriebliche Abwicklung wird also anschaulich herausgestellt.

Es sei zum weiteren noch eine Silbermedaille aus dem Jahre 1717 aus dem gleichen Hause Stolberg erwähnt. Dort wird in der Medaille gezeigt: Am Abhange dieser Berggruppe rechts eine Grubenöffnung, aus der von einem Bergmanne mit einer Karre Erz gefahren wird, ferner eine Spitzhütte mit daranstoßendem Gebäude und ein zweirädriger Wagen mit Pferd und Fuhrmann, links mehrere Grubengebäude, während auf dem Gipfel der am weitesten nach vorn gelegenen Anhöhe der Berggruppe ein Einfahrtshaus steht; am Abhange rechts hält ein Bergmann die Wünschelrute; links sind Bergleute an einer Haspel tätig. In der Mitte dieser Anhöhe befindet sich der Durchschnitt eines Bergwerks mit Arbeitern, dessen zwei Schächte zum Einfahrtshause und zur Haspel führen. Unten seitlich von diesem Durchschnitt zeigt sich rechts eine Mühle, links ein Bergmann, der in einem Karren Erz zu einem Göpelwerke bringt[2962]. Die Wünschelrute als Zubehör des Bergbaus wurde bereits oben für eine andere Medaille erwähnt. Kaum irgendwo anders ist die Abwicklung des Bergbaues in ihren technischen Einzelheiten so anschaulich hervorgehoben.

Auch die dem Bergwerk zugehörige *Hütte* erscheint auf einem Stolberger Ausbeutegedenktaler des Jahres 1722[2963]. Neben einem schloßartigen Gebäude und einem Hüttenwerk mit mehreren Schuppen und kleinen Häusern wird dieses Zueinander gut herausgearbeitet. Das wirkt wie ein Kommentar zu den Bergbüchern von Agricola und dem Codex Ettenhardt. Das gibt

[2960] Von Beilen, Barten und Häckchen.
[2961] *Friederich*, Münzen und Medaillen. S. 350.
[2962] Ebd., S. 356.
[2963] Ebd., S. 363.

sich gleichzeitig wie eine Erläuterung zu den eindrucksvollen Bildern, die das Werk von *F. M. Ress* über die Bauten der deutschen Eisenhüttenleute in Vergangenheit und Gegenwart vermittelt[2964].

Das Haus Stolberg verfügt über zwei bedeutende Predigtsammlungen protestantischer Herkunft. Man mag diese einmal auf etwaige homiletische Behandlung des Bergwerks einsehen[2965]. Man mag ferner dort nachschauen, inwieweit der Bergwerksprediger Johann Mathesius († 1565) berücksichtigt wurde oder inwieweit der Bergbau des Harzes auch sonst homiletisch nachweisbar ist[2966].

Wenn sich der Blick auf westdeutsche Silbermünzen und zugleich auf Silberbergwerke richtet, mag man das *Siegerland* einbeziehen. Schon die Sage macht darauf aufmerksam. Eine um die Mitte des 13. Jh. niedergeschriebene Aufzeichnung weiß zu berichten, daß der durch seine geschickte Arbeit berühmte Schmied Wieland nach der gemeingermanischen Sage in Siegen „kunstvolle Becher" gestaltet. Der Rohstoff dazu ist wohl Silber gewesen[2966a]. Als Mittelpunkt des Siegerländer Erzbergbaus hat man den Raum Müsen angenommen[2966b]. Doch findet sich die Bezeichnung „Silberkaute" für Siegen selbst und für die Kirchspiele Fischbach und Holzklau ein. Von einer bei Siegen gelegenen Silberhütte hört man für das Jahr 1497. Ebenfalls vernimmt man für das Jahr 1690 von einer Hütte in Oberfischbach[2966c]. Ein Abendmahlsteller für die evangelische Gemeinde Freudenberg teilt in seiner lateinischen Inschrift mit, daß Wilhelm Moritz, Fürst von Nassau, aus den ersten Erträgen der Oberfischbacher Silbergrube (ex argentifodinae Oberfischbachensis primitiis) diese Zuwendung gemacht habe. Die Bezeichnung primitiae, sonst für die Erstlinge von Früchten und für die ersten Trauben gängig[2966d].

Gerade in kleinen Herrschaftsgebieten fanden sich im 17. Jh. Münzstätten ein, die eine Münzverschlechterung heraufführten (silberarmes Kleingeld, Kipper und Wipper). So fanden sich im Bereich der Grafschaft

[2964] S. oben.

[2965] Dazu *G. Schreiber*, Kirchengeschichte. In: Aufgaben Deutscher Forschung, hg. v. Leo Brandt[2], Bd. 1, Geisteswissenschaften. Köln u. Opladen 1956, S. 23.

[2966] S. oben.

[2966a] „Westfalenpost" vom 10. 3. 1956. Hagen (Westf.).

[2966b] Müsen ist mehrfach erwähnt bei *W. Güthling*, Alter Bergbau im Siegerlande. In: Der Anschnitt, Jg. 7, Nr. 3, 1955, S. 3–6.

[2966c] „Westfalenpost" vom 10. 3. 1956; *Seeger*, Westfalen. S. 86.

[2966d] *Druemelivs*, Lexicon Manuale II, col. 999. Siehe *G. Schreiber*, Gemeinschaften. Im Register, S. 472; *ders.*, Weinlandschaft als Sakrallandschaft (Festschr. f. Bischof A. Stohr). Mainz 1960, S. 159-172, bes. 167f.

Sayn-Altenkirchen 1693 in Friedewald wie in Altenkirchen Heckenmünzen ein, die unter Verletzung von Münzgesetzen in den Verkehr gegeben waren. Doch lieferte man 1750 aus dem Fischbacher Bergwerk Krautgarten einen besonders schönen Taler, der aus dem ersten Silberblock hergestellt war. Die Rückseite zeigt einen im freien Felde stehenden Mann, der in der Linken ein Horn zeigt, das mit Münzen gefüllt ist. Der Fortuna-Gedanke klingt an. Mit der Rechten weist er auf das Bergwerk, das vor ihm liegt. Über der Landschaft strahlt das Auge Gottes, das so oft auf Andachtsbildern wie an Hauswänden begegnet. Den theozentrischen Gedanken bejaht die Inschrift: „Uberante Numine fovente principe“ („durch göttlichen Segen, durch fürstliche Gnade“). Theologie und Staatskirchenrecht, Fürstenmacht und Untertänigkeit trafen sich. Der Schöpfer dieser Münze, Karl Wilhelm Friedrich Dobichts, war ein bedeutender Medailleur[2966e].

Die von uns oft angeführte Sammlung Vogelsang hat eine beachtliche Literatur der Münzgeschichte aufgezeichnet. Es fehlt aber ein Wesentliches, das ist die Untersuchung von *Joseph Weingärtner*, einem Kreis-Gerichts-Direktor in Warburg. Dieser Autor veröffentlichte nämlich in Paderborn 1872 eine „Beschreibung der Kupfer-Münzen Westfalens nebst historischen Nachrichten“[2967]. Dort wird folgendes festgestellt: „Die Kupfer-Münzen von *Westfalen* bieten sowohl dem Münzforscher als auch dem Münzsammler ein besonderes Interesse; dem ersteren schon deshalb, weil hier Erscheinungen und Eigentümlichkeiten vorkommen wie in keinem anderen Lande: hier finden wir vielfach an einem und demselben Orte gleichzeitig eine Münzstätte des Bischofs, des Domkapitels und der Stadt; selbst Dynasten unbedeutender Gebiete üben das Münzrecht aus, während ihr Städtchen ebenfalls Münzen schlägt[2968].“ Der Autor kann weiter bemerken, daß sich Westfalen mit seiner Herstellung von Münzen nicht bloß vor den deutschen Ländern, sondern auch mit Ausnahme Englands vor den europäischen Ländern auszeichnete. Es war im Grunde genommen eine erstaunliche Münzpolitik, die das Hochstift Münster besorgte, dem nur bescheidene Bergwerke eigneten und das das Kupfer einführte. Warum setzte man sich derartig ein? Man wollte die Flut der fremden Scheidemünzen abwehren. Deshalb führte man gegen die Mitte des 16. Jh. die kupfernen Münzzeichen ein, hauptsächlich als einheimisches Zahlungsmittel. Der Entstehung nach handelt es sich zunächst nicht um eine Münze, sondern um

[2966e] „Westfalenpost“ vom 10. 3. 1956.
[2967] Ein zweites Heft erschien 1873 und ein drittes 1875.
[2968] Ebd., S. 1.

eine Marke. Es war erstaunlich, daß nicht der fürstliche Landesherr, sondern das münsterische Domkapitel bei besetztem bischöflichem Stuhle (sede plena) Kupfermünzen schlagen ließ. Dies erfolgte in den Jahren 1543–1633 als Präsenz- oder Bursarien-Zeichen, 1661–1790 bereits als Capitels-Münzen[2969].

Was ist es mit den Präsenz-Geldern, die in Kupfermarken vom Domkapitel bezahlt wurden? Es handelt sich um gewisse Reichnisse (praesentiae, distributiones quotidianae, beneficia, manualia oder victualia, interessentiae), die schon seit Ivo v. Chartres bekannt waren. Man wollte den Chorverpflichteten für ihre Anwesenheit eine gewisse Entschädigung zuwenden. Der jeweilige Aufenthalt sollte von Punktatoren überprüft werden[2970]. Diese erwähnten Kupfermarken schufen sich auch über den Kirchenraum hinaus Aufmerksamkeit. Sie ersetzten in der Stadt Münster das Wechselgeld. Angeregt durch das Domkapitel ließ auch der münsterische Stadtrat solche Kupfermünzen schlagen, in einer durchaus selbstbewußten Haltung. Etwas zitterte noch nach von dem Freiheitswillen, den die Stadt gegenüber dem Bischof und dem Domkapitel jahrhundertelang bezeigt hatte, die schon um die Mitte des 13. Jh. Mitglied der Hanse war. Es war zu Beginn des 17. Jh., daß das Domkapitel die erwähnten Marken dem allgemeinen Verkehr zugänglich machte. Diese Kupfermünze trat in die Wahlkapitulationen ein, da ja auch der Landesfürst die Münzgerechtigkeit in Anspruch nahm. Doch die Wahlkapitulationen vom 15. Sept. 1762 und 14. August 1780 sahen vor, daß der künftige Landesherr sich des Schlagens der Kupfermünze enthalten sollte.

Die Münzpraxis von Münster fand eine Nachfolge in den Städten Ahlen, Beckum, Bocholt, Coesfeld, Dülmen, Haltern, Rheine, Telgte, Warendorf, Werne. Eine Nachahmung erfolgte im Bistum Osnabrück[2971], mit Münzen des Kapitels, des Bischofs und der Stadt, auch im Amte Reckenberg (Wiedenbrück), das bis 1803 zu Osnabrück gehörte. Diese Kupfermünzen dehnten sich weiter aus im Herzogtum Westfalen, so in den Städten Marsberg und Werl, in der Grafschaft Mark, nämlich in Altena und Hamm, in der Stadt Soest und Dortmund, in der Grafschaft Bentheim, Steinfurt, in Tecklenburg und Rheda. Ähnlich folgte das Bistum Paderborn, mit seinen Bischöfen, dem Domkapitel und der Stadt.

[2969] Zum münsterschen Domkapitel s. *G. Schreiber*, Weltkonzil von Trient, 2. Im Register, S. 569.

[2970] Zur Geschichte s. *K. Hilgenrein*, Präsenzgelder. In: LThK 8, Sp. 435. – Siehe ferner *Schreiber*, Weltkonzil, 2. Im Register, S. 606.

[2971] *Weingärtner*, Kupfer-Münzen, H. 2. 1873, S. 101ff.

Dazu trat die Stadt Warburg[2972]. Es folgten die Abteien Corvey, das Fürstentum Waldeck und die Grafschaft Pyrmont, die Grafschaft Lippe, die Grafschaft Ravensberg, die Grafschaft Rietberg, die Stadt Herford, die Grafschaft Schaumburg, die Stadt Minden, das Herzogtum Oldenburg, das Fürstentum Ostfriesland, im Grunde genommen eine erstaunliche Ausdehnung.

In dieser Münzpraxis zeigte sich etwas von der Eigenart Westfalens, die sich ja auch in der westfälischen Feme herausstellte. Es entwickelte sich auch ein Gegenstück zu Falun; da eigenes Kupfer in Westfalen kaum vorhanden war, finden sich Zeugnisse über Einkauf in der Fremde ein. Im Jahre 1602 ließ die Stadt Münster 634 Pfund ungarisches Kupfer aus Lübeck kommen[2973]. Im Jahre 1604 verzeichnen die Gruetamtsrechnungen der Stadt den Empfang von schwedischem Kupfer, das wahrscheinlich auch über Lübeck eingetroffen war. Aber man darf den Blick nicht nur auf die Fremde richten. Nach freundlicher Mitteilung von Herrn *H. Weinrich* weisen Archivalien des Staatsarchivs Münster darauf hin, daß der Bursarius v. Brabeck für die Prägung der Kupfermünzen des Domkapitels Münster, die im Jahre 1603 stattfand, das Kupfer von seinem Bruder bezog, der im Lennetal Kupfermühlen besaß. So wurde Münster zum Quellgrund einer Münzreform, die den Anschluß an den Alltag fand.

[2972] Ebd., H. 3. 1875, S. 243ff.

[2973] *Elsbeth Planeth*, Der außerwestfälische Handel münsterscher Kaufleute von 1536–1661. Phil. Diss. Münster 1937, S. 29.

XII. TIROL UND KURSACHSEN

In der Linienführung unserer Untersuchungen ist in den Landschaften des deutschen Sprachgebietes der Bergbau von *Tirol* besonders stark hervorgehoben. Es ist begreiflich angesichts einer bedeutend gepflegten Überlieferung und Literatur. Die Schlern-Schriften bieten eine so weit ausgreifende Umrahmung, wie diese selbst dem Erzgebirge nicht vergönnt ist. Die Hochleistung der Tiroler Bergwerke ist schon früh von Zeitgenossen kräftig und betont herausgestellt. Wir greifen nur zurück für das 16. Jh. auf den Bergbauschriftsteller Albinus (Weiß), den wir bereits einführten. Was speziell sein Verhältnis zur Inn-Landschaft betrifft, so sind seine näheren Ausführungen hier eigens festgehalten. Man weiß, daß dieser Autor die Bergwerke Europas so gut er konnte besichtigte. Seine Aufzeichnungen sind stellenweise gewiß nur flüchtig, nur baedekerhaft, im Stil einer knappen Reisebeschreibung mitgeteilt. Doch in der Wertung von Tirol erhebt er sich über seine sonstige gedrängte Kürze. Da heißt es:

„*Die Fuerstliche Graffschafft Tyroll / möchte des Bergwercks halben / wie etliche schreiben / wol einem Königreich verglichen werden / denn das einkommen von den grossen Silberbergwercken sehr fürtrefflich.*" Gewiß eine hohe Anerkennung. Die bergbauliche Eigenart des Landes ist durch seine Silbergruben gut herausgearbeitet. Der Autor begibt sich dann in eine Einzelaufzählung: „Es sind aber die fuernembsten Bergwerck in dieser Graffschafft: Schwatz / Item Sterzingen (dessen Georg. Fabricius in seinem Hodaporico Chemnicensi gedenckt)."

Quis verô argenti venas in montibus illis
Eruit inuentas: quas nunc Stercingiatellus
Suaciacis similes gremio de diuite fundit.)

Item: Brixen / Rotenberg / welches so wol als Sterzingen auch Agricola in lib. 2. de vet. et nou. metall. gedacht: Kitzpuel / Rörerpückel / Hall im Inthal / Gossensaß / Clausen an der Etzsch / Terlen / Promer / Inichen / Toblich vnd Lintz / welches zwischen Villach vnd Brixen ligt / der Marckt Gossaw / Leuetzsch bey Hall. So ist auch wie an den vmbliegenden oerten / nicht mangel an guten Eysen vnd Stahlbergwerck / denn zu Muehlbach /

nicht fern von Insbruck werden gute Harnisch gemacht. Zu Sterzingen macht man auch gute Messer vnd Schwertklingen. Man lobet auch, sonderlich das Tyrolische Kupffer.“

In Schwaz hat sich der Autor am Falkenstein näher umgesehen. „ZV Schwatz sol ein mechtig gut von Silber vnd Kupffer Ertz am Falckenstein vnd vffm Erbstollen gebrochen sein / so meistestheils aus Kieß gemacht worden. Es sollen auch weiland wegen des reichen Bergwercks / etlich tausend Bergknappen: wie man sie daselbst nennet / allda gefoerdert worden sein / vnd ist wie man schreibt / allererst fuerhundert vnd etlich dreydig Jahren angangen / zu welcher zeit Grund vnd Boden / der Edelleut von Freundsberg gewesen / Aber da man des grossen Schatzes innen worden / ist es alsbald an das Haus zu Osterreich durch Hertzog Sigmund / mit eim Tausch gebracht worden / welcher im Jar 1449. die Freyheit vnd Bergordnung / dahin zu beförderung vnd auffnemen des Bergwercks gegeben hat. Man soll in diesem Bergwerck auch Edelgestein finden / als neben den Magneten / so in Meyssen gemein sein / auch Malachiten / welche etliche Gelerten nicht geringer an tugend als die Tuerkiß halten. Mathesius schreibt es breche Silber vnd Silber Ertz in der Lasur zu Schwatz[2974].“

Wir haben, wie angedeutet, die Ausführungen dieses Bergbauschriftstellers eingehend wiedergegeben. Warum eigentlich? Neben anderen Erwägungen, um anzudeuten, daß hier ein stiller, wenn auch nicht eigens beabsichtigter Vergleich zwischen Agricola und zwischen dem Codex Ettenhardt wohl zum ersten Male anhebt. Kursachsen und Tirol, die beiden führenden Bereiche des Erzbergbaues, berührten sich.

Ein weiteres Wort über unseren Albinus. Sein Standort ist im übrigen Meißen und Schlesien. Dem dortigen Bergbau widmet er eine umfassende Aufmerksamkeit. Aber sein Blick reicht weiter. Er hat, wie angedeutet, Freude an der Historie. Prüfend läßt er andere Bergwerke von Thubal, dem Urvater des Bergbaus, angefangen an sich vorüberziehen, so daß „auch anderer benachbarten / vnd zum teil abgelegenen Bergkwercken / fast in gantz Europa, etwas gedacht wird / damit man sehe / wie die Bergkwerge nach einander belegt worden“[2974a]. Zahlreich sind die Namen und näheren Beobachtungen außerhalb des sächsischen Raumes. Allerdings wird diesmal Tirol nicht genannt. Diese Schweigsamkeit wirkt überraschend. Doch hat

[2974] Bergchronik. S. 94f.

[2974a] Auf dem Titelblatt erwähnt: Meißnische Bergk Chronica: Darinnen fürnemlich von den Bergkwercken des Landes zu Meissen gehandelt wirde / wie dieselben nach einander auffkomen. Dreszden 1590.

32. Bergleute in der gefürsteten Grafschaft Tirol.
Kupferstich von 1599.

33. Grabstein des k. k. Salinenarbeiters und Gutsbesitzers Alois Garzanner. Friedhof Absam bei Hall (Tirol).

Albinus in einem anderen Folioband sein Interesse bezeigt. In der Zeit der deutschen Renaissance und im Frühbarock sind es gerade die Bergleute, die über eine wohl gepflegte *Literatur* verfügen. Man darf wohl sagen, sie sind darin vor anderen Erwerbsgruppen bevorzugt. Weshalb eigentlich? Nun, man respektiere bei ihnen nicht nur das Funktionelle und die Sachleistung. Man beachtet darüber hinaus den Beruf im soziologischen und religiösen Bereich. Rückte man doch, wie bereits erwähnt, das Bergwerk in eine theozentrische Sicht. Zog man doch jede gewonnene Erzstufe unter die Großtaten des Herrn (Magnalia Dei). Gab man doch den Stollen zumeist ehrfürchtige Namen, die man den Mysterien und Heiligen entnahm.

So betonte der Bergbau seine sozialgeschichtliche Sonderstellung.

Zu allem noch ein Blick auf das böhmische *Joachimsthal.* Es gehört noch zum Erzgebirge. Sein Silberbergbau war berühmt. Im Jahre 1523 zählte es nicht weniger als 12 000 Bergleute. Sein literarischer Anwalt war der erwähnte lutherische Prediger Johannes *Mathesius,* seit 1542 Prediger, später auch Pfarrer in Joachimsthal. Seine Lutherhistorien, siebzehn Predigten des Tischgenossen von Wittenberg, sind eingehend untersucht, aber der Bergbauschriftsteller Mathesius bleibt noch näher zu würdigen. In seiner von uns oft angezogenen „Bergpostill Sarepta" geht er aus „von der alten Bergkstadt Sarepta im gelobten Lande". Für ihn ist Gott „der rechte Erzmacher". Er äußert sich zur Förderung von Gold, Silber, Kupfer und Eisen, aber auch zu Blei, Wismut und „Spießglas", welch letzteres als giftiges Metall angesprochen wurde. Er würdigt die Verdienste der Grafen von Schlick als Bergherren. Er erwähnt aber auch Bergwerke in Tirol und im Erzstift Salzburg, darunter Rauris und Schwaz, welch letzteres er als ein Potosí anspricht. Wohin man in seine Beschreibung auch eindringt, stößt man auf das Alte Testament als Vorbild. Sein Stollenverzeichnis ist noch ganz mittelalterlich zugeschnitten mit St. Daniel, St. Barbara, St. Wolfgang, St. Ursula, St. Cordula, St. Othmar, St. Sebastian usw. Für die Forschung ergibt sich die Aufgabe, Mathesius mit anderen Grubentiteln zu vergleichen.

XIII. k. k. SALINENARBEITER UND GUTSBESITZER

Es bedarf noch eines Hinweises auf die Doppeleigenschaft des tirolischen Salinenarbeiters und Gutsbesitzers. Diese findet sich im Arbeitskreis der Saline Hall. Dort ist nämlich nachweisbar die Berufsbezeichnung „k. k. Salzbergarbeiter und Gutsbesitzer". Eine überraschende Feststellung. Sie begegnet auf etwa zwölf Grabsteinen, zunächst im tirolischen Thaur. Dazu traten fünf Grabsteine im benachbarten Absam und ein Grabstein in Mils bei Hall. Diese Gedenkzeichen habe ich in den erwähnten Dörfern selbst besichtigt.

Die Formulierung des „k. k. Salzbergarbeiters und Gutsbesitzers" ist von seiten der Einwohner nicht eigentlich streng eingehalten. Der bergbaugeschichtlich so produktive Hofrat Dr. *Hans Hochenegg*, der in Mils als Hausbesitzer besonders verwurzelt ist, teilte mir mit, daß ihm persönlich bekannte Bauern von Mils, auf die beide Titel zutrafen, entweder nur als Salzbergarbeiter oder als Gutsbesitzer bezeichnet wurden. Jedenfalls verraten die mitgeführten Titulaturen die starke Betonung, die solchen Titeln in der österreichisch-ungarischen Monarchie früher eigen war. Etwas Beamtenhaftes, näherhin ein Ruhegehalt, das eine Anerkennung von Amtsschichten und zugleich eine Auszeichnung darstellen soll, teilte sich mit. Man legte in der Tat auf die Herausstellung des Dienstes eines k. k. Salinenarbeiters einen besonderen Wert.

Aus siedlungsgeschichtlichen Studien in Tirol ergibt sich nun, daß die Familien der mit kleinbäuerlichem Besitz ausgestatteten Salzknappen am gleichen Ort besser durch die Jahrhunderte kamen als die wohlhabenden Bauernfamilien[2974b]. Die mühsame Arbeit am Berg nahm wohl stärkere Rücksicht auf die Pflege der Gesundheit. Diese Beschäftigung dauerte seit jeher vom Montag bis zum Nachmittag des Donnerstag. Von da an bis zum Abend des Samstags konnten die Knappen in frischer Luft ihre Feldarbeit besorgen und am Montag sonnengebräunt in die Grube zurückkehren. Lebensmittel aus eigener Scholle, dazu ein regelmäßiges, wenn auch früher

[2974b] Für freundliche Mitteilungen dieser Art habe ich Herrn Hofrat Dr. *Hochenegg* zu danken.

bescheidenes Geldeinkommen gaben ihnen festen Halt. Überdies zahlte man eine Pension. Der Lebensabend empfing durch dieses Ruhegehalt somit eine gewisse Sicherheit, von der Arbeitsphysiologie her gesehen, kein gleichgültiges Moment. Auch heute noch gibt es blühende Salzberger Familien. So sind die Haider, Laimgruber, Plank und Posch nach dem Verzeichnis der tirolischen Feuerstätten aus dem Jahre 1427, also bereits als Hausbesitzer, im Gericht Thaur ansässig[2974c].

Grundbesitzende Bergknappen gab es nicht wenige. Das Beaufsichtigen ihrer Liegenschaften bereitete der Obrigkeit manches Kopfzerbrechen. Das einschlägige Druckwerk: „Kayserlicher, Lands-Fürstlicher Neuer Hauptentschidt, wie es in vorfallenden Jurisdictions- und Policey-Sachen entzwischen denen Berg- und Landgerichten in der Gefürsteten Graffschaft Tyrol gehalten werden soll. Ynsbrugg bey Michael Antoni Wagner. 1750“, widmet den sich daraus ergebenden Fragen die zehn Seiten 70–79. Denn „wenn ein Bergwerks-Verwohnter (Angehöriger) ein Söllhaus oder Grund unter zwey Kühe-Fuhren[2974d] besitzete und solche keinem Grundherrn unterworffen, solle der Berg-Richter die Schuld-Brieff, alle Veränderungen, Käuff, Täusch, Wechsel, Einstand, auch Abtreibung der verbrieften Schuld-Posten, Versicherungen der Heyraths-Güter, Testament und Übergaben, item das Recht in Anleit, Dienstbarkeiten, Vergant- und Verpfändungen allein aufzurichten und vorzunehmen haben ... Herentgegen, da ein Berg-Knapp einen Grund, wovon selber zwey Kühe-Fuhren, von welchen die weitere Erläuterung nachfolgen wird, füglich unterhalten kann, eigenthumlich besitzete, sollen die ... Käuff und Veränderungen ... dem landgerichtlichen Stab gerichtlich zu erörtern und vorzunehmen gebühren ...“[2974e]. Also eine unterschiedliche Zuteilung an zwei gerichtliche Instanzen.

Da gab es mancherlei Sonderfälle, die sich aus grundherrlichen Rechten oder aus dem Mitbesitz der Frauen ergaben. Es brauchte ein Schiedsgericht, um in Zweifelsfällen festzusetzen, ob ein Gut tatsächlich imstande sei, zwei Kühe ausreichend zu ernähren. So war die Entscheidung, ob bergmännischer Besitz dem Berg- oder dem Landgerichte zu unterstellen sei, gar nicht einfach[2974f].

[2974c] Quellen zur Steuer-, Bevölkerungs- und Sippengeschichte des Landes Tirol im 13.–15. Jahrhundert. Festgabe zum 80. Lebensjahr Oswald Redlichs (Schlern-Schriften, Bd. 44). Innsbruck 1939, S. 167–169.

[2974d] Das Zeitwort „fuhren“ bedeutet füttern. Vgl. *Nikolaus Grass*, Beiträge zur Rechtsgeschichte der Alpwirtschaft. Innsbruck 1948, S. 50.

[2974e] Mitteilung von Herrn Hofrat Dr. *Hochenegg*.

[2974f] Aus der guten alten Zeit. Eine Plauderei über Häuser und Bewohner von Hall, aus hinterlassenen Schriften des *Josef Fuchs*, mitgeteilt von *Josef Faistenberger*². Hall 1935,

Die Bezeichnung „k. k. Salzbergarbeiter und Gutsbesitzer“ verriet einen gewissen Stolz. Der Bergknappe wird im Bauerntum seiner Umwelt hervorgehoben, und zwar als besonderer Berufsstand, der Anteil an den Privilegien der Bergknappen hat. Dabei ist vornehmlich an die Pension zu denken, die ihm nach den Arbeiten an der Saline später zufließt. Diese Zahlung war in der Bevölkerung sicherlich als Anzeichen einer besonderen Wertung geschätzt.

Soviel ich sehe, hat die Bergbauforschung die Sonderstellung dieser tirolischen Bergknappen noch nicht herausgearbeitet. Selbst Max Reichsritter von Wolfstrigl-Wolfskron, Die Tiroler Erzbergbaue 301–1665, Innsbruck 1903, schweigt sich aus, desgleichen seine Fortsetzer. Diese Vorzugsstellung Tirols fügt sich gut ein in die große Überlegenheit, die gerade der Bergbau dieses Gebietes gegenüber anderen Bergorten aufweist. Dahin gehören die Knappenfeiertage, die zwei Kirchenschiffe, die in Schwaz den Bergleuten zur Verfügung gestellt wurden, dahin weist ebenso das eigene Kirchenschiff für Bergleute in der bayerischen Herrschaft Rattenberg, die später an Tirol fiel. Dazu sind Tiroler Bergordnungen in ihrer Ausweitung für Kursachsen und für Westdeutschland in dieser oder jener Hinsicht erwähnt worden.

Die maßgebliche Stellung von Tirol ist bergbaulich gesehen im übrigen auch als Leitmotiv von dem Bergbauschriftsteller Joseph von Sperges fortgeführt worden. Da heißt es bei ihm in seiner „Tyrolischen Bergwerksgeschichte“ mit einigem Stolz: „Wir werden in gegenwärtiger Schrift sehen, daß bisher in den gegen Mittag gelegenen deutschen Provinzen keine ältere Nachricht und Spur von dem Bergbaue auf Gold und Silber, als jene von

S. 169. – Dieses Rechtsprechen auf dem Steine erwähnt 1685 die *Kayserlich Landtsfürstliche Holtz- und Waldordnung* im Ober- und Unter-Yhntal vom 12. May 1719. Ein Neudruck mit modernisierter Sprache erschien 1768 bei *Johann Thomas von Trattner* in Innsbruck. Auf S. 39 (bzw. auf S. 35 des Neudrucks) heißt es: „Wo aber der Fürdinger (Unternehmer, die das Schlägern und Liefern des Salinenholzes übernommen hatten) uns einen Rest schuldig wurde, der soll gefäncklich angenommen und durch alle Gericht bis gen Hall geführt, daselbst zu unsern Pfannhaus-Ambts-Handen zu Recht und Straff für den *Stain* geantwort und gestellt werden ...“, und auf S. 85 (bzw. 75), über das Verfahren gegen Leute, die sich den Weisungen der Waldmeister widersetzten: „... denselben sollen unser Saltzmayr und Ambtleuth einen Rechtstag für den *Stain* in unser Pfann-Haus geben, allda und sonst ninderst anderstwo die Sachen durch unser Saltzmayr und Ambtleuth ... guetlich und rechtlich, nach unseres Pfann-Haus-Freyheiten, altem Gebrauch und Herkommen gehandelt, ausgetragen und verricht werden, dabey es ungewaigert soll verbleiben.“ – Zur Entwicklung der späteren Zeit vgl. *Alfred Löhmer*, Haller Salzarbeiterschaft. – Über den Gerichtsstein vgl. *Bächtold – Stäubli*, Handwörterbuch 1, S. 1385 f.

dem tyrolischen, bekanntgeworden ist: daß dessen erste Bergrechte an dem Alterthume allen übrigen, auch den ungarischen und böhmischen, vorgehen: daß die tyrolischen Bergwerke weltberühmt gewesen sind, und ihr ungemein reicher Bergsegen im fünfzehenten Jahrhunderte die allgemeine Verbesserung der Münze in Deutschland veranlasset, auch die allerersten großen Silbermünzstücke, doppelte Goldgulden, und nachher Thaler genannt, hervorgebracht hat[2974g]." Dort findet sich neben anderen Hinweisen, die die Laudatio Tirols betreffen, auch ein Lob auf den *Codex Ettenhardt*, der die wertvolle Übersicht auf den bergbaulichen Betrieb im alten Tirol des 16. Jh. übermittelte[2974h]. Derartige Notizen sind für die Geschichte dieses bergbaulichen Kodex recht dankenswert. Sie greifen in die Montangeschichte und Literaturgeschichte Tirols, die trotz einer weitausgreifenden Bearbeitung noch zahlreiche Forschungsprobleme aufwirft. Der Charakter des Paßlandes löst eben manche Arbeitsaufgabe aus, die nicht immer anderen deutschen Landschaften vergönnt ist[2974j].

[2974g] Im Vorbericht, S. 5. Der Name ist bereits oben erwähnt, hat aber eine unterschiedliche Schreibweise.

[2974h] Ebenfalls im Vorbericht. – Mit diesen Ausführungen von Sperges werden manche Feststellungen von *Anton Dörrer* und *Nikolaus Grass*, die ihrerseits das Lob Tirols mitteilen, wertvoll ergänzt.

[2974j] Dazu vgl. *Georg Schreiber*, Alpine Bergwerkskultur. – Zum k. k. Beamtentum vgl. *Richard Zehntbauer*, Verfassungswandlungen im neueren Österreich. Heidelberg 1911, S. 18. – *Otto Stolz*, Grundriß der Österreichischen Verfassungs- und Verwaltungsgeschichte, Wien 1951, S. 99. – *Ernst C. Hellbling*, Österreichische Verfassungs- und Verwaltungsgeschichte, Wien 1956. S. 292. S. 331 mit Anmerkung 1.

XIV. INTERNATIONALE VERTRÄGE

In der Geschichte des Bergwerks wollen auch völkerrechtliche Vereinbarungen der letzten Jahrzehnte erwähnt sein. Sie betreffen die verschiedensten Materien. Änderungen der Reichsgrenzen bestimmten verschiedentlich neue Ausrichtungen. Wir bieten nur eine kurze Übersicht. Man mag Einzelheiten in besonderen Untersuchungen aufnehmen. An Abkommen seien im folgenden genannt:

1. Vertrag vom 14. 2. 1921

Belgien	Convention. Pensions	LNTS Vol. 12
Frankreich	for miners	p. 246 [2974k]

Belgien und Frankreich legen die Voraussetzungen fest, unter denen belgischen Bergleuten in Frankreich und französischen Bergleuten in Belgien Pensionen zu gewähren sind.

2. Vertrag vom 15. 6. 1922

Deutschland	Convention. State mines and	LNTS Vol. 21
Polen	foundries in part of Upper Silesia	p. 434
	attributed to Poland	

Das Abkommen soll die ungehinderte Fortführung der berg- und hüttenfiskalischen Betriebe in dem polnisch werdenden Teil Oberschlesiens sichern und enthält Bestimmungen über die Übergabe der Betriebe, ihre Weiterführung, den Eintritt in bestehende Verträge, Rechte und Verpflichtungen.

[2974k] Abkürzungen LNTS = League of Nations Treaty Series (Vertragssammlung des Völkerbundes); UNTS = Unites Nations Treaty Series (Vertragssammlung der Vereinten Nationen); jTB = Tractatenblad van het koninkrijk der Nederlanden; BGBl = Bundesgesetzblatt; die Titel der Verträge sind aus Raumgründen gewählte Kurzformen. Vgl. noch *Gerhard Boldt*, Das Recht des Bergmanns[3]. Tübingen 1960. – *R. Bernhardt*, Der Abschluß völkerrechtlicher Verträge im Bundesstaat (Beiträge zum ausländischen öffentlichen Recht und Völkerrecht, H. 32). Berlin-Köln 1957. Siehe ferner die einschlägigen Artikel „Bergarbeiter, Bergbau, Bergrecht". In: Staatslexikon[6], Bd. 1, Sp. 1051 ff.

3. Vertrag vom 23. 6. 1922

Deutschland Polen	Convention. Mines in Upper Silesia	LNTS Vol. 22 p. 26

Regelt Fragen, die wegen der Durchschneidung privater und staatlicher Bergwerke durch die neue Landesgrenze in Oberschlesien entstanden.

4. Vertrag vom 26. 8. 1922

Deutschland Polen	Agreement. Division of Upper Silesian Miners' Union	LNTS Vol. 22 p. 64

Das Abkommen bestimmt die Teilung des oberschlesischen Knappschaftsvereins in einem deutschen und polnischen Verein, regelt die daraus entstehenden Fragen der Kranken- und Pensionsversicherung und enthält Übergangsbestimmungen für die Rechtsnachfolge.

5. Vertrag vom 18. 6. 1924

Italien Österreich	Convention and Annex. Miners' Accident Insurance Organisation	LNTS Vol. 84 p. 367

Konvention zur Ausführung des Art. 275 des Versailler Vertrags. Verteilung der Verbindlichkeiten und Fonds der Unfallversicherungsorganisation der Bergleute zwischen den Vertragspartnern.

6. Vertrag vom 21. 6. 1926

Deutschland Polen	Agreement. Mining areas intersected by the frontier	LNTS Vol. 72 p. 203

Ergänzung des Abkommens vom 23. 6. 1922 (vgl. oben Nr. 3).

7. Vertrag vom 13. 10. 1927

Deutschland Saarkommission	Agreement and Annex. Social insurance in the Saar	LNTS Vol. 70 p. 121

Diese Abrede über Sozialversicherung im Saargebiet enthält u. a. Bestimmungen für Bergleute.

8. Vertrag vom 15. 6. 1924

Österreich Tschechoslowakei	Convention. Miners' Accident Insurance Organisation	LNTS Vol. 94 p. 165

Wie oben Nr. 5

9. Vertrag vom 21. 5. 1927

Belgien Frankreich	Convention replacing Convention of 14 Feb. 1921. Miners' pensions	LNTS Vol.105 p. 125

Dieses Abkommen ersetzte das Abkommen vom 14. 2. 1921 (vgl. oben Nr. 1).

10. Vertrag vom 7. 12. 1927

Deutschland Polen	Convention. Use and upkeep of the „Gleboka Sztolnia Fryderyka" (Mine Gallery).	LNTS Vol. 92 p. 203

Polen wird die Benutzung und Unterhaltung des auf deutschem Gebiet liegenden Tiefen Friedrich-Stollens eingeräumt.

11. Vertrag vom 18. 6. 1924

Österreich Königreich der Serben, Kroaten und Slowenen = Jugoslawien	Convention and Annex. Miners' Accident Insurance Organisation	LNTS Vol. 115 p. 25

Wie oben Nr. 5

12. Vertrag vom 7. 9. 1931

Belgien Frankreich	Agreement. Execution of Convention of May 21, 1927. Special system of miners' pension	LNTS Vol. 134 p. 65

Abrede zur Ausführung des Abkommens vom 21. 5. 1927 (Vgl. oben Nr. 9).

13. Vertrag vom 15. 12. 1931

Deutschland Polen	Agreement. Reapplication of Chapter I of Convention of June 22, 1922. Mines in Upper Silesia	LNTS Vol. 142 p. 249

Notenwechsel zur Anwendung von Kap. I der Konvention vom 22. 6. 1922 (vgl. oben Nr. 3).

[2975] In LNTS fälschlich als Vol. 150.

14. Vertrag vom 17. 5. 1939

Deutschland Niederlande	Treaty and final Protocol. Working boundary of the coal mines situated on both sides of the frontier along the river Wurm	LNTS Vol. 199 p. 239

Die Parteien vereinbaren für bestimmte, in einer der Anlage des Vertrages beigefügten Karte bezeichnete Bergwerke eine von der Reichsgrenze abweichende Betriebsgrenze. Für die zwischen Reichsgrenze und Betriebsgrenze liegenden Feldesteile setzt Art. 4 fest, für welche Rechtsgebiete die lex rei sitae und für welche das Recht des Staates maßgeblich sein soll, in dessen Gebiet die Kohle zu Tage gefördert wird.

15. Vertrag vom 17. 1. 1948

Belgien Frankreich	Social security	UNTS Vol. 36 p. 233
	Frontier workers and mines	UNTS Vol. 36 p. 263

Das Abkommen beschäftigt sich allgemein mit der sozialen Sicherheit von Arbeitern des einen Vertragsstaates im Gebiet des anderen. In einem Supplementary Agreement (a.a.O., S. 279) wird das System der sozialen Sicherheit speziell für Bergleute geregelt.

16. Vertrag vom 23. 6. 1946

Belgien Italien	Italian workers in Belgium	UNTS Vol. 19 p. 65

Protokoll und Notenwechsel betr. Anwerbung und Arbeitsbedingungen italienischer Bergarbeiter in Belgien.

17. Vertrag vom 26. 4. 1947

Belgien Italien	Italian workers in Belgium	UNTS Vol. 19 p. 83

Annex zu Nr. 16. In Mailand und Brüssel sollen Kommissionen errichtet werden, um die Anwendung der zwischen beiden Ländern bestehenden Einwanderungsabkommen zu überwachen. Außerdem werden Arbeitsbedingungen für die italienischen Arbeiter festgelegt.

18. Vertrag vom 9. 2. 1948

Belgien Italien	Italien workers in Belgium	UNTS Vol. 71 p. 143
Belgien Italien	Recruitment of Italien workers	UNTS Vol. 71 p. 143

Protokoll betr. die Anwerbung italienischer Arbeiter für Belgien. Für Arbeiter, die, als Bergarbeiter angeworben, sich zur Untertagearbeit als ungeeignet erweisen, ist die Möglichkeit vorgesehen, auf einen anderen Arbeitsplatz überzuwechseln.

19. Vertrag vom 3. 12. 1949

Belgien Luxemburg	Social Security	UNTS Vol. 91 p. 31
	Mine workers	UNTS Vol. 91 p. 63

Allgemeines Abkommen über soziale Sicherheit. A.a.O., S. 63, Zusatzabkommen betr. Bergleute.

20. Vertrag vom 18. 6. 1941

China Großbritannien	Lufang mines	UNTS Vol. 10 p. 227

Im Rahmen eines Notenwechsels über die Grenze zwischen Yunnan und Burma gesteht der britische Botschafter im Namen der burmesischen Regierung China das Recht zu, sich an Bergwerksunternehmen im Lufang-Gebiet bis zu einer Höhe von 49% des Betriebskapitals zu beteiligen.

21. Vertrag vom 12. 10. 1948

Frankreich Tschechoslowakei	Social security. Mines	UNTS Vol. 45 p. 81

Allgemeines Abkommen über soziale Sicherheit. A.a.O., S. 111, Zusatzabkommen betr. Bergleute.

22. Vertrag vom 9. 6. 1948

Frankreich Polen	Social security. (Mine workers)	UNTS Vol. 32 p. 251

Allgemeines Abkommen über soziale Sicherheit. A.a.O., S. 281, Zusatzabkommen betr. Bergleute.

23. Vertrag vom 30. 7. / 13. 8. 1947

Frankreich	Polish workers	UNTS Vol. 91
Großbritannien		p. 169

In einem Notenwechsel nimmt Frankreich das britische Angebot an, polnische Arbeiter in Großbritannien zur Arbeit in Frankreich anzuwerben. Die Anwerbung soll insbesondere für Bergbau, Landwirtschaft, Stahl- und Textilindustrie erfolgen. Den polnischen Arbeitern werden Freizügigkeit, Inländergleichbehandlung bezüglich der Arbeitsbedingungen, Gleichstellung mit sonstigen Fremdarbeitern bezüglich der Sozialversicherung eingeräumt.

24. Vertrag vom 9. 10. 1946

Multilateral	Underground work (women)	UNTS Vol. 40
(ILO)	I: 627	p. 63

Grundsätzliches Verbot der Untertagearbeit von Frauen.

25. Vertrag vom 4. 12. 1948

Italien	Italian mine workers	UNTS Vol. 46
Niederlande		p. 271

Vereinbarung über Anwerbung und Arbeitsbedingungen italienischer Arbeiter für Untertagearbeit in den Niederlanden.

26. Vertrag vom 19. 7. 1941

Jordanien	Trans-Jordan Oil Mining Law	UNTS Vol. 9
Großbritannien		p. 389

Der Emir von Transjordanien verpflichtet sich und seinen Staat, bei der Ausübung der in Art. 11 Oil Mining Law für den Fall des schweren Notstandes vorgesehenen Rechte und Befugnisse dem Rat „Seiner britischen Majestät“ zu folgen.

27. Vertrag vom 7. 12. 1946

Multilateral	Settlement of obligations of Siam I: 2050	UNTS Vol. 157 p. 103

Notenwechsel zwischen Großbritannien, Australien, USA und Siam über die Beschleunigung des Zuflusses siamesischen Zinns auf die Weltmärkte. Ferner werden gewisse Verpflichtungen Siams gegenüber britischen, australischen oder sonstigen Bergwerkseigentümern aus dem Commonwealth aus dem Formal Agreement vom 1. 1. 1946 zwischen Siam, Großbritannien und Indien sowie dem Final Peace Agreement vom 3. 4. 1946 zwischen Siam und Australien bereinigt.

28. Vertrag vom 23. 10. 1950

Belgien	Mining boundary along the	UNTS Vol. 136
Niederlande	Meuse I: 1831	p. 31

Vereinbarung einer von den Staatsgrenzen abweichenden Bergbaugrenze entlang der Maas.

29. Vertrag vom 18. 1. 1952

Deutschland (BR)	Mining boundary east of the	UNTS Vol. 179
Niederlande	Netherland-German frontier I: 2364	p. 147

Festsetzung einer Betriebsgrenze für ostwärts der deutsch-holländischen Landesgrenze liegenden Steinkohlenfelder.

30. Vertrag vom 28. 11. 1946

Albanien	Albanian-Yugoslav Company	UNTS Vol. 111
Jugoslawien	for Mineral Prospecting I: 1528	p. 151

Errichtung einer albanisch-jugoslawischen Gesellschaft für bergbauliche Planung und Entwicklung.

31. Vertrag vom 29. 3. 1951

Deutschland (BR)	Verwaltungsvereinbarung über	TB 1956,
Niederlande	Soz. vers. (Gruben)	No. 138

Verwaltungsvereinbarung über die Anwendung des Sozialversicherungsabkommens vom 29. 3. 1951 auf Angestellte, die den niederländischen Versicherungseinrichtungen für Angestellte in bergbaulichen Betrieben angehören oder angehört haben.

32. Vertrag vom 1. 6. 1954

Niederlande	Sécurité sociale des	TB 1955,
Frankreich	travailleurs de mines	No. 4

Zusatzabkommen betr. die soziale Sicherheit von Bergleuten zum allgemeinen Abkommen zwischen Holland und Frankreich über soziale Sicherheit vom 7. 1. 1950.

33. Vertrag vom 12. 2. 1955

Italien	Sécurité sociale des	TB 1955,
Niederlande	travailleurs de mines	No. 135

Verwaltungsvereinbarung zur Anwendung des allgemeinen Sozialversicherungsabkommens vom 28. 1. 1952 auf Bergleute.

34. Vertrag vom 28. 1. 1958

Deutschland (BR)	Steinkohlenabbau im dt.-	BGBl. 1959 II,
Niederlande	niederl. Grenzgeb.	913

Vereinbarung einer von der Staatsgrenze abweichenden Betriebsgrenze für den Steinkohlenabbau im deutsch-niederländischen Grenzgebiet westlich Wegberg-Brüggen. Die Rechts- und Verwaltungskompetenzen beider Staaten im Vertragsgebiet werden definiert.

Das vorliegende Verzeichnis hat auf meine Bitte das Max-Planck-Institut für ausländisches öffentliches Recht und Völkerrecht in Heidelberg zusammengestellt. Dafür habe ich dem Direktor Herrn Prof. Dr. Mosler in Heidelberg zu danken, im besonderen dort Herrn Dr. Karl Doehring und Herrn Hannfried Walter.

In solchen Abkommen erhob sich die nationale Wirtschaft zur Weltwirtschaft. Mehr als das. Der Völkerbund hatte eine neue Willensmeinung zum Ausdruck gebracht, wenn er im Jahre 1927 die Internationale Hilfe bei Naturkatastrophen schuf. Er begegnete sich mit heimlichen und offenen Sehnsüchten der Völker zueinanderzustehen. Es ging in dieser Richtung, wenn im Jahre 1911 bei dem schweren Bergwerksunglück im französischen Currières deutsche Bergungsmannschaften über die Grenzen eilten. Im Jahre 1962 unterstützten amerikanische Soldaten die Rettungsarbeiten im saarländischen Völklingen.

XV. FORSCHUNGSAUFGABEN

Der Wurzelgrund, der Ahnherr und die Vorstufe des deutschen Steinkohlenbergbaus ist der Erzbergbau. Von dort her stammt vieles an Sitte und Brauchtum, an Überlieferungen und Gewohnheiten. Das zog sich als kostbares Erbe über die Jahrhunderte. Manches, wie die Schutzherrschaft des Propheten Daniel, fiel ab. Dieser hielt sich ja vornehmlich im Bereiche des Silberbergwerks. Seine Residenz war im übrigen stärker im oberdeutschen Raum.

Der Danielstoff hat nun das Volksschauspiel namhaft beschäftigt. Das Motiv hat darüber hinaus die Bergmannssage beeindruckt. Da findet sich nach dieser, wie bereits angedeutet, ein Bergmann ein, der Daniel heißt und nach der Fundgeschichte von Annaberg im Traum von Gott die Weisung erhält, in den finsteren Wald zu gehen und einem Feuer zu folgen, das vom Himmel herabfällt. Da findet er große Schätze. Derart spiegelt sich der Prophet Daniel in einem schlichten Bergknappen wider. So weiß Albinus in seiner Bergchronik zu erzählen[2976].

Der erwähnte finstere Wald berührt die Einsamkeit des Bergwerks, das häufig genug jenseits der sonst dörflichen Siedlungen liegt. Dazu mag dieser Wald an jenen Einsiedler gemahnen, der hie und da im Vorfeld des Bergwerkes steht und zuweilen die Umformung zum gespenstischen Bergmönch erlebt. Auch das Walddickicht, das vielfach in der Gründungsgeschichte der Zisterzienser berührt wird, gehört in diese volksnahen Zusammenhänge.

Daniel, dieser so oft erwähnte freundliche Anwalt des Bergbaus, hielt sich in Grubennamen in österreichischen Alpengebieten bis in das Zeitalter der Aufklärung. Anderes, in solcher Namengebung und Vertretung wie der Barbaratag, leitete sich noch weiter. Doch bildete das 16. Säkulum in vielen anderen Landschaften des deutschen Sprachgebiets eine scharfe Cäsur. Das Mittelalter zog sich zurück. Einzelheiten sind noch herauszustellen. *Martha Götting* erwähnt in einer Studie über den sächsischen Erzbergbau eine Grube

[2976] Erwähnt bei *Stötzel*, Bergmannssage. S. 39.

„Gottvertrauter Daniel“[2977]. Es geht allerdings aus dieser Feststellung nicht hervor, ob der Name aus der mittelalterlichen Zeit stammt, und ob diese Benennung für die nachmittelalterliche Zeit weitergeführt wird. Es ist nicht gleichgültig, solche auch Mathesius bekannten Relikte zu verzeichnen.

Man mag ebenso der Entwicklung des Vornamens Daniel nachgehen, sowohl für bergmännische Kreise wie für die Stadtbevölkerung. Es dürfte eine staatliche Reihe von Persönlichkeiten geben, die diesen vom Bergbau begünstigten Namen tragen. Die Genealogie nimmt ein Interesse daran. Dieser Vorname entwickelte sich ebenso zum Eigennamen, was im besonderen im deutschen und im englischen Geistesleben ausgewiesen ist.

Eine andere Beobachtung, der noch nachgegangen werden kann. Zu allem melden nämlich die *Salzleute* ihren Anspruch an, ebenfalls im Vorfeld der Kohlenförderung zu stehen, was ihnen die Wirtschafts- und Rechtshistoriker, ebenso die Volkskundler und die Techniker gern bestätigen werden, wenn sie die Kochsalzgewinnung als wichtigen Zweig der Urproduktion ansprechen[2978]. Bergbau und Salinen, Bergregal und Salzregal rückten zum weiteren bereits in fränkischer Zeit in ihrer rechtlichen Ausgestaltung zueinander. Beide Unternehmungen erscheinen als fiskalische Eigenbetriebe auf Königsgut. Soweit sich eine private Ausbeute einfindet, war damals an den König ein Bergzehnt oder ein Salzzins zu zahlen[2979].

Diese Verbundenheit des Metalls und des Salzes tritt auch in der Folge heraus. Man mag Einzelheiten nachgehen. So nennt das 1629 in München herausgebrachte Christliche Heldenbuch, das uns über die Schutzpatrone und Symbole der Erwerbsstände anschaulich unterrichtet, in einem Atem beide Bergwerksbetriebe. Heißt es doch, es verehren „die Bergknappen S. Danielem, die im Saltzwerk arbeiten S. Rupertum“[2980]. Volksfrommes trat zur Werkarbeit. Kultisches wirkt in dieser Schau wie ein Wirtschaftsatlas. Auch die bergbauwissenschaftliche Literatur des 18. Jh. pflegt diesen Parallelismus. So veröffentlicht Franz Ludwig Cancrinus, Mitglied der Fürstl. Hessischen Akademie der Wissenschaften in Gießen, 1773 in Frank-

[2977] Der Annaberger Bergaltar. Kulturgeschichtliches vom sächsischen Erzbergbau. In: Beilage für Heimatvertriebene der Tageszeitung „Die Glocke“, Oelde (Westf.), 11. Jg., Nr. 7, Pfingsten 1961.

[2978] *Friedrich Lütge*, Deutsche Sozial- und Wirtschaftsgeschichte. Berlin 1952, S. 68.

[2979] *Schröder* und *v. Künßberg*, Lehrbuch der deutschen Rechtsgeschichte[6]. S. 210. – *Hans Planitz*, Germanische Rechtsgeschichte. S. 90. – *Haussherr*, Wirtschaftsgeschichte der Neuzeit. S. 45 und, im Register, S. 533.

[2980] Zum christlichen Heldenbuch s. oben. Dazu noch *Georg Schreiber*, Volksreligiosität im deutschen Lebensraum. Bei *G. Schreiber*, Volk und Volkstum, 1. München 1936; 1, S. 36–68, bes. S. 56.

furt a. M. seine „Ersten Gründe der Berg- und Salzwerkskunde"; es handelt sich dabei um eine vielbändige Ausgabe[2981].

Ein näherer Vergleich zu Agricola und ebenso zu dem Codex Ettenhardt, dem Schwazer Bergbuch von etwa 1556, das in deutscher Sprache niedergeschrieben ist, wird sich lohnen[2982]. Darüber hinaus mag man erwägen, ebenfalls eine Neuausgabe von Wagners Corpus iuris metallici zu veranstalten. Sie könnte die Forschung nur anregen und dürfte diese auf breitere Grundlagen stellen.

Eine weitausgreifende Interpretation der Bergwerksgeschichte fehlt. Solche Erläuterung muß aber den Quellen, der Eigenart und dem Brauchtum der jeweiligen Landschaft und der allgemeineren Geschichte des zuständigen Territoriums gerecht werden. Sie darf aber nicht in verallgemeinernden Schlüssen stehenbleiben, die sich so oft in der Gesellschaftskunde einfinden. Man nehme nur den Anbruch der Neuzeit. Bergbauliches Genossenschaftsleben im neugläubigen Erzgebirge bietet seit dem 16. Jh. manche Unterschiede zum altgläubigen Tirol.

Was das Ausmaß dieser tiefgreifenden Wandlung im sächsischen Raum angeht, besteht eine ernste Kontroverse zwischen *Otto von Gierke*, dem Altmeister des deutschen Genossenschaftsrechts, meinem einstigen Berliner Lehrer, und *Hermann Löscher*, dem eindringlichen Bearbeiter der erzgebirgischen Bergwerke[2983]. Gierke sieht für die erwähnte geistesgeschichtliche Wende nur den Verlust an Rechtsgewohnheiten und Brauchtum, die nach diesem Autor unweigerlich dahinsanken. Löscher dagegen ist der Meinung, daß sich vieles erhielt. Wir neigen zu der Auffassung von Löscher. Der volkskundliche Forscher ist es nun einmal gewöhnt, Relikte sorgsam

[2981] Andreaeische Buchhandlung.

[2982] Mehrere Exemplare dieses Codex sind im Ferdinandeum in Innsbruck (Signatur 4312, Bibl. Tirol. Ferdinandei). München besitzt ebenfalls diesen Codex unter Nr. 1203 C. germ. Ein ähnliches Schwazer Bergbuch ist im Klagenfurther Landesmuseum (Rudolfinum) vorhanden. Die Bezeichnung Ettenhardt'sches Bergwerksbuch stammt von *Sperges* in seiner Tiroler Bergwerksgeschichte, S. 228. Da der Autor unbekannt war, erfolgte dort die Benennung nach dem einstigen Besitzer eines dieser Codices. – *Schrauf* hat schon darauf hingewiesen, daß Agricolas Buch lebhaft gehalten ist, während bei Ettenhardt sich die „Subjektivität des Stiles" geltend macht; letzteres in einer stärkeren Annäherung an gewisse Züge der Renaissance. Schrauf wagt nicht zu entscheiden, ob Agricola als Vorbild für Ettenhardt diente. Aber Schrauf nimmt jedenfalls eine spätere Entstehung an. – Eine wertvolle Kennzeichnung des Codex Ettenhardt, die *Winkelmann* in der Ausgabe von 1956 vornahm, berührt die vorbildliche Stellung des Schwazer Bergbuches im Silbererzbergbau und die eindringliche Erörterung der Eigengerichte. Der Begriff der in der Forschung gelegentlich erwähnten Eigengerichte der Bergsynode ist noch zu klären.

[2983] Siehe das Literaturverzeichnis.

zu beachten. Nachzuprüfen bleibt, ob der Wandel nicht auch neue Lebensformen heraufführte. Denn die Volkskunde bucht gelegentlich nur die Verluste.

Was ist an sonstigen Forschungsaufgaben vorhanden, die sich mit dieser Abhandlung ergeben? Gewiß locken in Sachen des deutschen Bergbaus viele Geschehnisse und Fragestellungen. Von mehr als einer Wissenschaftsdisziplin, zugleich im Zeichen des Tagesgeschehens, kann man sich der Betriebsorganisation der Technik, dem Förderungsquantum, der Rentabilität, der Entflechtung und der Montan-Union zuwenden.

Daneben bestehen aber noch andere Untersuchungsmöglichkeiten. So könnte man selbst der Stellung deutscher Bergwerke zur Zeit früherer *Besatzungen* erst recht seit den Jahren nachgehen, die auf 1945 folgten. Dabei mag die persönliche Erinnerung mitsprechen, wenn ich daran denke, daß es nach 1945 nicht ganz leicht war, bei der englischen Besatzung das Wiedererscheinen der Zeitschrift „*Glückauf*" zu erwirken. Gründe für die Ablehnung wurden nicht angegeben. Auf meine Vorstellungen hin wurde schließlich die Genehmigung zum Wiedererscheinen erteilt. Weiter behandelt die Tagesliteratur Wohnung und Siedlung, nicht minder die heute so stark bewegenden Fragen des Nachwuchses. Junge deutsche Bergbaubeflissene arbeiten im südafrikanischen Johannesburg. Andererseits sind Ausländer im deutschen Bergbau. Man weiß, daß vor allem Japaner eingesetzt sind. Desgleichen zählt man Österreicher, Italiener, Spanier, Griechen. Zum weiteren schafft die Entwicklungshilfe, die sich jungen Ländern zuwendet, neue Aspekte.

Wiederum arbeiten, um ein anderes Gebiet zu berühren, Bergwerksdirektor *Fritz Lange* (Grube Hannibal, Hannover) und der ihm verbundene Bochumer Kreis, ebenso *Karl Thomas*, Direktor der Medizinischen Forschungsanstalt der Max-Planck-Gesellschaft in Göttingen, an der Erforschung der Silikose. Eine Arbeitsgemeinschaft dieser Gruppen ist aufbereitet. Zum Kapitel „Silikose" sind vor allem das Silikose-Forschungsinstitut der Bergbau-Berufsgenossenschaft, Bochum, Hunscheidtstraße 12, und die Berufsgenossenschaftlichen Krankenanstalten „Bergmannsheil", Bochum, Hunscheidtstraße 1, zu erwähnen. Aus beiden Stellen sind wesentliche Arbeiten auf dem Silikosegebiet hervorgegangen. Ferner möchte ich die Silikose-Forschungsabteilung der Gewerkschaft Rheinpreußen, Homberg/Ndrrh., Baumstraße 16 (Dr. E. Schiller), und das Staatsinstitut für Staubforschung und Gewerbehygiene, Münster (Westf.), erwähnen, da-an die Universität angeschlossen ist (Prof. Dr. H. Reploh und Dr. W. Klosterkötter). Ebenso empfiehlt es sich, dieserhalb mit dem Steinkohlenbergbauverein Essen die Fühlung aufzunehmen, insbesondere mit dessen Hauptstelle für Staub- und Silikosebekämpfung, Essen-Kray, Dortmunder Straße 151 (Leiter: Bergassessor a. D. K. Schulte). Mit diesen Kreisen verbindet sich das besondere Interesse des Bergassessors a. D. Heinrich Kost in Homberg am Niederrhein. Dieser Präsident der Zeche Rhein-Preußen hat in den Senatssitzungen der Max-Planck-Gesellschaft die Frage der Silikose-Bekämpfung wieder und wieder behandelt, in der auch G. Worth, der Leiter des Krankenhauses in Moers, eine führende Stellung einnimmt. Man soll diese Beratungen als Quelle für die Geschichte des Bergbaus heranziehen. Bislang geschah es nicht. Der Max-Planck-Gesellschaft bleibt für ihre Geschichte noch viel zu tun. Die Methode der Silikoseforschung wurde inzwischen entscheidend verbessert.

Ein weiteres. „Seit über sechs Jahren führt der westdeutsche Steinkohlenbergbau die Karteikarte ‚Tätigkeitsnachweis und Staubbelastung'. Sie enthält genaue Angaben über Dauer, Art und Ort der Tätigkeit des Bergmanns sowie über die an seinem Arbeitsplatz herrschenden Staubbelastungen. Die Karteikarte erwies sich bereits in diesem kurzen Zeitraum als ein wichtiges Instrument der gesundheitlichen Überwachung. Die Karte wird monatlich nachgetragen und ermöglicht eine sorgfältige Lenkung des Arbeitseinsatzes entsprechend den Ergebnissen der ärztlichen Untersuchungen[2984]."

Solche Vorgänge von heute legen einen Rückblick auf frühere Zeiten nahe, in denen sich bei Bergleuten Berufskrankheiten entwickelten. Schon der Tiroler Barockarzt Dr. *Hippolytus Guarinoni* (1571–1654) hat als Berufskrankheit der Schwazer Knappen die sogenannte „Bergsucht" beobachtet, ohne allerdings anscheinend sich selbst über diese Krankheit genauere Rechenschaft zu geben[2984a]. Jüngst aber hat *Erna Lesky*, Dozentin an der Universität Wien, die Arbeitsmedizin im Bergbau für das 18. Jh. behandelt. Näherhin hat sie sich dem Werksarzt und dem Bergarbeiter im Quecksilberbergwerk Idria zugewandt. Es ist eine der wenigen Studien, die dem Arbeitskreis des Max-Planck-Instituts für Arbeitsphysiologie in Dortmund inhaltlich nähertreten[2985].

[2984] Für die Gesundheit des Bergmanns. Karteikarte „Staubbelastung" als ein wichtiges Instrument (ohne Autorenname). In: Münstersche Zeitung, Münster (Westf.), 1. 5. 1961.

[2984a] *Franz Grass*, Hippolytus Guarinonius. Ein Vorkämpfer für deutsche Volksgesundheit im 17. Jahrhundert. Innsbruck 1954, S. 70. – *Ders.*, Dr. Hippolytus Guarinoni, Stiftsarzt und Stadtphysikus von Hall. In: Haller Buch. S. 401. – *Nikolaus Grass*, Das Haller Damenstift. S. 527.

[2985] Wien, Verlag des Notringes Wiss. Verbände Österreichs 1956, 77 Seiten.

Ebenso würde es sich nach der Seite der Forschung nahelegen, von den Fortschritten der Metall-Publikation des *Gmelin-Forschungsinstituts* der Max-Planck-Gesellschaft in Frankfurt a. M. (Direktor Prof. Dr. *Erich Pietsch*) zu berichten. Schrifttum über Gold, Silber, Kupfer, Platin, Uran usw. ist dort bibliographisch bearbeitet bzw. neu bearbeitet, mit einer Literatur, die ab 1750 vorhanden ist. Doch *ältere* literarische Daten sind neuerdings beigegeben, vor allem in der wertvollen literarischen Behandlung des Goldes, die selbst auf die altersgraue Zeit Ägyptens zurückgreift[2986]. Manche Anregungen bot auch die Teilnahme an den Kuratoriums-Sitzungen des Dortmunder Max-Planck-Instituts für Arbeitsphysiologie bei Prof. Dr. *Günter Lehmann* und für Ernährungsphysiologie bei Prof. Dr. *Heinrich Kraut*. Gerade an dieser Stelle tritt die erwähnte Wissenschaftsgesellschaft dem sozialen und medizinischen Bereich der Bergleute nahe.

Bei den historischen Betrachtungen ist noch das Bergbaumuseum in Bochum, Vödestraße 28, zu erwähnen, in dem viele geschichtliche Zeugnisse anschaulich und eindrucksvoll dargestellt sind. Dabei klingt die vergleichende Geschichte des Bergbaus bereits bemerkenswert an. Der Leiter, Museumsdirektor *Dr. H. Winkelmann*, hat seit Jahren die kostbare Sammlung ganz bedeutend gemehrt, gestützt auf die Vereinigung der Freunde von Kunst und Kultur im Bergbau e. V. Winkelmann ist zudem der verdienstliche Herausgeber der Zeitschrift „Der Anschnitt“, die eine erstaunliche Fülle bergmännischen Lebens bisher aufbereitete[2987]. Mehr als eine Landschaft wird bergbaulich neu erfaßt oder doch in wesentlichen Ergänzungen gesehen. Auch erloschene Bergwerke haben dabei manches zu berichten. Daten der Wiederaufnahme zeichnen sich ab, in Rauris wie in Schwaz. Dort, wo Flöze nachließen, erhielt sich vielfach die *Sage*. Sie hat den Bergbau Jahrhunderte umwittert, auch in volkserzieherischer Kraft. Sie zwingt den Historiker, auch ihre Überlieferung zu beachten. Sie wurde dabei zum Anwalt der Gerechtigkeit und der sittlich empfundenen Vergeltung.

Doch anderes sei noch berührt.

Die Quellen lassen sich für weitere Erkundungen noch bereichern. Das betrifft im besonderen die Münzen und Medaillen, die aus Veranlassung von Bergwerksjubiläen geprägt wurden, desgleichen jene Gedenkstücke, die frühere Geldsorten betrafen. Diese sind bald als Golddukaten ange-

2986 Gmelin-Handbuch der anorganischen Chemie. S. 1ff.

2987 Zahlreiche kleinere Beiträge bietet in diesem Zusammenhang immer wieder: Der Anschnitt, 1, 1949ff. (man vgl. dazu das Inhaltsverzeichnis der Jahrgänge 1–7, 1949–1955).

sprochen, bald als Silbertaler, bald als kleinere Münzen, vorab als Kupferstücke. Sie führen häufig genug die Ansicht eines Erzbergwerkes mit sich. Darüber hinaus wollen sie in Sachen jener Gedenksprüche beachtet sein, die den Gottessegen festhalten, auch die Schutzmacht von Volksheiligen. Später, in nachmittelalterlicher Zeit, treten die Dynastien stärker heraus. Eifersüchtig betonen sie den Bereich ihrer landesherrlichen Zuständigkeit. Da sind viele fürstliche Häuser zu nennen, so Österreich und Preußen, neben Wittelsbach auch Sachsen, Hessen und andere Territorien. Ebenso wollen die einstigen Kurfürsten genannt sein, nicht minder Hochstifte, wie Bamberg, Hildesheim und der Deutsche Orden, auch kleinere Dynasten.

Wir haben erste Zugänge zu diesen und anderen Bergwerksmünzen und Medaillen auch an der Hand der Sammlung Karl Vogelsang aus dem Jahre 1925 zu verzeichnen. Es ist die beste beschreibende und zugleich bildliche Übersicht dieser Art, die sich für den deutschen Raum ergibt. Diese Sammlung bietet natürlich viel Zufälliges. Sie muß von den verschiedensten Landschaften her ergänzt werden. Eine wertvolle Zugabe bietet der der Sammlung Vogelsang beigegebene Katalog solcher Werke aus dem deutschen Sprachraum. Überdies ist auch das Ausland beachtlich berücksichtigt[2988].

Von seelischen Ursprüngen und Motiven des Bergbaulichen, von ethischem Einschlag seines Genossenschaftswesens, von beruflicher Haltung des Schaffenden ist an Hand von Quellen und manchen ungedruckten Zeugnissen, ebenso vom Standort der weitschichtigen Literatur, noch manches zu behandeln. Dabei begleitet uns auch das Irrationale und Transzendentale, also eine heimische und offene Metaphysik, die das Bergwerk jenseits aller Rentabilität seit Jahrhunderten mit sich führt. Schon der Bergarbeiterführer *Otto Hue* († 1922)[2989], der auf der Konferenz von Spaa (5.–6. Juli 1920) die lebensnotwendigen Interessen des deutschen Bergbaues gegenüber der Entente mannhaft und vorbildlich vertrat, hat sich der „geistigen Verfassung des Bergvolkes“ bemerkenswert zugewandt[2990]. Hue

[2988] Sammlung Vogelsang. Man vergleiche die Literaturübersicht vor S. 1. – Der Münzenhandlung Peus, Inhaber Herr Dr. Peus, Frankfurt a. Main, habe ich für freundliche Hinweise zu danken. – Bereits früher erschien *Bidermann*, Von Bergwerks-Münzen (Bildern). Freyberg 1753. – Wertvolle Hinweise verdanke ich Herrn Landesverwaltungsrat Prof. Dr. Peter Berghaus, Münster (Westf.).

[2989] *Johann Mugrauer*, Otto Hue. Westf. Lebensbilder, Sonderreihe Rhein.-Westf. Wirtschaftsbiographien, Bd. 1. Münster 1932, S. 160–175.

[2990] *Otto Hue*, Der Bergarbeiter, 2 Bde. Stuttgart 1910–1913; 1, S. 1744ff. – Manche zeitgenössische Ergänzung bei *Lorenz Pieper*, Die Lage der Bergarbeiter im Ruhrgebiet (Münchener volkswirtschaftliche Studien, hg. v. Lujo Brentano und Walther Lotz, H. 58). Stuttgart u. Berlin 1903. Dazu Kölnische Volkszeitung, Nr. 1061, v. 18. 12. 1903.

sind allerdings manche Quellen entgangen. Sein Werk, vorab ein Beitrag zur Sozialbewegung, verlangt gewiß an mehr als einer Stelle notwendige Ergänzungen und heute neue Fragestellungen. Gleichwohl ist die Frische der Beobachtung und der offene Blick für manche und bedeutende Bereiche des Bergbaues bei diesem Autor durchaus anzuerkennen. Jedenfalls verdient sein Leitmotiv dauernde Beachtung, daß man den Menschen stärker in den Mittelpunkt der Ergründung und Wertung stellen möge.

Die starke Stellung des Slawentums im Osten bringt für die Geschichtswissenschaft für heute manche neue und weitere Fragestellungen. Man wird neben der Germania sacra sich um eine *Polonia sacra* kümmern müssen. Wertvolle Hinweise kann man bereits aus der vorliegenden Literatur für die Gründungsgeschichte der Zisterzienser und deren bergbauliches Interesse gewinnen[2991]. Außerdem bleibt noch viel Archivalisches aufzuarbeiten, eine Feststellung, die bereits ein Blick auf die Geschichte des Benediktinerstifts Lubin nahelegt[2992].

Unsere Darstellung hat verschiedentlich auf die Anstalten der Religiosenverbände als Besitzer von Bergwerken hingewiesen. Ob über den Kreis der Benediktiner, der Zisterzienser, der Augustinerchorherren hinaus noch Mitglieder anderer Genossenschaften als Bewirtschafter des Bergsegens anzusprechen sind, sei dahingestellt. Wir überlassen diese Aufgabe der örtlichen Forschung. Im besonderen ist aber der Initiative der von Citeaux ausgehenden Weißen Mönche zu gedenken, aber auch Kartäuser haben sich eingeschaltet. Doch hat die ordensgeschichtliche Literatur sich bislang viel zu sehr zurückgehalten.

Bislang orientierte sich die Forschungsaufgabe an der Weitergabe von Ideen und Einrichtungen der *Reformation.* Gewiß notwendige Untersuchungen, die Umwandlungen heraufführte. An die Stelle geistlicher Grundherrschaften oder doch an die Seite anderer Bergwerksinhaber traten Dynastien wie das Zähringisch-Badische Fürstenhaus, wie die Fürstenbergs in Donaueschingen, wie die Häuser Stolberg und Solms. Aber es muß ebenso herausgestellt werden, welche Verluste im 16. Jh. und in der Säkularisation heraufgeführt wurden. Wo blieben Dutzende von geistlichen Grundherrschaften zwischen der Saale und Oder einerseits und der Weichsel und der Düna andererseits? Es genügt nicht festzustellen, daß sich als Erben Ritter-

2991 S. unten.

2992 *Joseph Paech,* Die Geschichte der ehemaligen Benediktinerabtei Lubin von ihrer Gründung bis zu ihrer ersten Zerstörung im Jahre 1383. Münstersche kath. theol. Diss. 1908; vollständig in den Studien und Mitteilungen aus dem Benediktiner- u. Cistercienser-Orden, XIX (1908); auch Brünn 1908.

gutsbesitzer und Junker sowie spätere Mitglieder des preußischen Herrenhauses einfanden, die die spätere Ansiedlungskommission (1886–1914) stützten; daß sich andererseits deutsche Herrenhöfe in Westpreußen und in Posen, in Litauen, Lettland und in Estland ausbildeten.

Es reicht zum weiteren nicht aus, daß sich auf der Grundlage der Hanse Seeschiffahrtsplätze in Riga und in Reval erhielten. Was bei der Wandlung dieser geistlichen Grundherrschaften in kommenden Zeiten fehlte, war der bodenverwurzelte Konvent. Dieser bezeichnete nicht nur zahlenmäßig die stimmberechtigten Mitglieder eines Stiftes oder eines Klosters. Diese Konventualen gaben sich, wenn auch andere Nationalitäten einbezogen waren, als geballte deutsche Genossenschaftsenergien. Sie führten das Zuvertrauen mit sich, aus eigener Kraft sozialschöpferisch, wirtschaftsmächtig und kulturproduktiv tätig zu sein. Konversen fanden sich in deutschen Bergwerken ein. Sie stützten sich dabei auf jene unersetzlichen Erfahrungen, die nur Jahrhunderte einzuhändigen vermögen. Diese hier angedeuteten Verluste in den erwähnten Ostgebieten waren recht bedeutend, was die wirtschaftliche Sicht betrifft. Doch es ergeben sich für den Historiker andere Blickpunkte, die stärkste Beachtung gebieterisch verlangen.

Wenn man von wirtschaftsgeschichtlichen Studien absieht, hat die preußische Geschichtsschreibung sich weniger um den Bergbau als eine Grundlage politischer Herrschaftsentwicklung gekümmert. Ganz anders lag es in Österreich. Dort ist bei den Historikern das Verständnis verhältnismäßig früh aufgebrochen, daß mit dem ergiebigen Bergbau an Gold, Silber und Kupfer, auch mit der Erschließung von anderen Metalladern (besonders Blei und Quecksilber) die Entwicklung Österreichs zum Großstaat namhaft begünstigt wurde. Ein einsichtsvoller bergbaufreundlicher Regent wie Maximilian I. steht hier als Vorbild unter den europäischen Fürsten. Alpine Bergwerke in Steiermark, Kärnten, erst recht in Tirol untermauerten die Vorzugsstellung von Innsbruck und Wien. Schöpferische Bergordnungen, die selbst die Schweiz im späten Mittelalter beeindrucken, verstanden, den Bergsegen zu bewältigen. Es gelang Kursachsen nicht, seine Metallschätze in jene Großmachtstellung zu überführen, die sich am Inn und an der Donau abzeichnete. Es kam in diesen Stromgebieten früh zu einer Verstaatlichung des Salzhandels und Quecksilberhandels[2993]. Früh entwickelten sich ebenso zwischen Etsch, Drau und Salzach wichtige Straßenzüge, darunter die Eisenstraße und Salzstraße[2994]. Unersetzliche alte Römerstraßen und mittel-

[2993] *Tremel*, Frühkapitalismus. S. 146, 151.
[2994] Ebd., S. 96.

alterliche Weinstraßen und Pilgerwege, ebenso die Marschlinien der expeditio Romana, stellten sich überdies zur Verfügung. Venedig blieb für Jahrhunderte ein Absatzgebiet ersten Ranges. Die großen Kaufleute oberdeutscher Städte haben als Gewerke die Bergwerke in den Alpentälern wesentlich mitentwickelt, im silberreichen Schwaz wie der Kärntner Fuggerau, bis die Krisen des 17. Jh. einsetzten.

Dabei war es allerdings notwendig, den Wettbewerb der geistlichen Bergwerkseigentümer zurückzudrängen. Das aber war ein Fragenbereich, den Preußen überhaupt nicht kannte. Ein Stift Admont, das eine Konkurrenz für den preußischen Staat im Metallbau und in der Salzgewinnung bedeutet hätte, war im Norden nicht bekannt. Eine gewisse Konkurrenz hätten in Norddeutschland die Zisterzienser aufbringen können, aber deren erstaunliche wirtschaftliche und technische Erzeugungskraft war mit der Glaubensspaltung im Norden gebrochen. In Österreich wurde dagegen mit der Gegenreformation die Stellung der Habsburger im Bergbau ganz wesentlich gekräftigt, trotz der Abwanderung von Adligen, von Bergknappen und Bürgern. So rückte das Bergwerk und die Saline in die große Politik, eine Entwicklung, die Preußen nicht kannte. Solche Linien wurden im merkantilistischen Zeitalter heraufgeführt, die im Absolutismus endigten. Für die österreichische Entfaltung hat *F. Tremel* recht bemerkenswerte Daten vorgelegt. Aber es fehlen noch manche Hinweise auf die Anfänge staatlicher Sozialpolitik. Für die Herausarbeitung der habsburgischen Bergbaupolitik liegen im übrigen sonstige Vorarbeiten vor, die auf ihre Fortsetzung warten.

Ein Wort noch über den ausreisenden Bergmann. Es erfolgten *Wanderungen* mitteldeutscher und Tiroler Bergleute in andere europäische Räume und selbst nach Übersee. Die Literatur zum Auslanddeutschtum hat solche Wanderungen bereits beachtlich festgehalten. Heute aber ergibt sich die andere Fragestellung, ob diese Abgabe an Volkskraft, an Volkskönnen, an Volksvermögen nach draußen nicht zu stark war. Man fragt sich in der Tat: Haben wir Deutsche uns in den verschiedensten Jahrhunderten nicht allzu freigebig gegenüber dem Ausland betätigt? Man hat diese opferwillige Hingabe, man hat diesen großen Einsatz an Wissen und Energie, die in außerdeutsche Gebiete strebten, als eine Vorzugsstellung und als eine Wesenseigentümlichkeit betrachtet. An dieser Stelle zeigt es sich, daß die Geschichtsforschung und Sozialforschung eine ernste Nachprüfung von der deutschen Gegenwart empfängt. Vor Jahrzehnten war es *Walter Götz*, der Leipziger Historiker und deutsche Parlamentarier, der mit dem Deutschen Auslandsinstitut in Stuttgart, ferner mit dem Verfasser dieser Abhandlung diesen Fragenkreis durchsprach, um größere und weiter ausgreifende Forschung zum volksdeutschen Raum vorzunehmen. Damals drängte der Verfasser dieses Buches, der an den Arbeiten des Auslands-Instituts beteiligt war, bereits, die Bergarbeiter mit einzubeziehen. Einiges ist gewiß in der Weimarer Zeit aufgearbeitet[2995]. Anderes ist aber bei den gewaltigen politischen Erschütterungen liegen geblieben. Und doch lockt nach wie vor das Neuland der Bergbauforschung. Letzteres bedarf allerdings einer stärkeren politischen Umrahmung. Es war ein schwerer Fehler, daß der preußische Ministerpräsident Otto Braun die Minderheitenschule für die Polen in Schlesien ablehnte. Es betraf hochwertige Bergbaugebiete. Stresemann erlebte deswegen scharfe Angriffe in den Kreisen der Völkerbundligen[2996].

Eine Weiterführung der von W. Götz aufgestellten Planungen bot *Fritz Valjavec* mit seiner Geschichte der deutschen Kulturbeziehungen zu Südosteuropa[2997]. In dieser Linie steht auch neuerdings die Studie von Günther Freiherr von Probszt über das deutsche Personal der niederungarischen Bergstädte[2998].

Besondere Aufmerksamkeit verlangt in Sachen des Bergbaus die Zisterziensergeschichte des *Mittelalters*. Die schöpferische Art dieser Weißen Mönche kennzeichnete sich auch in der Förderung der Bergwerke. Wir teilten oben einen Fall aus östlichen Gebieten mit[2999]. Dieser verlangt aber noch weitere Umrahmung.

Dort, wo weltliche und geistliche Grundherren als Eigentümer oder Pächter von Bergwerken nachzuweisen sind, ist es notwendig, die jeweiligen Lagerstätten an Metall sorgsam zu überprüfen. Der allgemeinere Hinweis auf Erzgruben ist näherhin zu ergründen, inwieweit es sich um Kupfererze und Silbererze und um andere Metalle handelt. Nicht immer sind die Quellen mitteilsam. Die bisherige bergbauliche Literatur ist für solche Angaben noch wenig aufgeschlossen. Eine Ausnahme bildet die Bergbaugeschichte einiger sächsisch-thüringischer Zisterzienser Abteien, die *Spieß* vorgelegt hat[3000].

Als Aufgabe der Forschung ist noch zu erwähnen, daß vielerorts die *Abstammung* der Bergleute und überhaupt des gesamten Bergpersonals noch

[2995] S. oben das Vorwort.

[2996] *G. Schreiber*, Zwischen Demokratie und Diktatur. Im Register, S. 144, unter „Braun"; ferner S. 135f.

[2997] München 1953.

[2998] München 1958.

[2999] S. oben.

[3000] Oben erwähnt. Der Anschnitt, Jg. 11, Nr. 3, S. 13–16. Weitergeführt bei *Spieß* in den Analecta Cisterciensia, wie oben mitgeteilt.

zu untersuchen bleibt[3001]. Dabei dürfte für das Mittelalter die führende Stelle von Tirol hervortreten, das seine geschulten Bergleute weithin abgab, oder zumindest noch Anregungen weitergab. So hat Bischof Leonhard Wyßmayer von Chur (1453–1458) ein besonderes Verdienst erworben, daß er in Graubünden den Betrieb von Bergwerken förderte. Den Sinn dafür hatte er allerdings aus Tirol empfangen[3002]. Ein typischer Fall.

Der altösterreichische Staatsrechtslehrer *Hermann Jos. Bidermann* hat die „Emporbringung" des ungarischen Bergbaus durch eingewanderte Tiroler Bergleute in vielen Fällen dargestellt[3003]. Auch nach Spanien wurden wiederholt Tiroler Knappen erbeten[3004].

[3001] Für das Ruhrgebiet ist manches geschehen. Vgl. *Brepohl*, Der Aufbau der Ruhrbevölkerung, passim. Ein Werk, das sich gänzlich diesen Fragen widmet. – Vgl. ferner das Kapitel über die Berggemeinde. Man denke auch an die Forschungen der modernen Soziographie, die sich der Industriegemeinde zuwendet.

[3002] *Mayer*, Geschichte des Bistums Chur, 1. S. 461. – Streitigkeiten unter seinem Nachfolger, dem Bischof Ortlieb von Brandis (1458–1491), über die Bergwerke von Bernina; ebd., S. 464. – Im Jahre 1486 muß der gleiche Bischof zugunsten von Österreich auf das Bergwerk in Fuldera verzichten; ebd., S. 474. Im Jahre 1474 kam es zu einer Lehensverteilung an Johann Schnabele mit fünf Bergwerken in Poschiavo auf fünf Jahre, mit der Verpflichtung, von allem Blei, Silber und Erz den Zehnten zu geben und überdies auf jede Mark gebrannten Silbers 2 fl. zu zahlen; ebd., S. 479. 1459 bestätigte Kaiser Friedrich III. dem Bischof Ortlieb alle Gold-, Silber-, Kupfer- und Eisenbergwerke, die dem Hochstift von altersher gehörten, und darüber hinaus belehnt er ihn mit allen Bergwerken, welche im Gebiet desselben liegen, doch die Rechte des Hauses Österreich behält er sich vor; ebd., S. 485. Manche Lehen wurden zurückgegeben. So übergibt 1496 Johann Planta zu Zernez dem Bischof von Chur unter Verzicht auf jegliche Lehenschaft und Gerechtigkeit die Bergwerke zu Schuls, Fuldera und Martinsbruck; ebd., S. 494. – Zum bergbaulichen Interesse des Erzherzogs s. neuerdings *Kramer*, *von Gschließer* und *Mutschlechner*, Erzherzog Johann und Tirol. S. 107. Dieser Erzherzog war Protektor des Geognostisch-montanistischen Vereins; S. 107. Gegenstand seiner Obsorge war das 1823 gegründete Museum Ferdinandeum in Innsbruck. Er kümmerte sich um die Errichtung einer Bergbau- und Schürfgesellschaft zwecks Wiederbelebung des tirolischen Bergbaues. Berührt wurde die Auswanderung von Tiroler Bergleuten nach Brasilien, S. 129. Die Korrespondenz in Sachen des Geognostischen-monastischen Vereins bei Mutschlechner; S. 125ff. Die 2. Generalversammlung am 30. 5. 1840 unter Vorsitz des Erzherzogs. Die dritte Generalversammlung am 12. 5. 1841. Die vierte Generalversammlung 1842 im Sitzungssaal der Stände Tirols. In der fünften Generalversammlung am 6. 5. 1843 wieder der Vorsitz des Erzherzogs, desgleichen die sechste Generalversammlung am 7. 5. 1844. Dort weitere Daten. – Ferner s. *E. Tremel*, Erzherzog Johann und der Bergbau. In: Zeitschr. des Hist. Vereins für Steiermark, Sonderband 4. Graz 1959, S. 49–53. – *H. Apfelbeck*, Erzherzog Johann und das Bergwesen. In: Berg- und Hüttenmännische Monatshefte, 104, 1959, S. 94–100.

[3003] Vgl. *H. J. Bidermann*, Zur Geschichte der Wechselbeziehungen zwischen Ungarn und Tirol. In: Archiv für Geschichte und Altertumskunde Tirols, 2. Jg. Innsbruck 1865, S. 296–304.

[3004] *Nikolaus Grass*, Tiroler in Spanien. In: Gesammelte Aufsätze zur Kulturgeschichte Spaniens, hg. v. Johannes Vincke. Freiburg i. Br. Im Druck. Festgabe für G. Schreiber.

Der Frage nach dem Woher schließt sich das *Wohin* an. Es betrifft die Abwanderung in andere Bergbaugebiete. Zu Zeiten fanden sich strömende Bewegungen ein, wenn neue Bergschätze erschlossen wurden. Mit der Freizügigkeit wurde es ernst. Die gegenseitige Befruchtung ist bereits von der Bergmannssage festgehalten, die allerdings noch einer ausgreifenden vergleichenden Bearbeitung harrt.

Zur Binnenwanderung trat die Ausreise in außerdeutsche Länder und selbst nach Übersee. Dazu ist die *Vornamengebung* der Bergknappen nachzuprüfen. Es wird nicht leicht sein, diese herauszuarbeiten. Immerhin gibt es Pfarrbücher, Taufmatrikel, Patenscheine und ähnliche Hinweise, um diese Fragen zu beantworten, da die Zeugenlisten in Urkunden nicht viel erbringen können. Man muß immer daran denken, daß der Bergbau sich nicht in den Städten vollzog, die mit solchen Belegen besser vertraut waren.

Wenn in deutschen Landschaften *Namenbücher* geschaffen werden sollen, wie das in neuerlichen Konferenzen zum Ausdruck gekommen ist, wird man kritisch bemerken dürfen, daß manche Vorstudien zu leisten sind. Vorab ist es erwünscht, die Vornamen stärker zu bearbeiten. Vor allem in Hinsicht auf bestimmte Berufsschichten. Dabei werden gerade die Vornamen der Bergleute nachzuprüfen sein. Wer schon jetzt das Werk von *Wolfstrigl-Wolfskron* für die Tiroler Erzbergbaue einsieht, stößt bei Gewerken und bei Bergknappen auf Vornamen, die auch in Stollenbezeichnungen wiederkehren. Dabei seien nur erwähnt Erasmus, Nikolaus, Daniel u. a. Im besonderen ist nachzuprüfen, inwieweit diese Bergleute ihren Taufnamen von dem Kirchentitel ihres Pfarrbezirkes ableiten. Man wird in Einzelheiten darauf achten müssen, inwieweit speziell Metallheilige hervorgekehrt wurden, desgleichen Diözesanpatrone wie Vigilius und Rupert in Tirol und Salzburg.

Zu mehr als einem Vergleich lädt das ständische *Handwerk* ein. Dort findet sich auch das Motiv, daß der Geselle an konstruktiver Leistung den Meister übertrifft. Ähnliches berichtet die Sage von der Kanzel im Freiberger Dom. Die Freiberger Bergwerke hatten nach diesem Sagenstoff einen solchen Reichtum, daß sie den Dom mit Kunstwerken zierten. Es ergab sich ein Wettbewerb zwischen dem Meister und seinem Gesellen, wer die kunstreichste Kanzel ersann. Der Geselle übertraf den Meister. Dieser wurde zornig und erschlug seinen geschickten Gesellen. Die Sage und die Geschichte wissen darum, daß die Kanzel des Gesellen heute noch im Freiberger Dom steht. Sie ist als kostbare Tulpe gestaltet.

Ein anderes noch. Die vorliegende Abhandlung bringt zahlreiche Ergänzungen zu *Bächtold-Stäublis* „Handwörterbuch des Aberglaubens". Bei einer Neubearbeitung ist es möglich, manche neue Stichwörter in Hinsicht auf den Bergbau einzufügen, desgleichen für andere Artikel manche Zusätze zu notieren. Es braucht ja kaum ausgeführt zu werden, daß diese volkskundliche Enzyklopädie mit ihrem letzten Band recht reformbedürftig ist; daß zum anderen vieles, bei aller Würdigung der monumentalen Anlage, übersehen ist, was die historische Volkskunde betrifft. Die Nachbarwissenschaften sind nicht genügend berücksichtigt. Vergebens sucht man in der ersten Hälfte der Erscheinungsbände den Namen *A. Franz*, was die Untersuchungen über die Messe und damit auch über den verschütteten Bergmann und dessen Totenmemorie betrifft[3004a]. Dazu ist die Titelgebung dieser Enzyklopädie durchaus verfehlt. An anderer Stelle haben wir verschiedentlich im Laufe der letzten Jahrzehnte darauf hingewiesen, daß es besser wäre, die Bezeichnung Aberglaube durch Volksglauben zu ersetzen. Die Beschäftigung mit der Geschichte des Bergbaues wird zum Anlaß, diese kritische Auffassung noch einmal nachdrücklich herauszustellen.

Kann man mit der vorliegenden Abhandlung bereits manche Lücken bei Bächtold-Stäubli schließen, so gelten solche Beobachtungen auch für die benachbarten sozialwissenschaftlichen, kunstwissenschaftlichen und theologischen Enzyklopädien. Ein Artikel „Bergwerk" fehlt im Reallexikon zur deutschen Kunstgeschichte, während das Lexikon für Theologie und Kirche die Stichworte „Bergwerk und Bergwerkspatrozinium" verzeichnet[3005]. Der Bergbau gestattet ja für die Kultgeschichte, Hagiographie und Heortologie, ebenso für das Genossenschaftswesen völlig neue Ausblicke. Das betrifft ebenso den Freigrübler und die Freizügigkeit, nicht minder die straffe Organisation des Silberbergbaues, der seine Hände auch auf die Wasserkraft wie auf den Waldbesitz legt. Hieß es im 19. Jh.: „Eisenstein reist Kohle", so hieß es am Eingang der Neuzeit, wenn wir eine neue Formulierung anwenden dürfen: „Eisenerz greift nach Holz und Bach." Die deutsche Landschaft außerhalb der Ringmauern der Städte zeigt somit in vielen Bezirken ein besonderes Gesicht.

Noch ein weiteres. Wo immer man den Bergbau deutscher Landschaften studiert, bedarf es des *Vergleiches*. Nach dieser Seite hin ist es in dem vorliegenden Band bereits versucht worden, Frühes und Spätes, Verwandtes und Gegensätzliches zu erörtern. Was immer wieder hervortritt, ist für die

3004a Das Anniversar wird zum neuen Leben.

3005 Bd. 2², S. 228ff.

Bewertung der Einzellandschaft die Führung in bergbaulicher Produktion, die sich in Tirol, aber auch in Kursachsen herausstellt.

Somit ist es die Gotik, näherhin die Spätgotik, die als quellend und hochproduktiv bezeichnet werden muß. Wer nun die Gotik als Zeitstil und als Kulturkraft des mittelalterlichen Lebens untersucht, hat ihre verschiedensten Inhalte, ihre geistig-seelische Ausrichtung, im besonderen jenen gewaltigen Aufwärtsbetrieb aufzuschließen, der ihre Wesenheit überwältigend darstellt. In diese Zusammenhänge ist nunmehr auch das *Bergwerk* einzubeziehen. Es tritt mit seinen Menschen als selbständige Erscheinung und als Eigenwert neben die Kathedralen und Rathäuser, die jenem Zeitalter die charakteristische Silhouette einhändigen. Schwaz und Gossensaß, Annaberg und Joachimsthal, Kuttenberg und Iglau wollen als verwandte Größen neben dem Straßburger Münster, neben dem Chorinnern von St. Lorenz in Nürnberg, neben der Plastik des Bamberger Domes und neben der gotischen Tafelmalerei genannt sein. Die kultisch gewandte Benennung der Gruben wirkt wie die Akklamationen des Wechselgebets einer Litanei. Nicht mehr und nicht weniger. Volksreligiöses, Heimatliches und Heimliches umspielt das Bergesinnere. Die Legenda aurea und mit ihr die Passio tritt nicht nur zum Volksschauspiel, sondern auch zum Mundloch des Stollens. Sie erinnert an die altchristliche Verurteilung ad metalla, so an den Bergwerkssklaven Clemens Romanus, an die Turmjungfrau St. Barbara, ebenso an St. Erasmus, den Freund der Haspler.

Ein mittelalterliches Element waren die Knappenfeiertage, also Tage einer Arbeitsruhe, die liturgisch bedingt waren. Hier und da ist eine Übersicht über diese Zeiten der Arbeitsruhe festgehalten. Das betrifft vor allem den oberdeutschen Raum. Was aber noch fehlt, ist eine Sicht auf diese Arbeitsruhe für sämtliche Territorien, die Bergwerke in sich schlossen. Natürlich schuf der Übergang vom Mittelalter zur Neuzeit von vornherein gewisse Zäsuren. Als neue Momente der Entwicklung wollen die Gegenreformation berücksichtigt sein, ebenso allerdings die Wünsche der Knappen, die darauf drängen, die Zahl dieser Feiertage zu erhöhen. Es kommt zu ernsten Auseinandersetzungen mit den Landesgewalten. Die Gewerken stehen im allgemeinen auf Seiten der Landesfürsten. Für diese Zusammenhänge und Spannungen eine eingehendere Nachprüfung für sämtliche Territorien des deutschen Sprachraums zu besorgen, ist eine dringende Notwendigkeit. Dabei bedarf es der Mithilfe der Liturgiewissenschaftler und der Heortologen.

Es legt sich für solche Zusammenhänge ein vergleichendes Studium der *Bruderschaftsstatuten* nahe. Sie erleben eine einseitige Wertung, wenn sie nur als Konfraternitäten gewürdigt werden, die dem Bergbau zugehören. Inwieweit sich bei diesen Genossenschaften Einwirkungen von anderen nichtbergbaulichen Bruderschaften abzeichnen, will noch ergründet sein. Im allgemeinen hat das Mittelalter einen Sinn für Verwandtes und Gleichstrebendes aufgebracht, wobei immer noch Stiftungsgemäßes und Regionales sich geltend machen können. Dabei ist der Einwirkung der städtischen Bruderschaft auf das ländliche Bergwerk zu gedenken. Doch betonte der Bergbau wieder und wieder eine unverkennbare Originalität.

Zu allem tritt die *Sage*, die ein unverkennbares Ethos mit sich führt. Sie fordert die Gerechtigkeit. Sie straft den Frevler. Sie beschenkt die Armen. Sie bekundet einen hohen volkserzieherischen Wert. Diese bergbauliche Entwicklung zeigt in der Tat überraschende Parallelen in der zünftlerisch ausfahrenden und in der gotisierenden Art des Mitarbeiterkreises, vom Bergmeister angefangen bis zum letzten Bergjungen. Auch jene Harmonisierung macht sich geltend, die die gotische Architektur auszeichnet, wenn im allgemeinen das Verhältnis von Gewerken und Bergknappen erwähnt wird. Gewiß, die Kasuistik des Alltags weiß von unterschiedlichen Auffassungen. Sie kennt Streitigkeiten im Kampf um den Nahrungsspielraum und überhaupt über die Bergmannsexistenz. Gleichwohl ist es unverkennbar, daß sich die Grundlinie einer gemeinschaftlichen Verbundenheit und Aktion überragend herausstellt. Die schwere Arbeit in der Gefahrenzone des Bergwerks, die Notwendigkeit einer ergiebigen Förderung, die Zielstellung einer entsprechenden Rentabilität verband beide Teile. Es kam hinzu jenes bedeutsame Moment, daß sich beide Gruppen wahlverwandt fühlten im Stiftungswesen, im sozialkaritativen Empfinden, in repräsentativen Begegnungen des Festwesens. Gewiß fand sich dann im Anbruch der Neuzeit religionspolitisch und kirchenpolitisch eine entschiedene Trennung in der Ideenwelt und in der geistig-seelischen Haltung ein. Gleichwohl führten sich mittelalterliche Überlieferungen als unentbehrliche Grundlagen weiter, wenn auch in veränderten Lebensformen, wenn auch bei stärkerer Anteilnahme des Landesherren, wenn auch die Flöze zum Erliegen kamen. Für manche Teile des deutschen Sprachraums vorab in den Alpenländern, ist diese Kontinuität des Mittelalterlichen unverkennbar. Sie teilte sich noch dem 19. und 20. Jh. mit. Sie überantwortet dem Historiker von heute zahlreiche Forschungsaufgaben.

Was die Beziehungen des Bergbaus zu wechselnden Zeitaltern betrifft, will besonders vermerkt sein, daß das Bergwerk stark in der vorreformatorischen Forschung geprägt wurde. Wer die bisher vorliegenden Forschungen zu diesem Thema überprüft, wird feststellen müssen, daß die Einbeziehung der Bergleute noch nicht entsprechend erfolgt ist. Dabei handelt es sich um einen Erwerbsstand, ja um einen Berufsstand. Es ist aber ebenso festzustellen, daß auch die Reformationsgeschichte selbst an der Darstellung des Bergwesens und der Bergbeflissenen ein hohes Interesse nimmt. War doch Luther ein Bergmannssohn. Sind doch gerade die Bergordnungen selbst für das schöpferische 14. Jh. entscheidend, um aber im 15. und 16. Jh. ihre Fortsetzung zu erfahren. Dabei ist noch festzustellen, daß sowohl das vorreformatorische wie das reformationsgeschichtliche Zeitalter gleichzeitig die Blütezeit des Bergbaus in Silber und in Kupfer für Europa bedeutete. Gewiß ein Grund um dieses bedeutende Wirtschaftsgeschehen in die erwähnten Forschungsgebiete einzubeziehen. Um so mehr, da religiöse Bewegungen und sozialrevolutionäre Auffassungen des 16. Jh. den Bergbau nicht bloß interessierten, sondern auf das Tiefste bewegten. Noch die neueren Forschungen von *Hans Pirchegger* legen es nahe, die Zusammenhänge zwischen dem steirischen Protestantismus und dem Bergbau, im besonderen was die Tätigkeit der Adligen betrifft, schärfer herauszustellen, als es bisher geschehen ist[3006]. Für diese Beziehungen ist die Geschichte der Binnenwanderung im Schwazer Bergbau von einiger Wichtigkeit. So sind in die Bergwerksdistrikte Schwaz, Sterzing und Hall Knappen aus Sachsen gezogen worden. Diese Neuankömmlinge verbreiteten aber die Kunde von dem „neuen Evangelium", das in ihrer Heimat Gestalt gewonnen hat. Das Bruderhaus zu Schwaz wurde ein Mittelpunkt dieser nunmehr einsetzenden revolutionären Bewegung, die auch von sozialen Anzeichen begleitet wurde[3007]. Ebenso wurden die steirischen Spitäler zu Förderern des neuen Glaubens[3008]. Sie waren ja auch Mittelpunkte des Verkehrs in den Alpenstraßen[3009].

Weithin anzureichern ist nach allem auch die *Kulturgeschichte* des Bergbaus, gesehen vorab in seiner geistigen und gesellschaftlichen Betätigung. Das Bergwerk empfing in Diplomen und in Gesellschaftsverträgen. Neuer-

[3006] Pircheggers Schriftenverzeichnis und Autobiographie befinden sich in dem Sammelwerk *Nikolaus Grass*, Österreichische Geschichtswissenschaft der Gegenwart, Bd. 1. Innsbruck 1950, S. 77–87.

[3007] *Theodor Mairhofer*, Brixen und seine Umgebung in der Reformations-Periode 1520–1525. In: 12. Programm des k. k. Gymnasiums zu Brixen. Brixen 1862, S. 5.

[3008] *Amon*, Seckau. S. 355ff.

[3009] Vgl. *Tomek-Amon*, Seckau, 3. 1. S. 350f. – Über die Hospizforschungen von Arnold Pöschl siehe *Nikolaus Grass*, Arnold Pöschl und die Kirchenrechtslehre an der Universität Graz. In: Zeitschrift des Historischen Vereins für Steiermark. 52 Jg. Graz 1961, bes. S. 70.

dings machen sich Bestrebungen geltend, den Bergbau in Gemeineigentum zu überführen. Noch ist dieser Prozeß nicht abgeschlossen. Aber das gleiche Bergwerk weiß freigebig zu spenden. Seine Fruchtbarkeit sprach sich nicht nur in Förderungsziffern aus. Dort, wo der Bau verlassen wurde, also wo der Bergsegen erlosch, nahm sich die Sage, selbst das Märchen, dazu die Volkserzählung und die Dichtung noch seiner an. Die Volksphantasie wollte zu ihrem Recht kommen. Aber darüber hinaus verlangen Sitte und Recht, Staat und Wirtschaft, die Genossenschaft und der Freigrübler, die Kunst und die Volkskunst, ebenso das gefühlstiefe Lied und desgleichen die vor- und nachmittelalterliche Archäologie des Bergwerks auf weiten Strecken eine tiefere Ergründung. So ist der Höhle wie der Kaiserpfalz zu gedenken. Mehr als das. Daß sich in der Wertung der Knappenfeiertage als Ruhetage selbst neben der Arbeitshygiene die Liturgie und die Heortologie einfanden, ist kaum beachtet.

Was die Förderung der *Kohle* betrifft, so ist diese für das Mittelalter eigentlich weniger untersucht. Wohin man sieht, überwiegt die Auseinandersetzung mit dem Erzbergbau, soweit die Neuzeit in Frage kommt, weil ein Interesse an der Kohlenwirtschaft verhältnismäßig spät einsetzt[3010]. Die kulturgeschichtliche und sozialgeschichtliche Note ist weniger herausgearbeitet.

Es ist erst um das Jahr 1300, daß sich das literarische und öffentliche Interesse für die Steinkohle bescheiden weitete. Bis dahin regierte der Sinn für Silber, Blei, Kupfer, Eisenstein und sonstige Mineralien. In England war man schon länger auf neue Entwicklungen eingestellt. Das gleiche vollzog sich in Lüttich und Aachen. Von dort wanderte die Anteilnahme an der Kohle nach der Ruhr[3011].

Es ist das Verdienst von *H. Spethmann*, aber auch von Hömberg und anderen, hier weitere Linien eingezeichnet zu haben. Spethmann weist darauf hin, daß sich zum erstenmal im Jahre 1296 ein Hereinnehmen der Steinkohle im Süden der Stadt Dortmund vollzog. Dort habe das Gewerbe der Schmiede, die aus den anstoßenden Bergwäldern eingewandert waren, sich mit der Kohle nachdrücklich beschäftigt. In den nächsten Jahrzehnten will das Interesse an anderen Punkten im Tal der Ruhr bis nach Werden und Essen beachtet sein. Spethmann stellt ferner fest, daß die Ruhrkohle seit

[3010] Siehe etwa *Wilhelm Throm*, Kohlenwirtschaft. In: Staatslexikon, 4[6]. Freiburg 1949, Sp. 1116–1124. Siehe im übrigen die Zeitschrift „Glück auf“ (seit 1865).

[3011] *Hans Spethmann*, Forschungen zur Geschichte des Ruhrbergbaues, Buch I. Essen-Lübeck 1951, S. 202/03.

1347 die holzarmen Gegenden des Niederrheins versorgte. Die Schiffahrt mit Kohlen kräftigte sich damals, konnte sich aber nicht im entferntesten etwa mit der Schiffahrt mit Wein messen, die in Köln einen großen Heimathafen hatte, der gleichzeitig einer weit ausgreifenden Ausfuhr diente. Die Häfen am Rhein mußten noch jahrhundertelang warten, ehe sie die Ausfuhr und die Einfuhr von Kohlen als pathetisches Element erfuhren.

Weithin dehnen sich noch die Felder der Forschung, besonders wo man sich über das Bergrecht und die Geschichte der Technik erhebt. Selbst große Wissenschaftsgesellschaften sind diesem Forschungsbereich noch mit Zurückhaltung gegenübergetreten. Das Deutsche Museum, das ich als parlamentarischer Referent des Reichsetats beim Haushalt des Reichsinnenministeriums jahrelang betreuen durfte, ist namhaft in seiner Sammlung bergbaulichen Materials, weniger jedoch, trotz des anregenden Büchleins *E. Treptow* über die Kunst im Bergbau, in seiner Forschung.

Neuerdings geschaffene Professuren zur Geschichte der Technik könnten in einer größeren Konzeption der Max-Planck-Gesellschaft, wenn sie einmal vorgelegt wird, eine starke Stützung erfahren. Es ist in der Tat erwünscht, daß von dieser Wissenschaftsgesellschaft ein Programm für die Geschichte der von ihr betreuten Naturwissenschaft, Medizin und Technik vorgelegt wird. Es müßte auch die dort angegliederten Geisteswissenschaftlichen Institute erfassen. Historische Sicht aber kann stets zu starkem Zukunftswillen werden.

*

Manche Auslassungen über die derzeitige Lage des *Steinkohlenbergbaus* wirken wie eine Elegie, besonders wenn das Verhältnis zum Heizöl und zur Atomenergie erörtert wird. Noch sind manche Prognosen verfrüht, angesichts der fortschreitenden Kohlenveredlung. Man unterschätzt überdies neben anderen Momenten die fortzeugende geistig-seelische Kraft, die von Arbeit am Kohlenflöz ausströmt. Selbst wenn Teile des deutschen Bergbaus trotz der Rationalisierung und trotz der Werbung in Presse und Fernsehen in andere Gebiete abwandern sollten, was bereits in Bochum und andernorts geschah, behauptet sich noch ein unverlierbarer Besitz, also ein reicher Schatz von Erfahrungen. Man bedenke doch, daß die Beschäftigung mit der Kohle eine hochdisziplinierte Arbeiterschaft heraufführte, da sie das kostbare Erbe des *Erzbergbaus* übernahm. Jahrhunderte hochwertigen Montangeistes und Montanbrauchtums waren nicht umsonst. Diese Festigkeit hat sich schon siegesgewiß mitgeteilt bei Agricola und im Codex Ettenhardt. Diese Vorzugsstellung besang man schon im bergmännischen Volkslied und ebenso im Kunstlied. All das wirkt nach, auch heute noch.

Im vorliegenden Werk wurde versucht, die unzerstörbare Kraft der einstigen Erzstufe und ebenso neuzeitliche Verbindungslinien des Montanen herauszustellen. Dabei schritt farbiges Brauchtum einher, das aus seelischen Tiefen aufstieg. Es gibt sich heute noch als besinnliche Tat und als berufliche Repräsentation einer unverlierbaren Substanz[3012]. Letztlich aber wirkt das alles als Zeugnis des schöpferischen und tragenden deutschen Genossenschaftsgeistes. Gerade im Beruf der Bergbeflissenen hat dieser den Gipfelpunkt einer volksmächtigen Entwicklung erstiegen.

[3012] Es mehrt sich auch das Interesse der *Kunstwissenschaft*. Man nehme etwa den Aufsatz „die Heilige Barbara umgeben von Szenen ihres Martyriums". In: Mittelalterliche Miniaturen von der burgundischen Bibliothek zum Handschriftenkabinett der königlichen belgischen Bibliothek. Bilderläuterungen L. M. *Delaissé*. Vorwort von H. *Liebbaers*. Einführung von F. *Masai*. Köln 1959, S. 204-207 (Stundenbuch des Philipp von Kleve). – Für die Ergründung östlicher Stollennamen mag sodann Heinz *Skrobucha*, Meisterwerke der Ikonenmalerei, Recklinghausen 1961 einige Anregungen geben. Gewiß ist die von uns berührte Fragestellung nicht behandelt. Aber manche der angeführten Heiligen wollen berücksichtigt sein. In dem beigegebenen Literaturverzeichnis sähe man gern einen Hinweis auf das Pantokrator-Typikon des Basileus Johannes II. Komnenos, 1118-1143 (vgl. G. *Schreiber*, Gemeinschaften des Mittelalters. S. 10ff.). Ein Nachhall der östlichen Heilbringer noch bei Georg *Swarzenski*. Die Litanei Ludwigs des Deutschen in der Stadtbibliothek zu Frankfurt am Main, in Studien aus Kunst und Geschichte, Festgabe für Friedrich Schneider, S. 173-177. Der Verfasser hat allerdings dieses Wechselgebet aus der Handschrift (Lorsch) mitgeteilt, ohne sie zu verarbeiten. Sie ist einer Durchdringung und des Vergleiches wert. Sie zählt 536 Namen.
Medizinisch noch ein Letztes. In *Volderwildbad* bei Volders (Tirol) fließt die berühmte Heilquelle aus einem aufgelassenen Bergwerksstollen. Neben ihr hat man eine Kapelle zu den heiligen Ärzten Kosmas und Damian errichtet. Sie wirkt wie ein Gruß aus der Levante. – Zu der an anderer Stelle mitgeteilten Planung, im Ablauf der 1920er Jahre ein „*tirolisches Davos*" in Hochserfaus zu schaffen (Georg *Schreiber*, Deutschland und Österreich. Köln-Graz 1956, S. 44f.) sei noch ergänzt, daß man damals beabsichtigte, auch Ruhrbergleute als Patienten aufzunehmen.
Wolfram Fischer, Die Bedeutung der preußischen Bergrechtsform (1851-1865) für den industriellen Ausbau des Ruhrgebietes, Dortmund 1961.

XVI. Literaturverzeichnis

Adelmann, Gerhard, Quellensammlung zur Geschichte der sozialen Betriebsverfassung. Ruhrindustrie unter besonderer Berücksichtigung des Industrie- und Handelskammerbezirks Essen. 1. Bd.: Überbetriebliche Einwirkungen auf die soziale Betriebsverfassung der Ruhrindustrie (Publikationen der Gesellschaft für rheinische Geschichtskunde, LIV). Bonn 1960.

Agricola, Georg, Zwölf Bücher vom Berg- und Hüttenwesen. Hg. v. Karl Schiffner ²Düsseldorf 1953.

Albinus, Petrus A., Meisznische Bergk Chronica: Darinnen fürnemlich von den Bergkwercken des Landes zu Meissen gehandelt wirdt / wie dieselben nach einander auffkomen. Mit welcher vrsach vnd gelegenheit auch anderer benachbarten / vnd zum teil abgelegenen Bergkwercken / fast in gantz Europa, etwas gedacht wird / damit man sehe / wie die Bergkwerge nach einander belegt worden Vnd entlich von allen Metallen vnd Metallarien / Das ist: Den jenigen Erdgewechsen / so man zu den Metallis zu rechnen pfleget / welche im Lande zu Meyssen gefunden werden. Geschrieben durch Petrvm Albinvm M. Churf. Sächs. Registratorn vnd Secretarien. Dreszden M. D. XC.

d'Allemagne, Henry René, Histoire du luminaire depuis l'époque romaine jusqu'au XIXᵉ siècle. Ouvrage contenant 500 gravures dans le texte et 80 grandes planches hors texte imprimées en deux teintes. Paris 1891.

Allgemeine Deutsche Biographie, 56 Bde. München und Leipzig 1875–1912.

Amon, Karl, Die Steiermark vor der Glaubensspaltung (Ernst Tomek und Karl Amon, Geschichte der Diözese Seckau, Bd. 3). Graz-Wien-Köln 1960.

Andree, J., Bergbau in der Vorzeit. I. Bergbau auf Feuerstein, Kupfer, Zinn und Salz in Europa. Vorzeit, hg. v. H. Hahne, Bd. 2. Leipzig 1922.

Der Anschnitt. Mitteilungsblatt der Vereinigung der Freunde von... (später) Zeitschrift für Kunst und Kultur im Bergbau, hg. v. Heinrich Winkelmann. Jg. 1 ff. Bochum 1949 ff.

Apfelbeck, H., Erzherzog Johann und das Bergwesen. In: Berg- und Hüttenmännische Monatshefte, Jg. 104, 1959, S. 94–100.

Atz, Karl, und *Schatz, Adelgott,* Der deutsche Anteil des Bistums Trient, 5 Bde. Bozen 1902–1910.

Außerferner Buch (Schlern-Schriften, hg. v. R. Klebelsberg, Bd. 111). Innsbruck 1955.

Baader, H., Das Hüttenberger Reiftanzfest 1956. In: Der Anschnitt, Jg. 8, Nr. 3, 1956, S. 32/33.

–, Beim Salzsiedertanz in Schwäbisch-Hall. Ebd., S. 34.

Baader, Joseph, Nürnberger Polizeiordnungen aus dem XIII. bis XV. Jahrhundert. Stuttgart 1861.

–, Chronik des Marktes Mittenwald, seiner Kirchen, Stiftungen und Umgegend. ²Mittenwald 1936.

Bach, Adolf, Deutsche Namenkunde², Bd. II. Die deutschen Ortsnamen, 2 Teile. Heidelberg 1953f.
–, Deutsche Volkskunde. Wege und Organisation. Probleme. System. Methoden. Ergebnisse und Aufgaben. Schrifttum. ³Heidelberg 1960.
Bächtold-Stäubli, Hanns, Handwörterbuch des deutschen Aberglaubens, 10 Bde. Berlin u. Leipzig 1927–1942.
Barry, H., Die Harzer Bergkannen. In: Der Anschnitt, Jg. 3, Nr. 4, 1951, S. 4–10.
Barth, Médard, Der Rebbau des Elsaß und die Absatzgebiete seiner Weine, 2 Bde. Strasbourg-Paris 1958.
Bartock, Willy, Kasperl als Kumpel. In: Der Anschnitt, Jg. 7, Nr. 6, 1955, S. 24.
Bassermann-Jordan, Friedrich von, Geschichte des Weinbaus. 3 Bde. ²Frankfurt a. M. 1923.
–, Weinbau und Volkskunst. In: Volk und Volkstum, Jahrbuch für Volkskunde, hg. v. Georg Schreiber, Bd. 2. München 1937, S. 54–58.
–, Der Wein und die Medaille. Ebd., Bd. 3. München 1938, S. 127–146.
Bauerreiß, Romuald, Kirchengeschichte Bayerns, 5 Bde. St. Ottilien 1949–1955.
Baur, Johannes, Die Spendung der Taufe in der Brixner Diözese in der Zeit vor dem Tridentinum (Schlern-Schriften, hg. v. R. Klebelsberg, Bd. 42). Innsbruck 1938.
–, Volksfrommes Brauchtum Südtirols (Schlern-Schriften, hg. v. R. Klebelsberg, Bd. 192). Innsbruck-München 1959.
Baur, Martin, Geschichte von Sarmenstorf. Einsiedeln 1942.
Bax, Karl, Der deutsche Bergmann im Wandel der Geschichte ... Berlin 1941.
Bayer, Erich, (Hrsg.) Wörterbuch zur Geschichte. Begriffe und Fachausdrücke (Kröners Taschenausgabe, Bd. 289). Stuttgart 1960.
Beck, Hanno, Wilhelm Ludwig von Eschwege und der Bergbau Portugals und Brasiliens. In: Der Anschnitt, Jg. 7, Nr. 3, 1955, S. 9/10.
–, Alexander von Humboldt als Bergmann. Ebd., Jg. 8, Nr. 4, 1956, S. 7–9.
Beck, Hans, Siedlungs- und Verhüttungsplätze der Spätlatènezeit bei Trupbach. In: Siegerland, Jg. 12, 1938.
Beck, Ludwig, Die Geschichte des Eisens ... 4 Bde. 2. Aufl. Braunschweig 1891–1899.
Beck, Marcel, Die Patrozinien der ältesten Landkirchen im Archidiakonat Zürichgau. Phil. Diss. Zürich 1933.
Behaghel, Heinz, Die Eisenzeit im Raum des rechtsrheinischen Schiefergebirges. Phil. Diss. Marburg 1943.
Beissel, Stephan, Wallfahrten zu Unserer Lieben Frau in Legende und Geschichte. Freiburg i. Br. 1913.
Beitl, Richard, Wörterbuch der deutschen Volkskunde² (Kröners Taschenausgabe, Bd. 127). Stuttgart 1955.
Beiträge zur Geschichte, Statistik, Naturkunde u. Kunst von Tyrol und Vorarlberg. Hg. v. d. Mitgliedern des Ferdinandeums, v. Mersi, v. Pfaundler u. Röggel, Bd. 1. Innsbruck 1825.
Benz, Richard, (Hrsg.) Sanct Brandans Meerfahrt. Jena 1927.
Der *Bergbau* in den zehn Gerichten und der Herrschaft Rhäzünz unter der Verwaltung des Davoser Bergrichters *Christian Gadmer,* 1588–1618. Ein kulturgeschichtlicher Beitrag von Chr. Brügger von Churwalden, o. J.
Berliner, Rudolf, Die Weihnachtskrippe. München 1955.
Bernards, Speculum Virginum. Geistigkeit und Seelenleben der Frau im Hochmittelalter (Forschungen zur Volkskunde, hg. v. G. Schreiber, H. 36–38). Köln-Graz 1955.

Berning, Wilhelm, Das Bistum Osnabrück vor Einführung der Reformation (1543). (Das Bistum Osnabrück[1], Bd. 3 hg. v. Johannes Vincke). Osnabrück 1940.

Bertram, Adolf, Geschichte des Bistums Hildesheim, 3 Bde. Hildesheim 1899–1925.

Beschreibung der Eisenberg- und Hüttenwerke zu Eisenärz in Steyermark. Nebst mineralogischem Versuche von aldortigen Eisensteinen, und Beschreibung der Eisenstufen des gräzischen Naturalien-Kabinets. Mit Kupfertafeln. Wien und Leipzig, bey Christian Friedrich Wappler, 1788.

Beyerle, Konrad, (Hrsg.) Die Kultur der Abtei Reichenau, 2 Bde. München 1925.

Bidermann, J. G., Die Zweyte Abhandlung von Berg-Müntzen womit zu einigen öffentlichen Reden welche 1753. Dem Höchsterfreulichen AVGVSTVS'Tage zu Ehren in der Schule zu Freyberg Sollen gehalten werden, geziemend einladet M. Johann Gottlieb Bidermann, R. Freyberg, gedruckt mit Matthäischen Schriften. LV., Nr. 72.

–, Von Bergwercks-Münzen wird in etlichen Einladungschriften handeln und ladet gegenwärtig zu geneigter Anhörung derer Abschiedsreden zweyer Hoffnungsvoller Jünglinge gehorsamst ein. Freyberg, gedruckt mit Matthäischen Schriften, LIII. Freyberg 1753.

Bidermann, H. I., Zur Geschichte der Wechselbeziehungen zwischen Ungarn und Tirol. In: Archiv für Geschichte und Altertumskunde Tirols. 2. Jg., Innsbruck 1865, S. 296–304.

Binterim, Anton Josef, Die vorzüglichsten Denkwürdigkeiten der christ-katholischen Kirche, 7 Bde., Mainz 1825–1841.

Binz, Arthur, Edelmetalle. Ihr Fluch und ihr Segen. Berlin 1939.

Börsting, Heinrich, und *Schröer, Alois,* Handbuch des Bistums Münster 1940 (Bausteine zur Geschichte des Bistums Münster, hg. v. dem Bischöflichen Diözesanarchiv in Münster, Bd. 1). Dülmen (Westf.) 1943. 2. Aufl. 1946.

Böttger, Hermann, Gang der frühesten Besiedlung des Siegerlandes. In: Westfalen, Hefte für Geschichte, Kunst und Volkskunde. Münster, Bd. 19, 1934, S. 159–170.

–, Siedlungsgeschichte des Siegerlandes. Siegen 1951.

Bolte, Johannes, und *Mackensen, Lutz,* (Hrsg.) Handwörterbuch des deutschen Märchens (Handwörterbücher zur deutschen Volkskunde, hg. v. Verband deutscher Vereine für Volkskunde, Abteilung II, Märchen), Bd. 1 u. 2 (nicht mehr erschienen). Berlin u. Leipzig 1930–1933 u. 1934–1940.

Bongs, Rolf, Der Bergbau im Wort der Dichter, II: Annette von Droste-Hülshoff, Die Erzstufe. In: Der Anschnitt, Jg. 4, 1952, H. 4, S. 3–5.

Bothe, Friedrich, Gustav Adolfs und seines Kanzlers wirtschaftspolitische Absichten auf Deutschland (Frankfurter Historische Forschungen, hg. v. Georg Küntzel, H. 4). Frankfurt a. M. 1910.

Brasiello, Ugo, La repressione penale in diritto romano. Napoli 1937.

Brassert, H., (Hrsg.) Bergordnungen der Preußischen Lande. Köln 1858.

Braun, Joseph, Der christliche Altar in seiner geschichtlichen Entwicklung, 2 Bde. München 1924.

–, Tracht und Attribute der Heiligen in der deutschen Kunst. Stuttgart 1943.

Brepohl, Wilhelm, Der Aufbau des Ruhrvolkes im Zuge der Ost-West-Wanderung. Beiträge zur deutschen Sozialgeschichte des 19. und 20. Jahrhunderts (Soziale Forschung und Praxis, hg. v. der Sozialforschungsstelle an der Universität Münster, Sitz Dortmund, Bd. 7). Recklinghausen 1948.

–, Industrievolk im Wandel von der agraren zur industriellen Daseinsform, dargestellt am Ruhrgebiet (Soziale Forschung und Praxis, hg. v. der Sozialforschungsstelle an der Universität Münster, Sitz Dortmund, Bd. 18). Tübingen 1957.

Bresslau, Harry, Handbuch der Urkundenlehre für Deutschland und Italien, 2. Bd. 2. Aufl. Leipzig 1912.

Brinkmann, Hennig, Das religiöse Drama im Mittelalter. In: Wirkendes Wort, Jg. 9, H. 5. Düsseldorf 1959, S. 257–274.

Brück, Anton Ph., Der heilige Josef. Schutzpatron der deutschen Katholiken (1675) und der Kurpfälzischen Lande (1753). In: Archiv für mittelrheinische Kirchengeschichte, Jg. 7, Mainz 1955, S. 159–168.

Brügger von Churwalden, Chr. G., Der Bergbau in den X Gerichten und der Herrschaft Rhäzünz unter der Verwaltung des Davoser Berg-Richters Christian Gadmer, 1588–1618. Zürich o. J.

Brüning, Kurt, (Hrsg.) Handbuch der historischen Stätten Deutschlands, Bd. 2: Niedersachsen und Bremen (Kröners Taschenausgabe Bd. 272). Stuttgart 1958.

Buchberger, Michael (Herausgeber), Lexikon für Theologie und Kirche (LThK), Bd. 1–10. Freiburg i. Br. 1930–1938. 2. Aufl., hg. v. Josef Höfer und Karl Rahner, Bd. 1 ff., 1957ff.

Buchberger, Sigmund, Beiträge zur Volkskunde der Namengebung in Altbayern und der Oberpfalz. Von den Anfängen bis zum Jahre 1500. Landshut 1933. (Phil. Diss. Freiburg i. Br. 1933.)

Buchholz, Ernst Wolfgang, Der Ruhrbergmann von heute – soziologisch gesehen. In: Der Anschnitt, Jg. 6, 1954, H. 4, S. 3–5.

Buchner, Franz Xaver, Volk und Kult (Forschungen zur Volkskunde, hg. v. G. Schreiber, H. 27). Düsseldorf 1936.

Burckhardt, Jacob, Die Kultur der Renaissance in Italien, hg. v. Walter Goetz.[14] Leipzig 1925.

Burgstaller, Ernst, Krippenschnitzer unter den Salinenarbeitern im Salzkammergut. In: Der Anschnitt, Jg. 7, Nr. 6, 1955, S. 14–17.

Cancrin, Ludwig von, Erste Gründe der Berg- und Salzwerkskunde, Teil 12. Frankfurt a. M. 1791.

Chevalier, Ulysse, Répertoire des sources historiques du moyen Age. Topo-Bibliographie. 2ème partie. Montbéliard 1903.

Christliches Heldenbuch, Darinn Auff alle Tage deß gantzen Jahrs, der Auserwöhlte lieben HH. Gottes Bildtnußen, Sambt einen Summarischen Begriff ihres Lebens, Sonderlich zu nutz vnd trost aller Gottseligen Bruderschafften, so Monatlich ihre Heiligen Patronen wöhlen, fürgestelt werden. Mit Röm. Keys. Mt. Freyhe. München. In Verlag der Bruederschaft Vnser L. Frauen Verkhündigung 1692.

Clark, J. G. D., Prehistoric Europe. The economic basis. London 1952.

Clauß, Herbert, Lebendige Heimat- und Weihnachtsberge des Erzgebirges. Ein Nachklang mechanischer Künste des 16., 17. und 18. Jahrhunderts. In: Der Anschnitt, Jg. 8, Nr. 6, 1956, S. 9–16.

Clauss, J. M. B., Die Heiligen des Elsaß (Forschungen zur Volkskunde, hg. v. Georg Schreiber, H. 18/19). Düsseldorf 1935.

Clemen, Paul, Die gotischen Monumentalmalereien der Rheinlande. Düsseldorf 1930.

Clemens-Wendtland, Hans, Codex Ettenhardt, siehe Textseite 31.

–, Die „Märe vom Feldbauer". In: Der Anschnitt, Jg. 8, Nr. 1, 1956, S. 26–27.

–, Ulrich Rülein von Calw und sein Bergbüchlein. Ebd., S. 27.

Commenda, Hans, Linzer Stadtvolkskunde, 2 Bde. Linz 1958, 1960.

Conrad, Hermann, Deutsche Rechtsgeschichte. Bd. 1: Frühzeit und Mittelalter. Karlsruhe 1954.
Cornet, Albert Andreas, Die Jenner von Vergutz, Sebegg und Bärburg. Bozen 1939.
Cramer, Hugo, Geschichte der Bergfreiheit Silbach. Bigge 1960.
Croon, Helmut, und *Utermann, Kurt*, Zeche und Gemeinde, Untersuchungen über den Strukturwandel einer Zechengemeinde im nördlichen Ruhrgebiet (Soziale Forschung und Praxis, hg. v. der Sozialforschungsstelle an der Universität Münster, Sitz Dortmund, Bd. 19). Tübingen 1958.
Curti, Notker, Volksbrauch und Volksfrömmigkeit im katholischen Kirchenjahr, Basel 1947.
Darmstaedter, Robert, Künstlerlexikon. Maler, Bildhauer, Architekten. Bern/München 1961.
Dehio, Georg, Handbuch der deutschen Kunstdenkmäler. Bd. 3: Süddeutschland. Berlin 1933.
–, Handbuch der Kunstdenkmäler in den Donau- und Alpengauen. Wien 1943.
–, Handbuch der deutschen Kunstdenkmäler, neu bearbeitet von *Ernst Gall*. 1. Bd.: Niedersachsen und Westfalen[2]. München u. Berlin 1949.
Die Kunstdenkmäler Österreichs. Tirol[4]. Wien 1960.
Demus, Otto, The Mosaics of Norman Sicily. London 1949.
Dennert, Herbert, Kleine Chronik der Oberharzer Bergstädte und ihres Erzbergbaues[3]. Clausthal-Zellerfeld 1954.
Detten, Georg von, Ueber die wirthschaftlichen Verhältnisse Westfalens im Mittelalter. In: Aus Westfalens Vergangenheit. Beiträge zur politischen, Kultur- und Kunstgeschichte Westfalens. Münster 1893, S. 38–46.
Diepgen, Paul, Geschichte der Medizin, 2 Bde. Berlin 1949–1955.
Dörrer, Anton, Bozner Bürgerspiele. Alpendeutsche Prang- und Kranzfeste (Bibliothek des Literarischen Vereins in Stuttgart, Sitz Tübingen, Nr. 291). Leipzig 1941.
–, Tiroler Fasnacht. Wien 1949.
–, Zillertaler Volksschicksale, gesehen am Schicksal ihrer Schauspiele. Innsbruck 1953.
–, Passionen und Passionsspiele in Tirol. In: Deutsches Jahrbuch für Volkskunde. Berlin 2, 1956, S. 319–324.
–, Tiroler Umgangsspiele (Schlern-Schriften, hg. v. R. Klebelsberg, Bd. 160). Innsbruck 1957.
Dösseler, Emil, Süderländische Geschichtsquellen und Forschungen, Bd. 1. Werdohl 1954.
Dopsch, Alfons, Wirtschaftsentwicklung der Karolingerzeit vornehmlich in Deutschland, 2 Bde. Weimar 1912/13.
Drechsler, Paul, Bergbau und Bergmannsleben in Schlesien. Ein Lesebuch für den schlesischen Bergmann. Kattowitz 1909.
Du Cange, Charles Du Fresne, Glossarium mediae et infirmae latinitatis. Ed. nova. 10 vol. *suppl. Niort 1883–1906.
Dünbier, Otto, Der Kumpel, Bd. 3. Von Sitte, Brauch und Sprache des deutschen Bergmanns. Düsseldorf 1936.
Dürlinger, J., Handbuch der Erzdiözese Salzburg in ihren heutigen Grenzen, Bd. 1. Salzburg 1862.
Egg, Erich, Aufstieg, Glanz und Ende des Gewerkengeschlechts der Tänzl. In: Tiroler Wirtschaft in Vergangenheit und Gegenwart. Festgabe zur 100-Jahrfeier der Tiroler Handelskammer. Bd. 1: Beiträge zur Wirtschafts- und Sozialgeschichte Tirols (Schlern-Schriften, hg. v. R. Klebelsberg, Bd. 77). Innsbruck 1951, S. 31–52.

Egg, Erich, Die Imster Bauhütte. In: Imster Buch, S. 255–279.
–, Fresken im Kreuzgang des Franziskanerklosters. In: Schwazer Buch, S. 197–209.
–, „Schwazer Bergbuch", hg. v. Gewerkschaft Eisenhütte Westfalia, Bochum 1956.
–, Die Pfarrkirche Unserer Lieben Frauen Himmelfahrt in Schwaz. Schwaz 1956.
Ehrismann, Gustav, Geschichte der deutschen Literatur bis zum Ausgang des Mittelalters, 2 Tle. München 1918–1935.
Einem, Herbert von, Der Mainzer Kopf mit der Binde des Meisters von Naumburg (Arbeitsgemeinschaft für Forschung des Landes Nordrhein-Westfalen. Geisteswissenschaften, H. 37). Köln u. Opladen 1955.
Emde, A., Bergbau im waldeckisch-westfälischen Grenzgebiet. In: Der Anschnitt, Jg. 8, Nr. 4, 1956, S. 17–20.
Enciclopedia Italiana di science, lettere ed arti. 39 Volumi. Roma 1929–1961.
Erich, Oswald A., und *Beitl, Richard,* Wörterbuch der deutschen Volkskunde[1] (Kröners Taschenausgabe, Bd. 127/28). Leipzig 1936. 2. Aufl. 1955, s. *Beitl, Richard.*
Ernst, C., Bergwerksmünzen. In: Österreichische Zeitschrift für Berg- und Hüttenwesen, Jg. 33, 1885, Nr. 10, S. 140.
Falk, Franz, Die Ehe am Ausgange des Mittelalters. Freiburg i. Br. 1908.
Farner, Oskar, Die Kirchenpatrozinien des Kantons Graubünden. München 1925.
Feine, Hans Erich, Kirchliche Rechtsgeschichte, 1. Weimar 1950. [3]1955.
Ferber, Johann Jacob, Beschreibung des Quecksilber-Bergwerks zu Idria in Mittel-Craeyn. Berlin 1774.
–, Beyträge zur Mineral-Geschichte von Böhmen. Berlin 1774.
Fiala, Eduard, Münzen und Medaillen der Welfischen Lande (Sammlungen Sr. Königlichen Hoheit des Herzogs von Cumberland, Herzogs von Braunschweig und Lüneburg). Teil: Das neue Haus Lüneburg (Celle) zu Hannover, II. Leipzig und Wien 1913.
Fink, Hans, Die Kirchenpatrozinien Tirols. Passau 1928.
Fink, Hans, Eisacktaler Sagen, Bräuche und Ausdrücke (Schlern-Schriften, hg. v. R. Klebelsberg, Bd. 164). Innsbruck 1957.
Fischer, Josef, Tirols Getreidepolitik von 1527–1601. (Forschungen zur inneren Geschichte Österreichs, hg. von Alfons Dopsch. H. 13.) Innsbruck 1919.
Fischnaler, Conrad, Beiträge zur Geschichte der Pfarre Sterzing und des Pfarrkirchenbaues. In: Zeitschrift des Ferdinandeums für Tirol und Vorarlberg, 3. Folge, H. 28. Innsbruck 1884, S. 105–156.
Franz, Adolph, Die kirchlichen Benediktionen im Mittelalter, 2 Bde. Freiburg i. Br. 1909.
–, Die Messe im deutschen Mittelalter. Freiburg 1902.
Franz, Leonhard, Vorgeschichtliches Leben in den Alpen. Wien 1929.
Freudenthal, Herbert, Das Feuer im deutschen Glauben und Brauch. Leipzig 1931.
Friederich, Karl, Die Münzen und Medaillen des Hauses Stolberg und die Geschichte seines Münzwesens. Dresden 1911.
Fritsch, Karl Ewald, Bergmann und Engel als weihnachtliche Lichterträger. In: Der Anschnitt, Jg. 11, Nr. 6, 1959, S. 3–13.
Gagliardi, Ernst, Geschichte der Schweiz von den Anfängen bis zur Gegenwart. 2 Bde. 1934–1937. Zürich 1934.

Gaisböck, A., Geschichte der Gemeinden Weer und Weerberg. In: Tiroler Heimat, Bd. 6. Innsbruck 1933, S. 48–127.

Garber, Josef, Die gotischen Glasgemälde in der Pfarrkirche in Schwaz. In: Tiroler Heimatblätter, Jg. 7, 1929, S. 231–233.

Gerhardinger, Hermann, und *Huter, Franz*, Tiroler Wirtschaft in Vergangenheit und Gegenwart. Bd. 1: Beiträge zur Wirtschafts- und Sozialgeschichte Tirols (Schlern-Schriften, hg. v. R. Klebelsberg, Bd. 77). Innsbruck 1951, S. 31–52.

Gilles, Wilhelm, Vorgeschichtliche Eisengewinnung. In: Siegerland. Blätter des Siegerländer Heimatvereins e.V. Siegen, Bd. 35, H. 1, 1958, S. 1–4.

Glück auf. Allerlei vom Bergmannsleben, hg. v. R. Wartusch und O.Wohlgemut, unter Mitarbeit von F. Mayr. Düsseldorf 1927.

Gmelins-Handbuch der anorganischen Chemie[8], hg. v. Gmelin-Institut in Clausthal-Zellerfeld. System-Nummer 62, *Gold*, Lfg. 1, Geschichtliches. Weinheim 1950, S. 1–100.

Götz, Johann, Das Pfarrbuch des Stephan May in Hilpoltstein vom Jahre 1511. Münster (Westf.) 1926.

Gold und Silber (Ausstellungskatalog). Innsbruck 1961.

Grass, Franz, Pfarrei und Gemeinde im Spiegel der Weistümer Tirols. Innsbruck 1950.

–, Hippolytus Guarinonius. Innsbruck 1954.

–, Volksmedizin, Sakralkultur und Recht. In: Zeitschrift der Savignystiftung für Rechtsgeschichte, Kan. Abt., Jg. 77. Weimar 1960, S. 442–452.

–, Festschrift Hans Gamper. 3 Bde. Innsbruck 1956–1961.

Grass, Nikolaus, Rechtsgeschichte der Alpwirtschaft (Schlern-Schriften, hg. v. R. Klebelsberg, Bd. 56). Innsbruck 1948.

–, Zur Kontinuität im bäuerlichen Recht der Alpenländer. In: Zeitschrift der Savigny-Stiftung für Rechtsgeschichte, Germ. Abt., Bd. 66, 1948, S. 516–524.

–, Das Widum- und Kloster-„Stürmen" sowie verwandte Faschingsbräuche in Süddeutschland, Österreich und der Schweiz. In: Zeitschrift der Savigny-Stiftung für Rechtsgeschichte, Kan. Abt., Bd. 71. Weimar 1954, S. 159–200.

–, Das Haller Damenstift und seine Kunstdenkmäler. Innsbruck 1955.

–, Die Almwirtschaft in Geschichte, Volkstum und Recht. In: Festschrift K. G. Hugelmann, Bd. 1. Aalen 1959, S. 159–188.

–, (Hrsg.) Ostern in Tirol. Innsbruck 1957.

–, Österreichische Historiker-Biographien, 1. Folge. Innsbruck 1957.

–, Beiträge zur Wirtschafts- und Kulturgeschichte des Zisterzienserstiftes Stams in Tirol (Schlern-Schriften, hg. v. R. Klebelsberg, Bd. 146). Innsbruck 1959.

–, Benediktinische Geschichtswissenschaft und die Anfänge des Instituts für österreichische Geschichtsforschung. In: Mitteilungen des Instituts für österreichische Geschichtsforschung, Bd. 58, 1960, S. 470–484.

–, Österreichische Geschichtswissenschaft in Selbstdarstellungen. 2 Bde. Innsbruck 1950/51.

–, Pfalzkapellen und Hofkirchen in Österreich. Ein Beitrag zur Rechtsgeschichte der Capella regia. In: Zeitschrift der Savigny-Stiftung für Rechtsgeschichte, Kan. Abt., Bd. 77. Weimar 1960, S. 345–394 und Bd. 78. Ebd. 1961, S. 129–195.

–, Beiträge zur Kultur- und Kunstgeschichte Tirols (Schlern-Schriften, hg. v. R. Klebelsberg, Bd. 167). Innsbruck 1962.

Grassl, Ida, Münchner Brauchtum und Leben im 18. Jahrhundert. Beiträge zur Volkskunde der Stadt. Phil. Diss. München 1940.

Greens, Georg Siegemund, Biblisches Reallexikon. In welchem nicht allein Alle Länder, Städte und Gegenden, Gebäude und merckwürdige Oerter, Wasser, Seen, Flüsse und Brunnen, Berge, Thäler und Bäume, Tempel, GOttes- und Götzen-Häuser, Opffer und Gottesdienst, Abgötter der Jüden und Heyden, Völcker und Leute, Mannes- und Weibes-Personen, Thiere, Mineralien, Gewichte, Maaß, Ellen und Müntzen; Sondern auch Viele andere nachdenckliche Wörter und Redens-Arten, Glaubens-Articul, Gleichnüsse und Fürbilder, Gesichte und Geschichte, Tugenden und Laster, Gewohnheiten und Gebräuche, sonderbare Begebenheiten, Künste und Handthierungen, Wunderwercke und Zeichen, derer in der gantzen Heil. Schrifft gedacht wird, In Summa, alles was zur Erklärung dunckeler und schwerer Schrifft-Stellen Alt- und Neuen Testaments etwas beytragen kan, enthalten ist. Aus derer besten Theologorum, sinnreichen Philologorum und berühmtesten Predigern ihren Commentariis, Homilien, und Schrifften, wie auch andern Observationibus gesammelt, in Alphabetische Ordnung gebracht, und zu sonderbarer Nutzbarkeit und Expedition Schrifftliebender Civil- und Kirchen-Redner zum Druck befördert, von J. H. Nebst einer Vorrede Tit. Hn. Georg Siegemund Greens, der H. Schrifft Doctoris und Superintendentis zu Chemnitz. 3. Aufl. Chemnitz 1722.

Gretser, Jacob, ... De sacris et religiosis Peregrinationibus libri quatuor. Ingolstadii 1606.

Greving, Josef, Johann Ecks Pfarrbuch für U. L. Frau in Ingolstadt (Reformationsgeschichtliche Studien und Texte, H. 4/5). Münster 1908.

Grisar, Hartmann, Martin Luthers Leben und sein Werk. Freiburg i. Br. 1926. 2. Aufl. 1927.

Gritsch, Balthasar, Die Corporis-Christi-Bruderschaft und ihre Sakramentsgarde zu Schwaz in Tirol. Festschrift zum 250jährigen Jubiläum der letzteren. Im Selbstverlag der Bruderschaft. Schwaz 1936.

Gritzner, Max Josef, Commentar der Ferdinandeischen Bergwerksordnung vom Jahre 1553 nebst den dieselbe erläuternden späteren Gesetzen und Verordnungen mit dem Urtexte im Anfange. Wien 1842.

Grupp, Georg, Kulturgeschichte des Mittelalters, 6 Bde. 2.–4. Aufl. Paderborn 1923–1932.

Gruss, L., Die Gründler und ihre Geschichte. In: Deutschtum und Ausland, hg. v. Georg Schreiber, H. 1. Münster 1926, S. 83–87.

Günter, Heinrich, Psychologie der Legende. Studien zu einer wissenschaftlichen Heiligen-Geschichte. Freiburg i. Br. 1949.

Güthling, Wilhelm, Aus der bergmännischen Überlieferung des Siegerlandes. Ausgewählte Abbildungen. – Privatdruck des Erzbergbau Siegerland AG Betzdorf-Sieg 1958.

–, Alter Bergbau im Siegerlande. In: Der Anschnitt, Jg. 7, Nr. 3, 1955, S. 3–6.

Gugitz, Gustav, Das Jahr und seine Feste im Volksbrauch Österreichs. Wien 1949.

–, Österreichs Gnadenstätten in Kult und Brauch. Bd. 2: Niederösterreich und Burgenland. Wien 1955.

Gundolf, Friedrich, Shakespeare und der deutsche Geist[8]. Dresden 1927.

Gutehoffnungshütte in zwei Jahrhunderten. Hg. v. der Guthoffnungshütte Sterkrade AG Oberhausen (Rheinland) 1958.

Hämmerle, Hermann, Cartae de posta et iure montis. Bilder aus der trientinischen Bergwerksgeschichte. In: Tiroler Wirtschaft in Vergangenheit und Gegenwart. Bd. 1: Beiträge zur Wirtschafts- und Sozialgeschichte Tirols. Innsbruck 1951, S. 11–30.

Hain, Mathilde, Die Volkstracht. In: Deutsche Philologie im Aufriß. Unter Mitarbeit zahlreicher Fachgelehrter, hg. v. Wolfgang Stammler, Bd. 3. Berlin 1957, Sp. 1929–1944.

Handwörterbuch des Grenz- und Auslandsdeutschtums, 3 Bde. 1933–1940.

Hanika, Joseph, Die Kremnitzer Sprachinsel. In: Deutschtum und Ausland, hg. v. Georg Schreiber, H. 1. Münster 1926, S. 47–69.

Hansen, J. A. J. Vortrag über die St. Barbara-Bruderschaft für Berg- und Hüttenleute und den Knappenverein zu Ottweiler. Ottweiler 1865.

Hansjakob, Heinrich, Ausgewählte Erzählungen, Volksausgabe, Bd. 2. Stuttgart 1898.

Harnack, Adolf von, Die Mission und Ausbreitung des Christentums in den ersten drei Jahrhunderten³. Leipzig 1915.

Hartmeyer, Hans, Der Weinhandel im Gebiet der Hanse im Mittelalter. Phil. Diss. Leipzig. Jena 1904.

Hauck, Albert, Kirchengeschichte Deutschlands⁵, 5 Bde. Leipzig 1922–1935.

Haussherr, Hans, Wirtschaftsgeschichte der Neuzeit vom Ende des 14. Jh. bis zur Höhe des 19. Jh. Weimar 1954. 3. Aufl. 1960.

Haussig, Hans Wilhelm, Kulturgeschichte von Byzanz (Kröners Taschenausgabe, Bd. 211). Stuttgart 1959.

Hefele, Carl Joseph von, Conciliengeschichte. Nach den Quellen bearbeitet, 9 Bde. (1–6²). Freiburg i. Br. 1873–1890.

Heilfurth, Gerhard, Das Bergmannslied. Wesen/Leben/Funktion. Kassel u. Basel 1954.

–, St. Daniel im Bergbau. Wien 1955.

–, Gottesdienstliche Formen im beruflichen und betrieblichen Leben des Bergbaues. Sonderdruck aus: Verantwortung für den Menschen, hg. v. F. Karrenberg und J. Beckmann. Stuttgart 1957, S. 3–15.

–, Glück auf! Geschichte, Bedeutung und Sozialkraft des Bergmannsgrußes. Essen 1958.

–, Der Bergmannsheilige Daniel. In: Zeitschrift für Volkskunde, H. 50. Berlin 1953, S. 247–260.

Heise, Walter, Geistliches Bergwerk. In: Der Anschnitt, Jg. 5, Nr. 4/6. Bochum 1953, S. 13–15.

Heisenberg, A., Grabeskirche und Apostelkirche. Leipzig 1908.

Helck, Wolfgang, und *Otto, Eberhard*, Kleines Wörterbuch der Ägyptologie. Wiesbaden 1956.

Heldwein, Johannes, Die Klöster Bayerns am Ausgang des Mittelalters. München 1913.

Henggeler, Rudolf, Die Patrozinien im Gebiete des Kantons Zug. Zug 1932.

–, Die kirchlichen Bruderschaften und Zünfte der Innerschweiz. Einsiedeln 1955.

Hennecke, Edgar, und *Krumwiede, Hans-Walter*, Die mittelalterlichen Kirchen- und Altarpatrozinien Niedersachsens (Studien zur Kirchengeschichte Niedersachsens, Bd. 11). Göttingen 1960.

Hennig, Richard, Terrae icognitae, 2 Bde. Leiden 1950.

Herlet, Friedrich, Leben und Geschichte der Heiligen ... Nürnberg 1754.

Herre, Paul, Politisches Handwörterbuch, 2 Bde. Leipzig 1923.

Heyn, H. G., Barbara-Tag in Oberschlesien. In: Der Anschnitt, Jg. 6, Nr. 5, 1954, S. 14.

Hilka, Alfons, Die Wundergeschichten des Cäsarius von Heisterbach (Publikationen der Gesellschaft für rheinische Geschichtskunde, Bd. 3). Bonn 1937.

Hilpisch, Stephan, Chorgebet und Frömmigkeit im Spätmittelalter. In: Heilige Überlieferung. Ausschnitte aus der Geschichte des Mönchtums und des heiligen Kultes. Festschrift für Ildefons Herwegen. Münster 1938, S. 262–284.

Hinterseer, Sebastian, Bad Hofgastein und die Geschichte Gasteins. Gastein 1957.

Hirn, Josef, Erzherzog Ferdinand II. von Tirol, 2 Bde. Innsbruck 1885–1888.

–, Erzherzog Maximilian, II. Bd., 1. Teil. Innsbruck 1936.

Hirschmann, August, Geschichte der Pfarrei Olpe im Rahmen der Orts- und Landesgeschichte. Olpe (Westf.) 1930.

Hladik, Erwin, Wirtschaftliche Lage (Deutschtum und Ausland, hg. v. Georg Schreiber, H. 1). Münster 1926, S. 18–24.

Hochenegg, Hans, Deutsche Bergbautätigkeit im Fürstbistum Trient am Ausgang des Mittelalters. In: Deutsches Archiv für Landes- und Volksforschung, Jg. 1. Leipzig 1937, S. 437–456.

Höffner, Joseph, Das Horhauser Bergbüchlein (Pastor bonus, Jg. 50, 1940). S. 172–178.

Hömberg, Albert, Siedlungsgeschichte des oberen Sauerlandes (Geschichtliche Arbeiten zur westfälischen Landesforschung, Bd. 3. Veröffentlichungen der Historischen Kommission des Provinzialinstituts für westfälische Landes- und Volkskunde, XXII). Münster (Westf.) 1938.

Hoeynck, Franz Anton, Geschichte der kirchlichen Liturgie des Bistums Augsburg. Augsburg 1889.

Hoffmann, Gustav, Kirchenheilige in Württemberg. Stuttgart 1932.

Hofmann, Albert von, Westfalenland. Eine geschichtliche Heimatkunde. Stuttgart u. Berlin 1936.

Holzmann, Hermann, Pfeifer Huisele. Innsbruck 1954.

–, Wipptaler Sagenbuch. Wien 1948.

D'Hooghe, Robert, Rokoko an der Weser. Die Braunschweigische Porzellan-Manufaktur Fürstenberg. In: Frankfurter Allgemeine, Feuilleton, Nr. 54, Samstag, 4. 3. 1961.

Huch, Ricarda, Die Romantik. Ausbreitung, Blütezeit und Verfall. Tübingen u. Stuttgart 1951.

Hudal, Alois, Die deutsche Kulturarbeit in Italien (Deutschtum und Ausland, hg. v. Georg Schreiber, H. 55/56). Münster 1934.

Hue, Otto, Die Bergarbeiter. Historische Darstellung der Bergarbeiterverhältnisse von der ältesten bis in die neueste Zeit, 2 Bde. Stuttgart 1910–1913.

Husmann, Heinrich, Lebensform und ihr Wandel beim Arbeiter in Hamborn. In: Rheinisch-westfälische Zeitschrift für Volkskunde, Jg. 4, 1957, S. 1–39, 133–214.

Imster Buch, Beiträge zur Heimatkunde von Imst und Umgebung (Schlern-Schriften, hg. v. R. Klebelsberg, Bd. 110). Innsbruck 1954.

Isser-Gaudententhurm, Max von, Die Montanwerke u. Schurfbaue Tirols der Vergangenheit und Gegenwart. Berg- u. Hüttenmänn. Jb. der k. k. Bergakademien zu Leoben und Pribram, Bd. 36. Wien 1888.

–, Berg- und Hüttenwesen. In: Österreichisches Jahrbuch, Bd. 52. Wien 1904, S. 439.

Jacobi, Friedrich, St. Augustins Sermones de sanctis. Ein Beitrag zur Geschichte der Predigt. Kath.-theol. Diss. Münster 1939.

Jacobi, Ludwig Hermann Wilhelm, Das Berg-, Hütten- und Gewerbewesen des Regierungs-Bezirks Arnsberg in statistischer Darstellung. Iserlohn 1857.

Jäger, Albert, Regesten und urkundliche Daten über das Verhältniß Tirols zu den Bischöfen von Chur... von den frühesten Zeiten des Mittelalters bis zum Jahre 1665. Innsbruck 1855.

–, Streit des Kardinals Nikolaus von Cusa, 2 Bde. Innsbruck 1861.

–, Beitrag zur Tirolisch-Salzburgischen Bergwerksgeschichte. In: Archiv für Österreichische Geschichte, 53. 1875, S. 337–556.

Jaffé-Loewenfeld, Regesta Pontificum Romanorum, II. Graz 1956.

Jahn, Johannes, Wörterbuch der Kunst (Kröners Taschenausgabe, Bd. 165)[5]. Stuttgart 1957.

Jahn, Robert, Essener Geschichte. Essen 1952. Neudruck 1957.

Jahrbuch für Volkskunde der Heimatvertriebenen, hg. v. Alfons Perlick, Bd. 1, 1955, u. 2, 1956. Salzburg 1955 u. 1957.

Jannasch, Wilhelm, Reformationsgeschichte Lübecks vom Petersablaß bis zum Augsburger Reichstag 1515–1530 (Veröffentlichungen zur Geschichte der Hansestadt Lübeck, Bd. 16). Lübeck 1958.

Jecker, Gall, Die Heimat des hl. Pirmin, des Apostels der Alamannen (Beiträge z. Geschichte des alten Mönchtums und des Benediktinerordens. H. 13). Münster 1927.

–, St. Pirmins Erdens- und Ordensheimat. In: Archiv für mittelrheinische Kirchengeschichte, 5. 1953, S. 9–41.

Jenbacher Buch (Schlern-Schriften, hg. v. R. Klebelsberg, Bd. 101). Innsbruck 1953.

Jorden, Willibald, Das cluniazensische Totengedächtniswesen vornehmlich unter den drei ersten Äbten Berno, Odo und Aymard (910–954) (Münstersche Beiträge zur Theologie, H. 15). Münster (Westf.) 1930.

Joseph, Paul, Die Münzen des fürstlichen und gräflichen Hauses Solm. Frankfurt a. M. 1912.

Jungbauer, Gustav, Böhmerwald-Sagen. Jena 1924.

Jungmann, Andreas, Missarum sollemnia, 2 Bde. Wien 1948. 2. Aufl. 1949.

–, Der liturgische Wochenzyklus. In: Zeitschrift für katholische Theologie, 79. 1957, S. 45–68.

Kaestner, Alexander, Der Bergbau in den Wappen deutscher Städte. Essen 1939. (Schriftenreihe zur Kulturgeschichte des deutschen Bergbaues. 1.)

Katz, Viktor, Die erzgebirgische Prägemedaille des XVI. Jahrhunderts. Praha 1932.

Kellner, K. A. Heinrich, Heortologie oder die geschichtliche Entwicklung des Kirchenjahrs und der Heiligenfeste von den ältesten Zeiten bis zur Gegenwart[3]. Freiburg i. Br. 1911.

Kennepohl, Karl, Goldzahlungen in Westfalen im 11. bis 13. Jahrhundert. In: Hamburger Beiträge zur Numismatik, 3. 1949, S. 15–20.

Kerler, Dietrich Heinrich, Die Patronate der Heiligen. Ulm 1905.

Kessler, Max, Pirminius. Text und Bilderheft. München (Selbstverlag) 1960.

Keyser, Erich, Westfälisches Städtebuch (Deutsches Städtebuch. Handbuch städtischer Geschichte. Bd. III: Nordwestdeutschland, 2. Westfalen). Stuttgart 1954.

Kirchgässner, Alfons, Die mächtigen Zeichen. Ursprünge, Formen und Gesetze des Kultes. Basel-Freiburg-Wien 1959.

Kirchheimer, Über eine Bergbau-Medaille aus einheimischem Uran. Sonderdruck aus „Bergfreiheit", Zeitschrift für den deutschen Bergbau, Nr. 1, 1959.

Kirchhoff, Hans Georg, Die staatliche Sozialpolitik im Ruhrbergbau 1871–1914 (Wissenschaftliche Abhandlungen der Arbeitsgemeinschaft für Forschung des Landes Nordrhein-Westfalen, Bd. 4). Köln u. Opladen 1958.

Kirnbauer, Franz, Der Eisenerzer Bergmannsleuchter. In: Der Anschnitt, Jg. 4, Nr. 6, 1952, S. 17.

–, Bergmännisches Brauchtum in Kärnten (Leobner Grüne Hefte, hg. v. F. Kirnbauer, H. 20). Wien 1956.

–, 400 Jahre Schwazer Bergbau 1556–1956, Wien 1956.

Klapper, Joseph, Schlesische Volkskunde auf kulturgeschichtlicher Grundlage. Breslau 1925.

–, Religiöse Volkskunde im gesamtschlesischen Raum. Grundlagen und Aufgaben. In: *G. Schreiber*, Volk und Volkstum, 1. S. 69–99.

Klausberger, Josef, Das Stift St. Paul als Gewerke zu Hüttenberg (1679–1689). In: Carinthia, Jg. 128. Klagenfurt 1938, S. 59–65.

Klauser, Renate, Der Heinrichs- und Kunigundenkult im mittelalterlichen Bistum Bamberg. Bamberg 1957.

Kleinschmidt, Beda, Die Heilige Anna. Ihre Verehrung in Geschichte, Kunst und Volkstum (Forschungen zur Volkskunde, hg. v. G. Schreiber, H. 1–3). Düsseldorf 1930.

Klocke, Friedrich von, Urkunden und Regesten der Soester Wohlfahrtsanstalten. Münster 1952.

Kluge, Friedrich, Etymologisches Wörterbuch der deutschen Sprache. 18. Aufl., bearbeitet von Walter Mitzka. Berlin 1960.

Koch, Max, Die Bergarbeiterbewegung im Ruhrgebiet zur Zeit Wilhelm II. (1889–1914) (Beiträge zur Geschichte des Parlamentarismus und der politischen Parteien, H. 5). Düsseldorf 1954.

Kögl, Josef, Einige Notizen über den Pfarrbezirk Breitenwang. Füssen 1830.

König, M.A., Weihegaben U. L. Frau von Altötting vom Beginn der Wallfahrt bis zum Abschluß der Säkularisation, 2 Bde. München 1939/40.

Kötting, Bernhard, Peregrinatio religiosa. Wallfahrten in der Antike und das Pilgerwesen in der alten Kirche (Forschungen zur Volkskunde, hg. v. G. Schreiber, H. 33–35). Münster (Westf.) 1950.

Korson, George, Über das Bergmannslied in Pennsylvanien. In: Der Anschnitt, Jg. 4, Nr. 1, 1952, S. 16.

Kosch, Wilhelm, Deutsches Literaturlexikon. Biographisches und bibliographisches Handbuch², 4 Bde. Bern 1947–1958.

Kramer, Hans, *Gschließer, Oswald von*, und *Mutschlechner, Georg*, Erzherzog Johann und Tirol (Schlern-Schriften, hg. v. R. Klebelsberg, Bd. 201). Innsbruck 1959.

Krasa, Otto, Vorgeschichtliche Eisenschmelzen im Siegerlande. In: „Stahl und Eisen", Zeitschrift für das deutsche Eisenhüttenwesen, Bd. 51, 1931, S. 1287–1289, 1344.

Krause, Adalbert, Die Pestkapelle in Weng bei Admont als älteste Sebastiani-Kultstätte Österreichs. In: Österreichische Zeitschrift für Volkskunde, Bd. X, H. 1/2, S. 18–29.

–, Die Pfarr- und Wallfahrtskirche Frauenberg an der Enns bei Admont (Kunst der Heimat, Reihe III: Kirchen und Klöster²). Linz o. J.

Krins, Franz, Die neuere Barbaraverehrung in Nordrhein-Westfalen. Ein Beitrag des Ostens zur Volkskunde Westdeutschlands. In: Jahrbuch für Volkskunde der Heimatvertriebenen, Bd. 2, S. 154–166.

Kriss, Rudolf, Sitte und Brauch im Berchtesgadener Land. München-Pasing 1947.

Kroll, Karl Ehrenbert Frhr. von, Jahrbücher der Berg- und Hüttenkunde, 2 Bde. Salzburg 1798.

Kühnau, Richard, Schlesische Sagen, 4 Bde. (Schlesiens volkstümliche Überlieferungen. Sammlungen und Studien der Schlesischen Gesellschaft für Volkskunde, begründet von Friedrich Vogt, hg. v. Theodor Siebs, Bd. III/IV). Leipzig u. Berlin 1910–1913.

Künstle, Karl, Ikonographie der Heiligen. Freiburg i. Br. 1926.

–, Ikonographie der christlichen Kunst. 2 Bde. Freiburg i. Br. 1926–1928.

Kuske, Bruno, Quellen zur Geschichte des Kölner Handels und Verkehrs im Mittelalter, 3 Bde. Bonn 1917.

–, Die berg- und metallwirtschaftlichen Hauptgebiete. In: Der Raum Westfalen. Bd. 1: Gundlagen und Zusammenhänge. Berlin 1931, S. 75–95.

–, Wirtschaftsgeschichte Westfalens in Leistung und Verflechtung mit den Nachbarländern bis zum 18. Jahrhundert (Veröffentlichungen des Provinzialinstituts für westfälische Landes- und Volkskunde. Reihe I: Wirtschafts- und Verkehrswissenschaftliche Arbeiten, H. 4)². Münster (Westf.) 1949.

Ladurner, Justinian, Veste und Herrschaft Ernberg. In: Zeitschrift des Ferdinandeums für Tirol und Vorarlberg, 3. Folge, H. 15. Innsbruck 1870.

Lagerlöf, Selma, Gösta Berling. Rom. Einzige berechtigte Übersetzung aus dem Schwedischen von Pauline Klaiber. München 1948.

Lamer, Hans, Bux, Ernst, und *Schöne, Wilhelm,* Wörterbuch der Antike, mit Berücksichtigung ihres Fortwirkens (Kröners Taschenausgabe, Bd. 96). Stuttgart 1956.

Lauer, Hermann, Kirchengeschichte der Baar². Donaueschingen 1928.

Lechthaler, Alois, Geschichte Tirols. Innsbruck-Wien 1948.

Leclercq, Henri, Ad metalla. In: Dictionnaire d'archéologie chrétienne et de liturgie publié par F. Cabrol et H. Leclercq. Paris 1924, col. 467–474.

Lehmann, P. von, Die Thaler und kleineren Münzen des Fräuleins Maria von Jever, Erbherrin von Rüstringen, Oestringen und Wangerland. Wiesbaden 1887.

Leidlmair, Adolf, Bevölkerung und Wirtschaft in Südtirol (Tiroler Wirtschaftsstudien, Folge 6). Innsbruck 1958.

Lekai, Ludwig Julius, Geschichte und Wirken der Weißen Mönche. Der Orden der Cistercienser. Deutsche Ausgabe hg. v. *Ambrosius Schneider.* Köln 1958.

Liesegang, Carl, Deutsche Berg- und Hüttenleute in Süd- und Mittelamerika (Hamburger Romanistische Studien, hg. v. Romanischen Seminar der Universität Hamburg; Iberoamerikanische Reihe, hg. v. Ibero-amerikanischen Forschungsinstitut). Hamburg 1949.

Lipp, Franz, Bergmann und Bergwerk in der Weihnachtskrippe. In: Der Anschnitt, Jg. 8, Nr. 6, 1956, S. 3–8.

Loehmer, Alfred, Die wirtschaftliche und soziale Lage der Haller Salzarbeiterschaft im 19. Jahrhundert (Tiroler Wirtschaftsstudien, Folge 3). Innsbruck 1957.

Löhr, Maja, Thörl, Geschichte eines steirischen Eisenwerks. Wien 1952.

Loescher, Hermann, Gründung und Ausstattung von Kirchen, Pfarren, Schulen und Hospitälern im Verlaufe der bergmännischen Besiedlung des Erzgebirges. In: Zeitschrift der Savigny-Stiftung für Rechtsgeschichte, Kan. Abt., Bd. 69. Weimar 1952, S. 297–394.

–, Die Anfänge der erzgebirgischen Knappschaft. In: Zeitschrift der Savigny-Stiftung für Rechtsgeschichte, Kan. Abt. 40, 1954.

Loescher, Hermann, Die Bedeutung Glashüttes für die sächsische Bergrechtsgeschichte. In: Bergakademie. Freiberg (Sachsen) 8/1956, S. 265–268.
–, Kerzenheller, Wochen- oder Büchsenpfennig in den erzgebirgischen Knappschaften. In: Zeitschrift der Savigny-Stiftung für Rechtsgeschichte, Bd. 75, Kan. Abt. 42. Weimar 1956, S. 392–397.
Luchaire, Achille, La Société française aux temps de Philippe-Auguste². Paris 1909.
Lüdicke, Reinhard, Unna (Stadtrechte der Grafschaft Mark). Münster 1930.
Lütge, Friedrich, Deutsche Sozial- und Wirtschaftsgeschichte. Berlin 1952.
Luschin von Ebengreuth, Arnold, Handbuch der Österreichischen Reichsgeschichte, Bd. 1². Bamberg 1914.
Mackensen, Lutz, Bergmannswörter in unserer Umgangssprache. In: Der Anschnitt, Jg. 4, Nr. 4, 1952, S. 5–8.
Magnalia Dei in Locis Subterraneis Oder Unterirdische Schatz-Kammer Aller Königreiche und Länder, In Ausführlicher Beschreibung Aller, mehr als MDC. Bergwercke Durch Alle vier Welt-Theile, Welche Von Entdeckung derselben bis auf gegenwärtige Zeit gebauet worden / und noch gebauet werden; in was Stand sie jemahls gewesen / und wie sie jetzo beschaffen; was vor Ertze / Steine und Berg-Arten aus solchen jemahls gewonnen / und noch zu Tage ausgefördert werden; Nebst Anmerkung aller derjenigen Länder und Oeter / wo Edelgesteine zu finden / In Geographischer Ordnung und einigen Kupffer-Figuren zu besichtigen dargestellet von *Francisco Ernesto Bruckmann*, Braunschweig MDCCXXVII.
Mailly, Anton, Deutsche Rechtsaltertümer in Sage und Brauchtum. Wien 1929. (Kleine histor. Monographien. 19–20.)
Mairhofer, Theodor, Brixen und seine Umgebung in der Reformationsperiode 1520–1525. In: 12. Programm des k. k. Gymnasiums zu Brixen. Brixen 1862.
Martène, Edmont, De antiquis ecclesiae ritibus, 4 Bde. Antwerpen 1736–1738.
Mathesius, Johann, Sarepta oder Bergpostilla und Chronica der freyen Bergstadt St. Joachimsthal. Nürnberg 1564, 1571, 1578, 1587 u. ö.
Matthias, Erich, und *Morsey, Rudolf*, (Hrsg.) Das Ende der Parteien 1933. Düsseldorf 1960.
Mayer, Franz, Vom Schwazer Bergmannsleben im 16. Jahrhundert. Düsseldorf 1927.
Mayer, Johann Georg, Geschichte des Bistums Chur, 2 Bde. Stans 1907–1914.
Mayer, Matthias, Der Tiroler Anteil des Erzbistums Salzburg. Going 1936ff.
–, Die Schranne Langkampfen (Das Tiroler Unterland, Bd. 8, zugleich Schlern-Schriften, hg. v. R. Klebelsberg, Bd. 109). Innsbruck 1953.
Mayer-Kaindl-Pirchegger, Geschichte und Kulturleben Österreichs, II. 4. Aufl. Wien 1931.
Meisen, Karl, Nikolauskult und Nikolausbrauch im Abendlande (Forschungen zur Volkskunde, hg. v. Georg Schreiber, H. 9–12). Düsseldorf 1931.
Meister, Alois, (Hrsg.) Die Grafschaft Mark. Festschrift zum Gedächtnis der 300jährigen Vereinigung mit Brandenburg-Preußen, 2 Bde. Dortmund 1909.
Mell, Anton, Das Steirische Weinbergrecht und dessen Kodifikation im Jahre 1543 (Akademie der Wissenschaften in Wien, Philosophisch-Historische Klasse, Sitzungsberichte, Bd. 207, Abhandlung 4). Wien u. Leipzig 1928.
Menzel, Wolfgang, Christliche Symbolik, 2 Bde. Regensburg 1854.
Merk, Carl Joseph, Anschauungen über die Lehre und das Leben der Kirche im altfranzösischen Heldenepos (Beihefte z. Zeitschr. f. Romanische Philologie, H. 41). Halle a. d. Saale 1914, S. 92.

Metz, Friedrich, Land und Leute. Gesammelte Beiträgc zur deutschen Landes- und Volksforschung. Stuttgart 1961 (darin: Der Bergbau und seine Bedeutung für die Ausbreitung des Deutschtums, 1929, S. 476–494; Der Bergbau und das Grenz- und Auslandsdeutschtum, 1931, S. 494–499).

Metz, Peter, Das Goldene Evangelienbuch von Echternach im Germanischen National-Museum zu Nürnberg. München 1956.

Migne, Jacques-Paul, Cursus completus patrologiae. Series Latina (Migne, PL.). 221 t. Parisiis 1857–1879.

Moeser, Karl und *Dworschak, Fritz*, Die große Münzreform unter Erzherzog Sigmund von Tirol. (Österr. Geld- u. Münzwesen im Mittelalter. 7.) Wien 1936.

Mommsen, Theodor, Römisches Strafrecht. Leipzig 1899.

Müller, Günther, Schicksal und Saelde. Salzburg 1940.

Müller, Iso, Die Abtei Disentis 1696–1742 (Zeitschrift für schweizerische Kirchengeschichte, Beiheft 19). Freiburg (Schweiz) 1960.

Müller, Johannes, Das Jesuitendrama in den Ländern deutscher Zunge vom Anfang (1555) bis zum Hochbarock (1665). 2 Bde. (Schriften zur deutschen Literatur. Für die Görres-Gesellschaft, hg. v. Günther Müller, Bd. 7 u. 8). Augsburg 1930.

Müller, Karl, Die Eßlinger Pfarrkirche im Mittelalter. Beitrag zur Geschichte der Organisation der Pfarrkirchen. Stuttgart 1907.

Müller, Karl Otto, Quellen zur Handelsgeschichte der Paumgartner von Augsburg (1488–1570) (Deutsche Handelsakten des Mittelalters und der Neuzeit, Bd. 9). Wiesbaden 1955.

Muggenthaler, Hans, Kolonisatorische und wirtschaftliche Tätigkeit eines deutschen Zisterzienserklosters im XII. und XIII. Jahrhundert. München 1924.

Mugrauer, Johann, Otto Hue. Westfälische Lebensbilder, Sonderreihe Rhein.-Westf. Wirtschaftsbiographien, Bd. 1. Münster 1932, S. 160–175.

Mutschlechner, Georg, Der Erzbergbau in der Umgebung von Imst. In: Imster Buch. Beiträge zur Heimatkunde von Imst und Umgebung (Schlern-Schriften, hg. v. R. Klebelsberg, Bd. 110). Innsbruck 1954.

–, Vom Erzbergbau in Außerfern. In: Außerferner Buch, S. 25–52.

–, Vom alten Bergbau am Falkenstein (Schwaz). In: Schwazer Buch, S. 115–125.

Nebe, Gustav, Die Kirchenvisitationen des Bisthums Halberstadt in den Jahren 1564 und 1589 (Geschichtsquellen der Provinz Sachsen und angrenzender Gebiete, Bd. 12). Halle 1880.

Neubner, Josef, Die heiligen Handwerker in der Darstellung der Acta Sanctorum (Münsterische Beiträge zur Theologie, hg. v. F. Diekamp u. R. Stapper, H. 4). Münster (Westf.) 1929.

Neue Deutsche Biographie, Bd. 1ff. Berlin 1953ff.

Neuß, Wilhelm, Die Apokalypse des hl. Johannes in der alt-spanischen und altchristlichen Bibel-Illustration. Spanische Forschungen der Görres-Gesellschaft, 2. Reihe, Bd. 2 u. 3, Teil II (Tafeln). Münster 1931.

Niavis, Paulus, Iudicium Iovis oder das Gericht der Götter über den Bergbau. Übersetzt und bearbeitet von *Paul Krenkel* (Freiberger Forschungshefte, D 3, „Kultur und Technik"). Berlin 1953.

Nied, Edmund, Heiligenverehrung und Namengebung. Freiburg i. Br. 1924.

Noss, Alfred, Die Münzen der Erzbischöfe von Köln 1547–1794 (Die Münzen und Medaillen von Köln, hg. v. d. Stadt Köln, Bd. 3). Köln 1925.

Noth, Martin, Das Geschichtsverständnis der alttestamentlichen Apokalyptik (Arbeitsgemeinschaft für Forschung des Landes Nordrhein-Westfalen, Geisteswiss. H. 21). Köln u. Opladen 1954.

Nothegger, Florentin, Hinterriß und unser dortiges Klösterlein. In: Spiritus et vita Fratrum Minorum, Jg. 19. Hall (Tirol) 1939.

Oberrauch, Heinrich, Tirols Wald und Waidwerk. (Schlern-Schriften, hg. v. R. Klebelsberg, Bd. 88). Innsbruck 1952.

Oesterreichische Zeitschrift für Berg- und Hüttenwesen, Jg. 33, Nr. 8, 1885.

Paech, Joseph, Die Geschichte der ehemaligen Benediktinerabtei Lubin von ihrer Gründung bis zu ihrer ersten Zerstörung im Jahre 1383. Münstersche kath. theol. Diss. 1908.

Parteibuch 1523–1526. Handschrift im Landesregierungsarchiv Innsbruck.

Paulin, Karl, Die schönsten Sagen aus Südtirol. Innsbruck 1950.

–, Die schönsten Sagen aus Nordtirol. Innsbruck 1951.

Pauly-Wissowa, Real-Enzyklopädie der klassischen Altertumswissenschaft, 2. Reihe, 5. Halbbd. Stuttgart 1927.

Peichl, Hermann, Der Tag des Herrn. Die Heiligung des Sonntags im Wandel der Zeit (Studien der Wiener Katholischen Akademie, Bd. 3). Wien 1958.

Perlick, Alfons, Ostdeutsches Brauchtumsleben in Nordrhein-Westfalen. In: Jahrbuch für Volkskunde der Heimatvertriebenen, hg. v. Alfons Perlick, Bd. 1, 1955. Salzburg 1955, S. 153–155.

Peter, Charlotte Elisabeth, Die Saline Tirolisch Hall im 17. Jahrhundert. Phil. Diss. Zürich 1952.

Petrikovits, Harald von, Das römische Rheinland. Archäologische Forschungen seit 1945 (Arbeitsgemeinschaft für Forschung des Landes Nordrhein-Westfalen, H. 86). Köln u. Opladen 1960.

Peuckert, Will-Erich, Deutsche Sagen, 1: Niederdeutschland. Berlin 1961.

Pfleger, Luzian, Die elsässische Pfarrei, ihre Entstehung und Entwicklung (Forschungen zur Kirchengeschichte des Elsaß, Bd. 3). Straßburg 1936.

–, Kirchengeschichte der Stadt Strassburg im Mittelalter (Ebd., Bd. 6). Kolmar 1943.

Pflugk-Harttung, Julius v., Acta pontificum Romanorum inedita. 3 vol. Tübingen-Stuttgart 1881–1886. Neudr. Graz 1958.

Pieper, Lorenz, Die Lage der Bergarbeiter im Ruhrgebiet (Münchener volkswirtschaftliche Studien, hg. v. Lugo Brentano und Walther Lotz, H. 58). Stuttgart u. Berlin 1903.

Pieper, Wilhelm, Ulrich Rülein von Calw und sein Bergbüchlein. Mit Urtext-Faksimile und Übertragung des Bergbüchleins von etwa 1500 und Faksimile der Pestschrift von 1521. Freiberger Forschungshefte, Beiheft der Zeitschrift „Bergakademie", Reihe D, „Kultur und Technik", H. 7. Berlin 1955.

Pirchegger, Hans, Geschichte der Steiermark. Graz 1949.

Pittioni, Richard, Der älteste Erzbergbau Tirols. In: Tiroler Heimatblätter, Jg. 35, 1960, S. 105–107.

Planitz, Hans, Germanische Rechtsgeschichte (Neue Rechtsbücher für das Studium der Rechts- und Wirtschaftswissenschaften). Berlin 1944[3].

–, Die deutsche Stadt im Mittelalter von der Römerzeit bis zu den Zunftkämpfen. Graz u. Köln 1954.

Plattner, Placidus, Geschichte des Bergbaus der östlichen Schweiz. Chur 1878.
Pölnitz, Götz Freiherr von, Jakob Fugger. Tübingen 1949.
–, Fugger und Hanse. Ein hundertjähriges Ringen um Ostsee und Nordsee. Tübingen 1953.
Pöschl, Arnold, Bischofsgut und Mensa Episcopalis, 3 Teile. Bonn 1908/12.
Posepny, Die Erzlagerstätten von Kitzbühel in Tirol und der angrenzenden Theile Salzburgs. Wien 1880.
Prestage, Edgar, Die portugiesischen Entdecker. Dt. von van Bebber. Leipzig 1936.
Probszt, Günther Frh. von, Das deutsche Personal der niederungarischen Bergstädte. München 1958.
Quensel, Paul, Thüringer Sagen. Jena 1926.
Rangger, Lukas, Die St. Barbara-Säule in Hall. In: Der Kunstfreund, N. F., 19, 1903, S. 53–56.
Raub, Julius, Die ältesten Kohlbergordnungen des Ruhrgebietes. In: Der Anschnitt, Jg. 9, Nr. 5, 1957, S. 17–23.
Raub, Wolfhard, Die erste Nachricht über den Ruhrkohlenbergbau. In: Der Anschnitt, Jg. 9, Nr. 5, 1955, S. 21/22.
Rausch, J., Geschichte des Kreises Altenkirchen. Betzdorf 1921.
Reclams Kunstführer Österreich. Baudenkmäler. Bd. II, Salzburg, Tirol, Vorarlberg, Kärnten, Steiermark. Stuttgart 1961.
Reicke, Siegfried, Das deutsche Spital und sein Recht im Mittelalter, 2 Bde. (Kirchenrechtliche Abhandlungen, hg. v. Ulrich Stutz, H. 111/114). Stuttgart 1932.
Reinirkens, Johannes, mit aakes über die schlachten. Von der alten Ruhrschiffahrt 1780 bis 1880. In: ruhrgebiet. landschaft, kultur, wirtschaft. Essen, H. 4, 1960, S. 30/31.
Die Religion in Geschichte und Gegenwart (RGG)², hg. v. Hermann Gunkel u. Leopold Zscharnack, 5 Bde. u. 1 Registerband. Tübingen 1927–1931.
Die Religion in Geschichte und Gegenwart (RGG)³, hg.v. Kurt Galling, Bd.1 ff. Tübingen 1957 ff.
Ress, Franz Michael, Geschichte und wirtschaftliche Bedeutung der oberpfälzischen Eisenindustrie von den Anfängen bis zur Zeit des 30jährigen Krieges. Diss. Clausthal 1949. Aus: Verhandlungen d. histor. Vereins v. Oberpfalz u. Regensburg. Bd. 91.
–, Die oberpfälzische Eisenindustrie im Mittelalter und in der beginnenden Neuzeit. Archiv f. das Eisenhüttenwesen, 21. Düsseldorf 1950, S. 205–215.
–, Die Oberpfälzischen Hammereinigungen von 1341–1626. Zünftlerischer Zusammenschluß oder kapitalistische Interessengemeinschaft? In: Zeitschr. f. Handelswissenschaftliche Forschung, N. F. Köln u. Opladen, 2, 1950, S. 39–44.
–, Bauten, Denkmäler und Stiftungen deutscher Eisenhüttenleute, hg. im Auftrag des Vereins Deutscher Eisenhüttenleute. Düsseldorf 1960.
Reuschel, Karl, Deutsche Volkskunde im Grundriß. 2 Teile (Aus Natur und Geisteswelt, Bd. 644/45). Leipzig u. Berlin 1920–1924.
Reuter, Hermann, Geschichte der religiösen Aufklärung im Mittelalter vom Ende des 8. Jahrhunderts bis zum Anfange des 14. Jahrhunderts. 2 Bde. Berlin 1875 u. 1877.
Righetti Mario, Manuale di Storia Liturgica, 3 vol. Milano 1950.
Roberts, Michael, Gustavus Adolphus. A History of Sweden 1611–1632. 2 vol. London-New York-Toronto 1958.
Rössler, Hellmuth, und *Franz, Günther,* Sachwörterbuch zur deutschen Geschichte. München 1955–1958.

Röttgermann, Heinz, Die Geschichte der Industrie des Wirtschaftsraumes Menden/Fröndenberg und seiner Probleme seit Beginn des 19. Jahrhunderts. Menden[2] 1952. (Beiträge zur Geschichte des Hönnetals 3.)

Roy, Francis, Der saarländische Bergmann. Saarbrücken 1955.

Rudolf, Rainer, Ars moriendi. Von der Kunst des heilsamen Lebens und Sterbens. (Forschungen zur Volkskunde, hg. v. G. Schreiber, H. 39). Köln u. Graz 1957.

Rüther, Josef, Heimatgeschichte des Landkreises Brilon. Münster 1956. 2. Aufl. Münster 1957.

Ruhr-Almanach. Vom Bergmann und Bergbau. Köln 1950.

ruhrgebiet. landschaft, kultur, wirtschaft, Jg. 1ff. Essen 1960ff.

Saaz, Johannes von, Das Gericht der Götter über den Bergbau. Ein literarisches Dokument aus der Frühzeit des deutschen Bergbaus. In: Der Anschnitt, Jg. 7, Nr. 6, 1955, S. 19–21.

Salmen, Walter, Bergmännisches Chorsingen im 16. und 17. Jahrhundert. In: Der Anschnitt, Jg. 8, Nr. 1, 1956, S. 16–17.

–, „The pitman's is the hardest job" Betrachtungen über das englische Bergmannslied. In: Der Anschnitt, Jg. 8, Nr. 3, 1956, S. 29–30.

Samson, Heinrich, Die Heiligen als Kirchenpatrone. Paderborn 1882.

Santifaller, Leo, Brixner Urkunden, Bd. 1. Innsbruck 1929, Bd. 2, Leipzig 1941–1943.

Schadelbauer, Karl, Das Heilwesen Südtirols im Mittelalter. In: Veröffentlichungen des Museums Ferdinandeum in Innsbruck, 31. Innsbruck 1951, S. 591–616.

–, Die Schmelzkünstler Peter Martio und Johann Baptist Martinengo. In: Tiroler Wirtschaft in Vergangenheit und Gegenwart. Festgabe zur 100-Jahrfeier der Tiroler Handelskammer. Bd. I: Beiträge zur Wirtschafts- und Sozialgeschichte Tirols (Schlern-Schriften, Bd. 77). Innsbruck 1951.

–, Der Schwazer Bergreim. In: Tiroler Heimatblätter, Jg. 7, 1929, S. 216–220.

Schadelbauer, Karl, Das „Verleich buoch auf paw zu Trient". In: Das Verleihbuch des Bergrichters von Trient 1489–1507 (Schlern-Schriften, Bd. 194). Innsbruck 1959, S. 33–68.

Schaefer, Franz Friedrich, Das Hospital zum Heiligen Geist auf dem Domhofe zu Köln. Phil. Diss. Münster 1909.

Schäfer, Heinrich, Pfarrkirche und Stift im deutschen Mittelalter (Kirchenrechtliche Abhandlungen, hg. v. Ulrich Stutz, H. 3). Stuttgart 1903.

Schauerte, Heinrich, Schieferbergbau im Sauerlande. Ein Beitrag zur Volkskunde des Bergbaus. In: Rheinisch-westfälische Zeitschrift für Volkskunde, Jg. 5, 1958, S. 47–75.

Scheele, Norbert, Geschichte der Gemeinde Olpe-Land. Olpe (Westf.) 1952.

Scheffelt, Ernst, Bergbaunamen im südwestlichen Schwarzwald. In: Der Anschnitt, Jg. 8, Nr. 1, 1956, S. 12.

Scheuermann, Ludwig, Die Fugger als Montanindustrielle in Tirol und Kärnten. Ein Beitrag zur Wirtschaftsgeschichte des 16. und 17. Jahrhunderts (Studien zur Fugger-Geschichte, hg. v. Jakob Strieder, Bd. 8). München u. Leipzig 1929.

Schiedlausky, Günter, Der Handstein mit dem Bergmotiv. In: Der Anschnitt, Jg. 4, Nr. 2, 1952, S. 10/11.

–, Die Freiburger Bergmannsfenster. In: Der Anschnitt, Jg. 5, Nr. 2, 1953, S. 4–10.

Schiller, E., Bürgerschaft und Geistlichkeit in Goslar (1290–1365). Ein Beitrag zur Geschichte des Verhältnisses von Stadt und Kirche im späteren Mittelalter (Kirchenrechtliche Abhandlungen, hg. v. Ulrich Stutz, H. 77). Stuttgart 1912.

Schläger, Franz Georg Ferdinand, Der christliche Berg- und Hüttenmann oder ein Erbauungsbuch in Predigten, Morgen-, Abend- und Festgebeten für die Berg- und Hüttenleute nebst einem erklärenden Verzeichnisse der gebrauchten bergmännischen Kunstausdrücke. Hannover 1852.

Schmid, Heinrich Alfred, Hans Holbein der Jüngere. Basel 1948.

Schmidt, Leopold, Gestaltheiligkeit im bäuerlichen Arbeitsmythos (Veröffentlichungen des Österreichischen Museums für Volkskunde, Bd. 1). Wien 1952.

–, Volksschauspiel der Bergleute (Leobener Grüne Hefte, hg. v. Franz Kirnbauer, Nr. 27). Wien 1957.

–, Volkskunst der Bergleute im alten Österreich-Ungarn (Leobener Grüne Hefte, Nr. 39). Wien 1959.

–, Geschichte der österreichischen Volkskunde. Wien 1951.

Schmitt, Otto, (Hrsg.) Reallexikon zur deutschen Kunstgeschichte, Bd. 1 ff. Stuttgart 1937 ff.

Schmidt, Philipp, Krystallos. In: Stimmen der Zeit. Monatsschrift für das Geistesleben der Gegenwart, Bd. 167, Jg. 86, 1960/61, S. 390–392.

Schmidt, Robert, Das Porzellan als Kunstwerk und Kulturspiegel. München 1925.

Schneider, Ernst, Schwarzwälder Bergbaunamengebung. Ein Beitrag zur bergmännischen Volkskunde. In: Zeitschrift für die Geschichte des Oberrheins, Jg. 99, 1951, S. 436 bis 476.

–, Oberrheinische Bergwerkspatrozinien. In: Freiburger Diözesan-Archiv, Nr. 75. Freiburg 1955, S. 245–280.

–, Heilig-Kreuz als Bergwerkspatrozinium. In: Österreichische Volkskunde, N. S., 9. Wien 1955, S. 57–60.

–, Tiere und Pflanzen in der Bergbaunamengebung. In: Rheinisches Jahrbuch für Volkskunde, hg. v. Karl Meisen, Jg. 6. Bonn 1955, S. 91–117.

Schneider, Horst, Das ältere Siegerländer Bergrecht (Siegerländer Beiträge zur Geschichte und Landeskunde, hg. im Auftrage des Siegerländer Heimatvereins von Hermann Böttger und Wilhelm Güthling, H. 7). Siegen 1956.

Schnell, Hugo Karl Maria, Der baierische Barock. Die volklichen, die geschichtlichen und die religiösen Grundlagen. Sein Siegeszug durch das Reich. München 1936.

Schnürer, Gustav, und *Ritz, Joseph Maria*, St. Kümmernis und Volto Santo. Studien und Bilder (Forschungen zur Volkskunde, hg. v. Georg Schreiber, H. 13–15). Düsseldorf 1934.

Schönbauer, Ernst, Beiträge zur Geschichte des Bergbaurechts (Münchener Beiträge zur Papyrusforschung und antiken Rechtsgeschichte, H. 12). München 1929.

Schönherr, David, Die Kunstbestrebungen Erzherzogs Sigmund von Tirol. In: Jahrbuch der kunsthistorischen Sammlungen des allerhöchsten Kaiserhauses, Bd. 1. Wien 1883.

–, Gesammelte Schriften, Bd. 2. Innsbruck 1902.

Schommer, Hedwig, Die Heiligenminne als kirchlicher und volkstümlicher Brauch. In: Rheinisches Jahrbuch für Volkskunde, Jg. 5, hg. v. Karl Meisen. Bonn 1954, S. 184–231.

Schraml, Carl, Das oberösterreichische Salinenwesen von 1750 bis zur Zeit nach den Franzosenkriegen (Studien zur Geschichte des österreichischen Salinenwesens, Bd. 2). Wien 1934.

Schrauf, Albrecht, Zur Erinnerung an Georg Agricola. In: Zeitschrift für praktische Geologie, H. 6 (Juni), 1894, S. 217–224.

Schreiber, Georg, Kurie und Kloster im 12. Jahrhundert (Kirchenrechtliche Abhandlungen, hg. v. Ulrich Stutz, (65.–68. Heft). 2 Bde. Stuttgart 1910.
–, Mutter und Kind in der Kultur der Kirche. Studien zur Quellenkunde und Geschichte der Karitas, Sozialhygiene und Bevölkerungspolitik. Freiburg i. Br. 1918.
–, Nationale und internationale Volkskunde (Forschungen zur Volkskunde, hg. v. G. Schreiber, H. 4/5). Düsseldorf 1930.
–, Wallfahrt und Volkstum in Geschichte und Leben (Forschungen zur Volkskunde, H. 16/17). Düsseldorf 1934.
–, Deutschland und Spanien (Forschungen zur Volkskunde, H. 22–24). Düsseldorf 1936.
–, Deutsche Bauernfrömmigkeit in volkskundlicher Sicht (Forschungen zur Volkskunde, H. 29). Düsseldorf 1937.
–, Der heilige Berg Montserrat und die deutschen Bruderschaften. Studien zur Geschichte der Frömmigkeit, der Karitas und der monastischen Spanienkunde. In: Theologie und Glaube, 30, 1938, S. 516–540.
–, Der Montserrat im deutschen Erinnerungsbild. Spanische Forschungen der Görres-Gesellschaft, 1. Reihe, Bd. 7. Münster 1938, S. 258–292.
–, Das Türkenmotiv und das deutsche Volkstum. In: Volk und Volkstum, 3. München 1938, S. 9–54.
–, Kultwanderungen und Frömmigkeitswellen im Mittelalter. In: Archiv für Kulturgeschichte, 31, 1942, S. 1–40.
–, Kultische Nacht und Goldene Samstage. In: Zeitschrift für Aszese und Mystik, 18, 1943, S. 96–111.
–, Gemeinschaften des Mittelalters. Münster 1948.
–, Die Wochentage. In: Archiv für mittelrheinische Kirchengeschichte, 1, 1949, S. 331–345.
–, Zwischen Demokratie und Diktatur. Münster 1949.
–, Iroschottische und angelsächsische Wanderkulte in Westfalen mit Ausblicken auf den gesamtdeutschen Raum. In: Westfalia Sacra (Quellen und Forschungen zur Kirchengeschichte Westfalens, 2 Bde.). Münster 1948 u. 1950; 2, S. 1–132.
–, Mittelalterliche Alpenpässe und ihre Hospitalkultur. In: Miscellanea G. Galbiati (Fontes Ambrosiani, 27), Bd. 3. Milano 1951, p. 335–352.
–, Apostel und Evangelisten als Bergwerksinhaber. In: Rheinisches Jahrbuch für Volkskunde, hg. v. Karl Meisen, 3, 1952, S. 145–168.
–, Das Weltkonzil von Trient. Sein Werden und Wirken, 2 Bde. Freiburg i. Br. 1952.
–, Das Bergwerk in Recht, Liturgie, Sakralkultur (Zeitschrift der Savigny-Stiftung für Rechtsgeschichte, Kanonistische Abteilung, Bd. 39). Weimar 1953, S. 362–418.
–, St. Pirmin in Religionsgeschichte, Ikonographie, Volksfrömmigkeit. In: Archiv für mittelrheinische Kirchengeschichte, 5, 1953, S. 42–76.
–, Daniel im Bergbau. In: Der Anschnitt, Jg. 5, Nr. 3, 1953, S. 12–13.
–, Der Berufsgedanke im Bergwerk. Zur Formungsgeschichte der Bergknappen im Lichte spanischer Motive. In: Christliche Existenz und Erziehung, Festgabe für Johann Peter Steffes, hg. v. G. Schreiber u. Kurt Haase. Münster (Westf.) 1954, S. 134–149.
–, Spanien im deutschen Bergwerk. Einwirkung auf Wirtschaftsräume und Sakralräume (Spanische Forschungen der Görres-Gesellschaft, 1. Reihe. Gesammelte Aufsätze zur Kulturgeschichte Spaniens, Bd. 9). Münster (Westf.) 1954, S. 198–223.

–, Christlicher Orient und mittelalterliches Abendland. Oriens Christianus, 39, 1955, S. 66–78.
–, Alpine Bergwerkskultur. Bergleute zwischen Graubünden und Tirol in den letzten vier Jahrhunderten. Innsbruck 1956.
–, Deutscher Bergbau in Geschichte und Ethos. In: Festschrift für Karl Arnold. Köln u. Opladen 1955, S. 177–201.
–, Schutzfrau St. Barbara. Forschungsaufgabe und Kultdynamik. In: Der Anschnitt, Jg. 7, Nr. 4, 1955, S. 9–13.
–, Irland im deutschen und abendländischen Sakralraum. Köln und Opladen 1956.
–, St. Helena als Inhaberin von Erzgruben, Schutzherrschaften, Bergwerksgeschichte, Ikonographie. In: Zeitschrift für Volkskunde, 53, 1956/57, S. 65–76.
–, St. Magdalena als Volksheilige und Bergwerksinhaberin. In: Festschrift Karl Eder zum siebzigsten Geburtstag. Innsbruck 1959, S. 259–275.
–, Die Vierzehn Nothelfer in Volksfrömmigkeit und Sakralkultur. Symbolkraft und Herrschaftsbereich der Wallfahrtskapelle, vorab in Franken und Tirol (Schlern-Schriften, hg. v. R. Klebelsberg, Bd. 168). Innsbruck 1959.
–, Die Wochentage im Erlebnis der Ostkirche und des christlichen Abendlandes (Wissenschaftliche Abhandlungen der Arbeitsgemeinschaft für Forschung des Landes Nordrhein-Westfalen, Bd. 11). Köln u. Opladen 1959.
–, Lusitanien im Exempelbuch. Portugiesische Forschungen der Görres-Gesellschaft, Bd. 1. Aufsätze zur Portugiesischen Kulturgeschichte, hg. v. Hans Flasche. Münster (Westf.) 1960, S. 153–165.
–, K. k. Salinenarbeiter und Gutsbesitzer. Zur neueren Bergwerksgeschichte Tirols. In: Der Anschnitt, Jg. 14, 1962 S. 9/10.
Schroeder, Johann Karl von, Die bergrechtlichen Verhältnisse im Bereiche des vormaligen Fürstbistums Münster und ihre Nachwirkungen in der Gegenwart. In: Zeitschrift für Bergrecht, Bd. 99, Jg. 1955, H. 2. Dortmund 1955, S. 156–185.
–, Das Bergrecht des Fürstbistums Münster in seiner Entwicklung und seinen Nachwirkungen. In: Westfälische Zeitschrift, Band 109. 1959, S. 13–85.
Schroeder, Rolf, Der Steinkohlenhandel im Dortmunder Raum bis zur Mitte des 17. Jahrhunderts. In: Der Anschnitt, Jg. 10, 1958, H. 1, S. 5–7.
Schröder, Richard, und *Künßberg, Eberhard Frhr. von*, Lehrbuch der deutschen Rechtsgeschichte[6]. Berlin u. Leipzig 1922.
Schroers, Heinrich, Aus der Geschichte des Bergbaues in Brilon. In: Der Anschnitt. Jg. 12, H. 1, 1960, S. 11/12.
Schubert, Karl Leopold, Die Märe vom Feldbauer (Leobener Grüne Hefte, hg. v. Franz Kirnbauer, Nr. 18). Wien 1955.
Schüller, Andreas, Die Ignatius-Verehrung in der niederdeutschen Jesuitenprovinz. Annalen des Historischen Vereins für den Niederrhein, Jg. 115, 1929, Seite 283ff.
Schulte, Aloys, Der Adel und die deutsche Kirche im Mittelalter[2]. Stuttgart 1922. 3. Aufl. Darmstadt 1958.
–, Geschichte der großen Ravensburger Handelsgesellschaft 1380–1530, 3 Bde. (Deutsche Handelsakten des Mittelalters und der Neuzeit, Bd. 1–3). Stuttgart 1923.

Schulte, Wilhelm, Iserlohn. Die Geschichte einer Stadt, 2 Bde. Iserlohn 1937/38.

–, Der Iserlohner Galmei-Bergbau. In: Der Anschnitt, Jg. 13, H. 1, 1961, S. 3–10.

Schulz, Ernst Hermann, Eisenfunde und ihre Bedeutung für die Technik und die Archäologie (Arbeitsgemeinschaft des Landes Nordrhein-Westfalen, Naturwissenschaften, H. 91). Köln u. Opladen 1961.

Schulz, Gerhard, Novalis und der Bergbau. In: Bergbau und Bergleute. Neue Beiträge zur Geschichte des Bergbaus und der Geologie (Freiberger Forschungshefte, hg. v. Rektor der Bergakademie Freiberg. Kultur und Technik, D 11). Berlin 1955, S. 242 bis 255.

Schulz, W., Wirklichkeit, Aberglaube und Sage bei den deutschen Bergknappen der Vergangenheit (Vortrag). Freiberg (Sachsen) 1890.

Schulz-Briesen, Max, Der preußische Staatsbergbau im Wandel der Zeiten, 2 Bde. Berlin 1933/34.

Schumacher, Elisabeth, Das kölnische Westfalen im Zeitalter der Aufklärung unter besonderer Berücksichtigung der Reformen des letzten Kurfürsten von Köln, Max Franz von Österreich. Phil. Diss. Rotaprintdruck. Bonn 1952.

Schwarz, Klaus, Untersuchungen zur Geschichte der deutschen Bergleute im späteren Mittelalter (Freiberger Forschungshefte, Kultur und Technik, D 20). Berlin 1958.

–, Neuerscheinungen zur mittelalterlichen Bergbaugeschichte. In: Zeitschrift für Geschichtswissenschaft. Ost-Berlin 1959, H. 8, S. 1889–1903; 1960, H. 1, S. 249–256.

Schwazer Buch. Beiträge zur Heimatkunde von Schwaz und Umgebung (Schlern-Schriften, hg. v. R. Klebelsberg, Bd. 85). Innsbruck 1951.

Schwegler, Theodor, Geschichte der katholischen Kirche in der Schweiz von den Anfängen bis zur Gegenwart². Stans 1943.

Schwer, Wilhelm, Stand und Ständeordnung im Weltbild des Mittelalters. Die geistes- und gesellschaftsgeschichtlichen Grundlagen der berufsständischen Idee, 2. Aufl. von Nikolaus Monzel. Paderborn 1952.

Schwerin-Krosigk, Lutz Graf von, Die große Zeit des Feuers. Der Weg der deutschen Industrie, 3 Bde. Tübingen 1957–1959.

Scotti, J. J., Sammlung der Gesetze und Verordnungen, welche in dem Herzogtum Cleve und in der Grafschaft Mark ... ergangen sind, 5 Bde. Düsseldorf 1826.

–, Sammlung der Gesetze und Verordnungen ... im vormaligen Churfürstentum Cöln. Düsseldorf 1830–1831.

Seiwert, I., Aus dem Leben des Prümer Abtes Ruprecht von Virneburg. In: Einhundert Jahre Reginoschule, Festschrift. Prüm 1952, S. 45–52.

Selhamer, Christophorus, Himmlisches Jahr. Das ist: Jesu dem König und Maria der Königin aller Heiligen, geheiligtes Jahr. Dillingen 1700.

Senger, Joseph Edler von, Das verlassene Bergwerk am Röhrer Bühel. In: Zeitschrift des Ferdinandeum für Tirol und Vorarlberg, Jg. 1. Innsbruck 1825.

Sieber, Sächsische Sagen. Jena 1926.

Sieber, Friedrich, Bergmännische Trachten des 18. Jahrhunderts im Erzgebirge und im Mansfeldischen. Deutsche Akademie der Wissenschaften zu Berlin, Veröffentlichungen des Instituts für deutsche Volkskunde, Bd. 12. Berlin 1957.

Sieber, Siegfried, Erzgebirgische Bergmannsfiguren aus Holz und Zinn. In: Der Anschnitt, Jg. 11, Nr. 5, 1959, S. 17–21.

Siebert, Hermann, Beiträge zur vorreformatorischen Heiligen- und Reliquienverehrung (Erläuterungen und Ergänzungen zu Janssens Geschichte des deutschen Volkes, hg. v. Ludwig Pastor, 6. Bd., 1. H.). Freiburg i. Br. 1907.

Sieveking, Heinrich, Vom Sklavenhandel zur Arbeitsvermittlung. Abhandlungen zur Rechts- und Wirtschaftsgeschichte, Festschr. Adolf Zycha. Weimar 1941.

Singer, Stephan, Kultur- und Kirchengeschichte des Jauntales (Dekanat Eberndorf). Kappel 1938.

Soetbeer, Adolf, Edelmetall-Produktion und Werthverhältnisse zwischen Gold und Silber seit der Entdeckung Amerikas bis zur Gegenwart. Gotha 1879. (Petermanns. Mitteilungen. Erg.-Bd. 13, 57.)

Sparber, Anselm, Das Chorherrenstift Neustift in seiner geschichtlichen Entwicklung. Brixen 1953.

–, Das Bistum Sabiona. Brixen 1942.

–, Kirchengeschichte Tirols im Grundriß dargestellt. Innsbruck 1957.

Sperges, Josef von, Tyrolische Bergwerksgeschichte mit alten Urkunden und einem Anhange, worin das Bergwerk zu Schwaz beschrieben wird. Wien 1765.

Spethmann, Hans, Die geschichtliche Entwicklung des Ruhrbergbaus um Witten und Langendreer. Ein Beitrag zur Heimatkunde des Ruhrgebiets. Gelsenkirchen 1937.

–, Forschungen zur Geschichte des Ruhrbergbaus (Ms.-Band). 1. Buch: Die frühe Zeit für Kleve, Mark, Ravensberg. Essen-Lübeck 1951.

Spieß, Karl Heinz, Bergbaugeschichte einiger sächsisch-thüringischer Zisterzienserabteien. In: Der Anschnitt, Jg. 11, Nr. 3, 1959, S. 12–16.

Srbik, Heinrich von, Studien zur Geschichte des österreichischen Salzwesens. Innsbruck 1917.

Srbik, Robert, R. von, Überblick des Bergbaues von Tirol und Vorarlberg in Vergangenheit und Gegenwart. Berichte des Naturwissenschaftlich-Medizinischen Vereins, Bd. 41. Innsbruck 1929.

Stadler, J. E., und *Heim, F. H.*, Vollständiges Heiligen-Lexikon, 5 Bde. Augsburg 1858–1882.

Staffler, Johann Jakob, Tirol und Vorarlberg topographisch, mit geschichtlichen Bemerkungen. Innsbruck 1839–1846.

Stammler, Wolfgang, Albert der Große und die deutsche Volksfrömmigkeit des Mittelalters. In: Freiburger Zeitschrift für Theologie und Philosophie, 3. Freiburg 1956, S. 287–319.

Stammler, Wolfgang, Albert der Große in der deutschen Volksfrömmigkeit. In: Jahres- und Tagungsbericht der Görres-Gesellschaft 1955. Köln 1956, S. 55.

Stapper, Richard, Die Feier des Kirchenjahres an der Kathedrale von Münster im hohen Mittelalter. Münster 1916.

Steger, Hugo, David, Rex et Propheta (Erlanger Beiträge zur Sprach- und Kunstwissenschaft, Bd. 6). Nürnberg 1961.

Steinberger, Ludwig, Auswärtige geistliche Grundherren als Weingutsbesitzer in Südtirol. Innsbruck 1934.

Stötzel, Heinrich, Die Bergmannssage. Kölner Phil. Diss. 1936.

Stolz, Otto, Politisch-historische Landesbeschreibung von Tirol. Erster Teil: Nordtirol. In: Archiv für österreichische Geschichte, Bd. 107. Wien u. Leipzig 1923/26, S. 3–885.

Stolz, Otto, Beiträge zur Geschichte des Unterengadin aus Tiroler Archiven. In: 53. Jahresbericht der Historisch-antiquarischen Gesellschaft von Graubünden, Jg. 1923, Chur 1924, S. 115–123.
–, Die Anfänge des Bergbaues und Bergrechts in Tirol. In: Zeitschrift der Savigny-Stiftung, Germ. Abt., Bd. 48. Weimar 1928, S. 207–263.
–, Erze und Gesteine in alten Tiroler Schriften (Veröffentlichungen des Museum Ferdinandeum, Bd. 27–29, 1947–1949). Innsbruck 1949, S. 329–344.
–, Geschichte des Landes Tirol, Bd. 1. Innsbruck-Wien-München 1955.
Strackerjan, Ludwig, Aberglaube und Sagen aus dem Herzogtum Oldenburg, 2 Bde. Oldenburg 1909.
Strieder, Jacob, Studien zur Geschichte kapitalistischer Organisationsformen². Leipzig 1925.
Stüwer, Wilhelm, Die Patrozinien im Kölner Großdiakonat Xanten. Bonn 1938.
Tangl, Michael, Die päpstlichen Kanzleiordnungen von 1200–1500. Innsbruck 1894.
Thalhofer, Valentin, und *Eisenhofer, Ludwig*, Handbuch der katholischen Liturgik, 2 Bde. ²Freiburg i. Br. 1912.
Theis, Paul, Siegerländer Bodenforschung. Ergebnisse einer 35jährigen Arbeit. In: Siegerland, Bd. 35, H. 1, 1958, S. 11–16.
Tinkhauser, G., und *Rapp, Ludwig*, Topographisch-historisch-statistische Beschreibung der Diözese Brixen. 5 Bde. Brixen 1851–1891.
Tolnay, Charles, Die Zeichnungen Pieter Bruegels. Zürich 1952.
Tremel, E., Erzherzog Johann und der Bergbau. In: Zeitschrift des Historischen Vereins für Steiermark, Sonderband 4. Graz 1959, S. 49–53.
Tremel, Ferdinand, Der Frühkapitalismus in Österreich. Graz 1954.
–, Innerösterreich und die Lebensmittelversorgung der salzburgischen Bergbaue in der frühen Neuzeit. In: Veröff. d. Verbände österr. Geschichtsvereine 14, Wien 1961, S. 120–128.
Treptow, E., Deutsche Meisterwerke bergmännischer Kunst (Deutsches Museum, 1, 3). Berlin 1929.
Die betrübte und nach ihrem Geliebten Seufzende *Turteltaube* Oder Bußfertige Christliche Seele; Die Denen zergänglichen Wollüsten nach gelebet, in den Wust der Sünden gefallen, und die Göttliche Gnad dadurch verlohren; Solche aber mit inbrünstigen Seuffzen, und mit beygefügten Gebettern embsig wieder suchet. Zum sonderlichen Trost allen denen, die in das Himmlische Vatterland eingehen, alldorten glückseelig und ewig leben wollen, vorgestellet. Gedruckt zu Sulzbach, Verlegts Joh. Peter Wolffs Seel. Erben in Nürnberg.
Twickel, Maximilian Freiherr von, Die St.-Antoni-Hütte zu Osterfeld. Ein münsterischer Domherr des 18. Jahrhunderts als Wirtschaftspionier. In: Auf Roter Erde. Monatsblätter für Landeskunde und Volkstum Westfalens. Heimatbeilage der Westfälischen Nachrichten, Münster (Westf.), Neue Folge Nr. 27, Mai 1961, Jg. 17, S. 3.
Ulmer, Andreas, Die Gotteshäuser Vorarlbergs in Wort und Bild. Bregenz 1934.
Veit, Ludwig Andreas, Volksfrommes Brauchtum und Kirche im deutschen Mittelalter. Freiburg i. Br. 1936.
–, und *Lenhart, Ludwig*, Kirche und Volksfrömmigkeit im Zeitalter des Barock. Freiburg i. Br. 1956.
Das Verleihbuch des Bergrichters von Trient, 1489–1507. Bearb. v. Hans Hochenegg,

G. Mutschlechner und K. Schadelbauer (Schlern-Schriften, hg. v. R. Klebelsberg, Bd. 194). Innsbruck 1959.

Viller, Marcel, und *Rahner, Karl,* Aszese und Mystik in der Väterzeit. Ein Abriss. Freiburg i. Br. 1939.

Vincke, Johannes, Volkstum und Recht. Aus kirchenrechtlicher und volkskundlicher Sicht dargestellt. (Forschungen zur Volkskunde, hg. v. G. Schreiber, H. 28.) Düsseldorf 1937.

Völker, Christoph, Aus dem religiösen Volksleben im Fürstbistum Paderborn während des 17. und 18. Jahrhunderts. Paderborn 1937.

Vogelsang, Karl, Auktions-Katalog XXXV. Ausbeute- und Bergwerks-Münzen und -Medaillen. Halle a. d. Saale 1925.

Volk und Volkstum. Jahrbuch für Volkskunde. In Verbindung mit der Görres-Gesellschaft hg. v. Georg Schreiber, 3 Bde. München 1936/37/38.

Voye, Ernst, Geschichte der Industrie im märkischen Sauerlande, 4 Bde. Hagen 1908 bis 1912.

Wagner, H. F., Der Dürrnberg bei Hallein. In: Mitteilungen der Gesellschaft für freie Salzburger Landeskunde. Salzburg 1905.

Wagner, Thomas, (Hrsg.) Corpus iuris metallici recentissimi et antiquioris oder Sammlung der neuesten und älterer Bergwerks-Gesetze, hg. v. Thomas Wagner, Churfürstl. Sächs. geheimden Finanz-Rathe und Beysitzern der Landes-Oeconomie-Manufactur- und Commerzien-Deputation. Leipzig, verlegte Johann Samuel Heinsius 1791.

Waitz, Frajo, Kirchen und Kapellen in Imst. In: Imster Buch. S. 235–250.

Wattner Buch. Beiträge zur Heimatkunde von Wattens, Wattenberg u. Vögelsberg. 2 Bde. (Schlern-Schriften, hg. v. R. Klebelsberg, Bd. 165–166). Innsbruck 1957–1958.

Weber, Beda, Das Land Tirol. Innsbruck 1837/38.

Weigelin, Christoph, Abbildung und Beschreibung derer sämtlicher Berg-Wercks-Beamten und Bedienten nach ihrem gewöhnlichen Rang und Ordnung im zugehörigen Berg-Habit. Nürnberg / zu finden bei Christoph Weigelin, der Kayserlichen Reichspost über wohnhaft, Anno 1721.

Weingärtner, Joseph, Beschreibung der Kupfer-Münzen Westfalens nebst historischen Nachrichten. 2 Hefte. Paderborn 1872–1873.

Weingartner, Josef, und *Zinner, Robert,* Südtirol, Landschaft, Kunst, Kultur. Wien 1950.

Weingartner, Josef, Die Kunstdenkmäler Südtirols², 3 Bde. Innsbruck 1951–1956.

–, Aus der alten Schwazer Bergwerksgeschichte. In: Schwazer Buch. S. 158–172.

Weiss-Bass, E. Friedrich, Weingewerbe und Weinleutenzunft im alten Basel. Basel 1938.

Welser, Frhr. Hubert von, Bartholomäus Welser V. In: Lebensbilder aus dem Bayerischen Schwaben, hg. v. Götz Frhr. von Pölnitz, Bd. 4 (Schwäbische Forschungsgemeinschaft bei der Kommission für bayerische Landesgeschichte. Veröffentlichungen, Reihe 3, Bd. 4). München 1955, S. 120–169.

Werland, Peter, und *Schultz, Ernst,* Die alte astronomische Uhr im Dome zu Münster-Westf., hg. v. Verkehrsamt der Provinzialhauptstadt Münster (Westf.). Münster 1939.

–, Die alte Uhr im Dom zu Münster (Das schöne Münster, hg. v. Wilhelm Vernekohl, Neue Folge H. 8). Münster 1956.

Werunsky, Emil, Österreichische Reichs- und Rechtsgeschichte. Wien 1894ff.

Wever, Franz, Das Schwert in Mythos und Handwerk (Arbeitsgemeinschaft für Forschung des Landes Nordrhein-Westfalen, H. 91). Köln u. Opladen 1961.

Wichner, P. J., Kloster Admont und seine Beziehungen zum Bergbau und zum Hüttenbetrieb. In: Berg- und Hüttenmännisches Jahrbuch, Bd. 39, H. 1, 1891.

Wickeren, Kurt von, Über den Goldbergbau in Waldeck und Westfalen. In: Der Anschnitt, Jg. 10, 1958, H. 1, S. 19–21.

Wieser, Franz von, Der Tiroler Landreim. In: Archiv für Geschichte und Altertumskunde Tirols, 5, 1869, S. 209–276.

Wieser, Thomas, Abt Matthias Lang von Marienberg 1640. Ein Neubegründer eines alten Klosters. In: Studien und Mitteilungen zur Geschichte des Benediktinerordens, N. F., Jg. 3, 1913.

Wießner, Hermann, Geschichte des Kärntner Bergbaues, 2 Bde. (Archiv für vaterländische Geschichte und Topographie, 32, 36/37). Klagenfurt 1950/51.

Wilsdorf, Helmut, Georg Agricola und seine Zeit. Berlin 1956.

Wimmer, Otto, Handbuch der Namen und Heiligen mit einer Geschichte des christlichen Kalenders. Innsbruck-Wien-München 1956.

Winkelmann, Anne, Die Bergkanne des Königlichen Oberbergamtes zu Clausthal im Harz. In: Der Anschnitt, Jg. 8, Nr. 2, 1956, S. 18–20.

–, „Zeiring ist die Mutter von Wien". Ebd., Nr. 4, S. 31–32.

Winkelmann, Heinrich, Kunst und Bergbau in der Geschichte. In: Der Anschnitt, Jg. 3, Nr. 2/3, 1951, S. 4–8.

–, Der Bergbau in der Kunst. Essen 1958.

–, Zur Volkskunde der schlesischen Bergleute. In: Der Anschnitt, Jg. 5, Nr. 3, 1953, S. 4–9.

–, Die Ruhrzechen in dem Generalbefahrungsprotokoll des Reichsfreiherrn vom und zum Stein. In: Der Anschnitt, Jg. 9, Nr. 5, 1957, S. 3–10.

Winter, Eduard, Die Deutschen in der Slowakei und in Karpathorussland[3] (Deutschtum und Ausland, Studien zum Auslanddeutschtum und zur Auslandkultur, hg. v. G. Schreiber, H. 1). Münster 1926.

Winter, Franz, Die Cistercienser des nordöstlichen Deutschlands. Ein Beitrag zur Kirchen- und Culturgeschichte des deutschen Mittelalters, 3 Teile. Gotha 1868–1871.

–, Zur Geschichte des Bischofs Anselm von Habelberg. In: Zeitschrift für Kirchengeschichte, Bd. V, von Theodor Brieger. Gotha 1882, S. 138–155.

Witte, Otto, Iserlohner Exportindustrie und Außenhandel vom Mittelalter bis zum ersten Weltkrieg. Ein Beitrag zur Wirtschaftsgeschichte Westfalens. In: Der Märker, Jg. 10, H. 3, 1961, S. 61–76.

Wohlhaupter, Eugen, Die Kerze im Recht (Forschungen zum deutschen Recht, 4, 1). Weimar 1940.

Wolfram, Richard, Der Halleiner Schwerttanz. In: Der Anschnitt, Jg. 7, Nr. 4, 1955, S. 3–8.

Wolfstrigl-Wolfskron, Max Reichsritter von, Die Tiroler Erzbergbaue 1301–1665. Innsbruck 1903.

Wonisch, Othmar, Die Gründung der Benediktinerinnenabtei Säben (Schlern-Schriften, hg. v. R. Klebelsberg, Bd. 39). Innsbruck 1938.

Wopfner, Hermann, Bergbauernbuch, Bd. 1, 3 Lieferungen. Innsbruck 1951–1960.

–, Die Lage Tirols zu Ausgang des Mittelalters. Berlin 1908.

–, Quellen zur Geschichte des Bauernkrieges in Deutschtirol, 1. Teil (Acta Tirolensia III, 1). Innsbruck 1908.

Worms, Stephen, Schwazer Bergbau im fünfzehnten Jahrhundert. Ein Beitrag zur Wirtschaftsgeschichte. Wien 1904.

Wrubel, Friedrich, Sammlung bergmännischer Sagen. Freiburg 1882.

Zaunert, Paul, Alt wie der Wald. Ostdeutsche Sagen und Historien. Ausgewählt und bearbeitet. Düsseldorf 1955. (Deutscher Osten. Bd. 1.)

Zechlin, Egmont, Maritime Weltgeschichte. Altertum und Mittelalter. Hamburg 1947.

Zender, Matthias, Die Sage als Spiegelbild von Volksart und Volksleben im westdeutschen Grenzland. Beiträge zur Volkskunde von Eifel und Ardennen. Phil. Diss. Bonn 1940.

–, Räume und Schichten mittelalterlicher Heiligenverehrung in ihrer Bedeutung für die Volkskunde. Die Heiligen des mittleren Maaslandes und der Rheinlande in Kultgeschichte und Kultverbreitung. Düsseldorf 1959.

Zimmerli, Ernst, Zur Geschichte des Bergbaues am Silberberg im 19. Jahrhundert. Separatabdruck aus dem Bündner Monatsblatt 1937.

Zimmermann, Alfons, Mönch der Abtei Metten, Kalendarium Benedictinum, 3 Bde. Metten 1933–1938.

Zimmermann, Ernst, Die Erfindung und Frühzeit des Meißner Porzellans. Ein Beitrag zur Geschichte der deutschen Keramik. Berlin 1908.

Zippelius, Adelhart, Des Erzstiftes Salzburg höchstes Kleinod: Der Dürrnberg bei Hallein. In: Der Anschnitt, Jg. 7, Nr. 1/2, 1955, S. 15–18.

Zitzen, E. G., Der Wein in der Wort- und Wirtschaftsgeschichte. Sonderdruck aus „Scholle und Strom". Bonn 1952.

Zoepfl, Friedrich, Geschichte der Stadt Mindelheim in Schwaben. München 1948.

Zösmair, Josef, Zeit der Entdeckung und älteste Geschichte des Haller Salzbergwerks. In: Zeitschrift des Ferdinandeums für Tirol und Vorarlberg, 3. Folge, H. 54. Innsbruck 1910, S. 312–314.

Zycha, Adolf, Das Recht des ältesten deutschen Bergbaues bis ins 13. Jahrhundert. Eine Studie aus der deutschen Rechts- und Wirtschaftsgeschichte. Berlin 1899.

–, Zur neuesten Literatur über die Wirtschafts- und Rechtsgeschichte deutscher Salinen. In: Vierteljahresheft für Sozial- und Wirtschaftsgeschichte, 14, 1918, S. 188–229.

–, Montani et Silvani. Zur älteren Bergwerksverfassung von Goslar. In: Deutsches Archiv für Geschichte des Mittelalters, hg. v. E. Stengel, Jg. 3. Weimar 1939, S. 175–210.

–, Deutsche Rechtsgeschichte der Neuzeit². Marburg 1949.

ZU DEN ABBILDUNGEN

Schutzumschlag. Constantin Meunier: Heimkehr der Bergleute, um 1900, Meunier-Museum Brüssel. Abdruck mit freundlicher Genehmigung des Verlag Glückauf G.m.b.H. Essen.

1. Pokal mit Erzstufen. Abbildung aus dem Halleschen Heiltumsbuch, um 1500. Aufbewahrungsort: Aschaffenburg, Schloßbibliothek. Signatur Man. 14. Abdruck mit Genehmigung des Verlag Glückauf G.m.b.H. Essen.
2. Papst Clemens I. und das Mirakel des wiedergefundenen Kindes. Rom, San Clemente. um 1100.
3. Sudhaus der Saline, Hall in Tirol, Kupferstich von Josef Anton Fridrich († 1751).
4. Daniel, spätgotisches Glasgemälde, Pfarrkirche Schwaz. Abdruck mit Genehmigung des Verlag Glückauf G.m.b.H. Essen.

·5.–8. Handsteine. Böhmen, 16. Jh. Kunsthistorisches Museum Wien.

9. Bergmann als Lichtträger an einem Pfeiler im Veitsdom in Prag von Franz Ignaz Platzer. Abdruck mit Genehmigung des Verlag Glückauf G.m.b.H. Essen.
10. Die „Freiungskapelle" im Halltal. Foto E. Stockhammer, Solbad Hall i. T.
11. Exvotobild eines verschütteten Bergmanns aus Absam. Foto E. Stockhammer, Solbad Hall i. T.

12.–19. Marterln im Salzberg bei Hall in Tirol. Foto E. Stockhammer, Solbad Hall i. T.

20. Freiberg i. S. Dom. Tulpenkanzel um 1520. Bergmannskanzel 1638. Abdruck mit freundlicher Genehmigung des Deutscher Kunstverlag G.m.b.H., München und Berlin.

21.–23. Barbara-Säule im tirolischen Solbad Hall, 1486. Foto E. Stockhammer, Solbad Hall i. T.

24. Kölner Meister der Mitte des 15. Jh. Die Heilige Helena läßt das Kreuz ausgraben durch einen Bergmann. Privatbesitz, Essen.
25. Bergleute auf dem Ziffernblatt einer Uhr von 1735. Foto E. Stockhammer, Solbad Hall i. T.
26. Bemalte Türfüllung (um 1735) mit Szene aus dem Bergbaubetrieb am Pfunderer Bergwerk bei Klausen (Südtirol). Foto E. Stockhammer, Solbad Hall i. T.
27. Das Schwazer Silberbergwerk. Kupferstich von Andreas Spängler. 1626.
28. Das Haller Salzbergwerk. Kupferstich von Andreas Spängler. 1626.
29. Salzbergwerk. Kupferstich von Josef Anton Fridrich als Illustration zu Franz Gaun, Iter per Salinas Tyrolenses. Innsbruck 1707.
30. Knappenfahne mit dem Tiroler Adler, mit St. Georg und einem betenden Bergmann. Um 1500. Museum Ferdinandeum Innsbruck.
31. Aus Johann Fugger, Spiegel der Ehren des Hauses Habsburg. Nürnberg 1668, S. 1013.
32. Bergleute in der gefürsteten Grafschaft Tirol. Kupferstich, Titelblatt zu Dominicus Custos, Tyrolensium principum eicones. Augustae Vindelicorum 1599. Sammlung Hochenegg, Hall i. T.
33. Grabstein des k. k. Salinenarbeiters und Gutsbesitzers Alois Garzanner. Friedhof Absam bei Hall (Tirol). Foto E. Stockhammer, Solbad Hall i. T.

PERSONEN UND SACHREGISTER

Abkürzungen:

B. = Bischof; Bw. = Bergwerk; D. = Diözese; dt. = deutsch; Eb. = Erzbischof; hl. = heilig; Kl. = Kloster; St. = Steiermark; T. = Tirol

Aachen 39, 97, 123, 160, 317, 419, 671
Aaron 314; Reliquien 360
Abbaurecht, s. Bergregal
Abdias, legendärer Apostelschüler 375
Abendmahl d. Bergmanns 534, 635
Aberglaube, s. Volksglaube
Abessinien, s. Aethiopien
Abgaben 170ff., 486, 517, 528, 609; – an d. Altaristen 174; Anerkennungszins 158; – an Arme 164, 231; – d. Bergjungen 517; – an Bruderschaften 157; Büchsenpfennig 63, 161f.; Census 123; – v. Ertrag d. Bw. 146; Exequien 66; -freiheit 123, 189, 506; Frohn 123, 486, 528; Geschichte 20; Liturgie 609; Natural- 609; – an Salinen 258; Urbar 123; – an d. Verpächter 146; s. auch Denare, Kaland, Monatspfennig, Oblationen, Primitien, Ungeld, Wein, Wochenpfennig, Zehnten
Ablaß beim Besuch einer Bergkapelle 49, 215
Abraham, alttestamentlicher Stammvater 44, 45, 88, 310, 359, 425
Absam i. T. 37, 298, 399, 452, 642
Absatz d. bergbaulichen Produktion 28
Absolutismus 74, 108, 168, 337f., 521f., 530, 541, 626; s. auch Kapitalismus, Merkantilismus, Territorialherr
Abtsgemünd, Eisenhütte d. Oberpfalz 151
Abwanderung d. Bergleute 32, 663
Abwehrzauber u. Verwandtes s. Apotropäisches
Achatius, hl. 351
Ackerbau, s. Bauerntum
Ackermann aus Böhmen, frühneuhochdeutsches Epos 186f., 193
Acta Sanctorum als Quelle 33, 304
Adam, alttestamentlicher Stammvater 88, 203, 425; – als „erster Bergmann“ 44; – u. Eva 45, 223, 310
Adel 344, 491, 511, 538, 539, 542f., 588, 663; Bergämter 522; bergrechtlichen Bestimmungen unterworfen 491; Bruderschaft 74; Gewerke 129, 542f.; adlige Heilige 328; privilegiert 588; Wappen 74
Adelgundis, hl. 422
Adler 105, 106, 194
Ad metalla, Sklavenarbeit im Bergbau 33ff., 89, 103, 668
Admont, Benediktinerstift i. St. 123, 130, 151, 154f., 170, 258, 259, 284, 475, 498, 526, 533, 535, 548, 590, 663
Aegidius, hl. 40, 51f., 291f., 342, 350, 408, 436
Aegypten 23, 34, 391, 607, 616, 659
Ärar 11, 129 (Staatskasse)
Ärzte 51, 410, 446; Feldscher 438 s. Kosmas u. Damian
Äthiopien 102
Afra, hl. 350, 365
Agape 528, 673; s. Liebesmahl
Agapitus, hl. 317
Agatha, hl. 54f., 67, 68, 217, 219f., 243, 371, 395, 436, 441, 518f.
Agaunum (St. Maurice-en-Valais) 52
Agnes, hl. 68, 90
L'Agrappe, französischer Bergbau 300f.
Agricola, Georg, Bergbaufachmann d. Renaissance 26, 32, 142, 174, 193f., 255, 281, 441, 493f., 528, 634, 640, 656, 673
Ahrn i. T. 71
Akklamation, s. Litanei
Alaunus, B. von Auxerre 12
Alaun 476
Albanien 652

Albert v. T., Graf 110
Albert v. Trient, B. 115, 118
Albertus Magnus, hl. 290f., 296, 396
Albinus, Petrus, Bergbaufachmann d. 16. Jh. 27f., 639f., 654
Albrecht, Pfalzgraf bei Rhein 150
Albrecht III. v. Bayern, Herzog 150; - V. 349
Albuin, hl. 347, 350f., 353
Alchemie 270, 437, 611
Alemannen 43, 53, 148
Alexander III., Papst 12, 49, 134, 424
Alkuin, karolingischer Gelehrter 421
Allegorie d. Mittelalters 327
D'Allemagne, Henri-René, Kulturhistoriker 211
Allerposteltag, s. Zwölfbotentag
Allerheiligen 352; - Litanei 24, 54, 343, 394, 405, 424; s. Augsburger Litanei
Allerseelen 76, 384, 456, 468, 470, 540; -brot 243
Allgäu 104, 227
Almwirtschaft d. Alpen 166, 402, 433, 543; Alpzeit 411
Almosen 72, 451; -spende 163, 165
Aloysius, hl. 225
Alpen 11, 15, 19, 20, 25, 39, 42, 44, 52, 54, 57, 66, 153f., 258, 269f., 283, 316, 341, 371, 405, 414, 431, 481, 499f., 511, 559, 662f., 669; bayerische - 50; -weite Begräbniswege 66; Bergkreuze 227, 398, 418; Christianisierung 342; -dichtung 604; Erzlager 118; -flüsse 618; Flurnamen 440; Grubenpatronate 42, 44, 50, 51f., 54, 57, 133, 240, 292, 341, 371, 375, 376, 394, 433, 434, 438, 473, 595ff., 632, 654; Jaggestag 433; Kapitalismus 141; -länder 181; Literatur 39; österreichische - 414; -pässe 29, 524; -poesie 176; Reformation 599ff.; römische Einwirkung 370; Schuldrama 180; -siedlungen 383; -straßen 30, 670; Wanderungsziel 19; -wirtschaft 11; s. Almwirtschaft
Altar 209, 211ff., 217, 226, 320, 356, 386f., 393, 404, 430, 487, 603; Altarist 167, 168, 335; -bild 404, 522; Bergmanns- 319f., 335; bruderschaftseigener - 157, 167, 217; -flügel 37, 402, 417; Hoch- 344, 368, 417; -lehen 168; -leuchter 207ff.; -patrozinium 50, 58, 168, 244, 309, 330, 332, 378, 380, 389, 435; -pfründe 126; -retabel 208, 431; Seiten- 228, 402; - aus Steinkohle 218; -stiftung 68, 351
Alte Leute 81; Hilfe für - Bergleute 287; Altersheime 82, 96, 162; Altersversorgung 20, 66, 256
Altena i. Sauerland 568, 637
Altenberg i. Sachsen 163, 164
Altenkirchen, Bergbaugebiet i. Westerwald 635f.
Altertum 191, 591, 645; - christliches 57, 103, 278, 411, 417
Altötting i. Oberbayern 160f., 425
Altzelle, Zisterze i. Meißener Land 132f.
Amandus, Abt von Admont 259
Amberg, Gewerkenstadt 505, 549
Ambros, Georg, Hüttenbesitzer 69, 221
Ambrosius, hl. 313, 380f., 411, 609
Amerika, Entdeckung durch Kolumbus 309, 607; Nord- 116, 429; Süd- 116, 315, 429
Ammonius, hl. 354
Amon, Karl, Historiker 453f.
Anacker, Heinrich, Bergbauhistoriker 320, 634
Analecta Bollandiana, Quellensammlung 304, 390
Andacht 355, 430, 458
Andachtsbild 439f.; - Kleines 23
Andachtsbuch 23, 416, 434f., 455, 457f., 557; s. Christliches Heldenbuch, Handpostille
Andeer, Silber- u. Bleihütte am Hinter-Rhein 229, 552f.
Andreas, hl. 350, 363f., 372f., 376, 468; -berg 373; -kreuz 373; - u. Lukas 376; -reliquien 373; - als Schatzfinder 373; -stollen 349, 363f., 373, 405
St. Andreasberg i. Harz 103, 136, 144, 192, 260, 373, 498, 507, 560
Androklos, Sklave, 317
Anerkennungszins f. Papstschutz 606
Angelsachsen 42, 237, 246, 309f., 364, 412
Angelus Silesius, barocker Dichter 391
Angestelltenversicherung 652
Anhalt 285
Anker als Attribut 56, 103; - um d. Hals 35; -tau 107

Anna, hl. 13, 22, 45ff., 48, 79, 81, 213, 226, 271f., 319, 350, 354, 470, 509; –altar 49f., 58, 213, 226, 516; –bruderschaft 214; –Dienstag 48, 49, 79; Erzmacherin 14, 22, 45ff., 267, 327; –fenster 213f.; –filialkirche 79; –kapelle 48, 81, 215, 216, 272; –kirche 315, 516; –legende 14; – u. Luther 327; –medaille 538; Neugläubige 538; –sage 271; – Selbdritt 46; Silberheilige 22, 79; –stollen 37, 223
Annaberg (Erzgebirge) 14, 46, 48, 144, 182, 195, 213, 267, 319f., 322f., 340, 356, 509, 516, 538, 560, 588, 603, 654, 668; –er Bergaltar 213; Sage 320
– (Schlesien) 140
– (Steiermark) 226
– (Tirol) 48
Anniversar 62, 109, 158, 287, 294ff., 408, 536; s. Toten
Anno II., hl., Eb. v. Köln 147, 148, 281, 307, 536; –lied 314
Anselm v. Havelberg, O. Praem. u. B. 394
Ansiedlungskommission, preußische 662
Anteil 31; zweiunddreißigstel – am Bw. 130; s. Kuxe, Zahlensymbolik
Antfeld 579
Antichrist, Motiv von Predigt u. Dichtung 313f.
Antike 87ff., 295, 386, 434
Antonius d. Gr., hl., d. Eremit 57, 269, 317, 436f., 538
Antonius v. Padua, hl. 42, 134, 260, 269, 343, 354, 385, 426, 443
Antonius, Sagengestalt 268f.
Antonius als Stollenname 269, 350
Anwerbung v. Arbeitern 650f.
Anzeigepflicht v. Erzfunden 65f.
Apokalypse 311ff.
Apokryphen, Literaturgattung 395, 613
Apollonia, hl. 224
Apostel 23, 163, 313, 342, 352, 354ff., 390, 426, 622; –basilika in Rom 361; – commemoratio omnium SS. Apostolorum 377; –darstellung mit Spruchbändern in d. Hand 377; –kollegium in d. Kunst 377; –reliquien 377; –tage 361f., s. Divisio, Zahlensymbolik
Apotropäisches 39, 41, 286, 293f., 359, 412, 428, 436, 446, 463, 466, 616, 620; – Amulett 538; – Bauopfer 591; Prügelstock 436; Ring 317; – unter d. Türschwelle eingemauert 591; –Tau 538
Apparatur des Bw. 166, 560
Aquileja, lombardischer Bischofssitz 43, 69
Arbeit, –sbedingungen 649, 651; –sethos 427; –sfreie Tage 112; –shygiene 57, 114, 671; –sjubilare 387; –skräftemangel 605; –sleistung 28; –slohn 172, 259; –smedizin 658; –sphysiologie 112, 586f., 658f.; –sruhe 13, 75ff., 109, 243, 356ff., 260, 403f., 408, 468, 534, 540; –stage 111; –suntauglichkeit 63; –sweg 587; Werktags– 380; –szeit 110, 259, 260, 469, 478
Arbeiter 28, 513ff., 531, 532; –anwerbung 650f.; arme– 541; –entlassungen 76; da protestantisch 511f.; –mangel 250; s. Max-Planck-Gesellschaft
Arbeitsgemeinschaft für Forschung d. Landes Nordrhein-Westfalen in Düsseldorf 17
Archäologie 87ff., 417f., 606; Archäologisches Institut (Deutsches) 417
Archiv 26, 233ff., 489; – bischöfliches v. Chur 29; Staats– Münster 638; Wien 233
Ardennen 145, 576
Aristokratie 557
Arm, ausgestreckter als Motiv 631
Armbrust 439, 582, 590, 605; –gewehre 474
Arme (Leute) 227, 239, 255, 271f., 288, 322, 535; – Arbeiter 541; – Bergknappen 162, 253, 256; –nbibel 332; –nfond 162; –nhaus 62f.; –pflege 62f., 66, 96, 160, 162, 164; –nsalz 229; –nspeisung am Freitag 229; –nspende 79, 229ff.; –nstiftung 229
Arme Seelen 405, 456
Armenien 370
Armin, Achim von, Dichter 177
Armogastes (Arbogastes?), hl. 354
Arnsberg im Sauerland 567; – Grafschaft 568
Arschleder (Rutschleder) 247; s. Bergleder
Arsenius v. Kerkyra 379
Ars moriendi (Kunst zu Sterben) 23, 181, 329, 386, 398, 402, 444
Aschermittwoch 240, 487
Asien 607
Askese 324
Assyrer 201

Astrologie 437
Asylrecht 317
Athen 88
Atomenergie 672
Attems i. T. 344
Attendorn im Sauerland 566, 570, 579
Attila, Hunnenkönig 300
Attribute 44, 103, 291, 319, 338, 367, 370, 385ff., 446; Anker 56; Banner 54; bergmännische - 315; Buch 538; Daniel 315, 322; Feuer 51ff.; Herz 438f.; individuelle - 51, 54, 55, 56, 315, 386, 515; Krummstab 538; - in d. Kunst 44; Legende 51; - metallhaltig 23, 40, 51ff., 77, 107, 367, 370, 418, 433; Nägel 515; Pfeil 439; Salbgefäß 398; Seilwinde 40; Taube 423; Treue, eheliche 322; - d. hl. Vincenz 431; s. Fackel, Feuer, Gold, Kelch, Kerze, Kessel, Legende, Schwert, Wasser
Atz, Karl, Historiker 49f.
Auer, Hans, Bergrichter in Kärnten 405f.
Aufklärungszeitalter 12, 41, 181, 187, 197, 206, 288, 327, 333, 408, 427, 435, 450, 654
Aufruhr 255, 507, 586; s. Knappenaufstände
Aufschlußmethoden (Lagerstätten) 19
Augen 180; -krankheiten 396; -leidende 396
Augsburg 20, 43, 50, 58, 67f., 71, 76, 96, 109, 161, 196, 221, 228, 341, 352, 373, 411, 416, 417, 436, 500, 503, 512, 556, 616; s. Kunst
Augsburger Bistumslitanei 67f., 180, 322, 331, 390, 419
August II., d. Starke, König (Friedrich August I., Kurfürst von Sachsen) 191, 514
Augustin, hl. 76, 108, 308, 313, 342, 350f., 380f., 384; -ismus 339
Augustiner-Chorfrauen 397; - Chorherren 133, 381, 393, 454, 540, 661; -regel 393
Ausbeute 487, 571; -medaille 210, 633f.; - Taler 628
Ausbildung d. Bergknappen, s. Bergknappen
Auslandsdeutschtum 15, 663f.
Auslandsinstitut i. Stuttgart 663f.
Aussatz (Lepra) 53; Leprosenhaus 434
Aussee, Saline i. St. 23f., 138, 140, 235, 240, 258f., 610
Außerfern i. T. 399, 402, 473
Australien 651f.
Auswanderung von Bergleuten 663, 666
Aveglöcklein s. Glocke

Babenberger, Fürsten 127
Babylon 180, 201, 321, 322, 359
Bach, Adolf, Germanist 102f., 105, 334, 358, 423
baculus gloriosus 436
Baden 190, 339; -Fürstenhaus 661
Badenweiler im Schwarzwald 112, 148, 292
Bader als Arzt 393; -handwerk 378
Bad Gastein 86
Bad Ischl 234
Bad Tölz 417
Bäche 498
Bächtold-Stäubli, Hanns, Volkskundler 53, 273, 302, 396, 410, 427, 466, 667
Bäcker 53, 263
Bär 261, 587
Bärburg i. T. 128
Balbiererhandwerk 378 s. Barbiere
Ballin, Gustav, Reeder 208
Balthasar, alttestament. König 326
Baltikum 101
Balzac, Honoré de, Dichter 608
Bamberg 43, 126, 371; Hochstift- 269, 407, 468, 660; -er Dom 668
Bann 90, 482; -recht d. Königs 122; s. auch Bergregal
Banner als Attribut 54; Tiroler- 598, s. Fahne
Barbara, hl. Bergbauschutzpatronin 23, 37, 48, 57, 64, 68, 70f., 161, 179, 182, 210, 213, 214, 215, 217ff., 224, 227, 228, 230, 241ff., 245, 260, 265, 267, 279, 327ff., 344, 350, 353f., 359, 379ff., 382, 386f., 395, 398, 439, 509f., 531, 599, 619, 621, 668; - u. Daniel 385; - u. Katharina (als Geschwisterheilige) 68, 243, 386; -Altar 402; -Amt 74; -Attribute 38; -bild 245; -Bruderschaft 49, 68, 96, 119, 163, 192, 215, 242, 245; -Brot 243; -feier 347; -kapelle 213, 227, 245, 386f., 402f., 621; -kirche 207, 281;

–messe 387; –nacht 243; –säule i. Hall 64, 80, 95, 226, 329; –segen 387; –spiel 182; –straßen 245, 330; –tag 74, 109, 242, 245, 265, 387, 619, 654; –zweig 242
Barbiere 378, 393
Bari 390
Barock 23, 30, 41, 81f., 126, 135, 156, 181, 203, 214, 303, 306, 309, 323, 326, 332, 336, 338, 344, 365, 381f., 388f., 398, 409, 439, 444, 446, 455, 459, 468, 506, 514, 581, 595, 615ff.; höfischer – 180; –kirchen 55
Barte, Bergmannswerkzeug u. Berufssymbol 584, 585, 589, 599, 633
Bartholomäer (Bartholomiten), Reformgenossenschaft 372
Bartholomäus, hl. 59, 222, 350, 363, 366, 370, 468
Basel 21, 81, 95, 170, 227
Bassermann-Jordan, Friedrich von, Weinbauhistoriker 25
Bauerntum 52, 72, 139ff., 185, 190, 220, 270, 278, 318, 394, 403f., 435, 437f., 446, 495f., 498, 532, 540, 558, 588f., 610, 617, 628f., 642ff.; Ackerbau 93f., 136, 562, 651; – d. Bergbau ablehnend 192, 264f., 276, 589, 624; – bergbaufreundlich 93, 589, 624; Bauernaufstand 531, 589; Bauernbefreiung 266; Bauernfeiertage 385; Bauernheilige 353, 415; Bauernkrieg 312, 542, 588; „Bauernlandtag" 589; Bauernpatron 53, Hausgewerbe 86; s. Ernteschutz, Klöppeln, Land
Bauermann, Johannes, Historiker 16
Baugut, Franz, böhmischer Bildhauer 207
Bauhuis, Walter, Bibliotheksdirektor, Münster 17
Baukunst d. Bergleute 216ff.
Baum 92, 320, 630; verdorrter – 439
Baur, Johannes, Kirchenhistoriker 536
Bayern 43, 50, 53, 76, 96, 108, 149, 150, 157, 161, 173, 194, 198, 204, 215, 243, 250, 304, 309, 312, 331, 382f., 385, 489; Nieder– 43, 323, 426; Ober– 107, 246, 382, 420; Staatsbibliothek München 303, Bayrischer Wald 150, 502, 552; s. Wittelsbach
Beamte 28, 79, 160, 246
Beatrix, Königin, Gemahlin Ferdinands III. 434
Beczkowsky, Johannes s. Turtel-Taube
Begräbnis 62, 73, 79, 487, 584; kirchliches– 257; –recht 66
Behaim, Nürnberger Gewerke 500
Beichte 81, 392, 422, 534; Beichteier 609; Beichtpfennig 204; Beichtstuhl 386; Beichtzettel 204
Beil (Grubenbeil) 66, 258, 320, 376, 584, 599
Beissel, Stephan, Kunsthistoriker 106, 474
Belgien 145, 571, 646, 648ff., 652
Benedikt v. Aniane, hl. 148
Benedikt v. Nursia, hl. 42, 134, 426, 444
Benediktiner 50, 81, 130, 135, 393; Bergwerksbesitzer 50, 109, 149, 152ff., 225, 285, 426, 661; –drama 182; –regel 134; Benediktinerinnen 153, 219.
Benediktionen 39, 77, 223, 238, 239, 377, 387, 435, 450, 460ff., 471, 519, 539, 609, 620; – d. Edelsteine 621; – d. Grube 407, 461ff., Susanna 180; s. Saline, Segnung
Benefizium 33, 63, 70, 155, 169, 213, 335, 378, 453f., Benefiziat 452ff., 509
Benignus, hl. 134
Benno II., B. v. Osnabrück 164
Berchtesgaden, Salinenstadt 39f., 63, 194, 223, 242, 424, 461ff., 620; Barbaratag 242; Bittprozession 245f., Bruderlade 63; Maschinenweihe 223, 239f., 461ff., Stollen-Beten 347
Berg 135, 280; –feuerspeiender 54; –gipfel 630; –heiliger 405, 415; – sich öffnender 34, 263, 276, 280, 329, 598; –spitze 204, 310
Berg, Adam, Verleger der Gegenreformation 312, 321, 325
Bergabschied 29; s. Bergordnung
Bergakademie, Einrichtung einer– 253; – Clausthal 623; – Freiberg 623
Bergandacht 458; s. Bittgang, Frühmesse, Schichtgang
Bergbarte, s. Barte
Bergbrief (Urkunde) 29
Bergbuch 29, 32, 142, 194, 320, 493ff.
Bergentrückt 518
Berges, Wilhelm, Historiker 319
Bergfrevel 180, 271, 529

Berggeist 42, 254, 261, 264, 276, 278, 282ff., 286, 288, 470, 485, 532; Patenschaft 288f.; s. auch Geister
Berggemeinde 62, 64, 71, 79, 83f., 86, 94ff., 109, 121, 173, 176, 189, 191ff., 211f., 220, 226, 238f., 240, 281, 286, 325, 334, 348, 414, 467, 477, 486, 492, 496ff., 506, 537, 587, 590, 665; Bauernkrieg 489f.; eigener Geistlicher 169; Freiheitsidee 168; Gerichtsbarkeit 59; Gesellschaft 83, 156f., 413; Gliederung 496, 519ff.; Konfraternitäten 37; Landvogt 506; s. Primissarius
Berggerechtsame 155
Berggericht 56, 506, 633; -sbuch 29; -shaus 249
Berggeschworene (vereidigte Sachverständige) 142, 529f.
Berggeselle, wandernder 112ff., 143, 251, 315, 478
Berggesetz 28, 486, 489; allgemeines, preußisches – 570; s. Bergordnung
Berggnomen 276f.; s. Zwerge
Berghäuserzug, Iglauer 115
Berghaus, Peter, Numismatiker 16, 626
Bergisches Land 484; -Einflüsse v. Tirol 119
Bergjunge 159, 163, 171, 517, 589, 669; s. auch Pochjunge
Bergkanne 38, 202f., 249, 502, 553
Bergkapelle 217, 220ff.; s. Kapelle
Bergkittel 209; s. Tracht
Bergknappe, s. Knappen
Bergkristall, s. Kristall
Bergleder 209, 526; s. auch Arschleder u. Tracht
Berglehen, s. Lehen
Bergliste (amtliches Bergwerksverzeichnis) 29
„Bergluft macht frei" 206, 537
Bergmann, verschüttet 158f., 251, 287, 294ff., 398, 422, 540, 667
Bergmannsfrau 180, 289, 295ff.; s. Frauen
Bergmannsglaube 485; s. Volksglaube
Bergmannskleidung, s. Bergkittel, Bergleder, Tracht
Bergmannsleuchter 207, 245; Barbaraleuchter 331; -Eisenerzer 210
Bergmannsspiegel, literarischer 319
Bergmannssprache 185f., 187, 488; s. auch Sprache
Bergmeister 274, 285, 286, 520f., 526, 535, 544, 669
Bergmönch (Sagengestalt) 136f., 155, 210f., 261, 277, 281, 282ff., 328, 526, 618, 654
Bergnot 300
Bergoffizier 599
Bergordnung 22, 65f., 76, 77, 121, 382, 397, 475ff., 485f., 500, 533ff., 662; churätische – 130, 472, 520f.; „Revidirte Clevisch-Märkische Bergordnung" 487; Erzfunde 65f.; Essen 153, 483; Ethos 22, 249ff., 439, 542; ferdinandeische – von 1553, 486; Goslar 584; späte habsburgische – 523f., 599; Iglauer – 115; Joachimsthaler – 599; Kärntner – 384; Krainer 384; kurkölnische – 60, 544, 570; kursächsische – 112, 382, 559; Lärmverbot 488; Landöffnungen (Taidingen) 143; Liturgie 78; Lüttich 97; maximilianische – 75f., 361, 367ff., 372, 378, 408, 445, 586; niederrheinische 382; österreichische – 384, 549, 559; – Quellenkunde 19, 20, 26, 29, 500, 542; – von Rattenberg 72; Relacion 29; salzburgische – 142f., 523f.; Schneeberger – 517; Steiermark 384, 549; Steuerpolitik 62; tirolische 118, 507, 536, 542, 559; Westerwald 488; s. Bergabschied, Berggesetz, Feiertage, Trient
Bergrecht 15, 111, 118, 142, 163, 194, 252, 361, 424, 488, 522, 530, 645, 672, Joachimsthaler – 130; – u. Stadtrecht 194; s. Recht
Bergregal 19, 90, 121, 123, 124f., 129, 144, 163, 170, 205, 475ff., 482, 533, 558, 655; -herr 122; -ien d. Landesherrn 19, 127f.
Bergreihen 188; s. Lied
Bergrichter 38, 85, 142, 156, 189, 226f., 249f., 307, 362, 480, 496, 499, 521ff., 535, 542, 643; –, Besoldung 525; -amt u. Blutrichteramt 315
Bergrodel (Buchrodel, Bergwerksverzeichnis) 29, 38, 306, 315, 361, 383
Bergrolle (Bergwerksverzeichnis) 29
Bergsegen 22, 91, 205, 221f., 270, 285, 307, 324, 413, 424, 451, 469ff., 503, 507, 631, 645; – erlischt 141

Bergwerk, verlassenes 277, 279
Bergwerksheilige, s. Patrozinien
Bergwerkskrippe in der Volkskunst 195ff.; s. Krippe
Bergwerksnamen, s. Namengebung
Bergwerkspatrone, s. Patrozinien
Bergwerkssklaven 89f.; s. ad metalla
Bergwerksverzeichnis 181, 251; s. Quellenkunde
Bergwerksweihe 39f., 460ff.; s. Benediktionen
Berliner, Rudolf, Krippenhistoriker 196
Bernards, Matthäus, Theologe 16, 319
Bernkastel an d. Mosel 125, 167
Bernhard v. Clairvaux, hl. 24, 42, 134, 314, 426
Bernini, Giovanni Lorenzo, Bildhauer u. Architekt 439
Bernsteinstraße, vorgeschichtlicher Handelsweg 612
Berthold v. Chiemsee, B. u. theolog. Schriftsteller 69f.
Beruf 111, 304, 305, 306, 323, 446; Ethos 325; -sgenossenschaft, religiöse 83, 169
Besatzung 657; -amerikanische 234ff.
Beschläge in Eisen u. Messing 569
Betrieb, -sfest 387; -sgrenze 649; -skapital 650
Betrug 61, 65, 232, 251, 271, 287, 520, 529
Bettelmönche, s. Mendikanten
Bibelillustration 311, 556f.
Bibliothek, Bergbau- d. 18. Jh. 253; in Essen 16, 31; öffentliche - in Detmold 17; -a Hertziana 234; Staats- München 390; Zentral- in Zürich 16, 29; s. Münster i. W.
Bidermann, Hermann Josef, Staatsrechtslehrer 665
Bidermann, M. Johann Gottlieb, Numismatiker 627ff.
Bier 248, 467f., 492
Bildstock 213, 247; s. Marterln
Binnenwanderung 19, 112f., 332, 469, 501, 591, 663, 666, 670; s. Ost-West-Wanderung
Bistum 30, 43, 74, 77; -sgeschichte 528; -slitanei (Augsburger) 390; -spatrone 105; -srecht 109; s. Bergordnungen, Trient
Bischof 30, 126, 268; - als Bergwerksbesitzer 125; - als Beschwerdeinstanz 127.
Bischofsrode 14
Bittgang 37, 115, 399, 538; -prozession 245f.
St. Blasien, Benediktinerabtei i. Schwarzwald 148
Blasius, hl. 76, 351
Blei 41, 53, 71, 89, 99f., 102f., 113, 116, 125, 138, 144ff., 223, 229, 366, 424, 469, 476, 488, 524, 541, 567, 571, 580, 612, 616, 622, 662, 665, 671; -aufschlagegelder 63; -bullen 99; -gießer 367; -schmelze 553
Bleiberg als Ortsname 69, 102
Bleiberg-Kreuth (Kärnten) 41, 47, 63, 81, 126, 218, 259, 375f., 381, 406f., 516, 595, 596
Bleiburg-Petzen-Mieß 415, 596
Bles, Herri met de, Maler 553ff.
Blezinger, Johann Georg, Gewerke 151, 355
Blitz 93, 272, 323, 331, 463ff.
Blockbücher 309, 332
Blumen 268f., 291, 323, 380, 431, 631; blaue - 276; -wunder 244
Blut, Hl. - 22, 39, 306, 340, 350, 395, 462; -hostien 340; - verwandelt sich in Milch 254, 342; -richter 315, 362; -sturz 202; - beim Teufelspakt 518; -wunder 340; -zeugen 390
Bochum 15, 245, 330, 577, 657, 659, 672
Bodenwöhr (Oberpfalz) 548
Böhmen 19, 21, 30, 42, 47, 102, 134, 152, 193, 203, 207f., 280f., 305, 310, 367, 420, 440; Anna-Verehrung 14; Corona-Kult 426; Daniel 319; B. Daniel 267f.; deutsche Bergleute angesiedelt 622; Kultur- u. Wirtschaftsbeziehungen vom Erzgebirge nach - 114; von Halle nach - 469; von d. Oberpfalz nach - 504; Lied 188; Prokop, hl. 343; Silber 139; Taborkreis 357; Tepl 142; Tirol vorbildlich 32, 645; Wenzel II., König 477; Zinn 612; Zisterzienser 131, 149f.; s. Freiheit, Joachimsthal, Kladrau, Saaz
Böhmerwald 584
Böttcher, Handwerk 445
Bött(i)ger, Friedrich, Porzellanmodellierer 199f.

Boleslaus v. Cracau u. Sendomir, polnischer Herzog 137
Boleslaus v. Mähren, Heerführer 585
Boleslav II., Herzog v. Schlesien 132f.
Boldt, Gerhard, Bergbauwissenschaftler 28
Bonhommé, François, Maler 208
Boos, Heinrich, Stadthistoriker 99
Boppard, Karmeliterkl. 346
Bosporus 101f.
Bozen 32f., 381, 393, 404, 491, 593; -Drachenstich 312; Gewerke 491; Umgang 33; Volksdrama 183
Brabeck, Freiherrengeschlecht 269, 538, 572; s. Kupferhandel 638
Brandan, hl. 201, 611, 613
Brandenberg (Tirol) 291
Brandenburg 51, 484, 564
Brandkatastrophen 60; Brandwunden 53
Branntweintrinken als Laster 458
Brasilien 116
Brauchtum 23, 33, 115, 230, 312, 396, 594, 619f., 656, 673; Aufklärung 408, 427; - überwindet Bistumsgrenze 109; Entgeltlichkeit 528; heutiges - 460ff., kirchliches u. profanes - 251; Ledersprung 240; - u. Liturgie 75, 80, 355; mainfränkisches - 283; - seit d. Mittelalter 248f.; Osterzeit 204; Tiroler 119; Schwund 531; Wiegen 611; s. Laubhüttenfest, Türken
Braun, Joseph, Ikonograph 323, 324, 419, 436, 515
Braun, Otto, preußischer Ministerpräsident 664
Braunkohle, s. Kohle
Braunschweig 92, 117, 152, 161, 193, 284, 625; - fürstliches Haus 200, 210, 502 580, 626
Breckerfeld im Sauerland 573
Bredelar, Prämonstratenserkl. im Sauerland 147, 567
Breisgau 149, 278
Breitenwang i. Allg. 30
Breitwerks-Schmiede-Handwerk 544
Bremen 569
Brennerpaß 32, 117, 119, 270f., 277, 381, 421
Brennholz 544
Brentano, Clemens, Dichter 177
Brepohl, Wilhelm, Soziologe 578, 665
Breslau 275, 431
Brilon 260, 567, 569ff., 572, 579; Bergamt 572, 574
Brinkmann, Henning, Literaturhistoriker 183f.
Brixen 45, 65, 81, 110, 129, 156, 183, 219, 346, 381, 505, 545, 593, 639; - D. 57, 124, 127, 251, 353, 397, 505, 523, 558; Hochstift 57
Brixlegg 254, 317ff.
Brockhausen-Königsborn, Saline 578
Broich, Herrschaft, frühes Steinkohlenrevier 459
Bronze 99, 612; -medaille 301; -zeit 87, 89
Brot 72, 160, 243, 258, 295, 298, 446; - weißes 422; -bank 492; - u. Wein 156, 230, 271, 296, 609
Bruck i. St. 229
Bruderschaft 20, 39, 59, 62, 72, 79, 80, 156ff., 167, 171, 239, 405, 425, 430, 587; - profane u. religiöse Verwurzelung 386, 396; -saltar 46, 171, 214, 217, 396, 454; Anna 46, 214; Arme Seelen 405; Auflösung 162; Aufschlaggelder 63; - d. Bader u. Barbiere 393; Barbara- 48, 55, 68, 70, 96, 510; Beirat 84; -sblatt, deutsches 365; -sbuch 303ff.; -sbüchse 73; Büßerinnen 396; Christliches Heldenbuch 50; Dreifaltigkeits- 37, 451, 551; Ebersberg 61; Eintritt in die - 72f.; - erbt 74; -sfeste 399; Frühkapitalismus 389; Gotik 425; Handwerker 214f., 217, 225, 274 (Schmiede) 74; -shaus 82f., 161ff., 256, 356, 587, 670; Ignatius v. Loyola 435; Isidor 446; Josephinismus 242; Kaland 498; eigene Kapelle 157, 330; eigener Kaplan 454; -skasse 73, 327; Kaufleute 274; -skreuz 416; Bruderlade 20, 61ff., 79, 287, 448, 468, 510, 587; -nbuch 62; -nkreuzer 63; -nordnung d. Kaiserin Maria Theresia 63, 356; Liturgie 225; -smesse 80, 157, 356; - von München 398; - von Obervellach 356; -sordnung 73, 162; -spatronin 55; Quartalszahlung für die - 162; Ruperti 454; Sakraments- 510; Skapulier- 454; sozialkaritativ 230; Standes- 72ff., 157, 454; -sstatuten 63, 74, 668f.; -stage 72, 160; - von Tegernsee 61; Todesangst 399; Ursula 70; Votivmesse

389; -szettel 73; – u. Zünfte 72, 156, 225; (Schneider) 396
Bruegel, Pieter d. Ä., Maler 175
Brüssel 649
Bruyn, Barthel, Maler 411
Bucher, Anton, Theologe u. Satiriker 435
Buchholz im Erzgebirge 244, 305, 588
Budapest 554
Bürgertum u. Bergwerk (Gegenreformation) 491, 511
Burckhardt, Jacob, Kulturhistoriker 191, 509
Burg 40, 74; -enbau 47f.; -kapelle 355; s. Kapelle
Burgund 12, 133, 196, 395, 546, 567
Burkhart v. Weißbriach, Eb. v. Salzburg 480
Byzanz, Kaiserreich 11, 304, 606; Stadt 84, 373, 376ff., 410

Cäcilia, hl. 77, 90
Cäsarius v. Heisterbach, Zisterzienser 180, 226, 287, 297, 328, 390
Cajetan, hl. 42, 336
Calderón de la Barca, Pedro, Dichter 430
Callistus, Papst 35
Calver Klause (Tirol) 601
Calvinismus 458, 573
Calw 186
Camina, Zisterze 137; s. Wackok
Cancrin, Franz Ludwig von, Bergbauschriftsteller 252f., 655f.
Capella regia 300, 355
Capra, Heiltum d. Firmus u. Rusticus 611
Caravaca-Kreuz 359
Casimir v. Polen, hl. 434
Castello (S. Vigilius, Südtirol) 314, 360
Castner v. Kötzersricht, Heinrich, Gewerke 214
Catania 518
Charisma 91, 307
Chartres, D. 388
Chartreuse, D. Grenoble 526
Chemie 325; s. Gmelin-Institut, Pietsch, Erich
Chemnitz 97, 131, 441, 493
Chersones 23, 34
Cherubinischer Wandersmann (Gedichtsammlung d. A. Silesius) 391
Chilperich I., Frankenkönig 612
China 437, 439, 650
Chlodwig I., Frankenkönig 277
Chorherrenstift, s. Augustiner Chorherren
Christenverfolgung 89, 419; diokletianische – 40
Christian I., Kurfürst v. Sachsen 196
Christianisierung 104, 277, 538; – d. Natur 340; s. Frühchristentum
Christliches Heldenbuch 50, 303ff., 382f., 398, 655
Christof v. Brixen, B. 156
Christophorus, hl. 23, 57, 350, 380, 399
Christus 46, 268, 271, 276, 306, 327; Auferstehung 321, 340; Christi-Himmelfahrt 22, 75, 306, 336, 340, 422, 621; – Kreuzestod 391; – Leiden 340; Christologie 422; – verwundet i. Volksglauben 258
Chronik 27; s. Quellenkunde
Chrysant, hl. 350
Chrysologus, Petrus, hl. 614
Chrysopras, Edelstein 622
Chrysostomus, Johannes, hl. 326
Chur 29, 30, 141, 291, 633; B. von – 492, 523, 528, 542; – Bistum 364, 522, 600, 665
Churwalchen 156
Citeaux 134, 661
Claudia, Erzherzogin v. Tirol 584
Clausthal im Harz 188, 203, 288, 341, 498, 574, 622f.; -Bergakademie 623
Clemens I., hl., Papst 33ff., 103f., 350f., 668; – VII., Papst 117; – u. Saaz 104
Clemens August, Kurfürst v. Köln 484, 504, 629
Cluny, Kl. 539; Cluniazenser 223, 239, 294, 296, 395
Codex aureus Echternacensis 612
Codex Ettenhardt 26, 31, 68, 85, 92, 117, 142, 174, 178f., 281, 392, 441, 493f., 525f., 527, 634, 640, 645, 656, 673
Codex Wangianus (Trient) 19
Compostela 89, 291, 342, 365, 390, 400, 430, 432f., 447
Confradía de la Soledad in Madrid 391
Conscience, Hendrich, Dichter 598
Consortium fraternitatis 126
Constitutio de regalibus 123
Constitutiones iuris metallici 477
Córdoba 335

Cornelimünster, Benediktinerabtei 130, 148, 498
Cornet, Albert Andreas, Bergbauhistoriker 128
Cornwall 113
Corona, hl. 43, 409, 420, 426
Corvey, Abtei 128, 147, 482, 528, 567, 623, 638
Cranach, Lucas d. Ä. 40, 112
Culross, schottische Zisterze 138
Curti, Notker, Volkskundler 388
Cyriakus, hl. 59
Cyprian, B. v. Karthago u. Kirchenschriftsteller 34

Dämonen 376, 395, 427, 598
Dänemark 133, 511
Dalaas (Montafon) 54, 217
Dalarna (Schweden) 113
Damasus I., Papst 308
Damme, bei Brügge 568
Dampfmaschine 531, 549
Daniel, Prophet 14, 22, 31, 37, 41, 44f., 48f., 50, 88, 92f., 143, 179ff., 186, 228, 230f., 267f., 275, 303, 307, 310ff., 319ff., 332f., 350f., 354, 359f., 382, 385, 425, 427ff., 514, 613, 629f., 654, 666; –, Anna u. Barbara 48; – Bergknappe 272f., 319, 392, 666; –Buch 322; –Darstellung 318f.; – als Jakobuspilger 315; –Motiv 315f.; –Reliquien 50, 360; –staler 632; –stoff 180; – u. Susanna-Spiel 180
Dankopfer 66; s. Votive
Daria 317
Darius, Perserkönig 326
Darlehen, rückzahlbare u. nichtrückzahlbare aus d. Bruderlade 62
Dauphiné 296
David, alttestamentlicher König 43, 300, 310
Davos 47, 292, 315, 362, 363, 492, 532, 553, 596
decimas auri, argenti 122; s. Zehnten
Decker, August Heinrich, Bergrat 577
Decker, Konrad, Gewerke 633
Defrance, Léonhard 556
Degenklinge, Produktion d. – 605
Dekalog 88, 291; s. Zahlensymbolik
Delft 200
Dellach 47; –er Mühlgraben 37
Denar 294, 609
Denis, hl. 408
Deputatkohle 488
Detten, G. von, Historiker 566ff.
Deuteronomium 612
Deutsch-Gießhübel 471
Deutsch-Holländische Grenze 649
Deutsches Institut für Auslandskunde 30
Deutschland 646ff., 652f.; Nord– 663; Ost– 661ff.
Deutsches Museum (München) 16
Deutschnoven i. T. 264, 275
Dezimationssteuer 91; s. Zehnt
Dialog 187, 390
Diamant 117; – bedeutet Erzengel 622
Dichter u. Dichtung d. Bergbaus 177, 185f., 448, 531f., 601ff., 608f., 610f., 613f., 625, 671; –, französische 395, 614; – spanische 439; s. Drama, Epik, Fabel, Heldenepos, Herzog-Ernst, Hymnus, Mystik, Mythen
Didaktik 180, 185ff.
Dieb 412; –stahl 485, 520
Diemel 568, 623
Dienstag 396; Faschings– 468; Oster– 468; Pfingst– 468
Diözesan, –heilige als Grubenheilige 347; –patrozinien 666; –recht 486
Diokletian, römischer Kaiser 419, 515
Dionysius, hl. 76, 350
Diplomatik 11, 13, 424, 618, 670
Dippoldiswalde, Erzgebirge 130
Dirstentritt b. Imst 53
Disentis, Benediktinerabtei 144
Divisio Apostolorum, Fest 352, 378, 384
Divisionspfarrer 65
Doberan, Zisterze, Mecklenburg 152
Dobichts, Karl Wilhelm Friedrich, Medailleur 636
Dobrilugk, Zisterze, Niederlausitz 133
Documents Center (Besatzung) i. Linz 236
Doehring, Karl, Völkerrechtler, Heidelberg 16, 653
Dörrer, Anton, Volkskundler 182ff., 645
Dogmatik 341
Domäne 123; – des Bergmanns 181
Dom, –herr i. Brixen 129; –kapitel 153, 538, 636ff.; – von Lund 317; –tür 317; –uhr i. Münster 196

San Domingo, Insel 429
Dominikus, hl. 434
Donar-Eiche 277
Donau 128, 205, 383, 430, 487, 600, 603, 618, 662
Donaueschingen 389, 661
Donauwörth 408
Doner, Andrä, Bergrichter 25, 77
Donner u. Blitz 331
Donnerstag 39, 156, 421
Doppel, -adler 194; -kreuz 438; -taler 125
Dopsch, Alfons, Wirtschaftshistoriker 99
Dorf 95, 191f., 220, 492f., 531
Dorn, Ludwig, Volkskundler 161
Dorningen, Amelung von, Kaufmann 146
Dorothea, hl. 224, 621
Dortmund 28, 566, 576f., 637, 658f., 671
Dosen, Metallindustrie 569
Drache 373, 436; Babel 321; -nheiliger 376; -ntöter 312
Draht 569, 605; - u. Nagelschmiede 418
Drama 23, 36, 179ff., 416, 470, 507; - des Mittelalters 184; Schul- 179f.; s. Dichtung, Spiel vom Antichrist
Drau 662
Drechsler 107
Drei, s. Zahlensymbolik
Dreifaltigkeit 22, 72, 157, 226, 306, 336, 422, 522; -skirche 388f., 584; -ssonntag 240f., 399; s. Bruderschaft
Dreikirchen 248
Drei Könige, hl. 218, 223, 239f., 310, 350; Dreikönigsbild 614; -kult 185, 195f.; -schrein in Köln 433; Segnung 223; -spiel 181, 196; -stollen 195f., 218, 223; -tag 70, 291, 384, 460f.
Dreißig, s. Zahlensymbolik
Dreißigjähriger Krieg 93, 100f., 102, 113, 129, 272, 347f., 488, 506, 571, 624, 628
Dreiundzwanzig, s. Zahlensymbolik
Dreizehn, s. Zahlensymbolik
Dresden 28, 29, 33, 191, 197
Dreyling, Hans, Gewerke in Schwaz 60
Drittelung 567f.; - germanische 137f., 558; s. Zahlensymbolik
Dritter, s. Zahlensymbolik
Drolshagen, Schmiedegenossenschaft im Sauerland 484, 544
Droste-Hülshoff, Annette von 619
Duderstadt 59, 435
Dülmen 637
Dürnberg, Ort 242, 248, 276, 347, 453f., 468
Düsseldorf 16
Dukaten 627
Durst, Kristall, Schutz gegen - 202
Dynastisches 334; s. Königtum, Fürsten, Habsburger, Ottonen

Eberbach, Zisterze bei Hattenheim 135
Ebersberg, oberbayrische Benediktinerabtei 61
Eberwein, Michael, Bergrichter 495
Ebner, Christoph sen. u. jun., Gewerke 407
Ebro 430
Ecclesia matrix 59; s. Pfarrei
Eckelzain, Leonhard, Bergrichter 604
Eckerich, Kl., Elsaß 149
Edelmetalle 11, 99f., 117, 125, 129, 135, 211, 239, 261, 270, 273, 281, 333, 349, 418, 488, 602, 606ff.; -bergbau 126; Bibliographie 325
Edelsteine 42, 117, 143, 206, 418, 606ff., 622; Heilkraft der - 206
Eder, Fluß 579
Eder, Karl, Kirchenhistoriker 348
Edmund, hl. König 434
Eduard, hl. König 342, 434
Egg, Erich, Museumsdirektor 16, 496
St. Egidien, Benediktinerkl. 150
Egno v. Brixen, B. 69, 110
Ehe in d. Sage 272; -leute 622; s. Bergmannsfrau
Ehrenfriedersdorf, Erzgebirge 588
Ehrentrunk 38; s. Wein
Eibenholz 474; Eibenstock 156
Eichendorff, Joseph von, Dichter 177
Eichholtz, Petr., Prediger in Zellerfeld 557
Eichsfeld 273, 435
Eichstätt 617
Eid 66, 472, 521, 527
Eier 610; Beicht- 609; - goldene 140, 267, 320
Eifel 135, 576
Eigenbetrieb, monastischer 154
Eigengrübler 121, 255, 503, 522
Eigenkirchenzeitalter 414, 421
Eigenkl., päpstliches 395
Eigenlehner 168
Eigenleute 94

Eigennamen 346, 614
Einblattdruck 314
Eingeweide 107
Einheimische 502; s. Fremde
Einsamkeit 57f., 248, 280, 282, 318, 391f., 394, 397, 439, 654
Einsiedelei 312
Einsiedeln, Kl., Schweiz 447
Einsiedler 57f., 216, 237, 269, 279f., 282, 391, 394, 396, 421f., 538, 632, 654; – Ägyptens 391; -gruppen, adlige 74
Einsturz d. Bergwerks 261
Einwanderungsabkommen 649
Eisack, Fluß 276, 343, 545, 595
Eisen 13, 29, 50f., 69, 89, 99, 103, 123, 127f., 144, 150, 221, 266, 312, 322, 325, 359, 382, 420, 476, 482, 490, 506, 529, 541, 556, 575f., 606, 612, 639, 662, 665; (Werkzeug) 92; -abbau 55, 131, 490; -beschläge 61; -bibliothek d. Georg Fischer AG in Schaffhausen 16, 420; -blechmacher 367; -erz 68, 113, 138, 488, 502, 405 (Spateisenstein); -erzeugung 121; -gewerkschaft 337, 405, 440, 446; -gewinn 123, 128; -hammer 96; -händler 367, 564; -herren 22, 502; -hütte 291, 502, 531, 574; -hüttenherrn 504; -hüttenleute 96, 98; -industrie 418, 561, 577, 579; -mühle 133, 150; -ordnung, maximilianische 127; Osemund 568; -schmelze 139, 151, 560; -stein 567, 671; – „reist Kohle" 98, 667; -vorkommen 259; -wirtschaft 259, 590; -zeit, s. Latènezeit; s. Hammer, Schmelze
Eisenach 239, 495
Eisenbahn 98, 547
Eisenerz, Bw. i. St. 13, 30, 40, 42f., 52, 54, 57, 133, 173, 181, 196, 218, 224, 240, 245, 267f., 318, 336, 337, 340, 369, 371, 432, 434ff., 440, 446, 516, 547, 621; -er Bergmannsleuchter 210; s. Erzberg
Eisernes Zeitalter 313
Eisleben 14
eleemosyna s. Almosen
Elektrotechnik 98
Elemente, chemische 23
Eleutheriusschrein in Tournai 433
Elftausend Jungfrauen, s. Zahlensymbolik
Elftel, s. Zahlensymbolik
Elias, hl. 44, 88, 279, 310, 613
Eligius, hl. 350, 352, 405, 446, 591, 615
Elisabeth, Bergbaupatronin, hl. 224, 402, 417; – Mutter v. Johannes d. T. 34; – biblische 329; -a im Weingarten 25
Ellwangen, Propstei 151, 335
Elsaß 149; s. Eckerich, Straßburg
Emerich, sel. 319
Emich, Matthias, Karmeliter, Mainzer Weihb. 346
Emmerich, Jüngling 433
Endorf, Sauerland 567
Engedeiner Krieg 588
Engel 14, 91, 92, 140, 203, 266f., 317, 319ff., 323, 392, 428, 439, 465, 597; – mit Pfeil 439; Erz- 622; -shilfe 213; -welt d. Rokoko 245
England 20, 46, 98, 113, 138, 188, 279, 392, 530, 551, 615, 636, 671; Komödianten 184; s. Cornwall, Culross
Enns 547
Enoch (Henoch), Urvater 613
Entflechtung d. Bw. 657
Epik 601ff.
Epiphanie 460f.; s. Heilige Drei Könige
Epitaph 60
Epos, altfranzösisches 610; s. Dichtung
Erasmus, hl. 40, 107, 187, 320, 350, 432, 514f., 666, 668
Erbauungsliteratur 308, 457, 557
Erbfall 74
Erblehen, s. Lehen
Erdöl 651
Eremos 391, s. Einsamkeit
Erfurt 193
Erhard, hl., B. 67; Erhardibrot 67; als Stollenname 350
Erich d. Ä., Herzog v. Braunschweig-Lüneburg 580
Erl, Passionsspielort, i. T. 183
Ermland 362, 421
Ernestinische Kurlinie 14
Ernst, C., Bergbauhistoriker 624f.
Ernst v. Bayern, Kurfürst 571; – v. Österreich, Herzog 477, 481, 522
Ernteschutz 415
Erosen, Bw., Schweiz 407
Erstlinge, s. Primitien
Erz 29, 50, 62, 77, 83, 103, 135, 144, 223, 260, 278, 312, 322, 325, 359, 382, 399,

421, 424, 458, 524, 532, 541, 556f., 612, 665; -anbruch 250; -anzeigepflicht 65f.; -bau, v. Blitzstrahl getroffen 126; -berg auf der Münze 126; -bergbau 61, 82, 98f., 121; -fund 286f; -grube 122, 213, 562; -lager 30; Mangan- 68, 496; -mineral 121; -mulde 633; -sorten 255; -stufe 65, 204, 210, 250, 277, 317ff., 606ff., 624; der 100. Kübel vom - 60; -wäsche 166; -wirtschaft 590
Erzählung 180, s. Dichtung
Erzberg i. St. 25, 54, 140, 422, 610; s. Eisenerz
Erzgebirge 14, 19, 28, 31, 63, 69, 92f., 99, 102, 114, 129ff., 139, 156, 160, 162, 169, 181, 208f., 271f., 288, 321, 470, 492, 498f., 504, 510, 514, 537, 589, 622, 629, 656
Eschatologie 219, 311ff., 338; - „Die vier letzten Dinge" 181
Eschenbach, Franken 150
Eschenbach, Oberpfalz 499
Eschwege, Wilhelm Ludwig, Geograph 116f.
Esel 261
Essen (Ruhr) 16, 28, 31, 74, 97, 121, 145f., 283, 483, 485f., 578, 658, 671; - gräfliches Damenstift 153; Steeler Kohlberg 488
Eßlingen 20, 452
Estland 662
Ethik 99, 324
Ethnologie 606
Ethos der Bergleute 249ff., 290, 325, 520, 527, 533f., 542, 669, 672f.
Etrusker 612
Etsch 36, 56, 118, 140, 218, 291, 316, 344, 442, 516, 595, 662; -land 25, 52, 476; -tal 477
Eucharistie 39, 156, 159, 215, 295, 385, 386, 422, 450; Sakramentsandachten 459; Umgang 59; s. Hostie
Eugen von Savoyen, Prinz 328, 594
Eulalia, hl. 422
Eulogius, hl. 12, 335
Euren, D. Trier 419
Eusebius, hl. 34
Eva als Stollenname 88, 203, 223, 310, 425; s. Adam
Evangelienbuch 46
Evangelisten 323, 342, 354ff., 377, 426, 622
Ewigmesse 81
Exaltatio crucis 410
Exegese 311; - protestantische 144
Exempel 613
Exemtion 70, 190, 486; Spitalgeistliche 86; Teil- 486
Exequien 62, 66, 156ff.
Exkommunikation 13, 257
Exorzismus 620
Ex-voto 37; -Tafel 301
Exegese der Knappen 108

Fabel 186, 630
Fabian, hl. 350; - u. Sebastian 352
Fackel 54; brennende - 55; -beleuchtung 347; -zug 246
Färber 418
Fahne 52, 54, 59, 158, 246, 598; Tiroler Kriegsfahne 598; s. Banner
Fahrhaube, s. Tracht
Faktorei 128
Falkenhagen, Bw. i. Lippe 580
Falkenhagen i. T. 40, 327, 500, 548, 640
Falun, schwedisches Kupferbw. 100, 113, 117, 122, 628, 638
Falzner, Herdegen, Gewerke 423, 504
Familie, 83, 160, 192, 223, 338, 540; - hl. 554f.; -nnamen 338; -nwappen 128
Farbe, schwarz-grün als Bergmannsfarbe 387; violette - 404
Fasching 109, 240, 468; s. Karneval, römischer
Fasten 160; -almosen 487; -rupertifest 454; s. Fron, Quatember
Faustmotiv 270, 518, 608f., 611; s. auch Goethe
Fäustel 258
Fayencen, holländische 200, 209
Fegfeuer 53, 456
Feierabend 75; -glocke 403
Feiertage 33, 37, 47, 59, 62, 64, 74ff., 77f., 109, 111, 250, 256ff., 259, 333, 355, 361f., 378, 383, 454, 486, 598; - abgewürdigter 408; Aufhebung von -n 74, 76, 77, 108, 109, 468; Bau- 75; Berg- 109, 259; gebotene - 408; Knappen- 13, 107ff., 247, 260, 355, 383, 454, 468, 470, 486, 534, 586f., 617, 668, 671

Feiler, Simon, Bildhauer u. Bossierer 200
Feldbusch, Hans, Kunsthistoriker 314
Feldkirch, Vorarlberg 524
Feldsberg, Ort i. Graubünden 596
Feldscher, s. Ärzte
Felsen 105, 340; –jungfrau Barbara 329
Feme 638
Ferber, Johann Jacob, Bergbauschriftsteller 440
Ferdinand III., König von Kastilien u. Leon († 1252), hl. 315, 337, 338, 434; – Bergwerkspatrozinium 337
Ferdinande, habsburgische Erzherzoge, z. T. auch Kaiser, so Ferd. I. († 1564), Ferd. II. († 1637), Ferd. III. († 1657); Angaben der von uns benützten Autoren oft ungenau, 111, 183, 253, 259, 337' 356, 362, 434, 474, 491, 511, 523, 545, 546, 592; s. Bergordnung
Ferdinandeum, s. Museum
Fernsehen 672
Fersental i. T. 404
Fest 36, 75, 222, 230, 242, 285, 298, 307, 336, 340, 387, 425, 459, 536, 539, 669; –a praecipua 383; –tage, Reduktion 385; –kunde (Heortologie) 107, 334; –ordnung 111; –tagstracht, s. Tracht
Festungsbau 308, 328f.
Fett u. Ernährung 140, 545, 610
Feuer 55, 107, 251, 264, 323, 436f., 438, 441, 526, 598, 654; Elms- 514, s. Erasmus; –haken 431; –heilige 51ff., 55, 68, 217, 371, 376, 436, 438, 440; –kugeln 312; –maschine 245, 330; –rost 53f.; –rute 312; –sbrunst 54; –stein 87
Fiakrius, hl. 214
Fichtelgebirge 19, 132, 163, 208f., 502, 549; Museum in Wunsiedel 61
Fieberschutz 415
Fieger, Gewerkenfamilie 500
Filialkirche 67, 71; s. Mutterkirche
Finanzierung 71, 126; s. Kapital
Fink, Emil, Historiker 46
Findanus, hl. 422
Finder von Metallen 91; von Silbererzen 495
Finnenus, irischer Abt 279
Firmus, hl., Verona 611
Fisch 122; Fischerei 59, 189, 249, 525, freie – f. Bergleute 506; –teiche 135
Fischbach, Siegerland 635
Fischer, Georg, AG, Eisenwerke in Schaffhausen 16
Fiskalismus 128, 352
Fladung, Anna von, Gewerke 47
Flamen 598
Flandern 15, 597, 615
Fleisch 140, 230, 610, 624; –er 59; –bank 492; –versorgung 546
Flinz, Spateisenstein mit Bildnis Mariens 622
Flöße 140, 230, 547
Flöz, in älterer Zeit = Kohlbank 488
Florenz 117, 353f., 384; Uffizien, Gemäldegalerie 554
Florian, hl. 54, 81, 195, 350, 352, 371, 441
Florinus, hl., D. Chur 364
Fluchen im Bw. 288, 485
Flugschriften 314
Flur 122; –namen 146, 357, 424, 574
Fluß 340; –götter 618
Förder, –tonne 420; –ung v. Erzen 631
Förstemann, E., Sprachforscher 41
Folter 65, 250
Fons S. Mariae in Saar, Zisterze 132
Fontévrault, Kl. u. Verband 393
Formelbücher, altnordische u. angelsächsische 412
Forschungsaufgaben 356ff., 489, 533, 654ff.; – regionale 322
Fortuna-Motiv 625, 636
Fountains, Zisterze, Yorkshire 138
Franken 43, 114, 122, 150, 310, 396, 469, 616; fränkisch 352, 482
Frankenberg, Büßerinnenkonvent 283
Frankfurt/Main 17, 21, 325, 393, 659; a. d. Oder 133
Frankreich 127, 234, 393, 395, 421, 571, 646, 648ff., 653; s. Gallia christiana
Franz, Adolph, Literaturwissenschaftler 39, 81, 238, 290, 294, 450, 460f., 620, 667
Franz von Assisi, hl. 42, 133f., 195, 313, 342, 350, 438
Franz I. († 1765), Gemahl v. Maria Theresia 624
Franz-Josef-Stollen 345
Franz von Sales, hl. († 1622) 336
Franz Xaver, hl. 41, 336, 437ff., 444, 631; Andacht 438; Kleid 438; –öl 438; Sterbebild 438; –ius-Wasser 438

Franziskaner 86, 416, 591; -kirche i. Berchtesgaden 246; -kl. i. Schwaz 227, 319, 332
Französische Revolution 200
Fraterherren 82
Frauen 59, 72, 82, 164, 223, 320, 518, 528; -arbeit unter Tage 163, 651f.; - gefährdete 393; - hl. 23, 419; -literatur 225; - u. Marterl 302; -mitbesitz an Bw. 643; -tag (M. Heimsuchung) 76; -zönobium 153
Frauenberg a. d. Enns, Wallfahrtskirche 590
Frauenthal in Sachsen, Bw.-Anteil d. Propstes 131
Freiberg/Sachsen 32, 106, 114, 130, 132, 158, 172, 176, 194f., 209, 323, 325, 327, 335, 337, 428, 469f., 600, 622f., 627, 628; -, Kanzel 60, 380, 382, 666; -er Bergakademie 573, 623; -er Bergrecht 118; -er Bergurteil von 1476 (Kuxe) 513
Freiburg i. Br. 49, 228, 308
Freiburg a. d. Unstrut 14
Freie, Halb- 538
Freigrübler (Einzelgrübler) 139ff., 238, 253, 255, 339, 499, 513f., 588, 667, 671
Freiheit (Freizügigkeit) 21, 91, 123f., 189, 478, 486, 506, 537, 570, 590, 616f., 667
Freiheit, Ort i. Ostböhmen 102
Freiheit, -sbegriff 533, 536; -sbewegung 534f.; -sbrief 29; -swille 637
Freikuxe, s. Kuxe
Freilassung 91
Freisassen 94
Freising, D. 43, 280; Domstift 373
Freitag 163, 229, 260, 404, 532; -smesse (de cruce) 78, 79, 404, 413; -sopfer 79; s. Karfreitag
Freiung in d. Bergordnung 482, 533
Fremde im Bergbau 58, 502, 591; - Arbeiter 651; Orts- 58
Fresken 37
Freudenthal, Herbert, Volkskundler 323
Freundsberg, Herrschaft i. T. 500
Frevel, s. Bergfrevel
Friedrich, Karl, Numismatiker 539, 627
Friedhof 69, 271, 402; -skirche 402
Friedrich, Herzog i. T. († 1439) 582, 590
Friedrich I., Eb. v. Magdeburg († 1152) 394
Friedrich I., Kaiser (Ronkalische Konstitution 1158) 475
Friedrich II., Kaiser, gegen private Bw. 123; Bw.- privileg 153f., u. Kärntner Bergknappen 593
Friedrich III., Kaiser († 1493) 152, 259, 665
Friedrich II., König v. Preußen (Bergordnung von 1777) 485
Friedrich August I., s. August II.
Friedrich Wilhelm I., König v. Preußen (Bergordnung von 1737) 485
Friedrich von Wangen, Fürstb. v. Trient 19, 476
Friedrich-Grube, Clausthal 341; -Stollen, Schlesien 648
Friesach i. Kärnten 36, 376, 406, 428, 526, 535, 543, 596
Frömmigkeit 77, 222, 344, 422, 425, 435, 438, 444ff., 473, 509, 520, 537, 587, 617, 668; Bergknappen 69; Bruderschaft 72, 74; Glaubensspaltung 230; Gottesgedanke 307, 405, 424; Heiligenverehrung 218, 303ff., 307, 328, 336, 389; Legende 278, 617, 668; marianische - 423; Stollenname 348; - vereint 85; s. Andachtsliteratur, Fürbitte, Passion, Spanien
Fron als Abgabe 170, 219, 501, 523, 528, 633; Befreiung von - 67, 134; -bote 142, 527; -dienst 189; Fröner 142, 480, 486; -fasten, vier 72, 520; -freiheit 38, 171, 442, 491f., 506, 521, 544; halbe - 491; -hütte 492; -kreuz 413; -libell 407; -teil 123
Fronleichnam 166, 393, 463, 470, 540; -sprozession 239; Prangertag 247
Fronwald i. Kärnten 218
Fruchtbarkeit 557; -ssymbol 262, 265
Frühchristentum 34, 89, 324
Frundsberg, Georg von, Feldhauptmann 324
Fry, Jacob, Gewerke 51
Fuchs 266, -löcher 338
Füeger, Sigmund, Gewerke 171, 442
Fueger, Georg, Gewerke 171, 178
Fünf, s. Zahlensymbolik
Fünftel, s. Zahlensymbolik
Fürbitte 155, 455ff., 459; s. Gebet, Schichtgebet

Fürsten 337, 398, 668; -höfe 348
Fürstenberg (i. Donaueschingen) 661; Caspar Droste von - 571; Fürsten zu - 190; -er Manufaktur 200
Füße von Eisen 322
Fugger, -familie, Gewerke 14, 32, 56, 71, 76, 116, 126, 139, 178, 255, 315, 343, 365, 378, 387, 406, 491, 500, 507, 525, 531, 545, 555, 590; -Benefizium 215, 378; -Forschung 17, 365; -isches Hüttenwerk 503; Kritik d. österreichischen Regierung 503; -, Albrecht u. Nikolaus, Grafen zu Kirchberg u. Weißenhorn 215, 491f.; -, Anton 12; -, Jakob d. Reiche 503
Fuggerau, Bw. i. Kärnten 139, 590, 663
Fuhrleute 469, 634
Fuldera, Bw. i. Chur u. Österreich 665
Fundgrube 469, 522; herrenlose - 91
Fundort verschweigen 472
Fundsage 260, 268, 285
Fußwaschung am Gründonnerstag 163; -skapelle 391

Gabriel, hl. 92, 350f.
Gadertal i. T. 291
Gadmer (Brüder), Gewerke, Caspar 53, 365; Christian, Bergrichter von Davos 29, 47, 56, 78, 290, 315, 337, 344f., 362ff., 372, 375f., 407, 414, 441
Gänse 550, 610
Galgen 320
St. Gallen 54, 104, 361; Saline 259; vergibt Gruben 496
Gallenbach im Schwarzwald 316
Gallia christiana 408, 412, 434; keltische Vorläufer 283; - u. Spanien 315; Südgallien u. Palästina 395
Gallikanismus 410
Gallus, hl. 42, 342, 350, 352
Galmei (Zinkkarbonat) 569, 597
Gangolf, hl. 214, 217
Garinus, Einsiedler am Montserrat 280
Garten Eden, Poesie des - 323
Gasfeuerung in d. Industrie 98
Gassel, Lucas, Maler 556
Gastein, Bad 276, 501, 633; -er Tal 276
Gastfreundschaft 478
Gauchard, J., Maler u. Graphiker 208
Gebet 168, 246, 326, 344, 355, 444; -serhörung 300; -smeinung 303, 418; Sebastians- 538; -sverbrüderung 94, 126, 135, 157; -szettel 438
Gebhard von Mansfeld, Kölner Kurfürst (Bergordnung von 1669) 570
Gebirge in d. Legende 329; s. Berge, Felsen
Gebra i. T. 266
Geburt, schwere 435
Gedächtnis d. Lebenden 72f.
Gedenktafeln 194
Gedenktage, örtliche 111
Gedenkzeichen d. Kameradschaft d. Bergbaubeflissenen 300; s. Münze
Gedinge 62
Gefahren 260f., 329f., 331, 424, 428; -zone 70, 95, 168, 498; s. Bergmann, verschüttet; Unglücksfälle
Gefangenen, -ketten 394; -patron 627
„gefreite Berge" 123
Gegenreformation 338, 453, 511, 571, 592f., 663, 668; -, „die heilsame kath. Reformation" 512
Geheime Erzschmelzen 472
Gehorsamspflicht d. Bergleute 324, 507
Hl. Geist 295, 306f., 336, 340, 421; -Bergwerk 420ff.; -Dienstag 421; -Spital 85, 307, 421, 423
Geister 427, 470; - böse 58, 296, 317, 437, 446, 465; - gute 356, 470; - gute u. böse 551; -furcht 293; -glaube 322; s. auch Berggeister, Rübezahl u. Venediger
Geisterkirche 180, 280, 286
Geistesgeschichte 19, 314
Geistlicher, s. Klerus
Gelbgießer 519
Geld 61, 101, 106, 170, 609, 627; Frei- 170; -geber 503; -opfer 156; Papier- 609; -strafe 459; -zins 609f.
Geldern 484
Gelehrte 278, 348
Geleit, freies 506
Gelieger 412
Gelübde 54, 68
Gemeinschaft; -sarbeit 458; -skasse 61f.; -smahl 62; -smesse 159, 450; s. Agape, Berggemeinde
Gemüse 220

Generale u. Stollennamen 341; s. Namengebung
Genossenschaft (Samnung) 19, 122, 431, 449, 520, 529, 660, 667, 673; – im Bergbau 67, 85, 158ff., 449; Agape 673; –saltar 167; apostolische – 377; Bartholomiten 372; Bergordnung 486; – in der Bergstadt 158; Brauchtum 455; Erziehung des Lohnarbeiters 94; Feier 74; – als Forschungsaufgabe 671; Freigrübler 482; Genossenrecht 159; Gesellschaft d. Köhler 486; – gestützt d. Berggeschworene 529; Großfamilie 160; –skirche 64; Kult, gemeinschaftsbildend 414; rätische Bünde 535; –srecht 21, 64, 176, 326, 356, 379, 458, 477, 510, 656; Sakrale Umwelt 217, 414, 451; sozialkaritativ 84, 256; Stiftungen 169, 217; Sühnegedanken 393; Volkstum 448; s. Berggemeinde, Individuelle Züge
Genoveva, hl. 224, 341, 346; – u. Sibillae 224
Geologie 19
Geophysik 19
Georg, hl. 40, 68, 218, 312, 350, 393, 507, 595ff.
Georg II. von Hannover († 1760), König 210
Georg von Sachsen u. Annaberg, Herzog († 1539) 46
Georg von Suellum, aus Sardinien (Mirakel) 280
Georg Wilhelm von Brandenburg, Kurfürst († 1639) 484
St. Georgen i. Graubünden 78
St. Georgenberg, Benediktinerabtei i. T. 68, 81, 169, 219, 225, 508
Gereon, hl. 419
Gerichtsbarkeit 189; – eigene 506; – d. Berggemeinde 59; Bezirk 96, 322; Froner 486
Gerichtsstand 21, 91
Geroldshausen, Rösch von 561; s. Tiroler Landreim
Germanen 356; Drittelung im Abgabenwesen 568
Germania sacra 661
Gertrud von Nivelles, hl. 224, 350, 353
Gertrud d. Große von Helfta, hl. 391
Gervasius von Tilbury 620
Gesangbuch, ev. 457; – u. Gebetbuch d. D. Trier 455
Geschichtstheologie 312, 325
Geschmeidemacher 519
Geschütz 589
Geschwisterheilige 68, 243, 361, 368f., 375, 386
Geschworene 529f.; s. Berggeschworene
Geselle, s. Berggeselle
Gesellpriester 71, 509, 598
Gesellschaft s. Gewerke
Gesenke 121
Gesetzgebung 28
Gespendtage 230
Gespenster 356, 436
Gesteinsbruch 395, 484; s. a. Unglücksfälle
Gesundheitsfürsorge 253
Gethsemane in d. Bergmannskunst 204
Getränkesteuer 493
Getreideversorgung 140, 545f., 610; –händler 446; –silos 531; –zehnt 164
„Gewere", Abbaurecht d. Eigentümers 121
Gewerke 28, 129, 496, 499, 533; – zur „Samnung" oder „Gesellschaft" gehörig 225; Abt 605; „harte Abholzung" 558; Adel 126, 129; Auflassung von Bergwerken 507; Ausstattung einer Kirche 139; bäuerliche – 126; bürgerliche – 126; Domherr 504; Eigengrübler 503; ihr Einfluß 497; – erbauen Gotteshäuser 510; – für Fortfall von Knappenfeiertagen 76; Fronfreiheit 491; zwei arme Gesellen als – 495; – u. Gesellschaften 530; Groß- u. Klein- 255; Hospital 139; Jenner 129, 505; – kapitalstark 83, 156, 400; – u. Kaufleute 510, 539, 663; – u. Knappen 64, 168, 231, 445, 669; monastische – 284; munifizent 82; Namengebung von Gruben 336, 362, 508f.; Oberpfälzer 504; – aus städtischem Patriziat 424; – u. Pfarrei 71; Pflichtopfer 79; Salzburger – 481 f., 501; – als Schmelzer 503f.; – schürfen 252; – benötigen sakrale Schutzherren 355; – selbstbewußt 194; – u. Steinkohle 472, 488; – machen Stiftungen 451; süddeutsche – 54, 96, 214, 500, 502f., 504; Tiroler – 32, 60, 415, 442, 451, 500f., 541; wandernde – 478; – Worterklärung 499; Wucher 525

Gewerkschaft 451; -santeile 507; – Rheinpreußen 657f.
Gewinnanteil 123
Gewitter 45, 93, 275, 279, 403, 465; s. Blitz, Donner, Unwetter
Gewohnheitsrecht 118, 163, 524
Geyer, Bw. im Erzgebirge 588
Gezähe 167, 589
Ghibellinen 141
Gierke, Otto von, Rechtslehrer 326, 656
Gießerei 175, 568
Gift 370
Gilden 59, 64, 165, 168, 203, 482, 498; s. Sakramentsbruderschaft
St. Gilgen, Bw. i. T. 52
St. Gilles, Wallfahrtsort 408
Giner, Krippenschnitzerfamilie 198
Gips i. St. 240
Gitschtal, Bw. i. Kärnten 44
Gladenbach i. Sauerland 579
Glasarbeiter 53, 376
Glasbach i. Thüringen 611
Glashütte 130
Glashütte, Ort im Erzgebirge, 493, 544
Glasmalerei 175, 195, 213f., 228, 318, 332, 446, 502, 514
Glastonbury, englische Benediktinerabtei 392
Glaubensgeheimnisse 105, 306
Gleiwitz 98
Glocken 180, 276f.; -läuten 276, 403; -gießer 519; Ave-Glöcklein 403
Glossensammlung, althochdeutsche 150
Glück 70, 79, 143, 223, 231, 320, 339, 428, 432, 442, 455f.; „Glück auf" 22, 94, 210, 222, 241, 289, 301f., 456, 514, 625; – (Zeitschrift) 657
Glurns i. Südtirol 601
Gmelin, Jeremias 148f.; -Forschungsinstitut d. Max-Planck-Gesellschaft in Frankfurt/M. 17, 606, 659; -s Handbuch d. anorganischen Chemie 325, 606f.
Gmünd i. T. 302
Gmunden im Salzkammergut 249, 529
Gnade, Charisma 91; -ngeld f. Bergmann 508; -nlöhne 487; -nstuhl 68, 217, 340
Gnomen 262
Godefridus, B. von Langres 12
Göbbels, Paul Joseph 178
Göllheim i. d. Pfalz 89
Göpelhaus 625; -werk 634
Goethe, Johann Wolfgang von 22, 177, 202, 608f., 611, 625; s. Ilmenau
Götting, Martha, Historikerin 654f.
Göttingen 657
Götz, Walter, Historiker 663f.
Gold 11f., 29, 46, 48, 50f., 55f., 87ff., 100, 103, 122, 138, 143f., 147, 176, 203, 205, 213, 262, 264, 274f., 278, 284, 287, 312f., 322, 325, 328, 333, 349, 357, 359, 382, 418, 424, 460f., 501, 603, 606ff., 616, 618, 659; -arbeiter 367; mit – aufwiegen 611; -bergbau 14, 93, 115, 129, 277, 424, 432, 434, 442, 476, 514, 567, 580, 616, 644, 662, 665; -byzantiner 11, 101, 606; -dukaten 659f.; das -ene Beuthen 277; -ener Buchstabe 320; -ene Bulle 121, 123, 475; -ene Eier 14, 140, 267, 320; -ene Mitte 618; -ene Nägel 271; -ene Pforte in Freiberg/Sachsen 327, 427f.; -gulden 645; -klumpen 446; -macher 270; -münze 101; -preis 480, 627; -schmiede 274, 446; -seife 627; -sucher 274; „-tauern" 129; Ural 627; -währung 607; -wäscherei 480, 579, 618; -enes Zeitalter 313, 435; s. siglo de oro
Goldberg, Ort i. Schlesien 114, 277, 585
Goldlein, Hans, Gewerke 633
Gonzen 68, 436, 496, 557
Gonzales, spanischer Künstler 441
Gorze, Benediktinerabtei i. Lothringen 539
Goslar 99, 114, 162, 192f., 202, 252, 283, 288, 293, 374, 375, 469, 478, 489, 497f., 580, 584, 622; – Kaiserpfalz 579
Gossaw i. T. 639
Gossensaß (Gossensass) i. T. 36f., 56, 68, 184, 213, 244, 277, 330, 348, 369, 371f., 374, 381, 386f., 402f., 414, 421, 451, 491, 510, 535, 541, 559, 590, 595, 601, 639, 668
Gotik 23, 42, 72, 105, 152, 156, 294, 319, 341, 345, 356, 668f.; Spät- 41, 69, 181, 219, 281, 356, 361, 368, 428, 648; Stollennamen 22, 195, 221, 425, 440
Gott 105f., 143, 253, 298, 307, 338f.; – als „Erzmacher" 306; -bezogenheit 102, 405, 520, 524; -esdienst 109; ev. 169, 227; -esfurcht 252; -esgericht 254, 473; -es Großtaten 12, 143f., 306, 338, 486,

641; -eshaus 31, 317, 390f., 397; -eslästerer 485; -esliebe 327; -esnähe 222; -esnamen 620; -essegen 70, 206, 231, 267, 292, 357, 405, 424, 461ff., 660; - als Grubenname 91f.; gerechtsamer 22; -esteil 130, 521; -Vater 92, 203; -vertrauen 456; -vertrauter Daniel 321; -es Vorsehung 427; s. Magnalia Dei
Gottesberg, Ort i. Schlesien 291, 307
Gottes Gab, Ort i. Erzgebirge 102
Gotthard, hl. 350, 352
Grab 504, 632; - hl. 340; -mal 60, 211, 317; -stätte (Jacobus) 433f.; -steine 642ff.; -wächter 60; s. Marterl
Grabelsdorf, Ort i. Kärnten 317
Grafensteiner Alpe i. Kärnten 37
Grafschaft, Benediktinerkl. i. Sauerland 147, 575
Grandmont, Orden von - 421
Grangien d. Zisterzienser 134, 137
Grass, Franz, Mediziner u. Volkskundler 16
Grass, Nikolaus, Rechtswissenschaftler u. Volkskundler 16, 355, 645
Grass-Cornet, Marie, Volkskundlerin u. Graphikerin 16
Gratian, Dekret 614
Graubünden 15, 24, 47, 54, 56, 69, 78, 111, 144, 156, 167, 218, 250f., 266, 290ff., 315f., 364f., 375, 383, 413, 416, 441, 477, 481, 502, 510, 520f., 523, 535f., 547f., 552f., 557, 588, 596, 616, 633; - u. Habsburg 600ff.; - von Tirol beeinflußt 141
Graz 234ff., 416, 474, 545, 554
Greens, Georg Siegemund, prot. Theologe 144
Gregor I., Papst, hl. 309, 313, 380f., 422, 609; Stollenname 351
Gregor v. Tours, hl., B. 371, 611
Grenoble 158, 295
Grenzzeichen 215
Gresser, Johannes Snewelin, Gewerke 214
Griechen 115, 657
Gries 393; Augustiner Chorherrenstift i. T. 270f., 381
Grimm, Gebrüder 260
Grimmelshausen, H. J. Chr. v., Dichter 611
Gritsch, Balthasar, OFM, Historiker 16
Groland, Gewerkenfamilie i. Nürnberg 502
Groß, Barbara, Patrizierfamilie (Stromer) i. Nürnberg 214
Großbritannien 650ff.; s. England
Großer Kurfürst 573
Großen-Falz i. Oberpfalz 504
Großer u. Kleiner Kogl über St. Laranz i. T. 245
Groß-Glockner 39
Groß, Konrad, Gewerke, Reichsschultheiß u. Reichsmünzmeister 504
Großlobming, Ausweichstelle für österreichische Archivalien 235
Groß-Pöchlarn, Franz-Xaver-Kult, Österreich 438
Großkirchen i. Kärnten 53, 57
Großkirchheim, Bw. i. Kärnten 126, 129, 218, 368, 370f., 375, 442, 515, 595
Gruben 41, 126, 418, 483; -beil 320, 585, 589f.; -besitzer, geistliche 49, 94, 126; -entdeckung 453; -heilige 181; -katastrophe 300ff.; -kittel, s. Tracht; -lampe 55, 264, 284f., 300f., 321, 347; -meister 527; s. auch Bergmeister; -namen 130, 203, 350ff.; s. Namengebung; -schreiber 527; s. Bergmeister; -segnung 407; -verzeichnis 315, 340, 348; s. Patrozinien, Stillegung
Gruber, Michael, Bergwerksverwalter i. T. 81
Gründerzeit 608
Gründonnerstag 163, 528; -skomödie 349
Grünhain, Zisterze i. Erzgebirge 131, 137, 268, 470, 495, 512
Grünthal, Saigerhütte 203
Grundherr 122, 130, 475, 495, 664; -schaft 94, 154f., 283, 475; -geistliche 98, 122, 131, 134, 144ff., 545, 661f.
Grundholden 491
Grundlsee, Salzkammergut 240
Grundstückseigentümer 121; s. Gewerke, Gesenke u. Tradde
Gruss, L. 14
Grußformeln 241
Gschnitz i. T. 397
Guarinoni, Hippolytus, Barockarzt 658
Guelfen 141
Gülten 84
Günter, Heinrich, Historiker 611
Gürtler, Metallgewerbe 519
Güthling, Wilhelm, Museumsdirektor 16

Gugitz, Gustav, Volkskundler 415
Gulden 61, 125; -groschen 193; s. Münzen
Gunglgrün bei Imst i. T. 282
Gurk, Stift 526
Gustav Adolf, König 100f., 113, 628
Gutenberg i. St. 235
Gute Hoffnung, s. Hoffnung
Gutehoffnungshütte AG. 16, 121, 292, 307, 339, 425, 432, 575
Guthlac, hl. 237, 279
Gutsbesitzer, k. k. 642ff.
Gyhrn i. St. 590

Haag, Herbert, Theologe 310
Haar 319, 398; -schwanz blau 246
Habakuk, Prophet 88, 321, 326, 369, 382, 425, 428, 630, 632
Habsburg 20, 100, 306, 316, 477, 524, 600ff.; -er 38, 64, 88, 111, 345, 375, 486, 490, 593, 600ff., 628, 663; -er Kaiser 337; Heerespolitik 590; s. auch Graubünden u. Habsburg; Matthias, Kaiser; Maximilian, Kaiser; Ferdinande, habsburgische Erzherzöge; Rudolf I.
Hacke, Bergmannswerkzeug 258
Hades 295
Hadrian IV., Papst 12
Hämmer, gekreuzte 385; s. Symbol
Häuer 171, 209, 225, 285, 315, 507, 514, 517, 625, 630f., 633; s. Knappen
Hagel 465; s. Unwetter
Hagen i. W. 577f.
Hagiographie 22, 33, 51, 304, 314, 329, 335, 378ff., 418, 431, 614, 667
Haider, Gewerkenfamilie 643
Haina, Benediktiner- u. Zisterzienserkl. 149
Hainshofer, Philipp, Nürnberger Patrizier 197
Haken 569; -büchsen 589f.
Hakon, Herzog († 995) 329
Halberstadt, D. 373
Halbmond als Schmuckmotiv 246; s. auch Türkenmotiv
Halden 30; -zehnt 82, 130
Hall im Salzkammergut 249
Hall i. T. 21, 50, 62, 64, 85, 94f., 101, 109, 157, 161, 176, 182, 185, 198f., 212, 215, 226, 229, 233, 241, 257f., 298f., 302, 307, 329, 341, 401, 452, 472, 508, 528, 586, 598, 639, 642, 670; - Damenstift 401; - Saline 37, 80, 259, 399, 455, 468, 528, 543f., 559
Halle a. d. Saale 106, 248
Hallein, Salinenstadt 109, 234, 241, 453
Hallenberg im Sauerland 579
Haller, Albrecht von, Dichter 176, 603f.
Haller, Nürnberger Gewerke 502
Hallinger, Gewerkengeschlecht 259, 348f.
Hallinger, Kassius, Historiker 137
Halloren, Trinkbrauchtum 248
Hallstatt 153, 249, 529, -zeit 87, 89
Halltal i. T. 222, 397f.
Halluzinationen 279, 282
Haltern 637
Hamburg 184, 320, 569
Hamm i. W. 568, 637
Hammer 166, 246, 258, 318; - u. Schlägel 66, 250, 266, 277, 325, 383, 385, 287, 403, 514
Hammer, -einigungen 505f.; -herren 150, 490; -schmiede 568; -werk 21f., 96, 127, 129, 166, 187, 204, 499, 505, 531, 543, 545, 549, 554, 560, 572, 575; s. Eisenmühle
Handbüchse 590
Handel 20, 28, 140, 141, 393, 490, 580, 662; -sgesellschaft 412, 490, 501; -swege 612
Handfeste, Urkunde 29
Handpostille 346
Handschriften 31; - katalanische 428f.
Handstein als Tischschmuck 203f., 598, 621
Handwerk 99, 198, 225, 274, 278, 446, 534, 666; -erinnerungen 168, 191; -erpatrone 217, 367; -sbrauchtum 476; -sgesellen 241, 666; - u. Kult 159; s. auch die einzelnen Berufe
Hanf als Reichnis 609
Hanika, Josef, Volkskundler 14
Hannover, Stadt 457; - Königreich 125, 210
Hanse 195, 662; -schiffe 113
Hansen, Johann Anton Joseph, Pfarrer in Ottweiler, Präses d. Barbarabruderschaft 192
Hansjakob, Heinrich, Schriftsteller 601
Hardehausen, Zisterze im Sauerland 147
Hardenberg, Friedrich von, s. Novalis
Harnisch 589, 605, 640

Hartmann, Gewerkenfamilie 221
Harz 19, 99, 112, 136, 176, 469, 489, 502, 532, 579ff., 626, 630, 635; Auswanderung ins Erzgebirge 114, nach Sachsen 469; Bergkannen 202f., 502; Bergstädte 21, 193, 293; Brockenhexe 286; Einwanderung aus Schwaz 117; -er Kuxe 574; -golddukaten 618; -bistum Halberstadt 373; Heine, Heinrich, Harzreise 532; Kupfererz 622; - u. Lübecker Kümmerniskult 166; -sage 163, 173f., 254f., 267, 280, 286, 297, 373, 458f., 469, 512, 517, 534, 618; Silbererz 99, 293, 469, 622; Tanne 625; Volkslied 188; s. Bergkanne, Goslar, Rammelsberg, Stolberg, Grafengeschlecht
Haslach a. d. Kinzig 49, 244f., 305, 339
Haspler, Berufsstand 40, 107, 171, 200, 514f., 517, 625, 634, 668
Hatzfeld, Grafengeschlecht 344
Haue (Keilhaue) 66, 585; -r 167
Hauff, Wilhelm, Dichter 550f.
Hauptmann, Gerhart, Dichter 507
Haus, s. Knappenhaus
Hausbuchmeister, Kupferstecher 553
hausuatter 83f.; s. Spitalmeister
Haussherr, Hans, Wirtschaftshistoriker 163, 552
Haut abziehen als Martyrium 370f.
Hauterive i. d. Schweiz 135
Hautsch, Gottfried, Nürnberger Mechaniker d. 17. Jh. 197
Haverstock, Grubengebiet b. Imst i. T. 52
Hebbel, Friedrich, Dichter 202
Hebel, Johann Peter, Dichter 177, 601
Hedda, angelsächsischer Bischof († 705) 279
Hedwig, hl. 276; -, Helena u. Elisabeth 417
Heerde, Johannes, Stiftsdechant zu Hildesheim u. Gewerke 574
Heerse, Kanonissenstift 483
Heidelberg 653
Heidenreich, Abt von Sedlitz 132
Heilbringer, s. Heilige
Heilfurth, Gerhard, Volkskundler 176, 189, 289, 306, 458, 537
Hl. Blut, s. Blut
Hl. Drei Könige, s. Drei Könige
Hl. Kreuz, s. Kreuz; -tag
Hl. Nägel, s. Nägel
Heilige, -nbilder an Stollenmundlöchern 226, 349; -nblut 431; -nfest 77; Höhen- 394, 395; jugendliche - 319; - Mehrheit von Helfern 398; -nschein 398; -nverzeichnis 67; -nvita 107, 244; s. Patrozinien
Heilmittel, s. Edelsteine, Kristall
Heiltum 43, 135, 217, 377f., 610, 614f.; -sbücher 308; Reichs- 420
Heimatvertriebene im Bergbau 448
Heine, Heinrich, Dichter 113, 532
Heineken, Johanna, Historikerin 152f.
Heinrich I., hl., dt. Kaiser 43, 268f., 280, 434
Heinrich II., dt. Kaiser 597
Heinrich V., dt. Kaiser 148
Heinrich VI., dt. Kaiser 567
Heinrich, Tiroler Landesfürst, von 1307 bis 1310 auch König v. Böhmen († 1335) 215
Heinrich V., Fürstb. v. Augsburg 76
Heinrich VI., B. v. Chur 524
Heinrich, B. v. Konstanz 452
Heinrich II., Abt v. Admont 154
Heinrich III., Herzog v. Kärnten 127, 283
Heinrich d. Fromme, Herzog v. Sachsen († 1541) 277
Heinrich d. J., Herzog v. Braunschweig-Lüneburg 580
Heinrich d. Löwe, Herzog v. Sachsen 317
Heinrich v. Münsterberg, Herzog 133
Heinrich, Prinz, d. Seefahrer von Portugal († 1460) 430
Heiratsgut, Versicherung von - 643
Heisterbach, Zisterze im Siebengebirge 266, 328
Heizkohle 97; -mangel 253; s. auch Kohle, Steinkohle
Heizöl, als Konkurrenz d. Kohle 672
Herkate, griechische Spuk- u. Zaubergöttin 384
Helbenbuch, s. Christliches -
Heldenepos 310, 613f.; altfranzösisches - 377, 393f., 412; s. Epos
Helena, hl. 78f., 224, 275, 395, 397, 409ff., 416ff.; - volkstümlich mit Königstitel 416
Helena (antike Göttin) 396
Hellebarde 376, 583

Hellweg als Verkehrsweg 562
Helmbartenschmied als Beruf 212
Henker 370, 386; -tracht 328
Heortologie 77, 104, 667, 671
Herberstein i. St. 235
Herder, Johann Gottfried, Dichter u. Philosoph 260
Herford i. W. 638
Herlet, Friedrich, Hagiograph 409
Hermagoras, hl. 43
Hermann v. Wied, Erzb. v. Köln 484
Hermersdorf am Kynast i. Schlesien 339
Herodes, König 34
Herrenchiemsee, Augustinerchorherrenstift 154
Herrera d. Ä., Francisco, Spanischer Künstler († 1656) 441
Herrschaft u. Genossenschaft 537
Herz 438f.; – in Flammen als Attribut d. hl. Teresa 440
Herzog-Ernst 610
Hesse, Eobanus, Humanist 193, 579
Hessen 149, 655, 660
Heuberger, Richard, Historiker 353
Heuss, Theodor, Altbundespräsident 184
Hexe 437, 591; Brocken- 286
Hieronymus, hl. 203, 313f., 318f., 380
Hildegard v. Bingen, hl. 620, 626
Hildesheim, Stadt 182, 393, 538, 574, 615; – Hochstift 660
Hilfe Gottes, Ort im Erzgebirge 102
Hilfspriester, s. Gesellpriester
Hilpoltstein, D. Eichstätt 73, 453
Himmelsbrief 306
Himmerod i. d. Eifel, Zisterze 135
Hindenburg, Ort i. Oberschlesien 217
Hindin 51
Hindringer, Rudolf, Kanonist u. Volkskundler 40
Hinrichtung 308, 342; – eines Wiedertäufers 511
Hinterbliebenenfürsorge 20, 460, 478
Hinter-Rhein 552, 558
Hinterriß i. T. 55, 343
Hiob, s. Job
Hirsau, Benediktinerabtei 539
Hirsch 134, 261, 626f.; – als Wappentier 626
Hirschberg in Schlesien 93, 216, 264, 589
Hirten 203, 260, 470ff.; -knabe 504
Historische Kommission Westfalens 16
Hladick, Erwin, Volkskundler 14
Hochblauen im Schwarzwald 339
Hochenegg, Hans, Historiker 16, 396, 642; -Sammlung 491, 545
Hochofen 531, 554; -arbeiter 519; -prozeß 97; s. auch Schmelzhütte
Hochstetter, Gewerkenfamilie 32, 178, 500, – Johann 69, 221
Hodler, Ferdinand, Maler 604
Höchststetter, Gewerkenfamilie 531
Höfe in d. Städten 136, 141
Höffner, Joseph, Sozialwissenschaftler 16
Höhenheilige, s. Heilige
Höhenkirche 216, 275
Höhle 20, 278f., 294f., 373, 394, – u. Archäologie 671; Drache 373; Genoveva 346; Kult 278f.; Legende 20, 278f.; Mirakel 216; Sage 263f.; Schatzhöhle 275; Teufelshöhle 286; – verschüttet 295
Hölle 53
Hömberg, Albert, Historiker 16, 25, 565, 671
Hörige 90f., 94, 540, 558
Hörold, J. G., Leiter d. Porzellanmanufaktur Meißen 200
Hösmair, Josef, Historiker 69
Hötting b. Innsbruck 414; -er Berg 471
Höxter a. d. Weser 147
Hoeynck, F. A., Liturgiehistoriker 390
Hofer, Gewerkenfamilie 221
Hoffmann, E. T. A., Dichter 113, 177, 202, 601, 609
Hoffnung, gute 95, 105, 205, 241, 290ff., 293; s. Ethos, Glück, Glückauf, Gutehoffnungshütte
Hofgastein 459, 479f., 525, 544
Hofkammerbefehl d. Salzburger Landesherrn 544
Hofmann, Jacob u. Paul, Brüder, Bergbauschriftsteller d. 15. Jh. 39
Hofmann, Johann Friedrich, Statthalter d. Hochstiftes Bamberg in Kärnten (16 Jh.) 407
Hohenburg bei Igls i. T. 263
Hohenlimburg im Sauerland 578
Hohensalzburg, Feste 589
Hohenstaufen, s. Friedrich I., II.
Hohe Tauern, Gebirgskette i. d. Alpen 128f.

Holbein, Hans d. J., Maler 175, 318, 321, 604
Holland, s. Niederlande
Holz als Rohstoff 134, 139, 141, 167, 335, 474, 480, 500, 543ff., 552, 624; Streitigkeiten um – 558; -bau 67, 401, 572, 598; -fäller 54; -heilige 43; -knecht 247; -kohle 96, 121, 129, 244, 480, 498, 545, 550f., 566, 572, 575f.; -mangel 21, 543ff., 558; -meister 529; -ordnung 560; – u. Waldordnung 644; -weihe 466; s. Wald
Holzklau (Ort) im Siegerland 635
Holzmann, Hermann, Schriftsteller u. Volkskundler 270
Holzschnitt 321; -bücher 309
Holzschnitzer 208f.
Homannshausen, Kupferhütte im Harz 136
Homberg, Niederrhein 657f.
Homer, Dichter 601
Homiletik 325, 354, 458; s. Predigt
Homobonus, hl. 389
Honestas, Tugend 520, 527
Hoppeke im Sauerland 528, 579, 623
Horhausen im Westerwald 159, 455; – Bergbüchlein 159, 344, 455
Hornegg, Schloß i. St. 235
Hospital 29, 31, 33, 82ff., 226, 356, 389, 393, 447; -arius 83; s. auch Spitalmeister; -gründung 355f.; -kapelle 355; Sondersieche 434
Hostie 386ff., 398; s. Eucharistie
St. Hubert, Zisterze i. Belgien 145
Hubertus, hl. 190
Hubmair, Balthasar, Wiedertäufer 591
Huch, Ricarda, Dichterin 177f.
Hue, Otto, Bergarbeiterführer u. Bergbauschriftsteller 660f.
Hüffer, Georg, Historiker 474
Hühner 610
Hülpes, s. Kümmernis
Hütejunge 239, 496
Hütten 530; -arbeiter 399; -kapelle 69; -kunde 325; -leute 441; -meister 136; -mühle 69, 221; -werk 634f.; s. Schmelzer
Hüttenberg i. Kärnten 38, 240f., 246, 248, 526, 619
Huldigung 627f.
Humanismus 42, 179, 187, 191ff., 380, 579, 601; s. Eobanus Hesse, v. Hutten
Humboldt, Alexander von, Naturforscher 116f.
Hungersnot 70, 115, 315, 535
Hunsrück 576
Husmann, Heinrich, Volkskundler 578
Hut, spanischer 209
Huter, Franz, Volkskundler 314, 360
Hutmann (Aufseher) 62, 467, 517, 519, 527; Buben- 527; Knecht- 527; Nacht- 527; Tag- 527
Hutten, Ulrich von, Humanist 187
Hyazinth, Edelstein 622
Hygiene 57, 86, 657f.; s. Arbeitshygiene
Hymnus 421

Idria, Quecksilberbergwerk i. St. 35, 104, 224, 305, 332, 337, 344, 440, 443, 530, 624, 658
Iglau i. Böhmen 14, 115, 622, 668
Igls i. T. 263
Ignatius von Loyola, hl. 42, 133f., 336, 342, 391, 435f., 437, 439, 444; Wasser 435
Ihne, Fluß im Sauerland 568
Ikonographie 33, 35, 43, 51, 60, 107, 275, 304, 314, 318, 328, 385, 418, 428, 431, 436, 439, 441, 538, 614, 631
Ildefons von Toledo 430
Illyrer 612
Ilmenau, Bw. b. Weimar 177, 624f.
Ilsunger, Gewerkenfamilie 501
Imhoff, Gewerkenfamilie 502
Immenstadt im Allgäu 384
Immhoff, Gewerkenfamilie 502; – Karl Albrecht Ludwig von 502
Immunität 482
Imst i. T. 54, 96, 111, 195, 204, 220, 228, 249, 274, 282ff., 332, 359, 365, 375, 402, 422, 435, 509, 511, 591, 597
Indianer 116, 437
Indiculus superstitionum 277
Indien 438, 618, 631
Individuelle Züge im Bergbau 66, 78f., 83, 94, 96, 129, 142, 162, 163, 222, 238ff., 250, 256, 281, 413, 482; – beim Freigrübler 238f.; s. Eigengrübler
Indonesien 620
Indult 256ff., 478, 487, 491
Industrialisierung 21, 58, 145, 212, 497, 531, 549, 577

Ingenuin, hl. (Brixen) 347; – u. Albuin, hl. 350f., 353
Ingolstadt 372, 416, 453, 616
Initiationsbrauch 240; s. Bergleder
Inländergleichbehandlung 651
Inn 61, 117f., 216, 381, 523, 547, 662
Innichen i. Südtirol 639
Innsbruck 11, 30, 92, 179, 181, 184, 233, 250, 307, 322, 348, 351, 393, 399, 401, 414, 441, 494, 496, 528, 584, 593, 600f., 615, 640, 662, 665
Innungen, s. Handwerker
Internationale Verträge 646ff.
Invalide 20, 160, 256; –nversorgung 73
Irland 87f., 329, 354, 407, 626
Irmgard von Diepholz, Äbtissin v. Essen 483, 485
Iroschotten 24, 42, 88, 283, 310, 391
Ischl, Bad, im Salzkammergut 198
Iserlohn im Sauerland 566, 568
Isidor von Sevilla, hl. 430, 439, 446
Islam 386, 430, 434, 448
Israel, s. Palästina
Issel, Ort in Holland 577
Isser-Gaudententhurm, M. von, Bergbauhistoriker 375
Istrien 611
Italien, heutiges 647, 649f., 651, 653; –er 657
Italischer Raum 32, 114, 393, 438, 592
Iter, Lucius, B. v. Chur d. 16. Jh. 524
Ius parochialis, s. Pfarrecht
Ivo von Chartres, hl. 637

Jacobus a Voragine, Legenda aurea 309, 612, 617
Jagd 59, 91, 140, 189f., 249, 261, 263, 300, 439; freie – 506; –gründe 105; –recht 525
Jahresbericht am Bergmannsfest in Kärnten 387
Jahreslohn im Tirol d. 16. Jh. 255
Jahresschichten in d. Oberösterreichischen Salinen 259
Jahrtag 62, 287; –sstiftung 256; s. Anniversar
Jakob von Compostela, s. Jakobus d. Ä.
Jakob Kuen von Belasi, Erzb. v. Salzburg 480
Jakob von Vitry, Schriftsteller 411
Jakobus d. Ä., hl. 89, 315, 342, 365, 400, 432, 447; – Devotion 315; –grab in Compostela 433f.; –kirche 115, 315; –lied 432; – d. J. 361; Stollenname 81, 350, 363
St. Jakob, Ort i. St. 436
Janssen, Johannes, Historiker 509
Japan 438; –er 657
Jasper-Kaldewey, Maria, Mitarbeiterin d. Dt. Instituts f. Auslandskunde 17
Jaufen i. T. 70
Jauken i. Kärnten 37, 515, 596
Jauntal i. Kärnten 317
St. Jean d' Angély, Zisterze D. Saintes 134
Jean Paul, s. Richter, J. P. Friedrich
Jenbach i. T. 220f.
Jenner, Gewerkenfamilie 16, 128f., 219, 385; – Matthias 219, 505; – von Vergutz 129
Jeremias, Prophet 149; –Reliquien 314, 360
Jérôme, Napoleon I. 210
Jerusalem 39, 279, 416, 607; –fahrer 632; –wallfahrt 279
Jesuiten 133, 179, 547; –drama 179ff., 416; –kirche 49, 439, 584; –theater 180; s. Franz Xaver, Ignatius von Loyola
Jesus u. Maria 441
Jetone (Bergwerksmünze) 624
Jever, Maria von, friesische Territorialherrin (16. Jh.) 632
Joachim, hl. 45, 49, 422
Joachimsthal 32, 42, 44, 231, 319, 356, 360, 377, 383, 415, 416, 422, 425, 440, 474, 668; Auswanderung aus – 116; Bergbüchlein 186; Bergordnung von – 599; Bruderhaus 130, 356; Coronakult 426; –er Handstein 203; „Joachimstaler" 193; Silberbergbau 21; Unruhen in – 589; s. Mathesius
Job, Altes Testament 88
Joch zu Vall i. Graubünden 557
Jochberg i. T. 183
Jodokus, hl. 42, 68, 219, 342, 385, 407, 632; –taler 632
St. Jörgenberg, Bergbau in Graubünden 130, 250f., 362, 364, 413, 441, 472, 520
St. Jörgen-Zech bei Lienz i. T. 376
Johann u. Paul als Grubenname 308, 384

Johann von Horn, Fürstb. v. Lüttich († 1505) 97
Johann II., Erzb. von Trient († 1503) 147
Johann III., B. von Chur (15. Jh.) 492, 528
Johann, Erzherzog von Tirol 285, 665
Johann III., Herzog von Kleve 91
Johann Friedrich, Herzog von Braunschweig u. Lüneburg 630
Johann Gebhard Truchsess von Waldburg, Erzb. v. Köln 484
Johann Georg, Kurfürst von Sachsen 587; s. Kursachsen
Johann Martin, Graf von Stolberg 347
Johannes III., Papst 361
Johannes Caulibus, Minorit 416
Johannes Chrysostomus 614
Johannes Damascenus, Dogmatiker († 754) 379
Johannes Ev., hl. 363, 387, 390, 463, 468
Johannes II., Komnenos Basileus, Kaiser v. Byzanz († 1143) 410f.
Johannes d. T., hl. 34, 37, 76, 115, 149, 363, 369, 370, 389f., 463
Johannes von Matha, hl. 627
Johannisbad i. Schlesien 270
St. Johannisberg, Kohlengrube bei Essen im 16. Jh. 485f.
Johannis, -blume 269, 281; -feuer 369; -nacht 471; -prozession 33; -Sonnwendtag 75; -tag 276, 369; -wein 462f., 466f., 471
Johannisburg in Südafrika 657
Johnsbach i. St. 284
Jojakim, alttestamentlich 180
Jonathan, Schwager d. Königs David 300
Jordanien 651
Josef, hl. 203, 344ff., 441ff.; Befehlung zu – 444; -sverehrung 345
Josef II., Kaiser 213, 259, 415, 443, 468, 508; Josefinismus 63, 242, 385, 452
Joseph von Arimathäa, hl. 392
Joseph, Paul, Numismatiker 539
Jubiläumsmünze 627, 659
Judas Ischariot 374
Judaslegende 412, 417
Judas Thaddäus, hl. 374; Simon u. Juda 350, 374
Juden 364, 392;
Judenburg i. St. 229, 633
Jülich 484
Jüngst, Ernst, Bergbauhistoriker 28
Jüngstes Gericht im Volksglauben 181, 219
Jugendliche im Bw. 163
Jugendlicher Heiliger 319
Jugoslawien 648, 652
Juliana, hl. 350, 353
Jungfrau 328, 386, 390, 394, 622; 11000 – -en 51; Höhle d. verfluchten – 495; besondere Kraft 55; -lichkeit 328; -enspiegel 319; Turm – 328f.
Junker, preußische 662
Jupiter 186
Juristen-Bruderschaft 214
Jus regale montanorum 477
Justina, hl. 395

Kälber, Schlachtvieh 610
Kändler, Johann Joachim, Porzellanplastiker 200
Kärnten 36f., 40f., 44, 47, 52, 53, 57, 61, 63f., 66, 67, 126, 127, 128, 153, 218, 259, 292, 305, 321, 344f., 356, 367ff., 370, 371, 372, 380, 381, 384, 406f., 418, 428, 440, 441, 442, 473, 475, 515f., 535, 546, 559, 571, 593f., 605, 662f.; – u. Bamberg 43, 407; Barbaraverehrung 387; Brauchtum 241, 248, 619f.; Draht- u. Nagelschmiede 418; Eisenvorkommen 98, 174, 605; – Kärnten in d. Forschung 30; Gegenreformation 571; Helenakult 414f.; St. Johannes-d.-T.-Verehrung 369; Joseph-Verehrung 344, 345; Judas-Thaddäus 374; – Knappen im Sappenkrieg 593; Maria-Magdalena-Verehrung 405f.; Ossiach in – 201f.; Patrozinien 374; St. Peter-u.-Paul-Verehrung 367f.; Reformation 511; Waldwirtschaft 545
Käse 258, 609
Kain (Tubal-Cain, Genesis) 144
Kaiser, -geburtstag 109; -krönung 338; -titel 412; -zeit, römische 379; Kaiser-Franz-Joseph-Erbstollen b. Laufen i. St. 234; Kaiser-Leopold-Erbstollen a. Kärntner Bleiberg 41, 375
Kaiserau i. St. 284
Kalandsbruderschaft 157, 162, 164, 498; -sgebühr 164
Kalender (Kalendar) 75, 108f., 135, 164, 258, 384, 613; -tage, rote 109, 468

Kalkbau 152
Kalß, Johann, Krippenschnitzer 198
Kaltenbaek, J., Sagenforscher 621
Kaltern i. T. 360
Kaltofen, Ernst, Bildhauer († 1922) 208
Kalvarienberge in d. Volksfrömmigkeit 135, 417
Kamenz, Zisterze i. Schlesien 133
Kameradschaft d. Bergleute 300, 498, 531
Kammer, s. Ärar
Kanalbau 547, 577
Kandler, Gertrud, Tiroler Selige 262f.
Kannen 488; -gießer (Handwerk) 203; s. Bergkanne
Kanonikatstifte, s. Stift
Kanton, Stadt i. China 439
Kanzel 209, 286, 324f., 380, 419; s. Tulpenkanzel
Kanzlei 193
Kapelle 33, 67ff., 174, 211ff., 225, 381; - „adlige" 40; Anna- 48, 50; Barbara- 387, 621; -nbau 37, 67ff., 80, 102, 247, 325, 330, 425, 598; bäuerliche - 403; Berg- 275, 517, 617; Einsiedler- 216; Haus- 300, 499; Hispania sacra 225, 448; Höhlen- 278f.; Holz- 319; Immakulata-346; Instandhaltung 171f.; Knappen- 86; Kreuz- 265, 359; Magdalenen- 403; -ordnung 452; Presbyterium 344; Privilegierung der - 66; Salinenarbeiter- 110, 346; -nschließung 452; - am Schmelzofen 343f.; -nstiftung 126; -ntitel 168; Toten- 291; Wald- 136f., 282, 552; Xaver- 439; Zunft- 110; s. auch Capella regia
Kapeller, Josef Anton, Maler († 1763) 402
Kapital 252; -anlage 63; -bedarf 543; -gesellschaft 490, 501; belgisch-französische 571; -ismus, früher 20, 71, 77, 145, 147, 151, 255, 259, 389, 490, 495, 500f., 504, 608; Rentabilität 657; -mangel im Mittelalter 507; Protektionismus 505; s. Kuxe, Merkantilismus
Kaplan 155f., 174, 277, 356, 451, 509; -ei 55, 68, 215, 217; Stiftung 70
Kappe, s. Tracht
Kappel i. Kärnten 44
Kappel-Obir, Bergbauort i. St. 218, 322, 337, 345, 440
Kapuze 269, 318, 324, 382, 526, 618
Kapuziner 282, 402
Karfreitag 276; -sliturgie 34
Karfunkel, Edelstein 622
Karitas 63; -wissenschaft 166
Karl d. Große, Kaiser 377
Karl IV., Kaiser 29, 193, 475
Karl V., Kaiser 25, 209, 324, 555, 582, 594, 608, 628
Karl VI., Kaiser 148
Karl, Erzherzog 610
Karl I., Herzog von Braunschweig 200
Karl-Borromäus, hl. 42, 592
Karmel, Berg 440
Karmeliter 44, 346, 412, 426, 440, 443
Karneval, römischer 191
Karolingisch 67, 99, 239, 294, 410, 421; -e Reform 64; -e Urkunden 237
Karpathen 14
Karpatho-Russland 19
Karrenläufer, bergmännischer Beruf 200
Karsamstagsholz, geweihtes 466
Kartenspiel als Laster 25, 77
Kartäuser 154, 420, 526, 661
Karthago 98, 115
Karwendel 415; -gebirge 55
Kassian, hl. 391
Kaspar Ignaz, Fürstb. von Brixen 346
Kasperlespiel 278
Kastelruth i. Südtirol 404
Kastengstatt i. Südtirol 291
Kastilien, Königreich 434
Kastl, Benediktinerabtei i. d. Oberpfalz 149
Katakomben 90
Katechese 346, 377, 458
Katharer, Sekte 450
Katharina, hl. 68, 77, 214, 219, 243, 353, 386; -stollen 224, 285, 305, 350, 432 507
Kathedrale 309, 311, 334, 347, 668
Katz, Viktor, Numismatiker 630
Kaufbeuren 434
Kaufleute 220, 274, 278, 389, 398, 440, 446, 469, 500, 663
Kelch 38, 55, 385ff., 398, 614, 616
Kellerstein, Edler von, Gewerke 38
Kellner, Heinrich, Heortologe 77
Kelten 283, 565, 612; vorkeltische Zeit 407; s. Illyrer
Kelterpresse 552

Kemnitz im Sudetenland 498
Kerker 394, 431
Kerler, Dietrich Heinrich, Heortologe 304, 335, 354, 396, 445, 515
Kerze 79; – als Attribut 54, 518; –nbrauchtum 73, 167, 171; –nhalter 207, 245; –nheller 160, 171f.; Knappen– 64, 158, 167, 238, 510; –nmirakel 609; – in d. Sage 238; Votiv– 332; Wachspfennig 487
Kessel 40, 55, 488, 515, 569
Kette als Attribut 90, 367, 569; s. Petri-Ketten-Feier
Ketzerverbrennung 591
Keuschheit als Tugend 180, 232
Kieranus, hl. (Pieranus) 354
Kilian, hl. 24, 42, 283, 342, 351, 407
Kind 81; verschollenes – 611; –erkommunion 362
Kinzig, Fluß im Schwarzwald 245, 339
Kirchberg i. T. 69f., 81, 183
Kirchbichl i. T. 291
Kirche 324; goldene – 611; –nbau 49, 53, 60, 325, 510, 552; –ndiener, niedere 164; –nfabrik 79, 414; –fahrer 418; –gang 109; –ngeschichte 104; –njahr 258, 334, 354, 384; –nkalender 111; –nkuxe 61, 121ff., 130; –nlehrer 308; Mutter– 59, 66, 70, 81; –nopfer 71; –nordnungen, ev. 513; –npatrozinium 332, 377, 425, 430, 435, 448; –npolitik 76; –nrecht 109, 111, 341, 586; partikulares – 111, 454, 487; Staatskirchenrecht 538; –nschatz, römischer 53; –nstaat 117; – u. Staat 123; –nstrafen 110; –nväter, vier 380; –nvisitation 64, 172; –nweihe 107; –nzucht 458; –nzug 246; s. Höhenkirche
Kirchgässner, Alfons, Theologe 618
Kirchhoff, Hans Georg, Soziologe 578
Kirmes 336
Kirnbauer, Franz, Volkskundler, Bergbauhistoriker 113, 248, 387
Kirschbaum 265, 286
Kitzbühel i. T. 42, 45, 87, 179, 183f., 249, 316, 332, 348, 368, 420, 494f., 511f., 516, 541, 639
Kladrau, Benediktinerabtei in Westböhmen 134
Klagenfurt 31, 129, 240, 405
Klauber, Kupferstecherfamilie 436f.
Klaubjunge 517; s. auch Bergjunge, Pochjunge
Klausberger, Josef, Historiker 154
Klausen i. T. 53, 128, 129, 179, 219, 301, 343, 494, 505, 523, 595, 639; –Bärburg 385
Kleidung, Aufbewahrung 61; Spende 229
Kleinasien 23
Kleinschmidt, Beda, Kirchenhistoriker 13f., 214, 226, 272
Klemens XI., Papst 396
Klempner, Handwerker 367
Klerus 21, 126, 164, 278, 498, 540, 640; proletarischer – 454
Kleve 484f., 489
Kleve-Mark, Herzogtum 564; s. Mark, Grafschaft
Klingenschmiede 605
Kliening i. Kärnten 292, 371
Klöppeln, bäuerliches Hausgewerbe 86
Kloster 30, 219; freiherrliches u. gräfliches – 74; –höfe in d. Städten 539; Tochter– 132; s. Grundherrschaften
Klosterkötter, Werner, Arbeitsmediziner 657f.
Kloosterrade, Zisterze im Sauerland 145
Klosters i. Graubünden 364
Knappen 20, 33, 38, 49, 58, 61f., 64, 68, 72, 74, 77, 79, 83, 95, 108f., 111, 113, 128, 155, 158, 160, 168, 171, 172, 181, 215, 222, 225, 245, 250, 251, 252, 253f., 300, 307, 336, 400, 425, 445, 451, 525, 531, 631, 669; –abstammung 664f.; –altar 58; aufsässige – 77; –aufstand 77, 531, 535; –ausbildung 253, 387f., 517; Auslese der – 250; –buch 29, 315, 361, 383; –chor in d. Kirche 58; –feiertag 13, 107ff., 247, 260, 355, 383, 454, 468, 470, 486, 586f., 617, 668, 671, Beseitigung 76; Freiberg 194f.; fremde – 514; –frevel 270ff., 470f.; –gebet 276; –geistlicher 70; –haus 67, 139; brennendes 251; –hospital 32, 82, 85, 162, 173, 226, 325, 433; –jahrtag 109; –kapelle 246, 355; –kerze 64; –kirche, exemte 70; –opferstock 66; –parade 582ff., 594f., 628; –prozession 64, 223, 238, 332; –schiff 21, 64, 157f., 228f., 587, 644; in Rattenberg 58, 510; in Schwaz 510;

-stand 58; -tanz 246; -tum 32; -uniform 246; wandernde - 112ff., 185, 315, 498; Wiederherstellung v. Gruben 400; -zahl 83; Knappschaft, -sbüchse 20, 62; -skasse 192, 253, 487; -smarken 624; -sraum (Kaue) 246; -sregister 487; -sverein 647; -svermögen 172; s. Probierer
Knappius, sagenhafter Bergmann 213, 320
Knechte 85
Kniebügel (Kniehose aus Leder) 209
Knopfmacher, Gewerbe 381
Köche 53; Köchinnen 53, 85
Köhler (Kohlenbrenner) 139, 142, 248, 485f., 540f., 566, 575f.; -glaube 575
Köhler, Johann David, Numismatiker 628
Köllmann, Erich, Historiker d. Porzellans 199
Köln, Kurfürstentum 12, 126, 147, 382, 482, 484, 504, 544, 558f., 564f., 570; s. Lagerbuch
Köln, Stadt 21, 218, 240, 310, 324, 382, 433, 569, 577, 615, 672; - Apostelkirche 378; Gewerke 60; Hl. Geistspitäler 307; Helena 419; Kirche St. Maria Lyskirchen 167; - Marienburg 245, 330; Sagen 291; Stadtrecht 112; s. Drei Könige
Koemgen, Ire, hl. 279
Königtum 90, 94, 337, 412, 424, 482; dt. - 19; Krongut 122; - i. Spanien 439; Königstochter 398; Königin i. d. Volkserzählung 417; s. Fiskalismus
Königsdorfer, Cölestin von, Abt, Donauwörth d. 18. Jh. 408
Königssee i. Bayern, Augustiner Chorherrenstift 153, 222
Körner, Theodor, Dichter 177
Kofler, Caspar, Bergrichter zu Sterzing d. 16. Jh. 387
Kohle 28, 138, 244, 342, 484f., 532, 649, 671; „Kohlbank" 488; -nbergbau 97; 121, 138, 424, 483, 531, 649, 655, 671ff.; „Kohlbergordnung" 486; Braun- 173, 330, 561; -abbau 576; -ngraben 488; -ngräber 248; -nhandel 138; Koks 28, 98; -hochofen 98; Pech- 107; -nrevier 549; -ntransport 98; -nzeche 121; s. Holzkohle, Steinkohle
Koler, Gewerkenfamilie aus Nürnberg 502
Koloman, Ire, hl. 43
Kolumbien 397
Kolumbus, Christoph 309, 607
Kometen-Volksglaube 312
Kommunität 245; s. auch Berggemeinde
Komnenen, byzantinische Dynastie 101
Kondring, Friedrich, Schriftsteller 532
Konfraternität 37, 61, 64, 68, 71ff., 245; s. auch Bruderschaften
Konquistadoren 309, 608
Konrad III., Kaiser 147, 567
Konrad III., König 482
Konrad von Megenberg, Theologe u. Naturforscher († 1374) 296
Konrad von Soest, Maler 387
Konrad von Urach, Kardinal 393
Konrad von Würzburg, Dichter 617
Konsens d. Landesherrn 82
Konstantin, Kaiser 373
Konstantin, Kaiser, volkstümlich als König bezeichnet 412
Konstantinopel 377f.; Sophienkirche 614
Konstanz 20, 96, 452, 500
Konstitution „Universa per Orbem" 77
Konversen 134ff., 533, 662
Konzil, - von Basel 81, 170, 227, 540; -ien, spanische 430
Kooperatur 212, 401, 404; s. auch Pfarrei
Korbinian, hl. 269, 280
Korn 141, 220, 446; -zehnt 91, 138
Kornelius, hl. 104
Korson, George, Volkskundler aus Pensylvanien, USA 189
Kortryk, Sporenschlacht von 597
Kosch, Wilhelm, Literaturhistoriker 177
Kosmas u. Damian, hl. 35, 393, 446
Kost, Heinrich, Präsident d. Wirtschaftsvereinigung Bergbau 16
Krabichler, Andre, Gewerke 71, 451
Krain (Craeyn), Herzogtum 35, 332, 337, 384, 443, 545
Kramer, Paul, Gewerke d. 16. Jh. aus Kärnten 406
Kranke 81, 160, 287, 487; -nanstalten „Bergmannsheil", Bochum 657; -nbetreuung 63; -nfürsorge 61f., 460, 478; -nhaus 82; s. Hospital, Knappenhospital; -npflege 86
Krankheit 83, 97, 435; s. Augen, Aussatz, Seuche, Silikose

Kräuterweihe 620
Kraut, Heinrich, Ernährungsphysiologe 659
Kremnitz, dt. Bergstadt i. Ungarn 14, 21, 300
Krems 174
Kremsmünster, Benediktinerstift 94
Kretzenbacher, Leopold, Volkskundler 258
Kreuz 204f., 285, 373, 398, 419, 442, 616; Hl.- 22, 78f., 306, 308, 350; -auffindung 75, 409f., 416ff.; Fest 410, 468; -bruderschaften 416; Doppel- 433; -erhöhung 76, 108, 410, 416; -herren 580; Höhen- 227; -igung 194, 290, 629; Gruppe 227; -kapelle 265, 359; -eslegende 411; -tag 75, 517; „-tag" im Herbst 410; -träger 467; -estod Christi 391; -verehrung 156, 358f., 388, 404, 415; -weg 416; -zeichen 280; -züge 317, 358, 389, 449, 608; s. Berg- u. Caravaca-, Veracruz
Kreuz, Zum hl. -, Kloster i. Donauwörth 40
Krieg 473f., 510, 535f., 582ff.; Bergmanns- 542; - um ein Bergwerk 600ff.; Deutsch-französischer Krieg 1870/71 608; -erisches 318; -sdienstbefreiung 189, 249; Landesbefreiung 585; Minen- 128; -szerstörungen 60; s. Dreißigjähriger -, Siebenjähriger -
Krippenkunst 195ff., 209; -ausstellung, internationale (1961) 198; Stummvoll- in Ischl 197; -verbote 197; s. Berliner, Rudolf, Kalß, Johann
Kriss, Rudolf, Volkskundler 39ff., 246ff., 461ff., 620
Kristall 206, 611, 622; - als Heilmittel 206; -kugel 202
Kristberg i. Vorarlberg 54, 67, 68
Kroaten 648
Krone 383, 384, 386, 419; - des dt. Reiches 610; drei gekrönte Frauen 417; - mit fünf Zinken 398
Kronprinz u. Stollenname 341
Kühe 261, 402
Kühnau, Richard, Sagensammler 93, 261 285
Kümmernis, hl., Verehrung 165, 358
Kuenburg, Gandolf von, Bamberger Gewerke d. 15. Jh. 371
Künig von Vach, Hermann, Schriftsteller 447
Künßberg, Eberhard, Frhr. von, Rechtshistoriker 490
Künstle, Karl, Ikonograph 40
Kufstein i.T. 561
Kult 99; -dynamik 222ff., 379, 388, 390, 396, 547; -geschichte 667; -geographie 306, 321, 362, 379, 388, 429; -gerät, Vorschriften 614; -kleidung 615; -wanderung 230, 331, 408, 445
Kultur 122; -polizei 252; -produktiv 99, 173ff., 504
Kunibert, hl. 422
Kunigunde, hl. 43, 224, 432
Kunst 37, 96, 98, 174ff., 314, 332, 365, 376, 411, 425, 448, 474, 504, 553ff., 612, 613, 616, 671f.; Aposteldarstellung 377; Augsburger Goldschmiede- 616; Backsteingotik 152; Bau- 216ff.; Bergmann in d. Ikonographie 60, 183, 324; -geschichtschreibung 304, 307; Höhlen- 278; Ikonographie 304, 318, 613; Jagdmotive 190; Kapellen 220f.; Landschaftsmalerei 553ff.; -Leuchter 207ff.; Mosaiken 90; Ornamentik 323; Plastik 37, 220; Südtirol 68; - im Alten Testament 612; Volks- 230, 671; Waldlandschaft 553ff.
Kupfer 29, 67, 99f., 103, 223, 229, 278, 529, 569, 591, 606, 616, 638, 640, 659; -absatz 100f.; -bergbau 12, 71, 87ff., 99, 100, 117, 122, 136, 144, 147, 154, 155, 181, 265, 284, 357, 366, 424, 438, 451, 476, 488, 529, 556, 567, 571, 590, 622f., 628, 640, 662, 671; schwedisches - 113, 122; s. auch Falun; -erz 113, 221, 262, 664; -geld 101; Gustav Adolf 100f.; -handel 100f.; -hütte 69, 574; Lanze 294; -münze 637; zentrale Stelle von Münster 623ff.; -preise 508, 541; Sage 265, 278; -Schieferbergbau 560; -schmiede 12, 367; -seigerhütte 150; -stich 304, 365, 439, 630f.; -verhüttung 100; -zoll 442, 492
Kupferberg, Ort i. Ostböhmen 102
Kuratie 71, 402, 451
Kurfürsten erhalten Bergregal 475

Kurköln, s. Köln, Kurfürstentum
Kursachsen 20, 21 44, 61, 82, 85, 112, 130, 131, 163, 181, 183, 188, 196, 208, 209, 305, 316, 319, 492, 511, 514, 565, 644, 662, 664, 666, 668; Auswanderung aus – 115; Berggesetz 489f.; Kurfürstentum 337, 573, 626, 639ff.; Kurlinie 538; –Schweiz 149; s. Annaberg, August II., d. Starke; Freiberg; Johann Georg, Kurfürst; Mitteldeutschland, Moritz von –, Porzellan
Kuske, Bruno, Wirtschaftshistoriker 564f., 578
Kuß, liturgischer 439
Kutte d. Mönche 131, 137, 285
Kuttenberg 32, 93, 131, 207, 220, 243f., 267ff., 280f., 330, 622, 668
Kuttenplan i. Böhmen 132
Kutschauer, Hans, Bergmeister 573
Kuxe 61, 94, 130, 146f., 232, 424, 499, 513, 574; s. Kapitalismus

Lamm, goldenes 272; Lämmer 610
Lärmen verboten 485
Lagarde, Paul de, Schriftsteller 391
Lagerbuch d. Herzogtums Westfalen 571
Lagerlöf, Selma, Dichterin 178
Lahn, Fluß 188
Lahrkamp, Helmut, Historiker 16
Laien, –beichte 394; –brüder 134f., 421f., 454; –stand 164, 278, 498
Laimgruber, Gewerkenfamilie aus Salzburg 643
St. Lambrecht, Benediktinerstift i. St. 123, 127, 151
Lamprechtsburg, D. Brixen i. T. 452
Land, plattes 168, 180, 423; genossenschaftsarm 498; s. Ackerbau, Bauerntum
Landadel als Gewerke 126
Landeck i. T. 183, 246, 309, 322
Landesherr als Bergherr 11, 32, 111f., 121, 132, 538
Landesregierungsarchiv in Innsbruck 233ff., 322, 348, 351, 496
Landquart, Fluß 30
Landrichter 156, 226
Landwirtschaft, s. Ackerbau
Lange, Fritz, Bergwerksdirektor 657
„Langer Tanz zu Goslar“ 114; „Letzter“ 469
Langres, Stadt i. Südfrankreich 12
Lankowitz i. St. 106
Lanze 52, 54, 431; kupferne – 12, 294
Lasterkatalog 287; s. Tugendspiegel
Latènezeit 612
Lateranisches Konzil, viertes 154
Latium 279
Latsch i. T. 48
Latzfons i. T. 65
Laubhüttenfest d. Bergleute i. Hüttenberg 38
Laufen i. St. 234f.
Laureion, griechisches Bw. 89
Laurentius, hl. 35, 53, 104, 244, 342, 371, 385, 431, 436, 441, 528; –gruben 245; –rost 90; –tag 342, 528
Lausitz 470
Lawinengefahr 66, 302, 510, 587
Lazarus, hl. 393; –kult 394f.
Lebensgefahr, Errettung aus – 216; s. auch Bergmann, verschütteter, Marterln
Lebensmittelversorgung d. Bergbaulandschaften 93f., 140f., 220, 258, 480, 500, 507f., 525, 545f., 603, 610, 624, 669; –preise 252, 546; s. Hungersnot, Preisfestsetzung, Tiere
Lecke, Johann Caspar, Iserlohner Bürgermeister u. Messinggewerke 569
Lederversorgung 140, 610
Legenda aurea 167, 224, 309, 346, 392, 410f., 416, 423, 612, 617, 668
Legende 12, 88, 105, 107, 212, 225, 230, 263, 268, 286, 294ff., 297, 319f., 322f., 328f., 342, 410ff., 417, 420, 422f., 439, 611; vergibt Attribute 51, 78; Edelmetalle 14; –nforschung 447, 515, 611; Höhle 20, 276, 295f.; Leben Jesu 290; Marien– 368; – u. Volkskanonisation 88; – u. Wallfahrtskirche 215f., 220; –nwanderung 386; s. Bergmann, verschütteter; Liber passionarius; Löwe; Martyrer, Metallheilige, Mirakel, Wanderkulte; s. ferner bei d. aufgeführten einzelnen Heiligen
Legierung, vorgeschichtliche 612
Legote Pablo, spanischer Maler 441
Lehen 19, 41, 121ff., 151, 399, 524, 557; –brief 38; –buch 24, 29; – d. Schwazer Bergbaus 245, 350, 354; Erb– 58; –in-

haber 472; -sherr 94, 122; -kühe 402; -sleute 245; -nsrecht 480, 506, 538
Lehmann, Günter, Arbeitsphysiologe 659
Lehmann, P. von, Numismatiker 632
Lehrlinge im Bergbau, Freisprechung von - 387f.
Leibeigene 540, 558; s. Unfreie
Leichentransport 66
Leineweber 495
Leipzig 186
Lemnius, Simon, mittellateinischer Dichter aus Graubünden 601ff.
Lender Handelsgesellschaft i. T. d. 16. Jh. 501
Lenne, Fluß im Sauerland 572, 638
Lentner, Gewerkenfamilie d. 16. Jh. 32
Leo X., Papst 46
Leoben i. St. 160, 181, 490
León, Königreich i. Spanien 434
Leonhard, hl. 37, 52f., 385, 394; - Eisenheiliger 53; - unter d. Weinstock 25
Leonhard von Keutschach, Erzb. v. Salzburg († 1519) 61, 480, 583
Leonhard von Porto Maurizio 416
Leonhard Wyßmayer von Chur 665
Leopold I., Kaiser 41, 129, 505, 595, 628
Leopold III., hl., Markgraf 351f.
Leopold V., Erzherzog v. Österreich 300, 584
Leopold VI., Herzog 259, 449
„Leopoldi-Schachtl, Das" 337
Lepantoschlacht 386, 473, 616; s. auch Türken
Lepra, s. Aussatz
Lesky, Erna, Arbeitsmedizinerin 658
Letania Augustana 67f., 109, 180, 322, 331, 341, 352, 390
Lettland 662
Leubus i. Niederschlesien 132f., 416
Leuchte 264
Leuchten 627
Levante 388, 410
Lexika, wissenschaftl. Mängel 667
Liber passionarius 34
Libertas 430, 533
Licht, Ewig- 167, 609; Gruben- 281, 526; -heilige 55, 343; Sage 269, 280, 281, 295, 471, 526, 618; -stiftungen 434; -symbolik 207ff., 510; Freude am Tages- 287; -träger 207; - im Volksglauben 243, 392; - geht aus 55; s. Kerze, Leuchter
Liebesmahl 164, 296, 298; s. Agape
Liebfrauengrube 106
Lied 22, 23, 93f., 176, 188, 222, 226, 230, 242f., 289, 293, 306, 324, 326, 405, 432, 455f., 460, 514, 524, 531, 537, 540, 542, 591, 594, 616, 671, 673; Bergmannskantor 458; s. Musizierfreude
Liegnitz i. Schlesien 585
Liegsalze, Gewerkenfamilie aus Salzburg 501
Lienhard, hl. 351, 353
Lienz i. T. 36, 183, 367, 376, 414, 442, 492, 544, 595, 639; Ober- 397
Liese, Wilhelm, Caritaswissenschaftler 63
Lille 389
Linz a. d. Donau 230, 383
Linz a. Rhein 432
Lipari, Vulkane 371
Lippe, Grafschaft 580, 638
Lippi, Fillipino, Maler 373
Lissabon 449
Lister, Fluß im Sauerland 568
Litanei 67, 224, 242, 334, 336, 343, 351f., 396, 418f., 428, 537, 668; Allerheiligen-24, 405, 424; St. Helena 418; - Ludwig d. Deutschen 180, 418; Theresien- 443; s. Letania Augustana
Litauen 662
Liturgie 34f., 50, 79, 298, 333f., 338, 372, 378, 385, 389, 391, 416, 539, 609, 668, 671; Gallikanismus 410; - u. Genossenschaft 85; Kalendar 135; Karfreitags-34; Kathedral-Ordo 309; - geschichtliche Forschung 15, 38, 104, 668, 671; Lobamt 468; Mailänder - 34; Normen 160; Proprium 109, 111, 334; Quartal-Gottesdienst 459; Sonderstellung d. Knappen 33,77, 355, 422; sozialfreundlich 385; Tagzeiten 425; Toten- 239; - u. Volksheilige 334; Volks- 220; s. Bergwerksweihe, Matutin, Vigil, Volksliturgie u. d. einzelnen Wochentage
Liuthard, B. von Paderborn d. 9. Jh. 483
Lobith am Niederrhein 577
Locke, John, englischer Philosoph 11, 530
Löscher, Hermann, Bergbauhistoriker 25, 31, 63, 130, 159, 172, 656

Löscher, Siegfried 544
Löwe 315, 317ff., 321, 632; – von Flandern 598; –ngrube 50, 312, 359, 382, 429, 613, 630, 632; s. Daniel
Lohn 62, 141, 232, 255, 478, 487, 502, 525; –abzug 61, 63; –arbeiter 94, 488, 507, 511, 513f.; –empfänger als Gewerke 503; –gulden 61; –zahlung 163, 460, 478, 487, 506; in Waren (Pfennwerthandel) 460
Loi, hl. 354; s. Eligius, hl.
Lorenz, hl. 53, 350, 668; s. Laurentius, hl.
Loreto 474
Lorsch, Abtei 130
Losinger, Paul, südtiroler Theologe des 16. Jh. 81
Loth 203
Lothar von Metternich, Kurfürst v. Köln 125
Lothringen 132
Lubin, D. Posen, Benediktinerstift 661
Lucia, hl. 55, 343, 350, 395; Lucius, hl. 382
Ludger, hl. 446
Ludovicus, hl. König von Gallien 434
Ludwig IV., König 475
Ludwig, Patriarch von Aquileja 69
Ludwig von Baden (Türkenlouis) 328
Ludwig von Brandenburg, Markgraf 51
Ludwig d. Deutsche, König 180; Litanei 418
Ludwig d. Fromme, König 148
Ludwig d. Reiche, Herzog v. Bayern (15. Jh.) 72, 157, 506
Lübeck 152, 165, 195, 638
Lüdenscheid 568, 578
Lüneburg, Salz 138, 152, 165, 264; Herzöge von – 341
Lüsens, Stiftsalpe b. Innsbruck 401f.
Lüttich 74, 97, 671
Lufang i. China 650
Lukas, hl. Ev. 376, 464f.
Lukas van Leyden, Maler, 398
Lund i. Schweden 317
Luther, Martin 45, 314, 327, 537, 670
Luxemburg, Großherzogtum 650
Lyrik 188f., 323f.

Maas, Strom 652
Machtprinzip 538
Madrid 225, 391
Mädchen, gefallene 59, 393
Mägde im Spital 85
Mähren 14, 93, 102, 115, 131, 267, 585
Männer 82; Heim für alte – 82, 163; Platz in d. Kirche 59
Märchen 261, 417, 610f., 614, 671; Tausend u. eine Nacht 610
Märe vom Feldbauer 185f.
Märkisch-Westf. Bergwerksverein, Iserlohn 569
Mäßigkeit als Tugend 232
Magdalena, hl. 23, 68, 75, 77, 212, 219, 221f., 224, 350, 390ff., 420, 483; –Altar 401; –bild mit zwei Bergknappen 68; –brauchtum 396; –fest 396f.; –kapelle 394, 401; –kirche 68, 397; Magdalenerinnen 393; Nymphenburger –wasser 396
Magdalena Allricia von Como 265
Magdalena, Erzherzogin v. Österreich 401; Magdalenensaal i. Hall 401
St. Magdalena i. T. 302
Magdalensberg i. Kärnten 415
Magdeburg 112, 390, 394; Marienstift 152
Magie 241, 270, 310, 322, 359, 458, 616, 620
Magister 83; s. Spitalmeister
Magnalia Dei in locis subterraneis 22, 42, 105, 143f., 306, 338, 434, 486
Magnet 622
Magnus, hl. 30, 104f.
Mahl 62, 349
Mai, erster 361
Mailand 592, 604, 649
Mainfranken 283
Mainz 311, 346, 371, 396; Hochstift 435
Makedonen 101
Malerei 175; Haus- 277
Mallorca 46
Mannheim am Rhein 618
Mansfeld i. Sachsen 622
Mareit i. T. 400, 403f.; –er Tal 276
Margareta, hl. 75f., 108, 180, 224, 305, 312, 331, 351, 353, 605; – u. Katharina 243
St. Margarethen am Inn 81, 220, 227, 451
Maria, hl. 157, 194, 203, 216, 228, 268, 299 327, 385, 432, 441f., 444f., 474; Bruderschaft 157; – Empfängnis 75, 444; Frau, Unsere Liebe 106, 132, 153, 350, 353, 432, 442; – Geburt 75, 340;

– als Grubenname 218, 350, 353; – Heimsuchung 72, 76, 216, 299, 306, 422, 425, 509; – hilft 43, 223, 225, 395, 400, 473, 509, 594; – Himmelfahrt 75, 245, 306, 509; Immaculata 346, 444f.; – u. Kind 622; Krönung 68, 217; Kult 617; Kuxe für – 130; Legende 268; Lichtmeß 340, 343, 425; Liebfrauengrube 106; Messen 422; – als Mond in d. Symbolik 46, 327; Mysterien 336; – Opferung 425; – Paladine 434; Pfarrpatronin 60, 221; –Sage 621; – auf d. Schmelz 55, 67, 343; – Schnee, Fest 107; Stollennamen 55, 473, 605; – Tod 417; – Trost 225, 509; –verehrung 22, 50, 106, 225, 343, 509, 629; – Verkündigung 75, 340, 422; – von Verona 611; Wallfahrt 216, 385; Kirche im Frauenberg 590; – zum guten Rat 509
Maria Aegyptiaca, hl. 317, 394
Maria Jacobi 394
Maria am Locherboden, Wallfahrtsstätte i. T. 216
Maria Magdalena, s. Magdalena, hl.
Santa Maria della Vittoria zu Rom 439
Maria Theresia, Kaiserin 63, 327, 356, 487, 508, 624, 628; Taler 102
Mariazell 127, 151
Marienberg i. Erzgebirge 106f., 197, 588f.
Marienberg i. Vintschgau, Benediktinerstift 150, 605
Marienmünster (auch Schwalenburg), Benediktinerstift, D. Paderborn 580
Maring i. T. 419
Mark, Grafschaft 457, 485, 489, 548, 550, 560, 563f., 572ff., 577ff., 637; s. Kleve-Mark
Markscheider, Beruf 142, 529, 631
Markus, hl. 318, 350, 363, 366, 376, 464
Markus Koffermanns, Maler 398
Markus Sittikus, Erzb. von Salzburg († 1619) 480, 591
Marmorbrüche 33f.
Marmertinischer Kerker 90
Mars, röm. Kriegsgott 602
Marsberg im Sauerland 566ff., 623, 637
Marseille 392ff., 396; s. Massilia
Martell, Pfarrei i. T. 67, 248, 343
Martène, Edmond, Liturgiker († 1738) 38f., 620
Marterln 298, 301
Martha u. Maria 394
Martin von Tours, hl. 75, 77, 214, 342, 350, 352, 408, 414, 520; – am Silberberg 36; –stag 62
Martin V., Papst 258
Martin, Abt d. Benediktinerstifts Marienberg im Vintschgau (16. Jh.) 605
Martinsbruck i. T. 51, 665
Martyrer (Martyrium) 33, 51, 53, 89f., 103f., 244, 307f., 315, 331, 346, 368, 379, 386, 390, 394, 420, 429, 430, 445, 515, 613; Megalo– 51; – in 328; „Unblutige“ 391; Typologie 391
Marx, hl. 376; s. Markus, hl.
Maschinenbau 551ff.; Maschinenweihe 223, 239f., 461ff.; s. Berchtesgaden
Masmünster (Massevaux), Frauenabtei 149
Massilia 392ff.
Mathesius, Johannes, Bergbauprediger 176, 231ff., 474, 557, 622, 630, 635, 640 u. ö.
Matthäus, hl. 350, 376, 464
Matthäus Lang, Erzb. von Salzburg 142, 480, 523, 589
Matthias, hl. 350, 363f., 375, 468; –grube 341, 453
Matthias, Kaiser († 1619) 375
Matrix Ecclesia, s. Pfarrei
Matutin 269, 280
Mauern i. T. 66
Maultasch, Margarete 215
Mauren 338
Maurer 381
Maurer, Gewerkenfamilie 502
St. Maurice-en-Valais, Benediktinerabtei an d. Rhône i. d. Schweiz 52
Mauritius, hl. (Moritz) 52, 68, 218
Max I. von Bayern, Kurfürst 76
Max Emanuel, Kurfürst von Bayern (18. Jh.) 396
Max Franz, Kurfürst von Österreich 12
Max-Planck-Gesellschaft 16, 17, 325, 574, 606, 657ff.; Max-Planck-Institut f. Arbeitsphysiologie 112, 658f.; –Institut f. ausländisches öffentliches Recht u. Völkerrecht 653; –Institut f. Geschichte (Germania sacra) 661; Medizinische Forschungsanstalt d. – in Göttingen 657
Maxentia, hl. 105

Maximilian I., habsburgischer Kaiser u. König († 1519) 69, 123, 126, 127, 190, 202, 212, 219, 221, 259, 341, 397, 490, 559, 585, 590, 602, 603, 662; -grab in Innsbruck 233f.; Max-Stollen 299, 341; s. Bergordnung
Maximilian d. Deutschmeister, Erzherzog 80, 455
Maximilian Heinrich, Kurfürst von Köln 482ff., 570
Maximin, hl. 394
Mayer, Gewerkenfamilie 501; – Matthias 17, 331
Mayr (vulgo Stockinger) Christoph Anton, Gewerke 50, 198, 398
Mayrhofen im Zillertal 618
Mechanikerkünste, antike 196
Mechernich i. d. Eifel 168
Mechtild von Magdeburg, hl., Mystikerin (13. Jh.) 390f.
Medaillen 17, 105, 210, 300, 538f., 627, 659f.; s. Zwitter-Bronze-Medaille
Medizin u. Bergbau 250, 393, 396, 415, 435, 446, 487, 618, 629, 658
Meier Helmbrecht, Mittelhochdeutsches Epos 266
Meinecke, Friedrich, Historiker 230
Meinhart II., Burggraf von Meißen 136
Meinhard von Görz u. Tirol, Graf (13. Jh.) 559
Meißen 133, 136; Bergchronik 27f., 640; Porzellan-Manufaktur 199f.
Meister, Alois, Historiker 560, 572
Meister, L. F. (Maler) 411
Meister von Naumburg, Bildhauer 311
Meldepflicht von Erzfunden 251
Memento mori 398
Memmingen 417, 500
Menden im Sauerland 569
Mendikanten 42, 64, 97, 355
Menschenopfer 488
Menschenrecht 477
Menzel, Adolph von, Maler 175
Meran i. T. 33, 183; -sen 300
Meransen i. T. 300
Merkantilismus 74, 108, 128, 168, 191, 337, 663
Merowinger, Königsgeschlecht 446, 612
Messe 78ff., 111, 137, 294f., 326, 370, 399, 401f., 404, 413f., 421f., 450ff., 454, 598, 609, 667; – am St. Annatag 49; Barbara- 387; – zu d. Bergbauheiligen 468; Bergweih- 461; Befreiung von – 81; -besuch 297f.; – d. hl. Bischofs Albertus 290; Bruder- 80, 157; -formulare 50, 372, 416; Früh- 80f., 155, 169, 225f., 227; Stiftung 80; „Schläfermesse" 169; Stiftung 452f.; – zum Hl. Geist 421; „gesungen Amt" 454; -gewand 615; violettes am Magdalenentag 404; Goldene – 617; – zum hl. Kreuz 413; – u. Legende 269, 294; Lob- 246; – zu Ehren Mariens 422; -wein 471; Milch- 402; Missale 617, 671; Not- 617; Oration 180; Privat- 78; Requiem- 159; Sebastians- 268; – im Spital, tägliche 85; -stiftung 78, 81, 126, 226; -text 372; Toten- 156ff., 295, 422; f. verstorbene Bergleute 468; Votiv- 79, 157, 298, 368, 413, 421; Wirksamkeit d. – 297; Wochen- 212, 401, 413, 452; s. Primissarius, auch die einzelnen Wochentage
Messer 370, 640; -schmiede 212
Messing 99, 569; -hütte 69, 214, 221, 284; s. Iserlohn
Metall 107, 122, 260; -adern 132, 469; -e, bedeutsame 322; -finder 250; -gewerbe 21, 96; -gruben 121; -handel 118, 507; -heilige 51ff., 418; -katalog, biblischer 123, 612
Meunier, Constantin, Bildhauer u. Maler 208; Abb. auf Schutzumschlag
Mexiko 117, 608
Michael, hl. 75, 265, 312, 350f., 385, 442, 444, 598, 617; -iskl. (Benedikt.) 152; -istag 36
Michael Magot, Minorit 416
Michelfeld, Benediktinerabtei i. d. Oberpfalz 149
Mieß i. Kärnten 415
Milchmesse, s. Messe
Mils i. T. 161, 642
Militär, -pfarrer 65; -staat 64; – gibt Stollennamen 348
Milo de Nugeri, hochmittelalterliche Gewerke 12f.
Milspe im Sauerland 551
Mindelheim i. Schwaben 49, 282, 349
Minden i. Westf. 85, 623, 638

Mineralien 260; Geschichte in Böhmen 30; Mineralogie 325
Minister geben ihre Namen den Stollen 341
Minoriten, s. Franziskaner
Minnetrinken 463; s. auch Wein
Mirakel 176, 225, 244, 247f., 278ff., 296, 308, 386, 392, 403, 423, 432f., 439, 512, 609, 615, 622; – H. D. 431; –buch 536; Düsseldorfer – 281
Missa aurea, s. Messe
Mittelalter 91f., 118, 121, 122, 129ff., 164, 195, 212, 279f., 285, 317, 319, 325, 341, 367, 375, 377, 381, 389, 393f., 411f., 414, 421, 423f., 431, 434f., 454, 459, 469, 478, 488f., 495, 497, 536, 539, 548, 557, 566, 587, 605, 627, 630, 668; Annaverehrung 327f.; Antichrist-Motiv 313f.; Barbara 383; Danielverehrung 311, 314; ständische Frömmigkeit 74, 77; Gesundheitsfürsorge 434; Heiligenverehrung 308f.; Helenaverehrung 411f., 416ff.; Königsschutz 424; Konfraternitäten 61, 83; Kontinuität 125, 256, 292f.; Kunst 377; Legende 280, 317; Papstschutz 424; – u. Reformation 230f.; Sage 279, 280, 285, 301, 317, 512, 540, 591; sagenhaftes – 220; spanisches – 315, 423ff.; Spitäler 83, 84; Stadt u. Land 22; ständischer Aufbau 534; Territorialherr d. ausgehenden –s 190, 253; s. Drama, Schwarz, Klaus; Speculum, Stadtgeschichte
Mitteldeutschland 112, 287, 305, 316; s. auch Kursachsen
Mittellateinische Dichtung, s. Dichtung
Mittenwald 80; Spital 85
Mitternacht; –sarbeit ist Unrecht 285; –sgänge 319
Mittwoch 76, 401, 444; zwei –e nach Ostern 76; – nach Ostern u. Pfingsten 108; s. Zahlensymbolik
Mochanus von Balla, hl. 354
Modereck i. Kärnten 218
Mödritztal i. Kärnten 36
Möller, Theodor von, preußischer Handelsminister 334
Mölten i. T. 476
Moers am Niederrhein 485
Monarchie 345; s. Königtum
Monatspfennig 83, 161ff., 164; s. Abgabe
Monatszettel 50, 304, 309, 326, 417f., 425
Mond, s. Maria
Mongolenschlacht von 1241 in d. Bergmannssage 277
Monreale i. Sizilien 408
Monstranz 616
Montafon i. Graubünden 54, 68, 216, 218
Montag 246, 260; – vor Hl. Drei Könige 384; – nach Magdalenenfest 407; Pfingst– 468
Montan-Union 657
Montserrat, hl. Berg v. Spanien 280, 312, 365
Mord an Geistlichen, Bergsegen erlischt 277
Morimond, Zisterze auf d. Grenze v. Lothringen u. d. Champagne 132f.
Moritz von Sachsen, Kurfürst 593
Mosaiken 515; normannische – 408
Mosch, Carl Friedrich, Historiker 585
Mosel 41, 375, 419
Moses, Prophet 60, 556; – als Kanzelträger 323; –Reliquien 314, 360
Mosler, Hermann, Völkerrechtler 16, 653
Mozart, Wolfgang Amadeus 188
Mücke kündigt Berggeist an 264
Mülheim a. d. Ruhr 459, 577
Müller, Salzburger Gewerkenfamilie 501
München 16, 76, 303, 312, 382, 390, 396, 398, 489
Münster i. W. 108, 196, 574f., 637f., 657; –land 632; –ländische Bombardiere 449; –Hochstift 125; –Universität 497; – U.-Bibliothek 237
Münster i. d. Schweiz 601
Münstertal im Elsaß 600
Münze 12, 14, 21f., 92, 107, 148, 222, 269, 317, 347, 516, 538f., 557, 560, 623ff., 645, 659f., Freiberger – 130; Gedenkmünze 14, 600; –kunde 618; – landesfürstliche 129, 523; –meister 137, 446; –prägung 101, 125, 190f.; –recht 636; –schlagen 494; –stätte 549; –verschlechterung 635ff., –wesen 213; s. Jetone, Jubiläumsmünze, Taler, Währung
Müsen, Erzberg bei Siegen 116, 568, 635
Mütze d. Bergmanns 209
Mundlöcher mit Heiligenbildern 349
Murillo, Bartolomé Esteban, Maler 430, 441
Museen 554; Bergbau–, Bochum 15, 199, 659; Deutsches –, München 672; Diöze-

san–, Breslau 442; – Ferdinandeum, Innsbruck 393, 399, 441, 665; Haller Bergwerks– 199; –, Hallstatt 249; Kunsthistorisches –, Wien 204f., 236, 598; Stadt- u. Bergbau–, Sachsen 209; Städtisches –, Ischl 198; s. Hochenegg, Hans; Rudolfinum; Vatikanisches Museum
Musizierfreude d. Bergmanns 23, 181, 185, 188f., 200, 324, 381, 448; Mozart 188; s. Lied
Mutschlechner, G., Bergbauhistoriker 591
Mutung 124
Mysterien 22, 36, 144, 230, 251, 278, 303ff., 306, 309, 336f., 339, 346, 356ff., 385, 388, 389, 408, 420, 421, 422
Mystik 390, 423, 439, 448, 531
Mythen 241
Mythologie 260

Nabuchodonosor II., 22, 50, 322, 326, 359, 409, 428, 612
Nachtarbeit 587
Nacht vor Samstag u. Sonntag 73
Nadelindustrie im Sauerland 569
Nadler, Gewerbe 411, 418
Nächstenliebe als besondere Tugend d. Bergleute 232
Nägel 40, 51, 411, 418, 438, 515, 605; goldene – 271; Hl. – 78; – vom Kreuz 410ff.; – Reliquien 412; -schmiede 411, 418
Nakatenus, Wilhelm, rheinischer Jesuit 384f., 444
Nals i. T. 56
Namengebung d. Stollen 112, 131, 166, 241, 333ff., 425ff., 436, 440, 442, 473, 508f.; alttestamentliche – 22, 44, 45, 307, 310, 315, 319, 322, 382, 425, 427, 438, 632; Dreifaltigkeit 144, 372; Feuerheilige 51ff.; Flurnamen 41, 305; Forschung 31; Hl. Geist 420f.; Gewerke geben ihren Vornamen 37f., 41, 305; Heilige 35ff., 45f., 47, 51ff., 68, 75, 103, 104f., 144, 195, 218, 219, 221, 244, 274, 290, 305, 310, 315, 318, 333ff., 350ff., 380f., 387, 400, 404, 405, 432, 437, 438, 483, 509, 538; – nach Landschaften 241; – von Ländern u. Städten 429; marianische – 72, 133, 134, 400, 416, 425, 432, 440, 442, 473, 509, 629; Metallheilige 51ff., 338; Mönchtum und – 269; Mysterien 144, 204, 269, 290, 306, 307, 329, 338, 405, 427, 442; angeblich Phantasienamen 631; Säkulatisation der – 337; Taufname als Stollenname 265f.; keine Teufelsnamen 286; Verkehrsheiliger 56; Wasserheiliger 51ff.; s. Gutehoffnungshütte, Vornamen
Napoleon III., Kaiser 125
Nassau 635; Territorium 564
Nassenbeuren i. Schwaben 282, 290
Nassenreith i. T. 341, 473
Nationalität u. Bergbau 343, 439
Nationalsozialismus 125, 178, 194f., 234ff., 419; Konzentrationslager 89f.
Naturalienkabinett 190, 284
Naturalienzins 609f.
Naturkatastrophe 420
Naturrecht 477
Naumburger Meister, Bildhauer 311
Neapel 393
Nebenkirche 355, 452
Nehemias, Prophet 123; s. Blei
Neiße i. Sachsen 625
Neolithikum, s. Steinzeit
Nepomuk, Johannes hl. 43
Netolitczka, Anna, Historikerin 234ff.
Neuberg, Zisterze im ob. Mürztal 137, 151, 235, 333
Neubner, Josef, Hagiograph 334
Neubruchszehnt 13; s. Abgabe, Zehnt
Neuenahr 571
Neuenheerse, Kanonissenstift (D. Paderborn) 146, 153
Neujahr 75
Neun, s. Zahlensymbolik
Neunburg vorm Wald i. d. Oberpfalz 548
Neuntel, s. Zahlensymbolik
Neunzehn, s. Zahlensymbolik
Neuschürfungen 30, 170, 541
Neusohl, D. d. Tschechoslowakei 139, 530
Neustift i. T., Augustiner Chorherrenstift 50, 127, 284, 381, 545
Neuwerk, Zisterze i. Goslar 284
Neuwied am Rhein 296
Newbattle, Zisterze i. England 138
Niavis, Paulus, Bergbaudichter 186f.
Nibelungenlied 328, 611
Niederbreitenbach i. T. 291

Niederlande 101, 145, 197, 200, 325, 569, 573, 615, 649, 651f.; Malerei 553f.
Niederrottweil am Oberrhein 51
Niedersachsen 59, 180
Nietzsche, Friedrich, Philosoph 58
Nikolaus, hl. 23, 41, 56, 68, 75, 103, 108, 167, 218f., 242f., 247f., 350, 383, 385, 387, 389, 432, 442, 446, 473, 487, 516f.; –spiele 446
Nikolaus Cusanus, hl., Kardinal 124
Nikolaus I., Zar 627
Nimbus 398, 442, 614; – d. Propheten Daniel 326
Nonnberg, Benediktinerkl. i. Salzburg 153
Norbertiner 110
Nordrhein-Westfalen 242
Normannen 101, 408
Normen, kultische 160, 230; –bücher 142, 389
Norwegen 113, 329
Notburga, hl. 221, 310, 351f., 395, 504
Noth, Martin, Theologe 314
Novalis (Friedr. von Hardenberg) 176f., 205f.
Nürnberg 20, 71, 82, 96, 196f., 214, 423, 455, 500ff., 504, 512, 668; St. Sebald 502
Numismatik, s. Münze
Nuttlar im Sauerland 579
Nymphen, antike Halbgötter 278
Nymwegen 577

Oberammergau 183
Oberburg i. St. 438
Oberdeutschland 13, 118, 248, 316, 341, 370, 439, 446, 458
Oberengadin als Bergbaulandschaft 36, 39, 45, 47, 51f., 55f., 181, 314, 322, 361, 374, 383, 414
Oberfischbach 635f.
Oberhausen 121, 292, 307, 339, 425
Obermarsberg im Sauerland 147
Obernberg i. T. 220, 275
Oberpfalz 96, 149, 163, 502, 504ff., 510, 548, 565
Oberrauch, Heinrich, Custos 552, 560
Oberried, Zisterzienserinnenkloster im Schwarzwald 148
Obersalzberg, Bergbaugebiet 348f.
Obervierschach i. T. 397
Oberwelt, als Gegensatz zur Untertagearbeit 361, 363, 425
Oblation 65, 70f., 164, 295ff., 413f., 450, 540; Drittelung 138; –es debitales 61, 79, 111, 609; –es gratuitae 66, 450; – als Forschungsaufgabe 63; – für Hilfsgeistliche 71; – der Bergmannsfrau in d. Legende 296f.; Kaplan nicht annahmeberechtigt 70; opferbaere 297, 517, 541; Opfergaben 61; Opfergang 73, 156, 249, 414, 539; Opferstock 66; Pflicht– 413; – durch die Hausfrau 297; s. Primitien
Ochse als Schatzfinder 262; Mitweiderecht 543, 546; Fleischversorgung 546
Ochsenfurter, Konrad, Bergrichter d. 15. Jh. von Primör 77
Odenwald 243
Oediger, Wilhelm, Staatsarchivdirektor 16
Ölbergs-Darstellungen 249; –szene 204
Österreich, keine Seitenziffer wegen häufiger Erwähnung
Östringen, ostfriesisches Territorium 632
Ofenplatten in der Volkskunst 309
Okonina i. St. 436
Oldenburg, Herzogtum 638; Grafen von – 632
Olpe im Sauerland 217, 484, 570f., 578, 623; Bergamt 575; Gerichtsbezirk 544, 572
Opelwerk 21
Ophir (Stadt) 607, 613
Orgie wird bestraft 349
Orient 12, 89, 607, 612, 614, 630; –pilger 274
Orosius, Kirchenschriftsteller 314
Ortlieb von Brandis, B. von Chur 665
Ortolf, Erzb. von Salzburg, 14. Jh. 479
Ortsnamen 102f., 424, 574
Oschersleben i. Niedersachsen 528
Osemung, s. Eisen
Osnabrück 164, 623, 637
Ossek (Ossegg), Zisterze i. Böhmen 131, 150
Ossiach, Benediktinerabtei 201f.
Osterfeld i. Niedersachsen 504
Osterhofen, ehemalige Benediktiner-, dann Prämonstratenserabtei i. Niederbayern 323

Oster, -dienstag 468; -fest 76, 108, 276, 383, 452, 468; -pfennig 629; -spiel 182; -zeit 204
Ostflüchtlinge 242
Ostfriesland 631 f.; Fürstentum 638
Osthoeven, Bernhard, Bergmeister d. Herzogtums Kleve d. 16. Jh. 91
Ostindien-Kompagnie, niederländische Handelsgesellschaft 200
Ostkirche 84, 379 f.
Ostpreußen 458
Ostsee 101, 114
Ost-West-Wanderung 408, 578; s. Binnenwanderung
Oswald, hl. 42, 210, 245, 309, 331, 342, 351, 434, 507; -gruben 246
Otmar, hl. 350 f.
Ottenthal, Emil von, Historiker 348
Ottilia, hl. 351
Ottonen 19, 88, 482; Otto I., d. Gr., Kaiser, 152; Otto III., 370
Otto von Bamberg, B. 149
Ottobeuren, Benediktinerabtei in Schwaben 323, 370
Ottokar, König von Böhmen 132 f.
Ottokar, Markgraf 154
Ottweiler im Saargebiet 119, 245, 330
Oviedo, D. i. Spanien 335

Paasch, Robert, Landesrat 17
Paatz, Walter, Kunsthistoriker 354, 384
Pacht, Erb- u. Zeit- 94, 142
Padberg im Sauerland 567
Paderborn 429, 483, 568, 623; Hochstift 580
Padua 373
Paix de St. Jaques von 1487, Bergordnung der D. Lüttich 97
Palästina 23, 88, 290, 395, 416, 556 f.; Wallfahrt 279
Pankratius, hl. 248, 350
Pannonien 23, 34
Pantaleon, hl. 51, 438
Pantaleon, Ort i. T. 529
Pantokrator, Kl. i. Byzanz, Frauenstation 84; Spital 410 f.
Panzerschmiede 568
Papiergeld 609
Papst als Beschwerdeinstanz 127; -diplomatik 11; -privileg 134, 424; -schutz 11, 101, 424, 606; -tum 13, 103 f.; -urkunde 13, 256 ff.
Paracelsus, eigentlich Philippus Aureolus Theophrastus Bombastus von Hohenheim, Arzt, Philosoph, Alchemist 250
Parade, Bergmanns- 209; -uniform 209 f.
Paris, Erzb. von Salzburg (17. Jh.) 481
Parler, Peter, Bildhauer 281
Parochie, s. Pfarrei
Partisaner 215
Partschins i. T. 415
Passau 547
Passeier 301, 582, 587; -tal 270
Passion 404, 419 f., 668; -slegende 34; -sspiel 181 f.; Passionale 46, 90, 308, 432, 613
Paßland, Rolle des - 32
Pastetenbäcker 53
Patrick, hl. 354
Patristik 23, 90, 326
Patriziat im Kampf mit den Zünften 141, 168; s. auch Stadt
Patrozinien 35 ff., 214, 217, 219 ff., 224, 228, 230, 240, 303 ff., 316, 337, 433; Apostel 354 ff., 433; Bergwerkspatrozinium 386, 397 ff., 415 f., 440, 442, 551, 597; Berufspatronat 306, 418; Evangelisten 354 ff.; -forschung 343, 388, 447; gotische - 442; Knappen- 107, 244, 303 ff.; - der Krieger 597 f.; landschaftliche - 305 f.; Namenspatron 269; Stammes- 23; Orts- 54, 388; Universal- 56, 372, 429 f.; Viehpatrone 67; s. Kapelle, Namengebung d. Stollen
Patsch, Passionsspielort 183
St. Paul im Lavantthal, Benediktinerabtei 146, 153, 284, 526
St. Paula u. S. Maria Egyptiaca 394
Paulin, Karl, Sagenforscher 285
Paulus, hl. 76, 104, 308, 342, 351 f., 363 f., 368, 377, 384; - Bekehrung 76, 108; -tag 384
Paumgartner, Nürnberger Gewerkenfamilie 32, 178, 221, 500
Pavia 536
Peißenberg i. Oberbayern 161, 173
Pensionsversicherung 646 ff.
Perpetua, hl. 67 f.
Persen, Bergbauort i. T. 49, 143, 218, 368 f., 420, 502, 519, 524, 595

Peru 608
Pest 357; -heiliger 52, 67, 194, 396; -taler als Gedenkmünze 538, 629
Petrarca, Dichter 391
Petronilla, hl. 180
Petrus, hl. 350, 364f., 367f., 395, 605; – Kettenfeier 76, 367, 384; – u. Andreas 373; – u. Paulus 104, 342, 368, 377, 390
Petrus Damiani, hl., Ordensreformer 295, 422
Petrus Gelasianus 379
Petrus Venerabilis, hl., Abt von Cluny 180, 295
Peuss, Busso, Numismatiker 17
Pfalz, Bauwerk 671; -kapelle 355
Pfalz, Landschaft 89, 106
Pfannhaus 74, 246, 452, 644; -waldmeister 559; -weihe 223, 239, 466
Pfarrei (matrix ecclesia) 21, 30f., 58ff., 63f., 71, 81, 86, 169, 227, 275, 365, 509, 528; bergbauliche 59; Errichtung von – 228; evangelische – 528; Expositur 404; -kirche 33, 40, 48, 58ff., 82, 128, 130, 167, 439, 448, 506, 587; – als Gewerke 127; Personal- 64f.; (Privileg) 59; Pfarrer 61, 63, 277; evangelischer 513; als Gewerke 148f.; Gemeinde 229, 517, 537, 540; Geschichte 70; Haus 344; Pfarrecht 59, 64, 69, 70f., 164, 169, 220, 391, 509; s. Kooperatur
Pfeifen 485; Pfeifer 246
Pfeifer Huisele 270; s. auch Faustmotiv
Pfeil 51f., 292, 439; -hagel 585
Pfennig als Abgabe 62f., 161ff., 171f.
Pferd 261, 495, 631; -egöpel 204, 213, 625; -ewunder 615
Pfingstfest 76, 108, 246, 383, 421, 452, 468; -bier 248; -oktav 36
Pflerscher Tal (Pflers Thal i. T.) 276, 300
Pflug 446; -schar 549
Pforzheim 608
Pfriemen als Attribute 40, 515
Pfründnerhaus 62, 82; s. Altersheim
Pfunderer Berg i. T. 49, 129, 215, 265, 301
Philipp II., König von Spanien 115
Philipp von Schwaben, deutscher König († 1208) 434
Philippus, hl. 373f.; – u. Jakobus 350, 361
Phönizier 115, 607; s. Karthago
Physiologus, mittelalterliche Zoologie 626f.
Piber i. St. 229
Picasso, Pablo, Maler 234
Piemont, Herzogtum 117
Pieper, Paul, Kunsthistoriker 16
Pieranus, hl. 354; s. Kieranus, hl.
Pietsch, Erich, Chemiker 17, 325
Pilger 389f., 418, 447; -haus 85, 447 (s. Spital); -hut 315, 432; -mantel 315; -medaille 161; -patronin 418; -reisende 389f.; -stab 315; -straßen 390; -wege 663; Wegweiser für – 418
Pilgrim II., Erzb. von Salzburg (14. Jh.) 479
Pill am Inn 49; Piller See 266
Pilsen 47
Pinturicchio (Bernardino die Betto die Biagio) Maler 398
Pintz, Georg, Maler u. Kupferstecher († 1767) 556
Pirchegger, Hans, Historiker 89, 592, 670
Pirkl, Mathis, Tiroler Gewerke (16. Jh.) 364
Pirmin, hl. 366; – als Reptilienbeschwörer 436
Pius II., Papst 256
Planitz, Hans, Historiker 384
Plank, Gewerkenfamilie des 15. Jh. 643
Plank, Hans, Bergmeister u. Museumsfachmann 199
Planta von, Gewerkenfamilie 51; Johann – 665
Platin 606, 608, 659; -geld 627
Plattner, Placidus, Bergbauhistoriker 25, 29, 78, 363, 495, 551, 602f.
Platzer, Franz Ignaz, Bildhauer 207
Plinius 434
Plünderungen der letzten Nachkriegszeit 609
Pochjunge 159, 163, 286, 517; s. auch Bergjunge
Pochwerk, s. Hammerwerk
Pölnitz, Götz Frhr. von, Historiker 17, 406, 503
Pokal 203; „Willkommen-“ 203
Polen 137f., 208, 237, 245, 268, 434, 497, 546, 646ff., 650f.; polnische Minderheit im deutschen Reichsgebiet vor 1939 664; Polonia sacra als Forschungsaufgabe 661
Polizei 252
Pontalt i. T. 51

Portugal 92, 116, 430; Portugiesen 608
Porzellan 175, 199ff., 209; -figuren 200f.; -manufaktur 191; -plastik 183, 190f.
Posamentierer (Bortenweber) 381
Posch, Tiroler Gewerkenfamilie d. 15. Jh. 643
Posidonius (Poseidonius), spätantiker Philosoph 434
Poussin, Nicolas, Landschaftsmaler 40, 515
Prähistorie 87, Bergbauliteratur 87f.; s. Hallstattzeit, Latènezeit
Prämonstratenser u. Bergbau 109, 147, 391, 394, 399, 401, 540
Präzeptorien 308
Prag 33, 132, 207, 554; -er Kanzlei 193; -er Rituale 620
Praunpenz i. Graubünden 414, 441, 596
Praxedis, hl. 180
Predigt 23, 42, 81, 188, 258, 325f., 346, 354, 459, 613, 630, 635; -vergütung 258; s. Homiletik
Preisfestsetzung f. Edelmetalle 129; für Lebensmittel 546; Ermäßigung 59; -steigerung durch sinkenden Geldwert 615
Pressewerbung f. d. Bergmannsberuf 672
Preussag 481
Preußen 125, 266, 485, 508, 560, 564, 569, 660, 663f.; Herrenhaus 662; s. vom Stein
Priester, -aufschlaggelder 63; -beruf 540
Primissarius (Frühmesser) 155f., 169, 450ff., 453; Haus 81, 213, 509
Primitien 63, 164, 635; s. Oblationen
Primiz 399; -segen 399
Primör i. T. 36, 77, 491, 595
Privilegierung d. Bergbaus 21, 29, 91, 126, 132, 143, 154, 189f., 480
Probierer 494, 529, 628; -meister 142; s. Knappen
Probst, Tiroler Schnitzerfamilie 198
Procurator 83; s. Spitalmeister
Prokop, hl. 343
Proletarisierung 504
Propheten des Alten Testamentes 43, 92f., 311, 377; Prophetie 314; Prophezeiung 313
Prosper, hl., Abt 12
Protestanten 458, 513, 557, 635, 670; -verfolgung 591; s. auch Reformation
Protoevangelium Jacobi, Apokryphe 34
Provence 395, 397
Provisor 83; s. Spitalmeister
Prozession 79, 425, 430, 450, 459; -saltar 171; fünfunddreißig -en jährlich in Basel 95; Bevorzugung d. Knappen bei der - 59, 64, 156, 247; Daniels- 332; - mit Drachenstich 312; -sfiguren 60; Johannis- 33; Knappen- 223, 238, 332, 463, 510; - unter der Erde 239; Montags- 407; Sakraments- 422; Salve Guardia 215; s. Bittgang
Prudentius, Dichter 308, 429
Prüm, Reichsabtei i. d. Eifel 147
Puffjacke i. d. Bergmannstracht 209
Puschlav i. Ungarn 39, 51, 57, 218, 361, 414
Pustertal i. T. 404
Putz, Gewerkenfamilie in Kärnten 53, 128
Pyrmont, Grafschaft 638

Quatembertage 74, 160, 520; - als Bruderschaftstage 72f.; Messe 72f., 159; Requiem 459; Sonntage 258
Quatuor coronati 35; s. Zahlensymbolik
Quecksilberberg 274, 424, 529, 624, 662; -grube 104, 332, 337, 440, 443, 658
Quelle, Otto, Hispanist 433
Quellenkunde 23, 24ff., 29ff., 43, 142, 161, 181, 251, 254, 303f., 310f., 335, 347, 362, 488f., 506f., 512, 565f., 586f., 618, 623, 659ff., 666; Tagebücher 29; s. Landesregierungsarchiv
Quellwasser 300; Christianisierung des - 340

Rab, Passionsspielort i. T. 183
Räderuhr 196
Rätien 29, 141, 216, 218, 481f., 507f., 557
Raitung, landesherrlicher Erlaß 29
Rammelsberg, Grubendistrikt bei Goslar 99, 114, 136, 162, 252, 261, 283, 288, 293, 478, 584
Ramsbeck im Sauerland 12, 260, 571
Ramutz i. Graubünden 364, 376
Ranasca, am Panixerpaß 204
Raphael, Erzengel 350f., 354
Rapperswil (Kanton Zug, Schweiz) 363
Rasch, Johann, Humanist u. Übersetzer des 16. Jh. 312f.
Rat, s. Stadt

Rathgeb, Zacharias Maria, Innsbrucker Prediger des 18. Jh. 333
Rationalisierung im Bergbau 490, 672
Rattenberg (bis ins 16. Jh. bayerische, später tirolische Berggemeinde) 21, 25, 52, 58, 72f., 76f., 108, 111, 118, 157f., 162, 183, 221, 245, 249, 263, 352, 368, 381, 491, 495, 510, 516, 546, 558, 588, 591, 596, 644; -er Berggericht 255, 503, 506; Rauchgrube in – 277
Ratzinger, Georg, Sozialpolitiker u. Publizist 63
Raubbau u. Bezahlung d. Knappen 62
Rauhnächte im Volksglauben 388
Rauris, Goldbergwerk i. Graubünden 243, 260, 501, 659
Ravenna 389, 614; Mausoleum der Galla Placidia 90; s. Mosaiken
Ravensberg, Grafschaft 638
Ravensburger Handelsgesellschaft 412
Rebecca, hl. 44, 224, 425
Recht, ius aequum 477; ius argenti fodine 132; ius commune 111; kanonisches – 19, 430; Liegenschaften 643; – u. Liturgie 378; partikulares – 109, 111; – u. Quellenkunde 29ff.; -sbrauchtum 118, 586; -sgeschichte 31, 64, 103ff., 121f., 142, 230; kirchl. -sgesch. 63; Patronats- 168; -ssatzungen 91, 143; -sschutz 478; -swahrzeichen 215; s. Bergordnung, Bergrecht, Völkerrecht
Recklinghausen 184, 237, 504; -Vest 575
Redwitz, Johann Frhr. von, Bambergischer Statthalter i. Kärnten 407
Reformation 111, 112, 152, 187, 231ff., 312, 314, 341, 407, 511, 538, 571, 661ff., 670; – u. Abgabenwesen 165; gesteigerte Armenpflege 162f.; -sedikt 480; – u. Erzbergbau 670; Exegese 144, historische Forschung 656, 661f., 663, 670, Kirchenvisitation 163, 164, 172; Grafschaft Mark 564; – u. Namengebung d. Stollen 336, 337; – u. Sage 74; Schwaz als tirolischer Mittelpunkt 85; Vorreformatorische Zeit 313; – u. Wallfahrt 365f.; Wiedertäufer 591; – trennt Wirtschaftsbeziehungen 113; s. auch Bergregal, Gegenreformation, Mathesius, Johann; Protestanten
Regensburg 67, 82, 328, 474; – D. 256f.
Reggio di Calabria 12, 389
Regina, hl. 106, 224, 422; s. Maria
Regionalismus im Volkstum 75
Reichenau, Benediktinerkl. 366
Reichenstein i. Graubünden 553
Reichenstein i. Schlesien 47, 62
Reichnis 162ff., 172, 246, 467f., 583, 637
Reichs-Adel 129
Reichsdeputationshauptschluß 124
Reichsgrenze u. Betriebsgrenze d. Zechen, Grenzlandzeche 646, 649
Reichskammergericht 151
Reichskonkordat 65
Reicke, Siegfried, Historiker 84
Reiffer, Direktor d. Fischer AG., Schaffhausen 16
Reiftanz 248, 619; -fest 240 f.; -kasse 620
Reims 196
Rein s. Reun
Reliquien 167, 217, 314, 318, 332, 360, 366, 370f., 373, 376ff., 395, 412, 610, 614, 616; Jeremias 314, 360; -schreine in Schlössern 74; s. Aaron, Daniel–
Rembrandt, Maler 200
Remedium animae 82; s. Seelgerät
Remigius, hl. 422
Renaissancezeitalter 21, 60, 100, 187, 190f., 201, 203, 274, 329, 391, 441, 489, 581, 601, 641; Schlachten 604
Reparata, hl. 422
Reploh, Heinrich, Arbeitsmediziner 657
Reppelmundt, Dietrich, Bergrichter d. 17. Jh. d. gefürsteten Abtei Essen 486
Ress, Franz Michael, Wirtschaftshistoriker 96, 98, 505, 635
Rettenbach i. T. 516; -er Berg 71
Reun, Zisterze 23f., 138, 151, 259
Reusch, Hermann 16
Reuter, H., Historiker 450
Reutlingen 20, 500
Reval 662
Rhäzüns i. Graubünden 65, 78, 130, 145, 250f., 362, 364, 413, 441, 472, 508, 520, 524
Rheda i. Westf. 637
Rhein 104, 218, 240, 375, 419, 430, 432, 547, 618; -gau 117; -gebiet, bündnerisches 30; -gold 611, 618; -land 89, 147, 188, 242, 296, 308, 324, 346, 353, 484; Nieder- 325, 382, 484, 577, 672; Ober–

51, 413; s. Vorder-Rhein, Hinter-Rhein, Graubünden
Rheina-Wolbeck, Fürstentum 125
Rheine 637
Rheinsberg 577
Rhön 227
Rhonard, Kupfer-Bw. bei Olpe 571f.
Rhône 390
Richter 486; alttestamentliche 312; s. Blutrichteramt u. Bergrichteramt
Richter, Jean Paul Friedrich, Dichter 177
Riddagshausen, Zisterze bei Braunschweig 152, 284
Ridnaun i. T. 383; Tal 212, 400
Ried im Oberinntal 53
Riepl von Ache, Gewerke d. Renaissancezeit 501
Riesengebirge 14, 216
Rietberg, Grafschaft i. Westf. 638
Riga 662
Righetti, Mario, Liturgiehistoriker 77, 421
Rigny, Zisterze i. Ostfrankreich 12, 127
Ringpanzer 568
Ritter 278, 538; goldgerüsteter – 597; –gutsbesitzer 661f.; – heiliger 74; –orden 355, 389
Rituale 333, 620
Rockenbach, Klaus, Mitarbeiter d. Deutschen Instituts f. Auslandskunde 17
Rodel, s. Bergrodel
Rodung 13, 135, 476
Roelas (Ruelas), Juan de las, spanischer religiöser Maler (16. Jh.) 441
Rörerbüh(e)l zu Kitzbühl 45, 47, 265, 277, 420, 491f., 503, 511, 541, 596, 639; Kleiner Röhrer Bühl 316
Rohr, Erzb. von Salzburg 480
Rohr, Augustinerstift 50, 150
Rokoko 200, 245
Roland Bandinelli 12; s. Papst Hadrian IV.
Rolandinus Patavinus, spätmittelalterlicher Chronist 593
Roloff, E. M., Pädagoge 200
Rom, antikes 69, 89, 115, 148; Römerstraßen 59, 118, 662
Rom, mittelalterliches 39, 225, 361, 368, 373, 390, 410, 429, 439; St. Maria Maggiore 353, 608; Peterskirche 515; –pilger 364
Romanik 180, 447
Romedius, hl. 52, 299, 310
Ronkalische Konstitution von 1158 schafft Regal 475
Rosalia, hl. 224
Rosegger, Peter, Dichter 76
Rosenberger, Gewerkenfamilie d. Renaissance 501
Rosenkranz 463; s. Scapulier
Rosina, hl. 224
Rost, Anton von, Gewerke des 15. Jh. 221
Rost (Feuerrost), Martyrium 90; – mit Nagelspitzen 431
Rothaargebirge im Sauerland 564
Rothenburg ob der Tauber 315
Rotlan i. T. 48, 49
Rousseau, Jean Jacques, Philosoph u. Kulturkritiker 391
Roy, Fr., Soziologe 245
Rubel 627
Rubens, Peter Paul, Maler 190, 430, 440
Rubin, Edelstein 622
Rudolf II., Kaiser 202, 599
Rudolf I., König 154
Rudolf, Rainer, Historiker 181
Rudolfinum, Museum i. Klagenfurt 31
Rudolphi, hl. 337
Rübezahl 261f., 288
Rückgang d. Bergbaus 86
Rülein, von Calw, Ulrich Bergbauschriftsteller um 1500, 186
Rüstringen, ostfriesisches Territorium 632
Rüthen im Sauerland 567, 623
Ruhe-Gehalt d. Salinenarbeiters 642; –tag 75, 111, 378, 383, 486, 671
Ruhr 146, 547, 563, 568, 577, 671f.; –bergbau 112, 488; Einflüsse von Tirol 119; –besetzung 1923/24, 460; –festspiele 184; –gebiet 82, 97f., 119, 145f., 178, 237, 242, 245, 452, 457f., 483, 486, 504, 577ff., 665; –industrie 121; –kohle 497, 671
Ruodlieb, mittelhochdeutsches Epos 150
Rupert, Salzheiliger 43, 50, 109, 157, 194, 283, 303, 309, 346, 349, 382f., 398, 454, 468, 655, 666; –i-Bruderschaft 454; –imesse 468; –kapelle 398f.
Ruprecht, hl. 75, 76, 108, 350f.
Ruprecht von Virneburg, Fürstabt von Prüm († 1513) 147
Rußland 19, 116f.; Nord– 102

Rusticus, hl. 611
Rudhart, Hans, Bergbauschriftsteller d. 16. Jh. 186

Saar, Zisterze i. Böhmen 132
Saar, -gebiet 119, 188, 192, 245, 330, 647; -kommission 647; Tiroler i. Saarbrücken 120
Saaz i. Böhmen 35, 43, 104, 357, 373, 420
Saaz, Johannes von 186f.
Sabarniz, Bw. i. Kärnten 57
Sachsen, s. Kursachsen
Sachsen-Coburg, Prinzessin von, Bibliothekarin 16
Sachsenspiegel 124
Sachsen-Weimar 624f.
Säben, Benediktinerinnenstift 219, 505
Säge 549; -müller 247
Säkularisation 125, 144, 341, 483
Sage (Bergmannssage) 42, 91f., 99, 114, 126, 137, 139, 140, 142, 143, 163, 173, 176, 180, 206, 210f., 223, 231, 254, 260f., 278, 280, 282, 284f., 286, 288, 291, 293, 301, 316, 317, 322, 323, 324, 366, 417, 431, 436, 469f., 472, 495, 496, 504, 507, 512, 518, 519, 526, 532, 534, 540, 560, 585, 589, 616, 618, 654, 659, 666, 669, 671; Aberglaube u. - 250, 485; Ätiologische - (Erklärungssage) 268, 293; Aveglöcklein 403; Barbara 384; Bergmannsfrau 180; Bergmeister 526; Bergmönch 282, 288; Bergsegen 469ff., Bestrafung 301; Blumen 431; Daniel als sagenhafter Begründer eines Bw. 92; Erzgebirge 322; Freiberger Sagenreichtum 666; Frühmesser 453; Fund- 140, 192, 223, 261, 285; Hirten 472; Marien- in Österreich 621; norddeutsche - 239, 286; Oldenburg 518; Ostdeutschland 239, 262; Rübezahl 261; Sachsen (Kursachsen) 139, 261, 349; - Sammlungen 261, 262, 471; Schatz- 139, 216, 238, 261, 278, 470, 540; Schlesien 140, 216, 280, 282, 286, 385, 416, 470, 485, 625; Tanne 631; Teufels- 282; Teufelskanzel 286; Thüringen 496; Tirol 254, 260, 285, 470, 471, 591; Südtirol 262, 285, 472; Wander- 610; Wildsau 264; Witwenbrunnen 276; Wünschelrute 625; Zisterzienser 131; s. Harzsage, Mittelalter, Tiersage
Saigerhütte 622; s. Schmelze
Saint Germain-des-Prés, Pariser Kl. 429
Sakral; -kultur 31, 107, 167, 183, 306, 355; -recht 31
Sakrament 300; -ar 90; -arium Leonianum 368; -empfang 227; -sbruderschaft 510; -sgilde 386; -sprozession 156, 422
Salbengefäß 398, 446
Salerno 376
Saline 15, 80, 123, 137f., 151, 182, 194, 222, 229, 233, 247, 259, 398, 543, 610; -narbeiter 62, 110, 298, 453, 528, 642ff., 655; kaiserlich-königlicher (Salzkordonist) 198; Armensalz 229; - ahmt sozial Bergbau nach 62; -nbetrieb 590; Fachliteratur d. 18. Jh. 656; Frömmigkeit der -narbeit 157, 215, 257, 258, 382, 383, 399, 453, 455; Kammer- 259; -nkapelle 37, 398; -kasse 454; -nkonvention 109; Patron 382f.; Pfannhaus-Bruderschaft 74; Pfannhauswaldmeister 559; Pfannweihe 239f.; Regal 121; Salzsieder 94, 452; Tafel an Stollen 194; verwünschte - 471f.; -nweihe 467ff.; Westfalen 578, 579; Wildsau entdeckt Solquelle 264; Wilten 69, 528f.; Zisterzienser 23f., 138, 284
Salome, hl. 43, 394, 607
Salomon, hl. 310, 425, 556
San Salvador 429
Salve Guardia 215
Salz 94, 153f., 259, 475, 529, 662; -berg 215, 399; -bergleute 110; -brunnen 152; -monopol 152; -regal 123, 124, 655; Reiftanz 240; -zehnt 123; -zins 476, 579, 655; -zoll 152
Salzburg 30, 43, 61, 142f., 153f., 170, 182, 253, 283, 372, 453, 475f., 589, 593, 622; -er Bergordnung 478, 481, 523, 544; -er Chronik 469; - D. 76; -Hochstift 501; Knappenparade 583; -er Land 248f., 591; -er Münze 633; s. Hofkammerbefehl
Salzkammergut 138, 240, 249, 276
Samnung (Gemeinschaft d. Knappen) 20, 225
Samson, Heinrich, Kirchenhistoriker 515
Samstag 73, 162, 260, 444; goldener - 617f.; - vor Magdalenenfest 407; s. Karsamstagsholz

Samulski, Robert, Oberbibliotheksrat 17
Sancian, Insel 439
Santiago i. Spanien 102, 315; s. auch S. Jacob de Compostela
Saphir, Edelstein 622
Sappenkrieg 357, 593f.
Sara u. Tobias 45
Sarazenen 315, 341
Sardinien 23, 34, 280
Sardonix, Edelstein 622
Sargans i. d. Schweiz 68, 558, 633; -er Land 58, 506
Sarntal, Passionsspielort 183
Sartiger Enge 57
Sassendorf i. Westf. 578
Saturnfest 191
Sauerland 26, 147, 227, 273, 528, 544, 548, 550, 558, 560, 562ff., 576, 578, 605; s. auch Kurköln, Schumacher, Elisabeth; Westfalen, kölnisches
Saul 44, 310, 425
Saumpfad u. Erztransport 96, 118
Sayn-Altenkirchen, Grafschaft 635f.
Scapulier, s. Rosenkranz; -bruderschaft 440, 454
Schachtdarstellung i. d. Kunst 213; -anlage 28; -förderseil 420
Schäfer, Dietrich, Historiker 430
Schäfer, Karl Heinrich, Historiker 153
Schaffhausen 16, 420
Schamser Tal, schweizerisches Bergbaugebiet 229
Scharfrichter 254f., 386
Scharl, Passionsspielort i. T. 603f.
Schatz, Adelgott, Tiroler Historiker 49f.
Schatz 176, 213, 241, 248, 320, 322f., 472, 540, 654; - im Acker 46, 327; -finder 373; -gräber 43, 53, 92f., 273, 322, 327, 357; - in Helena 409; -höhle 275; -sage 139f., 216, 238f., 261ff., 273, 470; -suche 284, 428
Schaumünze 583f.
Schauspiel, s. Volksschauspiel
Scheibe, Arnold, Biologe 325
Scheideweg von, Berggeschworener 459
Schemnitz i. d. Slowakei 498
Schenkung 13, 126
Schenna i. T. 40
Scheybmair, Georg, Bergrichter i. Kärnten (16. Jh.) 406
Schib, Karl, Schweizer Historiker 16
Schicht 75, 187; halbe - als Abgabe 123; -, Bezahlung 387; -enordnung 260; -gebet vor d. Einfahrt in d. Grube 80, 168f., 242, 347, 451f., 458, 459; als Pflicht 459; -meister 65, 251, 472, 519, 526f.; s. Fürbitte
Schiefer, -abbau 579; -Bergbau 47
Schieffer, Theodor, Historiker 237
Schiffahrt 98, 577, 672
Schiffer 230, 241, 278, 446; -leute (Reeder) 230; -madonna 167; -patrone 103, 167, 632; -winde 40, 107
Schild 52, 582, 590
Schild van Rüddenschede, rheinische ritterliche Gewerkenfamilie 146
Schildhofbauern 582
Schiller, E., Silikoseforscher 657
Schiller, Friedrich von, Dichter 177
Schirmvogtei 306
Schladming i. St. 234f., 284, 604; -er Bergbrief 559
Schlägel 92, 166, 246, 250, 266, 277, 317f., 383; - u. Eisen 319
Schläger, Franz Georg Ferdinand, Erbauungsschriftsteller 457
Schlägerei 78; blutige - verboten 599f.
Schlange 273, 436, 629
Schleifer, Handwerker 51
Schlern-Schriften 178, 639
Schlesien 19, 23, 62, 98, 102, 114, 132f., 140, 181, 198, 242f., 261, 264, 266, 270, 273, 275f., 286ff., 292, 307, 339, 357, 384f., 416, 585, 589, 625, 664; Heimatvertriebene 448; Jürgengraben 470f.; Nieder- 93; Ober- 188, 242, 277, 330, 646ff.
Schlosser 367
Schlottheim, Hans, Nürnberger Uhrmacher 197
Schlüssel 367, 373
Schlüsselfelder, Gewerkenfamilie 502
Schmalkaldener 511; -Krieg 594
Schmallenberg im Sauerland 572, 576
Schmelzer 49, 54, 69, 142, 167, 367, 518ff., 558, 584, 605, Blähhaus 127; -hütte 21, 54, 107, 130, 166, 204, 221, 343, 519, 560; Demolierung einer - 511, 591; -kapelle 54, 67, 220; -öfen 15, 68, 96,

284, 335, 343, 498, 543; –werk 55, 138; Verweser 387; s. Hochofen
Schmid, Jacobus, Jesuit u. Schriftsteller d. 18. Jh. 299f.
Schmidt, Leopold, Volkskundler 54, 175, 179, 430, 432
Schmidt, Robert, Historiker d. Porzellans 201
Schmied 566; –e 21, 367, 531, 544; Breidschmiedegenossenschaft 484; –eessen 96; –egewerbe 74, 96, 142, 575f., 671; –ehämmer 498; –emeister 505; –patron 591
Schmiedeberg (Riesengebirge) 14, 130, 340
Schmuckfreude 201
Schneeberg (Sachsen) 28, 32, 46, 112, 113, 244, 261, 285, 306, 504, 588; –er Bergordnung 517; –er Chronik 328
Schneeberg i. T. 56, 171, 179, 212, 494, 535, 601
Schneider, Ernst, Bergbauhistoriker 31, 340
Schneiderzunft 396
Schöffensprüche, gesammelt als Bergordnung 115
Scholastik 341, 422,
Schottland 98, 113, 138
Schraml, Carl, Bergbauhistoriker 302
Schröder, J. K. von, Historiker 16, 101
Schröder, Richard, Rechtshistoriker 490
Schubert, K. L., österreichischer Bergmannsdichter 347
Schürfen 141, 154; Geld 91; Neu– 141, 148, 170; Recht 124, 480, 523, 528, 576f.; Steuer 91
Schuls i. Graubünden 111, 552, 665
Schulte, Aloys, Historiker 440, 542
Schulte, K., Leiter d. Hauptstelle f. Staub- u. Silikosebekämpfung, Essen-Kray 658
Schulz, W., Sagenforscher 459
Schumacher, Elisabeth, Historikerin 12, 565
Schußwaffe, Erlaubnis u. Verbot der – 249; s. Waffen
Schwaben 118, 151, 233, 250, 282, 323, 384; Auswanderung nach Tirol 616; Clemensverehrung 104; –Krieg 601
Schwäbisch-Hall 240
Schwarz, Klaus, Bergbauhistoriker 122, 333, 336
Schwarzburg 62
Schwarzenfeld 548
Schwarzwald 53, 112, 148, 292, 316, 339f., 551; –er Bergwerke 31
Schwaz ist in diesem Buch häufig erwähnt, daher keine Seitenziffern
Schweden 100, 112f., 117, 122, 317, 600, 638; –not 312; s. auch Falun, Gustav Adolf
Schwefel, –kies 580; –säure 531
Schweidnitz i. Schlesien 417
Schweikarde, Gewerkenfamilie d. Renaissance 501
Schweiz 17, 54, 58, 68, 107, 135, 149, 363, 389, 446, 600ff.; Alpenpässe 29; Graubünden u. Habsburg 588, 600ff.; Ost– 37, 52, 306, 337, 345, 361f., 407, 495f., 551, 559; Patrozinien 367; Soldknecht 189; s. Wallis, Graubünden
Schwelm i. Westf. 551
Schwert 38, 51f., 55, 90, 294, 370, 376, 383, 385, 478, 582, 611f.; Damaszenerklinge 386; Katharina 386; –klinge 640; –tanz 241, 248
Schwerte i. Westf. 572
Schwertfeger 568
Schwind, Moritz von, Maler 262
Sebastian, hl. 52, 133, 194, 245, 330, 342, 350, 352, 444, 605; –iamt 246; –sgrube 245f.; –stag 245f., 468
Sebegg 128
Sechshundert, s. Zahlensymbolik
Sechszahl, s. Zahlensymbolik
Seckau, D. 123, 454; – Benediktinerabtei 284; – Chorherrenstift 424, 526
Sedlitz, Zisterze 131f., 150, 268
Seeben, Bw. 399f.
Seeberg, Erich, Theologe 313
See 340; –fahrer 309; –leute 40, 515, 532; –schiffahrt 662
Seel, –bad 72, 160; –enheil 296; –gerät 82, 111, 576f.; –haus 82; s. Altersheim; –sorge 70, 509f., 540; für Bergwerk 55
Seeland 133
Seele als Taube 439
Segen Gottes, s. Namengebung
Segnungen, s. Benediktionen
Sehling, E., Kirchenrechtler 513
Seifhennersdorf, Bw. im Erzgebirge 102
Seilbruch 47, 510, 517, 532

Seiler, Handwerker 47
Seitenstetten, Abtei 214, 284
Seiz, Kartause i. St. 154, 526
Semmering, Pass 137
Sendomir 137
Seni, Astrologe 437
Sensen, -Herstellung im Sauerland 568
Serben, Königreich der - 648
Sesam-öffne-dich 276, 322, 610
Seuche 70, 115, 315, 357; s. Aussatz, Pest
Severus, hl. 389, 422
Siam 651f.
Sibilla, hl. 224
Sieben, s. Zahlensymbolik
Siebenjähriger Krieg 200
Siebenbürgen 114f.
Siebert, Hermann, Bergbauhistoriker 308
Sieg, Fluß 102
Siegburg 128, 148, 536, 599
Siegel 99, 244, 305, 330, 599
Siegen 187, 487, 566, 568, 635
Siegerland 106, 114, 187f., 238, 283, 296, 455, 458, 487, 564f., 567f., 579, 623, 635
Si(e)gmund, Landesherren von Tirol u. Österreich 25, 40, 77, 352, 452, 477, 492, 500, 527, 536f., 558, 586
Siegmund d. Münzreiche 101, 117f., 124, 141, 170, 507, 633
Sigmund, hl. 40, 350, 605; -grube 195, 341
Siglo de oro 435
Sigismund I., Erzb. von Salzburg (15. Jh.) 480
Silbach im Sauerland 570, 629
Silber 606, 671; Abgabe 170, 604; Absaigerung 560; Albinus 501, 639f.; Benediktion von - 460; -bergbau 13, 21, 51, 67f., 71, 99, 102, 112, 117, 129, 146, 148, 154, 203, 216, 229, 252, 275, 277, 281, 292, 306f., 319, 424, 483, 488, 522f., 535, 540, 549, 567, 570, 580, 594, 597, 623, 633, 644, 654, 667, 670; Bildsäule 322; -brenner 142, 480, 494, 519f., 628; -brunnen 495; -entdeckung 136, 221, 261, 495, 504; -erze 138, 357, 475f., 529, 656, 664; Fachliteratur 325, 656, 659; -flotte 434, 615; -heilige 22, 79; Legende 328; Lied 176; - in d. Machtpolitik 100; Mathesius 640; Metallkatalog 123, 147; Metallversilberer 367; -münzen 101, 125, 193, 294, 348, 607, 609, 629, 645, 660; Nabuchodonosor 50, 359; Namengebung 305; Nehemias (Num) 144; -preis 171, 523, 541; - in d. Predigt 325; -rausch 619; Regal 29, 122f., 143; Sage 136, 264, 265, 268f., 278, 349, 469ff., 536; -schatz d. Halloren 248; -schmelze 229; -seife 496; -nes Zeitalter 312, 313; Venedig 223; Venediger 366; Zehnt 665
Silberberg i. Schlesien 102
Silesius, Angelus 391
Silikose 657f.
Silvester, hl. 350
Silz, Passionsspielort i. T. 183
Simon, hl. 374f.; - u. Juda 350, 374f.
Sinai 88
Sinnesbrunnen i. T. 247
Sippe, hl. 322
Sittichenbach, Zisterze im Harz 136
Sixtus, hl. 350
Sixtus II., Papst 53, 353
Sizilien 20, 54, 217, 278, 408
Skandinavien 12, 113
Sklaven 34, 89f., 116, 280
Slawen 374, 597, 661
Slowakei 204; Slowakisierung 21
Slowenen 648
Smaragd, Edelstein 622
Soest 31, 112, 320, 387, 391, 478, 564, 578, 637; -er Börde 562; St. Patroclus 391
Soldatenpatron 52
Solms, Grafen u. Fürstengeschlecht a. d. Lahn 539, 661
Sondersieche, s. Hospital
Sonne 46, 327f., 607, 620; -nnamen 305; -nwende u. Johannistag 369; -nwendfeuer 369
Sonntag 73, 240f., 246, 258, 260; -sarbeit 260; (Société pour l'observation du dimanche) 110; - nach Christi Himmelfahrt 621; -smesse 227; -sruhe 110, 256ff., -sschändung 258; -sweihe 260
Sonthofen im Allgäu 227
Sophia von Sachsen, Kurfürstin d. 16. Jh. 196
Sowjet-Union 90, 98; -zone 178
Sozialbetreuung d. Bergleute 11, 20, 61, 62, 63, 72, 81, 95, 96, 160, 189, 252, 253ff., 288, 325f., 460, 487, 510, 541, 542, 586f.; s. Spital

Sozialforschungsstelle a. d. Universität Münster i. W. 497
Sozialgeschichte 334, 641, 671
Sozialinteresse d. Bergleute 535
Sozialpolitik 253ff., 460, 487, 508, 538, 541, 649ff.
Sozialversicherung 647, 653
Soziologie 23; christliche – 497
Spanien 89, 391; Spanier 608, 657; Bergbau 433; – u. Deutschland 433ff.; Erbfolgekrieg 530f.; Görres-Gesellschaft 311; Handel mit Tirol 115, 116; Hut 209; deutsche Kaufleute 440; Konquistadoren 309; – als Kultzentrum 310, 311, 335, 338, 342, 345f.; – u. das schwedische Kupfer 100; – u. Ravensburger Handelsgesellschaft 412; Silberflotte 615
Spaur, Leonhard, Graf i. T. 263
Speculum virginum 319
Speise, himmlische 392; – u. Trank 321, beides in d. Legende
Spektralanalyse 612
Sperges, Joseph von, Bergbauhistoriker 31, 41, 60, 80, 211, 327, 493f., 644f., 656
Spergs, Norbert von, Abt von Wilten (18. Jh.) 401
Spethmann, Hans, Bergbauhistoriker 484, 671
Speyer 393
„Spiegel" (Literaturgattung), s. Speculum u. Magnum speculum
Spiel vom Antichrist 150
Spieß, Karl Heinz, Zisterzienser, Historiker 131, 664
Spieß als Waffe 582f., 589f., 604
Spiritus sanctus 420f.
Spital 30, 96, 139, 410, 414, 423, 670; – betreut Arme 229f.; –finanzierung 84; Forschungsaufgaben 433; –, keine Frauenstation 84; –geistliche 85; Jakob- 433; –, kirchliches – u. bruderschaftliches 83; Knappen- 325, 422, 425, 522; Magdalenen- 393; –meister 83f.; –messe, tägliche 85; –ordnung 83ff., 162; –personal 85; –stiftung 86; –verpflegung 84; s. Hl. Geistspital, Pantokrator
Spitzhacke 417
Spooner, Frank C., Numismatiker 623
Sporer, Handwerker 51
Sprache (Bergmannssprache) 289ff., 498, 532; steirische – 490f.; Tiroler Berufssprache an d. Ruhr 119; – beeinflußt Umgangs- 187; juristische – 618; – der Tiere 273
Spreng, –pulver 142, 331; –technik 593
Sprichwort 503, 518
Spruchbrief 542; s. Bergordnung
Srbik, Heinrich von, Historiker 24, 151f.
Staat, –sfinanzen 152; –gewalt 259; – u. Kirche 123; –skirchenrecht 74, 468f., 538, 586, 636; –srecht 11, 649
Stablo, s. Stavelot
Stachelauerhütte im Sauerland 572
Stadler, J. E., Hagiograph 410
Stadt, –befestigung 582, 667; Bergstädte, Königlich-freie 15, 188, 191ff.; – u. Bergwerk 141; s. Gewerke; –geschichte 15, 20ff., 64, 72, 94f., 99f., 107, 136, 139, 142, 145, 168, 191ff., 194, 220f., 384, 386, 422, 478, 486, 495ff., 499, 505f., 515, 521, 534, 538f., 543, 582, 588, 597, 614ff., 636, 655, 663; italische – 141; Klosterhöfe 141; –kultur 515; – u. Land 22; –name 244; Rat, städtischer 168, 193, 252, 486; Haus 506, 668; Meister 490; –recht 166, 194, 264; Kölner 112; Ringmauern 22; –siegel 106; –wappen 66, 106; s. Höfe, Patriziat, Recht
Stand (Stände) 11, 50, 58, 64, 74f., 77, 183, 188, 223, 233, 278, 294, 322, 355, 384, 450, 534, 629, 670; –esansehen 255f.; –esgenossen 486; –herren als Eigentümer 125; herrenständisch 538f.; –eskirchenrecht 21; –espflichten 233, 467; –esstolz 58, 78, 156, 168, 190f., 203, 206, 227, 228f., 238f., 249ff., 329, 332, 354, 447, 498, 511
Standort, – der Eisenindustrie 531; –verlagerung 98; –wechsel 549
Stammler, Wolfgang, Literaturhistoriker 290
Stampfer, Gewerkenfamilie aus Kärnten 128
Stams i. T. 135, 216; Zisterze – 547
Starkenberger, Gewerkenfamilie i. T. 40
Stattler, Toni von, Maler 417
Staub, –belastung 657f.; –forschung 657; s. Silikose

Stauseen bei Eisenhütten 548
Stavelot, Reichsabtei D. Lüttich 67, 390
Steffens, Henrik, romantischer Naturphilosoph (†1845) 177f.
Steiermark wegen häufiger Erwähnung keine Seitenziffern
Steiger 209, 246, 254, 264, 274, 285f., 519; herrschsüchtiger – in d. Sage 507
Stein, Heinrich Friedrich, Frhr. vom u. zum 573
Stein 340; -bau 67; -bruch 33f.; -gut 209; -metzarbeit 194f., 212; -schlag 41; -zeit 87, 89
Steinach am Brenner 183
Steinberger, Hans, Bergbausachverständiger d. Reformationszeitalters 592
Steiner, Hans Ulrich, Gewerke aus Winterthur 145
Steinfeld i. Kärnten 36, 47, 218, 291f., 374f., 381, 406, 414, 431f., 440, 442, 595
Steinfurt i. Westf. 637
Steinhausen, Kanton Zug, Schweiz 363
Steinzeit 87, 278
Stephan I., König von Ungarn, hl. 319, 434; – als Grubenpatron 350
Stephan von Thiers, hl. Ordensgründer 421
Sterbe, -bild 438; -denar 387; -kerze 387; -patron 395; -sakrament 217; -szene 439
Sterkrade 16, 121
Stern als Wappensymbol 246; -singerumzüge 181
Sterzing i. T. 36f., 56, 60, 68, 107, 126, 176, 198, 211f., 249, 369, 371, 374, 383, 387, 402, 414, 535, 595, 600f., 639f., 670
Steuer 20, 91; -freiheit 580, 588; -politik 493; Selbstbesteuerung 20, 62, 163, 189
Stier, Fundgrube u. Fruchtbarkeit 262; von Knappen gequälter – 271
Stieren, August, Prähistoriker 16
Stift 30; freiherrlich- u. gräfliches 74; Kanonikats- 136; -skirche 167, 242, 246
Stifter, Adalbert, Dichter 202
Stifterfiguren in d. Kunst 167, 208
Stiftung 33, 37, 79, 80, 126, 157, 163, 169, 172, 252, 355, 389, 403, 425, 533, 617; – eines liturgischen Funktionärs 169; Memorien- 250; Seelgerät 82; Seelsorgs- 451, 510
Stillegung eines Bw. 76, 277, 508
Stockinger, Christoph 50; s. auch Mayr, Christoph
Stöberl, Matthias, Bildhauer des 15. Jh. 212
Stöckl, Gewerkenfamilie i. T. 32, 178, 500
Stöckl, Andrä u. Fr. Christine, Gewerke i. T. 70
Stötzel, Heinrich, Sagenforscher 285
Stolberg, Grafengeschlecht im Harz 539, 560, 626f., 633ff., 661
Stolberg i. T. 126
Stolgebühren 63, 204
Stollen 121; -aufteilung 499; -dunkel 207; Erb- 319; -heilige 68; s. Patrozinien; -mundloch 226; -namen, s. Namengebung; verlassener – 126
Stolz, Otto, Historiker 26, 477f.
Stoß, Veit, Bildhauer 417
Strafe, für Asoziale 485; – für Orgie 349; -gericht 271ff.; -recht, bergmännisches 525; römisches 33
Straßburg 21, 160, 393; Münster 668
Straßen 56, 118, 475, 662f.; -bau 96
Strasser, Gewerkenfamilie aus Salzburg 501
Stresemann, Gustav, Reichskanzler 664
Strieder, Jakob, Wirtschaftshistoriker 406
Strochner, Gewerkenfamilie i. Gastein 86, 501; – Konrad, Gewerke d. 15. Jh. 86
Stromer, Nürnberger Gewerkenfamilie 502; – Hans, Gewerke 214
Stubai 595; -tal 21
Studentenschutzpatron 381
Stuttgart 663f.
Sudermann, Hermann, Dichter 551
Sudetenland 14, 74
Südafrika 657
Sühnegedanken 393
Sulzbach in d. Oberpfalz 150, 256f., 502, 504f.
Sumerer 201
Summen, Literaturgattung 308, 338
Sunniva, hl. irische Königstochter 329, 386
Superintendent 518; – als Erbe d. Bergmönchs 286; – ersetzt in d. Sage d. Bergmönch 512f.
Surius, Laurentius, Hagiograph 312, 380
Susanna, hl. 45, 88, 180f., 312, 322, 360, 425; -segen 180; -stoff 181

Symbolik 59, 95, 265, 342, 355, 370, 415, 510, 614, 620, 622; Barbara 379; besondere – d. Bergbaus 40, 206, 323, 340; Berufs- 415, 514; Edelmetalle 45; Einsamkeit 318; – u. Erwerbsleben 412; Erzstufe 319; Evangelisten- 323; Gegenwart, symbolarme 327; Hammer u. Schlägel 325; Löwe (Stärke u. Wachsamkeit) 307, 326; marianische 328f.; symbolfreudiges Mittelalter 46, 411, 445, 478; Nimbus 318; Pilger 315; – für Schanzen 309; Schlägel 317; Schutzbedürfnis 309; Spiegel 319; – u. Transzendenz 515; Turm 329; s. Allegorie, Antichrist, Apotropäisches, Attribut, Edelsteine, Gold, Hämmer, gekreuzte Kerze, Königtum, Kreuz, Kristall, Krone, Licht, Löwe, Mysterium, Namengebung, Patrozinium, Recht, Ring, Taufe, Testament (Altes, Neues), Türken, Tugend, Tulpe, Tulpenkanzel, Volksliturgie, s. Votiv, Wetter, Wieliczka-Traube, Wein, Zunft
Synagoge, personifizierte 419
Synode 70, 164, 258; ermländische 362; Synodalgeschichte 375
Syrakus i. Sizilien 55

Tabor i. Böhmen 357
Tänzl, Gewerkenfamilie aus T. 178, 500
Tafel, -geschirr 349, -schmuck 201
Tag, -ebau 87, 504
Tajo, spanischer Strom 430
Taken 309, s. Ofenplatten
Taler 14, 125f.; Gruben- 538; Joachimstaler- 193; Konventions- 106
Talisman 206, 616
Tallein i. T. 105
Tanne als künstlerisches Motiv 625, 631
Tannheim i. T. 227f.
Tanz 23, 240, 242, 246, 248, 298, 620; Hertlein- 80; -musik 408; s. Letzter – in Goslar, Reiftanz
Tarnowitz i. Oberschlesien 245, 330
Tarrenz i. T., Wallfahrtsort 247, 402
Tassilio III. von Bayern, Herzog 94
Tatarenschlacht 585
Taube als Symbol u. Attribut 263f., 295, 340, 422f., 439
Tauern 154, 262, 604; – in Nebenkirchen 81; s. auch Hohe Tauern
Taufe 289, 354, 536; Analogie im Brauchtum 251; -bücher 251, 362; – Christi 290; -kirche 70; -name 49, 242f., 331, 338, 346f., 356, 362, 423; -pate 251
Taufers i. T. 56, 376, 516, 596
Technik d. Bergbaus 142, 476, 634; Darstellung auf d. Münze 631
Tecklenburg i. Westf. 637
Te Deum bei Auffindung reicher Erze 250f.
Tegernsee, Benediktinerkl. 50, 61, 150
Telgte i. Westf. 637
Tepl, Prämonstratenserstift i. Böhmen 152
Tepl, Johannes von 193; s. auch Saaz, Johannes von
Terlan 56, 116, 179, 218, 415, 476, 494, 639
Territorialherr 43, 121ff., 355, 480, 481f., 584, 599, 636f., 668f.; verleiht Alm 546; Aneignungsrecht von Kuxen 146f., 482; Aufsichtsinstanz 19, 22, 38, 59, 77, 164, 173, 227, 251, 252ff., 452, 660, 668; ernennt Bergrichter 521, 525; veranlaßt Bergwerksverzeichnisse 495; Einnahmen aus dem Bergbau 119; Gebet für den – 456; geistlicher – 124, 437, 495; Sammlung seiner Gesetze 26, 178, 486; – als Gesetzgeber 77, 460, 472, 487; – als Gewerke 472, 513, 605, 633, 661f., 669; Konkurrenz durch den Gewerken 82, 123, 127, 258f.; – beansprucht Jagdrecht 190; – als Kapitalist 490; – mehr Knappenfeiertage 586; – als Kriegsherr 585; Kurfürsten 660; – als Lehnsherr 94, 380, 479; Mediatisierung 124f.; Merkantilismus 168; – prägt Münze 633; – benennt nach sich Gruben 191, 341, 443; – verleiht Privileg 59, 189, 506; Regalherr 20, 122, 124; – säkularisiert 98; Steuerpolitik 493; Tavernenrecht 492; hochfürstlicher Wechsler 501; Wirtschaftspolitik 252; – erhält Zehnt 492; s. Bergordnung, Hochstift, Köln, Kursachsen, Porzellan; ferner die hier namentlich aufgeführten Landesherren
Testa, Gustavo, päpstl. Beauftragten im Ruhrgebiet 460
Testament 643; Altes – 22, 43ff., 88, 123, 143f., 180, 303, 310, 315, 320ff., 359,

425, 428, 434, 556, 612f., 630, 632; Neues – 44, 359, 417
Testierfreiheit des Gewerken 189, 506
Teufel 53, 286, 297, 439, 609; – als schönes Mädchen, Dialog 371f.; –serscheinungen 282; –sname 485; –ssage 517f.
Teutoburger Wald 446, 632
Thaur i. T. 37, 110, 161, 198, 298, 399, 588, 617, 643; – Saline 69
Thebäische Legion, hl., 52, 104, 419
Thekla, hl. 318, 331
Themistokles, griechischer Feldherr 88
Theodor, hl. 218
Theodosius, oströmischer Kaiser 279
Theodul, hl. 68, 218f., 320
Theozentrische Sicht 427
Theresia (Teresa) von Ávila, hl. 42, 224, 336, 342, 439, 440ff.; –hauptschacht 440; – Litanei 443
Theuerkauf, Gerhard, Assistent 17
Thiersee, Passionsspielort i. T. 183
Thomann, Perchtolder, Tiroler Bergrichter 316
Thomas, Apostel, hl. 76, 363, 364, 372; als Stollenname 350, 363, 364
Thomas von Aquin, hl. 293, 422
Thomas von C(h)antimpré, Hagiograph u. Natursymboliker 621
Thomas, Karl, Arbeitsmediziner 657
Thrazien 607
Thubal, Urvater d. Bergbaus 640
Thüringen 287, 496, 534, 611, 664
Tibet, reich an Edelsteinen 620
Tiburtius, hl. 244
Tieck, Ludwig, Dichter 177
Tier, –epos 317; –sage 261ff., 273; –schutz 276; Wildsau 264; s. Adler, Bär, Esel, Fisch, Fuchs, Hindin, Hirsch, Hühner, Kälber, Kühe, Lämmer, Löwe, Ochse, Pferd, Stier, Wolf
Tinkhauser, Georg, Historiker 397
Tirol ist so häufig erwähnt, oft von Seite zu Seite, so daß sich ein eigenes Stichwort erübrigt
Tiroler Landreim 32, 176, 356, 361, 618
Tirschenreuth i. d. Oberpfalz 549
Tischgerät 201ff.
Tod 159, 193, 283, 329f., 485; – durch Ertrinken 57; jäher – 57, 396; –esgefahr 617; –esnot 55; –esstrafe 89f., 254f.; –esstunde 444; Toten, –erweckung 392; –gedächtnis 62, 72ff., 126, 158, 165, 294ff., 302, 422, 450; –hemd 329; –kapelle 291; –krone 249; –memorie 94, 103, 109, 163f., 180, 239, 298, 332, 456, 459, 468, 498, 536f., 576, 667; –messe 156ff., 422; in weißer Farbe 298; –schädel 398; –tanz 181
Todtnau im Schwarzwald 213f., 340
Toledo i. Spanien 12, 335
Tomek, Ernst, Kirchenhistoriker 454
Tracht d. Bergleute 109, 155, 190, 209f., 247, 329, 352, 382, 392, 411, 448, 461, 470, 478, 514, 522, 525f., 532, 537, 595, 599; –lied 168
„Tradde", Entschädigung d. Grundeigentümers 121
Transjordanien 651
Translation von Reliquien 43, 135, 167
Transportfragen d. Mittelalters 130
Tratzberg, Schloß i. T. 500
Trauben 635; blaue – 128
Traum 22, 91ff., 261, 265ff., 272, 286, 297f., 322, 326, 359, 428, 654; –bücher 322; –deuter 312, 359; –sage 286, 560
Traunkirchen, Benediktinerinnenabtei in Oberösterreich 153
Traunstein i. Oberbayern 246, 309
Tremel, Ferdinand, Wirtschaftshistoriker 389, 663f.
Tremmel, Josef, Tiroler Schriftsteller 290f.
Treptow, Ernst, Kunsthistoriker 174, 672
Treue als Tugend 324, 507
Tridentinum (Konzil) 20, 108, 159f., 182, 312, 336, 368, 385, 440, 452
Trient, Fürstbistum, Bergwerke 19, 30, 60, 105, 110, 183, 218, 250, 275, 277, 310, 314, 316, 345, 395, 404, 476f., 489f., 494f., 499, 543, 558; Namenerklärung 118; –er Verleihbuch 524
Trier, Stadt 214, 217, 404, 419; Hochstift 125f., 484
Trinität 36f., 72, 82, 85, 91, 217, 290, 329, 339f., 357, 388f.
Trinius, K. B., Dichter 113
Trinken, Trinkschatz 203; Trinkwasser, schlechtes 57; Trunkenheit 599; Umtrunk 203, 321, 470f.
Trithemius, Johann, Abt von Sponheim 48, 79, 214

Trudbert, hl. 148
Truncus 66; s. Opferstock
Tschatscher, Hans, Hauptmann von Primör i. T. 77
Tschechoslowakei 647, 650
Tscherpertasche i. d. Bergmannstracht 209
Tschirnhaus, Ehrenfried Walter, Graf von, Porzellanhersteller 199
Tuchscherer 445
Türken 594; -krieg 128, 246, 357, 385f., 473; -motiv 43, 328, 473; -not 225; 312; -säbel 386; Turban 386; -zeit 223, 473; s. auch Lepantoschlacht
Türkisbergbau 88
Türschwelle als Schatzversteck i. d. Sage 272
Tugend 95, 464; -spiegel 319; -übung 303
Tulpe, als Modeblume 323; -nanbau 325; -nkanzel 60, 323, 325, 666; im Freiberger Dom 380, 382; -npyramide 380
Turtel-Taube, barockes Andachtsbuch 374, 443f.
Typikon d. Ostkirche 410

Überschwemmungen 59
Uhlhorn, Gerhard, ev. Theologe 63
Ulm 20, 71, 96, 500
Ulrich, hl. 75f., 108, 350; – u. Afra 365
Ulrich, B. von Brixen (15. Jh.) 110
Ulrich, B. von Chur (14. Jh.) 29f.
Ulrich von Planta, Ritter, Graubündner Gewerke d. 14. Jh. 557
Unfall 66, 217, 298ff., 356, 487, 509f.; -versicherungsorganisation 647f.
Unfreie 90f., 94, 540; s. Hörige
Ungarn 14, 21, 32, 101, 114, 181, 204, 319, 433, 546, 627f., 638, 664f.; Ober- 181; -not 341
Ungeld (Weinsteuer) 164, 493, 506, 588
Unglück, Gruben- 73, 301, 398f., 532; Einsturz 261; s. Bergmann, verschütteter; Unfall
Uniform d. Bergleute 209f., 247, 522; s. Tracht
Unna i. Westf. 243, 386
Unschuldige Kinder, hl. 340, 350, 404
Unsere Liebe Frau, s. Maria
Unterengadin, Bergbaugebiet 478, 604
Unternehmer 20, 193, 250, 500; s. auch Gewerke
Untertagearbeit 650f.; Verbot d. – von Frauen 651
Unterwelt, dunkle, d. Bergmannsarbeit 378, 409
Unwetter 331, 349, 403, 464ff.; s. Gewitter
Ural 113f., 117, 627
Uran 113, 659
Urban I., Papst, hl. 352
Urban III., Papst 385
Urban VIII., Papst 77, 108
Urban als Stollenpatron 350
Urbar (Abgabe) 123, 495
Urkunde 99, 132; -nbeweis 99; -nbücher 412; Papst- 13
Ursula, hl. 70f., 395
USA (Unionstaaten von Amerika) 98, 189, 651; Pennsylvanien 116
Uta von Regensburg, hl. 46

Valckenborgh, Lucas van, niederländische Malerei (16. Jh.) 553
Valentin, hl. 126, 451
Valjavec, Friedrich, Historiker 664
Vallombrosa, Abtei i. d. Toskana, 539
Veit, hl. 31, 40, 57, 75f., 108, 207, 318, 350, 365, 387, 404, 408, 515
St. Veit i. T., Saline 234f., 318, 490
Veitsch, Bergbaubezirk i. St. 127
Vellach i. Kärnten 36, 61, 218, 344, 370, 431f., 442, 473, 515, 595; Ober- 376
Vellner, Karl, Kärntner Gewerke um 1600, 38
Vendôme, kardinalizische Abtei, D. Chartres 388
Venedig 100, 118, 196, 273ff., 318, 366, 376, 590, 663; Bleidächer 12; San Marco 12
Venediger, Sagengestalt, Spukgeist 223, 261, 273f., 293, 318, 366, 532
Venezuela 25, 357
Veracruz 429
Vereidigung d. Bergknappen 250f.
Verein f. d. bergbaulichen Interessen im Oberbergamtsbezirk Dortmund 28
Verein dt. Eisenhüttenleute, Düsseldorf 16
Vereinigung d. Freunde von Kunst u. Kultur im Bergbau e.V., Bochum 659
Verfluchung eines Bw. 470f.
Vergiftung 463

Verhüttung 98; -sprozeß 121; s. auch Hammerwerk, Schmelzhütte
Verkehr 28, 140, 393; -spatron 56, 57; -sstraße 118, 433; römische 389
Verleihbuch 493ff.; - der Bergrichter von Trient 345; -Kodex in Schwaz 496
Veronika, hl. 350, 353, 369f.
Verpachtung eines Bw. 146
Versailler Vertrag 647
Verschüttung 41; - des Feindes 279f.; s. Bergmann, verschütteter; Marterln
Verschweigen d. Erzfundes als strafbare Handlung 65f.
Verstädterung d. Landbevölkerung 21, 497
Verwünschung eines Bw. 470f.
Vespergebet im Volksglauben 81, 342
Vézelay, Benediktinerabtei in Burgund 395
Vieh 140, 166, 610; -krankheiten 67; -patron 67, 219; -seuche 435; -suche 412; -zucht 545
Vier, s. Zahlensymbolik
Viertel, s. Zahlensymbolik
Vierundzwanzig, s. Zahlensymbolik
Vierzehn, s. Zahlensymbolik
Vierzehnheiligen, Wallfahrtsort i. Oberfranken 396
Vigil 73, 110; -ia Domini 75
Vigilius, B. von Trient, hl. 105, 110f., 309f., 314, 342, 360, 666; -brief 314; -kirche 399
Viktor, Papst († 222) 35
Villach i. Kärnten 81, 126, 128, 639
Villanders i. T. 48, 79, 215, 228
Villnöß i. Südtirol 403
Vincenz Levita, hl. 35, 54, 89, 315
Vincenz von Saragossa, hl. 342, 429ff., 441, 447
Vincke, Johannes, Historiker 447
Vision 439; -sliteratur 280
Viten, Literaturgattung 279, 301, 391, 394f.
Vitus, hl., s. Veit, hl.
Völkerbund 664
Völkerrecht 111, 608, 612, 646
Vogelsang, Karl, Numismatiker 660
Volkskunde 77, 104, 303f., 388, 419, 427, 431, 436, 448, 461, 611, 618, 656f.; bergbauliche - 31; rechtliche - 35
Volksliturgie 85, 220, 298, 333, 343, 355, 390, 421f., 510
Volksschauspiel 179ff., 185, 240, 242f., 308, 349, 416, 425, 446, 459, 614, 654, 668
Volkstum 23, 99, 230, 301, 531, 563; -sbuch 186, 322, 341, 346, 611; Dichtung 176; Erzählung 180, 277, 328, 403, 422f., 512, 560, 594, 613; Frömmigkeit 421, 439; Glaube 303ff., 458, 485, 667; Heilige 105, 242, 307, 334, 439; Kanonisation 88, 108, 291, 303, 332; Kunst 174ff., 208, 230, 417, 671; Lied 188f., 673; Medizin 393, 396, 435; Musik 188f.; Phantasie 133, 317; Religiosität 181, 328, 425; -ssprache 169; Überlieferung 248, 342
Volmetal, Sauerland 568
Vomp i. Südtirol 81, 169, 227, 540
Vorarlberg 67, 216, 219, 355, 411, 420, 439
Vorauer Handschrift 181
Vorder-Rheintal 130, 250, 413, 472
Vorgeschichte 87ff., 612
Vornamen 348, 423, 430, 438, 614, 655, 666; -gebung 57; -, germanische 356
„Vorsehung Gottes" als Grubenname 339
Vorzeichen im Volksglauben 92, 312, 356f., 532
Vossler, Karl, Romanist 58, 440
Votiv, -bild 37, 68, 220, 298ff., 617; -gaben 37; -messe 37, 78, 368, 389, 413, 416, 421, 459, 461; missae speciales (privatae) 157; -opfer 69, 216, 624; -statue 207; -tafeln 301; -zeichen 355, 422, 617
Voye, Ernst, Wirtschaftshistoriker 565
Vriesen, Gustav, Kunsthistoriker 382

Waal, früherer Passionsspielort 183
Wachs 99, 609; -gang 129; -pfennig 487; -stäbchen 487
Wackok, Zisterze in Polen 137f.
Währung 101f., 615, 627, 629, 635f.
Waffen, Bergleute tragen - 324, 439, 481, 506, 603; Erlaubnis zum -tragen 59, 91, 189, 249, 439, 582; Gezähe als - 589; -produktion 127f., 474; -verbot 249, 439, 590
Wagner, Richard, Komponist 611
Wagner, Thomas, Bergbaujurist d. 18. Jh. 26, 489, 656

„Waise", Edelstein d. Reichskrone 610
Waisenkinder 63, 487
Walburga, s. Walpurgis
Wald 59, 166, 267, 323, 476, 480, 482, 543ff., 644, 667; – stützt Bergbau 21, 543ff., 560f.; – in d. Bergordnung 559; Berg– 134; –besitz 132; –dichtung 560, 603f.; –einsamkeit 248; – bewohnt vom Einsiedler 654; –Standort d. Eisenhütten 531; – fehlt 166; rationelle Forstwirtschaft 455, 529, 560; –besitz d. Grundherrschaften 134, 545; – liefert Holz 139, 543ff., 550; Holzkohle 96, 129, 498, 552f.; –kapelle 248, 290, 552; – als Lehen 521; –leute 252; – in d. Malerei 553ff.; – liefert Holz f. Maschinenbau 551f.; –ordnung 560, 644; Raubbau 544; Raubtiere 587, 603; –sage 139, 560; –schmiede 139, 550, 566; – in Stollennamen 105; Streitigkeiten um – 558; –wildnis 135, 153, 654; Wildreichtum 122, 134
Waldeck, Grafschaft, späteres Fürstentum 567, 638; Grafen von – 558f.
Waldkirch, Stift im Schwarzwald 301
Waldsassen, Zisterze d. Oberpfalz 131f., 149f., 549
Walkenried, Zisterze im Harz 132, 135f., 284
Wallfahrt 163, 274f., 312, 430, 450, 453, 539f.; Bergnot als Grund 300; berufsständische – 173; – u. Binnenwanderung 160; Compostela 432; Entstehung 135, 247; Forschungsaufgaben 161; Jerusalem– 279; –skapelle 282; –skirche 216, 221f., 298, 396; Marien– 216, 425, 473; –sorte, Stätten d. Martyriums 34; Montserrat 312; –sorte 51, 55, 219, 291, 395, 425, 432, 438, 478; Ortsnamenerklärung 55; –sschriften 308; –stag 247; –stermin 241, 420; Vertriebenen– 448
Wallis, Peregrinus-Motiv 54, 216, 218
Walp(b)urgis, hl. 42, 350, 353; –istag 276
Walstatt, Stätte d. Mongolenschlacht 277
Walzwerke 531
Wanderkulte 310, 315, 334, 408
Wann, Sigmund, Oberpfälzer Gewerke d. 15. Jh. 163
Wappen 74, 92, 106f., 113, 244, 250, 317, 330, 598f., 602, 626, 632; – der Bergorte 36; – von Stifterfamilien 502; –schilde 167, 194, 210; Schwazer – 66; s. Adel
Waräger (in d. Oströmische Reich ausgewanderte Normannen) 12, 101
Warburg 638; –er Börde 562
Warstein im Sauerland 567
Wasser 21, 122, 134, 136, 144, 166, 397, 521, 543ff.; heilkräftiges – 396; –bauingenieure 13, 24; –baukunst d. Zisterzienser 135; –einbruch 13, 40f., 56f., 95, 107f., 119, 140, 142, 161, 179, 256f., 325, 383, 395, 406, 484, 509, 516, 548f., 555, 587, 625, 627; Ertrinken 463; –heilige 23, 51ff., 399; Katastrophen i. T. 356; –knechte 467f.; –kraft 96, 129, 498, 547ff., 572, 575, 667; „–kunst" 555f.; –lauf 135; –mangel 549, 575; Pumpenweihe 466; Pumpwerke 142, 503; –straßen 545ff.
Wasseralfingen, schwäbische Eisenschmelze 151
Wattener Volkstheater i. T. 185
Wechsel (Ermäßigter Einkaufspreis f. Münzmetall) 520, 523, 633; Abgabe 170f.; –freiheit 491
Wege 129, 166, 521; –kreuz 271, 438; –kreuzung 384; –marken 418; –netz 96; –patronin 384; –reparatur 170
Wegerich, Jakob, ostschweizerischer Gewerke (um 1600) 633
Weigel, Christoph, Fachmann d. 18. Jh. f. Bergbau u. Bergmannstrachten 522
Weihnachten 185, 276, 383, 452; Baum 207; – u. Dreikönigsspieler 181
Weihwasser besprengt Bergwerke 462ff.
Weimar, Herzogtum 177
Weimarer Republik 65
Wein 490, 492; –ausfuhr 118; –ausschank 77, 492, 588; Bär u. Traube (Wappen d. Jenner) 128; –bau 13, 21, 22, 25, 95, 128, 136, 149, 153, 170, 187, 189, 269, 297, 348, 365, 490f., 498, 505f., 527, 528, 544; Besteuerung 588; – u. Blut 518; Brot u. – 156, 271, 296, 609; Ehrentrunk 38; geweihter – 462f., 467; –gewerbe 99, 518; –gilden 95; –handel 99, 113, 114, 141, 324; –heiliger 352; –humpen 249; Kelterpresse 552; –versorgung d. Knappen 624; religiöser

Mißbrauch d. – 471; – als Naturalabgabe 156, 297; – als Reichnis 230, 529, 583; Schiffahrt 672; –steuer 164; –stube 78; –bergrecht 491; Winzer 159, 167, 187, 241; –zehnt 91, 138
Weingärtner, Joseph, Numismatiker 636
Weingartner, Joseph, Kunsthistoriker 402
Weinrich, H., Archivar 638
Weinstraße 501, 663
Weiss-Bass, Friedrich, Historiker d. Weinbaus 95, 99,
Weistümer 189, 530
Weitmoser, Gewerkenfamilie aus Gastein 128; – Christoph, Gewerke 501; – Hans, genannt Erasmus, Gewerke 516
Welser, Gewerkenfamilie aus Augsburg 116, 501, 531
Weltgerichtsspiel 314
Weltkrieg 497, 610; Zweiter – 90, 125, 223ff., 233ff., 401, 608
Weltmarktpreise 541
Weltreiche 322
Weltzeitalter 312, 321
Wenceslaus, hl. 190
Wendelin, hl. 53
Wenden, Ort im Sauerland 484, 544
Wenge zu Dieck, Franz Ferdinand, Frhr. von der, westf. Gewerke 504f., 574
Wenzel, hl. 426,
Wenzel II., König von Böhmen 477
Werden an d. Ruhr, Benediktinerabtei 145, 671
Werdohl, Saline im Sauerland 578
Werksarzt 658
Werkzeug 213, 246
Werl i. W. 448, 579, 637
Werner, Abt d. Benediktinerabtei Ossiach in Kärnten († 1300) 201f.
Westerwald 159, 344, 407, 457, 488, 576
Westfalen 12, 21, 31, 146ff., 187, 198, 217, 243, 250, 260, 386, 448, 484, 548, 560, 562ff., 623ff.; Friede 124; Herzogtum 504, 564f., 579; Oberbergamt 570f.; Silber 126
Westgoten 430
Wettiner, s. Kursachsen
Wever, Franz, Eisenforscher 16, 370
Wibald von Corvey, Abt 482
Widum 344; –stürmen 528; s. Pfarrhaus
Wiedertäufer 511, 591; s. Reformation
Wiegand, Wilhelm, Archäologe 417
Wieland d. Schmied, Sagengestalt 635
Wieliczka-Traube, in der Malerei 208
Wien 204f., 233, 554, 598, 662; Belagerung 386, 473, 593f.; Kaiserliche Schatzkammer 622; –er Wald 54, 430, 432
Wießner, Hermann, Bergbauhistoriker 405
Wild 122; –tränke 135
Wildemann, Bergbaustadt im Oberharz 188, 469
Wildsau 264
Wildschütz, Sagengestalt 263
Wilgefortis, hl. 166
Wilhelm II., Kaiser 487, 578
Wilhelm, Graf von Holland, Gegenkönig zu Friedrich II. u. Konrad IV. 291
Wilhelm d. Reiche, Herzog von Jülich, Geldern, Cleve u. Berg (16. Jh.) 484
Wilhelm Moritz, Fürst von Nassau 635
Willkomm-Pokal 203
Wilsdorf, Helmut, Bergbauhistoriker 193
Wilten, Prämonstratenserstift i. T. 69, 109, 110, 161, 258, 399, 401, 528f.
Winde (Schiffswinde) als Heiligenattribut 40, 515
Windisch-Bleiberg i. Kärnten 47, 381, 445
Winkelmann, Heinrich, Bergbauhistoriker, Direktor d. Bergbaumuseums in Bochum 15, 88, 174, 656, 659
Winter 66, 81, 587; –beete auf brennendem Flöz 561
Winterberg im Sauerland 558, 564, 605
Wirtshaus 25, 77, 221, 298
Wittelsbacher 76, 111, 194, 312, 660
Witten, Hans, Künstler (nach G. Vriesen Köln zugehörig, anders Künstlerlexikon, S. 516) 324, 382
Witterung 262, 452; Heilige, St. Johannes u. Paulus 76; Wetterkreuz 204, 359; Wetterregeln 371; schlagende Wetter 509, 532
Witwen- u. Waisen-Unterstützung 63, 487; d. frommen – 622
Wochenmesse 171, 212, 401, 421, 452, 454; Votivmesse 413f.
Wochenpfennig 33, 62f., 161ff., 165, 256
Wochentage 384, 444
Wölfe 587, 603
Wohlfahrtspflege 157; – der Pfarrei 61
Wohlhaupter, Eugen, Rechtshistoriker 238

Wolfdietrich, Erzb. von Salzburg 453, 480
Wolff-Metternich, Franziskus Graf von, Kunsthistoriker u. Konservator 234
Wolfgang, hl. 68, 160, 219, 221, 350; –Hütten 57, 353
Wolfsberg-St. Leonhard i. Kärnten 371, 375, 596
Wolfstrigl-Wolfskron, Max Reichsritter von, Bergbauhistoriker 25, 542, 644, 666
Wolkenstein, Hans, Frhr. von, Tiroler Heerführer 535, 601
Wopfner, Hermann, Tiroler Historiker 57, 228, 598
Worms 21, 393
Wrubel, Friedrich, sächsischer Sagensammler 261, 275
Wünschelrute 273, 504, 610, 625, 634; –ngänger 322f.
Würzburg, Stadt 283, 393, 617; Hochstift 468
Wüste 57f., 280, 391f.
Wüstungen d. Bergbaus 566, 574
Wunderstufen 606ff.
Wunsiedel im Fichtelgebirge 61, 163, 549
Wurmrevier 97, 123

Xaverius-Andacht, –kleid, –öl 438
Xenophon, griechischer antiker Schriftsteller 530

Zahlensymbolik; zwei Mittwoche nach Ostern 76; zwei Schlüssel 373; zwei Tauben 422; drei Andreasberge in Rom 373; drei Arbeiter 417; drei Bauern in d. Sage 316; drei Bergleute tragen Knappenkerzen 510; drei Bittgänge wegen Wassereinbruches 161; drei Fenster im Barbaraturm 329; drei Frauen, gekrönte (Hedwig, Helena, Elisabeth) 417; drei Heilige (Daniel, Anna u. Barbara) 48; drei Jünglinge im Feuerofen 312; drei Jungfrauen, hl. (Einbeth, Warbeth, Wilbeth) 300; drei Könige 620; drei Kreuze von St. Helena gefunden 410, 418; Dreinagelfreitag 420; Dreinagelkult 420; drei Samstage, Goldene 617; drei Taufpaten in d. D. Brixen 251; drei Wochenmessen im Spital 85; Recht des Landesherrn an jedem dritten Baum 558; dritte Schicht als Abgabe 123; vier Berge, hl., in Kärnten 415; vier Bergmeister 520f., 527; Vier-Frauen-Tag 75, 306; vier Fronfasten 72, 160, 520; vier Kirchenväter d. Volksglaubens 380; „Die vier letzten Dinge" 181; vier Metalle (Gold, Silber, Erz, Eisen) 312; vier Nägel (bei dem Kreuz durch die hl. Helena gefunden) 411; an vier Tagen Bruderschaftsfeste 399; Vier-Tage-Woche 642; vier metallische Weltzeitalter, genannt nach den vier Metallen 312; Viertel Grubenanteil 406; Quatuor Coronati 35; fünf Jahre Fronfreiheit 491; fünf Knappenfeiertage 586; Fünf-Wochen-Messen 171; Fünf-Wunden-Gebet 72, 160; Fünfzahl der Messen, üblich beim Benefizium 171; Fünftel als Anteil d. Grubenertrages 138; sechs Jahre Fronfreiheit 491; Sechsmannen, Rat in Goslar 252; sieben arme Leute werden gespeist u. gekleidet 229; sieben Begleiter der legendären irischen Königstochter Sunniwa 329; sieben Bergstädte im Harz 297; sieben Freuden d. hl. Josef 444; sieben Pfennig für d. Pochjungen 163; Siebenschläfer 276; sieben Schmerzen d. hl. Josef 444; Siebener beim Totengedächtnis 62; sieben Tauben in d. Sage 63f.; symbolische Siebenzahl d. Volkserzählung 263f.; Neun, von jeder Mark Grubenertrag neun rheinische Gulden als Abgabe 501; Neuntägiges Gebet als Gebetsübung im Barockzeitalter 444; Neuntel d. Erzertrages 91, 137, 170, 406; zwei Neuntel für d. bischöflichen Teilhaber in Trient 499; Zehn Gebote 88, 231ff., 291ff.; Zehn, für die ersten zehn Jahre jeder zehnte Kübel Erz als Abgabe 501; Zehnt, s. ebd.; Zehnte, genannt „Fron" 492; der zehnte „Kubbel" 91; der zehnte Kübel u. der neunzehnte 170; Elftel 91; Elftelung als Abweichung von d. Norm d. Zehnten 137; Zwölf Apostel 377; Zwölf-Apostel-Altar 378; Zwölf-Apostel-Tag 378; zwölf Artikel d. Credo 377; Zwölfboten 342, 378, 393; Zwölf Boten Schidung 75, 350, 352, 384; zwölf Erzstufen werden in d. Sage gefunden 65; zwölf Knappen freveln 471; Zwölf-Männer-Heim 163; Zwölf Uhr in d.

Johannisnacht als Geisterstunde 471; zwölf Vorzüge d. Einsamkeit 391; Zwölffeldiges Wappen 92; Zwölfzahl 163, 245; dreizehnter Knappe frevelt nicht 471; Vierzehn Nothelfer 24, 40, 51, 69, 291f., 310, 336, 343, 351f., 380, 395, 426, 438; neunzehnter Kübel als Abgabe an d. Landesherrn 170; Vierundzwanzig Älteste im Alten Testament 43, 303; dreiundzwanzig Arme werden durch d. Magistrat von Bruck aufgenommen u. unterhalten 229; Dreißiger 62, 158; zweiunddreißigstel Anteil 130, 406, 499; Sechshundert Goldberger Bergknappen 277; Elftausend Jungfrauen als Stollenname 351; rheinisches Motiv 353
Zahnschmerz wird durch Kristall geheilt 202
Zauberei 202, 270, 274, 276, 322, 388, 463, 518, 591, 620; Entzauberung 310
Zechgelage sind verboten 77f.
Zehn Gebote, s. Zahlensymbolik
Zehnt 13, 61, 63, 91, 123, 137f., 164, 174, 528, 655; -befreiung 13, 580; Bergzehnt 122f., 130, 277, 476, 528, 655; -ner 528
Zeiring bei Wien 154f., 166; Ober- 549, 633
Zell i. T. 69
Zellerfeld im Harz 267, 280, 469, 557, 574, 631; Benediktinerkl. 283, 288; -er Geisterkirche 180, 280
Zelmat, Matthäus, Augsburger Gewerke d. Reformationszeit 58
Zender, Matthias, Volkskundler, Herausgeber d. Atlas d. Deutschen Volkskunde 145
Zeno, hl. 342
Zerstörung einer Eisenschmelze 151; – einer Schmelzhütte 335
Ziegen finden Metallschätze 261; -bock behütet Schatz 472
Zillertal i. T. 215, 319, 446; -er Landrecht 618
Zimmerleute 246, 335
Zink 53, 89, 269, 318; -karbonat 569; -ofen 553
Zinn 123, 144, 147, 156, 164, 209, 567, 612, 616, 651; -bergwerk 163; -geschirr 209; -gießer 163, 208f.; -handel 89; -minen 113, 209
Zins 122, 130, 476, 579, 606, 609f.; -pflicht 126
Zisterzienser u. Bergbau 12, 46, 106, 130ff., 147, 149, 223, 283f., 333, 393, 411, 420, 426, 654, 661, 663; – als Berg- u. Wasserbauingenieure 13, 24, 134, 135, 325, 547; Caesarius von Heisterbach 287, 296, 328; Einsamkeit 391; Geschichtsforschung 106; Konversen 134f., 533; -literatur 131; -privileg 154; betreiben Salinen 23f., 137f., 284; – suchen Täler als Bauplatz auf 155; technische Fähigkeiten 12, 664
Zips, dtsch. Sprachinsel i. d. Slowakei 181
Zobten, Berg bei Breslau, sagenhafte Schatzhöhle 275
Zola, Émile, Dichter 601, 618
Zoll 442, 505; -einnehmer 137; -freiheit 492, 580; Schutz- 505
Zoozmann, Richard, Schriftsteller 618
Zotten, Gewerkenfamilie i. Gastein 501
Zürich 16, 29, 145, 500; Zentralbibliothek in – 16, 29; Zürcher Währung 413
Zürn, Jörg d. Ä., Bildhauer 432
Zunft 21, 59, 63f., 139, 141, 156, 167f., 203, 220, 225, 240, 246, 336, 468, 487, 498f., 510, 521, 582, 597f.; -altar 389; -beiträge 510; -kerze 167; -ordnung 482; -patrone 353; -verfassung 617; -zeichen 246; s. Patriziat
Zurbaran, Francisco de, spanischer Maler 441
Zuversicht, Haltung d. Bergleute 105, 289ff.
Zuwendungen ad pias causas 225
Zwangsarbeit, s. Ad metalla
Zwerge 276, 285, 293, 436, 470; Bergmännlein 246, 256; s. Gnomen
Zwickau, Verlagsort d. ersten Bergmannsliedersammlung 188
Zycha, Adolf, Bergbauhistoriker 26, 137, 142, 146, 533, 535, 542f.

Der Schutzumschlag zeigt die Heimkehr der Bergleute (um 1899, Museum Brüssel), die *Konstantin Meunier*, der erwähnte belgische Künstler, schuf.

GPSR Compliance

The European Union's (EU) General Product Safety Regulation (GPSR) is a set of rules that requires consumer products to be safe and our obligations to ensure this.

If you have any concerns about our products, you can contact us on ProductSafety@springernature.com

In case Publisher is established outside the EU, the EU authorized representative is:

Springer Nature Customer Service Center GmbH
Europaplatz 3
69115 Heidelberg, Germany

Batch number: 10577971

Printed by Printforce, the Netherlands